全国山区公路环境与岩土工程学术会议

论 文 集

主编单位：中国公路学会

重庆市科学技术委员会

国家山区公路工程技术研究中心

主　　编：蒋树屏　邓卫东

人民交通出版社

内 容 提 要

本论文集共选收论文73篇，内容丰富，涉及公路环境保护的水质污染与防治、水土保持、植被恢复、动物通道设置，公路景观工程的特点、规划与设计方法，具体工程结构如隧道洞门、服务区、观景平台的景观营造，公路岩土工程的地质勘察、边坡稳定性、地基处理、质量检测与监测技术等。文集既有理论与方法的探讨，又有工程实践，尤以后者为多。

本文集基本反映了近年来我国山区公路在环境保护、岩土工程、景观工程等方面的进展及技术水平，可供从事公路工程环保、绿化、景观设计科研及技术人员，以及从事公路岩土工程科研及技术人员借鉴参考。

图书在版编目（CIP）数据

全国山区公路环境与岩土工程学术会议论文集/中国公路学会，重庆市科学技术委员会，国家山区公路工程技术研究中心. —北京：人民交通出版社，2008.11
ISBN 978-7-114-07480-6

Ⅰ.全... Ⅱ.①中... ②重...③国... Ⅲ.①山区道路-环境-中国-文集②岩土工程-文集 Ⅳ.X322.2-53 TU4-53

中国版本图书馆 CIP 数据核字（2008）第 176691 号

书　　名：全国山区公路环境与岩土工程学术会议论文集
著 作 者：中国公路学会
　　　　　重庆市科学技术委员会
　　　　　国家山区公路工程技术研究中心
责任编辑：师　云
出版发行：人民交通出版社
地　　址：(100011) 北京市朝阳区安定门外外馆斜街 3 号
网　　址：http://www.ccpress.com.cn
销售电话：(010) 59757969，59757973
总 经 销：北京中交盛世书刊有限公司
经　　销：各地新华书店
印　　刷：北京鑫正大印刷有限公司
开　　本：787 × 1092　1/16
印　　张：27
字　　数：680 千
版　　次：2008 年 11 月第 1 版
印　　次：2008 年 11 月第 1 次印刷
书　　号：ISBN 978-7-114-07480-6
定　　价：75.00 元

前　言

随着我国山区公路建设的纵深发展,越来越多的环境与岩土二程技术问题已暴露出来,同时对山区公路建设的景观设计也提出了更高的要求。环境保护、岩土工程、景观看似相对独立的三个方面,其实相互影响,对山区公路的建设品质和质量,乃至运营安全起到了非常重要的作用。近年来,为解决山区公路的环境保护、岩土工程、景观等问题,交通部门与重庆市均投入了大量的人力、物力开展有关的研究与探索工作,并积累了较多的经验与方法,有必要将所取得的有关成果进行交流和普及,以进一步提升我国山区公路建设与养护技术水平。鉴于此,中国公路学会、重庆市科学技术委员会、国家山区公路工程技术研究中心于2008年11月在重庆联合主办了“全国山区公路环境与岩土工程学术会议”。

为使此次学术会议获得圆满成功,特在全国进行了论文征集,得到了广泛响应,并将论文汇编成《全国山区公路环境与岩土工程学术会议论文集》。论文集选收论文73篇,内容丰富,涉及公路环境保护的水质污染与防治、水土保持、植被恢复、动物通道设置,公路景观工程的特点、规划与设计方法,具体工程结构如隧道洞门、服务区、观景平台的景观营造,公路岩土工程的地质勘察、边坡稳定性、地基处理、质量检测与监测技术等,既有理论与方法的探讨,又有工程实践,尤以后者为多。收入的论文基本反映了近年来我国山区公路在环境保护、景观工程、岩土工程等方面的进展及技术水平。

尽管我们对入选论文进行了仔细的审稿,但鉴于时间较紧,疏漏之处在所难免,敬请读者提出宝贵意见。

编　者

2008年11月

目　录

第一篇　公路环境保护

第二篇　公路景观工程

第三篇　公路岩土工程

第一篇　公路环境保护

浅议公路野生动物通道的设置

蒋红梅

（重庆交通科研设计院　重庆　400067）

摘　要: 野生动物通道在减缓或降低公路工程对动物的负面影响方面起着重要作用。本文结合国内外有关动物通道的研究进展,从通道设计特征、通道环境设计以及配套交通工程设计三个方面对野生动物通道的设置进行了介绍。

关键词: 公路工程　野生动物　通道

0　引言

目前,许多国家已采取大量措施缓解公路对野生动物的影响,如避让、施工活动控制、修建动物通道、设置栅栏和警示牌等。但是,当公路建设无法避让野生动物游移、迁徙通道时,设置动物通道就成为解决全封闭公路(高速公路)阻隔效应最切实可行的方法。一般而言,动物对通道的利用主要受通道设计特征(位置、类型)、周围环境特征和附近人类干扰程度三个方面的影响[1]。因此,在设计野生动物通道时,通道的位置、形式以及环境布置等都必须符合目标物种的"胃口",这样才能引导目标物种在不知不觉中利用通道穿越公路。本文在结合国内外动物通道研究的基础上,对动物通道的设计进行简要介绍。

1　通道设计特征

1.1　通道位置的选择

一般而言,应将野生动物通道设置在目标物种的传统游移、迁徙路线上或目标物种种群被公路分割的地方[2]。通常,可采用无线电传感器或无线电定位仪来捕获相关信息。此外,也可采用人工持久观察和用红外摄像仪追踪及卫星定位等方式进行观察。如果是在已建公路上增设野生动物通道,也可根据历年动物车祸的数据来分析动物的迁徙路径。

1.2　通道类型的选择

根据通道与公路之间的关系,通常可将野生动物通道分为路上式通道、路下式通道和涵洞式通道三种。其实,涵洞式通道也属路下式通道,但因其跨度较小而区别于桥梁构成的路下式通道。

1.2.1　路上式通道

路上式通道一般是为大型哺乳动物设计的,因造价较高,较少采用[3](图1、图2)。路上式通道一般位于被公路切断的山体处,即在公路上方设桥并将两侧山体连接为一体,形成动物跨越路桥。路上式通道的尺度依动物大小而有所增减,

图1　路上式通道近景

其两侧护栏应以封闭的壁面结构,并以植被覆盖为佳,让动物看不到车辆来往,以防止引起动物移动时的不安。路桥面覆以自然泥土,两侧尽量扩大,并配置引导植物,以诱导动物顺利通行。路上式通道对动物的胁迫感小,适用于多种动物,如熊、狼、鹿、獐等。

1.2.2 路下式通道

在道路跨越河流或其他道路时顺势架桥,在桥下多留出自然绿地,作为野生动物移动通道,让动物通行无阻。这种透过道路桥梁下的生态路径,是最自然的动物迁移路径。作为路下式生物通道,其空间跨越的基本尺度是8m以上[4]。图3、图4分别为欧洲桥梁下的生态路径和思小高速公路野象通道。

图2 路上式通道远景

图3 荷兰联络公路桥梁下动物穿越路径

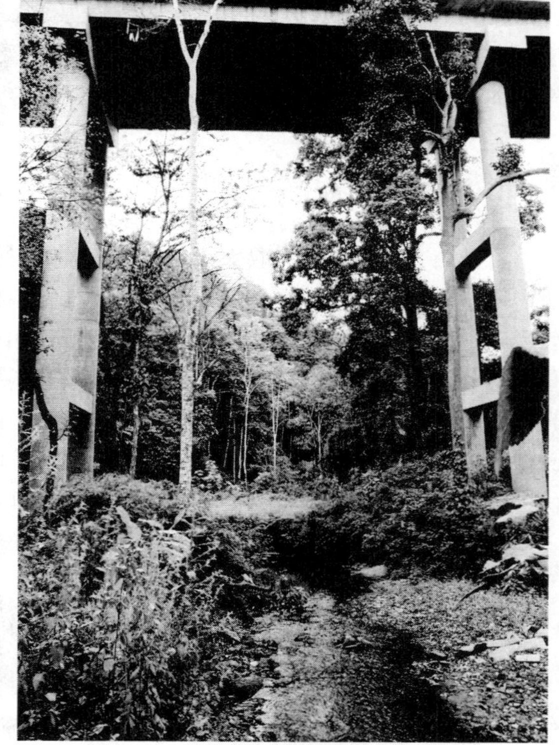

图4 思小公路桥梁下动物穿越路径

1.2.3 涵管式通道

1.2.3.1 大型动物的箱形地下道

箱形地下道原是作为道路的水路、小道相交处的通道设施,无意中常被狐狸、野兔等野生哺乳动物利用作为移动路径,因此在生态道路设计中,常在适当之处广设箱型地下道作为野生动物移动路径。有时在既有箱型地下道上的沟渠上加盖,并加种诱导植物,以利通道接近动物的移动环境,并减少其被分断的障碍。图5为奥地利大型动物箱型地下道。

1.2.3.2 中型动物的涵管式通道

涵管式通道原是作为排水的通道,在提供动物移动的生态设计上是一大重点。若设计合理,该方式既经济省钱又能满足保护动物的要求[2]。涵管式通道通常设置于小溪流上。排水兼用的涵管式通道,应于管底一侧设计浮出的棚道,可以让动物不必涉水而过(图6)。作为中型动物移动路径的涵管式通道管径通常应在1m以上。

图5 奥地利某动物穿越地下通道

图6 中型动物的涵管式通道

1.2.3.3 两栖类、爬虫类动物的涵管式通道

两栖类、爬虫类动物通常寻找在有水池的地方产卵，而其日常生活则在陆上林地生活。当产卵地与林地被道路隔开时，这些动物天性必然强行穿越道路，而常常死于车轮下。其补偿措施是在产卵地和生活林地间的道路下设置涵管式通道，作为动物觅食繁殖时的通道(图7)。对于不喜欢水的动物，可在管底铺上泥土及落叶，引诱动物行走。此外，为了动物们的出入安全，通常于开口前设置防护网以免它们爬入车道上。这类涵管式通道的长度与最小口径的关系在设计中有待认真研究与考量。

图7 涵管式通道

2 环境设计

2.1 外部环境设计

2.1.1 诱导设计

适当地在通道外部环境设计外围设置能对动物起到很好的引导作用，更有利于动物找到通道并通过。外部环境设计包括：在通道入口两旁设置喇叭状开口的诱导网，阻挠动物直接穿越公路，并沿着诱导网的走向找到通道，顺利穿越马路；调整公路绿化植物组成，在公路沿线种植目标动物不会采食的植物，反之，在通道入口两旁则种植目标动物的食用植物。

图8 单向开启门

2.1.2 阻止设计

为阻止动物横穿道路，需在公路两侧设置隔离设施，如增设栅栏防止动物跑到公路路面威胁交通安全等。但是对于突破围栏、进入道路系统中的动物，需要在适当的位置设置出口，如单向开启的门，以供动物逃出(图8)。

2.2 内部环境设计

通道内部环境设计主要指通道地面介质、光线条件、噪声、湿度条件等的营造。通常，在通道内地表铺设类似于该物种的栖息环境介质，如树枝、枯木堆、乱石堆等。具体设计要根据目标物种生活习性来有针对性的设计，如蛇的地下道底部必须很粗糙，两栖爬行类动物喜欢潮湿环境等等。

3 配套交通工程设计

如前所述,通道附近人类的干扰程度是决定通道能否被有效利用的三大重要影响因素之一。野生动物尤其是珍稀的野生动物出现在公路附近时,往往会引起过往驾乘者的好奇心,通常会停车观看或鸣笛等,这都会是动物被迫远离公路,不得不放弃原想通过地点的原因。在野生动物经常出没的路段,应设置限速标志、动物标志牌、禁鸣标志等,提醒驾驶人注意动物横穿公路,不要鸣笛影响动物穿越通道。

4 结语

在公路建设环境影响评价中,通常会建议设置动物通道对野生动物尤其是珍稀、濒危野生动物进行保护,但野生动物通道的设置在实践中落实仍然不够。本文通过对野生动物通道的选址、通道形式、环境设计和减少人类干扰的配套的交通工程设计等进行介绍,以期引起相关部门重视野生动物通道的相关研究和应用。

参 考 文 献

[1] Clevenger, A. P. , and N. Waltho. 2005. Performance indices to identify attributes of highway crossing structures facilitating movement of large mammals. Biological Conservation 121: 453-464.

[2] Groot Bruinderink GWTA, Hazebroek E. 1996. Ungulate traffic collisions in Europe[J]. Cons. Biol. , 10(4):1059-1067.

[3] Forman RTT. 1998. Roads and their major ecological effects[J]. An. Rev. Ecol. Syst. , 29: 207-231.

[4] 万敏, 陈华, 刘成. 让动物自由自在地通行——加拿大班夫国家公园的生物通道设计. 中国园林, 11:17-21.

重庆市大学城虎溪河水质污染特征分析

陈克军　冷光义

（重庆交通科研设计院环境工程所　重庆　400067）

摘　要：本文通过对重庆大学城虎溪河水质监测数据的分析，发现该区域水质污染有一定的规律性。在分析研究的基础上，结合河道综合整治工程，提出了一些水污染防治措施，以期为水污染研究和治理以及水污染行政管理部门的决策提供科学依据。

关键词：虎溪河　水质污染　特征

1　项目区域概况及工程概况

虎溪河位于重庆市主城区以西的西永组团中部，寨山坪北麓、中梁山与缙云山之间。作为梁滩河的支流，它发源于沙坪坝区虎溪镇海拔高程为636m的天台岗，自西南向东北流经龚家沟、倒石桥、花生桥、虎溪镇，最终汇入陈家桥河。根据重庆市总体规划，虎溪河的一部分河段被纳入大学城规划区域，该河段为环城高速公路与纵一路之间汇入梁滩河之前的河段，流域面积约为96hm^2，长度约8km。

虎溪河整治工程建设内容：虎溪河道整治（包含排水整治工程、清淤工程、堤坝工程），河岸沿线长约8km；虎溪河沿岸景观工程，河道沿线的人行步道建设，虎溪河大成湖段的拓宽及大成湖公园建设及配套设施建设[1][3]。

2　采样与分析

重庆市沙坪坝区环境监测站对虎溪河上、中、下三个断面进行了现状监测。对于重庆虎溪电机厂取水口水质的分析，采用重庆虎溪电机厂提供的2006年4月份的监测数据。

水质监测项目：pH、SS、化学需氧量、动植物油、氨氮。

水质监测断面：1号双龙村花生桥社对应的虎溪河上游断面；2号重庆大学东大门新建拱桥上游100m；3号虎溪职中（虎溪河与纵一路的交叉点上游100m）。监测频次：连续监测2d。

3　监测结果与分析

3.1　监测结果

虎溪河三个断面的水质监测共获得2d的监测数据30个，监测结果见表1。

3.2　污染指数分析

地表水污染指数评价方法采用《中华人民共和国环境保护行业标准：环境影响评价技术导则—地面水环境》（HJ/T 2.3—93）中6.7.3.2节的推荐方法[4]。根据《重庆市地面水域适用功能类别划分规定》，本项目所处的河段水质执行《地表水环境质量标准》（GB 3838—2002）

中的Ⅳ类水标准[2]。虎溪河各监测断面水质污染指数分析见表2。

2007 年虎溪河各断面监测结果(注:单位 mg/L,pH 除外)　　表1

地　点	时间	pH	SS	化学需氧量	动植物油	氨氮
1号双龙村花生桥社	10.8	7.67	24	16	0.19	0.31
	10.9	7.75	21	16	0.29	0.39
2号重庆大学东大门	10.8	7.73	32	21	0.17	0.29
	10.9	7.71	37	17	0.05	0.50
3号虎溪职中	10.8	7.48	43	32	0.21	3.96
	10.9	7.48	44	30	0.15	4.61

2007 年虎溪河各监测断面水质污染指数　　表2

地　点	时间	pH	SS	化学需氧量	动植物油	氨氮
1号双龙村花生桥社	10.8	0.34	0.16	0.53	—	0.21
	10.9	0.38	0.14	0.53	—	0.26
2号重庆大学东大门	10.8	0.37	0.21	0.70	—	0.19
	10.9	0.36	0.25	0.57	—	0.33
3号虎溪职中	10.8	0.24	0.29	1.07	—	2.64
	10.9	0.24	0.29	1.00	—	3.07

由表2可知,虎溪河3号监测断面水质化学需氧量和氨氮超标,污染较严重,其他断面基本能满足Ⅳ类水质要求。

3.3 虎溪电机厂取水口水质分析

虎溪电机厂取水口位于虎溪河尾端虎溪河和梁滩河交汇处。根据重庆沙坪坝区疾病预防控制中心沙疾控水检字(2006)第091号卫生检测结果,样品所测项目:pH、嗅和味、浑浊度、可见物、游离余氯、挥发酚类、硝酸盐、硫酸盐、铝、锰、铅、铁、砷、汞、氰化物、氟化物、氯化物、铜、镉、硒、锌、铬(六价)、溶解性总固体、阴离子洗涤剂、总硬度、耗氧量、总大肠菌群符合国家《生活饮用水卫生规范》。细菌总数、粪大肠菌群不符合国家《生活饮用水卫生规范》。

3.4 污染源分析

根据监测结果分析,虎溪河尾端虎溪职业中学断面污染相对较严重,部分污染物存在超标现象,主要超标指标为化学需氧量和氨氮,氨氮超标最为严重,污染指数为3.07。从现场调查中知道,在重庆大学东大门至大成湖公园尾端的一段水体沿岸,有1处简易养鸭厂,养鸭废水直接进入虎溪河,另外虎溪镇边缘的个别小餐馆直接排放餐饮废水进入虎溪河,这些污染源排放的污染物也就是该河段污染相对较严重的主要原因。

根据虎溪电机厂取水口水质卫生监测报告,该处细菌总数、粪大肠菌群不符合国家《生活饮用水卫生规范》,由此说明,该处水质存在一定的人为污染。从现状调查结果看,造成该水体细菌总数、粪大肠菌群不符合国家《生活饮用水卫生规范》的重要原因是虎溪河沿线的生活污水直接排放和部分河段的家禽饲养污染水体。

4 污染防治措施与建议

(1)采取工程措施对虎溪河沿线进行综合整治,沿岸设置排污截留管道,将沿岸排放的污水全部截留,引至污水处理厂集中处理。目前该整治工程正在实施,建议实施中能将污水截留管道铺设到位，从而保证将所有城镇生活污水和餐饮废水全部截流。

(2)农业污染控制重在种植业和养殖业污染控制并举。对坡地农田应加以改造，加强水土保持工作；合理规划农业用地，近岸流域应以种植轻污染型农作物为主，禁止建设高污染蔬菜区，推广高新农业技术。养殖业方面，大型养殖以发展立体生态农业为方向。对虎溪河沿岸棚户养殖进行整顿，使养殖场地远离河道，养殖的鸭群禁止进入河道。养殖区的养殖废水和畜禽粪便要收集后集中处理。

(3)加强生活垃圾管理，杜绝乱丢弃，加快垃圾治理场的建设。

(4)工业污染源控制：在湖泊上游区域实行严格的工业污染源控制。环保部门应加强监督力度，保证配套的污染防治措施能正常运行，对含 N、P 的工业污染源应更加严格控制。

(5)搞好虎溪河沿岸和大成湖区域生态系统工程：虎溪河沿岸大成湖区域生态系统工程主要包括绿化工程、水体生态圈构建工程等。尤其是水体生态圈的构建，对防止富营养化污染意义重大。

参考文献

[1] 中华人民共和国国家标准. 地表水环境质量标准 GB 3838—2002. 北京：中国环境科学出版社，2002.

[2] 报告组. 重庆大学城虎溪河综合整治工程可行性研究报告. 重庆大学建筑设计研究院，2007.9.

山区高速公路建设中的生态边坡工程技术及其应用

冯顺剑[1] 洪丽娟[1] 蒋灵江[1] 徐礼根[2]

(1. 浙江省台州市台金高速公路建设指挥部 临海 317000;
2. 浙江大学生命科学学院 杭州 310058)

摘 要:作者论述了生态公路中的生态边坡工程建设的设计思想、设计理念,对相应的设计目标、设计原则、设计程序和施工工艺进行了概括和总结。以浙江台金高速公路为例,分析了生态公路建设中生态边坡实施后所取得的生态效益、景观效益、经济效益和社会效益,认为生态公路是交通建设发展的必然,是人和自然和谐协调的体现,值得倡导和推广。

关键词:生态 公路 边坡 设计 效益

0 引言

生态公路代表了21世纪公路发展的新方向。生态公路建设“难点在边坡,特色在综合”。难点在边坡,特别是山区公路劈山而过会形成大量的边坡,岩石边坡的绿化和隧道洞口水泥锚喷面的绿化难度都是很大的。生态公路建设是一个系统工程,涉及多学科的工程,需要综合应用交通工程、土木工程、生态工程、环境科学和人文艺术等多学科知识,实现人与自然以及生物与生物之间的和谐协调,实现公路建设、交通运输和生态环境的可持续发展。

为实现生态公路的建设目标,对景观绿化设计特别是较大的边坡设计提出了新的更高的要求。在工程防护与植被防护的结合上,要尊重自然规律,建立和维护人与自然相平衡的关系,爱护和保护自然,要树立“不破坏就是最大的保护”的理念,实现公路建设与环境保护并举,交通发展与自然环境和谐。在确保边坡工程主体结构安全的前提下,以自然的、渐进的、连续的手法来选择、利用和创造景观,在保护自然环境的同时,展现和发挥自然环境的审美价值。

1 生态边坡发展状况

日本、欧美等发达国家在边坡生态防护工程实践上比我国开展得早,有许多经验值得借鉴。例如,日本的边坡绿化工程技术是以治山、砂防事业中的坡面治理工程为先导而发展起来的。日本从20世纪50年代开始了以铁路、公路建设为代表的大规模开发建设,随之出现大量的裸露斜面,剧烈的土壤侵蚀使众多的斜面受到了破坏。伴随着大规模国土开发而产生的“快速喷浆绿化方法”,是边坡绿化工程技术实现快速发展的一个契机。虽然说这是边坡绿化工程技术发展史上的第一次转机,但绿化的第一目的仍然是防止斜面的侵蚀发生。

进入20世纪60年代,人们逐渐意识到了开发建设行为对自然景观以及环境的破坏已经成为严重问题。因此“边坡绿化工程”也就作为自然景观恢复技术、环境保护技术而担负起了巨大的使命。随着对自然景观、环境保护意识的不断加强,对绿色的再生和恢复技术的边坡绿化工程的要求也在增强,并且使高昂的绿化资金投入成为了可能,开发出了在原来根本不可能恢复植被地点如急陡岩石坡面的边坡绿化工程技术，以及应用格子框等土木建筑物的绿化基础工程等，使日本的斜面绿化工程技术在世界上处于较高水平。这可以说是绿化工程技术发展史上的第二次转机。

我国在边坡绿化技术上的研究与实践起步较晚，20 世纪 90 年代以前一般多采用撒草种、穴播或沟播、铺草皮、片石骨架植草等护坡方法。1989 年，广东省水利水电科学研究所从香港引进 1 台喷播机，开始在华南地区进行液压喷播试验。1990～1991 年，中国黄土高原治山技术培训中心与日本合作在黄土高原首次进行了坡面喷涂绿化技术（即液压喷播）试验研究。此后，经过 10 年左右的发展完善，液压喷播技术已广泛应用于我国不同山区的公路、铁路和堤坝工程中的边坡防护。1993 年我国引进土工材料植草护坡技术，随后土木工程界与塑料制品厂家合作，开发研制出了各式各样的土工材料产品，如三维植被网、土工格栅、土工网、土工格室等，结合植草技术在铁路、公路、水利等工程边坡中陆续应用。

浙江省近几年重视高速公路建设中的生态边坡技术的应用与推广，在完成浙江省科技厅重大科技攻关项目“生态高速公路建设关键技术研究与示范”、省交通厅科技计划项目“高速公路生态边坡工程应用研究”等课题的过程中，举办了中日边坡绿化工程技术交流会，日本绿化工学会前会长山寺喜成先生多次亲临杭新景高速公路边坡现场指导，还邀请了全国多家边坡绿化企业采用不同的工艺在同一杭新景高速上展开一系列试验研究，比较各种工艺技术的优缺点和适合条件。通过对国内外生态公路建设技术的集成、消化、吸收、提高和创新，为我国高速公路边坡绿化和发展生态公路提供了技术借鉴。

2 生态边坡设计理念

公路边坡绿化即坡面植被重建，其目的在于通过工程绿化和生物防护（也叫生态防护）的手段在工程治理后的坡面上营造植物生长发育的基础，并在其上重建人工植被，使裸露的山体边坡和路基边坡得以绿化，受损的生态环境得以恢复。同时借助植物的保护作用防止水土流失，保持坡面稳定，随着植物群落的自然演替和人工的适当辅助，逐渐造就近自然的边坡。

由于公路坡面地理自然环境条件的复杂变化、原沿线不同路段各地气候条件的不同，目标群落（指设计成的植被是什么样子）的多样性和植物选择的施工工艺的多样性，设计者必须对工程现场状况如地质、土壤、气候、水源、周边生态环境等，以及对现有的边坡绿化施工工艺、养护管理水平和业主的经济投入水平等有深入的了解，方可进行设计。

在生态边坡设计过程中，均可以借鉴国内外现有关于平面绿化的一些技术、方法。但与平面绿化不同的是，坡面（特别是高陡岩石边坡）绿化更要考虑以下特殊性：

（1）植被护坡与工程护坡如何有机结合；

（2）基质层（有的叫基材、基盘）如何附着和固定在坡面上而不致被雨水等冲刷下来；

（3）基质的理化性质如何适合坡面植物的生长；

（4）坡面植物物种的选择、配置和组合，如何实现植物群落的正向演替；

（5）如何才能减少新建植被的养护管理（特别是灌溉）费用。

总之，生态边坡设计要因地制宜、因势利导，不仅要考虑边坡景观美化，而且要结合当地的地理环境、气候、土质、地质水文条件，以及周边植物物种的协调性和边坡植物的生长适宜性，还要考虑边坡工程特性（坡度、坡高、蓄排水条件）和维护的便利，并做到经济合理，实现可持续发展目标。

3 边坡生态设计的原则和总体目标

在公路边坡生态防护设计前,专业队伍必须到待绿化边坡进行现场考察,详细了解该边坡的地质、水文、气象环境条件和边坡四周植被生长状况,确定工程治理与植被护坡的工艺、策略与程序。

3.1 边坡生态设计原则

(1)稳定边坡原则。以植被的固土护坡作用为第一考虑。

(2)生态适应原则。植物是有生命的有机体,它既有自身生长发育的特征,又与它所处的生态环境有密切的联系。对植物的选择要根据当地气象、水文、地质状况和边坡特点,挑选配置适应工作地特殊生境条件的植物种类和组合,因地制宜,适地适树(草),而不能简单地套用平地园林绿化的种类和手法。

(3)景观协调原则。边坡上营造的植物景观要与坡面四周的植物景观相融合。

(4)行车安全原则。绿化后的边坡及新建的植物不能对行车安全有潜在危害。

(5)快速有效、经济实用原则。许多留存下来的高陡岩石边坡如不加处理,任其自然演替长出植被,往往需要千百年时间,采用工程绿化就是要缩短其自然进程,在3~5个月内复绿,一两年内初见成效,三五年内展现立体的乔、灌、草、(花)层次,取得良好的生态效益、社会效益和经济效益。

3.2 边坡生态设计总体目标

边坡绿化最终设计目标一般以达到与其周边的植被相融合为宜,根据恢复生态学的理论和日本绿化工学会坡面绿化研究会阿部等人的研究成果(图1)我们提出如下的阶段性设计目标,并接受了实践的检验,认为具有一定的可操作性。

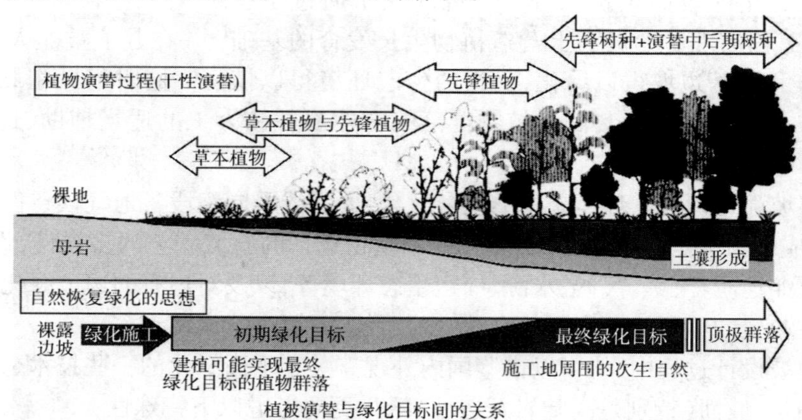

图1 边坡绿化植被演替序列图(引自日本绿化工学会,2003)

(1)远期目标。营造有较强固土护坡效果和较好景观效果的以灌木为主体、草和地被植物大面积覆盖、小乔木局部点缀且能自然协调生长和演替的植物群落。

(2)中期目标。营造有较强固土护坡效果和较好景观效果雏形的以灌木为主、草坪地被植物为辅、适当点缀花卉且基本上能达到免养护或简养护状态的植物群落。

(3)近期目标。营造能在坡面生长并有较强固土护坡效果的草灌结合型且物种丰富度高的过渡性植物群落。

(4)短期目标。营造能在坡面存活并有一定护坡复绿效果的草灌结合且物种搭配合理的先锋植物群落。

4 边坡生态实施常见施工工艺

推广生态公路是我国公路建设今后的发展方向，建设生态边坡首先取决于建设和管理部门有公路可持续建设发展的意识，当然还需要有多种技术支撑。在设计理念、设计思路上应有所创新，不断总结经验和提高施工工艺技术水平。高速公路生态边坡建设仅仅是生态公路中的一个分支，在我国还处在发展阶段，生态公路在我国的兴起与推广还任重而道远。表1列出了山区高速公路建设中边坡植被重建和生态修复中常见的一些施工工艺，在实际应用中可视具体情况更多地与工程治理设计相结合，与传统绿化工艺相结合，进行综合应用、灵活应用和改良应用。

边坡生态修复常见施工工艺的特征及适用性比较 表1

绿化方法	施工技术要点	优、缺点
铺草皮法	异地培育草坪，按一定大小规格铺植于需绿化的坡面	优点：施工简易、成坪时间短、护坡见效快；缺点：在陡峭岩面难以施工、后期景观难以保证
植生带法	将草种定植在纤维材料上，形成一定规格的夹层带状产品，覆于需绿化的坡面	优点：精确定量，内种子可按要求搭配、施工方便； 缺点：无土岩面不适施用
三维植被网法	采用固土网垫置于坡面，覆土形成人造土壤层，喷播草（树）种，形成植被	优点：施工方便，价格便宜，固土性能较好； 缺点：高陡岩石面不适使用，施工及管理难度大
香根草篱法	在坡面上按一定间距大致沿等高线密植香根草带	优点：适应性广、固土力强、种植和养护简单； 缺点：硬质岩面上难以种植
土工格室植草法	在坡面上的土工格室内填充改良客土，然后在格室上进行喷播绿化	优点：能增加基础的稳定性； 缺点：根系生存环境不佳、工艺复杂，成本高
浆砌片石骨架内绿化法	采用浆砌片石在坡面形成具有截水型的框架，综合其他方法进行绿化	优点：有一定的浅层稳定性；水土保持性能较好； 缺点：施工期较长，成本较高，景观效果受影响
藤蔓植物法	栽植攀援性和垂吊性植物，以遮蔽硬质岩陡坡、挡土墙等圬工砌体进行绿化	优点：简单、成本低、适用坡率大； 缺点：绿化所需时间长，攀高高度和速度有限
树木栽植法	栽植灌木、乔木等，并与其他方法结合，促进多样性群落的形成	优点：具备遮挡作用，能较快增加绿量；施工简单； 缺点：根系不如实生苗发达；抗风能力差
种子喷播法	将草种、木纤维、保水剂、粘合剂、肥料、染色剂等与水的混合物通过专用喷播机喷射（喷洒）到预定区域	优点：机械化程度高；施工效率高、成本低；成坪快、覆盖度大； 缺点：不适宜单独在岩质边坡上应用
客土吹附法	利用流体力学原理在金属或塑料网上喷播客土、木纤维、植物种子、保水剂、粘合剂、肥料与水的混合物进行绿化	优点：能产生比液压喷播更厚的基质层；适用于坡角50°以下的岩质、土质边坡绿化；施工效率高，绿化效果好
喷混植生法	将含草种、有机质、混凝土等基材喷附在岩石坡面上进行绿化	优点：稳定性好、适用范围大； 缺点：水泥用量大时对植物根系生长有不良作用
厚层基材法	在金属或塑料网上喷附由客土、泥炭土、木纤维、保水剂、粘合剂、肥料等混合物组成的厚层基质材料进行绿化的机械施工法	优点：适应坡面广，根际生长环境好； 缺点：施工效率低于客土吹附法；施工成本略高
高次团粒法	采用泥浆喷播机施工，依靠团粒剂高速絮凝作用迅速改变混合浆液黏稠度，实现客土稳定落坡	优点：配料作业要求严，适合土壤团粒结构植物生长；对55°以下坡面乔灌生长效果很好； 缺点：施工成本大

5 生态边坡实施的效果

浙江台金高速公路全线(东西段)共120多公里,挖方边坡约50万平方米,填方边坡近200万平方米),采用现代生态防护(植被防护)代替传统的工程防护(以砌面、水泥锚喷),或工程防护和生态防护相结合(图2~图10),取得了良好的生态效益和景观效益,也获得了显著的经济效益和社会效益。

图2 水泥锚喷坡面和框格梁坡面原貌

图3 水泥锚喷坡面和框格梁坡面厚层基材喷播绿化后9个月效果

图4 香根草种植前对坡面整修施工处理后概貌

图5 香根草生长已成绿篱

图6 高陡喷混凝土边坡及预设植物生长孔原貌

图7 改良型厚层基材喷播绿化后9个月效果

(1)生态效益。最大程度地修复了自然生态环境,防止了水土流失;同时利用人工植被吸附尘埃,吸收和降解车辆排放的有毒气体,净化空气,提高负离子含量;吸纳和利用降水,提高空气湿度;降低夏季高温季节路域微环境温度,提高驾乘人员的环境舒适性。

(2)景观效益。消除了原开挖面岩石裸露或锚喷面灰暗呆板的视觉污染、视觉震撼和心理冲击，恢复了山体植被的自然景观，在赢得乘客、游客赞誉的同时自然会带动旅游产业，因旅游而增加的潜在经济效益会逐年增加。

a）

b）

图8　削竹式洞口喷播绿化1年半后效果

图9　高低错落有致的临海张家渡服务区西端

图10　灌木防护比普通草类防护护坡能力更强

（3）经济效益。以生态防护代替砌石护坡，节省工程造价至少数千万元。不用石头水泥，节约了可观的石质资源，减少了矿山的开采，更为重要的是，加快了边坡工程施工的进程。另外，常规的砌石护坡和水泥锚喷护坡在10～15年后会有可能鼓起、开裂、塌落、损坏，维护和维修成本逐年加大。而植被护坡在施工后前两年在干旱季节需要人工浇水养护，但其后随着植被的长成和演替，植物（特别是根系）的护坡能力逐年增强，人工养护维护成本极低。

（4）社会效益。生态边坡工程的实施消除了许多滑坡、崩塌、沉陷等重大安全隐患，减少了高速公路运营期间意外事故发生的几率，提高了高速公路的通行能力。同时，生态边坡工程的实施避免了建设过程中的大量泥沙下泻，淤积农田、填充河道及沟库，确保了公路范围内的工农业生产和人民群众生命财产的安全。

台金高速公路生态边坡的实施在满足道路交通功能要求的基础上，较好地实现了植被内部乔灌草各种群之间，植被防护和工程防护相结合，人和路域自然生态环境的和谐统一，达到了生态效益、景观效益、经济效益和社会效益的四赢，为我国南方地区山区高速公路生态边坡建设提供了很好的借鉴，有着一定的引导和示范意义。

6　结语

生态公路应是我国公路建设今后的发展方向，生态边坡建设对保护公路沿线环境、美化路容和提高公路的行车性和安全性具有重要意义。实施生态边坡从设计理念和思路上要有创新意识，善于不断总结经验和提高施工工艺技术水平，以真正实现人和自然的和谐协调发展。高速公路生态边坡建设虽然在我国还处在发展阶段,但其前景十分广阔。推广生态公路对构建我国环保、生态和可持续发展的交通体系具有重要的意义。

参考文献

[1] 朱罡，程胜高，余伟. 建设“生态高速公路”的方法初探. 环境保护，2003，(6)：31-34.
[2] 中华人民共和国交通部. “进一步加强山区公路建设中的生态保护和水土保持工作的指导意见”. 公路发[2005]441 号文件，2005 年 9 月 23 日颁发.
[3] [日] 山寺喜成，安保昭，吉田宽. 罗京，张学培，曾大林，等译. 恢复自然环境绿化工程概论. 北京:中国科学技术出版社,1997.
[4] 杨喜田，曾玲玲. 边坡绿化工程施工后的效果评价与维护管理//中国水土保持学会工程绿化专业委员会,北京林业大学边坡绿化研究所. 工程绿化理论与实践——中国水土保持学会工程绿化专业委员会成立大会暨首届工程绿化学术研讨会论文集,2006:88-92.
[5] 周德培，张俊云. 植被护坡工程技术. 北京:人民交通出版社，2003.
[6] 日本绿化工学会坡面绿化研究会. 中国水土保持学会工程绿化专业委员会译. 关于坡面自然恢复绿化的基本思考//中国水土保持学会工程绿化专业委员会,北京林业大学边坡绿化研究所. 工程绿化理论与实践——中国水土保持学会工程绿化专业委员会成立大会暨首届工程绿化学术研讨会论文集,2006:1-160.

自然和谐的挖方边坡植被恢复技术

——以湖南省韶山高速公路挖方边坡植被恢复为例

汪伟刚[1] 陈 露[2] 王 丹[1] 曹 杨[1]

(1. 交通部公路科学研究院 北京 100088；
2. 湖南省交通勘察设计所 长沙 410015)

摘 要:针对韶山高速公路挖方边坡特点,以自然和谐的植被恢复理念为目标,采取前期喷播绿化结合后期点缀栽植花灌木的方法进行坡面植被恢复,并尝试采用不同的植被建植技术,达到将公路建设带来的景观和植被破坏减少到最小程度的目的,体现山区旅游公路特有的景观特色。

关键词:韶山高速 挖方边坡 植被恢复

0 引言

我国的高速公路建设在极大地推动经济发展的同时,也带来一系列的环境问题。山区公路的大填大挖破坏了原始地貌,使得沿线植被难以恢复,植被破坏加剧了水土流失,同时裸露的挖方边坡视觉景观差,给过往驾乘人员造成视觉污染。因此,如何采取合理的技术措施处理挖方边坡,以达到减少水土流失、保证边坡稳定、改善公路行车环境的目的,成为公路建设者们研究的一个重要课题。近年来,针对挖方边坡的植被防护理论与及新的植被防护措施不断涌现,边坡植被防护逐渐由以往的单一植草方式过渡到草灌结合的方式,由以往的过分追求“景观效果”逐渐完成向“自然和谐的植被恢复”的理性回归。

本文旨在结合湖南省韶山高速公路的挖方边坡植被恢复设计实践,分析解剖高速公路边坡植被防护的一些实用方法和技术措施,希望能起到抛砖引玉的作用。

1 项目概况

韶山高速公路项目位于湖南省韶山市境内。韶山作为伟大革命领袖毛泽东的故乡、全国著名革命纪念地和国家级重点风景名胜区,有着丰富的旅游资源,每年有成千上万的中外游客到韶山游览。韶山高速公路起自潭邵高速公路韶山互通立交,止于韶山市天鹅路,全长13.063km,它是“湘潭市三十年公路网规划”中的“八横九纵”主骨架公路之一。项目的建设不但对促进沿线乡镇的发展、提高沿线人民生活水平、提升韶山市基础配套设施的服务水平以及树立韶山新形象具有重要作用,对于改善区域内交通环境,带动该区域乃至全省的旅游经济可持续发展,实现区域交通发展的战略目标有着重要意义,同时对于继承和发扬毛泽东思想具有重要的政治意义。

本项目所在区域属丘陵区,地势起伏不大,地势西北向东南倾斜,地表植被发育,耕地以水稻田为主,较少旱地。项目全线填挖方交替变化,其中 K3 + 180 ~ K6 + 940 段地势较高,地形起伏较大，挖方较多；其余路段地势较低，以填方为主，全线挖方边坡面积约为12.5万平方米，填方边坡面积约为15.6万平方米。

2 挖方边坡植被恢复的意义和原则

山区公路的边坡尤其是挖方边坡是影响公路景观的主要因素之一，韶山高速作为通往伟人故里的旅游主通道，其路域景观的好坏对于提升湖南旅游形象，具有举足轻重的意义；同时，韶山作为国内重要的“红色旅游”目的地，项目建设后植被环境的好坏，对于国内其他“红色旅游”公路的建设具有重要的借鉴意义。此外，韶山高速公路挖方边坡植被环境的恢复既有助于落实“公路建设的可持续发展，创建安全、舒适、环保、美丽行车环境”的公路建设新理念，使得在合理开发利用旅游资源的同时，工程建设和植被保护实现良性循环；同时也有利于提升湖南旅游的对外形象，为国内“红色旅游”公路建设树立典范。

依据交通部公路勘察设计典型示范工程提出的“安全、环保、舒适、和谐”的公路景观设计新理念，结合本项目特点确定以下挖方边坡植被恢复设计原则。

(1)安全性原则

应把保证边坡安全放在首位，采取合理的边坡植被恢复技术对边坡进行防护，保证公路设施自身安全、运行车辆行驶安全及行人等安全。

(2)整体协调性原则

边坡绿化必须与周围环境协调一致。在某种程度上讲，“和谐”是高速公路边坡绿化设计的终极目的，如何通过精心的边坡绿化设计达到设计作品自身内部以及边坡与其周边环境以及同其他公路景观的和谐，是设计师应该考虑的重要问题。

边坡绿化作为公路景观绿化工程的一部分，既要满足生态防护的要求，又要达到自然景观与人造景观的协调统一，力争为过往驾乘人员提供良好的景观视觉效果。

(3)自然性原则

通过边坡植物群落建植处理，从形式上表现自然，立足于将边坡景观充分融入自然环境中，创造和谐、自然的新景观。自然式设计的核心是运用生态的原理和技术，借鉴地域植物群落的种类组成、结构特点和演替规律，以植物群落为绿化基本单元，科学而艺术地再现边坡群落特征的公路边坡生态景观，充分体现“不破坏就是最大的保护”的公路设计新理念。

3 挖方边坡植被恢复的有利条件

边坡植被恢复主要是通过前期喷播绿化结合、后期点缀栽植花灌木的方法，以覆盖坡面、改善边坡区域小环境，减少水土流失、改良坡面质地，从而达到植被恢复的效果。因此植物的成活与否对边坡的植被恢复至关重要，而良好的土壤、充足的水分、足够的肥力是植物生长必备的三大要素。通过对项目全线挖方边坡进行调查分析，发现该项目边坡植被恢复具有良好的条件。

(1)全线绝大部分挖方边坡以土质为主。边坡开挖前植被长势良好，种类丰富，开挖后均为能适应植物生长的土壤，为植物生长提供了良好的土质条件。

(2)全线边坡普遍不高，坡率较缓，以1∶1.5和1∶2.0的坡率为主，为前期的喷播绿化提供了方便，保证了喷播时挂网的稳定以及减少了喷播基质的流失。

(3)全线边坡普遍无硬性防护，为坡面的整体植被恢复提供了良好的条件，保证了坡面恢复的整体性、协调性和统一性。

(4)边坡开挖过程中较好地贯彻了交通部典型示范工程设计新理念,坡顶坡角均进行圆滑过渡处理,消除了传统的折角给景观带来的不良影响。同时,保留开挖过程中坡面上存在的孤石,并在其周边合理配植植物,塑造自然和谐的坡面景观。

此外,项目地处南方地区,雨水充足,空气湿度大,项目沿线植物种类丰富,也为坡面的植被恢复提供了诸多有利条件。

4 挖方边坡植被恢复技术措施

本项目边坡植被恢复较好地体现了"自然、和谐"的公路建设新理念的要求,并且做到了坡面植被恢复与坡面开挖施工的基本同步。

边坡分类是开展边坡植被恢复技术的工作基础,只有在对沿线各处边坡的坡质、稳定状态、开挖坡率、周围自然环境等综合因子进行分析,提出科学合理的边坡分类标准,在此基础上再有的放矢地针对不同类型的边坡分别提出不同的植被恢复方案。

结合高速公路挖方边坡植被恢复技术特点,通过对项目全线挖方边坡坡质及其周边环境进行调查分析,确定项目挖方边坡植被恢复主要采取前期喷播覆盖结合后期花灌木点缀栽植的技术方案。前期喷播覆盖主要根据不同边坡性质,利用喷播技术对边坡进行前期绿化恢复,在较短的时间内迅速见绿,改善边坡理化性质,为后期的灌木点缀栽植奠定一个良好的基础。喷播时主要选用乡土的多花木兰、刺槐、小叶女贞、金鸡菊、白三叶等灌草种子,进行合理的配比后通过专用的喷播机械进行喷播。后期花灌木点缀栽植主要有两个目的,其一是合理弥补喷播生长植物参差不齐的缺陷,其二是可通过增加一些花灌木,达到丰富坡面整体景观效果的目的。

根据项目挖方边坡特点,植被恢复时前期喷播主要采用了全灌型挂网客土喷播植被防护、全灌型 CF 网喷播植被防护(即椰纤维植物网护坡技术,是栽种固坡植物并结合椰纤地衣等工程材料,在坡面构建一个具有自身生长能力的防护系统,通过固坡植物的生长对边坡进行加固或美化的一门新的植被护坡技术)和全灌型改良喷播植被防护三种形式。全灌型挂网客土喷播植被防护和全灌型 CF 网喷播植被防护主要适用于坡度较大、汇水面积大的较高大边坡,全灌型改良喷播植被防护主要适用于土质较差、坡度较缓的低矮边坡。它们的工艺流程主要如图 1 ~ 图 3 所示。

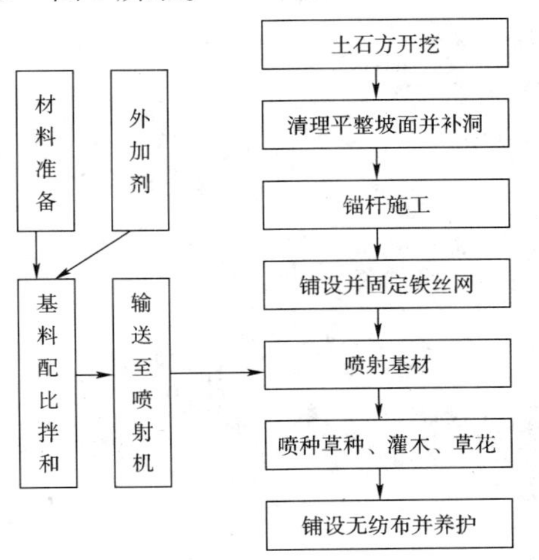

图 1 全灌型挂网客土喷播植被防护施工工艺流程

材料准备
外加剂
基料配比拌和
输送至喷射机
土石方开挖
清理平整坡面并补洞
锚杆施工
铺设并固定CF网
喷射基材
喷种草种、灌木、草花
铺设无纺布并养护

图 2 全灌型 CF 网喷播植被防护施工工艺流程

(1)全灌型挂网客土喷播植被防护施工工艺流程(图 1)

(2)全灌型CF网喷播植被防护施工工艺流程(图2)

(3)全灌型改良喷播植被防护施工工艺流程(图3)

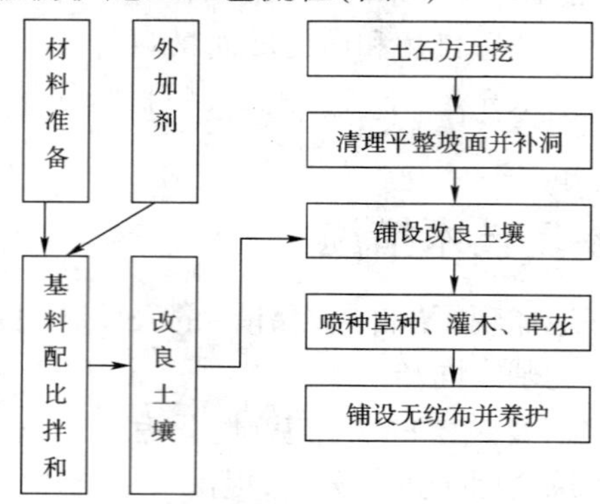

图3 全灌型改良喷播植被防护施工工艺流程

5 结论与建议

经过近两年的试验、观察,本项目挖方边坡植被防护已取得了较为理想的效果,初步形成了灌草结合、物种多样的坡面植物群落,坡面植被覆盖率达到95%以上,但也存在着一些问题和不足,主要表现在:

(1)刺槐长势太盛,影响了其他灌木和草本植物的生长,所以在喷播初期就应充分考虑植物的特点,注重选择合理的植物配比方案。

(2)初期植物配置方案中落叶灌木偏多,常绿灌木偏少,导致冬季景观不理想,因此建议后期点缀栽植花灌木时应考虑加大常绿灌木的比例。

(3)单纯采用喷播方式恢复坡面植被的措施存在技术缺陷,无法较好地解决草本植物与木本植物之间在不同建植时期的种间竞争问题,因此在采取喷播技术的同时还需要补充点播灌木苗等方式。

高速公路挖方边坡植被恢复对于改善公路沿线植被环境、提高沿线居民的生活环境质量、构建以人为本的和谐社会具有重要的意义。高速公路挖方边坡应因地制宜地进行植被恢复,以达到公路开发建设和环境保护两者协调发展的目的。

西藏帕隆藏布流域典型冰湖及其潜在危险性评价

郭国和[1] 吴国雄[1] 程尊兰[2]

(1. 重庆交通大学土木建筑学院 重庆 400074;
2. 中国科学院、水利部成都山地灾害与环境研究所 成都 610041)

摘 要:西藏帕隆藏布流域内分布有大量的冰川和冰湖,在全球变暖的大气候环境下,冰川、冰湖的变化和冰湖溃决的危险性分析,成为研究区减灾防灾工作的重要内容之一。本文在对 Landsat TM 卫星遥感数据解译并分析前人研究的基础上,通过野外调查、访问、勘测,获取了研究区面积最大的冰湖——康窄错(郭奶弄巴上游)的溢流状态、冰碛堤稳定性、冰川作用及下游沟道特征等资料,并且发现郭奶冰川、康窄错的面积均发生了较大的变化,结果表明:冰川总面积减小了 30.71%,冰湖面积增加了 2.70%。研究人员使用直接判别法、冰湖溃决危险性指数(I_{dl})和冰川泥石流沟危险性指数(I_d)对康窄错进行了危险性评价,综合分析认为,在全球气候变暖的趋势下,预计冰川消融加剧,冰湖面积会逐渐萎缩,康窄错属较危险冰湖。基于危险性评价结果,建议下游采取相应的应对措施以减轻可能的冰湖溃决泥石流危害。

关键词:帕隆藏布流域 康窄错 溃决 危险性评价

0 引言

西藏冰湖溃决频发,据统计,喜马拉雅山区近 50 年来至少已有 20 余次较大的冰湖溃决事件,并主要以终碛湖溃决为主[1,2]。近 20 年来,帕隆藏布流域川藏公路南线然乌至培龙路段造成公路断道 20 ~ 270 天的大规模冰湖溃决泥石流 4 次,冰湖溃决后又形成泥石流坝溃决 3 次[2,3],数量虽不多,但由于其规模巨大,不仅一次性危害非常惨重,同时冰湖溃决泥石流堵江形成的堵塞坝再次溃决造成的强劲、高水头的溃决洪水(涌波),不仅荡净了公路,还破坏了山体稳定,改变了河道主流流势。这样公路即使修复后,内边坡的滑坡(含崩塌、坍塌、流沙和滚石)活动和路基水毁的危害便也拉开了序幕,这种"后遗症"会长期严重影响着公路畅通。

在全球变暖的大气候环境下,典型冰川、冰湖的变化和冰湖溃决的危险性分析,已成为研究区减灾防灾工作的重要内容之一。为防止 1988 年米堆沟光谢错那种大规模冰湖溃决灾害[2,3],本文试图从分析川藏公路南线然乌至培龙路段所属的帕隆藏布流域自然环境背景及郭奶弄巴流域特征入手,采用不同的冰湖溃决危险性分析方法,对研究区面积最大的冰湖——康窄错溃决的危险性及其可能发生灾害的程度作出判断和评价,为今后该地区城镇规划、道路、水利工程建设及防灾减灾提供依据。

1 帕隆藏布流域自然环境背景

1.1 地形地貌特征

青藏高原平均海拔高度在 4 000m 以上,以藏东为代表的高原周边发育世界上最深峡谷,相对高差在 1 500 ~ 3 000m，最大达 5 000 ~ 6 000m；河流深切，沟壑纵横，水流湍急，现代冲蚀作用相当强烈；山高坡陡，坡度一般在 30°以上，最大可达 80°，重力地质作用及其引起的物质移动显著。据研究[2]，藏东主要地貌特征为：绝对和相对高度大，河流深切，山坡陡峻；格子状水系，河谷地貌多变，峡谷与宽谷相间发育，在纵向上呈串珠状；古冰川与现代海洋性冰川发育，面积大，冰湖众多；松散堆积物发育；地形地貌受构造控制十分明显。另外，现代冰川占全流域 16.2% 左右[2]。

1.2 水文特征

帕隆藏布是雅鲁藏布江的重要支流，由帕隆藏布与易贡藏布组成，二者在通麦附近汇合，呈 SN 向注入雅鲁藏布江。一般而言，狭义的帕隆藏布基本水文特征为：年平均流量 421.0m^3/s（全流域为 988.9m^3/s）；平均最大洪峰流量 1 367.1m^3/s（全流域 2 829.9m^3/s）；年最大洪峰流量 3 387.6m^3/s[4]。

1.3 气候特征

研究区气候受地壳隆升的影响非常突出。在索通以下年平均气温在 10 ~ 12℃及以上[2]。由于帕隆藏布干流地势的变化，越往下游，温度越高；反之，随着海拔高度增高，年平均气温降低。海拔 4 100m 左右是年平均气温 0℃等值线的通过带，高原、高山区海拔 4 500 ~ 5 000m 及以上是冰雪覆盖和现代冰川发育地区[2]。波密是现代冰川的中心，流域内绝大部分山地常年处在寒冻风化剥蚀和冰雪作用之下，冰雪和冰川融化水资源很丰沛。帕隆藏布流域内降水主要来自印度洋季风，拉月一带年降水可达 1 100 ~ 1 400mm，波密超过 900mm，然乌则在 700mm 以上[2]，局地性暴雨较多，因此多发育冰川泥石流、冰湖溃决型泥石流。

1.4 新构造与地震

帕隆藏布流域是印度洋板块和亚欧板块碰撞挤压作用的接触地区，地质构造十分复杂，断裂发育，分布密度大，并分布有第四纪以来活动性断裂，新构造活动强烈[4,5]。据分析，研究区的河谷深切，陡坡居多，卸荷裂隙发育。这为崩塌、滑坡、冰湖溃决的发生创造了内、外动力环境。

帕隆藏布流域内的研究区——川藏公路南线然乌至培龙段北依高耸的念青唐古拉山，山上冰川发育，冰湖棋布。经过对 Landsat TM 卫片和 2001 年航片分析，并结合地形图资料初步统计，该路段约有冰湖 155 个（包括支流内的冰湖），其中冰碛湖占 30% 左右（如图 1）。该区域冰湖所处位置海拔高，山坡和河谷比降大，加之岩石破碎，风化强烈，松散堆积物尤其冰川和冰水堆积物厚度大、分布广，这为冰湖溃决泥石流的形成提供了湖水、较大的河流比降和沿途松散物质等条件。经现场考察，依据冰湖离公路距离、海拔高度、冰湖面积、距现代冰川冰舌前端距离、终碛堤坝宽度、背水坡坡度、主沟床纵比降、主河床松散固体物质丰富程度、主沟沿程及下游有无居民点及公共设施情况、有无溃决等 10 个因素，在本研究区内，选择面积最大的康窄错作为重点研究冰湖。

2 郭奶弄巴流域特征

经 Landsat TM 卫片解译及地形图资料分析，对郭奶弄巴、康窄错进行现场考察，分析结果见表 1。

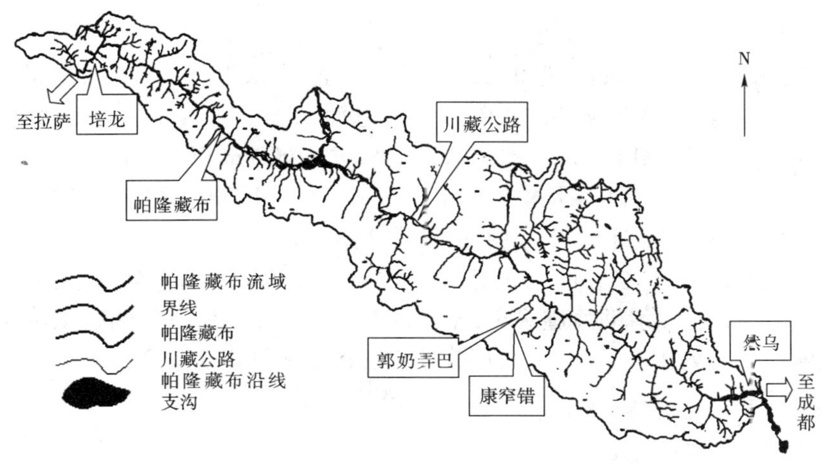

图1 帕隆藏布流域研究区冰湖分布图

康窄错冰湖解译(2007 年) 表 1

冰湖名称	下游沟道名称	坐标(° ′ ″)		面积(km^2)	冰舌距离(m)	冰湖类型	沟长(km)	流域纵比降(‰)	上游冰川类型	冰湖出口高程(m)
		经度	纬度							
康窄错	郭奶弄巴	96 08 47	29 36 16	0.514	215.2	终碛湖	22.506	127.21	海洋性冰川	4005

2.1 郭奶弄巴沟道特征

郭奶弄巴流域(图2)位于 N29°33′16″~29°40′44″,E96°00′36″~96°12′36″,在川藏公路 88 道班以东大约 1.5km 于达巴村汇入帕隆藏布(左岸)。流域源头高程 6 374m,沟口高程 3 168m,相对高差达 2 872m,平均纵比降 127.21‰。上游沟谷呈 U 形,宽 500~800m,岸坡高大陡峭,裸露着棕色或灰色基岩,坡脚岩崩、雪崩、流沙发育。宽谷段末端有支沟索汝弄巴汇入。中下游沟道狭窄弯曲,山坡陡峻,河流下切强烈,断层破碎带上的寒冻风化松散碎屑物质以崩塌、滑坡方式向沟内聚集,为泥石流储备着丰富的土石体。峡谷出口处沟床堆积有碎砾石和树木残体,左岸有 3 条陡峻的弧形侧碛垄,各级高约 15m。右岸为宽阔的古泥石流冰碛物堆积台地,巨石长径一般都在 1m 以上,最大超过 4m,许多冰碛台地已被达巴村村民开辟为农田。在与主河帕隆藏布交汇处,水流湍急,岸坡高达 20 余米。

图2 郭奶弄巴卫星图片(2007 年)

2.2　郭奶冰川

郭奶冰川（图3）位于郭奶弄巴源头，属季风海洋性冰川，发育在冰川槽谷中，海拔在4000m以上，由粒雪盆、冰瀑布、冰舌三部分组成，总面积26.4 km^2。主冰川由6条大冰流组成，积累区朝向SE，消融区朝向NE。粒雪盆处于海拔4 600 m以上，坡度5°~13°，其西北侧有一边长约220m的方形冰湖。冰瀑布处于海拔4 600~4 200m以上，宽600~1 400m，长1 000m，冰面坡度8°~15°。冰舌长4 000m，宽约1 200m，坡度4°~11°。冰舌下段1km范围内冰川表面有粒径在10cm左右的灰黄色表碛覆盖。冰舌以下2~4km处冰面发育有宽达30~50cm的裂缝，冰崩、冰滑动痕迹遍布，冰舌以上两侧新冰期留下的侧碛保留完好。冰体下有暗河，致使巨大冰舌处于悬空状态。目前，冰川已退至距湖岸215.2m处。

2.3　康窄错及冰碛堤特征

康窄错（图3）位于郭奶冰川末端215.2m处。冰湖朝NE-SW方向，呈锥形，长1 200m，宽200~500m，面积0.514km^2，湖边水深0.57~1.0m，最深处大约20m，储水量15.75×10^6m^3[6]。由于冰川运动中沿程携带了岩石风化碎屑物质和冰碛物，湖水在冰川消融季节是浑浊的，湖水含沙量很高。冰湖周围坡度很平缓，冰湖出口处水面高程4 005m。冰湖出口处过流断面宽25m，水深0.3~0.5m，流速约1.6m/s。

图3　郭奶冰川、康窄错

冰湖东岸侧碛垄高约30m，顶宽10~20m，其物质成分以花岗岩、大理岩为主。冰湖出水口距终碛堤约1.8km，向下分布着数个冰碛堤，堤顶宽30~50m，高50m，长300~500m，终碛垄背水坡坡度15°~40°。坝体组成物质以10~30cm的块砾石含量较多，棱角完好，无分选，黏土含量很低，冰碛物结构松散，坝体稳定性差，可能由于冰碛在沉积后所经历的间冰期短，未经过强度的淋融和磨蚀作用。从多个冰碛堤间隔长台地来看，冰川处于退缩阶段，推测康窄错可能由终碛湖逐渐演变为冰蚀槽谷湖。

3　康窄错溃决致灾危险性评价

影响冰湖溃决的因素很多，需要综合分析各影响因子，建立合理客观反映实际的判别模式，以识别冰湖的危险性。中科院成都山地所考察、分析了西藏已溃冰湖溃决事件环境背景，提出目前几种较为合理的分析方法——直接判别法、危险性指数法和冰川泥石流沟危险性指数法[3]。

3.1　直接判别法

通过对已溃决冰湖的实地测量考察及地形图资料分析，从冰湖的相关因子中，通过统计比较，综合归纳出鉴别危险性冰湖的主要参数[3]。它反映了促使冰湖发生溃决的动力条件和冰湖本身的边界条件，可以作为直接判别的依据。表2给出了西藏冰川终碛湖溃决的判别指标与康窄错形态特征。

在表2这7项判别指标中，康窄错各项指标都满足，说明它具有较大的溃决危险性，应严加防范。

西藏冰川终碛湖溃决的判别指标与康窄错形态特征 表 2

指　　标	已溃决冰湖指标变化范围	最有利于冰湖溃决的数量指标	康窄错
补给冰湖的现代冰川、积雪面积 $A(km^2)$	2~30	>20	26.4
冰川积雪区平均坡度 $L_g(°)$	7~12	>7	8~13
邻近冰湖冰舌段坡度 $S_g(°)$	3~20	>8	4~12
冰舌与冰湖的距离 $d(m)$	0~500	<500	215.2
冰湖储水量 $w(10^6m^3)$	3~250	$>1\times10^6$	15.75[6]
终碛垄堤顶宽度 $B(m)$	3~1 000	<60	30~50
终碛垄背水坡坡度 $D_g(°)$	25~33	>20	15~40

3.2 冰湖溃决危险性指数法

自1935年以来,西藏发生的冰川终碛湖溃决都是因为冰舌末端冰体高速崩滑入湖,造成涌浪和冲击波,击溃终碛堤或溢流拉槽刷深平时的溢流口,或击溃坝体薄弱部位造成新的溃口所致。冰体涌入湖中,湖水相应就被排走同样多的体积,故可以将危险冰体的体积与冰湖水体体积的比值(R)的倒数称做冰湖溃决的危险性指数[3],即 $I_{dl}=1/R$。这里 R 用倒数,其含义在于 R 值越大,发生的几率越小,即二者是呈反相关的关系。在西藏历史上暴发的冰湖溃决事件中,工布江达县唐不朗沟内的达门拉咳错,其 I_{dl} 值最大为0.730,首先于1964年9月发生一次性溃决;而波密县米堆沟的光谢错 I_{dl} 值为最小,仅0.033,于1988年8月溃决,较达门拉咳错晚24年[3]。根据此方法,表3算出了康窄错冰湖溃决危险性指数。

康窄错冰湖溃决危险性指数 表 3

冰湖名称	现代冰川面积 (km^2)	平均厚度 (m)*	危险冰体面积 (km^2)	危险冰体体积 (10^4m^3)	冰湖体积 (10^4m^3)	危险冰体与冰湖体积比值 R	危险性指数 $I_{dl}=1/R$
康窄错	26.4	84.33	4.8	40 478.4	1 575	25.70	0.0389

注:* 对于海洋性冰川,平均厚度 $\bar{h}=5.2+15.4\sqrt{F}(m)$,式中 F 为冰川面积[3]。

而表3表明,康窄错冰湖溃决危险性指数为0.0389,而2001年为0.0540[3],明显降低,冰湖趋于衰退状态。但对比已溃决的达门拉咳错和光谢错溃决时的危险性指数,对康窄错溃决仍不能放松警惕。

3.3 冰川泥石流沟危险性指数法

西藏波密地区的冰川泥石流沟,尤其是大型和特大型冰川泥石流沟,其活动高潮都与地震活动周期有关。中强地震或7级以上大地震触发雪崩、冰崩和岩土体堵塞三沟谷,继而溃决。因此,只要识别出现代冰川的危险冰体,可以假定,当这一危险冰体(或土石体)发生崩滑到停止运动的过程中,由势能转变为动能时,最大下冲速度 $v_{max}=\sqrt{2g(\Delta h-f\Delta x)}$。由于大到巨型危险冰体发生崩滑的概率很小,然而一旦发生则成灾严重,因此定义危险性指数 I_d[3] 为 v_{max} 的倒数,即 $I_d=1/v_{max}$,为一条现代冰川小流域内发生冰川泥石流的可能性。据此求出郭奶弄巴发生冰川泥石流的危险性指数如表4所列。

郭奶弄巴危险性指数 表 4

冰川名称	危险冰体重心与其下主沟床最低点高差 h (m)	水平距离 x (m)	$f=h/x$	Δh (m)	Δx (m)	v_{max} (m/s)	危险性指数 $I_d=1/v_{max}$
郭奶冰川	420	3 800	0.1105	407	2 500	50.65	0.0197

通过对西藏波密地区著名的泥石流沟的危险性指数[3]对比，发现郭奶弄巴存在着暴发冰川泥石流的危险性，但其危险性比培龙沟发生冰川泥石流时(I_d 为 0.0125)的要小。

3.4 康窄错溃决危险性综合分析

通过现场调查、勘测和资料计算分析，康窄错有曾溃决的迹象。现场调查未发现流域有新近泥石流痕迹，说明近些年来没有泥石流灾害发生。但该沟于2006年曾发生洪水，水未淹没沟口右岸约2m高的砌石堤，有水浪涌上沟堤。以2005年洪水最大，而之前几年并未发生。

多数情况下，典型冰湖溃决具有突然性甚至暴发性，溃决时一般都会有涌浪形成。西藏地区冰碛湖溃决大多数发生在夏季5~9月高温期。据波密气温资料分析[6]，1988年为高温年，高出年平均气温0.3℃，而7月中旬平均气温又比多年平均值偏高0.8℃。此外，1988年波密降水量是历史之最，较多年平均值偏高30.8%。显然，研究区夏季相对高温多雨的气候条件是冰湖溃决的重要诱发因素。根据杨志法[4]等对降水的趋势进行预测，帕隆藏布流域降水呈上升趋势：根据水热变化曲线，在今后20余年间，随着气温的升高，降水也相应增多。

同时，由于郭奶冰川属季风海洋性冰川，所在位置纬度低，进退变化大，冰面坡度大，冰川底部温度高，悬冰川规模巨大，冰内冰下水道发育，冰舌下段裂隙纵横，冰川坡度较陡。目前，上游冰川消融后退的速度惊人(如表5)。因此，在目前西藏东南部气温上升的背景下，特别是夏季高温多雨，冰舌融化加剧，冰雪融水通过冰川裂隙、冰内水道下渗润滑冰床，悬空冰舌(水枕机制)易发生快速前进、跃动或崩坠入湖，激起涌浪翻堤或冲毁终碛垄引起冰湖溃决。

冰川、冰湖面积年际变化(2001年数据引用文献[6]) 表5

年 份	2001	2007	变化(%)	年均变化率(%)
冰川面积(km^2)	0.525	0.514	-2.10	-0.35
冰湖面积(km^2)	38.1	26.4	-30.71	-5.12

康窄错是研究区规模最大的冰湖，处于逐渐萎缩的状态(如表5)。从湖泊与冰川变化结合起来分析，冰湖萎缩的原因可能是郭奶冰川大面积退化消融。虽冰湖距终碛堤1.8km，湖水位升高受到一定限制，但末次冰期形成的冰碛堤右侧有大规模的雪崩锥停积于沟谷中(如图4)，对冰湖排水极为不利。且此处坡脚冲刷严重，山体有可能在动力地质作用下崩塌，堵塞终碛堤狭窄的出水口，或在持续高温强降雨条件下引发湖溯源侵蚀加剧，加速冰川退缩，冰湖会重新扩大，这种情况在帕隆藏布流域然乌至培龙段特别明显。

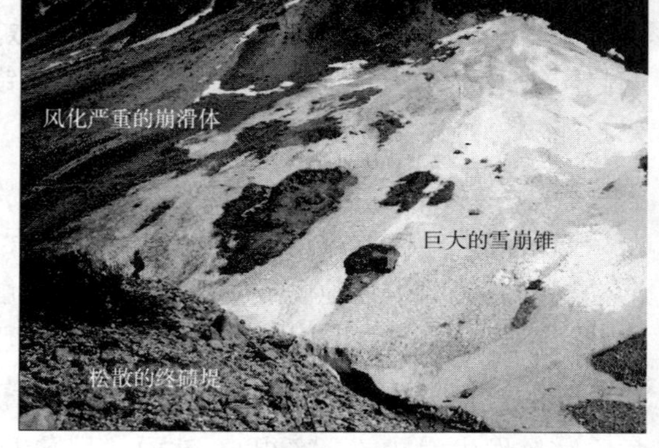

图4 终碛堤末端雪崩

在终碛堤末端崩积物或侧碛崩塌堵塞沟道的情况下，水位上涨达到一定高度后，松散的冰川终碛垄容易发生管涌，导致溃决事件发生。尽管冰湖左岸平坦宽阔，上游河谷较宽阔，使得湖盆对洪水有一定的调蓄能力，但下游沟道狭窄弯曲，谷深坡陡，支沟索汝弄巴的汇入更加大了沟道的水流量，一旦溃决洪水冲扩冰湖出水口，铲蚀和冲刷河谷两岸谷坡，将河谷坡脚风化较深的古冰碛以及坡残积物带入洪流中，后随着块、碎石及土粒含量的增多，即可在短时间内形成泥石流直冲主河，其危险性是非常显著的。

另外，帕隆藏布流域内新构造运动强烈，强烈地震也可能引发康窄错溃决。

结合表2、表3和表4的计算分析,从冰湖发生溃决及其形成泥石流的基本条件如温度条件、降水条件、地形条件、物源条件、激发过程等来看,康窄错仍具有引发溃决的潜在因素,该沟今后发生冰川泥石流的可能性较大。据考察,郭奶弄巴沟口处川藏公路路基较高,康窄错溃决直接危害公路的可能性不是很大。一旦沟道被树木残体和沿途崩塌物质堵塞,形成堵塞坝体,蓄水失稳后二次溃坝必将对下游的牧场和村庄、农田、森林以及低海拔的沿河公路、桥梁基础设施造成巨大损失,严重威胁波密县城的安全。

4 结论与建议

帕隆藏布流域然乌至培龙段是整个西藏冰湖和现代冰川分布最广的地区之一,其独特而又脆弱的自然环境使本路段成为目前川藏公路冰湖溃决泥石流最发育、危害最严重的路段。研究表明[7,8],受全球气候变暖的影响,青藏高原冰川普遍处于退缩趋势,冰川退缩使冰川末端及其终碛之间具有更多的蓄水条件。在未来一段时间内,流域内冰湖溃决的危险性也随之增加,在现代冰川前进或跃动、冰舌断裂、冰湖岸坡出现崩塌或滑坡、温度骤然增加导致冰川加速融化、湖口溯源侵蚀加剧、坝体下部管涌引起塌陷、强烈地震等诸多可能因素的影响下,可能造成康窄错溃决,出现冰湖溃决泥石流灾害。

为了减轻对沿途藏族同胞、波密县城、川藏公路的危害,针对可能发生的冰湖溃决洪水(泥石流)灾害提出以下防灾减灾措施:

(1)在危险性评价的基础上,采取合理的工程措施降低和减少冰湖溃决型泥石流的危害,如加固坝基的稳定性,人工疏通沟道,在沟道的合适位置修建格栅坝和拦洪坝等;

(2)为了防止灾害的突然袭击,及早建立冰湖溃决泥石流灾害预警预报系统,提前确定和落实预警信号和撤离方式,一旦冰湖溃决形成泥石流,可以最大限度地减小对下游地区的危害;

(3)加强冰湖的溃决机理和预测预报研究,提高冰湖溃决遥感监测、自动监测、调查分析、计算、预测及采取工程措施的技术方法和理论水平,制定定期的冰川运动、冰湖水位变化以及冰湖溃决热量指数 I_h[3]等的监测体系;

(4)加强宣传教育,推广相关知识的科普教育,提高冰湖溃决灾害的防范意识和防灾能力,加强领导和群众的认识水平,为群策群防奠定基础。可以利用冰湖下游有牧场的优势,组织群众性的监测,做到一旦出现灾害可能暴发的隐情,能够及时发现,并尽量排除隐患。如不能排除就应及时撤离,避免或减少灾害造成的损失。

参考文献

[1] 徐道明,冯清华. 西藏喜马拉雅山区危险冰湖及其溃决特征[J]. 地理学报,1989,44(3):343-352.

[2] 朱平一,何子文,汪阳春,等. 川藏公路典型山地灾害研究[M]. 成都:成都科技大学出版社,1999:1-53.

[3] 吕儒仁,唐邦兴,朱平一. 西藏泥石流与环境[M]. 成都:成都科技大学出版社,1999:69-77.

[4] 杨志法,尚彦军,张路青,等. 川藏公路地质灾害及其防治对策研究[M]. 北京:科学出版社,2006:39-53.

[5] 西藏自治区地质矿产局. 西藏自治区区域地质志. 北京:地质出版社,1993.
[6] 罗德富,毛济周. 川藏公路南线(西藏境内)山地灾害及防治对策[M]. 北京:科学出版社,1995:139-145.
[7] 李德基,游勇. 西藏波密米堆冰湖溃决浅议[J]. 山地研究,1992,10(4):219-224.
[8] 郑度,林振耀,张雪芹. 青藏高原与全球环境变化研究进展[J]. 地学前缘,2002,9(1):95-102.

四川震后公路恢复重建与边坡生态恢复的协同性探讨

——以省道 S205 线为例

李莉莉[1] 程胜高[1] 徐齐福[2]

(1. 中国地质大学环境学院 武汉 430074;
2. 中交第二公路勘察设计研究院 武汉 430052)

摘 要:在分析总结地震给公路及边坡生态造成的地质病害的基础上,针对省道 S205 沿线公路病害及边坡生态破坏情况,提出震后公路恢复过程中边坡生态破坏解决的原则与处理措施,为震后公路恢复重建与边坡生态恢复的协同发展提供一些建议。

关键词:地质病害 分析 边坡生态恢复

0 引言

2008 年 5 月 12 日发生在四川汶川县的地震,致使建筑房屋倒塌或毁损,山体滑坡,造成了大量的人员伤亡,也造成了四川、陕西境内的一些交通设施的严重破坏,其中公路遭受的损害最为严重,多条公路路面断裂、通行中断,桥梁出现裂缝和下沉等。在交通设施主体受损的同时,由地震引起的山崩、滑坡、地裂、泥石流以及强烈的地面震动也造成了公路范围内的植被严重破坏、景观质量下降,引发大面积的水土流失,并潜在一定的地质灾害,从而导致交通设施的生态环境质量大幅度恶化。因此,震后在完成了抢救生命和基本解决生活必需之后,进入灾后重建和恢复时期,其中交通设施尤其是公路的重建和恢复处于首要地位。在公路的重建和恢复中,着眼于灾区长远和可持续发展,在公路恢复的同时不可不考虑生态的同步恢复。

1 震后区域地质现状

"四川盆地"是燕山运动的产物,使之成为四川中台拗区构造层,由侏罗系—白垩系组成地台型的平缓褶皱。自绵阳界开始,岩层产状平缓,趋于水平状,至剑门一段,岩层倾向不稳定,在 5°~10°之间,呈舒缓起伏。至盆地边缘,岩层才明显表现为向盆地内倾的特征,倾角也由缓变陡,在 25°~35°之间(图 1、图 2)。

地震区在大地构造上属于扬子准台地和松潘~甘孜地槽褶皱系,新构造运动强烈,岩体构造及节理裂隙发育,动力地质和重力剥蚀作用强烈,经过 8.0 级大地震的强烈振荡影响,短期内重力地质及水文地质作用仍然活跃,余震不断,致使许多危岩山体及新近次性地质灾害堆积体(含部分老堆积体)、高陡破碎山体及大量松散堆积体,处于不稳定及临界稳定状态,随时都有变形、失稳破坏的危险。

省道 S205 线大康至桂溪段、黄土良至南坝段均属深切割中山—高山地形,区内重峦叠嶂,水系发育,涪江为区内主要河流,自北西往南东奔流于群山之间。高山与河谷相间分布,山势陡峻,谷岭高差在 1 000m 以上,地形起伏变化大,河流切割较深。路线经过地段最高点为黄土良垭口，海拔3 800m；最低处为涪江河谷，海拔2 000m；一般山谷高差为800～1 200m。根据区内地貌发育特征，按剥蚀切割、河流侵蚀切割和冲积等地质作用，区内地貌可划分为高山深切河谷地貌和山间盆地两个地貌单元。其中山地地貌为以侵蚀作用为主的山地地貌和以河流侵蚀切割作用和冲积作用为主的深切河谷地貌。

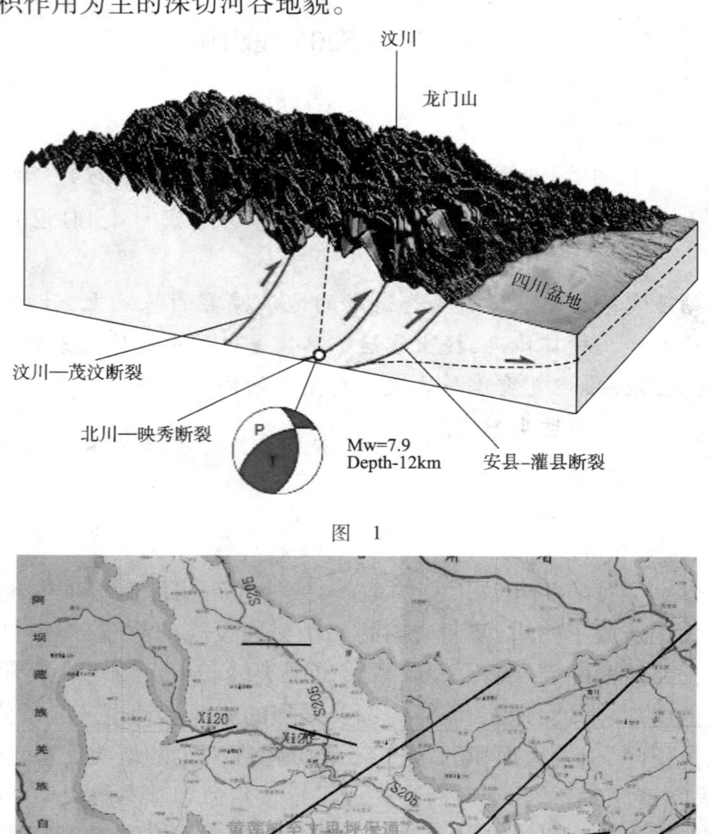

图 1

图 2

路线跨越杨子区龙门山分区、昆仑秦岭区的马尔康分区和西秦岭分区，出露的地层主要有元古界前震旦系、震旦系，古生界寒武系、奥陶系、志留系、泥盆系、石炭系，中生界二叠系、三叠系、侏罗系，新生界第三系、第四系，地层岩性比较复杂，以变质岩为主，少量沉积岩出露。其中基岩以志留系地层出露最广。

路线经过区总体构造是断隆，跨越两个大地构造单元的接合部位，即东南部为平原和低丘，为古生代海相及少部分中生代陆相红层，组成疏缓宽阔的褶皱；西北部为切割较深的连绵不断的群山，为昆仑秦岭区地槽型浅变质火山沉积岩地层组成一系列北西向和北西向的密集线形褶皱和断裂，属于两大构造体系，即摩天岭东西向构造带和龙门山北东向多字型构造。这两大构造体系间即为龙门山地震带，它作为青藏高原东部横断山的一部分，受高原东缘断裂活动影响而强烈抬升，而四川盆地则相对下降。

2 地震给公路及边坡生态造成的地质病害

5.12汶川特大地震,其主因是北川—映秀中央断裂再次剧烈活动所致,而产生的次生地质灾害,与次级构造(节理、裂隙)、岩石的性质、结构构造等有着密不可分的内在联系。岩石在长期的地质进程中,使岩石产生多组节理,特别是与线路近于平行的张性节理,形成形态各异的危岩体,原本摇摇欲坠的危岩,在此次大地震作用下,产生大块的落石和碎石散落。线路旁岩壁高悬,落差达百米,巨大的落石(有的体积达10~30m³)从高空坠地,砸毁护栏,砸裂路基和路面。由于主断裂的运动及各次级断层的错动作用,造成地面的位移,线路水泥路面本为刚性路面,因而产生水泥路面的撕裂,形成各种长短不一的撕裂面。在强大的地震冲击力下,公路路基形成局部沉陷和垮塌;线路边坡原有的古滑坡、古泥石流、古崩塌等重新复活。

与此同时,由于线路边坡的岩性的松散、雨水等地表水的冲刷,形成新的滑坡、泥石流、崩塌、垮塌等,对边坡及边坡生态也造成极大损害。当山体岩性为花岗岩、灰岩、大理岩、厚层砂岩等岩性较坚硬的岩石,在长期的地质作用下,形成了各种节理、裂隙构造,产生了形态各异的危岩体,地表流水多形成裂隙水下渗流走,并且这些岩石类型抗风化能力较强,多形成悬崖峭壁。在特大地震的强力作用下,多产生落石和岩崩。而当边坡为板岩、千枚岩、泥页岩、粉砂岩等岩性较软的岩类时,在长期的地质作用下,易形成沙土坡地,并且这种岩类多为隔水层,地表流水不易下渗而更进一步将岩石泡松散,达到饱和状态时,在特大地震和雨水的双重作用下,多产生滑坡和泥石流等灾害。当线路走向与岩层走向近于平行时比近于直交时,所受到的地质灾害相对要大;即使是在线路走向与岩层走向近于平行的相同条件下,所形成的地质灾害形式和程度也是不同的,岩层倾向于线路,多形成顺层崩滑;岩层反向于线路,多形成落石。

同样岩性和结构构造的岩石类型,在不同的大地构造作用下,产生线路地质病害是不一样的。省道205线主要处于V字形河谷地带,相对高差在800~1 000m之间,少数在1 000m以上,坡角在70°~90°间,少数甚至达100°以上。边坡以悬崖陡壁为主,边坡岩性以砂岩、板岩为主,有少数灰岩等。在节理的作用下,特别是在与线路近于平行的张节理作用下本已开裂形成危岩,在这次特大地震的强力作用下以崩落破坏为主,沿线落石较多。

3 震后省道S205公路边坡生态破坏性影响分析及处理建议

3.1 震后公路边坡生态破坏性解决原则

(1)环境优先原则

公路及其边坡是公路生态系统的一部分,又是区域自然生态系统的一部分,它的功能与服务及其发展演变的方向必然受到自然生态系统影响。按照生态学理论,一个工程边坡就是一个生态系统,包括基本的植物、动物、土壤、工程防护措施以及水、空气、阳光等各种环境因子[1]。目前,边坡防护主要有工程防护、植物防护、圬工防护、柔性防护和综合防护。国际上特别是发达国家较为重视植物防护或植物与圬工防护相结合的方法,以期达到同时发挥防护与美化的作用。随着环境友好发展,生态护坡越来越受到国内外的重视。生态护坡依靠植物良好的根系而使护坡具有能保持水土,防止水土流失;改善土壤环境,增强斜坡稳定性和减轻土壤侵蚀的作用;同时生态护坡具有造价低、能美化环境的独特效果,在国外已得到了广泛的应用[2]。因此,震后公路恢复重建,在确保公路的稳定和行车安全同时,更要注重边坡的生态恢复,优先考虑生态恢复技术,更好地达到与自然环境的协调,保持生态环境的相对平衡。

(2)公路防护区划原则

公路路域生态系统有其自身的物质流、能量流和信息流等，地理区域自然条件对公路防护的影响也存在一定的差异性，因此按照气象、地质、地形、物种分布等因素的差异性，根据公路等级、气候、降雨、地下水、地形地貌、岩性、土质、材料来源等情况，划分不同地区防护主要类型，以便合理布局，综合考虑，因地制宜地选择实用、合理、经济、美观的工程措施、防护形式、植物物种，确保路基边坡的稳定并节约投资。

(3)后期监测、养护、管理科学规范系统原则

建立监测体系，及时掌握气候、地形地貌、土壤以及公路路域新建植物群落动态的变化，贯彻科学规范的生态养护和管理理念。

3.2 震后公路边坡生态破坏处理措施

(1)建立系统公路边坡稳定性评价方法

开挖路堑、填筑路堤、隧道开挖，导致了原生态植被的破坏、水土侵蚀等一系列生态环境问题。同时，也出现了较多的路堤边坡失稳、边坡及路堑边坡坍塌等地质灾害现象[4]，给公路建设、运营带来巨大的经济损失。而5.12地震更是引发了严重的地质灾害，因此在震后公路恢复重建中需要选用合理的方法评价其边坡稳定性，根据评价结果确定合理的边坡治理措施。

(2)建立边坡支护优化体系

根据山区道路建设遇到地质复杂地段的地质选线、滑坡勘察、动态监测、设计和施工提供的指导性意见，针对公路边坡灾害，综合比较研究边坡防护技术，提出了经济、合理、实用且适合四川自然环境特点的边坡防护技术。

(3)省道S205边坡生态破坏性影响分析及处理措施

据实地调查，5.12震后省道S205边坡损害主要是崩塌、落石、危岩、滑坡等。因此，应深入了解公路边坡破坏的形式与机理，了解公路周边的生态情况(气候、植被、岩性、地形地貌、土壤)，灵活采用不同的防护形式，以确保公路边坡稳定、安全，同时应更注重震后公路及公路护坡的生态恢复建设。

省道S205线绵阳市境内起点(K51+900)位于绵阳市平武县与阿坝藏族自治州交界处的黄土梁，经平武县白马藏族乡、木座藏族乡、木皮藏族乡、平武县城、古城镇、南坝镇，北川县桂溪镇，江油市大康镇，在K248+900与江油市于省道S302线相接，终点K253+045，全线长201.165km；其中南坝镇(K181+600)至桂溪镇(K221+000)段与省道S105线共线，共线长39.4km计入S105线。

①K51+900~K56+800段

公路以回头曲线方式越岭展线，岩性主要为全新统含砾黏土层，少量基岩出露，岩性主要为灰绿色中厚层状凝灰岩夹石英角斑岩，微风化，岩石呈块状构造。路基以半填半挖为主，挖方路段路基状况整体较好，原公路大多路段已设置了路堑挡墙支挡，仅有10多处以小型滑塌为主的滑塌体；填方路段路基状况整体较差，主要表现为路基沉陷或向外侧向开裂，以及部分路肩沉陷和侧滑。主要原因是路基或填方挡墙落在陡坡地段松散的碎石土体上，部分挡墙基础埋置过浅，抗滑移能力低，地震发生时，部分挡墙出现往外侧滑移或沉陷，部分路段出现垮塌。路面为水泥混凝土路面，整体路面破损情况严重(图3)，龟裂、网裂、角禺破碎等都较发育，特别是填方路段更为严重，路面沉陷或纵向裂向开

图3 路基路面沉陷开裂

裂严重,地震造成路基的不均匀沉降引起路面开裂也较普遍。另外冰雪天气车辆轮胎装有防滑链也是路面损坏严重的主要原因之一。公路排水设施较完善,则地震对排水沟、边沟基本没有造成破坏。

挖方边坡顶山坡浅表滑动,上部裸露边坡局部崩塌,下方挡土墙局部坍方,部分挡土墙垮塌(图4)。建议:a)修复挡墙并加高形成大碎落台;b)重新修筑挡土墙;c)清除山体冲积物;清除边坡上失稳的碎块石、危岩;d)局部采用防护网防护(图15);e)注重边坡生态恢复技术,增强防护能力。

a)

b)

图4 边坡坍塌、挡墙垮塌

②K56+800~K89+700、K90+050~K107+750段

公路沿溪谷展布,K56+800~K64+000溪谷地形较平缓;K64+000~K72+190溪谷高深狭窄,呈V字形河谷,山坡上灌木丛发育。岩性为灰黑色炭质粉砂质页岩、深灰色粉砂岩。

K72+190~K73+200段溪谷高深狭窄,左侧为最大深达50m的悬崖,右侧为近似直立的峭壁。岩性为灰黄色粉砂质泥板岩,微风化,岩层产状:20°∠35°,岩层呈宽缓褶皱。K73+200~K77+000段地貌上为V字形河谷,坡度50°~70°,坡向210°。岩性主要为粉砂质泥板、花岗岩,岩层中见有两组节理,节理产状:180°∠75°(压性),80°∠75°(张性),裂缝宽一般3~5cm,张节理走向与线路近平行,张节理对岩体破坏最大,使岩体重心倾向线路失稳。

K77+000~K89+700沿溪线,溪谷高深狭窄,灰黄色粉砂质板岩、灰色粉砂质泥质板岩、灰白色花岗岩,岩层走向与线路大致平行,岩石整体相对较稳定,但局部节理裂隙发育。K90+050~K107+750沿溪线,溪谷高深狭窄。岩性主要为深灰色条纹状大理岩、含炭粉砂质板岩,产状:160°∠30°。岩层中发育两组节理,产状:130°∠65°(压性),30°∠45°(张性),张裂缝宽1~2cm,多形成危岩。

K56+800~K64+000路基以低填为主,局部为挖方路段,路基状况整体较好,原公路高挖方路段大多路段已设置了路堑挡墙支挡,挡墙整体较好(图5)。K72+190~K73+200段左半幅路基沉陷严重,路面为水泥混凝土路面,一般路段路面状况整体较好。

K56+800~K89+700边坡整体稳定性较好,局部边坡或山坡上有危岩、落石、崩塌、坍塌(图6)。K90+050~K107+750局部有路基防护,主要为挡土墙,大部分完好,局部被落石、崩塌体毁坏,沿线山坡上部分路段分布有危岩。K89+700~K90+050左侧山体陡峭(图7),地震时崩塌体掩埋现有公路;在K89+890~K89+930左侧边坡上有易失稳的大型岩崩体(图8),宽40m、高120m,岩体为灰岩,大部分岩石已失稳,公路右侧为宽阔的河滩地貌。根据左侧山体垮塌规模和危险程度,建议将路线向右侧移动

图5 路堑挡墙支挡

10～25m，沿河滩上取直布线，公路左侧设拦石墙，并利用原有公路形成崩塌体堆积坑，公路绕避解决高陡山坡上崩塌对公路行车安全威胁。边坡注重生态恢复前提下，建议：(1)清除失稳碎石、危石，清除山体冲积物；(2)修复挡墙并加高形成大碎落台；(3)采用防护网防护(图15)；(4)利用陡边坡上原自然山坡上较平缓地形处设拦石墙，形成落石坑。

图6　高陡边坡、危岩、崩塌、碎落、坍塌

图7　K89+600～K89+900左侧山体

图8　K89+900左侧山体危石

③K107+750～K248+900段

K107+750～K108+850沿溪线，溪谷较开阔平坦，山体陡峭，岩性为厚层细砂岩，岩层产状：120°∠35°，局部地段显露花岗岩岩体，岩体高悬临空形成危岩，岩体易失稳崩塌和滑坡。沿线崩塌、落石、滑坡严重(图9)。K108+500～+800右侧最大滑塌长150m，落石最大高度达230m。大型岩崩体崩塌严重[图10a)]，路基及护栏损坏严重[图10b)]。因此，建议此段路基向溪谷侧偏移，以避开高陡山坡崩塌、落石等地质灾害；可以充分利用原公路右侧河滩上已堆弃的水电开挖洞渣堆(沿河侧已经设浆砌片石挡墙)上改建公路。

K108+850～K128+500沿溪线，溪谷高深狭窄。岩性为深灰色厚层细砂岩，岩层产状：120°∠35°，局部地段出露花岗岩岩体，岩石呈微风化。局部路段分布有中小型崩塌、落石、危岩，局部路段路基路面、护栏被落石毁坏严重。

K128+500～K147+700基本沿河谷展布，河谷开阔平坦，沿线公路部分路段已经城镇街道化，路况较好。局部路段分布有小型崩塌、滑坡，但未对行车构成威胁。路面为水泥混凝土路面，一般路段路面状况较好，但局部路段路面纵、横向裂缝发育，局部坑洼；少量

图9　山坡崩塌、落石、危岩

路面破损严重，面板成碎块状。

a）

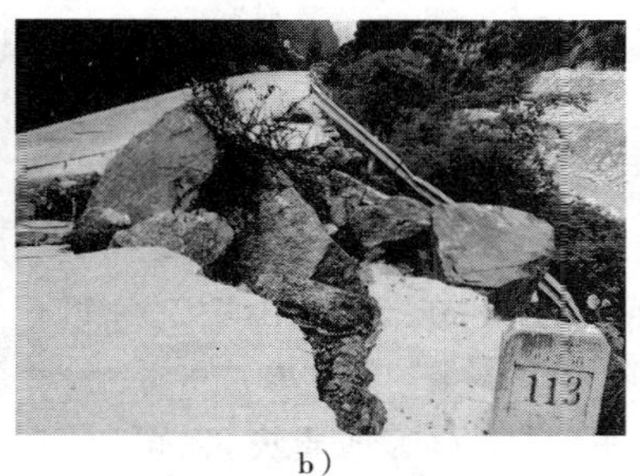

b）

图 10　落石砸烂路面、崩塌堆积体

K147 + 700 ~ K148 + 000 段沿河谷展布，河谷较开阔，左侧陡峭山坡岩性为弱 ~ 强风化深灰色千枚岩，岩石沿张节理面开裂形成危岩。公路边坡上经常有大量崩落下来的岩土体堆积在公路上，影响公路行车安全。

K148 + 000 ~ K171 + 000 段沿河谷展布，河谷一般开阔平坦，沿线路基路面总体状况较好，但局部路段路基路面沉陷，纵向开裂及挤压隆起等损坏严重；局部路段分布有中小型滑坡、坍塌等。

K171 + 000 ~ K179 + 000 段沿河谷展布，河谷两岸山坡较陡，沿线岩性主要为千枚岩、粉砂岩和灰岩，岩体顺层。因公路原有边坡大的开挖导致上部山坡岩体临空，地震引起上部岩体顺层滑塌，掩埋现有公路（图 11），沿线主要地质病害为 5 处大型崩塌或滑坡（群）。临河或临空半幅路基下沉、开裂，或滑坡冲毁原有路基，下雨时边坡经常滑塌。沿线路面总体状况较差，局部路段路基路面沉陷，纵向开裂及挤压隆起等损坏严重；特别是大型崩塌或滑坡（群）段路面损毁严重。

K179 + 000 ~ K181 + 160 段基本沿河谷展布（图 12），河谷开阔平坦，局部路段分布有小型崩塌、滑坡。仅在 K181 + 100 ~ K181 + 260 左侧分布有一处大型滑坡，岩性主要为灰色粉砂质泥质板岩，岩层走向与线路近于平行，岩体顺层，岩层节理发育，特别是在张节理的破坏下岩体破坏呈菱形块状，局部地段岩层沿板理面开裂形成危岩体，遇外力影响或地下水作用形成崩塌或滑坡。公路边坡上经常有大量崩落下来的岩土体堆积在公路上，影响公路行车安全。沿线路面总体状况较差，局部路段路基路面沉陷，纵向开裂及挤压隆起等损坏严重；特别是崩塌或滑坡段路面损毁严重。

图 11　顺层滑塌

图 12　滑塌沿河地形

K221 + 000 ~ K231 + 400 沿溪线，溪谷较开阔平缓，山坡较陡。岩性为灰黄色厚层粉砂岩，岩层产状：140° ∠45°。左侧山体岩层裂隙发育，裂隙呈开放状，将岩体切割呈菱形块状，形成高岩危壁。沿线路况较好，交通比较畅通。局部路段因路基沉陷而造成路面开裂，沿线局部陡峭山坡上分布有危岩、滚石，公路上有零星滚石、小型崩塌体，局部路段损毁较严重。一般路段路面状况较好,但在崩塌、落石路段路面被落石砸毁较严重。

K231 +500 ~ K248 +900 部分为沿溪线,地貌上以开阔平缓的 U 字形河谷为主。岩性主要为浅紫红色含粉砂质泥岩为主,局部地段为粉砂岩、厚层状灰岩。岩层产状:330°∠40°。岩层整体相对较稳定,局部地段有少量因岩层破碎产生的小型滑塌。公路部分路线指标较低,特别是在坡陡弯急路段,易造成交通事故。沿线路况较好,交通比较畅通。局部路段因路基沉陷而造成路面开裂,沿线局部陡峭山坡上分布有危岩、滚石,公路上有零星滚石、小型崩塌体。

根据 K107 +750 ~ K248 +900 分析,建议 K108 +500 ~ K108 +800 路基向溪谷侧偏移,以避开高陡山坡崩塌、落石等地质灾害,可以充分利用原公路右侧河滩上已堆弃的水电开挖洞渣堆(沿河侧已经设浆砌片石挡墙)上改建公路。边坡防护深入生态恢复理念,首先清除山体冲积物和边坡上失稳的碎块石、危岩,确保公路畅通;利用陡边坡上原自然山坡上较平缓地形处设拦石墙,形成落石坑;其次部分路段重新修复或修筑挡土墙(图 11、图 13、图 14);陡峭、危岩、易滑坡路段采用防护网加固(图 15)。

图 13 高填方路基右侧边坡

图 14 干砌挡墙垮塌

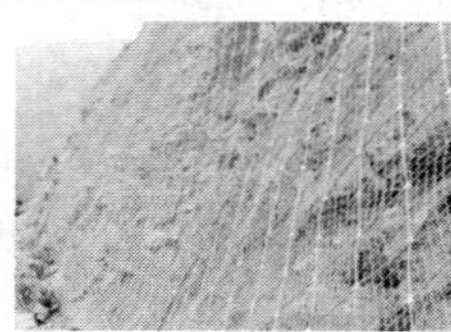

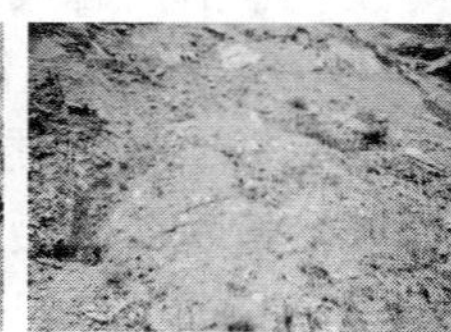

图 15 主动网防护

4 结语

交通设施具有通行功能,同时也具有十分重要的生态功能。交通设施的重建和恢复除了主体工程之外,更重要的是交通设施范围内生态环境的恢复。在诸多公路生态恢复中,公路边坡生态恢复显得尤为突出和具有现实性。因此,四川震后公路恢复重建与边坡生态恢复的协调同步探索具有一定的理论和实践意义。

参考文献

[1] 杨学松,王永林. 新河高速公路边坡原生态恢复研究[J]. 公路,2008(2):101-103.

[2] 黄良娟,黄君山. 高等级公路边坡综合防护系统探讨[J]. 科技信息,2007(5):342.

[3] 杨伟,黄俊生,余海生. 公路边坡稳定性评价方法及滑坡防治措施[J]. 筑路机械与施工机械化,2007,24(4):1-4.

山区高速公路水土保持监测技术方法探讨

冷光义 陈克军 吴东国

(重庆交通科研设计院 重庆 400067)

摘 要:本文针对山区高速公路具有桥梁隧道路段比例大,高填深挖路段长,土石方工程量大,施工扰动范围广,水土流失类型多样、强度大、治理难度大等特点,并由此带来的监测工作难于开展的实际情况,对此类建设项目的监测技术方法进行了初步的探讨。

关键词:山区高速公路 水土保持 监测方法

0 引言

随着我国经济的持续快速发展,特别是国家实施西部大开发以来,高速公路"主战场"逐步由东南沿海平原丘陵区逐步转移到中西部山区,山区高速公路水土流失防治和水土保持监测成为当前公路水土保持工作的重中之重。为了控制山区高速公路建设带来的日益严重的水土流失,在做好开发建设项目水土保持方案编制的同时,还必须掌握山区高速公路水土流失的规律,这就需要对山区高速公路的水土流失进行长期和系统的监测,建立一套适合监测山区高速公路水土流失监测体系。山区高速公路对环境的不利影响及造成的水土流失危害有其自身的特点和规律,对水土保持监测技术进行研究和探讨,对更好地保护和改善山区生态环境、加速治理水土流失、实现经济和社会的可持续发展都有重要的意义。

1 山区高速公路工程特点

山区高速公路建设内容包括路基工程、路面工程、桥梁工程、隧道工程、立交工程、附属设施工程(含收费站、服务区、管理处)、交通工程等几部分。与其他等级或不同地形的公路相比,山区高速公路有如下自身特点:

(1)大桥、特大桥多,隧道以中、长隧道为主,且桥梁隧道路段比例大,高填深挖路段长等特点;

(2)土石方工程量大,土石方调配困难,存在大量取土、弃渣现象,弃方处置难等特点;

(3)山区高速公路建设往往带来大量新建施工便道、施工营地等临时工程,而往往临时工程施工期间水土流失治理不到位,导致后期治理难度大,对区域水土保持生态景观环境造成影响;

(4)施工扰动范围广,水土流失类型多样,水土流失强度大,水土流失治理难度大等特点。

根据山区高速公路工程及水土流失特点,其水土流失防治分区大体可分为主体工程区防治区(含路基工程、路面工程、桥梁工程、隧道工程、立交工程、附属设施工程、交通工程)、取土场防治区、弃渣场防治区、施工便道防治区和施工营地防治区(含临时工棚、堆料场、预制场、拌和场等)等。

2 山区高速公路水土保持监测范围与内容

2.1 监测范围

山区高速公路水土保持监测的范围一般分为主体工程区监测区、取土场监测区、弃渣场监测区、施工营地监测区、施工便道监测区等。

监测重点区域为高填路基边坡、深挖路基边坡、桥台边坡及桥基弃渣、隧道进出口、互通立交区、附属设施区、取土场、弃渣场、施工营地、施工便道等。

2.2 监测时段与频次

监测点布设:根据公路扰动地表的面积,涉及的不同水土流失类型、扰动开挖和堆积形态、植被状况、水土保持设施及其布局以及交通、通信等条件综合确定。

(1)监测时段:监测时段从施工准备期前开始,至设计水平年结束。

(2)监测频次:在工程施工前应对各监测点控制区域进行一次全面的监测,以建立本底数据库。施工期、自然恢复期都采用定期监测,雨季每月至少定时监测1次,每年6~8次。

2.3 监测内容

(1)项目区土壤侵蚀的背景值监测:施工准备期前应对项目区土壤侵蚀的背景值进行监测。

(2)水土流失影响因子监测:包括降雨量、降雨强度、气温、水位、流量、泥沙量等。

(3)项目区水土保持生态环境变化监测:包括地形、地貌和水系的变化情况,建设项目占地和扰动地表面积,挖填方数量及面积,弃土(石、渣)量及堆放面积,项目区林草覆盖度等。

(4)项目区水土流失动态监测:包括水土流失面积、程度和总量的变化及其对下游及周边地区造成的危害与趋势。

(5)水土保持措施防治效果监测:包括各类防治措施的数量和质量,林草措施的成活率、保存率、生长情况及覆盖率,工程措施的稳定性、完好程度和运行情况,以及各类防治措施的拦渣保土效果。

3 山区高速公路水土保持监测方法

水土保持监测采取调查监测、地面监测和场地巡查监测相结合的方法。

(1)气象水文监测

气象水文监测包括气象因子监测与水位、流量、泥沙量监测。对降雨量、降雨强度、气温、风速、湿度等气象因子不单独监测,参照当地气象资料,以收集资料为主。对水位、流量、泥沙量等的监测,以收集工程或临近区域观测资料数据为主。

(2)水土流失因子监测

地形、地貌、植被的扰动面积、扰动强度的变化采用实地勘测、线路调查、地形测量等方法,结合GIS和GPS技术的应用,对地形、地貌、植被的扰动变化进行监测。

建设项目占地面积、扰动地表面积采用查阅设计文件资料,利用高精度GPS和GIS技术,沿扰动边际进行跟踪作业,结合实地情况调查、地形测量分析,进行对比核实,计算场地占用土地面积、扰动地表面积。

项目挖方、填方数量及面积和各施工阶段产生的弃土(石、渣)量及堆放面积采用查阅设计文件资料,利用高精度GPS和GIS技术,沿扰动边际进行跟踪作业,结合实地情况调查、地形测量分析，进行对比核实，计算项目挖方、填方数量及面积和各施工阶段产生的弃土（石、渣）量及堆放面积。人工开挖与填方边坡坡度、弃渣体高度等采用地形测量法。

项目区林草覆盖度的监测采用抽样统计和调查、测量等方法，并结合 GIS 和 GPS 技术的应用进行监测，即选择有代表性的地块，分别确定调查地样方，并进行观测和计算。项目区林草覆盖度利用高精度 GPS 定位，结合 GIS 分析技术，采用抽样调查和测量等方法进行监测。即选择有代表性的地块，确定调查地样方，先现场量测、计算覆盖度（或郁闭度），再计算出场地的林草覆盖度。

林地郁闭度的监测采用树冠投影法。在典型地块内选定 10m×10m 的标准地，用皮尺将标准地划分为 5m×5m 的方格，测量每株立木在方格中的位置，用皮尺和罗盘测定每株树冠东西、南北方向的投影长度，再按实际形状在方格纸上按一定比例尺勾绘出树冠投影，在图上求出林冠投影面积和标准地面积，即可计算林地郁闭度。

灌木覆盖度的监测采用线段法。用测绳或皮尺在所选定样方灌木上方水平拉过，垂直观察灌丛在测绳上的投影长度，并用卷尺测量。灌木总投影长度与测绳或样方总长度之比，即为灌木覆盖度。用此法在样方不同位置取 3 条线段求取平均值，即为样方灌木覆盖度。

草地覆盖度的监测采用针刺法。用所选定样方内，选取 2m×2m 的小样方，测绳每 20cm 处用细针（$\varphi=2$mm）做标记，顺次在小样方内的上、下、左、右间隔 20cm 的点上，从草的上方垂直插下，针与草相接触即算有，不接触则算无。针与草相接触点数占总点数的比值，即为草地覆盖度。用此法在样方内不同位置取 3 个小样方求取平均值，即为样方草地的覆盖度。

林地的郁闭度或荒草地的覆盖度（D）计算公式为：

$$D = f_d / f_e \tag{1}$$

式中：D——林地的郁闭度或草地的覆盖度（%）；

f_d——样方面积（m^2）；

f_e——样方内树冠或草冠的垂直投影面积（m^2）。

项目建设区内各种类型场地的林草植被覆盖度（C）计算公式为：

$$C = f/F \tag{2}$$

式中：C——林木（或灌草）植被的覆盖度（%）；

F——类型区总面积（km^2）；

f——类型区内林地（或荒草地）的垂直投影面积（km^2）。

纳入计算的林地（或草地）面积，其林地的郁闭度或草地的覆盖度取大于 20%。样方规格乔木林为 60m×10m，灌木林为 10m×10m，草地为 2m×2m。本次监测采用的 GPS 定位和 GIS 技术，具有对监测对象的位置、边界准确定位的高精度特性，可在实地调查基础上，结合对地形图件和施工图件的综合分析，提取建设项目占地面积、地表位置及变化情况的数据信息准确可靠。

（3）水土流失状况监测

水土流失状况的监测包括水土流失面积、程度和总量的变化及其对下游及周边地区造成的危害与趋势。水土流失状况的监测采用地面观测，包括简易小区观测（沉沙池法）、简易水土流失观测场法（钢钎法）及简易坡面量测法（侵蚀沟量测）等水土保持监测方法。

简易监测小区法（沉沙池法）主要用于弃渣场渣体的水土流失监测。

用浆砌红砖或混凝土围成矩形小区，在较低的一端安装沉沙池，将场地为排水沟与沉沙池连接，每次观测时清理收集槽里的土石物质，晾干称重，以确定小区内坡面两次监测时间之间的土壤流失量。其中沉沙池规格为2m×2m×2m(长×高×宽)，沉沙池挡墙厚度为0.3m，观测场边界、沉沙池均可采用浆砌砖砌筑，并用水泥砂浆抹面，沉沙池泄水口为0.3m×0.3m。

简易监测小区法(沉沙池法)布置示意见图1。

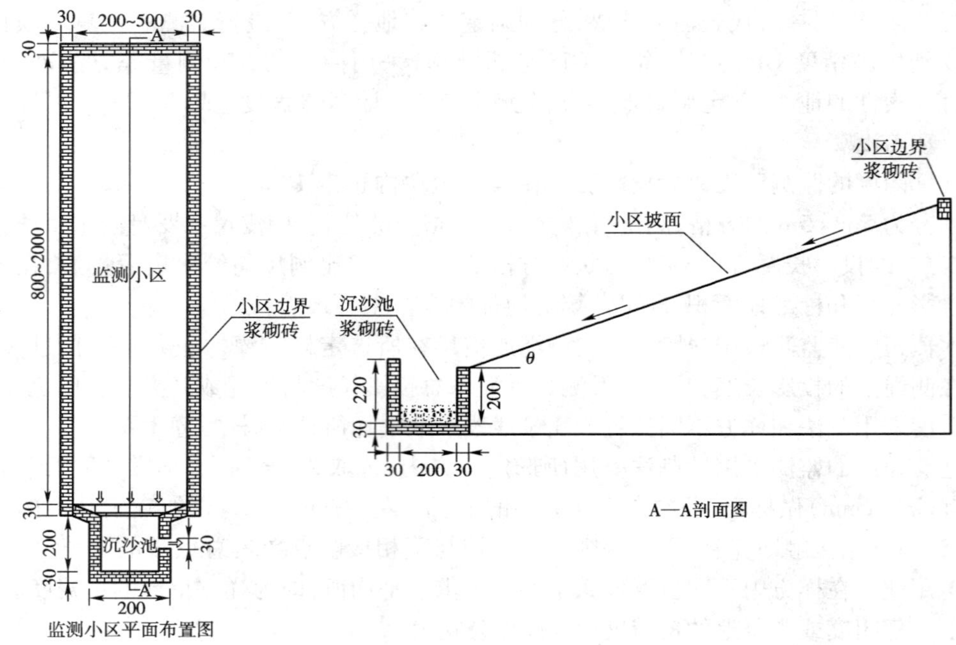

图1　简易监测小区(沉沙池法)典型设计图(尺寸单位:cm)

简易水土流失观测场法(钢钎法)主要用于路基边坡、互通立交、取土场等区域的水土流失监测。布设样地规格为6m×6m。将直径0.5~1cm、长50~100cm的钢钎，在选定的坡面样方小区按照2m×2m的间距分纵横方向垂直打入地下，使钢钎钉帽与坡面齐平，并在钉帽上涂上油漆，编写编号(图2)。具体监测时通过观测钉帽距地面的高度，计算土壤侵蚀厚度和总的水土流失数量。计算公式为：

$$A = ZS/1\,000\cos\theta \tag{3}$$

式中：A——土壤侵蚀数量(m^3)；

Z——侵蚀厚度(mm)；

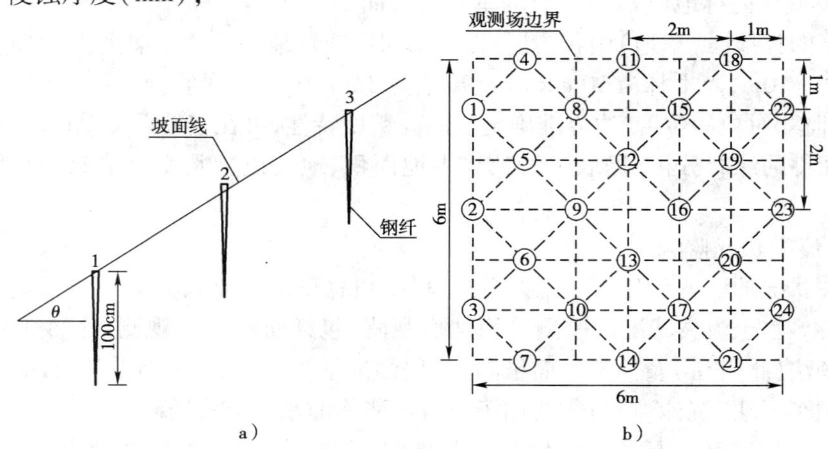

图2　水土流失简易观测场(钢钎法)典型设计图

a)观测场监测断面图；b)观测场钢钎平面布置图

S——水平投影面积(m^2);

θ——斜坡坡度(°)。

简易水土流失观测场法(钢钎法)布置示意见图2。

简易坡面量测法(侵蚀沟量测)主要用于桥梁、隧道、施工营地、施工便道等区域开挖边坡上水土流失监测。

在选定的坡面,量测坡面形成初期的坡度、坡长、坡面组成物质、重度等,并记录造成侵蚀沟的历次降雨。具体监测时通过量测侵蚀沟的体积,得出沟蚀量,来计算土壤侵蚀量。当观测坡面能保存一年以上时,应量测至少一年的流失量。

简易坡面量测法(侵蚀沟量测)布置示意见图3。

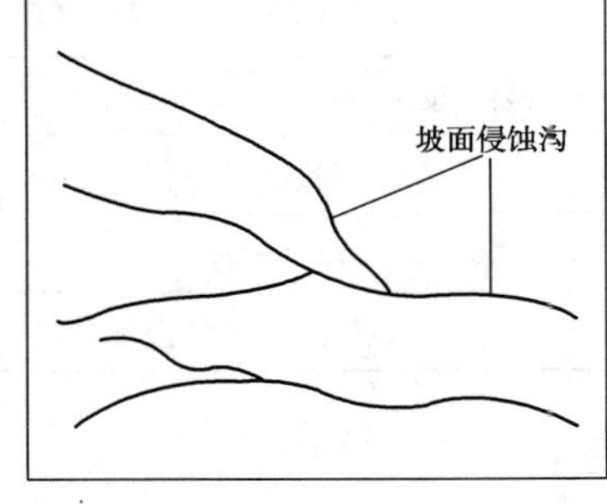

图3 简易坡面量测法(侵蚀沟量测)示意图

(4)水土保持效果监测

水土保持措施的实施数量,采用抽样调查的方式,通过实地调查核实;水土保持措施的质量,通过抽样调查的方式进行。对于工程防治措施,主要调查其稳定性、完好程度、质量和运行状况,按照《水土保持监测技术规程》(SL 277—2002)中7.4.3规定的方法,并参照《水土保持综合治理规划通则》(GB/T 15772—1995)、《水土保持综合治理技术规范》(GB/T 16453.1~16453.6—1996)的规定;植物措施主要调查其林草的成活率、保存率、生长发育情况(林木的树高、胸径、冠幅)及其植被覆盖度的变化,采用《水土保持监测技术规程》(SL 277—2002)中6.5.1~6.5.4和7.4.4规定的方法,参照《水土保持试验规范》(SD 239—87)中第6.5.2条规定的方法。

水土流失防治效果监测主要通过实地调查和核算的方法进行。水土保持措施的保土效益按照《水土保持综合治理效益计算方法》(GB/T 15774—1995)进行;拦渣效益通过量测实际拦渣量进行计算。

(5)监测设施与设备

监测设施包括建立简易监测小区、简易水土流失观测场等所需的观测设施。各类监测设施情况见表1。

水土保持监测设施、设备　　表1

序号	设施和设备	备　注
一	水土保持监测设施	
1	简易监测小区	沉沙池法
2	简易观测场	钢钎法
二	水土保持监测设备	
1	风向风速表	便携式
2	水准仪	测多标桩间距
3	水位计	便携式
4	土壤水分仪	测4个深度

续上表

序号	设施和设备	备　注
5	泥沙采样仪	泥沙采样
6	精密天平	1/10 000g
7	干燥箱	带鼓风
8	手持式 GPS	用于监测点及场地的定位和量测
9	求积仪	测算面积
10	经纬仪	包括弯管目镜
11	钢钎、皮尺、卷尺、卡尺、罗盘等	用于观测侵蚀量及沉降变化，植被生长情况及其他测量
12	用品柜	试剂、物品、资料储存
13	计算机	
14	数码照相机	

4　结语

水土保持监测是一项长期的工作，随着对此类建设项目的监测工作的持续开展，必然会出现更多新的技术，来充实和完善现有的山区高速公路建设项目的监测技术体系。

参 考 文 献

[1] 水利部水土保持司. 水土保持监测技术规程　SL 277—2002. 北京：中国水利水电出版社，2002.

[2] 水利部水土保持监测中心. 开发建设项目水土保持技术规范　GB 50433—2008. 北京：中国计划出版社，2008.

公路建设与生态环境的可持续发展

王振龙[1]　张兰军[2]　于洪江[1]　张文武[1]

（1.重庆交通大学　重庆　400074；　2.重庆交通科研设计院　重庆　400067）

摘　要：本文总结了在公路建设的规划阶段，设计阶段与施工阶段应采取的环保措施，要求公路建设者高度认识环境保护，同时还应掌握必要的环境保护对策知识。

关键词：公路建设　环境保护　可持续发展

0　引言

改革开放以来，我国公路有了长足的发展，到2007年年底，全国公路通车总里程达357.3万公里，高速公路达5.36万公里。但是，随着公路里程的迅速增加和高速公路的大规模建设，由公路所造成的环境影响和环境污染日益突出，这与我国脆弱的生态环境极不适应。实践证明，单靠污染控制技术解决不了日益复杂和广泛的环境问题，只有按照生态可持续性和经济可持续性的要求，进行公路建设，才能实现公路乃至人类自生的可持续发展。

1　我国目前的生态环境问题

和世界上其他国家一样，我国在经济发展中也遇到了环境恶化这个棘手的难题。目前，我国以城市为中心的环境污染不断加剧，并正向农村蔓延。在一些经济发达、人口稠密地区，环境污染尤为突出，森林减少、沙漠扩大、草原退化、水土流失、物种灭绝等生态破坏问题也日趋严重。生态环境恶化目前已经成为制约我国经济发展、影响社会安定、危害公众健康的一个重要因素，成为威胁中华民族生存与发展的重大问题，而经济的高速发展和人口的持续增长又给我国的资源和环境带来了更大的压力和冲击。据统计，我国草原退化、沙化和碱化面积在逐年增加，全国已有13 500亿平方米，约占草地的1/3，并且每年以200亿平方米的速度增加；人均耕地1 120m^2，仅为世界人均水平的43%，其中1/5的耕地受到污染，耕地质量下降。

2　公路建设对社会、生态环境的影响

2.1　对社会、经济的影响

公路建成后，会对沿线的社会结构、经济发展、文化环境等产生影响。首先公路建成后会增加沿线地区的交通量，增加该地区的交通事故，在一定程度上干扰附近居民的出行，割裂了村庄间的原有联系。其次，公路建成后，使沿线各地区的土地功能发生变化，将单一的农业用地、开发用地或商业用地转变成为多行业提供服务的特殊用地，同时也促进了沿线土地资源的开发。再者，公路建设会造成一定数量居民的动迁，使沿线居民人口结构及需求发生变化，改变了原有居民的联系及交往方式，影响区域经济布局和产业结构。另一方面，公路提供了良好的交通条件，加速农产品、矿产、林业产品的输送，信息交通及人口流动，提高了区域的工业产值，推动城乡的商品交换、文化交流和农业的综合开发，使城乡逐步一体化。最后，公路的修建

会破坏一些原有的历史文化遗迹、名胜风景及国家自然保护区,产生视觉污染。

2.2 对景观的破坏

目前,公路在修建及改建过程中,由于缺乏系统研究和统筹安排,致使桥梁、隧道、涵洞、防护、支挡与环境整治很难做到前期为后期服务,使后期投资增大过多。不仅浪费了大量人力、财力资源,而且还造成不良社会影响,并影响了公路的可持续发展。公路在修建过程中,穿过不同的地质、地貌,有平原、丘陵、山岭、森林以及特殊地形,由于技术标准高,不可避免的会出现高填、深挖现象,造成土石方量巨大,这不仅改变了公路范围内的地貌特征,更重要的是由此改变了周围的自然排水体系,进而引起植被破坏、水土流失、边坡失稳等环境问题,使自然景观、生态平衡遭到破坏,失去原有的和谐统一。另外,施工过程中,取土场、弃土堆、隧道弃渣等固体废弃物不仅破坏了自然景观,如果处理不当,还会成为新的水土流失的发生源。

2.3 环境污染

公路建设对环境的污染表现在多方面,公路在建设中每时每刻都向空气中排放大量的有害气体和粉尘颗粒。即使在公路的使用过程中,如处置不当,交通噪声、振动、电磁波等将无时不危及人们的生理与心理健康,影响人们正常的生活与学习。公路施工及营运过程中,机械及行车所产生的噪声、振动等都会危害人体健康,使人烦躁不安,增加紧迫感,干扰正常的工作和生活。

3 环境可持续发展的对策

3.1 规划阶段

在公路网规划和可行性研究阶段充分研究有关环境的问题,尽量避免或降低公路可能产生的环境影响和环境污染,这是公路进入可持续发展之路的首要一步。国外经验表明,这也是减缓公路环境问题的有效方法,故在发达国家特别重视环保,如澳大利亚公路网规划的特点之一,就是把环境影响和环境保护作为公路规划的重要内容;在德国,有"环境协调性评估法",该法要求,在规划建设公路时,必须对环境影响进行调查影响和评估,一般在制定公路需求规划时,必须对规划的公路范围内生态环境可能受到的破坏程度进行评估。因此结合我国脆弱的环境现状,我国更应将环境保护纳入公路网规划,请环境保护专家直接参与规划,加强环境与发展的综合决策,实现路网的整体优化。

在公路网规划过程中,通过对路网所在地区的环境调查,如自然保护区、名胜古迹、水域等,确定环境敏感区域,并根据其保护价值确定敏感程度,通过各区域的敏感度叠加绘制规划区敏感等级分布图,使路线走向尽量避开敏感等级高的地区,从而避免对生态环境的严重影响。此外,当路线经过城市时,应尽可能与城市发展规划及国土开发计划相协调,如考虑不同的土地利用形态所产生的交通需求,通过调整交通与土地的使用关系,降低敏感区域内的交通需求,从而达到减少污染的目的。

3.2 设计阶段

在设计阶段中要将环境保护意识贯穿始终,为达到公路建设与环境相协调奠定基础,可从以下几个方面考虑。

(1)路线设计高度的控制

路基高度的确定主要受高等级公路与被交叉道路、人行通道对通行高度的要求控制。即被交叉道路的路面高度尽量不低于原地面高程,以避免导致局部路段因积水而影响交通。另外,根据地区经济发展和人民生活的需要对个别高程偏低的路段进行针对性的防排水处理。

(2)取土场的选择

在平原区,高等级公路平均填土高度较大,土源较困难,但不能在公路两侧附近取土,以免公路修成后路侧形成沟塘,破坏天然排水系统,应结合当地的发展规划选择贫瘠地段集中取土。取土时要注意保护当地的植被及水土资源,将取土坑与地方水产养殖,农田排灌结合起来,综合利用。

(3)弃土的堆放

在山区,高等级公路要达到技术标准要求,尽管注意到纵向土石方平衡,但挖掘高程仍较大,会产生较多的废方。为此,施工的弃土应尽量减少毁坏植被和侵占农田,并不得阻塞原有的排水系统,对弃土堆应及时整平复耕或绿化。

(4)绿化工程设计

绿化设计是公路设计的重要组成部分,通过绿化可以改善景观、美化环境、净化空气、降低噪声、防止水土流失,保持路基稳定,延长公路的使用寿命。进行绿化设计时首先要考虑景观美化,同时考虑驾驶员的视线诱导,确保行车安全。

3.3 施工阶段

3.3.1 生态环保

(1)在土方开挖回填时避开雨季,雨季来临前将开挖回填、弃方的边坡处理完毕。

(2)施工取土时采取平行作业,边开挖、边平整、边绿化,计划取土,及时还耕,及时进行景观再造。

(3)在雨水充沛地区,及时设置排水沟及截水沟,避免边坡崩塌、滑坡产生。

(4)在雨水地面径流处开挖路基时,及时设置临时土沉淀池拦截混砂,待路基建成后,及时将土沉淀池推平,进行绿化或还耕。

(5)对路堤边坡及时进行植草绿化。

(6)对施工临时用地,先将原表层熟土集中堆放,待施工完毕后,再将这些熟土推平,恢复原地表层。

3.3.2 噪声防治

(1)当施工路段距住宅区距离小于150m时,为保证居民夜间休息,应在规定时间内禁止施工。

(2)主动与施工路段附近的学校和单位协商,对施工时间进行调整或采取其他措施,尽量减小施工噪声对教学和工作的干扰。

(3)注意机械保养,使机械保持最低声级水平;安排工人轮流进行机械操作,减少工人接触高噪声的时间;对在声源附近工作时间较长的工人,发放防声耳塞、头盔等,对工人进行自身保护。

3.3.3 大气污染防护

(1)公路施工堆料场、拌和站设在空旷地区,距其200m范围内,不应有集中的居民区、学校等。

(2)应把沥青混凝土拌和厂设在居民区、学校等环境敏感点以外的下风向处,既方便生产,又符合卫生要求。沥青拌和应避免采用开敞式、半封闭式沥青加热工艺。

(3)施工便道定时洒水降尘,运输粉状材料要加以遮盖。

3.3.4　水污染防治

(1)沥青、油料、化学物品等不堆放在民用水井及河流湖泊附近,并采取措施,防止雨水冲刷进入水体。

(2)施工驻地的生活污水、生活垃圾、粪便等集中处理,不直接排入水体。

(3)对桥梁施工机械、船只严格进行检查,防止油料泄漏。严禁将废油、施工垃圾等随意抛入水体。

3.4　公路营运期

3.4.1　交通噪声防治

(1)对公路附近的学校、工厂和其他单位,根据具体情况采取噪声防治措施,如修建高围墙、设置声屏障、临路两侧密集植树绿化、建筑物设置双层窗或封闭外走廊等。

(2)附近有学校的路段两端设置禁止鸣笛标志。

(3)加强交通管理,在公路主要出入口设置噪声监控站,禁止噪声过大的车辆上路。

3.4.2　大气污染防治

(1)路边植树绿化。根据当地气候和土壤特点,在靠近公路两侧,特别是环境敏感区附近密植乔木、灌木,这样既可净化吸收车辆尾气中的污染物,衰减大气中的总悬浮微粒,又可起到美化环境、降低噪声以及改善公路路域景观的作用。

(2)严格执行车辆排放检验制度,利用收费站对汽车排放状况进行抽查,对尾气排放严重超标的车辆进行改装。

3.4.3　水污染防治

(1)严禁各种泄漏、散装、超载车辆上路,防止公路散失物造成水体污染。

(2)在公路交通管理部门的生活区设置污水处理站,各种污水经处理达标后方可排放。

3.4.4　潜在风险及农作物污染防治

(1)对运载危险品的车辆严格进行检查、严格监控,防止事故发生。

(2)在洪涝季节,要加强与气象水利部门联系,确保洪水期行车安全。

(3)在公路两侧 30m 范围内严禁种植蔬菜、马铃薯等根茎入口农作物。

3.5　建立健全环保机构

环境保护是我国的一项基本国策,建立健全公路环保机构是控制公路建设对环境影响的需要,是保护自然环境、实现土地综合利用、走可持续发展之路的需要,是协调公路部门与水利、环保等部门之间的关系。为保证公路正常发展的需要,《中华人民共和国环境保护法》第七条规定:国务院环境保护行政主管部门对全国环境保护工作实施统一监督管理,各级地方人民政府以上环境保护行政主管部门,对本辖区环境保护工作实施统一监督管理。各级交通管理部门,依照有关法律的规定对环境污染防治实施监督管理。如果没有公路环保机构,就不可能实施公路建设对环境影响和环境污染的监督管理,更不可能保证公路事业的健康发展。

4　结语

公路建设必须服从于、服务于经济的可持续发展和人民生活的真正改善,公路建设要避免一边建设一边破坏,以免造成新的生态问题。公路建设占地多,对生态环境的破坏影响大,因此必须按照可持续发展的方针进行规划和建设,走资源、能源和环境协调发展的道路,在规划和决策的过程中,既要满足经济的发展,又要特别注意生态环境保护。它是开发建设和人类赖以生存的基础条件。

参考文献

[1] 杨蓓蓓,等.高速公路建设与环境保护的协调发展[J].西部探矿工程,2004(11):215-216.

[2] 王方杰,耿超.高速公路建设与环境保护的协调发展[J].城市道桥于防洪,2005(5):25-28.

[3] 陈跃.高原山区高速公路建设与生态环境的可持续发展——问题与对策探讨[J].昆明理工大学学报,2003(4):127-131.

[4] 朱晓春.对山区公路建设中环境保护问题的思考[J].工程设计与建设,2005(3):48-52.

[5] 孙贵军.论公路建设的可持续发展[J].中外公路,2006(6):1-3.

[6] 杨世聪,王福敏.西部公路建设与环境保护[J].公路交通科技,2006(6):139-143.

[7] 董小林,张晓峰.西部公路建设与环保[J].交通环保,2006(2):40-42.

[8] 张华明.公路环境保护与环境影响评价[J].公路交通技术,2007(6):125-131.

[9] 侯宏斌.浅议公路环境保护与环境影响评价[J].甘肃联合大学学报,2006(4):19-23.

生物多样性的山区生态公路建设探索

——以垫道公路九南段为例

袁兴中[1,2] 刘 红 王 强 孙 荣 黎 璇

(1.重庆大学资源及环境科学学院 重庆 400044;
2.西南资源开发及环境灾害控制工程教育部重点实验室 重庆 400044)

摘 要:公路是区域景观生态体系中的重要元素——廊道,是区域景观极其重要的结构和功能单元,具有非常重要的生态服务功能。生物多样性是公路路域生态系统的重要组成部分,是生态公路建设的本底和资源库。本文选择地处生物多样性丰富的武陵山区垫道公路九南段,探索如何在生物多样性丰富的山区进行生态公路建设,如何将武陵山地生物多样性、景观多样性与生态公路建设有机结合,营造集生态、经济、观光旅游于一体的路域生态系统。

研究表明,生物多样性丰富区域的生态公路建设,具有极其丰富的本底环境和资源,丰富多样的生物资源是公路建设边坡绿化和生境建设极好的种源库;生态公路建设首先要建立基于生物多样性保护的生态公路设计、施工及管理体系;以生态保护为主、自然群落营建为辅,突出山地特色;加强路域野生动物保护及生境结构设计;构建多样性和本土化结合的公路绿化格局,建设路域生物多样性保育体系,从路域生态系统整体设计,保障公路的生态多样性和生态安全性。

关键词:生物多样性 生态公路 武陵山区

0 引言

公路是区域景观生态体系中的重要元素——廊道,路域生态系统是区域景观极其重要的结构和功能单元,具有非常重要的生态服务功能。在西南山区,公路不仅是重要的生态系统类型,而且作为山区的重要环境资源之一,与山区生态、经济、社会的可持续发展密切联系在一起。

公路路域生态系统的健康和稳定不仅是山区生态环境保护的基础,而且也是山区生态安全的保障。如何在生态环境优良、生物多样性丰富的山区进行生态公路建设,是一个有待解决的课题,尽管国内外开展了相关的理论研究和实践应用,但是尚未形成系统的山区生态公路的完整理论体系,对山区生态公路建设的许多关键问题(如生态公路建设与当地生态环境的融合性、路域生态系统的整体设计、路域范围内生物多样性保护及利用等)还缺乏研究。

本文选择地处生物多样性丰富的武陵山区的垫道公路九南段,探索如何在生物多样性丰富的山区进行生态公路建设,重点在如何将武陵山地生物多样性、景观多样性与生态公路建设有机结合,营造集生态、经济、观光旅游于一体的路域生态系统。

1 研究区域概况

垫江至道真二级公路九溪沟至南天湖段改建工程(简称垫道公路九南段)位于重庆市丰

都县南部,起于龙河下游九溪沟大桥南桥头(海拔200m),止于海拔1 500m的南天湖风景区入口,全长23.29km。地理坐标在东经106°23″~106°55″、北纬28°28″~29°11″。垫道公路九南段地处重庆市南天湖市级自然保护区内,东至三抚林场沱沱坝,南至三抚林场大塘坝,西至世坪林木良种场铁厂坝,北至包鸾镇雪玉洞。

垫道公路九南段位于四川盆地东部中低山区,海拔200~1 500m,相对高度大,地貌形态多样,以中、低山为主,有少部分的丘陵,兼有宽谷、窄谷、岩溶、槽坝阶地等。区内山峦起伏,河谷纵横,地势狭窄陡峻。石灰岩出露地段,发育槽状谷地,散布有峰丛洼地.槽谷两侧山脊高耸。建设区起点属重丘地形,九溪沟至三抚镇约10km地形较平坦,三抚镇至南天湖约12km地形起伏较大。

垫道公路九南段所在区域属中亚热带湿润季风气候区,温暖湿润,年均气温18.7℃,年均降雨量1 071mm。由于地貌的垂直差异,形成气候随海拔高度变化而变化的立体气候特点。公路起点段所临的龙河为长江一级支流,发源于石柱县内七曜山西北坡和方斗山的东南坡。九溪沟为龙河支流,土壤类型复杂,有冲积土、紫色土、黄壤、黄棕壤等,土壤垂直地带分布明显。

垫道公路九南段所在的七曜山地处中国生物多样性丰富的武陵山区。丰富多样的自然环境为野生动植物生长提供了良好条件。区内动植物资源丰富,地带性植被为常绿阔叶林。垫道公路九南段所在的渝东—鄂西地区是中国17个生物多样性关键区域之一,备受全球关注。

本研究以公路生态工程、系统生态学方法为指导和基础,采用了理论分析与现场观察相结合、定位研究与面上研究相结合、传统技术与现代技术相结合的方法,对现场调研和定位观测分路段进行,包括环境要素调查、植被与动物群落调查。植被与动物群落调查按照《陆地生物群落调查观测与分析》的规范进行(董鸣,1996)。本文在室内分析的基础上,确定了设计方案及管理对策。

2 路域范围生物多样性现状

2.1 植被及植物资源

垫道公路九南段地带性植被为亚热带常绿阔叶林。根据中国植被分类原则、单位和系统,调查表明垫道公路九南段路域范围内有11种植被型、47个群系。

该区主要植被型有温性针叶林(分布在海拔1 500m左右,为人工林,群落面积不大,小块状栽植,包括4个群系)、暖性针叶林(在区内分布范围广,面积大,是重要的森林类型,包括4个群系)、针阔混交林(是马尾松森林植被顺向演替的一个阶段,群落结构较复杂,包括3个群系)、落叶阔叶林(主要分布在海拔1 500m左右的山脊、山坡及河谷两岸,包括9个群系)、常绿落叶阔叶混交林(有人工林,也有天然林,天然林分布海拔较高,包括4个群系)、常绿阔叶林(地带性植被,物种丰富,结构复杂,群落稳定,是区内生态效益最好的植被类型,分布在海拔500m左右包括4个群系)、竹林(区内成片竹林不多,多为沿路村寨、居民点四旁栽植,但在海拔1 500m左右有较为成片、成带的箭竹林,包括3个群系)、常绿阔叶灌丛(主要是油茶灌丛)、落叶阔叶灌丛(有次生性的,也有原生性的,分布广,包括4个群系)、灌草丛(包括白茅灌草丛、蕨菜灌草丛、铁芒箕灌草丛3个群系)、草甸(是非地带性植被,分布广泛,面积不大,较零星,包括3个群系)。

垫道公路九南段地处中国—日本森林植物亚区的华中地区,显示了从援温带到亚热带森林的过渡情况。由于区内海拔高差悬殊,高低参差,地形复杂多变,加之本区属亚热带季风区,降水具有明显季节性。植物区系为西南、华中、华南、华北及西北等各种植物成分的汇合。初步调查有维管束植物180科736属1 660种(含变种、亚种和变型)。按照国家林业局、农业部公布的《国家重点保护野生植物名录》(1997),垫道公路九南段路域范围有保护植物39种,其中1级保护植物7种,2级保护植物28种。

2.2 动物群落

垫道公路九南段路域范围在动物地理区划上属东洋界、华中区、西部山地高山亚区、四川盆地省,农田、亚热带林灌动物群。动物区系组成复杂,地理分布类型多样,动物种类丰富。调查表明,路域范围有陆生野生脊椎动物75种,分属4纲17目44科。动物区系中以鸟类最多,有49种;哺乳类12种;爬行类9种;两栖类5种。陆生脊椎动物区系除了广布成分之外,以东洋界成分的华中区种类为主,渗透有古北界成分,呈现出南北方种类混杂的过渡现象。按照《国家重点保护野生动物名录》(1989年1月,国家林业部和农业部颁布)及《重庆市重点保护陆生野生动物名录》(1998年8月,重庆市人民政府颁布),垫道公路九南段路域范围内国家级和地方级重点保护野生动物包括,国家I级保护动物1种,II级保护动物4种,市级重点保护动物5种。

根据植被类型,结合地形、气候和人类活动等因素,把垫道公路九南段路域范围大致分为5个生境类型,其动物群落类型见表1。

垫道公路九南段路域范围动物群落类型 表1

生　境	动物群落类型	主要动物
河流水域生境	山地河流冷水急流型群落	冷水急流型鱼类,虾类
河谷生境	河岸带湿地群落	两栖类、水禽、小型兽类
石灰岩低山灌丛生境	石灰岩山地常绿灌丛群落	鸟类和兽类较为丰富,是一些珍稀动物如猕猴、红腹锦鸡的栖息地,是生物多样性较高的地带
山地混交林生境	针阔叶混交林群落	鸟类和兽类也比较丰富,爬行类主要为蛇类
山地灌丛草甸	山地灌丛草甸群落	动物种类和数量较多
农耕与村落生境	农耕聚落带群落	主要有鼠类、獾类和鸟类等动物

上述生物资源既是公路建设保护的对象,同时也是公路沿线重要的景观资源及生态公路建设所依赖的物种源。

3 公路路域生态分区

根据地形地貌特点和生物群落的分布,把垫道公路九南段路域分为四个生态区。

(1)龙河峡谷生态区:垫道公路九南段起点段地处龙河峡谷,即九溪沟大桥至九溪沟汇入龙河的峡口,属河流峡谷生态区,峡谷两侧山地陡峭,土壤含砾石较多,吸水、保水能力差。峡谷植被主要为河岸灌丛草甸,公路以上的高地植被为灌丛,顺高程往上分布有零星针叶林和针阔叶混交林。

(2)溪流河谷生态区:九溪沟汇入龙河的峡口至河堰田为九溪沟河谷,九溪沟为龙河一级支流,为典型的山地溪流,河谷底部多为草甸灌丛,邻近公路的高地为农田,沿河还有小面积稻田分布,高程更高的区域为人工针叶林。

(3)农耕生态区:河堰田至三抚场段,地势较平坦,为农耕区,路两侧多为耕地,人口密度较大。耕地土壤含砾石较多,吸水、保水能力差。

(4)森林生态区:三抚场至南天湖段,属森林植被区,从三抚场到南天湖,呈现出明显的垂直分异。灌木种类繁多,由于植被茂盛,坡面侵蚀弱,相对较稳定。在公路的终点区域,分布有山地草甸,路两侧为丰富的野生灌木和草本植物。

4 生态公路建设优势及制约瓶颈

4.1 建设优势

(1)自然本底优良,生物多样性丰富

垫道公路九南段,气候宜人,动植物资源丰富。在地质历史变迁中,地处低纬度和具有以石灰岩为主的复杂多样地形的渝东—鄂西地区,自第三纪以来直接受第四纪冰川的影响相对较小,因此成为著名的第三纪动植物的"避难所",聚集了不少形态上原始、分类上孤立的古老孑遗和我国特产的珍稀动植物种类。同时,龙河流域处于中国—日本和中国—喜马拉雅植物区系交汇处,生物区系成分极为丰富多样,具有交汇与过渡性。优良自然环境和丰富的生物多样性为垫道公路九南段生态公路的建设提供了极好的本底环境和资源,丰富多样的生物资源是公路建设边坡绿化和生境建设极好的种源库。

(2)景观类型多样而独特

垫道公路九南段位于南天湖风景名胜区内,山水秀美,景色迷人,从河流峡谷景观,到山区农耕景观,到山地森林景观和灌丛草甸景观,景观类型多样而独特,为生态公路视域范围景观的优化整合提供了得天独厚的条件。

4.2 制约瓶颈

垫道公路九南段所处地理环境特殊,地形条件复杂,属典型山岭重丘山区公路。公路两侧植被覆盖度较高,自然景观优美,但生态环境脆弱,一旦遭受破坏将很难恢复原状。现有公路已形成许多高切坡和陡边坡,在蒋北口村一带还形成了约2km路段、面积较大的滑坡和裸露山坡。因此生态保护和恢复成为该公路建设的重要内容。由于修建年代较早,公路路线平面、纵面等级标准较低,路基宽度较窄,目前存在的主要问题包括:公路技术标准低,路基病害多;公路边坡尚未治理,稳定性差;公路沿线植被破坏严重,生态环境脆弱;公路沿线区域大多为石灰岩,部分地段石漠化严重;公路沿线视觉景观较差。

5 以生物多样性为核心的生态公路建设对策

由于垫道公路九南段所在的七曜山地处中国生物多样性丰富的武陵山区,该区域是中国17个生物多样性关键区域之一,备受全球关注。因此,生物多样性的保护及合理利用即成为垫道公路九南段生态公路建设的核心。本文在现状调查、室内分析及方案编制的基础上,对生物多样性丰富的山区建设以生物多样性为核心的生态公路提出了如下对策。

5.1 建立基于生物多样性保护的生态公路设计、施工及管理体系

根据区域生物多样性基础及保护生物多样性的需求,对垫道公路九南路段生态公路建设进行设计,编制生态公路设计方案和对自然友好的施工导则及管理体系。设计不仅考虑公路本身的安全、便捷,而且从地形、土壤、路域植被、野生动物生境等多方面进行整体设计,尊重植物、动物以及景观本身的自然恢复力,把路域生态系统看作一个整体,构建结构完整、功能高效的路域生态系统,真正体现生态公路的"生态"内涵,不但获得结构上的生态化,而且力求公路对路域周边环境、生物群落的负面影响最小,体现公路路域生态多样性,以及路域生态系统的

稳定性和自我维持。

5.2 以生态保护为主、自然群落营建为辅，突出山地特色

配合自然地理条件，灵活采用路线平纵面技术指标，最大限度地保护路域生态环境。从景观设计、路域绿化配置到野生动物生境考虑，充分尊重地形，尊重场所语境，维持原地形所烘托出来的武陵山地独有的魅力，从低海拔的河谷地带到高海拔的中山地带，从农耕区域到荒野，从场镇到自然山坡，不同场所的公路路段表达出特有环境的语境和路域情景。

在垫道公路九南段，公路沿线环境各不相同，植被及景观的设计也是因地因段而异，九溪沟至峡口为龙河河谷，公路的河岸一侧以河岸林和河岸灌丛草甸为主，高地一侧则配置以地带性灌丛，体现龙河河谷风光；峡口段维持自然的竹灌丛，表现峡谷幽深的氛围；河堰田至三抚场地势较平坦，营建多样化的鸟类、蝶类生境，构建共生和谐的树（草）—蝶—鸟公路绿化系统；三抚场至南天湖，以生态保护为主、自然群落再造为辅。

在垫道公路九南段高海拔区域，主要是在海拔1 000m以上的区域，自然植被生长良好，野生植物丰富多样，公路沿线鸟类丰富，渝东南武陵山区的农耕田园风光旖旎，尤其是公路两侧的菜园篱笆和农舍篱笆，是这一区域内重要而且独具特色的生态和景观要素。因此，应以生态保护为主、自然群落再造为辅，保留海拔1 000m以上区域公路沿线的自然植被、丰富多样的野生植物，保留牛牵峡村公路两侧的菜园篱笆和农舍篱笆，在完善篱笆网络的同时，进行部分地段自然生物群落的营建，使公路两侧的篱笆网络既有安全的作用，又是极好的景观资源和生态要素，突出山地特色。

5.3 路域野生动物保护及生境结构设计

5.3.1 九溪沟大桥段猕猴生境保护

垫道公路九南段起点为九溪沟大桥南桥头，由九溪沟大桥南桥头至九溪沟注入龙河的峡口段，有国家二级保护动物猕猴活动。在整个龙河峡谷，分布有五六群猕猴。南桥头至九溪沟峡口段的猕猴群有30～40只猕猴，主要活动在公路海拔400m以上的悬崖峭壁的灌丛带。垫道公路九南段的建设必须考虑猕猴的保护。设计方案包括：(1)在九溪沟大桥南桥头公路起点处右侧岩壁边设立猕猴保护标示牌，将猕猴及其生境的景观特征标示其上，这既起到对过往车辆和游人的警示作用，又是对过往旅客的科普教育和环境教育；(2)结合南桥头至九溪沟峡口段的内侧边坡绿化，建设缓冲保护地带，内侧边坡绿化主要以常绿灌丛为主，形成密集的灌丛带，既保护了公路主体，同时拓展了针对猕猴的缓冲保护地带。

5.3.2 九溪沟大桥至峡口段河岸湿地生物保护

九溪沟大桥至峡口段所依傍的龙河为典型的山地冷水急流型河流，鱼类等水生生物资源丰富。调查表明，龙河有各种鱼类89种，土著鱼类众多，极具地方特色。岩原鲤、大鲵为国家2级保护动物，棘腹蛙、四川华吸鳅等是重庆市重点保护水生野生动物。此外，在该河段，还有众多的水鸟，如白鹭、苍鹭、小鸊鷉等。上述水生生物的健康生存有赖于自然、完整的河流及河岸湿地生境。目前，现状公路所经过的河岸结构破坏较大，九溪沟河口地带原生境基本丧失。

九溪沟大桥至峡口段水生生物保护设计方案为：尊重河流自然多样性，重视水生动、植物以及水边昆虫、两栖动物等生境的营造，在公路临河岸边坡绿化时，进行近自然河岸修复，塑造多孔穴空间，以利于河岸湿地生物多样性的保护（图1）。

5.3.3 公路沿线多样化鸟类、蝶类生境的营建

垫道公路九南段沿线鸟类和蝴蝶资源丰富，鸟类和蝴蝶分布具有明显的垂直分异特点保

护，既是保护的对象，同时又是公路沿线的重要景观资源。设计方案包括：(1)加强对现有鸟类及其生境的保护，包括九溪沟至峡口为龙河河谷、峡口至河堰田为九溪沟河谷水鸟及其生境的保护，三抚场至南天湖森林鸟类及其生境的保护；(2)在公路沿线营建多样化的鸟类、蝶类生境，种植不同种类的植物，营造自然群落结构，为鸟类及蝶类创造生境。主要沿河堰田至三抚场地势较平坦的公路两侧绿化带种植多样化的植物，招引适应于不同植物的蝴蝶种类，以植物引蝶，以蝶引鸟，构建共生和谐的树(草)—蝶—鸟公路绿化系统。

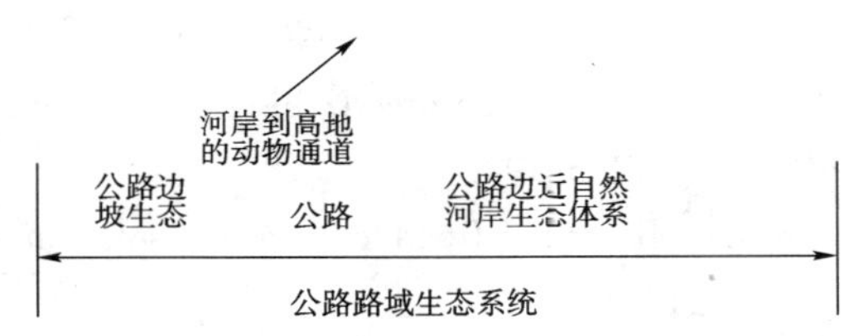

图1 九溪沟大桥至峡口段河岸湿地现状及保护设计示意图
a)河岸湿地现状；b)河岸湿地保护设计示意

5.4 构建多样性和本土化结合的公路绿化格局，建设路域生物多样性保育体系

在垫道公路九南段，以丰富的生物多样性作为公路路域绿化体系建设的种源库，建设多样化、乡土化的路域植被，构建九南路路域生物多样性保育体系，融生物多样性、景观多样性及安全舒适性于一体，提高路域生态系统抗风险性能力。

在九南路路域生态系统所处的南天湖背景区域内，有着丰富多样的适用于亚热带区域的公路绿化建设的植物种类。调查研究表明，该区域有100余种路用植物资源，公路绿化植物种源以当地野生植物为主，以本地园林植物为辅。应遵循植物演替规律，在保证交通安全的基础上，尽量利用自生维持容易的当地野生植物，尽可能增加群落中植物的种类，提高多样性指数。

以南天湖镇为基地，建立大规模筛选和繁育亚热带区域公路绿化建设植物(包括乔木、灌木、草本植物)为主的"苗木工厂"。就地取材，选择适用于公路绿化建设的优势种及主要伴生种的当地种源，进行工厂化育苗，通过对路域适生植物栽培和繁育，以有效保护南天湖区域珍贵的种质资源，壮大野生珍稀濒危植物种群数量，并提高其开发利用价值，为亚热带山区公路绿化建设提供优质苗木，用于九南公路及三峡库区其他地区公路路域植被恢复，作为公路绿化建设的种源基地。

6 结论与建议

生物多样性丰富区域的生态公路建设，具有极其丰富的本底环境和资源，丰富多样的生物资源是公路建设边坡绿化和生境建设极好的种源库。生态公路建设首先要建立基于生物多样性保护的生态公路设计、施工及管理体系；以生态保护为主、自然群落营建为辅，突出山地特色；加强路域野生动物保护及生境结构设计；构建多样性和本土化结合的公路绿化格局，建设路域生物多样性保育体系，从路域生态系统整体设计，保障生态公路的生态多样性和生态安全性。

人类建设的公路交通设施几乎重塑了地球的表面。人们没有意识到,公路占地等交通设施已成为野生动物栖息地的重要侵占者。公路建设造成的栖息地丧失和破碎导致物种多样性的降低已不容忽视。在过去的几十年里,交通设施在很大程度上已经破坏了地球本身所固有的自然环境(第一自然),现在我们有机会通过一系列有效手段如建立近自然公路边坡和野生动物通道等对我们的过失加以弥补,在公路周围重建"第二自然"——人与野生生物和谐共享的新世界。在今后的生态公路建设中,应以系统化的思想进行生态公路总体规划设计,包括公路工程设计、自然环境保护、人文景观的协调等方面,把自然环境、生物多样性、地域文化融入公路的基本功能中,尊重自然,重建"第二自然"。

参考文献

[1] Forman R T T, Sperling D, Bissonette J A, et a1. Road ecology: science and solutions. Inland Press, 2002. 3-397.

[2] Forman R T T . Road ecology: a solution for the giant embracing US. Landscape Ecology, 1998a, 13: iii-v.

[3] Kareiva P. Roads and ecology. Trends in Ecology& Evolution, 2001, 16(8): 430-440.

[4] Forman R T T, Deblinger B D. The Ecological Road-Effect Zone of a Massachusetts (U. S. A) Suburban Highway. Conservation Biology, 2000, 36-46.

[5] Cuperus R. , Canters K J. , Haes H A. , Friedman D S. Guidelines for ecological compensation associated with highways. Biological Conservation, 1999, 90: 41-51.

[6] Bennett, A. F. , 1991. Roads, roadsides and wildlife conservation: a review. In: Saunders, D. A. , Hobbs, R. J. (Eds.), Nature Conservation 2; The Role of Corridors. Surrey Beatty & Sons, Australia, pp. 99-117.

[7] Fernandes, J P. Landscape ecology and conservation management-Evaluation of alternatives in a highway EIA process. Environmental Impact Assessment Review, 2000, 20: 665-680.

[8] Spooner P G. , Lunt I D. , Okabe A and Shiode S. Spatial analysis of roadside Acacia populations on a road network using the network K-function. Landscape Ecology, 2004, 19: 491-499.

[9] 董鸣. 陆地生物群落调查观测与分析. 北京:中国标准出版社,1996.

[10] 交通部公路司. 新理念—公路设计指南(2005 版). 北京:人民交通出版社,2005.

[11] 宗跃光,周尚意,彭萍,等. 道路生态学研究进展. 生态学报, 2003, 23(11): 2396-2405.

[12] 刘秀峰,唐成斌,刘正书,赵明坤. 贵遵高等级公路边坡生境调查及植被演替初探. 贵州农业科学, 2000, 28(6): 41-44.

[13] 陈爱侠. 路域生态系统环境功能与稳定性的初步研究. 长安大学学报(建筑与环境科学版), 2003, 20(1): 11-13.

[14] 张玉珍. 生物多样性在路域植被养护中的应用. 交通环保, 2004, 25(2): 36-38.

[15] 徐国钢,赖庆旺. 中国西南部道路边坡生态治理的实践. 草业科学, 2002, 19(1): 66-69.

[16] 林瑛. 高速公路环境设计中景观与生态、文化的整合研究初探. 江南大学学报(人文社会科学版), 2006, 5(1): 124-128.

公路建设合理利用土地资源对策与措施探讨

张华君

（重庆交通科研设计院　重庆　400067）

摘　要：目前我国面临自然资源紧缺的问题，其中土地资源紧缺尤甚。本文在分析公路建设土地占用存在问题的基础上，探讨了公路建设各个阶段土地节约集约措施，这些措施将有助于我国公路建设中土地资源的合理利用。

关键词：公路建设　土地资源　措施

0　引言

改革开放以来，我国经济取得了举世瞩目的戎就，GDP 从改革开放前 1978 年的3 624.1亿元增长到了 2006 年的 210 871 亿。但是，在经济发展的同时，也消耗了大量的自然资源，我国目前正面临着日益严峻的自然资源紧缺形势。据有关资料显示，我国近 10 年耕地减少了 1 亿多亩（1 亩≈667m^2），2006 年耕地面积为 18.27 亿亩，人均 1.51 亩，人均耕地面积排在世界 126 位以后；全国森林覆盖率仅为 18.21%，而世界平均为 30%。人均煤炭、石油、天然气和淡水量仅为世界平均的 60%、10%、5% 和 25%，而资源利用效率过于低下，能源、淡水、水泥、钢材和常用有色金属五种资源的单位 GDP 消耗量是世界平均水平的 1.9 倍。我国日益严峻的自然资源紧缺形势得到了学者、党和政府的高度重视，2007 年 10 月建设资源节约型、环境友好型社会写入了党的十七大报告。

自然资源主要类型包括土地资源、矿产资源、水资源、生物资源和渔业资源等。土地资源的节约是资源节约的核心。因此，在各类经济活动中如城市建设、交通建设、工业园区建设等中均应合理地节约集约土地资源。近年来，我国公路建设取得了长足的发展，而且根据原交通部 2005 年 1 月公布的《国家高速公路网规划》等将进一步大力推进。公路的建设须占用大量土地，在资源节约集约已经成为社会的共识、国家政策的情况下，在公路建设中合理地节约集约土地是必要的和必须的。但是，目前我国公路建设中土地资源合理利用技术的研究探讨尚少，因此有必要对其进行探讨。

1　公路建设土地占用存在的问题

（1）公路里程长，占用土地面积大

公路建设需要大量的填挖土地，尤其是高等级公路的建设。截至 2006 年年底，我国等级公路里程已达 228.29 万公里，其中高速公路、一级公路、二级公路、三级公路和四级公路里程分别为 4.53、4.53、26.27、35.47 和 157.48 万公里。根据交通部主编，建设部、国土资源部批准的 2000 年实施的《公路建设项目用地指标》，公路建设用地高速公路、一级公路、二级公路、三级公路和四级公路分别为 8.39 hm^2/km、7.01 hm^2/km、3.42hm^2/km、2.78 hm^2/km 和 2.52 hm^2/km。据此推算，我国等级公路已占用 665.06 万公顷土地，约占国土面积的 0.68%。

而且,据原交通部2005年1月公布的《国家高速公路网规划》,我国将在30年内建成总规模8.5万公里的"7918"高速公路网,其中到2010年年底建成5~5.5万公里;各省市也规划了地方高速公路5.2万公里和其他等级公路。拟建的高速公路和其他等级的公路也将会占用大量土地。

公路建设会使征地范围内的植被遭到完全破坏。公路建设占用的土地绝大部分是耕地和林地,耕地和林地的大量占用对于人均耕地本来就少的我国来说是一个巨大的挑战,也将进一步恶化本已面临危机的生态环境。

(2)公路建设会引起周围农田污染或破坏,耕地质量下降

公路建设会使占地范围内的地形地貌、植被遭到完全破坏,地表遭到完全扰动,在降雨和风等因素的作用下,产生水土流失,部分沙土、砾石等进入周围农田,造成耕地的破坏或污染,耕地质量下降。同时,施工过程中产生的施工垃圾及生活垃圾随意堆放进入周围农田,也会破坏土壤,致使耕地质量下降。

(3)设计和施工单位土地节约集约意识淡薄

近年来,国务院和交通部门均非常重视公路建设中土地的节约问题,例如国务院2005年印发的《关于做好建设节约型社会近期重点工作的通知》(国发〔2005〕21号)就明确要求"强化节约和集约利用土地",要求"实行严格的土地保护制度"。原交通部2004年印发的《关于在公路建设中实行最严格的耕地保护制度的若干意见》(交公路发[2004]164号),对公路建设实行最严格的耕地保护制度的重要性以及各个阶段的要求都作出了规定。2005年原交通部又印发了《关于进一步加强山区公路建设生态保护和水土保持工作的指导意见》(交公路发[2005]441号),进一步提出了节约集约土地的一些措施。但是,由于有关节约集约土地技术措施研究滞后,部分设计施工人员土地节约集约意识淡薄,在具体项目设计施工中未能全面实施贯彻节约集约土地思想,设计不尽合理,多占土地及占用环境敏感区域,施工期超范围开挖,水土流失未及时得到治理,临时占地未及时复垦或植被恢复,造成土地资源的浪费。

(4)公路建设节约集约土地对策和措施研究不足

我国土地资源节约集约的研究起步于20世纪90年代,但研究主要集中在农用地和城市用地。目前,公路建设各阶段节约集约用地的对策措施研究尚少和缺乏系统性,给公路建设节约集约土地造成了一定的困扰。

2 节约集约土地对策与措施

公路建设中的土地节约主要指工程应尽量少占或不占土地,土地集约主要指在必须占用土地的情况下,尽量占低功能的植被,如荒地和未利用地等。有关研究表明,除法律法规禁止占用或应绕避的土地如自然保护区、风景名胜区等外,应优先占用的土地类型是未利用地、荒草地,其次是林地和耕地,再其次是水体和湿地[1]。公路建设中土地的节约集约首先应提高公路设计施工人员的土地节约集约意识。公路建设中各阶段可采取的对策与措施介绍如下。

2.1 规划设计期

(1)合理布局和选择公路等级

公路的节约用地应从规划阶段开始,在规划阶段要根据区域经济的发展预测、现有路网情况和未来交通量,结合项目所在区域的地质、自然环境特别是生态环境情况等确定项目是否纳入地区公路网规划并立项,避免土地资源的浪费。

不同等级的公路通行能力是不一样的。据《公路建设项目用地指标》和《公路路线设计规

范》(JTG D20—2006),每公里公路土地占用面积高速公路是二级公路的2~3倍,但是通行能力却为5~7倍。在提供相同通行能力的情况下,高速公路占用土地面积仅为二级公路的40%~50%,因此在相关条件达到的情况下,建议规划修建高速公路。

(2)合理确定走廊带

在工可和初步设计阶段选线工作中,应在详细调查当地土地情况,包括土地类型、面积,生态环境敏感区如自然保护区、风景名胜区和森林公园等的基础上,充分论证确定合理的路线走廊带和主要控制点,将土地占用情况作为选择路线走廊带的重要指标。同时在选择走廊带和布线时应尽量绕避自然保护区、风景名胜区、森林公园等生态敏感点或生态环境敏感路段。如云南思小高速公路必需经过西双版纳国家级自然保护区勐养片区,在工可阶段提出了正线方案(全长22.4km)、D线方案(全长21.88km)、C线方案(全长26.1km)三个方案。正线方案、D线方案从实验区穿过,严重影响和破坏了原生生物的生存环境,并对西双版纳国家级自然保护区勐养片区形成新的分割;而C线方案基本沿213国道老路布线,虽然部分路段经过核心区的边缘部分(原核心区已调整为实验区),但老路两边长期受人类活动的影响,沿线多为人工植被,项目对西双版纳自然保护区特别是重点保护动植物的影响最小。所以,通过比选选择了对自然保护区和生态环境影响最小的C方案[2]。

(3)要充分利用旧路资源

应充分利用旧路资源,避免出现因部门利益或地方与企业利益分歧,导致拟建的干线公路与原干线平行布设,甚至出现2条路线之间仅相距几百米或几公里的情况。应注重利用旧路资源进行改扩建,在改扩建设计中应尽量采用选用指标的低限值,避免大段落废弃旧路,导致新增占大量的土地资源。

(4)合理确定平纵面指标和横断面布置

国外发达国家公路的修建一般不追求高的平纵面指标,注重公路和沿线地貌的衔接,以及和周围环境的协调,很好地保护了沿线的生态环境和节约集约了占地。如日本的公路不是机械地追求同一条道路采用同一个技术标准,而是根据地形、地貌和安全的基本要求分段采用不同的技术标准,基本看不见高路堤和深路堑。因此,在公路的设计过程中,应更新观念,按照《关于印发(公路勘察设计典型示范工程咨询示范要点)的通知》(交通部厅公路字[2004]190号)的要求,做到深刻理解标准规范的实质,灵活掌握应用标准指标,避免生搬硬套、机械地使用;线形走向上顺应山川、河流、大地的地势,不强拉直线,硬切山梁,横跨山谷,应尽量避免长直线;断面布置上在地形平坦、自然横坡较缓的路段,以整体式路基断面为宜,地形复杂、以挖方为主,尤其是自然横坡较陡的路段,可采用分离式路基,或设计为半桥半路、半隧半路或半隧半桥,从而减少公路的土石方填挖量,减少土地资源特别是耕地资源的占用,保护沿线生态环境。

(5)合理确定结构物形式和数量

公路工程的结构物形式和数量,很大程度上影响着公路占地数量。根据《公路建设项目用地指标》,公路互通立交占地依据其规模而差别很大,如高速公路枢纽型四肢交叉互通占地在50.00~67.33hm^2/座之间,单喇叭形四肢交叉互通占地在15.67~18.67hm^2/座之间,双喇叭形四肢交叉互通占地在28.8~36.00hm^2/座之间,而菱形四肢交叉互通占地在16.33~23.33hm^2/座之间。同时,互通立交设置的数量也极大地影响着公路占地的数量,根据《公路工程技术标准》(JTG B01—2003),相邻互通式立交的距离不应小于4.0km,最大不宜超过30km。因此,互通立交的设置应在充分考虑沿线城乡经济发展、地形条件、地质条件,与公路网规划相交公路状况、交通流量以及项目成本等的情况下,合理设置互通间距,尽量优化互通形式,以最大程度地节约集约土地资源。

根据国内外公路建设经验,高填深挖会过多占用土地资源,以及存在众多其他弊病。因此,发达国家的高速公路设计均非常注意保持自然景观,结合实际地形,避免高填深挖,在符合规范的情况下,选择一个较均衡的技术指标。遇到路线必须经过大山时,大多数是修隧道通过;遇到深沟的地方,多数采用桥梁通过;对于高填深挖的设计方法则非常慎重,认为这是对环境的破坏。我国近年来也注意到了高填深挖对环境破坏的问题,开始注重减少大填大挖,并尽量以桥隧代替大的高填深挖路段,如交通运输部(原交通部)2005 年 9 月在《关于进一步加强山区公路建设生态保护和水土保持工作的指导意见》中明确提出"深化工程设计方案。填高大于 20m,挖深大于 30m 的,原则上采用桥隧方案,减少对环境的影响",而《关于印发(公路勘察设计典型示范工程咨询示范要点)的通知》则进一步明确提出"对高度大于 20m 的填方原则上应改用桥梁;挖方深度(路中)大于 30m 或挖方边坡高度大于 1.6 倍的路基宽度值的,原则上应改用隧道"。重庆市巫溪至奉节公路地处山岭重丘区,为了减少公路对地貌的破坏和占地数量等,共设置了桥梁 51 座,隧道 22 座,桥隧总长占路线总长的 75.99%。由于大量采用桥隧,该公路占用土地的数量大为减少仅为 4.03 hm^2/km,远低于《公路建设项目用地指标》规定的山岭重丘区四车道高速公路 7.88 ~ 9.69 hm^2/km 的水平,极大地减少了项目可能对土地资源的占用和对生态环境的影响。

(6)采用低路堤浅路堑和收缩边坡方案

目前,国内高速公路一般采用高路堤和深路堑方案,如平原地区路堤平均填土高度在 3.5 ~4.0 m 之间,山丘区路堤平均填土高度在 3.10m 左右。而据河北省统计,高速公路路基高度每降低 1m,每公里就可节约用土 3.6 万立方米和节约永久占地 5 亩[3]。因此,采用低路堤浅路堑就成了节约土地资源的重要选择。实际上,我国公路建设中已有许多采用低路堤浅路堑的好的案例,如青(岛)银(川)高速公路河北段部分路段采用了低路基方案,路基平均填土高度仅 1.9m,大大节约了土地资源。路基填方和挖方高度控制因素包括隧道高程、立交高程、桥梁高程,以及通道设置和地下水水位等,在充分考虑这些工程因素,并在环境与技术条件可能的情况下,宜遵循"宜低则低"的原则,优先选用低路堤和浅路堑方案。

应在技术经济比较的基础上,在路堤和路堑路段尽量考虑设置挡墙、护坡、护脚等防护设施,缩短边坡长度,最大限度地减少土地资源的占用。

(7)减少路基边沟或截水沟外用地宽度

根据《公路建设项目用地指标》,路基工程用地宽度高速公路、一级公路按路堤两侧排水沟外边缘(无排水沟时为路堤或护坡道坡脚)以外或路堑坡顶截水沟边缘(无截水沟为坡顶)以外 2m 计,二级公路、三级公路、四级公路按两侧排水沟或截水沟边缘以外 1m 计。《中华人民共和国公路法》第三十四条规定"县级以上地方人民政府应当确定公路两侧边沟(截水沟、坡脚护坡道,下同)外缘起不少于一米的公路用地"。在实际设计施工中,高速公路征地一般是在排水沟或截水沟外 2 ~3m。因此,为了减少征地,建议公路征地为边缘排水沟或截水沟外 1m。

(8)加强公路占地审批

公路建设中存在极个别建设单位为减少总体征地费用和征地手续,征地中为将来扩建工程预留了土地的情况,预留在公路两侧的土地荒芜,长满杂草,造成了土地资源的极大浪费。因此,应严格公路占地的审批,应尽量避免公路建设征地中征而不用、建而不竣的情况发生。

2.2 施工期

(1)合理设置临时占地

施工前,应根据工程进度对公路施工临时占地进行认真规划、严格审查,尽量减少耕地、林地的占用和对植被的破坏。施工驻地应尽量租用当地民房,或布设在公路用地范围内,实在不得已才新征占土地。灰土拌和场、沥青搅拌站和材料堆放场应尽量租用当地的场地或设置在永久征地范围内如收费站、互通立交区,也可设置在取土后留下的平整土地上。预制场应尽量设置在公路征地范围内,如可设置在路基范围内,也可设置在完成取弃土后的取弃土场。

施工便道应尽量利用现有的省道、国道、县道或乡村道路。必须新设施工便道时,应尽可能利用荒草地。

取土场的设置应尽量设在可取土深较大的荒山、荒坡上,弃渣场应尽量设置在凹地或沟、谷的顶部。

(2)弃渣的综合利用,以及工业废渣或建筑废料的利用

应在设计阶段合理确定平纵指标,合理土石方调配,尽量减少土石方量的基础上,有条件的地方尽量做好项目弃渣的综合利用以及取土场的合理设置,弃方可用作其他工程的借方,借方可利用其他工程的废方。同时,有条件的地方还应尽量采用符合技术标准的工业或建筑废料如粉煤灰、磷矿渣、建筑废渣等用作路基填筑[4]。通过弃渣的综合利用,以及工业废渣或建筑废料的利用,可减少借方、弃渣对土地的占用。

(3)表土剥离和合理处置

据有关资料在自然条件下形成1cm厚表土需要上百年时间,表土肥力高、结构好,利于植物生长发育。因此,在施工之前应将征地范围内公路的土地特别是耕地的熟土进行剥离,并存放在临时堆放场。待工程单元完工后,再将熟土回填覆盖在取弃土场、施工营地、施工便道或主体工程边坡等的表面,用于复垦或植被恢复。用不完的表土还可用于其他地方耕地的建造。

(4)施工管理

应加强宣传,增强施工单位节约集约土地的意识,不得随意扩大路堑边坡和路堤施工作业范围。

应严格按照设计的取土场、弃渣场进行取弃料作业,不得随意扩大取土或弃渣场的范围,弃渣不得随处乱倒,严格限制取土面积和取土深度。不得随意扩大施工营地的用地范围。

应严格规定施工车辆的行驶便道,防止施工车辆任意行驶破坏植被。

应按照水土保持的要求在路基边缘设置水土流失临时防治设施(如码砌编织土袋等),以减少项目施工的水土流失对周围农田的影响。

施工过程中产生的建筑和生活垃圾应堆放到指定地点,不应弃入周围农田,以免对周围农田产生影响。

施工单位应及时按设计文件要求对公路边坡、取弃土场、施工营地、施工便道等进行复垦或绿化,以尽快恢复当地生态系统。绿化中应尽量选用乡土树种,并注意乔灌草的结合。

2.3 营运期

营运期由于公路已经施工完成,节约集约土地资源的措施主要是完善公路沿线的绿化,对公路沿线植物措施和工程措施进行养护,减少水土流失对周围农田的影响。

3 结语

目前我国面临自然资源紧缺的问题,其中土地资源尤为紧缺。公路建设土地资源的节约

集约首先应提高从业人员的意识,其次才可顺利在各个阶段采取相应节约集约的措施。本文在探讨公路建设土地占用存在问题的基础上,研究探讨了公路建设各个阶段可采取的土地节约集约措施,相信将有助于我国公路建设中土地资源的合理利用。

参考文献

[1] 国家环境保护局环境影响评价管理司.公路建设项目生态环境保护研究与实践[M].北京:中国环境科学出版社,2007.

[2] 交通部公路科学研究所. 国道213线兰州~昆明~磨憨公路思茅~小勐养高速公路工程环境影响报告书.2004.

[3] 刘超群.降低高速公路路基高度的几点措施. 路基工程. 2007(3),151-152.

[4] 王福胜.高填粉煤灰路堤的设计与施工[J].高等级公路,1997,9(3).

江密峰至珲春高速公路生态建设和环保工程设计理念

栾 海 于清海 胡雪峰 刘贤辉

（吉林省公路勘测设计院 长春 130021）

摘 要：本文从生态建设和环保工程设计理念方面，总结了江密峰至珲春高速公路在安全性、公路环境保护及景观设计新思路，从保护自然、回归自然、融入自然、享受自然方面进行探索，体现了"以人为本、以环境为本"，积极探索山区高等级公路设计新理念，使我省山区公路设计技术逐步得到提高。

关键词：生态建设 环保工程 设计理念

0 引言

江密峰至珲春高速公路是同江至三亚国道主干线长春至珲春支线的组成部分，是贯穿吉林省东部山区的交通大动脉，2003 年 10 月已被列入国家高速公路网。该项目的建设，对完善国道主干线路网布局，提高国道主干线的通行能力和服务水平，改善运输条件，实现吉林省"十五"交通发展目标，增加我省基本建设投资，改善我省东部的投资环境，加强民族团结，巩固国防，促进图们江下游地区的开发开放，实现我省经济跨越式发展都具有重大意义。为落实"安全、舒适、环保、示范"的八字方针，确立将本项目建设成为一条"以人为本"与自然和谐相称的生态路、环保路，结合我省近年来山区公路设计的实际情况和存在的问题，总结并探索性的开展了山区公路安全性、公路环境保护及景观设计新思路、新技术、新材料的研究，使我省山区公路设计技术得到了一定的提高。

1 项目概况

项目路线全长 347.09km，设特大桥、大桥 34 座 9 242.285m，中桥 31 座 2 292.44m，小桥 32 座 706.86m，涵洞 631 道，隧道 16 座 25 653m，互通立交 11 处，高架桥 6 座，分离立交 36 座，天桥 13 座，通道 207 座，管理处（所）、养护工区 8 处，隧道管理站 9 处，收费站 13 处，简易服务设施 5 处，连接线 5 条，长度 16.82km。环保绿化里程 523.251km。

2 设计理念的发展与升华

自 1994 年以来，就该项目做了大量前期工作，特别是在路线方案、建设方案、交通安全、环保方案等方面进行了充分论证、反复比选和补充完善。通过对该项目设计的不断深化，从过去的强调安全、快速、经济、舒适等设计理念，上升为安全、环保、舒适、经济、"以人为本"及"环境为本"的设计理念；从过去注重工程本身的差错、漏项的质量观，提升为保证安全前提下的社会环境、生态环境、大气环境及自然环境的协调与保护程度，以此来衡量公路建设的质量。本项目在设计中切实落实了安全、环保、舒适、经济的要求，从保护自然、回归自然、融入自然、享受自然方面进行探索，体现了"以人为本"、"以环境为本"积极探索山区高等级公路设计新理念。

3 设计宗旨和具体措施

本项目地处我省中东部山区，沿线地形起伏较大，山高林密，植被覆盖较好，所经地区沟谷发育，水系发达。如果路线设计大填大挖，将诱发新的地质病害及造成大范围水土流失，破坏山体稳定和自然风貌，同时本项目采用分期分幅修建，因此切实做好公路与自然环境的协调和交通安全工作是本项目成功与否的关键。结合本项目的工程特点，吸收了国内其他省份修建半幅高速公路及环保方面的经验，特别总结了已通车的延图高速公路的经验、教训，严格按照“安全、环保、舒适、经济”的方针作为设计的基本原则，将本项目建成一条生态路、环保路；紧紧围绕安全、生态、景观、旅游路的目标要求，以生态恢复为主线，充分发挥植物在造景、柔化硬质构造物、遮挡工程创伤等方面的功能；深入分析公路沿线的景观特征、自然植被的演替规律，对全线景观进行系统规划，对路内景观和路侧外景观进行全面设计，以动态景观为主，以静态景观为辅，抓住重点、突破难点、呈现亮点。

3.1 安全原则——确保道路行车安全及公路本身安全

(1)重视线形设计，提高道路的行车安全

道路的线形设计是一个设计的灵魂，直接影响道路的安全和造价，因此，在设计中非常重视线形组合设计，定线时采用曲线定线法，利用先进的 CARD/1 软件对线形进行优化，使线形与地形相适应，减少对环境的破坏，设计时通过动态透视图的方法，消除不利的平纵组合，对连续陡坡路段，采用速度图的方法确定纵坡组合设计，通过这些科学的设计手段，使线形更加流畅，从而提高了道路的行车安全。

(2)重视地质选线，确保道路安全，减少地质灾害

路线里程较长，所经区域地质构造复杂，因此设计中充分利用现有的区域地质资料和现已取得的物探、钻探等实际资料，避绕崩塌、不良地质及潜在滑坡段，确定合理的线位方案。在图们至珲春段内，板石隧道受地质构造影响较严重，其节理发育，岩石呈碎块状，左幅进口处在第四系堆积冰碛层中，支护工程量大，进洞困难，因此在可能范围内，又选择了沿江及隧道群方案，通过技术经济比较，推荐了隧道群方案。从设计上将地质灾害减少到最低点，以有效的保护环境。

(3)采取必要的工程处理措施，妥善处理地质病害

公路路基边坡、防护和桥涵结构物等必须满足安全稳定要求，为了防止病害的发生，必须采取必要的防治措施。

在敦化至延吉段内，路线在通过台岩岭时，有三处较大的挖方，经过地质勘察和区域地质情况分析，挖方边坡稳定性较差，因此成立了课题组，专门对三处挖方段进行了研究，提出了可行的处理方案：对第一处采取了线形与纵坡优化，降低路基地挖方深度，以保证路基边坡的稳定性；对第二、三处采取了预应力锚索加框架梁加固方案。从而真正做到了坚持主动防治的原则。

3.2 环保原则——最大限度地保护和恢复生态原貌，使公路与自然环境相协调

(1)总体方案设计体现环保理念

路线总体设计时在综合考虑自然环境与社会经济环境的基础上，进一步考虑了生态环境及自然景观的影响，充分体现地质、环保选线原则，利用曲线定线法使线形与地形相适应，避免

大填大挖,减少对环境的破坏。采用了分离路基方案,对挖方大于30m、填方大于20m时提出隧道及高架桥方案,以最大程度减少对原有植被的破坏。在江密峰至黄松甸段,于木匠沟段初步设计采用挖方通过,但考虑到挖方较深且较长,对山体破坏较严重,同时也不利行车安全,在施工图阶段将其改为连拱隧道方案,虽然造价略有增加,但对环境破坏较小,平纵线形指标有明显提高,能够保证行车安全。在图们至珲春段,对填方较高的路段采用了高架桥方案,共设1762延米/6座。严格控制施工占地,如隧道洞口“零开挖进洞”,利用路基作施工便道及预制场地,隧道出渣充分利用,减少占地,景观绿化因地制宜、最大限度减少人工痕迹。

(2)取、弃土场处理

设计时,充分吸取了长余高速公路的设计经验,对取土场进行了场地规划,确定合理的取土方案及场地排水方案,根据取弃土场实际情况,能复耕的尽量复耕,进行了土地复垦及绿化设计;对弃土场规定了明确的弃土位置,为减少水土流失,进行了绿化设计。没有复耕条件的,设计营造林带,并撒播草种进行植被恢复。对公路可视位置的取土场坡面进行重点设计(如实施客土喷播、栽植小乔木或攀援植物等),以消除公路施工给自然植被留下的伤痕。在取弃土场靠近公路的一侧栽植视线诱导植物,把公路行车视线从取弃土场位置引开。

(3)防止水土流失的生态防护

为防止水土流失,对全线进行综合排水设计,对边沟、排水沟、截水沟等排水设施进行了砌石加固及夯拍加固;对路基边坡采用了叠拱、植草、植紫穗槐等绿化防护,对特殊路段采用了挡墙、护面墙、矮墙等防护,通过这些工程措施,可以有效地减轻水土流失,保护生态环境。

(4)防止污染的工程处理措施

在施工场地及服务、管理、收费、养护设施的位置确定中,充分考虑了对周围水环境的影响,远离饮用水,对服务区等生活区设置污水处理设施,做到达标排放:对运输石灰、水泥、粉煤灰等粉尘材料采取必要的遮盖措施,防止二次扬尘污染环境;对施场地的布设尽可能地远离学校、医院及村屯等环境敏感区,减少噪声对居民的影响,在施工中,生态理念贯穿始终。

(5)路基两侧的绿化

根据本项目所处东北季冰地区的特点,在设计中选择了适合本地区的草种及树种,并注意与周围环境相协调。在挖方土质路段,碎落台采用植草绿化,边坡植紫穗槐绿化;在挖方石质段采用在坡脚及边坡平台处栽植爬藤等蔓类植物,在坡顶栽植悬垂类植物进行遮盖绿化,改善景观。在填方段路基边坡植紫穗槐绿化,在护坡道处植沙棘、丁香绿化,对通过村屯设置防声林带路段,采用植松树、柳树、冬青等高矮不一的树种进行绿化。通过这些绿化措施可以有效地弥补由公路建设带来的环境破坏,提供给公路使用者一个赏心悦目的环境。

(6)互通、服务区的绿化

互通立交和服务区是高速公路的形象窗口,是绿化的重点,在设计时采用了树木、花卉、草坪相结合的方法进行美化绿化环境,使其营造出一个优美、舒适的休憩环境。

(7)充分利用工业废料填筑路基,降低工程造价,保护环境

图们至珲春段在最后19km为填方路基,需要土方量大约200万立方米,由于地处山区,取土非常困难,而英安电厂距路线较近,且有大量的工业废料粉煤灰储备,根据试验数据,本段采用粉煤灰路基加黏土包边、封层方案,因此可减少取土场占地1 020亩(1亩≈667m^2),从而减少了由于取土而对环境造成的破坏,又为电厂解决了粉煤的储存问题,不仅降低了工程造价,还取得了社会效益。

(8)采用景观设计,使公路与周围自然环境相协调,为路容增辉

路基的边沟、排水沟根据地形、土质条件，灵活采用梯形、三角形等形式，使路容整齐美观；对设置护面墙路段，植地锦植物减少圬工砌体带给路者突兀、单调的视觉效应，从而改善景观；通过全线的绿化及建筑物的景观设计，丰富了顾客的视觉，使其感觉行驶在绿色走廊中，并有一种舒适、愉快的感觉。

4 特色建筑和景观

为了体现景观路和旅游路的特色，在对沿线景观资源进行充分调查的基础上，对观景台进行总体布局，合理规划。充分利用现有地形、地貌和取弃土场、服务区等地方设置观景台，同时因地制宜，通过标志牌提示、加减速车道设置、车道加宽、安全护栏等措施确保停车观景的安全。观景台设计以木、石为主要材料，以体现长白山文化形成景观亮点。

4.1 服务设施的环境景观设计

服务设施的设计，坚持了"以人为本"的指导思想，充分考虑为不同的服务对象提供所需要的服务。在选址上考虑了旅客在一定距离处即可隐约见到服务区，以吸引人进入；在场区的设计上，力争做到布局合理，留有足够的停车区，并要为以后的扩建留有空间；在景观设计上将服务区作为公路的标志性建筑物来建设，力求独一无二，吸引人们的视线，使人难以忘怀。并对周围场地进行了较好的绿化设计，将乔、灌、花、草有机的结合在一起，构成丰富多彩的四季景观，使之成为公路的一个亮丽景点。

4.2 桥梁景观设计

桥梁造型不仅要有美感，还要注意与周围环境的协调，不同的地理环境、不同的桥梁形态可形成不同的协调效果，特别是上跨主线的天桥对人的视觉影响很大，因此本项目在设计时根据不同地形及周围环境，采用了斜腿刚构、连续箱梁、刚架拱等不同上部结构形式，通过这些桥型变化增加了桥梁的观赏性，同时也使驾驶者感到一种清新和美的享受。

4.3 隧道洞口景观设计

隧道的洞口对自然环境的破坏较大，因此在设计时本着"早进洞，晚出洞"的原则，尽量减少对原有自然环境的破坏，同时根据地形、地质条件对洞门进行重点景观设计。本项目共有16座隧道，在设计时力求每个隧道洞口各具特色，分别采用端墙式、削竹式等，使旅客有一种新鲜美感。

5 改进与完善的措施

公路生态建设和环境保护是一项复杂的系统工程，涉及公路工程的各个专业。要真正倡导环保优先，改变观念，需要建设者的共同努力。为抓好公路生态建设和环境保护，必须坚持"设计是龙头、施工是关键、运营是保障"的指导思想，使公路建设与环境保护协调发展。针对本项目在生态、环保方面的要求，拟采取以下具体措施进行改进和完善。

5.1 设计阶段是抓好生态环保的龙头

搞好山区公路环境保护必须从勘测设计抓起，虽然本项目在生态、环保建设方案上进行了精心设计，但与国内典型示范路相比还有一定的差距，因此根据本项目沿线的自然环境和景观特点，还对以下几方面内容进行了补充和完善。

(1)项目经过我省中东部地区，路线长度的70%穿过延边朝鲜族自治州，因此在延边州段的房屋建筑景观及沿线景观设计尽量体现朝鲜族的民族习俗和人文历史文化。

(2)在矮路堤及挖方段路两侧的隔离栅处,栽植地锦等攀藤植物予以绿化,使旅客感觉行驶在绿色长廊中,给人一种心旷神怡的感觉。

(3)在土质挖方路段碎落台上,不仅植草绿化,还间隔适当距离栽植灌木组合球、桧柏等植物绿化;在石质挖方路段碎落台上,不仅植地锦等攀藤植物,还间隔一定距离设置花坛,栽植观赏性强的植物。

(4)在路线通过空旷的田野路段,宜每隔2~3km,在路侧局部范围内采用植乔、灌结合的树种进行人造景观设计,使旅客不感觉单调。

(5)注重环境小品景观设计,特别应对高速公路上的互通区、服务区、停车场、隧道洞口、收费站等进行了专业的绿化美化和景观设计,使其与周围自然环境和环境景观更好的融合,使旅客可以边乘车边欣赏沿路的风景,产生回归自然的愉悦心情,并留下舒适惬意的驾乘印象。

5.2 施工阶段是抓好环境保护的关键

虽然在前期规划设计中,处处对环境保护进行要求,设计中始终贯彻了"环保优先"的指导思想,但真正要将环保落到实处,关键还在施工阶段。

(1)严格按设计指定的取、弃场设计进行施工,严禁乱挖、乱弃。

(2)石质挖方段施工,严格控制爆破的装药量,减少由于振动诱发的地质灾害。

(3)在筑路材料运输中,应对粉煤类、水泥、石灰、矿粉等粉尘材料进行遮盖,避免扬尘,引起污染。

(4)为了将设计中的环保方案落到实处,建设部门制定有关环保规定,明确各个环节中的要求,从施工到监理、到建设,各司其职、各负其责,责任落实到具体单位和具体人员。

5.3 运营期是做好环境保护的保障

近年在山区公路的建设中,从项目前期至施工建设期,环境保护都引起了各级领导的高度重视,并取得了明显成效。对于公路投入运营后如何保护好栽植的树木、花、草及水土保持拦挡措施,减少水土流失,以及对沿线生态、环境敏感点的环保如何控制,应采取以下措施。

(1)路政管理部门设立公路环境保护管理机构和环境监测点,制定公路沿线的环保措施,对沿线的环境敏感点定期监测,并及时提出改善意见或采取相应的处理措施。

(2)加强宣传力度,增强沿线村庄护林、爱林意识,防止沿线人为的损害和破坏。

(3)公路绿化是最经济、见效最快的环保措施,公路建成后的环保工作应以绿化为基础,建议设置环保投资专款专用。

(4)环保绿化工作应有专门的技术人才和熟练工人,对植树、草、花路段做到定期检查、修剪等日常养护工作。

公路项目水土保持植被建设的设计调研内容与方法

刘书套

（交通部公路科学研究院　北京　100088）

摘　要：本文阐述了公路项目水土保持植被建设工程设计的调研内容与方法，作为水土保持植被设计的技术支撑。其调研内容为：公路主体工程概况，包括项目项目的地理位置、工程特性、公路设计中的植被建设理念以及一些前期文件；沿线环境概况调查，包括水资源、土地资源、肥料和气象特征等；公路沿线植被概况调查等。

关键词：公路　水土保持　植被　调研

0　引言

公路建设中的水土保持工作是我国水土保持工作的一部分，公路项目的水土保持植被建设同样是全国生态环境保护的重要组成内容。公路项目水土保持植被建设如同其他建设项目一样首先应完成方案的设计。为使方案设计文件的质量具备有科学性、针对性、可操作性，并在实施后能够改善沿线的生态环境、控制水土流失，协调景观与改善路容，在设计之前，应先开展水土保持植被建设方面基础资料的调研，以便为植被建设方案提供有力的技术支持。针对公路项目，水土保持植被建设方案设计调研基本内容包括公路主体工程概况、公路沿线环境状况，以及公路沿线植被状况等。

1　公路主体工程概况调研

公路项目水土保持植被建设工程的设计与公路自身的等级、所处的地理位置、公路工程的特性等密切相关，在进行公路水土保持植被建设工程设计时，应对其进行详尽调研。

1.1　公路项目地理位置

公路工程是一项带状线性工程，公路沿线的地理位置、路线走向、沿线的地形地貌、河流等共同决定路堤、路堑和边坡的长度、宽度、高度、坡度及坡高的不同。且公路沿线不同地带类型将有着不同的气候特征、降雨特征、积温特性以及构成不同的植物立地环境。鉴于公路沿线所处的地理位置方面差异而构成植物立地条件的不同，故将公路地理位置作为公路项目水土保持植被建设设计的依据是非常必要的。同时，公路的走向、填方路基与挖方路基等均涉及阳坡与阴坡、坡面水分状况与积温等，公路植被建设工程设计调研时，应尽可能详细收集资料，为其提供技术支撑。

1.2　公路工程特性

公路工程特性主要指公路的等级，主要工程数量、布局；路基填挖路段长度（km）及填方高度（m）、挖方深度（m）；桥涵数量与累计长度；隧道的布设位置及工程数量、长度；取、弃土（渣）场的数量、分布、占地类型与面积，以及取土工艺及堆弃要求等。若为高速公路或其他收费公路，还应了解生活服务区、管理处、停车区、收费站的布设位置、占地面积(hm^2)；全线互通立交的数量布设位置与每个互通立交的形式(如单喇叭形、苜蓿叶形等)、占地面积；中央分隔带与分车带的宽度、面积等。同时，还应结合公路所处沿线的地质和岩性特征，分别调查了解公路沿线可能产生的土质或土夹石坡面以及岩石坡面的面积、位置、高程、长度、宽度、坡度、坡向等。

以上所述的公路工程特征，主要决定着公路项目水土保持植被建设工程设计的面积，进而决定了乔木、灌木及草或花卉的配置方式、设计数量或植物种子的数量。若公路景观环境质量要求较高的路段，还涉及选择植物品种的多样性及设计采用苗木的规格。从这层意义上分析，公路工程特性同样是进行公路项目水土保持植被建设工程设计的重要依据和基本参数，是进行公路项目水土保持植被建设工程设计前所必须调查的内容。

1.3 公路主体设计中的植被建设理念

公路工程的设计文件中随着设计人员理念的更新与设计文件编制内容上的要求，主体工程设计人员在进行公路工程可行性研究阶段，对沿线进行外业勘察时，从原则上也对公路走向周边地区的植被状况做了勘察。在可行性研究文件编制时，也分不同的路段标出林业植被的主要类型，如针叶林、针叶阔叶混交林，果树(分类标出)，农田，荒地等。随着环境保护认识的提高，生态环境保护理念的深化，公路工程设计人员在设计文本的编制中，已逐渐注意到对生态环境的重要保护目标如成片林木、古树名木等的避让与保护，并在工程可行性研究报告书与初步设计文件中提出了公路植被建设的设计原则，同时注意到了工程措施与植被恢复措施综合效益的结合。主体工程设计文件所提出的公路植被建设工程的设计原则，是开展公路项目水土保持植被建设工程设计文件编制的重要参考资料。

1.4 公路项目前期文件的收集

公路建设项目前期文件很多，此文主要指该公路项目中已获行政主管部门批复的“水土保持方案报告书”与“环境影响报告书”。在水保方案报告书中提出有植物措施，并附有典型设计图；在环评报告书中提出有生态环境植被恢复措施。以上两份报告书所规定的植物品种、数量、栽种植的技术要求与培育管护的要求等，是公路项目水土保持植被建设工程设计与实施的重要依据，应在实践中予以贯彻落实。

2 沿线环境状况调查

公路项目水土保持植被建设工程的成败在很大程度上取决于公路沿线的水资源、土壤与肥料、气象等自然环境条件。沿线自然环境条件的优劣是对植物类型和生物多样性的制约因素，因而在进行公路项目水土保持植被建设工程设计时，必须对公路沿线的水、土、肥、气候等资源情况进行调查。

2.1 水资源

公路沿线水资源的调研主要包括两个方面的内容，其一是公路沿线的多年平均降水量与地表水资源如河流、水库、湖泊、水塘等在沿线的分布状况、蓄水数量、水质，可供公路项目水土保持植被建设工程利用的水资源数量与地方水资源管理部门的意见，运输利用条件状况等；其二是地下水资源，主要包括地下水的埋藏深度、蓄水数量，可供开采利用的条件，沿线现有水井的分布与可利用程度等。

公路沿线水资源调查时拟采取的方法，主要是通过向沿线水行政主管部门或水利技术部门咨询，也可以向拟建公路沿线群众调研。同时也应了解公路沿线农业、林果业大量用水的时间，以便错开用水高峰，减少用水矛盾。

2.2 土壤

我国人均耕地面积不足世界人均的43%，人均耕地不足1.5亩（1亩≈667m^2）。在这样的国情条件下，在公路建设中实行最严格的耕地保护制度，是公路建设持续、快速、健康发展的客观要求。有关研究表明要生成1cm厚的表层土壤，需经过100～400年的时间。这足以说明公路建设中剥离表土并加以保护同时将其用于土地复耕或公路植被建设工程的重大意义。为此，土壤的调查首先是公路工程中永久占地或临时占地面积上剥离表土数量（m^3）与分布路段的调查。

我国土壤的分类体系主要有自然土壤分类亦森林土壤分类、农业土壤分类、工程土壤分类等。公路路域内可供栽植用的土壤比较复杂，这种土壤绝大多数是经人为扰动后的混合土，且土壤组成复杂，结构不一，层次混乱。土壤机械组成十分不均匀，多数还同时缺乏土壤肥力。这样的土壤环境也往往是制约公路植被建设成败的因素，为提高公路项目植被建设质量，提高路域植被的成活率、保存率，在公路植被建设前进行场地设计与整治是十分必要的。

土壤调查的主要内容包括土壤的机械组成、质地、黏粒含量，有机质含量或土壤肥力，团粒含量或保水保肥能力，酸碱度（pH值），含盐量等物理性质与化学性质。

土壤调查所采用的方法，其一是向公路沿线土地主管部门咨询、收集资料。当所收集资料不能满足设计要求时，可以进行现场采代表性土样进行土壤理化指标实测；其二是当现场采代表性土样进行实际试验时，以互通式立体交叉区、服务区、管理区等面积较大时，宜选择多点式采土样（如梅花形），每点取土样1～2kg，然后按四分法缩样重至1kg左右送化验部门测定；当样地为公路坡面、中央分隔带（分车带）时，采土样时可选择连续的纵向“S”形，以求具有良好的代表性，每一路段的“S”计为一个样地，每个样地土样最后用四分法缩至1kg左右进行送检。详尽的土样采取方式，可参照有关专业书籍进行。

2.3 肥料

肥料总体上可分为固体肥料和液体肥料，其中固体肥料又可分为有机肥料、化学肥料等。复合肥料若从营养元素上分，又可分为氮（N）肥、磷（P）肥、钾（K）肥以及微量元素肥如铁（Fe）、锰（Mn）、钼（Mo）、铜（Cu）、锌（Zn）肥料等。

肥料是供给植物生长的动力与能源。任何植物若缺乏肥料均会产生不良的生长和发育，甚至会影响其成活率和保存率。要贯彻公路植被建设方案设计的意图，实现设计文件的要求，在公路项目植被建设工程设计文件编制过程中，同样要进行沿线肥料资源与供应状况的调研。

有机肥料或以有机肥料为主的复合肥料包括农家肥料，不但能够改良土壤的结构，促使土壤团粒结构的形成，提高土壤保水保肥的能力，而且所产生的肥效长，有利于植物的生长发育。在调研时，主要了解公路沿线农村可提供的肥源情况，包括可提供的数量、肥源的质量等。对于复合肥料，主要了解复合肥料的品种，供货途径及运输条件、价格等。

对化学肥料或农药，主要了解公路沿线可提供化肥或农药的品种、数量、价格以及供货方式等。

2.4 气象

气象条件包括的因素很多，主要有物候期、降水量、风、温度、湿度、霜期、冻土及解冻期、光照等。作为公路项目水土保持植被建设工程的设计，其一应突出调研公路沿线的降雨特征，主要包括平均年降雨量(mm),雨季的时段,有否暴雨期及其暴雨强度,平均年蒸发量(mm),沿线是否处在酸雨地区,若某路段处在酸雨区,降雨的 pH 值是多少。其二应了解年均 10℃以上的积温,年平均气温,无霜季长度以及最高气温与最低气温。其三是灾害性天气情况(包括大风天数冰雹冻、霜冰等)。其四为公路沿线的主导风向以及年均风速与最大风速等。以上有关气象资料,均可向公路沿线有关气象台站收集。

3 沿线植物调查

每条公路沿线所分布的植物群落与种类均有所不同。开展公路沿线植物调查是为了使公路的植被建设工程设计所选用的植物物种与公路沿线现存的植物物种相协调,使公路植被建设工程选用植物更适应于沿线的土壤、水分、气象条件等,充分利用公路沿线的植物资源。在开展公路项目水土保持植被建设工程设计工作之前,首先应对现有公路与沿线城市主要选择的树木、花、草品种以及生长发育的状况进行调研;其次是对沿线自然植被状况的调研;再者是对沿线或附近地区可供苗源的调研。

3.1 现有公路植被建设用植物物种的调研

相同或相邻地区公路项目水保持植被建设的现状可作为调查对象。

调查主要包括如下内容。

(1)植物种类的调查。乔木(针叶、阔叶)、灌木(花灌木)、地被植物、攀援植物、水生植物、竹类等。

(2)植物配置方式的调查。应按不同的用地类型分别进行,如互通式立交区、环岛、边坡(填、挖方边坡)、中央分隔带(分车带)、护坡道、碎落台、高大坡面中的边坡平台、取弃土(渣)场地、服务区、管理处(中心)、收费站、停车区等。同时了解各种植物物种的配置方式与组合形式,乔、灌、草(花卉)各物种所占的面积比例等。

(3)植物的生长状况调查。各种植物物种的保存率、植株高度、分枝数量、单株生物量,优势种、林草覆盖率以及植物病虫害状况等。

3.2 公路沿线自然植被的调研

公路沿线不同地貌单元、不同海拔、不同坡向(阳坡或阴坡)、不同自然环境等所有生长发育良好的自然生长的各种乔木、灌木、草本、花卉、地被植物等,都应列为公路植被建设工程设计调查的内容。这些自然生长良好的植被,是该地区公路项目植被建设工程应首选的植物物种,是贯彻公路植被恢复与重建应"适地适树"原则的出发点和归宿。具体建议采取对公路沿线的植被分类进行分个样方调查。乔木、灌木及草本植物也可在同一样方中进行,即在大样方中再划定小样方。一般情况下乔木为 20m×20m,灌木为 4m×4m,草本为 1m×1m。主要记录内容包括:调查地点与公路线位距离、海拔、坡度、坡向,优势种以及每种植物的种名、高度、数量、多度、盖度、生活型、季相等。通过样方调查,筛选出适宜的乡土植物物种。

3.3 苗源的调研

公路项目水保植被建设工程设计过程中,应对沿线或邻近地区或邻近省市可以提供的苗源进行调研。主要内容为:

(1)苗源的分布、数量,与拟进行植被建设公路的距离、属地关系等;

(2)苗圃内植物品种,可提供苗木的生长状况、胸径、高度、分枝、形状及其有无病虫害侵入等,以及可提供苗木品种、数量、质量及价格。

(3)生态习性调查,包括花期、返青期、落叶期、耐阴、耐旱、耐湿、耐盐碱、耐修剪与根系分布等。

(4)调运、检疫手续的办理地点、办理时间、调运所经路线及其从苗圃到公路植被建设场地所需时间等。

3.4 调查方法

应该由主要从事公路项目植被建设工程设计的技术人员到沿线城市、邻近地区的公路以及拟进行植被建设工程的公路沿线进行实地考察、分析、评价,以提炼出公路项目植被建设工程成功的经验和不成功的教训,优化拟设计的公路植被建设方案。

除此之外,也可以通过向当地的公路管理部门、园林绿化机构等单位进行专家咨询,还可以通过地方志了解当地的植被分布、种类、主要植物物种、自然演替规律等。

4 结语

综上所述,在公路项目水土保持植被建设工程设计之前,开展公路所在地区基本情况的调研,收集拟进行公路项目植被建设工程设计针对的主体工程概况、项目组成、主要工程数量以及植物立地环境中水、肥、土、热等资源的资料与适宜当地生长的植物种源的资料,对搞好公路项目植被建设工程的创新设计工作是极为重要的,是提高公路项目植被建设工程的水土保持功能,提高其生态效益与景观效益,保障公路运营畅通安全的技术支撑。

参考文献

[1] 熊焕荣,等.公路路基/路面/环保工程质量检验评定实用手册[M].北京:人民交通出版社,2005.

[2] 江玉林,等.公路路域环境生态恢复研究与实践[M].北京:中国农业出版社,2004.

[3] 刘书套,等.高速公路环境保护与绿化[M].北京:人民交通出版社,2001.

重庆山区高速公路建设中水土流失问题及其对策

薛华清[1] 李晓波[2]

(1. 重庆交通科研设计院 重庆 400067;2. 重庆教育学院 重庆 400067)

摘 要:随着重庆山区高速公路的不断发展,带来的环境问题也日益突出。本文通过对重庆山区高速公路建设中的水土流失的成因及其造成的危害分析,提出相应的水土流失防治对策。

关键词:山区高速公路 水土流失 防治措施

0 引言

重庆位于四川盆地东部,地貌特征是山多河多,为我国典型的红层分布区,盆地内广泛分布有侏罗系、白垩系、第三系的红色土层。境内地形复杂多样,以山地和丘陵为主,黄土广泛分布,地面侵蚀切割强烈,极易产生水土流失。境内植被覆盖率也较低,整体生态环境十分敏感。

水土流失是指土壤及其他地表组成物质在外营力(水力、风力、冻融、亘力等)的作用下,被破坏、剥蚀、转运和沉积的过程。其发生不仅使生态环境恶化,而且还会降低土地生产力,从而制约山区经济的发展,导致流失区人民生活水平的降低[1]。随着社会经济的不断提升,各种可利用资源的不断开发,使得重庆市的水土环境压力愈来愈大,特别是开发建设项目,造成的水土流失现象十分严重。高速公路是典型的开发建设项目,在经济快速发展的要求下,基础设施建设力度不断加大,高速公路建设项目日益增多。随着1994年成渝高速公路建成通车,重庆高速公路的建设得到了迅猛发展,截至2007年年底重庆高速公路已实现通车里程突破1 000km,并且规划至2010年底重庆高速公路通车里程将达到2 000km的目标。由于公路建设项目线长、面广、点多,会对沿线的生态环境产生巨大的负面影响,所以由此引发的沿线水土流失现象不容忽视。

1 水土流失的危害

(1)对径流及地下水的影响

自然地表,尤其是植被生长的地带,有着良好的透水和持水能力,具有延缓产流、补给地下水的功能。因公路建设使不透水地面增加,产流历时缩短,流量曲线急升急降,峰值出现时间提前,对河道或排水沟造成较大压力,且土壤水分补给减少,影响地下水位,故易造成水土流失。

(2)对河道行洪安全的危害

公路建设工程施工期及试运营期易引发新增水土流失,泥沙随径流直接泄入下游河道,造成下游河道、水库泥沙淤积,抬高河床,形成洪水隐患或降低防洪,影响河沉的泄洪能力,严重影响河道的行洪安全。

(3)对土地资源的破坏

公路建设重要问题之一是占用大量耕地或土地,因此可能损坏原有的水土保持设施。重庆公路沿线多以农田、旱地和林地为主,大量被占用的土地资源永久性改变土地使用功能,地表覆盖性质变化,破坏原有土壤植被,致使地表裸露面积增加,致使环境的稳定性下降,对风力、水力作用的敏感性增强,较易导致水土流失的发生。

(4)加剧周边水土流失

路基边坡、取土场、弃渣场易受吹蚀和径流的冲刷,特别是取土场,陡峭的边坡和弃渣场松散堆积物,极易产生崩塌、滑坡等重力侵蚀和冲蚀 ,从而加剧公路周边地区的水土流失。

(5)使公路沿线生态环境恶化

在所有的生态破坏中,水土流失被视为环境破坏的第一杀手[2]。它严重威胁人类的生存环境,如破坏土地资源,诱发森林被毁,降低土壤肥力,致使灾害频繁发生等。同时,伴随以上现象引发的制约粮食产量增长,污染水资源,影响城市安全等一系列不良后果。

(6)影响公路安全运营

公路路面、路基的形成,改变了原地面形态,且使水流汇集,易引发路基的冲刷和冲蚀,增加公路正常维护的压力,影响公路安全运营。

2 水土流失成因分析

重庆山区高速公路建设水土流失成因主要是自然因素和人为因素的影响。自然因素主要包括气候、地形、土壤、植被等,它为水土流失提供了潜在的可能性;人为因素指对水土流失有影响的、人类不合理的生产活动等,如山区公路修建过程中弃渣的乱堆乱弃等,它是触发和加剧水土流失的根本原因。

2.1 自然因素

(1)降雨。降雨是产生土壤侵蚀,引起水土流失的动力因子。它一方面通过雨滴击溅作用使地表产生剥蚀现象;另一方面又通过汇集形成地表径流,对地表产生冲刷作用。在影响水力侵蚀的诸因素中,降雨起着决定性作用。重庆地区降雨集中,且常有大雨、暴雨出现,为水土流失提供了充足的侵蚀动力。

(2)土壤与母质。土壤是被侵蚀的对象,它是水土流失发生的主体。土壤抵抗侵蚀的能力主要取决于土壤机械组成、土壤结构及土壤有机质含量。母质与沟蚀的发生和发展以及崩塌、滑坡、泥石流等有密切关系。母质的影响主要指岩性,包括岩石的风化性、透水性和坚硬性等。

(3)地形

地面的坡度、坡长、坡向、绝对高度和相对高度等都对水土流失有影响。其中坡度的大小是水土流失的重要影响因素,地面坡度越大则径流速度越大,水土流失量也越大。重庆地区地形陡峭,沟壑纵横,易发生面蚀和沟蚀,沟蚀的发展又为滑坡创造了良好的切割面,加剧了重力侵蚀的发生程度。在陡崖地带,由于岩体破碎,有时会发生崩塌、滑坡等重力侵蚀。

(4)植被因素

植被与水土流失关系十分密切,良好的植被覆盖有助于保持水土、防止流失。重庆山区高速公路沿线森林覆盖率较高,但在局部地区垦植率高,植被遭到了破坏,植被退化,部分土地裸露,降雨直接冲刷裸露的地面,失去了森林的阻挡和涵养水源的功能,从而导致严重的水土流失。

2.2 人为因素

根据其本身的特点,高速公路对水土流失的影响可分为施工期和运营期两阶段 ,尤其是施工期的影响,运营期主要是植被恢复问题。在施工期的水土流失主要表现为对沿线土地表层的侵蚀以及当地水体的损失。具体有以下几个方面。

2.3 主体工程的建设

(1)路基的开挖和填筑

高速公路建设过程中,路基工程施工时要对原有地面进行填挖以及改变原地表坡度、坡长,使沿线土地表层受到侵蚀,同时破坏公路用地范围内的原有地表植被,产生新的裸露坡面。这就使得土壤的抗蚀能力降低,从而诱发水土流失。由于重庆高速公路路线所经地貌为山区,挖填方量均较大,移挖作填后有时仍不能平衡,且填方高度和挖方深度较大,边坡较陡,是工程建设中水土流失发生和防治的重点路段。

(2)桥梁、隧道施工

重庆山区高速公路沿线由于地形地貌和地质条件所限,设置桥梁、隧道工程较多。部分桥梁跨河处河面较宽,两岸地形条件较差,原始坡面较陡,特别是有些桥梁有的桥墩在水中,其桥台及桥墩基础施工会对一定范围内的地表造成扰动,围堰施工前期造成水土流失。隧道特别是洞门开挖使植被和土壤结构严重破坏,土壤侵蚀能力降低,而基础开挖方和隧道工程挖方的清运更会产生大量的易侵蚀土(渣)源,为新的水土流失的发生创造条件。

2.4 临时占地

公路建设过程中,施工区内的临时占用地(通常包括取土场、弃渣场、施工便道、拌和站、料场等施工场地、营地等的占地)将对占地范围内的植被和地表土壤造成一定程度的破坏。临时占地一般都缺少必要的水土保持措施,一遇暴雨或大风将不可避免的产生水土流失。

2.5 取土、弃土

公路施工过程中,取、弃土将对地表植被造成严重破坏,底层土壤全面裸露,土壤结构严重破坏,土壤抗侵蚀能力降低,遇暴雨易造成严重的水土流失,且取弃土孔隙大、结构疏松,分布也较分散。若不采取有效的防治措施在温度、暴雨、水分下渗、振动及人为活动的触发下,有可能发生一系列如泻溜、陷穴、崩塌、滑坡等重力侵蚀,导致新的水土流失及生态环境的恶化,甚至可能影响高速公路的安全运营。

3 水土流失防治措施

高速公路水土保持的防治首先要从源头上抓,应把重点放在公路建设项目前期工作,坚持公路建设项目与环境保护"三同时"的原则,同时重视施工阶段的水土保持工作。

3.1 设计阶段的预防措施

在设计阶段,首先必须强化设计人员的环境保护意识,将"不破坏就是最大的保护"作为设计理念,有效避免水土流失的发生。在确定路线方案时,设计人员除对工程方案因素进行比选外,还要对项目所在地区相关环境敏感点进行深入调查,分析研究工程与环境的相互关系,论证不同路线方案给沿线水土环境带来的不同影响,从环保的角度出发评价路线方案的合理性。慎重选择避让森林植被、良田、水源等水土环境敏感点,在满足《公路工程技术标准》且顺应地形起伏变化的情况下,避免路线平纵指标偏高而导致的大填大挖、大护坡,充分利用地形,以减少土石方数量,保持填挖平衡,减少取弃土方量,避免过多地依赖后期的环境保护措施进行弥补。

重庆地形以山区为主,在高速公路的建设中经常会遇到自然横坡较陡的路段,设计人员可根据地形条件采用分离式断面,水平布置或上下错开,也可设计为半桥半路、半隧半路或半隧半桥,以减少开挖量,保护自然生态环境,同时增加路容的多样性。当路线经过森林覆盖茂密的山体时采用隧道、桥梁穿越方案。

3.2 施工阶段的防治措施

高速公路等线形建设项目产生水土流失的主要部位为主体工程、取土场、弃渣场及临时占地等。水土流失的治理措施要坚持从工程的实际出发,科学规划、因地制宜,贯彻适地适树的原则,在注重工程措施的同时,加强植物措施的设计。植物措施是治理水土流失,改善生态环境,实现可持续发展的根本措施[3]。

(1)主体工程

主体工程水土保持措施主要包括路基排水、路面排水、路基防护、桥隧措施、公路绿化美化工程以及桥涵所跨河道的防洪工程等。

设置完善的排水设施,用以排除路基、路面范围内的地表水和地下水,保证路基和路面的稳定,防止路面积水影响行车安全。路基地表排水可采用边沟、截水沟、排水沟、跌水及急流槽、拦水带、蒸发池等设施。挖方路段及填土高度小于边沟深度的填方路段应设置边沟。

对于路堤和路堑边坡,根据边坡的地质、土壤等情况,因地制宜地采取护面墙、护面板、拱形或菱形护坡、网格和锚喷等工程措施与植草、栽种乔灌木或攀缘植物等生物措施相结合的办法进行防护,但一定要注意因地设防,在可能的情况下,以生物防护为主。另外在中央分隔带范围、土路肩、隔离栅、互通立交区、隧道进出口处、收费站、生活服务区等都应进行绿化美化工程,防止水土流失,同时改善公路两侧景观和生态环境。

对于公路工程桥梁及立交施工,一般采用钻孔灌注桩施工工艺,主体工程只设置泥浆池存放泥浆。为了防止施工中泥浆及钻渣流入河道、池塘,污染周围环境,应增设泥浆及钻渣沉降池进行临时防护。沉降池选择在工程征地或临时租地范围内;高架桥分离式立交桥梁、互通立交桥梁应设置在桥墩之间;跨河桥梁应设置在两岸防洪保护范围外,严禁设在堤防上或堤防以外的河道行洪滩地上。

(2)取土场

公路沿线取土场的设置以尽量占用荒丘,少占耕地,减少水土流失,搞好环境保护为原则。取土场的水土保持应结合所在的地理位置及地形条件综合治理,主要采取坡面防护、防洪排水、覆土造林等措施。取土前应进行表土的剥离,并采取临时措施及植物措施对其进行防护,保持其养分;土石方开挖时应分片、分层开挖 ,在山丘区取土场开挖前,应沿取土坑周边开挖截排水沟,地表径流通过排水沟经沉沙池排到附近沟渠。取土完毕后,回填预先剥离的表土,场地平整后进行绿化或复耕。

(3)弃土场

公路建设不可避免会产生弃渣,弃土弃渣必须集中堆放在专门的存放场地。从水土流失的防治措施看,工程措施有挡渣墙(坝)、截排水设施、土地整治等;植物措施有恢复林草地、复耕等;临时防护措施有表土剥离、临时挡护等。

在弃土场沿河岸边坡坡脚布设挡渣墙(坝)。然后沿弃土场坡顶设置截水沟,征地界限设置周边排水沟沉沙池,泥沙经沉淀后,排入已有的天然沟道或人工沟渠。

堆渣前将占地为旱地的弃土场原有表层土及熟土进行剥离,集中临时堆放于弃土场指定位置。渣体分级堆放,坡面采用浆砌片石护坡。堆渣完毕后,进行渣面整治并回填预先剥离的表层土,最后进行场地平整以便绿化或复垦等。

(4)临时占地

对于施工期间的临时占地,应尽量设置在施工永久占地范围内,这样可以大大减少工程防护。施工前可将原有的地表有肥力土壤推至一旁堆放,待施工完毕后,再将这些熟土覆盖在地表,恢复原有表层,以利于今后耕作和植被恢复。植被恢复应根据当地的自然情况,种植适合项目所在地区的常绿植物及其他植物,如乔木、灌木及草皮等。

4 结语

目前,山区高速公路作为大型的开发建设项目在重庆正在迅猛发展,而高速公路建设期间的生态破坏与水土流失危害不容忽视。在前期设计时,就应该提高设计人员的环保意识,以"预防为主,防治结合,因需制宜,因害设防"的综合治理原则作为环境保护方针,结合重庆实际水文以及地质地貌周边环境的特点,努力搞好山区高速公路周边水土保持,将水土流失危害降至最低,使重庆市的山区高速公路建设向着生态公路的方向发展。

参考文献

[1] 中华人民共和国国家标准.水土保持综合治理技术规范 GB/T 16455—1996.北京:中国标准出版社,1996.

[2] 牛银栓.水土流失是生态环境恶化的祸根[J].甘肃环境研究与监测,2001,14(1):54-57,61.

[3] 周海燕.高等级公路环境保护和水土保持设计的探讨.中外公路,2008,28(3):11-15.

西部山区公路路域生态监测及评估指标体系初探

魏 涛

（重庆交通科研设计院环境工程所 重庆 400067）

摘 要：根据西部山区公路工程特征及路域生态环境的特点，初步探讨并提出了路域生态监测指标体系、生态质量动态综合评估方法以及适宜的生态监测方法。

关键词：生态环境 生态监测 综合评估 指标体系

0 引言

生态监测是采用生态学的各种方法和手段，从不同尺度上对各类生态系统结构和功能的时空格局的度量，主要通过监测生态系统条件、条件变化、对环境压力的反映及其趋势而获得。生态监测的任务是建立环境中各影响因素与生态系统所发生反应之间的关系，从而最终实现对生态系统的现状和发展趋势的评价与预测。

《中华人民共和国环境保护法》中要求，建设项目都必须在可行性研究阶段进行项目的环境影响评价，其中一项重要内容就是生态环境影响评价。《中华人民共和国环境影响评价法》明确规定：应当对建设项目投入生产或者使用后所产生的环境影响进行跟踪检查，对造成严重环境污染或者生态破坏的，应当查清原因、查明责任。区域生态环境保护与生态系统监测也属于国家环境保护“十一五”科技发展规划的重要内容。因此，在生态环境敏感而脆弱的西部山区公路建设中更应加强路域生态监测。“十一五”期间，西部地区将新建公路30万公里，其中高速公路超过2万公里。与此同时，我国“十一五”纲要要求：至2010年力争使西部地区基础设施和生态环境建设有突破性进展。

目前，绝大部分高速公路已经全面对路域生态破坏采取了植被恢复、边坡防护、景观绿化、复耕、取弃土场防护等生态防护、恢复及补偿等措施，这些措施往往在公路运行一段时间后才能显现其效果。因此，有必要建立生态环境动态监测信息系统，实现对路域生态环境动态、适时的监测，以便考核项目生态环境保护措施的有效性，并及时制定出行之有效的治理方案。目前，国际上已开展了一些重要的生态研究及监测计划，如GEMS（全球环境监测系统）、MAB（人与生物圈）等，并形成了国际生态监测网络。我国生态监测工作的特点注重生态过程的研究，生态监测覆盖范围较小，尚属微观监测范畴，因此，开展宏观的路域生态监测及评估研究是必要的。

1 路域生态环境监测指标体系及评估方法

1.1 生态监测指标体系

根据生态监测两个基本的空间尺度，生态监测可分为两大类：宏观生态监测、微观生态监测。宏观生态监测研究对象的地域等级至少应在区域生态范围之内，最大可扩展到全球。微观生态监测研究对象的地域等级最大可包括由几个生态系统组成的景观生态区，最小也应代表单一的生态类型。根据监测的具体内容,微观生态监测又可分为干扰性生态监测、污染性生态监测和治理性生态监测以及环境质量现状评价生态监测。宏观生态监测必须以微观生态监测为基础,微观生态监测又必须以宏观生态监测为主导,路域生态监测是宏观与微观监测相结合。生态监测指标体系主要指一系列能敏感清晰地反映路域生态系统基本特征及生态环境变化趋势的并相互印证的项目,是生态监测的主要内容和基本工作。生态监测指标的选择首先要考虑路域生态类型及系统的完整性,从生态资源的环境价值、评价问题、所受的环境压力及生态系统结构与功能间关系的角度考虑。山区公路路域生态监测指标的设计拟分为三个层次和七个要素。三个层次为:常规指标、选择指标和生态恢复效果指标;七个要素为:气象、水土流失、土地利用、土壤、植物、动物和生态敏感及脆弱区。山区公路路域生态监测指标体系见表1。

山区公路路域生态监测指标体系 表1

指标组	常规指标	选择指标	生态恢复效果指标
气象指标	气温、湿度、风向、风速、降雨量及分布、蒸发量	大气沉降物及化学组成、林冠径流量及化学组成	
水土流失指标	土壤侵蚀面积、土壤侵蚀量、水土流失类型、地表径流量、地下水位	泥沙颗粒组成和化学成分	对周边地区造成的危害及其趋势;植物措施的成活率、保存率、生长情况及覆盖度;防护工程的稳定性、完好率
土地利用指标	土壤类型面积比例(土地利用格局)、基本农田占用面积、耕地压力指数、占地经济损失	农民人均纯收入、人均工资总额	土地复垦率
土壤指标	养分及有效态含量、有机质含量、土壤颗粒组成、团粒结构组成、重度、孔隙度、土壤生产力	土壤元素背景值、土壤矿质含量	土壤结构优良率
植物指标	植被种类及组成、指示种、指示群落、种群密度、覆盖度、多度、生物量、珍稀植物种类及分布	珍稀物种数量及动态	
动物指标	种类及组成、种群密度、生活习性	珍稀动物数量及动态	
生态敏感及脆弱区	受影响的自然保护区、森林公园、湿地等的面积、数量和分布、影响范围;生态脆弱区内公路里程;穿越天然林路段长度;景观格局变化	环境、社会、经济协调发展,生态敏感、脆弱区保护规划	生态完整性

1.2 路域生态综合评估方法

1.2.1 基本评价单元的选择

路域评估区域是由不同类型的生态系统以"斑块状"镶嵌而成,指标的类别和各指标得分在评价区域内必然存在空间差异,致使区域评价只能是基于各相对均质的小区域评价基础上的综合,而3S技术为实现这一目的提供了有效的手段。3S技术是以遥感(RS)、全球卫星定位系统(GPS)和地理信息系统(GIS)为基础,对地球进行空间观测、空间定位及空间分析的完整的技术体系。由于这一技术以网格为空间分析单元,所以基本评价单元选择为网格。

1.2.2 生态环境质量的评价

目前普遍使用综合指数法对生态环境质量进行综合评价,即将选定指标的数值进行标准化处理,赋以权重,再将标准化值与相应权重乘积求和,得综合指数,然后对综合指数进行分级。

(1)指标数值的标准化

评价指标确定之后,各指标量纲不统一,没有可比性,故必须对参评的指标进行标准化处理。参考谢炳庚、李英的方法,用如下公式进行标准化:

$$a_i = \frac{x_i - x_{min}}{x_{max} - s_{min}} \times 10$$

式中 a_i、x_i、x_{max}、x_{min}分别为某一指标的标准化值、实际值和环境质量标准的上限值和下限值。由于生态环境质量标准大多处于探索阶段,应结合评价区域实际,参考国家、行业和地方规定的标准、背景或本底标准、类比标准以及公认的科学研究成果来制定各指标的生态环境质量标准。

(2)指标权重赋值

不同指标对生态环境的影响程度是不一样的,因此需要对各指标进行权重赋值。权重赋值方法有多种,主要分为主观赋权法和客观赋权法,比较有代表性的方法分别为层次分析法和主成分分析法。

在用因子分析法筛选指标时,各主成分特征根贡献率大小已说明各主成分对于生态环境质量的影响程度是不相同的,引用孙希华的如下公式计算权重:

$$w_i = \frac{\lambda_i}{\sum \lambda_i} \tag{1}$$

式中:λ_i——特征根贡献百分率。

综合评价指数的计算式:

$$E_p = \sum_{i=1}^{n} w_i a_i \tag{2}$$

式中:E_p——某基本评价单元生态环境质量指数;

n——评价指标数;

w_i——第 i 项指标权重;

a_i——第 i 项指标标准化值。

1.2.3 路域生态环境质量综合评价

参考张增祥的方法,用下式计算评价区域生态环境质量综合指数:

$$EQI = \frac{\sum E_p S_p}{\sum S_p} \tag{3}$$

式中:EQI——评价区域生态环境质量综合指数;

E_p——每一基本评价单元生态环境质量指数值;

S_p——该生态环境质量指数值对应的网格数。

生态环境质量综合应以此综合指数为基础,结合评价区域社会、经济发展取向,利用 GIS 技术的各种数据统计分析功能,找出公路影响评价区域社会、经济可持续发展的关键因子以及存在的问题及优势,对区域生态环境质量作出定性评价。同时据此对指标的设置和权重赋值进行调整,从而完善指标体系,为路域生态环境保护及决策提供正确的导向。

2 生态监测方法

生态监测方法就是对生态系统中的指标进行具体测量和判断,从而获得生态系统中某一指标的特征数据，然后通过统计分析，以反映该指标的现状及变化趋势。在选择生态监测具体技术方法前，要根据现有条件，结合实际制定相应的技术路线，确定最佳监测方案。监测方法的采用要充分考虑监测与生产应用和科研相结合，遥感自动测报新技术与常规观测相结合，实现监测信息的快速获取、传输与分析处理。

2.1 自动遥测

典型的自动遥测系统可由远程的现场监控站、现场总控站、中继站、远程监控总站和通信网、主控中心等构成。现场监控站通过各种传感器自动采集、测量和处理监测现场信息，经调制解调后，由信号发送装置（如遥测单元）将信号通过通信网（如超短波、有线等）发送到现场总控站；现场总控站再经通信网将信号发送到远程监控总站；远程监控总站与主控中心的信息交换通过宽带网进行；主控中心对获取的信息进行存储、分析、处理。自动遥测可监测雨量、水位、含沙量、日照、气温、湿度、风速、蒸发等水文气象信息。

2.2 现场监测

（1）长期驻测。布设常规的观测设施，长期人工观测降雨、径流小区的产沙量、径流量、径流站的水位、流速、含沙量、地下水水位等水文气象信息。植被监测通常在有代表性的典型地段如路基边坡、取土场、弃渣场、施工临时用地等设置固定样地，监测样地植被的变化情况。植物种类的组成采用种类、面积曲线法，多度或密度、频度、产草量等采用随机样方法，盖度采用线段法或针刺法。植被监测一般在初春、秋末各进行一次。

（2）临时定位监测。采用定位法（全站仪、GPS 观测）或埋桩法监测水土流失防治区每次暴雨洪水沟道侵蚀情况。定位法是用 GPS、全站仪等测出每次暴雨洪水前后高精度（厘米级）三维地形坐标，通过两次测量结果的比较，监测每次暴雨洪水后水土流失防治区土壤侵蚀沟头前进、沟岸扩张、沟道下切的长度、宽度、深度和侵蚀量。埋桩法是在修复区和非修复区中，从沟口至沟头，按侵蚀轻重情况，划分成 2、3 段，选择 2、3 个固定断面，设置永久性水准标志，利用全站仪等进行监测。

（3）现场调查。利用巡测车（携带高精度手持式 GPS）通过摄像、拍照等方式调查流域滑坡、崩塌、泻流及开发建设项目水土流失情况；通过布设不同植被类型的样方调查和典型农户、典型地块抽样调查，监测林地、灌木和草地植被恢复状况，土壤、水质、动植物变化；监测区域产业结构、土地利用类型、土壤侵蚀强度、农村经济状况变化等，评价生态恢复工程的生态、经济和社会效益。

2.3 遥感监测

建设项目在前期工作和竣工验收阶段，对项目区的植被，水土流失类型、强度、面积，土地利用结构等应开展遥感监测工作。遥感监测是随着 3S 技术的普及，目前逐步采用 RS 遥感卫星影像法，监测流域植被、土地利用格局和水土流失，用地理信息系统（GIS），进行多源数据（水文气象数据、遥感普查成果、土地利用等）叠加分析，科学评价生态恢复效果。利用遥感图像技术可迅速、重复、动态获取大区域的各种信息，从而为生态环境动态监测提供技术支持和成果精度保证。GPS 全球卫星定位系统使生态环境动态监测数据的空间精度有了可靠保障。GIS 地理信息系统强大的空间信息管理与分析功能，是进行区域生态环境和资源动态分析、建立动态数据库的最佳手段。

3 结语

综合应用生态学、环境学、地理学、遥感学及计算机科学等学科的理论及方法，建立路域生态监测及评估体系，在建成生态监测指标体系及生态环境现状基础数据库的基础上，对公路建设的生态环境影响进行跟踪监测，分析路域公路建设生态环境现状及生态环境影响，动态评估路域生态环境保护情况，才能提出针对性强、切实有效的生态环境保护措施，提高西部山区公路建设的路域生态保护技术及水平。

参考文献

[1] 吴邦灿，费龙．现代环境监测技术[M]．北京：中国环境科学出版社，1999.

[2] 刘培桐，等．环境学概论[M]．北京：高等教育出版社，1994.

[3] 张建辉，等．生态监测指标选择一般过程探讨．中国环境监测，1996.4.

[4] 岁海江，等．国家环境监测综合数据空间元数据库系统的设计．中国环境监测，2001.10.

[5] 谢振华．环境监测数据管理系统的开发．环境技术，2004.2.

[6] 徐波，等．基于GIS的海洋环境信息数据库在海洋环境信息可视化分析的应用．浙江大学学报，2004.7.

[7] 李爱军，等．生态环境动态监测与评价指标体系探讨．中国环境监测，2004.4.

[8] 王思远，等．资源环境监测信息系统集成平台的设计与实现．计算机工程与应用，2002.8.

[9] 李英，等．交通生态与可持续发展．华东理工大学学报，2006.1.

山区高速公路动物通道研究综述

郑 炜

(重庆交通科研设计院环境工程所 重庆 400067)

摘 要：本文首先对动物通道的内涵进行阐述，然后介绍了动物通道的研究现状，针对山区高速公路建设对动物的通行影响，分析判断何时(当种群的健康发展需要动物通道来维持时)、何种(最先受影响或受影响最大的物种，一般为珍稀濒危种)、何处(通向食物源、通向生境源、迁移路线)设置动物通道等，最后提出动物通道设置的注意事项。

关键词：山区 高速公路 动物通道

0 引言

随着我国交通基础设施建设力度的加大，我国的高速公路建设取得了飞速的发展，尤其是西部大开发战略的实施，使山区高速公路的建设已经成为我国近期高速公路建设的重要内容。而对于珍稀野生动物种类繁多、保护区分布广泛的山区来说，高速公路或公路网的全封闭性将阻碍动物的通行。国外大量研究证明，公路分割野生动物栖息地会造成动物死亡、巢区转移、种群数量减少、基因交流受阻等负面影响，且该影响是不可逆的。在应对这些问题时，国外工程师通常采取的主要缓解措施之一就是为野生动物设立专门通道[1]。

1 动物通道内涵及研究现状

1.1 动物通道的内涵

动物通道从狭义上来说就是一个供动物通行的道路。从广义上来讲，或从根本的动因上来讲，动物有自然栖息场所、生长和繁殖场所，还有活动场所，当动物寻找食物时，它会前往有食物分布的地方，这时的动物通道是一个“食物通道”；当动物与种间交流或另觅栖息地时，它会前往其他生境适宜的地方，这时的动物通道是一个“生境通道”；这两种通道都受海拔范围的限制，因为动物的活动一般是有固定的海拔范围，如大型兽类一般在高海拔，中小型兽类一般在低海拔活动，当然，也有些动物有季节性迁移习性，如有蹄类；以及有些大型兽类在冬季食物缺乏的时候，会从高海拔下移到低海拔寻找食物，这时的动物通道又可称为“迁移通道”和“季节通道”。

1.2 动物通道的研究现状

动物通道的研究始于国外。1950 年美国佛罗里达州出现第一条动物通道，至今在佛罗里达、科罗拉多等州的高速公路仍进行着长期的动物生态监测和影响评价[2]。国外的建设项目对环保十分重视，且前期准备工作时间很长，如德国科隆至法兰克福高速铁路是 1985 ~ 1990 年修建的，全长 220km，速度 300km/h，总投资 60 亿欧元，其中环保设施的投资 214 亿欧元，建前做了 20 年的前期准备工作[3]。近 20 年内，部分国家将环境影响评价和野生动物通道的设计纳入常规的交通设施规划中，并制订了相关的法规和政策，野生动物通道像人行道和过街天桥一样已经成为公路铁路中不可缺少的角色[4]。

在我国过去几十年的公路建设中,某些地区也结合涵洞、小桥布设了一些供野生动物穿行的通道。我国首次基于野生动物角度而专门设置动物通道的高速公路是2004年通车的河南驻马店—信阳高速公路。此后,相继有青藏铁路、青藏公路为藏羚羊设置动物通道;铜陵至黄山汤口高速公路为黑鹿增设大桥作为动物通道,云南思茅至西双版纳小勐养高速公路为野象设置专用通道。与此同时,一些自然保护区也针对保护区内的公路对保护动物的通道影响进行了更针对性的研究[4~7]。总体来讲,国内公路建设中,对野生动物保护的相关研究与实践还很缺乏,现有的研究多集中于国外文献的综述和分析,已有的案例也仅针对少数保护物种。

2 山区高速公路建设中的动物通道设置

2.1 何时设置动物通道

高速公路的建设,对动物会带来一系列影响。在施工期间,公路征用土地将减少部分动物的生境面积,特别是在林草地比例大的山区,永久占地与临时占地都将破坏原有土体和植被,使区域内裸露地表增加,而这些地表植被多是野生动物的栖息地和食料来源。此外,施工活动与污水、噪声、废气等也将影响周围动物的生境质量。施工期的影响可以通过另设栖息地与绿化恢复来得以补偿。

运营期间,高速公路作为全封闭的大型线状人工设施,将对动物活动形成一道屏障,可能切断动物原来寻找食物的路线、不同生境间种内交流活动的路线、大型兽类在冬季下行来寻找食物的路线等,如青藏公路修建后对藏羚羊的迁徙带来严重制约这个典型案例。同时由于车辆通行造成的生境质量下降与生境面积减小,动物可能还被迫寻找更多的食物来源与相似生境,这无疑更提高了动物对通道的需求。如果不能满足这些食物与生境的需要,动物的生存将受到威胁。当然在通常情况下,高速公路对动物的影响是一种综合了本底状态(未修建高速公路时)的累积影响。总之,如果公路的修建使评价区的动物需要动物通道来维持种群稳定的话,动物通道就必须设置。

2.2 为何种动物设置动物通道

山区高速公路评价区内的动物种类有两栖、爬行、鸟类、兽类等,种类与数量都较多,不同动物其生境面积、种群数量与适应能力的不同,而且从经济角度考虑,只有受公路建设影响最大,并且可能导致其种群不稳定的动物会优先考虑为其设置动物通道。

目前关于隔离造成生境破碎影响动物的研究有许多,但对绝大多数物种,其所需的最小生境面积是多少,在何种生境破碎化水平下可能灭绝,还不能被精确预测[8~12],因而针对每一个高速公路建设项目,都需对其影响的动物进行实地观测与研究。但由于时间与经费的限制,国内常常舍弃常见种与广布种,仅对珍稀动物资源、特有动物和三有动物(有科研价值、有经济价值、有益)等敏感种加以关注,尤其是其中的大型兽类,如国内已有的动物通道案例中的黑鹿、野象、藏羚羊等。这与国外的研究者对鱼类、两栖爬行及小型哺乳类、大型兽类等[13]均有研究相比,有较大差距。

2.3 何处设置动物通道

确定了需设置动物通道的动物种类,一般也就对通道选址有了大概了解。由动物通道的内涵,我们可以得到一些启发,即动物通道都是有目的性的,只要在通向目的地的线路上保留或设置通道即可。在详细观察评价区动物行为的同时,可以考虑以下几个简单化的建议。

(1)设置通向食物源、尤其是水源的通道

对于植食性动物来说,食物源即生长有该植物的区域,对于肉食物动物,就需要对作为食物的下一级食物链所在区域作出判断,而公路可能对这下一级食物链也带来了影响,那么这时要多考虑几级食物链才行。

(2)设置通向不同区域的相似生境的通道

这一点判断起来较容易,但需要注意的是这些相似生境必须是在同一海拔带的,因为动物的活动受到海拔高度的限制。

(3)对大中型兽类,设置通向低海拔食物丰富区域的通道

这一点主要是针对山区高海拔地区的高速公路,高海拔生活的大中型兽类在冬季会到低海拔区域觅食。食物丰富区域不仅指有动植物的区域,还包括了水源,因而一般也容易判断。

(4)对有季节性迁移习性的动物,设置迁移通道

有季节性迁移习性的动物一般有它固定的迁移路径,如藏羚羊,对这些动物,在其固定的迁移路径与拟建公路的交点处必须设置动物通道。

2.4 如何设置动物通道

不同动物的生态习性不一样,其适应的通道形态也千差万别,结合国外的动物通道,从动物体型角度对动物通道的形式与尺寸进行如下归纳[3,4,13~15]。

(1)对于鹿群、豹类等大型动物,一般采用上通道,上通道是在公路通过的两侧小山包的树林间,修建一个专为动物通过的小桥。上通道一般较大,多数为30~50m宽,也有200m宽的。美国的研究人员依据动物领域的平均大小对几种野生动物自由通行的最小生境通道宽度进行了估算:加州的美洲狮为5.0km,南卡罗来纳州的短尾猫为2.5km,明尼苏达的白尾鹿为0.6km(Hopkins,1982)。

(2)对于小型哺乳动物、两栖类动物到爬行动物,主要采用下通道(包括无水涵洞)。下通道是在公路下方设计较宽阔的通路或小型的干燥管道供动物穿越公路使用。这种形式应用十分广泛,在丘陵地区尤为如此。下通道的规格一般较小,其直径或者高度小于1.5m,如德国勃兰登堡州因公路占用青蛙栖息地,就在路下修涵管,规格为:1m×0.75m×30m。

(3)对于鱼类和水栖或水陆两栖的两栖爬行类,还可采用涉水涵洞,包括陆地上的排水涵洞和水中的大桥及桥洞。

(4)桥梁与隧道是天然的动物通道,隧道上方的山脊可作为高山动物群的主要通道,桥梁下方可作为山间湖盆与宽谷河滩动物群的通道。这两类通道可以作为多种动物的通道。

这些通道中,既有从保护动物角度设计的专门通道,也有从公路设计角度设计的桥、涵等兼用通道。一般在高速公路设计时,最好能有两种以上的通道,使更多的动物得到保护,如青藏铁路格拉段就设计了桥梁下方通道、隧道上方通道和缓坡平交通道3种。

2.5 其他注意事项

在动物通道设计前后,还需要注意以下几点。

首先是预先设计一定的桥隧比。在跨越保护区路段或特有生境路段,选择桥隧形式布线。桥梁与隧道是天然的动物通道,且桥隧代替高填低挖更可减少对动物生境的破坏。

其次,要对桥隧及增设的动物通道进行结构的优化。除通道的内部结构要多样化,适合不同动物类群外,通道外部也要进行优化,如为保证藏羚羊迁移和保障铁路运输的安全,在藏羚羊频繁翻越铁路的路基两侧非通道部位设置围栏或围网,通过物理阻隔引导其向通道方向行

动,并最终使用通道跨越铁路。

此外,要注意通道的景观设计。在设置通道时,最好都考虑到总体景观格局,创造有效的景观连接,在通道附近恢复天然植被,使景观与周围连续起来不仅可更好引导动物通过,更可达到优美的景观效果。

最后,在公路与动物通道都建设完成后,要合理控制人类的活动,否则即使通道设置的其他参数都最适值,通道的有效性也会大大降低。而且对动物通道的使用情况监测也是了解可持续性的关键途径[7]。

3 亟待解决的问题

动物的分布随着地理、地质及气候等条件的不同而差异巨大,其生态形态则更复杂。在适当的位置设计效率最高的动物通道,需要长期的实地观察和研究为基础。由于目前已有动物行为学上科研成果的不定量性以及狭小性[16,17],加上国内环评工作的时限性和技术局限性,我国高速公路中动物通道的研究存在极大不足。正如对需设置动物通道的对象选择上,往往只能局限于保护动物及一些特有种、三有动物等。而通道选址也依赖于前人对个体动物的习性、行为的研究基础,实地观测与记录相对较少。

当前研究中亟待解决的问题,一方面是野外本底调查,对动物的分布情况、数量情况、活动情况、繁殖情况等作出准确记录,亦可在道路线性确定以后,积极开展与当地野生动物栖息地相关的科学研究,调查野生动物习性和生活规律,初步确定建立通道区段与野生动物迁移路线交叉定位通道的准确位置;另一方面是室内模拟研究,对动物在各种影响状态下,斑块大小和隔离程度开始影响物种的存活反应的适宜生境比例,绝灭生境阈值,适应能力等作出研究;最后,需要每一位环评工作者对野生动物切实的责任心,汲取各项研究成果,并呼吁社会各界对野生动物的保护。

参考文献

[1] 吴汉杰,赵剑强.山区高速公路建设中的生态环境问题及对策[J].交通环保,2004,(10):95-99.

[2] Barnum S. Preliminary analysis of locations where wildlife crosses highways in the Southern Rocky Mountains//Irwin CL, Garrett P, McDermott KP, eds. Proceedings of the 2001 International Conference on Ecology and Transportation. Raleigh: Center for Transportation and the Environment, North Carolina State University: 565-573.

[3] 铁道部野生动物保护考察团.铁路野生动物通道及生态保护[J].铁道劳动安全卫生与环保,2003,30(1):8-11.

[4] 王成玉,陈飞.山区高速公路对野生动物的影响及保护措施探讨公路[J].公路,2007,12(12):97-102.

[5] 李耀增,周铁军.姜海波.青藏铁路格拉段野生动物通道利用效果[J].中国铁道科学,2008,29(4):127-131.

[6] 陈兴龙,徐碧华.铜汤公路工程对黑鹿的影响评价及对策研究[A]//中国生态学会2006学术年会论文荟萃,2006.

[7] 王云,李海峰,崔鹏,等.卧龙自然保护区公路动物通道设置研究[J].公路,2007(1):

99-104.

[8] 林振山,汪曙光.栖息地毁坏与动物物种灭绝关系的模拟研究[J].生态学报, 2002(4): 535-540.

[9] 武正军,李义明.生境破碎化对动物种群存活的影响[J]. 生态学报,2003(11): 2425-2434.

[10] Saunders D A, Hobbs R J and Margules C R. Biological consequences of ecosystem fragmentation: a review[J]. Conservation Biology, 1991,5:18-32.

[11] Andrén H. Effects of habitat fragmentation on birds and mammals in landscapes with different proportions of suitable habitat:a review[J]. Oikos,1994,71:355-364.

[12] Debinski D M and Holt R D. A survey and overview of habitat fragmentation experiments[J]. Conservation Biology,2000,14:342-355.

[13] 王硕,贾海峰.生态交通建设中的动物因素考虑,生态学杂志, 2007, 26 (8): 1291-1296.

[14] 陈兴龙,徐碧华,唐鑫生,等.铜汤公路工程对沿线珍稀濒危野生动物的影响及对策[J].上海船舶运输科学研究所学报,2007 ,30,(1):47-51.

[15] Forman R T T , et al. Road eco logy, science and solution [M] , W ash ington, D. C. : Inland P ress,2003.

[16] 李宪高,范猛,王克,等.最小存活种群的确定与生物多样性保护[J].东北师大学报(自然科学版),2001(03):45-49.

[17] 张君,胡锦矗.行为生态学在中国的研究与进展[J] .西华师范大学学报(自然科学版). 2003(3):325-329.

城市地表径流非点源污染管理与调控研究

陈克亮[1] 朱晓东[2]

（1. 国家海洋局第三海洋研究所 厦门 361005；
2. 南京大学环境学院污染控制与资源化研究国家重点实验室 南京 210093）

摘 要：城市化水平的提高，不断改变着城市水质、流域的水文和其他物理特性，特别是通过地表径流造成受纳水体的污染负荷加大，对城市水环境质量带来极大的不利影响，城市地表径流污染正在成为非点源污染研究的一个热点。快速城市化进程加剧了城市自然变化和人类活动对城市非点源污染的影响，通过对城市地表径流非点源污染特征的探讨，针对其污染特征和规律，本文提出运用 BMPs 管理措施，从景观生态学、环境经济学和环境管理学的角度进行管理和调控研究；从最佳管理措施的分类、适用条件、效果评价以及非工程措施的应用入手，利用优化景观结构和景观生态要素的合理配置进行景观生态学调控；运用排污交易、财政补贴和成本效益分析的形式进行环境经济学调控，并以环境政策和宣传教育为主的环境管理学调控相结合，总结出城市地表径流非点源污染管理和调控概念模式。为快速城市化进程减轻环境压力，同时也为城市非点源污染管理和调控提供一个科学的依据。

关键词：地表径流 非点源污染 管理 调控

0 引言

城市非点源污染是指城市降水径流淋洗与冲刷大气和汇水面各种污染物引起的受纳水体的污染[1]。水体中的污染物主要有 COD、BOD_5、SS、重金属、石油类和富营养化物质等。

长期以来，人们认为点源污染是造成城市水环境质量下降的主要原因，而没有认识到以城市地表径流为代表的非点源污染的严重性[2]。Deletic（1998）把城市地表径流列为影响城市水环境质量的第二大污染源[3]。有研究表明，即使点源污染达到“零排放”水平，仍然不能保证城市水环境质量的满意，究其原因，是地表径流在城市水环境质量的恶化中占有很大的比重[4]。中国在这方面的研究起步较晚，仅有部分城镇开展了地表径流的研究[5~10]。

城市非点源污染是伴随城市快速发展而出现的新问题。城市土地利用的特殊性、不透水层面积的增加，使城市非点源污染不同于农业非点源污染，控制难度更大。治理城市非点源污染的常用方法是最佳管理措施（Best Management Practices，BMPs）[11]，主要采取一些局部修复措施在地表径流迁移过程中控制污染物，国外应用较多[12]，国内应用较少。

因此研究城市地表径流非点源污染的管理与调控，对保护和节约利用城市水资源具有重要的指导意义。

1 国内外研究状况

国外从 20 世纪 60 年代起就开展了这方面的研究[13]，1981 年美国学者就预计城市径流带入水体的 BOD 量约相当于城市污水处理后的 BOD 排放总量，其中 129 种重点污染物中有约 50% 在城市中出现。城市地表径流包含了许多非点源污染物质，如固态废物碎屑、化学药品、空气沉降和车辆排放物等。有研究表明，中型城市水体中 BOD 与 COD 的总含量有 40% ~ 80% 来自非点源，在降雨较多的年份中，90% ~94% 的总 BOD 与 COD 负荷来自城市地表径流[14]。城市地表径流中污染物 SS、重金属及碳氢化合物的浓度与未经处理的城市污水基本相同[15]。可见，城市地表径流非点源污染的危害是相当大的。

国外对地表径流的管理控制措施已经进行了大量的研究，目前正在经历一场将污染控制的重点由点源转向非点源的改革[16,17]，美国已经制定出暴雨径流排放法规，要求具有一定规模的开发活动都要采取地表径流污染控制措施，使受纳水体的水质在暴雨径流排入后仍能满足原有的水质功能要求，并颁布暴雨径流最佳控制措施(BMPs)。

我国的城市非点源污染研究始于 20 世纪 80 年代初北京市地表径流污染研究[18]。与农业非点源污染一样，城市暴雨径流作为污染物迁移转化的主要驱动力，是城市非点源污染的主要原因[19,20]。20 世纪 80 年代，我国城市地表径流非点源污染研究仅局限于城区径流污染的宏观特征和污染负荷定量计算模型的研究[21~23]。到 20 世纪 90 年代后，分雨强计算城区径流污染负荷为城市径流污染负荷定量计算提供了新的研究方法[24]。随着 3S 技术在城市非点源污染研究中的应用，推进了非点源污染的量化工作，提高了城市降水非点源污染负荷模型的精度。

而在城市径流非点源污染的管理和控制方面，目前国内仍没有完善经验[25]。

2 城市地表径流非点源污染管理措施

2.1 最佳管理措施

城市非点源污染的管理和控制研究集中于污染源合汇的管理和控制。其研究途径包括两个方面：一是将非点源污染物的排放控制在最低限度；另一个就是对污染物扩散途径的控制。在这两方面以美国的“最佳管理措施”(BMPs)最具有代表性。BMPs 是一个用于描述技术组合的词汇，其目标是为了减少地表径流流量和各种污染物的浓度，以达到保护受纳水体水质的目的。实践证明 BMPs 是一套较为有效的径流控制措施，利用合理则可有效减缓地表径流对受纳水体的水质污染[12,24]。

美国 EPA 把 BMPs 定义为：任何能够减少或预防水资源污染的方法、措施或操作程序，包括工程、非工程措施的操作和维护程序[25]。在实际应用中，一般结合各地具体气候状况、自然地理状况等因地制宜，合理选用。

2.2 BMPs 工程措施的适用条件

根据美国 WEF(联邦水环境局)在 BMPs 中关于筛选径流污染控制措施的程序[26]，在筛选 BMPs 时，首先根据土壤的流失状况决策由哪个部门管理，并进行分类；对城市地表径流这类土壤流失较小的地表径流，则进一步依据所要控制的流域面积大小进行决策；之后还要考虑环境对营养类物质是否有严格要求，以决定是否采用一些可以去除氮、磷的措施；考虑土层厚度或地下水位高低以确定渗滤等对土壤条件或地下水位有要求的措施是否可以采用；考虑地区的气候状况以决定一些受气候影响的措施是否可以采用，如由于缺水或一些在晴天时需要水维护的措施(植被过滤带，植草渠道，湿式滞留池等)的地方，就不适宜等。

另外，最佳管理措施的选用还应考虑地形坡度、面积、造价、环境影响等因素。渗渠、渗坑、植草渠道等就不适用于坡度较大的地形，如滞留池、过滤措施则需要一定的土地面积。渗渠、渗坑等渗滤措施要求土壤及下层土壤有一定的空隙。植被措施需要好的土壤条件，以利生长，而湿式滞留池则适宜不透水的土壤。环境因素要考虑地下水的污染问题、视觉景观影响、蚊蝇繁殖、安全、水生生物及野生动物的影响等。

2.3 BMPs 工程措施组合

工程措施指兴建工程措施来达到控制污染，如修建沉淀池、渗漏坑、多孔路面、蓄水池和处理污染的建筑物等。这些方法对控制径流污染有很好的效果[27,28]。利用土壤过滤城市雨水也是现在发达国家控制措施之一。对我国现有排水系统，可采取的污染控制措施主要有：雨水截流井、线内储存和线外储存，它们对分流制系统的雨水和合流制系统的污染控制都适用。另外，采用天然渠道、人工湿地、沙层过滤和缓冲带等也是城市径流非点源污染控制的重要手段。

在城市非点源控制过程中，将各种最佳管理措施进行空间配置，以减小暴雨径流速率，拦截、储存径流所携带的沉积物（污染物）。

目前，将景观生态规划与最佳管理措施相结合发展了一种"系列化最佳管理措施"（BMPs in series）[29]。系列化最佳管理措施将几种暴雨污染治理机制整合以强化径流治理，因此也叫"暴雨治理链"（storm water treatment train），它由一系列的 BMPs 结合当地自然结构组成，每一项都有特定的径流污染治理目标。

为减少进入受纳水体的水量并最大限度地清除暴雨径流携带的非点源污染物，可在 3 个尺度上利用系列化最佳管理措施来进行污染管理控制。首先是以家庭庭院为单元的暴雨管理措施，每栋房屋的前后院都置有与暴雨径流流动吻合的草地沼泽，在此雨水可被过滤和进行渗透；然后流过沼泽的雨水在街区的末端流入雨水储存池（滞留池或渗透池），在这里将一些特殊物质沉淀并再次进行渗透；最后将过滤带、草地沼泽与所要可以利用的湿地连接起来，最后汇入受纳水体，完成整个暴雨治理链。

整个规划设计用到工程管理措施中的草地沼泽、湿地和过滤带，并按暴雨流经过程结成链式结构，可与生物保持区或自然保护区相衔接，不仅可以增强当地暴雨存储和污染物净化能力，而且能改善生物生境和自然环境。

2.4 BMPs 工程措施效果评价

在对 BMPs 工程措施的效果评价中，应根据不同措施的成本和运行费用，不同措施的泥沙削减量和不同措施的污染物削减率进行分析工程效果，并加以问卷调查的形式，通过公众的满意度来评价公众对其效果的认可程度。

2.5 BMPs 非工程措施的应用

包括城市建设项目施工过程的环境管理、分流制小区域水处理，增大城市绿化面积，污水管道混接的清理，清扫街道，加强对施工现场、机修厂、停车场废弃物的管理，控制城市绿地肥料、农药的使用、城市运输车辆的管理及动物粪便等。

3 城市地表径流非点源污染调控机制

3.1 景观生态学调控

根据地表径流非点源污染物产生、迁移过程，对整个区域进行景观规划，减小开阔地的裸露程度，对污染物迁移过程进行多功能景观设计，建设生态庭院、生态沟渠、生态道路、透水路面，在非点源污染物迁移过程中除去污染物。

(1)景观格局优化

城市非点源污染控制的景观生态学途径首先需要了解城市景观格局对非点源污染源、污染物迁移过程和受纳水体的影响,明确非点源污染与景观格局的关系,判定造成非点源污染的主要原因和关键环节。城市土地利用格局的改变对非点源污染的影响十分显著,结合局部的BMPs和区域的景观规划将是控制城市非点源污染的一个理想途径。

以景观生态学原理为指导,对景观要素的数量、比例及时空配置进行有效的规划和管理,使景观中资源组合在结构和功能上接近或达到最优化,提高景观的稳定性,可以实现对地表径流非点源污染的有效控制[11]。

(2)景观生态要素配置

通过城市景观生态要素的分析,研究区域的景观要素合理配置,结合城市非点源污染产生、迁移过程,评价不同景观要素对非点源污染适宜性和敏感性,在污染物迁移过程中引入或重新布局景观结构。根据城市非点源污染控制要求,针对性地重新组合原有景观格局或引入新的景观要素以构建新的景观格局,并将 BMPs 融入景观生态要素配置之中,增强城市景观的异质性,实现对城市非点源污染的有效控制。

3.2 环境经济学调控

(1)排污交易

美国环保局于 1979 年提出的排污权交易政策为解决非点源污染提供了一种新的、有效的方法——点源—非点源排污交易,即允许用非点源控制方法代替点源的进一步控制,以减少达到区域水质控制目标的投资及运行费,实现经济效益、社会效益和环境效益的有机统一。

我国学者也提出采取对区域进行总量控制和非点源污染物的排污权交易来削减城市非点源污染[30,31]。但由于我国特有的国情及技术方面的局限,目前这方面仅限于研究,还未真正的应用于实际。随着快速城市化进程,可尝试开展城市非点源污染排污交易。

(2)财政补贴

将财政补贴引入到非点源污染调控当中,使受污染严重的区域进行一定的补偿,激励自觉地进行减少非点源污染的措施。

财政补贴是主要又包括拨款、贷款、减免税等形式。财政补贴的本质是一种机会成本,让污染者在排污和控污之间作出选择,从而对最佳管理措施(BMPs)的实施进行财政和技术上的支持[32]。在一定程度上,采取财政补贴可以调动企业和个人治污的积极性。但是当财政补贴大于边际控污成本时,也会起到相反作用。

(3)成本效益分析

对城市地表径流非点源污染管理和调控过程进行成本效益分析,以最低的成本,获得最佳的环境效益。在充分认识地表径流非点源污染所产生的外部性的基础上,评估治理措施所带来的经济效益和生态效益,让决策者和公众充分认识各种治理措施的必要性。

非点源污染控制的环境经济学途径研究尚处于初级阶段,近年来还发展了其他一些方法来控制非点源污染,如运用税收等将相关单位和个人联合起来降低非点源污染监测、控制的费用[33]。随着点源被控制到越来越高的程度,不断上升的边际控制成本会开始使控制非点源越来越有吸引力。

3.3 环境管理学调控

(1)环境政策

为了城市非点源污染管理措施的有效执行，应对其形成固定的条例、法规，使城市非点源污染管理有章可循，有法可依。如加强城市环境卫生的管理可从根本上降低城市地表径流中污染物的含量；加强雨污分流排水系统的实施和改进，减轻地表径流对受纳水体的污染；城市雨洪排水采用分流制排水系统，可避免暴雨时把一部分混合通过溢流井泄入水体增加径流污染。

（2）宣传教育

通过环境宣传教育，提高公众对城市非点源污染控制的意识，有助于增强企业和公众参与进来。采用教育的方法，使城市居民对非点源污染管理措施和调控机制有一个比较全面的认识。

4 结语

城市地表径流属于非点源污染范畴。但严格来讲，城市地表径流兼具非点源和点源的双重特征。污染物在晴天时在城市地表累积，在降雨时随地表径流而排放，具有非点源间歇式排放特征。而污染物自城市地表径流由排水系统进入受纳水体，具有点源排放形式，即集中排放的特征。

城市地表径流污染程度受到土地利用类型、降雨过程、大气污染状况、道路的交通强度、汇水面性质、气温和清扫方式、频次等因素的影响。因此，在城市地表径流非点源污染管理与控制过程中首先应侧重于研究城市化引起的景观格局变化，城市土地利用类型的时空变化是其直接的表现形式，弄清不同土地利用方式对城市地表径流非点源污染的影响；其次是产流过程，产流过程是降水与下垫面的多种因素相互作用的产物，降雨特性与下垫面的条件是影响产流的主要因素；弄清地表径流向受纳水体的排放特征和规律，以及定量计算城市地表径流非点源污染负荷；最后通过时间和空间尺度的转换，对径流现象（t、x、y、z）变化的产生、组成与汇集进行空间尺度的放大和时间尺度的转换。从而得出城市在不同时段、不同地域的非点源污染程度，以便有针对性地进行管理和调控。

通过研究城市地表径流非点源污染的特性与规律，研究可行的污染管理对策与调控机制，为政府部门对城市非点源污染的控制管理决策提供科学依据具有重要意义。

参考文献

[1] 林积泉，马俊杰，王伯铎，等. 城市非点源污染及其防治研究[J]. 环境科学与技术，2004，27（增）：63-65.

[2] 陈玉成，李章，李章成，许红艳. 城市地表径流污染及其全过程削减[J]. 水土保持学报，2004，18（3）：133-136.

[3] Deletic A. B. and Maksimovic C. T.. Evaluation of Water Quality Factors in Storm Runoff from Paved Areas [J]. J. of Envir. Eng, ASCE, 1998, 124(9): 432-436.

[4] Lee JH, Bang KW. Characterization of urban storm water runoff [J]. Water Research, 2000, 34 (6): 1773-1780.

[5] 夏青. 城市径流污染系统分析[J]. 环境科学学报，1982，2（4）：271-278.

[6] 刘曼蓉，曹万金. 南京市城北地区暴雨径流污染研究[J]. 水文，1990，6：15-23.

[7] 汪慧贞，李宪法. 北京城区雨水径流的污染及控制[J]. 城市环境与城市生态，2002，15

(2):16-18.

[8] 赵剑强,孙奇清. 城市道路路面径流水质特性及排污规律[J]. 长安大学学报,2002,22(2):21-23.

[9] 赵剑强,闫敏,等. 城市路面径流污染的调查[J]. 中国给水排水,2001,17(1):33-35.

[10] 胡辉,徐晓林. 现代城市环境保护[M]. 北京:科学出版社,2004.

[11] 高超,朱继业. 基于非点源污染控制的景观格局优化方法与原则[J]. 生态学报,2004,24(1):109-116.

[12] C. Jefferies, A. Aitken, N. Mclean. et al. Assessing the performance of urban BMPs in Scotland [J]. Wat. Sci. Tech. 1999, Vol. 39, No. 12, pp. 123-131.

[13] 袁铭道. 美国水污染控制和发展概况[M]. 北京:中国环境科学出版社,1986.

[14] 陆雍森,等. 环境评价. 上海:同济大学出版社,1990.

[15] Ellis J. B.. Urban Discharge and Receiving Water Quality Impact. Oxford, England: Pergamon Press, 1989.

[16] Hartigan, P. and K. Wilweding. The Clean Colorado Project and Urban Nonpoint Source Pollution Control: The LCRA Program, Seminar Publication - Nonpoint Source Watershed Workshop, Environmental Protection Agency, Sept. 1991, p. 170.

[17] GneccoT, C. Berretta, L. G. Lanza, P. et al. Storm water pollution in the urban environment of Genoa [J], Italy , Atmospheric Research 77 (2005): 60-73.

[18] 鲍全盛,王华东. 我国水环境非点源污染研究与展望[J],地理科学,1996,16(1):66-72.

[19] 施为光. 城市降雨径流长期污染负荷模型的探讨[J]. 城市环境与城市生态,1993,6(2):6-10.

[20] 宫莹,阮晓红,胡晓. 我国城市地表水环境非点源污染的研究进展[J],中国给水排水,2003,19(3):21-23.

[21] 吴林祖. 杭州城市径流污染特征的初步分析[J]. 上海环境科学,1987,6(6):34-36.

[22] 温灼和,等. 苏州水网城市暴雨径流污染的研究[J]. 环境科学,1986,7(6):2-6.

[23] 王和意,刘敏,刘巧梅,等. 城市降雨径流非点源污染分析与研究进展[J]. 城市环境与城市生态. 2003,16(6): 283-285.

[24] Jeffery l. Vowell. Using steam bioassessment to monitor best management practice effectiveness [J]. Forest Ecology and Management 143(2001): 237-244 .

[25] Lee J. H. , Bang K. W. , Ketchum L. H et al. First flush analysis of urban storm runoff [J]. The Science of the Total Environment, 2002, 293: 163-175.

[26] WEF. Urban Runoff Quality Management, WEF Manual of Practice NO. 23, ASCE Manual and Report on Engineering Practice NO. 87, USA, 1998.

[27] Greb S R and R. T. Bannerman. Influence of particle size on wet pond effectiveness [J]. Water Environ. Res ,1997 ,69 :1134-1138.

[28] Matthews S R,et al . Extending retention time in a storm water pond with petrofitted baffles [J]. Water Qual: Res,1997, 32: 73.

[29] Barr Engineering Company. BMPs in Series. In: Barr Engineering Co. Urban Small Sites Best Management Practice Manual-Storm water BMPs for Cold Climates [J]. Minnesota: Minnesota Council Environmental Services. 3221-3226.

[30] 张超,王学车,于莹.在总量控制体系下实施点源与非点源排污交易的理论研究.环境科学学报,2001,21(6):749-750.

[31] 操家顺,薛人杰.试谈排污交易削减非点源污染[J].水科学进展,2004,10(4):439-443.

[32] 曹丽萍,王晓燕,广新菊.非点源污染控制管理政策及其研究进展[J].地理与地理信息科学,2004,20(1):90-94.

[33] Romstade E. Team approaches in reducing nonpoint source pollution [J]. Ecol. Econ, 2003,47:71-78.

仪征市废弃矿区土地复垦与生态修复对策研究

陈克亮[1]　朱晓东[2]

（1. 国家海洋局第三海洋研究所　厦门　361005；
2. 南京大学环境学院污染控制与资源化研究国家重点实验室　南京　210093）

摘　要：根据仪征市废弃矿区的现状，对矿区的修复进行可行性研究，提出土地复垦和生态修复的方法和工程措施：将城市和乡村的生活垃圾进行简单而有效的堆肥后，施加到开采后的矿区荒地表层，配合剩余污泥和客土填充完成矿区的修复，再现其土地生产功能。作为复土材料，一方面为矿区修复提供充足营养的土壤外，同时为仪征市和周边乡村的生活垃圾及污水厂剩余污泥的资源化开辟新的出路，进而为长江流域乃至全国废弃矿区的土地复垦和生态修复提供技术支撑和科学依据。

关键词：废弃矿区　土地复垦　生态修复

0　引言

仪征市地处长江三角洲地区，介于南京和扬州之间，濒临黄金水道长江，市域总面积 903km^2，总人口 59.6 万人。主要地貌类型为丘陵岗地、冲积平原。冲积平原分布于市域东南沿江一带，占土地总面积的 21.7%；市域西北部主要是丘陵岗地，其中，中北部缓岗地区约占土地总面积的 59.4%，西部高岗地区约占土地总面积的 18.9%。面积约 36km^2 的砂石矿区主要分布在西部高岗地区，地面高程 30～100m。

仪征矿区的生态环境问题已很严重，主要表现在植被破坏、水土流失和砾石的散乱堆弃和大量开采作业场所以及废弃塘口的抛荒现象，由于经济和技术等方面的原因，目前的复垦工作没有系统地分析复垦区域的经济、环境、社会等多因素的影响，对基本的矿区用地布局、矿区破坏土地的发展方向缺乏系统的研究。

本文在借鉴国内外有关研究成果的基础上，探讨土地复垦和生态修复的技术措施，为长江流域乃至全国的脆弱矿区的土地复垦和生态修复提供技术支撑和科学依据。

1　研究区域概况

1.1　自然概况

仪征市地处长江三角洲顶端，介于东经 119°02′～119°22′、北纬 32°14′～32°36′之间，西邻省会南京，东靠古城扬州，南濒长江，北与安徽省天长市接壤。仪征市拥有长江岸线 29.7km，直顺稳定、深泓临岸是理想的建港岸线，长江、运河两条大动脉以及贯穿市区北部的宁通高速公路，润扬长江大桥位于市域的东部，组成了四通八达的水陆交通网，交通十分便捷，具有独特的地理优势。

仪征市属北亚热带中部季风气候区，常年日照总时数 2 200 小时左右，日平均气温 15.1℃，年平均降雨量 1 014mm，无霜期 229 天，具有四季分明、光照充足、雨量充沛、无霜期长等特点，适宜多种种植业和养殖业的发展。

本市土壤成土母质为长江近代冲积物和下蜀系黄土两种类型，土壤类型主要有旱地淤土、淤泥土、黄泥土、马肝土、小粉白土等水稻土约占90%以上。呈微酸性，重金属含量低，土壤肥力较差，有机质含量偏低，耕作层有机质含量为平均1.45%，普遍缺磷少钾。土壤适合茶、果、牧草等经济作物的生产，丘陵山区生态条件保持完好，没有工业污染，十分适宜发展无公害农业和绿色农产品。全市管辖11个乡镇和4个国营林场，总耕地75万多亩（1亩≈667m^2），其中丘陵山区占总面积76%，属于典型的丘陵山区。大部分岗坡地为四级以上提水灌溉，农业生产成本高，因此大多利用率不高，目前全市“四低”、“四荒”面积近30万亩，急需进行有效的开发利用。

1.2　社会经济状况

2004年，全市实现地区生产总值88.10亿元，其中地方生产总值61亿元，财政收入15.02亿元，其中地方一般预算收入5.40亿元。完成固定资产投资46.64亿元，其中地方完成固定资产投资40.61亿元。总人口60万人，其中城镇人口24万人、乡村人口36万人，城镇在岗职工年平均工资16 175元，农民人均纯收入4 500元。

自1994年以来，仪征市先后进行了三、四、五期国家农业综合开发，其累计投资5 418.85万元，共改造中低产田近20万亩，治理小流域25条。近三年来结合农业结构调整，新植经济林木14万亩，全市种植茶叶14 000亩，经济林果10 000亩，优质牧草1 000亩。仪征市在丘陵山区经济林果开发、牧草产业开发等方面均有突破性进展，取得卓越成效。全面限采砂石，去年关停了非法采矿企业39家。

1.3　矿区砂石资源状况

（1）砂石资源储量

仪征砂石资源主要为黄砂、砾石、玄武岩石料。

市域内的黄砂主要赋存于上第三系雨花台组（N2Y）层位中，属滨海河床相沉积型砂床。主要分布区域为仪征市中部和西北部的月塘、马集、青山、谢集、陈集等地，储量约为16 000多万吨。

砾石是开采黄砂所筛选出来的附产品，与黄砂储量比例约为1∶1。主要成分为SiO_2，其含量可达97%～99.8%，根据其内在品质、外在品相及其用途，分为雨花石、花彩石、球石和鹅卵石。

玄武岩赋存于上第三系灵岩山组（N2I）地层，属碱性玄武岩类。主要分布于我市中部和西北部的月塘、青山、铜山等地。储量约为9 000多万吨。

（2）开采矿点分布

目前，仪征市共有砂矿47个、石矿34个，合计81个，主要分布在月塘乡、马集镇、谢集乡、青山镇、陈集镇等5个乡镇，见图1。

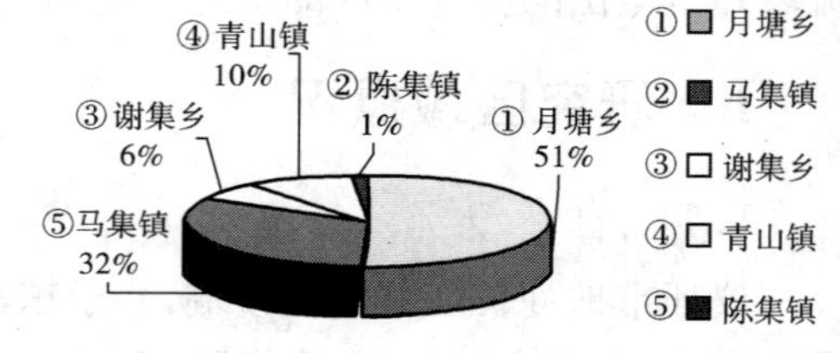

图1　各乡镇砂石矿占全市总数的百分比

（3）砂石资源开采量

“九五”期间，全市砂石资源平均年开采量约200万吨。2001年，全市共产砂石321.4万吨，实现产值6 070.8万元。月塘、马集、青山、谢集、陈集等5乡镇砂石产量及产值实现情况，见表1。

仪征市乡镇砂石产量及其产值　表1

项　目	月塘乡	马集镇	青山镇	谢集乡	陈集镇
砂石产量(万吨)	121.8	138	40.3	17.2	4.1
砂石产值(万元)	2 993.4	2 250	523	232.4	72

2　废弃矿区土地复垦和生态修复措施

土地复垦按阶段划分,包括工程复垦和生物复垦[1]。工程复垦包括土壤重构和地表整形,所用设备与采矿设备是相同的,应和采矿工程同时进行,应把工程复垦内容与采矿工艺和排土程序结合起来,使其纳入采矿计划之中。

生态修复就是植被重建,包括土壤改良、先锋植物和适宜树种的选择以及建立合理的植被配置模式[1]。复垦土地应因地制宜地用于农业、林业、牧业和渔业,并与矿区城市土地利用总体规划相结合和自然景观环境相协调,坚持社会效益、环境效益和经济效益统一的原则。

2.1　方案设计

研究方案流程如图2所示。

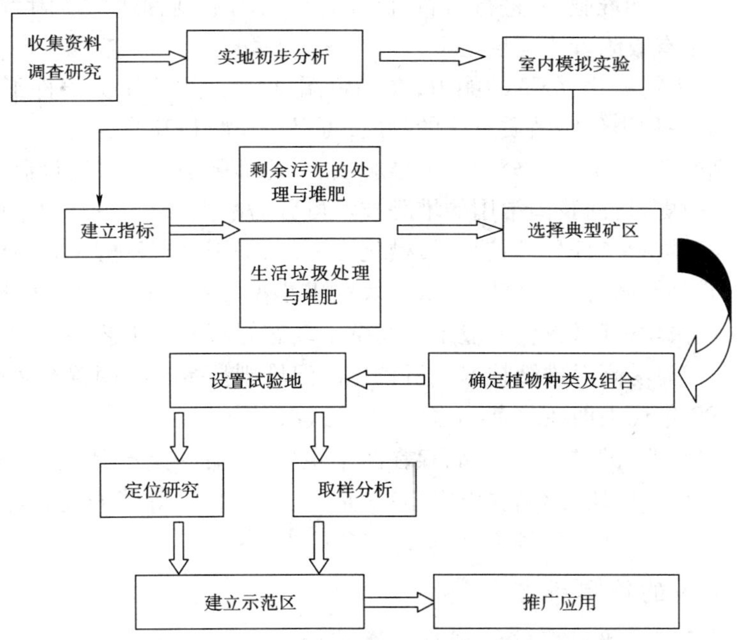

图2　仪征市矿区土地复垦和生态修复方案流程图

2.2　拟定土地复垦工艺和实施措施

仪征市土地复垦和生态修复的基本过程,可简单概括如图3所示。

图3　仪征市土地复垦和生态修复基本过程

在实施过程中应包含以下九个方面的内容:

(1)修筑废石场外的取水、输水设施,架设动力线路,维修进场道路;

(2)覆土前,先用机械把废石场平整,碾平;

(3)黏性黄土与直径小于10cm的废石混合,同时加5%的石灰,将混合物覆于已碾实的平整区内,压实的混合物厚度为20cm;

(4)铺设喷灌干管,修建田间蓄水池和管理及仓储用房,同时铺设喷支管,修建田间泵房,覆土时尽量留下排水沟位置;

(5)在平整区内覆盖40cm厚的黏性黄土,自然沉实;

(6)修筑田间道路和田间台阶;

(7)覆10cm厚的耕层土与垃圾—污泥复合堆肥的混合物;

(8)再覆5cm厚的耕层土,平整,修筑护坡并绿化;

(9)调试取水、输水、田间灌溉系统,直至满足设计要求。

3 生活垃圾和剩余污染的资源化应用

废弃矿地的生态恢复问题是一个技术复杂的问题,它与环境保护、生态、地质、土壤、肥料、作物栽培、林业、农田水利、毒理、美学、农艺、地理等许多学科有关。对于当地特殊的矿山岩石表层一般不易附着土层和堆肥,应进行岩石机理的研究,因地制宜地采用附着技术、覆盖技术等方法将客土和堆肥有效附着于岩层之上。

堆肥,即利用微生物氧化、分解的能力,在一定温度、湿度和pH值条件下,使有机物发生生物化学降解,形成一种类似腐殖质土壤的物质,可以用作肥料和改良土壤。堆肥按原理可分为好氧堆肥和厌氧堆肥;按工艺可分为露天堆肥法、快速堆肥法和半快速堆肥法。我国具有传统堆肥技术的悠久历史,目前我国常用的堆肥技术可分为两类,即简易高温堆肥和机械化高温堆肥技术。简易高温堆肥工程规模较小、机械化程度低、采用静态发酵工艺、环保措施不齐全、投资及运行费用均较低,简易高温堆肥技术一般在中小型城市应用较多。机械化高温堆肥工程规模相对较大,机械化程度较高,一般采用间歇工动态好氧发酵工艺,有较齐全的环保措施,投资及运行费用高于简易高温堆肥技术。机械化高温堆肥技术在我国曾有辉煌时期,从20世纪80年代初期到90年代中期在北京、上海、天津、武汉、杭州、无锡、常州等城市均建有这类堆肥厂[2]。目前堆肥处理厂的堆肥化产品,存在两个主要问题:一是产品粗糙,堆肥中常夹杂有螺壳、玻璃、瓦砾、铁屑等碎块,影响农田应用;二是其中氮磷、钾等营养元素低,在单施堆肥的情况下其增产效益无法与其他肥料相比,缺乏竞争能力。

3.1 生活垃圾的简单堆肥

许多研究已经证明垃圾堆肥能够提高土壤养分[3]。垃圾堆肥不仅含有丰富的有机质、氮、磷等养分,而且可以明显地起到改良土壤的作用,有望成为发展粮食、蔬菜、花卉、林木生产等方面的有效资源。垃圾堆肥有机质含量较高,不但富含营养元素,而且含有一定量的粗渣,所以垃圾堆肥施用得当时,能明显改善土壤物理性状,突出表现在非毛管空隙度增大,大的水稳性团粒增加,而小团粒减少;同时土壤质地也有所改善。由于堆肥增加了土壤有机质,为良好的水稳性团粒的形成提供了物质基础。一定量的粗渣可相应改变土质黏重的特性,这些都为非毛管空隙的增多、改善非毛管空隙与毛管空隙的比例,以形成合理的固、液、气三相比创造了条件。随着非毛管空隙度的增加,土壤饱和导水率增加,土壤通气透水性能增强。在土壤有机质增加,结构改善、质地改善的同时,土壤耕作性能得以改善,便于通过耕作形成良好的种植条件[4]。

生活垃圾中含有大量食品垃圾、纸制品、草木等有机物，这些有机物可以通过生物化学的方法使其转化为有用的产物。其堆肥主要工艺流程见图4。

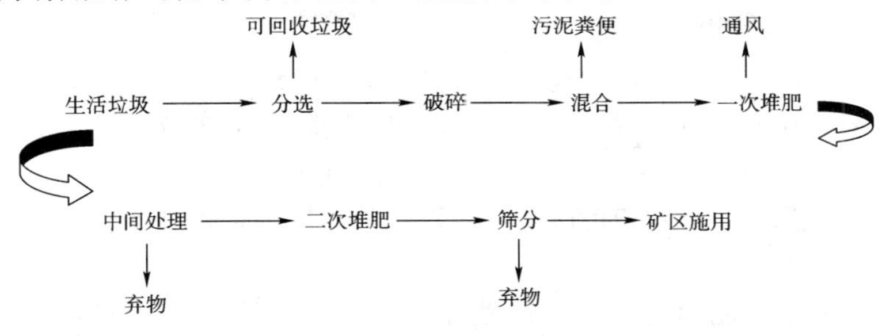

图4 生活垃圾堆肥主要工艺流程

3.2 剩余污泥的应用

城市污水厂污泥含有机质45%~60%之间，并含有N、P、K等元素，其综合肥力比农家肥高许多，是一种天然有机肥。在污水厂污泥重金属及砷满足《农用污泥中污染物控制标准》(GB 4284—84)的条件下，作为农肥直接施用于农田，可解决农田中土壤有机质减少与土壤肥力下降的矛盾，不但消化了污泥，而且对农作物起到增产作用。

郭兰等研究了城市污泥堆肥的农田施用对土壤性质的影响，分别测定了不同处理的土壤重度、团粒结构、孔隙度、三相比等土壤物理性质，结果表明土壤重度随着污泥堆肥用量的增加而减小，总团粒结构和水稳团粒结构均有增加趋势；同时土壤固相容积逐渐增加，提高了土壤空隙度和毛管空隙度，从而提高了土壤的通气透水和田间持水量，明显改善了土壤的物理性质[5]。

污水处理厂污泥、粪便处理污泥，皆系均质原料，不需要类似城市垃圾系统中的筛选、破碎处理，只需设含水率调整设备，以调整适合发酵的含水率。通常65%的含水率最为适宜，因此要利用脱水机、干燥机、调整剂的投加等，使污泥的含水率降下来。一般前发酵天数约两周左右，后发酵天数也在两周左右，利用这一系统，可以生产出颗粒均匀的有机堆肥。其工艺流程如图5所示。

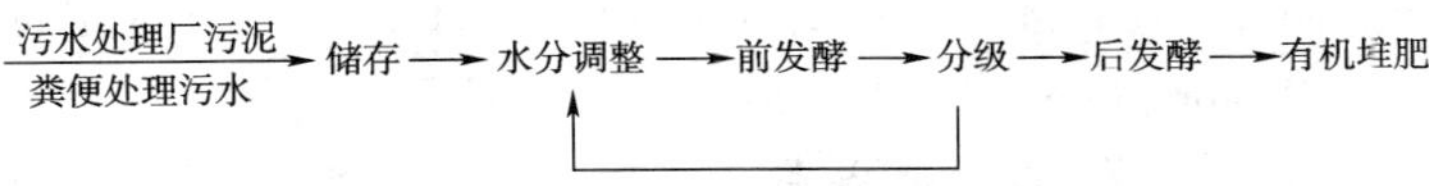

图5 污泥堆肥主要工艺流程

污泥可以作为肥料应用于农业，虽然与化学肥料相比，其中N、P、K含量偏低，但有机物含量高、肥效持续时间长，可以改善土壤结构，可以有效合理地解决污泥的处置，保护环境、节省资源，发挥良好的经济效益，达到经济、社会、环境效益的统一。也为污泥的稳定化、无害化、减量化、资源化、合理化，寻求了一条切实可行的新途径。

3.3 模拟小区田间试验

在矿山复垦工程中，通过模拟小区的田间考核试验，将土层厚度大的底板土作为复垦地再造耕层的基础材料。虽然土质差并有板结现象，但可以采取一系列技术措施进行土质改良，这将为奇缺复土材料的复垦工程提供充足的土源。生活垃圾和污泥堆肥可用作再造耕层的改性材料，来改善土壤的理化性状。用底板土作为复土材料时，配入20%~25%的堆肥作为再造耕层材料的最佳构成，废弃矿石和尾矿泥可用来回填采空区底层，也可按一定比例配在底板土中，作为复垦地再造耕层的添加材料。废弃矿石和尾矿泥两种废弃物的再利用能够减少企业占地及对环境的污染,达到以废治废的目的,符合国家环境保护政策。

4 结语

对于如仪征市大约三万亩矿山的复垦,国外研究实践较少,国内更无先例可以借鉴。对于大面积和较深的采石场而言,可以探讨将下部充水形成人工湖,湖水经适当处理后,可用于养鱼,或建成水上公园作为水上娱乐场所。采石场上部边坡带可种植矮株经济林、薪柴林以保持边坡稳定和起到绿化作用。这不但可以大大减少对采空区的填埋费用,而且能够恢复和提高生态景观的多样性。

在生活垃圾和剩余污泥的实际应用中,由于其产生量大,近距离使用尚可,远距离使用由于运输成本增加而有一定困难,且农村经济也在调整结构,各地都在适当增加种植经济作物面积,对复合肥、专用肥需求量大,因此,建议政府职能部门结合仪征市的实际情况,建一座复合肥、专用肥厂。首先,可根据不同的工艺对生活垃圾和剩余污泥进行好氧高温堆肥,使纤维等难于降解的物质分解,提高有效养分,使混合后的肥料变得疏松,无臭无味,然后再依据复合肥、专用肥要求,添加适量 N、P、K、Ca 等元素,制成复合肥、专用肥销售,扩大生活垃圾和污泥肥料的使用范围,也解决了远距离使用问题。

生活垃圾和污泥堆肥混合基质充填复垦,一是增加了耕种面积,提高了土地生产率,缓解了人地矛盾,有利于经济和社会的可持续发展;二是解决了城乡生活垃圾处理和矿区占地、污染与农民生存的问题,减轻了污水处理厂的经济补偿负担和生产成本,为企业发展创造了良好的外部环境,为生活垃圾的资源化提供了新的出路;三是充填复垦与利用过程中,吸收安置了大量农村剩余劳动力,有利于工农关系、城乡关系的改善,促进了社会的稳定与发展。

参考文献

[1] 刘志斌.大型露天煤矿闭坑后的生态环境问题及其对策[J].露天采矿技术,2003,3:1-3.

[2] 解强.城市固体废弃物能源化利用技术[M].北京:化学工业出版社,2004:3.

[3] Ye ZH, Wong J WC, Wong MH, et al. Revegetation of Pb/Zn minetalings[J]. Guangdong Province, China. Restor. Ecol, 2000,8:87-92.

[4] 向长萍,邓波儿,刘同仇,等.春露地番茄施用城市生活垃圾肥栽培试验研究[J].华中农业大学学报,1995,14(6):603-606.

[5] 郭兰,米尔芳,田若涛,等.城市污泥和污泥与垃圾堆肥的农田施用土壤性质的影响[J].农业环境保护,1994,13(4):204-209.

公路隧道施工生产废水处理方法研究

刘　珊　朱　唯　张　雯　桂浩尧

（长安大学环境科学与工程学院　西安　710064）

摘　要：本文根据公路隧道施工生产废水的水质特性，通过实验研究，提出了利用废旧水泥作为混凝剂处理隧道施工生产废水的污水处理方法。该方法操作简单，适合公路施工场点多和原料方便等特点，具有较好的应用前景。

关键词：隧道　施工废水　水泥　混凝剂　硝基苯

0　引言

根据原交通部制定的《国家高速公路网规划》，到2020年我国高速公路网将要达8.2万公里，可以覆盖10多亿人口。随着公路建设的不断发展，延伸到山岭重丘区的公路项目越来越多，途经水源保护区和河流源头区的公路越来越多，对于水体的保护越来越重要。为了减少公路建设对生态环境影响，根据交通部"安全、环保、舒适、和谐"的"公路设计新理念"及交公路发[2005]441号《关于进一步加强山区公路建设生态保护和水土保持工作的指导意见》精神，对于填高大于20m、挖深大于30m的路基，原则上采用桥隧方案。如是，未来将建设较多的公路隧道，隧道施工对水环境的影响将越来越引起人们关注。研究出一种适合于公路隧道施工场点多、战线长、水处理技术人员缺乏的操作简单、物料方便，且不对环境造成二次污染的隧道施工废水处理方法，对水环境的保护显得非常重要和迫切。

1　隧道施工废水来源及影响特征

1.1　公路隧道施工期废水来源

公路隧道施工期生产废水主要来自：施工作业开挖、钻孔、连续墙维护结构和盾构施工产生的泥浆水，隧道爆破后用于降尘的水，喷射水泥砂浆从中渗出的水，拌和过程和预制场中排出的废水。当有隧道穿越不良地质单元时，产生的涌水混合泥浆水，以及基岩裂隙水等[1][2]。公路隧道施工期生产废水由于影响因素多，产生量和水质特征不固定，所以大多数的隧道施工期生产废水未经处理直接排放，对公路周围环境造成一定的环境影响。

1.2　公路隧道施工期废水对环境的影响特征

在公路的施工过程中，常常注重对公路施工人员的生活污水进行处理，而忽视了对施工过程中生产废水对周围环境的影响。公路隧道施工废水未经过处理使受纳水体物理化学性质发生改变，主要表现为致使水体pH值、石油类及悬浮物浓度等指标升高，如在施工中所使用的开挖设备、钻孔设备、运渣机械、喷锚注浆机械由于油料等原因都会不同程度的产生油污，这些油污随着隧道涌水流入地表水体，使石油类和悬浮物浓度升高。注浆材料主要采用的水泥—水玻璃溶液，化学药液及喷射混凝土过程以及模筑过程中的污染物（包括水泥砂浆、混凝土等）随着隧道涌水而溶解到水环境中，致使地表水体pH值、悬浮物浓度升高，同时改变水化学成分,可能造成水体的不同程度的污染。此外,隧道开挖所使用的爆破材料(多为乳化硝氨炸药),爆炸后的生成物不仅会使水体硝酸盐指标超标,而且带有一定的毒性,产生 NO_2^- 类物质,甚至有消息称在隧道施工废水中曾经检测出硝基苯(剧毒物质)。同时爆破后一般产生的主要物质多为 N_2、NO_2、NH_3 和钠盐,其水溶态为 Na^+、NH_4^+、NO_3^- 以及一些油类。NO_3^- 在一定条件下可以转化为 NO_2^-,NO_2^- 为有毒物质,在人体内积聚一定水平可致死胎儿、致人失明等。因此必须考虑 NO_3^- 对受纳水体的影响。此外,乳化炸药中的乳化剂为一些石油类物质,随涌水流入地表水体以后,也可能会造成水体的污染。

根据国外的研究资料显示,SS 浓度超过 2 000mg/L 就会造成龄鱼死亡,从而直接对水生生物产生影响。另外,固体浓度过高会降低水的透明度,导致水体浊度的波动变化[2]。固体物质大量沉积于河底,会改变原有底栖生物的生境,并引发许多与河床底泥有关的问题。在我国《地表水环境质量标准》(GB 3838—2002)中,集中式生活饮用水地表水源地特定项目限值硝基苯为 0.017mg/L,这与美国环保局发布的保护人体健康水质基准中硝基苯的限值一致。最新的俄罗斯饮用水标准于 2002 年 1 月实施,其中硝基苯限值为 0.2mg/L,低于中国国家标准。

而随着我国公路建设的发展,高速公路建设已经由地质条件相对较好的平原微丘区,转向到施工难度大工程造价高的山岭重丘区。这些地区往往是河流的源头区或水源地,属于水质保护要求高的地区,另外这些地区居民医疗卫生条件落后、生活艰苦,常常都是直接饮用浅层出露的地下水或地表水,因此水体一旦受到污染将会严重威胁当地居民的健康、饮用水安全,还会导致农林业减产以及由此引发的一系列社会经济问题。

1.3　公路隧道施工水质特性

通过 2006 年 9 ~ 10 月对正在施工的秦岭包家山隧道和洲河北隧道施工废水进行的现场采样、分析表明,其主要因子有 CODcr、SS、NO^{3-}、石油类、硝基苯。监测结果见下表 1 和表 2。

秦岭包家山隧道检测结果　　表 1

编　号	样　品　1		样　品　2	
	爆破前	爆破后	爆破前	爆破后
硝酸盐(mg/L)	26.042	10.244	31.132	50.680
CODcr (mg/L)	18.1	3.66	9.73	20.6
SS (mg/L)	10.0	14.0	17.0	81.0
石油类(mg/L)	—	—	—	—
硝基苯(mg/L)	—	—	—	—

商界公路洲河北隧道检测结果　　表 2

编　号	样　品　1		样　品　2		样　品　3		样　品　4	
	爆破前	爆破后	爆破前	爆破后	爆破前	爆破后	爆破前	爆破后
硝酸盐(mg/L)	17.7	18.0	13.5	14.1	16.9	16.4	2.63	13.8
CODcr (mg/L)	19	20	24	58	66	47	8	22
SS (mg/L)	47	33	60	34	13	45	83	29
石油类(mg/L)	0.73	0.57	4.30	0.51	10.2	8.67	0.25	0.33
硝基苯(mg/L)	—	—	—	—	—	—	—	—

监测结果显示:

(1)数据显示硝酸盐、CODcr、SS 在爆破后都有增加。

(2)由于爆破前取样时需打风枪,将产生大量细小的岩石颗粒,同时扰动已沉淀的悬浮物,因此爆破后水中的 SS 值增加。

(3)石油类变化较大,原因是与施工机械的偶然漏油有关。

(4)硝基苯在采样运回后实验室未检出。而国内其他工程有施工爆破造成出水中硝基苯超标现象。

(5)不同隧道的施工期废水水质波动比较大。

(6)当 SS 较高时 CODcr、硝酸盐等其他指标也升高,SS 与 CODcr、硝酸盐等其他指标有正相关性。其原因主要是由于高速公路施工所产生的污染物质往往通过吸附作用,以悬浮物或扬尘为媒介传播,而扬尘进入水体也最终形成悬浮物。

通过对公路隧道施工生产废水水样的分析过程发现,水样在静置一段时间后,水样中的污染物浓度有明显下降,施工中产生的水泥浆起到了混凝沉淀的效果。

2 公路隧道施工废水影响

参照我国现行的《地表水环境质量标准》及《污水综合排放标准》,根据监测结果可见,包家山隧道、州河北隧道的监测指标 SS 值分别为《地表水资源质量标准》(SL 63—94)III 类标准的 0.3 ~2.7 倍、1 ~2.7 倍,最高检测值均大于污水综合排放一级标准的值;CODcr 的检测结果表明,两个隧道的 CODcr 值均低于污水综合排放标准,不会对环境造成严重污染;由河北隧道对石油类的检测结果表明,该隧道施工废水中石油类含量已经远远超出地表水环境质量标准中的规定值,其检出最高值为 10.2,是污水综合排放标准一级标准的 2 倍。两个隧道施工废水的 pH 值为 13 ~14,也远远超出地表水环境质量标准的相应规定值。

可见,隧道施工废水一般属碱性废水,主要污染指标为悬浮物、pH 值及石油类。这些废水如果未经任何处理而任其直接渗入地下或随排水沟排到洞外进入地表水体,将会严重影响水体性质及功能。严重时甚至造成地表植被枯萎,腐蚀隧道衬砌混凝土,进而危及隧道的稳定性;或经过一段距离的地表径流后汇入附近的江河,严重污染地表水体。因此,必须对隧道施工废水进行处理,使污水达到排放标准后排放,从而减轻隧道污水对环境的影响。

有资料显示,隧道掌子面打钻爆破、工程车运输均产生大量粉尘,它随着洞内涌水一起排出,使水中含有大量的悬浮物而浑浊。另外,洞内运渣机动车尾气、爆破产生的物质、岩石组分等溶于水或变质矿物的风化溶解,使大量的 Fe^{3+}、Zn^{2+}、NO_2^{3-}、K^+、Na^+、Ca^{2+} 等随水排出进入地表水体,使水质受到严重污染。而这种污染的影响范围大,损害程度非常严重。据估计,该类污水影响流域达 3km,面积约 $6km^2$,两岸居民约 1 800 人生活用水受到影响。同时水生生物生存环境被严重破坏。一些物种锐减甚至濒临灭绝(当然,滥用农药,化肥、洗衣粉等化学品也是罪魁祸首之一),如不加以清理,其对河流的影响是致命的。从河流实地调查看,仅隧道这一段约 2km 均不同程度受到这种污染[3]。因此,必须对隧道施工废水进行处理,使污水达到排放标准后方能排放,从而减轻隧道污水对环境的影响。

3 隧道施工废水处理方法

3.1 处理方法选择原则

隧道施工废水处理方法不仅要方便、经济、环保,还要考虑公路隧道建设多位于偏远山区、线长点多、缺乏环保技术人员等特点。

(1)方便性原则

公路隧道一般位于偏远山区,战线长,施工点多,施工队伍中缺乏环保技人员。混凝处理法与生化处理法相比,不必进行微生物的驯化、占地面积小、运行管理更简单;与微滤、超滤等其他物化处理法相比,对设备的要求低,工艺比较成熟,技术要求相对较低且可节省设备使用培训费用和维护费用。可见,混凝处理法更加便于在施工过程中操作。

(2)经济性原则

从水处理构筑物的方面来讲,本方法所设水泥混凝处理池与一般沉淀池的设计基本一致,小规模的处理时无需专门搅拌设施,并可省去温控设备,具有设施简单、投资少的优点;从处理药剂的获得方面来看,水泥本身是最广泛的使用的凝胶材料,在公路建设中大量使用,非常便于在施工工地获得,从而省去了专门购买水处理药剂和运输水处理药剂的成本。另外由于施工质量的要求,有大量的受潮水泥在施工中不能作为施工材料而浪费。这些水泥可以通过废物再利用的方式,作为处理药剂使用,能够进一步有效的降低成本。

(3)环保性原则

由于本方法中处理药剂(水泥)不仅在施工现场便于获得,而且在操作过程中易于反应、沉淀,固化到水泥中的污染物再释放出来的量较小,且可以保持稳定,因此对环境造成二次污染的可能性较小。

3.2 处理方法选择

目前,国内外对施工生产废水处理研究的比较少。由于施工区周边条件的限制、施工期生产废水量和水质不确定,故选用生化处理是不可行的。沉淀池处理不失为一种操作简单处理效果好的处理方式。袁勇介绍了在重庆歌乐山隧道施工中采用 $Al_2(SO_4)_3$ 为混凝剂通过沉淀池处理施工废水[4]。魏贤坤也介绍了终南山隧道施工废水的处理中也采用了沉淀池工艺[5]。其他的处理方式或者时成本过高或者操作较复杂,目前应用较少。

物化处理的混凝药剂选择是很多的,但其处理常常不能达到预期效果。另外,针对水质的特性选择效果好的混凝剂,在理论上可行,但从经济的角度考虑不可行。上述原因使得施工期生产废水长期得不到有效处理,直接排放导致周边环境产生污染。

本文从施工期废水质特性和工程可行性角度出发,选用水泥作为施工期生产废水的处理药剂。

采用水泥作混凝剂时,絮体颗粒大且密实,沉降速度快,生成的沉淀物体积小,而且水泥的加入还可以降低胶体颗粒表面的电负性,水泥吸附在胶体颗粒上,可以降低悬浮粒子与絮凝剂大分子之间的斥力,从而得到最佳的絮凝效果。另一方面水泥本身无毒,不影响絮体的排放。因此,隧道施工废水可选用水泥作为混凝剂原理可行,而且通过试验表明,水泥作为处理隧道施工废水混凝剂,实际上也是可行的。

4 水泥混凝剂处理效果

4.1 实验试剂与仪器

实验药剂均为分析纯(A. R.),主要药剂包括:硫酸、盐酸、氢氧化钠、亚硝酸钠、硫酸亚铁、四氯化碳、硫酸氢胺、锌粉、重铬酸钾、硫酸银、硫酸铜、无水硫酸钠、硝基苯氨基磺酸胺、N-1-奈基乙二胺盐酸盐、蒸馏水。

普通硅酸盐水泥为陕西省铜川市秦岭水泥厂生产。

实验采用的仪器包括:721 分光光度计(上海第三分析仪器厂)、OIL400R 系列红外分光测油议(北京华夏科技器械技术有限公司)、AG204 电子天平(0.0001)(瑞士 METTLER TOLEDO 公司)、LG1008 电子干燥箱(上海市实验仪器厂)、万用电炉、烧杯、量筒、比色管、移液管、吸耳球、容量瓶、玻棒等。

4.2 试验方法及实验结果

4.2.1 单水样实验

称取 0.5g、1g、1.5g、2g、3g 的水泥,分别加入有 100mL 配水水样中,充分搅拌约 1min,后静止 12h 以上。待水泥完全固化后,取上清液检测。

(1)对 CODcr 的去除效果

水泥混凝剂对单水样 COD 的去除曲线见图 1。

可以看出,随着投加水泥量的增加,去除率不断提高。在 1 ~1.5g 区间曲线较平缓,在 1.5 ~2g 段去除率有较快增长。在 1g 和 2g 处出现了连个峰值,这两个点都有作为投药点的优势:2g 处去除率最高,达到 70.73%;而在 1g 处,虽去除率减少了 26.83%,但可以节省一半的用量。

(2)对石油类的处理效果

水泥混凝剂对单水样石油类的去除曲线见图 2。

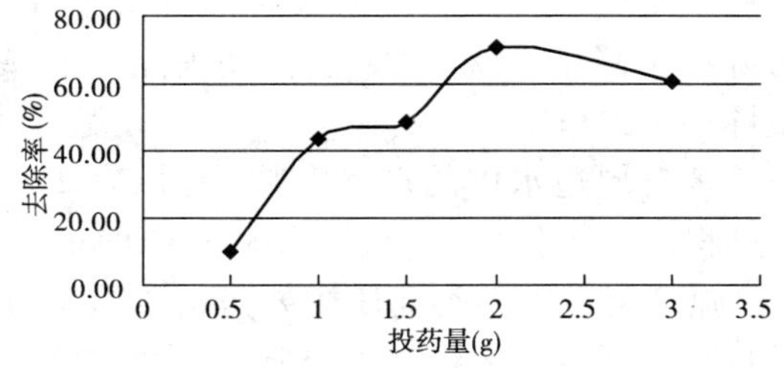

图 1 投加量对 CODcr 去除率的影响

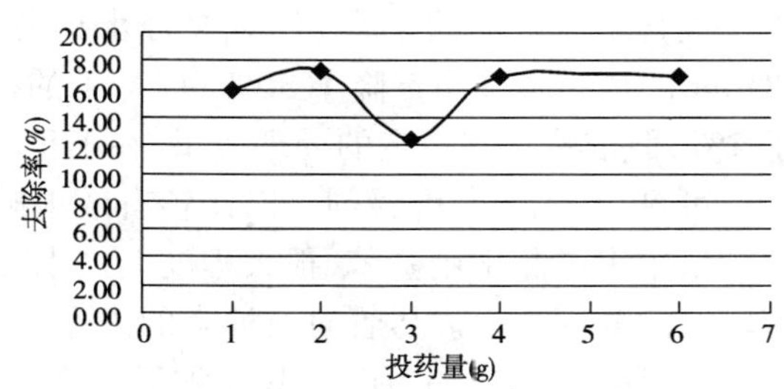

图 2 投加量对石油类云除率的影响

由图 2 可以看出,在 3g 处的去除率最低,增加或减少水泥使用量处理率都有提高。考虑到减少用量可降低成本,则 2 ~3g 为最佳投药点。

(3)对硝基苯的处理效果

水泥混凝剂对单水样硝基苯的去除曲线见图 3。

如图 3 所示,投药量从 0.1g 逐渐增加,去除率则在 0.3 ~0.4g 处降低了,之后又继续升高。

可见,虽然去除率随着投药量变化出现了一定的波动,但是总体上对硝基苯的去除率均接近甚至高于 50%。说明水泥对硝基苯有较好的去除效果。

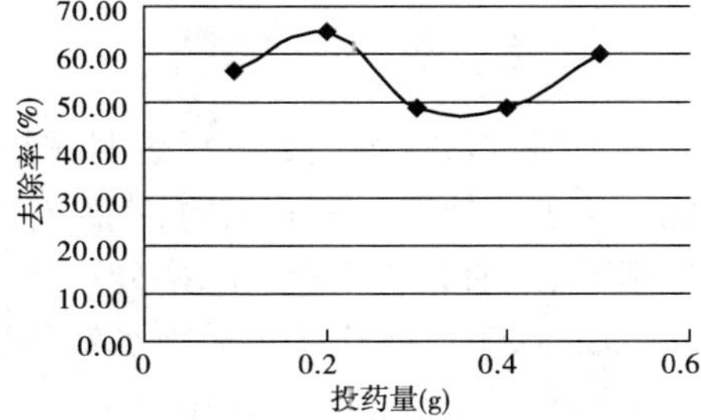

图 3 投加量对硝基苯去除率的影响

单独水样试验证明,水泥对隧道施工生产废水的几项主要污染指标 CODcr、石油类、硝基苯,均有去除效果,而且对 CODcr 和硝基苯的去除率均达到 50% 以上,尤其是对硝基苯具有明显的去除作用;对石油类的去除率相对较低,但随着投药量的增加并无明显变化,一般在 16% ~18% 之间。

4.2.2 混合水处理

将黏土、油类物质、硝基苯混合配水 2L,取水 250mL,分别投加 0.5g、1g、2g、2.5g、3g 水泥,反应2h取上清液检测。

水泥混凝剂对混合水样CODcr、石油类和硝基苯的去除曲线见图4。

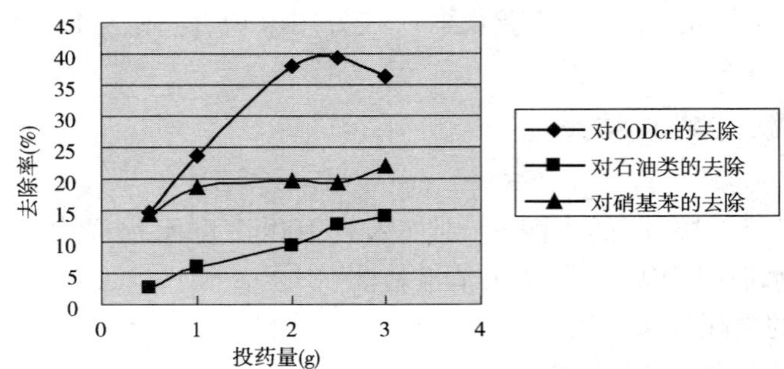

图4 投加量对混合水样CODcr、石油类及硝基苯去除率的影响

由图4可以看出,CODcr去除率随着水泥投加量的增加,在0.5~2g之间不断提高,在2~2.5g之间出现峰值,最高去除率达到40%左右,在2.5~3g之间略有下降,但无明显不同。

石油类随着水泥投加量的增加,去除率明显提高,最高达到14%。

硝基苯的去除率也随着投加量的增加而提高,1g以后提高趋势比较平缓,去除率趋于稳定,总体上对硝基苯的去除率在20%左右。

混合水样试验结果表明,对混合水样各监测指标的去除率较单独配水时都有所下降,CODcr的最高去除率下降了30%,硝基苯的最高去除率下降了40%还多,石油类去除率下降了4%,但依然具有一定的处理效果,在工程上可发挥一定的作用。

可见,水泥作为混凝剂可以比较有效地减少硝基苯对周边水体的毒害影响,表1、表2监测结果中未监测出硝基苯,很大程度上是水泥沉淀过程产生了作用。同时,水泥对CODcr、SS有较好的处理效果。尽管对石油类的去除率较低,但施工废水中油类物质主要是由于施工过程中的"跑、冒、滴、漏"所致,只要加强对施工过程的管理,可在很大程度上控制油类物质的污染。由于水泥的加入在去除污染物质的同时,H^+浓度降低,将造成pH值这一指标超标。因此在保证处理效果的前提下,应尽可能减少水泥的用量,或对处理后的废水进行中和处理,如采用无二次污染的碳酸调整pH值[4]。

5 结语

公路隧道现场调查分析表明,隧道生产废水对水环境存在着较明显影响,需要采取工程措施对其进行处理。实验表明,水泥对施工废水中的污染物有一定的去除作用,水泥对CODcr、硝基苯、石油类的最高去除率分别达到40%、20%及14%左右。用水泥作为混凝剂处理隧道施工废水,不仅操作简单无须水处理专业人员,而且水泥相对其他混凝剂价钱低廉,特别在野外工程实际中有很好的应用前景。

参考文献

[1] 靳之更,李巍.沈阳市地铁一号线项目施工期环境影响及对策研究[J].环境保护科学,2005,01:71-74.

[2] 任伟.某隧道施工废水对地表水环境的影响[J].中国科技信息,2005,3:107.

[3] 杨长健,吴湘滨.特长隧道施工地质环境调查评价与控制研究[J].西部交通科技,2006,

(03):102.
[4] 袁勇.歌乐山隧道施工与环境保护[J].现代隧道技术,2004,41(1):68-72.
[5] 魏贤坤.秦岭终南山特长隧道施工环境保护对策[J].现代隧道技术,2003,40(6):31-38.
[6] 梅特卡夫和埃迪公司.废水处理工程及回用[M].北京:化学工业出版社,2004.
[7] 李春江, 杨庆生.水泥水化过程的细观力学模型与性能演化[J].复合材料学报,2006,2(1):117-123.

植被混凝土养护管理方法

苏　丹[1]　欧世清[1]　邱代荣[1]　魏　涛[2]　张华君[2]

(1. 重庆垫忠高速公路有限公司　重庆　401147;
2. 重庆交通科研设计院　重庆　400067)

0　引言

岩石边坡坡面防护措施目前主要有圬工防护和植物防护两大类。圬工防护的优点是结构稳定、见效快,但生态环境效益差、使用年限有限等。植物防护的优点是生态环境效益好,但岩石边坡植被的生存条件差、苗期不能起到防护作用等。

岩石边坡一般较陡较高,植物生长的养料和水分等基本条件差,在自然情况下植物很难生存。植被混凝土把岩土工程、植物园林、环境生态、土壤肥料等多学科技术综合于一体,将特定的黏结材料、土壤、腐殖质、保水剂、长效肥及混合种子等多种材料复合在一起,从而对坡面进行防护与绿化。

养护管理是植被混凝土护坡与绿化工程的重要环节。植被混凝土护坡工程如果养护管理不善,将可能导致植物不能很好发芽,出现裸地,具有强大繁殖能力的大型杂草则乘机侵入,造成播种植物枯萎、退化等不良后果。植被混凝土护坡工程的养护管理包括浇水、追肥、病害防治、虫害防治等工作。

1　浇水

根据草坪植物耗水量的研究,土壤相对含水率保持在60%左右时草坪植物可以保持良好生长,气温是影响草坪植物需水量的主要因子。因此,从总体上讲温度高的夏季草坪植物耗水量大,温度低的冬季耗水量小。

(1)草坪植物缺水判断

草坪植物何时需要灌溉,可采用以下几种方法进行判断。

①植株观测法。当草坪草缺水时,首先是出现草坪草细胞膨压降低,草坪草表现出不同程度的萎蔫,进而变为青绿色或灰绿色,此时需要灌水。

②土壤含水率检测法。确定草坪草是否需浇水的另一个方法是检查土壤。用小刀或土钻分层取土,当土壤干至10~15cm深时,草坪就需要浇水。干旱的土壤色浅,而大多数的土壤呈暗黑色。

③蒸发皿法。在光照充足的地区,可安置水分蒸发皿来粗略判断土壤蒸发失水量。除大风地区外,蒸发皿的失水量大体等于草坪因蒸散而失去的耗水量,通常蒸发皿失水量与草坪出现的膨压变化征兆间密切相关。当蒸发皿水降低75%~85%,相当草坪灌水量失去的75%~85%。

(2)灌水时间

灌水时间要遵循草坪草的生长规律来确定,以在上午浇水最佳。下午和黄昏浇水常常不利于草坪的利用,更容易诱发多种病菌的滋生危害,不宜采用。浇水宜深透,不必过勤。

(3)灌水量

当草坪植物缺水时,应在上午对草坪植物进行浇水。一般来说,浇水应使土壤湿润到10~15cm深。由于植被混凝土表层土壤较坚实且种植坡面较陡,很容易发生径流,为了控制水体的流失,浇水时不宜连续浇,中间宜间隔一定时间。

2 追肥

草坪植物生长发育需要的养分有氨、磷、钾、钙、硫、锌、铁、锰、钢、硼、钡等十多种,其中氮、磷、钾三种养分通称肥料三要素,需要量大,但土壤中含量又大都不足,必须靠施肥来满足。

对草坪植物而言,无论缺乏哪一种必要元素,植物都会产生病态反应。对于草坪植物缺肥的判断,既可采用植物外观判断法,也可采用土壤仪器测定法。

(1)施肥量的确定

肥料使用的频率和用量由许多因素决定,如草种类型、天气状况、长生季的长短、土壤特性、灌溉数量和周围的环境条件等。遮荫地草坪常常比阳光充沛地草坪需较少的肥料,土壤贫瘠的较土壤肥沃的所需肥料多,要求草坪质量高的常比要求低的所需肥料多。草坪的种(品种)组成,是决定施肥计划安排的重要因素。

(2)施肥时间

气候状况在很大程度上决定着施肥日期。施肥应在温度状况确实有利于草坪草生长的初期或中期进行。第1次施肥可选用速效肥,但夏末秋初施肥要小心,以防止寒冷来临时草坪草受到冻害。

(3)施肥次数

理想的施肥方案应该是在草坪的整个生长季节根据草坪对施肥的反应,及时调整肥料的施用。实践中,草坪施肥的次数或频率常取决于草坪养护管理水平。对于植被混凝土可每年施肥一次,冷季型草坪草宜于每年秋季施用,暖季型草坪草宜在初夏施用。

(4)施肥方法

由于单株草坪草的根系占面积较小,所以施肥均匀才能达到草坪理想的施肥效果。植被混凝土可采用颗粒撒施或灌溉施肥两种方式进行施肥。

3 病虫害防治

(1)病害防治

植物的生长和发育要有适当的条件,才能进行正常的生长发育,繁殖后代。当植物受到不适宜的环境条件的影响,或者受到其他有害生物的侵染时,植物就不能进行正常的生长和发育,如果病害严重时会造成成片植物的死亡。

草坪病害的防治必须遵循"预防为主,综合防治"和"有害生物综合治理"方针。这是因为草坪草一旦生病就难以复原,也难做到早期诊断,同时真正意义上的治疗剂还很少或成本较高。植被混凝土病害防治技术主要包括:选择抗病种(品种)、合理排灌、科学施肥、化学防治等。

(2)虫害防治

防治害虫的根本目的是调控害虫的种群数量,将其种群数量控制在经济允许的受害水平防治指标以下。控制的主要途径是杜绝和减少外来虫源,创造不利于害虫发生而有利于草坪生长的条件，在害虫大发生时能及时采取有效措施控制危害。

4 结语

养护管理是植被混凝土护坡与绿化工程的重要环节。植被混凝土护坡工程的养护管理包括浇水、追肥、病害防治、虫害防治等工作。

昌都地区山区公路环境影响及防治对策

刘彦广　郭学忠

(中国地质大学(武汉)　武汉　430074)

摘　要:从昌都地区自然环境特征出发,分析了昌都山区公路可能对环境带来的不良影响。本文还借鉴国内外公路环保科研成果,对山区公路建设中存在的一些特殊环境问题提出了防治对策。

关键词:环境影响　对策　公路

1　昌都地区基本情况

昌都地区位于西藏东部。地处横断山脉,三江(金沙江、澜沧江、怒江)流域,面积10.86万平方公里,平均海拔3 500m以上。昌都气候多样,西北部、北部严寒干燥,东南部温和湿润。昌都地区年平均气温7.6℃,年降雨量400~600mm,主要集中在6~9月份。由于山高谷深,地形复杂,属于立体性气候[1]。

昌都地区位于欧亚板块与印度洋板块的交接地带,造山运动活动强烈。该地层主要有新生界(第四系更新统、全新统、第三系始新统)、中生界(侏罗系、三叠系下统)、古生界(前泥盆系、石炭系下统、上统、二叠系)和元古界等。本区第四系地层分布不连续,但类型较多,有冲、洪积堆积、坡积(残积、崩积)堆积、泥石流堆积、滑坡堆积等,主要分布于“一江三河”的河谷阶地、支流及山麓地带,其成因类型较复杂[2]。该地区有多处国家级自然保护区,分布有国家级野生动植物,属于环境敏感区。

2　公路建设对环境的主要影响分析

经过对昌都地区自然环境特征的分析,结合该地区山区公路建设现状对环境产生的不良影响主要有以下几个方面。

2.1　地表植被破坏

公路对地表植被的破坏主要是征用土地使其范围内的地表植被直接损失。这包括:公路工程永久性征用土地使公路沿线的植被遭受损失或损坏;施工期临时用地,包括施工便道、拌和场、施工营地、预制场等,因施工作业,使这些土地的植被遭受损失;取、弃土石方作业,使原有土地的植被遭到破坏;施工期由于筑路材料运输、机械碾压及施工人员踩踏,生长在施工作业区周围的部分植物被破坏。

2.2　山体崩塌

该地区处于川藏区域构造抬升与河流深切耦合作用带,斜坡卸荷作用强烈,具备普遍发生崩塌滑坡或泥石流的基础条件,该路段山体多为古崩坡积物,属于块石土,非常干燥松散。细颗粒中含有钙质成分,水多则溶,干燥易裂,斜坡岩土体普遍发生松动开裂,自身的稳定储备很低,长时间干燥无雨,块石和砂土之间的黏结力很弱,容易引起崩塌、泥石流等自然灾害的发生。一旦发生局部坍塌,形成缺口使上部岩土体失去支撑,即会产生持续不断的崩塌,直至形成自然休止坡角为止,对公路产生较大危害。例如:2001 年在昌都地区芒康县朱巴龙乡发生大规模山体崩塌,造成国道 318 线交通中断,金沙江支流西曲河堵塞[3]。

2.3 泥石流

昌都山区公路受气候条件的影响,沿线大部分山地常年处在寒冻、风化、剥蚀和冰雪的强烈作用下,残坡积物分布广泛,稍有外动力作用就可产生滑坡、山崩和断崖。6 ~9 月是暴雨或大暴雨频发期,而且来势迅猛,强度大[4]。加之雨季持续时间长,经雨水浸泡,本来不稳定的山体更加易发生边坡塌滑、山体崩塌、路基沉陷等地质病害。昌都公路这种不良地质、气候条件加之在暴雨作用下产生的滑坡、山崩、断崖等现象,是造成泥石流灾害的主要原因。

2.4 水土流失

该地区山体崩塌、泥石流等地质灾害,会带走大量泥沙。另外,山区公路建设开挖土地和山坡面积大,动用土石方量大,其中包括植被的破坏,加大了取土、弃土、路基开挖及路基堆填过程中被雨水的冲刷量,加剧了水土流失。如一条山路所开出的拉槽和所削出的边坡,是平原公路路面所占面积的 1.5 倍左右。破坏的植被或需要重新恢复的植被也是平原公路路面的 1.5 倍左右,引起的水土流失量比平原公路相对更大。因此,山区公路建设对地表功能的改变和植被的破坏,加速了土壤侵蚀过程,势必加剧当地的水土流失问题。

2.5 涎流冰

涎流冰是高寒地区突出的公路冰雪灾害现象，它能引发公路翻浆、冻胀、路基边坡失稳造成滑坡等一系列问题。高寒地区夏季短暂、冬季漫长，每当进入冰冻期,由于地下水不冰结及植物覆盖层下的层间水冰结期晚,在地下水及层间水露头的地方,便会形成涎流水。而公路建设过程中经过的山麓坡脚、沟口、路堤、路堑及结构物修建,破坏了天然水原本的平衡状态或通道，这种涎流水逐次流向公路，每流入公路一次，就结一层冰，堆积形成大小不一的冰堆，并且冻融间歇性增厚推移覆盖路基路面及结构物，这就是涎流冰，也就是在养护工作中所称的“冰包”。产生涎流冰的主要因素是源源不断的水源、易于排水的潜水层和寒冷的气候，而涎流冰的发展是一个露头结冰的重复过程。由于昌都独特的地形地貌、高寒气候等自然条件都适合于涎流冰的产生和发展，因此,涎流冰在该地区广泛分布而且比较严重。随着公路建设的快速发展,这对昌都山区公路路基、路面的强度、稳定性及运输安全性的要求也更加严格,涎流冰作为一种常见病害，严重影响了公路的使用功能,须引起我们的高度重视[5]。

2.6 对珍稀野生动物的影响

山区公路建设对野生动物的影响有:阻隔作用、接近效应、生境破坏、污染作用、交通事故等。阻隔作用会使动物的活动范围受到限制,并使生境岛屿化。随着公路的新建或改建整治,使许多原来人类难以到达或难以进入的地区变得可达或易于进入,人类活动的影响将不断加剧,一些野生动植物难免容易遭偷猎者捕杀或破坏,使其生存受到威胁。公路建设过程中会产生大量的水土流失,这些流失的土壤将在下游的地表水体(如河流、湖泊)中沉积,沉积物将覆盖水生生物的产卵和繁殖场所;另外,公路施工中大量的弃渣及植被的砍伐对生长在公路两侧的动植物的活动场所产生影响。公路交通排放的废气、交通噪声、振动、路面径流污染物等对动物生存环境的污染,降低了动物的生存环境质量。交通事故使得野生动物穿越公路时与快速行驶的车辆相撞引起伤亡。在这些影响因素中,昌都山区公路对本地区野生动物的影响主要是对陆生动物的影响。在公路通过的区域有红拉山滇金丝猴国家级自然保护区、类乌齐马鹿自然保护区、尼果自然保护区。在这些地带分布着国家保护的金丝猴、云豹、雪豹、野牛、岩羊、苏门羚、小熊猫、鹿等珍稀野生动物。

2.7 对珍稀野生植物影响

公路建设主要是对公路占用土地范围内存在的珍稀野生植物产生影响,如果不加甄别的一概砍伐,则会造成珍稀野生植物的损失。在公路通过的区域,分布着一些国家保护野生植物,暗针叶林主要有云杉、冷杉等,针阔混交林主要树种有川滇大果园柏、高山松等。此外,还有高山柳、三棵针、锦鸡儿、杜鹃金露梅、爬地柏等灌木林。除建材林外,还有药用植物 1200 多种,主要有冬虫夏草、贝母、天麻、三七、雪莲花、雪山一枝蒿等。在林区和草原,还有丰富的菌类资源。如猴头、獐子菌、松茸等,其中多数属于高寒地区特有的珍稀物种,一旦遭到破坏则很难恢复。

3 环境影响防治对策

(1)在设计中采取收缩边坡的措施,尽可能减少对地表自然植被的破坏。在施工时,应严格按照设计要求,尽量减少对原有地表的开挖面,并采取措施保护高寒植被,减少对原有植被的破坏。为了保护植被,可采用分段施工、植被移植的方法,使地表高寒植被破坏减少到最小程度,重要地段可考虑喷种草籽的方法,通过加注养料,促使草皮再生。在运营中,也要重视公路周边植被的保护工作。

(2)泥石流的整治应结合桥涵设置综合考虑,落实“以防为主、防先于治”和“综合防治、宜导不宜截”的主导思想[6]。泥石流的排、导、拦、固工程,应顺应自然,因地制宜,合理自治,避免强排、盲导、硬拦,固而无本,使泥石流整治的周边生态环境能处于良性循环状态。

(3)山体崩塌地段紧邻陡峻的坡脚,边坡岩层构造发育,风化强烈,岩性又多属松散层或薄层软质岩类,稳定性很差。解决崩塌问题应把预防和治理并重,尽量避免人为因素引起崩塌。当岩石山坡高陡或边坡稳定性较差时,不易多挖;当深挖高填时应考虑同隧道和高架桥方案进行比较论证,尽量减少大填大挖。对威胁交通路线的崩塌、滑坡潜在点多采用支挡工程和排水工程。另外,有条件的地区还可以采用国外先进技术 IBIS-L 系统对山体缓慢位移进行监测、预测山体滑坡和崩塌,早发现早治理,从而降低公路运输危险性。

(4)水土流失的防治是一项综合性工程,应着重从以下几方面入手:一是加大对崩塌、泥石流等地质灾害的防治工作力度;二是减少施工动土面积,保护周边野生植被;严禁在高、陡边坡上采料、取土,以免诱发边坡失稳,引起新病害,给日后养护带来困难,应避免在固定、半固定沙地内取弃土和破坏沙生植被,在流动沙丘、沙地地段取弃土时,应选择其下风侧并采取平整、覆盖措施;三是开展公共绿地建设和斜坡绿化,人人动手进行植草。同时应有计划、有节制地科学开展畜牧业;四是提高人工林的覆盖率,动员发动群众,选择生长期短、见效快、适宜本地区生长的品种。这样才能真正有效地做到阻挡风沙、防止荒漠化、加强生态建设和水土保持。

(5)涎流冰的防治工作是一项技术上比较复杂,其具有较强的针对性。目前,仍以预防为主。从勘察设计阶段开始,应尽量避免可能出现涎流冰的路段,如果不可避免,则应作全面细致的水文、地质、地理调查,认真分析水的来源,涎流冰的形式、数量及对公路的危害程度,因地制宜地选择治理方案。根据不同的涎流冰类型,可采用导、截、渗、蓄、排、挡等方法使水流顺利通过路基或改变水流方向且不危及公路交通安全。

(6)珍稀野生动植物保护。在自然保护区内,公路路线应遵循“能避绕就避绕”的原则,尽量避开自然环境保护地带,减少对具有自然价值的植物野生动物和地形地质等构成的自然生态系统的破坏[7]。在无法避绕的地段,应做到以下几点:①在野生动物频繁出没的路段设置动物标志,提醒驾驶人减速行驶,避免动物与车辆相撞引起的伤亡;②在公路两侧修建栅栏或植物屏障,这些屏障可改变动物的迁徙路线,通过改变迁徙路线避免动物与车辆相撞事件发生;③在野生动物保护区、自然保护区等经常有珍稀野生动物活动的地区,修建动物通道来保护动物的栖息环境是较有效的措施;④用隧道取代大开挖或用桥梁取代高路基,这种基于生态理念的公路设计,对动物生境的影响是最小的,因为隧道上面的山体以及桥梁下面的通道是动物天然的活动场所;⑤加强对工程施工的相关领导、技术人员和施工人员的环境保护教育。

施工中应自觉保护周围环境、自然资源和人文景观,不伤害野生动物,不肆意捕杀鸟类,不乱砍伐树木,取土和弃渣应按设计要求进行。由于珍贵野生植物是零星分布,在施工期间将有关珍贵野生植物的名录及照片发放给施工单位,由专职环境监理人员负责,发现后及时上报建设单位、项目业主及地方林业部门,由专业人员及时采取异地保护措施,减少公路建设对珍稀野生植物的影响。

参考文献

[1] 西藏昌都地区地方志编纂委员会.昌都地区志[M].北京:方志出版社,2005.

[2] 涂永生.浅谈川藏公路西藏境内施工中泥石流病害的防治[J].西藏科技,2007,4:62-65.

[3] 杨冰,刘传正.西藏昌都芒康县318国道镜山山体崩塌特征[J].水文地质工程地质,2001,6:37-38.

[4] 赵永国,贾志裕.脆弱环境下西藏公路建设的可持续发展之路//第一届全国公路科技创新高层论坛文集,2002,环保与可持续发展卷:146-151.

[5] 刘成志,周志强.西藏公路涎流冰基本特征与危害分析[J].公路交通科技,2008,8:69-70.

[6] 汤明高,等.西藏昌都镇地质灾害发育特征及防治对策[J].中国地质灾害与防治学报,2006,17.4:11-16.

[7] Shaligi Z,等.蔡甫娣译.公路与环境手册[M].天津:交通部水运环境保护科技信息网,1996.

植被混凝土胶结材料探讨

刘 飞[1] 罗 斌[2] 苏 丹[3]

（1. 重庆交通大学 重庆 400074；
2. 重庆交通科研设计院 重庆 400067；3. 重庆垫忠高速公路公司 重庆 401147）

摘 要：植被混凝土护坡是岩石边坡理想的防护方法，该技术需要人工在坡面上附着一层材料，满足植物生长的条件，因此人工附着层的胶结材料为该技术核心。本文从强度和低碱角度出发，介绍了两类胶结材料—改性硫铝酸盐水泥及凝石。采用这两种胶结材料，基本达到植被混凝土对胶结材料的要求。

关键词：植被护坡 胶结材料 凝石

0 引言

在工程建设中，经常有大量的施工开挖，开挖便会破坏地表原有植被，造成大量的裸露土坡和岩石边坡，从而导致严重的水土流失和生态环境失衡。人们一直在寻找理想的岩石边坡防护技术方法，植被混凝土护坡技术无疑是最佳的选择。该技术坡面防护属于植被与混凝土共生新技术，兼具圬工防护和生态防护的优点。由于岩石边坡不具备植物赖以生存的土壤（养分和水分）等必要条件，需要人工附着层以满足植物生长的需要，而且，岩石边坡一般较高较陡，植物立地条件差。这就对植被混凝土提出了3个方面的要求：

（1）人工附着层自身要稳定；

（2）人工附着层与坡面结合稳定；

（3）人工附着层能使植物正常生长。

以上3个方面的要求可以归纳为一个关键问题：人工附着层的胶结材料。为此，本文以相关领域的研究成果，粗略探讨适应植物生长的陡坡生态护坡胶结材料。

1 水泥作为胶结材料

1.1 普通硅酸盐水泥

以普通硅酸盐水泥为胶凝材料，水泥与水拌和后，立即发生化学反应，水化后形成的产物，其自身稳定性及其黏结性良好，满足上述（1）、（2）要求；但水泥的水化作用在开始后，基本是在含碱的氢氧化钙、硫酸钙饱和溶液中进行的。浆体孔隙液相 pH 值在 13.0 左右，这对于植物生长来说是不适合的。

在实际使用中，降低水泥混凝土材料碱性的方法有以下几种[1]：

（1）在混凝土成型后不直接投入使用，而是将它在空气中停置，碳化一段时间后，再投入使用，pH 值会降低；

（2）如果在混凝土上栽种植物，可以向混凝土中灌入磷酸氢铵进行中和，残留的磷酸氢铵可以做肥料；

(3)将水泥混凝土材料放在水中,可以加速碱的溶出;

(4)在进行混凝土配合比设计时掺磨细的高炉矿渣或者硅粉。

1.2 改性水泥

水泥按照熟料主要矿物组成,可分为:硅酸盐水泥、铝酸盐水泥、硫铝酸盐水泥等三大系列[2]。据研究表明,硫铝酸盐水泥系列水化产物平衡时的液相碱度是最低的[3],且经过改性还可以进一步改善其强度和碱度等综合性能。以下以硫铝酸盐水泥为基础,用下述改性材料来调整其硬化浆体强度及其液相碱度。

(1)石膏:石膏的大量掺入,对硫铝酸盐水泥碱度的降低是非常有效的。当石膏掺量为60%时,其硬化浆体液相的 pH 值最大时仅为 10.8,进一步增加石膏的含量,能使其碱度再降低一些。

(2)碳酸钙:碳酸钙的加入能降低水泥硬化浆体液相的 pH 值,且在碱度相当的情况下能减少强度的损失。

(3)高炉矿渣、粉煤灰:高炉矿渣、粉煤灰等改性材料的掺入能吸收硅酸二钙(C_2S)水化时产生的碱性物质,从而抑制其液相碱度的过度升高;同时,由于高炉矿渣、粉煤灰等掺合料的大量掺入,熟料的相对含量减少,对水泥硬化浆体液相 OH^- 浓度能起到“稀释”的作用;且还能改善其硬化浆体的强度等性能。

综合胶凝材料硬化浆体的强度及其液相碱度,选取以下两种配合比来说明,见表 1[4]、表 2、表 3。

改性材料配合比(%) 表 1

编号	熟料	石膏	碳酸钙	矿渣	粉煤灰
1	35	65	0	0	0
2	27.78	27.78	0	22.22	22.22

强度测试(MPa) 表 2

编号	龄期(d)				
	1	3	7	28	90
1	8.2	10.7	13.8	16.5	21
2	9.2	10	12	23.9	29.4

液相 pH 值 表 3

编号	龄期					
	5h	1d	3d	7d	28d	90d
1	10.28	9.35	9.56	9.59	9.68	9.78
2	10.75	10.37	9.76	11.29	10.31	11.25

由上面数据容易看出,低碱度胶凝材料 1、2 的碱度较硅酸盐水泥大大降低;5h 龄期,其硬化浆体液相碱度仅使土壤液相碱度上升分别为 3%、7%,据证明[5];在 7d 龄期,土壤液相碱度基本维持在其先前的水平;该两种胶凝材料强度均能达到要求。所以该两种胶结材料可作为植被护坡人工附着层材料。

2 凝石作为胶结材料

凝石是2005年面世的一种新型胶结材料,它是采用微晶二元清洁制备技术制备而成的一种新型胶结材料,属于硅铝基胶凝材料,它在理论体系、成分体系和胶凝硬化原理等方面与高钙体系的水泥有着本质的不同。它的许多基本性能与水泥类似,但又具有水泥不具备的特殊优点。

2.1 凝石的基本性能

(1)凝石的胶结能力

凝石具有超强的胶结能力和对应用环境的适应能力,可以把土、沙等各种不同性质物质黏结在一起。其胶结性能检测结果见表4。

凝石的胶结性能 表4

编 号	土(%)	料(%)	水(%)	入水前(g)	入水后(g)	7d抗压强度(MPa)
1	94	6	12	211.2	218.4	7.8
2	94	6	12	211.6	218.5	7.6
3	94	6	12	211.7	218.5	8.2
平均						7.87

(2)耐腐蚀性

凝石具有良好的耐酸耐碱耐盐侵蚀性,在5%的硫酸溶液中分解率只有硅酸盐水泥的1/13;在5%盐酸溶液中的分解率只有硅酸盐水泥的1/12。凝石混凝土比水泥混凝土具有更好的体积稳定性、更高的耐侵蚀性、更优异的抗碳化性及更强的抗冻融性等。

(3)凝石胶砂强度性能

普通凝石不同龄期的抗折强度和抗压强度,见表5。

普通凝石的强度 表5

凝石标号	抗折强度(MPa)				抗压强度(MPa)			
	3d	28d	90d	180d	3d	28d	90d	180d
32.5号	2.1	8.6	9.0	9.4	18.4	28.2	37.6	42.9
42.5号	5.7	10.9	11.7	12.0	23.4	38.5	49.3	56.2

(4)极低的水化热

凝石类胶凝材料的水化—硬化过程与普通水泥类胶凝材料不同,是以硅酸盐类矿物(或玻璃体)的溶解—再聚合为主要形式。从理论上说,解聚过程所需要的能量与再聚合过程所放出的能量基本相等,因此体系的宏观水化热接近于零。

2.2 凝石的可使用性

凝石具有喷射植被混凝土用胶结材料需要的特殊性能,有巨大的应用前景。它的各项物理力学指标完全达到了普通硅酸盐水泥的标准,并具有普通水泥所不具有的固土、固沙特性和优良的抗侵蚀性能等诸多优点。另外,凝石优点还有:耐酸、碱、盐侵蚀性能是水泥的5倍以上;抗冻融能力是水泥的3倍以上;固结黏土等细粒硅酸盐物质的能力是水泥的2~3倍以上;良好的体积稳定性,7d、28d线收缩率分别是普通水泥的1/5~1/7、1/8~1/9。据凝石发明人孙恒虎介绍[6],凝石的成岩流体不是碱性,但成岩流体水化过程中整体浆体的pH值开始测得是9,再测得是8,后来逐渐向7.5转移。综合以上,凝石可以作为植被护坡的理想胶结材料。

3 结语

（1）硫铝酸盐水泥，加以石膏、碳酸钙、高炉矿渣及粉煤灰等，可以进一步降低其碱度，本文选取了两种配方，基本达到植被护坡胶结材料的要求。还可以进一步调整配方，达到最佳效果。

（2）以凝石为胶结材料，将胶结材料、植生基材、添加剂与植物种子均匀混合后，喷射到边坡坡面，形成一层有一定强度、不龟裂、抗冲刷、稳定附着在坡面上的防护与绿化基层。该技术兼有圬工防护和植物防护的作用，一举两得，特别适用岩石边坡防护与绿化。

（3）凝石作为一种新型材料，尚没有统一标准可遵循。需要以后大量的实践积累，制定标准，使其成为一种成熟技术来推广应用。

参考文献

[1] 奚新国. 高孔隙率低碱度胶凝材料的研究[D]. 南京工业大学,2003.
[2] 王燕谋,苏慕珍. 第三系列水泥—硫铁铝酸盐水泥系列介绍[J]. 混凝土,1994,1:21-25.
[3] 许温葭. 玻璃纤维增强水泥的最低碱度研究[J]. 硅酸盐学报,1983,11(4):407-413.
[4] 刘正龙. 生态混凝土低碱度胶凝材料研究[D]. 南京水利科学研究院,2004.
[5] 刘正龙,陆采荣. 水泥碱度对土壤液相碱度的影响[J]. 山西建筑,2004,30(18):97-98.

第二篇　公路景观工程

公路景观特点及设计技术综述

孟　强

（交通部公路科学研究院　北京　100088）

摘　要：文章结合公路景观的概念，系统分析了公路景观区别于其他景观的特点，在此基础上从广义和狭义角度提出了公路景观设计所包含的范畴及设计原则，最终参考国内外公路景观设计趋势提出了可资借鉴的设计手法，为相关技术人员提供参考。

关键词：公路景观　设计　理念

0　前言

公路是与人们生活息息相关的一种公共服务产品，与航空、铁路、水运等构成了现代交通的骨架体系。截至2007年年底，我国公路总里程已达350多万公里，其中高速公路5.3万公里，自2001年以来连续7年仅次于美国（美国8.1万公里高速公路），居世界第二。

我国高速公路的建设仅用了不到20年的时间便完成了西方发达国家半个多世纪才完成的工作。公路建设的飞速发展也成为我国社会快速发展的一个缩影，社会的现代化程度愈高对公路的需求与依赖愈大，同时，人们的需求也由单纯的解决便捷、安全的出行向“安全、便捷、舒适”的综合要求发展，如何提供舒适的公路行车环境，很大程度上依赖公路景观技术来实现。

1　公路景观的概念与特点

1.1　公路景观的概念

中国大百科全书已经对公路景观作出了明确的定义，即公路景观是指“展现在行车者视野中的公路线形、构造物和周围环境组成的图景”[1]。由此可见公路景观是由路内景观（公路线形、构造物等）和路外景观（公路所处自然及人工环境，如平原、山岳、河流、村镇等）组成的。

1.2　公路景观的特点

公路景观属于景观学的范畴，同时又是公路工程学与景观学交叉、融合所产生的新学科，因此公路景观除具备普通景观学的特点外，还有其独特的属性。

（1）功能性

与城市园林绿化景观不同，公路景观的承载主体是为交通运输服务的公路工程本身，公路的基本属性是为人们提供“安全、舒适、快捷”的交通服务，所以公路景观的首要任务必须以满足这种“安全、舒适、快捷”为前提。公路景观的安全性、环保性等功能性要求均是公路景观区别于其他景观的独特属性。

（2）动态性

公路景观的服务主体是大部分时间驾车或乘车行驶在公路上的驾乘人员，这种欣赏者的视觉移动属性决定了公路景观的动态性特点，同时结合对人的视觉生理功能分析可以知道，速度越快人们的视域越窄。由此可见,行驶速度不同人们所感受到的公路景观是不同的,这就需要我们在处理公路的景观问题时必须注意速度这个因素。

(3)整体性

由于公路景观是由路内景观和路外景观组成的有机体,所以考虑公路的景观问题是就要兼顾二者,既要考虑公路使用者在公路上行驶时的景观视觉感受,同时也要考虑处于公路之外的居民对公路的视觉景观感受,缺少任何一方的公路景观都是不完美的。

(4)宏观性

公路工程属于典型的线性工程,短则十余公里,长则数十甚至上百公里,基于此,公路景观是一种"点线面"混合结构的景观,公路景观是随着车辆的移动变换空间和时间的,这种空间和时间上的大尺度决定了公路景观的宏观性特点,这也决定了公路景观的研究尺度是以宏观为主的,而不应放在局部细节的"精雕细刻"上。

2　公路景观设计范畴及原则

2.1　范畴

在我国目前条件下,公路景观设计还只能对公路用地范围之内的内容进行设计,即路域景观的设计或路内景观的设计。在此基础上,公路景观设计可以成分广义的公路景观设计和狭义的公路景观设计两个概念:广义上的公路景观设计是指对组成公路的所有元素进行景观角度的考量并提出具体的设计要求或设计方案;狭义的景观设计往往指以绿化为主的公路景观设计,也是我国目前使用最多的公路景观设计的范畴。广义公路景观设计范围列举如下。

(1)公路线形的景观考虑。公路线形是公路景观的基础,没有好的线形的公路景观本身就是有缺憾的、先天不足的。公路线形的景观考虑主要侧重于对地形地貌的保护和利用上,目的是使公路形成流畅、景观多变的视觉景观廊道。

(2)公路构造物的景观设计。包括桥梁、隧道、涵洞、挡墙等构造物的景观设计等。

(3)公路服务附属设施的景观设计。包括公路服务区、停车区、管理设施区等的总体布局、建筑单体的风格、选型等景观设计。

(4)公路标志、标牌、安全设施等的景观设计。

(5)公路绿化设计。即狭义公路景观设计,指公路用地范围内的绿化设计,包括互通立交区、中央分隔带、路侧绿带、边坡绿化防护、附属服务设施区庭院绿化等。

2.2　设计原则

公路景观特殊的功能要求决定了对其进行设计时必须考虑适合其特点的设计原则和设计手法。以下几个原则是目前公路景观设计常用的。

(1)以人为本原则

提供舒适快捷的服务是公路行业立足之本,应突出体现公路设计的服务主体为"使用者",处处从方便人的使用角度考虑。公路设计应体现对人的关怀,处理好人、车、路的关系。公路与车辆是人的活动的延伸,公路设计理念应由以"车"为本转向以"人"为本。公路设计与建设应体现为人的观点,不应片面追求效率与速度,而造成对人的不尊重与伤害。

如发达国家的公路设计大到服务区、观景停车区功能的设置、分区,小到标志牌的设计、休息设施的布置,乃至为残疾人专门设置的卫生间、为游客提供的旅游信息服务等,无时无刻不体现着对道路使用者的关怀,处处弥漫着"人本主义"的设计原则。

(2)可持续发展原则

可持续发展是指“既能满足当代人的需求,又不对后代人的需求构成危害的发展”,可持续发展理念已经成为环境保护的核心理念之一。公路建设与可持续发展的关系,主要为公路建设与自然资源利用和环境保护之间的关系。

公路建设必然占用一定数量的土地,包括永久占地及施工期的临时占地。对于占用大面积土地的工程取弃土场的处理应,从可持续发展的理念出发,处理好建设与环境保护的关系。

(3)师法自然原则

人类以自我为中心,却被大自然逼入了困境;过分崇尚人的价值,却使自己的生存与发展受到威胁。大自然中的万物构成了地球上互相联系的生命之网。我们人来自于大自然,是大自然的有机组成部分,是世间万物生态链条中的一环,是生命之网中的一个节点。一旦生态链条断裂了,生命之网支离破碎了,人类将无法生存。人与自然万物唇齿相依,息息相关。在新的世纪,我们要倡导建构尊重自然、爱护自然、与自然和谐相处的环境伦理精神。我们应该认识到大自然的神圣性,恢复大自然的尊严,重新确立对自然环境的态度,从大自然的征服者转变为大自然的朋友,这并不表明人类倒退了,而是人类对大自然原有认识的扬弃,是人的精神在更高起点的回归。

公路景观绿化应最大限度地模仿自然,减小人为的痕迹,使得人们在设计和施工中,对自然的干扰、破坏,努力控制在最小程度。

国外发达国家在从边坡防护方式到互通立交区的绿化栽植;从绿化植物种的选择到标志、护栏材料的使用等方面均体现出对周围自然环境的尊重与模拟,使公路工程充分融入到周围自然环境中,公路使用者甚至无法感觉到公路的存在,仿佛公路本身就是自然的一部分,而非后天修建。

(4)和谐统一原则

在某种程度上讲“和谐”是公路设计的终极目的,如何通过精心的设计达到设计作品自身内部以及作品与环境的和谐,是设计师应该考虑的重要问题。

公路沿线的山岭、坡地、河流,构成美丽的风景,千变万化的植被体现出一种自然美。公路作为一种构造物,既要满足车辆通行的基本要求,又要达到自然景观与再造景观的和谐统一。在收费站及服务区的建筑造型中充分吸收、借鉴、继承当地传统建筑及地方文化的优良元素,同时又应考虑建筑所处环境特点和功能要求,使每一件作品都与众不同,而又富有乡土文化的气息,达到公路建筑与传统民族文化的和谐统一。

3 公路景观设计的主要手法

自原交通部于2004年推出“公路勘察设计典型示范工程”以来,公路景观与环保设计受到了业界人士空前的重视,同时一些行之有效的公路景观设计技术和手法也不断被总结了出来。参考国内外先进的公路景观理念及景观设计成功经验,“保护、恢复、自然、乡土”是目前常用的公路景观设计手法。其中“保护和恢复”侧重对原地域环境的尊重,并且应努力贯彻“先保护、再恢复”的工程建设理念,“自然和乡土”则侧重景观设计的技术手段。

3.1 保护性设计

保护性设计是指在公路设计前充分调查路线沿线分布的各种有价值的自然和人文资源,设计中合理布置线位充分保护并利用这些有价值的自然、人文资源,使公路与这些有价值的资源和谐共处、互为依存。保护性设计的前提是摆正公路与所经环境的关系,认识到公路工程应是环境的自然组成因子，而不是"唯我独尊"的征服者，公路作为"后来者"应充分体现出对原有环境因子的"尊重与谦让"。

有价值的自然资源包括自然的生态系统，地形、地貌，植被（含古树名木等），自然河流等，人文资源主要包括各种名胜古迹、村庄学校等。如当高速公路在植被良好的林区通过时，设计人员应当树立"不破坏就是最大的保护"的理念，除非迫不得已，任何通过后天人为的绿化方式也无法与经过长时间的自然演替而形成的结构功能稳定、物种景观多样的自然植被景观相媲美，所以在设计时应强调对原有植被的保护与利用。若因征地需要，非移走不可的树木、植被，可考虑先集中假植然后回栽到与其原生境条件相似的地方，达到"事半功倍"的效果。同时对于有历史及景观价值的古树名木、文物古迹等更应该妥善保护，合理利用。隧道进出口的处理对环境影响最大，应采用零开挖洞口，淡化洞口处理，而不应开挖后强调人工化的洞门结构形式。

3.2 恢复性设计

恢复性设计是指在公路绿化设计中运用多种技术手段来恢复已遭破坏的生态环境。针对高速公路建设过程中形成的大量边坡，以往传统的做法往往是建植种类成分较单一的草皮而达到固土护坡、减少水土流失的目的。但是人工建植的草皮看似景观整洁优美的草皮却不符合自然规律的内在要求，经过一定时间后，不是枯黄消失重新形成裸露的边坡，便是被当地野生的植物吞噬殆尽，效果极不理想。在边坡植物防护技术一直领先的日本，一种新的边坡植物防护的理论逐渐成为工程设计中的主导，这种理论的核心便是"恢复设计"，设计人员在确定一处边坡的施工工艺时，首先要对该边坡的地质条件、当地气候、水文条件及周围原有植被的情况等诸多因素进行全面的调查，在此基础上，提出模拟原有植被类型的边坡绿化植物选择方案，方案中不仅要考虑草本地被植物的使用，更为重要的是要合理配如当地原有的乔木及灌木植物种子，目的就是恢复原有的植被类型。依照这种设计方案而施工形成的边坡植被类型能较快地与原有植被融合，而不会因原有植被系统对产生"免疫"而失败。同时，公路建设所形成的取弃土场的绿化恢复也属于此范畴。

3.3 自然式设计

基于"和谐统一"理念的要求，大部分高速公路所处区域是以自然为主的野外环境，公路绿化设计选择"自然式"设计手法便成为必然。自然设计与传统的规则式设计相对应，通过植物群落设计和地形起伏处理，从形式上表现自然，立足于将公路景观充分融入自然环境中，创造和谐、自然的新景观。自然式设计的核心是运用生态学的原理和技术，借鉴地域植物群落的种类组成、结构特点和演替规律，以植物群落为绿化基本单元，科学而艺术地再现地带性群落特征的公路路域生态景观，它是顺应自然规律，利用修复技术，构建层次多、结构复杂和功能多样的植物群落，提高自我维持、更新和发展能力，增强系统的稳定性和抗逆性，实现人工的低度管理和景观的可持续维持和发展。

3.4 乡土化设计

乡土化设计是指通过研究公路所经区域所具有的独特的"乡土材料、乡土文化及乡土建筑技术"等，经过科学地分析论证，以继承与发展的态度融入到公路设计中，达到尊重地域环境、体现地域特色、降低工程造价的目的。

乡土化设计主要体现在"乡土建筑材料、乡土植物材料、乡土建筑技术、乡土文化营造个性公路景观"等方面，这些方面如果应用的恰当，不仅可以创造出独具"个性"且与环境协调的公路作品，而且由于使用了最普遍、常见的材料和技术等，可以最大程度的降低工程造价。如干垒式建筑技术可以为公路挡土墙设计所借鉴，民族建筑符号使用到公路工程构筑物中可以赋予构筑物鲜明的地方特色，公路绿化植物选择上遵循"乡土树种为主"、"适地适树"的原则等。绿化树种的选择不仅是绿化施工成败的关键，如果选择、引种不当可能会对原有自然生态系统产生"灾难性"的影响。据有关资料报道，入侵我国东北、华北、华东、华中的豚草（Ambrosia artemisitifolio），入侵西南地区的紫茎泽兰（Eupatorium adenophorum）和飞机草（Eupatorium odoratum），入侵广东的薇甘菊，在我国华东、华中、华南、西南地区作为饲料引进的空心莲子草（Alternanthera philoxeroides）与水葫芦（Eichoimia cras），沿海省区引进的大米草（Spartina anglica Hubb）等都肆意蔓延，对本地生物多样性和农业生产造成了巨大威胁，已经到了难以控制的程度[2]。

4 结语

相对于公路主体工程的发展历史和技术水平而言，公路景观设计还处于相对落后的发展阶段，但随着人们环境保护意识的提高和科学发展观的提出，人们愈来愈认识到，现代化的公路运输体系不仅仅是简单的运输通道，而应该成为最大程度满足使用者要求的公共服务产品。先进的服务理念将成为未来公路运输发展的方向，在此前提条件下，方兴未艾的公路景观学科的研究和探讨必将顺应时代潮流为公路建设做出更大、更积极的贡献。

参考文献

[1] 胡乔木，等. 中国大百科全书（交通卷）[M]. 北京：中国大百科全书出版社，1993.
[2] 李振宇，解炎. 中国外来入侵种[M]. 北京：中国林业出版社，2002.

公路路域植被修复技术探讨

杨航卓

（重庆交通科研设计院　重庆　400067）

摘　要：公路的建设，对沿线自然环境影响较大（特别是植被），恢复已遭到破坏的路域范围内的植被，使公路与环境和谐相处，是体现公路环境可持续发展的一项重要措施。本文通过对国内外公路环境植被修复方法的介绍，结合植物生长演替规律，探索适合我国山区公路环境植被修复的技术，以期对我国公路环境植被恢复工作有一点帮助。

关键词：公路　植被　修复

0　引言

随着20世纪90年代初高等级公路建设的全面提速，中国进入了公路交通大发展时期，经过近20年的国家公路网建设，我国“五纵七横”国道主干线骨架已基本形成，四通八达的南北交通干线网越来越显现出其巨大的社会效益和经济效益。回首我国公路大发展的20年，公路建设给社会经济带来了前所未有的推动作用，同时也对环境带来许多负面影响，如占用农田、耕地、林地、破坏所经区域的生态环境、车辆产生的尾气和噪声污染周边环境、影响人们生产生活等一系列问题，这些都给公路建设环境保护提出了新的挑战。从国家“十一五”发展规划来看，环境问题已经成为了关系到全民族的民生问题，各级政府和机构越来越重视环境的发展，并将环境建设当作重要的工作考核指标，每一个建设项目的上马，首先考虑环境问题，其次是经济问题，最后才是工程技术问题。工程建设不以破坏环境为代价已经成为普遍的共识。公路建设当前面临的主要问题是研究如何处理好与环境的协调发展，与环境友好共存。只有处理好与环境的友好关系，交通建设才能持续发展。怎样才能处理好公路建设与环境的关系并协调发展呢？除公路规划、选线、开挖、结构物设置等方面科学考虑外，更重要的是修复被破坏的公路路域环境植被，顺应自然，还原自然，回归自然。

1　国内公路植被修复的误区

目前，在公路业界，环境问题已得到了越来越多建设者和管理者的重视，但由于认识起步较晚，理解上存在着不足，比如凡谈及公路植被修复，人们首先会想到边坡绿化防护。通过近几年来交通部“公路设计新理念”的实施，人们从观念上有了很大转变，公路路基防护摒弃以往硬质防护，更多地采用绿化防护。不过，部分建设者狭义地把边坡植被修复当成简单的环境复绿，认为只要“绿”了就是恢复生态了。由于植草绿化工期短、见效快，如果时间选择得当，草皮一个月就能覆盖坡面，犹如一幅绿色的挂毯从坡顶挂到坡脚，覆盖了整个坡面。植草绿化被当成恢复公路边坡植被的有效手段甚至唯一手段。设计人员更多地把目光投向了如何在不利条件下对坡面种活草种的研究，通过不断努力，边坡植草技术得到很大的发展，形成了一系列针对不同条件的坡面绿化工艺，如三维网、CF网、有机基材、植生带、土带加基材等，这些技术的采用，改善了坡面立地条件，形成了种植基础，为草类植物的引种成功创造了条件。但是实践证明,坡面植草绿化虽然早期效果较好,草生长茂盛,但其很快就发生退化,快的三五个月,慢的一两年,便会出现大面积的衰退现象。分析其原因,绿化植物采用大量外来草种,前期由于有喷播营养基层的养料供给,加上管理精细,外来草长势较好,随着养料的消耗殆尽,外来草的生长受到遏制,加之对当地环境适应能力弱,便迅速退化消亡,取而代之的是本地野草。但本地野草需要经过漫长的过程才能过渡到上一级优势群落(灌丛群落),这个过程中会出现坡面植被时好时坏,部分坡面土体和岩体重新裸露的现象,边坡散失对雨水冲刷和风化的防护屏障,容易造成坡面局部溜塌和失稳,重新绿化防护坡面也就难免。不难看出,目前国内边坡植被修复在植物选用和种植模式上都存在问题,外来和单一的先锋草类植物往往很难适应当地的立地条件,故退化难以避免,从而导致其不能承担起边坡植物群落复苏的使命,而高等级乔灌木引种较少,植物群落演替受阻,造成植被修复效果不理想。

以上做法寻其根源都是由于缺乏对公路绿化的研究、缺乏对植物生长习性的了解、缺乏对自然环境的尊重,盲目追求快速复绿造成的。绿化只追求通车时的短期效果,忽视了公路绿化的可持续性,造成公路绿化与周边环境不协调。

2 国外比较成功的经验

国外公路建设起步较早,对公路如何与周边环境协调上认识也较早,公路植被修复技术在漫长的实践过程中得到了完善。例如,美国、日本、欧洲等经济发达国家非常重视公路环境修复设计,由国家或地方立法对公路沿线自然环境进行保护和修复,提倡将公路融于自然,减少人工痕迹,并形成较为统一的认识:公路要与周边环境相协调,应首先树立对环境尊重的思想,将公路沿线植被的保护和修复工作贯穿整个公路建设过程的始终,从线路的选择开始,选择一条对环境干扰最小的线路是减少公路对环境破坏的关键,体现"不破坏就是最大保护"的思想;在确定好线路后,采用合适的结构物是减小对环境破坏的重要措施,同时,符合当地条件的植被修复技术则是公路沿线植被恢复的重要保障。由此可见,科学的植被修复等手段对还原公路沿线植被、弥补工程造成的破坏显得十分重要和必要。

公路沿线植被修复是一项细心、考究的工作,首先要了解沿线的气候、地貌、植被分布情况,然后逐段逐点地根据现场情况,针对性地选择合适的植物和技术进行绿化修复。选择植物品种和绿化模式的关键是如何与周边环境植被的匹配,通常简单的做法是周边有什么,就种什么;周边是什么形态,就种什么形态。以美国黄石国家公园景区公路为例,公路在建设的过程中通过了森林、草原、灌丛等特征植被区,公路绿化时,基本采用了与周边相同或相似的植物进行复绿,收到了良好效果,使公路融于了环境。多年过后,该地区公路看起来像本来就是当地环境中生长出来的一样,周边的地景连续而自然,找不到人工的痕迹(图1)。

a)

b)

图1 黄石公园的道路绿化与周边环境十分协调

3　植被修复理论

公路植被修复技术是一项综合、系统、多学科交叉的技术，涉及的学科主要有植物学、生态学、园林学、工程学、美学、气象学、动物学等，国内通过多年实践和大量研究工作，也积累了不少经验。采用科学的方法是成功的关键，要做好公路沿线的植被修复工作，首先是要了解自然界的规律和植物的生长习性。

自然界在其漫长的演化过程中，形成了一个自我调节和完善的系统，维持生态平衡，植物演化便很好地诠释这一规律，如从裸地到顶级植物群落，均经过了漫长的演替过程。在这个过程中，水分循环、植被、土壤、小气候、地形等都起到了关键性作用。以岩石路基边坡绿化为例，新开挖的裸露岩石坡面缺乏养分和水分，高等植物很难在上面生长，如果没有人为的干预，植物的生长会沿着地衣、苔藓类植物→一年生草本→多年生草本→灌木→乔木发展，植物群落在不断的演化中发展成为顶级群落（植物演化最高群落），拥有旺盛生命力和抗逆能力。同时，各阶段植物也通过光合作用，对边坡的生境进行着不断改造，植物群落演替过程也是植物对土壤进行不断改良的过程，坡面生境从薄薄的一层风化土→有机质含量少的风化较厚土层→有机质含量高的厚土层，以适应顶级群落的生长，两者的作用是相辅相成的。这里，植物的演替表现出以下几个重要特征：(1)植物由低级向高级变化，寿命由短变长，群落高度由低到高发展；(2)土壤逐渐增厚、增肥，更适合高等植物生长；(3)先锋植物在演化过程中起着重要作用。先锋植物一般是指早期出现的植物，该类植物对环境的要求低，适应性较强。它们侵入后，通过植物自身的改良作用对环境进行改造，为其他植物的生长创造条件。目前边坡植草绿化便是引入先锋植物，改良坡面生境。

在了解植物生长规律后，我们不难看出目前国内的边坡绿化，实际上是对植物自然演替的人工提速，如在贫瘠的坡面上增加营养基层、改良土壤、喷播植草形成先锋植物等，都是通过人为的措施，改善坡面小环境，加速坡面植被的演替达到恢复植被的目的。

4　植被修复技术探讨

4.1　植被修复程序

科学的公路植被修复应该是从了解当地沿线环境开始的，首先要对公路沿线植被、气候、地形、水文等进行详细的调查，筛选出与周边植被环境相匹配的草、灌、乔等植物（以当地乡土植物为优）以备绿化时选用；其次是尽量改善沿线的立地条件，对边坡、弃土场等绿化场地进行环境改良，使其适应植物的生长；在绿化的过程中，参考公路周边植被特征，在满足行车安全的条件下，采用草、灌、乔模拟自然式群落布置绿化，还原周边植被环境；加强施工后的养护和管理，辅助种植的植物群落更好地融入周边的植被，达到路景交融，还原自然的目的。

4.2　植被修复遵循的原则

(1)功能性原则：充分考虑公路自身的特点，以满足公路交通安全和交通功能为宗旨。公路首要功能是运营，同时采取一切有效方法和措施，保证公路设施自身安全、运行车辆行驶安全及行人等的安全。公路绿化设计不应使工程技术标准有所降低，必须服从公路的总体规划和要求，满足公路的“功能性”要求，防止上边坡跌落物及减轻驾驶人员视觉疲劳、避免视线遮挡等。

(2)生态安全性原则:尽可能采用乡土植物品种,以防止外来物种入侵对原生植物群落物种多样性的不可逆转性破坏,保持原生植被的独特性。

(3)水土保持原则:选用耐贫瘠、生长强健、根系发达,能迅速绿化并覆盖的植物品种,对公路工程大开大挖所形成的大面积裸露边坡进行植物群落的重新构建,减少水土流失,为改善公路环境景观。在征地条件许可时,建议适当放缓路基边坡坡率,使公路建设对沿线地貌的影响降到最低程度。

(4)自然性原则:依据本地原生植物群落合理筛选植物品种及植物配置方案,尽可能构建层次较丰富的次生植物群落,使绿化施工后能保持植被总初级生物量的持续增长,自然选择、顺向演替过渡到远后期的本地原生植物群落形态。

(5)工程可实施性原则:即通常所说的经济实用原则,具体到植物品种选择时则要求所选植物易于组苗、施工便捷、易于成活和养护、材料成本低。

4.3 植物选用及种植模式

公路植被恢复根据现场植被特征选择植物品种,应做到周边是什么植物就种什么植物。但实施过程中由于绿化苗源、造价、工期等因素的制约,乡野植物很难被用于公路绿化,绿化所选植物大多来源于林业和园林苗圃,这就要求设计人员熟悉现场植物和苗圃植物的特征,做好相似植物的选择和配搭,使其与周边植被形成良好的过渡。

种植模式是关系到植物群落演替成败的关键,以路基边坡为例,由于坡面生长条件的限制,植株一般选择不宜过大和过高,绿化植物尽量选择深根系的灌木和小乔木为主。坡面绿化工艺为:平整边坡——工程培土措施(如三维网、有机材、植生带等)——液压喷播绿化(草种、灌种、草花种混播)——养护——待植草成坪后挖坑群落状种植乔灌木。工程培土措施已较为成熟,这里就不作过多介绍。坡面绿化的关键是喷播种子的选择和乔灌木的种植。

(1)喷播种子的选择应选用适应当地气候条件、抗干旱、耐贫瘠的草种。以重庆地区为例,为达到草种喷播的效果,若在9~10月份施工,建议喷播冷季型草种,如高羊茅;若在4~5月份施工,建议喷播暖季型草种,如狗牙根、白三叶等,草种一般用量为8~10g/m^2,不采用冷暖季草混播。为达到绿化效果,在喷播后应在坡面点播(也可以事先育苗,然后在坡面扦插)灌木和草花种子,灌木种子选择刺槐、多花木兰、紫穗槐、银合欢、金银木、黄花决明等进行混播,灌木种子用量不小于8g/m^2,同一坡面选用品种不少于2种;草花种子可选择野菊花、地被菊、波斯菊、旱金莲、多花石竹、紫花苜蓿等,同一坡面选用品种不少于2种。

(2)坡面若全为喷播绿化,由于种子发芽时间相同,植株长势较为均匀,成片效果明显,缺少优势植株,若遇到灾害天气,容易引起全军覆没。所以在喷播绿化的基础上,应采用群落布置的方式补种乔灌木半成年植株,以确保坡面植被的物种丰富度,促进坡面植被的群落发展。

直接喷播种子发芽生长快,整齐一致,正常情况下,喷播1个月后坡面植物覆盖率可达70%以上,2个月后可形成防护绿化功能。草种的绿化主要起到前期绿化坡面、防止冲刷的作用,在草种逐渐退化的过程中,乔灌木逐渐生长取代草种成为坡面主要绿化,从而形成良好的边坡植被效果(图2)。

a）

b）

图2 重庆忠垫高速公路隧道仰坡植被修复后与周边环境十分协调

5 结语

公路环境景观的高层次是将公路充分地融入到大自然景观中，使其成为自然环境的一部分，这就要求公路绿化应符合周边环境的植被特征，以营造自然的氛围，形成良好的过渡。相信，通过广大公路景观建设者对植物生长习性和植被演替规律的认知，只要对公路绿化进行科学合理的设计和施工，“生态、自然、路景交融的公路景观”目标就一定能实现。

参考文献

[1] 高速公路丛书编委会. 高速公路规划与设计. 北京：人民交通出版社，1998.

[2] 汉斯. 洛伦茨（德）. 公路线形与环境设计. 中村英夫，中村良夫（日）编译. 尹家骅，等译. 北京：人民交通出版社，1984.

[3] 张玉芬. 道路交通环境工程. 北京：人民交通出版社，2001.

[4] 刘龙，等. 高速公路路域植被恢复设计和施工技术初探. 交通环保，2002年2月.

高等级公路景观设计与原则初探

陈红顺　孙家驷

（重庆交通大学　重庆　400074）

摘　要：高等级公路的景观设计越来越被人们所重视，在道路设计中扮演越来越重要的角色。本文论述高等级公路景观设计的意义、景观设计的问题，提出了高等级公路景观设计的原则。

关键词：高等级公路　景观　设计　原则

0　引言

中国高等级公路的建设从20世纪80年代末开始，90年代达到高速发展阶段。高等级公路是国民经济发展的重要基础设施。但公路建设的加快和交通量的大量增长，对自然环境、人文环境产生了很大的负面影响。高等级公路的建设，除了进行功能、环保设计外，还应进行景观设计。所谓景观，是指人类（景观主体）所感受到的、给人带来视觉享受和情感上认同的物质形态及空间氛围的综合构成体。而高等级公路的基本属性就是速度，建设中往往"逢山劈山、遇水架桥、过村拆房"，优先考虑的是高等级公路的基本功能要求，即道路的速度要求，以达到"短距离、高速度、大流量"的目的，而忽视了其环保效应和景观效应，改变了原有的自然形态。施工中的取土和弃土缺少统一规划和管理，乱挖乱堆。甚至有的地质景观和文物古迹也难逃厄运，破坏了高等级公路沿线的自然景观和人文景观，与原始的自然景观环境极不相融。但是随着社会经济的高速发展，人们的出行不再是满足速度的需要，而是要求在出行办事的同时能感受到轻松的感觉。因此，高等级公路必须结合原始的自然景观进行景观设计，并要把高等级公路的景观设计作为一项重要内容加以考虑。

景观是由地貌运动过程和各种干扰作用（特别是人为作用）而形成的，是具有特定的社会和生态结构功能和动态特征的客观系统。景观体现了人们对环境的影响以及环境对人的约束，是一种文化与自然的交流。公路景观不同于单纯的造型艺术、观赏景观，为满足运输通行功能，它有自身的体态性能、组织结构。同时公路景观又包含一定的社会、文化、地域、民俗等涵义。可以说公路景观既具有自然属性又具有社会属性：既具有功能性、实用性，又具有观赏性、艺术性。

1　公路景观设计的意义及内容

公路景观设计必须具有以下三个属性：一是自然属性，它必须作为一个有光、形、色、体的可被人感知的因素；二是社会属性，它必须有一定的社会文化内涵，能体现出当地的人文风貌；三是特殊的功能性，这是公路景观规划设计区别于一般景观设计的重要特征。公路景观规划设计的依附主体是公路，在其具有上述前两种属性的同时必须满足公路具体功能要求，如交通安全、防止水土流失、净化空气、降低交通噪声等。公路建设应加强对景观、沿线资源的维护、利用和开发,保护持续、稳定、发展的态势,这样才能既有利于当代人,又造福于后代人。可持续发展是人类文明史上的一个重要里程碑,它不仅体现在物质资源和自然资源的持续利用和可持续发展之上,也体现在人类精神文明与文化知识的可持续发展之上,体现在如何保持、保护、弘扬民族精神与文化之上。人类在走向更高文明的过程中,文物古迹、民风民俗等文化资源的保存、保护和持续利用同物质资源和自然资源的保护同样重要。公路建设本身是人们创造出的人文景观,它同其周围的景观共同构成一个四维景观环境。公路景观设计应研究如何保护和延续这种环境,并能很好地开发、利用和欣赏这种环境。在我国,人们日益重视视觉环境质量,并将其作为环境质量保护的一个重要内容。但是在该领域的研究、探讨和应用远少于对环境质量其他领域的研究。在工程建设中,经常出现良好的自然环境被侵占或破坏,所以有必要通过公路景观绿化设计来达到保护视觉质量的目的。

公路景观设计是考虑道路具备固有功能的同时,还要考虑公路与周围环境协调,减少过多的人造景观的建设,使道路回归自然的属性,与自然环境和人文环境融为一体,从而构成一幅优美的自然画面。其中对人文景观的保护、利用、开发、创造、设计与完善,包括路线线形、公路构造物(互通、挡土墙、护坡、排水、桥涵、隧道、声屏障等)、建筑物的绿化美化,道路及交通工程设施等风格形式、质感色彩、比例尺度协调统一等方面的内容。在不同路段、不同工程项目的景观保护、利用、规划、设计中,景观内容、处理手段、轻重与深度不尽相同。对于自然景观来说,公路的修建不能破坏当地的自然景观和人文景观,其影响程度应减至最小。对自然景观的影响应有必要的保护和恢复措施。最理想的是公路建设与自然景观和人文景观浑然一体、相容协调,共同构成一个良好的景观环境。

2 高等级公路景观存在的主要问题

高等级公路作为国家重要的基础设施之一,其建设已对我国社会经济的发展起到了很大的促进作用,但也产生了一些负面影响,主要对公路沿线地区的环境景观、生态环境及生活环境等产生的影响。

公路设计中往往因为注重平纵线形指标,而忽视了与周围自然景观的融合。自 20 世纪 90 年代末开始,高等级公路逐步进入如重庆、四川等山区,地形地质条件更加复杂,由于过于重视道路工程的建设,忽视景观建设,导致了高等级公路建设与环境景观相冲突。高等级公路线形指标意味着较大的工程量,尤其在重庆、四川等山区需劈山削坡、挡水填谷,牺牲环境的清幽和自然的景观,使得高等级公路与周围环境缺乏融合与协调之感。公路设计时多偏重道路安全,忽视乘客的视觉享受。由于中国西南等山区地质结构复杂,为减少工程量、保证行车安全已实属不易,兼顾行车景观设计就显得更加困难。综合分析目前高等级公路的情况,在景观方面存在以下几个方面的问题。

(1)缺乏对景观设计的相关要求

在我国高等级公路的修建中,还没有关于景观资源评价及景观规划的设计要求,这使得高等级公路建设中损害或破坏景观资源的现象屡屡发生。公路建设时往往是先破坏后恢复,前期未能认识景观设计的重要性,难免会选择牺牲环境景观的方案。高等级公路设计,特别是山区公路的设计,重点是建设规模、技术标准和路线走廊带、路线方案的确定。在某些公路前期研究中,只重视路线方案研究,对地区特性及沿线走廊带内的生态特性缺乏认识,导致工程建成后对沿线生态产生重大影响,景观设计不得不成为一种补救手段。

(2)人造景观盛行

目前,高等级公路景观设计的问题是过分注重线外的人造景观,忽视“不破坏就是最大的保护”的思想。许多项目都把公路景观设计当成了搞装修。公路绿化土质贫瘠,管养粗放,而公路沿线却大量使用耗水的花卉、草坪等精养花草。另外,还有部分高等级公路过分设计,不合实际的大量使用建筑园林小品。实际上过多的人造景观也是对环境景观的一种破坏,应合理使用人造景观,使公路和周围的景观成为和谐的一体。

(3)对景观绿化设计和施工重视不够

绿化植被材料品种单一,植被之间搭配不当。在我国有些省市高速公路两旁沿线上百公里同是一种树木,形式单一,片面强调视觉效果和设计方便,忽视恢复自然生态环境,容易造成过往旅客和驾驶人员视觉疲劳和不良情绪。还有的地区植被之间搭配的参差不齐,颜色、品种、高度不一,影像美观。绿化景观形成后,忽视景观绿化的后期管理工作,使绿化萎缩、退化,甚至前功尽弃。绿化施工包括栽植、养护、修剪、除虫、换种、补种等一系列的养护工作,略有松懈则会严重影响景观的美化效果。

3 高等级公路景观设计的原则

高等级公路的设计速度较高,应在高标准的前提下做好高等级公路的景观设计工作。高等级公路景观设计应力争使自然景观与公路构造物达到和谐的统一,给人带来一种审美愉悦和良好的情感反响。在公路景观规划设计中应遵循以下原则。

(1)自然性原则

处于自然环境中的公路两侧是纯生态的自然环境。沿线的地形、地貌、山林水石均是宝贵的景观元素,有着重要的景观价值。在设计中,应尽可能保留这些景观要素,使之成为高等级公路系统景观的一部分。这就是景观设计中“美在自然”、“自然优先”的原则。

选线要尽可能与地形地貌相吻合,土石方的开采量要尽量做到最少,同时要尽可能减少对自然风景的破坏,避开受保护的景观空间,如风景旅游点、温泉疗养区、文物保护区等。

(2)鄙弃过分设计原则

对山区公路应避免大填大挖破坏自然景观,同时这还可以有效减少工程量,减少预算。高等级公路景观设计应突出特点,衬托亮点,应以公路为景观线路,形成统一、协调的观景空间。设计时应鄙弃附加的过分设计,因为过多采用人工造景的园林、小品,实际上是破坏了景观的自然性,既保证不了景观的观赏性,也给以后的维护工作添加了麻烦。

(3)可持续发展原则

高等级公路景观的可持续发展要求公路建设必须注意对沿线生态资源、自然景观及人文景观的永久维护和利用,使沿线景观资源的建设保持持续、稳定、前进的态势,既有利于当代人,又造福于后代人。

(4)在保证安全的前提下有良好的视觉效果

良好的视觉效果是高等级公路景观设计的主要目的。驾驶人在行车过程中的感受受道路景观的影响,道路应该为驾驶人提供能使人心情舒畅的行车环境,这也是安全行车的基础。但是,良好的景观设计必须是在保证交通安全的前提下。

(5)满足经济与实用性原则

景观设计要求从经济、实用的原则出发,保护沿线的生态环境、自然环境和人文环境,并满足交通运输的需求。公路景观环境构成要素包罗万象,但不必将精力放在那些耗费大量人力、物力、财力的观赏性景观的塑造上,而应把重点放在对公路沿线原有景观资源的保护、利用和开发上,以及公路本身和其沿线设施等人工景观与原有自然环境和社会环境的相容性方面。

4 结语

高等级公路在我国发展迅速,是经济发展的重要基础设施,随着经济的飞速发展,高等级公路也开始扮演着不同的角色——公路景观给我们更多美的享受。越来越多的设计者开始重视高等级公路的景观设计。公路景观设计是一个新的领域,目前尚无固定的设计模式,受主观因素的影响还比较多,但高等级公路必然会成为我们身边一道美丽的景色。

参考文献

[1] 王岗,覃朗. 高等级公路景观建设与生态环境的协调[J]. 绿色交通,2007(5):122-123.
[2] 刘道范. 高等级公路景观设计的探讨[J]. 黑龙江交通科技,2006(10):40-41.
[3] 杨秋明. 高速公路景观绿化浅析[J]. 北方交通,2007(12):31-32.
[4] 俞宇萍. 高速公路景观绿化设计探讨[J]. 山西建筑,2008(8):347-348.
[5] 邵红策,朱长清. 高速公路景观设计浅谈[J]. 建筑与工程,2007(28):130-134.
[6] 马宏威. 高速公路景观设计探讨[J]. 北方交通,2008(1):1-2.
[7] 孙家驷. 道路勘测设计[M]. 北京:人民交通出版社,1999.

公路绿化本土植物选择的思考

何　跃

（重庆交通科研设计院　重庆　400067）

摘　要：本文在明确本土植物概念的基础上，对本土植物在公路绿化中的特性和优势进行了详细分析，分析了公路本土植物选择存在的问题与影响本土植物选择的因素，并提出了相应的措施和对策。

关键词：本土植物　植物选择　公路绿化

0　引言

由于公路环境建设越来越受到人们的重视，公路绿化的重要性也日益体现出来。目前，我国正处于新一轮交通的大规模建设期，各地公路绿化经费占建设总费用的比重逐年上升。但是，在公路绿化的核心——绿化植物的选择工作方面却大多不尽如意，目前的公路绿化植物很大一部分与城市园林绿化的植物品种相类似，很多本不应进入公路绿化的植物品种，因为种种原因却进入了公路的绿化中，而公路沿线的本土植物却在公路绿化中逐渐丧失了其应有的地位。又或者是项目建设者虽然注意到了本土植物在公路绿化中的应用，但由于对本土植物的概念理解不够，导致本土植物的实际应用不尽理想。所以我们不禁要问，在公路绿化中如何才能选择出合适的本土植物呢？

1　公路绿化本土植物的概念

人们常常把当地土生土长的、经过长期种植，能很好地适应当地土壤、气候等自然条件，自然分布、自然演替，已经融入当地的自然生态系统中的植物，统称为本土植物。

本土植物分布具有一定的地域性，有些分布的范围很广，在全国各地均可见到，而有些本土植物则因对气候、海拔、土壤、周围环境等自然条件因素较为敏感，只能是属于一定地域范围内的本土植物。例如大多数棕榈科植物，仅在华南地区大量分布，它们只能算是南方的本土植物；同样，白桦、白皮松、油松等一般被认为是北方地区的本土植物。但特别需要指出的是，有些植物尽管不是当地土生土长的原生植物，但是经长期驯化栽培后，它们已经具备了本土植物的特性，因而也可将其视为本土植物。

2　本土植物在公路绿化中的特性和优势

本土植物经过数千年的进化，适应了当地环境条件，理应在公路绿化建设中发挥着重要的作用，其主要特性和优势主要有以下几点。

（1）适应性强

本土植物是经过自然长期选择的结果，对当地的极端低温、极端高温、洪涝、干旱等恶劣的生长环境具有良好的抗逆性。外来植物必须经过长期的驯化和观察，这个过程有时要十几年甚至几十年，才能判定其是否能适应当地的生长环境。如果不经专业的栽培或驯化，就大量采用外来植物,会对本土植物群落的稳定性带来诸多的危害。

(2)抗病虫害

一般来说,在本土植物群落中,很少出现大面积的爆发性病虫害,几乎没有毁灭性的、致命性的病虫害发生。其原因就是经过长期的自然选择,大部分的本土植物对本地的病虫害已具有了较强的抗性,就算有些本土植物有时也会发生病虫害,但往往能通过其所在生态系统的循环,抑制病虫害的蔓延。但是,如果大量引进外来植物构筑植物群落,其伴生的病虫害也许对本土植物是致命的,而本土的病虫害也会影响外来植物群落的生长。

(3)易养易管

由于本土植物的适应性强、抗劣性强、抗病虫害能力强,所以易于养护管理。在浇水、施肥、修剪及植保等方面养护管理的工作量,比外来植物要少,养护费用更比外来植物要低。

(4)生态效优,稳定性强

研究表明,自然形成的生态林和人工生态林具有本质的区别。人工林林分组成生物多样性差,林相简单,林下层能量周转水平较低,脆弱性大,同样面积大小的自然生态群落和人工生态群落,在水土保持、对环境变化适应的缓冲功能等方面,自然生态群落远优于人工生态群落。同时由于本土植物能形成自然的生态林,产生的生态效益远大于外来植物产生的生态效益。因此,在公路绿化工程中提倡使用当地土生植物,这样可增加植物的多样性,还可以改良人工林的生态系统功能。

3 公路绿化中植物选择存在的问题及原因分析

目前国内很多公路绿化中选择的植物与周边山地生长的原生植被很不协调,而且还存在着选用植物单调、景观单一、缺乏多样性以及栽植一些不抗虫害而又需经常护理的植物的局面,这不仅给管理带来了许多困难,也给本土植物的正常生长带来了隐患。这种现象已引起了人们的关注,注重本土植物的呼吁也越来越高。那么,目前公路绿化的植物选择中主要存在着哪些问题呢?

(1)建管者理念的影响

"理念决定方向",现在公路的建管者大多对公路的土建建设非常重视,而对公路绿化相对不重视,而且有时为追求通车效果,采用了大量的城市景观树种。这无形中就减小了本土植物在公路绿化中的采用。而且由于本土植物的某些特性与建设者的要求不一致(如有些本土植物,由于生长速度过慢,形成景观需要经过很长的时间以及本身的观赏效果给人以较低档的感觉等),都会影响建设者在公路绿化中对本土植物的采用。但可喜的是,目前越来越多的决策者已经意识到了这个问题,并作出了很多改进。

(2)绿化设计不合理

绿化设计存在的问题,主要表现在四方面。一是以城市植物品种来绿化公路:目前我国的园林设计人员一般都是从城市园林设计转化过来的,在公路绿化设计中难免就会有城市园林设计的思维定式。二是绿化设计不协调:主要体现在对植物配置的原理把握不够,使乔、灌、草的搭配混乱,无法很好地展现本土植物组景应有的风采,而且没有注意绿化场地内植物配置与周围环境的协调,使其与周边环境极不协调。三是设计者缺乏必要的施工经验,没有按照植物的生物学特性和现实管理水平来选用品种。如中央分隔带绿化应选择具有防眩功能的又耐经常修剪的植物,如毛叶丁香等,如果选用了一些不抗病虫害的品种,如细叶黄杨等,就会增加相应的管理成本。四是现在从事园林绿化设计的有不同学科的人员,他们对本土植物掌握和理解的程度不尽相同。这些都会造成本土植物在推广中的困难。

(3)本土植物的经济效益较差

现在大量的苗圃供应的对象还是城市绿化的建设方。由于本土植物在城市园林绿化中的需求量小,出于对经济效益的考虑,很多苗木种植者并没有对本土植物进行大量的育苗种植,少量的苗木和较高的售价对建设方无疑是一个压力,所以建设方要寻找大量本土植物苗木有时也确实十分困难。没有苗源保证,也就根本谈不上对其进行选择采用。因此,如能在建设初期与地方产业联系发展本土植物,采用定向培育的方式,则不失为解决该问题的一种思路。

4 公路绿化植物选择需考虑的主要因素

公路绿化本土植物的选择存在着种种问题,那么如何才能进行合理的植物选择呢?这就必须对公路绿化中本土植物选择需要考虑的主要因素有一定的了解。

(1)不同公路绿化类型的功能要求

公路绿化主要包含互通、隧道、路侧、取弃土场、中央分隔带等以种植植物为主的绿化工程。在工作中应根据各种不同绿化功能的要求进行选择。如边坡绿化本土植物就需要具有很好的护坡功能,对稳定路基、防止冲刷、保持水土具有直接的作用,边坡绿化选择的本土植物主要为草种的选择,要求其覆盖率高、青绿期长。但由于路堑开挖后暴露的土体一般风化较为严重或是路堤坡面土质为路基填筑用土,其土质均不宜于种植,且灌溉条件差,养护难度高,因此应根据公路边坡绿化的实际情况,在草种选择方面,以本地适宜的野生草为主,选择容易成活、成本低廉又根系深的草种。

(2)路线沿线气候类型等因素的影响

公路绿化与城市绿化不同,项目沿线的气候类型、海拔高度、降雨强度有时会有很大不同,所以应对这些因素加以分析,避免在不适宜的地区(如过分干旱或潮湿)和不适宜的环境(如风口、过于阴冷、积雪难化、土质极差)种植不合适的植物。而且还应该根据受光度的强弱选栽阳性或阴性植物,根据地势和地下水位的高低,选栽抗旱或抗涝植物,根据风向、风力的大小选栽深根或浅根性植物,根据生态习性选择相生植物,避免相克的植物种植在一起。

(3)土质的影响

实践经验表明,即使是本土植物也不能随处乱栽,必须根据栽植地的条件而定。例如要根据土壤酸碱度和土质肥力等的不同选择不同的植物,比如喜酸的植物如杜鹃就不能种植于碱性土壤中;还应该根据土壤的成分构成选栽相应适合的植物,比如对于氮、磷含量很低的土壤,就应该选择耐瘠薄性强的植物品种。

(4)根据植物的抗性,耐性来进行选择

由于公路绿化环境恶劣、管理粗放,所以在植物选择上必须选择那些适应能力强、容易管理的植物。随着公路交通量的不断提高,汽车尾气污染也不断增加,选择抗性较强的公路绿化植物可以吸收有害气体,降低污染。

(5)抗病虫害能力

病虫害会影响公路绿化的观赏和美化效果,并增加植物的养护管理难度,有时甚至会产生毁灭性的危害,因此,调查好各主要绿化植物的抗病虫害能力,也是正确选择公路绿化本土植物的一个重要方面。

(6)观赏效果、群落配置、本土特色、绿化美化与季相景观相结合的要求

在公路绿化中,也应要考虑绿化植物群落的观赏效果,注重植物群落的配置方法,如在集

中种植绿化区域，植物层次应主要采用乔木、亚乔木、灌木、地被的组合形式，形成植物多、层次丰富、景观好的植物组合形式。而且应从植物的生物学特性出发，因地制宜选栽适宜植物，使每条公路都能形成自己的景观特点。同时，在植物选择上宜注意选择应用多种植物，以丰富道路景观，形成各自特色，避免单调、千篇一律。

园林植物本身都有其自身的生长发育规律，随着四季的变化，植物的花色、叶色等外部形态亦千变万化，多彩多姿。例如春有迎春、玉兰、连翘，春花烂漫；夏有国槐、银杏、栾树，绿树成荫；秋有柿树、红枫、紫薇、黄栌，层林尽染，硕果累累；冬有腊梅、松柏，苍松翠柏。因此，在公路绿化设计时，要充分考虑植物群落花色、叶色等外部形态的季节性变化。从而使建成后公路沿线可形成丰富的季相景观，使全年都能欣赏到不同的景色。这些方面都为植物选择的合理性提出更高的要求。

(7)苗木来源

由于市场上对本土植物的需求量小，所以现阶段还没有形成本土植物的需求市场，尽管本土植物的繁育较为容易，但需求量少故没有苗木生产单位愿意发展，没有了本土植物的苗源，就不能在绿化中大量使用，当然也就形不成市场。没有市场，就组织不到本土植物的苗源，进而限制了本土植物的推广，形成了一种恶性循环。

(8)安全因素

在进行公路绿化的植物选择时，有时只重视植物的绿化美化效果，而缺少对行车安全的考虑。如在公路中央分隔带内仿效城市园林中的方式种植垂柳、龙爪槐，从短期的景观来看效果良好，但从长远来看垂柳、龙爪槐冬季落叶后效果很差，将会影响行车安全。因此，在进行植物选择时，要求选择那些不影响驾驶人驾驶的、满足相应公路工程要求的植物品种。

(9)速生树与慢生树

在追求短期效益的驱使下，在植物选择上，有时就只能选择较多的速生植物。以期尽早达到绿化效果，但这种急功近利的结果，往往造成植物群落成型快，衰退也快，在一定年限后就必须进行改造，反而增加了费用；而且速生植物往往寿命短，不能形成特色，但由于慢生植物生长缓慢，故无法在近期取得绿化效果。因此，选择时应尽量注意速生与慢生相结合，另外，也可以根据公路的设计使用寿命，确定选用的慢生植物。

(10)反季节种植

有时会由于项目建设的需要，必须进行反季节种植，这是公路绿化中的大忌。虽然在加强相关措施后植物短期内有可能成活，但从长期来看，这对公路绿化的后期效果会产生不良的效果，当然，在这种情况下再要选择出合理的植物品种将更为困难。

5　措施及对策

(1)加强沿线本土植物的调查

应加强对公路路线影响到的范围内的本土植物展开调查，了解本土植物的自然习性、种类组成特点及当地的土壤、气候等环境条件，以及在演替序列中不同植物的混植及相互关系，然后建立包括先锋植物、主要植物、伴生植物、填充植物、边缘植物及特殊土壤基质上的植物等在内的植物群落结构，以期最终对公路建设的植物选择起到指导意义。

(2)在规划设计中尽量保存现有植被

从建立生态公路观点出发，也就是从保存性、观赏性、多样性和经济性等几个方面入手，分析公路沿线现存的本土植物、现有的植被在该地段保留和利用的可能性。确定哪些是需要保留的(如观赏价值较高的原生植物),哪些是可以保留的(如互通立交区植物),哪些是不能保留的,以及哪些是不需要保留的。根据情况,在公路沿线合理规划出数块场地,集中分段分类地将调查中需要保护的那些植物移植过来,并由专业的绿化工程人员进行养护。同时可根据工程进行的情况,尽量将原有植物适时的移植回去作为基调植物,力求将路内景观与路外环境和谐地融为一体。

(3)尽量模拟本土植物群落

提倡在建设前期对本土植物采用育苗的方式,以满足建设时的大量需求,也可选出几种主要的、有代表性的原生植物群落,将其运用到绿化设计中去,同时在当地苗圃中选用能与原生植物相匹配及苗源供应有保障的苗木,在建设中尽量模拟形成本土植物群落。注意尽可能地保持和创建植物群落结构上的多样性,使公路绿地的乔木、灌木和草本植物分别分布在不同的层次,相互交错,形成具有原生植被的森林群落类型,同时也为其他生物提供了良好的栖息场地。

(4)全面考虑影响植物选择的各种因素

影响公路绿化中本土植物选择的因素非常多,因此如何能较好地选用尽量能达到各方面要求的植物品种是需要进行综合考虑的,有时还应该作出一定的取舍,尽可能抓住最关键的、影响最大的因素进行考虑,同时根据以上各因素综合分析。

(5)本土植物的应用应该循序渐进,不能操之过急

由于影响公路绿化建设的因素较多,在客观条件导致本土植物确实难以大量应用的,如能等待客观条件具备当然很好,但如果客观条件不具备,也不应该强行采用。

6 结语

目前公路绿化中存在着所用本土植物类少、数量少的现象,主要原因是人们的思想观念有待更新,绿化规划设计者知识有限,公路建设区域内大量本土的植物存在着移植困难,苗源来源不理想,市场的因素及本土植物自身的不足等,均为其难以在公路绿化中推广的制约因素。但本土植物适应性广、抗逆性强、不易感染病虫害、易于养护管理、能自然繁衍成林的优势是外来植物无法替代的。因此利用本土植物进行公路绿化,是符合适地适树的原则,并且是保护、恢复和发展公路沿线植被环境的有效途径,也是公路绿化建设的必由之路。

参考文献

[1] 王勇进,李沛琼,谢海标,冯惠玲.深圳园林绿化树种的调查与评估.中国园林,2000(1).

[2] 齐凯,张银虎,王熠青.大力发展乡土树种确保生态建设健康、持续、高效发展.内蒙古林业科技,2003(1).

[3] 李保平,陈红印.生物入侵对自然生态系统的影响及其防治对策.植物检疫,2002(06).

[4] 杨景伟.谈园林设计与病虫害的发生.中国园林,2003(4).

[5] 汪庆,任全进,巫世木,孙波,张光宁,韩福贵.乡土植物在南京地区园林绿化中应用的探讨.江苏林业科技,2003(4).

江延高速公路生态景观规划与恢复技术分析

韩继国[1] 陈济丁[3] 鲁亚义[2] 时成林[1] 陆旭东[3]

(1. 吉林省交通科学研究所 长春 130012;2. 吉林省高等级公路建设局 长春 130021;
3. 交通部科学研究院 北京 100029)

摘 要:随着我国公路建设的飞速发展和人们物质文化生活水平的不断提高,人们对公路交通的景观要求也越来越高,公路景观规划设计的作用已显得十分重要。本文以吉林省江延高速公路生态景观规划分析入手,从区域特性、设计原则、整体规划和细部规划等方面对公路景观规划进行了综合分析,提出公路景观规划的主要步骤、方法,为山区高等级公路生态景观规划技术提供技术支持。

关键词:高速公路 生态 景观 规划

0 引言

近年来,国家对交通基础设施的大力投资,公路建设总里程突飞猛进,吉林省高速公路更是向东部长白山区不断延伸。人们对生态环境的日益重视,给交通建设部门提出了一个新的研究课题。为此,江延高速公路的景观规划设计受到了各级领导高度重视,不仅立项专门研究,而且多次聘请专家到现场咨询把脉,提出了要把江延高速公路建设成为安全路、生态路、景观路、旅游路的奋斗目标。

1 项目背景

江延高速是国家"五纵七横"国道主干线中同江至三亚国道主干线长春至珲春支线(GZ 010-1)的一部分,是吉林省高速公路网的重要组成部分,也是省会长春市通往蛟河市、敦化市、延吉市、图们市以及珲春口岸的重要通道。路线全长281.05km,设计速度为80km/h,四车道标准。该公路建成后将为加强我国同周边国家的联系,促进长白山旅游资源的开发,带动吉林省的经济发展和振兴东北老工业基地起到极为重要的作用。

江延高速位于我国温带的最北部,接近亚寒带,四季更替明显。沿线从西向东气候由温带大陆性季风气候,向中温带湿润大陆性季风气候过渡,山区与河谷盆地气候差异极大。同时,沿线地形地貌变化较大,有低山丘陵、熔岩台地、中高山、盆地、河谷等多种类型,还跨越多个水系和流域。沿线土壤多为森林土,主要包括:暗棕壤、白浆土、草甸土、新积土、沼泽土、泥炭土、石灰岩土和水稻土。

江延高速开工建设之初,各级主管领导就把生态环境保护与工程建设放在了同等重要的地位,在主体工程未开工之前,即开展了多项工程配套科研项目,其目的就是要采取有效措施,最大限度地减少对现有生态环境的破坏,因地制宜,做好方案设计,实现公路建设与环境保护相协调发展的崭新局面。

现代意义的"景观"一词,最早起源于西方,是最近几年才传入中国的。学者们试图从地理学、生态学、建筑学、艺术等不同角度来阐释其概念,不同学科的见解有所不同,其中重要的一点就是景观是对人们所处环境的一种诠释,是人们对环境视觉所感知的景象特征。公路景观规划设计就是在这样的背景下出现的,并迅速在全国各地的高等级公路建设中兴起和推广。综合地说,公路景观规划应是一种带状的人文和自然相结合的大地风景,是建筑景观的一种,属于大地景观的范畴,它是道路交通规划与景观规划设计相结合产生的一个规划专题领域,是社会物质生活水平提高到一定水平随景观设计理念的诞生而相应产生的。更具体地说,它主要指由道路、附属设施、周边自然环境及人的活动等因素所构成的一个总的空间概念,反映出路域环境特征,是人文与自然环境相结合的建筑艺术。因此公路景观规划要求将工程与环境美学高度统一在一起,形成一个整体的景观概念,这与纯艺术或纯园林规划是有区别的。

江延高速公路横跨吉林省东中部地区,农田、村庄、山林、沼泽地貌变化多端,全线地形复杂、穿山越岭,兼具长白山区旅游和运输主动脉的作用,是我省兴建的第一条山区高速公路,其特殊性和重要地位可见一斑。如何做好这样的一条高速公路的景观规划设计,需要建设者们集思广益、深谋远虑。

总体来讲,就是在深入贯彻交通部提出的“安全、舒适、环保、示范”八字方针的基础上,树立环保理念,精心设计、以人为本、规范施工、合理运营、突出区域主题,具体步骤如下:

(1)对山区高速公路的地形、地质情况、生态环境情况进行综合分析评价;

(2)进行总体规划方案,建立理论基础、提出设计原则,论证其可行性;

(3)提出细部规划方案,突出区域主题。

2 沿线总体景观规划思路

2.1 总体目标

首先,应体现以人为本的观念,要充分实现公路建设与旅客运输安全性、舒适性、愉悦性的和谐统一。全面把握公路使用者的心理,丰富驾乘人员旅途的行车体验和感受;努力实现公路建设与环境保护协调发展,最大限度地保护生态,施工中最小程度地破坏生态和最大限度地恢复生态,并通过人工导入的方式,加速自然恢复进程;充分尊重自然,因地制宜,尽可能实现公路建设与自然景观和人文景观的完美结合,突出地方性自然风光和文化过渡;最后,要体现开拓创新的观念,大胆尝试符合地区条件的生态恢复方式,力争在摸索中前进,继承中发展、探索中创新,努力将江延高速公路建设成具有地区示范性公路。

2.2 景观规划设计原则

(1)安全原则

在确保公路路基边坡稳定和行车安全的前提下,充分发挥植物的生态防护及视觉诱导作用,营造安全、高效的交通环境。

(2)舒适原则

充分考虑公路使用者的视觉感受和行车心理,通过合理的植物配置和柔化遮挡作用,优化公路行车环境,增强行车的舒适性。

(3)自然原则

高度重视生态环境、水环境、声环境等的保护工作,把公路建设对环境的不利影响降低到最小,通过“自然恢复”“人工导入”,最大限度地恢复公路沿线植被,使公路融入自然之中。

(4)和谐原则

充分尊重沿线居民的权利，尽量少拆迁、少占地，避免干扰居民正常的生活环境；努力降低构造物的生硬感和突兀感，营造和谐的公路环境。

(5)经济原则

树立全寿命周期成本的理念，最大限度地节约工程的建设成本和养护费用。

(6)系统原则

对江延高速公路全线作为一个整体予以系统考虑，总体规划；以从路上看景为主，兼顾从路外看路，全面设计。

(7)示范原则

充分体现设计新理念，尽量采用新技术、新工艺，为山区高速公路建设积累经验，提供示范。

2.3 总体景观规划——景观分段

江延高速公路景观规划总体思路是：紧紧围绕安全、生态、景观、旅游路的目标要求，以生态恢复为主线，充分发挥植物在造景、柔化硬质构造物、遮挡工程创伤等方面的功能。在详细调查公路沿线现状基础上，深入分析公路沿线的景观特征、自然植被的演替规律，对全线景观进行系统规划，对路内景观和路侧外景观进行全面设计，以动态景观为主，以静态景观为辅，抓住重点，呈现亮点。

根据沿线自然概况，将江延高速公路规划为九个景观段落，见表1。

景观段落划分表　　表1

编　号	起 讫 桩 号	景观段落名称
1	江黄段 K26 +000 ~ K32 +000	起始重点段
2	江黄段 K32 +000 ~ K77 +000	老爷岭景观段
3	江黄段 K77 +000 ~ K97 +000	拉法山景观段
4	江黄段 K97 +000 ~ K128 +000	红叶谷景观段
5	黄敦段 K128 +000 ~ 172 +000	白桦林景观段
6	黄敦段 K172 +000 ~ 188 +000	田园景观段
7	敦延段 K0 +000 ~ K33 +000	湿地景观段
8	敦延段 K33 +000 ~ K100 +000	山林景观段
9	敦延段 K100 +000 ~ K119 +000	民族风情景观段

(1)起始重点段

该段位于江延高速公路的起始位置，地形破碎，以微丘地貌为主，以微丘杂木林和农田相间为沿线主要特色。景观规划的要点包括：①体现整体设计思想，边坡等绿化简洁明快，突出实际意义；②在显著位置设置旅游标牌，对主要景点起到指示提醒作用；③在路堑边坡可采用普通喷播方式绿化；④建筑形式多采用田园风格；⑤路堤边坡距上部不再栽植紫穗槐，以免遮挡视线，影响驾乘人员欣赏沿线景色。

(2)老爷岭景观段

该段处于微丘地貌向老爷岭山地地貌过渡地带。这一带植被繁茂，色彩艳丽，景色优美。路堑边坡以土质为主，采取了叠拱防护。景观规划的要点包括：①对窗式护面墙护坡进行特殊处理，窗格内栽植景天，并适当栽植地锦攀援，减轻硬质景观的不良视觉影响；②对隧道口洞口上部开挖坡面采用客土喷播恢复植被，入口三角区采取隔离树丛的形式进行重点绿化景观规划,重点表现石文化。

(3)拉法山景观段

该段落位于著名的拉法山风景区,可以把景区风光纳入公路,强化公路景观效果,景观规划的要点包括:①突出借景和视线诱导,把拉法山景色纳入公路,位于拉法山视线的路堤边坡不再种植紫穗槐,保证视线的畅通;②立交区绿化尽可能自然,不能太突出,通过诱导栽植引导观赏拉法山;③适当设置观景亭,便于游客观赏拉法山。

(4)红叶谷景观段

该段落位于红叶谷区域,秋季红叶鲜艳,五彩缤纷,景色十分秀丽,是江延高速公路的一个景观特色带(图1)。景观规划的要点包括:①配合红叶谷,边坡等周边植被恢复采用秋色叶树种;②K117处深挖方段借鉴国内外先进技术争取采用综合性边坡防护;③黄松甸互通采用与周围环境相和谐的绿化美化,进一步体现红叶谷特色。

(5)白桦林景观段

该段落位于熔岩台地,周围自然植被以白桦林密林为主(图2)。景观规划的要点包括:①在公路建施工时加大保护力度,重点做好表土资源和自然植被的保护,对不影响施工的树木尽量予以保护;②边坡绿化以草灌结合为主,尽可能不遮挡白桦林景观和路外风景;③绿化树种尽量多用白桦。

图1 沿线红叶谷景观

图2 沿线白桦林景观

(6)田园景观段

该段周围以农田景观为主,呈现出一派田园风光。景观规划的要点包括:①在公路施工时加大保护力度,重点是做好表土资源和自然植被的保护;②路堑边坡、填方边坡绿化采用普通喷播技术,形成草花结合群落。

(7)湿地景观段

该段处于平原区或微丘区,视野开阔,以农田、河流和湿地景观为主,山间湿地较多,是江延高速公路水体景观最丰富的区域(图3)。景观规划的要点包括:①在地势开阔、景色宜人的位置设置观景台和临时停车区,以便游客驻足,饱览秀丽风光;②路堤边坡上部处不再栽植紫穗槐,采取植草防护,以便于观赏沿线河流、湿地及农田景观;③利用K9左侧弃土声场,形成临时停车带。

(8)山林景观段

该段为山地地貌,植被茂密,以蒙古栎、落叶松、白桦等混交林为主,夏季满目葱茏,秋季色彩缤纷,景观效果十分突出,是江延高速公路景观特色带之一(图4)。景观规划的要点包括:①先区分边坡土质,分别对待,尽量实现与山林景观一致、协调;②对该段落部分护面墙、挡墙、窗式护面墙采用攀援植物进行遮挡，减弱公路硬质景观，对挡墙类的端头、迎面坡以及排水沟进行必要的遮挡和美化；③安图立交区以自然种植为主、东明服务区则尽可能保持原地形，最大限度体现长白山文化；④隧道、取土场等减轻视觉不良影响进行必要的植被恢复。

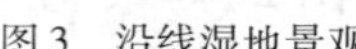

图3 沿线湿地景观

图4 沿线山林景观

(9)民族风情景观段

该段落位于江延高速的结尾处，处于延吉盆地，自然景观平淡，人文特色显著。景观规划的要点包括：①可考虑对较矮土质边坡尽量放缓，植被以自然恢复为主，以利于展现沿线朝族民居特色；②在明显位置处设置沿线主要景点旅游标牌；③服务区、互通立交的景观规划重点体现朝族人文特征，彰显民族风情。

3 细部景观规划

(1)路堑边坡

路堑边坡面积大，立地条件迥异、防护形式多种多样，是景观和生态恢复景观规划的重中之重。江延高速公路沿线纯土质的挖方较少，长大、难恢复生态的坡面基本为风化岩质坡面。

对于全风化岩、硬质风化砂边坡：由于延边地区特殊的地质构造，表层花岗岩风化非常严重，而且开挖暴露后，风化进程较快。此种坡面土壤有机质非常少，而且坡面土壤硬度很大，不适合直接栽种植物。为避免裸露边坡易受雨水冲刷，出现破面不稳的现象，建议对此种坡面进行全绿色防护，可选择营养土质覆盖、栽种适宜灌木和客土喷附进行生态景观恢复。

对于风化、半风化岩石边坡：沿线挖方山体基本是此种坡面，由于本地岩石的风化速度较快，坡面碎落滑塌现象较多见，因此要首先保证坡面安全（包括确定合理的坡率），利用客土喷播技术固定浅层坡面，人工快速恢复坡面生态系统，稳定坡面。

对于纯客土喷播的灌木不易成活的难题，追求草灌结合、最终以灌木为主坡面近自然状态，课题组研究采用厚层基材配合人工移栽保育块的技术（图5），将几种生态恢复技术集成使用，发挥最大作用。对于特殊路段，从安全角度考虑仍需采用柔性钢绳网防护。总之，就是最大限度地减少刚性圬工防护体，采用柔性防护体系，亲近自然，和谐自然。

(2)路堤边坡

从行车视觉角度考虑，路堤边坡不在视野范围之内，坡面绿化时重点考虑防止水土流失、保护路基稳定的作用。因此植物选择重点要求根系发达、易成活、覆盖度好。从景观角度考虑，靠近路基上部的2m范围内不要栽种较高灌木，防止影响视线、遮挡沿线风光。

(3)边沟、截水沟

a)

b)

图5 风化岩石坡面近自然生态恢复新技术——厚层基材配合保育块技术

尽量采用生态边沟，对部分浆砌边沟进行植物遮挡和柔化处理，同时研究新型边沟——组合式柔性(塑胶)排水沟。减少浆砌石工程，较少对环境的进一步破坏，降低劳动强度，较少后期的维护费用。

(4)互通式立交

江延高速公路共有10个互通立交，根据各个立交所处地理位置的重要程度、占地面积及景观价值，确定景观规划重点，对重点立交景观段充分挖掘当地人文景观特色，以植物景观为主，尽量呈现四季变化风格，与地方风土人情呼应。

(5)隧道口

隧道口是行车视野重点部位，景观设计要因地制宜，可突出民族特色，也可融入自然；既要使整体协调，又要分别处理。改变以往常用的混凝土喷锚坡面，全部以绿色覆盖，使坡面与周边环境协调统一。

(6)服务区

沿线五处服务区分别位于景观重点设计段落，结合环境、地形风格和旅游特色，让五处服务区风格既统一，又有变化，尽量突出每处的个性。

(7)观景台

具有旅游要求的山区公路设置观景台具有实际意义。这也是东北地区高速公路的突破，经过详细考察，初步确定蛟河服务区、安图湿地(K31 +800右侧和K32 +050左侧)等几处风景优美的地点规划设置观景台，体现以人为本的公路建设理念，力争达到最佳观景效果和体现出景观路、旅游路的特色。

(8)取弃土场

按视觉敏感度主要分为高低两类，对视觉敏感度较低、公路景观影响较小的，以恢复植被、保持水土为主；而另一类视觉敏感度高的在此基础上还要增加景观遮挡和诱导措施。

4 结语

公路生态景观是一门涉及道路、桥梁、植物学、美学、园艺学、土壤科学、社会学、经济学、工程学、建筑学、交通规则等多种跨行业交叉学科，其本身不但要具有整体性、流畅性，还要具有丰富的内涵。随着江延高速公路的生态景观规划不断地调整完善，也推动了省内高等级公路建设事业的全面、协调、可持续发展，为今后的生态综合防护规划打下了坚实的基础。

(1)国内对公路设计中的生态景观规划工作还处于探索阶段，在许多领域认识还不够深入。需要结合具体工程探索新思路、新方法。对江延高速公路进行前期生态景观规划工作，不但可以充分挖掘沿线自然、人文景观特色,提高行车舒适性,美化路域环境,还可以提高公路防护水平,对本地区的高速公路建设具有重要的指导意义。

(2)针对特定工程抓住主要景观特征,突出重点,借景寄情,合理体现自然风光和公路人工构造物的景观互补作用。生态景观规划工作应提前入手,最好在勘测设计阶段介入,进行总体规划,充分融入分项工程的结构设计之中。

(3)因地制宜,对于特殊路段宜采用多种生态防护技术综合集成,人工辅助和自然恢复相结合,不能走极端,缺少人工辅助的自然恢复是极为困难和漫长的,相反任何想通过人工手段一次性达到自然生态也是不现实的。只有合理平衡二者的关系,才是生态景观恢复的最高境界。

(4)公路景观规划从宏观上讲,还要规划好全省或各区域的公路景观,通过公路从某种程度上体现出不同地区的景观特色,真正做到人民交通为人民,全面提高公路的综合服务水平。

参 考 文 献

[1] 刘龙,叶慧海.高速公路路域植被恢复设计与施工技术初探.交通环保,2002(2).
[2] 刘建军.大型公路工程生态环境影响的综合评价[J].干旱区资源与环境,1991,5(4):35-41.
[3] 交通部公路司.新理念公路设计指南.北京:人民交通出版社,2005.
[4] 朱海鹰.高速公路边坡生态防护施工技术.中外公路,2003,23(3).

山区公路景观工程造价控制若干问题探讨

张泾钰

(西南交通大学新校区指挥部 成都 610031)

摘 要:本文通过对相关范例的调研分析,就山区公路景观工程在设计、招标、施工几个阶段的造价控制问题进行了探讨。在达到工程预期效果的前提下,提出了限额设计、适当划分施工标段、合理安排施工期、明确质量验收办法等造价控制的具体措施。

关键词:造价控制 限额设计 设计协调性 预算控制价

0 引言

山区公路景观工程造价是一项综合性的工作,贯穿于建设项目的投资决策阶段、设计阶段、施工招投标阶段、施工阶段、养护直至竣工的全过程。由于山区公路景观工程特殊性如环山、弯道多、海拔差异大、地形复杂、气候多样等自然条件不同,以及施工战线长、工期短、施工条件差等特点,使工程造价的弹性很大。怎样在保证山区公路景观工程效果的前提下控制工程造价就成了业主关心的重要问题。

1 设计阶段的造价控制

设计阶段的造价控制对山区公路景观工程起决定性作用。

1.1 根据建设方投资计划提出限额设计要求

从统计数字来看,设计对景观项目的成本影响程度占全部成本的85%以上,而施工、养护阶段不足15%。由于山区公路景观工程可变因素较多,不同的设计使景观工程造价的弹性很大。设计启动前,首先应根据建设方投资计划确定建设标准,例如,可用每平方米景观工程计划造价(计划投资额/景观占地面积)来确定景观建设标准,由此对设计院提出限额设计的要求。即在满足建设方景观效果合理期望值的前提下,控制工程造价不超过每平方米景观工程计划造价。为此要求景观设计概算必须准确,这是设计阶段造价控制的关键环节。

因此,设计单位应充分调研现场条件及当地材料价格,充分考虑山区公路景观的多种可变因素。建议在设计概算时,不可预见费一项比一般景观工程提高10%,确保概算不超估算。

1.2 踏勘现场、充分调研

拟建景观工程所在地区的社会环境、自然环境、建设规模、公路设计、施工情况及现场施工条件,所经地区的物候期、降水量、风、温度、湿度、雾、日照等影响道路交通和绿化效果的因子,特别注意灾害性气象的发生规律,如极端气温、暴雨、干旱、台风等及山体滑坡、泥石流等灾害记录。调查种植地土壤的酸碱性、盐碱化程度、厚度、土温、含水率变化、肥力等理化性质,所在地区的乡土植物,并了解其价格、生长习性和主要功能等。设计单位在设计前期踏勘现场、充分调研是非常必要的,与当地条件不符合的设计必然导致资金的浪费。

1.3 符合山区公路景观特色的设计理念

设计中强调山区公路景观环境安全性、协调性、自然性设计理念,可以使设计者抓住设计要点,少花钱,多办事。

(1)安全性设计理念

和普通公路不同,山区公路由于其环山、弯道多、海拔差异大、地形复杂、气候多样等特点,其发生山体滑坡和泥石流可能性大,故考虑山区公路景观设计的环境安全性设计是非常重要的。设计宜突出保持水土和绿化的功能,不破坏自然生态环境。在植物设计时必须充分考虑视觉安全效果,如栽植行道树引导特殊地形道路的视线,边坡上宜选用具有强护坡、防水土流失的灌木、草及爬藤植物、乔木品种。种植灌木和草进行植物生态防护绿化的水土保持效果优于种植乔木,其营造的公路景观视线更开阔,对驾驶员而言安全性更高,且造价更便宜。

(2)协调性设计理念

所谓协调性一是指景观设计与总体景观规划协调一致,构成和当地自然、人文景观相协调的景观序列;二是指景观设计与公路构造物及公路沿线景观环境相协调。这样既能体现山区公路景观特色,又能善用资金。山区公路绿化要求充分考虑生态植被的特点,适地适树优先选择乡土植物、易成活的苗木,并注意乔、灌、草的结合,既可以降低造价,保证成活率,又可以与当地自然景观融为一体,避免生物入侵。种植形式应模拟原有的植物群落构成,使公路边坡绿化能和周围环境有机地融合成一体。这种绿化形式能确保植物在当地的气候环境下良好地生长,自然繁衍,从而减少养护管理工作,节约资金。另外需提前选定景观设计队伍以便协同公路构造物设计进行景观设计,公路构造物如边坡、挡墙、排水系统、护栏、路沿、标识等本身就是景观的组成部分。例如边坡喷植、拱形骨架防护绿化、铺挂铁丝网或土工格室加三维植被网植草、主动网防护绿化、路堑墙、拦渣墙采用装饰面等,都需景观设计师提前和公路设计师共同制订满足功能兼景观要求的设计方案甚至施工方案,使整个景观序列自然协调,同时也可以避免景观设计滞后造成设计修改及重复施工、现场签证引起的浪费。

(3)自然性设计理念

山区公路景观环境设计应避免人工痕迹,因地制宜,尽量采取和自然融为一体的设计手法,如尽量减少土方大填大挖、在挡墙及洞口上配置有地区人文特色的图画、利用就地落石造景等,而不是模仿某城市道路或某公园的景观,这样既可体现地域文化、保护自然环境、保持水土、具有美观的效果,又可节约造价。

景观设计效果和工程造价经常是矛盾的,但设计师必须把它们统一在满足建设方景观效果合理期望值的前提下,运用不同的设计手法使工程造价不超过工程计划造价。

1.4 设计过程中的造价控制

建议通过方案比选,由专家论证,优选出符合总体规划,投资估算符合投资计划的设计方案。选择一支实力雄厚的设计队伍是完成高水平景观工程的基本保障。

景观方案设计调整阶段是实现建设方预期效果及造价控制的关键。设计招标时得到的设计方案并不完善,需要建设方组织专家审核后修改,以达到理想的设计及作出符合实际造价水平的设计造价估算。

初步设计阶段在方案修改的基础上深化设计,然后进行设计概算,根据概算价值调整设计,控制概算不超过估算。需要留足施工图设计时会产生的如土方等细部设计产生的费用空间以及山区公路景观施工不可避免的措施费等。

施工图设计阶段是细部设计,应在总投资不超过概算的前提下进行。景观设计可有多种材料表现设计意图,尤其是植物,用地方材料代替它方材料,改变植物品种、规格,改变植物的疏密程度等,这些方法都可达到调整造价的目的。由于植物具有可持续生长性,只要设计配置得当,管护到位,就会逐步达到近期与远期相结合的预期设计效果。

山区公路景观设计有相当大的可调整空间。应当保证设计图纸的完整性。设计深度不够,概算缺项漏项,易造成项目造价失控,因此设计阶段必须严把深度、质量关。

2 施工招标过程造价控制

2.1 招标策划阶段

(1)适当划分施工标段

根据我国现有园林景观施工队伍规模较小的现状,以四川省为例,根据最新审批的资质证书权限,即使是城市园林二级施工资质,也只能承接800万元以下的园林景观工程。加上山区公路景观工程战线长、工期短,施工用水、电、路条件差的特殊情况,建议施工招标时合理划分施工标段,以计划投资不超过800万、3km路长范围为宜,过大的施工标段易造成转包分包,影响景观效果,不利造价控制。

(2)合理安排绿化工期

合理安排绿化工程施工期,这是节约成本、提高工程质量的有效途径。影响施工期的主观因素包括工程筹备、招投标以及交叉施工等。工程进入公开招投标程序后到开工要一个多月的时间。一年中最适宜绿化施工的时间在川西约三个月,以春秋两季为好。春季是绿化工程施工的黄金季节,气温、土温逐渐回升,雨水也逐渐增多,各种植物陆续从休眠中苏醒过来。在此期间施工,对苗木伤害较小,苗木移植后恢复快,成活率也较高。秋季亦可栽植苗木。为赶工期,不少绿化工程与土建工程会交叉施工,使绿化工程进度减慢。另外,一些前期工程遗留问题也会导致绿化工程施工期的拖延。在安排施工期时,这些问题都需要考虑。如果错过种植黄金季节,至少要避开高温高湿季节。-5℃以下或35℃以上的天气已非常不适宜植物栽植,应尽量避开这些时段,以免影响成活率和造成反季节栽植不得不采取的施工措施引起的造价增加。另外苗木和人工在山区道路景观工程中所占成本比例较大,苗木没有固定的市场指导价,一般旺季苗木的销售及运输价格要高一些,在农忙及传统假日期间,民工工资相对要高一些。因此,应合理安排施工期,使其能在淡季预订苗木,利用节后和农闲组织民工,可有效节约工程成本。

(3)采用适当的招投标办法招标

目前,景观园林施工工程普遍采用工程量清单报价法招标。工程量清单报价法为投标者提供了一个平等竞争的条件。投标人根据招标人给出的工程量清单,结合自身的生产效率、消耗水平和管理能力与已储备的本企业报价资料,确定综合单价进行投标报价,工程量清单中综合单价均为固定,除合同约定情况可调外在整个合同阶段不能调整。

建设方根据施工企业完成的工程量,可以很容易地确定进度款的拨付额,工程竣工后,再根据设计变更、工程量的增减乘以相应单价,建设方也可以很容易确定工程的最终造价,有利于建设方在施工过程中对投资的控制。

此外,对以苗木为主且量大的工程,也可按照《政府采购法》的有关规定使用苗木价格招投标法招标。对苗木实行集中招标采购,分别与苗木供应商和园林景观工程施工单位签订苗木供应合同和施工合同,这样容易以较便宜的价格买到质量较好的苗木。若工程仅为简单的大片植物种植，甚至可以只对苗木采购及种植管护进行招标，投标人可只要求为有相应苗木基地的苗木经销商，这样更易于节省工程成本。

2.2 招标文件的合同条款

(1)使用标准合同范本

目前不少地区园林景观施工工程已推广应用原建设部、国家工商行政管理局印发的《建设工程施工合同(示范文本)》，使用标准合同范本的优点在于不会漏掉与造价等有关的重要约定。在其专用条款内，招标文件需明确合同条款中的进度款支付方式、工程变更及新增项目的计价方式、暂定价项目的调整方式及结算方式等，且应尽量详细地订立工程变更及新增项目的计价方式等有关条款，以避免中标后扯皮。

(2)关于工程管护期

由于植物成活有其生长规律，目前普遍园林工程招标时要求苗木初验后管护一年，这样在经历一年四季的考验后可保证植物成活率。为避免大树在"假活"期交工造成损失，建议约定胸径≥20cm 的大树管护三年，明确这些技术要求有利于保证投标报价的准确性和保证景观效果。

(3)避免"转卖"工程

"转卖"工程的现象在景观园林绿化施工中非常普遍，它导致的结果就是层层剥皮，质量低劣。但目前也没有统一的硬性指标衡量园林绿化工程的质量优劣。为防止"转卖"工程，现政府推广的行之有效的方法较多，如对项目经理主要技术负责人的限制是在招标文件中明确，"实行项目经理、项目总监、主要技术负责人压证施工制度。项目业主须在中标人提供投标文件承诺的上述人员的执业资格证书原件后才能签订合同，至合同标的的主体工程完工后才能退还。""未经行政主管部门批准，项目业主不得同意中标人变更项目经理、项目总监和主要技术负责人"。另外，可在招标文件中明确主要人员必须是投标单位正式职工等类似条款。建设方在管理上若能实施上述政策，应是防止工程"转卖"，保证施工质量的有效办法。

(4)明确质量验收标准和验收办法

目前国家尚无统一的以植物景观为主的工程质量验收标准和办法，仅以建筑、市政工程现行质量标准合格推广到景观园林绿化工程，有些建设方为了达到好的质量效果提出了质量达到优良的标准，但缺乏对以植物景观为主的工程质量为优良的具体验收判定方法。加上植物本身又存在个体差异，在胸径相同的前提下，由于植物的本身的形态和栽植修剪后的形态其价值和给人的美感程度大不一样，故在招标文件的合同文件中明确以植物景观为主的工程质量验收办法对保证工程质量是非常必要的。

在招标文件中由设计提供植物形态标准照片亦是控制苗木质量和合理报价的办法，可作为技术要求在招标文件中或在工程量清单中一起发放，并在招标文件中明确该照片为植物验收依据。

(5)关于额外履约担保

履约担保为正常履约担保与额外履约担保之和，即：正常履约担保一般为合同价 5% ~ 10%；"为防止投标人低价抢标，应以招标文件公布的投标最高限价的 85% 作为基准值。凡低于基准值中标的，中标人在提交履约担保的同时必须额外提交中标价净价与基准值之差额的 1 至数倍的履约现金担保或部分现金附加保函担保"。经考察，这一办法对防止投标人低价抢标有较好的限制作用。

2.3 工程量清单编制中的造价控制

(1)准确确定预算造价控制值

做好预算控制价的编制、审查工作。负责编制控制价的造价事务所应当充分了解当地市场价格和现场条件,使编制的预算控制价合理、真实、可控、不超过设计概算。目前某些地区已实施预算控制价审核制度。另外,标前应核对清单,以避免漏项,避免与现场情况不相符的清单列项造成预算造价控制值失控。

(2)重视工程清单编制工作的精确性和严肃性

工程量清单编制单位应对工程量清单的准确性负有完全的责任,错、漏量大的工程量清单,将给日后的工程管理带来极大的麻烦,这往往是结算超控制价的主要原因。清单编制应充分考虑本项目的特点,如地质情况的特殊性,工期是否紧张,施工现场水、电、路的情况,物料供应要求,专业工程是否纳入总包招标等。应在工程量清单中明确分项项目特征、工艺和选用的材料,合理列项、合理界定分项工作内容。例如整理绿化用地分项是否包含清除杂草、微地形整造、施肥、杀虫灭菌等工作内容都应作详细的规定,又如植物管护费用包含在每项项目特征里报价还是单列项单独报价,俗话说"三分栽七分养",管护费单列项单独报价对防止低价抢标、报价是否低于成本的评审、管护期经济保障等都是有好处的。

对清单中必须包括的内容予以一定的强制性,尽量避免漏项,同时编制工程量清单应减少人为误差,能更好地反映投标者的实力、水平。明确清单中的技术要求是投标方响应招标书的关键,应尽可能细的反映技术要求,如:胸径、地径的规定,分枝点的规定,高度、冠幅规定,灌木分栽、丛植密度、高度形态、一株几枝……土球大小、施肥品种和数量要求、种植土质及厚度等的具体规定,这些都是构成竞争的基础。园林工程有很强的艺术性,使用同规格但造型不同的苗木,则价格相差很多,效果也相差很多。

(3)工程预留金

目前有些地区规定景观工程预留金为控制价的10%,考虑山区公路景观可变因素较大的特点,即使该系数提高到20%都不一定能控制住工程造价。故建设方应充分考虑效果和造价的统一,编制工程量清单时适当预留重点景观认质认价材料,以保证特殊点景观效果。如站台的重点休闲景观;如一树一景的特殊景点植物等列为暂定价;如需特殊技术的边坡喷植新工艺,可能大部分投标单位没有经验,自主报价就更缺乏准确性。这些项目或做分包,或请专业队伍施工,可作为单列项在预留金中考虑。

2.4 评标定标中的造价问题

目前在招投标市场推行的评标办法,只能说相对公平,不少景观工程招标人单纯看重报价高低。在经济标以外的评标因素中自由性、随意性大,规范性不强,评标中定性因素太多,定量因素太少,从评标办法上缺乏客观公正。基于以上因素,有必要在国家现行的法律、法规基础上,参考国外先进经验,结合我国景观工程实际建立起一套公正合理、科学先进、操作准确的评标、定标方法来与之相适应。

(1)经评审的最低投标价法

目前在我国的工程建设项目中普遍应用经评审的最低投标价法是国际上通行的惯例,尤其是在以国有资金投资为主的景观园林绿化项目上推行,可能是必然的发展趋势。

经评审的最低投标价法是"能够满足招标文件的实质性要求,并且经评审的投标价格最低;但是投标价格低于成本的除外。"

(2)投标价格是否低于成本的评审

由于园林绿化施工质量的度量弹性很大,一些园林绿化企业低于成本中标后千方百计更改设计、办理签证,追加建设投资,为了节省开支偷工减料,粗制滥造,不可能达到预期效果,园林绿化工程这方面的实例实在是太多了！所以投标价格是否低于成本的评审是非常重要的。

招标文件中必须明确投标价格具体评审办法,设定评定投标价格是否低于成本的具体数量判定标准并具有可操作性。目前比较可行和有效的标准有:以投标报价明显低于其他投标报价的,以投标人的投标报价低于招标文件规定的各投标人投标报价平均值的幅度(如90%)就需进行投标报价详细评审,若评标价低于各投标人投标报价平均值85%就可直接判断为低于成本。如何使景观工程投标价格是否低于成本的判定标准更加科学,尚需进一步研讨。

(3)技术标与商务标相结合

要求技术标与商务标相结合,就是要在评审投标价格时,不能就价格论价格,而应当密切结合施工组织和技术方案,保证投标价格有相应切实可行的施工组织和技术方案作保证。以经评审的最低投标价法招标时,在技术标只以通过性的定性评审方法条件下,如果没有工期、质量标准等触犯招标文件强条的原则性错误,评标委员会大都会通过所有的技术标,技术标评审往往成为走过场。那么园林绿化工程技术标是否在招投标活动中就太无足轻重了呢?建设方都希望的是优质低价的园林景观效果,在相同设计的条件下,优质优价是可能的,但优质低价的可能性就很小了。施工技术和组织能力除了在强制性条款中对企业资质等级和项目经理资质有限制以外,一般在技术标中才能够体现。故招标文件在制订技术标评审办法时,建议制订量化指标,使设置的评审条款具有可评性,可竞争性,如技术标总分100分,60分及以上为通过,或若干项指标中,规定其中的一项或几项没通过就视为技术标不通过。要想通过经评审的最低投标价法评出报价合理、同时技术力量强的队伍中标,不过从目前景观园林工程流行的评标办法来看难以实现。

3 施工过程中的造价控制

由于植物材料的形态和价格存在不确定性,易使景观效果和设计理想效果差别很大,这势必在现场造成技术变更。但如果运作不规范,极有可能出现设计与实际效果大相径庭,造成资源和资金上的浪费,这就需要设计、建设、监理方在施工过程中严格控制设计变更。

有些地区政府文件规定"因设计单位原因造成低价中标高价结算的,设计单位应该承担工程价款的增加额。项目业主或招标代理机构在设计招标时,必须将本款内容载入招标文件。项目业主在与设计单位签订委托设计合同时,必须在合同中载明此款内容"。这样无疑给了设计单位很大的压力,但对施工过程中的造价控制十分有效。

同时建设单位要协助监理把好苗木、装饰材料进货关,做好隐蔽工程验收,严格控制材料代用及现场签证这些影响质量和造价的关键环节。

4 结语

本文就近年景观工程设计、招标、施工管理的经验,结合对类似工程的调研,针对山区公路景观效果和工程造价两方面可变因素多、难以协调的矛盾,对造价控制方面比较敏感的问题,提出了在设计、招标、施工几个阶段应特别注意的若干问题及其建议。例如限额设计,强调景观环境安全性、协调性、自然性设计理念,适当划分施工标段,合理安排施工期,采用适当的招投标办法,准确确定预算控制价,准确编制工程量清单,明确质量验收办法,额外履约担保,工程预留金,严格控制设计变更等。

参考文献

[1] 陈迟.浅谈工程量清单模式下的合理低价中标[J].科学之友,2008(5):87-89.

[2] 姚松.浅谈园林景观工程的造价控制 [J].林业建设,2005(5):25-27.

[3] 谈金秀.园林绿化工程施工招标中评标办法的探讨[J].中国市政工程, 2006(5):74-76.

[4] 高星林.山区高等级公路绿化新探[J].中南公路工程, 2005(1):171-173.

山区低等级旅游公路景观改造技术

——以北京奥运郊区旅游公路改造为例

孟　强　汪伟刚　杨　帆　尚丽丽　曹　杨

（交通部公路科学研究院　北京　10088）

摘　要：山区低等级旅游公路改造涉及安全、环保、景观等多方面因素，同时由于历史原因，设计资料缺乏、早期工程建设带来的交通安全隐患、环境污染及景观质量差等都与旅游公路的要求不相符，尤其是景观改造工程更是一道无经验可借鉴的难题。本文结合案例实践，针对项目特点提出了一系列体现山区低等级旅游公路特点的景观设计原则和技术措施，以期能对相似项目建设提供可资借鉴的经验。

关键词：山区公路　旅游公路　景观设计

0　引言

随着人民生活水平的提高，旅游日益受到人们的青睐，特别是在我国实行“节假日长假”制度以来，旅游业进入了快速发展阶段，短途旅游及郊区旅游更成为城市居民日常出游的首选。

旅游业的蓬勃发展有赖于旅游交通设施的完善，在公路、水运、铁路及航空四大传统旅游交通方式中，公路交通起着必不可少的辅助作用。公路交通具有灵活、快速、方便、直达的优越性，旅游人数不断增加，公路交通的运输需求也在不断增大和提高，这也对公路交通和旅游的发展提出了更高的要求，旅游公路的作用和地位日益凸现。近年来旅游公路逐渐成为行业关注的热点，但在工程实践中，对高等级旅游公路及新建旅游公路的关注度远远高于旧路改造的低等级旅游公路，而低等级旅游公路改造又有其技术上的特点和难点。本文拟结合北京市奥运郊区旅游公路改造工程设计的实践来探讨山区低等级旅游公路改造过程中的景观对策与措施，以供同行参考。

1　项目特点

为配合 2008 年北京奥运会的举办，自 2005 年起北京市开始计划综合改造郊区公路 7 700km，投资 100 余亿元，实施提级改造、路面大修、危桥改造、旅游公路、通村公路及综合改造等六大工程，借鉴吸收川九路环保施工等国内外交通建设先进理念，展示首都新形象，全面提高郊区公路整体服务水平，以满足 2008 年奥运会交通需求。为支持北京市的奥运郊区改造工程项目，原交通部在技术上给予了大力支持并将其列入 2005 年新增第二批 18 个典型示范工程中，期望能为全国重点城市郊区公路改造提供示范。

（1）服务奥运的特点明显

北京 2008 年奥运会是我国迄今为止申办的最大规模的体育赛事，其意义绝不仅仅局限于 16 天的比赛上，围绕其进行的大规模城市基础设施改造、周边交通环境、旅游服务环境的改善及相关产业的发展局蕴含了无比巨大的商机,尤其是北京郊区丰富的旅游资源更将借奥运的东风得到充分的利用和发掘。由此可见,北京郊区公路改造是奥运工程的重要组成部分,将会满足奥运期间大量国内外游客的郊区旅游需求。

(2)规模大、等级低

据北京市路政局有关文件所述,此次改造涉及北京市所有远郊区区县的102条、长7 700km以低等级为主的公路工程项目。其中改建提级完成1 100km,路面大修完成1 300km,病桥改造完成180座,旅游公路完成574km,乡村公路完成2 500km,综合改造完成4 100km,如此大规模的低等级公路改造工程对于北京甚至全国而言都是空前的。

(3)山区旅游公路特点明显

所涉及项目中,完全以服务旅游景区功能为主的公路(即景区内公路)达到574km,但是,由于北京市郊区尤其是山区旅游资源极其丰富,各种旅游景点基本沿目前的各级公路分布,可想而知其他兼具旅游功能的公路数量更大,可以说绝大部分项目均具有直接或间接的旅游公路的性能。

(4)与郊区居民生产生活关系密切

此次改造所涉及的100余条郊区公路沿线大多处于北京市经济相对落后的广大山区农村地区,以往群众的致富受相对落后的交通条件的制约较大,经改造后不仅可以促进沿线现有旅游资源的开发,而且对于丰富的民俗旅游资源及其他形式的地方经济也将起到积极的拉动作用。

(5)原有公路生态、安全、景观问题普遍较多

由于待改造的大部分公路都修建于20世纪70年代甚至更早,受当时经济、技术条件及人们建设理念的制约,公路建设基本上采取了开山炸石、沿路弃渣的简单粗放式模式,产生了较多的生态环境的破坏,原本不错的景观环境被破坏,长期得不到恢复;同时道路等级低及路况差也产生了大量回头曲线、视距不良等方面的交通安全隐患。

2 景观改造设计的创新点

山区低等级旅游公路改造缺少既有成功经验的借鉴,通过对大量设计案例的总结、归纳,认为在以下方面取得了一些可资借鉴的经验。

(1)"广义公路景观"理念

传统的公路景观研究对象往往仅限于公路用地范围之内,且以公路绿化为主,是一种"狭义的公路景观"。在该项目设计中我们引入"广义公路景观"的概念,在详尽的工程现场踏勘、调查的基础上,从"路内景观环境"及"路外景观环境"两个方面对原有道路存在的环境景观问题进行研究、分析、归纳,力求找出项目存在的共性问题,在此基础上有针对性地提出优化的措施及改善的建议。

其中"路内景观环境"侧重于对公路本身的线形、构造物(如边坡、边沟、种植槽、挡墙、路侧绿化、平台等)存在的不足之处进行归纳、分析;"路外景观环境"则侧重于对公路用地范围之外而又对公路环境景观有所影响的有关因素(广告牌、沿线村庄、建筑、电力电讯杆线等)进行分析,并力求通过系统的环境治理措施提出改善路外环境景观的建议。

(2)"安全"与"景观"辩证统一的公路景观设计理念

对"安全"与"景观"的双重要求是山区低等级旅游公路所独有的鲜明特点,如何处理好二者之间的关系是设计人员面临的一个难题,完全割裂二者之间的联系或视二者为"完全对立"

的关系的观点都是片面的，应认识到“安全”与“景观”是一对辩证统一的因子，既相互制约又相互促进。把握好二者之间的度是进行公路改造的关键。

(3)把握公路环境特色，划分不同景观区段

针对具体项目所经地区自然、人文环境特点进行分析、归类，依次划分不同景观特征的公路区段，并针对不同景观区段的特点提出相应的优化措施和建议是处理山区低等级公路景观问题的有效途径。如针对平谷区平关路的景观改造项目，结合沿线环境特点把30余公里长的项目划分成桃园景观段、水库景观段、村镇景观段等不同景观段落，并针对不同段落的景观特点提出不同的景观改造建议，取得了良好的效果。

(4)充分利用路侧场地，变废为宝，塑造个性化公路景观

项目景观设计过程中，设计人员充分利用原有公路废弃场地或空余场地规划成供人们观景休息的观景平台或景观绿地是项目的又一特色。通过对原有废置的公路道班、弃渣场、取土场等面积集中的场地进行合理的规划设计，或改建成供游客停车休息观景的平台，或进行植被恢复绿化成有观赏性绿地，最大限度地挖掘场地的潜在价值，塑造了独具特色的公路景观，同时也体现了“以人为本”、“尊重自然”及“节约资源”的设计新理念。

(5)挖掘沿线自然人文景观资源，在保护的基础上对其充分利用

这些项目沿线分布着大量为市民熟知或尚待“深闺”的自然及人文景观资源，设计时对沿线已开发利用及潜在的景观资源进行了充分的分析、挖掘，并制定保护、利用的技术措施，通过设置观景平台、科普信息牌等对这些资源的价值进行充分的开发利用，大大提升了公路的服务水平和形象。如昌平区南雁路景观改造设计，该项目结合路侧原有的国家测绘水准点等人文景观点设置了观景台供游客欣赏景观、了解测绘知识等，达到了较好的休息观景和科普效果。

(6)充分利用乡土材料和乡土技术营造富有乡土气息的公路景观

降低造价和体现公路个性是低等级公路改造面临的技术难题之一，在多个项目景观改造设计中采用了乡土树种绿化和乡土建筑材料(如河卵石铺砌边沟、农村废弃的生产工具改造成公路景观小品等)利用等技术措施，这不仅降低了工程造价，减少了公路后期养护量，体现了“资源节约”的公路建设新理念，还塑造出独具地域特色的公路景观。

(7)考虑驾乘人员及沿线居民的日常生产生活要求，体现“以人为本”的公路建设新理念

随着安保及景观工程的完善、路面的加宽、边沟的浅碟式处理，以及回头曲线视距的改善，在很大程度上提升了公路安全行车保障，为驾乘人员创造了舒适安全的行车环境，据有关数据显示所有项目改造后的交通事故率比改造前有明显下降趋势。同时，通过路宅分离、边沟铺加盖板等措施的实施及沿线村镇环境的综合整治，使得原来路宅不分、边沟不安全等隐患得到极大缓解，不仅改善了沿线居民的生活和出行环境，也优化了居民的居住环境，有力地支持了“新农村”建设。

(8)改善环境，带动沿线经济发展

公路改造使公路成为一道亮丽风景，成为北京市市民自驾车出游和摄影师的首选之地，同时带动了沿线民俗旅游的进一步发展，农家乐、自助采摘、垂钓等极富乡土特色的旅游形式日益丰富，为当地百姓致富、为区域旅游业发展起到了积极的促进作用。

3 主要技术措施

项目设计中针对边坡、边沟、护栏、路侧绿化栽植、观景台等提出了较为综合系统的景观改造技术对策。

(1)边坡及挡墙

边坡及挡墙是山区低等级旅游公路景观改造的重点和难点,所涉及项目原有边坡大多裸露无植被防护措施,同时大多数边坡挡墙都采取了浆砌片石的方式,景观效果较差。边坡及挡墙景观改造设计中遵循了生态优先及景观协调的原则,针对不同项目环境特点和工程特点,设计中提出了厚层基材喷附、栽植藤本植物、绿化植声袋、生态注浆绿化等边坡绿化恢复措施,对于挡墙则采取了景观饰面处理、生态砖挡墙、石笼挡墙等多种挡墙的景观优化处理方案。

(2)边沟

边沟是公路景观的重要组成内容,项目原有边沟大多为形式单调的浆砌片石浅边沟或矩形无盖板边沟,不仅景观效果差而且存在交通安全隐患。边沟景观改造设计中通过对现有边沟所处具体环境条件的分析,分别提出了植草土边沟、预制混凝土块浅碟边沟、矩形加盖板边沟、卵石干铺边沟等多种优化措施,达到了安全、生态与景观的协调统一。

(3)护栏

护栏不仅是山区旅游公路重要的安全设施,同时也是公路景观的有机组成内容,改造前的公路护栏大多为简单的混凝土城垛式护栏,形式单一,景观效果差。护栏景观改造设计中针对路段所处环境的不同提出了多种护栏形式,包括钢板护栏、混凝土式护栏、缆索式护栏、钢木护栏、自然顽石护栏、仿木护栏等多种形式,这些形式灵活、景观独特的路侧护栏已成为山区旅游公路的一道靓丽景观。

(4)路侧栽植

项目改造前的路侧栽植大多存在盲目绿化、过度绿化的问题,路侧好的景观因为绿化栽植而被遮挡,甚至部分弯道路段由于过度不恰当的绿化还造成了视距不良的安全隐患。路侧栽植景观改造设计时对于路侧绿化栽植充分体现了“露、透、封、诱”的自然式绿化理念,通过具体分析,路侧自然景观较好时,尽量不作遮挡视线的栽植,把好的路侧景观尽量露出来,优美的远景尽量透出来,形成公路的借景;对于不雅的路侧景观则尽量采取植物栽植的方式封堵视线;无法封堵的不雅景观通过栽植绿化植物等视线诱导的方式进行处理,使公路路侧绿化尽量融入到周围环境中。

(5)停车观景平台

停车观景平台是体现山区低等级旅游公路特色的亮点,同时还可以提高公路运行的安全性,因此在项目景观改造设计时给予了充分重视,设计人员通过详细地现场调查,尽可能地在公路沿线利用路侧废弃场地、弃渣场、取土场等灵活设置了大量规模不等、功能不同的停车观景平台,这些观景台按规模和功能大致可以分为综合型、基本型和简易型三类,如今这些停车观景平台已经成了公路改造后的景观亮点和标志,吸引了大量游客光顾驻足。

(6)路宅分离措施

山区低等级公路的街道化是交通安全和景观处理的难点,那些穿越村镇的路段往往路宅混杂,视线不通畅、环境杂乱、景观不雅。这对上述问题,在景观改造设计时,通过植物栽植及特殊的隔离措施对穿越村镇的路段进行环境优化整治,使公路与居民住宅隔离开来,这既满足了景观的需要,同时也提升了公路使用的安全性,体现了对沿线居民的人文关怀。

(7)路侧环境的综合整治

旅游公路景观质量不仅取决于路内景观质量的好坏,而且很大程度上依赖于路外综合环境景观质量的优劣,而路外环境景观的处理往往因为产权范围和管理权限等限制,进行景观处理时面临较大的困难。因此在综合治理的景观改造设计中,设计人员对于路侧或视野可及范围内存在的大量不和谐的临时建筑、建筑垃圾、广告牌、电力电讯杆线等，从广义公路景观优化的角度提出了综合整治的措施及建议，并建议地方政府能结合“新农村”建设活动的开展对其优化，以提升公路整体景观环境质量。

4 结语

山区低等级旅游公路的景观改造设计有其自身的特点和难点，涉及工程技术、环境景观、交通安全及经济造价等诸多因素，具体设计时需要依据工程自身特点有针对性地提出对策措施。今后一段时间，我国许多地区都将会把建设山区低等级旅游公路作为带动地方旅游业发展和山区农村脱贫致富的重要手段，而目前，国家和地方在山区低等级旅游公路的设计、施工和管理方面的经验还比较欠缺，因此本文所提出了一些景观设计原则和具体的技术措施相信会对类似工程的实施起到较好的借鉴作用。

参考文献

[1] 交通部公路司. 新理念公路设计指南[M]. 北京：人民交通出版社，2005.

[2] 孟强，沈毅，王丹. 用新理念提升公路景观绿化设计水平[J]. 公路交通科技(应用技术版)，2006(2):5-7.

[3] 何勇. 公路安全保障工程实施技术指南解析[M]. 北京：人民交通出版社，2007.

[4] 交通部公路科学研究所. 北京市门头沟区 109 国道景观设计文件[R]. 北京：交通部公路科学研究所，2005.

[5] 交通部公路科学研究所. 北京市门头沟区灵山旅游公路景观设计文件[R]. 北京：交通部公路科学研究所，2005.

路域文化概论

刘效尧

（安徽省公路学会　合肥　230011）

摘　要：本文定义了路域、路域文化的概念，以事例形式形象地介绍了路域文化的表现形态、研究范畴，以及研究的成果和发展趋势。路域文化的课题跨越了多种学科，为从文化角度研究公路开辟了新的领域。

关键词：路域　文化　生态　环境　景观　气象　经济

0　引言

文化是人类创造的物质财富和精神财富的总和，特指精神财富，如文学、艺术、教育、科学等。

路域文化就是人类建筑的公路和伴随公路衍生出来的精神财富的总和（表1）。

路域为公路（特别是高速公路）建成后，文化形态对公路两侧影响深度范围内的带状区域。由于影响深度的不同，路域是一个变宽的带状区域。

路域文化大系　　表1

路域文化	表现形态	范　　畴	两侧影响深度
物质文化	公路	路和路用设施	法定使用宽度
精神文化	路域生态	物种变迁和物种活动	生态互动深度
	路域环境	地貌的变迁和平衡 人口迁徙 城镇消长	地貌影响深度 居民流动距离 城镇变迁距离
	路域景观	景观流 景点串	路旁视觉深度 可通达末梢深度
	路域气象	路域小气侯	小气候活动深度
	路域经济	路域经济消长	经济活动深度

1　路域生态学

由于公路的修建，改变了动植物的原生态，导致了动植物的迁徙、兴衰和物种的变异，甚至会与公路之间产生互动，举例如下。

1.1　合（肥）宁（南京）高速公路蚜虫事件

瓢虫是蚜虫的天敌。蚜虫每年可繁殖10～30代，而且连续5天气温在12℃以上就可以繁殖，雌虫可无性产卵，地下成虫和枝上虫卵都能越冬。瓢虫每年只繁殖6～8代，成虫只能成群聚于地下10～30cm深的植被根系中越冬。江淮地区基本都是可耕地，秋季收割以后不但地表很少有植被，而且农作物的枝干也连根掘起，以至于瓢虫无越冬场所。春季来到，瓢虫繁殖速度不及蚜虫，农作物易受蚜虫之害，只能靠农药灭虫。

上世纪末合宁高速通车后，连续三年沿线两侧10km的农药滞销。经调研发现是因为高速公路修好了以后，护坡植被根系给瓢虫提供了越冬场所，一到春江水暖之时，成虫倾巢出动把蚜虫杀死在摇篮里，所以周围的农药滞销。这是一个典型的路域生态事件，引导了路域生态的研究。

1.2 美国明尼苏达桥梁倒塌事件

美国的明尼苏达桥梁倒塌造成至少7人丧生、50车辆汽车落水，后查明除了该桥结构老化、设计理念不完善和超负荷运行的主要原因之外，还发现有大量的鸽子栖息在桥腹桁构之中。美国的化学协会健康与安全分会主席尼里尔·朗格曼认为，鸽子的粪便中含有氨和酸等化学成分，如果这些堆积在金属结构表面的鸽子粪便未能被及时清理干净，它将会变干，这些干的鸽子粪便中还有大量的盐分，当这些成分遇到水分时，就会发生微妙的化学反应，导致金属结构腐蚀生锈。但他也并不认为鸽子粪便就是造成这座有40年历史的大桥倒塌的主要原因。

这个现象说明，桥的倒塌存在有道路与生态的互动，桥梁腹部空间给鸽群提供了栖息之地，反过来鸽群排泄物又导致了桥梁钢材加速腐蚀。因此，在设计钢桥时不要给鸟类提供栖息场所。

1.3 喷播植被和绿化

喷播护坡是用速生植物暂时稳定护坡，为本地植物提供有利的生长环境，待本地植物成林以后喷播的速生植物退化。因此，喷播植物中不能有生命力比本地植物更强的植物种子，否则它们会大量繁殖、扩展，不但破坏原有路域生态平衡，还会危害森林、草地、水域、湿地、农田。

在路基绿化时，同样只能栽种本地植物，不能随意引进外地植物，以免造成植被的变异，例如“加拿大一枝黄花”的引进就是一个灾害。一枝黄花（S. canadensis L.，Canada Goldenrop）主要生长在河滩、荒地、公路两旁、农田边、农村住宅四周，植株高1.5～3m。它是多年生植物，根状茎发达，繁殖力极强，传播速度快，生长优势明显，生态适应性广阔，与周围植物争阳光、争肥料，直至其他植物死亡，从而对生物多样性构成严重威胁。可谓是黄花过处寸草不生，故被称为生态杀手、霸王花。

危害严重的外来物种有发现于邻丁岛的薇甘菊、西双版纳的飞机草、毁掉滩涂的大米草、为害于闽江的水葫芦，此外还有紫茎泽兰、空心莲子草、豚草、麦毒、互花米草、凤眼莲等。

随着植物还会引进有害动物和昆虫，例如，1980年代进口加州原木当作坑木引入红脂大小蠹，1990年代在山西为害；近年来发现的松材线虫、克氏螯虾、美国白蛾。近十年来，新入侵中国的外来生物至少有20多种，2005年广东、辽宁、海南发现火红蚁、黄瓜绿斑驳病毒、三叶斑潜蝇等。危害严重的昆虫和动物有蔗扁蛾、湿地松粉蚧、美国白蛾、非洲大蜗牛、福寿螺、牛蛙等。

从以上事例已经说明“路域生态”学科的概貌。

2 路域气象学

“气象学”（Meteorology）是研究大气中物理现象和物理过程及其变化规律的科学。“路域气象学”是气象学的一个新的应用门类。气候学（Climatology）是气象学的一个分支，它研究气候的特征、形成和演变(关系到太阳辐射、大气环流、下垫面性质),及其与人类活动的相互关系的一门学科。它既是大气科学的分支,又是地理学的组成部分。

“小气候学(Small weather)”是研究因下垫面影响而形成的贴地气层和上层气候,又称微气候或近地面层气候。在农业上,小气候的研究范围一般从地上2~10m到地下1~2m。小气候的实际范围要大些,一般扩展到地上十几米甚至几十米,地下则扩至几米或更深。小气候的形成主要受到下垫面辐射能量收支、分配、转化以及大气湍流的影响。大气和下垫面之间的热量和水分的交换,最先在近地面层中进行,即在小气候环境中进行。小气候的主要特点是温度、湿度与风等气象要素的时间变化、垂直变化和水平变化都很大。愈接近地面,变化愈大。例如,当离地面2m处温度日较差10℃时,地面温度日较差可达20℃以上;在沙漠地面、沥青路面、水泥路面,高差几厘米,温差甚至可达几十度,因此有必要对其进行研究,就产生了“路域小气候学”。

例如:路面结构含水率随季节降水的变化导致弯沉的波动、沥青路面的温度分布随四季日照的变化造成路面的软化和脆化[1]、水泥路面的季节性翘曲、箱梁内外气流温差引起箱梁的应变和裂缝等课题属于“路域小气候学”与“结构力学”的边缘学科;还有“团雾”的形成、观测、预报和对策等课题属于“路域小气候学”。

“团雾”作为一种天气现象,不同于常见的雾,它与局部小气候环境关系密切。在南方水网交织、湖泊密布的地区,空气湿度比较大,在昼夜温差大的季节,白天水分蒸发到空中,晚上气温下降后,空气中的水蒸气就会凝结形成团雾。有些路段恰好经过多团雾地区,加上高速公路的路面白天在太阳暴晒下温度很高、昼夜温差更大,更加有利于团雾的形成。另外一些排放污染颗粒的增加也加剧了团雾的形成,如焚烧秸秆、工业粉尘污染、汽车排放等,空气中微小颗粒的增加意味着雾核的增加,有利于水汽的凝结,形成大雾。烟、灰、雾混合在一起,既降低了能见度,也延长了雾散的时间,加剧了团雾对交通安全的影响。

易产生团雾的路段是相对稳定的,例如:合(肥)徐(州)高速南段,水库附近路段经常发生团雾,导致交通事故频繁。有些省份就在网上公布了易发团雾路段,有的还做出标志。

团雾形成后是可以观测到的,在易发路段安设能见度观测设备,就能提前预报。例如,高速公路全程监控系统,通过每2km设置一对外场摄像机,可以在离摄像头一个制动距离处设置标志(夜晚发光,或借助反光),用摄像头观测能见度,当不能达到规定标准时,提前在摄像头两端路侧显示牌上示警,提醒车辆减速,从减少团雾等局部小气候造成的尾追事故。还有,连续运行卫星定位参考站综合服务系统(GNSS)也可以提前预报团雾,以“数字气象”方式使车主提前防范。该系统是卫星定位技术、测绘学、气象学、地理信息系统等的有机结合,它最大的特点是能够快速精确定位。

小气候因其特殊性,在观测时不能沿用一般气象台站的常规仪器和观测方法,必须利用专门的仪器和方法进行研究。为了不破坏产生小气候的环境条件并能反映小气候的微细结构,所用仪器要求感应部件小、灵敏度高、能遥测和自动记录等。

3 路域环境学

地貌的变迁和平衡,是道路修建过程中发生的,例如:填挖、弃土、取土、改沟、排水造成了地貌和水系的变化,破坏了原有的平衡,进入了新的平衡状态。在这个变更过程中是否有“蝴蝶效应”我们的工程师研究的很少。例如,在20世纪年代,合(肥)安(庆)公路改建时,在桐城的河流中大量筛取卵石作路面基层和面层石料,导致河流天然比降、河床高程发生变化,以至于不能自流灌溉,影响了农业生产。山区公路特别是山区高速公路的建设矛盾更加突出,优先采用保护地形地貌的桥隧人工构造物是首选方案,尽管一次投资较大,但对于公路本身的安全使用和环境的可持续性是非常重要的。研究治理高边坡,不如研究不设高边坡。

人口迁徙、城镇消长,其影响环境深度更宽,随着道路的修建,新的城镇会诞生、成长。例如,合(肥)铜(陵)公路建成后,离公路较远的花园乡迁到路侧的横铺,建成了一个数万人的农贸集散地,被贷款国列为发展农村公路的示范。常见的一般公路改线,往往伴随着人口迁徙、城镇消长、环境变迁,但对其规律研究尚少,目前还达不到为我所用的水平。

4 路域经济学

这个领域在公路建设中已有了长足的发展,在“可行性研究”中以大量的篇幅预测公路影响区国民经济发展对公路的需求,建立了影响区经济成长与交通量需求的数学关系,量化了影响区国民经济增长率与交通量增长率的联系。

而在“公路项目后评价”中又阐述了运营期交通量的增长是否符合预测的指标,以及公路对影响区国民经济的贡献是否达到预测的程度,在这个基础上,重新预测修正公路在使用中后期对影响区国民经济的贡献。

这样的“预测”和“后评价”构成了完整的“路域经济学”循环。当然,预测的精度和方法,涉及因素的多少和权重尚有进一步完善的必要。甚至还有可行性研究“结论必须可行”的误区,使研究流于形式化。

5 路域景观学

“路域景观”包括两个内容,一是沿途视觉所及的东西——沿线景观,动态的视觉效果;还有更深层次的东西,公路支线末梢所能达到的一些景点,被公路联系起来的“景点串”。

5.1 沿线景观

“景观学”(Landscape Science)研究景观的地理学综合性分支学科。景观学通过对景观的各个组成成分及其相互关系的研究去解释景观的特征,并研究景观内部的土地结构,探讨如何合理开发利用、治理和保护景观。

“景观生态学”(Landscape Ecology)是研究景观单元的类型组成、空间配置及其与生态学过程相互作用的综合性学科。强调空间格局、生态学过程与尺度之间的相互作用,是景观生态学研究的核心所在。

有人尝试从沿线“景观要素”的角度对公路景观进行综合评价,评价结果可用于景观的总体规划。也有人从“景观生态学”[2]评价方法,从景观空间结构、景观稳定性、景观美感选择评价因子,建立了公路视觉景观生态学评价模型,指导公路沿线景观的改善。还有人[3]通过分析景观生态学研究内容、方法特点,提出了从景观生态价值、美学质量、视觉容量和景观安全格局4 个方面对公路景观环境进行评价。

美学就是审美,是一个过程。给人以美感,是审美人的主观感觉。不同群体、在不同时期对美有着不同的审视标准,美不是绝对的,所以最好不要营造环境、冲击视觉,而贵在保护、恢复原生态。

5.2 景点串

“景点串”属于“旅游学”和“应用景观学”的范畴。研究“路域景点串”,用高速公路——

主干，支线公路——末梢，把景点串联起来，形成景点串或景观流。

例如，“京台高速和安徽文化”[4]，以（北）京—台（北）高速公路为主干，把安徽经典文化旅游点从人文景观学、区域景观学的角度作了归纳，串联形成一条具有地方特色的文化旅游线路。沿京台高速从宿州市（萧县、宿县）、淮北市、蚌埠市（固镇、怀远）、滁州市（凤阳）、合肥市（长丰、肥东、肥西）、巢湖市（舒城、庐江）、安庆市（棕阳）、铜陵市、池州市（青阳、石台）、黄山市（太平、黄山、屯溪、休宁）归纳出安徽的阜颍文化——文哲（老庄哲学、建安文学）；两淮文化——帝王（夏、明）；安庆文化——文艺（京、徽、黄梅三剧，桐城文学）；庐州文化——军政（皖系军政）；新安文化——儒商（程朱理学、徽州官商）五大地域文化。名人（陈独秀、胡适之、杨振宁、邓稼轩等）、名山（琅岈山、天柱山、浮山、黄山）、宗教（潛山二祖、司空三祖、九华地藏、薺云道观）三大人文系列。

再如，318 国道[5]从上海到珠穆朗玛峰，从海平面到地球最高点，从太平洋通向印度洋，从中国地势的第三阶梯登上第一阶梯，是北纬 30°线上的景观密集带，是中国人的人文山水长卷。

318 国道从东到西途经了长江三角洲、浙皖山地丘陵、沿江下游平原、江淮丘陵、桐柏大别山地、江汉平原、秦巴山地、川东平行谷岭、成都平原、横断山区、川西高原、念青唐古拉山、冈底斯山、南羌塘高原、藏东南山地峡谷、雅鲁藏布江中上游谷地等 20 多个地貌单元。从海平面上升到海拔 5 000m 以上，途经过了上海、浙江、安徽、湖北、重庆，到四川，最后进入西藏。

沿途景观有上海、太湖、天柱山、武汉、恩施天坑地缝，还有武当山、神农架、三峡、都江堰、康定、峨眉山、雀儿山、格贡山、林芝、羊卓雍错—峰顶之湖、日格则、珠穆朗玛峰、希夏邦马峰、聂拉木、樟木等脍炙人口的名胜。

这条公路要经过世界第一的雅鲁藏布江峡谷，深 6 009m，世界第三的帕隆藏布峡谷，深 4 001m，途经的大峡谷有浙东、浙西、三峡、（恩施）清江、（二郎山）青衣江、大渡河、（康定）瓦斯沟、雅砻、（西藏）金沙江、澜沧江、怒江、乌沟、帕隆藏布、雅鲁藏布、樟木等 15 个大峡谷。它是世界闻名的杜鹃花之路、峡谷之路、民居民俗博物馆之路、温泉之路、宗教之路、爱情之路（康定），被形象称“一半是天上之路、一半是地上之路”。

此外，进疆的“丝绸高速”，进藏的“文成高速”都将是极具文化底蕴的世纪之作，无论从科学价值观或人文价值观着手都是一个宽广的研究领域。

6 结语

“路域文化”是一个内涵丰富的概念，除了上述的范畴之外还有许多可以归纳进来的学科。只要你想到，他就存在；只要你深入研究，就会取得结果。

参考文献

[1] 刘荥，刘效尧，黄晓明．水泥混凝土路面改建技术[M]．北京：人民交通出版社，2006.

[2] 田苗，高正燕，赵喜满，任东锋．景观生态学在公路视觉景观影响分析中的应用[J]．华东公路，2007.5.

[3] 贺志勇，张肖宁，史文中．城市环境与城市生态[J]．第 16 卷 6 期，2003.12.

[4] 刘效尧，刘荥．北京—台北高速公路与安徽文化[C]．合肥：安徽科学技术出版社，2005.

[5] 中国国家地理（景观大道珍藏版）[J]，总第 552 期．2006.10.

吉林至延吉高速公路观景台设置研究

李子军[1]　高磊[1]　王选仓[2]　王蕾[2]　袁玲[2]

（1. 吉林省高等级公路建设局　长春　130001；
2. 长安大学公路学院　西安　710064）

摘　要：近年来，生态公路、景观公路越来越受到道路工作者的重视。本文针对吉林至延吉高速公路观景台设置的问题，分析了高速公路观景台选址原则，系统深入研究了观景台分级方法与设置要素，提出吉林至延吉高速公路观景台设置方案。本文部分内容已在实体工程中成功得以实施。

关键词：观景台　选址　设置要素　设置方案

0　引言

吉林至延吉高速公路沿途经过长白山区、延边民族风情带、红星水库、敦化古遗址、安图湿地、红叶谷、拉法山、卧佛山、韩国牧场等特色景点，其沿线风景秀丽，非常适合在沿途适当位置设置观景台，以体现该路"生态路"、"景观路"的特点。

通过多次实地考察，本文对吉林至延吉高速公路沿线多处典型景点进行系统、深入研究，在综合分析路线平、纵、横指标的基础上，提出在公路沿线安图湿地、红星水库、韩国牧场、卧佛山四处典型景点设置观景台。

1　高速公路观景台选址原则

根据高速公路性质及其观景台主体功能特点，其观景台选址的总体原则是：安全、合理、经济、美观、环保。高速公路服务区可参照相应规范，与高速公路建设同步进行，而高速公路的观景台则多是在公路修建完成之后，随着公路功能变化而逐步修建的，因此，高速公路观景台的选址应重点考虑两个问题：

（1）观景台设置应以安全和方便为首要原则，要对公路，尤其是邻近原有事故多发点的公路安全改善起到积极作用；

（2）尽可能选择风景优美的地点修建观景台，以引导公路使用者观赏周边美景，停车小憩，并综合考虑观景台与地形、周围环境的协调等因素。

观景台选址具体原则具体如下。

（1）尽量选择景色优美、视野开阔的地段作为观景台。秀丽的山水、江河湖海、优美的自然景观及名胜古迹等最为旅行者所喜爱，因此选择具有优美景观、名胜古迹的地段作为休息区建设，同时满足了人的身心需求。

（2）为满足驾驶员及旅客休息，观景台必须按一定间距进行设置。目前高速公路服务区一般间距为50km，最大不超过60km。在两个服务区之间，根据周边景色和道路安全需求，相邻两处服务设施的间距以15～25km为宜，最大不超过30km，可以考虑设置1处以上的观景台。结合我国高速公路的现状,建议观景台设置间距为 30 ~ 40km 为宜,具体应根据公路状况、运行车速、公路用地等实际情况加以确定。

(3)应根据公路线形特性和沿线的地形地貌等环境条件,合理地选定观景台休息区位置。要从公路的线形关系出发,避免将观景台设置在小半径的平、竖曲线上和陡坡区段内,以及曲线的凹处。有的路段穿越山高林密的山区地带,视距严重不良,要考虑观景台的布置对公路交通安全造成的影响,并且应紧密结合当地的地质条件,避免选在土质疏松,易发生泥石流、山体滑坡等地质灾害的地方。

(4)观景台的选址应尽量产生与公路的隔离感,不受眩光和噪声干扰。同时必须便于明确设置进出观景台的引导标志,并与高速公路上的其他标志之间保持一定的间距。

(5)应充分考虑选址的经济性,供电、给排水及地质、地形条件等在很大程度上直接影响观景台的建设造价。在交通量较大、地区经济较为发达的路段设置功能要求齐备的观景台,可考虑设置在供电方便的地方。

2 观景台设置要素

2.1 观景台分级

观景台服务内容是与当地环境相匹配的,根据其规模大小和具体设施分成两级。

一级观景台设置在距离服务区 15 ~ 40km 处,处于特色景观带之中,如为湖区水景带、湿地特色带、文化遗址特色带等,除了拥有美丽自然的生态景观外还具有浓厚的人文景观,同时兼有丰富的餐饮、娱乐、通信、水电资源及科普知识介绍。一级观景台要求设施齐全,除有供水、供电、上下水道、道路和绿化外,还应有休息区、停车场(可容纳 5 ~ 10 辆车)、小卖部、通信与娱乐设施、卫生间、垃圾桶、加减速车道等。

二级观景台设置在距离最近服务区 3 ~ 15km 处,处于景观特色带之中,一般为湖区水景带、湿地特色带、文化遗址特色带等。拥有美丽自然的生态景观,可适当营造人文景观,同时可设置基本的公共设施,不设也可。二级观景台设置主要强调简单适用,一般配有停车场(可容纳 3 ~ 5 辆车)、卫生间、座椅、垃圾桶、加减速车道等。

2.2 一级观景台设置要素

一级观景台设置要素包括:小型停车场,休息区,电话亭,小型卫生间,小型商店,加、减速车道,观景台的边界。各要素详述如下。

(1)停车场

小型停车场设置与服务区中停车场设计原则相同,但面积偏小,仅供 10 辆小汽车停放即可。

(2)休息区

设置休息设施,如凉亭(图 1)。内设石桌、石凳,或者外设木凳(图 2)、石凳,装饰石柱点缀周边景色(图 3),以供游客休息,观赏美丽景观。

(3)小型电话亭

为方便旅客中途传输讯息,所以通信、网络也都应具备,设置一小型电话亭(图 4),同时也便于管理部门以及路面现场与中心控制室的联系。

(4)小型卫生间

由于观景台短时间内没有特别多人同时使用,卫生间使用率较低,所以设计少许的蹲位以满足需要即可。其位置大都设在小型停车场的前面,便于使用,且应考虑无障碍设计。

图1 小凉亭

图2 木凳

图3 景观灯

图4 电话亭

(5)小型商店

商店也是观景台最直接、基础的服务设施之一,它可以满足旅游者对于日常用品、食品等的需求,因而商店的位置应靠近公路和停车场。

(6)加减速车道

为了保障行车安全,观景台的两端应分别设置加、减速车道,进出观景台的汽车应通过加、减速车道实现与主车道的分流与合流。

设置右侧附加车道宽 3.5m、长 330m,其中减速车道 110m,加速车道 190m,中间接 30m 停车区,见图 5。

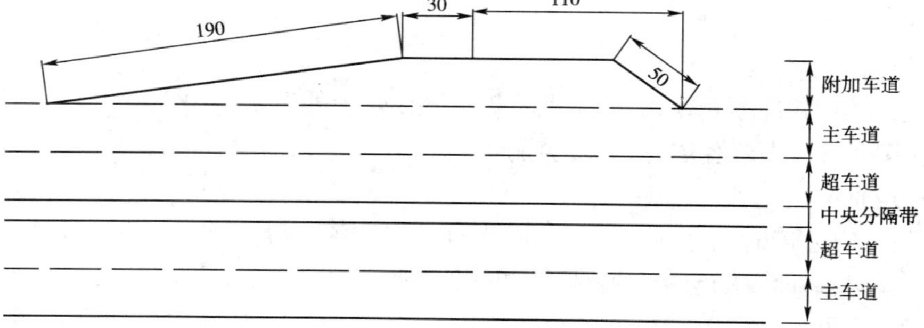

图5 附加车道示意图(尺寸单位:m)

若征地面积富足，可在主车道和附加车道之间设置浅碟式交通岛，并进行浅碟边坡绿化设计；右侧附加车道宽3.5m、长330m，其减速车道110m，加速车道190m，中间接30m，见图6。若岛的面积较小或不需要时，宜采用隐形式交通岛。

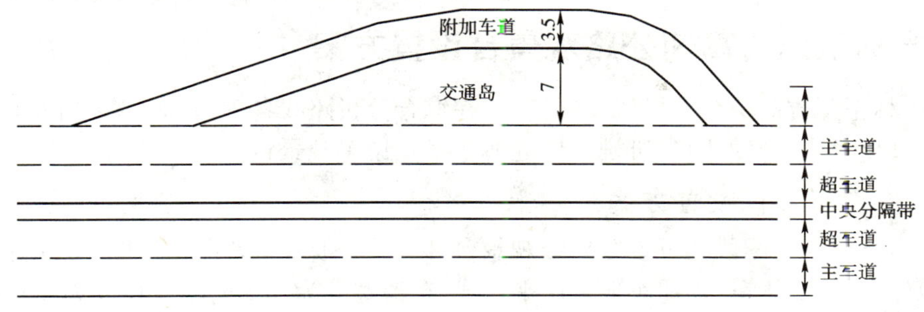

图6 交通岛与附加车道示意图(尺寸单位：m)

(7)观景台边界

观景台外边界用高度为80cm的栏杆进行隔离。观景台与公路之间用小型的绿化带进行隔离，在其中栽植一排低矮的灌木。

2.3 二级观景台设置要素

(1)小型停车场

二级观景台的小型停车场与一级观景台的小型停车场设计原则相同，但面积偏小仅供3～5辆车短期停放即可。

(2)卫生间、座椅、垃圾桶、加减速车道设置与一级观景台相同。

(3)若高速公路征地困难，用地紧张则在路侧设置紧急停车带，供过往旅客驻逐停留，观赏美景。同时，也节约了土地资源，保护了生态资源，降低了工程造价。

2.4 紧急停车带设置

港湾式紧急停车带主要承担硬路肩宽度不足时故障车辆的临时停车作用，目前一般在右侧硬路肩宽度不大于2.5m的情况下设置。从暴露出的问题看，港湾式紧急停车带的宽度采用3.0m偏窄，间距采用500m偏密，过渡段偏短。港湾式紧急停车带的设置应灵活掌握，设置的间距建议采用1～2km，并与地形和线性条件充分结合为佳；宽度建议采用5.0m；有效长度不小于50m，加减速车道长度宜为50m以上。

2.5 观景台连接段交通工程设施

本部分以高速公路设置观景台最简单的单侧布置形式为例，探讨观景台连接段公路的交通工程设施的设计原则与方法。

(1)在距离观景台的一定距离内，应在公路路侧设置相应的指示标志，告知驾驶人员前方有观景台，可供停车休息。观景台的位置和相应的服务内容应在路侧采用明显的预告标志标示，以方便车辆前往休息，并可同时配以路侧广告牌等，诱导尽可能多的车辆前去停车。当然，还应根据地形、交通量等，合理设置警告或限速标志，以防追尾或对向冲突。

(2)在观景台进出段车辆顺利、安全进入与驶出观景台的交通流组织设计，是观景台设施设计的关键。在接近观景台的公路路段上，应采取各种减速措施使车辆速度降下来(包括设置减速让行标志、设置减速带等)。可以采取设计加宽渐变段，或对公路进行渠化、必要隔离等措施。在连接公路的观景台部分，应该综合考虑进出口匝道的设计，标志、标线的设立等，以保证车辆进出和停放的安全方便，且不影响主路的正常行驶。同时，注意人车分开、避免交叉，以保障观景台内的交通安全。

(3)若公路用地富足,观景台内的停车位、行人观光通道和卫生间等应合理布设,适当划分功能区,避免场地浪费和给人以拥挤、凌乱的感觉,并与周围环境融为一体。

3 吉林至延吉高速公路观景台设置方案

根据吉林至延吉高速公路沿线实际情况,在综合分析路线各项指标的基础上,本文提出在安图湿地、红星水库、韩国牧场、卧佛山四处典型景点设置观景台。

3.1 安图湿地段设置方案

方案一:建议在安图段附近设置二级观景台,以"生态保护"为主题。拟定设施:小型停车场1个,拟停车3~5辆车;加速车道采用平行式,车道宽度为3.5m,车道长度为270m,其中渐变段长度为70m;减速车道采用直接式,车道宽度为3.5m,车道长度为170m,其中渐变段长度为70m;沿线交通地区及景区旅游导示图;交通标志和标线;在靠近观景台150m左右,设置指示标志,见图7;其余设施按二级观景台设计要素进行配置。

图7 湿地实景

安图湿地属于吉林至延吉高速公路环境保护重点路段,若观景台的征地面积比较紧张,建议采用以下三种方案。

方案二:拟定设施,按二级观景台设计要素进行配置。

方案三:拟定设施,简单规划停车位,拟停1~2辆车;设置右侧附加车道宽3.5m,长330m,其减速车道110m,加速车道190m,中间接30m停车区,见图8。

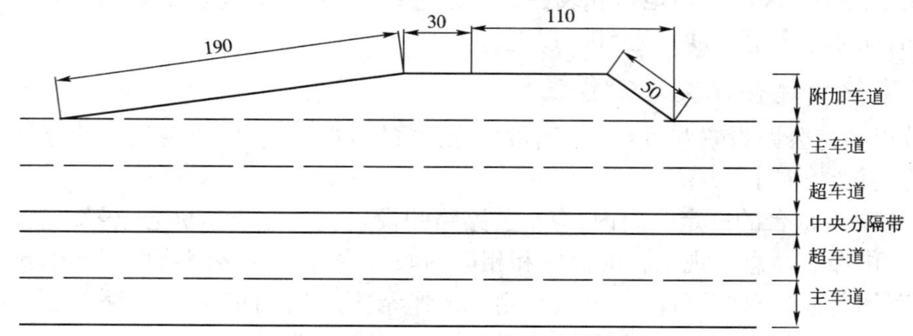

图8 附加车道示意图(尺寸单位:m)

方案四:在湿地处设置慢车道形式(双车道)的观景台,占地少,使加、减速车道与观景停车区合使用(图9)。

3.2 红星水库(K58+800)设置方案

图10为红星水库实景图。

方案一:建议在红星水库附近设置二级观景台。拟定设施:小型停车场1个,拟停车3~5辆车;加速车道采用平行式,车道宽度为3.5m,车道长度为270m,其中渐变段长度为70m;减速车道采用直接式,车道宽度为3.5m,车道长度为170m,其中渐变段长度为70m;观景亭1个(图11);沿线交通地区及景区旅游导示图;交通标志和标线;在靠近观景台150m左右,设置指示标志;其余设施按二级观景台设计要素进行配置。

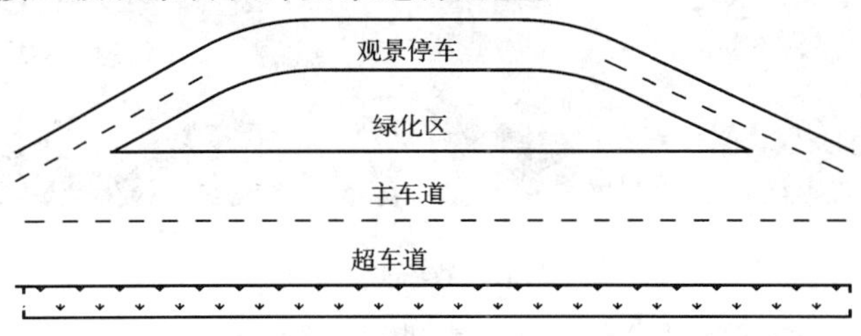

图9 双车道观景台示意图

图10 红星水库实景图

方案二:拟定设施,按二级观景台设计要素进行配置。

方案三:拟定设施,简单规划停车位,拟停1~2辆车;设置右侧附加车道,在主车道和附加车道之间设置浅碟式交通岛,并进行浅碟边坡绿化设计;右侧附加车道宽3.5m,长330m,其减速车道110m,加速车道190m,中间接30m,见图12。若岛的面积较小或不需要时,宜采用隐形式交通岛。

图11 水域边亭阁

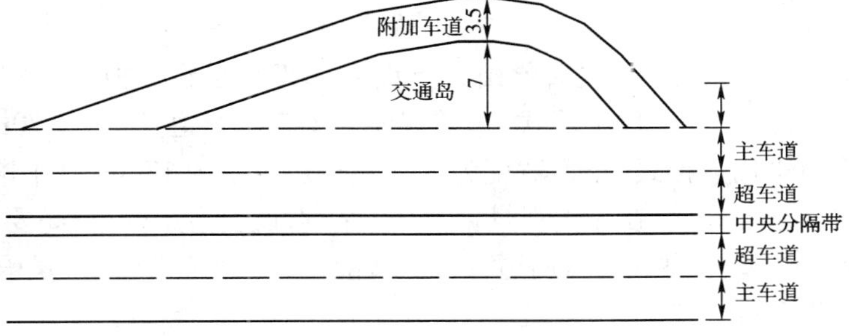

图12 交通岛与附加车道示意图(尺寸单位:m)

3.3 敦延段牧场(K111+900处)设置方案

图13为牧场实景图。

方案一:建议在牧场设置二级观景台,用绿篱代替水泥桩作为公路边界。拟定设施:小型停车场1个,拟停车3~5辆车;加速车道采用平行式,车道宽度为3.5m,车道长度为270m,其中渐变段长度为70m;减速车道采用直接式,车道宽度为3.5m,车道长度为170m,其中渐变段长度为70m;观景亭1个,采用简易朝鲜族式样的房屋;沿线交通地区及景区旅游导示图;交通标志和标线;在靠近观景台 150m 左右,设置指示标志;其余设施按二级观景台设计要素进行配置。

图 13　牧场实景图

方案二:拟定设施,按二级观景台设计要素进行配置。

方案三:拟定设施,简单规划停车位,拟停 1 ~ 2 辆车;设置右侧附加车道,在主车道和附加车道之间设置浅碟式交通岛,并进行浅碟边坡绿化设计;右侧附加车道宽 3.5m,长 330m,其减速车道 110m,加速车道 190m,中间接 30m;若岛的面积较小,或不需要或不宜采用强行分隔时,宜采用隐形岛。

3.4　卧佛山(K55 + 800)设置方案

图 14 为 K55 + 800 处实景图。

图 14　K55 + 800 处实景图(远观卧佛)

方案一:建议在卧佛山景点设置一级观景台。拟定设施:停车场 1 个,拟停车 5 ~ 10 辆车;加速车道采用平行式,车道宽度为 3.5m,车道长度为 270m,其中渐变段长度为 70m;减速车道采用直接式,车道宽度为 3.5m,车道长度为 170m,其中渐变段长度为 70m;游导示图;交通标志和标线;在靠近观景台 150m 左右,设置指示标志;必要通信设备;重点美化绿化 K55 + 800 处水域,可在水域周边种植低矮灌木,作为游人欣赏、娱乐的分隔界限。其余设施按一级观景台设计要素进行配置。

方案二:建议在卧佛山景点设置二级观景台。拟定设施:按二级观景台设计要素进行配置。

方案三:在远观卧佛处设置慢车道形式(两车道)的观景台。

4　工程实际应用情况

目前,吉林至延吉高速公路已在 K55 + 800 远观卧佛处及安图湿地段设置了观景台(图 15)。K55 + 800 远观卧佛处观景台相当于二级观景台,按相关要素进行配置;安图湿地段双向均设有二级观景台(图 16),推荐采用慢车道形式(两车道)。

图15 K55+800 远观卧佛处

图16 湿地观景台

5 结语

在高速公路景观设计中,观景台的设置不仅可为在途公众提供方便,还可使人们在旅途中欣赏到沿途美景、增加愉悦感。在整个设计过程中,观景台应与周围环境相融合、相统一,与最近的服务区相匹配。同时,因为观景台一般设置在沿途风景优美的地方,所以应尤其注意环保,以防停驻于观景台的人们造成环境污染。

参考文献

[1] 中华人民共和国行业标准. JTG D20—2006 公路路线设计规范. 北京:人民交通出版社,2006.

[2] 席建锋. 中小交通量旅游公路休息区设计研究[J]. 昆明理工大学学报,2007:32.

[3] 秦晓春. 公路景观与观景台设计[J]. 中外公路,2006:26.

[4] 王选仓,等. 陕西关中环山旅游路建设与景观协调性研究报告. 长安大学公路学院,2002.

[5] 吕青. 高速公路景观设计研究. 西安:长安大学,2006.

吉延高速公路环保及景观完善设计思路

陈济丁[1] 陆旭东[1] 马春艳[2] 鲁亚义[2] 李子军[2]

(1. 交通部公路科学研究院 北京 100088;
2. 吉林省高级公路建设局 长春 130021)

摘 要:为将吉延高速公路建设成吉林省第一条"安全路、生态路、景观路、旅游路",景观完善设计深入分析了沿线地形地貌、植被类型等环境特征,将全线规划为老爷岭、拉法山、红叶谷、白桦林等九大景观段,并按照景观段落特点具体设计,以最大限度地达到与自然景观的协调;声环境完善设计中,用多种形式声屏障代替原有单一的声屏障形式,并尽可能采用生态型声屏障;水环境完善设计中,对沿线跨越敏感水体的桥梁,增设了桥面径流收集处理系统。

关键词:高速公路 环境保护 景观规划

0 引言

吉林至延吉高速公路是国家"五纵七横"国道主干线中同江至三亚国道主干线长春至珲春支线(GZ010-1)的一部分,全长283.92km,设计速度为80km/h,四车道标准。该高速公路是吉林省高速公路网的重要组成部分,它的建设对振兴吉林老工业基地、加快边疆少数民族地区发展、开发长白山区旅游具有重要意义。

吉林省交通厅和高等级公路建设局对吉林至延吉高速公路的环境保护、景观设计高度重视,提出把吉延高速公路建成安全路、生态路、景观路、旅游路的奋斗目标,并决定开展环保及景观专项完善设计。

1 项目沿线概况

(1)自然景观

吉延高速公路位于我国温带的最北部,沿线地形地貌变化较大,有低山丘陵、熔岩台地、中高山、盆地、河谷等多种类型;跨越牤牛河、拉法河、蛟河、黄泥河、沙河等个河流;土壤多为森林土,表土层深厚、肥沃,有机质含量高,有利于植被恢复;公路沿线是吉林省重要的天然林分布区,森林面积较大,植被覆盖率高,平坦低凹之地分布着大片农田。整个沿线自然景观极其优美,起伏的群山、茂密的森林、整齐的农田以及丰富的季相变化,向人们展示着一幅幅多彩的画卷。

(2)人文特色

长白山为东北最高峰,是东北民族文化的象征,历史悠远、久负盛名,是女真、满族等少数民族生息繁衍的发祥地。公路沿线的敦化古称"敖东",素有"千年古都百年县"之称,是古渤海国和满清皇室的发祥地。公路穿越的延边自治州是我国唯一的朝鲜族自治州,能使人充分感受到边疆少数民族的异域风情。

(3)旅游资源

吉延高速公路是通往长白山的快捷通道,同时沿线也分布着大量景色宜人的旅游景点。长白山神秘莫测的天池湖泊使其成为世人瞩目的生态旅游胜地;吉林著名的蛟河红叶谷距离该公路约50km;著名的拉法山森林公园位于公路主线附近,位于蛟河市北面17km,是一处以岩洞和怪石为特点的风景区,在吉延高速公路的江黄段K77+800~K106+200段,能从不同角度观赏大、小拉法山。优越的自然条件、显著的人文特色、秀丽的沿线风景以及丰富的旅游资源,为吉延高速公路创建生态、景观、旅游示范路打下了良好基础。

2 设计目标及原则

2.1 设计目标

尊重自然,因地制宜,通过人工导入的方式,加逗自然恢复进程,修复被破坏的生态环境;以人为本,全面把握公路使用者的心理,丰富驾乘人员旅途的行车体验和感受;贯彻和谐理念,避免噪声污染、水污染,最大限度地保护公路沿线自然环境和生活环境。努力将吉延高速公路建设成在东北地区具有示范意义的以人为本、环境友好、与自然协调的安全路、生态路、景观路、旅游路。

2.2 设计原则

(1)安全原则

在确保公路路基边坡稳定和行车安全的前提下,充分发挥植物的生态防护及视觉诱导作用,营造安全、高效的交通环境。

(2)舒适原则

充分考虑公路使用者的视觉感受和行车心理,通过合理的植物配置和柔化遮挡作用,优化公路行车环境,增强行车的舒适性。

(3)自然原则

高度重视生态环境、水环境、声环境等的保护工作,把公路建设对环境的不利影响降低到最小程度;通过“自然恢复”或“人工导入”,最大限度地恢复公路沿线植被,使公路融入自然之中。

(4)和谐原则

充分尊重沿线居民的权利,尽量少拆迁、少占地,避免干扰居民正常的生活环境;努力降低构造物的生硬感和突兀感,营造和谐的公路环境,实现公路的“内部和谐”及“外部和谐”。

(5)经济原则

树立全寿命周期成本的理念,充分利用现有条件,最大限度地节约工程的建设成本和养护费用。

(6)系统原则

把高速公路全线作为一个整体予以系统考虑,总体规划;以从路上看景为主,兼顾从路外看路,以路内景观为主,兼顾路外景观,全面设计。

(7)示范原则

充分体现设计新理念,尽量采用新技术、新工艺,为长白山区高速公路建设积累经验,提供示范。

(8)完善原则

对江黄段、敦延段已完工的边坡防护工程、排水工程以及紫穗槐护坡工程等，尽量予以保留，避免浪费，并在现有基础上进行优化美化。

3 景观完善设计

3.1 总体设计思路

紧紧围绕安全、生态、景观、旅游路的目标要求，以生态恢复为主线，充分发挥植物在造景、柔化硬质构造物、遮挡工程创伤等方面的功能。在详细调查公路沿线现状的基础上，深入分析公路沿线的景观特征、自然植被的演替规律，对全线景观进行系统规划，对路内景观和路侧外景观进行全面设计，以动态景观为主，以静态景观为辅，抓住重点（如路堑边坡）、突破难点（如窗式护面墙）、呈现亮点（如观景台）。

3.2 景观规划设计

根据沿线自然环境概况，将吉延高速公路规划为以下九个景观段落（图1），按段落特点具体设计。

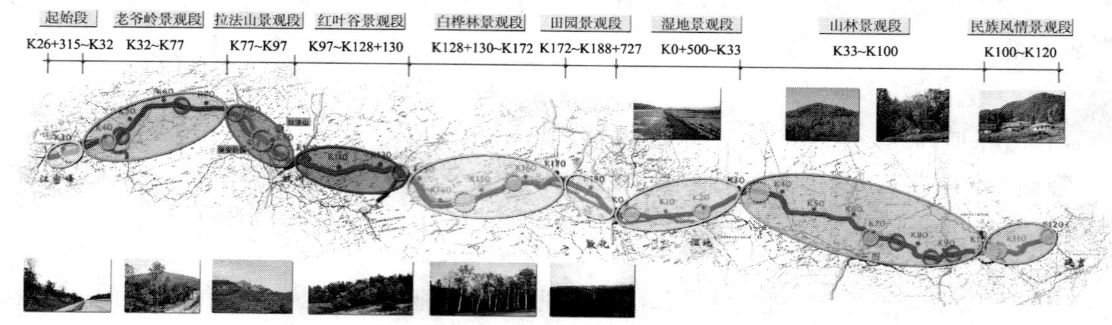

图1 吉延高速公路景观规划分段图

3.2.1 起始段（江黄段 K26 + 315 ~ K32 + 315）

该段位于项目的起始位置，以微丘地貌为主，以杂木林和农田相间为沿线主要景观特色。公路路堑边坡多为连续矮土坡，部分边坡采取叠拱防护，植被恢复条件较好；边沟、排水沟已完成施工，人工痕迹浓厚，极大地影响了公路的景观效果。

本段景观规划的要点包括：(1)为体现吉延高速公路整体设计思想，进行重点设计，路侧景观重点整理，并将浆砌边沟改为生态边沟，拆除不必要的截水沟，并进行绿化；(2)路堑边坡采用普通喷播形成缀花草地（图2）；(3)在项目起点附近设置旅游标牌，标示沿线主要旅游景点。

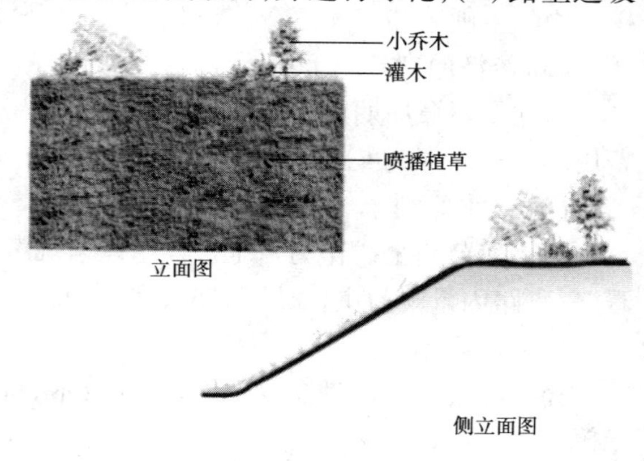

图2 边坡生态恢复设计图

3.2.2 老爷岭景观段（江黄段 K32 + 315 ~ K77 + 000）

该段处于微丘地貌向老爷岭山地地貌过渡地带，沿线植被繁茂，色彩艳丽，景色优美。K42 处是天岗互通立交，天岗镇资源富饶、历史悠久，尤其以富有的花岗石资源而闻名海内外。K45 和 K65 处分别为于木匠沟隧道和老爷岭隧道。

本段景观规划的要点包括：(1)对隧道口洞门上部开挖坡面采用客土喷播恢复植被，特别对老爷岭隧道周围破坏的坡面进行重点恢复，入口三角区采取隔离树丛的形式重点绿化设计；(2)天岗互通立交根据天岗镇的特色进行绿化景观设计，以“石”为主题，通过大孤石、石组等造景手法充分体现“石”文化(图3)；植物造景方面充分体现植物层次，烘托老爷岭山林气氛。

图3　天岗互通效果图

3.2.3　拉法山景观段(江黄段 K77+000~K97+000)

该段位于著名的拉法山风景区，可以把景区风光纳入公路，强化公路景观效果。该段的路堑边坡坡体较矮、坡度较缓，多为不加工程防护的土质边坡。该段包括新站、蛟河两个立交，并在K88处设置蛟河服务区。

该段景观规划的要点有：(1)突出借景和视线诱导，把拉法山景色纳入公路，路堤边坡路肩2m范围植草，以保证视线通畅；(2)蛟河互通(图4)距离拉法山较近，能很好地观看拉法山，立交区绿化要弱化自身景观，并通过诱导栽植引导观赏拉法山；为和周围景观协调，将环内的地形修成和周围农田相似的缓坡地形，同时，大环中间现状为低洼地，设计中予以保留利用，适当修整变为景观水池，周围种植水生植物；(3)蛟河服务区充分利用周围环境，营造山地建筑，并在适当位置设置观景亭，便于游客观赏拉法山景观。

3.2.4　红叶谷景观段(江黄段 K97+000~K128+130)

该段位于红叶谷区域，秋季红叶鲜艳，五彩缤纷，景色十分秀丽，是吉延高速公路的一个景观特色带；路堑边坡多为土夹石、石质类型；本段的结尾是黄松甸互通立交。

该段景观规划的要点有：(1)边坡植被恢复采用茶条槭、悬钩子等秋色叶树种；(2)黄松甸互通(图5)采用秋色叶树种进行绿化美化，与周围环境相和谐，并体现红叶谷特色。

图4　蛟河互通景观效果图(远处为拉法山)

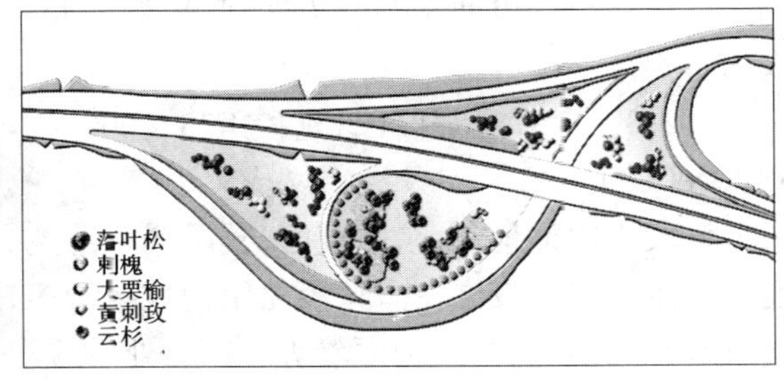

图5　黄松甸互通平面图

3.2.5　白桦林景观段(黄敦段 K128+130~K172+000)

该段位于熔岩台地，周围自然植被以白桦林密林为主。公路线位多处与302国道并行。公路路基刚开始施工，路堑边坡不大；该段有黄泥河互通立交和黄泥河服务区。

该段景观规划的要点有：(1)在公路施工时要加大保护力度，重点做好表土资源和自然植被的保护，对不影响施工的树木尽量予以保留；(2)黄泥河互通通过改善互通内的地形，形成缓坡，尽量采取植草排水路线排水，改变浆砌排水沟的形式，立交区内不设防护栏，立交区绿化营造白桦林景观(图6)；(3)黄泥河服务区在施工前要做好对周围白桦林的保护，并把白桦林纳入服务区景观规划，实现与周围环境的和谐。

3.2.6　田园景观段(黄敦段 K172 +000 ~ K188 +727)

该段周围以农田景观为主,呈现一派田园风光;处于农耕区,表土层深厚肥沃;该段路堑边坡不大,多为土质边坡;公路线位多处与 302 国道并行。

图 6　黄泥河互通景观效果图

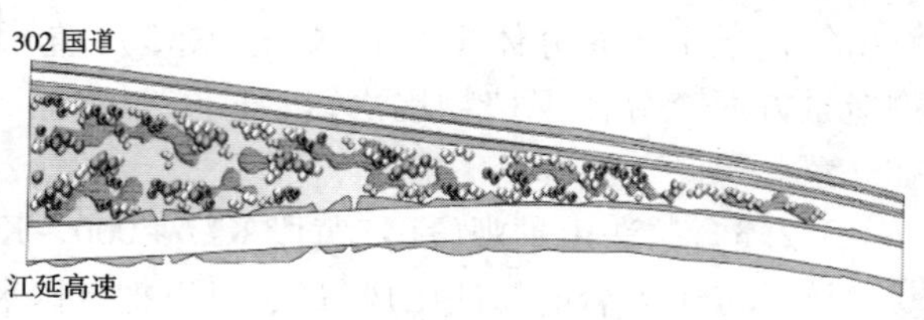

图 7　高速公路与 302 国道并行路段绿化方案

该段景观规划的要点有:(1)在公路施工时要加大保护力度,重点是做好表土资源和自然植被的保护,表土要尽量起挖予以保留;(2)与 302 国道并行的路段做好边坡、锥坡部位的绿化和遮挡(图 7),减轻高速公路对外部景观的不良影响,实现与周围环境的和谐;(3)路堑边坡绿化采用普通喷播技术种植缀花草地。

3.2.7　湿地景观段(敦延段 K0 +500 ~ K33 +000)

该段以河流和湿地景观为主,视野开阔,是吉延高速公路水体景观最丰富的区域。

该段景观规划的要点有:(1)在地势开畅、景色宜人的位置(K32 左右两侧)设置观景台和临时停车区,以便游人驻足,饱览秀丽风光(图 8);(2)开辟透景线,路堤边坡路肩 2m 范围内植草,以便于观赏沿线河流、湿地及农田景观。

图 8　观景台效果图

3.2.8　山林景观段(敦延段 K33 +000 ~ K100 +000)

该段为山地地貌,植被茂密,夏季满目葱茏、秋季色彩缤纷,景观效果十分突出,是吉延高速公路景观特色带之一。该段路堑边坡数量多,边坡种类有土质和石质,防护形式包括叠拱防护、护面墙、挡墙、窗式护面墙等。K37 处设置东明服务区,K67 处为安图互通立交,另外还有新交洞、下庆沟、梅花洞三个隧道,是景观规划的重点。

该段景观规划的要点有:(1)石质边坡采用客土喷播方式恢复植被,与该段山林景观相一致;(2)安图立交区绿化设计自然式种植大量当地乔木,渲染山林气氛,与周围环境相协调;(3)东明服务区位于山的坡地上,周围森林茂密,建筑设计充分结合山地环境并融合朝鲜族建筑风格(图 9);(4)隧道口尽量弱化人工痕迹,努力恢复山林气氛,对洞门上部已喷浆的坡面采取厚层客土喷播、打种植穴的办法恢复植被。

3.2.9　民族风情景观段(敦延段 K100 +000 ~ K119 +135)

该段位于项目的结尾,处于延吉盆地,以农田为主,人文特色显著。路堑边坡以土质为主,该段包括朝阳川、延吉两个互通立交区,在 K100 +300 处设置有延吉服务区。

该段景观规划的要点有:(1)对较矮的土质边坡尽量放缓,植被以自然恢复为主,以利于展现沿线朝鲜族民居等特色;(2)延吉服务区(图10)、互通立交的景观设计重点体现朝鲜民族特色和朝鲜族人文特征,彰显民族风情。

图9 东明服务区景观建筑规划设计图

图10 延吉服务区建筑景观意向图

4 声环境完善设计

由于吉延高速公路环评文件及主体设计完成较早,公路沿线情况与设计时期有较大差别,同时,鉴于国内声屏障设计的弊端和不足以及原设计声屏障形式过于单一。吉延高速公路声环境完善设计遵循“循环经济”理念,主要体现在以下几个方面:第一,对沿线声环境敏感点进一步勘察,刷新原始数据资料,对交通噪声重新预测;第二,用多种形式声屏障代替原有单一的声屏障形式;第三,建造符合循环经济发展模式的生态型声屏障。

5 水环境完善设计

为保护沿线水环境,对于吉延高速公路沿线跨越敏感水体的4座桥梁,分别增设了桥面径流收集处理系统,将桥面径流集中收集,并采用“碎石接触氧化法”处理后达标排放,所设计的碎石接触氧化池还可以兼作危险品事故泄漏的应急蓄毒池;对于吉延高速公路沿线设施产生的生活污水和含油污水,设计采用了经济、有效、处理效果好的“SBR一体式污水处理装置”,将污水处理后达标排放。这些设计理念的采用和实施,有效地保护了沿线的水环境。

6 结语

吉延高速公路环保及景观完善设计是吉林省第一条在公路建设中开展专项环保及景观设计的项目,该设计的实施改变了很多公路建设者的建设理念,改变了高速公路采用单一、规则绿化的思路,对吉延高速公路建设中的景观保护、环境保护发挥了重要作用,但由于景观设计工作介入较晚,增加了实现设计目标的难度。如果能在项目建设前期,甚至是设计选线阶段开展专项景观规划设计,那么公路沿线景观资源将会被更好地充分利用,沿线生态环境将会得到更好的保护。因此,建议长白山区其他的公路景观规划设计尽早开展,融入到公路建设的各个阶段、各个环节中去,更好地保护自然环境,实现公路建设和环境保护共赢。

吉延高速公路服务区景观规划设计研究

陆旭东[1] 韩继国[2]

(1. 交通部公路科学研究院 北京 100088；2. 吉林省交通科学研究所 长春 130012)

摘 要：吉延高速公路沿线设有六个服务区，为体现"景观路、旅游路"的建设理念，景观规划设计最大限度地保护和利用周围自然景观要素和区域人文景观特色；因地制宜，充分运用植物、地形、小品等景观元素，塑造不同的景观主题，从而加强服务区的景观地域特征。

关键词：高速公路 服务区 景观规划设计

0 引言

高速公路服务区是高速公路驾乘人员餐饮、休息、购物、娱乐和车辆维修的场所。一些发达国家很重视高速公路服务设施的配套建设，全方面地为远距离的驾乘人员提供良好的服务，以保证高速公路的安全、快速、舒适和效益。如美国高速公路服务区内包括：餐厅、休息场所、娱乐场所、电话通讯、停车场、加油站、公共厕所、公共汽车站和车辆维修站等，有的服务区还设有公路气象站，通过可变情报板准确地向过往车辆通报高速公路沿线的天气变化情况，以利于行车安全、方便旅行。

然而，目前国内大部分高速公路的服务区往往是一个大的停车场，服务功能单一，质量有待提高。从景观规划设计角度分析，国内的服务区主要存在的问题有：(1)服务区没有很好地与场地特征、地域特色相结合，往往都是首先把场地全部推平后再机械地摆布建筑，风格雷同，特色不明显；(2)服务区对称地分布于主线两侧，且距离往往较近，缺乏景观空间分隔，受主线的噪声、粉尘干扰较严重；(3)服务区场地内设计不够精细，硬化面积过大，绿化水平较低，缺乏休闲空间和旅游、气象等信息服务，人性化设计欠缺。

吉延高速公路服务景观规划设计在分析国内外服务区现状的基础上，充分结合吉延高速公路的地域特征，努力把吉延高速公路的服务区建设成为各具特色、与环境融合的高档次服务区。

1 吉延高速公路服务区特点分析

吉林至延吉高速公路是国家"五纵七横"国道主干线中同江至三亚国道主干线长春至珲春支线(GZ010－1)的一部分，是省会长春市经吉林市通往蛟河市、敦化市、延吉市、图们市以及珲春口岸的重要通道。

吉延高速公路是吉林省第一条生态路、景观路、环保路、安全路，沿线自然景观优美，人文特色显著，旅游资源丰富，是长白山地区极具代表性的高速公路。全线有江密峰服务区、蛟河服务区、黄泥河服务区、敦化服务区、东明服务区、延吉服务区等六个服务区。

吉延高速公路是吉林省第一条全线进行系统景观规划设计的高速公路，服务区景观规划设计是全线景观设计的重要组成部分,各服务区的具体景观设计应符合总体景观规划,以保持全线景观设计形成一个完整的系统。

根据吉延高速公路总体景观规划,全线共分为起始重点段(江黄 K26 ~ K32)、老爷岭景观段(江黄 K32 ~ K77)、拉法山景观段(江黄 K77 ~ K97)、红叶谷景观段(江黄 K97 ~ K128)、白桦林景观段(黄敦 K128 ~ K172)、田园景观段(黄敦 K172 ~ K189)、湿地景观段(敦延 K0 ~ K33)、山林景观段(敦延 K33 ~ K100)、民族风情景观段(敦延 K100 ~ K120)等九大景观段。六个服务区分处起始重点段、拉法山景观段、白桦林景观段、山林景观段、民族风情景观段等不同景观段(图 1),各服务区的具体景观设计对所处的景观段落的特点均需作充分的考虑。

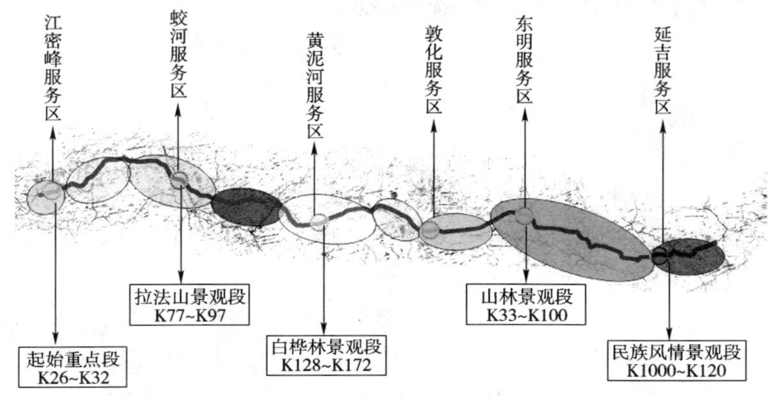

图 1　吉延高速公路服务区所处景观段示意图

2　吉延高速公路服务区景观规划设计原则

(1)自然性原则

自然性原则包括两方面的内容:一是对原生植物的保护;二是景观恢复时采用原生树种。保护原生植被是对当地植物群落最好的保护,在不得不破坏的地方采用与周围环境相同、相似、相协调的树种进行恢复,使得人工种植的植物群落于周围自然环境能融为一体,形成一个整体的自然环境。

吉延高速公路设计时十分注重对原有植被的保护。比如处于白桦林景观段的黄泥河服务区选址所在地是一片茂密的白桦林,在施工过程中尽量不破坏原有地形,将位于服务区范围内但不影响服务区功能的白桦全部保留了下来。

(2)人性化原则

服务区的各项服务措施都日趋人性化,景观规划设计也充分考虑使用者的感受。吉延高速公路是一条景观路、旅游路,因而这条路上的服务区作为游客停留时间最集中的点,已不是传统意义上的加油站、餐厅、卫生间的简单组合,而是担负着宣传沿途美景、展现绮丽长白风光的重任。

吉延高速公路的服务区多设在风景优美、山水俱佳的位置上,使得驾乘人员在加油、休息的同时可以领略到优美的自然景观。

(3)功能性原则

服务区景观设计是在满足服务区的功能性为前提的,是在满足行车、加油、餐饮等服务区功能之后才能展开的。比如在加油站汽车转弯半径内不作景观绿化设计、在公厕前不使用高大乔木以免遮挡标志牌等。

同时服务区景观设计也有其自身功能，包括生态功能、景观功能、休闲功能等。另外吉延高速公路服务区中小车停车位间种植乔木的细节设计还能为夏季停车提供遮阴。

(4)经济性原则

在考虑营造优质景观的同时也要考虑经济问题，高成本的人造景观并不适用于山区高速公路。因此在进行景观设计选用树种的时候尽量采用乡土材料，这样一方面可以节省开支，另一方面还比较容易做到“适地适树”，同时还可以避免外来物种入侵带来负面的生态影响，可以说是一举多得。

3 吉延高速公路服务区景观规划设计

3.1 服务区概况

(1)江密峰服务区

江密峰服务区处于长春至延吉的起始段，应结合环境重点设计。该服务区的右侧为缓势山坡，左侧为农田，整个周围环境元素为农田、树林和村落，色调随四季有明显的变化，所以服务区的定位为田园风格。景观特色：田园风格、植物色彩多采用代表丰收的金黄色。

(2)蛟河服务区

蛟河服务区(图2)处于拉法山景观段，该服务区的右侧为拉法河，左侧为拉法山，服务区沿着地形有傍山倚水之地利优势，所以服务区建筑的定位为山地建筑，并且要充分利用景观资源，借景拉法山，使建筑融入其中，成为环境中的亮点；另外在服务区内的绿地内设计步行道和小休息广场，供游人休憩、观景；在休憩广场周围设计介绍拉法山的指示牌，以丰富行人的旅游知识，并体现旅游特色。

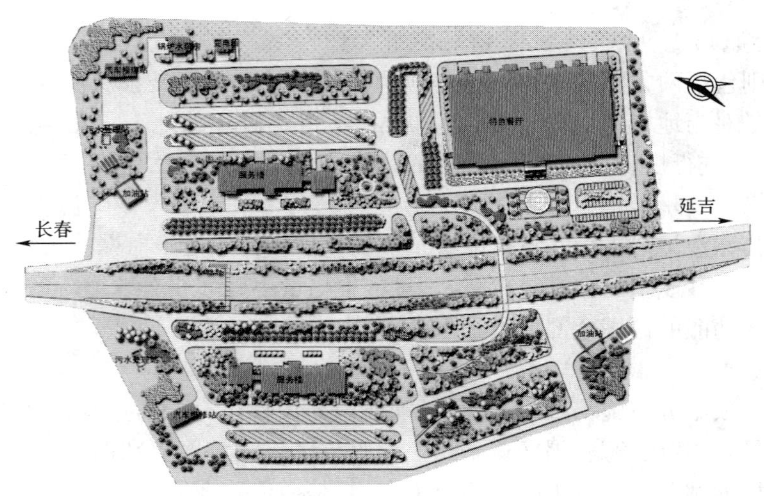

图2 蛟河服务区平面效果图

(3)黄泥河服务区

黄泥河服务区处于白桦林景观段，周围环境主要以白桦林为主，且有缓坡地形。景观设计重点在于保护原有植被，即除建筑、道路占地以外的地域内的树木全部保护；对于被破坏的地域，则种植与周围环境相同的树木，进行植被恢复和生态补偿。

(4)敦化服务区

敦化服务区处于湿地景观段，位于满清皇族发源地、历史名城敦化市附近。周围地形十分平坦,以农田和自然湿地为主。景观设计重点是在满足服务区功能的前提下体现出敦化当地特色,特别是服务楼前和停车区的绿化。其他绿化以自然式栽植为主,与周围环境协调。

(5)东明服务区

东明服务区处于山林景观段,位于山坡地上,周围森林茂密,建筑设计充分结合和利用了周围地形。左侧服务区在充分考虑行车、停车等功能的前提下,形成不同层的台地,建筑高低错落;右侧服务区场地已基本填平。设计要点是种植周围自然分布的蒙古栎,恢复山林气氛。

(6)延吉服务区

延吉服务区(图3)处于民族风情景观段,接近延边朝鲜族自治州首府延吉市,所以服务区定位于现代朝鲜文化特色。在植物种植方面多采用开白花的植物和延吉州花——金达莱,并在服务楼和特色餐厅前摆放两组朝鲜族特色的坛子,以体现当地文化特色。

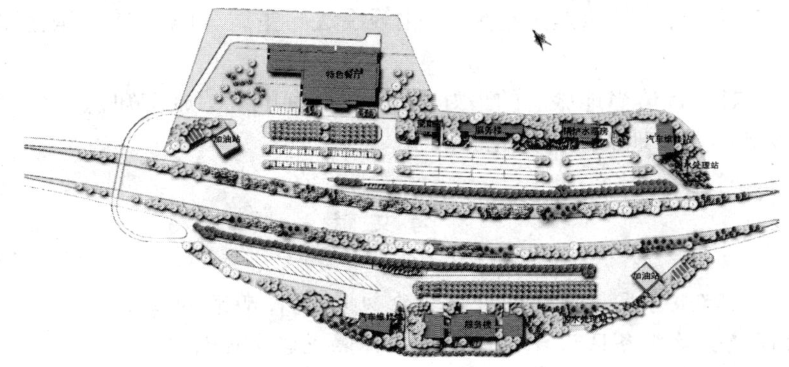

图3　延吉服务区平面效果图

3.2　服务区特色

吉延路的六个服务区整体设计风格既统一,又有变化,并结合周围环境特点突出其个性。在吉林省开创服务区景观设计的先河,对东北地区的服务区景观规划都具有很强的典型示范意义。

(1)不同服务区各具特色

以往服务区只是简单的以桩号划定,各服务区规划、规模甚至建筑式样都完全相同。吉延路的服务区打破了这一常规,六个服务区各具特色,尤其是蛟河服务区引入了活鱼村,延吉服务区营建了民族风情园,这种因地制宜的做法开启了东北地区高速公路服务区建设的新思路。

(2)注意与主线的分隔

服务区与高速公路主线距离太近会互相干扰,一方面服务区内休息的人群受到主线上行车的噪声影响,另一方面服务区也会分散主线驾驶员的注意力。吉延高速公路每个服务区与主线之间都设有很宽的绿化带,有效地减少了这种互相干扰。

随着时代发展,服务区将逐渐与主线分离,建到主线外1~2km甚至更远的地方。通过合理利用自然地形或利用弃土人工设计微地形的手段使服务区于主路之间隔离开来,使服务区的主体建筑和停车场等设施尽量布置在公路视线可及范围之外,利用线形自由灵活的减速、加速车道将服务区与主路连接,闹中求静、营造服务区优美的景观环境。

(3)突出服务区的园林式休闲功能

将园林景观引入服务区设计中,也是吉延高速公路服务区景观设计的一大亮点。在传统的服务区规划建设中,服务区定位就是供旅客加油、临时休息的场所,因而环境都比较差,人们都不愿长时间停留。吉延高速公路服务区多采用植物造景,局部设园路、小广场,方便游客游览,同时采用乡土、抗污染、净化尾气的树种,减少服务区内的污染,为游客营造良好的休闲环境。

吉延高速公路建成通车后将成为横贯吉林省东西的一条旅游路、景观路。游客将会有更多的时间用在景色优美、环境宜人的服务区中,让旅游真正成为一种休闲。

4 结语

(1)服务区景观设计既要注意整条路景观的统一性,也要注重各服务区之间的差异性,充分挖掘地域特色、场地特征,注意利用、保护原有地形、植被,在细部景观设计中体现地方文化特色,体现总体景观设计思路。

(2)服务区景观设计要注重通过地形、绿化等手法与主线分隔开,创造幽静的服务区休息环境。

(3)服务区是对外宣传当地旅游的最好平台,既要有丰富的旅游知识介绍,也要通过服务区的园林小品设计体现当地的旅游文化。

参考文献

[1] 韩立波.高速公路服务区景观规划设计理论初探[M].南京林业大学,2006,3.
[2] 郭志.沈大高速公路服务区设计理念创新[J].黑龙江交通科技,2006.4.

现代道路景观设计方法研究

武立超[1]　韩道均[2]　陈仕周[3]

(1. 重庆交通大学土木建筑学院　重庆　400074；
2. 重庆交通科研设计院　重庆　400066；3. 重庆鹏方路面工程技术研究院　重庆　400055)

摘　要：本着可持续发展和以人为本的原则，本文从保护生态环境，与周围自然环境相协调，给驾乘人员耳目一新的角度出发，始终贯穿"安全、舒适、与生态环境相协调"的设计理念，提出了公路景观综合设计方法，并结合大量实际应用图例加以论述，为更深入地研究公路景观问题，奠定了一定基础。

关键词：道路景观　综合设计　生态环境

0　引言

在高等级公路上，川流不息的车流给驾驶人的精神造成高度的紧张，千篇一律的设施使驾乘人员感到枯燥、乏味，这都给行车安全埋下了隐患。如今人们对公路的要求，已不仅停留在行车安全、快速上，对公路的舒适性和美观性也提出了更高的要求。2004 年 9 月，全国公路勘察设计工作会议的"六个坚持、六个树立"的公路勘察设计新理念的推出，使公路设计者们开始更多地关注大自然和生态环境。一条精心设计的公路应自然和谐地融入周围的生态环境，成为自然景观的一部分，成为富有特色，品质上乘的景观艺术作品。

1　公路景观设计的基本理念和原则

我国地域辽阔，各地差异很大，景观在不同地域呈现出不同的特征。在进行高等级公路的线形、沿线构造的造型设计时，避免割断生态环境空间或视觉景观空间的错误做法，要与当地风土人情、历史文化相协调，展现出当地的文化内涵与韵味。公路的景观设计必须考虑保持长期的自然经济效益，尽量避免破坏自然环境和原有风景，保护各种动植物和名胜古迹。必要时可修改道路设计和施工方案以保全原有风景。在保护原有风景的同时，作为现代化的公路，它的设计要符合时代发展的需要，要体现时代主旋律。公路沿途景观要具有时代感、速度感，要使公路活跃起来，明亮起来，绿起来，成为现代化的时空走廊。因此，公路景观设计原则应该包括以下几方面：

(1)满足交通功能，美化高速公路，改善行车条件，提高公路生态景观效应；

(2)因地制宜，合理布局，结合周围环境及历史人文景观因素，有景借景，无景造景，创造内涵丰富的自然景观；

(3)适地适树，选择抗性强、管理粗放的树种，考虑环境绿化的季相、色彩变化，营造一个绿草如茵、色彩鲜明、生机勃勃的自然环境；

(4)科学与艺术相结合，经济性与可操作性相结合，规则式与自然式相结合，创造多样的绿地景观和生态环境。

2 公路景观设计的基本框架

公路景观设计基本框架是研究公路景观问题的前提条件,在景观理论中具有特殊地位,因此在研究公路景观相关问题之前,必须构建合理而且尽可能完整的设计框架,这对进一步深入研究公路景观的细节具有重要意义。以公路景观设计单元为出发点,公路景观综合设计大体可以分为两大类:一类是关于公路线形的景观设计,包括线形几何设计、中央分割带、路堑及路堤边坡、排水设施等。另一类是公路节点的景观设计,包括互通立交区、收费站、服务区、桥梁和隧道等。但仅从设计单元片面地注重公路景观给驾乘人员以视觉上的愉悦是不够的。随着全球环境问题的日益严重,越来越多的人开始用生态的眼光关注生活的环境,在这种生态意识影响下,人们对景观内涵的认识和理解也应随之扩展,不应再把它当作仅供人们欣赏的视觉关照对象和毫无生机的地表空间景物,而应认为它是由地貌过程和各种干扰作用(特别是认为作用)而形成的具有特定生态结构功能和动态特征的宏观系统。它体现了人对环境的影响以及环境对人的约束,是一种文化与自然的交流。在此背景下,本文提出公路景观设计基本框架,如图1所示。

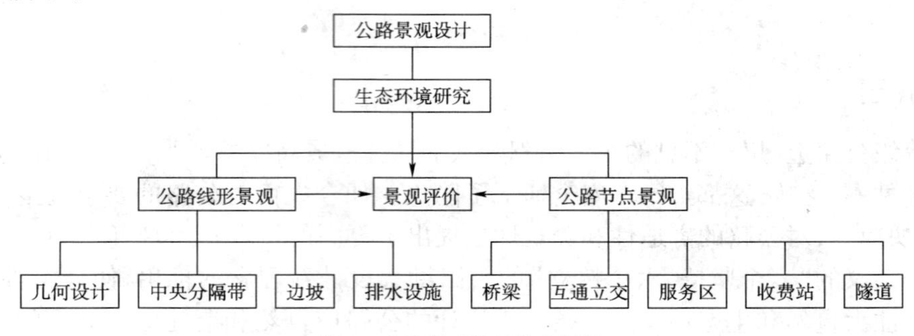

图1 公路景观设计基本框架

3 公路景观设计方法

3.1 几何设计

公路路线的线形,由于地形、地物、地址等自然条件的限制,在平面上是由直线段、缓和曲线段和圆曲线段构成的,在总体上由直线、平曲线和竖曲线构成的,因此它是一条空间曲线,像一条连绵不断的缎带铺在大地上,人们如果从空中或者从很远的山顶上看去,一幅"山舞银蛇,原驰蜡象"的图景就呈现在眼前。达到这种效果,就必须首先处理好两个协调问题,即公路与环境的协调问题(图2),以及公路线形自身的协调问题,在高等级公路设计中显得更为重要。

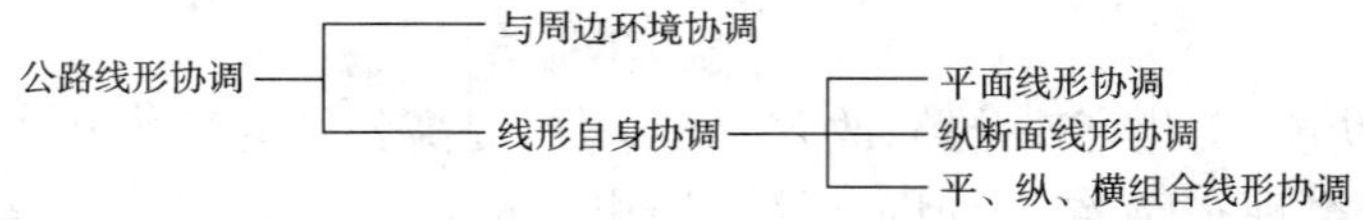

图2 公路与环境的协调关系

3.2 中央分隔带景观设计

为了保障行车安全,高速公路均设有较宽的中央分隔带。中央分隔带的绿化,不仅是在高速公路的整体景观中有着非常重要的作用,同时对净化空气、减少污染、降低噪声、改善地温、诱导视线以及提高使用者的舒适感和安全感等多方面均有作用,最主要的还是防止眩光干扰的作用。因此,高速公路中央分隔带设计主要在绿化树种的选择、植被高度、株距及绿化效果等方面进行研究。中央分隔带绿化按其功能的要求,确定植被的高度、栽植间距,要克服夜间行车眩光的影响,达到防眩的要求。并且,对中央分隔带的地表绿化,要从改善路容出发,选择合适的地被植物,且按中央分隔带的自然分段进行绿化设计,使之达到整体协调的效果。

中央分隔带选用树种应注重突出地方风情,路线经过不同的城镇可以选择不同的树种,使分隔带树木形成带状分布,通过市花、市树的大量栽植去体现城市独特的风貌。

3.3 边坡景观设计

边坡景观设计包括填筑路堤边坡、开挖路堑的防护与支挡工程的景观设计。主要有边坡形式、边坡轮廓线、支挡工程景观设计等。

(1)在景观设计中对于边坡形式可以简单概括为两类:一类是柔性边坡,一类是硬质边坡。软质边坡主要体现在生态方面,采用开放式防护体系。土质边坡可以采用湿法喷播技术或客土喷播技术进行防护绿化,同时于碎落台或护坡道上栽种长常绿矮乔木(也可用网格式、拱式、门架式等方法防护),中间植草;岩质边坡,开挖流露出的岩体应保留,特别是稳固且位于路侧安全区(净空区)之外的岩体,有时这些露头岩石或树木显得奇特或韵味十足。不稳定的岩质边坡可采用挂网植草防护技术进行防护,同时坡顶坡脚分别栽种上垂下挂型攀爬植物进行绿化美化。硬质边坡主要是浆砌片石、喷锚、挡土墙等封闭式防护的方式。这种边坡由于带有浓重的人工色彩,与自然景观极其不协调,但当不得已情况下采用此方案时,应进行适当的修饰,做成各种体现当地风土人情的建筑雕塑或色块造型,使边坡成为人工景观,让驾乘人员对当地的风土人情有一个初步的印象,留给其想象空间。

(2)边坡最好采用缓坡形式,与原有地面相接处可做成抛物线形式,采用曲线为主的护坡轮廓线,可使边坡看起来柔和自然,与周围环境浑然一体。边坡修整后应当复种植物,高路堤和深路堑可修成台阶状,以利较大植物的生长和排水。

(3)对于已建成的工程,如重新进行生态防护绿化不经济或条件不允许时,可采用人工造景方法进行景观改造,注意应结合当地历史文化、民风民俗、自然遗产等要素,突出地域特点,增加公路景观的多样性(图3)。同时,应注意公路景观是动态景观,色彩宜浓烈大方、线条宜丰富柔和、主题宜高雅时尚,这样才能较好地掩饰硬质边坡,诱导视线,改善驾乘人的压抑心态,全面提升公路景观质量。

a)

b)

图3 边坡景观设计

a)稳定岩体边坡,采用光面爆破,展现边坡岩体的结构、纹理、质感,彰显岩体自然美;b)仿天然石感的挡墙,宛如天成,经绿化点缀,增加文化氛围

3.4 排水设施景观设计

众所周知,高速公路排水设计是保障公路安全、有效运营的一个重要环节,尤其是在降雨量大且降雨周期长的南方地区,更是不容忽视。传统的排水设计采用多种地表及地下排水设

施将路表水及时排出路基工作范围之外。常见的地表排水设施有边沟、排水沟、边坡急流槽、截水沟、跌水井等，地下排水设施有盲沟、渗沟等，所有这些设施有一共同点即为圬工砌体结构，虽能很好地起到排引水流的作用，却破坏了原有植被的连续，影响公路美观。目前，公路设计者针对本地区工程特色，采用不同措施以改善公路排水系统，如宁杭（宁波—杭州）高速公路采用明沟转暗沟排水形式，在挖方段设置6～8m宽平台，平台内植草，将路面水引到排水暗沟。渝湛高速公路采用新型碟型边沟，边沟内为夯实黏土并加强绿化（部分沟底可增设卵石铺砌）。

但在景观设计中不能矫枉过正，走入另一个误区，即不能因过分强调景观设计而削弱了防排水设施的使用性能。公路防排水设施的安全稳固不仅是排水、防护的需要，也是景观设计的需要。一些公路修建者因不重视防排水设计或为减少圬工数量而削减防排水设施的尺寸及数量，从而导致公路路面积水不畅或水土流失，严重者出现山体坍塌，这不仅影响到公路使用性能，更是对公路景观的最大破坏。

3.5　桥梁景观设计

山区桥梁桥型方案的选择，必须因地制宜，充分考虑施工的可行性、运输的便利性，使所选桥型充分满足“结构安全、使用舒适、经济性好、施工养护容易和造型优美与自然环境相协调”的设计总原则。桥梁的本体景观设计包括桥型、线形、景观元素、色彩、肌理等六个方面。图4即为桥梁不同造型实图。

a）

b）

图4　桥梁不同造型

a）造型独特优美的跨江、河桥梁给人留下非常深刻的印象，有着强烈的时代气息感；b）梁底呈曲线型的连续桥梁比等高度桥梁在美学上能更令人满意

（1）现在主要的桥型的选择要遵从安全稳定感、坚固、均衡过渡连接的原则。桥梁力线应用中，要特别注意力线的“弹性”，既不能有明显的圆心，又不能有“拐点”，需线形明快流畅、起伏有韵，线条的连接要舒展、潇洒。不管选用什么样的桥型，主要是注意与周围环境的协调，桥从属于现有的景观，并相互适应。

（2）桥梁的线形主要是要与路连续流畅，融为一体，具有整体效果，桥完全融于路之中，给人以整体的印象。

（3）桥梁的景观元素包括桥梁的栏杆、桥墩、桥台、桥面铺装、照明设施等，各部分的比例选择、构件配置等都应与环境协调一致，既要起到功能性的作用，又要适当进行装饰，通过这些景观元素突出桥的风格和当地的地域特色，不需要细部的雕琢，但要有粗线条的美。

（4）色彩和肌理是决定桥梁美的重要因素，不能忽视其在环境中产生的效果和影响。桥梁的色彩不宜过于抢眼，应与周围的环境建筑柔和，特别是山村的高速公路上的上跨小桥，最好采用与裸露的土色相近的颜色或者与周围植被融合的色彩，采用与自然土石或木等相似的肌理材质,让人感觉桥梁融于天际之间。城市中的桥梁,可以根据城市特点采用简洁明快的色彩和肌理,体现景观的时代感和公路的速度感。

既要重视桥梁的环境因素,又要注重桥梁建筑艺术设计,并要有创新精神,以使桥梁与其环境共同构成景观。例如:悉尼大桥与悉尼歌剧院的景观伴生成为悉尼甚至澳大利亚的标志;武汉长江大桥与龟蛇两山的景观伴生一直成为武汉城市的骄傲等。景观的伴生效果实质为环境中的景观和谐与有机,这里的环境既包含自然环境因素又包含人文环境因素,因此桥梁的环境景观理应成为桥梁景观设计与研究的重要方面。

3.6 互通立交景观设计

互通式立交的景观设计不是孤立地对某一景观元素进行设计,要根据互通式立交的区域性空间特征,综合考虑立交功能、安全要求、立交与周围环境的协调等因素,通过互通式立交造型、桥梁造型和土方工程,形成连续、自然的视觉空间,通过美化绿化,增强人文景观与自然景观的和谐统一。因此,互通立交的景观设计主要包括三个方面:立交造型、坡面修饰、绿化设计。

(1)互通式立交造型

立交造型的整体形象主要通过平、纵、面各种线形的组合得以全面表达。从空间的角度,线形是构成内部空间序列的骨骼,同时也是外部整体形象的架构。因此,在进行线形设计的同时,考虑互通式立交的美学造型要求是非常必要的。

从图5中反转对称形、涡轮形等的总体形状上,能知觉到较为强烈的动态感受。

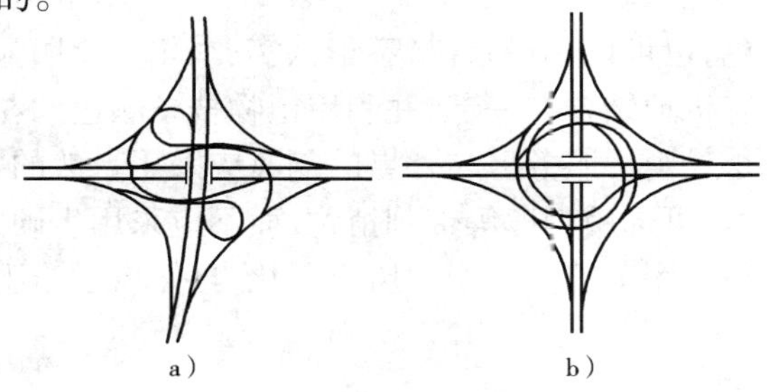

图5 互通式立交造型

a)反转对称型;b)涡轮型

(2)坡面修饰

坡面修饰,主要指对互通式立交内部区域的路基边坡、路肩、坡脚及三角区和环形区地面坡形的修饰。通过利用匝道的几何构成和原有的自然地形,从整体上营造与自然地形相近似的圆滑的坡面造型(图6)。坡面修饰的要点,一是尽可能效仿自然,二是尽可能开阔驾驶人的视野。其设计要点有:营造自然的填方坡面;充分利用土方资源;对挖方边坡进行自然化的修饰;尽可能避免高大的人工防护;采用等高线的坡面修饰手法。

a)

b)

图6 坡面修饰实景图

a)通过利用主线与匝道之间所围成的形状和高低变化,结合自然地形,将整个区域修饰成圆滑、柔和的自然坡面;

b)在边坡自然稳定的前提下,如果对山头进行自然处理,不但可以留下一处引人入胜的自然景点,还可以改善视距条件

(3)互通区绿化设计

互通式立交的绿化是立交景观的重要组成部分,同时有时提高运营安全水平、坡面防护和改善生态环境的重要手段。立交区的绿化设计可参考园林艺术。位于城市或靠近城市的互通

立交可利用立交内部的空地和地形条件设置体现当地历史文化特色的园林或硬质景观，位于郊外的互通立交，则以追求与天然环境相融合的自然景观为宜。互通立交区的景观园林修饰除了按照园林的效果来完善环境外，还必须起到提高交通安全的作用。在立交的分流部分和交通岛端点，种植丛生灌木，不仅有物理的缓冲作用，而且在远处就可以给予驾驶员必要的注意。树木沿行车道外侧的排列栽植，可以起到引路作用。另外在立交区内栽植高达 20～30m 的大型树木，将显著提高互通立交的识别性，还应注意植物本身应有季相的变化，而花灌木的色彩构成了立交的基色情调，对于立交的地理位置和环境，在与城区连接的立交，色调可以布置的五彩缤纷。

3.7　服务区、收费站景观设计

高速公路服务区作为一个特定的景观规划空间，有其典型性和一般性。其典型性在于它是具有特定功能要求和针对特定受众群体所需而进行的景观规划设计；其一般性在于它必须遵循景观设计的原则和方法。服务区在供人放松、休整的同时，也应该是欣赏公路静态美的场所。因此服务区选址应当充分借助当地的自然风景，在风景好的地方一定要"露"，把当地优美的自然风光毫无遗漏地展现给驾乘人员。同时，也应重视既有的文化背景，可结合当地的人文历史，在楼前空地上设置具有一定意义的雕塑等。在没有自然景观的地方可人工造景，可以考虑修建很有创意的建筑物来增加可观赏性，但需要注意的是要和当地自然山地相得益彰，不可生搬硬套让人"刺眼"。在绿化以选择植物时应优先考虑当地乡土植物，较好的体现地方特色，也可以选择果树，春华秋实、季相变化明显。但一般偏重长绿和花卉种类，将乔、灌、花、草有机地结合在一起，并利用植物枝条颜色和花色进行搭配，加之季相变化，构成丰富多彩的四季景观。服务区与外界的隔离应采用自然的"软性隔离"，即用矮墙和栅栏，内侧种植乔木、灌木，可选用刺槐等带刺植物，而不应采用生硬的高墙。

图 7 即为典型的历史文化、自然风景与服务区融为一体的景观示例。

a)

b)

图 7　典型服务区景观示例

a)茶壶式的喷泉雕塑让人立刻想到这是一个茶文化历史悠久的地方，充分体现了当地的历史文化；b)四川夹江服务区，借助自然风景，让服务区别具一格，这是人工美景和自然风光相结合的典范

收费站在构筑造型与环境景观处理上应简洁、大方、明快，与公路路体、线形及周围环境相协调。对于山区高速公路，不停车收费是一种较理想的方式。受地形情况影响，山区高速公路选线多为沿河线和越岭线，地址情况复杂，往往给收费站及收费站场、管理站房的选址带来了难度。不停车收费无需增加收费车道和建设收费站房，使该问题迎刃而解；减少收费站及收费站场、管理站房建设的同时也减少了生产、生活垃圾对自然景观的破坏。

3.8 隧道景观设计

对于隧道而言,洞口是隧道唯一的外露部分,因此,隧道口的景观设计是隧道景观设计的重点。洞口景观设计是以创造与周围环境协调的视点为原则,使隧道洞口在满足其基本功能的同时,达到与周边环境有机融合,使隧道不仅是车辆的通道,同时也起到点缀美化环境的作用,把隧道工程建设融于周围自然景观中(图8)。在设计中应结合路线、自然、社会、人文及工程条件,力争达到美学、力学与经济性的完美统一。无端墙洞口应用越来越广泛,它简单实用,符合早进晚出的设计思想,使洞口伸出山体坡面,确保洞口仰坡基本不被破坏,有利于环境保护,目前公路隧道采用此形式洞门越来越多,该洞门主要适用于洞顶坡面稳定、无落石、地形等高线与路线基本正交,洞口无路堑或短路堑的隧道。隧道洞口前的景观设计也是不可忽视的,它包括挡墙、小品建筑、边仰坡绿化、路基衔接以及隧道管理区的协调等,洞口绿化的形式、规模应根据地形、环境、气候和水源等条件选定。另外,隧道口事故高的重要原因之一就是隧道内外的亮度相差过大。人们从明亮的环境进入黑暗中时,初始阶段会什么都看不见,只有逐步适应了黑暗环境后,才能区分出物体的轮廓,这种适应过程称为暗适应。从暗处进入明亮的环境时,人们最初会感到非常刺眼,无法立刻看清周围的物体,适应后才能恢复正常的视觉,这种现象称为明适应。在进出隧道时明、暗急剧变化,眼睛瞬间不能适应,看不清前方,即所谓的黑洞效应。隧道口事故高的重要原因之一就是隧道内外的亮度相差过大,驾驶员来不及适应这一变化导致事故发生。因此为避免这一“黑洞效应”,在隧道入口处应设有缓和照明,以减少视觉障碍,而洞内照明及装饰也是关键。

图8　隧道洞口与周围环境融为一体

隧道内部所应用的材质以混凝土为主,其颜色为混凝土本身的浅灰色,给人压抑感,因此必须进行隧道内饰与外观色彩的创造。隧道内饰色彩宜采用柔和色,据分析,采用微泛蓝青色的珍珠白或其他白色既不降低洞内照明度,又不太刺眼。

4 结语

随着人们环保意识的提升,公路建设已越来越注重生态环保。在进行公路景观设计时,不能孤立地把公路当作一道人工景观建筑而单纯地停留在视觉效果和审美角度上,公路景观设计应是公路的路线、绿化、环境协调、生态保护等方面的综合设计,在设计时因地制宜,统一规划,制定科学、合理的景观设计方案,使公路成为一条质量优良、行车通畅的空间走廊,同时又是一条环境优雅、生态和谐以及让人倍感亲切、舒适的流动风景线。公路景观设计方法正处于不断完善、补充和发展的阶段,随着人们思想意识的不断变化,公路沿线环境也会不断地变迁,使得公路景观逐渐趋向完美。

基于行车安全性的隧道洞门景观设计

陈 芳[1] 邓卫东[2]

(1. 重庆交通大学 重庆 400074;2. 重庆交通科研设计院 重庆 400067)

摘 要:为了营造美观、舒适、安全的隧道洞门景观,本文从景观、亮度和心理学评价三个方面考虑,对隧道洞口设计、绿化设计作了细致的分析,提出高速公路隧道洞口景观的营造方法、原则和实用的工程建议,为今后隧道洞口景观设计的开展提供有益的依据。

关键词:隧道洞门 景观 亮度 心理学评价

0 引言

重庆属于山岭地区,大部分高速公路需要修建隧道穿越山岭。高速公路上行车速度快,隧道洞内净断面比洞外路段的要偏小,洞内和洞外的光线亮度差别大,这均造成了隧道洞口的事故相对概率远比公路普通路段要高,也比洞内的事故概率要高一些。据统计,重庆某高速路2004 年 1 月 ~2005 年 1 月,共发生各类交通事故 263 起,其中与隧道有关的交通事故为 96 起,而发生在隧道洞口的交通事故就有 58 起,约占全线事故总数的 22% 。所以,寻找影响隧道洞口交通安全因素,提出隧道洞口安全性的解决对策,具有重要意义[1]。

与隧道洞口有关的交通事故影响因素分析统计见表 1。

交通事故影响因素分析统计表 表 1

年 份	隧道洞口交通事故(起)	与隧道洞口平纵线形有关		与隧道洞口形状、路面状况有关		与隧道洞口亮度有关		与驾驶人有关				车辆制动失效		与其他因素有关	
								车速过快		操作不当					
		起	(%)	起	(%)	起	(%)	起	(%)	起	(%)	起	(%)	起	(%)
2002	38	4	11	8	21	10	29	12	32	6	16	5	13	8	21
2003	47	5	11	10	21	14	30	16	34	7	15	5	11	12	26
2004	58	7	12	15	26	16	28	19	33	7	12	6	10	15	26
平均值			11		23		29		33		14		11		24

由表 1 可知,隧道洞口光线亮度变化不当是产生交通安全事故的主要影响因素,由它引起的交通安全事故约占隧道洞口交通事故的 30%;同时,与隧道洞口的形状、路面状况有关的因素也高达 23%。这说明,通过适宜的洞门景观营造,可以有效地降低隧道洞口的事故率。

从功能上讲,隧道洞口应具有基本作用、安全作用、景观作用这三大作用。洞口的安全作用和景观作用都与洞口的景观设计有关,把洞口的安全作用和景观作用结合起来,实现洞口结构与洞口景观的有机结合,成为公路隧道规划的重要课题之一。

1 隧道洞门景观

随着我国高速公路的快速发展,公路隧道建设规模也日益增大,人们不但重视公路隧道技术水平的提高,还开始追求洞门的美学效应[2]。如何让隧道洞门设计更加符合人的视觉特性,如何营造更加安全的行车环境,这必须纳为设计人员的思考范围。

1.1 整体景观

隧道洞口景观设计所涉及的范围不仅仅是隧道洞门本身,它应涵盖隧道洞口由于人类活动给大自然所留下的“创伤”。设计的具体内容有:(1)隧道洞门造型设计;(2)洞口前的人工构造物及自然景观的设计;(3)隧道边、仰坡绿化防护处理。设计人员要综合考虑隧道洞口附近的自然环境、当地人文历史和其他构造物的因素,尽量弥补修建隧道对环境的影响。同时,景观设计应充分考虑用路者的心理学感受,以提高安全性和舒适性为目标。

隧道入口的构成要素多种多样,主要以隧道路面、交通标识、小品、洞门构筑物、树木为对象,通过色彩、协调等设计手法,达到各要素视觉上的统一。

近年来,人们已经意识到隧道洞口的景观美学问题,并开始进行了一些有益的尝试,然而由于缺少必要的理论支撑,隧道洞口设计还存在一定的问题,主要表现在以下几个方面。

(1)洞门:洞口结构的形式比较呆板、单一,意境单调,缺乏美感。

(2)材料:洞口结构的材料大多采用了混凝土材料或砌石材料,洞口外观看起来缺乏色彩的变化,造成了乏味感和压抑感,与周围自然环境协调较差。

(3)设计手法:整体而言,缺乏对隧道洞口这一特定构筑物的景观特点和设计手法的深入研究,缺少美学研究和安全方面的研究,过于形式化.设计比较生硬,和周边自然环境的协调性不够。而且,国内隧道开挖过程中缺少对景观的考虑,对环境损伤比较厉害,仰坡、天沟等都成为破坏景观的“凶手”。

(4)绿化:近年来虽然也结合隧道洞门结构特征,在边、仰坡上进行绿化工作,但绿化设计理论还停留在林业或园艺的基础上。如何将工程防护设计理论与绿化有机结合,将隧道洞门绿化设计向深层次发展,这方面的成果不多[3]。

国外在此方面的研究较早,很多研究成果已运用在实践中。西方国家近年来从提倡“环保”概念到提倡“风景”概念,大部分洞口采用无洞门技术,主要强调与周围环境的结合。植被的选择尽量以恢复原有植被为主,很少进行大面积的绿化和美化。除功能需求和审美需求外,国外的洞门设计也充分考虑到人的心理需求。

隧道洞口景观设计,除了遵循形式美的基本原则外,还应考虑以下原则[4]:

(1)安全性原则。安全性是隧道洞口设计的前提。所有隧道景观设计不能影响道路的交通功能,也不能使驾驶员在行车过程产生不良的心理感觉。

(2)舒适性原则。隧道出入口的明暗光线对比强烈,极易引起视觉对明暗变化的不适应。通过优化设计,缓解行车过程中隧道对驾驶人心理上的压抑感,是舒适性原则的重要内容。

(3)连续性原则。在公路隧道景观环境设计中,要将隧道洞口与沿途地形、地貌特征以及其他自然和人文景观作为一个有机整体统一考虑,尽量减少视觉冲击,使人们的心理感受平稳地过渡,对注意力的集中和行车安全起到保障作用。

(4)协调性原则。协调性原要求洞口景观与周边环境相协调、与人的感知相协调,使隧道融入当地环境中。

要达到较好的景观效果,隧道洞口的设计需要兼顾考虑以上因素。

1.2 洞门景观

隧道开挖改变了周边的自然环境,边坡的挡墙、仰坡的处理以及附属突出的构筑物对景观产生极大的影响。景观设计应从与周围环境协调的角度出发,使洞口设计在满足基本功能的同时,既与周边环境有机融合,又成为周边单调景观的亮点。

公路隧道洞口景观建设的造价只占整个隧道工程的很小一部分,但是其所起的作用不容忽视。洞门不仅是高速公路明暗交接标志,也是人工构造物与大自然的交接处,同时又是隧道洞口景观设计的核心。如何有效地表现人与自然的亲和力,充分展示人类的思想,在很大程度上取决于隧道洞门的设计。

我国公路隧道建设起步较晚,以往的设计中主要考虑的是结构的安全性和造价的节约,洞口的景观设计并没有给予重视。长期以来形成的这种设计理念,造成了洞门结构单一、形式呆板笨重,破坏既有的自然植被状态,洞门与周围环境很不协调。隧道洞门材料也多只采用混凝土或砌石,看起来光秃秃、灰秃秃,给驾驶人及乘客心理上造成乏味的感觉。这种设计,较少考虑景观设计和美学上的要求,也没有充分考虑到驾驶员的视觉特性,无疑使驾乘人员在旅途中有乏味感,不利于安全行车。

目前我国公路隧道所采用的洞口形式,主要分为有洞口挡墙、无洞口挡墙和特殊形式三类。洞门结构形式较多,选择何种结构形式,与隧道洞口位置和洞口周边环境密切相关。洞门布局应当根据洞口地形、地质状况等,依山就势,防止大挖大填,尽量不破坏既有边坡和地表植被。洞门形式与周围地形相协调,可以满足视觉环境的连续性,如图1所示。

a)

b)

图1　与环境、地形协调的洞口

洞外装饰对隧道乃至整条路的美观都起着很大的作用,应注重其表面装饰材料的选择。洞门墙的装饰效果应通过材料的色调、质感和线条来体现。隧道洞门的外墙设计应与洞外周围环境的景观协调。设计时要考虑不同色调、材质对驾驶人的心理感受的影响。

1.3　绿化

一般来说,随着洞口的开挖,隧道洞口周边环境遭到破坏,边仰坡都需要绿化处理或硬质景观的处理。隧道洞口绿化可以与洞门周围环境协调,恢复因开挖破坏的生态环境,净化大气调节小气候,同时对边、仰坡浅层岩土体起到加固和防护作用。

总体而言,高速公路的绿化形式、环境协调性及植物配置等日趋科学化,但隧道洞口仍缺少专门的绿化设计。实际中边、仰坡大量采用的工程防护完全破坏了植物生长的环境,使得由于隧道开挖而破坏的自然植被不能恢复;少量的绿化设计往往只是局部贴草皮,没有对边坡整个植被的逐步恢复进行考虑。

常用的喷混凝土,从景观角度来讲并不是一种好的方法。缺乏植物覆盖的边坡不利于改善高速公路的行车效果。大量裸露的岩石和混凝土视觉效果非常差。设计中应尽量把植物绿化和工程防护结合起来。洞口的植被要考虑配合周边的植被,力求恢复原状。

隧道口绿化设计着重需要进行处理的,主要包括隧道口边坡、仰坡的绿化设计和洞前区域绿化设计两个方面[5]。

在对洞门上方仰坡进行处理时,在保证其稳定性的前提下,可以从景观设计方面多进行一些考虑。绿化形式以自然式为主,强调表现地区的自然风光。洞口周围利用适宜的花草进行绿化,并通过人工措施使洞口的植被生长茂盛。仰坡绿化设计的关键在于植物的选择要与周围环境相融合。图2即为适宜的洞口绿化实图。

a)

b)

图2 适宜的洞口绿化

洞门两侧端墙多为浆砌片石墙面,面积较大且坡度很陡,直接在上面进行绿化难度很大,并且从强调引导视觉上的角度上看,也不宜将用绿色植物将其全部覆盖,建议采用垂直绿化法对端墙进行绿化。

对于隧道两侧的边坡,就可根据不同的地形,采用相应的绿化方法。

一般说来,可用于隧道洞门景观绿化的植物类型有灌木、藤木、花卉、草坪植物与地被植物,其中草坪植物与灌木为隧道景观绿化的主要材料。在选择植物种类时,应首先考虑到隧道所在地的各方面条件,以保证其成活、生长及护坡的功能。同时,要考虑隧道边坡、仰坡所在地的植被类型及植被环境,尽量采用本土植被。绿化所选的植被种类要与当地的植被环境及其已有的植被种类相一致,使之能够在较短的时间内融入当地的自然环境。设计中要注意植物的合理配置,使绿化具有整体性和层次感,这样隧道洞门才不会给驾乘人员以突兀、生硬的感觉。

2 亮度

车辆出入隧道是一个亮度明暗变化剧烈的过程,对驾驶人的视觉感受和心理影响极大。驾驶人白天进入隧道时,因急剧的亮度变化,人的视觉不能迅速适应。在这个过程中,驾驶人很难辨认洞内路面目标或物体,容易发生视觉障碍及心理恐慌,危及行车安全。而且,驾驶人进洞时有生理和心理的双重变化。生理上由于洞内外光线的明暗变化带来的视力适应过程,会造成驾驶操作的不稳定性;心理上因为驾驶人入洞时的潜在恐惧而带来操纵的失误[1]。

目前,国内外主要采用了两个途径来解决这一问题,其一是通过加强隧道入口段的照明来减缓光线明暗变化的差异,改善驾驶人的视觉适应性,从而提高行车的安全;其二是增加交通信息提示的标志,做到使驾驶人较早地了解到前方路段的情况,尽早作出相应的反应和调整。这两种途径都对提高公路隧道的行车安全有一定的帮助,但不能从根本上解决行车的舒适性问题。通过景观营造,可以有效地降低隧道内外亮度差。

隧道内部各段的亮度直接由洞外接近段亮度L20决定。如果入口段和过渡段的亮度取值过高,会对隧道营运照明造成不必要的浪费;如果取值过低,则会直接影响进洞车辆驾驶人员的安全和舒适。因此，L20 的确定十分重要。而隧道洞口外环境是影响 L20 的重要因素，因此 L20 的取值完全可由景观营造来控制。

环境简图法是一种传统的亮度检测方法，它根据隧道洞口 20°圆锥角视场中，天空、路面及其他洞口环境的亮度，以及各自所占的比重，来综合确定隧道洞外亮度 L20。以下是对四个隧道洞口外环境的亮度分析，如图 3 所示。

a)　　b)　　c)　　d)

图 3　隧道洞口外环境

a)隧道①；b)隧道②；c)隧道③；d)隧道④

(1)隧道①：水泥格墙基、内植浅色草，洞口边沿漆成白色边圈，柏油路面，门架式标志部分在 20°视场内。洞外进行了大面积植草绿化，既美化环境又能保持较低的区域亮度。墙上草丛亮度均低于 2000cd/m^2，然而淡色植被的亮度仍偏高，受太阳正射时尤为明显。

(2)隧道②：洞墙面为水泥色城墙面，仰坡上设有红、蓝二色的大型广告，水泥路面为主。虽然对洞口墙面的颜色作了暗化处理，该洞口的石墙最大亮度超过 5000cd/m^2。

(3)隧道③：同样是端墙式洞门，隧道所选材质不同，亮度差异也很大，该浅色端墙的最大亮度超过了 8000cd/m^2，且隧道洞口的 L20 达到了 5742cd/m^2。

(4)隧道④：洞口正墙面和行车方向右侧面为大理石材，黑白二色花案图形，具有明显的镜面特性，洞顶为水泥格墙基、内植浅色草、柏油路面。隧道④的大理石类材质墙面形成了大面积镜面效应，加之墙面部分在 20°视场中权重较大，在日照较强时，引起了 L20 异常增大。在某些时段洞口墙壁会产生了明显的反射耀斑，形成强的眩光，这对驾驶安全形成了不容忽视的威胁。

在实测中发现，对同一洞口，草木的亮度约为洞口周围岩石、混凝土护坡及道路亮度的 1/3 ~ 1/2；沥青铺筑的路面的平均亮度为同一时间段内紧连的混凝土路面亮度的 39%。

如果隧道洞门景观设计完全不考虑周围环境的亮度，要么给高速公路的安全运营留下隐患，要么造成不必要的电力浪费。因此宜通过洞口山坡绿化或对结构物进行减光处理，尽量降低洞外亮度。

3 隧道洞口心理学评价

心理学评价就是通过评分的方法,考察调查者对所调查对象的心理接受程度。常用的隧道洞口的心理学评价方法为SD法,它根据复数形容词对的评价尺度来分析意识、情绪等。

3.1 因子分析

按照样本评价打分的方法,日本学者对隧道洞口的不同的形态进行了因子分析,认为洞口景观分析的主要影响因素为3个,并归纳命名为舒适性因子、稳定性因子和个性因子。国内的相关研究也印证了这3个因子为影响隧道洞口景观的主要因素。

根据对多个隧道洞门样本的因子得分进行分析,得出:

(1)传统的直线端墙式洞口具有稳定感,同样削竹式洞口也给人稳定的感觉;

(2)拱形端墙式洞口和削竹式洞口给人舒适的心理感觉,同时对洞口进行大规模的绿化和美化提高了洞口的舒适度;

(3)对洞口构成和端墙装饰赋予个性特征,具有设计感,同时与周围环境的协调也是洞口设计的重要内容。

按照相同的方法,日本学者进行了类似的因子分析,在固定的周边环境(背景相同),按不同的洞口形式对隧道洞口景观进行变化。从洞口形式基本形状出发,与周边环境协调的观点来评价,其顺序是削竹式、拱形端墙式、逆喇叭口式和端墙式。但我国的统计分析中,传统的直线端墙式洞口获得的评价较高,这与我国国民长期形成的审美心理相关。

3.2 洞口形态对好感度的影响

为了对最常见的几种隧道洞口进行初步的评价,了解公众对隧道洞口形式的认识,选取具有代表性的11个景观样本,分别研究端墙的形状、端墙的装饰、突出部形状的不同对驾驶员好感度的影响。为综合考虑对洞口景观评价的心理印象,引入好感度指标。评价结果分析如下。

(1)洞口类别的选择

不同的洞口分类中,削竹式洞口综合评价最高;拱形端墙式洞口舒适性、稳定性和个性方面都比较高,也是一种比较理想的洞口形式。按照与环境协调的观点评价,设计方案选择依次为削竹式、拱形端墙式、喇叭口式和直线端墙式洞口。

从景观的角度选择洞口形式,主要是考虑与周围环境的协调,形体上尽量与地形结合。

(2)端墙式洞口(直线端墙和拱形端墙)

①形体方面

拱形端墙式洞口景观评价较高,曲线比直线给人的印象要柔和、明亮、轻快和开放,且更容易与地形契合。拱形端墙要选择拱顶到洞顶距离短的形式。无论直线还是拱形端墙,洞口净空宜大。

②端墙肌理方面

普通凿毛处理的洞门是最单调的;壁画装饰的洞门,给人复杂的印象;横槽和竖槽的处理比较适宜,端墙进行处理后景观效果有提高。多数端墙因采用混凝土墙面,面积比较大,亮度高,对驾驶人驾驶心理有威逼感,表面最好进行纹饰、肌理和色彩的处理。为确保驾驶人的安全,各种方法在设计上都要充分考虑亮度的问题,应尽量降低端墙的亮度保证视线的舒适,使端墙本身不反光。

(3)突出式洞口

从突出式洞口的立体形状看,削竹式洞口具有视野开阔的效果,景观评价最高,喇叭式的洞口次之。在明暗度方面,突出部的面积比较大时,给人以明亮的印象,心理感觉舒适,景观评价较高。体形的设计中应注意保证洞口具有较大的空间感。

(4)驾驶人的心理舒适性

从驾驶人的心理舒适性研究认为,突出式洞口,为了提高洞口的舒适性和安全性,应采用薄的圆形的、洞口形状比较大的洞口;洞口宜着色;尽可能采取绿化措施,恢复原有植被;同时,洞口设置导轨比混凝土壁好。以上因素都具有提供洞口的认知度的作用,对驾驶人行驶的安全性是有益的。

3.3 洞口形态对驾驶人安全性和舒适性的影响

为了研究隧道洞口的景观因素对驾驶人运行舒适性和安全性的影响,选取30人进行问卷调查,调查人群为有2年以上驾龄和高速公路行驶经验的驾驶人。

调查结果显示,为了提高洞口的舒适性和安全性,洞口宜着色,实验中着蓝色的洞口给人的视觉效果较好。洞口设置导轨比大片的混凝土壁好。洞口应该尽可能地进行绿化,绿化丰富的洞口在评价中的得分远高于没有进行绿化处理的洞口。反之,洞口着红色、绿化贫乏、路侧采用混凝土壁等会增加驾驶员的不舒适和不安感。

4 适宜的洞门景观营造方式

4.1 绿化设计

隧道的修建对洞门仰坡扰动很大,应尽量恢复其原有植被。环境恢复是保证洞口与自然环境协调的重要因素,也可以减少驾驶人进入洞口的心理压抑感。

(1)趋近段

隧道洞口应注意明暗过渡处理来满足驾驶人的视觉要求。对于隧道洞口趋近段的路段,绿化时要强调明暗过渡栽植[5]。

隧道出口处的光线会发生较为强烈的变化,明暗过渡栽植可缓解光线明暗变化给驾驶人带来的不适。隧道出入口景观绿化应采用明暗过渡的方法进行设计,靠近出入口处应减少树木的栽种间距,逐渐向外扩大间距。

采用明暗过渡的方法栽植,隧道洞口通常采用高大乔木进行景观绿化,以使侧方光线形成明暗的参差阴影,使亮度逐渐过渡变化,增加适应时间。这样既可以减少驾乘人员进入隧道时的心理压抑感,亦可以在洞口起到明暗过渡作用,提高驾乘人员的视觉适应性。

(2)边仰坡

隧道洞口植树绿化一般是在边、仰坡平台或坡脚处栽种树木。对于高边坡的平台或坡面不宜栽种高大树木,可以栽种低矮灌木。在不影响行车的条件下,可在坡脚处栽种高大树木。

突出式洞门可供绿化的面积比较大,采用比较多的是植草绿化和植灌木绿化。植物的选择应下深上浅,这样在20°视场范围内的深色植被对光线的反射系数较低,亮度值也低于浅色的草种,同时也提升了整个绿化的层次感。

对于大面积的端墙边坡,可以采用垂直绿化法,栽植攀援性和垂吊性植物,用以遮蔽坡面或混凝土及砌体表面,以达到绿化和美化环境的目的。

4.2 其他

总体上说,公路隧道内的行车条件差,视觉环境差,对行车十分不利,所以,应适当增加隧道内的亮度,减少驾驶人的暗适应时间,改善驾驶人视觉和心理上的不适应。同时在隧道内饰设计中,宜采用柔和的色彩。以往设计中,多采用王白色作为内饰主色,因为正白色能最大限度反射光线,提高洞内亮度。但实际上,正白色在光照下是一种突兀、刺眼的颜色,将其直接应用于隧道内饰,驾乘人员会受到视觉干扰,导致注意力分散。因此,内饰应采用柔和的微泛蓝青色的珍珠白或其他白色色种。这样既不会降低洞内照明度,又不会太刺眼。

关于隧道路面,在欧洲几乎均采用沥青路面,而日本则采用水泥混凝土路面,我国高速公路隧道采用水泥路面为主。但近年实践,例如一些地区调查研究表明,高速公路隧道采用水泥路面的隧道交通事故发生率大大高于采用沥青路面的洞外路段。

隧道洞口的色彩可以是多样化的,最常用的色彩是材料的本色。一般说来,色彩的使用宜单纯,不应采用纯度高的明亮色,避免视觉上的突兀感,颜色的使用宜控制在两种以下。另一种方式就是局部采用色彩,如在突出部的口部局部采用强调色,利用色彩强调洞口的宽大感,利用局部的颜色导引车辆的进入,提高行驶的安全性。颜色的应用还常常表现在端墙的绘画和雕塑材料的使用上。

肌理指材料的表面属性,肌理的对比与变化主要体现在粗细坚柔及纹理之间。一方面可以利用材料本身特点来谋求变化,另一方面也可用人工的方法来“创造”某种特殊的肌理效果。通过人工方式改变材料肌理时,主要体现在材料表面纹饰的变化如多种形式的层次实验设计可降低亮度并减轻洞口的压迫感。实践中采用多采用凿毛、横向线条和竖向线条等材料肌理的简单变化来降低大面积端墙的压迫感。

在隧道洞口应设置引导系统,提高洞口的显著性,通过引导系统提前预知前方出现隧道,并在隧道内外给以缓冲过渡,给驾驶人的心理缓冲的空间。可采用交通工程设施和植行道树来增加趋近段的视线诱导。

5 结语

国内对隧道洞口景观问题的研究较少,要改变这种局面,需要各方面的共同努力。目前隧道洞口景观设计方法还处于研究阶段,没有也不可能有统一的模式,这是由景观设计的“个性化”所决定的,但研究一种实用的设计手法还是有可能的。

本文提出以隧道景观设计改善行车安全性,从人对交通环境的审美要求和心理变化出发,通过对洞门、绿化的设计,改善行车环境,从而缓和环境的变化对用路者的刺激,提高行车的舒适性和安全性。

参考文献

[1] 俞宇萍,徐忠阳.隧道洞口交通安全影响因素分析与对策[J].交通标准化,2006,152(4):104-108.

[2] 乔春江,郭小红,何则光.谈公路隧道的洞口景观设计[J].公路交通技术,2002.6.增刊:97-100.

[3] 蔡伟,周德培.论隧道洞口段的绿化设计[J].中国地质灾害与防治学报,2005,16(4):92-96.

[4] 刘志辉,张勇.广东西部沿海高速公路珠海段隧道洞口景观设计[J].公路,2006.8:355-357.

[5] 王晓乾,于英梅.基于生态恢复的高速公路立交区及隧道口景观绿化设计[J].交通标准化, 2006,152(4):142-144.
[6] 关向群.隧道洞口景观设计实用方法的研究[D].成都:西南交通大学,2004.
[7] 蔡伟.隧道洞口绿化研究[D].成都:西南交通大学,2003.
[8] 罗阳明.隧道洞口边、仰坡绿化技术研究[D].成都:西南交通大学,2004.
[9] 郭义飞.利用生物措施防护隧道口土边坡[J].公路,1999.(4):1-4.

山区低等级旅游公路坡面防护及生态恢复技术

——以北京奥运郊区旅游公路为例

曹　杨

（交通部公路科学研究院　北京　100088）

摘　要：山区低等级旅游公路坡面防护是公路景观设计的重点，公路景观是动态景观，而坡面的防护及生态恢复情况是游客对公路最直观的感受，直接影响公路的服务水平。而坡面生态恢复技术一直是公路建设中的难题，本文结合案例实践，针对项目特点提出了一系列坡面恢复技术措施，以期能对相似项目建设提供可资借鉴的经验。

关键词：山区　旅游公路　边坡　生态防护

0　引言

近年来，旅游成为了热门话题，自驾游的人群比例也在不断上升。但是一些地处山区的景区旅游公路，受技术、经济及自然地质等因素制约，景观效果不尽如人意，尤其是路侧边坡，大量裸露边坡若不经处理，如同一道道触目惊心的疮疤，使公路景观和景区质量大打折扣，直接影响到公路形象及服务水平，因此，山区旅游公路的边坡防护及生态恢复成为这些项目景观设计工作的重点和难点。

2005 年以来，笔者先后参与了北京市门头沟区 109 国道、108 国道、妙峰山旅游公路、灵山旅游公路、百花山旅游公路、双黄路、水担路、高芹路等多条北京奥运郊区旅游公路的景观设计项目，通过实践积累了一定的经验，本文结合设计实践将郊区低等级旅游公路边坡生态防护的特点和技术措施作一简要介绍。

1　项目概述

随着奥运会的召开，为满足北京郊区旅游业的需求，展示首都新形象，全面提高郊区公路整体服务水平，2005 年起，北京市开始计划综合改造郊区公路 7700km，投资 100 余亿元，实施提级改造、路面大修、危桥改造、旅游公路、通村公路及综合改造等六大工程，而郊区低等级旅游公路的景观改造属于六大工程的重要内容，交通部将其列入了新增第二批 18 个典型示范工程中，期望能为全国重点城市郊区公路改造提供示范。

上述几条门头沟区旅游公路均属于此次计划改造范围，门头沟区处于北京的西部地区，区内山地面积占总面积的 98.5%，自然生态环境良好，在最新的北京市城市总体规划中被确定为京西生态屏障功能区，同时本区内自然、人文旅游资源星罗棋布，正逐步成为北京市的“后花园”，成为市民周末郊游的首选地。

把握项目特点是解决问题的关键，经过系统分析，上述项目具有以下较明显的特点。

(1)服务奥运

自申奥成功以来，北京奥运会的筹备工作给整个北京的发展带来了前所未有的影响，为了更好的迎接奥运会的召开，围绕其展开了大规模城市基础设施改造、周边交通环境、旅游服务环境的改善等工作，尤其是北京郊区丰富的旅游资源更将借奥运的东风的得到充分的利用和发掘，由此可见北京郊区公路改造是奥运工程的重要组成部分，将直接满足奥运期间大量国内外游客的郊区旅游需求。

（2）山区旅游公路特征明显

所涉及项目中，以109国道为主干线，其余支线均以服务旅游景区的功能为主。109国道依山傍水，旅游资源极其丰富，各种旅游景点基本由各支线公路通达，绝大部分项目均具有直接或间接的旅游公路的性能。

（3）原有公路边坡生态、景观问题普遍存在

由于上述大部分公路都修建于20世纪70年代甚至更早，受当时经济、技术条件及人们建设理念的制约，公路建设基本上采取了开山炸石、沿路弃渣的简单粗放式模式，产生了较多的生态环境的破坏，加之山区土质条件较差，沿线坡面长期得不到恢复，出现了土质、石质风化、滑落等现象，对交通安全带来很大威胁。

2　公路边坡的主要类型及特点

山区公路除工程所必需的圬工措施外大多坡面未进行任何防护，形成了大量裸露的路堑边坡和路边弃渣场，且坡面陡峭，防护恢复都存在很大难度，景观效果大为不雅，还与风景区优美的环境极不协调，产生了数量可观的水土流失。

2.1　土夹石坡面

坡面以土为主，夹杂着很多碎石，土质条件较差，受风化影响严重（图1、图2），植物无法在此类土质上生长；而单纯的客土喷播也无法从根本上解决土质贫瘠的现状，对于长远的恢复和景观效果来看，很难达到理想效果。

图1　土夹石坡面（一）

图2　土夹石坡面（二）

2.2　风化岩质坡面

坡面岩质构成复杂多样且风化严重，大量浮石影响交通安全（图3、图4）。地质构造的复杂性尤其是强风化岩石开挖后导致边坡坡面完整性较差，坡面上有大量浮石、危石，随时有崩塌坠落的危险，路面经常出现碎石散落和块石跌落的现象，不仅损坏路面，还引发交通事故的产生，对游客的生命财产安全带来很大威胁。仅仅采取单一的坡面防护技术措施无法满足全面防护的要求，所以对于实施坡面生态防护工程也是需要解决的技术难题之一。

图3 风化岩质坡面(一)

图4 风化岩质坡面(二)

2.3 弃渣坡面

本文前面提到在山区公路修建时期由于简单粗放式模式的建设模式，大量的弃渣基本沿路线临沟谷侧倾倒，形成大量的路侧砌渣场地，导致公路沿线边坡弃渣量大范围广，严重影响到路侧景观(图5、图6)；同时，这些弃渣场地大多又处于游客视线可及范围之内，游客行驶过程中，对于视线内的弃渣更是一览无遗。大量裸露的砌渣场地由于渣体之间的缝隙较大且缺少植物生长的基质，十余年后基本还处于完全裸露的阶段，采取适当的人工干预措施促进其坡面的植被恢复会是一项耗时耗力的庞大工程。

图5 弃渣坡面(一)

图6 弃渣坡面(二)

2.4 坡面陡峭

沿线坡面大部分很陡峭失稳，对于生态恢复工作的进行带来很大困难，植物很难在接近90°的坡面上生长(图7、图8)，而放缓坡面不仅加大了工作复杂程度和投资金额，还有可能对坡顶已恢复的植物群落带来新的侵害。

图7 陡峭坡面(一)

图8 陡峭坡面(二)

3 边坡防护及生态恢复材料的选用

3.1 防护材料的选择

以往对于不稳定坡面的防护大多采取工程硬防护的形式,最常见的是浆砌挡墙,但是景观融合度较差,为了能起到防固兼备生态恢复的需要,在项目中采用了带种植槽的生态挡墙,将工程防护与生态防护结合起来。其次,还仿照郊区村落块石干垒的形式,推出蓄水绿化槽,提高保水功能,降低养护难度。

3.2 绿化植物材料的选择

传统的边坡防护植物种多以草坪草为主,品种较为单一,需水耗肥量大,养护成本高,所营造的人工植被缺乏层次性和多样性,人工痕迹较浓;并且由于所引入的物种与乡土物种存在较大差异,不利于自然植被的恢复,在改善生态环境上没有实际意义;同时草本植物群落易发生退化,持续生存性较差,因而过早出现植被衰退。

结合工程实践经验,在植物的选择上应强调适地适树,采用适合本区气候和土壤条件的木本植物、草本植物,并且选择一些抗旱性强、后期养护费用低的灌木来增加整个坡面的景观效果和生态稳定性,兼顾风景区对景观的特殊需求。根据现场实地考察和对植物特性的分析,选定荆条、紫穗槐、火炬、五叶地锦、波斯菊以及其他乡土植物种。

4 典型技术方案

根据旅游公路目前坡面的现状,吸纳先进的工程技术,在保证坡面安全稳定的前提下,进行合理的技术组合,优选适合此区域生长的植物品种,采取有针对性的生态防护措施,在达到生态防护的同时兼顾景观效果。主要技术措施及适用坡体类型如下。

4.1 石笼挡墙生态防护技术

本技术适用于各种类型的边坡。石笼挡墙过去多用在水利工程上用来护岸,经过论证和实践之后,发现公路也同样适用,尤其是作为挡墙,它适用于各种坡度的坡面,对于特殊高陡坡面需要在底层砌筑基座。石笼挡墙有利于坡面的稳定,表层没有结构缝,整体结构具有延展性,可以很贴切地砌筑不同形状的各种坡面;六角网的表面采用热镀锌/涂 PVC 表面处理技术,使其能抵抗任何浸蚀,即使受到特殊气候影响,也能起到抗冲刷的作用(图 9);施工过程简便,人工需求量少,降低了人工成本,石笼所需石块可就近选取,石块之间的缝隙可以填充种植土,播撒草籽,植物的根系可以通过石块之间的泥土深深扎入坡面,从而工程措施和植被措施相结合,形成一个柔性的整体防护面,满足水土保持和绿化美化环境的需要。总结起来,它具备透水性好、柔性好、耐腐蚀、抗冲刷、整体性好、施工方便、组合性好、经济、生态等优点。目前,石笼挡墙已经在各条旅游支线启用,收效良好,例如该技术在高芹路改建工程项目上初步进行了尝试,效果良好(图 10)。

4.2 预制生态砖挡墙

预制生态砖挡墙适用于景观要求较高的岩质或难直接绿化坡面,生态挡墙由单个预制的六棱混凝土种植槽垒砌而成,混凝土材料在预制时具有一定的透水性,并且具有相应的透水孔。施工过程中需要现在坡脚做稳固基础(可作预埋),然后按照“品”字形一层一层码砌,坡度允许的情况下可垒砌 2m 左右;之后在种植槽内填充种植土,使用扦插类植物即可。此类型生态挡墙,适合使用攀援类植物,一定生长周期过后,可以掩盖挡墙的硬质感,且材料具有透水性，适于植物生长，景观效果也非常理想。例如，该技术已在百花山边坡生态恢复项目上采用，效果良好（图11、图12）。

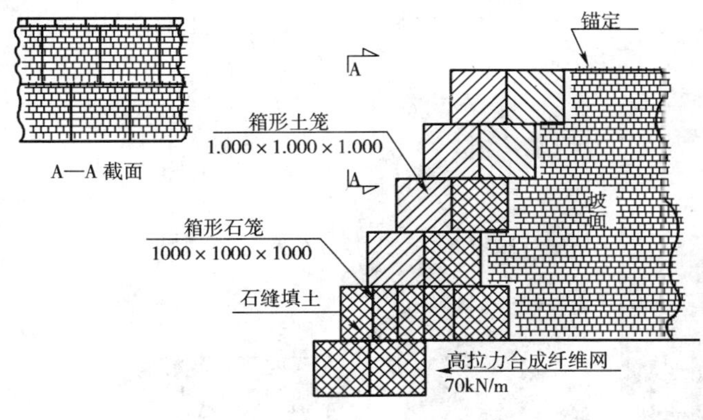

图9　石笼挡墙示意图（尺寸单位：mm）

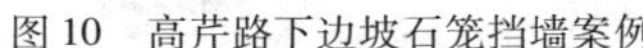

图10　高芹路下边坡石笼挡墙案例

图11　百花山路边坡预制生态砖挡墙案例（一）

图12　百花山路边坡预制生态砖挡墙案例（二）

4.3　植生袋技术

本技术适用于高度不大于3m的陡峭岩石边坡及坡度较缓的坚硬岩石边坡，对景观效果要求较高的土石路堑边坡需要尽快体现防护效果时也可采用本技术。

植生袋是指用化纤制品或棉麻制品制作的表面网眼较大的袋子，袋子内装有客土、营养基材和植物种子等。植物种子的配比是很关键的技术，可采用生命力顽强，但不能使用侵占性强的物种，植生袋相互重叠地沿着坡面码放，在坡面上形成一种完全由植生袋构成的防护层。当水热条件合适时，植生袋内的种子就会发芽并穿透袋子长出来，在坡面上形成植被层，达到保护坡面、恢复植被的目的。依据工程需要植生袋内还可以移栽灌木或乔木的幼苗。如该技术已在百花山边坡生态恢复和双黄路景观改造项目上采用，效果良好（图13、图14）。

4.4　块石干码蓄水绿化槽

该技术属于一种乡土化的创新坡面生态恢复技术，主要适用于下边坡及路侧弃渣坡面的生态恢复和水土流失防止，同时也是一种非常经济的防护技术。山区公路下边坡以弃渣为主，雨水的冲刷导致植物扎根困难，加大了绿化恢复的难度。可在边坡坡面上沿等高线方向每隔3m左右挖凿一条约60cm宽的平台，在平台上垒砌约50cm高的块石坝，使坝体与坡面之间形成蓄水绿化槽，槽内填充种植土，种植紫穗槐、火炬等耐干旱瘠薄、易生根且能起到护坡作用的灌木，同时可以添加五叶地锦等攀援类植物。蓄水绿化槽能更很好地保留水分，防止冲刷，加速坡面绿化效果。块石干码的形式构想起源于公路沿线田园段的挡墙垒砌形式，既与公路周边环境形成统一，又恰到好处地体现了当地民俗特点，具有生态、易养护、经济、个性鲜明的优点，能更好地凸显旅游公路的特征。如该技术在百花山边坡生态恢复项目上进行了采用，效果良好（图15、图16）。

图13 双黄路边坡植生袋技术案例（一）

图14 双黄路边坡植生袋技术案例（二）

图15 百花山路块石干码蓄水绿化槽案例（一）

图16 百花山路块石干码蓄水绿化槽案例（二）

5 结语

山区低等级旅游公路的坡面生态防护与恢复技术研究和应用受历史条件、工程技术指标、环境特点及资金等多方面因素制约，设计、施工和管理方面的经验还比较欠缺。如何充分考虑安全、景观和工程造价的要求，并在设计方案中制定出既符合公路交通安全需要又能协调周围自然景观特色，突出旅游路个性的技术措施，将是我们今后一段时期内面临的新课题。笔者希望能通过本文的案例研究为同行提供一些有益的借鉴，为旅游公路坡面生态防护及恢复技术的发展做出积极贡献。

张家界市环武陵源景区公路(南段)景观设计分析

胡晓红　杨航卓　宁　琳　刘俊樊

(重庆交通科研设计院　重庆　400067)

摘　要:张家界市环武陵源景区公路南段作为武陵源核心景区外围环道,公路与景区联系十分紧密,沿线生态环境秀丽而脆弱,环境保护及景观建设任务十分艰巨。本文通过对项目特点的分析,提出了该项目景观设计思路以及公路构筑物景观营造措施,力求营造一条"生态、美观、轻松"的旅游公路。

关键词:环武陵源景区　旅游公路　景观设计

0　引言

张家界拥有得天独厚的自然资源和旅游资源.在国际上享有一定的知名度,在未来,张家界武陵源将向"打造世界旅游精品"的目标发展。张家界要成为世界级精品旅游目的地,除具备世界一流的旅游资源、旅游设施,以及旅游管理和服务外,良好的交通基础设施,对推动旅游发展也是至关重要的。环武陵源景区公路南段景观设计针对该段公路自身及周边环境特征,结合国内外先进的公路景观设计经验,提出"印象武陵源,两型生态路,路景交融"的景观设计理念,将通过对公路构筑物的造型和装饰设计、路域范围内的生态恢复、观景台及停车区的合理布设、附属设施的完善,营造一条"生态、美观、轻松"的旅游公路,提升张家界景区形象,更好地为当地旅游业发展服务。

1　项目概况

张家界市环武陵源景区道路等级为山岭重丘三级公路,位于张家界市武陵源核心景区外围,连接武陵源核心景区的国家森林公园、吴家峪、天子山、杨家界、梓木岗五个门票站形成环形道路,是武陵源景区公路的重要组成部分,是游客进入核心景区的重要通道。该路由南段和北段组成,南段含一条主线和三条支线。南段主线长 37.386km,支线长 4.467km,连接杨家界门票站、森林公园门票站和梓木岗门票站。作为环武陵源景区的外围环道,公路与景区联系十分紧密,道路沿线生态环境秀丽而脆弱,环境保护及景观建设任务十分艰巨。

2　国内外旅游公路景观建设概况

早在 20 世纪 60 年代,西方国家就开始重视道路景观的美学价值,尤其对位于风景区和具有人文特色区域的道路,他们在这方面作了一系列深入的研究,并已应用于工程实例当中。其经验主要是在设计中充分考虑公路使用者和公路沿线居民的视觉美感度、注重景区公路景观规划设计中文化价值的体现和历史遗迹的保护、注重环境以及区域生态敏感动物的保护、为用路者创造欣赏自然风景和娱乐休憩的条件等,概括来讲,就是注重公路与自然的和谐。美国黄石公园景区道路就是成功典范之一,其最大的特点就是与自然和谐共存(图1)。黄石公园在长期的建设和管理过程中,始终遵循着"最大限度地减少对环境的影响"的原则。具体来说,就是要在设计上最大限度地保护自然环境,实施中最小限度地破坏自然环境,并且最大程度地恢复,全过程贯彻落实新的建设理念,真正实现了对自然资源的最大程度的保护,为游客提供了最优质的服务。

随着我国公路建设的发展,交通部关于公路建设"安全、舒适、美观、和谐、耐久"新理念的推出,公路设计开始更多地关注大自然和生态环境,注重与自然环境的和谐,努力打造富有特色、品质上乘的公路景观艺术作品。四川川主寺至九寨沟旅游公路建设示范工程,被视为中国公路与自然环境相和谐的交通环保示范样板工程,为今后我国景区道路的建设树立了良好的榜样(图2)。

图1　美国黄石公园景区道路

图2　四川川九路

通过对过国内外旅游公路景观建设理念的了解和分析,发现其与本项目提出的"印象武陵源,两型生态路,路景交融"的设计理念所追求的内涵是一致的。

3　景观设计面临的主要问题

(1)公路路域原生态的保护与恢复

本项目公路沿线植被条件较好,工程建设不可避免地将破坏沿线原生地境,如何有效地保护公路周边生态环境,并对遭到破坏的生态进行最大限度地修复是需要解决的首要问题。

(2)公路结构物与周边环境的协调

生硬的公路构筑物往往与环境不协调,不仅影响公路整体美观,也关系到用路者行车舒适、安全等诸多问题。通过合理的设计使公路构筑物融入环境,是需要解决的关键问题。

(3)旅游服务功能的完善

作为环景区的重要通道,该路承担着交通运输和旅游服务的双重功能。如何在满足便捷交通的同时,为游客营造更加人性化的旅游环境,提升公路为景区服务的功能是需要解决的重要问题。

(4)沿线自然风光和地方文化的展现

项目所在区域自然风光优美、地方文化浓郁,如何将自然风光引入公路,让用路者在旅途中亲近自然,感受当地独特的文化,提高旅游公路的文化内涵,是需要解决的突出问题。

4 景观设计遵循的原则

(1)生态资源的保护与利用原则

该路位于生态环境较好的武陵源景区外围,公路的建设必须建立在环境保护的基础上,依据交通部提出的"不破坏就是最大的保护"原则合理进行设计,尽可能保护现有的植被树木,尽量不去扰动现有的植被,同时充分利用场地特有自然资源,有效地组织场地内部的景观布局,达到利用环境造景的目的。

(2)环境景观的协调与融合原则

该路大部分路段位于山岭沟谷区,加之武陵源特有的山水景观,公路景观设计应强化结合利用现状地形,使公路路域内的构筑物尽量隐蔽,与山区原生自然环境不冲突,并充分利用场地现有条件,从造型、材质等方面着手,使公路构筑物与山地背景相融合,形成和谐的对话关系,体现"路景交融"的含义。

(3)提高旅游服务功能原则

从用路者需求出发,构建完善的旅游服务系统,方便旅游者的出行,处处体现对游客的关怀和照顾,营造安全、轻松、便捷的交通环境,提升道路的旅游服务功能。

(4)地方文化的发掘与营造原则

发掘和提取该地区独特的地方文化,体现区域的历史文化风貌,同时引申发展,塑造武陵源地方文化景观特有的形象,建立富含地方文化特色的旅游公路。

(5)兼顾效益原则

景观设计应对先期投入和后期维护成本综合考虑,尽量减少工程后期的管养和维护,充分发挥环境景观的可持续发展。

5 景观营造手法

围绕"印象武陵源,两型生态路,路景交融"设计理念,本项目主要从公路结构物、生态绿化、观景台及停车港、附属设施四个大的方面来开展景观设计。

5.1 结构物景观

(1)路基

路基不仅是保证公路通行能力和行车安全的重要因素,其外观也直接影响公路的景观效果。在边坡设计上,要求边坡整体灵活自然、因地制宜、顺势而为,与周边自然坡面顺势协调。特别是植被茂密的路段,边坡开挖尽量遵循少扰动的原则,尽量不破坏山体和植被,对被破坏的,尽量绿化修复,还原生态。对于高度大于5m的边坡,宜下陡上缓,使其更好地融入周围的自然,避免"一刀切"的生硬边坡出现;对于高度小于5m的边坡,将边坡放缓,形成有效路侧净空区和缓冲带,这不仅可以提高行车安全,同时也为生态植被防护创造条件。边坡坡形避免采用千篇一律、规则的几何折线形边坡,而顺势采用曲线形边坡;坡角、坡顶不设折角,而采用贴切自然的圆弧过度,尽量与自然地形、路线所经地带的地貌相适应;针对边坡起止段部分进行三维倒弧设计,使边坡圆滑自然,如天然形成。

路基排水设计在满足排水功能的前提下,尽量隐蔽边水沟和边沟。其一,对原有矩形边沟加铺盖板,尽量减小路基碎落台宽度,减少对边坡的开挖量,不仅保证了行车安全,又美化了路容,路基与边坡融为一体(图3)。其二,在现有边沟的基础上,加入预制的土工格栅,然后上面铺草皮,草皮遮蔽了边沟,形成流畅优美的绿色轮廓线。其三,在沿线地势平坦的低填方、低挖方地段，当处于地表径流不丰富的地区时，浅碟式、三角形的边沟完全能满足排水要求，且施工简便，通过植草能达到路基和自然环境融为一体的目的（图4）。

图3　盖板边沟效果

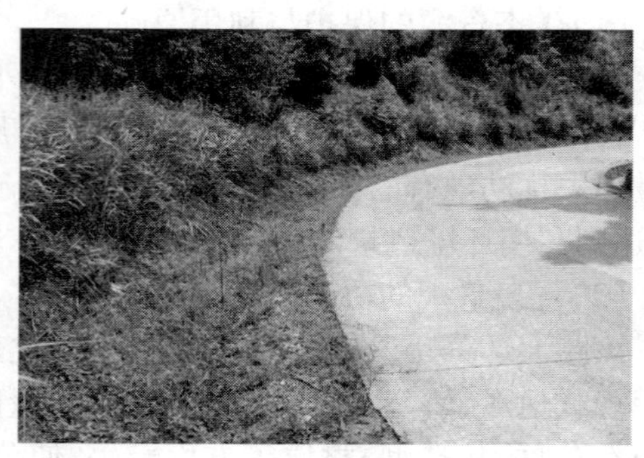

图4　浅碟式植草边沟

路基支挡结构物对行车视线有较强的冲击力，尤其是改建段上大量路堑挡墙。因此在设计中，应通过挡墙形式的变化以及挡墙饰面，提高挡墙结构物自身景观效果，推荐采用台阶式、高低错落式挡墙，以丰富结构物景观；其次，对挡墙端部做专门设计，使其渐变隐入边坡中，达到与环境的融合。挡墙表面装饰材料则采用张家界当地特有砂岩，使挡墙更加美观和自然的同时，也体现一定的地方特色。

（2）桥梁

该段路桥梁以拱桥和梁桥为主，简洁朴素的桥梁造型和装饰更能与张家界的自然风光和谐统一。桥梁景观在满足桥梁安全及功能的基础上，采用当地粗糙砂岩对桥梁翼缘和栏杆进行装饰。桥台尽可能的轻型化、小型化，使其与地形更好地结合，并且在桥台周围进行植栽，使桥台隐蔽在树丛中，有效减少桥梁建设的人工痕迹（图5）。

（3）隧道

根据每座隧道洞口位置和环境，合理设计洞门造型，结合当地的自然与人文特色，适当进行洞门修饰，打造具有张家界特色的公路隧道景观。提倡“早进洞、晚出洞”的理念，尽量减少隧道开挖对周边环境的破坏，营造生态自然的行车环境。如高茶园隧道洞口自然环境较好，采用前置式洞门不仅造型简洁，且对自然环境破坏最小，景观设计则重在对隧道洞口原生态环境的恢复，弱化其人工痕迹。贵周园隧道洞口位于山岭地段，尽量缩小洞门端墙体量，结合自然环境即山体走势，对端墙进行塑石造型，使原来生硬呆板的圬工砌体面目一新，形成“仿自然、胜自然”的洞口环境景观（图6）。

图5　桥梁景观效果

图6　隧道洞口效果

5.2 绿化景观

环武陵源景区公路南段周边植被资源丰富,绿化基础较好(图7),绿化设计以利用和修复为主。绿化设计注重处理路面与环境的关系,模拟周边的环境,尽量使公路景观与周边环境和谐。在植物选择方面,从生态性和后期管养方便两方面出发,以本土植物为主,营造与周边植被相和谐的路域植物景观。

在具体设计中,结合"露、透、封、诱"的设计手法,进行逐段针对性绿化设计。

(1)透景

在路外景观程现大面积良好的路段,如沿河分布的路段,取消乔木种植,削弱路侧绿化在视觉上的切割感,使视线通透开敞,将周边景观元素引进公路,使公路也成为展现路域优美风景的长廊(图8)。

图7 现有植被茂密路段

图8 透景效果

(2)屏蔽

对沿途的不雅景观或容易造成心理恐惧的高填方路段,路侧以植物造景屏蔽,让用路者忽略路侧的不良景观(如不雅民居),减少烦躁和恐慌感。

(3)引导

在急弯道外侧线性种植成排乔木,强化公路曲线线型,对行车施以向心方向的诱导,从心理上给驾驶人向心力,保障行车安全。

(4)急弯

该项目为山区公路,急弯较多,弯道内侧景观处理十分重要,首先应当满足景观的功能性,设计体量和位置都应结合行车视线斟酌设计,不宜遮挡行车视线,造成安全隐患,同时进一步考虑设计的美感。

5.3 观景台及停车港

观景台和停车区的设置是公路设计人性化的重要体现,合理的选择好观景台和停车区,可为游客营造观景与休憩的场地,提升公路的旅游服务功能。

(1)观景台

根据公路线形、自然和人文环境特点,南段公路选择3处风景较好、视线开阔地段作观景台。3处观景台分别位于沿溪段、山岭段、傍山段,以此更好地展现该条公路路域自然环境特色。

一般要求观景台宽大于15m,长大于40m,有条件情况下观景台与道路由绿化带隔离。

观景台主要由停车区、绿化区、观景休息区三大部分构成。根据需求设置一定数量的停车位、观景台、休息坐椅及小品标识等，供人们停车、休息、赏景之用，增加旅途的情趣，体现人文关怀。

(2)停车区

提供足够多的停车区，以满足游客停留、小息的需要。停车区以加宽车道的形式出现，无过多修饰，其路面与栏杆完全与公路顺接，对停车区段的绿化景观处理以透景为主。

5.4 附属设施

(1)护栏景观

该条公路护栏景观以融入环境为原则，外观力求简洁，并充分考虑其通透性，在保障行车安全、满足护栏防撞性能的前提下通过对护栏表面色彩、造型的适当处理来展现地域文化特征。通过对公路线形、设计车速及景观要求等因素的综合考虑，本条公路护栏以波形护栏为主，缆索护栏为辅。采用仿木的棕色来统一整个护栏景观效果，为了更好地将其融入环境，采取对波形护栏表面热镀锌着色的处理方式，使其呈现木质般朴实的棕色，即达到了自然的景观效果，又增强了波形护栏表面的防腐蚀性能。缆索护栏主要用于沿溪、傍山透景的路段，其景观通透性好，在行车的同时，不遮挡观景视线。注重路基护栏与桥梁护栏的顺接处理，对护栏进行仿石装饰(图9)，使两种护栏自然过渡，同时也体现了武陵源地区朴实、原始的文化特征。

(2)公路旅游信息系统

具有张家界环武陵源景区特点的标识标牌是南段景观设计的一大亮点。在各门票站支线入口、观景台、村镇设置预告标志和指示标志，以便引导游客准确到达目的地。在各支线加强对旅游停车信息的提示和指示设置，在距停车场位置50～80m处设置停车指示标志，并加以辅助标志指引行驶路径。

为了给游客提供更详细的旅游信息，在观景台、停车区、交差路口和村镇等适当位置设置信息服务标志，作为公路指路标志体系的补充。相对于规范的指路标志而言，信息服务系统标志可提供尽可能详尽的旅游服务信息，内容可涵盖区域路网图、环景区公路布置图、景点介绍、景区地图标志牌等(图10)。

图9 护栏端头的仿石处理

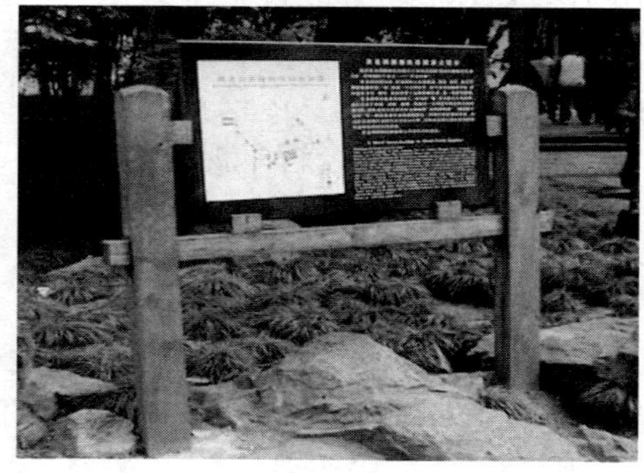

图10 信息服务标识

根据环景区旅游公路的特点，旅游标识牌表面材质采用石质、木质等，与景观整体风格统一、协调；旅游标识牌的版面设计融入反映张家界特点的元素，采用具有象征性的、美观、直观的图形、图片或插画等。

6 结语

旅游公路环境景观的营造,除了有好的理念和设计方案之外,与工程实际的结合也非常重要。张家界环武陵源景区公路在建设初期就着手开始景观设计,以便形成一套完善的景观建设指导思路,有效地指导公路土建及景观设计和施工,将公路建设与环境保护有机结合,最大限度地保护和修复沿线生态环境,实现公路建设与环境的可持续发展,构建安全、便捷、舒适的旅游通道,提升张家界武陵源景区形象。

桥梁景观设计研究

袁　佳

(重庆交通科研设计院　重庆　400067)

摘　要:随着人们审美观念的不断提升,“景观”在我国桥梁设计中越来越被重视。本文首先介绍了桥梁景观设计的概念,然后总结了桥梁景观设计的方法。最后结合重庆市大桥的景观设计方案,进一步阐述了景观设计在桥梁设计与改造中的应用。

关键词:桥梁　景观设计　美学

0　引言

现代的桥梁已不纯粹以满足交通功能为目的,因为桥梁巨大的跨度、强烈的形体表现力、超凡的尺度、巨大的社会资源投入,对城市房地产、区域人口等的发展会产生巨大影响。因此桥梁景观设计既要注重桥梁本身构造技术、形态美学的设计,更要注重桥梁景观的协调设计。

随着人们审美意识、景观观念的不断增强,景观设计愈来愈受到人们的关注,桥梁等大型工程建设,既要重视质量又要重视景观,不但满足交通功能的要求,而且要与周围环境和整个城市融为一体,成为一道独具特色的建筑“艺术品”。“景观”学研究应纳入与工程设计同步,把那种融美观、和谐、环保于一体的建筑视为理想的作品。

1　桥梁景观的概念

“桥梁景观”系指以桥梁和桥位周边环境为“景观主体”或“景观载体”而创造的桥位人工景观。桥梁景观涵盖了工程范围内的主桥、辅桥、引桥、立交桥、引道、接线、边坡等各分项节点的景观,因此是一个系统工程。

现代对城市桥梁景观设计的定义源于美国桥梁景观设计专家 Frederick Gottemoeller 的《Bridgescape:The art of designing bridge》一书[1],其定义为:桥梁景观设计亦是桥梁景观与大地或城市景观尺度的和谐和统一,它包括对当地文化环境的尊重与共生、共融,以及桥梁建设对建桥地点的自然原生环境的合理保护。具体的内涵应包括:线形设计、造型设计、平面布局设计、色彩设计、肌理设计和装饰设计。美国景观学家还对桥梁景观设计中的符号学的运用、历史文化表达以及技术美学特性的设计创作等赋予了新的内涵:即达到桥梁功能、美学、文化与技术的统一[2]。

因此,现代所修建的城市桥梁远不是以往仅仅满足于功能的需求为目的的,桥梁的超常跨径,强烈的艺术表现力(主要体现在雄伟的桥体)、超凡的尺度等均对桥梁所在的城市或大地景观产生重大的影响。

2　桥梁景观美学设计方法

2.1　桥梁本体景观美学的设计

桥梁景观英文为 Bridgescape,定义为设计桥梁的艺术[3]。桥梁的本体景观设计将桥梁景观分解成线形设计、造型设计、平面布局设计、色彩设计、肌理设计、装饰设计六大部分但也注重加强符号学的运用、历史文化的表达及技术美学特性的表现,力图使桥梁功能、美学、文化与技术达到统一。

2.2 桥梁复合景观美学的设计

桥梁不是孤立于环境,其景观总是与地景、城市景观相伴生,三者称之为复合景观[4]。如悉尼大桥与背景中的悉尼歌剧院、蔚蓝剔透的大海伴生复合景观,成为悉尼甚至澳大利亚的标志;武汉长江大桥与龟蛇两山的景观伴生一直为武汉城市的骄傲等。复合景观的伴生效果实质为环境中的景观和谐与有机统一,复合景观既包含自然环境因素,又包含人文环境因素。因此桥梁的复合景观理应成为桥梁景观设计与研究的重要方面。

2.3 桥梁夜景景观美学的设计

除了桥梁的本体景观设计、复合景观设计外,还应注重桥梁灯光夜景观。桥梁灯光夜景观与桥梁交通照明有本质区别。可以说,桥梁夜景观是照明科学与桥梁艺术的有机结合,是社会物质文明达到一定高度后,对城市景观多样性的必然要求,也是社会物质文明和精神文明建设的综合实力体现。桥梁灯光夜景观拓展了桥梁的景观表达,全天候展示了桥梁魅力,是桥梁自我展现在时间上的延伸。

2.4 桥梁景观美学的形象识别系统设计

CI 是 Corporate Identity 的缩写,即是企业形象识别系统[5]。CI 的主要含义是指将企业文化与经营理念统一设计,利用整体表现体系尤其是视觉表达系统,传达企业营销概念于公众,使其对企业产生一致的认同,以形成良好的企业形象。在 CI 中视觉识别系统设计是最有传播和感染力的,易为公众所接受,且具有新奇性和整体性。将 CI 的一整套方法与理论嫁接于桥梁景观设计过程,即为桥梁景观形象识别系统。桥梁景观元素可运用城市 CI 的景观组织与设计方法,以形成完整统一的视觉形象。

(1)标志物与标志图案

包括标志物与标志图案的多样化比较设计、根据桥梁尺度确定的标志物及图案的尺寸要求、标志物与标志图案的适合纹样设计可考虑方形、圆形甚至椭圆形等不同的类型等。桥梁标志物可以是桥塔、桥台、桥头堡,或对桥梁有景观制高作用的构件。

(2)标志色

可沿用城市标志色,也可根据城市的环境、文化确定标志色,选用的色彩应有一个量化标准,并要与标志物与图案纹样的色彩设计配合,同时还应与桥梁防腐涂装结合。

(3)桥梁景观元素的设计

包括桥梁附属的花坛、座椅、栏杆、广告牌、电话亭、公交车站、人行天桥、垃圾桶、指示标牌及灯具等元素,也包含地面铺装、窨井盖板、建筑小品等。其设计要以标志色为统一,以标志图案为特征。桥梁景观元素可采用举证式的设计方法。

2.5 附属构件的景观美学设计

桥梁景观不仅要在桥型上仔细推敲,而且在其桥面的附属构件如桥头建筑或园林艺术、栏杆、立塔、外挂件等设计中也力求达到美学要求。要进行多方案的构思比较,突出灵巧轻盈的设计外形,与主桥和谐统一。

(1)桥台的景观美学

桥台是桥梁与路的衔接结构,是实体道路与高架桥梁的虚实相接。对桥台的景观处理可考虑两种方法:(1)减少桥台的体量,削弱桥台的存在感,主要利用锥坡及栽种植物来实现;(2)强调桥台的存在感,通过增加体量来实现。

(2)桥头建筑的景观美学

桥梁在设计中应考虑桥头的景观美学。应结合主桥结构造型,加以对桥头和两侧河岸进行适度的建筑物或园林小品的装饰,形成一处市民可休憩、等候、游玩的景观广场。合乎比例协调地把主桥、引桥、引道步梯、自然景观及周围建筑等有机地联系起来,形成一个新的景观点,以较少的代价装饰桥头,获得最佳的艺术效果。

(3)栏杆和端柱的景观美学

桥面的附属用品还包括栏杆、端柱与步梯等。“栏杆除了服务于全桥的功能作用而要求的稳定、安全外,栏杆的造型美还是桥梁美学的重要组成部分。我国古代桥梁就非常注重栏杆的造型,如卢沟桥的栏杆是世界上著名的石狮栏杆,全桥共485个小石狮在望柱上,造型各异,形态活泼,妙趣横生,令人赞叹[6]。栏杆的特色还表现在端柱造型上。一般端柱可结合地域特点、桥梁结构形式,设计成不同风格,以突出桥梁在人们观赏中的印象[7]。

3　桥梁标志性装饰设计案例分析——朝天门大桥景观设计

朝天门大桥位于朝天门港口两江交汇处下游,连接江北城和弹子石。该工程起于江北五里店,在葡萄园附近设江北立交,跨长江主航道到达南岸的窍角沱码头,经盘龙大道与外环相接,全长4.158km,同时也将成为联系重庆CBD中央商务区金三角的纽带。该桥所处的特殊地理位置,决定了该桥的建成将成为重庆的重要地标,因此该桥应突出其地方特色,独一无二、无法替代的重要性。在钢桁架桥型已选定的基础上,在桥塔部位做出特色。

3.1　桥塔标志性设计

朝天门大桥是位于长江与嘉陵江交汇处的个性粗犷的钢桁梁拱桥。钢桁梁整体上恢宏大气,展示了结构的力量,充分体现了技术美学特征。当驾驶车辆从巨大的钢桁架下通过时,就能感受到现代结构形式给人的巨大震撼力。历史文化与现代文明交相辉映,使重庆古韵流长,活力四射。

3.2　方案一:“城市之门”

本方案主题为“城市之门”,桥头建筑与朝天门遥相呼应(图1)。中流砥柱,雄关漫漫,承载着重庆三千年的文明史,具有舍我其谁的豪迈气概。

桥梁细部装饰要求于细微处见精致,通过材料、质感、肌理、图案化语言等手段对桥梁细部进行美化处理。设计在外观增加了重庆民居建筑中山墙的线脚,并通过色彩与材质的变化使简单的桥型有了丰富的变化,具很强的建筑感。中部位置设横向分格,象征重庆无处不在的步道,高低错落的建筑形式与重庆城市建筑格局相适应,在城市背景中尤其协调。

中部设置观景平台,由于江面开阔,视线无所阻挡,行人可在此俯看两江汇流,纵览沿江风光。使桥上多了一个欣赏重庆市容的观景点,也多了一个人与桥、人与城市、桥与城市交流的场所。

3.3　方案二:塔型桥墩造型

由于本桥位于未来CBD金三角的核心区,因此朝天门大桥的景观设计主题强化商贸、文化色彩。采用CI理论,考虑重庆本土的解放碑情节,在桥墩形式的设计中融入重庆CBD商务区的标识建筑,外观采用重庆本地石材,展现出具有复古风的新本土主义文化,暗示了山城重庆独有的解放碑情结,既突出了地方特色,又代表了重庆崛起的精神。超出桁架的桥墩形式更加重了拱桥的门洞色彩,“门户大桥”之意蕴含其中(图2)。在桥墩下部由下至上石刻出具有巴渝淳朴民风的浮雕,由强至弱,在枯水季节,下部桥墩上的浮雕显露时,又是另一番江山CBD景观特色。

图1 “城市之门”

图2 桥塔造型

4 结语

桥梁景观的建设成为一种反映城市特色、体现地域文化、展示时代风貌的精神文明建设活动,这给桥梁景观设计提供了广阔空间,同时也对桥梁设计提出了新的要求[10]。桥梁是一座城市的血脉,更是一座城市的精华和标志,因此,桥梁设计部门应加强景观设计方面的人才与技术储备,运用特殊的语言,以因地制宜为前提,环境保护为基础,按照美学的原则,最大限度的发挥桥梁的景观设计潜能,向外界展示城市的特色景观。

参考文献

[1] Frederick . Bridge scape: The Art of Design Bridges. London:JohnWiley Inc,1998 .

[2] 侯林平. 桥梁景观设计[J]. 公路与汽运, 2006,06.

[3] 万敏. 桥梁景观设计思考[J]. 华中建筑, 2003,04.

[4] 牛润明,张耀辉. 桥梁设计的美学考虑[J]. 东北公路, 2003,01.

[5] 白洪海. 关于桥梁景观设计的研究[J]. 科技信息, 2006,03.

[6] 石京,叶桢翔,杨朗,袁健. 景观桥梁的设计理念及其评价体系研究[J]. 公路交通科技(应用技术版), 2006, 08.

[7] 职慧云,职建仁,高志刚. 浅析现代桥梁景观设计[J]. 安阳工学院学报, 2006,04.

[8] 王锦燧. 中国照明学会2000年工作总结[J]. 照明工程学报,2001, 12(1): 1-4.

[9] 樊凡. 桥梁美学[M]. 北京:人民交通出版社,1987.

第三篇　公路岩土工程

冲击碾压和强夯法在高等级公路建设中的应用研究

高文学[1,2] 杨景安[3] 刘宏宇[1] 卓祖城[1]

(1. 北京工业大学道路与桥梁工程研究所 北京 100022;
2. 城市与工程安全减灾省部共建教育部重点实验室 北京 100022;
3. 北京鑫旺路桥建设有限工程公司 北京 101500)

摘 要:本文分析了路基冲击压实和强夯加固法的作用原理、技术特点以及影响路基压实的主要因素。结合锦阜高速公路路基工程的施工特点,探讨了冲击碾压和强夯法在山岭重丘区公路路基及桥台进行压实追密、加强补压、减少工后沉降的应用,同时对应用路段的压实效果进行了分析,有效地控制了路基病害的产生。

关键词:路基工程 冲击碾压 强夯加固 应用研究

0 引言

在重载日益加重、运输量不断增加的情况下,公路施工投资规模不断扩大,确保公路工程建设质量愈加重要。路基是公路的重要组成部分,是路面的基础,路基与路面共同承受交通荷载的作用。路基施工质量的好坏,直接影响到路面的稳定性和整条路线的使用质量。因此公路路基压实在公路施工中显得尤为重要,它是实现公路使用寿命和服务质量的重要保证之一。充分压实可以发挥路基岩土的强度,增强路基岩土的不透水性,提高道路的使用性能,延长道路的使用寿命。

传统的路基压实方法主要有机械碾压法和强夯法。其中机械碾压法因其加固深度浅,常用于大面积填土的路基压实以及一般非饱和黏性土和杂填土地基的浅层处理;强夯法以其设备简单、施工方便、经济易行、加固深度大等优点,广泛应用于处理碎石土、砂土、杂填土等以及特定条件下的路基压实等。近些年来,冲击压实技术得到了较快的发展,这种技术不同于传统的路基加固压实方法,它是集夯实与滚动压实技术的结合,既保持了低频率大振幅夯击压实法中冲击波穿透力强、影响深度大、压实效果好的特点,又吸取了滚动压实法连续作业效率高、机动性好的优点,特别适合于大面积高填土厚铺层的路基压实施工。

本文在分析路基冲击和强夯法压实作用原理及技术特点的基础上,探讨了冲击式压路机和强夯法在锦阜高速公路施工中,对于路基及桥台后背进行压实追密、加强补压、减少工后沉降的应用,并对应用路段的压实效果进行了分析,有效地控制了路基病害的产生。

1 冲击式压路机工作原理

1.1 冲击碾压作用原理

冲击式压路机,其压实轮表面由几条凸轮曲线组成的非圆柱表面,根据其压实轮的曲线条数不同可分为三边弧形、四边弧形、五边弧形等形式。它是集传统的静碾压实、振动压实和打夯机压实三种功能于一身的一种新型压实设备。

冲击式压路机在工作中，当牵引车拖动多边弧形轮子向前滚动时，压实轮重心离地面的高度上下交替变化，产生的势能和动能集中向前、向下碾压，形成巨大的冲击波，通过多边弧形轮连续均匀地冲击地面，使土体均匀致密。在此过程中，n 边压实轮每旋转一周，其重心抬高和降低 n 次，对地面产生夯实冲击和振动作用 n 次，如图1所示。根据经验和冲击式压路机设计行车速度要求，碾压速度一般不得小于12km/h，也不得大于20km/h。

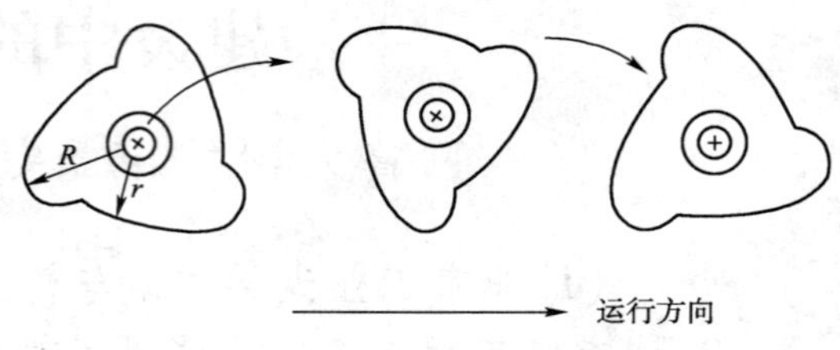

图1　冲击压实机作用原理

冲击压实机以其静能量来标定，能量按下式以千焦(尔)计算：

$$E = mgh \tag{1}$$

式中：E——能量(kJ)；

m——动力部件的质量(kg)；

g——重力加速度(9.81m/s^2)；

h——轮子外半径与内半径的差值(m)，$h = R - r$。

1.2　冲击碾压作用特点

(1)冲击碾压的作用是提高土壤的密实度，降低土体的透水性，减小毛细水上升高度，防止水分积聚和侵蚀而导致路基土软化，或因冻胀而引起不均匀变形，从而为路面的正常工作提供良好的基础。其压实过程主要是土体在压力作用下，克服土颗粒间的内聚力和摩阻力，使原有结构受到破坏，固体颗粒重新排列，大颗粒之间的间隙被小颗粒填充，变成密实状态，达到新的平衡。

(2)冲击压路机利用低频大振幅冲击作用于填料体，并快速连续周期性的作用产生强烈冲击波向地基下层传播，冲击压实同时具有静力、搓揉、振夯、冲击作用和静压、振动压(低幅高频)、冲击压(高幅低频)的作用特点。通过压实轮产生的势能和动能，对地面产生集中的冲击能量，连续快速地对填料和地面产生夯击作用，从而大大加速孔隙水的消散，降低孔隙率。另外，冲击压路机随行驶速度的增加，冲击势能及动能相应增加，从而对土体的作用加大，固结强度提高。

(3)不同填料的液塑限、孔隙率、最佳含水率及最大干密度是不同的，一般路基压实的填料最大干密度和最佳含水率是按实验室重型击实标准来测定的，其所需单位击实功为2.687kJ/m^3。一般振动压路机的击实功在4～18.7kJ之间，而冲击压路机的最大冲击功为25kJ(CYZ25型)，其行走速度为12km/h时，相当于静载200t左右的压实力。随着压实功的增加，土体中的空气和孔隙水被挤出，土体的密实度也相应增加。

2　强夯加固原理

强夯加固地基是将大吨位重锤从高处自由落下给地基以强大冲击力和振动，从而达到提高地基土的强度并降低其压缩性的目的。这种方法是借助于夯锤对地基的冲击荷载，使一定范围内的地基土体发生动力反应。由于地基土呈现明显的非弹性性质，经动力作用后一定范围内地基土的工程性质发生改变，从而使地基土得以加固。

强夯法虽然已在工程中得到广泛的应用,但有关强夯机理的研究,目前尚未取得满意的结果,其主要原因是各类地基土的性质千差万别,很难建立系统的强夯加固理论。针对不同的研究对象,提出了各自不同的见解,目前普遍一致的看法认为:经强夯后,土体强度提高过程可分为以下四个阶段:

(1)夯击能量转化,同时伴随强制压缩或振密,包括气体排出,孔隙水压力上升;

(2)土体液化或土体结构破坏,表现为土体强度降低或抗剪强度丧失;

(3)排水固结压密,表现为渗透性能改变,土体强度提高;

(4)触变恢复并伴随固结压实,包括部分自由水又变成薄膜水,土体强度继续提高。

采用强夯法加固路基时,其加固深度计算采用 Menard 经验公式:

$$H = a \cdot \sqrt{W \cdot h/10} \tag{2}$$

式中:H——加固深度(m);

W——夯锤重力(kN);

h——落距(m);

a——经验系数,其值在 0.4 ~ 1.0 之间,一般与土质条件、地下水位、夯击能大小、夯锤底面积等因素有关。

影响强夯效果的因素主要有:土质及其特性、强夯能级、夯锤、强夯布点、单点夯击数、夯击遍数、间歇时间。强夯法的主要设计参数包括:有效加固深度、夯击能、夯击次数、夯击遍数、遍数间隔时间、夯击点布置等。

3 路基压实影响因素

(1)含水率的影响

在压实过程中,土或材料的含水率对所能达到的密实度起着非常大的作用。用压路机械碾压土或级配集料时,无论含水率过大或过小,都很难达到较高的压实度。实践证实,只有在最佳含水率下进行压实,土的密实程度才是最佳的,此时,不仅可以减少压实功率,而且压实后土的渗水率最小,因而路基将最持久、稳定。但是在施工过程中,要严格在土的最佳含水率下进行碾压,实际上是很难做到的,因为在施工中很难保证土或材料的含水率非常均匀。因此,实际施工过程中应控制在最佳含水率 ±2% 以内进行压实。在现场,当需要对土体进行人工加水时,则达到压实度最佳含水率所需的加水量可按下式估算:

$$M = (W - W_0)\frac{Q}{1 + W} \tag{3}$$

式中:M——所需水量(kg);

W_0——土原始含水率(以小数计);

W——土的压实最佳含水率(以小数计);

Q——需要加水的土的质量(kg)。

(2)压实机械及其功能的影响

施工所用的压实机械对一定含水率下路基土的压实状态有很大的影响,压实机械的选择应根据工程规模、场地大小、填料种类、压实度要求、气候条件、压实机械效率等因素综合考虑确定。目前,在施工中常用的类型通常分为静碾型、振动型和夯实型等。

(3)碾压层厚度

碾压层厚度对路基所能达到的压实度有很大影响,如碾压层过厚,则碾压层底部达到压实度要求时，其顶面必然超压，浪费压实功；相反，如填土过薄，则易起皮剥离，影响路面基层质量。实际上，对于不同压路机的压实层厚度具体多少比较合适，应通过试验段进行现场碾压试验及分层测定干密度的方法来确定。

（4）碾压遍数

压路机的碾压遍数对路基上的密实度影响很大，用同一压路机对同一种材料进行碾压时，最初的若干碾压，对增高材料的干密度影响很大。碾压遍数继续增加，干密度的增长率就逐渐减小，碾压遍数超过一定数值后，干密度实际上就不再增长了。实践表明，要达到同一击实度要求，振动压路机所需的遍数最小，轮胎压路机所需的遍数最多。在施工现场，碾压遍数的控制应根据上述试验段方法与填土厚度综合考虑，若控制压实遍数超过10遍，还不能达到要求的压实度，如继续增加碾压遍数，其密实度增加的效果很小，经济效益也较差，此时应考虑减少填土层厚度。

（5）碾压速度影响

不论用哪一种形式和质量的压路机进行碾压，其碾压速度对路基土体所能达到的密实度都有明显的影响，一般当所铺土层厚度不变时，传递至填土的压实功能与碾压遍数及压路机的行驶速度具有一定的比例关系，即如碾压层达到规定密实度所需的压实功能不变，则当行驶速度加倍时，碾压遍数也要加倍。通过对路基土层的碾压速度试验，可以得到图2所示的关系。这说明在相同碾压遍数的情况下，碾压速度愈高，所得的压实度愈小；为了达到同样的压实度，碾压速度愈高，所需的碾压遍数就愈多。

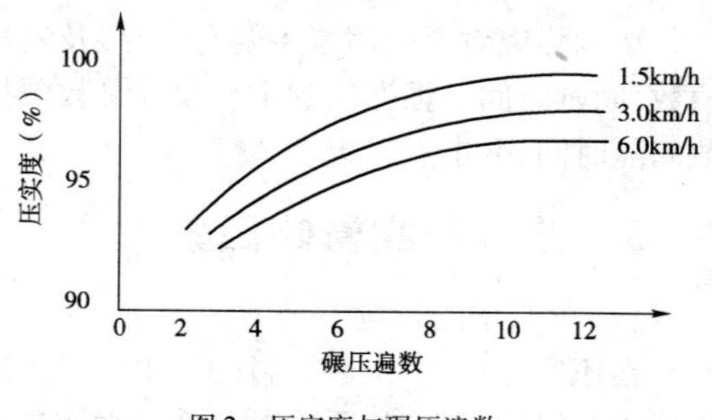

图2 压实度与碾压遍数

对于一种类型的压路机械都有一个最佳适宜的速度，一般光轮静碾压路机为2～5km/h，振动压路机为3～6km/h；冲击式压路机碾压速度不得小于12km/h，但不得大于20km/h。

4 工程应用实例

4.1 工程概述

锦阜高速公路为辽宁省公路建设总体规划的一部分，路线全长117.3km，处于辽西大小凌河流域，属于山岭重丘区，全线高填方路段较多，且填料种类各异。锦阜高速公路第五合同段地处锦州市境内，设计起止桩号为K28+800～K36+200，全长7.43km，为山岭重丘区。由于各段填料种类不同所产生的效果差异较大，为了减少路基填土的工后沉降，提高路基整体强度，采用冲击式压路机和强夯法进行压实施工。

4.2 实施技术措施

4.2.1 机械设备

（1）冲击式压路机采用欣郑CYZ25三瓣式冲击压路机，其主要性能：有效压实深度1m，影响深度5m，碾压速度10～15km/h，自重15.6t，冲击能量25kJ，压实宽度2×1m，利用ZL50装载机改装的主车进行牵引。

（2）强夯采用铸铁盘（ϕ90×20cm），自重1 000kg，起重设备为轮胎式钢桁架吊臂起重机改装，起吊高度为5～6m。

4.2.2　实施范围

(1)在填方路段,采用冲击式压路机。沿路线纵向进行往返式反复冲击压实,避开强夯区和构造物影响区(沿路纵向5m),横向离开路床边缘线1m。

(2)桥涵台背回填是路基与桥涵的衔接部位,因其回填工作量小、操作空间狭窄,施工过程中压实度往往达不到设计要求,极易导致桥头跳车现象。本路段强夯区为桥台后背特殊回填范围,即沿路纵向离桥台背墙1~(2+H)m(规范规定),且必须满足桥头搭板路端外1.5m。侧向离开翼墙或耳墙1m。采用重叠一个半径宽度,交替夯击的方法进行压实补强,如图3所示。

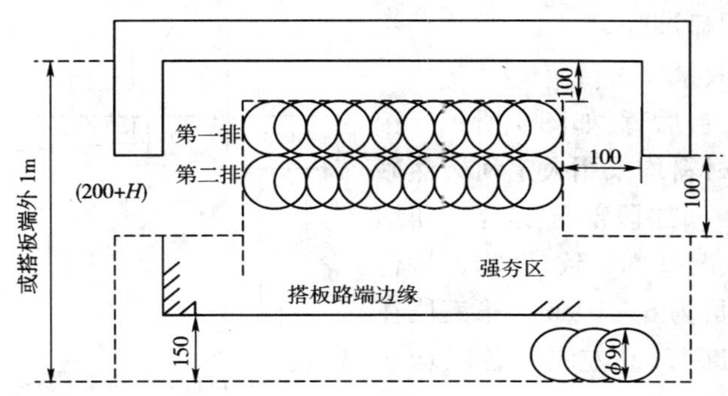

图3　台背强夯补强顺序示意图(尺寸单位:cm)

(3)追密和补强均在95区第三层(距路床顶下20cm),在施工完后进行实施。

4.2.3　不同路段填料种类

第一施工路段(K28+800~K30+760),大部分为强风化的火山岩;第二路段(K30+770~K31+605),为风化砂砾和土的混合料;第三路段(K33+700~K36+200),为大定河天然级配砂砾。

4.2.4　原路基压实状况

第一、第二施工路段原路基压实,采用YZ16和YZ18振动压路机进行施工,其激振力可达到340~410kN之间;第三施工路段原路基压实,采用英格索兰175及BW215振动压路机进行施工,其激振力分别达到457kN和470kN。按施工要求所填筑层压实度均达到96%以上。

4.3　实施效果分析

路基压实施工要求,冲击式压路机牵引速度为12~15km/h,夯锤提升高度为5.5m。

4.3.1　冲击压实实施效果

(1)第一路段(K28+800~K30+760),填土高度3.5~5.7m。该路段填料大部分为强风化火山岩,孔隙率较大,孔隙中的空气和水分较多,颗粒间的摩擦阻力较大。在一般振动压路机压实情况下,较容易达到要求的密实度。但在使用过程中,随着水的侵蚀,土体颗粒间的摩阻力逐渐缩小,必将产生沉降。施工过程中采用冲击压路机进行冲压,以增大对土体的击实功率,通过冲击波的传递,进一步增大颗粒间摩阻力,使颗粒重新排列挤密,从而弥补振动压路机击实功的不足,达到追加密实度的目的。

路基在冲击压实作用下,初始沉降及表层剪切破坏明显,表面松散浮层较厚,约7~8cm;冲击到15~16遍时,不能直接观察到路基沉降,且表层松散情况有所缓解,冲击到20遍后停止,利用振动压路机将表层碾压平整,水准测量沉降量为9~10cm。

(2)第二路段(K30+770~K31+605),填土高度5.7~6.5m。该路段填料为风化的粗砂砾与土的混合料,其颗粒小,土与砂砾混合较均匀,但该路段填方较高,路床坐落在河边的软基上,毛细水较发达,容易造成工后沉降和路基失稳,需要采取补强措施。由于填方实体在冲击压路机的影响深度范围内(5m),且原先采用压路机(YZ16、YZ18)的击实功较低,因此在采用冲击式压路机压实后,出现了较大沉降(平均为8.3cm)。通过冲击压实和现场取样观测,路基下1.0m范围,形成了连续、均匀、密实的加固层,阻滞了毛细水的上升,从而达到稳定路基的目的。

(3)第三路段(K33+700~K36+200),填方高度在6.3~7m。该段填料采用大定河的天然级配砂砾,属透水性材料。该路段在冲击作用下无明显剪切破坏痕迹,只是表面有些松散,经整体碾压后观测无明显沉降。

4.3.2 强夯实施效果

强夯主要作用在桥台后背,如图4所示。按照规范要求,台背填筑材料均采用大定河天然砂砾,呈倒梯形填筑。第一、二段部分的台背回填在强夯作用下的沉降状况基本一致,即临近桥台一侧向路基方向,沉降量为6~10cm。第三段在强夯作用下,沉降量均在5cm左右。各段均达到了良好的压实效果。

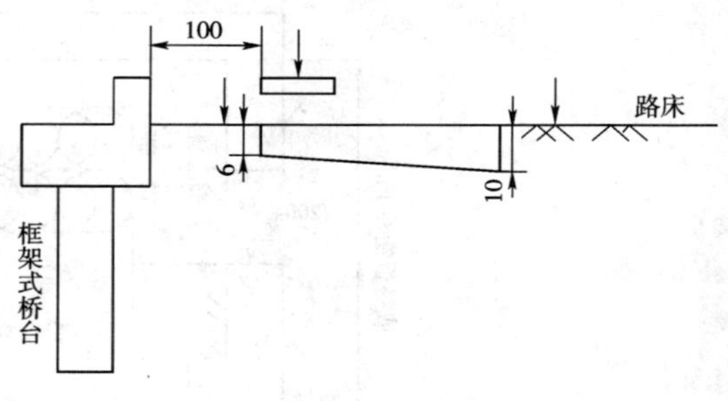

图4 桥台后背强夯压实沉降(尺寸单位:cm)

5 结语

冲击式压路机,是集传统的静碾压实、振动压实和打夯机压实三种功能于一体的一种新型压实设备。采用冲击式压路机冲碾过的路基,不仅达到了理想的加密补强效果,而且降低了路基的沉降量,缩短了路基的沉降时间,提高了路基的稳定性和承载力。强夯法设备简单、施工方便、经济易行、效果明显。本文在分析冲击式压路机和强夯法的作用原理和技术特点的基础上,结合锦阜高速公路路基施工特点,探讨了冲击压实和强夯法对于路基及桥台进行压实追密、加强补压、减少工后沉降的应用研究。工程实践表明,只要结合具体的工程条件,采用合理的施工工艺和技术措施,就能够获得良好的路基压实效果,有效控制路基病害的产生。

参考文献

[1] 中华人民共和国行业标准.公路路基施工技术规范 JTG F10—2006[S].北京:人民交通出版社,2006.
[2] 林耀进. 冲击式压路机在高等级路基施工中的应用[J]. 华东公路,2006(2).
[3] 杨世基. 冲击压实技术在路基工程中的应用[J]. 公路,1999(7).
[4] 杨晶. 冲击压实技术在高速公路路基施工中的应用. 辽宁交通科技,2003(4).
[5] 杨人凤. 冲击振动复合压实技术与设备[M].北京:中国科学技术出版社,2003.
[6] 靳红欣. 强夯法施工在少洛高速公路中的应用[J]. 中外公路,2005(3).

草炭土工程特性试验研究

柳雁玲[1] 王 豪[2] 张 辉[1] 全群山[1]

(1. 吉林省高等级公路建设局 长春 130062;2. 吉林大学 长春 130021)

摘 要:以吉林东部草炭土为研究对象,在室内试验的基础上分析总结了草炭土的工程特性。研究表明:草炭土具有高天然孔隙比、高含水率、高压缩性和低抗剪强度等性质。公路建设应根据其特性,进行合理设计及施工,避免草炭土地区公路产生病害。

关键词:草炭土 分解度 抗剪强度 工程特性

0 引言

草炭土是一种结构松软、高天然空隙比、高含水率、高压缩性和低抗剪强度的特殊土。草炭土主要分布于东北的大、小兴安岭和长白山等高纬度高寒地区。它的显著特点是有机质含量高,工程地质特性极差,给草炭土地区的公路建设造成了不良影响。随着国民经济的发展、大量的道路桥梁工程的兴建,需要搞清草炭土的工程特性,为工程建设服务。本文以吉林至延吉高速公路地段分布的草炭土为研究对象来探讨其工程特性。

1 研究区域概述

吉林至延吉高速公路是交通部规划的同江至三亚国道主干线长春至珲春支线(GZ10-1)的一部分,地处吉林省东部平原和山地区,为寒温带湿润大陆季风气候,属于季冻区。研究区域属第三纪末期的断块山地,公路沿线所经地区沟谷发育,路段地基下有大量的草炭土和淤泥质土,有充足的河水补给。

根据野外观测和钻孔资料,研究路段软土地层主要为沼泽草炭土、淤泥质土、低液限黏土,下面多为砂、砂砾等硬层,透水性较好,属于典型的冲积相地层。该区草炭土,主要分布于低洼湿地环境中;颜色呈黑色或暗褐色,略有臭味;饱水,大孔隙,孔隙之间连通性好。

2 沿线草炭土的物质组成及物理化学基本性质

2.1 物质组成

草炭土主要由有机质和矿物成分组成。草炭土有机成分的原始物质是死后的水生、湿生草本植物的根、茎、叶、果实和种子等,它们由碳水化合物、木质素、蛋白质、脂类化合物等4类有机物组成。

延边地区草炭土地层主要为草炭土、淤泥质黏土和砂砾土组成的冲击相地层。如图1所示,各地层的岩性特征概述如下:

(1)上层:草炭土

草炭土为表层,平均厚度为1.2m左右,最厚达到3.5m。野外现场特征:0~20cm为活草根层,主要以苔草和乌拉草根为主;20~50cm为暗褐色草炭,遇空气变黑,具弹性,分解度

20% ~35%,呈团块状和纤维状,内有明显的木本及灌木根,苔草不明显;50 ~75cm 棕色草炭,遇空气变黑,稍有弹性,分解度 30% ~40%,稍具层状及团状,内有睡菜籽;75 ~120cm 棕色草炭,遇空气变黑,有弹性,分解度约 10% ~50%,有层状结构,纤维中等。

图 1 草炭土沿深度不同层位(表、中、深)产状

(2)中层:淤泥质黏土

草炭土层下伏地层为淤泥质黏土层,呈灰绿色,粉质含量较高,约占 40%,局部夹有细砂及绢云母,可塑。其平均层厚为 30cm,局部地段未见该层土。该层土为草炭土的浅育层。

(3)下层:砂砾土

据现场钻孔资料,淤泥质黏土下部为砂砾土层,粒径约 20mm,含卵砾大于 50%,局部地区该层为砾砂,砾含量为 30%。

2.2 物理性质及化学性质

草炭土的基本物理化学性质指标,如表 1 所示。

草炭土物理化学性质指标平均值

表 1

层位	土层天然密度 (g/cm^3)	含水率 (%)	土粒密度 (g/cm^3)	有机质含量 (%)	烧失量 (%)	C^{14}测定年龄	pH
表层	1.07	228.3	1.75	51.08	57.58	2712	5.44
中层	1.12	208.7	1.65	50.49	62.02	2979	5.20
下层	1.27	115.5	1.92	24.64	43.77	9699	4.84

(1)土粒密度

土层天然密度和土粒密度均随深度增大而增大,草炭土自上而下所含未腐烂的植物纤维逐渐减少,有机质分解度增大,土颗粒逐渐变细。

(2)含水率

自上而下随着有机质分解度增大而降低,上部分解程度低,未完全分解的植物残体含量高,容易形成大孔隙,为孔隙水的储存提供了良好条件。同理,下部分解程度高于上部,含水率相应降低。

(3)有机质含量及酸碱度

草炭土中含有大量有机质,有机质是由未完全分解的植物残体和腐殖质组成。本文采用烧失量试验和化学方法,测定剖面不同层位的有机质及挥发性物质含量。

由测定结果可以看出草炭土呈弱酸性,并随着深度的加深 pH 值降低。这是由于底部草炭分解程度高,腐殖酸含量高并能良好的储存,而表层的腐殖酸含量低且易于挥发。

由表1看出,化学方法测得的有机质含量低于烧失量测得的结果,这是因为化学方法难以测出未分解的植物残体的有机质含量。

3 力学性质

为了全面了解草炭土力学特性,把握其渗透特性、压缩变形特性以及抗剪破坏特性,进行了渗透、无侧限抗压、直剪、三轴、压缩等典型力学性能试验,得到了渗透系数、固结系数、压缩系数、压缩模量、内聚力、摩擦角、有效内聚力、有效摩擦角和孔隙压力系数,以及无侧限抗压强度等指标(见表2)。

3.1 草炭土的压缩特性

压缩系数是说明各种土压缩性高低的常用指标,《交通土建软土地基工程手册》根据压缩系数,对土的压缩性高低进行了分类,分为低压缩性($a_{1-2}<0.1\text{MPa}^{-1}$)、中等压缩性($0.1\text{MPa}^{-1}<a_{1-2}<0.5\text{MPa}^{-1}$)和高压缩性($a_{1-2}>0.5\text{MPa}^{-1}$)三类。

试验成果表明草炭土沿深度方向压缩性存在差异,如在0~100cm的范围内压缩系数为1.5~10 MPa^{-1}之间,而在100~300cm范围内压缩系数为0.2~2 MPa^{-1}之间,说明分别呈现高压缩性,并逐渐过渡到中等压缩性。比较而言,压缩模量值不大,在0~100cm的范围内数值为0.6~2.5MPa之间,100~300cm范围内数值为1~8MPa。

3.2 草炭土的抗剪强度

为了评定草炭土的抗剪强度,试验中采用了直接剪切试验和三轴试验两种方法。直剪试验中的快剪方法对应三轴试验中的不固结不排水法,固结快剪方法对应三轴试验中的固结不排水法,具体得到黏聚力(c)、内摩擦角(φ)以及有效黏聚力(c')和有效内摩擦角(φ')等指标。由汇总表可以看到草炭土的黏聚力在3~70kPa范围内,比较离散,内摩擦角一般在5°~30°之间。但是考虑到三轴仪能够控制排水,不仅能准确测定总抗剪强度参数c、φ值,还能测得孔隙水的压力系数、有效抗剪强度参数,所以建议采用此方法以及测定参数。

3.3 草炭土的渗透性

草炭土的渗透性在同样荷载分级压力作用下是有方向的,并且沿深度层位发生变化。如在0~100cm的范围内,在0~150kPa压力的分级荷载作用下,竖向渗透系数明显下降,下降幅度为80%~99.5%,然后固定在$10^{-6}\sim7\times10^{-7}$cm/s;而横向渗透系数在0~50cm范围内相对下降较小,幅度为18%~35%,然后受增加荷载影响很小,固定在$4\times10^{-4}\sim7\times10^{-5}$cm/s。当超过100cm的深度草炭土层厚度时,在0~250kPa压力的分级荷载作用下,竖向渗透系数下降幅度为65%~90%,然后固定在$6.5\times10^{-5}\sim1.5\times10^{-5}$cm/s;而横向渗透系数在0~160kPa压力的分级荷载作用下,下降幅度明显为80%~90%,然后固定在$4.5\times10^{-5}\sim1.8\times10^{-5}$cm/s之间,具体详见图2所示。这一定量结论对于处治方案的选择确定,以及对于草炭土湿地保护的认识有指导意义。因为在荷载作用下,竖向渗透系数的变化与路基的变形稳定有关,而横向渗透系数的变化与路基的稳定和两侧草炭土地下水的补给有关,所以涉及到处治方案和环境保护。

4 微观结构特征及成因分析

草炭土未完全分解的植物根系含量较高,采用扫描电镜观察微观结构难度较大,本次采用高倍透光实体显微镜观察细观结构,如图3所示。

表2

延边地区草炭力学性质指标汇总表

草炭土分布位置	取土深度（m）	固结系数 Cv_{1-2}	压缩系数 a_{1-2}	压缩模量 Es_{1-2}	渗透系数 K	快剪 内聚力 c	快剪 摩擦角 φ	固结快剪 内聚力 c	固结快剪 摩擦角 φ	三轴 内聚力 c'	三轴 摩擦角 φ'	无侧限抗压强度
		m²/s	1/MPa	MPa	cm/s	kPa	°	kPa	°	kPa	°	kPa
大石头、东明	0.0～1.0	3.011～5.617	5.139～8.771	0.825～1.336	4.981E－7～8.047E－7	19～41	10.4～20.8	20～63	13.8～29.7	8.3～43.6	9.8～21.6	6.98～30.87
	1.0～3.0	0.507～12.506	0.376～0.770	2.635～5.208	1.281E－8～6.448E－7	5～21	8.2～13.6	14～33	14.8～28.9			
黄松甸、黄泥河	0.0～1.0	1.484～4.700	1.959～6.987	1.042～1.916	9.757E－9～3.62E－7	3～30	6.3～19.1	19～53	16.8～26.1	16.9～54.9	8.2～53.9	9.3～15.85
	1.0～3.0	0.376～14.730	0.247～1.723	1.433～7.575	1.179E－8～3.083E－7	7～51	5.1～25.0	12～70	13.3～30.1			15.85～21.02
哈尔巴岭、大川	0.0～1.0	3.093～6.860	3.790～9.937	0.670～2.262	1.101E－7～1.358E－6	8～45	6.7～17.2	10～50	15.1～30.4			14.58～28.03
	1.0～3.0	1.603～8.443	0.282～0.887	2.482～6.734	2.823E－8～1.622E－7	3～19	7.8～22.5	15～44	14.1～29.2			34.97～50.08
江源镇寒葱沟	0.0～1.0	1.22～2.0	1.551～7.948	0.8～2.0	2.56E－7～7.75E－6	4～9	7.8～21.8	10～21.8	13.8～24.9			19.5～68
	1.0～3.5	1.22～2.12	0.341～2.06	1.0～4.90	9.58E－5～1.22E－4	4～16	9.3～23.6	8.2～12.7	15.3～26.2			40～62

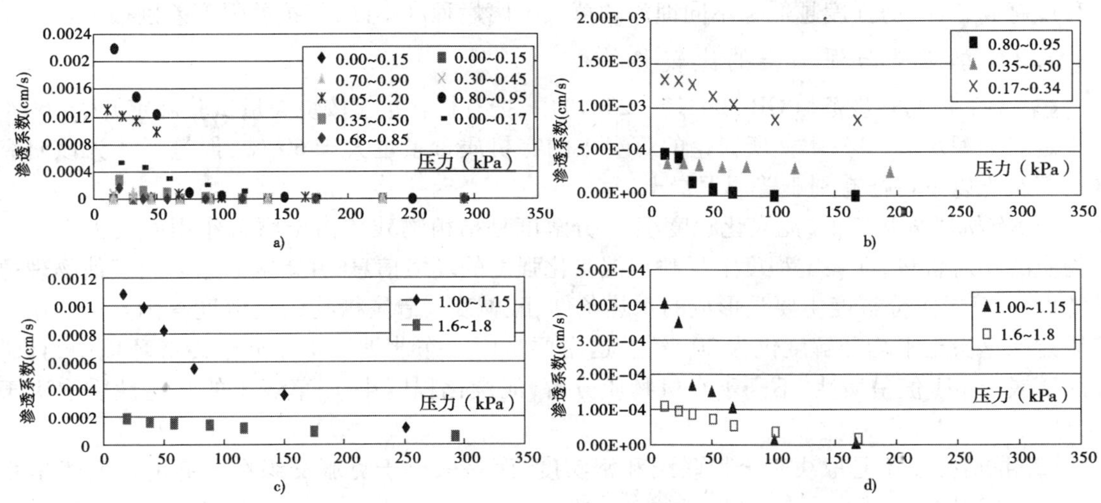

图2　草炭土渗透系数变化

a)竖向变化(0～100cm)；b)横向变化(0～100cm)；c)竖向变化(＞100cm)；d)横向变化(＞100cm)

分析草炭土的细观结构，可以看出：

(1)土体的基本单元是由未完全分解的植物残体组成格架，腐殖质和矿物胶体充填格架之间。由于草炭土中低分解度，多数格架都处于未填充状态，形成架空结构。

(2)未完全分解的植物残体以纤维素、半纤维素以边—边、边—面、面—面方式组成空间格架。

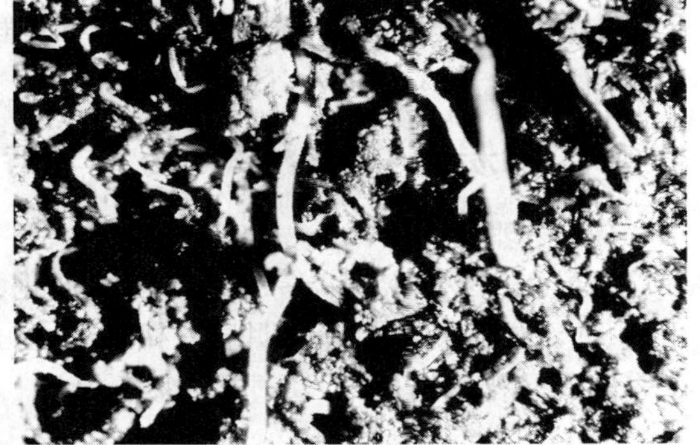

图3　草炭土显微镜照片

(3)腐殖质胶体与矿物胶体呈微小的球粒状、粒间以面—角、面—面方式形成粗大的球状集粒，球状集粒以半定向或不定向形成团聚体、微团聚体填充格架大孔隙中。

(4)显微镜下观察，不难发现，草炭土中存在大量孔隙。按孔隙大小和存在形式，可将孔隙分为：微团聚体、团聚体和有机质内微孔隙；架空的大孔隙，有时肉眼即可观察到；未完全分解的植物残体内部的孔隙。

(5)孔隙之间连通性好，颗粒间为结合水和腐殖质胶结；未完全分解的植物残体间以水膜联结形成大孔隙格架。

草炭土特殊的架空结构使得天然孔隙比大，天然重度小，渗透性强，压缩性高；结构内部水膜、腐殖质和矿物黏结弱，决定了其较差的工程地质特性。

5　草炭土的工程地质特性

5.1　决定草炭土性质的因素

决定草炭土性质的根本因素是它的成分和结构，而成分和结构又受其成因影响。有机质或未腐烂根系含量愈多，草炭土的亲水性愈强，孔隙比愈大，天然含水率愈大，故压缩性就愈高。草炭土中黏粒含量较小，约为30%。其强度主要取决于杂乱无章地交织在一起的未腐烂根系的强度。纤维状的未腐烂根系交织在一起，具有一定的抗剪强度。草炭土中植物根系腐烂程度越高,其抗剪强度越低。不同埋深的草炭土腐烂程度不同,其抗剪强度差别很大。

5.2 草炭土与泥炭土的比较

《岩土工程勘察规范》(GB 500212—2001)中,把有机含量(按烧失量试验确定)大于60%的土定名为泥炭。虽然本文所讨论的草炭土的有机质含量也大于60%,但笔者认为该研究区的草炭土以下特征有别于普通泥炭土。

(1)有机质分解度低,泥炭化程度小。分解度是指植物残体由于腐解作用而失去细胞结构物质的相对含量,在一定程度上反映出泥炭化强度的环境信息,并影响着草炭土其他物理力学特性。草炭土分解度主要受形成的水热条件、酸碱度、造炭植物的抗解度等因素的影响。该研究区草炭土平均分解度仅为20%。这主要是因为东北地区常年处于冷湿环境中,且研究区草炭土 pH 值呈酸性,不利于有机物质分解,泥炭化程度小。草炭土的某些性质取决于其分解度。

(2)抗剪强度不是取决于土粒联结和密实度,而是取决于克服交织在一起的未腐烂植物根系的剪切强度。

从以上分析可以看出,该研究区的这种特殊性土既有普通泥炭土的工程地质性质,又有其自身特性。这种土的结构呈纤维状,而且这些植物纤维含量大于60%,对该土的物理力学性质起有确定因素,故笔者认为称其为"纤维质泥炭土"最合理(注:这一定名仅限于学术研究,还有待商榷,文中仍称其为草炭土)。

6 草炭土物理、化学及力学特性在公路建设上的应用

(1)物理特性

草炭土的物理特性指标沿地层深度变化,如浅层的含水率非常高,但深层的对应指标明显下降,而天然密度等指标则明显提高。这说明草炭土浅层含水率较大,所以要求公路路基建设中采取有效排水措施,并通过加载降低孔隙,以减少水害、冻害,加快固结。

(2)化学特性

草炭土的有机质含量、烧失量等主要化学特性指标沿地层深度变化,即浅层含量高,深层逐渐下降,但是均呈酸性。这说明草炭土形成稳定酸性环境,不利于植物残体的分解,并且由于上部地基层大量的植物根系的长期存在,是良好的天然加筋层。

(3)力学特性

草炭土浅层呈高压缩性,并沿深度逐渐过渡到中等压缩性;草炭土浅层固结系数较大、均匀,但深层不够均匀,变化幅度较大;草炭土的内聚力、摩擦角变化幅度较大;草炭土的渗透性在分级荷载的作用下随深度变化有明显的方向性,在浅层竖向渗透系数下降明显,而横向渗透系数下降幅度相对较小,随后稳定在粉质黏土水平,但深度较厚时横向渗透系数则下降明显。总之,较高的压缩性说明在荷载的作用下将产生较大的变形沉降量,较低的抗剪能力以及通过固结加载能提高有效强度,说明存在控制路基填筑高度、填筑时间,以保证路基稳定问题。上部地层在荷载的作用下,横向渗透系数下降幅度相对较小,说明草炭土浅层渗透补给在路基荷载的作用下的影响不大,即对草炭土湿地环境影响不大。但是通过试验研究表明,草炭土的物理化学及力学性质指标在平面分布(横向和纵向)、沿地层深度方向上均存在明显差异。这表明草炭土工程特性的明显差异性,即路基填筑若没有采取必要的工程措施必将产生不均匀沉降,从而影响路基的稳定和长期使用效果。

综上所述,通过对草炭土地基物理化学及力学特性试验研究,对草炭土高含水率、高有机

质含量、大孔隙比、高压缩性、低抗剪强度以及不均匀的工程特性有了基本把握，就能够为针对性确定切实可行的处治方案提供扎实、可靠的指标、参数等技术依据。

参考文献

[1] 赵红艳,等. 敦化泥炭矿物质组成的研究. 东北师范大学学报（自然科学版）,2002,34(3) :77-80.

[2] 钱家欢,殷宗泽. 土工原理与计算（第二版）. 北京:中国水利水电出版社,1996 . 1-29;259-290.

[3] 唐大雄,等. 工程岩土学. 北京:地质出版社,1999 . 78-89 ;111-119.

[4] 蒋忠信. 滇池泥炭土. 成都:西南交通大学出版社,1994 . 32-55.

[5] 赵红艳,等. 敦化大桥泥炭有机质及其组分研究. 吉林农业大学学报,2002 ,24（3）:65-67.

[6] 河海大学. 交通土建软土地基手册[M]. 北京:人民交通出版社,2001.

[7] 赵华,佴磊. 敦化地区草炭土的工程性质研究[J]. 岩土工程技术,2004(6), 311-314.

草炭土地区路基处治技术研究

陈东丰　郑纯宇

（吉林省交通科学研究所　长春　130012）

摘　要：本文针对草炭土地区公路路基建设存在的病害和隐患，考虑季节性冰冻气候影响和荷载作用，结合修筑的实体试验工程及跟踪测定效果比较，提出恰当的处治对策和建议，对于提高草炭土地段路基的稳定性、耐久性，减少常见的病害有借鉴意义。

关键词：草炭土　公路　路基　处治技术

0　引言

“草炭土”是指地面低洼、降水补给充足、地下水位高及喜水植物生长茂密，表层以下有在缺氧条件下死亡了的不能充分腐烂的植物，形成有机质含量高、孔隙比大、压缩性很大，含有复杂的纤维和木质残余物以及分解度较低且有一定厚度的泥炭层一类的泥沼。

本文依托于交通运输部西部交通建设重点科技项目“草炭土地区公路建设技术研究”。该项目依托工程为吉林省延边地区国道鹤岗至大连公路（G201）新建江源镇至大蒲柴河K1 +300 ~ K2 +520 段，路基形式为草炭土沼泽湿地上填筑路堤。依托工程采用8 种处治对策，分别为：直接填筑、直接填筑 + 反压护道、土工格栅加筋、砂砾风化软岩混填 + 复合土工布、聚苯乙烯泡沫塑料（EPS）块、砂桩 + 复合土工布法、换填砂砾、土工隔栅 + 聚苯乙烯泡沫塑料（EPS）板。

1　草炭土地区公路路基病害分析

在春、秋不利季节分别对建成通车营运年限有一定的时间跨度、路堤填筑高度在 1 ~ 7m 高范围内、交通量有一定代表性的干线公路的草炭土路基使用状况进行了调查。其主要包括：路基填筑高度，路基开裂、差异沉降、沉陷、滑移、冻胀等病害现象，以及病害发生原因等。

定性分析较高路堤建设及通车初期产生纵向开裂和较大差异沉降的原因，有以下几个方面。

（1）引道原地基为多年沉积河谷草炭土地，地质勘探表明草炭土及淤泥质土层较厚（超过 8m），高含水率、大孔隙比，并呈流塑状，即地质条件极为不良。

（2）施工中采取了直接滚填抛石挤淤后逐层填筑方法，没有进行沉降变形跟踪监测以控制施工速度，也没有设置反压护道，所以导致草炭土层被拉裂并反射到填筑的路堤，使路堤纵向开裂滑移。事实证明，在工程建设中及时采取了反压护道措施的路段，到目前为止尚未发现工后纵向开裂等病害。

（3）工程没有采取超载预压等控制工后残余沉降等措施，使得在路基自重恒载及车辆荷载的作用下，草炭土地基继续压缩变形，产生明显超标的差异沉降，如严重的桥头跳车问题。

对于较矮路基的不均匀沉陷、侧向滑移塌陷、辙槽软弱等病害现象，归纳产生的原因有以下几个方面。

(1)原路基坡脚以下近2～3m范围内80cm左右厚度的部分草炭土被清除，使路基长期被积水浸泡，且由于路基较矮，即低于1.5m，属于荷载、冻融循环的有效作用范围，导致路基强度和稳定性下降。

(2)路基下浅层草炭土被清除后，仍留有一定厚度的淤泥质土，此厚度的淤泥土如前所述在1m左右范围内的黏聚力、摩擦角等强度指标呈下降趋势。

(3)路基填料为碎石土，位于高含水率草炭土地基上，在长期车辆动荷载、冻融循环的作用下，使得路基容易受到不断上升的地下水、毛细水的直接影响崩解、软化，在车辆动荷载的作用下产生辙槽软弱。

(4)路基一侧靠近山体，由于涵洞等构造物的设置数量不够，或者位置不够合理，或者年久失修，失去了排水或窜水的功能，导致一侧积水浸泡路基，使得路基单侧因强度降低，而在车辆动荷载的作用下产生侧向滑移塌陷等不均匀沉陷。

2 依托工程处治方案

依托工程路段平纵线形按一级公路标准设计，由于路段位于草炭土地基沼泽地不良地质地段，所以原设计采用了部分挖除换填的方法处治。根据项目的主要研究目标，以前述草炭土地区公路使用状况和病害分析为依据，针对路段不良地质情况，本着不破坏原状草炭土地层和保护湿地为前提，以及提高路基的整体稳定性和抗变形能力，方便施工、就地取材的原则，对原设计进行了变更，确定了经济、技术可行的处治方案，即分别采用了轻质路堤、反压护道、加筋路堤、粒料桩、砂砾风化软岩混合料垫层及复合土工布、部分清除换填等处治对策。

在具体处治方案设计中，对于中等厚度以上的草炭土地段，考虑采取挖除换填不经济，并且由于沼泽地地势低洼、地下水位浅甚至与地表水连通，泥炭土呈流塑状，排水困难，所以采取设置整体性好的加强层(土工布、土工格栅)，配合砂桩等技术，加速草炭土地基的排水固结和变形稳定。

依托工程各处治对策设计，具体分述如下：

(1)直接填筑+反压护道路段(见图1)：K1+300～K1+400，长度100m

采用透水性较好的材料填筑路基，并结合反压护道，是一种综合处治法，施工简便。

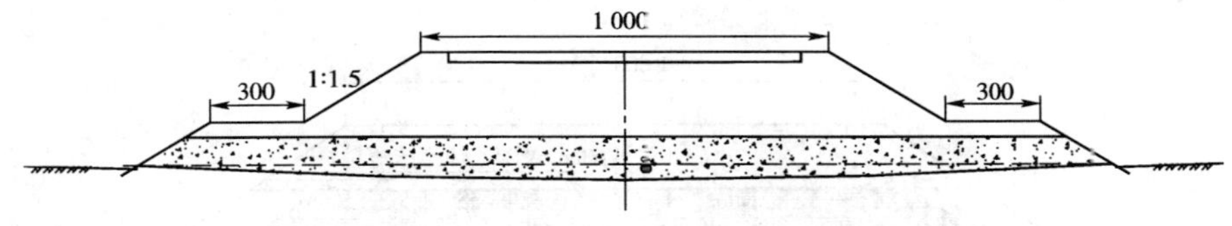

图1 直接填筑+反压护道(尺寸单位：cm)

(2)土工格栅加筋路段(见图2)：K1+440～K1+560，长度120m

考虑草炭土局部厚度变化差异大的特点，并避免风化软岩遇水崩解影响长期整体稳定性，通过加一层土工格栅使得路基整体受力较均匀。

(3)直接填筑路段(见图3)：K1+560～K1+680，长度120m

主要是用于不同处置方案效果的对比，该处治对策一直在延边地区中应用。

(4)砂砾风化软岩混填+复合土工布路段(见图4)：K1+760～K1+820，长度60m

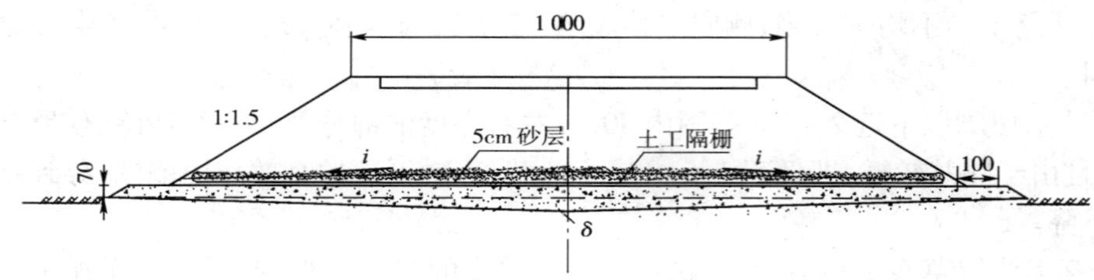

图 2 土工格栅加筋(尺寸单位:cm)

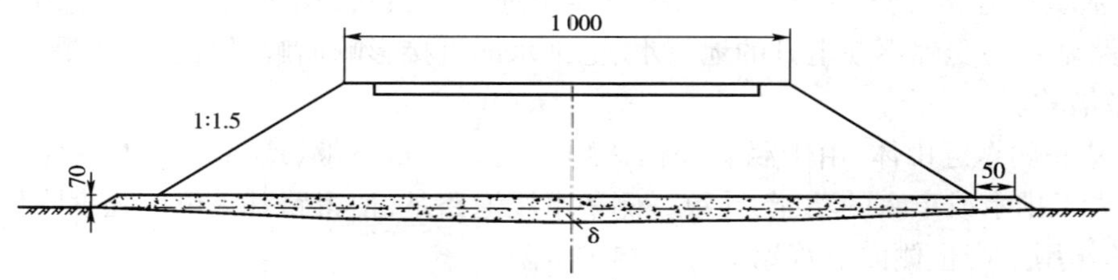

图 3 风化软岩直接填筑(尺寸单位:cm)

主要是针对该路段含水率为 200% ~300%,孔隙比高(为 5 左右),草炭厚度深度达 3 ~ 4m,其下还有 0.7m 左右含水率 47% 的低液限淤泥质黏土,即地质条件比较软弱情况,最初考虑采用塑料排水板处治,以加快固结;后来由于初冬解冻无法正常作业且受工期限制等实际,及时调整为此方案。

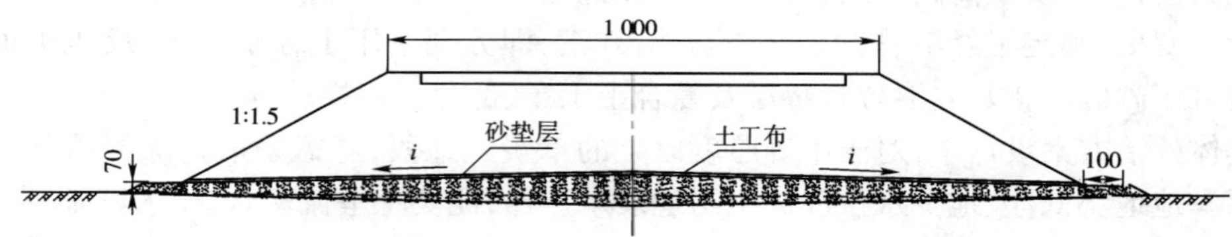

图 4 砂砾风化软岩混填及复合土工布(尺寸单位:cm)

(5)聚苯乙烯泡沫塑料(EPS)块路段(见图 5):K1 +840 ~ K1 +920,长度 80m

这是一种轻质路堤处治对策,因为 EPS 块是一种轻质、高强材料,目前在江浙一带高速公路软基处治中颇受欢迎;又因为是良好的保温材料,且考虑该段草炭土地基地质状况适中,较为适宜。

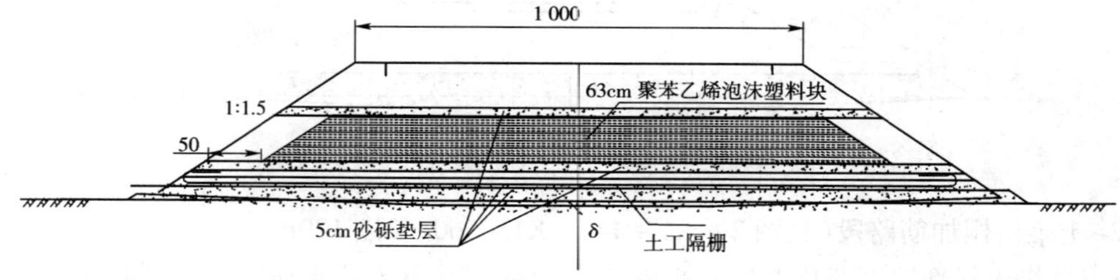

图 5 聚苯乙烯泡沫塑料块土工隔栅处置方案(尺寸单位:cm)

(6)砂桩 + 复合土工布法(见图 6):K2 +190 ~ K2 +290,长度 100m

此方案是竖向排水体预压的一种方法,该段含水率较大,草炭厚度较深,且其下为砂砾层,通过砂桩上下沟通,有利于排水加速固结。

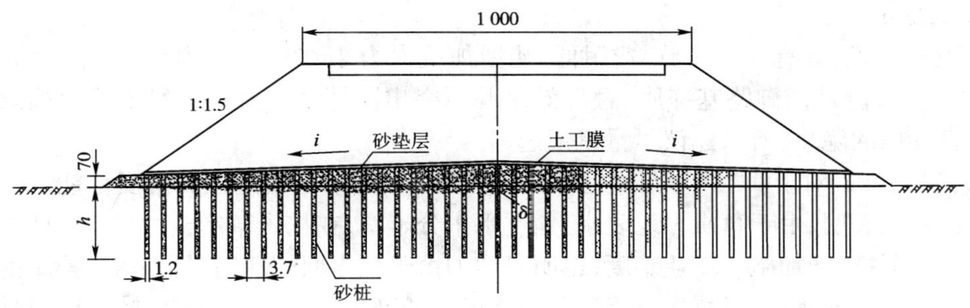

图6 砂桩+土工膜处置方案(尺寸单位:cm)

(7)换填砂砾路段(见图7):K2+290~K2+330,长度40m

此方案是原设计的处治措施,用于比较其他处治对策工程效果。

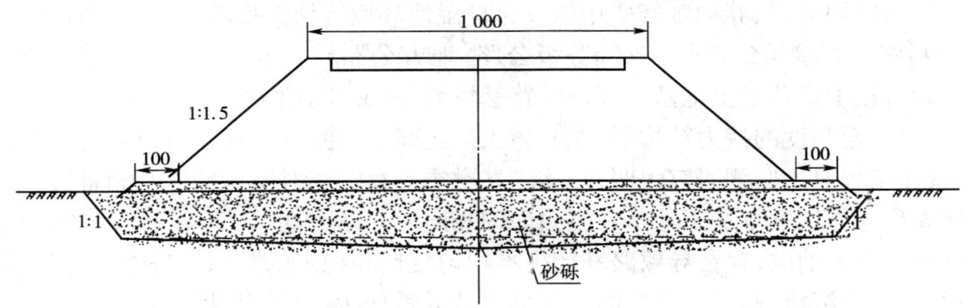

图7 清除草炭土换填砂砾处置方案(尺寸单位:cm)

(8)土工隔栅+聚苯乙烯泡沫塑料(EPS)板法(见图8):K2+370~K2+450,长度80m

EPS板在俄罗斯、日本等国家先后用于公路建设以提高抗冻隔温性,取得成功经验,所以采用EPS板是处理季冻地区软基的一种尝试,将为其他类似地区在路基填料较差的软基路段采取此种保温措施提供经验。

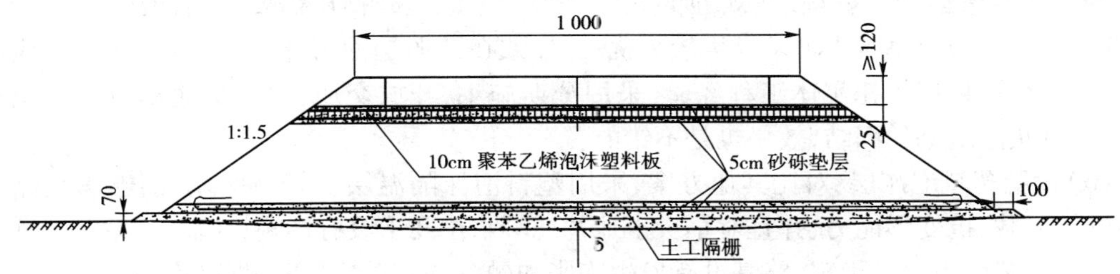

图8 土工隔栅+聚苯乙烯泡沫塑料板处置方案(尺寸单位:cm)

3 各处治方案的技术比较

为了长期跟踪依托工程路基的变形、应力和承载力变化情况,比较各方案的处治效果,选择布设了测定路基断面温度变化的温度传感器和地基物理力学特性监测仪标,如孔隙水压力计、土压力计、分层沉降标、剖面管、侧斜管、位移边桩、沉降标、水位管等。

根据对依托工程长期观测、重点监测以及抽样调查取得的宝贵数据的分析和整理,从荷载、冰冻环境作用下草炭土地基应力变化、变形特性、整体结构特性等几个方面,结合各处治方案的技术经济比较,评价了各具体处治对策方案的直观工程效果及其优缺点,供拟建项目权衡、比选及决策。

(1)反压护道:具有施工简单,费用低,能增加抗滑力矩,防止路堤滑动破坏,提高极限填筑高度等优点,但是抵御路基冻胀、融沉效果并不突出。并且多占用草炭土湿地难以再生资源,有危害环境的隐患,所以建议尽量审慎选用。

(2)换填砂砾:对于浅层草炭土地基,换填砂砾是提高路基稳定性和抗变形能力最有效措施。但是,实践表明,由于草炭土地表水、地下水十分丰富,在挖出草炭土过程中伴随着大量的水涌入,无处可排,增加施工作业难度,也明显增加由于挖出回填费用;另外由于换填的切割作用,以及对地下水的扰动,对草炭土湿地几千年形成的环境产生影响,尤其对路线两侧草炭土水源的补给产生较大影响,甚至可能导致草炭土湿地资源的退化。通过旧路使用调查表明,如国道珲乌公路哈尔巴岭草炭土路段,采取的挖除换填表明,丰水季节路基两侧常常积水侵害路基,造成路基存在严重的变形、失稳病害,连年修复,养护成本高昂。所以,综合考虑施工难度、建设成本、长期使用效果、养护维修费用以及保护湿地环境等认为换填并非首选方案。

(3)粒料路基直接填筑:对于较低等级公路,地方公路建设和养护部门大都采取风化软岩、风化山砂直接填筑草炭土地基。理由是路基填料好,又充分利用了草炭土地基含有丰富纤维形成的具有一定强度的持力结构层,尤其施工工艺简单,建设成本低,所以备受青睐。但是,根据实体依托工程对比监测研究表明,在冰冻春融季节存在相对明显的冻胀和融沉,并且在交通荷载、冰冻环境作用下草炭土地基产生明显的竖向应力差1.5%~30%,以及对地下水位影响,产生明显的应力消散,存在导致路基产生不均匀变形和稳定的隐患。另外,对路基顶面、基层顶面进行实测弯沉检测表明,产生的荷载抗力差异性较大,平均代表弯沉也是较大的,即表现路基结构抗荷载、抗变形能力较弱等不足。在对旧路调查表明,一些低矮路基存在纵向开裂、塌陷、翻浆等病害,已经充分证明了直接填筑存在的问题。对于高路堤,如超过了极限填筑高度,施工中产生开裂、失稳及滑塌等问题时有发生,补救后又出现明显的差异沉降,应该引起足够的重视,即对于拟建项目尽量不宜采用直接填筑措施,以避免后患。

(4)超载预压:对于一般意义的软基,采取超载预压措施可以加速固结,从而提高路基的稳定性和抗变形能力,这是较受欢迎的处治对策。考虑超载预压需要填料两次调运,增加费用,并且迅速加载对草炭土地基产生较大扰动,导致在薄弱层面可能失稳滑动,所以也应该审慎选用。但是,根据依托实体工程经验,采用分期施工,开放交通,利用交通动荷载的累积作用,促进草炭土地基的固结,效果也是不错的。

(5)设置塑料泡沫层:对比其他方案,采用塑料泡沫隔温层及轻质路基,能够满足路基整体结构抗荷载、抗变形能力,并且对草炭土地基地下水位几乎没有影响;在荷载、季节冰冻环境下草炭土地基应力比较稳定,路基没有发生冻胀和融沉,能有效提高路堤高度,降低路堤自重,具有良好的环保性能和工程稳定性能。因此对确保路基的长期稳定性,避免因过分冻胀、融沉引起的工程隐患和病害有十分重要的意义。

(6)关于排水处治、土工隔栅加强、土工布隔排水、砂桩等处治对策,区别草炭土地基埋置深度、路基填筑高度、建设工期要求,均是可行的处治对策,并且与换填砂砾相比也是比较经济的。

4 结语

总结本文研究中取得阶段成果,还存在以下不足。

(1)受季节冰冻气候影响,与水有关的一些监测,在冬春几个月里因为冰冻无法连续观测,如地下水位、分层深层沉降、横断剖面沉降规律等,几年来一直到6月份才能融化透。这期间频繁、恶劣的气候自然变化,对草炭土地基以及公路必然产生消极不利影响,尽管通过草炭土地基的应力变化进行了探索研究,但长期影响需要深入研究。

(2)依托工程路基填筑完成后即开放交通,并且2005年春季桃花水及初夏雨水较多,应该说依托工程经历了超常行车荷载和不利环境的作用和影响,如在超重超大运输车辆通行后期路基坑槽、搓板非常严重,且在春夏之交雨水不断近3个月,致使路基一侧积水通过路基涌入另一侧,目前看路基并没有明显变形稳定问题,但是否存在后期隐患,需要长期观测。

(3)依托工程于2005年10月份才建成正式通车,所以对于草炭土的残余沉降没有进行深入的研究。限于目前采用的研究方法,在路基稳定分析极限填高的计算中,没有考虑路堤分期填筑实际情况,路基填料也比较单一,所以需要进一步观测及修正。

(4)尽管证明了塑料泡沫对于减少路基冻胀、保护环境是比较理想的隔温轻质材料,但是由于目前还没有实现属地化生产,导致运输费用成本比较高。根据国外经验,隔温抗冻胀等路用效果与设置位置和层厚有关,由于受依托工程规模和经费所限,没有进行系统深入的对比研究。另外,由于塑料泡沫良好的隔温效果,还将对于降低路堤高度、减少路面结构厚度、挖方深度有积极意义,包括采用轻质塑料泡沫块对于提高路基高度及减少对软弱地基的扰动也有现实意义,需要进一步深入研究。

参 考 文 献

[1] 中华人民共和国行业标准.公路软土地基路堤设计与施工技术规范 JTJ 017—96.北京:人民交通出版社,1996.

[2] 河海大学,江苏沪宁高速公路股份有限公司.交通土建软土地基工程手册.北京:人民交通出版社,2001(28):231-275.

[3] 郁文山.道路路面冻害防治理论基础与应用.哈尔滨:哈尔滨工业大学出版社,1989:126-127.

[4] 卡扎尔诺夫斯基·弗拉基米尔·达维多维奇.陈东丰译.俄罗斯道路.塑料泡沫隔温层设计施工手册.1996.

草炭土地区路基井字沟沉降处理方法分析

佴　磊[1]　柳雁玲[2]

（1. 吉林大学　长春　130026;2. 吉林省高等级公路建设局　长春　130062）

摘　要:为选择合适的草炭土地区路基处理方法,通过理论分析,对工程实例中遇到的草炭土地基,对比井字沟处理前后沉降结果。研究结果表明井字沟法在提高固结度,加快草炭土固结,保证路基运营稳定方面具有优越性,井字沟法较适用于草炭土地基处理。

关键词:草炭土　路基　直接填筑　井字沟

0　引言

草炭土又名泥炭土、泥炭质土,是比淤泥、淤泥质土性质更差的一类软土,草炭土地基以其低强度和高压缩性而危害工程建筑。草炭土地区路基面临稳定性和沉降两大问题,路堤填筑中的塌陷和过大的工后沉降均对路基的建设和运营造成不利的影响。

仅吉林省的江密峰至珲春高速公路所遇草炭土就有十几处之多,为探索在草炭土地区施工的成功经验,本文依托江密峰至黄松甸段高速公路工程,对井字沟处理草炭土前后路基固结沉降进行了理论分析对比,为后期同类研究提供依据。

1　项目概况

江密峰至黄松甸段路线段研究区,地势低洼平坦,地面常年积水,苔草植被发育,植物根系残体多年沉积形成草炭土沼泽。

根据野外钻孔资料,研究区地层主要有:草炭土、淤泥质土和粗砂组成冲积相地层。

草炭土有机质含量高达43.63% ~62.04%,平均有机质含量54.46%;分解程度差异大,从10%到50%;有机质总体分解程度不高。肉眼可见团块状和纤维状草根,有明显的木本及灌木根系。矿物成分分析试验反映试样中石英含量最高,伊利石次之,含量最少的为高岭石。由试样中的石英含量推测草炭土层处于酸性环境中。实测pH值为4.38 ~5.57。

以K121 +845为例,K121 +845地基剖面软土层厚2.4m,其中上层草炭土0.8m,下层淤泥质土1.6m。2.4m以下为粗砂。各地层物理力学性质指标,如表1所示。

K121 +845各土层基本物理力学性质指标　　表1

取样深度(m)	岩性	密度(g/cm^3)	固结试验参数统计						
			初始孔隙比	前期固结压力(kPa)	初始弹性模量(MPa)	压缩系数a_{1-2}(MPa^{-1})	压缩指数C_c	回弹指数C_s	次固结系数C_a
0.1 ~0.3	草炭土	1.07	3.94	11	1.28	2.90	1.66	0.19	0.039
0.5 ~0.7	草炭土	1.12	3.46	26	1.16	2.43	1.43	0.12	0.019
1.3 ~1.5	淤泥质土	1.85	0.71	88	2.89	0.59	0.24	0.01	0.0011

2 井字沟处理前后沉降对比分析

根据设计，K121 +845 段 2.4m 软土层采取井字沟方式换填处理，如图 1 所示。井字沟净间距 2.8m，宽度 1.2m，穿透整个软土层，深度为 2.4m。该路段井字沟是在地基软土层内挖出“井”字网格的沟槽，于其内充填山皮石。山皮石材料为透水性材料，“井”字网格山皮石沟形成透水性通道。

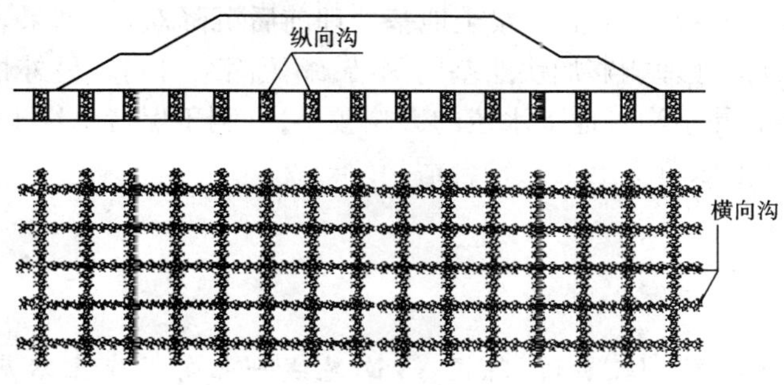

图 1 软基处理井字沟布置图

井字沟地基处理措施下，把井字沟看作正方形分布的单元体，单元体如图 2 所示。将中间蓝色线范围内的井字沟转化成相当直径的砂井，其有效排水范围即为外围粉色粗线立方体，将该立方体转化成等面积等高度的圆柱体。参照正方体排列的砂井计算方法，如图 3 所示。

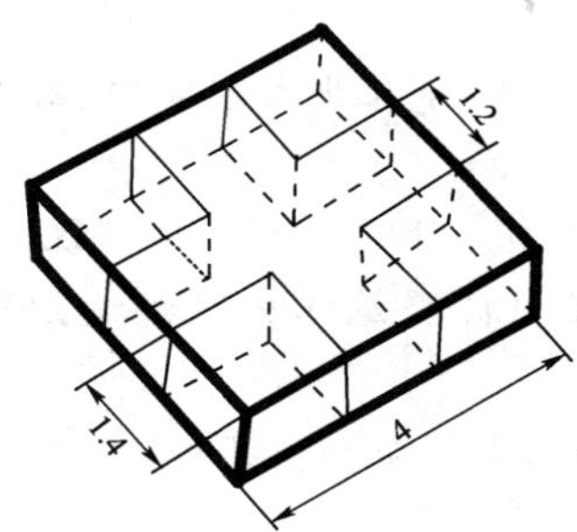

图 2 井字沟单元体(尺寸单位:m)

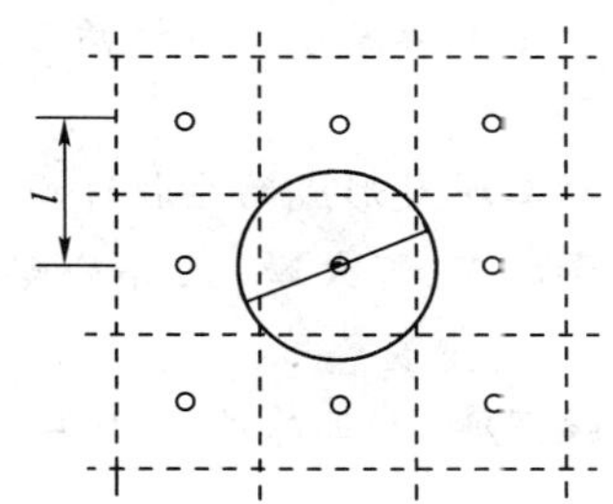

图 3 正方形分布井字沟

转化为砂井的当量直径为：

$$D = 1.4 \times 8/\pi = 3.565\text{m}$$

砂井的等效排水范围为：

$$d_e = \sqrt{\frac{4}{\pi}}l = 1.128 \times l = 1.128 \times 4 = 4.512\text{m}$$

路中心点沉降随时间变化关系，如图 4 所示。

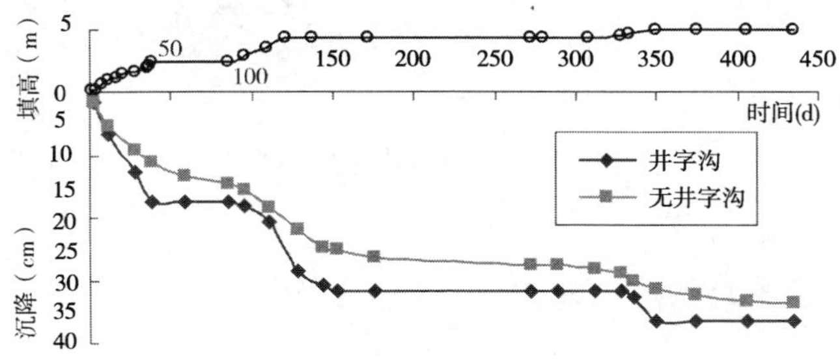

图 4 K121 +845 路基中心点沉降随填高及时间变化曲线

对比直接填筑情况和井字沟处理情况下沉降曲线，由于井字沟处理措施下，软土层的二维排水，加快了软土层的固结速度。从图 4 可以看出，每级荷载下软土的固结完成的时间比直接填筑固结完成的时间要短,即曲线很快趋向平缓。

3 结语

本文采用砂井固结理论,对井字沟处理措施路基沉降进行了分析计算。通过对典型剖面K121+845剖面草炭土地基处理前后沉降对比,结果表明,对于东北地区草炭土路基,采用井字沟处理能够加快路基的固结,缩短固结时间。另外根据对该路段井字沟路基地下水位的监测,井字沟对地下水位的影响较小,有利于保持草炭土的生存环境。因而采用井字沟处理对东北地区草炭土地区较合适。

参考文献

[1] 蒋忠信,黄俊,陈国芳.南昆线一七甸泥炭土路基加固的沉降控制[J].铁道工程学报,1998,12(4):79-89.

[2] 李汉鼎,土升忠,冷雪天,等.渤海湾沿岸泥炭沼泽形成机制与时空分布[J].海洋地质与第四纪地质,1995,15 (2):11-16.

[3] 赵红艳.敦化大桥泥炭土有机质及其组分研究[J].吉林农业大学学报,2002 ,24 (3):65-67 ,72.

[4] 白光润.草本泥炭形成的生物环境机制[J].地理学报,1995,54(3):247-254.

[5] 张明君,李成志,郭大鹏.大齐公路软土地基处理[J].黑龙江交通科技,2002,11(105):19-20.

[6] 钱家欢,殷宗泽.土工原理与计算[M].北京:水利水电出版社,1993:199-213.

浅析土质边坡与岩质边坡的稳定性分析的异同点

高　翀[1]　唐树名[2]

（1. 重庆交通大学　重庆　400074；2. 重庆交通科研设计院　重庆　400067）

摘　要：本文总结了土质边坡和岩质边坡的破坏机理和稳定性分析方法的异同，提出了在不同条件和精度要求下与之相适应的稳定性分析方法。

关键词：土质边坡　岩质边坡　稳定性分析

0　引言

边坡稳定性分析一直是岩土工程领域重要的研究课题，在工程实践中占据相当重要的地位。边坡按岩性可分为土质边坡和岩质边坡。早期的边坡研究是仅以土体为研究对象的，其方法的显著特点是采用材料力学和简单的均质弹性、弹塑性理论为基础的半经验半理论性质的研究方法，并把此方法用于岩质边坡的稳定性研究，但由于其力学机理的粗浅或假设的不合理，其计算结果与实际情况差别较大。

岩质边坡与土质边坡相比，不仅边坡的规模大，而且由于岩石本身一般强度较高，其破坏机制是有差别的。其主要表现在岩质边坡的破坏更多地受控于结构面的发育特征及空间组合关系，因此其稳定性分析与土质边坡有较大的差异，本文拟对此进行简单的探讨。

1　土质边坡与岩质边坡的变形破坏机理的异同点

1.1　相同点

总的来说，边坡的变形和破坏是由于应力状态发生了变化，影响边坡稳定的主要因素也可以概述为以下几个方面。

（1）边坡材料力学特性。由弹性模量、泊松比、摩擦角、黏聚力、重度等参数反映。

（2）边坡几何尺寸。边坡几何尺寸包括边坡高度、坡面角和边坡边界尺寸以及坡面后方坡体的几何形状，即坡体的不连续面与开挖面的坡度及方向之间的几何关系，它将确定坡体的各个部分是否滑动或塌落。

（3）边坡外部环境。它包括地震力、重力场、渗流场、地质构造地应力场等。

边坡的破坏形式多种多样，土质边坡常见的破坏形式有直线形、近似圆弧形、折线形或对数螺旋形等破坏，而岩质边坡在某些特定情况下也发生类似的破坏。岩质边坡按结构特征可分为四大类：块状结构类型边坡、层状结构类型边坡、碎裂状结构类型边坡、散体结构类型边坡。其中当层状岩质边坡的破裂面走向与边坡走向平行或接近平行且破裂面的倾角大于该面的摩擦角时易发生平面破坏；散体结构岩质边坡的失稳破坏形式及破坏机理与土体边坡类似，一般可按土质边坡对待。

1.2　不同点

土质边坡的变形主要受土体抗剪强度的控制，而由于岩体经过漫长地质演化作用，在其内部形成大量断层、节理、层理等地质弱面，故这些地质弱面对岩质边坡的变形破坏以及边坡的稳定起着明显的控制作用。岩体边坡的破坏形式和机理非常复杂，除与土质边坡有类似破坏形式外，还易发生楔体破坏、折面破坏、倾倒破坏、边坡剥落等破坏形式。楔体破坏是岩体边坡中较为普遍的一种破坏形式，当坡体中两组结构面的交线倾向坡外、倾角缓于坡角时，就有可能发生楔形破坏。折面破坏与平面破坏有相似的地方，只不过边坡破坏面形状发生曲折变化，这类破坏多发生在岩性差异带和不连续界面中。块状岩质边坡一般较稳定，破坏以倾倒为多见，层状反向结构的岩质边坡，表部岩层会发生逐渐向外弯曲等现象，最终发生倾倒或切层破坏。碎裂状岩质边坡强度受断层软弱结构面控制，并易受地下水作用影响，岩体稳定性较差，有时会出现较大的塌方，其破坏形式兼有土质边坡和岩质边坡的特点，相对较复杂。

此外，岩质路堑边坡还常常发生沿强烈发育的破碎节理带、断层、泥化夹层等软弱面的滑动变形和破坏。

2　土质边坡与岩质边坡稳定性分析的极限平衡法异同点

2.1　极限平衡法

极限平衡法，是目前工程上主要采用的方法。以摩尔—库仑(Mohr-Coulomb)强度准则为基础，假定岩土体为刚体，不产生变形但传递力，通过静力(或力矩)平衡分析，获取滑裂面的反力，进而计算相应的安全系数。极限平衡法主要包括：条分法[瑞典条分法(Fellenius1927)、毕肖普法(Bishop1955)、简布法(Janbu1954,1973)、摩根斯坦—普赖斯法(Morgensterm&Price1965)、斯宾塞法(Spencer1967)]、滑楔法、不平衡推力法、萨尔玛法(Sarma1979)等。表1对各种常见的极限平衡法进行了比较，列出了它们之间的异同。

极限平衡法各种方法之间的比较　　表1

<table>
<tr><th rowspan="3" colspan="2">极限平衡法名称</th><th colspan="4">对平衡条件的简化</th><th colspan="3" rowspan="2">对滑裂面的假定</th><th rowspan="3">对土条法向作用力的假定</th></tr>
<tr><th colspan="2">力矩平衡</th><th colspan="2">力平衡</th></tr>
<tr><th>满足</th><th>不满足</th><th>全部满足</th><th>部分满足</th><th>圆弧</th><th>折线</th><th>任意形状</th></tr>
<tr><td colspan="2">瑞典条分法</td><td>√</td><td></td><td></td><td>√</td><td>√</td><td></td><td></td><td>忽略法向力</td></tr>
<tr><td colspan="2">毕肖普法</td><td>√</td><td></td><td></td><td>√</td><td>√</td><td></td><td></td><td>$\beta=0$</td></tr>
<tr><td colspan="2">简布法</td><td>√</td><td></td><td>√</td><td></td><td></td><td>√</td><td></td><td>$\beta=0$</td></tr>
<tr><td colspan="2">摩根斯坦—普赖斯法</td><td>√</td><td></td><td>√</td><td></td><td></td><td></td><td>√</td><td>$\tan\alpha=f(x)$</td></tr>
<tr><td colspan="2">斯宾塞法</td><td>√</td><td></td><td>√</td><td></td><td></td><td></td><td>√</td><td>$\beta=$常数</td></tr>
<tr><td rowspan="3">滑楔法</td><td>陆军工程师团法</td><td></td><td>√</td><td></td><td>√</td><td></td><td></td><td>√</td><td>$\beta=\gamma_a$</td></tr>
<tr><td>罗厄法</td><td></td><td>√</td><td>√</td><td></td><td></td><td></td><td>√</td><td>$\beta=\frac{\alpha+\gamma}{2}$</td></tr>
<tr><td>简化 Janbu 法</td><td></td><td>√</td><td></td><td>√</td><td></td><td></td><td>√</td><td>$\beta=0$</td></tr>
</table>

续上表

极限平衡法名称	对平衡条件的简化				对滑裂面的假定			对土条法向作用力的假定
	力矩平衡		力平衡					
	满足	不满足	全部满足	部分满足	圆弧	折线	任意形状	
不平衡推力法	√		√			√		$\beta=\alpha$
萨尔玛法(Sarma 法)	√		√				√	$\Phi=\phi$ 条块间满足极限平衡条件($F_s=1.0$)

注:其中 β 为土条倾向力的倾角,γ_a 为边坡的平均坡度,α 为土条底面倾角,γ 为土条顶面倾角,Φ 为条块间切向力与法向力的合力与水平面夹角。

瑞典圆弧法最初是针对土体提出来的,假定条块间无作用力,后来也用于岩质边坡稳定性分析,但是只有在均质各向同性的岩体及破碎或松散岩体中才有某种近似的意义,因为岩质边坡破坏一般均为非圆弧形滑动面。简布法适用于土坡下有软弱夹层存在,或者倾斜岩层面上的土坡。岩质边坡的失稳大都是沿各种软弱结构面发生的。滑体在滑动过程中侧向节理面也常常发生相对滑移,而且侧向竖向节理面并不总是垂直的,就像传统条分法那样,Sarma 博士针对节理岩土边坡失稳这一特点,提出并推导了 Sarma 分析计算方法,具有以下 3 个特点:

①可根据滑体的地质特点、结构面构造,对滑体进行按节理构造的斜分条及不等距分条,使各条尽量模拟实际风化岩体;

②可较详尽地模拟侧面节理、断层造成的滑体强度特点;

③滑体滑动时,不仅滑动面上的各种力达到了极限平衡,侧面也达到了极限平衡。使其对岩质边坡的计算不同于传统的条分法,广泛应用到岩质边坡的稳定性分析计算中。

2.2 两类边坡稳定性分析方法的异同点

在工程实践中,主要是根据边坡破坏滑动面的形态来选择极限平衡法。如平面破坏滑动的边坡,可以选择平面破坏计算法来计算;圆弧形破坏的滑坡,可以选择瑞典条分法和毕肖普法来计算;Morgenstern&Price (1965)提出了适用于任意形状滑裂面的严格方法;复合破坏滑动面的滑坡,可以采用简布法、摩根斯坦—普赖斯法和斯宾塞法来计算;对于折线形破坏滑动面的滑坡,可以采用传递系数法、简布法等来分析计算;对于楔形四面体岩石,可以采用楔形体法来计算;对于受岩体控制而产生的结构复杂的岩体滑坡,可选择 Sarma 法等方法来计算。一般而言,黏性土质边坡的滑动面近似于圆弧形,可选择瑞典条分法和毕肖普法来计算;非黏性土质边坡近似于直线或折线,可按折线形滑动面的破坏来计算。用于岩质边坡的主要极限平衡法有平面破裂面解析法、Bishop 法、Fellenius 法、Janbu 法、Spencer 法、不平衡推力法、楔体滑动法、Morgenstern-Price 法和 Sarma 法等,按其破坏滑动面的形态选择不同的分析方法计算。此外还可采用 Hovland 法、Leshchinskv 法等三维极限平衡分析法等对滑坡进行三维极限平衡分析。

3 结语

本文对土质边坡和岩质边坡稳定性分析的异同点进行了归纳,从中可以看出,两类边坡由于变形破坏机理的不同,有不同的极限平衡分析法与之相对应,为以后在不同条件下边坡的稳定性分析提供了一个更加合理、可靠的依据。

参考文献

[1] 张玉浩,张立宏.边坡稳定性分析方法及其研究进展[J].广西水利水电,2005(2):13-16.
[2] 胡柳青,李夕兵,温世游.边坡稳定性研究及其发展趋势[J].矿业研究与开发,2000,20(5):7-9.
[3] 包永兴.边坡稳定性分析中主要影响因素的判别[J].四川水利,1998(3):49-52.
[4] 张倬元,王士天,王兰生.工程地质分析原理[M].北京:地质出版社,1994.
[5] 郑颖人,赵尚毅,时卫民,等.边坡稳定分析的一些进展[J].地下空间,2001(4):262-271.
[6] 张永兴.岩石力学[M].北京:中国建筑工业出版社,2008.
[7] 李荣伟,侯恩科.边坡稳定性评价方法研究现状与发展趋势[J].西部探矿工程,2007(3):4-7.
[8] 黄远飞,冯静.计算工程地质学——理论 程序 实例[M].北京:兵器工业出版社,1992.
[9] 乔慧英.山区公路边坡的破坏及其处治[J].北方交通,2007:38-40.
[10] 靳付成.岩质边坡失稳判据及临界滑动面确定方法研究.南京:河海大学硕士学位论文,2007.

汕梅高速公路沿线边坡安全调查分析

牟 锐[1] 刘涌江[2] 文志兵[2]

(1. 重庆交通大学土木建筑学院 重庆 400074;
2. 重庆交通科研设计院 重庆 400067)

摘 要:通过对广东汕梅高速公路揭阳至梅州段177个路堑高边坡和路堤高边坡的安全性调查,掌握了该条公路沿线各高填深挖路基的安全稳定状况,分析了沿线典型病害对边坡稳定性的影响机理,提出了解决边坡稳定性问题的办法及对欠稳定边坡的处治方案。

关键词:路基 安全性调查 稳定性 防护措施

0 引言

近年来随着国民经济的快速发展,我国的公路建设事业也得以飞速发展,特别是高等级公路的建设取得了令人瞩目的成就,但在建设过程中仍然存在着许多问题。山区公路建设中经常会遇到大量的填方边坡和挖方边坡,其稳定问题一直没有得到很好的解决。无论是在施工期还是在公路运营期,边坡失稳事故时有发生。因此,如何准确而又及时地发现边坡的安全隐患并判断边坡的安全状态,对我国的公路建设事业有着非常重要的意义和价值。

1 边坡安全性调查内容

边坡通常是分级的,在进行安全性调查的过程中,一般应该遵循先整体、后局部的原则。即先整体查看各级边坡的病害情况,然后再具体查看某一级边坡病害的详细情况。

1.1 排水系统检查

平台水沟、排水沟或截水沟的开裂会导致坡面或坡顶雨水渗入坡体,影响边坡的稳定,所以对排水系统的检查首先应查看边坡排水系统(包括平台水沟、截水沟和排水沟)的破坏状况。水沟有无开裂、开裂位置,裂缝长度、宽度,裂缝发展情况、是否为新近开裂等都应做好详细的记录,并对开裂原因进行现场判断。其典型病害,如图1及图2所示。

图1 截水沟开裂

图2 平台水沟开裂

另外，水沟的堵塞也会导致坡面所汇集雨水从水沟溢出，并沿着边坡坡面渗入坡体，影响边坡的稳定。所以要对水沟的堵塞情况（位置、长度）进行详细记录，便于以后的清理维护工作。其典型病害，如图3所示。

1.2　坡面检查

坡面检查主要是查看边坡坡面冲刷情况及植株生长情况，如果坡面植株（树木、青草等）生长良好，则一般来说坡面情况正常且无冲刷。如果植株较少，且能见明显的坡面冲刷痕迹，则需要查看冲刷位置与排水不完善位置有无对应关系，并对冲刷位置、冲刷严重与否等信息作详细分析与判断。其典型病害，如图4所示。

图3　平台水沟堵塞

图4　坡面冲刷

1.3　支挡结构检查

在边坡安全性调查工作中，支挡结构的检查尤为重要，因为边坡的变形、失稳直接反应在支挡结构的变形和破坏上。因此，支挡结构有无变形、变形位置及变形特征是边坡安全性调查的重要内容。

（1）挡墙检查

挡墙是边坡支挡结构的重要构筑物。挡墙的检查主要是查看挡墙有无变形、开裂，变形严重与否，裂缝大小，裂缝发展情况，有无错动等，并与排水和坡体检查相对照，看三者之间有无联系。其典型病害，如图5和图6所示。

图5　挡墙竖向开裂

图6　挡墙前碎落台开裂

（2）护面墙检查

对护面墙的检查主要是检查裂缝和墙体变形。检查过程应尤为仔细，哪怕是一条细小的裂缝都应引起足够的重视，特别是弧形裂缝要进行详细的记录和描图，内容包括裂缝位置，裂缝长度、宽度、开裂情况及各级边坡裂缝的对应关系。此外，墙体的变形（一般是局部隆起）位置和面积也应该做详细记录。其典型病害，如图7和图8所示。

图7 护面墙下部变形

图8 护面墙开裂

（3）框格梁检查

锚杆（索）框格梁对边坡进行防护的整体性较好。通常坡体的变形也会明显地反应为框格梁的开裂。所以对框格梁的检查是判断坡体位移的有效方法。

根据在汕梅高速沿线的调查结果显示，框格梁中的横梁开裂较为普遍，一般来说这种裂缝宽度都不大，为细微裂缝，基本不影响框格梁对边坡的防护效果。然而值得注意的是竖向梁体的开裂。竖向梁体的开裂往往是有规律的，比如说某一级边坡的某一段，所有的竖向梁体都在同一位置开裂，并且有时候裂缝会比较宽，甚至形成梁体开裂后两部分之间的水平错动。这种情况下很有可能开裂处以上的坡体会从该位置滑出，应该引起足够的重视。其典型病害，如图9和图10所示。

图9 框格梁横梁开裂

图10 框格梁纵梁断裂

（4）预应力锚索检查

预应力锚索防护也是对边坡的一种非常有效的防护措施。但随着时间的推移，可能会产生锚具的锈蚀、锚索的应力损失甚至失效。锚索检查主要是查看锚头，查看时要认真观察封锚的混凝土有没有松动或者脱落，另外还要仔细观察锚头周围有没有渗水的迹象。注意，有的锚头松动以后有从锚索孔道里面出来的渗水，这种情况往往会引起锚具的锈蚀，表现为锚头下部框格梁上有锈水痕迹，甚至有大量锈水滞留，极容易引起锚索的失效，危及边坡的稳定。其典型病害，如图 11 和图 12 所示。

图 11 锚头脱空

图 12 锚头锈蚀

1.4 坡体检查

边坡从稳定到失稳的过程中坡体往往有明显变形，所以在边坡安全性调查中，要对边坡坡体变形进行查看。查看内容为坡体形状的有无明显改变、平台（特别是坡脚处的碎落台）有无裂缝，裂缝多宽多长及发展情况，填方路段还应查看该段的路面变形开裂情况，并做好详细记录。

图 13 平台开裂

坡顶自然坡不是反坡时，还应注意查看自然坡是否有错台现象，错台的位置即是滑动体的滑动边界。

如果发现在护面墙墙身或者平台有裂缝的话，一定要将所有裂缝联系起来分析，找出滑动体的滑动边界。并在边坡立面图上描出裂缝位置，对裂缝的开裂情况也要做详细记录。其典型病害，如图 13、图 14 和图 15 所示。

图 14 坡脚碎落台变形开裂

图 15 填方路段路面开裂

2 各种病害对边坡稳定性的影响

目前工程界多用稳定系数法来判断边坡的失稳。稳定系数 K 是滑动体所受到的全部抗滑力 $F_{抗}$ 与滑动体的下滑力 $F_{下}$（见图 16）的比值。当安全系数 $K>1$ 的时候边坡是处于稳定状态，$K=1$的时候，边坡处于失稳的临界状态，$K<1$ 时，则边坡失稳。

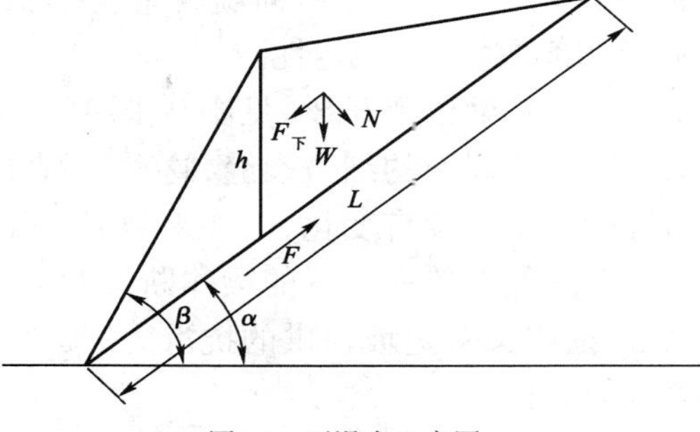

图 16 下滑力示意图

稳定系数 K 为：

$$K=\frac{F_{抗}}{F_{下}}=\frac{W\cos\alpha\tan\varphi+cL}{W\sin\alpha} \tag{1}$$

又 $W=\frac{\gamma}{2}hL\cos\alpha$ 代入式(1)并简化后得：

$$K=\frac{\tan\varphi}{\tan\alpha}+\frac{4c}{\gamma h\sin2\alpha} \tag{2}$$

式中：W——变形岩土体重力；

h——滑动面上变形岩土体的高度（简称"变形体高度"）；

α——滑动面的倾角；

L——滑动面的长度；

γ——岩土体的重度；

φ、c——滑动面的内摩擦角、单位黏聚力。

各种病害最终导致边坡失稳，本质上都是降低了边坡的稳定系数 K。而病害降低 K 值的方式有三种：增大下滑力 $F_{下}$、减小抗滑力 $F_{抗}$ 和同时增大下滑力 $F_{下}$ 并减小抗滑力 $F_{抗}$。下面分别叙述典型病害降低稳定系数 K 值的三种方式。

2.1 增大下滑力 $F_{下}$

当边坡的排水系统出现病害时，对稳定系数 K 值的影响方式属于此类。

截水沟（见图 1）、平台水沟（见图 2）和排水沟的开裂，会导致坡顶和坡面的雨水部分渗入坡体，使坡内土体软化，同时增大了土体重度 γ。这样就增大了式(2)中第二项的分母，从而 K 值减小，当 $K<1$ 时边坡失稳。

水沟的堵塞（见图 3）、坡面冲刷（见图 4）、平台开裂（见图 13）及填方路段的路面开裂（见图 15）导致边坡稳定性降低的机理，跟水沟的开裂导致边坡稳定性降低的机理是一样的，只是渗入坡体的雨水量大小不一样，对边坡稳定性的影响程度也不一样，此处不再详述。

2.2 减小抗滑力 $F_{抗}$

当边坡的支挡结构（护面墙的开裂除外）出现病害时，对稳定系数 K 值的影响方式属于此类。

有支挡结构的边坡的抗滑力 $F_{抗}$ 由两部分组成：一是滑动体与滑动面以下岩土体的摩擦阻力 $F_{摩抗}$；二是支挡结构为滑动体提供的抗滑力 $F_{支抗}$。于是式(1)可以写成：

$$K=\frac{F_{抗}}{F_{下}}=\frac{F_{摩抗}+F_{支抗}}{F_{下}} \tag{3}$$

当挡墙的墙身开裂（见图 5）时，相对完好的挡墙来说，开裂的挡墙为坡体提供的抗滑力减小，即式(3)中的 $F_{支抗}$ 项减小，从而 K 值变小，降低边坡的稳定性。当挡墙前碎落台出现沿路线方向的纵向裂缝(见图6)时,说明挡墙已经出现滑移。此时挡墙能提供的抗滑力就更小了,稳定系数 K 值也会更小。

若护面墙下部的变形(见图7)比较轻微,则对护面墙为坡体提供的抗滑力影响不大。但变形比较大的话,说明护面墙墙体本身已经不稳定,当然提供的抗滑力也会急剧减小,此时会显著地降低边坡的稳定性。

当框格梁出现开裂(见图9、图10)时,要看裂缝是否贯通梁体,即看梁体是否断裂。如果仅仅是梁表面的细微裂缝,这种情况下对框格梁的防护效果影响不大,梁体对边坡提供的抗滑力基本没有变化,但如果裂缝已经贯通梁体,说明该处梁体已经断裂,则框格梁的整体性会降低。单一位置的梁体断裂对框格梁的整体性影响不会太大,而多处梁体断裂的情况下,框格梁对边坡提供的抗滑力 $F_{支抗}$ 降低较多,从而稳定系数 K 值减小较大,有可能导致边坡的失稳。

当预应力锚索的锚头出现脱空(见图11)时,要看该锚索是否已经失效。如果是封锚时的施工质量问题,即只是封锚混凝土与锚具没有正常地黏结在一起,但锚索预应力仍在起作用,则在短时间内不会降低该处锚索为边坡提供的抗滑力,只会在长时间的空气和雨水作用下导致锚具锈蚀失效后才会影响它提供的抗滑力。如果是锚夹片已经跟预应力锚索脱离,即该处锚索已经失效,这种情况就会明显减小锚索为边坡提供的抗滑力了。如果一个框格的四个角点处只有一个角点的锚索失效,而另三个角点的锚索仍然正常(见图17),这种情况对锚索为边坡提供的整体抗滑力影响不大,但此时有关单位应该对其他的锚索进行检测,以及时发现问题,防止病害的进一步发展。如果四个角点处有两个或两个以上角点的锚索失效,则此时会严重影响锚索的整体锚固效果,应该引起高度重视并采取补救措施。

图17 平台开裂

长时间的锚头锈蚀(见图12)会导致锚索失效,其影响边坡稳定性的机理跟锚头脱空影响边坡稳定性的机理是一样的,此处不再赘述。

坡脚碎落台的变形开裂(见图14)对边坡稳定性的影响,也可以划为此类。但这种病害更大的意义在于提示我们边坡坡体的整体抗滑力已经接近下滑力,即边坡即将或者已经处于临界状态,是危险的信号,应该引起高度的重视并对边坡进行必要的处治。

2.3 增大下滑力 $F_{下}$ 的同时减小抗滑力 $F_{抗}$

护面墙的开裂对边坡稳定系数 K 值的影响方式属于此类。

当护面墙出现开裂时,坡面的雨水必定会有一部分从裂缝里渗入坡体,增大坡内土体密度 γ 的同时,护面墙本身的支挡效果降低,为边坡坡体提供的支挡抗滑力 $F_{支抗}$ 减小,从而减小边坡稳定系数 K 值,有可能引起边坡失稳。

3 结语

通过对汕梅高速公路沿线的边坡安全调查分析,基本认识了公路边坡工程中的一些典型病害及其成因,也掌握了沿线各高填深挖路基的安全稳定状态,得出以下结论。

(1)各种病害的产生首先是由边坡的不稳定(局部不稳定或者整体的欠稳定)所引起,但病害产生后又进一步影响边坡的稳定性。所以对路基病害的调查发现显得尤为重要;其次才是去治理病害。因此,公路养护人员应该根据边坡安全调查方法和原则,对公路边坡进行定期或者不定期的、有针对性的调查,以便及时地发现各种病害并及时地治理。

(2)为了防止边坡已有病害对边坡稳定性的进一步影响,建议定期清理排水系统,修补支挡结构和坡体裂缝,并对部分欠安全边坡实施地表位移监测或深部位移监测,以便及时掌握边坡的稳定动态。

参考文献

[1] 邓卫东,等.公路边坡稳定技术.北京:人民交通出版社,2006.
[2] 赵明阶,何光春,王多根.边坡工程处治技术.北京:人民交通出版社,2003.
[3] 杨航宇,颜志平,等.公路边坡防护与治理.北京:人民交通出版社,2002.

新型凹凸结构排水材料

刘 洋 王联果

（重庆交通科研设计院 重庆 400067）

摘 要：针对国内土工结构内排水的技术现状，概述了新型凹凸排水制品的结构与产品形式、集排水机理、基本技术特征、制品规格与抗压强度选用关系和该制品的应用与施工。

关键词：新型凹凸结构 排水材料

0 引言

众所周知，土工结构中的内部排水非常重要，如支挡结构的内部排水、路堤填方的内部排水、隧道内部排水等，它是保证结构物安全的重要环节。大量的工程实践表明，结构物的破坏与其内部排水处理不当、排水不畅有密切的关系。可以认为：公路工程质量好坏与路基有直接的关系，而路基内部排水是路基结构稳定的重要影响因素。

传统的内部排水方法是采用砂石料，如支挡结构后的砂砾排水层、填方路基中采用的碎石盲沟等。为保证排水设施能正常有效工作，对砂石料的材质、级配、层次的匹配等都需要有较高要求，以达到既排水也不淤堵的目的。但实际工程中，很难选择到合适的材料，甚至由于一些施工单位的不负责任，经常会发现没有设置排水层，内部排水设施的质量很难保证。土工织物的出现，使土工结构的内部排水设施的效果有所改善，如采用了土工织物包裹碎石盲沟、支挡结构物排水层后设置了土工织物等，将砂石排水层与土隔离，但仍未从根本上解决材料和施工质量问题。无论是否采用土工织物，排水设施的断面尺寸均较大，不仅砂石量用量较多，而且成沟工作量也大，在砂石料缺乏的地区或需远运的地区，工程成本显著增加。

20 世纪 90 年代国内开发的软式圆形透水管，较好地解决了挖方边坡、隧道结构和城市支挡结构物的内部排水问题。但由于是管状，尺寸有限，且内部是弹簧状的钢圈，难以适应复杂的场地条件，排水的影响范围也有限，同时存在钢圈的锈蚀问题。本世纪初，国内开发了丝绕式塑料排水制品，俗称速排笼，目前在工程上的应用较多。为保证其抗压强度，该制品必须具有一定厚度和丝绕密度，这在一定程度上也限制了其适应复杂场地条件的能力，同时轻泡的结构存在高运输成本，且制品的价格也偏高。

重庆交通科研设计院在承担的科技部科研院所技术开发研究专项基金项目“路基排水新材料的开发及应用研究”中，提出了一种新型凹凸结构聚合物材料制品。该制品采用特殊的凹凸通道实施面状排水，其排水能力、耐久性、制造成本、适用工程范围均有独特的技术优势和经济优势。随着国内道路工程对内部排水技术进步要求的强化，该制品的多规格系列化产品将获得普遍应用。本文就该新型制品的基本技术特征与工程应用作简要概述。

1 排水材料结构与形式

新型凹凸排水制品由芯材和滤材构成。芯材为排水构件，滤材为水的反滤层包覆在芯材表面[见图1a)]。凹凸帽状结构的芯材[见图1b)],采用材质为HDPE材质。滤材采用土工织物中的丙纶或涤纶无纺布材质。

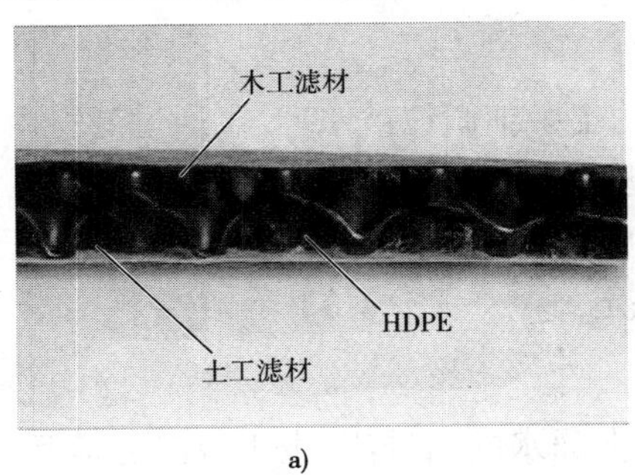

a)

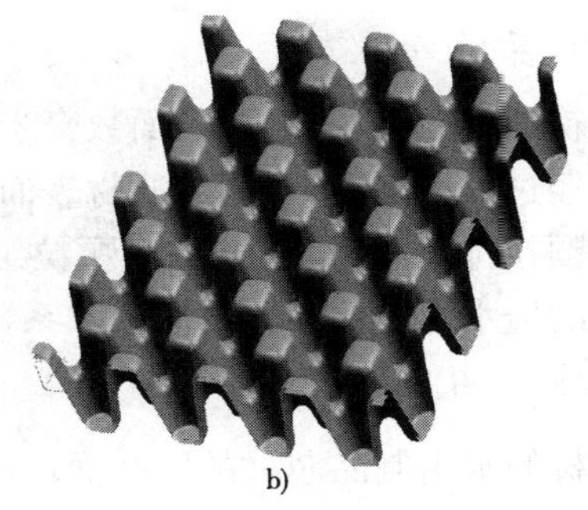
b)

图1 制品结构

根据受水过滤面的要求,制品分为A型和B型两种(见图2)。A型为两面吸滤,用于路基、填方等众多工程的排水,制品结构为滤材全包芯材形式。B型用于部分结构物、挡土墙的单面吸滤,因其一面无须滤土,滤材仅贴附芯材一面。

当凹凸排水面需要互通过时,可采用通孔型。通孔型[1]是对制品芯材面每75mm开一个$\phi6$的孔,如图3所示。

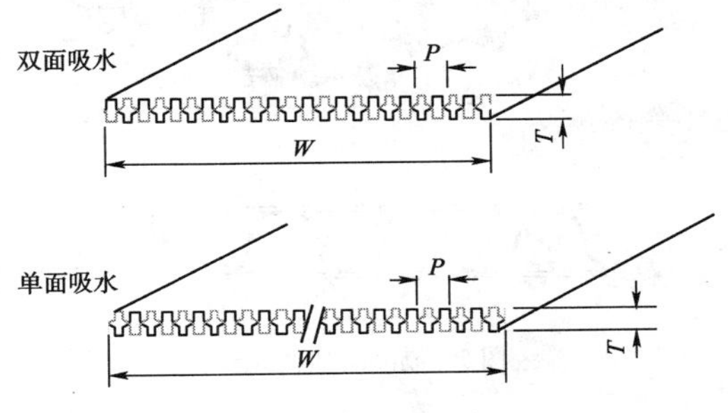

图2 制品的品种形式

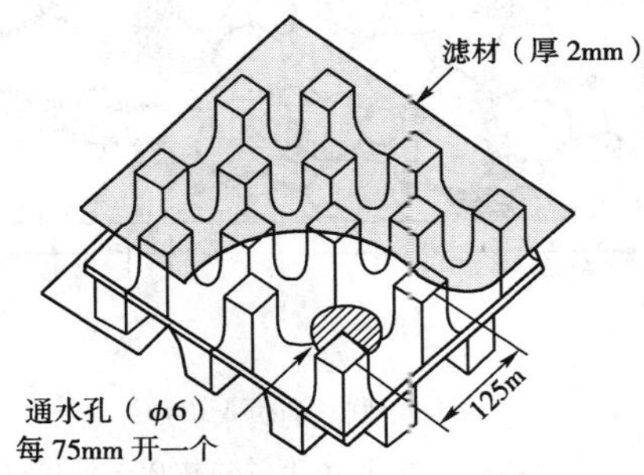

图3 通孔型芯材

不同应用场合,凹凸排水制品有对应系列规格,如表1所示。

制品的系列规格 表1

芯材规格	T(mm)	W(mm)	P(mm)	长(m)	滤材	主要用途
8—300	8	300	12.5	50	两面	填方
8—600	8	600	12.5	50	两面	填方
10—300	10	300	12.5	50	两面	填方及构造物背衬
10—600	10	600	12.5	50	两面	填方及构造物背衬
20—300	20	300	25	50	两面	填方及构造物背衬、涵洞
30—200	30	200	33.3	25	两面	构造物背衬、涵洞
30—300	30	300	33.3	25	两面	构造物背衬、涵洞
40—300	40	300	50	25	两面	涵洞
50—150	50	150	50	20	两面	涵洞
10—1 000	10	1 000	12.5	25	两面	构造物背衬
20—500	20	500	25	25	两面	构造物背衬
20—1 000	20	1 000	25	25	两面	构造物背衬
12—300	12	300	12.5	30	两面	建筑挡土墙里面
12—600	12	600	12.5	30	两面	建筑挡土墙里面

2　排水材料集(排)水机理分析

2.1　制品的集水机理

在通水初期,在距制品滤材表面数毫米间的土中细微粒被水冲压,通过滤材由制品的排水通道排出。经过一段时间,在制品滤材表面附近形成由土颗粒构成的连续间隙层,当连续间隙层的细微土颗粒排完后,就形成由粗颗粒组成的初滤层和制品滤材构成的后滤层,如图4所示。其最终的透水性由制品滤材的透水系数决定。

2.2　制品的排水机理

通过滤材的水由制品芯材的凹凸面形成多向通水断面排流,由于各向通道互联,任意排水方向和排水能力均可得到满足,如图5所示。

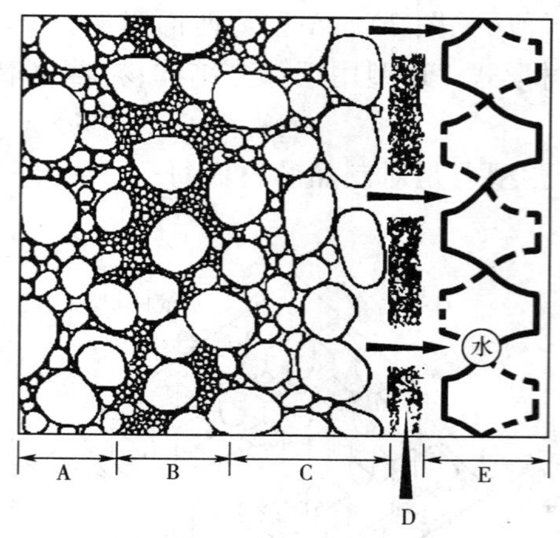

图4　制品的集水机理

A-原来土壤的状态;B-由土颗粒构成过滤层;C-由粗颗粒构成的连续层;D-制品的滤材;E-排出的水

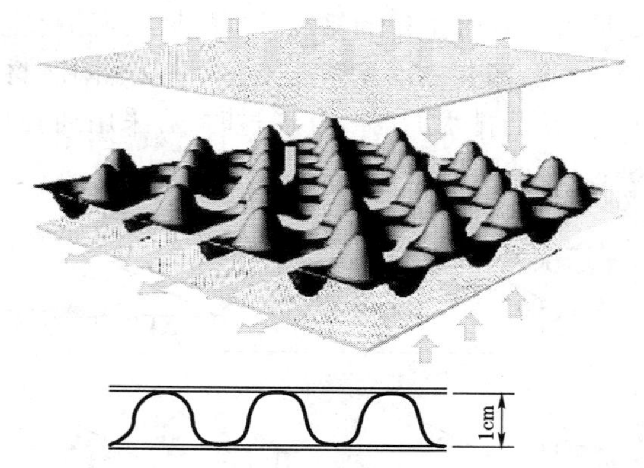

图5　制品的排水机理

3　排水材料的基本技术特征

(1)抗压强度

制品的使用设置均是埋设在土壤结构中,存在荷载压力。制品的抗压强度须满足这种荷载压力,否则制品将出现变形甚至破坏,造成排水通道的变小和失效。

(2)压缩蠕变性

制品是在长久的受压环境中工作,制品制造材料的力学稳定性关系到制品的使用耐久性。蠕变一旦发生,制品就会发生弯瘪,直至制品结构失稳。蠕变极限与制品工作温度相关,温度越高,蠕变极限值越小。由于凹凸排水制品处在土下的稳定温度环境下,其允许极限蠕变值较为稳定。

(3)通水性

制品的结构须形成良好的集(排)水通道,采用结构有足够大的内部空间,通水断面大并能够实现多向集(排)水,凹凸排水制品的结构具有这种通水大断面和集(排)水多向性。

(4)透水性

凹凸排水制品的外覆土工织物滤材渗透性能,须满足单位时间的透水速度。

(5)耐化学腐蚀性

凹凸排水制品的制造材料为高分子材料 HDPE,不会发生像金属材料的电化学腐蚀,但在不同的埋设环境中仍存在各种化学腐蚀介质,长期在酸环境或碱环境中,即使是高分子材料,若材料大分子结构存在酯键、酰胺键和无空间位阻的醚键,仍可能发生酸性水解或碱性水解,导致制品的使用性能下降。本制品的制造材料 HDPE 的大分子结构规整,稳定性突出,无易反应基团,其耐化学腐蚀性优异。

(6)易施工性

排水制品应用于道路工程的多领域,在现场设置安装施工中,需要做到轻量化,以便于搬动和操作。同时要求制品能连续大面积施工,减小连接点,以提高施工效率,降低材料成本和施工成本。需要在制品的形式上形成利于施工的特点。本凹凸排水制品由于材质 HDPE 的轻量化,使制品轻量,加上采用卷材式的制造包装形式,易于施工。

4 排水材料芯材规格与抗压强度选用关系

根据国内制品排水使用环境,提出系列制品芯材的六个厚度规格,受载分析和国外同类制品的荷载与变形关系试验(见图6);提出这六个厚度规格制品芯材的相应的抗压强度关系,如表2所示。

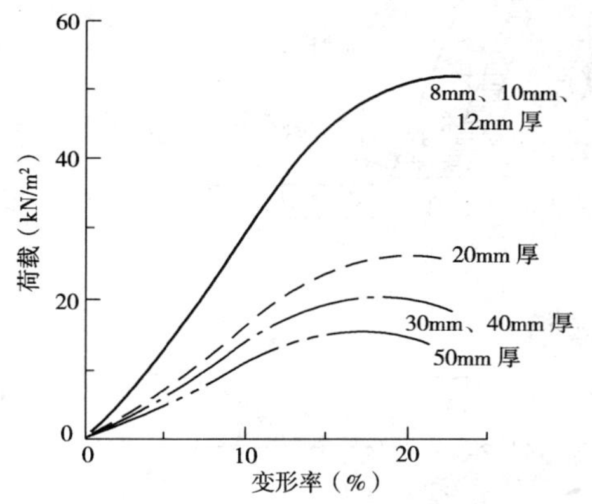

图6 荷载与变形率关系图

系列制品芯材的抗压强度 表2

编号	厚度(mm)	芯材抗压强度(kN/m^2)
1	8	500 以上
2	10	500 以上
3	20	250 以上
4	30	200 以上
5	40	200 以上
6	50	150 以上

通过这六个厚度规格形成为系列制品,能满足国内路基、边坡、挡土墙等在各种埋深和荷载环境下使用。

5 排水材料的应用与施工

5.1 应用场合

凹凸排水系列制品可应用于隧道衬砌内面排水、结构体侧面排水、路基边坡坡面排水、路基填方内部排水等,如图7~图10所示。

5.2 施工要点

(1)材料的连接与端头处理

双面吸水型:将滤材切割开15cm左右,芯材搭接重合约10cm,滤材包回后用胶布粘制。

单面吸水型:芯材塔接重合约10cm,上塔板打水泥钉固定壁上。

(2)与集水管构件的连接

凹凸排水材料的水最终通过连接构件进入集水管排出土工体,集水构件的两端分别与板

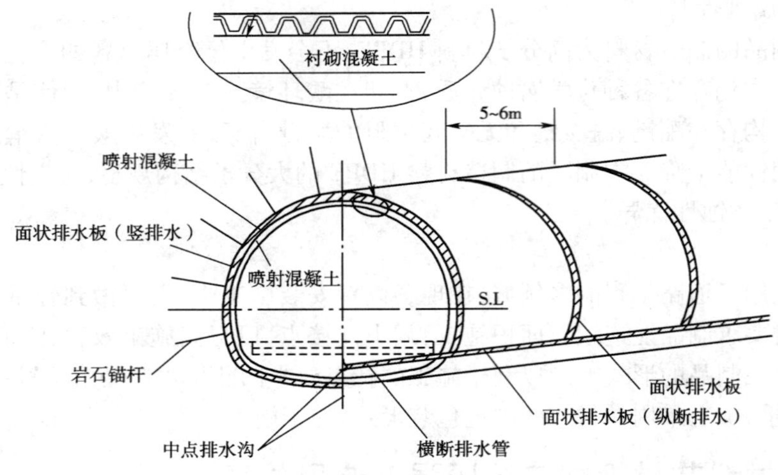

图7　隧道衬砌内面排水

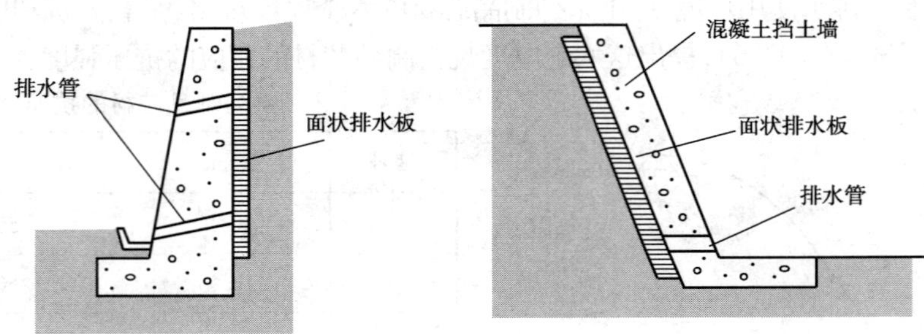

图8　结构体侧面排水

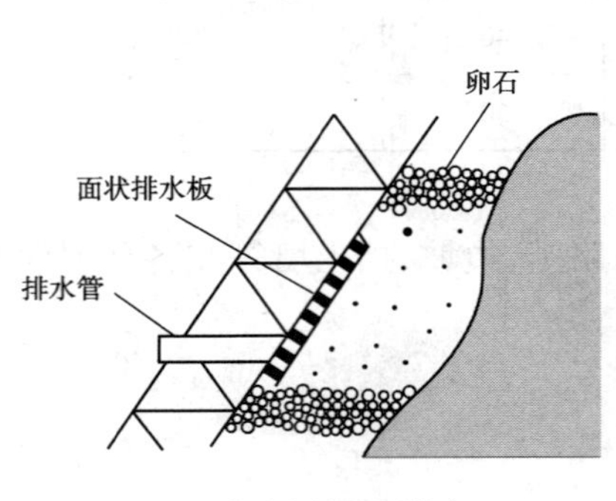

图9　路基边坡坡面排水

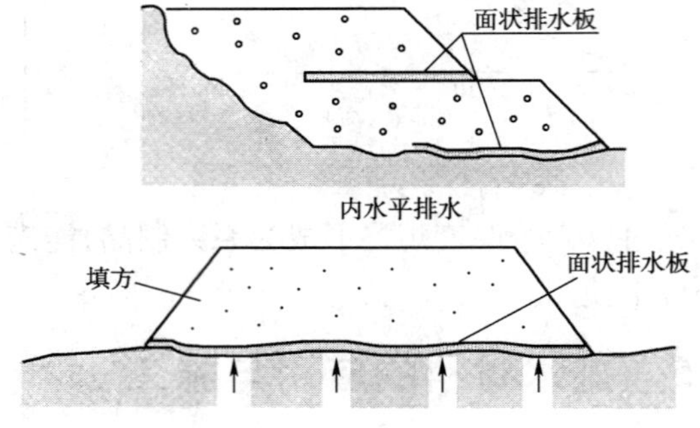

图10　路基填方内部排水

和管的结构、尺寸相吻合，能够方便接装。

6　结语

(1)新型凹凸结构排水材料由于采用凹凸帽状结构，能承受较高的抗压强度。由此采用相应的规格制品，可满足不同载荷条件下多元土工结构排水使用。

(2)新型凹凸结构排水材料为一种聚合物面状板材，面状排水比线状(如条、管类)的单位面积排水成本有明显的经济优势。

(3)新型凹凸结构排水材料的制造材质为 HDPE，由于其自身大分子具有的稳定性解决了制品的使用耐久性和耐腐蚀性。

(4)由于新型凹凸结构排水材料材质的轻量化和卷材型的产品形式,较易于工程施工。

(5)新型凹凸结构排水材料具有良好的技术特性、相对低的使用成本,因此,该新型材料可以广泛应用于国内土工结构工程市场。

参考文献

太阳工业株式会社(日).サンレックスフロー[EB/OL]:http://www.taiyokcgyo.co.jp,2008-01-03.

路基复合排水新材料的水力性能研究

韩春云[1]　莫晓华[2]

(1. 重庆交通科研设计院　重庆　400067;
2. 湖南省公路设计有限公司　长沙　410011)

摘　要:复合排水材料是一种新型的路基内部排水材料,与传统的排水材料相比,具有排水能力强、抗压强度高、施工简便、滤材可选、耐久性好等诸多优点。水力性能是复合排水材料的重要性能指标之一,本文从复合排水材料的排水机理出发,对复合排水材料的水力性能进行分析探讨。

关键词:复合排水材料　排水机理　水力性能

0　引言

大量的工程实践表明,路基的破坏与其内部排水处理不当、排水不畅有密切的关系。传统的内部排水方法多采用碎石、卵石、开级配粒料、砂砾等作为排水材料,由此带来了诸如耐久性差、施工不便、质量难以控制等缺点。复合排水材料是一种新型的路基内部排水材料,与传统的排水材料相比,具有排水能力强、抗压强度高、施工简便、滤材可选、耐久性好等诸多优点,不仅可应用于公路路基工程中,在建筑、市政、水利、铁路等土木工程中也得到广泛应用。

1　复合排水材料的结构

所开发的复合排水材料,是由宽30cm的帽状芯材外包土工织物滤材组成,其形状如图1和图2所示。设计的芯材两帽顶间纵向距离为25.00mm,厚度为18.38mm。复合排水材料芯材的断面尺寸,如图3所示。

图1　复合排水材料平面

图2　复合排水材料横断面

2　排水机理及排水能力研究

2.1　复合排水材料的排水机理

复合排水材料,由凹凸状的高分子材料芯材外包透水土工织物滤材组成。滤材起到隔离土层和滤水的功能,凹凸状芯材具有较大的空隙,既能承受较大的土压力,又起到通水排水的作用。

通水初期,在距滤材表面数毫米间的土中,细微土粒子被水冲压,通过滤材由排水通道排出;经过一段时间,在滤材表面附近形成由粗粒子构成的连续间隙层;当连续间隙层的细微土粒子排完后,就形成由粗粒子组成的初滤层和制品滤材构成的后滤层(见图4),其最终的透水性由滤材的透水系数决定。

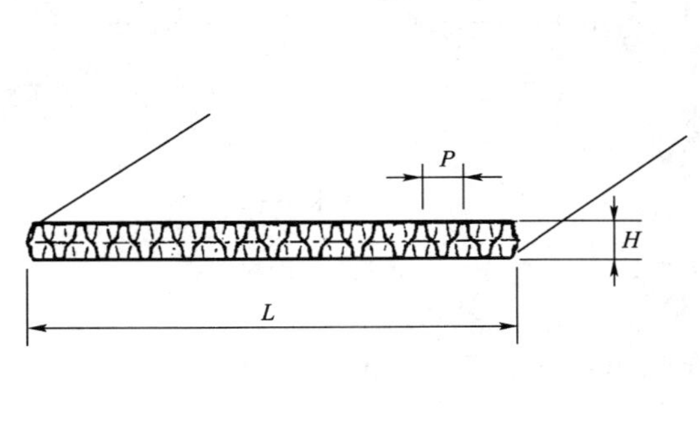

图3 复合排水材料芯材断面尺寸

L-芯材长度;*P*-芯材两帽顶间纵向距离;*H*-芯材厚度

图4 复合排水材料的集水机理

A-原来土壤的状态;B-由土粒子构成过滤层;C-由粗粒子构成的连续层;D-滤材;E-复合排水材料芯材

通过滤材的水由复合排水材料芯材的凹凸面形成多向通水断面排流,由于各向通道互联,任意方向水均可通过芯材排出。

2.2 复合排水材料的排水能力

复合排水材料是由透水性滤材包裹芯材而成,因而其排水能力取决于滤材的集水能力 Q_j 与芯材的排水能力 Q_p 两个方面。当 $Q_j < Q_p$ 时,复合排水材料的水力性能取决于滤材的集水能力,反之,取决于芯材的排水能力。

根据水力学有关管流的基本理论,可以将复合排水材料内的水流看作均匀流。均匀流沿程水头损失可以用沿程阻力系数 λ 来表征,它主要和水流的流动形态及边壁粗糙程度有关。

沿程水头损失计算的基本公式为:

$$h_f = \lambda \frac{Lv^2}{4R2g} \tag{1}$$

式中:L——计算长度(m);

R——水力半径,根据 $R = A/\chi$ 计算(m);

A——过水断面面积(m^2);

χ——湿周(m);

v——断面平均流速(m/s);

g——重力加速度(m/s^2)。

上述公式揭示了流量($Q = v \times A$)与沿程水头损失 h_f 的0.5次方成线性关系,即:

$$Q \propto (h_f)^{0.5} \tag{2}$$

而

$$h_f = i \times L \tag{3}$$

所以有：

$$Q \propto (i)^{0.5} \tag{4}$$

也就是说，流量($Q = v \times A$)与沿程水力梯度 i 的0.5次方成线性关系。把流量与梯度绘制成曲线，如图5所示。

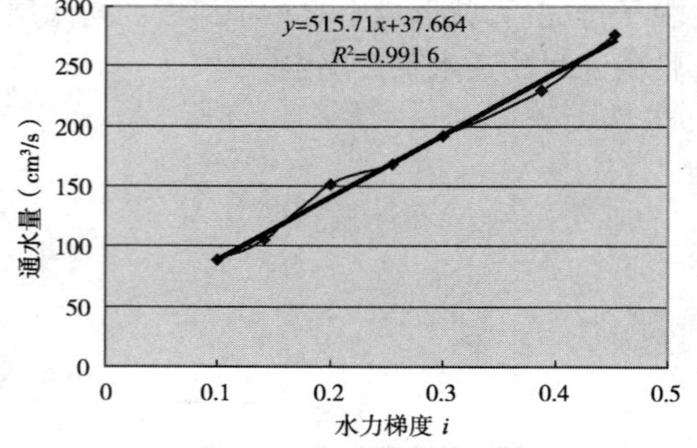

图5 流量与梯度的关系

由图5看出通水量与水力梯度的线性回归较好，根据线性回归方程

$$Q = 515.71\sqrt{i} + 37.664 \tag{5}$$

得线性回归系数 $R^2 = 0.991\ 6$，说明二者具有明显的线性相关性。所以对于芯材截面为宽10cm、厚度1.838cm时，某一水力梯度下的通水量可以根据方程(5)求得。若芯材宽度不为10cm时，设芯材宽度为 B，则流量按式(6)进行计算：

$$Q' = \frac{B}{10} \cdot Q = \frac{B}{10}(515.71\sqrt{i} + 37.664) = B(51.571\sqrt{i} + 3.766\ 4) \tag{6}$$

图6为长 L、宽 B、厚 H 的土工复合排水材料，由以上分析得芯材的排水能力 Q_p 为：

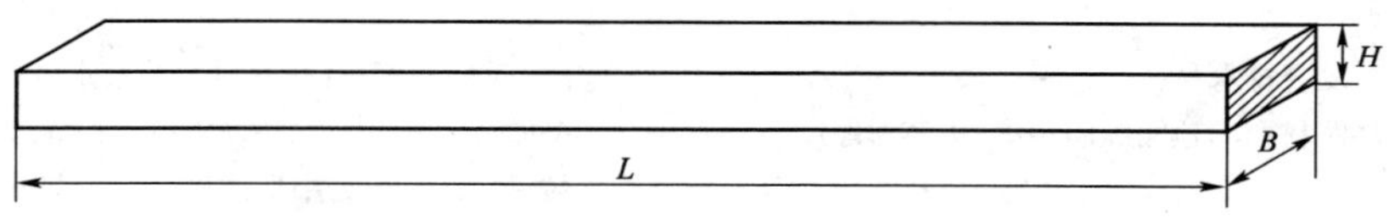

图6 土工复合排水材料

$$Q_p = B(51.57\sqrt{i} + 3.766\ 4) \tag{7}$$

式中：Q_p——芯材通水量；

i——水力梯度；

B——芯材的宽度。

滤材的集水能力 Q_j 为：

$$Q_j = K_j \cdot i \cdot A_j \tag{8}$$

式中：Q_j——滤材的集水流量；

i——水力梯度；

K_j——滤材的渗透系数；

A_j——滤材的集水面积，复合排水材料单面排水时：

$A_j = LB$；双面排水时：$A_j = 2LB$。

如假定 $Q_j = Q_p$，则可通过式(7)和式(8)求得复合排水材料可能应用的长度 L_R。

$$L_R = \frac{51.571\sqrt{i} + 3.766\ 4}{2K_j} \tag{9}$$

式(9)为复合排水材料双面排水时的情况。

【算例】 假设芯材的宽度为30cm，长度为3 000cm，水力梯度取1%，计算芯材断面的通

水量,芯材的通水量按公式(7)计算,结果如下:

芯材纵向通水量:

$$Q_p = B(51.571\sqrt{i}+3.766\,4) = 30\times(51.571\sqrt{0.01}+3.766\,4) = 267.705\text{cm}^3/\text{s}$$

滤材的集水能力 Q_j,取上海佳斯迈威滤材的渗透系数 $k=0.014\text{cm/s}$。

$$Q_j = K_j \cdot i \cdot A_j = 0.014\times0.01\times30\times3\,000\times2 = 25.20\text{cm}^3/\text{s}$$

通过计算看出,由于滤材的强透水性,使芯材具有很强的集水能力。当 $Q_p=Q_j$ 时,得纵向临界排水长度 $L=318.70\text{m}$。即:当铺设复合排水材料的长度 $L'<L$ 时,渗入滤材的水都能够通过芯材排出,即排水量由滤材的集水能力决定;当 $L'<L$ 时,由于集水量大于排水量,故芯材的排水能力决定排水量。

2.3 复合排水材料与其他排水材料排水能力的比较

(1)复合排水材料与碎石盲沟排水能力的比较

碎石盲沟的排水能力,根据《公路设计手册·路基》中提供的计算方法,按式(10)计算。

$$Q = \omega \cdot K_m \cdot \sqrt{i} \tag{10}$$

式中:Q——碎石盲沟的流量(m^3/s);

K_m——碎石盲沟的渗透系数(m/s);

ω——渗透面积(m^2),当盲沟为矩形时,$\omega=bh$。

其中:b——底宽(m);

h——高(m)。

按《公路设计手册 路基》提供的有关经验数据,当盲沟采用粒径5cm左右的碎石、空隙率 n 为0.5时,其渗透系数为0.19m/s。按水力梯度1%进行计算,取复合排水材料的宽度为30cm,可计算得到:

复合排水材料的排水量:$Q_p = 30\times(51.571\sqrt{0.01}+3.766\,4) = 267.71\text{cm}^3/\text{s}$

假定复合排水材料的排水截面与碎石盲沟排水截面相同,那么可计算得出30cm宽的复合排水材料相当于:

$Q_m = 30\times1.833\times0.19\times10^2\times\sqrt{0.01} = 104.77\text{cm}^3/\text{s}$。

通过计算结果,复合排水材料纵向排水量对比碎石盲沟为 $Q_p/Q_m=2.6$,可见复合排水材料与等面积的碎石盲沟相比具有更大的排水能力。

(2)复合排水材料与塑料盲沟排水能力的比较

塑料盲沟作为一种复合土工排水材料,在某些工程的实践中表现出较好的集(排)水性能。表1对复合排水材料与塑料盲沟的排水能力性能进行了对比。

复合排水材料与塑料盲沟的排水性能对比 表1

塑料盲沟型号	截面面积(cm^2)	水力梯度	塑料盲沟	复合排水材料	Q_f/Q_s	通水量相同时复合排水材料的截面面积相当于塑料盲沟的倍数
			单位面积通水量 Q_s($\text{mL/s}\cdot\text{cm}^2$)	单位面积通水量 Q_f($\text{mL/s}\cdot\text{cm}^2$)		
1号	14×3.5	0.01	4.31	4.86	1.13	0.89
2号	13×3.5	0.01	4.10		1.19	0.84
3号	13×3.5	0.01	4.10		1.19	0.84

通过复合排水材料和塑料盲沟排水性能的比较看出,单位面积下,复合排水材料的排水能力优于塑料盲沟。

3 结语

在现有的路基内部排水材料中,复合排水材料作为一种新型材料,表现出良好的水力性能。本文通过对其排水机理研究,拟合了某一梯度下的通水量公式,并将其排水性能与传统碎石盲沟及塑料盲沟的排水性能进行了对比分析,得出复合排水新材料的排水性能是传统碎石盲沟的2.6倍以上,同时排水能力也优于塑料盲沟。研究显示,复合排水材料不仅适用于公路路基工程,在建筑、水利、市政等工程中也具有良好的应用前景。

参考文献

[1] 中华人民共和国行业标准.公路工程土工合成材料试验规程[S] JTG E50—2006.北京:人民交通出版社,2006.

[2] 赵维炳.第六届全国工程排水与加固技术研讨会论文集[M].北京:人民交通出版社,2005.

[3] 姚祖康.公路排水设计手册[M].北京:人民交通出版社,2001.

[4] 吴福生,张树奎,刘家豪.塑料盲沟水力学性能试验[J].灌溉排水,2001(9).

[5] 中国土木工程学会港口工程学会塑料排水学会委员会.第五届全国塑料排水工程技术研讨会论文集[M].北京:海洋出版社,2002.

[6] M. W. Bo. Disharge capacity of prefabricated vertical drain and their field measurements[J]. Geotextiles and Geomembranes 22:37-48,2004.

天山公路 K616 +435 坡面泥石流防治研究

黄 勇[1,2] 陈晓光[1] 刘 涛[1] 张天华[1] 韩树峰[1] 陈洪凯[3]

(1.新疆交通科学研究院 乌鲁木齐 830000;
2.成都理工大学 成都 610059;3.重庆交通大学 重庆 400074)

摘 要:本文针对天山公路 K616 +435 坡面泥石流的特点及对公路的危害,在深入研究其成因机理的基础上,提出了具体的工程设计比选方案,并通过多因素综合分析,较科学合理地确定了最优防治措施。最后通过模型试验,对相关泥石流防治效果进行了验证评估。所获得的研究方法和成果,对今后公路坡面泥石流的防治设计和决策提供了一定的技术支持。

关键词:天山公路 坡面泥石流 工程设计 模型试验

1 K616 +435 泥石流特点及危害

天山公路 K616 +435 线路从崩塌岩堆体中下部通过,公路右侧为下边坡,其下为奎屯河河谷,岸坡坡度 45° ~50°,路面与现代河床高差近 35m,公路左侧岩堆体自然坡度 35° ~40°。岩堆体坡度略大于其碎块石的自然休止角,表明岩堆体表层碎块石坡积物处于极限平衡状态;加之上部山体基岩风化物和坡积物不断补充到岩堆体,当发生大规模的降雨及冰雪融水,使得水土相互作用,坡面松散物质吸水,强度衰减,引起土体滑动并与水体混合形成泥石流,属降雨型坡面泥石流。由于岩堆体顶部高出路面约 200m,对路面的冲击力和破坏性很强。在干燥季节该路段主要表现为上部岩体受强烈的物理风化作用,产生崩塌、坍塌,剥落、碎落及坠石等地质现象危及公路安全;在雨季(特别是暴雨)或春季融雪时,崩塌岩堆体坡面上的松散堆积物,会受雨水冲蚀或融雪水片蚀产生坡面泥石流,冲毁路基,阻碍道路通行。该路段不良地质体所影响的公路长度约 270m。

K616 +435 处为坡面型泥石流,泥石流流域面积约为 0.693km^2,主沟长为 1.705km。沟口地理位置为东经 84°36′14.9″,北纬 43°57′38.4″。山坡坡度为 42°,泥石流沟道呈发散状分布,面积较广,泥石流为黏性泥石流,密度 2.1g/cm^3 左右,补给方式主要为源头寒冻风化物补给和坡面侵蚀补给,发生频率为中高频,每年发生总量为 5 ~6m^3/m。沟道周围植被稀少,且有大量的溜沙、飞石,搬运最大石块 2.2m ×1.7m ×1.6m,最大堆积厚度 30m。为中等规模泥石流。

2 K616 +435 泥石流成因分析

(1)地质构造条件

K616 +435 路段在地质构造上属于依连哈比尔尕复向斜,岩层倾角高达60°。地质构造复杂,断裂褶皱发育,新构造运动强烈,地震频繁且烈度大。由此导致地表岩层破碎,岩崩、滑坡、错落等重力地质作用时有发生,从而为泥石流提供了有利的条件。第四系覆盖层以洪积物为主。现有公路路基状况较好,路面有小坑槽,局部路基发生下沉和坍塌。基岩陡边坡路段落石发育。路基为挖方式路基,出露地层为:角砾,厚度2~5m,中密~密实,[σ_0]=300kPa;中石炭统凝灰岩,强—中风化,[σ_0]=1 200kPa。

(2)物质条件

以凝灰岩、玄武岩为主,局部有砂岩、砂岩夹炭质页岩、辉绿岩、蛇纹岩出露。因年代古老、岩性疏松、风化强烈,往往裂隙丛生,岩石破碎,为泥石流形成提供了丰富的固体物质来源。

(3)地形地貌条件

K616+435段属于块状岩体峡谷区,为峡谷地貌,线路于K583+600翻越一个小达坂后逐渐进入奎屯河流域,沿奎屯河谷蜿蜒前行。左岸基岩裸露岸坡陡立,右岸下部崩塌碎石层地形自然坡度35°~45°,顶部峭壁坡度63°~72°,高度>50m,变坡点高程1 760~1 800m。路线穿越地段地形陡峻,沟床平均纵比降为740‰。源头和沟口海拔分别为2 865m和1 595m,相对高差1 270m,相对高差较大,为泥石流的流动提供位能。

(4)水文气象条件

K616+435段属于温带、寒温带干旱区,降雨量随海拔增加而加大,具体表现为本区年降水量由平原150.0mm向山区中山带逐渐增加到250mm之间;海拔1 500m处日降雨量≥20.0mm暴雨日数,平均每1~2年出现一次;场次暴雨达到≥40.0mm暴雨,平均每4~5年出现一次,30场次暴雨量达到78.1mm。海拔高度2 000~2 500m处一日最大降水量达到80.0mm,3日场次暴雨达到100.0mm以上,区域暴雨是导致中高山区暴雨泥石流的主要原因。

3 K616+435泥石流防治工程设计

3.1 主要防治参数分析

泥石流主要防治参数有流量、一次暴发最大规模总量、流速、泥石流冲击力、大石块撞击力等。这些参数计算结果,如表1所示。

K616+435依托工程泥石流运动参数计算 表1

桩 号	P(%)	流量(m^3/s)	一次爆发最大规模总量(m^3)	平均流速v_C(m/s)	整体冲击力(kPa)	大石块撞击力(kN)
K616+435	1	96.490	14 004.45	6.90	1 799.66	91.94
	2	82.810	12 018.95			

3.2 工程防治措施

根据对公路养护单位的访问调查,该路段病害发生频繁,经常发生落石、溜塌。坡面泥石流冲毁路基、砸坏挡墙,养护单位一个星期要清除堆积物一次。该路段上部崩塌块石粒径大,部分坠石冲点远(少数甚至可直接坠落至河床内),冲击能量大,突然落石已造成过三人死亡。坡面K616+320~K616+360段山顶发育一冲槽,山体汇水冲刷坡面,导致K616+340~K616+420段坡面产生两大冲沟,干燥时形成溜砂、飞石,有雨时即形成坡面泥石流。左侧路堤挡墙基础处于碎块石层上,现状挡墙墙高3m,已部分毁坏,毁坏长度15m,如图1所示。经过综合分析研究,该沟的整治可有以下两种方案进行选择。

(1)方案一:主动防护柔性网 + 坡面桩 + 混凝土注浆固化带 + 挡墙 + 浆砌排水沟

该方案以拦挡和防护为主,主要是为了防冲固土。主要工程防治措施有:

①在物源区(大量松散堆积物聚集区)上游方修建浆砌排水沟,拦蓄水流并把水流排导到相邻的非泥石流沟谷中或绕开物源区排到下游沟段,避免大量水分直接作用于物源区松散堆积体;

图 1　K616 +435 原有防护(浆砌片石挡墙)

②在物源区挂网,拦挡碎石;

③修建坡面桩、混凝土注浆固化带进行第二级拦挡削能;

④下游修建桩基挡墙加以固坡防坍塌。

该方案优点主要有:

①就地取材,利用坡面破碎砾石浇注混凝土,节约造价;

②将柔性网固坡防治碎落技术用于防治泥石流,使用期限长,抗冻融;

③虽然主动防护网及桩基造价较高,但总体投资较低。

该方案缺点主要包括:

①堆积体厚为 15 ~20m,坡面陡临界坡度 35°,桩基施工困难;

②坡面破碎砾石,就地取材浇注混凝土,材料可能二次风化;

③防治力度一般,不能完全阻断泥石流在公路上的堆积,当堆积层较厚时,需中断交通清淤。

(2)方案二:棚洞 + 渡槽 + 导流板

K616 +435 渡槽 + 棚洞防治工程结构设计,如图 2 所示。

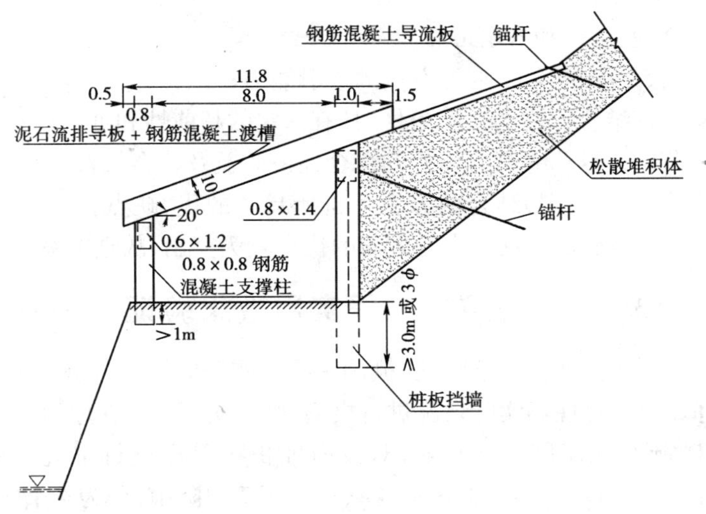

图 2　K616 +435 泥石流防治工程(渡槽 + 棚洞)设计图(尺寸单位:m)

棚洞由排导板和支撑柱组成。棚洞右侧基础采用桩基础,河水对混凝土无腐蚀性。以第二层基岩作为持力层。棚洞左侧采用重力式挡墙支撑,以碎块石层作为持力层。排导板可使暴发的泥石流体排泄到公路外侧的悬崖下或沟谷中，再由汛期的洪水将其带走，以确保公路的正常运营。根据计算分析得到 K608 +730 泥石流冲起爬高为 1.68m，因此考虑安全净高后，设计渡槽高度为 2m，由 50 年一遇泥石流流量 82.81m^3/s 和平均流速 6.9m/s，设计过流断面面积应大于 12m^2，所以渡槽宽度应大 6m。排导板坡度宜取坡面松散土体休止角，利于更好地使泥石流体排泄。支撑柱间距和埋深，可依据现场实际情况、结构受力计算、经济技术比较结果等因素而定。此外，在相对较平缓、泥石流量较小的坡面两侧设置导流墙网，借助导流墙网的导向作用，将坡面两侧少量的泥石流导向中间主流路径上，然后通过棚架，安全跨越道路。沿公路设置一道拦渣网，拦截细小漂石流，防止飞石伤及路人或车辆。

该方案优点主要有：

①克服了原单一渡槽的基础强度较低及抗泥石流冲击荷载的问题；

②防治力度大，泥石流发生时不影响车辆正常运营；

③解决了棚洞两端洞口防泥石流溢出的安全问题；

④后期养护费用小。

该方案的缺点，主要是造价相对较高。

3.3 工程防治方案比较

工程防治方案的具体比较分析结果，如表 2 所示。

K616 +435 依托工程方案比较表 表 2

比选内容 方案	泥石流发生、活动条件可控制程度	对泥石流直接危害的控制程度	防治技术的可行性程度	总投资及单项投资	总投资比较	经济效益比较	社会和环境效益比较
方案一	基本控制	基本控制	基本可行	较高	较高	一般	一般
方案二	未控制	完全控制	完全可行	高	高	高	高

3.4 工程防治方案优选

研究中确定的方案选定原则为：

(1)技术路线合理、可行和安全可靠；

(2)可满足该沟 50 ~ 100 年一遇泥石流的下泄能力；

(3)技术上应紧密结合该沟的实际条件，具有一定的超前性和推广性；

(4)工程投资节省、可行，并具有良好的综合经济效益及社会效益。

根据方案选定的上述原则，结合两方案各自所具备的优、缺点，经过综合比较后，不难看出：方案二的综合技术经济及防灾能力等方面的优点较为突出，故选方案二作为推荐方案。

4 K616 +435 泥石流防治工程实用效果验证——模型试验验证

防治效果模型试验的目的，在于验证“棚洞 + 导流网”防治方案的治理效果。

运用几何相似准则，对现场实际情况进行模型试验(见图 3)，在原模型基础上对坡面进行开挖，布设挡墙、棚洞及导流网。试验前，对坡面堆积物采样进行常规试验，测得初始重度 20.80kN/m^3、含水率 $\omega = 12.37\%$。此次试验共经历了 7 次降雨，分为 4 个阶段：第 1 阶段为渗透阶段；第 2 阶段为蠕变阶段；第 3 阶段为启动阶段，已经饱和的松散土体在强降水的作用下混合，上部堆积物逐渐发生垮塌，并夹带两侧土体高速翻滚下滑，在坡面中部形成大冲沟，坡面泥石流形成；第 4 阶段为沉积阶段，运动结束后在沉积区内形成扇状堆积扇(见图 4)。

图3 K616 +435 坡面泥石流防治工程试验模型

图4 泥石流沉积物对公路无影响

通过模型试验可以看出,泥石流体全部从棚洞顶部翻越,故在公路外侧峡谷足够深的条件下“棚洞 + 渡槽 + 导流板”防治方案,对坡面泥石流的防治效果是非常有效的。

5 结语

(1)通过对天山公路 K616 +435 泥石流流速、流量、冲击力、暴发时一次最大冲出量等参数的量化指标计算,为相应防治工程设计提供了参考依据。

(2)结合泥石流可控制程度、防治技术的可行性程度、建设资金投入比较、运营后经济效益比较、社会和环境效益比较等多因素综合分析,对泥石流防治设计方案进行最终优化选择和决策。

(3)通过模型试验验证,在公路外侧峡谷足够深的条件下,“棚洞 + 渡槽 + 导流板”防治方案对坡面泥石流的防治效果是非常有效的。

参考文献

[1] 唐邦兴,章书成. 泥石流研究[J]. 北京:中国科学院院刊,1992,(2):119-123.
[2] 陈洪凯,唐红梅,马永泰. 公路泥石流研究与防治[M]. 北京:人民交通出版社,2004:169-205.
[3] 陈光曦,王继康. 泥石流防治[M]. 北京:中国铁道出版社,1983:30-48.
[4] 吴积善,田连权. 论泥石流学[J]. 山地研究,1996,14(2):26-33.
[5] 陈洪凯,唐红梅. 散体滑坡室内启动模型试验研究[J]. 山地学报,2002,20(1):112-115.

吉林至延吉高速公路路堑边坡防护研究

王选仓[1] 高 磊[2] 吕喜禄[2] 杨维国[1] 谷晓旭[1]

(1. 长安大学公路学院 西安 710064；
2. 吉林省高等级公路建设局 长春 130001)

摘 要：本文以吉林至延吉高速公路工程为依托，主要对该条公路沿线 K58 + 500、K62 + 500 两处边坡进行防护研究，提出防护方案，由此延伸到对沿线其他土质和石质边坡提出防护改善方案。同时，对公路沿线叠拱及窗式防护方案进行分析并提出改善方案。本文主要内容已在实体工程中得以实施。

关键词：道路工程 边坡防护 叠拱防护 窗式防护

0 引言

公路边坡防护常采用的传统类型，有护面墙、挡土墙、拱形骨架护坡、喷浆护面、锚杆锚索框架梁等。从 20 世纪 90 年代开始，在高速公路边坡上开始推行生态防护，如喷播植草、铺草皮、植树等。生态防护与传统防护类型合理结合运用，既能达到稳定边坡、防冲刷、防分化的目的，又能保证环境协调、自然和美观。在本文的研究中即充分体现了这种理念。

1 K58 + 500 和 K62 + 500 处边坡防护

1.1 原方案分析

两处边坡原方案为挂网喷播防护和框架锚杆防护（锚杆混凝土框架 + 混凝土空心块 + 喷播植草），如图 1 和图 2 所示。

图 1 K58 + 500 边坡现状

图 2 K62 + 500 边坡现状

(1) 挂网喷播防护

挂网喷播主要应用于土质边坡及沙石土混合型边坡，特别是土质贫瘠的较矮路堑边坡和土石混填的路基边坡,常用坡度1:1.5,一般不超过1:1.25。试验证明:挂网喷播(平面网)防护在草皮形成之前,当坡面角为45°时,挂网植草垫的固土阻滞率为74%;当坡面角为60°时,挂网植草垫固土阻滞率为0%,失去了固土作用。所以当边坡坡面角较大时,不宜使用挂网喷播防护。

(2)框架锚杆防护

锚杆混凝土框架植草防护适用于边坡高度较大、稳定性较差的土质边坡和岩石路堑边坡。坡体中无不良结构面、风化破碎的岩石路堑边坡,宜采用非预应力的系统锚杆;对于边坡中存在不良结构面、具有潜在破坏面或滑动面的土质边坡和岩石路堑边坡,宜采用预应力锚索。

1.2 改善方案

(1)K58+500边坡

对于K58+500处风化土质边坡,经过对工程实际情况的实地考察分析后,提出采用以下两种组合防护方案(见表1),既保证边坡的稳定性,又能达到景观需求。

K58+500处风化土质边坡防护改善方案 表1

方案	适用条件	改善建议方案	特点分析
方案一	边坡较稳定	挡渣墙+三维植被网+液压喷播	使植物获得必要的生长基础,达到快速绿化的目的。以改良土壤结构为突破口,为草灌木根系提供了良好的生长基础,能够实现草、灌合理的植物群落配比,达到建设后路域植被与自然植被融为一体的效果
方案二	边坡不稳定	锚杆混凝土框架+挂三维土工网+喷播植草 边坡坡率为1:0.5,骨架内加筋填土后挂三维网喷播植草绿化; 边坡坡率为1:0.75,骨架内加筋填土后直接喷播植草绿化,可不挂三维网	锚杆混凝土框架+喷播植草既保留了锚杆对边坡的主动加固作用,又吸收了浆砌片石(混凝土块)骨架植草防护的造型美观、便于绿化的优点。 三维土工网固土作用优良;对降雨的消能作用明显;三维网的网筋和植被根系合成的板块结构,增强了坡体的抗侵蚀能力;土工材料吸热保温效果好,有利于种子的发芽

边坡上可栽植紫穗槐、沙棘、铺地柏、地锦、爬山虎等,以及适宜草种(紫兰毛、早熟禾、三叶草等)。

(2)K62+500边坡

对于K62+500处风化石质边坡,经过对工程实际情况的实地考察分析后,提出采用以下两种组合防护方案(见表2),既保证边坡的稳定性,又能达到景观需求。

K62+500处风化石质边坡防护改善方案 表2

方案	适用条件	改善建议方案	特点分析
方案一	边坡较稳定	在石质边坡不平整的凹处培土 采用挡渣墙+三维植被网+液压喷播	使植物获得必要的生长基础,达到快速绿化的目的。以改良土壤结构为突破口,为草灌木根系提供了良好的生长基础,能够实现草、灌合理的植物群落配比,达到建设后路域植被与自然植被融为一体的效果

续上表

方案	适用条件	改善建议方案	特点分析
方案二	边坡不稳定	锚杆混凝土框架＋土工格室＋喷播植草 框架内固定土工格室，并在格室内填土，挂三维网喷播植草绿化，从而可在较陡的路堑边坡上培土20～50cm	锚杆混凝土框架＋喷播植草既保留了锚杆对边坡的主动加固作用，又吸收了浆砌片石（混凝土块）骨架植草防护的造型美观、便于绿化的优点。 土工格室与植草绿化相结合，可以提高单纯植草边坡的防护能力，满足高等级公路路基边坡的防护要求

一级碎落台自然式栽植观赏性花灌木及地被植物黑心菊等；二级碎落台以上自然式栽植适应性较强的灌木以及种植迎春、蔷薇等垂枝植物；同时在碎落台上下部栽植地锦。

挡墙端头进行遮挡栽植的树种有：云杉、樟子松、榆树、刺槐、山杨、旱柳、沙棘、山杏、茶条槭、东北珍珠梅等。

2 其他土质边坡防护分析及改善方案

土质边坡的防护形式可根据边坡的具体情况，采用植物防护或工程防护与植物防护结合的综合防护。在敦化以西的土质边坡，如图3所示。

（1）植草防护

从实际调查看，边坡植草防护对降低雨水、减少坡面土体冲刷及保证公路绿化效果理想，这种防护形式一般是配合混凝土预制块或块片石进行综合防护。植草综合防护一般用于观赏性要求较高的路段，如立交区匝道高边坡、服务区站点附近的公路边坡及一些有特殊要求的公路边坡。

（2）骨架植物防护

骨架植物防护是现在最常用的一种综合防护方法，它采用混凝土、浆砌块（片）石等做骨架形成框格，框内采用种草、铺草皮的防护方法。框格的作用是利用骨架防止边坡受雨水侵蚀而避免在土质边坡上产生沟槽，同时保护框格内的植物在生长初期不受雨水冲刷，从而达到保护边坡的目的。其框格类型有混凝土预制砌块框格、现浇混凝土框格、浆砌块（片）石框格。

图3 土质边坡防护前状态

根据工程实际情况，本文提出了吉林至延吉高速公路沿线其他土质边坡防护改善方案，如表3所示。

吉林至延吉高速公路沿线其他土质边坡防护改善方案　　表3

挖方高度	改善方案		特点分析
2～4m	植生带护坡,液压喷播植草护坡		植生带集种子、肥料、无纺布于一体,具有播种施肥均匀、种子肥料不易移动的特点,捆卷包装,便于运输和现场施工,方便简便。 液压喷播植草护坡,其纤维、胶体形成半透明的保湿表层能大大减少水分蒸发,为种子发芽提供水分、养分及遮荫条件。纤维胶体和土表黏合,使种子遇风、降雨、浇水等情况不会被冲失,具有良好的固种保苗作用
5～8m	三维植被网+液压喷播 浆砌片石骨架护坡+液压喷播植草护坡		三维植被网+液压喷播使植物获得必要的生长基础,达到快速绿化的目的。以改良土壤结构为突破口,为草灌木根系提供了良好的生长基础,能够实现草、灌合理的植物群落配比,达到建设后路域植被与自然植被融为一体的效果。 浆砌片石骨架护坡+液压喷播植草护坡既能稳定边坡,防止边坡受雨水侵蚀,避免土质坡面上产生沟槽,又能节省材料、造价较低、施工美观,能与周围环境自然融合
>8m	坡率1:1.5～1:1.75	挖沟+三维植被网+液压喷播 三维植被网+液压喷播	(同上)
	坡率1:1.0	浆砌片石骨架护坡+三维网+液压喷播植草护坡; 土工格栅+三维植被网+液压喷播	浆砌片石骨架护坡及土工格栅与三维网+液压喷播相结合,既发挥浆砌片石骨架稳定边坡及土工格栅提高单纯植草边坡防护能力的优点,同时发挥三维网+液压喷播快速绿化、能与周围环境自然融合的特点
>20m	稳定土质	坡率1:0.5:框架内固定土工格室填土后+三维网+液压喷播; 坡率1:0.75:骨架内加筋填土后+三维网+液压喷播	施工工艺操作方便、施工速度快,能增加坡面的排水性能。既能稳定边坡又能满足景观要求
	不稳定土质	预应力锚索地梁+厚层集材喷播	单纯的厚层基材喷播强度较低,不能承担边坡防护作用且只能用于缓边坡,与预应力锚索地梁相结合可提高强度,结合两种边坡防护的优点,充分发挥固坡、绿化的效果

护坡植物:草本植物为小冠花、紫花苜蓿、草地早熟禾、紫羊茅、无芒雀麦、冰草,花卉为地被菊或当地的野花。花灌木为丁香、连翘等。

植生带:集种子、肥料、无纺布于一体,具有播种施肥均匀、种子肥料不易移动的特点。采用捆卷包装,便于运输和现场施工,方便简便。

3 其他石质边坡防护分析及改善方案

图4为敦化以西的石质边坡。

对于稳定的岩质边坡,可以考虑将其保持原状,不进行人为防护。在边坡开挖时,最好采用光面爆破技术,以便裸露岩体的结构、纹理、质感等得到充分展现,彰显出富有个性的自然美。

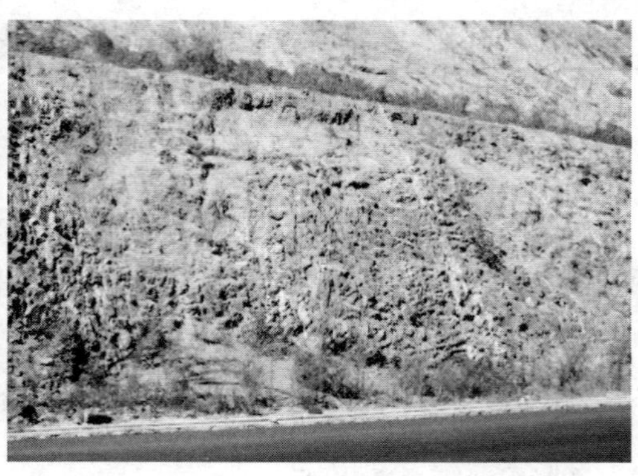

图4 石质边坡防护前状态

根据工程实际情况，提出吉林至延吉高速公路沿线其他土质边坡防护改善方案，如表4所示。

吉林至延吉高速公路沿线其他石质边坡防护改善方案 表4

挖方高度	改善方案		特点分析
2～4m	三维植被网＋液压喷播		三维植被网＋液压喷播使植物获得必要的生长基础，达到快速绿化的目的。以改良土壤结构为突破口，为草灌木根系提供了良好的生长基础，能够实现草、灌合理的植物群落配比，达到建设后路域植被与自然植被融为一体的效果
5～8m	挡土墙/挡渣墙＋三维植被网＋液压喷播		（同上）
>8m	浆砌片石骨架护坡＋液压喷播植草护坡		浆砌片石骨架护坡＋液压喷播植草护坡既能稳定边坡，防止边坡受雨水侵蚀，避免土质坡面上产生沟槽，又能节省材料、造价较低、施工美观，能与周围环境自然融合
>20m	稳定岩石边坡	可不作防护，也可采用浆砌片石骨架护坡＋液压喷播植草护坡	若不做防护，则能彰显岩石的自然本色。浆砌片石骨架护坡＋液压喷播植草护坡优点同上
	不稳定岩石边坡	预应力锚索框架地梁＋厚层集材喷播植被	单纯的厚层基材喷播强度较低，不能承担边坡防护作用且只能用于缓边坡，与预应力锚索地梁相结合可提高强度，结合两种边坡防护的优点，充分发挥固坡、绿化的效果

边坡可种植紫穗槐、小冠花、紫花苜蓿、沙棘、铺地柏、地锦、爬山虎等以及适宜草种（紫羊毛、早熟禾、三叶草等）。

4 叠拱及窗式防护方案分析及改善方案

4.1 叠拱防护

以江黄段K107＋000～K128＋120为例，原方案为叠拱边坡二层以下（含两层）采用草灌结合普通喷播，以上为灌木为主的普通喷播。有些地方地下水过大冲毁了叠拱防护，如图5所示。

改善方案将叠拱防护进行二次修补（见图6），稳固边坡、上侧排水，进行绿化防护；建议叠拱边缘种植爬藤植物，遮挡圬工材料。

图5 水毁叠拱防护

图6 稳定的叠拱边坡

4.2 窗式防护

原方案为窗式护面墙采用植生袋绿化，每个植生袋用一根锚杆固定，锚杆深度为20～30cm，直径8mm；沿窗式护面墙内侧栽植地锦。但窗式护面墙圬工面太大，影响视觉效果，且窗室内填土不够，如图7所示。

图7 窗式护面墙圬工面积过大

改善方案建议在修建的窗式护面墙窗室内，栽种攀爬植物以遮盖墙体圬工；如果未施工的窗式护面墙边坡高度不大，则建议改成拱式或其他少圬工护面形式。如图8、图9和图10所示。

图8 叠拱防护

图9 窗式防护

图 10 叠拱防护效果

5 工程实际应用情况

在实际工程应用中，推荐的改善方案均采用两种或两种以上边坡防护形式的合理组合防护。这种组合防护形式使得边坡防护更加合理，有利于防止水土流失、绿化、美化，既考虑到边坡的稳定效果，同时又能满足景观要求。

吉林至延吉高速公路基本采用了本文提出的边坡防护方案，总的来说，大部分边坡都已达到防护和景观效果。图 11、图 12 为液压喷播植草、三维植被网 + 液压喷播防护的效果。

图 11 液压喷播植草防护效果

图 12 三维植被网 + 液压喷播防护效果

由工程实际应用的效果可知：液压喷播植草防护施工简单、速度快，施工质量高；草籽喷播均匀发芽快、整齐一致，防护效果好，绿化功能强，能够有效美化公路环境，达到公路景观的要求。

三维植被网 + 液压喷播防护，使岩石坡面及不具备植物生长条件的高大边坡完全可能实现绿化。灌、草群落在坡面建植完成后，灌木根系对于固土护坡起到比草本植物更可靠的作用，可较大程度地减少边坡坍塌，节省维护费用，确保交通安全。

6 结语

本文主要针对吉林至延吉高速公路 K58 + 500、K62 + 500 两处边坡处的实际情况，提出了相应的边坡防护方案。同时，对沿线其他土质、石质边坡的防护也提出了可行性意见，并对吉林至延吉高速公路叠拱防护及窗式防护存在的问题提出了改善方案。

参考文献

[1] 梁诚玉. 吉林省公路边坡生物防护及景观设计. 西安:长安大学,2006.

[2] 韩继国,王选仓,时成林,王达亮. 东北地区路基边坡侵蚀破坏模式分析研究//公路边坡及其环境工程技术交流会论文集. 北京:人民交通出版社,2005.

[3] 林伟. 高速公路路堑边坡防护、绿化、景观综合处治[J]. 中外公路,2002.22(3 A).

[4] 王玮,冯治安,等. 高等级公路边坡综合防护系统探讨[J]. 河南交通科技,1999(19).

山区公路填挖平衡与土石方数量最小化方法

葛 娟 唐建强

（重庆交通大学土木建筑学院 重庆 400074）

摘 要：一个好的公路设计方案，应是在满足设计标准及规范的情况下，灵活运用指标，同时考虑经济因素等，使方案在线形和造价方面最优。本文提出一种填挖平衡时使土石方数量最小的方法，通过引入加权地面线，使路面设计高程与加权地面高程相符合，使填挖平衡且工程量最小。

关键词：山区公路 加权地面线 土石方工程量 公路线形设计

0 引言

山区公路线形设计，在满足标准和规范的情况下，应尽可能地灵活运用技术指标，做到具体问题具体分析。在满足设计标准的前提下，应充分结合其他因素，使线形均衡，经济最优。实际工程中，在考虑填挖平衡的前提下，用来减少土石方数量的方法之一就是使设计线尽可能地贴近地面线。然而，这种做法可能会造成这样的误解，即只要顺着中心线就可达到平衡。事实上，道路中线地面高程很难反映整个横断面上的填挖平衡，尤其是在山岭地区，横断面地面高程难以反映中线高程。本论文提出一种加权地面高程而不是中线高程，假设此加权高程可以反映地面高程的平均变化。因此，使设计线与加权设计线相符合将会使填挖平衡，大大减少土石方数量，这将带来更经济有效的效果。

1 问题的提出

山区公路所处地形复杂多变，起伏较大。平面选线时应在符合路线总体走向的前提下，尽可能依山就势、顺应地形。纵断面设计时，要合理运用纵面指标，尽可能做到填挖均衡，减少取、弃土的数量，通过设置合理的构造物来减少高填深挖，高填深挖路基不仅其安全性、耐久性难以保证，同时对环境造成严重破坏，导致水土流失，环境保护受到严峻挑战。公路定线是一个三维问题，然而在实际当中，公路定线减少为二维问题。世界上许多国家的线形设计是建立在二维和已知车速的基础上的。平面线形是固定的，设计车速通常用来计算平面半径、超高及视距。纵向定线时应该考虑竖曲线长度的极值及纵坡的最大值。公路线形设计中土石方数量在整个公路工程造价中所占的比重比较大，特别是在山岭地区，横断面地面高程变化非常复杂，减少土石方工程并使填挖平衡成为一个很重要的问题。

2 用加权地面线的方法分析填挖平衡

当今减少土石方工程及填挖平衡的方法，都是建议设计线尽可能地贴近地面线。同时仍考虑了原有地面线顺着中心线，在纵向定线确定后，尽可能地在保证填挖平衡的时候减少土石方数量。

与传统方法类似，本方法也是首先确定平面线形，在平面线形的基础上，通过软件大量显示地面高程和中心线高程。公路设计软件当中，通过数字地形图模型创立了等高线地形图，然后平面及纵向线形就确定了，运用软件迅速计算出比较线形方案的土石方数量。

2.1 加权高程的确定

事实上，地面高程与横断面中心高程都难反映整个天然路面的高程及土石方平衡。如图1所示的地面高程的变化就难以反映中心高程。很明显这样不能保证横断面上填挖平衡。然而，地面高程和设计高程彼此相互联系。为使填挖平衡，路面高程必须随着横断面轴线变化到一个合适的位置。

图1b）所示，路面高程为使填挖平衡而确定将面板移到一个新的位置。从图1b）看出，加权路面高程可定义为假定的中心高程，该断面使填挖平衡。比较两图，可以将路面高程确定为加权地面高程，它不仅可以使填挖平衡，而且可以减少横断面上土石方工程的数量。

图2给出了一个更加详细的图示，图中，$y=h_w$ 直线平衡了横断面上的土石方数量。也就是说，*ABMK* 区域的面积和 *NFGJ* 区域的面积之和等于 *MNEDC* 的面积。特别指出的是这条线也反映了道路垂直导向板。

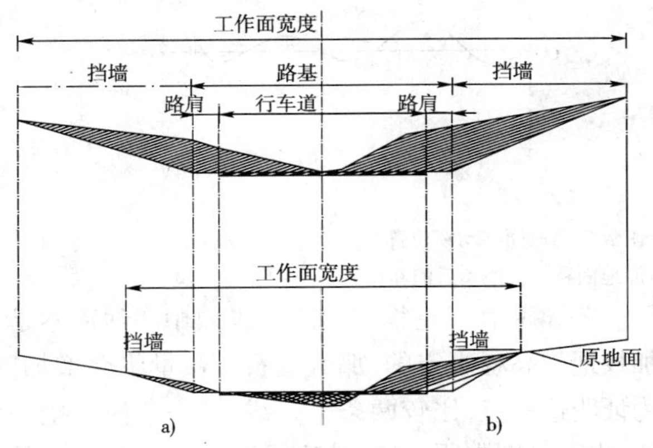

图1 传统方法和加权方法所示的横断面图

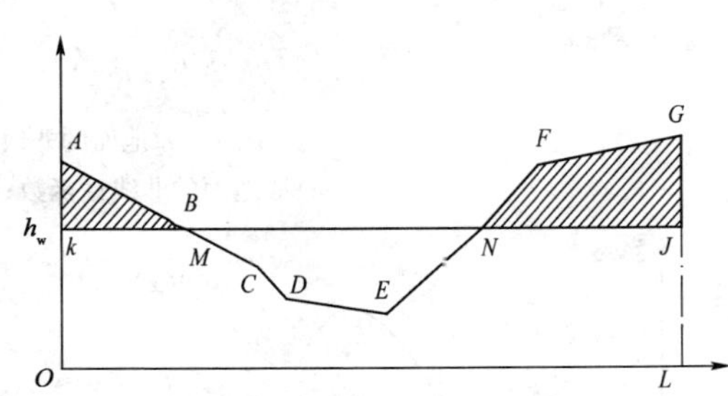

图2 填挖平衡在横断面上的具体反映

为使这个概念简单化，给定一个含挖值 P 和填值 q 的横断面，该直线必须使整个路段保持填挖平衡。该线的高程可以表示为 $h_w=S/L$。h_w 为加权路面高程；S 为原地面的面积；L 为土方工程的宽度。

2.2 采用横断面土方工程宽度范围内 n 个节点来计算地面高程

如图3所示，n 为土方工程宽度内横断面的节点数；$A(i,1)$ 为节点数 y 的坐标值；$A(i,2)$ 为 x 节点数的坐标值。

如图4a）所示，加权横断面轴线通过加权地面高程，将非线性函数 $y=f(x)$ 分隔成几个部分，加权横断面区域很好地模拟了横断面上的面板。该计划在于用加权地面线来使轴线上下部分的面积相等。S 是指函数 $y=f(x)$ 和 x 轴之间的面积。容易得到：

$$h_w=\frac{S}{L}=\frac{\int_0^l f(x)\,\mathrm{d}x}{L} \tag{1}$$

为证明这点，将 x 轴移动到图4b）所示的 x_1 轴，移动的距离为 h_w。如果 $f(x)$ 函数 x_1 轴对于新原点 O_1。在 O_1L 之间的距离等于 O。那么挖的面积就等于填土面积。

$$
\begin{aligned}
S_1 &= \int_0^L f(x-h_w)\,\mathrm{d}x \\
&= \int_0^L f(x)\,\mathrm{d}x - \int_0^L h_w\,\mathrm{d}x \\
&= h_w L - (h_w \times L - h_w \times 0) \\
&= h_w L - h_w L = 0
\end{aligned} \tag{2}
$$

这个结果证明了加权横断面线将非线性函数分为相等的正负面积。

2.3 使土石方工程最小化

横断面上,加权地面高程的方法不仅使填挖达到平衡,而且也减少了填挖工程量。若路面高程是根据横断面纵向中心线而不是加权地面高程决定的,那么土石方数量将会增加。为证明这一点,比较两条平行线,第一条使填挖平衡,也就是图中所示的加权地面高程线。另一条是位于第一条线之下的线,两线之距为 Δh,既然第二条线位于加权横截面线之下,那么挖方部分的面积增加,填方面积也在增加。如图 5 所示,填挖方面积增加的部分分别为 ΔS_C,ΔS_F。因此土石方面积变为 $\Delta h \times L$。即 $\sum_{i=1}^{p} \Delta S_C(i) + \sum_{i=1}^{q} \Delta S_F(i) = \Delta h \times L$。$p$ 为横断面挖的面积,q 为填方面积,ΔS_C 为改变 Δh 而变化的挖方面积,ΔS_f 为改变 Δh 而变化的填方面积。

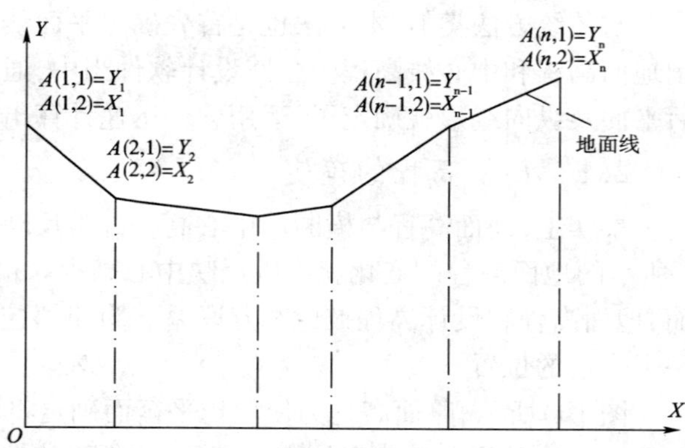

图 3 用于计算横断面上加权高程的原地面

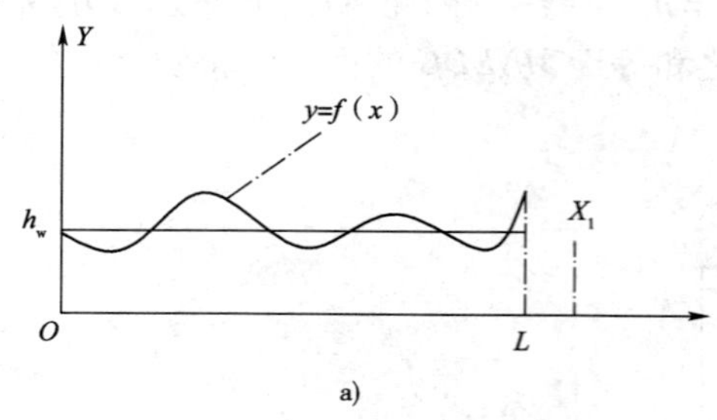

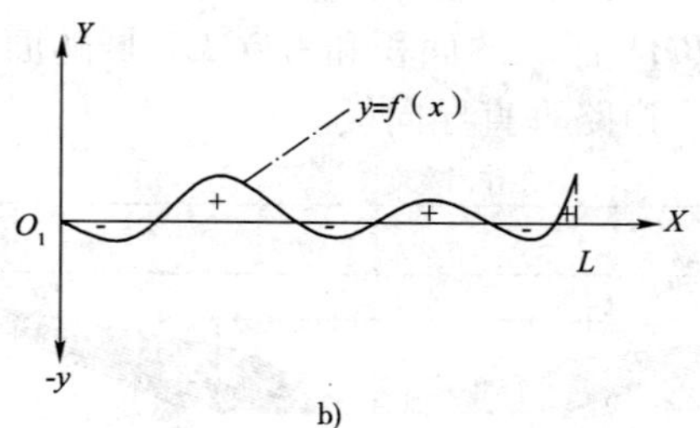

图 4 原地面的非线性函数与原地面移动新位置

a)原地面的非线性函数;b)原地面移动 x 距离后的新位置

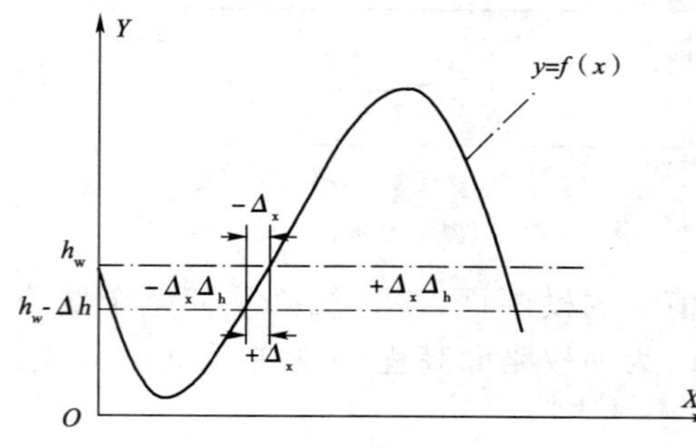

图 5 随着 Δh 的改变而引起横断面积的变化情况

填挖工程的数量变化取决于加权地面高程线与 $Y = \Delta h_w - \Delta h$ 之间的变化。计算公式如式(3)所示。

$$
\sum_{i=1}^{p}\{S_C(i) + \Delta S_C(i) + \sum_{i=1}^{q}[S_F(i) + \Delta S_F(i)]\} - [\sum_{i=1}^{p} S_C(i) + \sum_{i=1}^{q} S_F(i)] = \sum_{i=1}^{p} \Delta S_C(i) - \sum_{i=1}^{q} \Delta S_F(i) \tag{3}
$$

式中:$\Delta S_C(i)$——加权横截面中挖方面积;

$\Delta S_F(i)$——加权横截面中填方面积。

若Δh增加,对于挖方部分,如图6所示的相邻区域向下增加的比例大于向上增加的比例。所以挖方部分的面积之和$\sum \Delta S_{\mathrm{C}}$大于填方部分的面积之和$\sum \Delta S_{\mathrm{F}}$,这当然也证明了式(3)。同时这也说明了由加权横截面线改变引起的总面积变化是正的。即:

$$\sum_{i=1}^{p} \Delta S_{\mathrm{C}}(i) - \sum_{i=1}^{q} \Delta S_{\mathrm{F}}(i) > 0 \tag{4}$$

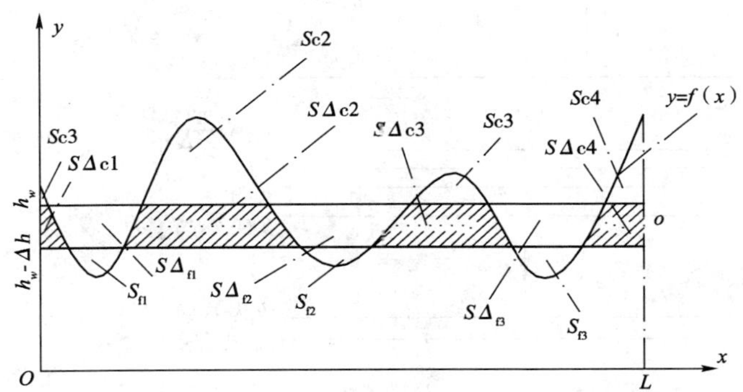

图6 反映图5中加权面积ΔS_{C}、ΔS_{f}的变化

特别强调的是,若第二条线在加权横截面线上面变化的话,那么土石方数量也会增加,唯一不同的是填方面积之和将大于挖方面积之和。比较加权横断面线,给出下面表达式:

$$\sum_{i=1}^{q} \Delta S_{\mathrm{f}}(i) - \sum_{i=1}^{p} \Delta S_{\mathrm{C}}(i) > 0 \tag{5}$$

2.4 调整并固定横断面

正如以上所提到的,加权横截面线反映了横断面上的面板,没有明确说明长度,加权横截面线用加权地面高程来使横断面上平衡填挖并使土石方工程最小化的方法。然而,实际上,在图1所示的横断面中必须已知工作面的宽度及其他要素,才可以用来决定精确的加权地面高程,这只有在给定地面高程时才可以完成。在固定路面高程之前,横断面的土石方工作宽度只能通过执行一系列的递归程序方可计算。

(1)给定加权横截面的宽度相当于已计算了宽度和h_{w},土石方工程的宽度由面板斜坡与天然地面相交决定。

(2)新的h_{w}决定了土石方工程的宽度,特别强调的是面板与原地面所成的角度,事实上,为确保坡面的稳定性,它们以钝角的形式被交点分成几个部分。因此,在三角区或荒岛区出现了如图7所示的状况,从图中可轻易看出横断面上挖方面积必须减少,对于填方部分,必须增加其面积以得到更加确定的断面。

(3)使面板中心达到h_{w}的高度并找到面板中线与原地面的交点。新的h_{w}通过最终决定的土石方工作的宽度来计算,当然考虑了上面所提到的三角区和荒岛区。

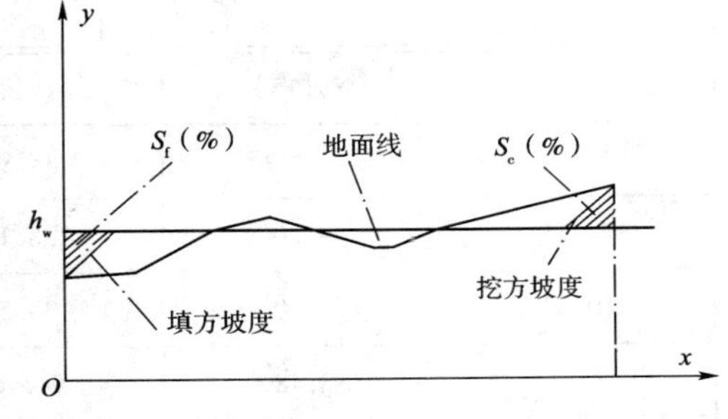

图7 反映填挖方面积相等

重复这些步骤直到它的置信水平处于连续的h_{w}之间,循环程序的原理图,如图8所示。图中,$k-1$为节点个数;δ为置信水平;$|\Delta k-1|<\delta$为置信区间。

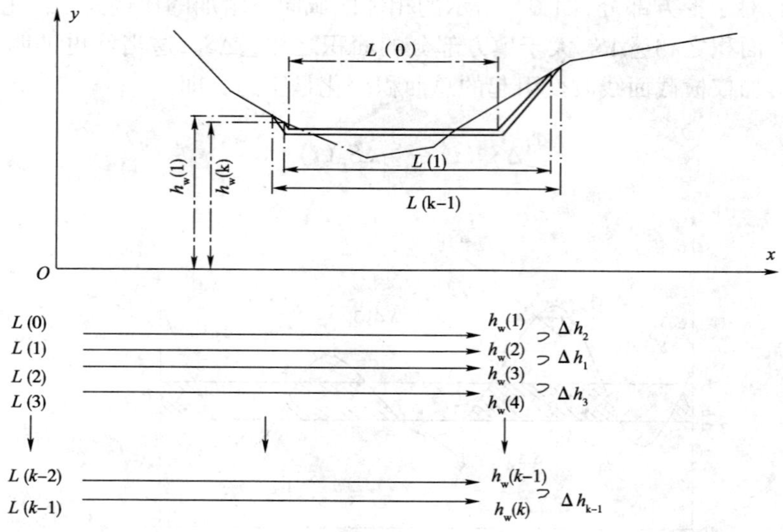

图 8 计算工作面宽度的循环示意图

3 方法的应用

本方法的应用前提，是设计高程假定接近加权地面线和加权设计线。在下例当中纵向间距为 100m，面板假设为平的，且通过交点来计算。从表 1 可以看出，每个断面的加权地面线通过三次循环就可以确定。每个断面的填挖面积当然也可以计算出来。由表 2、表 3 可知，用加权地面线计算的连续断面的纵断面填挖比较平衡，而传统方法计算的结果显示了挖方多余的部分被堆积在弃土场。比较两种方法可以看出，用加权地面线的方法所需要的土石方数量显然比传统方法所需要的要少。图 9 所示，为用于计算土石方量的横断面示意图。

计算加权地面高程及横断面面积 表 1

桩 号	h_c	$L(0)$	$h_w(1)$	$L(1)$	$h_w(2)$	$L(2)$	$h_w(3)$
0 +000	83.42	27.00	87.02	29.40	86.54	31.47	86.56
0 +025	82.67	30.00	87.07	28.27	86.26	31.24	86.3
0 +050	82.33	24.00	86.34	24.55	86.27	24.6	86.26
0 +075	82.1	30.00	85.91	22.83	85.22	24.71	85.25
0 +100	81.9	27.00	84.54	23.62	84.01	28.45	84.07

S_{cs}(左)	S_{cs}(右)	$\sum S_c$(传统)	$\sum S_f$(传统)	$\sum S_c$(加权)	$\sum S_f$(加权)
17.64	15.29	114.92	0.00	30.60	30.53
24.15	9.20	138.15	0.00	29.51	29.57
10.53	0.00	133.56	0.00	18.88	18.78
2.14	3.48	91.46	0.00	16.30	16.30
4.84	14.26	68.53	0.00	12.46	12.42

土石方数量(加权地面线法计算)　　表 2

桩　号	桩距(m)	平均桩距(m)	挖方面积(m^2)	挖方量(m^3)	填方面积(m^2)	填方量(m^3)
0 +000	25.00	12.50	30.6	382 500	30.53	381 625
0 +025	25.00	25.00	29.51	737 750	29.57	739 250
0 +050	25.00	25.00	18.88	472 000	18.78	469 500
0 +075	25.00	25.00	16.3	407 500	16.3	407 500
0 +100		12.50	12.46	155 750	12.42	155 250
				∑:2 155 500		∑:2 153 125
土石方总量:4308625m^3						

土石方数量(古典方法计算)　　表 3

桩　号	桩距(m)	平均桩距(m)	挖方面积(m^2)	挖方量(m^3)	填方面积(m^2)	填方量(m^3)
0 +000	25.00	12.50	114.92	1 463 500	0.00	0.00
0 +025	25.00	25.00	138.15	3 453 750	0.00	0.00
0 +050	25.00	25.00	133.56	3 339 000	0.00	0.00
0 +075	25.00	25.00	91.46	2 286 500	0.00	0.00
0 +100		12.50	68.53		0.00	0.00
				∑:11 372 375		∑0
土石方总量:11 372 375m^3						

注:S_{cs}加权横断面挖方面积;S_c 加权横断面挖方面积;$\sum S_f$ 横断面填方面积之和。

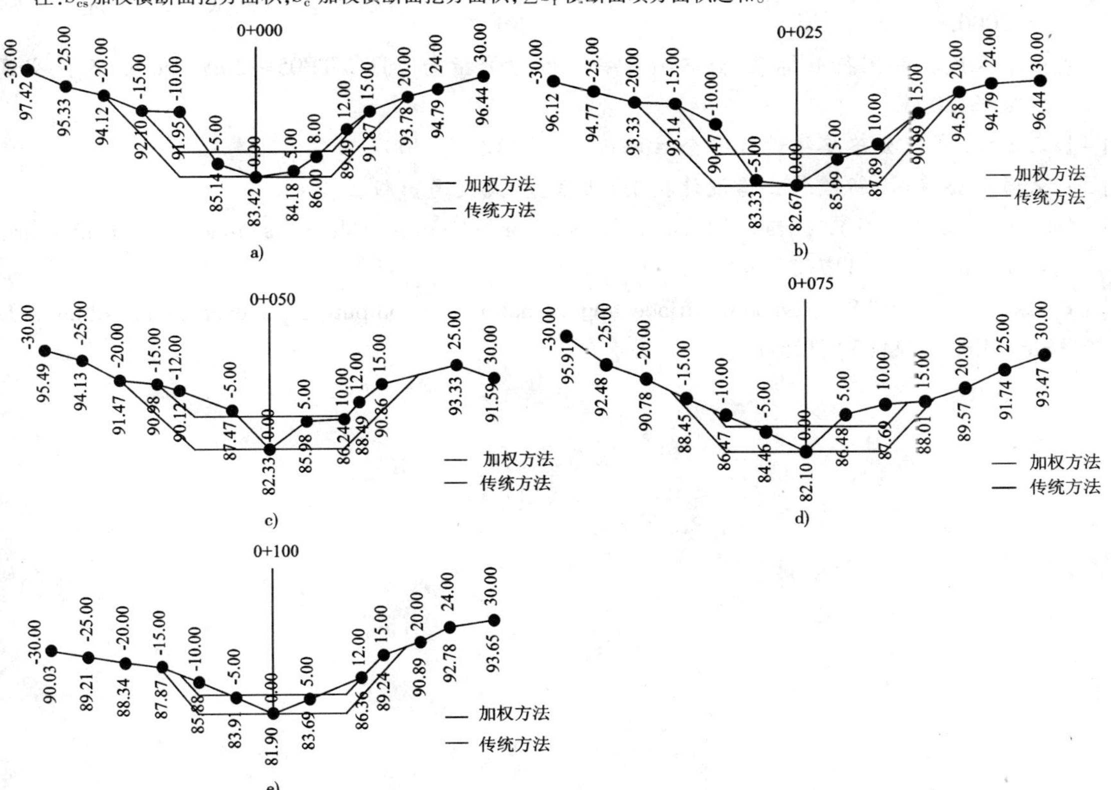

图 9　用于计算土石方量的横断面示意图

4　结语

确定纵向定线的过程是一项复杂的工程,有很多影响设计线确定的因素,比如竖曲线上足够的视距及最大的坡度。需要强调的是此研究的目的在于提出一种在连续横断面上使填挖达到平衡的方法,和传统方法及附加案例所提供的方法相比,它减少了土石方工程的数量。在加权地面线影响其他设计因素的情况下,设计线可通过权威的规定来作调整以符合规定的要求,这种做法和传统方法类似。

加权地面线用来指导确定设计线,特别用来使填挖平衡和尽可能有效利用土石方,若设计线通过本论文中提出的方法确定的话,填挖会更加的平衡并且土石方数量会比传统方法所用的更少。应用这种方法,不仅缩短了工期也节省了从取土坑所调配的材料。

本文特别强调了横断面上的填挖平衡,但若从路堑挖的土石方容量减少,那是因为它被压缩或是因为一部分材料没有达到理想的标准的缘故。若出现这类问题,那么加权地面高程可通过将一些要素应用到挖方来调整并确定填挖材料的数量。

参考文献

[1] 中华人民共和国行业标准. 公路工程技术标准　JTG B01—2003. 北京:人民交通出版社,2003.

[2] 中华人民共和国行业标准. 公路路线设计规范　JTJ D20—2006. 北京:人民交通出版社,2006.

[3] 中华人民共和国行业标准. 公路项目安全性评价指南　JTC/TB05—2004. 北京:人民交通出版社,2004.

[4] 宋玉才. 高速公路路线设计安全性评价. 交通标准化,2007.

[5] 交通部公路司. 新理念公路设计指南. 北京:人民交通出版社,2004.

[6] Easa, S. M. (1991). Pyramid frustum formula for computing volumes at roadway transition areas. J. Surv. Eng., 117(2), 98-101.

[7] Easa, S. M. (1998). Smooth surface approximation for computing pit excavation volume. J. Surv. Eng., 124(3), 125-133.

光面爆破技术在石质路堑边坡施工中的应用

刘 彬

（重庆市渝通公路工程总公司 重庆 400060）

摘 要：本文以重庆市外环高速公路北段N1合同段石质路堑边坡爆破施工为背景，分析总结了石质路堑边坡光面爆破施工的参数选择和施工控制工艺。

关键词：石质路堑边坡 光面爆破 参数

0 引言

在山岭重丘区修建高等级公路，遇到越来越多的石质深挖路堑边坡。由于光面爆破技术能起到有效控制超欠挖，提高坡面平整度、石质边坡工程质量及综合经济效益，有利于施工安全和运营行车安全，因此，对石质深挖路堑边坡，普遍要求采用光面爆破。本文以重庆市外环高速公路北段N1合同段石质路堑边坡爆破施工为背景，分析总结石质路堑边坡光面爆破施工的参数选择和施工控制工艺。

1 工程概况

重庆外环高速公路为山岭重丘区高速公路，北段项目N1合同段（K1+750～K1+950）路堑岩体结构为坚石，最大挖深为22m。在石方开挖时既要保证边坡表面的平整度，又要使边坡内部岩体免遭破坏，保持边坡岩体原有的稳定性，同时边坡坡度也要达到设计要求。根据重庆外环高速公路北段项目N1合同段的地质、地貌特点，采用主爆孔爆破、光面爆破及人工修整相结合的手段进行路堑开挖，取得了良好的效果，不仅降低了工程作业数量，而且提高了工程质量，获得了较好的经济效益。

2 光面爆破施工控制

光面爆破，是随着凿岩机具和爆破技术的进步而发展起来的针对开挖边界进行有效控制的爆破方法。它沿着爆破开挖区设计边坡线以一定的间距、合理布置一排互相平行的较密集的炮孔，在孔内采用间隔药包或比炮孔直径小的不耦合连续药包，在主开挖区爆破后再起爆，从而获得符合设计要求、光滑平整和稳定的边坡面。

2.1 参数选择

爆破参数设计是爆破成功的关键，合理的爆破参数不但能满足工程的实际要求，而且可使爆破达到良好的效果，可使经济技术指标达到最优。影响光面爆破参数选择的因素很多，如炮眼直径、炮眼间距、装药量、岩石强度、炸药特性、装药结构、起爆技术、施工精度等。在参数选择方面，在尽可能地全面考虑影响因素的前提下，采取理论计算为依据、工程类比作参考的方法来确定（见表1）。

光面爆破参数表 表1

不耦合系数	光面炮孔间距 a(cm)	最小抵抗线 w	炮孔密集系数 K	单位装药量 q(g/m)	孔深 h(m)
2.1	40	1.6	0.9	190	3.0

2.2 光面爆破施工工艺

(1)装药结构

根据炮眼直径以及满足不耦合系数要求,选择药卷直径,施工中选用直径32mm的2号岩石炸药,不耦合系数为2.1。光爆孔采用耦合间隔装药法,药卷间距20~40cm。装药时,岩石药卷先绑扎在导爆索上形成药串,并固定在竹片上,再送入炮孔。靠近炮孔底部约1m为加强段,其装药量为正常装药量的2~3倍。竹片应放置在靠边坡的内侧。

(2)起爆网络

为避免飞石和爆破振动,主炮孔采用电起爆网络,边坡孔为导爆索接力传递,采用复式交叉网络,导爆索下到孔底,主炮孔下部雷管反向安置在底部,避免产生瞎炮和残留药。

(3)钻孔施工

①钻孔技术要求。施工前,根据设计用全站仪精确放出边坡线,水准仪确定高程,确定边坡光面爆破孔位置;按桩钻孔,为保证精度钻孔时附设导轨,严格控制钻孔误差,要求不大于0.2m;钻孔角度和方向应按设计方向和角度进行,保证炮孔倾斜度与设计坡率严格一致,同时做到钻孔均在同一平面上。

②钻孔保护。钻孔完成经检查合格后,用编织袋将孔口塞紧,盖上土堆,防止钻孔机移动时压坏钻孔;防止地表水流入孔内或杂物落入孔内,造成堵塞。

③堵塞。光爆孔口预留1~1.5m,首先塞入泡沫塑料或纸团等,以控制堵塞段长度,然后再用炮泥或岩石粉等松散材料堵塞。填塞应密实以保证爆破效果,严禁用石块堵塞。

(4)现场装药和爆破

在装药时,在尽可能达到最佳参数值的同时,还要注意考虑设计中的特殊情况,如地形、地质以及水文对其的影响,对岩体结构和岩层走向的观察也比较关键。为保证孔口断面效果,设置一段不装药的填塞段,长度根据现场岩石的岩性及其风化节理发育程度而定。钻孔底部为了克服岩石的夹制作用,可适当加大底部装药量,其长度视孔深和岩性现场适当调整。当表层岩体风化严重破碎较厚时,可在底部相对减少装药量设计。

2.3 施工注意事项

(1)施工前,必须准确测定出设计边坡线和光爆孔的位置。施工中,要切实掌握好钻孔的方向、角度和深度,各光爆孔应相互平行,孔底应落在同一水平面上以及光爆孔的角度应与设计边坡坡度一致。

(2)光爆孔的装药量一般应根据计算装药量先做试验,以求得合理的装药量及装药集中度。

(3)光爆炮孔要同时起爆,以保证其良好的光面效果。

2.4 工程应用效果

工程实际中,首先要按照设计开挖线进行施工放样,用机械开挖表层的土夹石,直至基岩,并清除干净;然后根据选定的光面爆破参数,布置炮孔。在炮孔钻眼时严格按照边坡坡度施工,以免造成超(欠)挖。重庆外环高速公路北段项目N1合同段(K1+750~K1+950)路堑石方开挖工程中,采用了光面爆破施工技术,取得了良好的效果,坡面光滑平整,又保证了坡面的稳定性,达到了设计预期的目的。

3 结语

由于光面爆破技术具有保证边坡的稳定性和坡面的平整度、减少及防止边坡超炸或欠炸,从而减少清方和修整边坡的工作量、对边坡岩体破坏较小,有利于边坡稳定等优点,在当前公路建设施工中,如果能从设计及施工上推广应用光面爆破施工技术,将有助于提高深挖石质路堑工程质量及综合经济效益,尤其是在山岭区修建高等级公路时。因此,在当前公路建设大发展的形势下,光面爆破技术的应用前景将是十分广阔的。

参考文献

[1] 重庆高速公路发展有限公司垫利分公司. 重庆外环高速公路北段项目工程技术规范,2007.

[2] 孙大权. 公路工程施工方法与实例. 北京:人民交通出版社,2005.

[3] 高金石,张奇. 爆破理论与爆破优化. 西安:西安地图出版社,1992.

[4] 周水兴,何兆益,邹毅松. 路桥施工计算手册. 北京:人民交通出版社,2002.

已建公路边坡安全评估标准探讨

文志兵[1]　杨占山[2]

（1. 重庆交通科研设计院　重庆　400067；
2. 天津市蓟县水利勘察设计所　天津　301900）

摘　要：本文探讨了已建公路边坡安全评估方法和标准，拟定了具体的安全评估实施方案，并结合工程实例提出了相应的养护对策。

关键词：已建边坡　安全评估方法　安全评估标准　养护对策

0　引言

高速公路建设形成了大量的边坡，这些边坡在建成后有的已经失稳破坏，有的有轻微的变形，有的安稳无恙。变形的会不会垮塌，未变形的将来会不会变形，这是越来越受到广泛关注的问题。目前对已建边坡、特别是采用了加固措施的边坡到底稳不稳定，能稳定多长时间，用什么样的方法及标准去进行评估以及采用怎样的养护对策尚无公认的标准。本文探讨了现有的一些安全评估方法、标准，拟定出具体的实施方案，并根据评估结果提出了相应的养护对策。

1　现有评估方法及标准探讨

目前对已建边坡的安全评估的方法和标准尚未形成共识，一般从边坡的整体稳定性出发，认为整体稳定的边坡即是安全的边坡。边坡安全评估多未与公路的养护难度相结合，并对一些不影响边坡整体稳定但却危及公路营运安全的现象（如落石、局部塌方等）不够重视。

包含对边坡整体以及对边坡局部坡体的稳定性的评估，多从边坡的变形现象、变形量、变形速率、加固措施受力情况、安全系数以及综合打分方面进行评估。大致可概括成以下几种评估方法和标准。

（1）根据允许指标评估

根据允许指标评估，主要是根据支挡结构的受力状态进行评估，如锚索实际承受的拉力 P 不能超过设计允许的拉力 P_d，抗滑桩的桩顶位移量不能超过设计允许的位移量等。评估时根据各指标的实际值与允许值之间的关系为标准进行分等级评估，类似标准如表1所示。

预应力锚索加固工程安全评估标准　　表1

等级	安全状况	评价参数和取值范围	简要描述
一	安全	$P \leq P_d$	预应力锚索在正常工作状态，无异常现象
二	基本安全	$P_d < P \leq 1.05P_d$	锚索拉力超限较小，不会影响正常使用
三	欠安全	$1.05P_d < P \leq 1.1P_d$	锚索拉力超限较大，可能影响锚索框架的正常使用
四	不安全	$P > 1.1P_d$	锚索拉力超限过大，已经影响锚索框架的正常使用

（2）根据整体安全系数评估

先对已建边坡进行稳定性计算，根据计算结果，以安全系数 K 值与相关设计规范中的稳定性评价标准对应，进行分等级评价。如采用预应力锚索框架加固的边坡，其安全性评估标准，类似表2所示。

预应力锚索框架边坡整体安全性评估标准　　表2

等级	安全状况	评价参数和取值范围		简要描述
一	安全	$K \geq 1.2$		预应力锚索框架在满足安全储备的情况下有效发挥作用
二	基本安全	$1.15 \leq K < 1.2$		预应力锚索框架整体安全储备略小于规范要求，组织有整体变形破坏迹象，存在局部变形破坏问题
三	欠安全	Ⅰ	$1.1 \leq K < 1.15$	边坡体的地质条件不会恶化，病害体向稳定的方向发展，锚固条件不会恶化
		Ⅱ	$1.1 \leq K < 1.15$	边坡体的地质条件会恶化，病害体向稳定的方向发展，锚固条件会恶化
			$1.05 \leq K < 1.1$	边坡体的地质条件还会变化，病害体向不稳定的方向发展，锚固条件会恶化
四	不安全	$1.0 \leq K < 1.05$		边坡体的地质条件还会恶化，病害体向不稳定的方向发展，锚固条件会恶化
五	很不安全	$1.0 \leq K < 1.05$		边坡体的地质条件不断恶化，病害体向不稳定的方向发展，短期内可能整体失稳，造成灾害事故，锚固条件恶化
		$K < 1.0$		工程措施已部分或全部失效

(3)根据变形现象评估

当边坡为土质边坡或滑坡体时，边坡变形破坏的情况会反映到地表上，因此可根据地表的变形情况对已建边坡的安全性进行判断。其具体评估标准，类似表3所示。

边坡变形现象安全评估　　表3

坡体变形情况	安全等级
边坡出现危机坡体稳定的开裂，如坡顶连续的开裂，坡脚明显隆起；形成明显的大的变形范围	不安全
边坡坡脚连续轻微开裂，伴随有加固措施大量变形	欠安全
边坡平台范围开裂；边坡局部变形破坏，伴随有加固措施轻微变形	基本安全
坡体无变形，无局部破坏，落石对行车安全无影响	安全

(4)根据长期监测结果评估

根据对边坡的长期监测数据，包含位移与时间的关系、地下水位波动情况、支挡结构物内力等监测数据，可以准确掌握边坡的动态变化情况。监测措施只要布置合理，获取的数据可靠性高，以此作为依据能较准确地判断边坡的安全状态。

(5)综合评分评估

主要是对边坡坡体变形、支挡结构状态、坡面防护等方面进行综合评分，根据评分值进行分等级评估，也是一种经验评估方法。这种评估方法考虑内容较全面，由于边坡地质条件、周边环境差异大，各方面内容的评分权值难以确定。

(6)各种方法比较

各种边坡安全性评估方法都有一定的优点和局限性，具体比较如表4所示。

各种边坡安全性评估方法特点汇总表 表4

评估方法	优点	局限性
允许指标评估	①直观； ②可靠度高	①需要有检测数据； ②只能代表检测时的边坡安全状态； ③评估结果受检测水平影响
整体安全系数评估	①直观； ②评估标准有规范可参考； ③模型和参数确定后计算结果不受经验影响	①受参数取值影响大，计算结果可靠性不高； ②对未勘察的边坡计算模型可靠性不高； ③无法确定支挡结构的受力状态
变形现象评估	①直观； ②能反映从边坡建成到评估时的边坡变形状况，评估结果可靠性高； ③对建成多年的边坡，评估结果可靠性强	①不适用脆性破坏边坡； ②评估等级受评估人员的工程经验影响大； ③对新建边坡，评估结果可靠性差
长期监测结果评估	①能准确反映边坡的动态变化情况； ②评估结果依据较充分	①需要长期监测，费用高昂； ②目前尚无具体标准，评估结果受评估人员经验影响大
综合评分	①反映内容全面； ②在确定标准后评估结果受人为因素影响小	①权值难以确定； ②可操作性差

2 建议评估方法及标准

对边坡安全性评估应充分利用已有的资料，对有检测数据的边坡，建议采用允许指标进行评估；对有长期监测结果的边坡，建议采用长期检测结果进行评估；对进行了详细勘察的边坡，可以充分利用勘察资料进行稳定性计算，再结合现场的变形现象进行评估；对大多数公路边坡而言，没有上述资料，主要的评估方法还是根据边坡的变形迹象进行评估。对于综合评分的评估方法，由于权值难以确定，需经充分论证后方有一定的可靠性。当采用变形现象进行评估时，其评估标准宜根据具体条件综合确定，评估标准应充分考虑对公路的影响，类似标准如表5所示。

边坡安全性评估标准 表5

坡体变形情况	安全等级	加固效果评估
边坡出现危及坡体稳定的开裂，如坡顶连续的开裂，坡脚明显隆起；形成明显的大的变形范围；相同工况下监测变形加速	不安全	差
边坡坡脚连续轻微开裂，伴随有加固措施轻微变形	欠安全	较差
边坡平台范围开裂；边坡局部变形破坏；存在较大范围落石现象，对行车安全有一定的影响	基本安全	欠完善
存在少量落石现象，落石对行车安全有轻微的影响	较安全	良好
坡体无变形，无局部破坏，落石对行车安全无影响	安全	完好

3 具体实施方案

（1）资料收集

资料收集主要包括地勘报告、设计文件、竣工文件和维护记录的收集。通过收集资料掌握边坡的地质条件、边坡坡高、坡形、排水措施、坡面防护和具体加固措施、变更情况以及建成后边坡的维护情况。所有这些资料都是边坡安全评佔的基础资料。

(2)现场调查

现场调查主要是调查边坡的坡体、支挡结构的变形现象、排水和坡面防护措施,核实边坡的坡形、坡高、加固措施布置情况。

(3)分析评价

分析评价主要是通过稳定性验算、工程类比进行安全评估,在此基础上需充分考虑坡高、坡率、路线情况对公路养护难度的影响,进行综合性的分等级评价。

4 工程实例——汕梅高速公路揭阳至梅州段边坡安全评估

4.1 安全性评估标准

根据边坡的稳定性计算结果,结合工程类比和边坡现状判断边坡的安全状态,具体划分为:安全、基本安全、欠安全和不安全。

(1)安全。边坡稳定系数达到行业规范中相应工况的要求,如正常工况稳定系数 >1.2 ~ 1.3;同时,现场调查中未发现与边坡稳定有关的坡体和支挡结构的变形现象,无威胁公路安全的小塌方、掉块。

(2)基本安全。边坡稳定系数未达到行业规范中相应工况稳定的要求,如正常工况稳定系数处于 1.05 ~ 1.2 之间;或稳定系数达到规范中稳定要求,但现场调査中发现边坡局部坡体或支挡结构有与边坡稳定有关一条或几条轻微开裂的变形,且变形之间未形成对应关系的。

(3)欠安全。边坡稳定系数未达到基本稳定的要求,如正常工况稳定系数处于 1.00 ~ 1.05 之间;或稳定系数达到基本稳定的要求,但现场调査中发现边坡坡体有与边坡稳定有关多条延续长度大、开裂宽度大的坡体变形,变形之间形成一定对应关系的;或坡体有一条或几条轻微开裂的变形,但变形与支挡结构成片变形形成了一定的对应关系的。

(4)不安全。稳定系数 <1.0,或在现场调查中发现边坡有多条延续长、宽度大,变形之间形成了较明确变形体,或支挡结构大范围破坏的边坡。此外存在明显威胁边坡安全的情况时也视边坡不安全。

4.2 综合分类标准

为便于养护,将边坡在安全分类的基础上,结合排水措施的有效性、边坡高度。排水措施的有效性,分有效、有效性差两种。其中有效是指位置和断面设置合理,变形、堵塞情况少容易修复。有效性差是指位置和断面设置不合理,属于需要经常养护的。边坡高度对挖方边坡考虑 50m 以上和 50m 以下两种,对填方考虑填筑高度 30m 以上和 30m 以下以及填方坡脚为陡坡高挡墙的情况。边坡的综合分类,具体划分如下。

(1)一类边坡:边坡安全,坡高 <50m 的挖方和填高 <30m 的填方,排水指施有效。

(2)二类边坡:边坡安全,坡高 50m 以上的挖方和填高 30m 以上的填方;或边坡基本安全,坡高 <50m 的挖方和填高 <30m 的挖方。

(3)三类边坡:边坡基本安全,坡高 50m 以上的挖方和填高 30m 以上的填方或坡脚为陡坡高挡墙的填方。边坡整体稳定,但可能发生规模稍大的浅层破坏的边坡。排水措施有效性差的边坡。

(4)四类边坡:欠安全和不安全边坡。

4.3 评价结果

综合评价结果,如表6所示。

边坡综合分类统计表 表6

综合分类 / 路段	一类边坡(个)	二类边坡(个)	三类边坡(个)	四类边坡(个)	合计(个)
扶大至程江段	3	1	1	1	6
梅州至梅南段	19	14	3	6	42
梅南至畲江段	36	5	2	3	46
新亨至北斗段	12	6	2	0	20
北斗至清潭段	3	5	2	5	15
清潭至畲江段	21	9	10	8	48
合计(个)	92	42	20	23	177

本次调查共计177段边坡,包括142段挖方边坡和35段填方边坡。边坡综合分类总体情况,如表6所示:一类边坡92个,占总边坡数的53%;二类边坡42个,占23%;三类边坡20个,占11%;四类边坡23个,占13%。

总体上说,整个路段的高边坡中一、二类边坡占76%以上,对公路影响小,但也有13%的边坡是属于欠安全和不安全的四类边坡,对公路的影响相对较大。

4.4 处治对策

(1)日常养护的边坡

本次调查发现需要进行日常养护的边坡共121个,内容包括定期清理边坡中各类水沟内的杂草、积土,修补水沟、裂缝等,其工作量小但需要长期努力的工作。

(2)需要进行地表位移监测的边坡

需要进行地表位移监测的边坡,包含裂缝监测和布置监测网点监测。裂缝监测主要针对二、三、四类边坡。对边坡的裂缝开裂情况进行为期一年的监测,确定裂缝是否会加速开裂或者是趋于稳定。裂缝监测与地表位移监测网和深部位移监测一起进行,部分边坡为单独的位移监测。

设置监测网点监测的对象主要为三、四类边坡和高度>50m的边坡。布置监测断面(网)监测边坡坡体的变形情况,以便分析边坡是否安全和哪些范围有变形,确定是否需要进行提前处治,这类边坡共41个。

(3)需要作深部位移监测的边坡

此类情况主要针对四类边坡和近期加固后仍有变形的边坡。这类监测一般与地表位移监测配合,确定边坡的变形范围,以及变形是否趋于稳定,这类边坡共14个。

(4)需要检测的边坡

需要检测的边坡,主要针对三类边坡。对边坡中锚索的预应力进行检测,确认锚索是否已经发生应力松弛;对个别高填方挡墙墙后的地下水情况进行检测,明确墙后是否积水。检测结果是为以便分析边坡的安全状态,确定是否需要进行提前加固和具体的加固方案,这样的边坡共6个。

(5)需要进行勘探的边坡

对部分地质条件不完全明确的三、四类边坡需要进行勘探。这类边坡共 8 个。

(6)需要进行处治的边坡

这种情况主要针对浅层不稳定、局部不稳定、部分欠稳定的边坡。这类边坡共 18 个。

5 结语

对已建公路边坡安全性的评估尚无公认的方法与标准,需要继续展开相关研究。本文初步探讨了现有的一些安全评估方法、标准,拟定出了具体的实施方案,根据具体工程的应用情况,取得了较好效果。

路堤沉降因素的有限元分析

郭红蕊[1] 葛建亭[2] 梁乃兴[1]

(1. 重庆交通大学土木建筑学院 重庆 400074；
2. 菏泽市公路工程监理公司 菏泽 274000)

摘 要：根据山区高等级公路路堤的特点，采用 Drucker-Prager 理想弹塑性本构模型模拟路堤填料的应力-应变关系，并借助 ANSYS 软件对路堤沉降进行有限元分析，研究路堤填土高度、地基模量和压实度等因素对路堤沉降的影响规律，为解决路堤沉降问题提出了相关建议。

关键词：路堤沉降 有限元 填土高度 地基模量 压实度

0 引言

在西部地区公路建设及其使用过程中，路基沉降病害是普遍存在的，而且这些病害具有很大的破坏性。路堤产生不均匀沉降的原因有设计考虑不周、施工控制不当、沿线工程地质条件差、地基处治不合理和填土压实不足等。其中，路堤填筑高度、地基处理对高等级公路路堤的沉降具有重要的影响。因此，有必要对路堤填土高度、地基模量和压实度等因素对路堤的影响进行有限元分析，找出路堤沉降规律，提出指导性的建议。

1 路堤沉降计算有限元模型

(1) Drucker-Prager 模型及单元类型

与弹性模型相比，弹塑性模型能较好地模拟岩土材料的应力-应变关系，在实际工程中得到广泛的应用。本文采用 Drucker-Prager 理想弹塑性本构模型进行有限元数值分析。

土体单元采用四节点平面单元，如图 1 所示。

刚度矩阵
$$[k]^e = \iint [B]^{\mathrm{T}}[D][B]\,\mathrm{d}x\mathrm{d}y$$

式中，B——应变矩阵，

$$B = \begin{bmatrix} (y-1) & 0 & (y-1) & 0(1+y) & 0 & -(1+y) & 0 & \\ 0 & (x-1) & 0 & (1+x) & 0 & (1+x) & 0 & (1-x) \\ (y-1) & (x-1) & (y-1) & -(1+x) & (1+y) & (1+x) & -(1+y) & (1-x) \end{bmatrix};$$

D——弹性矩阵，

$$[D] = \frac{E(1-\mu)}{(1+\mu)(1-2\mu)}$$

(2) 几何模型和网格划分

有限元是一种数值分析方法，其解的精度与网格密度、模型尺寸等许多因素有关。为了简化分析，视地基为弹性半空间体，它在水平和垂直方向上是无限大的。实际上采用有限元求解时不可能在无限域内划分单元，因此要合理地确定地基的二维尺寸。

建立有限元模型,如图 2 所示。图中取路基中心线处为坐标原点,并设路堤填土高度为 h,地基压缩层厚度为 $3h$;地基压缩层有效宽度,根据经验取坡角外距离 $2(14+1.5h)$;路堤宽度根据实际情况取值(高速公路取 28m,高度 h 分别取 4m、8m、12m、16m、20m 等);边坡坡度一律取为 1∶1.5。

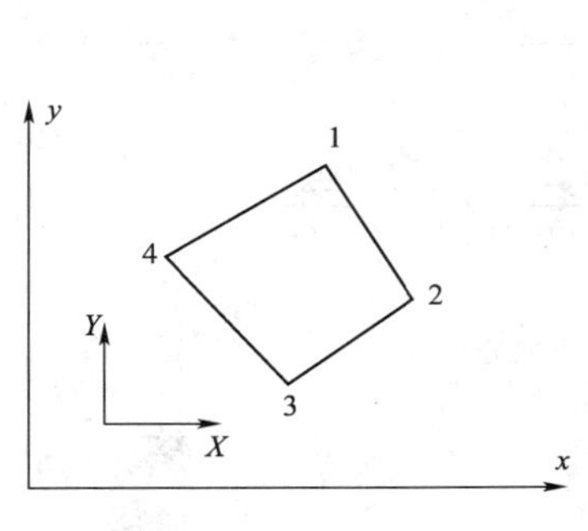

图 1 四节点平面单元

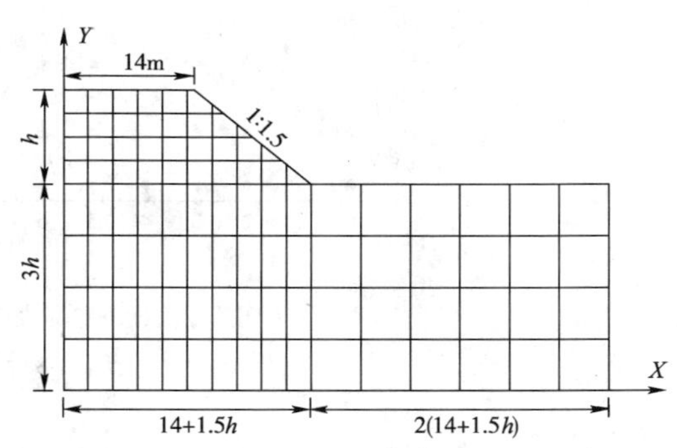

图 2 路堤沉降有限元几何模型

(3)边界条件

考虑到路基是左右对称,因此认为,路基中心线处没有水平位移,仅在竖直方向可以产生位移;通常认为地基深度和宽度达到某一尺寸后,地基底面和外侧面上位移很小,可以忽略不计。计算中认为对于图 2 中的几何模型,地基底面和外侧面为固定边界;路堤、地基表面为自由且透水透气边界;路堤与地基及填方中各填筑层之间的接触,为连续接触且为透水自由。

(4)材料模型

本文假设土体为各向同性体,应力-应变关系采用 Drucker-Prager 理想弹塑性本构模型,考虑土体的塑性变形。由于天然地基在其自重作用下的沉降已完成,故在数值计算时不考虑地基重力作用。路堤泊松比根据经验统一取为 0.3,地基泊松比取为 0.35。其他力学参数根据室内试验,测得填土密度 $\gamma = 1\,895\text{kg/m}^3$,变形模量 $E = 25\text{MPa}$,内摩擦角 $\varphi = 22°$,黏聚力 $c = 25\text{kPa}$。

2 有限元计算结果与分析

2.1 路堤表面沉降沿水平方向分布与填土高度的分布

图 3 为地基变形模量 14MPa,填土高度 h 不同时路堤表面沉降沿水平方向分布曲线(图中沉降值为路堤和地基总沉降值)。从图 3 中可以看出,不同填土高度下路堤表面沉降曲线形状基本相同,最大沉降点都位于路堤中心处。

沉降曲线用抛物线拟合,相关性较好,如图 4 (以 $h = 4\text{m}$ 为例)所示。填土高度不同时,路堤表面沉降差如图 5 所示。

从图 5 中可以看出,路堤表面沉降差随着填土高度增大而增大,这主要是路基内部受力大小不同引起的。因此,降低路堤高度,可以在一定程度上减小路堤表面不均匀沉降。

2.2 路堤表面沉降沿水平方向分布与地基模量关系

图 6 为 12m 高路堤,地基变形模量 E 不同时路堤表面沉降沿水平方向分布曲线(图中沉降值为路堤和地基总沉降值)。从图 6 可以看出,路堤表面沉降曲线形状受地基变形模量的变化影响不大,最大沉降点都位于路堤中心处,不会随地基变形模量的变化而变化。

沉降曲线同样用抛物线拟合,相关性较好,如图 7(以 $E = 5\text{MPa}$ 为例)所示。

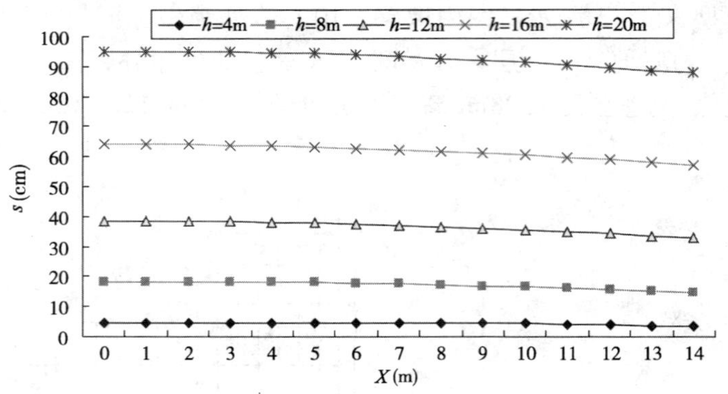

图 3 不同路堤高度下路堤表面沉降沿水平方向分布图

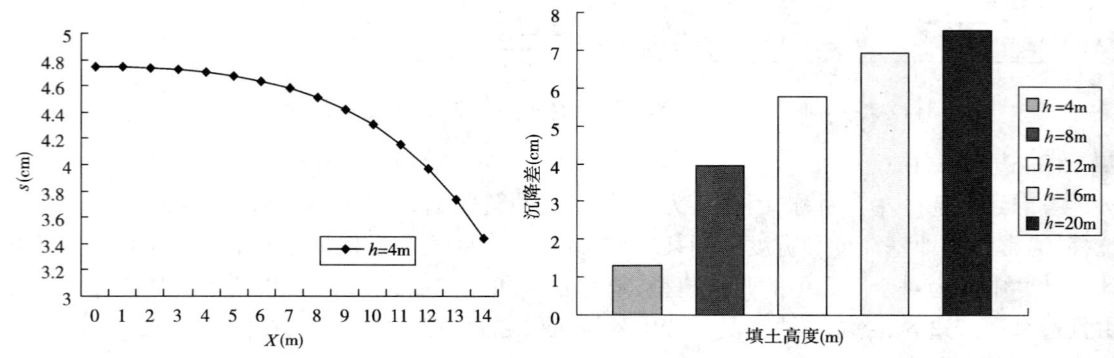

图 4 路堤表面沉降曲线($h=4$m)

图 5 路堤表面沉降差与填土高度关系

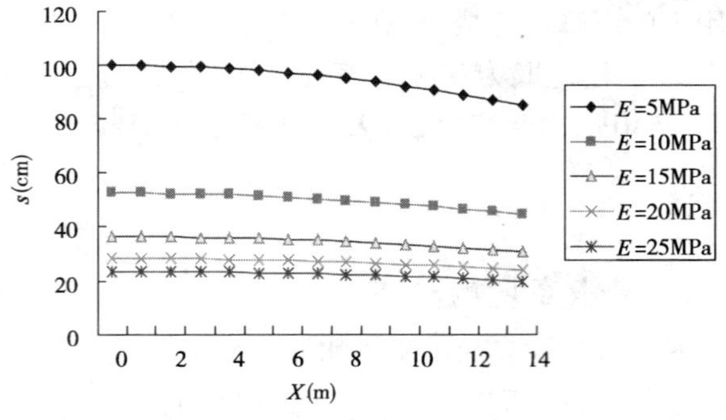

图 6 不同地基变形模量下路堤表面沉降沿水平方向分布图

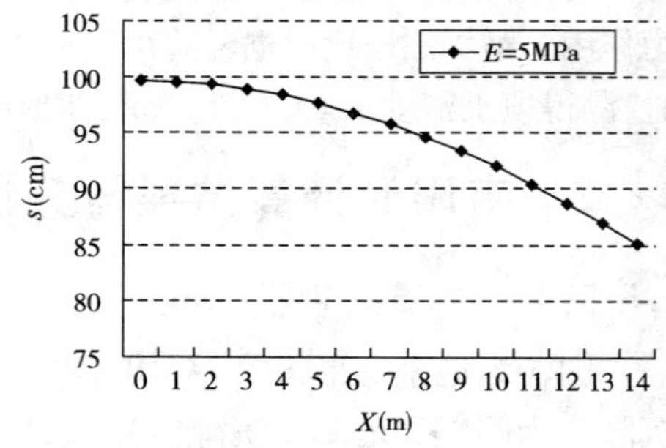

图 7 路堤表面沉降曲线($E=5$MPa)

地基变形模量不同时,路堤表面沉降差如图 8 所示。从图 8 中可以看出,路堤表面沉降差随着地基变形模量增大而减小,这是因为地基变形模量大时,地基产生的沉降明显减小,反映到路堤表面为较小沉降差。因此,增大地基变形模量,可以一定程度减小路堤表面不均匀沉降。但是当地基模量增大到一定的程度时,再提高地基的模量对路堤表面不均匀沉降的作用不是很明显。

图 9 给出了路基沉降量随地基变形模量的变化曲线。从曲线上可以看出,地基变形模量对路基沉降量的影响很大,随着变形模量的增加,路基沉降量减小很快,特别是 E 从 5MPa 增加到 20MPa 阶段。这对地基处理具有一定的指导作用,即采取一定措施进行地基处理,确保达到一定的强度和承载力,但地基变形模量增加到 40 ~ 45MPa 后,对沉降量的影响不大。所

以在进行地基处理时需要进行经济性能评价。

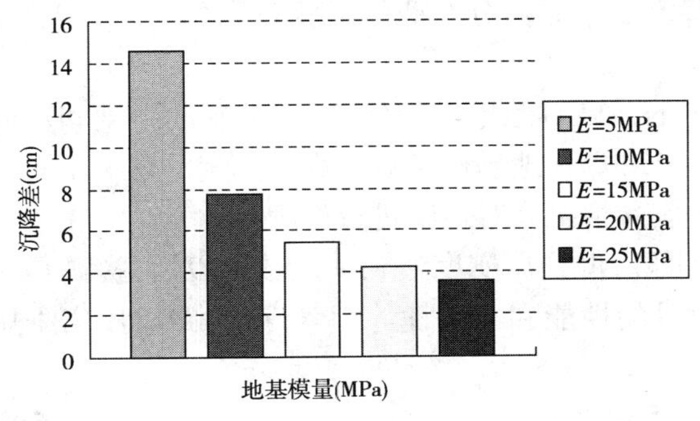

图8 地基模量与路堤表面沉降差关系曲线

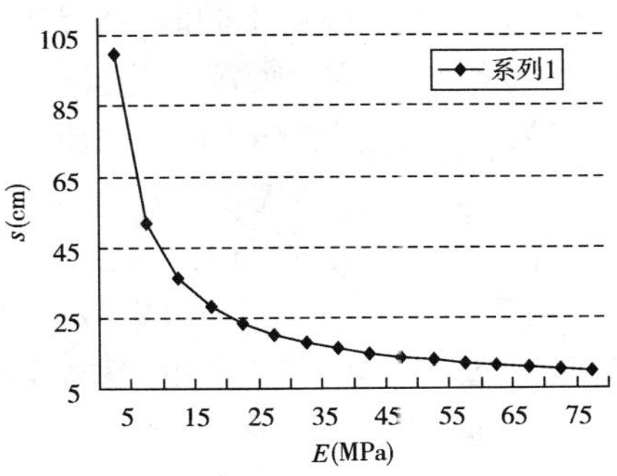

图9 地基模量与路基沉降量关系曲线

2.3 路堤沉降量与压实度的关系

理论分析认为,通过提高路堤的压实度,可以明显减小路堤的压缩变形。假设路堤分别达到表1中四种压实标准(填土的数据通过室内土工试验测定),采用有限元分析软件ANSYS进行了路堤沉降计算,进而研究了不同压实度标准对路堤自身沉降量的影响。如图10所示。

不同压实度下填料试验结果 表1

压实度	CBR	回弹模量(MPa)	压缩模量(MPa)	最大干密度(kg/m^3)	最佳含水率
$K=90\%$	3.51	344.7	12.97	1 895	13.85%
$K=93\%$	5.21	467.9	17.90		
$K=95\%$	6.31	550.0	24.69		
$K=98\%$	9.85	857.4	36.18		

从图10中可以看出,各种压实工况下,路堤沉降量随填土高度增大而增大,两者并非简单的线性关系,大致服从抛物线分布;同一路堤高度下,路堤沉降量随压实标准的提高而减小,但压实标准提高到某一程度后,通过继续提高压实标准来减小路堤沉降效果不显著。因此,路堤施工时,应合理控制各层压实标准。

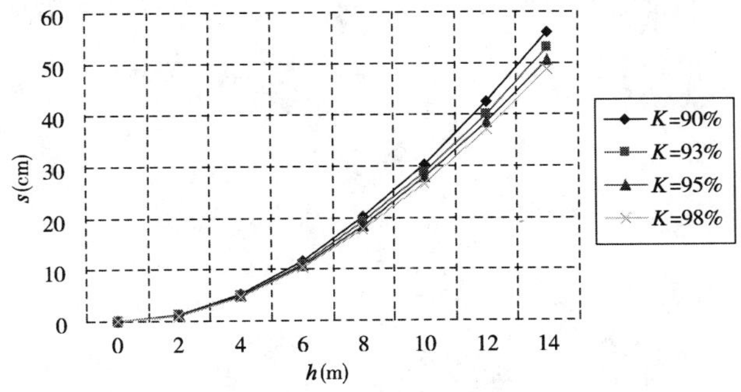

图10 不同压实度下路堤沉降量随填土高度变化曲线

3 结语

通过以上对路堤沉降模型的有限元分析,可以得出以下结论和建议。

(1)路堤表面沉降沿水平方向分布符合抛物线规律,最大沉降点位于路堤中心处,且路堤表面沉降差随着填土高度增大而增大,这主要是路基内部受力大小不同引起的。因此,在条件允许的条件下适当地降低路堤填筑高度,可以在一定程度上减小路堤表面的不均匀沉降。

(2)地基变形模量不同时,路堤表面沉降沿水平方向分布曲线形状基本相同,且随着地基变形模量增大,路堤表面沉降差减小。

(3)地基承载力较小时,必须要采取一定的措施对地基进行处理,使地基的强度和承载力达到要求。但是,当地基变形模量达到一定程度以后,地基模量对路堤沉降量的影响不大。因此,这时需对地基处理作出经济性评价,根据实际情况来对地基进行处理。

(4)提高路堤的压实度可以减小路堤的沉降,但当压实度达到一定数值以后,提高压实度对路堤沉降的影响不大;另外,考虑到压实机具的性能和经济性等因素,应对路堤压实采用合理、实用的压实度。

参考文献

[1] 中华人民共和国行业标准. 公路路基设计规范 JTG D30—2004[S]. 北京:人民交通出版社, 2004.

[2] 中华人民共和国行业标准. 公路路基施工技术规范 JTG F10—2006[S]. 北京:人民交通出版社,2006.

[3] 丁皓江,何福保,谢贻权,等. 弹性和塑性力学中的有限单元法[M]. 北京:机械工业出版社,1989.

[4] 资建民,周红霞,李欢,等. 高填方路堤沉降的有限元分析[J]. 华中科技大学学报(城市科学版), 2004, 21(4):13-15.

[5] 师天香. 高填路堤下沉的原因分析及治理措施[J]. 山西建筑, 2007, 33(16):304-305.

[6] 颜春,黎兆联. 路基不均匀沉降的原因与处治措施[J]. 广西交通科技, 2002,27(4):32-36.

隧道工程地质综合勘察与评价

郭 涛 楚贤峰 王红卫

（吉林省公路勘测设计院 长春 130021）

摘 要：江密峰至延吉高速公路5座隧道的工程地质勘察运用了地质调查、钻探、坑探、综合物探等多种勘察手段，取得了良好效果，查明了隧道的工程地质及不良地质条件，为隧道设计与施工提供了可靠的地质资料。

关键词：隧道 工程地质 综合物探 高密度电法 浅层折射地震法 钻探

1 工程概况

吉林省地处祖国的东北边陲，与辽宁省、黑龙江省、内蒙古自治区毗邻，与俄罗斯、朝鲜接壤。江密峰至延吉高速公路是连接省会长春与延边朝鲜族自治州的交通大动脉，其中山区段占到全线总长的80%以上，隧道勘察工作成为全线地质勘察工作的重点。江密峰至延吉高速公路共设隧道5座，其中，江密峰至黄松甸子段两座：于木匠沟隧道、老爷岭隧道；敦化至延吉段三座：新交洞隧道、下庆沟隧道、梅花洞隧道。

（1）于木匠沟隧道位于天岗附近，采用双连拱隧道方案，隧道长200m，净高为8.985m，起讫里程K45+880～K46+080。

（2）老爷岭隧道位于老爷岭村附近，隧道分为左右两幅：左幅起讫里程LK64+600～LK66+900，长2 300m；右幅起讫里程RK64+570～RK66+960，长2 390m。左右两幅相距约50m，净跨度12.948m，净高为8.985m。

（3）新交洞隧道位于吉林省安图县大兴村和仲坪村中间，距安图县城约25km，有乡间公路相通，交通条件较差。隧道分为左右两幅：左幅起讫里程LK75+050～LK77+470，长2 420m；右幅起讫里程RK75+060～RK77+400，长2 340m。左右两幅相距约50m，净跨度12.948m，净高为8.985m。

（4）下庆沟隧道位于吉林省延吉市境内，工作区十分不便，均为乡间公路。隧道分为左右两幅：左幅起讫里程LK86+240～LK87+310，长1 070m；右幅起讫里程RK86+320～RK87+320，长1 000m。左右两幅相距约50m，净跨度12.948m，净高为8.985m。

（5）梅花洞隧道位于吉林省延吉市境内，距朝阳川25km，工作区交通不便。隧道分为左右两幅：左幅起讫里程LK90+740～LK91+700，长960m；右幅起讫里程RK90+670～RK91+740，长1 070m。左右两幅相距约50m，净跨度12.948m，净高为8.985m。

2 工程地质勘察方法

隧道勘察中，采用了地质调查、钻探、坑探、综合物探等多种勘察方法。通过综合勘察，基本查明了各隧道的地质及不良地质条件。

2.1 综合物探

针对隧道的地质条件、现场作业条件和设计要求，选择了浅层折射地震法勘察、高密度电法勘察、面波法等多种物探方法，从而对隧道的工程地质条件进行综合物探。

（1）浅层折射地震法勘察

当入射波以临界角投射到地下折射界面时（需满足 $V_n > V_{n-1}$）将产生折射波，通过折射波的时距曲线，可提取出下伏界面的深度及相应界面速度，确定低速带厚度，并可识别断裂破碎带的相应位置。在勘察中采用国产 SWS 浅震仪，双重相遇观测系统，点距 5m，锤击震源，采用 τ_0 法绘制 $\tau_0(x)$ 曲线及 $Q(X)$ 曲线，把低于正常岩石速度 70% 的地段确定为断层破碎带，低速带的中心定为断层中心。

（2）高密度电法勘察

高密度电法勘察根据地下介质的电性差异，通过采集系统，获得地下介质电阻率分布情况，绘制视电阻率等值线图，根据视电阻率的变化特征可确定断裂破碎带的具体位置。在勘察中采用国产 WDZJ-1 高密度电法仪、温纳四极装置，点距 5m，通过反演成像，直观反映出二维地电模型。如图 1 所示为新交洞隧道进洞口处高密度电法横剖面图。图中 160 处有明显的低阻异常，推断为断层破碎带。在隧道施工过程中地质条件与此完全相符。

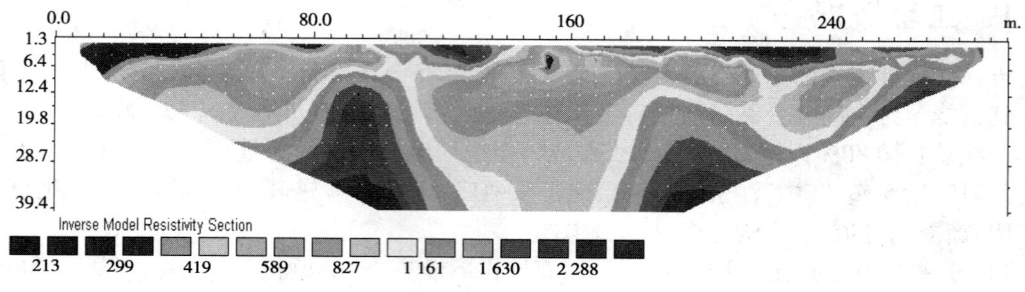

图 1 新交洞隧道横剖面高密度电法视电阻率图

在各隧道进出口都进行了面波勘察，综合各种物探勘察解译结果，确定了于木匠沟隧道有 1 条断层破碎带，宽度 5 ~ 8m，主要由碎裂岩组成；老爷岭隧道共发现 6 条断层及两处岩性接触带，宽度 3 ~ 10m；新交洞隧道共发现 8 条断层，宽度 1 ~ 6m；下庆沟隧道共发现 4 条断层，宽度 2 ~ 5m；梅花洞隧道共发现 6 条断层，宽度 2 ~ 8m。在 5 座隧道的施工过程中所遇到的较大的破碎带，基本都在勘察中探明。综合物探方法在 5 座隧道勘察中的应用，取得了较好的效果。

2.2 钻探

根据先期物探勘察结果，在相应位置布置了钻孔，钻至压水试验设计深度进行压、注水试验，计算岩体的透水率。测定稳定水位和声波测井，声波测试采用国产 RSMSY5 智能超声波测试仪及一发双收探头对钻孔进行了波速测试，测点距 0.2m，根据现场测试得到的波形信号拾取声波走时，计算声波速度数据，用此值计算孔内岩体的完整性系数。并取岩样进行物理力学试验。

2.3 地质调查

经地质调查，可查明隧道附近有无滑坡等不良地质现象，通过对地面调查点、探坑、探槽的节理统计，绘制节理玫瑰花图，确定岩层节理对隧道围岩稳定性和边坡稳定性的影响。如在对新交洞隧道的地质调查中查明隧道附近无滑坡等不良地质现象，也没有大的断裂构造，隧道区节理裂隙较发育，主要有三组：J_1：N45° ~ 60°E，倾向 NW，倾角 45° ~ 55°；J_2：N60°W，倾向 SW,倾角 52°;J_3:N40°W,倾向 NE,倾角 80° ~ 85°。其中 J_1 组节理为层面节理与隧道近正交,对围岩稳定影响不大;J_2、J_3 组节理与隧道交角较小或近平行,对隧道两侧边墙稳定不利。

3 隧道工程地质条件评价

于木匠沟隧道隧址区内地层岩性较为简单,表层为残积、坡积覆盖层,以花岗岩风化砂及残积土为主,下覆为华力西晚期钾长石花岗岩,呈黄褐色或肉红色中 ~ 粗粒花岗结构,块状构造,围岩类别以Ⅲ ~ Ⅳ为主。

老爷岭地区属于东北地槽系、吉林地槽老爷岭背斜,构造线方向与山脉走向一致,燕山期花岗斑岩及其他岩体的长轴均呈北东向,主要构造形迹为柳树沟 ~ 双顶屯褶皱带。该褶皱带长 50km,宽 25km,由老爷岭背斜和六条压性断层及同褶皱轴同向的侵入岩组成。老爷岭隧道位于老爷岭背斜的西北冀、隧道洞轴线和背斜线以大角度相交。老爷岭隧道的围岩主要由蚀变凝灰岩和花岗斑岩组成,其中蚀变凝灰岩受构造和蚀变影响,岩石强度等试验值有所降低,但仍可定为硬质岩。隧道进口侧进洞条件很差,在覆盖层中进洞,隧道出口侧进洞条件较差,在全风化、强风化花岗斑岩中出洞。隧道洞身段位于微 ~ 未风化花岗斑岩、蚀变凝灰岩中,上覆岩体具足够厚度,未见有规模大的断层破碎带分布,岩石坚硬,岩体较完整,透水性微弱,围岩的工程地质条件较好,围岩类别以Ⅳ、Ⅴ类为主。

新交洞隧道、下庆沟隧道、梅花洞隧道所在大地构造位置,处于吉黑华力西晚期地槽褶皱带的东南边缘。在构造变动上,华力西晚期旋回最为强烈,展现的类型也最为复杂;其次为燕山旋回,燕山旋回的褶皱很微弱。对新交洞隧道影响最为强烈的是北塘沟倒转背斜,属华力西晚期产物,此背斜轴线走向 NE,组成倒转背斜的地层为二叠系下统庙岭组、柯岛组。庙岭组构成核部,柯岛组,由老到新层序倒置。层间滑动、断层破碎带十分发育,新交洞隧道走向 S43°E,横穿倒转背斜东翼,揭露的地层依次为庙岭组、柯岛组。对下庆沟隧道、梅花洞隧道并无影响。

新交洞隧道隧址区海拔高度 830m,相对高差 300m,主要岩性为二迭系柯岛组、庙岭组凝灰质板岩、砂岩及凝灰岩、大理岩。隧址区属于北塘沟背斜东翼,地层倒置,岩石节理裂隙发育,小的断层破碎带较多,其中板岩段岩石普遍绿泥石化,RQD 值较低,部分大理岩有石墨化现象,围岩类别以Ⅲ ~ Ⅳ为主。洞口及断层破碎带附近为Ⅱ类围岩。

下庆沟隧道隧址区海拔高度 582m,相对高差 132m,山体形态较复杂,小的沟谷较发育,自然坡度 10° ~ 25°,主要岩性为粗粒花岗岩。一般地段全、强风化带厚度 8 ~ 10m,个别地段可达 20 ~ 30m,受地质构造影响,花岗岩中无规则的隐节理特别发育,后期充填钠长石等呈细小条纹状,致使岩石饱和抗压强度仅 10MPa 左右。隧道围岩类别以Ⅲ ~ Ⅳ类为主,部分地段为Ⅱ类围岩。

梅花洞隧道隧址区海拔高度 650m,相对高差 150m,自然坡度 10° ~ 25°,主要岩性为中粗粒花岗岩、闪长岩。全、强风化带厚度一般 5 ~ 8m,而洞口附近可达 12m 左右。花岗岩具有与下庆沟隧道花岗岩类似的特点,强度低、易风化、节理裂隙发育,而闪长岩则强度高、岩体较完整。本隧道围岩类别以Ⅲ ~ Ⅴ类为主,洞口附近为Ⅱ类围岩。

据《中国地震动参数区划图》(GB 18306—2001),于木匠沟隧道、老爷岭隧道隧址区基本地震烈度为Ⅵ度,地震动峰值加速度 0.05g。新交洞隧道、下庆沟隧道、梅花河隧道隧址区基本地震烈度为Ⅶ度,地震动峰值加速度 0.1g。

4 结语

此次对隧道的工程地质勘察工作,运用了综合物探与钻探等相结合的方法,查明了隧道区域覆盖层厚度、断层破碎带及隧道围岩级别。通过施工过程的验证,本次勘察工作获得了良好的效果。

参考文献

[1] 傅良魁.应用地球物理教程——电法勘探[M].北京:地质出版社,1991.
[2] 刘晓东,张虎生,朱伟忠.高密度电法在工程物探中的应用[J].工程勘察,2001,(4).

施工期路基稳定性分析

孔祥礼　王子栋　王　石
（吉林省公路勘测设计院　长春　130021；
吉林省高速公路集团有限公司　长春　130031）

摘　要：江密峰至延吉段高速公路 K110 + 100 ~ K110 + 300 在施工期间发现路面裂缝，并且有进一步发展的趋势，将威胁到施工后行车运营安全。通过对该路基边坡进行勘察和稳定性分析计算，认为其存在滑动的可能，建议进行处治。

关键词：高速公路　路面裂缝　稳定分析

0　引言

江密峰至延吉段高速公路是一条在建高速公路，主体工程已基本完成，正在铺筑路面。2007 年 12 月初发现在 K110 + 100 ~ K110 + 300 路面存在 1 条裂缝，将其编号为Ⅰ号裂缝。该裂缝在左幅发育，为折线型张裂缝，裂缝大里程侧路面已有轻微沉降，左幅路缘石及边坡也有轻微破坏，并存在进一步发展的可能。为确保道路行车安全运行，有必要对此路堤及路基的稳定性进行分析，并采取有效措施对边坡进行处治。

1　自然地理概况

（1）地形地貌

路基裂缝段为山腰缓坡处，坡度约为 5° ~ 10°，植被为旱田及杂草。地面随处可见不规则状冻胀裂缝，有杂草等植被处裂缝较少，深度一般 20 ~ 40cm，基本为该时期的冻深。该段为填方路基，填高 1.5 ~ 8m，由小里程侧向大里程逐渐变高，顺接合作高架桥跨越沟谷。

（2）路面裂缝特征

Ⅰ号裂缝就处于填方由低变高的过渡段的左幅，里程为 K110 + 150 处左右，长约 19.5m，存在明显的 5 个拐点。0 号点处尖灭，未跨越中央分割带；0 ~ 1 号点之间裂缝宽度 0.5 ~ 1.0cm，形态基本与路线平行；1 ~ 2 号点之间裂缝宽度 1.0 ~ 1.8cm，与路线斜交；2 ~ 3 号点之间裂缝宽度 1.8 ~ 2.0cm，与路线斜交；3 ~ 4 号点之间裂缝宽度 2.0 ~ 1.0cm，与路线斜交；4 号点处并未尖灭而是沿路缘石间缝隙顺边坡向边沟处发展，如图 1 所示。

（3）气候

该区处于东北东部山地湿润季冻区。年平均降水量延吉为 504.0mm，历史日最大降水量延吉为 105.3mm。初雪 10 月中旬，终雪在翌年 4 月。历年最大冻深延吉为 2.00m。春季干旱多大风，春融期一般在 4 ~ 5 月上旬。夏季炎热多雨，每年 7 ~ 8 月是雨季。日极端最高气温延吉为 37.6℃。最大风

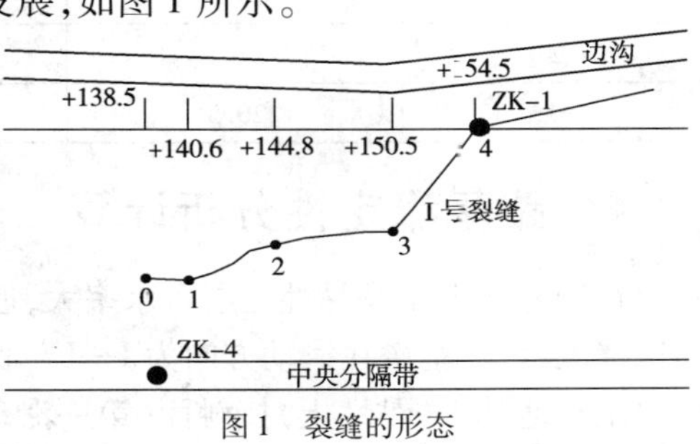

图 1　裂缝的形态

速、风向延吉为 >20m/s、西北偏西风。秋季清凉,但秋末、冬初季节,路面经常出现雨后结冰。冬季严寒,日极端最低气温分别延吉为 -32.7℃。历史日最大积雪深延吉为58cm。

(4)水文特征

该区域冲沟发育,雨季沟中有少量水流,冬季干枯无水。本段路基附近有三处泉水出露:第一处位于 K109 +930 涵洞涵底右侧,水量较大;第二处位于 K110 +233 涵洞涵底右侧路基坡脚处,水量较小;第三处位于合作高架桥 0 号桥台右侧锥坡坡脚处,水量较大。

2 地质条件

(1)区域地层及地震

该区域主要为中生界白垩系大拉子组(K1d)地层,主要岩性为黄绿色、灰黄色砂岩和灰色、紫红色泥岩组成,泥岩、砂岩互层状产出。上覆第四系地层,主要为黏土、碎石土及黏土夹碎石。

根据《吉林省地震动参数区划工作图》,该区基本地震烈度为Ⅶ度,地震动峰值加速度 0.1g。

(2)水文地质

地下水主要以上层滞水和基岩裂隙水为主,赋存于碎石土层及黏土夹碎石层和泥、砂岩裂隙中,水量不大,流通性较差。地下水埋深一般在 3 ~13m 之间,局部变化较大。由于流通性差,钻孔内水位在 2 ~3 天内不能稳定。水位受季节影响较大,雨季地下水受降水及地表径流补给水位上升,局部在地表渗出;枯水期地下水位下降,向山下沟底排泄,补给地表水。

3 工程地质条件评价

(1)场地地层岩性

根据钻孔探测地层情况,该场区地层主要有路堤填筑土和第四系黏土夹碎石及大拉子组泥、砂岩。填筑土以风化泥岩、砂岩为主,砂土状,局部夹碎石及块石。路基土上部为碎石土及低液限黏土,碎石约占 5% ~50%,湿,近饱和状态;下部为全风化泥岩、砂岩互层,黏土及砂土状。

(2)岩土物理、力学性质试验指标

钻探取原状土样进行室内试验成果,对试验成果进行统计分析,采用饱和固结快剪强度指标进行分析计算,试验成果如表 1 所示。碎石土及黏性土含水率较大,饱和度 82% ~102% 之间。根据原状土样试验成果确定的各土层参数,如表 1 所示。

土层参数 表1

参数 \ 土层	填筑土(风化泥砂岩)	填筑土(碎石土)	地基土(黏性土)	地基土(泥岩)
c	14.9	0	17.3	48.2
φ	27.1	45	14.2	18.9
γ	20.5	20	19.5	20.1

4 路基稳定性分析计算

该路基碎石土及黏性土层含水率大,近饱和状态,并且沿坡脚有 3 处泉水出露。根据调查及钻探情况,该路基潜在滑动方向为 I—I 剖面和 II—II 剖面(见图 2、图 3 和图 4),潜在滑动面为路堤填土和地基土(黏性土)接触面(第一滑动面)或地基土中黏性土和泥岩接触面(第二滑动面)。

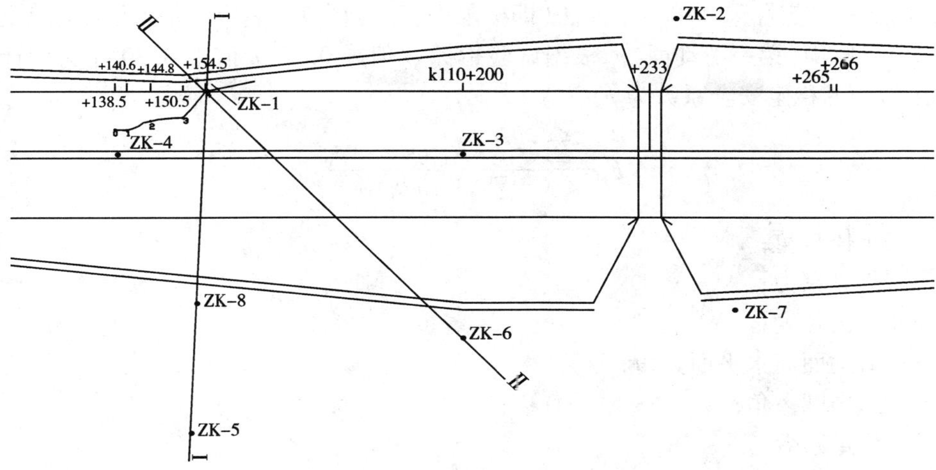

图2 路基滑动面平面图

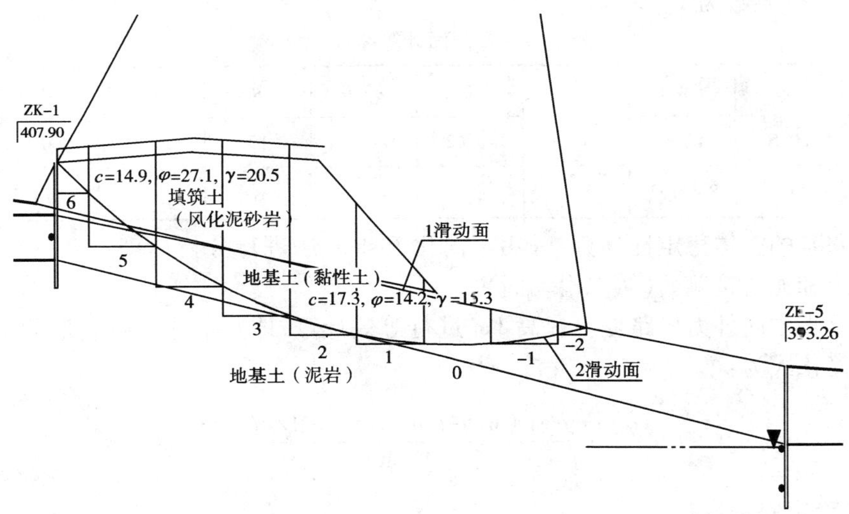

图3 I—I 剖面计算模型

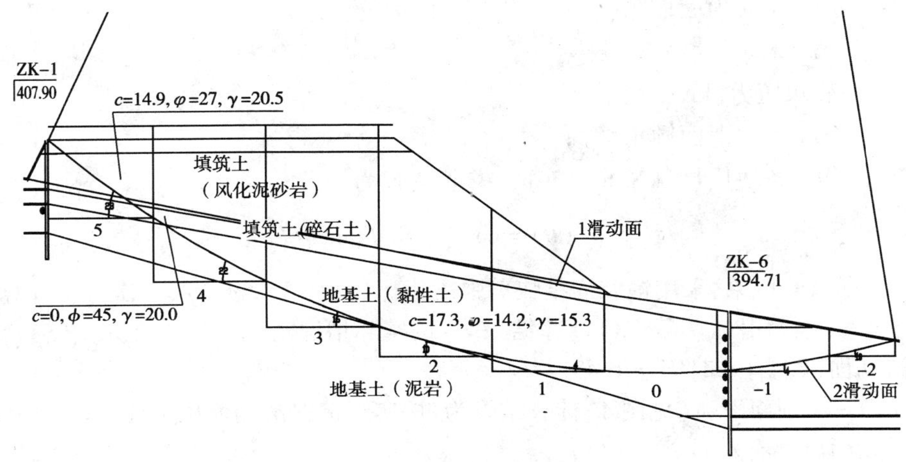

图4 II—II 剖面计算模型

路堤填土的稳定性采用单一平面法(即极限平衡法)计算,潜在滑动面为路堤填土和地基土(黏性土)接触面(第一滑动面)。根据试验指标 φ 值乘 0.85、c 值乘 0.30 作为设计值进行计算,整个滑面的稳定安全系数为 F_s。

$$F_s = \frac{\sum(cl_i + W_i\cos\theta_i\tan\varphi)}{\sum(W_i\sin\theta_i)}$$

式中:W——土体自重;

c——土黏聚力;

l——滑面长度;

θ——滑动面与水平面夹角;

φ——土内摩擦角;

F_s——稳定系数。

计算采用的参数,如表 2 所示。对于 I—I 剖面,计算稳定安全系数为 1.46;对于 II—II 剖面,计算稳定安全系数为 1.79。

$c \cdot L$ 剖面计算参数　　表 2

剖　面	γ	W	c	L	$c \cdot L$	θ	φ	$W\sin\theta$	F_s
I—I 剖面	20.5	4 960	5.2	40.62	211.224	10	12.1	860.9	1.46
II—II 剖面	20.5	8 441.3	5.2	59.4	308.88	8	12.1	1 174.2	1.79

路堤和路基的整体稳定性计算,采用了简化 Bishop 法进行分析计算。潜在滑动面,为地基土中黏性土和泥岩接触面(第二滑动面)。

路堤土垂直方向外力按路堤土提高 1m 进行等效计算,地基平均固解度取 $U=0$。Bishop 有效应力法简化式为:

$$F_s = \frac{\sum[c_i b_i + (W_i - u_i b_i)\tan\varphi_i \cdot 1/M_i(\theta)]}{\sum W_i\sin\theta_i}$$

式中:F_s——稳定安全系数;

c_i——第 i 条块内聚力(kPa);

φ_i——第 i 条块内摩擦角(°);

b_i——第 i 条块宽度(m);

u_i——静水压力(kN/m^2);

θ_i——第 i 条块滑面倾角(°);

W_i——第 i 条块质量(kN/m^2)。$M_i(\theta)$表达式为:

$$M_i(\theta) = \cos\theta_i + \sin\theta_i\tan\varphi_i/F_s$$

(1)根据试验成果,采用饱和固结快剪强度指标(见表 3),进行第一次分析计算:

对于 I—I 剖面滑弧(见图 3)计算结果为:按实际情况滑动面以上无水时 $F_s=1.70$;按假设情况滑动面以上有水时 $F_s=1.48$。

对于 II—II 剖面滑弧(见图 4)计算结果为:按实际情况滑动面以上无水时 $F_s=1.85$;按假设情况滑动面以上有水时 $F_s=1.56$。

(2)根据试验指标 φ 值乘 0.85,c 值乘 0.30 作为设计值,进行第二次计算:

稳定性计算采用的参数设计值 表3

参数＼土层	填筑土（风化泥砂岩）	填筑土（碎石土）	地基土（黏性土）	地基土（泥岩）
c	4.5	0	5.2	14.5
φ	23.0	38.2	12.1	16.1
γ	20.5	20	19.5	20.1

对于Ⅰ—Ⅰ剖面滑弧计算结果为:按实际情况滑动面以上无水时 $F_s=1.12$;按假设情况滑动面以上有水时 $F_s=0.94$。

对于Ⅱ—Ⅱ剖面滑弧计算结果为:按实际情况滑动面以上无水时 $F_s=1.24$;按假设情况滑动面以上有水时 $F_s=0.99$。

5 结语

(1)K110+100~K110+300段地面坡度5°~10°,且路堤填土相对较高,黏性土层含水率较高、软弱,下伏泥岩为软岩,顺层有地下水渗流,并以泉水形式出露,为滑动面形成创造了条件。

(2)根据勘探及土工试验结果直接进行路基整体稳定性分析,路基稳定安全系数1.46~1.48,稳定性较好,但实际上Ⅰ号裂缝仍在发展变形之中,不能排除路基沉降和整体滑坡的可能。

(3)对于Ⅰ号裂缝,路基土采用饱和固结快剪指标 φ 值乘0.85~0.9,c 值乘0.30~0.4作为设计值。计算结果表明,假定滑面以上无水时 $F_s=1.12$,有水时 $F_s=0.99$ 路基稳定性较差,处于临界状态。

(4)建议对该路基进行处治,同时进行稳定性观测。

(5)若原状土样室内试验充分,采用饱和固结快剪指标 φ 值乘0.85~0.9,c 值乘0.30~0.4作为设计值进行边坡稳定性计算,能够较客观、快捷、安全地对边坡进行稳定性评价。

参考文献

[1] 中华人民共和国行业标准.公路路基设计规范 JTG D30—2004.北京:人民交通出版社,2004.

[2] 中华人民共和国国家标准.建筑边坡工程技术规范 GB 50330—2002.北京:人民交通出版社,2002.

[3] 中华人民共和国国家标准.岩土工程勘察规范 GB 50021—2001.北京:人民交通出版社,2001.

[4] 罗勇清,周云.毕肖普法确定填石路堤高边坡稳定安全系数.公路与汽车,2007.5(3).

[5] 陈瑞亭,郝铁桥.某高速公路滑坡分析与处置措施.中外公路,2007.10(5)

JC 法在锚嵌岩固深度可靠性分析中的应用

朱宏伟[1] 唐树名[2] 项 琴[1]

(1. 重庆交通大学 重庆 400074;2. 重庆交通科研设计院 重庆 400067)

摘 要:以极限平衡理论为基础,建立了锚嵌固深度可靠度分析的极限状态功能函数,针对内摩擦角的不同分布类型对锚嵌固深度的可靠度进行了分析,并探讨了内聚力、内摩擦角和重度等随机变量的变异系数对可靠度指标的影响。分析结果表明,不同的分布类型得到的可靠度指标各异,但相差不大,可靠度指标对内摩擦角的变异性更敏感,黏结力次之,重度的变化几乎对可靠度指标不造成任何影响。

关键词:锚 嵌固深度 JC 法

0 引言

把边坡的设计和对现有边坡的安全评价建立在可靠度分析的基础上,是当前边坡工程研究的趋势之一[1]。在进行加锚边坡设计时,有一项重要的设计内容是确定锚索自由段伸入稳定岩层的深度(以下简称“嵌固深度”),由于其大小受岩土体强度参数的变异性影响较大,因而本文引入可靠度分析的方法,旨在分析和评价锚索在一定嵌固深度下的可靠性。

1 JC 法原理[2]

JC 法是国际结构安全度联合委员会(JCSS)推荐的可靠指标计算方法,也是《工程结构可靠度设计统一标准》所推荐的方法。它是在一次二阶矩理论的基础上发展起来的,其特点是能够考虑随机变量的实际分布类型,并通过“当量正态化”途径,把非正态变量正态化为正态变量。同时,线性化点不是选在平均值处,而是选在失效边界上,而且该线性化点(设计验算点)是与结构最大可能失效概率相对应的。

JC 法首先把原来的非正态分布的随机变量 X_i 先行“当量正态化”,如图 1 所示。“当量正态化”的条件是:

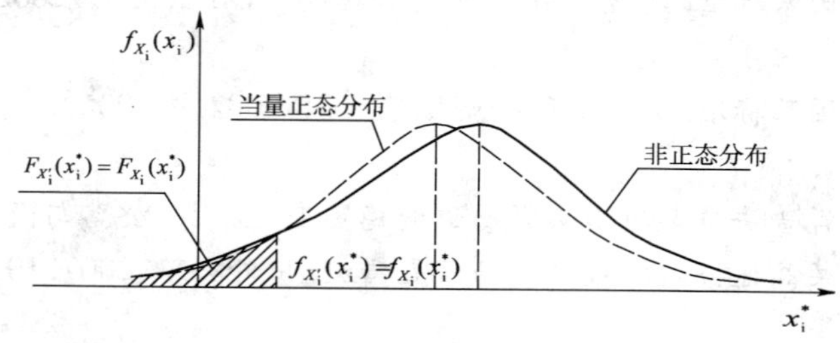

图 1 JC 法中对非正态随机变量的当量正态化

①在设计验算点 x_i^* 处,当量正态随机变量 X_i'(其平均值为 $\mu_{X_i'}$,标准差为 $\sigma_{X_i'}$)的分布函数值 $F_{X_i'}(x_i^*)$,与原随机变量(其平均值为 $\mu_{X_i'}$,标准差为 σ_{X_i})的分布函数值 $F_{X_i'}(x_i^*)$ 相等。

②在设计验算点 x_i^* 处，当量正态随机变量概率密度函数值 $F_{X_i'}(x_i^*)$，与原随机变量概率密度函数值 $F_{X_i'}(x_i^*)$ 相等。

由条件①得：

$$F_{X_i'}(x_i^*) = F_{X_i'}(x_i^*) \tag{1}$$

或

$$\Phi\left(\frac{x_i^* - \mu_{X_i}}{\sigma_{X_i}}\right) = F_{X_i'}(x_i^*)$$

$$\frac{x_i^* - \mu_{X_i'}}{\sigma_{X_i'}} = \Phi^{-1}[F_{X_i'}(x_i^*)]$$

即

所以当量正态分布的均值为：

$$\mu_{X_i'} = x_i^* - \sigma_{X_i'}\Phi^{-}[F_{X_i}(x_i^*)] \tag{2}$$

由条件②得：

$$F_{X_i'}(x_i^*) = F_{X_i}(x_i^*) \tag{3}$$

$$\frac{\phi\left(\frac{x_i^* - \mu_{X_i}}{\sigma_{X_i}}\right)}{\sigma_{X_i'}} = F_{X_i}(x_i^*)$$

所以当量正态分布的标准差为：

$$\sigma_{X_i'} = \frac{\phi\{\Phi^{-1}[F_{X_i}(x_i^*)]\}}{F_{X_i}(x_i^*)} \tag{4}$$

其中，$\Phi(\cdot)$ 和 $\phi(\cdot)$ 分别为标准正态分布函数和概率密度函数。显然当随机变量 X_i 服从正态分布时有 $\mu_{X_i'} = \mu_{X_i}$，$\sigma_{X_i'} = \sigma_{X_i}$。

在极限状态方程中，在求得非正态随机变量 X_i 的当量正态参数 $\mu_{X_i'}$ 和 $\sigma_{X_i'}$ 后，即可由式(5)～式(7)按正态变量的情况计算可靠指标 β。

$$\cos\theta_{X_i} = \frac{-\left.\frac{\partial g}{\partial X_i}\right|_{P^*}\sigma_{X_i'}}{\sqrt{\sum_{j=1}^{n}\left(\left.\frac{\partial g}{\partial X_i}\right|_{P^*}\sigma_{X_i'}\right)^2}} \tag{5}$$

$$X_i^* = \mu_{X_i'} + \beta\sigma_{X_i'}\cos\theta_{X_i} \tag{6}$$

$$g(X_1^*, X_2^*, \cdots, X_n^*) = 0 \tag{7}$$

式中：$\left.\frac{\partial g}{\partial X_i}\right|_{P^*}$——表示功能函数 $g(X_1, X_2, \cdots, X_n)$ 对 X_i 的偏导数在 P^* 点赋值；

P^*——设计验算点，其坐标为 $(X_1^*, X_2^*, \cdots, X_n^*)$；

$\cos\theta_i$——从 P^* 点外引极限状态曲面的法线对坐标向量的方向余弦。

2 锚嵌固深度可靠度分析模型的建立

锚索受到张拉后，在其自由段末端和锚固段前端的岩体内会产生一定的压应力，当这种压应力超过岩体的抗剪强度后,就会使锚索周围的岩体沿某一破裂面发生剪切滑移,使锚固段的有效黏结长度减小,最后导致锚索全部被拔出,发生锥体破坏,如图2所示。

为探求锚索的自由段伸入滑面的最小深度,可以将破坏锥的顶点置于自由段与锚固段交界处。借鉴前人的分析成果[3],剪切面与锚索轴线的夹角β应为$45°+\varphi/2$。为了便于计算,本文还引入了以下假设:

(1)锚索的轴线与坡面垂直,岩体的破裂面为一圆锥体;

(2)破裂面上的剪应力处处相等,且等于岩体的抗剪强度。

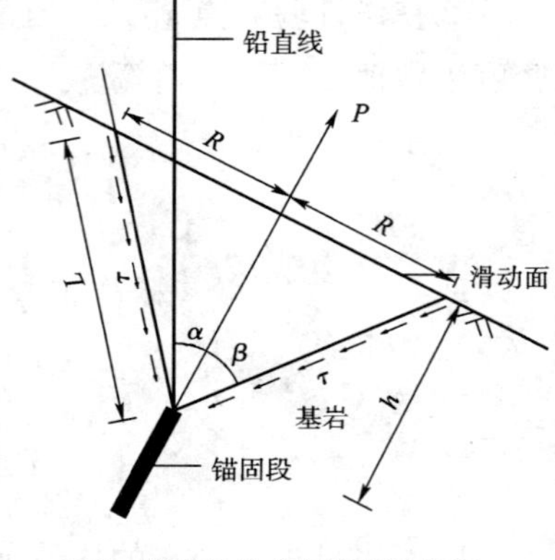

图2 锚索发生剪切破坏示意图

根据上述假设条件结合力的平衡条件,沿锚索轴向有:

$$KP=\pi RL[\tau]\cos(45°+\varphi/2)+\pi R^2h\gamma_s\cos\alpha/3 \tag{8}$$

式中:P——锚索的设计荷载;

K——安全系数;

R——破坏锥的底面半径;

L——破坏锥的母线长;

h——锥体高度;

γ_s——岩体的重度。

将已知参数代入便可得到破坏锥的高度h。h在这里既是破坏锥的高度,又是锚索的自由段嵌入滑面的最小长度。

影响锚索发生锥体破坏的主要因素有岩体的重度γ_s、内摩擦角φ以及地层的抗剪强度$[\tau]$等。并且上述三个参数的变异性也较大,故可以建立以下的极限状态功能函数:

$$Z=g(\gamma_s,\varphi,[\tau])=KP-\pi RL[\tau]\cos(45°+\varphi/2)-\pi R^2h\gamma_s\cos\alpha/3 \tag{9}$$

3 算例分析

某高速公路一等厚层状碎裂结构岩体路堑边坡,边坡岩体的内摩擦角φ的均值为31°,变异系数$\delta_\varphi=0.2$,重度γ的均值为20kN/m^3,变异系数$\delta_\gamma=0.08$,泊松比$\mu=0.25$。室内试验所测得的岩体的单轴抗压强度$\sigma_y=3.2\times10^7$Pa,单轴抗拉强度$\sigma_t=4\times10^4$Pa。该地层所能提供的平均黏结力$[\tau]=246$kPa,变异系数$\sigma_r=0.1$,锚索发生锥体破坏的安全系数为4,设计拉力为600kN,实际锚索的嵌固深度$h=1.3$m。

根据图2可以求出破坏锥的半径R和母线长度L,其中:

$$L=\frac{h}{\cos\beta}=\frac{1.3}{\cos(45°+\frac{\varphi}{2})}=2.64\text{m}$$

$$R=h\tan\beta=1.3\times\tan(45°+\frac{\varphi}{2})=2.39\text{m}$$

代入式(9)得功能函数为:

$$Z=g([\tau],\gamma_s,\varphi)=720-19.82[\tau]\cos(45°+\varphi/2)-27\gamma_s$$

以下分别讨论强度指标的分布类型及其变异系数对可靠度指标的影响。

(1)变量的分布类型对可靠度指标的影响

为了分析变量的分布类型对可靠度指标的影响,以下分别来计算内摩擦角 φ 服从正态分布和对数正态分布以及极值Ⅰ型分布时的可靠度指标 β。

根据计算可得,当内摩擦角呈对数正态分布时,其等效于正态分布时的均值和标准差分别为:$\mu_{\varphi}=28.5683°$,$\sigma_{\varphi}=6.1393$;当内摩擦角呈极值Ⅰ型分布时,其等效于正态分布时的均值和标准差分别为:$\mu_{\varphi}=29.9515°$,$\sigma_{\varphi}=5.9278$。计算结果如表1所示。

内摩擦角的分布类型对可靠度指标的影响　表1

内摩擦角 φ 的分布类型	正态分布	对数正态分布	极值Ⅰ型分布
可靠度指标 β	2.38	2.38	2.38

由计算结果可知:当内摩擦角 φ 分别服从三种不同的分布时,其计算结果基本一致。若按照最小的可靠度指标来计算锚的失效概率可得:

$$P_f=\Phi(-\beta)=1-\Phi(\beta)=1-\Phi(2.3794)=1-0.99134=0.865\%$$

由上可知,当锚嵌固深度为1.3m时,锚索发生压剪破坏的概率极低,进而说明实际拟定的锚嵌固深度的合理性。

(2)变量的变异性对可靠度指标的影响

为了进一步研究土性参数对锚嵌固深度所对应的承载力可靠度的影响,根据 Vannucchi 修正的岩土参数的变异系数范围[4],取内摩擦角和抗剪强度的变异系数为 $\delta_{\varphi}(\delta_{\tau})=0.1$,0.15,0.2,0.25,重度的变异系数 $\delta_{\gamma}=0.02,0.04,0.06,0.08$。视三个土性参数均为正态分布来计算,先固定两个参数,通过改变第三个参数的变异系数,得出一组可靠度指标,以确定变量的变异系数对可靠度指标的影响,计算结果如表2、表3和图3、图4所示。

内摩擦角和黏结力的变异系数对可靠度指标的影响　表2

变异系数 δ		0.1	0.15	0.2	0.25
可靠度指标 β	固定 $\delta_{\gamma}=0.08,\delta_{\tau}=0.1$	4.409	3.107	2.380	1.922
	固定 $\delta_{\gamma}=0.08,\delta_{\varphi}=0.2$	2.380	2.307	2.209	2.099

重度的变异系数对可靠度指标的影响　表3

变异系数 δ	0.02	0.04	0.06	0.08
可靠度指标 β(固定 $\delta_{\varphi}=0.2,\delta_{\tau}=0.1$)	2.3812	2.3813	2.3807	2.3797

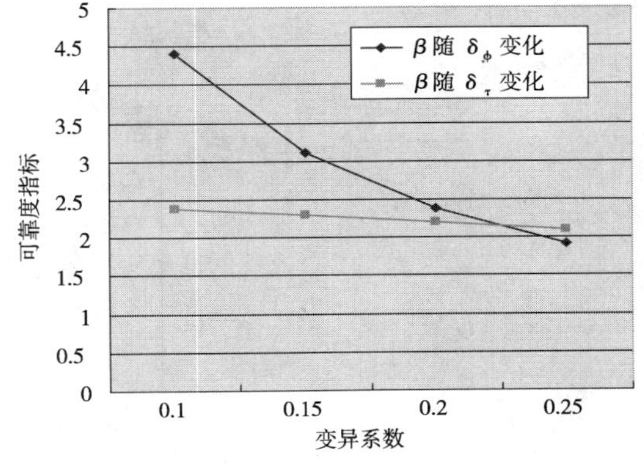

图3　内摩擦角变异系数对可靠度指标的影响

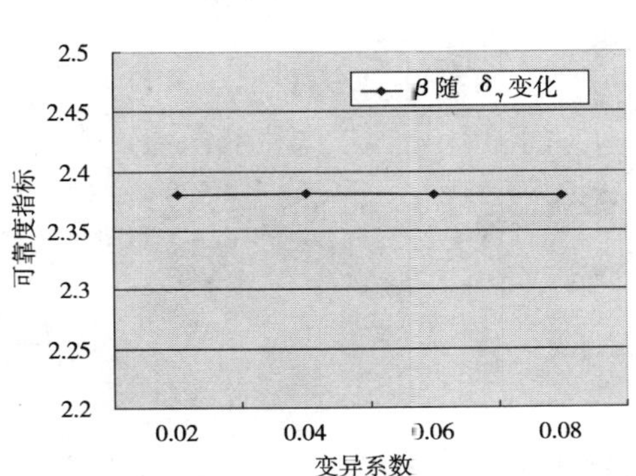

图4　重度变异系数对可靠度指标的影响

从计算结果得知：参数的变异系数对可靠度指标的影响差异较大。固定，$\delta_\gamma=0.08$，$\delta_\tau=0.1$，当 δ_φ 从 0.1 增至 0.25 时，可靠度的指标 β 降低 56.4%；固定 $\delta_\varphi=0.2$，$\delta_\gamma=0.08$，当 δ_τ 从 0.1 增至 0.25 时，可靠度指标 β 只降低 11.8%，而固定 $\delta_\varphi=0.2$，$\delta_\tau=0.1$，当 δ_γ 从 0.02 增至 0.08时，可靠度指标 β 基本未发生什么变化（仅降低 0.06%）。这说明可靠度指标对内摩擦角的变异性更敏感，黏结力次之，重度的变化对可靠度指标的影响最弱。

4 结语

本文通过建立锚索抵抗压剪破坏时承载力的功能函数，考虑变量的分布类型以及土性参数的变异性对其可靠度指标的影响，并结合工程实例对锚嵌固深度的可靠度进行了分析，从中得到了以下结论：

（1）根据内摩擦角不同的分布类型计算出的可靠度指标各异，正态分布时计算出的可靠度指标最大，极值 I 型分布时次之，对数正态分布时最小。但三者相差不大，可靠度的最大值与最小值仅相差 0.01%。

（2）参数的变异性，对可靠度指标的影响差异较大。相对于重度和黏结力，可靠度指标对内摩擦角的变异性更敏感，黏结力次之，重度的变化几乎对可靠度指标不造成任何影响。

参考文献

[1] 高大钊. 土力学可靠性原理[M]. 北京：中国建筑工业出版社，1989.
[2] 吴世伟. 结构可靠度分析[M]. 北京：人民交通出版社，1995.
[3] 茜平一，刘祖德. 浅埋斜锚板板周土体变形破坏特性[J]. 岩土工程学报，1992，14(1)：62-66.
[4] 闫强刚. 黏性土中锚杆板桩墙锚杆抗拉力的可靠性分析[J]. 勘察科学技术，2003，18(2)：23-26.

高填方轻型支挡结构研究进展

张玉芳

（中国铁道科学研究院铁道建筑研究所 北京 100013）

摘 要：本文对高填方轻型支挡结构应用技术水平进行了研究和分析，指出了目前高填方轻型支挡结构在理论、设计、施工方面存在的一些问题。笔者结合自己近年来的研究，介绍了在高轻型分离式预应力锚索桩板墙、高轻型整体现浇式预应力锚索桩板墙、加筋土挡墙、锚锭板挡墙4种结构形式的选择原则、设计计算理论、施工工艺、设计计算软件开发等方面取得的成果，供高填方轻型支挡结构的设计和施工参考。

关键词：高填方 轻型支挡结构 选择原则 设计计算 施工指南 软件系统

0 引言

高路堤轻型支挡结构是山区公路中用以稳定填方路堤的重要结构物，主要包括三种类型四种结构，即预应力锚索桩板墙（分离式和现浇式）、加筋土挡墙、锚定板挡墙。近年来随着交通事业的发展，尤其是西部交通网络建设的推进，出现了一批高路堤轻型支挡结构工程，这些新型结构的采用大大降低了工程造价，取得了许多宝贵的经验。但也应该看到，由于缺乏对这种结构的研究，其设计计算理论、施工工艺等尚不成熟，至今尚未形成规范条文，因此也出现了不少失败的工程实例，如云南某高速公路某预应力锚索桩板墙设置在老滑坡体上，工程未竣工就发生了整体倒塌；云南某高速公路某锚索桩板墙在运营不久就发生桩外移路面下沉破坏……[1]

本文在对当前高轻型支挡结构研究、应用中存在的问题进行总结的基础上，以西部交通建设科技项目“山区支挡结构的研究”（合同号：2003-318-799-17）为背景，介绍了本课题组近年来的研究成果，希望能为高轻型支挡结构应用技术的发展尽一份力。

1 高填方轻型支挡结构应用存在的问题

我国的高路堤轻型支挡结构应用技术处于国际领先地位，已经建成了一定数量的实体工程，但是由于缺少对其设计施工技术进行系统研究，导致许多问题得不到解决。这些问题也是高路堤轻型支挡结构修建过程中急需解决的关键技术问题，主要表现在以下几个方面。

（1）高轻型支挡结构选择原则不明确

目前我国公路、铁路、建筑规范中对于高的支挡结构，尤其除桩板墙外高于12m的路堤轻型支挡结构没有明确规定，对每一种支挡结构的选择原则，还没有形成统一的规范要求。

（2）设计理论和实用的设计计算方法不完善

关于预应力锚索桩板墙。预应力锚索桩板墙的设计计算涉及岩土体土压力、锚索拉力、结构内力、变形协调等多方面的内容。其中土压力的大小及分布是计算的核心，考虑锚索、墙体桩板、填土的变形协调是难点。

目前,土压力仍然是按库仑土压力理论和朗金土压力理论为基础的极限平衡法计算,不能反映土压力大小及分布的真实情况,也没有考虑土压力因锚索、墙体桩板、填土的变形协调而产生的动态变化过程;锚索拉力和桩身内力的确定只考虑了桩与锚索之间的变形协调,同样没有考虑到锚索、墙体桩板、填土三者之间变形协调的影响。

关于土工合成材料加筋土挡墙。有关加筋土挡墙的理论计算方法很多[2~5],如:极限平衡法、位移法、剪切-滞后分析法、极限状态法等。目前,加筋土挡墙的设计主要以极限平衡法为主,但此法涉及的破裂面假定、加筋土的性状与破坏机理(如破裂面的发展,加筋材料的拉力分布)等核心内容,虽然已经作了许多研究,但多数仍停留在现象描述和数据积累阶段,还未能总结出统一的规律,或上升到揭示加筋土本质的理论阶段;另一种使用较多的计算方法——位移法,虽然考虑了加筋土的变形,但仍以极限平衡法为基础,预先假定一个圆弧滑动面。在加筋土中由于筋材的存在,有效地限制了破裂面的扩展,因此圆弧破裂面的假定的合理性还有待进一步地证实。其他一些设计方法,目前还停留在理论研究的阶段,还不能满足实际工程的设计要求。

在加筋土结构计算中,筋土之间的界面参数是各种计算方法的重要依据,由于受加筋材料和填料多样性的影响,筋土之间的界面参数至今仍停留在类似工程的参考上,还没有形成系统的界面参数数据库可供设计人员应用。

土工合成材料加筋土挡墙是由填料、面板(也有无面板的)、加筋材料、地基四者有机结合而成的一种柔性支挡结构,有关其变形的研究已引起广泛的重视。但是目前的所有设计方法中都没有考虑地基变形和面板刚度对结构稳定的影响,更谈不上考虑筋~土变形的相容性。

另外,不同合成加筋材料的蠕变、耐久性及其长期设计强度的确定,也是目前所有设计方法面临的重要问题。近年来有关这方面的研究论文颇多,但距离形成统一的意见还有一段路程要走。

关于锚定板挡墙。根据现有的铁路和公路规范[6][7],对锚定板挡墙土压力提出了挡墙上部二分之一范围内为三角形、下部二分之一范围内为矩形的分布图式;对墙体稳定性的分析方法,依据破裂面的假定和土压力计算方法的不同可分为 Kranz 方法。铁科院方法和土墙法。其中的铁科院方法具有较强的说服力,但较 Kranz 方法计算的上层锚杆的长度短,铁路、公路规范中从安全的角度考虑采用了 Kranz 方法。但是这些规范要求是针对单级高度不大于 6m、双级高度不大于 10m 的一般锚定板挡墙结构提出的,对于高度 >12m 的高轻型锚定板挡墙结构则缺少规范指导。

另外,传统的挡墙锚定板挡墙由于受结构形式、施工工艺及材料的约束,不能实现高大[8]:

①临时支撑措施不稳定——传统锚定板挡墙在肋柱施工时,都采用临时支撑,这种临时支撑使挡墙在施工过程中产生过大的施工位移。如韩家铺锚定板桥台因过早拆除支撑木和定位木,使肋柱的最大位移达到 105mm;马营湾煤矿采空区锚定板挡土墙,其上墙和下墙沉降值分别达到 183mm 和 148mm[9]。挡墙越高,施工位移问题越突出,这是限制锚定板挡墙高度的主要原因之一。

②拉杆强度受限——传统锚定板的拉杆一般采用单根大直径钢筋,一根钢筋抗拉强度有限,而且不便增加拉杆数量,限制了单块锚定板的设计面积,这是影响挡墙实现高大的又一重要原因。

上述问题都制约了锚定板挡墙的进一步发展。

(3)缺乏实用的构造设计和结构设计软件

由于高轻型支挡结构的设计计算方法没有现成的规范条文支持，也就无从开发设计计算软件。高轻型支挡结构较一般的支挡结构，其受力模式、设计计算方法复杂，计算工况多，计算过程复杂，工作量大，迫切需要编制计算机辅助设计软件，实现 Autocad 自动出图，在此基础上编制实用的结构设计和构造设计电子化通用图。

(4)缺乏施工指南和质量控制标准

以往的高轻型支挡结构中出现的工程问题，往往与施工不当有关。随着高轻型支挡结构设计理论的完善，有必要结合工程实例，编制施工指南，提出质量控制标准。

(5)结构物病害整治措施及设计施工指南

高轻型支挡结构较一般支挡结构更易产生疾害，但目前对病害体的处理经验较少，需要将理论分析和具体病害工点分析相结合，探索结构病害的整治对策及设计施工指南。

2 高填方轻型支挡结构应用技术研究进展

“山区支挡结构的研究”项目针对高于 12m 的路堤轻型支挡结构在应用中存在的问题，通过大量的试验研究和理论分析，在高填方轻型支挡结构方案选型、设计计算理论、设计计算软件和施工工艺指南等方面取得了丰硕的研究成果，形成了“高轻型锚索桩板墙挡墙路基支挡技术”、“高轻型土工格栅加筋土挡墙路基支挡技术”和“高轻型锚定板挡墙路基支挡技术”等成套高填方轻型支挡结构应用技术。

2.1 高轻型支挡结构的选择原则

高轻型支挡结构选择应遵循以下几个原则：

(1)地质是基础的原则；

(2)高度合理的原则；

(3)安全可靠性原则；

(4)因地制宜、尊重地方特性的原则；

(5)服务社会和自然性原则；

(6)经济合理性和技术可行性原则；

(7)促进科技进步的原则。

高轻型支挡结构的应用，可按照表 1 所示的方案进行选择。

高轻型支挡结构的选择方案建议表 表 1

填方高度 h(m)	地形坡度 α	下卧软层	选择原则
$8.0<h\leq12.0$	$\alpha\leq1:1.25$	无	锚定板挡墙、加筋土挡墙、桩板墙、扶壁式挡墙
		有	加筋土挡墙、锚定板墙、桩板墙、扶壁式挡墙
	$\alpha>1:1.25$	无	预应力锚索桩板墙、悬臂式桩板墙
		有	预应力锚索桩板墙
$12.0<h\leq16.0$	$\alpha\leq1:1.25$		锚定板挡墙、加筋土挡墙、桩板墙
	$\alpha>1:1.25$	无	预应力锚索桩板墙
		有	预应力锚索桩板墙、桥梁
$16.0<h\leq24.0$	$\alpha\leq1:1.25$		桩板墙、桥梁
	$\alpha>1:1.25$	无	预应力锚索桩板墙、桥梁
		有	深埋式预应力锚索桩板墙、桥梁

2.2 高轻型预应力锚索桩板墙

(1)在以往分离式预应力锚索桩板墙的基础之上,发展了分离式高轻型预应力锚索桩板墙;首次提出了整体现浇式高轻型预应力锚索桩板墙。

以往的预应力锚索桩板墙,桩的最小截面 1.25m × 1.5m,而且桩高度越大,桩截面越大。结合云南省山区高速公路的建设,选择了有代表性的 5 个实体工程,设计 5 个高轻型预应力锚索桩板墙(包括 4 个分离式和 1 个现浇式),进行大型现场试验和原型监测,试验规模之大,数据之多,实属国内外同类项目中罕见。实体工程桩的截面大幅度减小,分离式预应力锚索桩板墙桩的截面减小到 0.6m ×0.8m(见图 1),桩的悬臂高度 18.52m,嵌固段深度 6.0m,在同类结构中高度、轻型化、小型化方面,实属国内外首创。首次成功地应用了整体现浇式预应力锚索桩板墙,桩的截面 0.4m ×0.6m(见图 2),悬臂段高度 13.0m,嵌固段深度 4.0m,使支挡结构更加轻型化和小型化。

图 1 小截面(0.6m × 0.8m)分离式锚索桩板墙

图 2 小截面(0.4m × 0.6m)现浇式锚索桩板墙

(2)研究和分析了高轻型预应力锚索桩板墙的受力模式,提出了合理的设计计算方法。

传统的受力模式总是把土压力看作已知外力,按静止土压力或库仑土压力进行计算,部分考虑锚索和桩的变形协调。本项目根据施工过程将高轻型预应力锚索桩板墙施工和运营过程划分 4 种工况,即悬臂填土工况 A_I、锚索张拉工况 B,上下两排锚索之间的填土工况 A(除 A_I)、后期运营工况 C。针对每一种工况,通过试验研究,分析了结构的受力模式,提出了较合理的设计计算方法。

研究了高轻型预应力锚索桩板墙的土压力的大小、分布、作用点随填土高度、随锚索拉力的变化规律。为反映这些规律,提出一系列概念:如悬臂填土工况(A_I)的土压力倍数 K,土压力的界限高度 H_e、土压力倍数的衰减率 m_z,B 工况土压力增量和锚索拉力增量比 m、土压力倍数 K 随锚索拉力的变化的比例系数 m_K,A(除 A_I)工况锚索拉力增量和土压力的增量比 n;还提出了每种工况的土压力的简化分布模型和土压力设计计算方法。

通过现场试验的数据分析,研究和分析了桩身截面弯矩和位移在各种工况沿桩长的分布规律、随着填土高度的变化规律、随着锚索拉力的变化规律。

根据土体、桩、锚索三者的变形、受力特点,提出了不同工况下反映桩、锚索、填土之间变形协调的结构受力模式及设计计算方法。

①悬臂填土工况(A_I):受力模式为悬臂桩模式,以桩的锁口为界以上为悬臂段,受土压力作用;以下为锚固段,受桩周弹性抗力的作用。

②B 工况:受力模型可视为集中力作用下的弹性桩模型,即桩的锁口以上,桩上受到锚索

集中力的作用。在集中力的作用下,桩发生变形,桩和填土之间土压力的大小和分布符合温克尔假定;锁口以下为弹性桩。

③A(除 A_I)工况及 C 工况:受力模型可视为集中力作用下的增量法弹性桩模型,即在考虑桩、锚索、土体之间变形协调关系的前提下,仅建立了此三者之间的增量关系;桩符合弹性桩的受力特点,各锚索简化为弹性支座的作用,锚索拉力增量的大小和锚头处桩的位移成正比,其弹性比例系数与锚索自由段长度、钢绞线的截面面积及弹性模量有关;填土初始土压力增量按静止土压力计算;桩和路基填土的土压力模型符合温克尔假定。

填土工况引入土压力倍数和土压力倍数衰减率的概念,把土压力看作动态外力,而桩嵌固段看作弹性地基梁;锚索张拉工况桩看作集中力作用下的弹性地基梁;运营工况看作在汽车荷载、锚索、土压力作用下弹性地基梁。推导了适合各种工况的弹性地基梁的有限差分法计算公式,此方法考虑了结构的施工过程和运营过程,体现了桩、锚索、路基填土的共同作用和变形协调的特点。

(3)分析了高轻型预应力锚索桩板墙最不利工况(控制工况),提出了合理的设计高度。

在填土至锚索位置、尚未设置预应力锚索及锚索施加初始预应力时,结构处于相对危险阶段,可定义为施工过程中的最不利工况或控制工况,具体包括以下诸方面:

①设置最下排预应力锚索之前的悬臂填土阶段(A_I 工况);

②设置锚索并施加初始预应力阶段(B_I、B_{II}、B_{III}、……的初始工况);

③填土至上一排锚索高程、尚未设置上一排锚索阶段或最上一排锚索设置完毕后填土至路基面阶段(A_{II}、A_{III}、A_{IV}、……工况);

④填土施工完毕,路面结构荷载及运营荷载作用阶段(C 工况)。

设计时应对上述 4 种施工过程中及竣工后的控制工况进行检算。

研究表明,高轻型预应力锚索桩板墙设计高度以控制到悬臂高度 24m 为宜,合理的墙高应进行技术经济比较确定。

2.3 加筋土挡墙

(1)在以往加筋土挡墙的基础上,发展了土工格栅加筋土挡墙,成功地实现了单级高度 19.7m。

以强度设计为基础,以变形控制和保证稳定性为目标,在云南省思小高速公路与水麻高速公路上设计了共 9 个各种形式的高土工格栅加筋土挡墙。其中 3 个为试验点,单级高度最大的为 19.7m,其中墙体高 14.7m,肩坡高 5m。设计成功实施,运营也良好。如图 3、图 4 所示。

图 3 面板式加筋土挡墙

图 4 包裹式加筋土挡墙

(2)通过原型试验对不同类型的土工格栅加筋土挡墙基底应力、拉筋应变、墙背破裂面和沉降等测试项目所取得的有效试验数据进行理论分析,有限元模拟分析,得到如下重要结论:

①各试验观测点加筋土挡墙的墙体基底压力实测值近似平均分布,但不同程度地大于相应的 $r \cdot H$ 值,经理论分析与有限元模拟可以得出其主要原因是未加筋侧的主动土压力施加到加筋侧挡墙上,又经过柔性的加筋带调整后导致了基底应力偏大。故对现行规范的计算公式提出了修正值。

②墙体基底压力和位移计的形成与调整,主要在施工阶段完成,在后期随时间迁移逐渐减小直至变化不明显。

③实测最大拉力值大于设计值,与有限元模拟的情况基本一致;这与以往的一些研究成果不同,故设计的时候要考虑足够的安全系数。

④加筋土体结构的破裂面形状,受加筋材料的刚度、加筋的密度、填料的类型与压实等条件的影响较大;面板式加筋挡墙由于面板限制了土体变形,破裂面与经验法"$0.3H$"接近,但包裹式加筋挡墙的破裂面与库仑破裂面接近。其中,包裹式加筋土挡墙的破裂面与以往的研究结论不同。

2.4 锚定板挡墙

(1)在以往锚定板挡墙的基础上,发展了锚定板挡墙的结构,成功地实现了单级高度达14m。

研究对拉杆材料进行了改进,运用了锚定板拉杆的新型材料——高强度钢绞线。由于这种高强度钢绞线使锚定板可以承受的拉力更大,从而可以提高单块锚定板的设计面积,尤其是对于高锚定板挡墙,由于填土高度大,所需的锚定板面积自然也大,通过扩大单块锚定板的面积来减少锚定板的数量,可以减少锚定板的施工环节,使施工速度更快。而且钢绞线有配套的张拉锁定设备,使得锚定板施工更加方便。实践证明高强度钢绞线在承受拉力和锚固施工方面都较传统的钢拉杆更好。研究还对对立柱基础进行了改进,将"U"形槽基础改为锚固式基础,实现了施工过程中结构的自稳,简化了施工工序,如图5、图6所示。

图5 锚定板挡墙(施工中)

图6 锚定板挡墙

(2)提出了高轻型锚定板挡墙的土压力计算模型和结构内力计算方法。

通过对现场数据的分析得出,土压力的分布符合中国铁道科学研究院的 $0.45H$ 模型,立柱内力计算采用多支点弹性桩法。

(3)研究认为当锚定板拉杆拉力达到极限抗拔力时,塑性破裂面首先出现在锚定板的后方,而不是传统理论认为的塑性区出现并贯通在前方。当多个锚定板的后方都出现拉裂破坏时,会形成一个连通的拉裂面,从而产生整体破坏失稳,因此,建议用整体土墙法验算锚定板挡墙的整体稳定性。

2.5 软件开发方面

(1)基于高轻型预应力锚索桩板墙在各工况的受力模式,可采用多支点弹性地基梁有限差分法,编制结构内力计算程序和 AutoCAD 格式的桩板锚索结构、构造通用图的自动生成软件。

(2)根据现行国标与行标,我们编制了格栅加筋土挡墙设计与计算机软件系统与数据库。同时,还开发了通用化的控件,解决 AutoCAD 文件读取与生成的难题;计算书也以控件的形式自动生成 Word 格式的文件;具有可移植性。

(3)基于中国铁道科学研究院的锚定板挡墙的 $0.45H$ 土压力分布模型,我们采用了多支点弹性桩法,编制结构内力计算程序和 AutoCAD 格式的锚定板挡墙结构、构造通用图的自动生成软件。

(4)采用研发的软件系统编制了可供设计参考的预应力锚索桩板墙、加筋土挡墙、锚定板挡墙结构和构造通用图集。

2.6 高轻型支挡结构的施工与病害整治

结合现场9个实体工程,总结提出了高轻型支挡结构的施工工艺、施工过程、关键工序和施工质量检验标准等成套施工技术。预应力锚索桩板墙,从开始施工到使用阶段,其结构受力体系就处在一个复杂的动态变化过程中,不同的施工工序和施工方法对这一变化的影响也很大,如何确定施工工序、选择控制工况进行计算分析,是设计施工中的一个关键问题。

本文分析研究了高轻型支挡结构的病害类型,提出了调查分析方法和工程效果评价方法,针对每一种破坏提出了整治方法,并结合工点实例,提出了病害整治设计施工指南。

3 结语

支挡结构的小型化、轻型化、机械化、工厂化是支挡结构的发展趋势,因此,一些问题仍有待开展更全面、更深入的研究。

(1)高轻型支挡结构不同于一般支挡结构,一般支挡结构的设计和施工可依据我国现行的规范进行,而高轻型支挡结构无规范可查。本项目对高轻型支挡结构的研究偏重于理论研究和总结,虽然也探索了设计、施工的关键技术问题,但终究不能满足像规范一样指导高轻型支挡结构设计和施工的需要,因此建议编制高轻型支挡结构设计施工规范和指南。

(2)高轻型支挡结构的受力模式计算过程复杂,如果不借助于计算机软件系统辅助设计,其应用会受到影响。目前的支挡结构设计软件仅适用于现行规范中支挡结构,还没有开发适用于高轻型支挡结构的商业软件,因此建议继续完善“高轻型支挡结构计算机 AutoCAD 自动出图软件系统”。

(3)本课题涉及思小、水麻两条高速公路的9个实体工程,试验过程长达5年,耗费了大量研究人员的心血,得到了一系列很有价值的实测数据,但是仅凭这些工作还不能完全解决高轻型支挡结构设计、施工中的一系列问题。因此,期盼广大科研人员、工程技术人员在实践、试验的基础上进一步完善之,以便为修改和完善高轻型支挡结构的设计理论和施工方法提供科学依据。

参考文献

[1] 中华人民共和国行业标准. 公路路基设计规范 JTG D30—2004. 北京:人民交通出版社,2004.

[2] 中华人民共和国行业标准. 铁路路基支挡结构设计规范 TB 10025—2001/J127—2001. 北京:中国铁道出版社,2001.

[3] 万军利. 预应力锚索桩板墙应用研究[D]. 北京:中国铁道科学研究院, 2007.

[4] 周宏元, 丁光文. 土工格栅加筋土高挡墙的应用与试验分析[J]. 路基工程, 2003(4): 8-14.

[5] 王祥, 周顺华, 等. 路堤式加筋土挡墙的试验研究[J]. 土木工程学报, 2005(10): 119-126.

[6] 王祥, 郭庆海, 周顺华, 等. 路堤式与路肩式加筋土挡墙的现场试验与分析. 铁道学报, 2005(4):96-101.

[7] 高江平, 俞茂宏, 胡长顺, 等. 加筋土挡墙滑动破裂面的大型模型试验. 西安:长安大学学报(自然科学版), 2005(11):6-9.

[8] 张续萱, 魏殿兴. 锚定板挡土结构的实测土压力及其分析研究[J]. 岩土工程学报, 1994,16(2):73-79.

[9] 顾金才, 等. 预应力锚索内锚固段受力特点现场试验研究[J]. 岩石力学与工程学报, 1998,17(增):778-792.

厚层潜水含水层抽水试验分析方法探讨

唐善普 汪春桃 徐春明

（江苏省交通规划设计院有限公司 南京 210001）

摘 要：通过对泰州长江公路大桥南锚碇区抽水试验成果的分析，总结了厚层砂性土抽水试验井孔布置和数据分析方法。通过抽水试验，对该工程的水文地质条件进行了评价，提出了渗透系数取值方法，为大桥南锚碇沉井设计与施工提供了较为可靠的水文地质资料。

关键词：泰州长江公路大桥 抽水试验 渗透系数 影响半径

1 工程概况

拟建泰州长江公路大桥位于江苏省境内长江的中段，上游距润扬长江大桥约60km，下游距江阴长江大桥约60km，北接泰州市，南联镇江和常州市。

根据施工图设计方案跨江大桥主江大桥为主跨1 080m三塔悬索桥。主桥桥跨布置为：390 + 1 080 + 1 080 + 390(m)。

南北锚碇位于两岸江堤外河漫滩，南、北锚碇设计尺寸分别为50m × 56.8m、52m × 58.8m；北锚碇基底高程 −55.00m，南锚碇基底高程 −49.0m。

为查明锚碇区水文地质条件，南、北锚碇区均布置抽水试验群井。本文主要对南锚碇第二抽水试验段厚层含水层试验过程及成果进行介绍。图1为项目位置示意图。

图1 项目位置示意图

2 水文地质概况

锚碇区位于第四系松散堆积平原，地貌属于长江沿岸冲积平原区新三角洲亚区，地势平坦，地面高程为2 ~ 3m。

根据含水层的岩性、埋藏条件及地下水的赋存条件及水力特征，确定锚碇区地下水为松散岩类孔隙潜水。上部岩性为粉土、粉砂、淤泥质粉质黏土夹粉砂，中部为粉细砂，下部为中粗砂（含砾）。由于地层中无明显隔水层，含水层均为潜水性质。第二抽水试段含水层主要岩性为粉砂、细砂，顶板高程 −7.06 ~ −11.39m，底板高程 −56.06 ~ −60.50m，层厚35.90 ~ 42.60m。砂质纯，透水性较好，富水性强，试验期间地下水位高程1.1 ~ 1.25m.长江水位在高潮时高于地下水位；与长江水位联系密切。抽水井组平面布置方案，如表1所示。

抽水井组平面布置方案表 表1

抽水试段	抽水井	观测井	观测井与长江关系
第二抽水试段	S6	S6-1、S6-2	垂直于长江
		S6-3、S6-4	平行于长江
	S9	S9-1、S9-2	平行于长江

3 抽水试验成果观测

(1)地下水静止水位观测

在试验性抽水结束后、正式抽水前,观测静止水位。由于试验场地距长江较近,地下水位可能受江水潮汐影响,本次设立了长江水位观测点,在对主井、观测井地下水位观测时同步测量江水位。

观测结果表明,试验期间地下水位受长江水潮汐影响明显,始终处于不稳定状态。由于水位受潮汐影响较大,本次选用一个潮汐周期的平均值作为静止水位,以消除长江水位变化造成的对锚碇区地下水位的影响。

(2)抽水试验段观测结果

基于含水层特征,本试验段采用非完整井进行抽水试验,试验分别在锚碇靠近长江一侧和锚碇上游方向进行。观测井分别为垂直长江方向和平行长江方向。

各孔观测成果,如表2、表3所示。

S6组井观测稳定数值表 表2

序号	降 深(m)								$Q(m^3/h)$
	S6	S6-1	S6-2	S6-3	S6-4	S9	S9-1	S9-2	
1	3.08	1.29	0.83	1.13	0.55	0.67	0.48	0.43	42.96
2	5.06	1.88	1.34	1.58	0.83	1.16	0.86	0.76	64.78
3	10.37	3.18	2.4	2.67	1.34	2.15	1.52	1.26	93.875

S9组井观测稳定数值表 表3

序号	降 深(m)								$Q(m^3/h)$
	S9	S9-1	S9-2	S6	S6-1	S6-2	S6-3	S6-4	
1	5.6	0.92	0.55	0.47	0.44	0.42	0.48	0.45	25.47
2	10.48	1.43	0.88	0.77	0.7	0.67	0.73	0.62	46.8
3	19.6	1.8	0.98	0.96	0.82	0.8	0.82	0.71	68.16

4 水文地质参数计算

根据抽水试验的目的,需重点求解的渗透系数 K 值和影响半径。

渗透系数 K 值的大小,取决于组成含水层的颗粒大小及胶结密实程度。根据岩层 K 值在空间位置的变化情况,以及 K 值与渗流方向的关系,可区分为均质与非均质岩层,以及各向同性与各向异性岩层。

影响半径 R,是反映含水层补给能力大小的一个参数。一般均通过抽水试验后采用公式计算确定。

4.1 渗透系数 K 值计算公式的选择

根据本项目场地的水文地质条件，由于地下水为潜水，本次计算渗透系数 K 值选用如下公式。

(1)单孔计算渗透系数 K

根据《水利水电工程钻孔抽水试验规程》(SL 320—2005)，潜水非完整井近河岸抽水单孔求参公式：

$$K=\frac{0.732Q}{S_w\left(\dfrac{l+S_w}{\lg\dfrac{2b}{r_w}}+\dfrac{l}{\lg\dfrac{0.66l}{r_w}-0.22\text{arsh}\dfrac{0.44l}{b}}\right)} \tag{1}$$

潜水非完整井远河岸抽水单孔求参公式：

$$K=\frac{0.732Q}{S_w\left(\dfrac{l+S_w}{\lg\dfrac{R}{r_w}}+\dfrac{l}{\lg\dfrac{0.66l}{r_w}}\right)} \tag{2}$$

(2)多孔计算渗透系数 K

根据《水利水电工程钻孔抽水试验规程》(SL 320—2005)和《供水水文地质手册》，潜水非完整井带一个观测孔计算公式：

$$K=\frac{0.366Q}{(S_w-S_1)(S_w-S_1+l)}\lg\frac{r_1}{r_w} \tag{3}$$

潜水非完整井带两个观测孔概算公式：

$$K=\frac{0.366Q(\lg r_2-\lg r_1)}{(S_1-S_2)(2S_w-S_1-S_2+l)} \tag{4}$$

式中：K——渗透系数(m/d)；

Q——涌水量(m^3/d)；

S_w、S_1、S_2——抽水孔、观测孔内水位降深(m)；

r_1、r_2——抽水孔至观测孔之间的距离(m)；

r_w——抽水孔半径(m)；

l——过滤器长度(m)；

b——抽水孔至河岸边的距离(m)；

R——影响半径(m)。

4.2 影响半径 R 的计算公式选择

根据抽水孔的两个观测孔降深数据，采用以下计算公式。

$$\lg R=\frac{S_1(2H-S_1)\lg r_2-S_2(2H-S_2)\lg r_1}{(S_1-S_2)(2H-S_1-S_2)} \tag{5}$$

式中：R——影响半径(m)；

H——潜水含水层水位至含水层底板的深度(m)；

S_1、S_2——观测孔内水位降深(m)；

r_1、r_2——抽水孔至观测孔之间的距离(m)。

4.3 计算与分析

根据抽水孔的两个观测孔降深数据，计算出抽水孔的影响半径 R，发现长江水位对两组孔的水位影响较为接近，均采用近河岸边界抽水公式进行计算。

(1)单孔计算渗透系数 K

由于潜水含水层厚度巨大，使用经验公式计算偏差较大，根据砂类含水层出水量与影响半径的关系，当单位出水量 $q=\frac{Q}{S_w}$ 为 3.6～7.2m^3/h 时，影响半径约为 200m。其计算结果如表 4 所示。

渗透系数计算表(S6 单井计算) 表 4

序号	$Q(m^3/h)$	l(m)	r_w(m)	b(m)	S_w(m)	K(m/d)	平均(m/d)
1	42.96	30	0.15	205	3.08	10.27	8.53
2	64.78	30	0.15	205	5.06	9.20	
3	93.875	30	0.15	205	10.37	6.12	

(2)多孔计算渗透系数 K

根据《水利水电工程钻孔抽水试验规程》(SL 320—2005)和《供水水文地质手册》，潜水非完整井带一个观测孔计算公式(3)及潜水非完整井带两个观测孔计算公式(4)，将数据代入公式，计算结果如表 5、表 6 和表 7 所示。

渗透系数计算表(S6 带一个观测井) 表 5

序号	$Q(m^3/h)$	l(m)	r_w(m)	r_1(m)	S_w(m)	S_1(m)	K(m/d)	平均(m/d)
S6/S6－1	42.96	30	0.15	8.097	3.08	1.29	11.49	9.14
S6/S6－1	64.78	30	0.15	8.097	5.06	1.88	9.34	
S6/S6－1	93.875	30	0.15	8.097	10.37	3.18	5.34	
S6/S6－2	42.96	30	0.15	30.028	3.08	0.83	11.97	
S6/S6－2	64.78	30	0.15	30.028	5.06	1.34	10.44	
S6/S6－2	93.875	30	0.15	30.028	10.37	2.4	6.27	
S6/S6－3	42.96	30	0.15	8.091	3.08	1.13	10.49	8.54
S6/S6－3	64.78	30	0.15	8.091	5.06	1.58	8.46	
S6/S6－3	93.875	30	0.15	8.091	10.37	2.67	4.92	
S6/S6－4	42.96	30	0.15	49.963	3.08	0.55	11.57	
S6/S6－4	64.78	30	0.15	49.963	5.06	0.83	9.91	
S6/S6－4	93.875	30	0.15	49.963	10.37	1.34	5.90	
S6/S9	42.96	30	0.15	54.849	3.08	0.67	12.38	9.69
S6/S9	64.78	30	0.15	54.849	5.06	1.16	11.03	
S6/S9	93.875	30	0.15	54.849	10.37	2.15	6.73	
S6/S9－1	42.96	30	0.15	61.731	3.08	0.48	11.64	
S6/S9－1	64.78	30	0.15	61.731	5.06	0.86	10.36	
S6/S9－1	93.875	30	0.15	61.731	10.37	1.52	6.27	
S6/S9－2	42.96	30	0.15	80.931	3.08	0.43	11.92	
S6/S9－2	64.78	30	0.15	80.931	5.06	0.76	10.54	
S6/S9－2	93.875	30	0.15	80.931	10.37	1.26	6.32	

渗透系数计算表(S6 带两个观测井) 表 6

序号	$Q(m^3/h)$	$l(m)$	$r_1(m)$	$r_2(m)$	$S_w(m)$	$S_1(m)$	$S_2(m)$	$K(m/d)$	平均(m/d)
1	42.96	30	8.097	30.028	3.08	1.29	0.83	13.72	14.43
2	64.78	30	8.097	30.028	5.06	1.88	1.34	16.25	
3	93.875	30	8.097	30.028	10.37	3.18	2.4	13.32	
1	42.96	30	8.091	49.963	3.08	1.13	0.55	14.92	13.37
2	64.78	30	8.091	49.963	5.06	1.58	0.83	15.91	
3	93.875	30	8.091	49.963	10.37	2.67	1.34	10.49	

渗透系数计算表(S9 带两个观测井) 表 7

序号	$Q(m^3/h)$	$l(m)$	$r_1(m)$	$r_2(m)$	$S_w(m)$	$S_1(m)$	$S_2(m)$	$K(m/d)$	平均(m/d)
1	25.47	24	8.26	30.05	5.60	0.92	0.55	10.06	9.08
2	46.80	24	8.26	30.05	10.48	1.43	0.88	9.83	
3	68.16	19.3	8.26	30.05	19.60	1.80	0.98	7.35	

本段试验所取得的渗透系数 K 在 8.53 ~ 14.43m/d 范围内,影响半径 R 大于锚碇区距长江的距离;其中 S6 垂直长江方向 K 值取为 14.43m/d,平行长江方向 K 值取为 13.37m/d,S9 的 K 值取为 9.08m/d。采用多种方法计算的结果均显示近长江方向的渗透系数大于远长江方向的渗透系数,反映地层渗透性能受长江补给影响明显。由于施工区范围相对不大,在取值时综合考虑两方向的差异因素,根据地层岩性特征,从工程安全角度出发,采用近长江方向多井计算结果结合非稳定流法计算结果综合确定该层渗透系数推荐值为 14.43m/d。

根据施工资料收集,由于锚碇在 -25m 以上采用干法施工(排水下沉),-25m 为水中施工(不排水下沉)。施工时干作业最大降深为 -25m,共采用 33 口降水井,抽水井深为 40m,抽水井内径为 300mm,现已沉井至 -35m,且在 -25m 以浅达到干法施工目的,采用 K 值与抽水试验 K 值相当,说明 K 值选用合理可靠。

5 结语

(1)对于厚层含水层,可以选用非完整井公式进行 K 值计算。

(2)由多井抽水试验表明,一个锚碇布置一组抽水试验、一个抽水井带两个观测井成果可以满足设计要求,抽水井布置宜采用近长江方向垂直于水流向。

(3)一个抽水井带两个观测井计算成果较为可靠,一个抽水井带一个观测井计算成果偏小,单井计算参数更小,对降水不安全。

(4)南锚碇 14.5 ~ 49.0m 粉、细砂段渗透系数 K = 14.43m/d 相对较合理。

参考文献

[1] 刘泽强. 水文地质手册. 北京:中国地质出版社,2006.

[2] 江苏省交通规划设计院有限公司. 泰州长江公路大桥施工图设计工程地质勘察报告,2007.

锚杆锚固质量的声频应力波检测技术

吴　剑[1]　罗　斌[2]

(1.重庆交通大学　重庆　400074;2.重庆交通科研设计院　重庆　400067)

摘　要:本文介绍了声频应力波检测锚杆锚固质量的基本原理,并结合生产检测工作,论证了声频应力波检测的可行性与优越性。

关键词:声频应力波　锚杆　锚固质量

0　引言

全长黏结砂浆锚杆握裹水泥砂浆的灌注饱满与否,是锚杆能否按设计要求发挥作用的重要指标。传统的测试方法是抗拔试验,但这种方法并不能完全确定其施工质量。试验表明,对于高强螺纹锚杆,当锚固长度达到锚杆直径的42倍时,握裹力不再随锚杆长度的增加而增加。高速公路锚杆的长径比达到了200~500,所以,仅用抗拔力指标来检验施工质量不能反映水泥砂浆的灌注饱满程度。采用声频应力波对锚杆的锚固质量进行无损检测,有可能对锚杆的锚固质量作出较全面的评价。本文结合公路边坡加固工程质量检测评价的需要,尝试用声频应力波无损检测技术对工程锚杆锚固灌浆质量进行检测,探索了声频应力波锚杆检测技术的可行性。

1　测试原理和观测方法

在由锚杆、混凝土砂浆和围岩组成的体系中,由锚杆端部发射的声波经杆体向四周传播,在锚杆与砂浆、砂浆与围岩等界面发生入射、反射和透射。入射波应力为σ_i、反射波应力σ_γ与透射波应力σ_t之间的关系分别为:

$$\sigma_\gamma = \frac{Z_2/Z_1 - 1}{Z_2/Z_1 + 1}\sigma_i$$

$$\sigma_t = \frac{2(Z_2/Z_1)(A_1/A_2)}{Z_2/Z_1 + 1}\sigma_i$$

式中:Z——波阻抗,$Z = \rho CA$;

ρ、C、A——分别为介质的密度、声速和截面积。

从以上两式可以看出,在杆中截面面积或材料性质发生变化时,入射波将在该截面上发生反射和透射。其反射波和透射波幅值的大小与截面面积和波阻抗相对变化的程度有关。当锚杆、砂浆和围岩浇灌均匀、密实时,由于三者之间的波阻抗差异不大,因此有大部分能量透射出去,只有小部分能量反射回来。当砂浆浇灌不均匀、不密实时,则在砂浆中出现空隙,在空隙处呈现出强的波阻抗差异,表现为在原有的信号波形上叠加了一个反射波信号,反射波能量大大增强。通过分析反射波与入射波之间的能量关系,可以判断出锚杆、锚固体系的密实程度。同时,当应力波遇到锚固缺陷时,原有的振动发生变化,表现为在缺陷处产生了相位突变,因此可以通过分析反射波的相位变化位置判断出锚固缺陷的位置。

通过大量的对比试验发现,图1所示的端发、端收的观测方式不仅能使采集信号中含有丰富的信息,而且信号更易于分析处理。

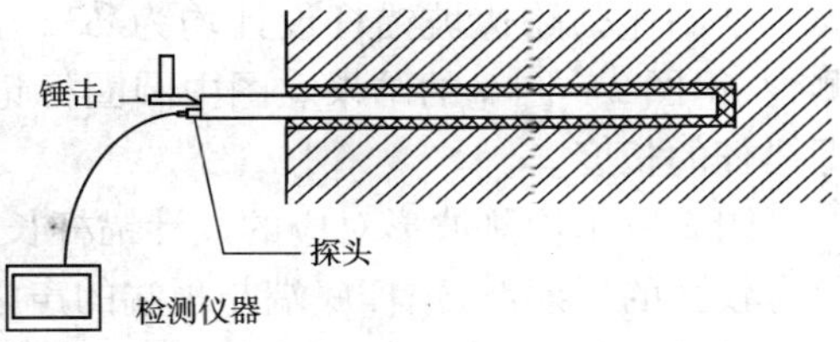

锤击
探头
检测仪器

图1 锚杆检测示意图

2 检测方法及仪器

检测仪器采用锚杆质量检测仪。锚杆质量检测仪由采集仪、发射震源和检测器组成;发射震源向锚杆发送弹性波,波沿着锚杆传播并向锚杆周围辐射能量,反射波回来的时间和能量强度取决于锚杆周围或端部的灌浆情况。这时,检波器检测到反射波,并由检测仪对反射波进行分析。通过对信号进行处理和分析,检测仪则能确定锚杆长度以及岩石和灌浆的整体状况。

锚杆质量检测仪,是按照使现场工作人员操作简单的原则进行设计的。检测时,先将锚杆端面处理干净和平整,然后将发射震源和检波器贴紧在锚杆端面上,然后发射弹性波进行检测,即现缺陷位置,密实度判断一目了然;自动实现连续采集、叠加等功能。检测仪携带方便,一人可实现场地内漫游,采用触摸屏控制,全汉化菜单操作,内置高能充电电池连续作业大于36h。

锚杆质量检测仪采用微处理器及先进的电路,可以采用以下两种方式提供有关岩石和灌浆性能的信息。

(1)在显示器上完整地显示锚杆模型测试结果。

(2)简单易懂的分级系统,将锚杆分为优秀、良好、合格、不合格四个等级。

3 声频应力波检测技术的应用

根据计算所得锚杆底端与顶端的声幅比值,并结合锚杆类型,围岩类型、实测锚杆长度等综合指标,确定砂浆饱满度及锚固质量等级。

锚杆底端与顶端的声幅比值用 α 表示,若其他各项指标反映的情况良好,锚杆内部没有缺陷。根据 α 指标判定的砂浆饱满度和锚固质量等级,可以参考表1所示内容。

砂浆饱满度和锚固质量等级 表1

质量分类	波形特征	锚固状态	灌浆饱满度		长度指标	GB 50086—2001
			判定指标(α)	百分比(%)		
优秀	波形规则,只有较微弱的底部反射波或没有底部反射波	密实	<0.2	≥90	≥95	合格
良好	波形较规则,有底部反射波和局部有较弱的反射波	局部欠密实	0.2~0.4	80~90	≥95	
合格	波形欠规则,有底部反射波和局部有较强的反射波	局部不密实或空浆	0.4~0.6	75~80	≥95	
不合格	波形不规则,底部有较强的反射波或底部反射波提前(锚杆欠长),或有多处较强的反射波	多处不密实或空浆	>0.6	<75	<95	不合格

若锚杆内部存在一个严重缺陷,则锚固质量降低一个等级,如存在两个以上严重缺陷,则锚固质量不合格。

某高速公路边坡锚杆设计均为 $\phi32$ 全长锚固砂浆锚杆,设计长度多为 7 ~ 12m。通过检测,获得图 2 ~ 图 5 的结果。图中圆圈标记为缺陷位置或底端反射,图中竖线标定底端反射,即锚杆的长度。

图 2 所示检测波形对应的设计锚杆长度为 12m,测量长度为 11.722m。该波形不规则,底部有较强的反射波,锚杆底端与顶端的声幅比值为 10.31∶13.73 = 0.751 > 0.6,且两处有较强的反射波。故判断锚杆多处不密实或空浆,密实度为 62%,因此该锚杆锚固质量不合格。

图 3 所示检测波形对应的设计锚杆长度为 11.4m,测量长度为 11.398m。该波形欠规则,有底部反射波且局部有较强反射波,锚杆底端与顶端的声幅比值为 3.62∶6.73 = 0.535,在 0.4 ~ 0.6 之间。故判断锚杆局部不密实或空浆,密实度为 79%,因此该锚杆锚固质量合格。

图 4 所示检测波形对应的设计锚杆长度为 10m,测量长度为 10.119m。该波形较规则,从记录波形可以看到底端反射,锚杆底端与顶端的声幅比值为 5.85∶15.62 = 0.375,在 0.2 ~ 0.4 之间。故判断锚杆局部欠密实,密实度为 83%,因此该锚杆锚固质量良好。

图 5 所示检测波形对应的设计锚杆长度为 12m,测量长度为 11.980m。该波形规则,有微弱的底端反射波,锚杆底端与顶端的声幅比值为 10.31∶13.73 = 0.751 > 0.2。故判断锚杆灌浆密实,密实度为 95%,因此该锚杆锚固质量为优秀。

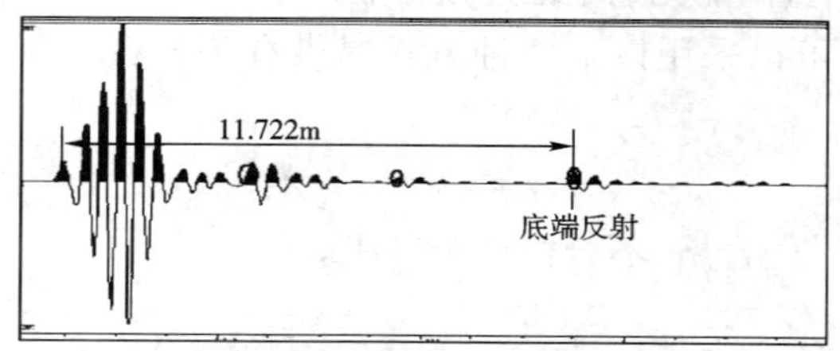

图 2　锚固质量为不合格的锚杆检测数据曲线

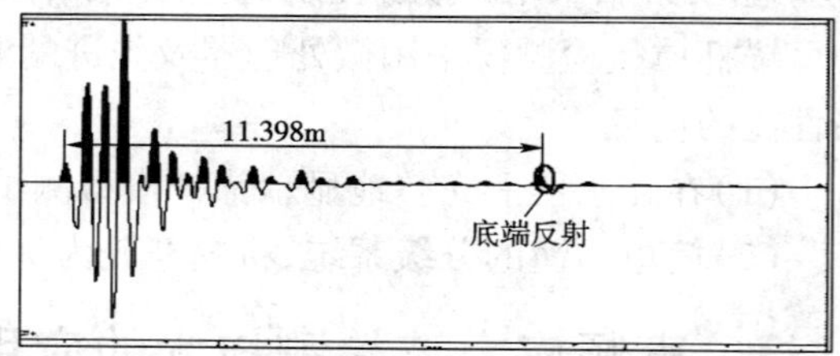

图 3　锚固质量为合格的锚杆检测数据曲线

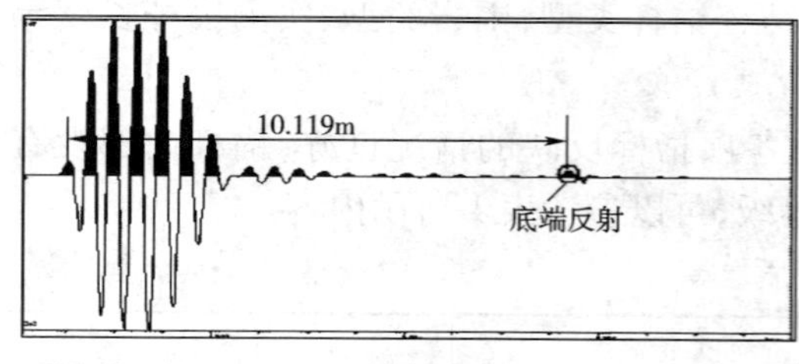

图 4　锚固质量为良好的锚杆检测数据曲线

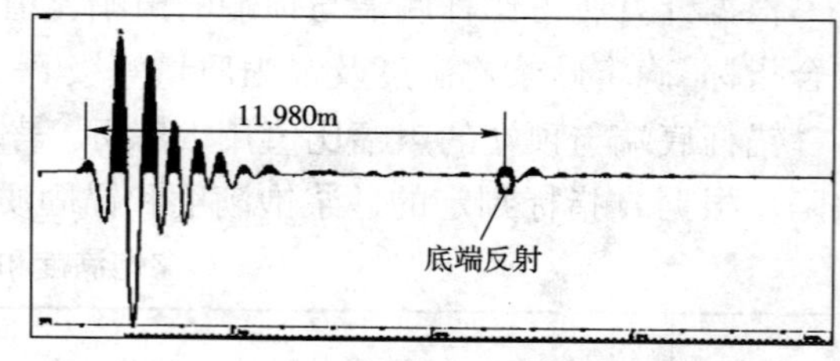

图 5　锚固质量为优秀的锚杆检测数据曲线

4　结语

高速公路高边坡工程中,大量采用锚杆对边坡进行锚固治理。利用声频应力波可在不同波阻抗界面发生反射的原理,采用特殊的声波发射和接收装置,可以很好地检测锚杆的锚固质量。声频应力波测试技术在高速公路锚杆锚固质量检测中的应用说明,锚杆锚固质量的无损检测不仅可行,而且可以为高速公路边坡加固工程质量提供有效的保障。

参考文献

[1] 程良奎,等. 岩土锚固. 北京:中国建筑工业出版社,2003.
[2] 汪明武,王鹤龄. 锚固质量的无损检测技术,岩石力学与工程学报 ,2002, 21(1):126-129.

泰州长江公路大桥粗粒土压缩模量选用的探讨

唐善普　陈国臻　张　静

（江苏省交通规划设计院有限公司　南京　210001）

摘　要：以泰州长江公路大桥综合工程地质勘察成果为基础，分析总结了桥址区粗砂、砾砂、碎石类土压缩模量的取值方法，提出了地基承载力与砾类土及碎石类土的经验关系，为泰州长江公路大桥锚锭与塔墩基础设计与计算提供了合理的设计参数。

关键词：压缩模量　原位测试　粗砂　砾砂　碎石土

0　引言

泰州长江公路大桥位于江苏省境内长江的中段，上游距润扬长江大桥约60km，下游距江阴长江大桥约60km，北接泰州市，南联镇江和常州市。该大桥分跨江大桥与夹江大桥。

跨江大桥为主跨1 080m三塔悬索桥，桥跨布置为390＋1 080＋1 080＋390(m)，主体工程分为北锚碇、北塔墩、中塔墩、南塔墩、南锚碇五大部分。其基础主要设计方案，如表1所示。

泰州长江公路大桥主江工程各墩位基础施工图设计方案　　表1

工程部位	中心桩号	基础方案	平面尺寸(m)	基础底高程(m)
北锚碇	K14＋952.299	沉井基础	52.0×58.8	－55.0
北塔墩	K15＋356.0	钻孔桩基础	78.06×32.80	－117.0
中塔墩	K16＋436.0	矩形沉井基础	58.2×44.1	－70.0
南塔墩	K17＋516.0	钻孔桩基础	78.06×32.8	－115.0
南锚碇	K17＋920.7	沉井基础	50.0×56.8	－49.0

根据设计要求，需要对群桩及锚锭基础计算地基沉降。为此，应提供各地基土层的压缩模量和有关指标。

1　地层特征

泰州长江公路大桥桥址区在180～240m以浅均为第四系覆盖，岩性以砂性土为主。特别是基础持力层及其下卧层。多为粗砂、砾砂及卵石层。其地层分布，如表2所示。

桥址区地层情况　　表2

界	系	统	组	代号	地层编号	厚度(m)	主要岩性
新生界	第四系	全新统		Q_4	1～2	40～60	冲积相沉积，顶部为灰色粉质黏土、粉质黏土夹粉砂、淤泥质粉质黏土、中上部及下部为松散～稍密～中密粉砂、细砂构成
		上更新统		Q_3	4～6	30～40	河湖相夹海陆过渡相沉积，由灰色中密～密实粉细砂、中粗、圆砾土、卵石构成

续上表

界	系	统	组	代号	地层编号	厚度(m)	主要岩性
新生界	第四系	中更新统		Q_2	7~8	30~40	河湖相夹海陆过渡相沉积,由灰色、青灰色含砾中粗砂、砾砂、卵砾岩、粉细砂构成
		下更新统		Q_1	9	30~40	河湖相沉积,主要由砂砾层、中粗砂及粉砂构成,底部为一层黏土层
	第三系	上统	下草湾组	N	10	不详(揭露层厚43m)	上部黄褐色,中部褐红色杂蓝灰色,下部黄色,坚硬状态,岩性呈柱状,多呈黏土、粉质黏土状(半成岩)
中生界	侏罗系	上统	上党组	J_3	13	不详(揭露层厚17m)	粗安质凝灰岩:紫褐色,岩芯呈柱状、长柱状,块状结构,裂隙发育

2 粗砾砂、碎石类土压缩模量的求取

根据本项目工程地质条件的特点,基础所涉及深度范围内主要由砂性土、粗粒土组成,少部分为黏性土。在对粉细砂进行环刀法采取原状样,再将试样运至试验室,其原状结构及含水率等无法保持。尽管对砂性土做了大量的室内压缩试验,但不能完全反映原位砂层压缩性质。对于中粗砂、砾砂以上的碎石类土采取原状样在目前技术条件下几乎是不可能的;采用扰动样品做压缩试验,其数据合理性受到限制。

针对该问题,采用以下多种方法进行综合分析,力图取得合理的压缩模量数据。

2.1 常规室内试验方法

对粉细砂层的常规性试验压力等级一般在400kPa,部分做了高压固结试验,高压固结试验最大试验压力达到3 200kPa。虽然外业取样十分注意防止土样扰动和失水,但试验数据的真实代表性具有一定程度的不确定性。

为求得粗砂、砾砂的压缩模量,委托河海大学土工所对不同深度的粗砂、砾砂采取扰动土样进行单向固结(压缩)试验确定 E_s 值。

该试验方法需预先剔除粒径大于2cm的卵、碎石颗粒,控制相对密度75%或80%制备试验样品,在18m×18m×5cm的偏平压力盒内加压。压力等级最大达1 500kPa,提供相当于常规压缩试验100~200kPa压力下的压缩模量 $E_{s_{1-2}}$ 和压缩曲线 $E_{s_{1-2}}$,大致在7.0~19.5MPa之间;1 500kPa竖向压力下的 E_s,大致在30~50MPa之间。

根据试验成果,可得到如下结论:

(1)砂性土的 $E_{s_{1-2}}$ 值在7.0~19.5MPa之间。

(2)所提供试样尽管属粗砂、砾砂、卵砾石等,但剔除2cm粒径颗粒后,其名称应为中粗砂。

(3)所用压缩试验压力盒与常规压缩试验的压力盒高宽比有明显差别,试验数据只能供参考。但可了解砂性土在相应密度下压缩模量的大致数值范围。其代表性成果,如表3所示。

北塔墩ZK470孔99.9~109.0m粗砂(相对密实度80%)压力与孔隙比关系 表3

E	0.410	0.378	0.366	0.349	0.323	0.293	0.286	0.300	0.289	0.260
p(kPa)	0	50	100	200	400	800	940	400	800	1500
a_v(MPa^{-1})		0.633	0.242	0.166	0.133	0.074	0.048	0.026	0.029	0.041
E_s(MPa)		2.226	5.685	8.224	10.123	17.794	26.744	50.408	45.355	31.243

2.2 原位静力触探方法

本项目详勘有超深静探孔4个,深度在64~68m之间,多功能数字孔压静探孔2个,孔深39.9m。

《铁路工程地质原位测试规程》(TB 10041—2003/J261—2003)(以下简称《铁规》),提供了土的$E_{s_{1-2}} \sim P_s$关系,其表达为$E_{s_{1-2}} = 2.14P_s + 2.17$,可作为确定本工程砂类土$E_{s_{1-2}}$值的依据之一。《高层建筑岩土工程勘察规程》(JGJ 72—2004/J366—2004)(以下简称《高层规》),给出的粉土及粉细砂压模量表达式为$E_s = (3.4 \sim 4.4)q_c$,适用深度为20~80m,适用范围为$2.6 \leqslant q_c \leqslant 22$MPa。该式只对粉土、粉细砂给出了经验公式,对于本项目,可作为70m以浅粉细砂压缩模量选用。

2.3 标准贯入方法

国外西德E. Schult & Menzenbachxch经验公式:

$E_s = 4 + c(N-6)N > 15$;

$E_s = c(N+6)N < 15$;

$E_s = 7.1 + 0.49N$ 适用地下水以下细砂。

以上公式的适用条件是:当$H < 15$m时,用$\phi 43.7$钻杆;当$H > 15$m时,月$\phi 54$mm外径钻杆,刃口19°40′,在密实土层中用实心锥头。

该公式可以概略了解砂性土,尤其深部含砾砂性土压缩模量数值范围。当深部砂土$N = 50$时,含砾砂土$c = 1.0$,$E_s = 4 + (50-6) = 50$MPa;细砂$E_s = 7.1 + 0.49 \times 50 = 31.6$MPa。不同土类的$c$值,如表4所示。

由于采用钻杆外径较国内粗、标贯器$H > 15$m为实心探头,并未注明标贯击数是否要修正,使用其结果尚有不明确处。

不同土类的c值 表4

土 名	细砂	中砂	粗砂	含砾砂土	含砾砾石
c(MPa/击)	0.35	0.45	0.70	1.0	1.2

国内《高层规》给出了粉土及粉细砂、中粗砂经验关系,其结果如表5所示。表5给出的表达式中,对于砾砂及卵砾石等没有经验关系,对于标贯击数N,未明确说明N是否修正。根据《岩土工程勘察规范》(GB 50021—2001)的规定,N值为实测值,且其未与深度进行联系,仅与N值相关。使用该式确定的压缩模量,结果受到部分局限,使用也偏于不安全。如20m深度与50m深度粗砂,当标准贯入试验值均大于50击时,其结果压缩模量是相同的,均为100MPa,对于20m而言,结果就偏于不安全。对于碎石类土,标准贯入试验基本无法进行,当采用圆锥动力触探试验时,受深度限制无法进行修正,难于得到真实的测试数据。

标准贯入击数与压缩模量关系成果表 表5

土 性	E_s(MPa)	适用深度(m)	适用范围
粉土及粉细砂	$E_s = (1 \sim 1.2)N$	<120	$10 \leqslant N \leqslant 50$(击)
中、粗砂	$E_s = (1.5 \sim 2)N$		$10 \leqslant N \leqslant 50$(击)

2.4 旁压试验方法

预钻孔旁压仪是通过预先成孔下入旁压器,对孔壁施加压力,使土体产生变形,测出压力和变形的关系,用以确定地基承载力和旁压模量。其适用地层为黏性土、粉土、砂土、碎石土、极软岩和软岩。

本项目做了2个孔的预钻式旁压试验，在南北锚范围内，试验测试深度58.0m，可以按《铁规》第7条规定确定土层的压缩模量，其表达式为：

$$E_0 = KG_m$$

式中：G_m——旁压剪切模量，通过试验测得；

K——变形模量转换系数（见表6）。

变形模量转换系数表　表6

砂类分类	粉砂	细砂	中砂	砾砂
K值	4.0～5.0	5.0～7.0	7.0～9.0	9.0～11.0

根据旁压试验的原理，试验在地层天然应力状态下进行，旁压膜压力作用在孔壁上类似于原位荷载试验，所获得的承载力和变形参数能反映原位的强度和抗变形特性。与其他方法比较，较接近建筑物基础荷载作用下的地基变形特点，其压缩模量可以直接用于计算沉降变形。

根据旁压试验成果得出的承载力和旁压模量E_s均随深度而增大，反映了上覆土压力的影响。在有效上覆压力200kPa以内（相当于20m内），确定的E_s与其他方法确定的$E_{s_{1-2}}$值相当，其后旁压模量有较大的增加。

在大致20m以内砂性土的旁压压缩模量与模拟单向压缩试验$E_s = 7.0 \sim 19.5$MPa大致一致，说明只要相对密度控制正确，单向压缩试验所提供E_s指标是可以作为参考的。

2.5　理论和经验分析方法

以上方法均存在取原状样或试验困难，或测试深度受到限制等问题，无法推测原位应力条件的压缩变形指标等条件限制。本工程根据国内规范中承载力和变形模量、压缩模量的理论关系，以及荷载试验中相对变形控制法推导相关的经验关系，并以《铁静规》中的$E_s \sim P_s$关系为检验标准，其中砂性土$E_0 = 71.4[f_a]$，碎石土$E_0 = 73.6[f_a]$。

$$E_0 = E_s\left(1 - \frac{2\mu^2}{1-\mu}\right) \text{或} E_s = E_0 / \left(1 - \frac{2\mu^2}{1-\mu}\right)$$

式中：E_0——土的变形模量；

E_s——压缩模量；

μ——泊松比。

基于以上计算方法：首先根据《公路桥涵地基与基础设计规范》按标贯或物理力学指标等方法确定地基容许承载力；再根据容许承载力和模量的对应关系，确定浅基础条件下变形模量、压缩模量，所得压缩模量与静力触探、旁压等原位测试方法及室内试验方法对比，从而得出安全、合理、可靠的压缩模量值。

计算地基沉降需要与地层深度所受压力相对应的压缩模量值，当地层上覆压力＞200kPa时，可以通过任意深度地基承载能力根据相关关系式推算。根据地层深度上覆压力得出承载力修正值后，可得到相应的压缩模量。

计算方法为：$[f_a] = [f_{a_0}] + k_1, \gamma_1(b-2) + k_2, \gamma_2(h-3)$（公式意义见现行《公路桥涵地基与基础设计规范》）。

由于所提供的均是常规条件下的基本承载力，故取上式中$b = 2$，即不考虑基础宽度的修正，仅考虑地层深度的修正。f_a取值根据规范确定。

其中的k_2值按公式使用条件，由于上部均为稍松状态的砂土，以及考虑施工中对基底砂土层的扰动，建议取 $k=1$。

计算$[f_a]$值后，即可用关系式求得各深度处 E_s 值。

对于深度 h，在计算深度时最大可取到 100m，在本项目中我们取到 80m，压缩模量均能满足要求。

根据以上方法求得粗砂、砾砂及卵石的压缩模量值，如表 7 所示。

80m 深度中砂、粗砾及碎石土压缩模量 E_s 表 表 7

岩 性	f_{a0}(kPa)	f_a(kPa)	E_0(MPa)	E_s(MPa)
中砂	450	852	61	80
粗砾砂	550	988	71	95
圆砾	700	1138	84	100
卵石	1 000	1770	127	150

3 结语

本项目通过多种试验方法，基本上确定了砂性土压缩模量；特别是粉细砂等，可用室内试验、静力触探和标准贯入试验确定压缩模量。

对于浅部中砂以上砂类土及碎石类土，可通过原位载荷试验确定压缩模量；但对于深部碎石类及砾类土，通过承载力和变形模量、压缩模量的理论关系，以及荷载试验中相对变形控制法推导相关的经验关系确定压缩模量，较好地解决深部砾类土及碎石类土的压缩模量，为深基础沉降计算提供依据。

砾类土及碎石类土的压缩模量与深度及密实度（地基土容许承载力）有关，深度越深，压缩模量越大。目前本项目最大深度模量计算到 80m，满足设计要求，成果也是合理的。

参 考 文 献

[1] 中华人民共和国行业标准. 高层建筑岩土工程勘察规程 JGJ 72—2004/J366—2004. 北京：中国标准出版社，2004.

[2] 中华人民共和国行业标准. 公路桥涵地基与基础设计规范 JTG D63—2007. 北京：人民交通出版社，2007.

[3] 中华人民共和国国家标准. 岩土工程勘察规范 GB 50021—2001. 北京：中国建筑工业出版社，2001.

[4] 中华人民共和国行业标准. 铁路工程地质原位测试规程 TB 10041—2003/J261—2003. 北京：中国铁道出版社，2003.

[5] 江苏省交通规划设计院有限公司. 泰州长江公路大桥工程地质勘察报告，2007.

无损探测技术在路基病害诊断中的应用

徐宏武　文志兵　刘涌江　罗　斌

（重庆交通科研设计院　重庆　400067）

摘　要：本文在分析渝宜高速公路长万段 K189 +200 ~ K189 +330 的路基病害情况的基础上，采用高密度直流电法、探地雷达等无损探测技术，对该路段的路基病害情况进行了现场探测。探测结果表明，无损探测技术能有效地对诊断路基病害进行诊断。

关键词：无损探测　高密度直流电法　探地雷达术　路基病害

0　引言

渝宜高速长万段多处路基出现不同程度的病害，其中 K189 +200 ~ K189 +330 位于渝宜高速分水至梁平段。该填方段分三级填筑，变形段最大填高约 23m，分两级，坡率分别为 1∶1.75 ~1∶1.5 和 1∶1.75。第一级坡面拱形骨架植草，第二级坡面为护面墙。变形段主要为路面开裂和局部沉降，在右幅 YK189 + 249 ~ YK189 + 266、YK189 + 307 ~ YK189 + 317、YK189 +321 ~ YK189 +324见3 条裂缝；在左幅 ZK189 +271 ~300 见1 条平行路面的裂缝。病害里程变形段下方 YK189 +239 ~ YK189 +524 无支挡结构，在 YK189 +205 ~ YK189 +239 有挡墙支挡（见图 1、图 2）。

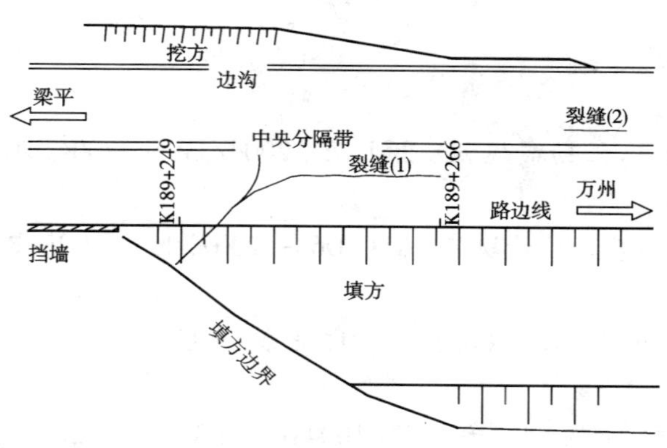

图 1　K189 +200 ~ K189 +330 里程段病害平面示意图

图 2　YK189 +200 ~ YK189 +330 里程病害路面开裂情况

该路段未剥蚀低山宽谷地貌。填方填筑于坡脚自然坡度较缓，后壁陡峭，坡脚低洼处为水田。根据相连挡墙的地勘资料，填筑体下伏地层为坡残积层和页岩、泥质夹砂岩。基岩无不利结构面。地震基本烈度小于或等于Ⅵ度。地下水主要有孔隙水和裂隙水。

路基病害诊断常采用现场调查分析与钻探、坑探及化验相结合的办法进行。钻探、坑探及化验除费时外，仅能代表探点附近的资料，要了解整个病害段的资料需布设多个探点，这不但延长时间，还增加费用。无损探测是速度快、费用相对较少、数据资料覆盖较广的探测技术，如果采取物探与钻探相结合的办法，钻探作为辅助手段用来验证物探结果，可起到事半功倍的作用。本文通过无损探测技术高密度直流电法和探地雷达技术探测原理,来研究无损探测技术诊断路基病害的可行性,并通过实例进行论证研究。

1 无损探测技术探测原理

1.1 高密度直流电法探测原理

高密度直流电阻率法实际上纯属直流电阻率法,基本原理与传统普通直流电阻率法相同,不同的是它的装置是一种组合式剖面装置。它们都是以地下介质(岩层)的导电性差异为基础的一种物探方法:地下各种介质在施加电场作用下,由于介质的电性差异导致地下传导的电流分布也存在差异,用视电阻率来反映出这种电性差异性分布。在一定的供电和测量电极排列方式下,通过供电电极供电,测量电极测量出测量电极之间的电位差,再通过数学公式计算出视电阻率,然后通过对视电阻率的分布规律进行分析来寻找地质目标体,可广泛应用于能源勘探与城市物探、道路与桥梁探测、金属与非金属矿产资源勘探等方面;亦用于寻找地下水、确定水库坝基、滑坡滑移面和防洪大堤隐患位置等水文、工程地质勘探中,还用于地热等勘探。

假定地下介质为均质各向同性,地下介质视电阻率可通过下式进行计算:

$$\rho = K\Delta V / I \tag{1}$$

式中:ρ——介质视电阻率,介质视电阻率受介质含水影响较大,介质含水越大,视电阻率越小($\Omega \cdot \mathrm{m}$);

ΔV——电位差(V);

I——供电电流(A);

K——装置系数。

高密度电法设置了较高的测点密度,所提供的是二维信息,一定数量的二维剖面还可以组成一个拟三维图像,它是电剖面和电测深法的结合,可获得丰富的地质信息,其反演结果为二维视电阻率断面图。高密度电法所布设的电极间距小、电极数多、所测数据量大,故工作效率高,能较直观、有效、准确地反映地质体电性断面情形,形象地反映出岩土体地电断面的电性分布和结构特征。

1.2 探地雷达探测原理

探地雷达是利用高频电磁波(从十到上千 MHz)的反射来探测有电性差异的界面或目标体的一种物探技术。探地雷达探测时,通过发射天线向地下(或其他方向)定向发射脉冲电磁波,脉冲电磁波能量就向地下(或其他方向)定向辐射。当脉冲电磁波传播过程中遇到有电性差异的界面或目标体(介电常数和电导率不同),就会发生反射和散射现象[1],图3为雷达探测时电磁波传播示意图;通过接收天线接收反射回来,幅度大小及双程走时时间长短不一的脉冲电磁波;通过对接收的反射波进行校正、叠加、滤波和偏移等处理;根据介质的介电常数和电导率不同确定介质中电磁波传播速度;再结合电磁波双程走时时间来确定界面或目标体的位置;分析接收的反射波形态、幅度、变化特征,再结合地球物理解释模型等判

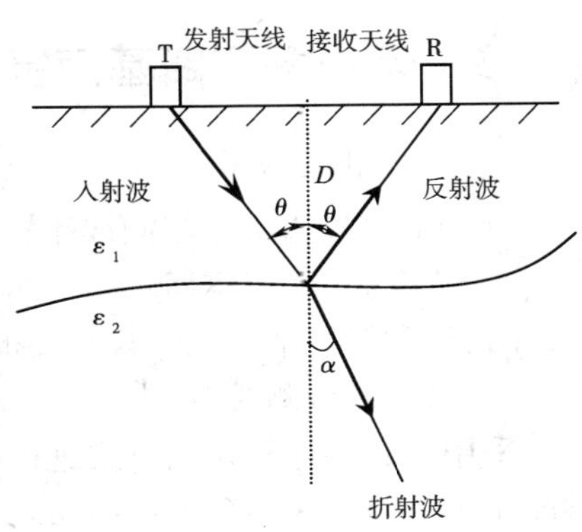

图3 雷达探测时电磁波传播示意图

定界面或目标体性质。

通常两种介质间的相对介电常数差别越大,则反射的电磁波信号就越强。电磁波速度与介质的相对介电常数关系如下:

$$V = C/\sqrt{\varepsilon} \tag{2}$$

式中:C——光速(3×10^8m/s);

ε——相对介电常数。

图3雷达探测时电磁波传播示意图中,实际接收天线和发射天线距离比较近,入射角和反射角θ比较小,反射界面的深度可以通过公式(3)计算,反射面的埋深D也可以由式(3)计算:

$$D = \frac{V\cdot t}{2} \tag{3}$$

式中,t称为旅行时间,为信号发射到介质表面并从介质表面反射回来的时间。

2 无损探测技术诊断路基病害的优点

路基病害原因多种多样,在挖方路基段和高填方路基段,病害原因有相同因素又有不同因素作用。在挖方路基段,造成路基病害的原因通常有:路基场地下孔隙潜水和基岩裂隙水作用,路基场地下大的构造影响,基岩与路面之间破碎残积层影响,排水设施和支挡结构破损等。在高填方路基段,造成路基病害的原因通常有:填方体下孔隙潜水和基岩裂隙水作用,填方体下大的构造影响,填方体回填不密实或回填材料不合格遇水膨胀大,排水设施和支挡结构破损等。

路基在雨季特别是在暴雨季节,地表水沿张开裂隙入渗,一方面使路基岩体、破碎残积层和填方体饱水,路基自量加重,增加路基的下滑力;另一方面由于受地表水入渗软化,大大降低了路基的稳定性。这两方面原因就可能造成路基下沉或沿潜在滑移面下滑而形成较大病害。

从高密度直流电法探测原理可知,介质视电阻率受介质含水影响较大。介质含水越大,视电阻率越小,可见高密度直流电法探测路基下的含水性从而达到探测路基潜在滑移面和富水区是可行的,高密度直流电法探测技术可用在路基病害诊断上。

从探地雷达探测原理可知,两种介质间的相对介电常数差别越大,则反射的电磁波信号就越强。回填不密实与周围回填密实体介质存在差异,地下不同构造体和不同界面相对介电常数也存在差异,可见探地雷达探测路基下回填不密实区、潜在构造和界面是可行的,探地雷达探测技术可用在路基病害诊断上。

3 无损探测路基病害诊断应用实例

3.1 测线布置

(1)高密度直流电法测线布置

YK189+249~YK189+266病害里程附近段,高密度电法测线布置在:中央分隔带、左幅停车道边和护坡平台上。其测线布置,如图4所示。

中央分隔带测线D1共布置60个电极,电极间距3m,布置在K189+160~K189+337里程,采用了α、β电极排列方式进行了探测;左幅停车道边测线D2共布置60个电极,电极间距3m,布置在YK189+215~YK189+362.5里程,采用了α、β电极排列方式进行了探测;护坡平台测线D3由于受场地影响,电极间距为2.5m,共布置51个电极,布置在YK189+205~

YK189 + 330 里程,采用了 α、β 电极排列方式进行了探测。

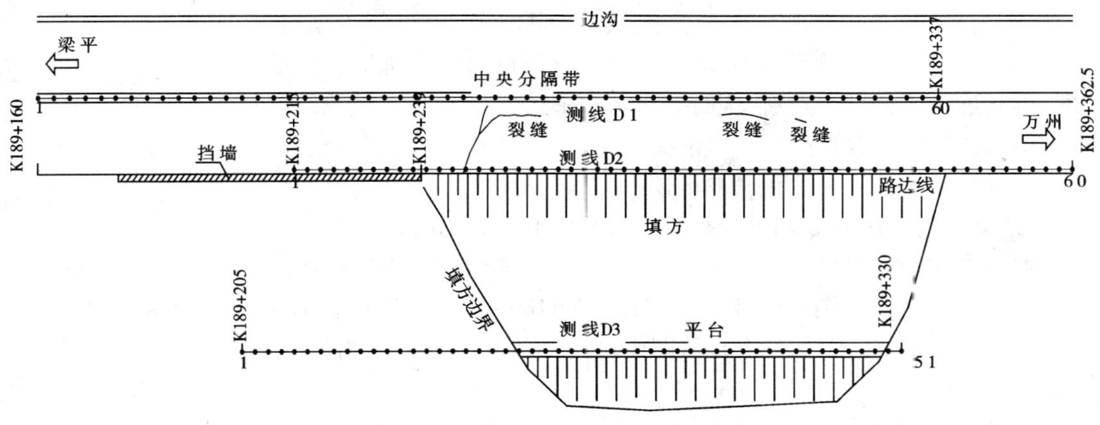

图 4 高密度直流电法测线布置

(2)探地雷达测线布置

YK189 + 249 ~ YK189 + 266 病害里程附近段,地质雷达测线布置在:右幅超车道内边、右幅超车道外边、右幅行车道中间、右幅停车道内边和右幅停车道外边。其测线布置,如图 5 所示。

270MHz 频率探测时,右幅停车道外边测线 L1、右幅停车道内边测线 L2、右幅行车道中间测线 L3、右幅超车道外边测线 L4 和右幅超车道内边测线 L5,布置在 YK189 + 220 ~ ZK189 + 280 里程。

100MHz 频率探测时,右幅停车道外边测线 L6、右幅停车道内边测线 L7、右幅行车道中间测线 L8、右幅超车道外边测线 L9 和右幅超车道内边测线 L10,布置在 YK189 + 220 ~ ZK189 + 280 里程。

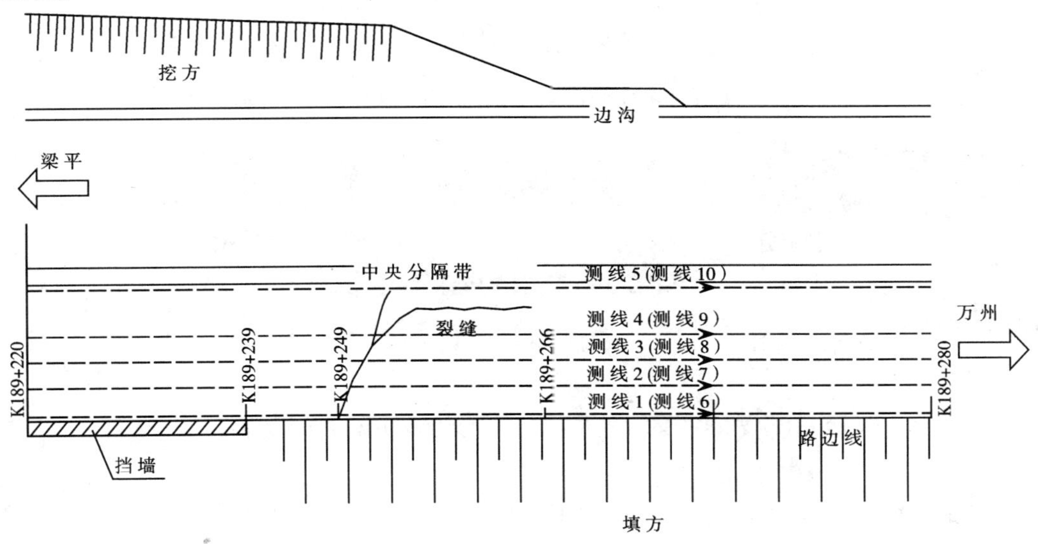

图 5 探地雷达测线布置

3.2 探测资料分析

把现场高密度电法探测和探地雷达探测的原始雷达数据,传入计算机。高密度电法通过正演和反演处理，得到测线下附件电阻率大小及变化图；再根据电阻率大小及变化图，通过对比分析和判断，确定测线下含水丰富区域（电阻率越小，表明导电性越好，其含水性就越丰富）。雷达数据通过雷达专用处理分析软件进行分析处理，选取合适的介电常数值，经滤波等处理；再通过对比分析和判断，从而推断异常来达到最终的推断成果。经过资料的分析处理、解释，得到各测线下含水性或回填情况信息。

（1）高密度直流电法探测资料分析

三条测线均采用 α、β 两种排列方式进行的测量，经正演、反演处理和分析，两种排列方式中 α 排列方式探测效果较好。K189 + 160 ~ K189 + 337 里程中央分隔带测线 D1 高密度电法探测 α 排列成果图（见图 6），YK189 + 215 ~ YK189 + 362.5 里程右幅停车道边测线 D2 高密度电法探测 α 排列成果图（见图 7），从图中可见：测线 3m 以下基岩以上回填土较多区域电阻率相对较低（右幅路面开裂区域 YK189 + 249 ~ YK189 + 266 和 YK189 + 307 ~ YK189 + 324 里程下电阻率也相对较低），其含水较丰富，对路基不均匀沉降造成影响，是造成该段路基病害的主要原因；随时间的推移，路基长期在水作用下有可能造成回填层顺层滑移。YK189 + 205 ~ YK189 + 330 里程右幅护坡平台测线 D3 高密度电法探测 α 排列成果中，测线下局部区域电阻率相对较低，其含水相对较丰富。

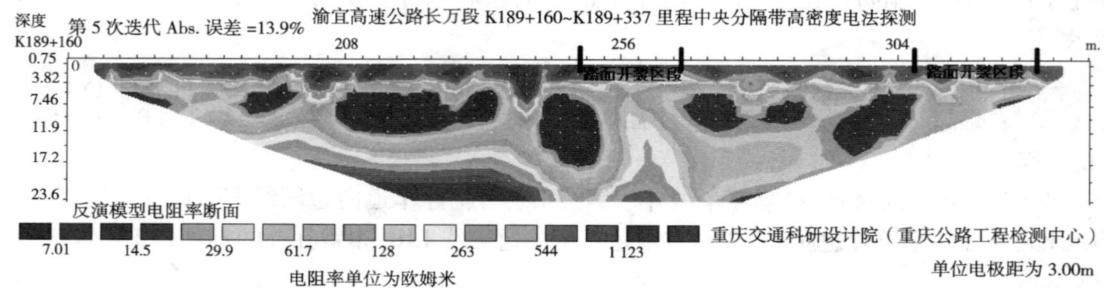

图 6　K189 + 160 ~ K189 + 337 里程中央分隔带测线 D1 高密度电法探测 α 排列成果图

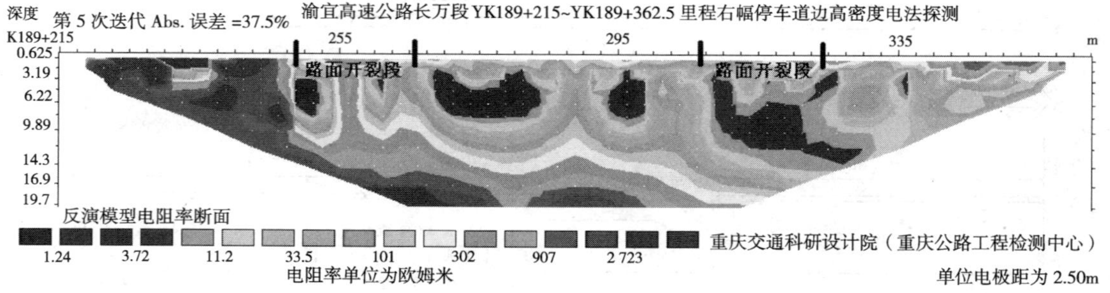

图 7　YK189 + 215 ~ YK189 + 362.5 里程右幅停车道边测线 D2 高密度电法探测 α 排列成果图

（2）探地雷达探测资料分析

现场雷达测线布置在 YK189 + 220 ~ YK189 + 280 里程，每条测线长 60m。经雷达图像处理分析，从右幅停车道外边、右幅停车道内边、右幅行车道中间、右幅超车道外边到右幅超车道外边 270MHz 和 100MHz 探测的 L1、L2、L3、L4、L5 和 L6、L7、L8、L9、L10 测线下，未见明显的回填空洞，仅局部有回填欠密实区，在开裂附近相对重一些，局部回填欠密实是造成该段路基病害的次要原因。

图 8 为 YK189 +220 ~ YK189 +280 里程右幅行车道中间测线 L3 雷达 270MHz 探测图像，从图像上看，未见明显的回填空洞，浅部局部回填欠密实，在 YK189 +246 ~ YK189 +267 里程段表现明显一些。图 9 为 YK189 +220 ~ YK189 +280 里程右幅超车道外边测线 L4 雷达 270MHz 探测图像，从图像上看，未见明显的回填空洞，浅部局部回填欠密实，在YK189 +235 ~ YK189 +255 里程段表现明显一些。

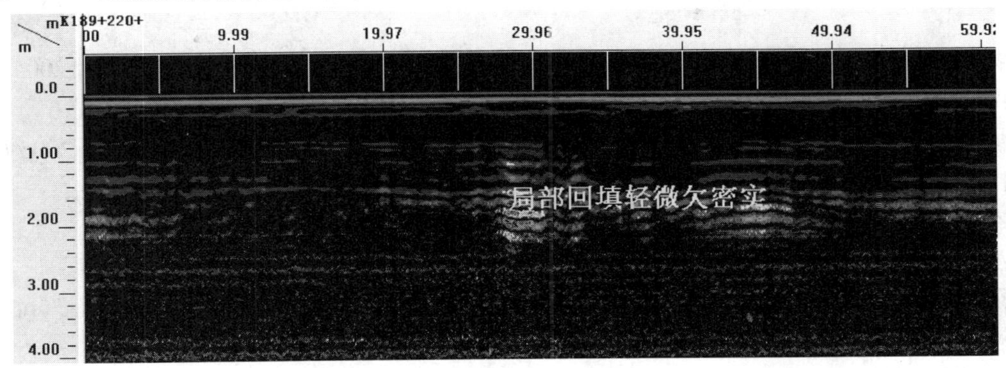

图 8　YK189 +220 ~ YK189 +280 里程右幅行车道中间测线 L3 雷达 270MHz 探测图像

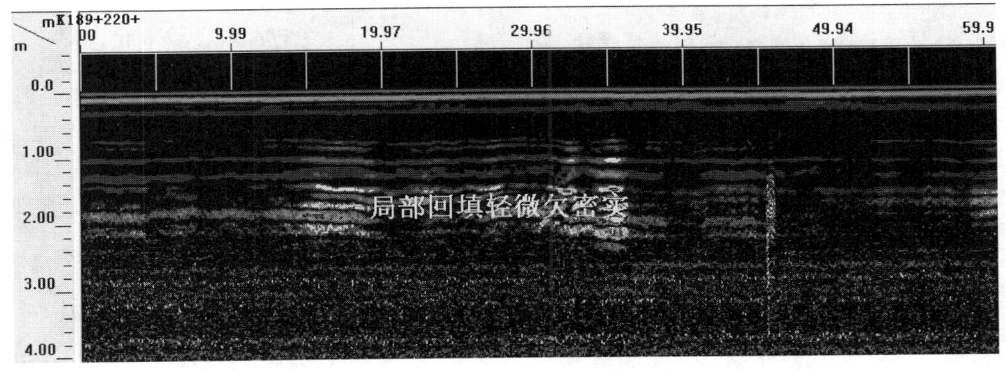

图 9　YK189 +220 ~ YK189 +280 里程右幅超车道外边测线 L4 雷达 270MHz 探测图像

3.3　验证情况

该段路基病害无损探测分析与在该段所打 3 个验证钻孔结果相符，YK189 +249 ~ YK189 +266 病害里程段及其附近，回填局部轻微欠密实，基岩以上回填土较多区域电阻率相对较低，路基较多区域其含水相对较丰富，除对路基不均匀沉降会造成一定影响、造成回填路基不均匀沉降而引起路面开裂等病害外，随时间的推移，路基在水作用下有可能造成回填层顺层滑移，有潜在的滑移面。

4　结语

(1)高密度直流电法和探地雷达技术，用来诊断路基病害是可行的。

(2)高密度直流电法和探地雷达技术是一种高效、无损的物探技术，对所探测工程本身无任何破坏作用，在条件适合的情况下具方便、快捷、高效、结果直观、探测精度与分辨率较高等优点。

(3)高密度直流电法在路基病害诊断实际应用中要受一定限制，要求测线高差适度且无大的障碍阻挡，在运行路段只能沿纵向布置测线，无法沿横向布置测线。

(4)探地雷达在路基病害诊断实际应用中也受一定限制,要求测线相对平整,无水坑和大的障碍物阻挡。

参考文献

[1] 孙坚,白明洲,王连俊. 探地雷达在地层划分中应用的研究. 岩土工程技术,2004(4):168-171.

[2] 徐宏武,邵雁,邓春为. 探地雷达技术及其探测的应用. 岩土工程技术,2005(4):191-194.

[3] 李金铭,罗延钟. 电法勘探新进展. 北京:地质出版社,1996.

[4] 邵雁. SIR-10H探地雷达及探测地下空间应用. 地下空间,2002(2):185-186.

[5] 徐宏武,等. 高密度直流电法在滑坡覆盖层及滑移面的探测. 矿业安全与环保,2003(增刊):219-223.

一种锚索锚下预应力检测方法

黄庆龙[1] 罗 斌[2]

(1. 重庆交通大学 重庆 400074;2. 重庆交通科研设计院 重庆 400067)

摘 要:本文提出一种采用反拉预应力锚索,记录反拉过程中反拉力及产生的位移并对其进行分析的方法,在求得预应力锚索的锚下预应力的同时不破坏被检测错索的正常使用。通过现场检测测试,取得了满意的结果。

关键词:预应力锚索 锚下预应力 反拉 检测 F-S 曲线

0 引言

岩土锚固已在我国边坡、基坑、矿井、隧洞、地下工程,在坝体、航道、水库、机场及抗倾、抗浮结构等工程建设中获得广泛应用。随着我国大力兴建基础设施,特别是对交通、能源、水利和城市基础设施建设力度的加大,岩土锚固将展示出十分广阔的应用前景。

锚下预应力,是指预应力锚索施工的有效张拉预应力或运行中预应力。目前,国内外对锚索施工质量的检测主要采用拉拔试验,但是,拉拔试验不能得出锚下预应力。

本文旨在提出一种利用反拉法检测预应力锚索锚下预应力的原理,通过该原理设计出一套检测设备,实现对预应力锚索锚下预应力的施工质量检测及对运营中预应力锚索锚下有效预应力的检测诊断。

1 锚索作用机理及检测原理

1.1 锚索作用机理及失效分析

锚索锚固是通过埋设在地层中的锚索,将结构物与地层紧紧的连锁在一起,依赖锚索与周围地层的抗剪强度传递结构物的拉力或使地层自身得到加固,改变岩体本身的力学状态,以保持结构物和岩土体的稳定。

岩层作用的结构状态及其受力,如图 1、图 2 所示。如图 2 中当在锚杆顶端作用一向上力 F 时,锚索锚固段与锚固剂间及锚固剂与围岩间的界面上就会相应地产生侧阻力。设两界面的极限侧阻力分别为 f_1、f_2,则锚索结构失效方式有以下几种:

(1)索体钢绞线拉断。若锚索锚固后,其 f_1、f_2 均大于杆体受力,这时杆体受力与位移的关系表现为钢筋受拉直至断裂,此时的应力应变曲线表现为图 3 中的曲线 1。

(2)黏结破坏。这种破坏有三种情况:

①索体-黏结剂接触面破坏。当锚固力小于杆体强度,且 $f_1 < f_2$ 时,表现为索体与锚固剂间的剪切破坏。

②围岩-锚固剂接触面破坏。当锚固力小于杆体强度,且 $f_1 > f_2$ 时,表现为围岩与锚固剂间的剪切破坏,其应力应变主要受围岩物理力学性质影响,若围岩是脆性围岩,则应力应变曲线对应图 3 中曲线 2;若是塑性岩石,则应力应变曲线对应图 3 中曲线 4。

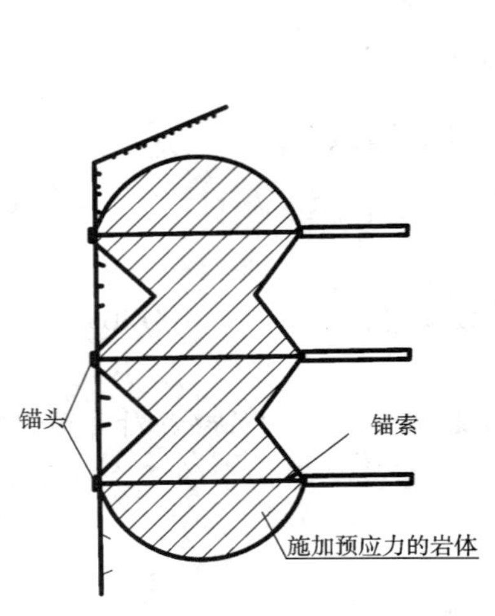

图1　锚索加固状态

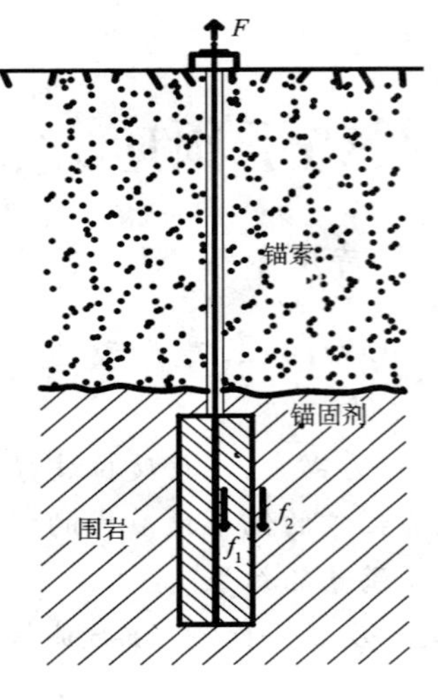

图2　锚索受力分析

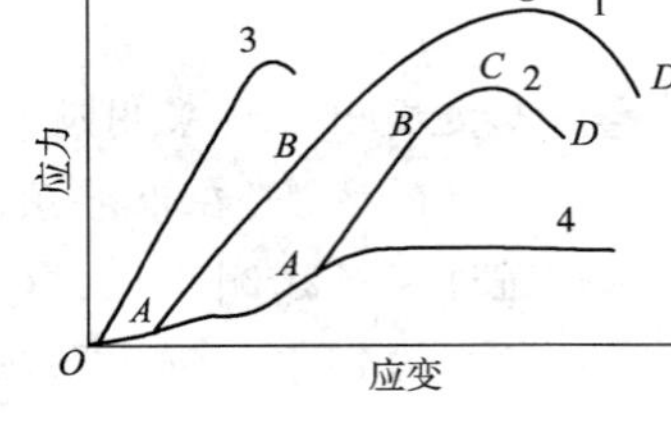

图3　不同失效情况的应力应变曲线

③破坏面深入到围岩体内几毫米，常发生在软弱围岩，一般软岩的抗剪强度 < 7MPa，黏结剂与围岩的黏结强度为 5 ~ 16MPa，黏结剂与杆体黏结强度为 6.73 ~ 16.7MPa。图3 中曲线 3 是表示强度高、极限变形能力大的锚固剂材料的变形曲线。

(3)托板失效。

(4)锚空失效。大量工程实践表明，由于局部围岩破坏造成的锚空失效是锚杆失效的主要形式。锚杆或锚喷支护巷道，由于围岩荷载和围岩中弱面的不均匀性，常发生局部破坏，导致锚杆切向锚固力迅速丧失，径向锚固力(托锚能力和黏锚能力)也大幅度降低，从而引起更大范围的破坏。

1.2　锚下预应力检测原理

锚索索体可视为弹性结构体，利用该材料的应力应变特性，对锚索外露段进行反拉，通过仪器实时跟踪反拉力与反拉产生位移的连续变化值，对其进行曲线拟合，绘制出 *F-S* 曲线(见图4)。同时跟踪验算曲线的切线斜率变化，进行判别从而终止反拉。

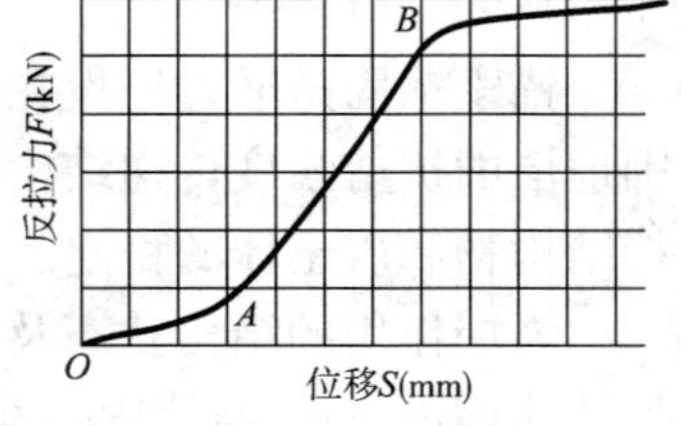

图4　跟踪 *F-S* 曲线

当开始张拉时，由于张拉设备被压紧，空隙排除，位移变化较大，而反拉力变化不大，在 *F-S* 曲线中表现为曲线的斜率较小，而且慢慢增大，相当于图中 *OA* 段；此段的干扰因素较多，曲线的斜率意义不大，此段长度依赖于反拉前的预紧程度。当反拉力继续增大，曲线进入 *AB* 段时，曲线的斜率逐渐增大且趋于稳定，产生这段曲线的原因是反拉外露段钢绞线发生弹性变形，自由段锚索材料并没有受影响；在该段曲线中取一定间隔内的两点斜率进行实时跟踪，作为终止反拉判别依据。继续增大反拉力，当反拉力大到拉动夹片，锚索外露段与自由段共同受力瞬间，在 *F-S* 曲线上表现为斜率的突然减小。于是，可从实时跟踪的 *F-S* 曲线的斜率来找到突然减小的那个点，该点对应的 *F* 便可推算出锚下预应力；同时根据曲线斜率突变来警告操作者终止反拉，防止对锚索的破坏，从而实现对运营中的锚索的不损坏。

2　检测设备设计简介

该系统共由 6 部分组成：锚索应力传感器、锚索测力自动记录仪、位移传感器、位移自动记录仪、计算机系统与分析处理软件、张拉设备。

其中应力传感器,可采用钢弦式测力计。测力自动记录仪与应力传感器配套使用,可连续记录、存储应力,计算机数据分析,曲线、图表输出等。位移传感器和自动记录仪必须满足连续采集记录数据,并输出到计算机的功能。计算机系统需有配套软件,对应力和位移记录仪传输的数据进行拟合并绘制曲线,同时实时分析采集的数据,自动计算一定间隔内斜率变化值,并在曲线斜率突变的时候进行报警提示。张拉系统为一空心千斤顶、油泵、油管、锚夹具、锚垫板和限位板等,油泵采用电动加压。

3 检测过程及现场检测应用

对比室内试验的同时,进行了现场的测试工作,整个设备安装布置如图5所示。工作锚后加一锚垫板3,接上空心千斤顶4,限位板14,锚索穿过空心的应力传感器8,应力传感器后再加上限位板14、工具锚垫板和工具锚9,安装好夹片。磁性表座吸附在千斤顶表面,如果表面不能稳定吸附,可设置平台,安置表座及支架,但需要保证稳定牢靠。位移传感器顶在千斤顶伸出的缸上,记录伸长位移,位移传感器和应力传感器分别接上记录仪后接入计算机系统。开始检测时,通过油泵加压,千斤顶缸6伸长产生位移,装置被压紧,位移传感器7产生位移,应力传感器8受压量测出应力,通过记录仪传输到计算机系统,进行实时采集数据并进行分析,同时显示 F-S 曲线。当反拉力达到预应力锚索锚下预应力大小时,曲线出现拐点,斜率明显变化,记录此时应力传感器8的值,即为锚索的锚下预应力;同时发出警报停止加压反拉,不破坏锚索结构。

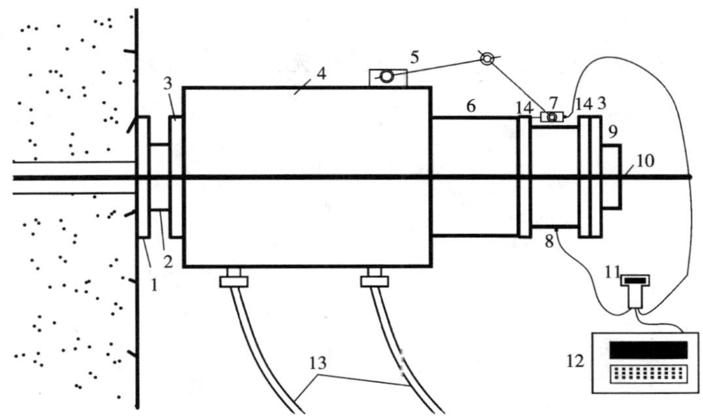

图5 锚下预应力检测安装示意图

1-锚垫板;2-工作锚;3-垫板;4-千斤顶;5-磁性表座支架;6-千斤顶缸;7-位移传感器;8-应力传感器;9-工具锚;10-锚索;11-记录仪;12-计算机;13-油管;14-应力传感器限位板

采用该方法,在渝湘高速公路边坡上进行了现场检测试验。采用曲线斜率突变控制最大反拉力,对检测出的锚下预应力值,与预先埋设的锚索测力计测得的数据进行对比,平均误差在5%以内,有良好的可靠性。现场对锚下预应力进行检测时需注意以下4点:

(1)安装各设备时,保证牢固可靠,接触紧密。

(2)各设备尽量与锚索在一条轴线上,防止偏心受压导致数据的不准确。

(3)安装工作夹片之前务必先将千斤顶油缸伸出一段长度,否则在回油后工作锚退回距离较短,使得夹片无法取下。

(4)加载前千斤顶需要顶紧,加载速度不能过快,应该缓慢均匀,尤其在反拉力接近设计锚固力时应该减慢加载速度。

试验表明,该套方法对锚下预应力的测试可靠度高,既能验收刚刚施工张拉完毕的锚索锚下预应力,也能检测运营中的锚索的锚下预应力。该技术实现了对锚下预应力的检测,对控制预应力锚索的施工质量、掌握锚索的运行状况具有重要作用。

4 结语

反拉法既能对刚施工张拉完毕的锚索锚下预应力进行检测,也能对运营中的锚索的锚下预应力进行检测。该方法操作简便,可靠性较高。

反拉法不仅可以检测预应力锚索的锚下预应力,并对其他的预应力锚固体系(如桥梁预应力筋检测)同样可以进行检测。采用该方法,我们对T梁中的预应力钢绞线在张拉后压浆前进行过检测,检测结果同样有很高的可靠性。

参考文献

[1] 中华人民共和国国家标准.锚杆喷射混凝土支护技术规范 GB 50086—2001.北京:中国计划出版社,2001.

[2] 程良奎,范景伦,韩军,许建平,等.岩土锚固[M].北京:中国建筑工业出版社,2003.

[3] 闫莫明,徐祯祥,苏自约.岩土锚固技术手册[M].北京:人民交通出版社,2004.

[4] 朱国维,彭苏萍,王怀秀,王鹤龄.一种锚固力无损检测设备[J].煤田地质与勘探,2006(12):54-57.

[5] 煤炭科学研究总院,刘玉堂,王留义,李明,等.无损锚杆测力计[J].煤炭科学技术,1998(2):37-39.

张石高速公路石家庄至保定段岩土工程问题及环境保护

吴瑞祥　母焕胜

（河北省交通规划设计院　石家庄　050011）

摘　要：张石高速公路石家庄至保定段，是河北省沿太行山建设的一条山岭重丘高速公路，公路建设将影响沿线山体自然平衡与生态环境。采取积极措施、减少岩土工程问题、保护生态环境，是设计阶段的重要任务。

关键词：张石高速公路　岩土工程　环境保护

0　引言

随着经济技术发展，人们对高速公路的使用质量和服务功能提出了更高的要求。高速公路不仅要满足安全通行的基本要求，在行车的舒适性、建设管理、运营管理、养护管理及自然环境等方面，也应适应当地经济和社会的发展需要。

1　工程概况

张家口至石家庄高速公路石家庄至保定段全长206.75km，是河北省高速公路网布局规划的“五纵、六横、七条线”的纵“五”的一部分，也是河北省公路主骨架冀西地区南北向的唯一一条山区高速公路。

张石高速公路石家庄至保定段划分为平原段和山区段，平原段长125.21km，双向6车道，设计速度120km/h，路基设计宽度34.5m；山区段长81.54km，采用双向4车道，设计时速100km/h，路基宽度28.0m。桥梁设计荷载为公路—Ⅰ级；特大桥设计洪水频率为300年一遇，大中桥及路基设计洪水频率为100年一遇。

公路所在区域属太行山隆起的东缘于华北平原拗陷的交界地带，发育着较完整的基岩和覆盖层沉积。主要有太古界深变质岩系、早元古界浅变质岩系构成的结晶基底以及中元古界的寒武-奥陶纪稳定型覆盖层沉积。自晚奥陶世开始抬升，遭受剥蚀，直到中石炭世再次海侵，二叠纪晚期再次抬升剥蚀，缺失三叠纪地层。第三纪该地区地壳运动强烈，沿东经114°线附近晚第三纪喷溢的玄武岩分布（时间为6.35万年）；第四纪该区发育冲积、洪积、坡积及风积等堆积物，分布范围占全区1/2左右。该区经历了多次构造运动，断裂发育。

保定—石家庄断裂是太行山山前断裂的一段，是一条向东南缓倾斜的正断层。它是控制太行山隆起和华北平原拗陷的边缘断裂，在工作区内，该断裂也是控制冀中拗陷的保定拗陷和石家庄的边缘断裂。

保定—石家庄断裂控制石家庄凹陷的一段，总体走向北东，它在石家庄附近转为近南北。沿大安舍、留营、北杜村、玉村、永壁、莲花营一线，断裂西侧为元古界地层；东侧为白垩系侏罗纪、石炭－二叠系、奥陶系和寒武系地层。断层西倾向东，倾角上缓下陡，上段20°，下段42°。断层顶端被第四系和上第三系覆盖。这条断裂在石家庄地区表现为上新世早期－早更新世活动。

公路经过地区位于新生代太行山隆起区，太行山山前断裂（保定－石家庄断裂）在公路东部边缘通过，高速公路支线与其垂直相交。该断层是一条东倾缓倾角（倾角约30°左右）正断层。中更新世已停止活动，不是地震构造。

综上所述，从区域构造运动、沉积建造、构造形成的地层产状及构造应力场的演化，该区经历了稳定阶段→构造阶段→宁静阶段。该区域近来没有大的构造活动，不存在活动断裂，说明公路通过地区为稳定区域。

2　岩土工程问题及防治措施

2.1　防止路基开挖或山坡坡脚取土引发古滑坡复活

该路段沿线岩石节理裂隙十分发育，岩体风化、破碎，形成了较多的古滑坡体。古滑坡在地貌特征上主要为风化剥蚀残丘，岩性主要为白云岩与砂质页岩互层，在古断层的断崖处也多有呈现。古滑坡体在自然条件下处于平衡状态，当其具备滑坡要素时，在公路工程建设中就有可能复活，所以要十分认真地对待，采取积极的防治措施。其主要措施如下。

（1）绕避

通过收集资料、实地勘察，对较大的滑坡或处置费用太高时，在公路优化时，应采取避开，这样不但节省了投资费用，而且也能确保营运期安全，同时也保护了自然环境。

（2）减少下滑力与增大抗滑力

对于已察明的滑坡体，可以采取减轻滑坡体上部重量卸载的方法，或在坡脚设置抗滑挡墙、抗滑桩。基于保护地质环境，采用支撑方法，其不仅防止了滑坡体的滑动，而且减少了对山体的破坏，保护了自然植被。

2.2　减少半填半挖路基

高速公路对路基产生不均匀沉降要求十分严格，当修建的路基一半在岩石上，而另一半在强风化层或覆盖层上时，很难做到处理的强风化或覆盖层具有岩石一样的强度，一旦处理不好，就会使半填半挖路基分界线产生纵向裂缝，造成地表水进入路基，使公路路面形成早期破坏而影响行车。同时也会对公路管理养护带来很大麻烦，严重时会造成公路坍塌、冲毁路基。

2.3　垂直通过断层破碎带

断层破碎带是构造运动的产物，是岩体最薄弱的位置，一般断层破碎带较长，很难避绕。当公路无法避开时应尽量布设公路垂直或大角度交叉通过，不宜将公路近距离平行于断层通过，不然会给公路埋下安全隐患，对于仍在活动的断裂，不宜设置连续桥梁或大型桥梁。

断层破碎带的岩体一般节理裂隙十分发育，同时具有由于构造运动形成的较弱岩石夹层。当采取深挖路堑时，其边坡很难处理，一旦有外力干扰时易发生崩塌或滑坡，影响公路使用安全，故应避免这种情况。

2.4　泥石流的防治

公路经过的山区山高、坡陡、沟谷深，具有明显的洪水暴涨暴落条件；且沿沟谷地带第四纪堆积物发育，当大气降水较大时，往往形成泥石流，且具有较强的破坏力。因此应选择合理的路基防护形式和恰当的桥涵位置，防止泥石流冲毁路基及掩埋进水口，具体要注意以下几点。

(1)公路路线优化时，应尽量选择在流通区通过，若将路线设置在堆积区，随着时间推移容易造成掩埋路基的情况。

(2)桥涵设置。小桥涵设置在主水流方向上，要适当抬高涵底高程，涵洞底下可设置渗水盲沟，这样随着砂石的沉积，可降低沟底纵坡，减少涵长，节省投资，防止掩埋进水口。但要注意的是，对于洪水冲刷位置的路基必须做好防护。

(3)防止泥石流的产生。加强上游水土保持，种植树木和草皮，巩固土壤，使其不受冲刷，减少水土流失。对地表水和地下水要加强治理，采取拦截、利导和疏排等措施；对易发生泥石流的沟谷边坡要加强防护，加固土层，稳定边坡。

2.5 路基与桥涵综合设计

一条山岭重丘区高速公路的设计是十分复杂的，涉及的专业较多，设计人员较多，应注意各专业之间的协调与综合设计。如，对于沟谷地带，若采用填土方法，会发生由于高填土沟底中的小桥涵地基承载力不够，废弃方过大，因沟中要排水及路基稳定性不能就近弃方，这就需要综合设计。其方法是沟谷地段路堤两侧设为弃土场，形成反压护道，使山间洼地成为山间台地，高路堤变成低路基。涵顶填土减少，可改成现浇板涵，涵长也很小，能大大降低工程造价。但要注意，现浇板涵不宜在填土较大的沟中心位置，应稍加移位，设置在既能排水，又不宜下沉的位置。对于弃方要按技术要求认真设计，施工时严格控制填土厚度，分层压实。为防止山坡地表水冲刷弃方土堆造成水土流失、污染环境，弃土堆与山坡交界处设置排水沟，路基内及路基下游弃土平台中也要设置盲沟，以利于地下水的排泄。下游弃土平台也要设计成阶梯状，按公路路基标准设计边坡坡度，同时在弃土平台上植树，种植草皮，保护自然环境。

2.6 珍惜土地，充分利用荒山、荒坡取土造地

张石高速公路石家庄至保定段通过地区附近，存在有很多的荒山、荒坡，十分适宜集中取土。经进行详细勘察分析，适宜路基用土，将这些独立的荒山、荒坡开挖取土后，进行平整回填，选取靠近公路的部分土地作为服务区的建设，其余整改为水浇地。这样即可产生6 000万元的直接经济效益。

3 环境保护对策

公路经过崇山峻岭，如何解决自然环境与公路建设的矛盾，是十分令人关注的问题。如果精心设计、精心施工、认真解决，就会使得山还是那座山、水还是那道水，形成公路与自然的和谐统一。

本路段在设计中强调保护原生植物，尊重自然，因地制宜发展绿化。山区公路平纵面“顺势而为”，纵面应以少挖、合理控制挖方高度为原则，尽量减少破坏原山体，保持原有生态环境景观资源，可采取对坡脚支挡方法。对于开挖的边坡除采取处理外，还要尽量回种与原生植物相同的物种，较高的边坡上留有台阶，在台阶上种植植物。公路沿线主体绿化随山就势，尽量保持原有的地面起伏，应避免“行道树”等明显人工绿化痕迹，使路域植被与周围环境融为一体，以形成公路与自然的统一。

4　结语

山岭重丘区的高速公路是一项艰巨的系统工程,只有认真谋划、精心设计,才会少花钱、多办事,达到事半功倍的效果。

保护环境就是保护人类自己,应当让“山还是那座山,水还是那道水”成为建设者的追求。

参 考 文 献

《工程地质手册》编委会. 工程地质手册. (第 4 版). 北京:中国建筑工业出版社,2007.

坝陵河大桥隧道锚碇施工地质预报和监控量测

尚海松　李苍松

（中铁西南科学研究院有限公司　成都　610031）

摘　要：坝陵河大桥隧道锚碇采用新奥法原理进行开挖施工，为尽量避免锚碇开挖过程中意外情况的发生，在施工时采用了以地质法为基础的综合物探技术结合变形、应力监测等多种监控手段，进行隧道围岩地质超前预报和监控量测，及时了解隧道工程的地质情况和围岩变形特征。同时将现场地质探测情况、现场监控量测信息进行综合分析，提出了围岩分级建议，并对主要存在的施工问题进行了详细分析，提出了相应建议。

关键词：隧道锚碇　综合地质预报　监控量测

1　工程概况

坝陵河大桥位于贵州省镇（宁）胜（境关）高速公路21.5km处，是贵州目前最大的公路桥，也是国内山区跨度最大的钢桁加劲梁悬索桥，大桥全长1 564m，主跨1 088m，桥面宽24.5m，按4车道高速公路标准建设。坝陵河大桥西锚碇设计为隧道锚。该隧道锚碇工程的主要特点有如下几个方面。

（1）目前世界上最大的隧道锚碇：隧洞总轴线长度74.34m，从垂直地面算起最大深度约95m，后端部总宽49m，隧洞口单洞断面尺寸为10m×10.8m，隧洞底单洞断面尺寸为21m×25m。

（2）隧道锚碇的倾斜度为世界第一：前锚室主缆中心线的水平角45°，锚碇锚塞体开挖断面的水平角53°。

（3）群洞效应明显：两个隧道锚碇之间的最小净距仅有7.0m，同时锚碇上方为一座联拱隧道，锚碇与联拱隧道施工几乎同时进行。

（4）工程地质条件复杂：桥址区属构造剥蚀、溶蚀中低山峡谷地貌；基岩裸露，弱风化的泥晶灰岩和白云岩、白云质灰岩均直接出露于地表；岩层陡倾，浅部层面多呈张性，岩溶沿层面发育，层间普遍夹黏土及少量岩石残块；锚碇处于岩溶垂直入渗带，包气带岩溶发育，可能发育的岩溶形态主要为：溶缝、溶槽、黏土充填溶洞及空溶洞。

2　隧道锚碇施工地质预报

根据坝陵河大桥隧道锚碇场区工程地质特点和工程施工要求，由于隧道锚碇的特殊性、复杂性和重要性，单靠一种物探方法难以达到目的。为此采用"以地质法为基础的综合物探技术"，有针对性地选用不同的物探方法，具体采用了HSP声波反射法、高密度电阻率法和电磁波反射法。

2.1　HSP声波反射法探测

"HSP声波反射法"的原理是建立在弹性波理论基础上的，传播过程遵循惠更斯-菲涅尔原理和费马原理,其探测的物理前提是:声波在岩土体中的传播速度及幅度等参数和岩土体的组成成分、密度、弹性模量及岩体的结构状态等有关,不良地质体(带)如断层、风化破碎带、岩溶洞穴、地下水富集带等与周边地质体存在明显声学特性差异。本方法主要应用于探测隧道锚碇施工掌子面前方岩体的变化情况。

以隧道锚碇某掌子面测试为例。测试掌子面岩性为灰紫色薄层灰岩,岩层产状70∠80°;层间充填黄色塑~软塑状黏土,厚度3~4cm,局部可达10cm;岩体发育三组节理,主要在左右两侧;无水。测试岩体平均声波纵波速度为1 174m/s,对现场采集原始波形曲线进行时域和频域分析(见图1),获得一系列对应于该测区的反射界面数据。采用分形理论对这些数据进行分析处理,从而实现对测试掌子面前方的岩溶发育程度进行预测评价。测试掌子面前方58m范围内主要为节理裂隙较发育的灰岩,岩体破碎,存在2个岩体破碎带或岩溶发育带:(1)前方0~41m为破碎的薄层灰岩,建议围岩级别为Ⅴ级;(2)前方53~58m为岩溶发育带,建议围岩级别为Ⅴ级;(3)其余地段按原设计进行。

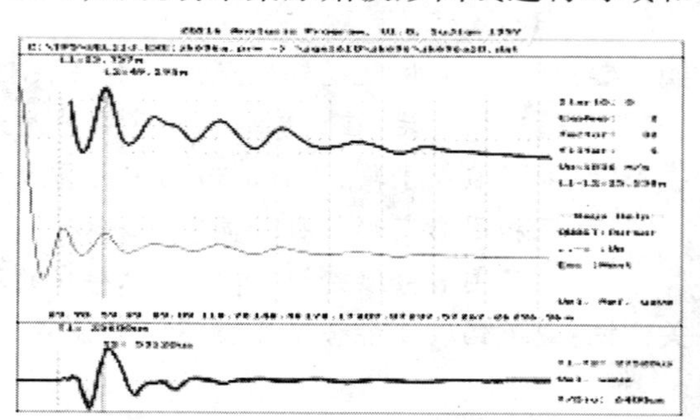

图1 掌子面测试时域、频域分析成果图

2.2 高密度电阻率法探测

高密度电阻率法的基本原则是不同物性差异的岩体,其电阻率不同。根据现场条件布置测试断面,获取测试原始数据,绘制各测试断面视电阻率等值线图,结合地形校正,应用2DRES软件进行反演分析,进一步根据地质调查及勘察资料进行成果图判释。

图2为在锚碇上方联拱隧道中导洞底部布设的一条测试断面测试成果图示意。整个测试断面的视电阻率值较低,均小于2 000欧姆米,判断为破碎岩体且岩溶发育,岩溶形态主要为黏土充填溶洞。

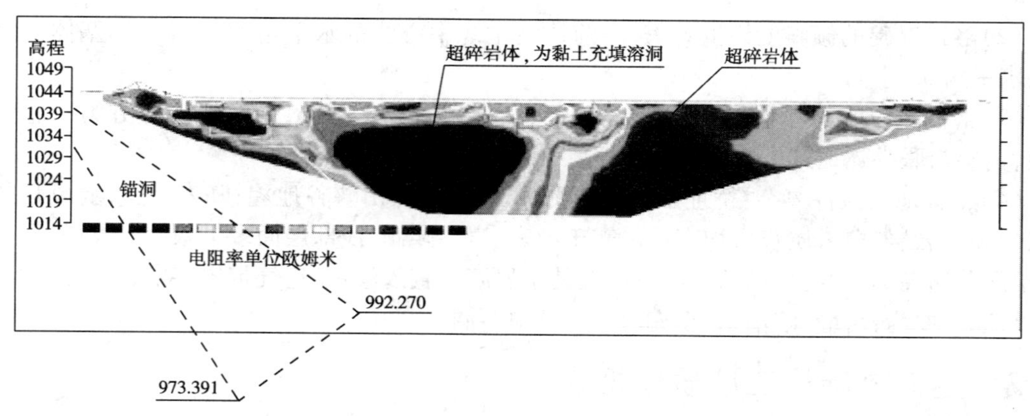

图2 高密度电法测试成果图

2.3 电磁波反射法探测

电磁波的传播取决于物体的电性,不同的物体具有不同的电性,在不同电性的物体的分界面上,都会形成电性界面,可以推测介质的变化情况。本方法主要对锚碇周边岩溶发育分布情况进行详细探测。

图3为锚碇上方联拱隧道中导洞底部地质雷达探测成果图，分析有四个地质异常体存在。

(1)K22+335～K22+355范围内为岩溶发育区，溶洞在中导洞底及边墙延伸8m左右。

(2)K22+355～K22+377范围内倾斜状溶隙发育，溶隙宽度不等，向两侧及下方延伸。

(3)K22+360～K22+380范围内岩体节理及层理较发育，局部夹泥，为岩溶发育区。

(4)K22+385～K22+395范围内黏土充填的溶洞分布。

综合本场址区的各种探测资料可知(见图4)：锚碇周边岩体主要由中薄层泥质灰岩和中厚层白云质灰岩组成，岩体处于强～弱风化带，沿岩层层面及裂隙岩溶溶蚀严重，存在泥化夹层，局部发育空溶洞或黏土充填的溶洞。

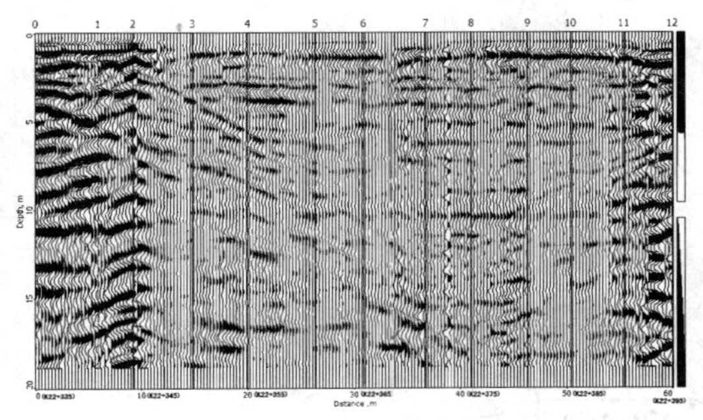

图3　地质雷达探测成果图

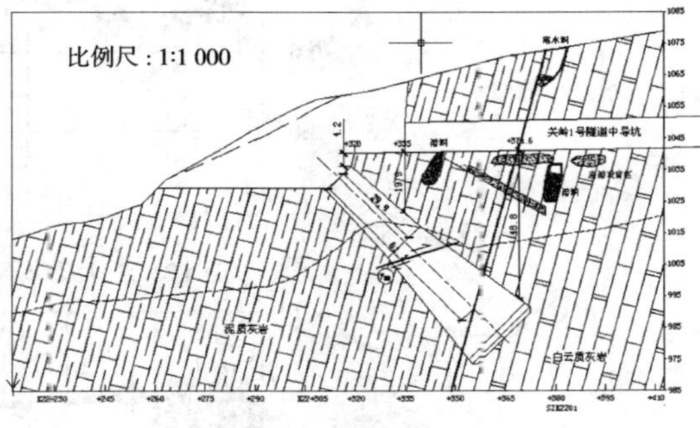

图4　隧道锚碇地质剖面示意图

3　锚碇施工监控量测

为了及时、准确地获取锚碇施工过程中围岩和结构的受力、变形特征，把错碇开挖后围岩和支护系统力学形态的变化动态作为判别围岩稳定性和支护系统可靠性的依据，从而将有效信息及时反馈，并适时地对设计进行优化，以便指导施工，针对坝陵河大桥隧道锚碇的特点，进行了锚碇施工监控量测(见图5)。具体测试项目为：水平净空收敛变形测试、周边三维位移测试、型刚刚架受力测试。

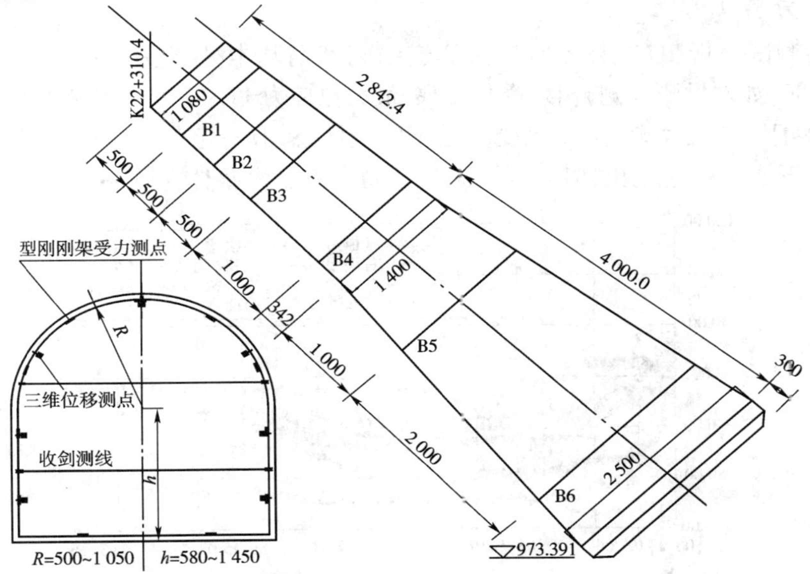

图5　锚碇施工监控量测测点布置示意图(尺寸单位：mm)

3.1 变形监测

根据变形测试分析图(见图6、图7)可知:在整个监测过程中,隧道锚碇净空收敛和三维位移的变形速率和变形累积值均较小,未出现异常数据;变形累积值曲线呈台阶状,符合台阶法施工的隧道围岩变形规律,锚碇周边围岩处于稳定状态。

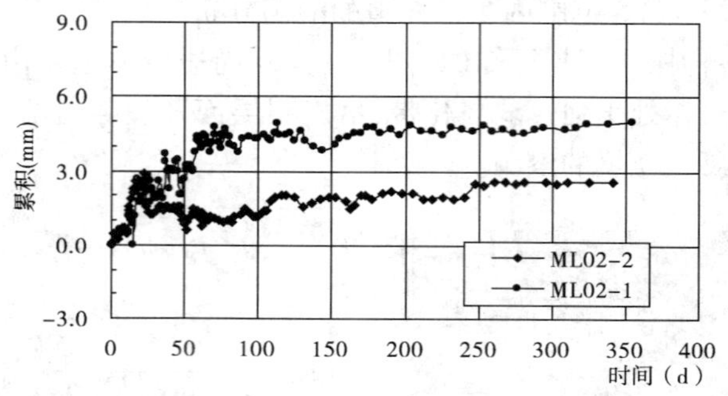

图6 水平净空收敛变形测试分析图

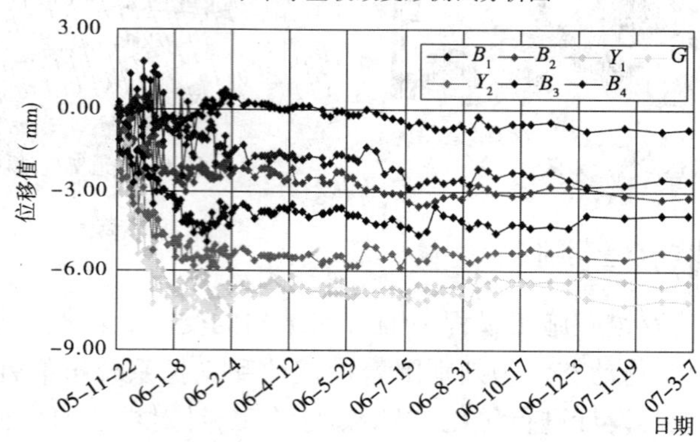

图7 周边三维变形测试分析图

3.2 应力监测

根据应力测试分析图(见图8)可知,隧道锚碇型钢基本处于受压状态,最大压应力约85.35MPa,局部(如左拱腰内侧)出现受拉现象,最大拉应力11.44MPa,相对于型钢极限抗拉、压强度而言,型刚刚架受力较小,型钢受力处于安全状态,有一定的安全储备量(由于隧道锚碇特殊的支护形式,各榀型刚刚架通过纵向连接筋形成受力整体,共同完成锚碇初期支护作

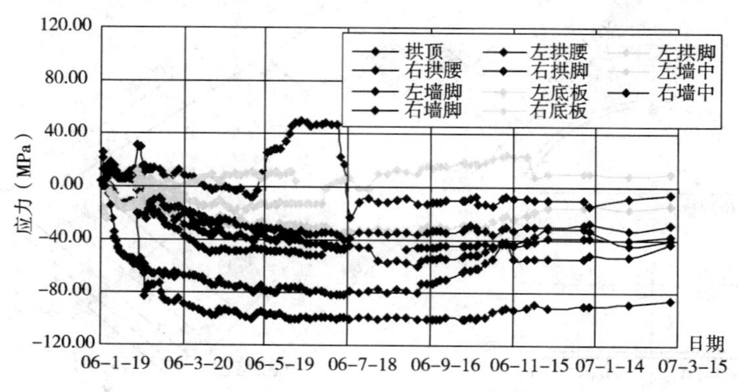

图8 型刚刚架应力测试分析图

用,其整体作用效果较为明显,加之锚碇轴线与岩层基本垂直,针对单榀型钢而言,其承受的围岩压力相对于普通隧道较小)。局部测得的数据与通常型钢处于受压状态的规律性有出入,原因在于:

(1)隧道锚洞处于较复杂的地质条件下,岩层面及溶洞分布等在很大程度上影响了型钢拱架的受力。

(2)型钢拱架与锚杆、喷混凝土共同作用承受围岩压力及岩体内部通过锚杆传来的力,形成的支护体系作用机理复杂,且受局部变化影响大。

4 结语

通过对隧道锚碇开挖施工过程地质预报和监控量测工作的综合分析,结合锚碇施工的特点,得出相应结论并提出针对性的建议:本场址区处于包气带岩溶带中,主要沿垂直裂隙或沿层面发育岩溶,岩溶形态在浅部多为黏土充填溶槽、溶缝,向下为小型空洞或黏土充填溶洞,空溶洞周边岩体相对较破碎,充填溶洞因其充填物特殊的物理力学特性,在开挖扰动影响下可能发生拱顶坍塌现象,要做好超前预支护工作。施工中应充分考虑大断面、小净距的群洞效应对隧道锚碇的稳定性产生的影响,锚碇施工局部改变了场址区的地下水流场,雨季时可能会有大量降水转化为地下水后聚集在锚碇初期支护的背后,水压力达到一定极限可能引发岩溶涌水,要注意施工工序的合理安排和及时进行。严格控制爆破,尽量减少对围岩的扰动,加强监控量测工作,及时反馈围岩应力、变形等施工信息。

目前隧道锚碇已顺利开挖到位,正逐步进行锚塞体段混凝土的浇筑,开挖揭露并证实了前述地质预报及监控量测的分析情况,其支护参数及施工组织的调整,对地质预报和监控量测的结果是一个很好的印证。

参考文献

[1] 中华人民共和国行业标准.公路隧道设计规范 JTG D70—2004.北京:人民交通出版社,2004.

[2] 中华人民共和国国家标准.工程岩体分级标准 GB 50218—94.北京:中国计划出版社,1994.

[3] 中铁西南科学研究院有限公司.镇胜公路坝陵河大桥西锚碇开挖施工阶段围岩稳定性监控量测报告,2007.

[4] 何发亮,李苍松,陈成宗.隧道地质超前预报.成都:西南交通大学出版社,2006.

[5] 王建宇.隧道工程的技术进步.北京:中国铁道出版社,2004.

龙溪隧道施工地质条件分析及施工对策

张玉川　郭建祥

（中铁西南科学研究院有限公司　成都　610031）

摘　要：龙溪隧道施工中主要存在软岩大变形、断层及岩体破碎带塌方，以及裂隙涌水、煤层瓦斯等不良地质问题。采用“以地质法为基础的以HSP声波反射法为主要手段的综合超前预报技术”，在地质预报基础上对该隧道复杂的施工地质条件进行分析，对隧道动态围岩分级的几个主要问题进行重点讨论，并针对性地提出相应的施工对策。

关键词：隧道　地质预报　HSP声波反射法　动态围岩分级

0　引言

龙溪隧道为都汶高速公路全线控制工期和投资的重点工程之一，位于岷江左岸都江堰市龙溪镇—汶川映秀镇的茶坪山以南地段。设计为左右线分离，双洞、单向交通。其左线长为3 658m，右线长为3 691m。

隧道施工主要存在的不良地质问题有：软岩大变形、断层及岩体破碎带坍方，以及裂隙涌水、煤层瓦斯等。尤其是隧道进口段的泥岩、煤层和出口段花岗岩与砂岩、泥岩接触部位，多次发生坍方和初期支护大变形，严重影响了施工进度。为此，有必要对该隧道进行深入的地质条件分析研究，提出可行的施工对策。

1　隧道工程地质概况

隧道所处区域地形起伏较大，受岷江切割，沟谷发育。隧道轴线走向N312°W，越岭山脊走向北东，与轴线大角度相交。区内均为封山育林保护区，除少数平缓地带有耕地外，大部植被茂密，显示为沟谷相间的地貌形态。

隧道进口段岩性主要为三叠系上统须家河组泥岩、砂岩，夹少量炭质泥岩、粉砂岩等，出口段岩性主要为元古界花岗闪长岩（见图1）。

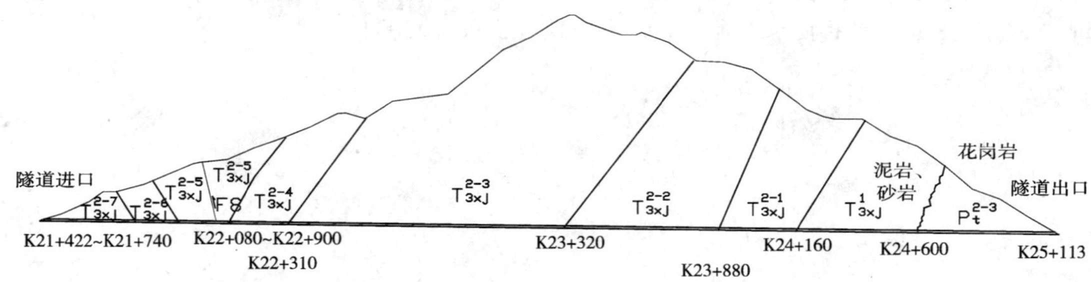

图1　龙溪隧道右线地质纵剖面示意图

隧址区位于映秀大断裂 F3 与龙溪断裂 F2 之间，为龙门山彭灌推覆构造带中相对较稳定的地质块体。隧道穿过不完整向斜、背斜的翼部，多条次级小断层和层间错动带。由于受构造影响较严重，隧址区岩体较破碎。因初始地应力较高，局部埋深大于 500m，致使泥、页岩发生大变形的可能性较大。

隧址区地下水主要为基岩裂隙水，接受大气降雨补给，径流、排泄条件较好，地下水量较丰富。隧道穿越三叠系须家河组含煤地层，由于煤层邻近岩层多为泥质岩，具有一定封闭条件，在地层深部及局部构造挤压部位有煤层瓦斯聚集的可能，存在瓦斯危害的可能性较大。

2　隧道施工期地质超前预报分析及验证情况

根据龙溪隧道勘设阶段的地质条件初步分析，结合国内外隧道施工地质超前预报技术的现状[1]，对本隧道选择采用“以地质法为基础的以 HSP 声波反射法为主要手段的综合超前预报技术”[2]。

HSP 声波反射法[3]和地震波探测原理基本相同，在弹性波理论基础上，传播过程遵循惠更斯—菲涅尔原理和费马原理，探测物理前提是岩体间或不同地质体间明显声学特性差异。按一定布置方式在掌子面或边墙一点用大锤敲击作震源，激发低频声波信号，在另一点接收反射波信号，对探测信号进行时域、频域叠加分析，结合隧道施工洞内及地表地质调查，利用推测、比拟法，了解、探测掌子面前方可能存在不良地质体的规模、性质及延伸情况等。

地质超前预报仪器系统采用中铁西南科学研究院新近研制的 ZGS1610-2 型智能工程探测声波仪系统。声波仪主机系统最小分辩时间 100ns，幅度分辩 16Bit，记录长度 32K，最大量程 5V，四通道。发射、同步接收、量程等参数调节、数据传输等全部由便携式计算机通过并行口对主机实施控制。采用与声波仪配套的现场采集软件、专用反射谱分析和反射子波分析软件。图 2 为地质预报掌子面测试典型波形曲线；图 3 为时域和频域分析成果示意图；表 1 为隧道地质预报简要结果（限于篇幅，仅列右线进口段部分预报结果）。

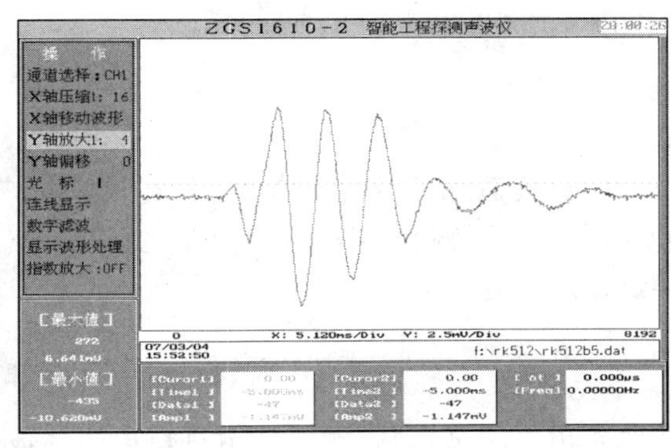

图 2　掌子面测试（接收通道）典型波形图

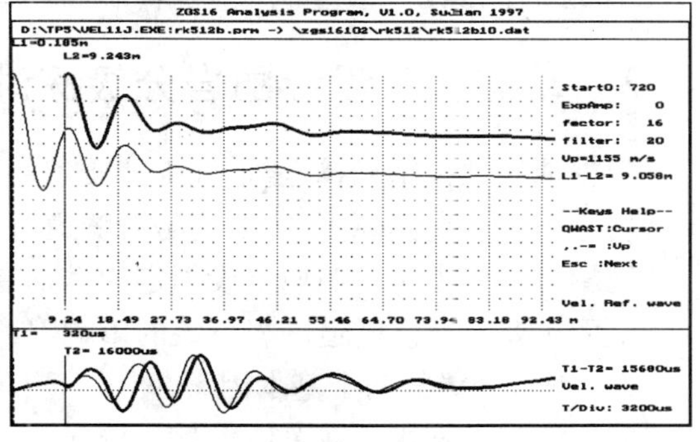

图 3　时域和频域叠加分析成果示意图

从表 1 可看出，采用 HSP 声波反射法对龙溪隧道实施地质超前预报，预报结果基本上得到开挖验证，准确性较好，为隧道施工提供了较为可靠的地质依据。

龙溪隧道右线进口段部分地质超前预报简要结果及验证情况 表1

<table>
<tr><th rowspan="2">测试掌子面</th><th rowspan="2">预报长度(m)</th><th colspan="3">地质超前预报简要结果</th><th colspan="2">勘设围岩类别</th><th rowspan="2">施工验证情况</th></tr>
<tr><th>里程范围</th><th>定性描述</th><th>建议围岩类别</th><th>里程范围</th><th>类别</th></tr>
<tr><td rowspan="3">RK21+512</td><td rowspan="3">60</td><td>RK21+512~RK21+538.7</td><td>断层破碎带</td><td>Ⅱ</td><td>RK21+422~RK21+500</td><td>Ⅱ</td><td></td></tr>
<tr><td>RK21+547.9~RK21+554.5</td><td>次级断层破碎带</td><td>Ⅱ</td><td rowspan="6">RK21+500~RK21+670</td><td rowspan="6">Ⅲ</td><td>RK21+558~RK21+564 拱顶坍方</td></tr>
<tr><td>RK21+563.8~RK21+571.9</td><td>岩体破碎带</td><td>Ⅱ</td><td></td></tr>
<tr><td rowspan="2">RK21+566</td><td rowspan="2">60</td><td>RK21+566~RK21+594</td><td>次级断层破碎带</td><td>Ⅱ</td><td>RK21+600~RK21+608 拱顶坍方</td></tr>
<tr><td>RK21+605~RK21+626</td><td>岩体破碎带</td><td>Ⅲ</td><td></td></tr>
<tr><td rowspan="2">RK21+605</td><td rowspan="2">65</td><td>RK21+605~RK21+634</td><td>顺层挤压错动带</td><td>Ⅱ</td><td>RK21+613~RK21+621 坍方,破坏初支</td></tr>
<tr><td>RK21+634~RK21+670</td><td>岩体破碎带</td><td>Ⅱ</td><td></td></tr>
<tr><td>RK217+667</td><td>60</td><td>RK21+667~RK21+727</td><td>顺层挤压错动带</td><td>Ⅲ</td><td rowspan="3">RK21+670~RK21+740</td><td rowspan="3">Ⅳ</td><td></td></tr>
<tr><td rowspan="2">RK21+713</td><td rowspan="2">80</td><td>RK21+713~RK21+743</td><td>砂岩</td><td>Ⅲ</td><td>RK21+733~RK21+740 拱顶及右拱腰坍方</td></tr>
<tr><td>RK21+743~RK21+793</td><td>泥岩,局部夹砂岩</td><td>Ⅱ</td><td>RK21+740~RK21+750,开挖证实为Ⅱ类</td></tr>
<tr><td>RK21+769</td><td>80</td><td>RK21+769~RK21+849</td><td>断层破碎带</td><td>Ⅱ</td><td rowspan="5">RK21+740~RK22+030</td><td rowspan="5">Ⅲ</td><td rowspan="5">根据现场开挖情况,经业主、设计、监理、施工单位四方确认,将围岩类别定为Ⅱ类</td></tr>
<tr><td rowspan="2">RK21+827</td><td rowspan="2">90</td><td>RK21+827~RK21+841</td><td>节理密集带</td><td>Ⅱ</td></tr>
<tr><td>RK21+887~RK21+902</td><td>节理密集带</td><td>Ⅱ</td></tr>
<tr><td rowspan="2">RK21+890</td><td rowspan="2">60</td><td>RK21+890~RK21+930</td><td>岩体破碎</td><td>Ⅱ</td></tr>
<tr><td>RK21+939~RK21+943</td><td>岩体破碎</td><td>Ⅱ</td></tr>
</table>

注:在地质超前预报中主要指出不良地质体(带),表中未列出的里程段,隧道围岩类别参考原设计。

3 动态施工设计围岩分级探讨

根据地质预报结果,该隧道施工地质条件非常复杂,隧道施工难度非常大,施工中发生中小型坍方多次。究其原因,主要还是对隧道所处地质条件的了解和认识程度不够,尤其是与实际开挖隧道围岩类别对照原勘设划定的类别有一定差别有关。

下面主要对龙溪隧道围岩分级的影响因素进行探讨。

(1)围岩分级的两个基本因素

完整性和强度指标在总体上都比较低。根据地质预报测试资料,龙溪隧道进口段岩体波速大多在800~1 500m/s之间,岩体完整性系数多为0.3~0.5。从总体上讲,完整性和强度这两个基本指标决定了大致的围岩类别[4]。

(2)地下水对围岩分级的影响

据表2,对于泥岩、页岩、破碎砂岩以及断层破碎带、花岗岩强风化地带,地下水对围岩稳定性影响较大,视岩性软弱、破碎程度及风化程度,地下水修正系数(K_1)取0.2~0.5。

龙溪隧道部分掌子面地质素描、地下水情况及围岩分类情况　表2

掌子面里程	地质描述	地下水情况	围岩分类情况	
			修正类别	设计分类
LK21+501	灰色中厚层强～中风化砂岩与灰黑色薄层炭质泥岩互层，产状125～151∠52°。中部一条次级挤压断层破碎带（宽度1.2m），产状40∠77°。主要发育3组节理	掌子面润湿，拱顶局部滴水	Ⅱ	Ⅲ
RK21+512	灰黑色炭质泥岩夹煤线、灰色泥质砂岩，产状18∠69°。掌子面几乎完全处于断层破碎带内，岩体极易破碎，手抓即碎，糜棱岩化严重，断层破碎带宽大于9m	掌子面润湿	Ⅱ	Ⅲ
LK21+584	右侧为薄层深灰色砂岩、泥质粉砂岩夹中厚层砂岩、炭质页岩，产状6∠78°，沿层面有挤压错动、糜棱岩化现象；左侧主要为泥岩、薄层碳质页岩夹煤线，产状10∠85°	拱部多处线状涌水	Ⅱ	Ⅲ
RK21+667	薄层深灰色砂岩、泥质粉砂岩夹中厚层砂岩、炭质页岩，沿层面有挤压错动、糜棱岩化现象，自稳能力差，产状2∠48°，顺层面有挤压错动现象。主要发育两组节理	掌子面右侧边墙小股涌水	Ⅱ	Ⅲ
RK21+769	中～薄层砂岩，产状35∠74°。一组节理：240∠33°；掌子面左侧和中部发育两处顺层挤压错动带	右拱部点、线状裂隙水，流量约10L/min	Ⅱ	Ⅲ
RK21+827	灰～灰黑色中厚层砂岩，产状177∠89°。右侧两处层间错动带（宽约30cm），产状180∠83°。主要发育2组节理	掌子面沿层面多处股状涌水，水量较大	Ⅱ	Ⅲ
LK24+895	灰色强风化化岗岩，厚约2m的挤压断层破碎带，产状285∠67°～296∠55°。主要发育4组节理。据施工介绍及掌子面地质调查，隧道开挖后拱顶塌方	拱腰及边墙线状集中滴水～股水，流量约2.5L/min	Ⅱ	Ⅴ
RK24+910	下部灰色碎块状花岗岩，上部处于285～296∠55～67°次级断层带。主要发育2组节理。测试时拱顶多处掉块现象	掌子面局部滴水	Ⅲ	Ⅴ
RK24+755	下半断面为薄层至中厚层浅绿色变质砂岩，产状121∠70°，主要发育3组节理	拱顶多处点、线状滴水，右墙脚上方股状涌水	Ⅲ	Ⅴ

注：因施工、设计习惯，本隧道仍采用原公路隧道围岩分类。

（3）结构面产状与隧道轴线的关系

隧道大致走向按SE132°NW。图4为隧道进、出口右线各掌子面描述岩层产状或结构面与隧道轴线关系统计结果。图中与隧道轴线相交的长线，在沉积岩（泥岩、砂岩）段为层面产状，在花岗岩段为断层产状，短线为节理或次级断层产状。从图4可知，对隧道围岩稳定性影响最大的结构类型是断层及节理密集带，尤其是结构面走向与隧道轴线小角度相交甚至近于平行的情况。夹角越小，影响越大，在围岩分类时应进行修正。本隧道工程修正系数 K_2 取值为0.2～0.4。

（4）地应力对隧道围岩分级的影响

受龙门山大区域断裂的控制，龙溪隧道穿越区域位于映秀大断裂F3与龙溪断裂F2之间，

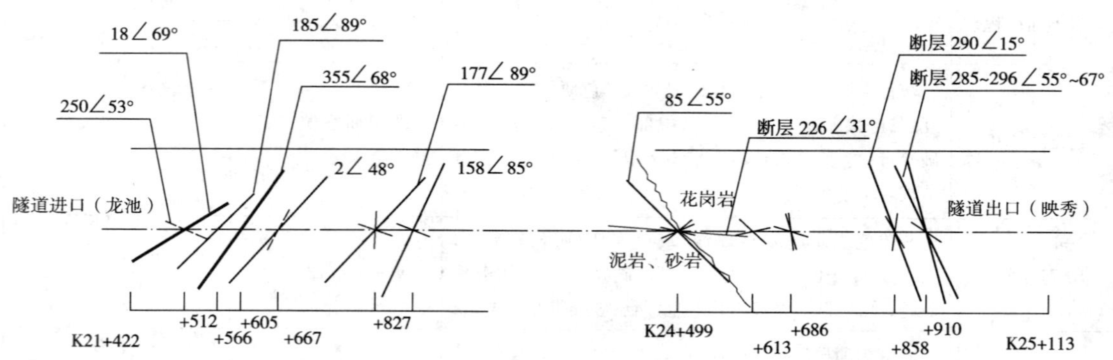

图4　龙溪隧道右线主要结构面与隧道轴线关系平面示意图

穿越两组向斜和一组背斜，F8 断裂以及一些次级小型断裂。因此，隧址区岩体受构造影响较严重，岩体较破碎，节理裂隙较发育，在进行隧道围岩类别划分时，应将地应力作为一个重要影响因素，对泥岩和强风化花岗岩，其修正系数(K_3)取 0.5 ~ 1.0。

4　龙溪隧道施工对策探讨

鉴于龙溪隧道复杂的施工地质条件，提出如下施工对策。

(1)进一步加强隧道施工期地质预报工作，尤其强调基础地质工作与物探的结合，及时、超前、准确地探测掌子面前方的各种不良地质体的界限、范围、规模及性质等，以便施工前做好准备和拟定好施工预案。

(2)加强围岩变形及初支变形监测。

(3)开展隧道施工动态设计围岩级别划分的技术研究。

(4)加强隧道施工管理，重视隧道施工期间的各种信息的采集、分析和处理，并及时上报，根据监控信息制订不同的施工计划。

(5)由业主代表处组织“四方会议”和专家会审制度，及时分析、汇报并解决问题。

(6)在原施工设计基础上，针对不同的不良地质体条件，提出不同的施工措施。

图 5、图 6 分别为进口右线 RK21 + 734 和 RK21 + 743 断面围岩变形监测累计曲线，真实地反映了强支护条件下的围岩变形情况。实践表明对该段的地质条件认识、围岩分类以及施工对策均是比较合适的。

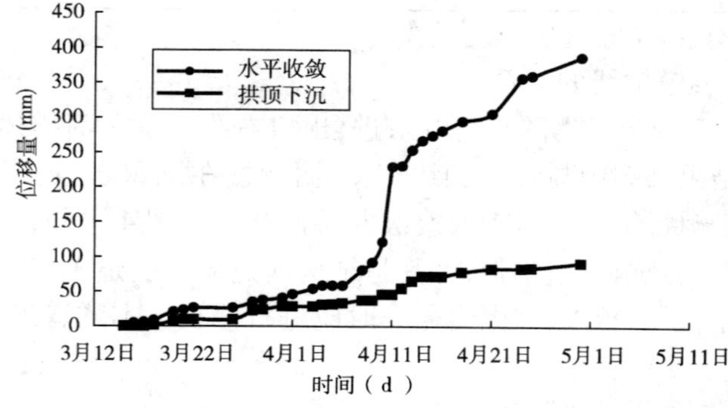

图5　RK21 + 734 断面围岩变形监测成果图

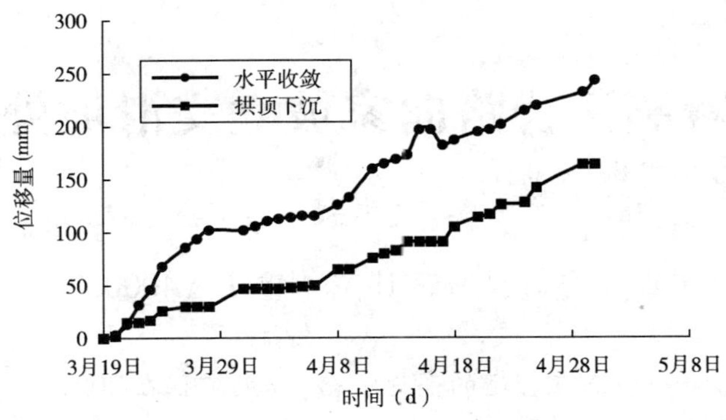

图6　RK21 +743 断面围岩变形监测成果图

5　结语

根据施工开挖揭露和施工地质预报结果,龙溪隧道工程地质条件和水文地质条件,要比原预测的情况复杂得多、且具有多变性。

综合分析认为,导致龙溪隧道施工困难、进展较慢的原因是多方面的。其最主要原因是在围岩地质条件较原预测的要差,围岩稳定性受多级次断层破碎带、软弱层及地下水的综合作用下,围岩稳定性较差。隧道施工应根据不同地段的围岩地质条件采取不同的支护措施,以便对症下药,确保隧道施工安全和施工质量。

参考文献

[1] 中华人民共和国交通部. 公路隧道设计规范　JTG D70—2004[C]. 北京:人民交通出版社,2004.

[2] 何发亮,李苍松. 隧道施工期地质超前预报技术的发展[J]. 现代隧道技术,2001,38(3):12-14.

[3] 何发亮,李苍松. 物探方法在隧道施工期地质超前预报中的应用[J]. 中国工程地球物理检测技术,2001:145-149.

[4] 陈成宗,何发亮. 隧道工程地质与声波探测技术[C]. 成都:西南交通大学出版社,2005.

渝黔高速公路向家坡立交滑坡处治

吴志强

（重庆交通科研设计院　重庆　400067）

摘　要：渝黔高速公路为一条正在营运的高速公路，一期工程在2001年底建成通车。2002年5月，向家坡立交（K12+760～K12+930）段左侧边坡发生剧烈变形和局部滑塌。在滑坡处治中，为防止滑坡情况急剧恶化和通行车辆的安全，采取了钢管桩等临时措施。在随后的永久性处治方案中，采用了抗滑桩、支撑渗沟、排水盲沟等综合措施。工后监测表明，综合处治措施效果良好，可供同行参考。

关键词：营运高速公路　滑坡　抗滑桩　综合处治

1　滑坡工程概况

渝黔路向家坡立交位于渝黔高速公路K13km附近，该立交是渝黔高速公路在重庆市南岸区的最重要的立交工程，也是重庆市外环高速公路重要枢纽。渝黔路于2001年底通车，在2002年4～6月，重庆市遭遇了较为集中的长时间降雨过程，诱发K12+760～K12+930段滑坡。

根据勘探调查，滑坡前部主要表现为挡墙变形破坏。向家坡段的边坡支护挡墙有两种形式：K12+750～K12+872.50段为条石重力式挡墙，K12+872.50～K13+000段为桩板式挡墙。

（1）条石挡墙变形特点

由于山体滑坡，条石挡墙已严重变形。其主要表现在以下几方面：

①挡墙顶底错位。挡墙顶部错位量大于挡墙下部，水平相对位移量2～105cm，最大错位处位于K12+860。

②挡墙整体向前滑移，排水沟挤压变形破坏。

③挡墙坡面变陡。挡墙坡面设计坡率为1∶0.25（76°），变形后坡率变为1∶0.2～1∶0.05（坡角78°～87°）。

④伸缩缝宽度发生变化，挡墙顶部的伸缩缝前部宽、后部窄，具放射状特征。

（2）桩板挡墙变形特点

K12+872.3～K13+000东侧为抗滑桩板挡土墙。抗滑桩截面1.5×2.25m^2～1.5×2.75m^2，间距7m，桩长15.5～23.0m，边沟沟底以上悬臂长度10～12m。桩间处挂现浇钢筋混凝土挡土板。滑坡之后发生轻微变形破坏。K12+872.3～K12+950段挡墙本身未见明显裂缝现象。但挡墙外侧有沿挡墙走向延伸的裂缝，裂缝宽0.5～1.5cm。挡墙整体向前轻微倾伏，上部位移量较大，呈直立近倒倾形态，实地垂吊测量外倾变形总量5～15cm不等。

滑坡中后部地表拉裂，地面错落坍塌，植被倾伏。滑坡中后部拉张裂缝发育，裂缝横向展布，长10～50m，一般宽度5～10cm，最宽处达30cm，裂缝两侧垂向高差10～80cm。滑坡范围内植被呈现醉汉林形态，裂缝附近树木倾倒。

在滑坡出现后，施工单位对滑坡体和挡墙进行了观测，从挡墙变形观测情况看，滑坡的活动明显和降水过程有关，在一般情况下，挡墙变形量在 10 ~ 20mm。一般在中到大雨后，挡墙外倾明显，在雨后 3 ~ 5 天，外倾速率明显减小。在第一次滑动发生后，滑坡体在两次大雨过程中又发生了两次较大的位移（其中挡墙顶部位移约 80cm）。结合其他地质现象，可以判定，该段特殊的工程地质情况、坡体残坡积土层的局部滑动形成的坡面裂缝以及雨水的影响，是该滑坡复活的主要诱因。

2 滑坡地质情况

该滑坡地段地貌属脊状低山坡麓斜坡，地势总体趋势东高西低，斜坡走向近于南北向。斜坡坡角 20° ~ 40°，上陡下缓呈折线坡形，坡面植被茂盛。渝黔高速公路位于斜坡的中下部由北向南穿越向家坡地段，在公路东侧形成高约 10.8m 的支挡结构。

向家坡山体滑坡变形场地的地质构造隶属南温泉背斜西翼，岩层产状 285° ~ 295°∠70° ~ 75°，属陡倾岩层。根据区域资料，无断层通过。岩层浅部强风化带有网状风化裂隙发育，岩体破碎，中等风化基岩较完整。

滑坡范围地层由第四系全新统残坡积粉质黏土（Q_4^{el+dl}）和侏罗系中 ~ 下统自流井群珍珠冲组泥岩组成。各层特征如下。

（1）第四系全新统

崩坡积含块石土（$Q4^{col+el}$）：黄褐色、黄灰色，土呈可塑状。土中含砂岩、泥岩块石碎石。石含量 20% ~ 50%，粒径 50 ~ 500mm，厚度 0.50 ~ 8.00m，分布在场地表面。

残坡积黏土（$Q4^{el+dl}$）：黄灰色、灰绿色，土呈可塑状。土的厚度 0 ~ 1.0m，分布在崩坡积层之下、基岩面之上。

（2）侏罗系中 ~ 下统自流井群珍珠冲组（J1 - 2Z）

泥岩：紫红色、灰绿色、黄灰色，泥质结构，厚层状构造。该层上部风化严重，强风化带厚度 3.7 ~ 11.90m，岩质极软和破碎，泥岩质软，易风化，网状裂缝发育。风化破碎带最厚地段达 10m 以上。下部中等风化岩层较硬，完整性较好。强风化层极破碎，完整系数 <0.10，中风化层完整系数在 0.30 左右，局部完整系数可达 0.50。

砂岩：灰色、灰白色，细 ~ 中粒结构，厚层状构造。钙质胶结，偶见于泥岩之中，受裂隙切割，岩体呈块状结构。

勘察区内上覆松散土层和基岩强风化带厚度大，具有地下水赋存条件。地下水类型为孔隙裂隙水，无统一的水位，坡体上地下水水位埋深差异较大，一般在 3 ~ 10m，受大气降水补给，水量受气候影响明显。由于土体结构松散，透水性好，下伏基岩面较陡，部分孔隙水补给下伏基岩成为裂隙水，其余部分在基岩强风化带内由坡上向坡下运移，在低凹处排泄。在勘探中曾做过抽水试验，当降升 $S = 1.10$m 时，稳定涌水量 $Q = 7.69m^3/d$，计算渗透系数 $K = 0.65$m/d，影响半径 $R = 5.1$m。

K12 + 970 ~ K12 + 990 有一曾于 1986 年滑动的老滑坡，造成滑动的原因是滑体后缘挖石加载和输水管爆裂及雨季降雨所致。滑体长 270m，平均宽 30m 左右。

3 滑坡的成因分析与稳定性评价

向家坡滑坡地段原来是坡度较均匀的斜坡，因渝黔线穿越斜坡，在公路左侧挖深 10m 左右,然后用挡墙支挡。从地质资料可以看出,路基左侧原为古滑坡体,其堆积体和强风化岩层强度较低,场地内岩土体还具有弱膨胀性,有遇水膨胀而软化的特征,在原高速公路施工期间,由于路基施工开挖了原滑坡前缘,造成该段坡体稳定性下降,开始逐渐向下蠕动并在坡顶一定范围内形成裂缝。同时,堆积体与强风化岩层的强度对水很敏感。由于2002年4~6月期间连降暴雨,使得人工开挖暴露坡面残坡积层部分呈流塑状。导致残坡积土局部滑动、开裂,雨水继续向下侵蚀强风化岩层,导致强风化岩石强度降低。整体抗力逐渐下降,大量地表水渗入地下,也增加了坡体的重量,使得滑动体规模逐渐加大。滑动面逐渐向深部移动。

该滑坡地段地质剖面,如图1所示。在分析计算中,考虑了三个主要典型剖面,两种工况(自然和暴雨)。

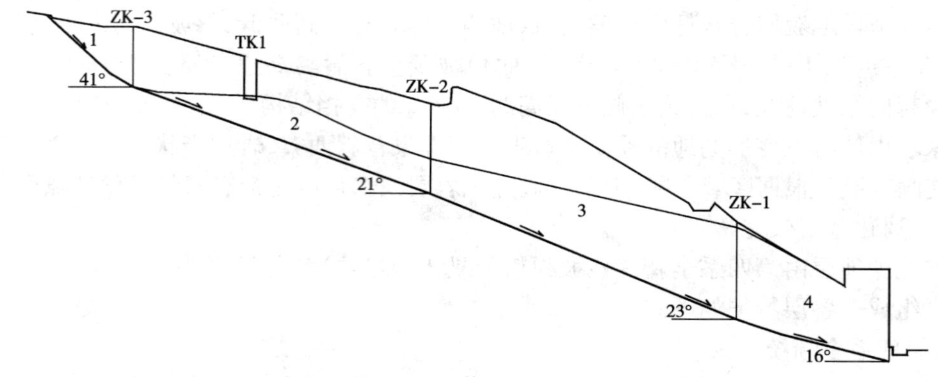

图1 滑坡1-1剖面

对整个滑坡体的稳定性分析,采用传递系数法(整体)和圆弧条分法(残坡积土)进行计算。其计算结果,如表1所示。

滑坡体稳定性计算结果 表1

典型剖面	自然工况		暴雨工况	
	安全系数	下滑力(kN/m)	安全系数	下滑力(kN/m)
1—1	0.86		0.82	1823
2—2	0.82		0.77	1780
坡面剪出	0.88		0.80	430

由此可以看出,本工点现处于不稳定状态,在暴雨或其他不利条件下,滑体稳定性更差,若不进行治理,将会继续滑动,危害公路安全。滑动危险主要有两方面:一是沿较深层滑动面(在强风化与中微风化分界附近)的整体滑动;二是残坡积土的表面局部滑动。

具备易滑地层及易滑结构面是滑坡发生发展的内在原因,边坡开挖切割坡脚是滑坡产生的主要外因。长时间的集中降雨,是加速这一滑动过程的诱发因素。滑坡力学性质主要为牵引式。

4 施工期间的临时支护措施

本滑坡特点是滑坡发生路段为投入营运的高速公路路段,由于路段位置较为特殊,不能完全中断交通进行滑坡处治。同时,由于滑坡已经产生较大变形,坡面多处出现张拉裂缝,变形较大的段落主要在挡墙支护路段。根据观测每天变形量在20mm以上,且在每次集中降雨过程后,墙体均会发生明显的外移,给滑坡处治带来困难。

为了保证营运安全，首先制定了合理的分流措施，滑坡路段采用左侧封闭，右侧采用单道双通的措施维持交通。为防止滑坡情况急剧变坏和通行车辆的安全，以及给滑坡施工争取时间，对于挡墙支护路段，考虑了临时支护措施。

本工点临时支护选择了在坡体适当位置打设钢管桩。钢管桩直径50cm，在墙前7m左右打设，间距150 cm。钢管桩只打设在滑动最危险的段落(K12 +820 ~862)。在钢管桩打设后，挡墙变形速率明显减缓，在晴天每天减小到5mm以下。经过几次大、暴雨过程，变形速率也没有明显增加(最大 <10 mm/d)。

对于已营运公路的滑坡处治，临时支护措施和保障交通安全是必须考虑的问题。临时支护措施适宜采用时间短、见效快、对施工人员危害性小的处治方法。在向家坡滑坡考虑临时支护时，曾经提出挡墙墙背反压荷载(堆沙袋或条石)，由于当时渝黔高速公路已经通车，考虑到社会影响和反压荷载会长时间占道和干扰行车，以及堆荷对墙前抗滑桩的施工条件没有明显改善，便放弃了这一方案。但是，在很多情况下，适当反压荷载往往是最经济有效的临时措施。

5 主要工程措施

滑坡体的处治必须对滑坡体的地质情况、滑坡成因、目前和潜在的危险有清楚的认识，除了必要的分析计算外，对整个滑坡体，要有整体和宏观的考虑。一个滑坡体的出现，往往有多种影响因素，适宜采用综合的处治措施对滑坡体进行治理。

鉴于本滑坡体的具体工程情况，首先考虑了在不中断交通的情况下，对滑坡体进行临时支护，为后期治理争取时间以及为后期治理提供安全保障。然后，分步骤对滑坡体进行综合处治，在处治设计中，考虑了抗滑、治水、坡面防护的处治思路。

滑坡体采取措施如下：

(1)K12 +760 ~ K12 +870 段，在挡墙内侧设置抗滑桩，桩间距6.0m，桩长20 ~26.0m，桩截面2.0 ×3.0m。在K12 +760 ~ K12 +870 段是滑坡主推力段，在1 －1 坡面，计算滑坡推力为1 800kN/m左右。在该段，再设置第二排抗滑桩，第二排桩与第一排桩交替布置，桩间距6.0m，桩长24.0 ~28.0m，桩截面2.0m ×3.0m，在第二排抗滑桩间现浇钢筋混凝土挡土板。为了对坡体有一个保护和对排除坡体地下水，在挡土板前，从挡土板脚(4m高)按1:1坡比挖除原残坡积土，换填片石。在挡土板后，设置一条排水沟排除坡体积水。在施工中，先跳桩施工钢管桩后的抗滑桩。

(2)K12 +876 ~ K12 +936 段，该段原设计为抗滑桩(1.5m ×2.75m)，和桩间挡土板。在雨季中，该段抗滑桩外倾10 ~15cm，路基边沟位置砌体呈挤出破坏，根据中间勘测资料，该段滑坡下滑力为计算滑坡推力为800kN/m。因此，在该段增设一排抗滑桩，桩间距6.0m，桩长20 ~26.0m，桩截面2.0 ×3.0m。抗滑桩与K12 +798 ~ K12 +870 段的第一排桩在同一位置。

(3)在K12 +760 ~ K12 +870 滑坡后缘与坡顶破碎带前缘，随山势设置两条排水盲沟。盲沟设置至残坡积层底部以下50cm(深度2 ~4m)，宽1.5m，盲沟底部设置两条直径为ϕ20cm的软式透水管，盲沟汇集的地下水由沟渠排出滑坡体外。在K12 +870 ~ K12 +936 滑坡体中部设置一条排水盲沟，盲沟设置深度4m，断面尺寸为1.5m ×4.00m。

(4)在坡面采用支撑渗沟，排除地下水和加强坡面；采用横向渗沟，排除坡面积水。在K12 +760 ~ K12 +870 段，设置三条支撑渗沟，支撑渗沟深度应进入强风化岩层，设置深度4m，断面尺寸为2.0m ×4.00m，支撑渗沟与第二条盲沟连接。支撑渗沟间间距为12m，在支撑渗沟中间，设置一道横向渗沟拦截坡面残坡积土体内渗水。

（5）在完成上述处治措施后，重新对现有坡面和挡墙进行恢复。由于处治后挡墙受力很小，挡墙只按结构厚度进行修复。在进行挡墙修筑时，在 K12 + 860 附近增设一个排水涵洞（0.5m × 1.0m），排除原滑坡体内排水沟渠的汇水。对已损坏的坡面浆砌片石格子梁，采用 C15 混凝土格子梁替代。坡面在重新平整密实后加土工网植草绿化。

（6）对其他坡面裂缝，逐一开挖 50 ~ 100cm，再回填黏土压实封闭。对低洼位置，视情况开挖排水沟渠引出积水。

（7）采取坡面和坡顶的临时排水措施与边坡变形监测措施。

6 结语

该段滑坡经过整治，已安全运行 6 年时间。对于类似的工程滑坡，在我国山区还有很多。在工程建设中，地质工作的忽视，极易导致古滑坡复活并产生新地质灾害，造成耽误工期、增加费用的后果。同时，在滑坡治理时，设计人员一定要对滑坡有大局观，避免只着重于坡面或抗滑措施的设计。

对于在容易产生滑坡区域进行的工程活动，有必要加强基础地质条件以及工程活动与地质环境之间的相互作用关系的认识，类似滑坡，往往有一个较长的形成过程和明显征兆。在施工和营运期间，重点段落的定期地质巡查工作非常重要，在滑坡形成初期进行治理，常常可以节约大量的工程费用。

对于已营运公路的滑坡处治，临时支护措施和保障交通安全的措施是必须考虑的问题。临时支护措施，可以考虑反压、卸载、临时桩等措施。

公路隧道工程岩体分级若干问题探讨

李苍松　王石春

（中铁西南科学研究院有限公司　成都　610031）

摘　要：应用中发现现行《公路隧道设计规范》有关公路隧道围岩分级方法存在一些值得探讨的问题。本文针对岩体质量指数两个最主要的参数 R_c 和 K_v 值的现场修正问题，提出现场采用点荷载强度试验预估岩石单轴抗压强度，应用岩体声波探测技术确定岩体完整性系数。在高地应力地区，硬岩的修正系数不宜太大，主要应对软岩的围岩级别进行修正。将岩溶发育程度分为五级，通过对岩溶发育程度修正系数确定岩溶围岩岩体基本质量指标修正值，据此进行岩溶围岩分级。实践表明，所讨论的有关地应力系数修正、现场参数的调整以及岩溶围岩分级等问题，值得在工程实践中进行分析、研究，对不符合实际的情况要进行修正。

关键词：公路　隧道　岩体质量　围岩分级

0　引言

实践表明，由于地下工程修建于地表下一定深度的岩体中，所遇岩土体的工程地质、水文地质条件复杂多变，要对工程岩体的质量和稳定状态作出准确预测是相当困难的。众多的工程地质和岩石力学工程者把工程岩体分级的试验研究作为研究方向，取得丰富的研究成果。在《工程岩体分级标准》（GB 50218—94）[1]的基础上，为适应公路隧道一般为双车道、断面较大的特点，现行《公路隧道设计规范》（JTG D70—2004）[2]对原有规范的隧道围岩分级作了重大的修改，但在应用中发现，现行规范公路隧道围岩分级存在一些问题值得进一步探讨。

1　现行《公路隧道设计规范》中围岩分级的修改内容

现行《公路隧道设计规范》（JTG D70—2004）中有关公路隧道围岩分级，主要在以下几方面对原有规范规定作了重大的修改。

（1）新分级方法与《工程岩体分级标准》靠拢，以该标准中地下工程岩体分级方法为基础，将隧道围岩分类更正为围岩分级。

（2）采用定性划分与定量指标相结合的方法，对隧道工程岩体进行等级划分。其中，定性指标主要包括：岩石坚硬程度和岩体完整程度，对应地，定量指标主要包括：岩石饱和单轴抗压强度和岩体完整性系数，通过该二定量指标计算岩体基本质量指标 BQ 值。进一步根据地下水影响修正系数、主要结构面产状影响修正系数和初始应力状态影响修正系数等进行修正，计算岩体质量指标 BQ 值。

（3）公路隧道围岩分级，包括岩石隧道和土体隧道的围岩分级。

（4）在新编分级方法中引用了现行铁路隧道围岩分级中关于土体围岩分级的规定，将公路隧道围岩分成六级，级别序次由高至低，称谓为Ⅰ级、Ⅱ级、Ⅲ级、Ⅳ级、Ⅴ级和Ⅵ级。

(5)公路隧道工程岩体围岩分级按《工程岩体分级标准》规定,以岩体主要定性特征及定量指标 BQ(岩体基本质量指标)确定岩体基本质量级别,以修正后的岩体质量指标 BQ 值为依据确定岩体质量级别。土体分级一般按土体的组成成分、颗粒大小、结构特征、密实度、固结状态、含水情况等因素进行综合评定、划分。

根据工程实践,稳定性最好的压实黏性土、老黄土等土体可定为Ⅳ级;中密的黏性土、新黄土等可定为Ⅴ级;而松软的饱和的粉细砂层、软土等属稳定性最差的Ⅵ级围岩。

2 BQ 值的现场修正探讨

在公式 $BQ = 90 + 3R_c + 250K_v$ 中,最主要的两个参数是 R_c 和 K_v 值,即,岩石饱和单轴抗压强度和岩体完整性系数[3]。

岩石饱和单轴抗压强度,是表征岩石坚硬程度定量指标中应用最广的一种,它具有容易测定、代表性强、并具有与其他力学指标有良好相关性的特点。然而,在实际围岩分级过程中,很少在现场采集样品开展岩石饱和单轴抗压强度试验。在现场,通常采用点荷载强度试验预估岩石单轴抗压强度。该方法仪器轻便,便于现场试验,少加工或不加工试件,从而缩短试验时间,降低了成本;可以测定不能加工成形的严重风化岩石的强度;可以保持试件的天然含水状态。因此,《工程岩体分级标准》等规范确定岩石点荷载强度作为评价岩石坚硬程度的辅助指标测定(替代指标)。

推荐以铁道部第二勘测设计院研究成果为基础的试验方法。以 $d = 50\text{mm}$ 的圆柱岩芯作为标准试件,对于非标准试件的点荷载强度指数,采用下式换算:

$$I_{s(50)} = I_s \times K_d \times K_{Dd}$$

式中:I_s——非标准试件的点荷载强度指数,$I_s = p/d^2$(p 为破坏时的荷载);

K_d——尺寸效应修正系数,当试件尺寸与标准试件尺寸一致时,$K_d = 1$,在其他情况下,$K_d = 0.490\,5d^{0.4426}$;

d——非标准试件直径或最短边长 b 以 cm 计入;

K_{Dd}——形状效应修正系数,其计算公式为:

$$K_{Dd} = 0.316\,1e2.303[(D/d + \lg D/d)/2]$$

点荷载试验的目的之一,就在于提供岩石单轴抗压(抗拉)强度的估计值,简化测试方法。在这方面国内外许多研究者已做过大量工作。国内外研究成果表明,岩石的 R_c 与 $I_{s(50)}$ 之间存在良好的相关性。表 1 列出了部分有代表性的研究成果。

岩石 R_c 与 $I_{s(50)}$ 相关关系汇总表 表 1

作 者	相关关系式	相关系数
Bieniawski, Broch&Franklin, DAnduea et at, ELkington, &Stouthammer Brook 等	$R_c = 29.07I_{s(50)}$	0.92
国际岩石力学学会试验方法委员会 1985 年修订测定点荷载强度建议方法	$R_c = (20 \sim 25)I_{s(50)}$	—
成都地质学院	沿短轴加载 $R_c = (18 \sim 19)v$ 沿长轴加载 $R_c = 23.7I_{s(50)}$	—
东北工学院	$R_c = 65 + 17.4I_{s(50)}$	0.98
长沙矿山研究院	坚硬岩石 $R_c = 537 + 15I_{s(50)}$	0.976
铁道部第二勘测设计院	$R_c = 22.819(I_{s(50)})^{0.745}$	0.90

经回归分析，得到 $R_c = 15.8 + 12.27 I_{s(50)}$，相关系数为 0.706。说明在这种情况下，岩石的 R_c 与 $I_{s(50)}$ 之间仍然存在良好的相关性。

对于岩体完整性系数或称之为岩体裂隙系数 K_v 值，由同一岩体之声波纵波速度与岩块的声波纵波速度之比的平方确定，即：

$$K_v = (V_{pm}/V_{pr})^2$$

式中：V_{pr}——岩石纵波速度(m/s)；

V_{pm}——岩体纵波速度(m/s)。

依据 V_{pm} 和 V_{pr} 确定的 K_v 值反映了岩体的完整状态和结构面的性状，是一项能较全面地从定量上评价岩体完整程度的定量指标。其中，岩体纵波速度和岩石纵波速度在现场应用岩体声波探测技术是很容易获取的，且现场操作简便。当现场未进行声波探测时，也可根据岩体体积节理数(J_v)与岩体完整性系数(K_v)的关系进行估算。

1998 年，对在秦岭特长隧道现场测试和收集到的 135 组 J_v 与 K_v 对比试验数据进行配对后，选用其中的 86 个数据对 J_v 与 K_v 对比试验数据进行相关分析，结果表明 J_v 与 K_v 具有较好的相关关系($r = 0.868$)，其相关关系式为：

$$K_v = 0.98 - J_v/43.86$$

3 BQ 值的地应力修正系数探讨

通过 R_c 和 K_v 值二定量指标计算出的岩体基本质量指标 BQ 值，需进一步根据地下水影响修正系数、主要结构面产状影响修正系数和初始应力状态影响修正系数等进行修正。对前两者的修正目前基本达成共识，对地应力修正系数还存在一些认识问题。

初始应力状态对岩体性质的影响是个很复杂的问题，许多问题(如最大主应力方向与洞轴线组合关系问题)在岩体分级中无法解决。而且不是任何初始应力状态都对岩体稳定性不利，有时初应力相对较高反而对稳定性有利。如比较破碎的岩体，初始应力较高时挤压的相对密实、内部摩擦力相对增大，对稳定性反而有利；初始应力太低时(如靠近地表的破碎岩体)，由于挤压不密实，处于较松散状态，内部摩擦力相对减小，对岩体稳定性反而不利。上述情况在巴顿的岩体分级中有所考虑，国内的主要分级中未考虑。

力学分析计算和大量的工程实践表明，根据岩体基本质量指标确定的岩体级别，当其初始应力达到高应力和极高应力状态时，岩体的实际稳定性将低于初始应力处于无高应力或极高应力时的稳定性(见表 2)。为保证同等级别的岩体具有大致相同的稳定性，应对岩体基本质量指标进行修正。

《日本公路隧道设计要点》中对各级岩体地压判别标准 表 2

岩体级别	Ⅰ	Ⅱ	Ⅲ	Ⅳ	Ⅴ
开挖后地质状态的判别标准	无塑性地压松弛高度 <1.6m	一般无塑性地压，滴水和破碎处有地压产生，松弛高度 1.5～3.0m	多发生塑性地压，塑性范围和松弛高度 2.0～4.0m	发生塑性地压，有很大偏压作用，塑性范围和松弛高度 3.0～6.0m	发生塑性地压，多有显著偏压，塑性范围 >7.0m

按上表的判别标准：Ⅰ、Ⅱ级岩体一般不应有塑性地压，即不允许出现高压力和极高应力现象。

初始应力状态对不同岩体质量的影响是不同的，其修正系数 K_3 为 0～1.5。根据我们近年来的工作经验，在高地应力地区，硬岩的修正系数不宜太大，如映秀—汶川二级公路开挖于花岗闪长岩的多座隧道虽然处于高地应力地区，但围岩等级受地应力的影响就较轻微，其修正系数为0.1～0.2。软岩在高地应力作用下的变性特别大，如乌鞘岭隧道最大泥页岩地段的变形达1m多就是典型的例子。在都江堰－汶川的高速公路上，紫坪铺隧道和龙溪隧道的泥岩、炭质页岩及断层破碎带受高地应力的影响就十分明显，在修建中发生大变形就是很好的例证。

BQ值高的岩体，出现高应力或极高应力现象一般是发生岩爆，不产生塑性地压现象，虽然它对岩体整体稳定性一般影响不大，但支护参数需适当加强，因而对岩体基本质量影响较小，修正系数取0～0.5，甚至还可以适当再小一些；BQ值为Ⅲ、Ⅳ级的岩体，岩体出现高应力或极高应力现象时，岩体已处于屈服状态，往往产生较大的塑性挤入和流动变形，岩体的稳定性降低较大，可由稳定性差降到不稳定甚至很不稳定，即降1～2级，故修正系数可取1.0～1.5，甚至更大，即将岩体级别降1～2级；Ⅴ级岩体已属于不稳定～很不稳定的岩体，支护参数也已按不稳定考虑，降级无多大意义，因为修正后的基本质量，BQ值就已很小或出现负值，所以修正系数取0.5～1.0已经有所体现。

下面以四川都汶高速公路的紫坪铺隧道和龙溪隧道出口为例进行探讨。

紫坪铺隧道：煤系地层，原定Ⅲ～Ⅳ级，局部Ⅴ级。

左线进口：LK14＋263～LK14＋715，薄层砂岩夹泥岩，含煤线，节理裂隙发育，V_{pm}＝1 816～2 500m/s，J_v＝20～30条/m^3，K_v＝0.25～0.4，R_c＝20MPa，渗漏水。

按《公路隧道设计规范》（JTG D70—2004）：

$$BQ = 90 + 3 \times 20 + 250 \times (0.25 \sim 0.4) = 212.5 \sim 250$$

$$[BQ] = (212.5 \sim 250) - 100 \times 0.4 = 172.5 \sim 210$$

调整后围岩级别为Ⅴ级，应加强支护。

龙溪隧道出口：花岗片麻岩蚀变带 K_v＝0.1～0.40，岩体手捏成砂，几乎无强度可言，滴水，主要结构面产状与隧道轴线交角为不利，原定Ⅲ～Ⅳ级。

$$BQ = 90 + 3 \times 0 + 250 \times 0.1(0.4) = 115 \sim 190$$

$$[BQ] = (115 \sim 190) - 100 \times (0.2 + 0.1 + 0.1) = 75 \sim 150$$

调整后围岩级别为Ⅴ级，应加强支护。

4　岩溶围岩分级问题探讨

4.1　问题的提出

在长大岩溶隧道施工过程中，多处遇到各种形态的岩溶，如岩溶空洞、黏土充填溶洞、块石充填溶洞，甚至岩溶暗河等。隧道勘察、设计阶段一般将这些地段的围岩级别划分为II级或III级，在实际施工时必须根据开挖情况作调整，否则就可能威胁施工安全，甚至给以后的运营留下安全隐患。究竟应采取何种施工措施，以正确对待这些不同形态的岩溶？这就要求对隧道施工所揭露的岩溶围岩特性有一个正确、客观的认识，从而提出隧道岩溶围岩级别的划分问题[4]。

现行隧道（或地下工程）岩体分级适用于一般围岩，对特殊围岩不适用，发育岩溶的岩体亦属特殊围岩。因此，岩溶围岩分级与现行的隧道围岩分级有共性，但也有一定的差别。岩溶围岩分级是工程岩体（围岩）分级的特殊形式，岩溶围岩分级原则上首先应遵循一般岩体质量分级，特别是岩溶不发育或微弱发育的可溶岩体（围岩）的质量分级结果应与一般岩体围岩分级结果一致，岩溶发育的可溶岩体的分级则应根据隧道施工期揭露的不同岩溶发育状况作特殊、细化处理,或对岩体质量进行修正。

4.2 岩溶围岩分级模型的建立

建立岩溶围岩分级模型如下:岩溶围岩岩体基本质量指标修正值等于岩溶围岩岩体作为一般岩体的基本质量指标乘以(1-岩溶发育程度修正系数),用数学表达式可以写成:

$$[KBQ] = BQ \times (1 - C_{kd})$$

式中:[KBQ]——岩溶围岩岩体基本质量指标修正值(Block Quality of Karst);

BQ——岩溶围岩岩体作为一般岩体的基本质量指标;

C_{kd}——岩溶发育程度修正系数(Coefficient of Karst Development)。

于是,便可利用[KBQ]计算值,参考现行隧道工程岩体质量分级系统进行岩溶围岩级别划分。

4.3 岩溶发育程度修正系数的确定

对岩溶围岩岩体分级而言,关键是岩溶发育程度修正系数的确定。

将岩溶发育程度分为五级:岩溶不发育、岩溶轻微发育、岩溶较发育、岩溶发育和岩溶很发育。岩溶发育程度修正系数的大小,与不同的岩溶发育程度有直接关联。

初步建立的岩溶发育程度修正系数的计算公式如下:

$$C_{kd} = 0.3 \times C_{kdq} + 0.7 \times C_{kdl}$$

式中:C_{kdq}——岩溶发育程度定性评价系数;

C_{kdl}——岩溶发育程度定量评价系数。

4.4 岩溶发育程度评价的建议标准

在充分考虑岩溶专家对岩溶发育可能性的认识或判断经验,根据岩溶发育程度定量评价系数 C_{kdl},作者提出了表3所示的岩溶发育程度评价的建议标准。

岩溶发育程度评价的建议标准 表3

岩溶发育程度	围岩特性及岩溶发生的可能性	C_{kdl}
不发育	岩石坚硬,岩体完整,构造不发育,一般不会发生岩溶	0.0~0.10
轻微发育	在地下水径流条件好的地方,可能发育少量的细小溶缝、溶隙或溶孔	0.10~0.20
较发育	可能发育溶槽、溶管	0.20~0.40
发育	岩性为可熔岩的情况下,极可能发育溶洞或暗河	0.40~0.80
很发育	对隧道可能造成灾害性的安全影响的特大型填溶洞或特大型暗河	0.80~1.00

4.5 岩溶围岩分级应用实例

在前述岩溶围岩分级方法基础上,以武隆隧道横洞为例进行应用探讨。表4为武隆隧道横洞段岩溶围岩分级与原设计围岩分级对比表。

武隆隧道横洞段岩溶围岩分级与原设计围岩分级对比表 表4

序号	里程分段	岩溶围岩分级	设计阶段围岩分级
1	D2K193+205~D2K193+240	V	Ⅱ
2	D2K193+240~D2K193+270		V
3	D2K193+270~D2K193+352		Ⅱ
4	D2K193+352~D2K193+520	Ⅲ	Ⅱ
5	D2K193+520~D2K193+570	V	Ⅱ

续上表

序　号	里程分段	岩溶围岩分级	设计阶段围岩分级
6	D2K193 +570 ~ D2K193 +715	Ⅳ	Ⅱ
7	D2K193 +715 ~ D2K193 +910	Ⅲ	Ⅱ
8	D2K193 +910 ~ D2K194 +141	Ⅲ	Ⅱ
9	D2K194 +141 ~ D2K194 +644	Ⅲ	Ⅱ
10	D2K194 +644 ~ D2K194 +810	Ⅲ	Ⅱ
11	D2K194 +310 ~ D2K194 +644	Ⅳ	Ⅱ

隧道施工开挖结果表明,武隆隧道横洞段岩溶围岩分级结果基本上与隧道施工实际相符合。由表4可以看出,与一般铁路隧道围岩分级相比,采用岩溶围岩分级方法对武隆隧道横洞段岩溶围岩分级结果考虑了岩溶发育的可能性及岩溶形态等综合因素,在原分级方法基础上进行了细化,克服了预设计阶段较为笼统的或模糊的围岩级别划分。根据本方法的分级结果,更加接近岩溶隧道施工开挖揭露的真实情况。

5 结语

公路隧道围岩分级因其特殊性而存在许多问题亟待解决。本文对其中有关地应力系数修正、现场参数调整以及岩溶围岩分级等问题进行探讨,值得进一步在工程实践中验证和研究。

参考文献

[1] 中华人民共和国国家标准. 工程岩体分级标准　GB 50218—94. 北京:中国计划出版社,1994.

[2] 中华人民共和国行业标准. 公路隧道设计规范　JTG D70—2004. 北京:人民交通出版社,2004.

[3] 王石春,何发亮,李苍松. 隧道工程岩体分级. 成都:西南交通大学出版社,2007.

[4] 李苍松,高波,王石春. 岩溶围岩分级初步探讨. 工程地质学报,2006,14(6):808-814.

新设计理念下山区公路边坡设计探讨

朴忠源　于清海　程海帆　刘文涛

（吉林省公路勘测设计院　长春　130021）

摘　要：按照公路新设计理念，结合江延高速公路的建设，从公路建设与景观相协调的角度出发，从边坡形式的选择、边坡防护设计、互通立交区的边坡设计等几个方面对山区公路路基边坡的设计进行总结和探讨。

关键词：边坡形式　边坡防护　设计　探讨

0　引言

珲春至乌兰浩特高速公路是国家"7918"高速公路网的组成部分，是18条东西横线中的第2横。江密峰至延吉段高速公路是珲乌高速中的一段，起于吉林市的江密峰镇，止于延边州的延吉市，路线全长282km，是吉林省东部地区的一条重要干线公路。

江延高速公路于2003年10月开工建设，一期修建左半幅。随着社会经济发展和交通建设的需要，2006年又进行了全幅建设。为贯彻"六个坚持、六个树立"的设计新理念，努力实现把本项目建设成生态路、景观路的目标，在施工过程中，积极在设计后服务上进行边坡动态设计，结合现场揭露的边坡地质情况，按照设计新理念的要求，及时调整了一些挖方边坡的坡形和坡率，并相应地对边坡防护也进行了调整，取得了一些较好的效果。但也有些早期施工完成的边坡形式和边坡防护已无法调整，其中部分边坡的处理与新理念的要求有一定的差距，视觉效果不佳，留下遗憾。

江延高速公路即将建成通车，按照公路设计新理念，本文重新审视以往的设计，从公路建设与景观相协调的角度出发，在边坡设计、边坡防护、互通立交区的边坡设计等几个方面对山区公路边坡设计进行总结与探讨，并提出相应的建议，以期在今后的设计工作中更好地做好山区公路的边坡设计。

1　填方路基

路基是反映公路环境景观的主体，关系到公路的整体视觉效果。但在传统的路基设计中，对路基边坡形式与自然地形地貌是否相适应则考虑不多，导致公路与环境景观不协调，造成对环境的破坏。

1.1　填方路基边坡形式

以往设计的填方路基边坡形式一般情况下是：填方高度$H \leq 8m$，坡率采用1:1.5；填方高度$H > 8m$，0～8m高度范围以内路基边坡坡率采用1:1.5，8m以下路基边坡坡率采用1:1.75。边坡形式为直线或折线形，同时在坡脚外均设置了宽度为2.0m的护坡道。

设计新理念要求，对于低路堤，可因地制宜地放缓边坡，使路基与周围环境相融合。为了减少边坡的风蚀和积雪，增进自然美，路基边坡采用流线型。

因此，建议在今后的设计中对填方路基边坡形式进行如下调整：

(1)填方高度 $H \leqslant 2$m 的路基，取消护坡道，土路肩外边缘到坡脚的宽度统一采用 3.0m。这样填高 0~2m 的路基边坡坡率是渐变的，和以往设计相比，这种做法不增加占地，同时可使边坡变化较为自然。

(2)2m < 填方高度 $H \leqslant 8$m，路基边坡坡率采用 1:1.5；填方高度 $H > 8$m 时，采用台阶式边坡，8m 一阶，台阶宽度采用 2m，台阶可进行植树绿化。

(3)土路肩与边坡折线处进行圆弧倒角处理，倒角切线长取土路肩全宽，即 $T = 0.75$m；边坡坡脚可利用刷坡土方进行圆弧化处理，路基边坡从上到下形成流线型。

(4)土路肩高程低于路面高程 4~5cm(取值与路面结构的表面层厚度一致)。

(5)对顺路方向的路基坡脚折线进行圆弧化处理，形成纵向的连续弧形坡面。

1.2 填方边坡防护

以往设计的填方路基边坡防护一般是根据边坡高度、填料种类等情况分别采用植物护坡、叠拱护坡、浆砌片石护坡等。①边坡高度 $H \leqslant 4$m，采用植物防护；②边坡高度 $H > 4$m，采用叠拱护坡；③沿河路基边坡，通常采用浆砌片石护坡。

根据设计新理念，建议对填方路基边坡的防护进行如下调整：

(1)以往设计采用的填方叠拱护坡是全坡面砌筑，为了衔接土路肩也需铺设浆砌片石，造成了较差的路面景观效果。可采取路肩以下 2m 范围内进行植物防护，2m 以下再进行叠拱护坡的组合防护形式，这样土路肩可以植草，以获得较好的景观效果。此外，现采用的叠拱护坡中每个单拱的拱跨、拱高均为 2.4m，尺寸偏小，建议增大至 3.5m 左右。

(2)对于经常浸水或长期浸水的沿河路基边坡来说，采用浆砌片石护坡是合适的。但对于季节性浸水冲刷的路基边坡来说就不尽合理了，这是因为高速公路沿河路基的防护高度是按 1/100 的洪水频率确定的，浆砌片石护坡的砌筑高度在常水位情况下就显得较高，这种防护形式隔绝了生物的生长环境而且永久不能恢复，长期大面积裸露在外，视觉效果也很差。因此，对于季节性浸水冲刷的路基边坡，建议采用石笼配合植物护坡，既可以解决雨季坡面水流冲刷的问题，在常水位情况下，坡面也能逐渐自然绿化，改善视觉效果。

2 挖方路基

挖方边坡处理的好坏，对驾乘人员的愉悦性起着至关重要的作用。因此，要更多地从与周围自然景观相协调的角度出发，做好挖方边坡设计。挖方边坡设计包括边坡坡形设计和边坡防护设计，边坡坡形设计是边坡防护设计的基础。

2.1 挖方路基边坡形式

以往挖方边坡设计着重考虑边坡稳定，较少考虑边坡形状对周围环境景观可能产生的负面影响。边坡坡率和边坡分级高度确定后，为了便于设计，边坡形式一般按直线型、折线型、台阶形设计，在坡顶、坡脚处是折面处理，如刀削一样，给人以呆板、生硬的感觉。因此，在进行挖方边坡设计时，在保证边坡长期稳定的同时，使边坡形状与边坡岩土的自然属性相一致，使公路尽可能融入到自然环境之中。

2.1.1 土质边坡

对于山区公路而言，纯土质的挖方边坡一般不高，多数边坡高度在 8m 以下。为了给坡面植物防护创造有利条件,宜放缓边坡。但过缓的边坡势必将增加大量占地,不符合我国土地资源紧缺的国情。

综合考虑,建议对土质挖方边坡按如下原则进行设计:

(1)当挖方深度 $H \leqslant 2\text{m}$ 时,为了使路基和自然地形的顺适衔接,挖方坡脚到坡顶的宽度统一采用4.0m,边坡坡率是渐变的。

(2)当 $2\text{m} <$ 挖方深度 $H \leqslant 4\text{m}$ 时,边坡坡率采用1:2。

(3)当挖方深度 $H > 4\text{m}$ 时,边坡坡率采用1:1.5。

(4)边坡坡顶、坡脚进行圆弧化处理,形成流线型边坡。

具体到某一挖方段来说,就是根据不同的挖方高度采用不同的坡率,由低边坡的缓坡逐渐过渡到高边坡的陡坡,形成纵向的弧形坡面,以使挖方边坡形状接近于自然山坡,减少人工痕迹。

选择1:1.5~1:2的边坡坡率,是从利于坡面进行植物防护的角度出发的。

2.1.2 土石边坡

对于山区公路而言,大多数为土石边坡(土与岩石混合组成的边坡),故土石边坡的处理是山区公路边坡设计的重点。

公路路堑边坡设计的依据是工程地质勘察,而山区复杂多样的地质条件难以完全勘探清楚,这就使得边坡设计存在一定的盲目性和风险性。基于此,《公路路基设计规范》(JTG D30—2004)提出了"高速公路、一级公路挖方高边坡及不良地质、特殊岩土地段的挖方边坡应采用施工监测、信息化动态设计方法",就是根据施工现场的实际地质情况,及时对原设计进行校核、修改和补充。

在工后服务中根据现场揭露的挖方地质情况,按照设计新理念的要求,及时调整了一些挖方边坡的坡形和坡率,并相应地对边坡防护形式进行了调整,取得了一些较好的效果。

比如,江珲高速公路有一段挖方边坡,最大边坡高度9m,设计边坡开挖坡率为1:1.5,采用叠拱防护。施工开挖后,发现岩石较完整,若还按设计坡率继续开挖,不仅将形成较大开挖坡面,而且叠拱防护的施工难度也较大。实际开挖时调整坡率为1:0.75,取消叠拱防护,自然裸露。碎落台宽度的增加形成了较宽的路侧净区,植草绿化后与裸露的天然岩壁相衬,增加了路侧美感。

总结江延高速公路的工程经验,建议今后对于土石质边坡按如下原则进行设计:

(1)一级边坡的路段

对于最大边坡高度在8~10m的土石边坡挖方路段,坡率采用1:1.5~1:2。可参照上述的土质边坡设计原则进行设计。

此类边坡的主要问题是解决坡面覆土绿化问题,以保证植物能够在土石边坡上扎根存活。平整光滑开挖的岩石坡面不仅不利于种植土及植物的存留,而且人工痕迹过重。因此在施工中,宜保留边坡开挖后形成的粗糙凹凸坡面,边坡坡面上允许有一定的起伏,或采取锯齿形的开挖方式,以达到近于自然且更有利于植物生存的目的。

计算机程序处理路基断面,是机械地按8m一级进行边坡设计,这就要求设计人员应结合每一处挖方的实际情况进行人工调整。对于二级边坡高度不高或大于8m段落较短的挖方路段,应按一级边坡设计。

(2)二级及二级以上边坡的路段

对于二级及二级以上的土石边坡,设计可按台阶式边坡处理,即8~10m为一级,设置宽度2～4m的平台,边坡坡率自下而上采用1:1～1:1.5。

实际施工中发现,往往由于岩石节理发育较破碎,部分土石边坡的平台较难形成,或者即便边坡开挖后,初期形成了台阶,随后由于岩面暴露后继续风化以及降雨冲刷等原因,边坡平台也发生了塌落。这样的边坡就可因势利导,放缓下级边坡,形成折线式边坡。

开挖时平台的位置应依据现场土石分界点,岩层节理面的走向,岩体的风化、破碎程度不同,可以在设计的基础上进行调整,即每级边坡高度不强调必须为8m;同时,边坡平台也不要求一定在同一高度位置,每级边坡高度可以不相同,平行于路线方向的平台纵面线可采用圆弧线进行过渡,这样的边坡形式更能适应自然。

2.1.3 岩石边坡

对于弱风化岩石边坡,设计坡率采用1:0.5～1:0.75。

在实际施工中,边坡开挖可根据实际岩体的产状、节理面方向及风化程度,在设计坡面线的基础上现场调整,以保证坡面的自然稳定为原则。保留岩石节理开挖时自然形成的参差台阶,显得错落有致且近于自然,台阶可以存土,利于植物生长。坡面开挖方式,见图1所示。

对于弱风化岩质边坡,要充分考虑施工爆破对岩石边坡长期稳定性的影响,爆破力越大,对岩体结构的破坏范围和破坏程度就越大,好的爆破开挖方式就是对岩石边坡最好的防护。因此,首先应在设计中对弱风化岩质边坡的爆破开挖明确要求必须采用预裂爆破或控制爆破,其次也对施工单位提出强制要求,最大限度地减轻对岩体整体的扰动,尤其对节理发育的块状结构和镶嵌结构(土包石)边坡开挖时,更要严格控制。

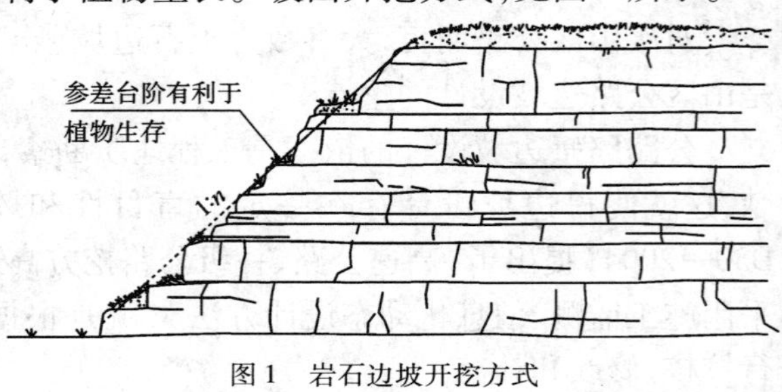

图1 岩石边坡开挖方式

对于花岗岩边坡,即便经过工程地质勘探后确定为强风化、弱风化的,也不宜采用较陡的坡率。多个项目的工程实践已经证明:花岗岩边坡开挖暴露后,风化速度很快,往往是开挖初期的岩石边坡看似稳固,可过不了多久,岩石坡面就会在风化和雨水冲刷的作用下,出现裂隙、剥落、掉块等现象,严重的甚至出现了楔形破坏,形成了不稳定边坡。现在的工程实际是:若边坡开挖后出现边坡稳定问题,再想放缓边坡处理就涉及到二次征地问题,这往往是较为困难的。这样只能被动地选择工程防护或边坡锚固措施,增加工程造价。

2.2 挖方边坡防护

按照设计新理念,边坡防护应贯彻协调、自然的原则,考虑边坡防护与沿线自然景观、公路景观的协调以及多种防护措施在同一边坡自身的协调。以边坡稳定为前提,尽量采用生态植物绿化。

2.2.1 土质边坡

土质挖方边坡采用了较缓的坡率(1:1.5～1:2),为植物直接绿化和防护创造了良好条件,坡顶坡脚圆弧化处理,坡面混合栽植多年生耐干旱、耐瘠薄的草本植物和适应当地生长的低矮灌木。经过几年的生态恢复,边坡外形将与周围环境融为一体,看不出明显的人工开挖痕迹。

对于较高的土质挖方边坡,为了减少坡面冲刷,以往设计多采用了叠拱或菱形格构等骨架型植物防护形式,骨架内进行植物绿化。具体到某一段挖方边坡而言,往往是边坡高度较高的段落设置了叠拱防护,而边坡高度较低的段落采用了植物防护。而吉林省与南方的气候特点有着明显区别,四季分明,在一年中有半年多的时间路基边坡是没有绿色植物覆盖的,浆砌骨架暴露于外,不仅人工化痕迹非常明显,而且对于起伏变化较大的挖方边坡,这两种防护形式共存的景观协调性也不好。

鉴于此,挖方边坡不建议采用骨架型植物防护,对于较高的边坡,可以在坡面上增加灌木的栽植,灌木可选择在坡面不同高度上纵向波浪形栽植,也可采用如拱形、菱形、矩形、鱼鳞形等骨架式的栽植方式,形成密植灌木丛篱,接近坡顶处栽植亚乔木。这样也可以达到减少坡面冲刷、美化绿化边坡的目的。

此外,建议在施工中,一旦边坡开挖到位后,应立即进行坡面的植物栽植。这样做,既可以减少施工期降雨对坡面的冲刷,保证边坡稳定,也有利于保证项目竣工时的边坡绿化效果。这就需要项目管理单位改变以往的施工组织模式,不能等主体工程全部完工后,再由绿化施工队伍进行坡面绿化。

2.2.2 土石边坡

以往的土石边坡防护设计,大量采用了浆砌片石护坡或喷射混凝土护坡,这些封闭式的防护形式隔绝了生物的生长环境而且永久不能恢复。大量的片石和混凝土坡面既不利于水土保持,也不利于吸收阳光和汽车尾气,同时视觉效果也很差。

江珲高速公路早期完成的边坡防护,就有护面墙以及窗式护面墙等形式,视觉效果不佳,故后期取消了尚未施工的此类防护形式,改为植物防护,改善了视觉效果。

对稳定的土石边坡来说,应优先选择植被防护。为了达到坡面的覆土和植物能够在土石边坡上扎根存活的目的,可在坡面上按一定的行距开挖水平向楔形三角沟,或者在岩隙间挖坑;然后在沟坑内回填种植土并栽植灌木丛或亚乔木进行坡面绿化。此外,建议边坡开挖后形成的粗糙凹凸坡面不要刷平,在坡面上允许有一定的凹凸起伏,这对覆土和植物在土石边坡上扎根存活也是很有帮助的。

对于存在碎落现象的较高土石边坡,可采用主动网进行边坡防护。此种防护形式可选择不进行任何绿化,任其自然恢复。

对于土石边坡,采用喷播植草进行边坡绿化防护,在吉林省是否可行还不得而知,最好根据工程实践(做试验段)以检验这种防护形式在当地的适用性。考虑吉林省冬季漫长、年降雨量较小的气候特点,处于阴面且含土量较大的土石边坡采用此种防护形式的可行性要大一些,但也必须加强后期养护工作。

2.2.3 岩石边坡

对于弱风化岩石边坡,石壁景观效果好的坡面自然裸露。景观较差的也不提倡强行绿化,因为即便是在降雨量较大、四季如春的南方,岩石坡面的喷播绿化也鲜有成功的范例。可在坡脚及边坡平台处栽植地锦、爬藤等蔓类植物,采用垂直绿化植物加以覆盖,增加美感。

3 互通立交区的路基边坡设计

按照新的设计理念,互通立交设计不仅要满足交通需求,还要提供安全与舒适的运行条件,追求与自然环境和社会环境的和谐。

由于互通匝道的平、纵线形指标较低,且线形变化较频繁,造成了车辆在匝道上的运行条件复杂多变,易出现交通事故。因此,对于互通立交区的路基边坡设计而言,宽容和人性化的路侧设计可以有效降低交通事故率、减轻事故的损失程度。

对于互通立交内部区域的路基边坡(包括主线和匝道),由于是在征地范围内,因此可以结合原有的自然地形对路基边坡进行坡面修饰。

3.1 填方路基

边坡坡率按高度不同逐渐变化,即从路基基底起往上:①0~3m 的高度范围,坡率采用 1:4;②3~5m 的高度范围,坡率采用 1:2;③5m 以上的高度范围,坡率采用 1:5。路基边坡做成流线型。这样的边坡设计,不仅可以营造出接近自然的坡面,而且对于冲出路外的车辆也是较安全的。

对于山区公路来说,路线上往往存在弃土、弃渣问题,利用弃土、弃渣进行互通区路基的坡面修饰,是一举两得的:一方面减轻了另设弃土场对土地的占用和对环境造成的负面影响;另一方面营造了自然的路基坡面,大大改善了行车安全条件和互通区景观。鉴于此,从保护环境、行车安全、节约土地等长期综合效益出发,即便是弃土运距相对较远,利用互通区弃土也应是首选设计方案。若弃土量较大,还可以充分利用互通立交内部区域进行弃土设计,根据弃土、弃渣量的多少,选择进一步放缓路基边坡、填平甚至高出路基等方式。

为了降低工程造价,设计中应分别计列按标准路基断面计算的土石方数量和进行坡面修饰的土方数量,因为前者应满足正常的路基填筑要求,而后者的填筑和压实要求则相对较低。

3.2 挖方路基

对于挖方边坡,应以保证视距为前提,以结合地形为基础,进行自然化的坡面修整,形成自然圆滑的形态,修整的坡率要适宜直接进行植物防护。

若互通立交附近路基缺方,就可以利用互通立交内部区域的挖方进行取土设计,可以进一步放缓挖方边坡甚至下挖采用人工路堤形式,从而减轻另设取土场对环境的影响。

3.3 边坡防护

已建或在建的互通立交,其内部区域的填方路基边坡采用叠拱防护是非常普遍的。挖方边坡也有采用叠拱或护面墙进行防护的,这些人工化痕迹明显的防护,影响了互通区的视觉景观效果。因为对道路使用者来说,一般主线路段的填方边坡是看不见的,而互通区无论主线还是匝道,填方边坡均呈现在视野范围内。

故建议在今后的互通设计中,互通内部区域无论填方边坡还是挖方边坡都要进行坡面修饰,尽量放缓边坡,用植物防护替代叠拱防护,这样既有利于保证行车安全、改善互通区景观,又可以减少圬工砌体,降低工程造价。

4 结语

对于山区公路建设来说,放缓路基边坡、保持边坡稳定、采取自然生态防护、尽可能少用或不用圬工防护,现在已成为公路建设者的一种共识。而以往山区公路设计中,通常对路线线形与桥、隧的配合考虑较多,对路基的考虑则较少,一般多是被动地进行路基边坡设计,一旦形成了较高的填方和挖方边坡,就无法实现放缓边坡和进行生态防护。尤其对于地面横坡较陡的挖方路段,往往存在两难选择,若放缓边坡,将大大增加边坡高度;若采用较陡坡率,则必须采取圬工支挡防护。

因此,对于山区公路的路线设计,应在注重平、纵面设计的基础上,加强横断面上的考虑,尽最大可能降低路基边坡的填挖高度,为边坡的生态化设计创造有利条件,实现公路工程与自然环境的和谐统一。

本文结合江延高速公路的建设,在山区公路路基边坡设计、边坡防护、互通立交区边坡处理等方面进行了总结与探讨,提出了一些个人建议,与设计同行共商,以期在今后的设计中做好山区公路的边坡设计工作。

参考文献

[1] 中华人民共和国行业标准. 公路路基设计规范 JTG D30—2004. 北京:人民交通出版社,2004.

[2] 交通部公路司. 新理念公路设计指南. 北京:人民交通出版社,2005.

路堑边坡爆破开挖控制技术研究

卓祖城[1] 高文学[1,2] 刘宏宇[1]

(1. 北京工业大学建工学院 北京 100124;
2. 城市与工程安全减灾省部共建教育部重点实验室 北京 100022)

摘 要: 山岭重丘区公路石方爆破开挖,容易造成或诱发路堑边坡病害和对周边地质环境的破坏。本文在分析路基石方爆破开挖引起边坡失稳及其成因的基础上,结合典型山区公路改建工程建设,提出了相应的控制技术措施,取得了良好的效果。所得到的成果,对同类工程施工具有借鉴作用。

关键词: 山区公路 爆破开挖 控制技术 边坡稳定

0 引言

迄今为止,爆破方法目前仍是国内外石方路基开挖工程中最经济、最快捷的手段。然而,在利用爆破方法进行公路石方开挖过程中,因对工程地质条件、岩石动态力学特性以及爆破破碎规律等缺乏系统、全面的认识,造成或诱发了大量的路堑边坡灾害和对周边环境的破坏,并已成为困扰公路勘测设计、施工及其运营过程中棘手的问题之一。

本文在分析路基石方爆破引起边坡失稳、成因的基础上,结合典型山区公路改建工程设计和施工,提出相应的控制技术措施,取得了良好的爆破效果,对同类工程施工具有指导或借鉴意义。

1 爆破振动效应引起的边坡失稳

炸药的爆炸反应是一个高温、高压和高速的瞬态多变过程,被爆岩体在爆炸荷载作用下必将产生振动效应。一般认为,爆破振动对岩质边坡稳定性的影响主要表现在两个方面:其一,爆炸振动荷载的反复扰动作用,引起岩体节理裂隙进一步扩展,松动变形加剧,从而导致岩体力学性质的劣化,给路堑边坡的稳定留下隐患,特别是高陡边坡;其二,当爆炸荷载达到一定值后,导致边坡整体下滑力加大,稳定性降低,甚至引起路堑边坡的失稳而导致灾变。此外,爆破地震波频谱结构等,对路堑边坡的稳定性亦有较大的影响,如爆破地震波的频率、幅值等。

在爆炸荷载作用下,由于地质构造的不同,岩体边坡失稳破坏模式存在较大差异[1,2]。

(1)边坡坡体有发育贯通的滑动面,爆前坡体靠滑动面的抗剪强度维持稳定。爆炸荷载的作用,造成边坡失稳,如图 1a)所示。这类边坡失稳破坏,坍方量一般较大,造成的危害也大。

(2)坡体虽然没有贯穿的滑动面,但坡体内发育一组或多组倾向坡外的节理裂隙,岩石抗拉强度较低。在爆炸荷载作用下,节理面扩展甚至贯通,产生部分或整体滑动,如图 1b)所示。

(3)边坡岩体局部发育,地表径流作用切割形成的突出山包、冲沟和陡倾角张性裂隙形成危石。在爆破荷载作用下,危石脱离坡体崩落,如图 1c)所示。

(4)坡体内垂直柱状节理(或卸荷节理)发育。在爆破产生的地震波的作用下,边坡岩体散裂或崩塌,如图1d)所示。

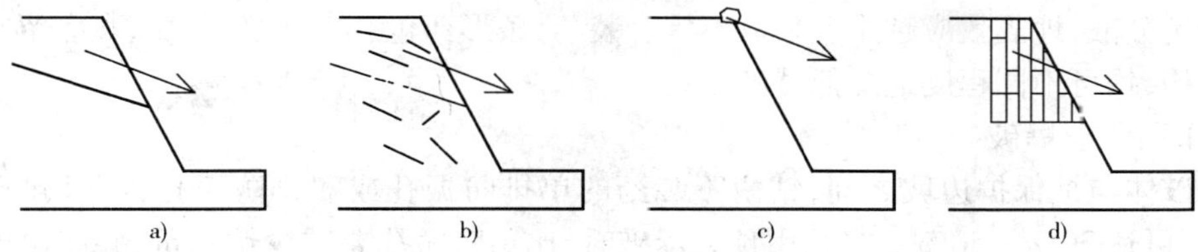

图1 边坡岩体爆破失稳分类

此外,路堑边坡岩体在爆炸荷载的反复扰动作用下,岩石动态损伤加剧,导致岩体力学性质的劣化,从而给路堑边坡的稳定留下隐患(特别是高陡边坡),当爆炸荷载达到一定值后,引起路堑边坡的失稳而导致灾变。

2 爆破振动控制与防治措施

(1)限制爆破的最大用药量

引起爆破地震危害的因素,主要包括振动强度、振动频率、振动持续时间。其中爆破地震的强度与炸药量、爆源中心到观测点的距离、介质情况、地形条件和爆破方法等因素有关。为了确保爆区周围环境的安全,必须将爆破地震的危害严格控制在允许范围之内。目前一般根据萨道夫斯基公式来限制爆破的最大用药量:

$$Q = R^3\left(\frac{v}{K}\right)^{3/\alpha} \tag{1}$$

式中:v——介质质点的振动速度(cm/s);

R——爆源中心到观测点的距离,称之为爆心距(m);

K、α——与爆破点至计算点间的地形、地质条件、爆破方式等有关的衰减系数,介质为岩石时$K=30\sim70$, $\alpha=1\sim2$;

Q——炸药量,kg,齐发爆破时取总装药量,毫秒延期起爆时取最大一段的装药量。

当设计药量较大而又没有其他减震措施时,则必须减小一次的爆破规模,采取分次爆破,将一次爆破的最大用药量控制在允许范围内;在复杂环境中进行多次爆破作业时,应从确保安全的单响药量开始,逐步增大到允许药量,并按允许药量控制一次爆破规模。

(2)采用毫秒延期控制爆破

毫秒延期爆破技术能够有效地控制爆破的振动效应。与齐发爆破相比,毫秒延期爆破引起的振动具有幅值小、频率高、持续时间短等特点。文献[3]给出了相应的计算公式:

$$S(t) = \sum_{j=0}^{n-1} a_j S(t-T_j) \tag{2}$$

式中:$S(t)$——质点振动;

a_j——装药量影响系数,如各段炸药种类和装药量相同,则可近似认为$a_j=1$,这样可认为各段爆破产生的地震波具有相似性,则与总的振动$S(t)$密切相关的就是各段起爆之间的微差时间T_j(ms);

$S_j(t-T_j)$——延时起爆段相似振动函数,一般通过实测确定。

根据理论分析和现场实测,如果两个波形互相叠加,其相位差为$0.5T$时,波形叠加后的幅值最小;当相位差为T时,则叠加后的幅值最大。利用公式(2)的原理可以有效控制爆破振动,进而实现对爆破地震危害的控制。

(3)改变装药结构

装药越分散,地震效应越小。采取不耦合装药、条形药包、空气间隔装药、孔底留空气垫层等装药结构,均可不同程度地降低爆破振动。

(4)采用预裂爆破

在爆破体与被保护边坡之间,钻凿不装药的单排防振孔或双排防振孔,可以起到降振作用,降振率可达30% ~50%。当采用预裂爆破时,比钻防振孔要减少钻孔量,并能取得更好的降振效果。设计时,预裂孔和防振孔都应有一定的超深 Δh,一般取 Δh =20 ~50cm。

3 工程应用

3.1 工程背景

千小路位于北京市延庆县东北部,起点为千家店镇,与滦赤路相交;终点为珍珠泉乡小铺村,与四宝路连接。千小路是延庆的一条县级公路,处于山岭重丘区,道路两次与滦赤路相接,全长约44km。千小路改建工程,设计起止桩号为(K13 +000 ~ K31 +142),全长18.14km,道路等级为山区二级公路。路基土石方开挖5.9万立方米,路基填筑土石方7.9万立方米。

根据地质勘察,千小路所处地区,区域钻孔揭露深度(5.0m)内的地层,局部表层为素填土层,其下为第四纪冲洪积成因的低液限黏土层、卵石层,坡积成因的碎石层,山区山地基岩为石灰岩、花岗岩等,大部分路堑边坡为顺层岩体,岩层倾角100 ~350,节理裂隙发育。

3.2 爆破设计

(1)路基石方爆破方案

千小路改建工程路段为半挖路堑,开挖高度一般为3 ~20m;现状地形坡度 α =20° ~75°;岩质路堑设计边坡比为1:0.3 ~0.75。

根据开挖路段的设计资料、周边环境、工程性质,确定采用中深孔松动控制爆破施工方案;为控制爆破对路堑高边坡稳定性的影响,临近设计边坡,采用缓冲爆破、预裂爆破技术,通过控制孔网参数和单孔装药量,最大限度地减缓主炮孔爆破对路堑边坡的破坏。

(2)深孔爆破参数选择

①炮孔直径 ϕ:采用潜孔钻钻孔,炮孔直径 ϕ =90mm。

②钻孔深度 h:根据地形的变化或边坡设计形式确定,并考虑一定的钻孔超深(一般为底盘抵抗线的15% ~35%);对于(K13 +520 ~580)段,由于开挖深度为6 ~19m,设计一次钻孔、一次爆破达到设计深度,炮孔横断面布置如图2 所示。

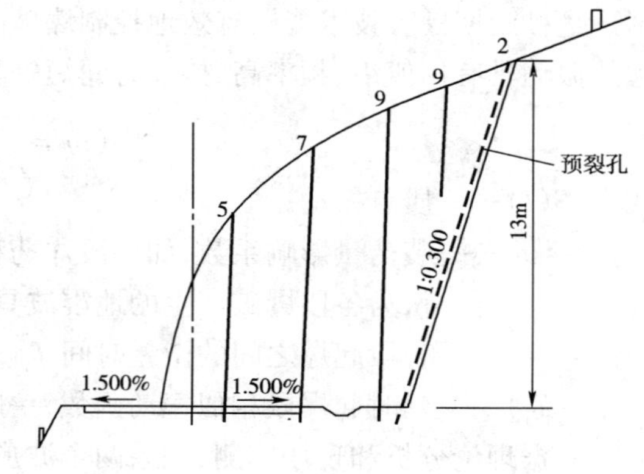

图2 典型横断面炮孔布置与延时分段(K13 +520 ~ K13 +580)

③孔网参数:基于工程中常用的计算抵抗线 W、孔距 a、排距 b 的方法,设计取 W =2.0 ~2.5m;a =2.5 ~3.0m;b =2.0 ~2.5m;钻孔倾角750 ~900。

④堵塞长度:确定合理的堵塞长度和保证良好的堵塞质量,对改善爆破效果、确保爆破安全和提高炸药能量利用率具有重要作用。

根据具体岩石性质和周边环境，堵塞长度控制在(0.7～1.0)W，同时加强堵塞质量。

(3)药量计算

单排孔爆破或多排孔爆破的第一排孔的每孔装药量，按 $Q = qaWH$ 计算；多排孔爆破时，从第二排起，各排的每孔装药量按式 $Q = KqabH$ 计算。其中，q 为炸药单耗，kg/m^3，一般根据岩石性质、爆破自由面数目、炸药种类、炮孔直径等因素确定，设计取 $q = 0.3 \sim 0.4$ kg/m^3；K 为考虑受前排孔的岩石阻力作用的增加系数，一般取1.1～1.2。同时根据公式(1)控制爆破规模，将一次爆破的最大单响药量控制在允许范围内。

装药量、堵塞长度，如表1所示。实际装药量，依据现场边界条件与施工条件进行调整。炮孔装药时，一般采用连续装药结构形式，但当孔深超过8m时采取分段间隔装药结构，设计上部装药量 $Q_{上} = 0.4Q$，下部装药量 $Q_{下} = 0.6Q$，中间堵塞长度为2～3m，以控制爆破振动对边坡稳定性的影响。

深孔爆破参数表 表1

孔深(m)	孔网参数 $a \times b$(m)	单孔装药量 Q(kg)	堵塞长度(m)
4～5	2.5×2.0	7.2～9.6	2.5～3.0
5～6	2.5×2.0	10.8～12	3.0
6～7	2.6×2.2	13.6～15.6	3.0
7～8	2.6×2.2	16.8～18	3.0～3.5
9～10	3.0×2.5	19.2～20.4	3.5～4.0
11～12	3.0×2.5	21.6～24	4.0～5.0

(4)起爆延时时间选取

起爆延时时间选取的合理与否，将直接影响爆破震动强度的大小，一般可根据经验公式确定：

$$\Delta t = \zeta \cdot W \tag{3}$$

式中：Δt——延期时间，ms；

ζ——与岩石性质、结构构造等因素有关；

W——抵抗线，m。设计取 $\Delta t = 90 \sim 110$ms，选取毫秒延期雷管的段别为2、5、7、9。

(5)预裂爆破设计

预裂爆破，是在主炮孔爆破之前先起爆布置在开挖线的预裂孔，形成裂缝，使整个预裂孔的布孔平面形成一个断裂面，以减弱主爆孔爆破时地震波向边坡岩体的传播并阻断向边坡外发展的裂隙。

①钻孔间距 a：一般与钻孔直径有关，通常取 $a = (8 \sim 12)\phi$，设计取 $a = 1.0$m。

②线装药量：根据工程实践和理论计算，设计线装药量为300g/m，孔底70cm范围增加药量，为正常线装药量的2倍。爆破施工时，通过试验进行适当调整。

③装药结构：采用间隔装药结构，根据设计线装药量每隔一定距离捆在导爆索并固定在竹片上放入炮孔内。

(6)爆破网络设计

采用毫秒延期非电导爆管起爆系统。由于为半挖路堑，设计最外侧炮孔先起爆，后排炮孔延期50～100ms起爆。预裂爆破时，预裂孔首先起爆，然后依次起爆主炮孔，如图2所示。

为了便于施工，同时提高网路的可靠度，孔内采用毫秒延期、反向起爆方式；孔外采用四通接头连接成复式网络。这样在地面上除激发点外，没有传爆雷管，有利于网络的保护。最后，采用电雷管激发导爆管,高能起爆器起爆。

4 爆破效果及分析

由于对顺层高边坡岩体爆破设计充分考虑了地形、地质条件的变化,爆破振动对边坡稳定性的影响得到了有效控制。路堑边坡岩体在炸药爆炸能量和介质中潜在位能的作用下,呈现鼓包、松动、崩塌、坍滑等物理力学过程(见图3),并很好地达到了边坡设计效果,形成了比较稳定的路堑边坡。同时,现场监测和摄像表明,爆破振动和飞石得到了有效控制,破碎岩体全部坍塌在路基范围以内,爆破对路线一侧的桥梁、挡土墙、电缆等未构成危害。

a) b) c) d)

图3 爆破瞬间图片

5 结语

山岭重丘区公路石方爆破开挖,容易造成或诱发路堑边坡病害和对周边环境的破坏。对于顺层高边坡岩体,如果采用齐发爆破,或是分段延时不合理,极易影响爆后路堑边坡的稳定性,并为公路后期的运营安全留下隐患。本文在分析路基石方爆破引起边坡失稳及其成因的基础上,结合千小路改建工程,进行了路堑边坡爆破开挖危害及其控制研究。为了形成稳定的路堑边坡,必须根据爆区地形、地质条件和周边环境,在合理进行爆破设计的前提下,精心组织施工,确保装药、堵塞、网路连接等关键工序的施工质量。同时对关键路段的爆破开挖进行监测,最大限度地降低爆破振动对路堑边坡、周边地质环境的影响。

参考文献

[1] 杨年华,霍永基. 爆破筑坝引起的边坡稳定性问题. 水利水电技术,1994(6):12-15.
[2] 陈建平,高文学. 爆破工程地质学. 北京:科学出版社,2005.
[3] 李的林,高振儒. 爆破震动危害中几个重要因素分析[J]. 工程爆破,1999.
[4] 刘运通,高文学. 现代公路工程爆破[M]. 北京:人民交通出版社,2006.
[5] 应怀樵. 波形和频谱分析与随机数据处理. 北京:中国铁道出版社,1983.

红层软岩土的动强度特性试验研究

杨　雄[1]　刘涌江[2]

（1.重庆交通大学　重庆　400074；2.重庆交通科研设计院　重庆　400067）

摘　要：选取重庆地区常用的路基填料红层软岩土为研究对象，通过室内振动三轴试验，研究了动荷载作用下围压、固结比、压实度、含水率及土样含石量对土体动强度的影响，并得出其对土体动强度的影响规律。

关键词：红层软岩　振动三轴试验　动强度

0　引言

我国是一个地震频发的国家。对于高等级公路而言，路基土在地震等动力荷载作用下，其强度和变形特性都要受到很大影响。现行《公路工程抗震设计规范》（JTJ 044—89）对地震动力荷载作用，主要是以区域地震烈度作为唯一的参考依据，无法真实反映路基在地震作用时的反应特性。因此，迫切需要对路基填土在地震动力荷载作用下的动力特性进行研究。本文结合西部地区典型路基填土之一——红层软岩土进行了深入研究，得出了一些具有规律性的结果。

1　试验方案

本次试验，采用北京新技术应用研究所研制的 DDS－70 微机控制电磁式振动三轴仪。试验用土，取自重庆地区常用的路基填料红层软岩土。试样按 GB/T 50123—1999 土工试验方法标准[3]中的击实法成型。成型后试样尺寸为：$\phi 39.1 \times H80$（mm）。

按以下方案及步骤进行试验。

（1）装样并对试样施加围压固结，围压分别为 50kPa、100kPa、200kPa、300kPa。其具体情况，如表 1 所示。

（2）按照《土工试验规程》（SL 237—1999）规定的试验方法[4]进行试验。固结完成后，在不排水条件下对复合土样施加正弦波荷载[5]，通过计算机数据采集系统采集有关数据。

动强度试验条件　　表 1

土样	最大干密度 ρ_d（g/cm³）	最佳含水率 w_{op}（%）	压实度（%）	固结比 $K_c=\sigma_{1c}/\sigma_{3c}$	围压 σ_{3c}（kPa）
1号	2.06	11.5	90	1	50 100 200 300
			93	1	50 100 200 300
			96	1	50 100 200 300
2号	2.09	10.9	90	1	50 100 200 300
			93	1	50 100 200 300
				1.5	100 200
			96	1	50 100 200 300

续上表

土样	最大干密度 ρ_d (g/cm^3)	最佳含水率 w_{op} (%)	压实度 (%)	固结比 $K_c = \sigma_{1c}/\sigma_{3c}$	围压 σ_{3c} (kPa)
3 号	2.13	10.5	90	1	50 100 200 300
			93	1	50 100 200 300
			96	1	50 100 200 300

2 试验结果及分析

影响土动强度的因素很多，本文主要讨论围压 σ_{3c}、固结比 K_c、压实度、含水率及土样含石量对动强度的影响。

根据试验原理，在试验过程中，试样可能出现的破坏情形有三种：

(1)固结条件 $K_c \leqslant 1$，大小主应力方向发生变化，在拉半周发生拉伸破坏，如图 1a)所示；

(2)固结条件 $K_c \geqslant 1$，大小主应力方向仍发生变化，也在拉半周发生拉伸破坏，如图 1b)所示；

(3)固结条件 $K_c \geqslant 1$，大小主应力方向不发生变化，但在压半周发生压缩破坏，如图 1c)所示。

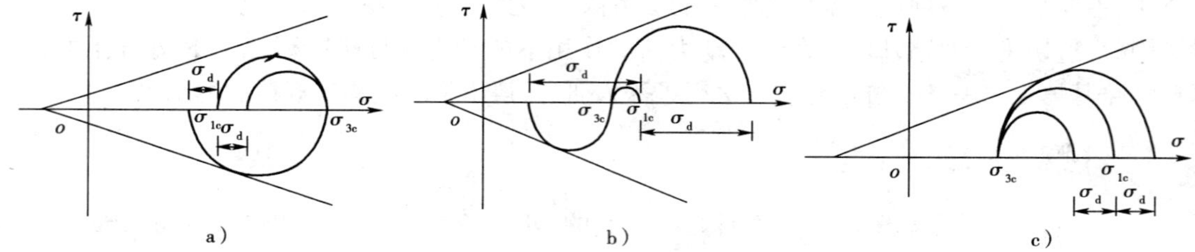

图 1 极限平衡状态

a) $K_c \leqslant 1$ 拉半周发生拉伸破坏；b) $K_c \geqslant 1$ 拉半周发生拉伸破坏；c) $K_c \geqslant 1$ 压半周发生压缩破坏

考虑到在试验过程中孔隙水压力很小，忽略孔隙水压力的影响。由极限平衡条件可知：

$$\sigma_{1d} = \sigma_{3d}\tan^2(45° + \varphi_d/2) + 2c_d\tan(45° + \varphi_d/2) \tag{1}$$

式中：σ_{1d}、σ_{3d}——试样在该固结压力下产生动力破坏时的大小主应力。令 $K_d = \tan^2(45° + \varphi_d/2)$，式(2)为：

$$\sigma_{1d} = \sigma_{3d}K_d + 2c_d\sqrt{K_d} \tag{2}$$

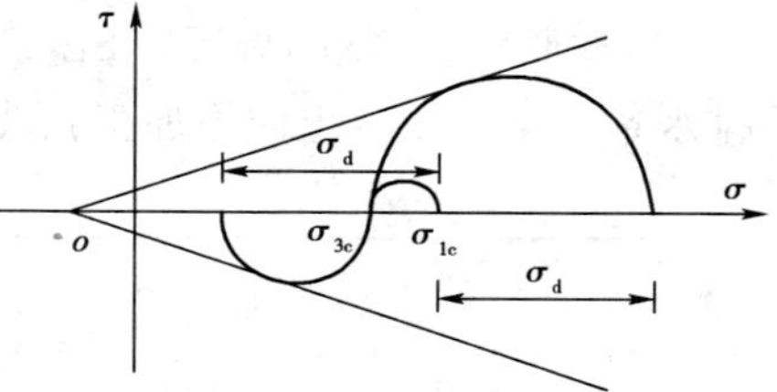

图 2 双向极限平衡状态

由图 2 可知，当固结比 K_c 或动应力 σ_d 达到某一值时，有某一瞬间，试件会在拉、压半周或先或后达到极限平衡状态，在拉半周试件呈挤压拉伸破坏，而在压半周试件呈压缩破坏，如图 3 所示。

当试件在拉半周处于极限平衡状态时，大主应力在水平方向。

$$\begin{aligned} \sigma_{1d} &= \sigma_{3c} \\ \sigma_{3d} &= \sigma_{1c} - \sigma_d \\ \sigma_{1c} &= K_c\sigma_{3c} \end{aligned} \tag{3}$$

式中：σ_{1c}、σ_{3c}——水平、竖直方向固结应力；

σ_d——动荷载。

由式(2)、式(3)得：

$$(1 - K_c K_d)\sigma_{3c} + \sigma_d K_d = 2c_d\sqrt{K_d} \tag{4}$$

当试件在压半周处于极限平衡状态时，大主应力在竖直方向，即：

$$\begin{aligned}\sigma_{1d} &= \sigma_{1c} + \sigma_d \\ \sigma_{3d} &= \sigma_{3c} \\ \sigma_{1c} &= K_c\sigma_{3c}\end{aligned} \tag{5}$$

由式(2)、式(5)得：

$$(K_c - K_d)\sigma_{3c} + \sigma_d = 2c_d\sqrt{K_d} \tag{6}$$

联立式(4)、式(6)求解得：

$$K_c = \frac{(K_d^2 + 1)\sigma_{3c} + 2c_d\sqrt{K_d}(K_d - 1)}{2K_d\sigma_{3c}} = K_0 \tag{7}$$

$$\sigma_d = \frac{(K_d^2 - 1)\sigma_{3c} + 2c_d\sqrt{K_d}(K_d + 1)}{2K_d} = \sigma_{d0} \tag{8}$$

K_0、σ_{d0}为达到双向极限平衡条件的固结比和动应力。σ_d 不变，K_c 发生变化，当 $K_c > K_0$ 时，大小主应力作用方向不发生变化，在压半周发生压缩破坏；反之，大小主应力作用方向发生变化，在拉半周发生挤压拉伸破坏。

(1)土体达到破坏标准时，大主应力在水平方向，即在拉半周发生拉伸破坏。

由式(2)、式(3)得：

$$\sigma_d = \frac{\sigma_{3c}(K_c K_d - 1) + 2c_d\sqrt{K_d}}{K_d} \tag{9}$$

由前面所述可知：

$$\tau_d = \sigma_d/2 \tag{10}$$

由式(9)、式(10)可得土体在拉半周发生拉伸破坏时的动剪应力为：

$$\tau_d = \frac{\sigma_{3c}(K_c K_d - 1) + 2c_d\sqrt{K_d}}{2K_d} \tag{11}$$

(2)土体达到破坏标准时，大主应力在竖直方向，即在压半周发生压缩破坏。

由式(2)、式(5)得：

$$\sigma_d = \sigma_{3c}(K_d - K_c) + 2c_d\tan\sqrt{K_d} \tag{12}$$

由式(10)、式(12)可得土体在压半周发生压缩破坏时的动剪应力为：

$$\tau_d = \frac{1}{2}\sigma_{3c}(K_d - K_c) + c_d\sqrt{K_d} \tag{13}$$

显然，τ_d 是与围压 σ_{3c}、固结比 K_c、动强度参数 c_d、φ_d 有关的函数。

2.1 围压对动强度的影响

(1)土体在拉半周发生挤压拉伸破坏

由式(11)得：

$$\frac{\partial\tau_d}{\partial\sigma_{3c}} = \frac{K_c K_d - 1}{2K_d} \tag{14}$$

土体在拉半周发生拉伸破坏时，由式(14)可知，如果 $K_cK_d > 1$，$\frac{\partial \tau_d}{\partial \sigma_{3c}} > 0$，动剪应力 τ_d 随围压的增加而增加。当 $K_cK_d < 1$，$\frac{d\tau_d}{d\sigma_{3c}} < 0$，动剪应力 τ_d 随围压的增加而减少。

(2)土体在压半周发生压缩破坏

由式(13)得：

$$\frac{\partial \tau_d}{\partial \sigma_{3c}} = \frac{1}{2}(K_d - K_c) \tag{15}$$

土体在压半周发生压缩破坏时，由式(15)可知，当 $K_d > K_c$ 时，$\frac{d\tau_d}{d\sigma_{3c}} > 0$，$\tau_d$ 随围压的增加而增加。当 $K_d < K_c$ 时，$\frac{d\tau_d}{d\sigma_{3c}} < 0$，$\tau_d$ 随围压的增加而减少。

其中 K_d 的大小取决于动强度参数 φ_d，而动强度参数 φ_d 与土性条件，即土的类别、密实程度和颗粒特征有关。

2.2 固结比对动强度的影响

(1)土体在拉半周发生拉伸破坏

由式(11)有：

$$\frac{\partial \tau_d}{\partial K_c} = \frac{1}{2}\sigma_{3c} > 0 \tag{16}$$

土体在拉半周发生挤压拉伸破坏时，由式(16)可知，τ_d 随固结比 K_c 的增加而增加。

(2)土体在压半周发生压缩破坏

由式(7)有：

$$\frac{\partial \tau_d}{\partial K_c} = -\frac{1}{2}\sigma_{3c} < 0 \tag{17}$$

土体在压半周发生压缩破坏时，由式(17)可知，τ_d 随固结比 K_c 的增加而减少。

图 3 为固结比变化时土样动抗剪强度曲线。由图可知，在其他条件相同的情况下，τ_d 随固结比 K_c 的增大而增大。试验结果与理论分析结果一致。

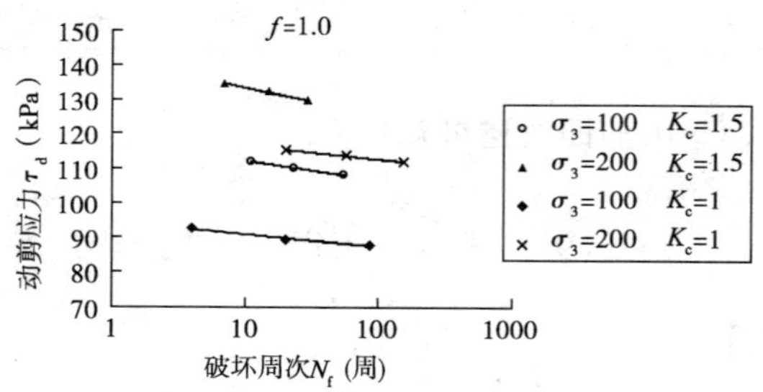

图 3 固结比变化对动抗剪强度与振次关系的影响

2.3 其他因素对动强度的影响

由式(11)、式(13)可知，τ_d 主要与围压 σ_{3c}，固结比 K_c，动强度参数 c_d、φ_d 有关。在围压 σ_{3c}、固结比 K_c 相同的条件下，τ_d 的大小取决于动强度参数 c_d、φ_d，即土性。随着土性条件的变化，土的动强度参数 c_d、φ_d 发生改变，其动强度也随之发生变化。图 4 与图 5 分别反映了土样压实度、土样含水率对抗剪强度的影响。由图可见，土样动强度随压实度的增大而增大，随含水率(大于最优含水率)的增大而迅速减小，随着含水率的进一步增大，其减小的趋势变缓。当含水率由 10.9% 增大至 14% 时，土样动强度减小达 50%，当含水率由 14% 增大至 17% 时，动强度减小约 30%。

图 6 反映了土样含石量对动抗剪强度的影响。由图可见，土样动强度随含石量的增大而增大，但增幅随着含石量增大而趋缓。当围压为 100kPa、压实度为 90% 时，土样含石量由 0 增

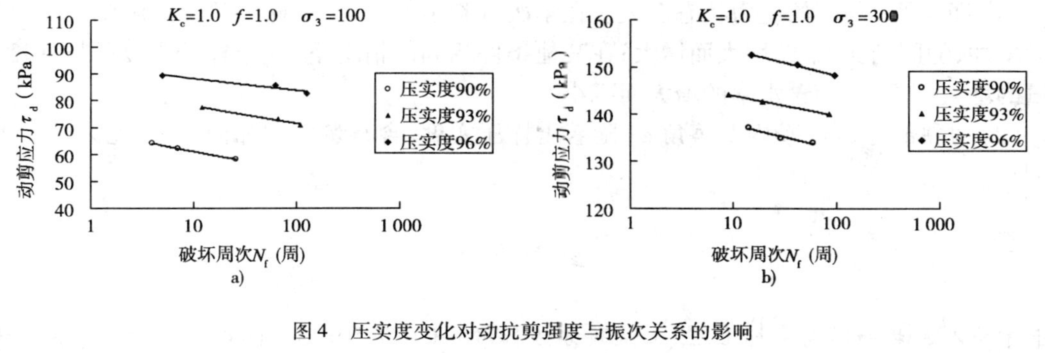

图4 压实度变化对动抗剪强度与振次关系的影响

a)1号土;b)3号土

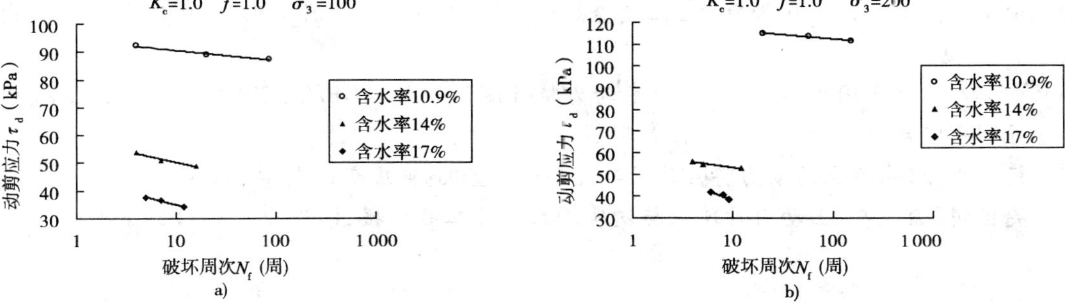

图5 含水率变化对动抗剪强度与振次关系的影响

a)σ_3 = 100kPa;b)σ_3 = 200kPa

大至30%时,土样动强度增大达45%;土样含石量由30%增大至50%时,动强度增大近10%。当围压为300kPa,压实度为93%,土样含石量由0增大至30%时,土样动强度增大接近15%;土样含石量由30%增大至50%时,动强度增大约5%。由此可以得出,在由含石量变化引起土样动强度的变化中,土样的压实度和其所受围压对结果有影响,随着土样压实度和围压的增大,其动强度增大的趋势变得更缓。

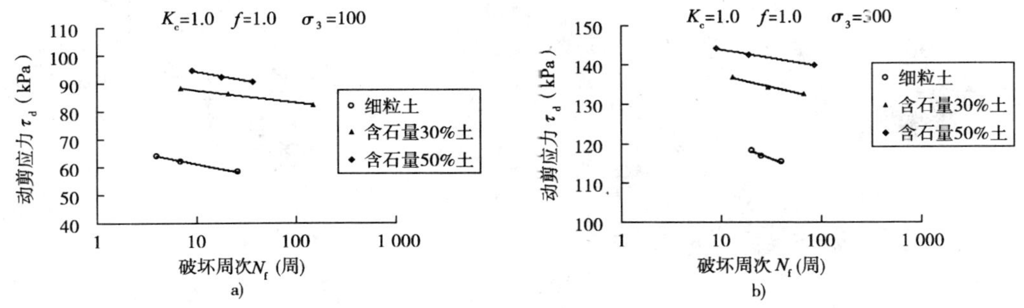

图6 含石量变化对动抗剪强度与振次关系的影响

a)压实度90%;b)压实度93%

3 结语

通过室内振动三轴试验,分析了围压、固结应力比、土样含石量、压实度及含水率对路基填土的动强度及动强度参数的影响,据此可得出以下结论:

(1)土样动强度,主要与试样的土性条件和起始应力状态有关。当试验土样土性条件相同时,其动强度只与起始应力状态有关。在本次试验条件下,该土样的动强度随围压 σ_{3c} 的增加而增加,随固结比 K_c 的增大而增大;在其他条件相同的情况下,该土样动强度随压实度、含石量的增大而增大,随含水率的增大而减小。

(2)动黏聚力 c_d 与动内摩擦角 φ_d 随着土样压实度、含石量的增加而增大,尤以动黏聚力 c_d 明显。

参考文献

[1] 中华人民共和国国家标准. 土工试验方法标准 GB/T 50123—1999[S]. 北京:中国计划出版社,1999.

[2] 中华人民共和国行业标准. 土工试验规程 SL 237—1999[S]. 北京:中国水利水电出版社,1999.

[3] 中华人民共和国机械工业部. 地基动力特性测试规范 GB/T 50269—97[S]. 北京:中国计划出版社,1999.

[4] 杨自成. 路基填土的动力特性试验研究[D]. 重庆:重庆交通大学,2008.

[5] 吴世明,徐攸在. 土动力学现状与发展[J]. 岩土工程学报,1998,20(3):125-131.

基于矢量法的楔形体动力稳定分析

陶丽娜　杨建国　柴贺军　贾学明

（重庆交通科研设计院　重庆　400067）

摘　要：针对岩石楔形体动力稳定性分析求解问题，首次以矢量法为基础，详细地论述了楔形体动力稳定的求解过程。在理论成果的基础上，以 VC + + 语言为基础，运用 OpenGL 技术，实现了楔形体的可视化建模。最后，进行了实例运用，给出了动安全系数的历时变化曲线，动安全系数与 X、Y 方向地震加速度系数的关系曲线。

关键词：楔形体　矢量运算　可视化

0　引言

在岩质边坡稳定分析中，楔形体破坏是岩质边坡失稳的一种典型形式。在楔形体稳定分析和加固处治中，楔形体的几何信息计算显得十分重要。E. Hoek [1]在《岩质边坡稳定》书中全面系统地介绍了有关的计算方法，包括工程图解法、球面投影解法、解析解法。工程图解法、球面投影解法建立在手工作图基础上，求解几何关系复杂；手工量取长度、角度，求解过程存在误差。解析解法过程涉及系数众多，且其几何意义不明确，一般工程人员难以掌握。自 E. Hoek[1]提出这些方法以来，楔块稳定性分析这块进展不大，对于运用矢量法分析楔块稳定的工作还没有人开展。

本文运用矢量分析法系统地论述了楔形体在动力稳定性的求解过程，并进行了公式推导。在理论成果的基础上，并以 VC + + 语言为基础，运用 OpenGL 技术，实现了楔形体的可视化建模系统，该系统具有楔形体的几何建模和几何信息求解的功能。

1　楔块几何信息

图 1 是一个典型的岩石楔形体的几何图形，它主要由两个结构面（或节理面）、坡面、坡顶面与后缘张裂缝所组成。

图中：O 表示原点，$P_1 \sim P_6$ 表示楔块的顶点；①、②表示节理面平面，称为平面 1 和平面 2；③表示坡顶面，称为平面 3；④表示坡面，称为平面 2；⑤表示拉裂缝面，称为平面 5。H_1 表示坡高，L 表示张裂缝至坡顶线的距离。

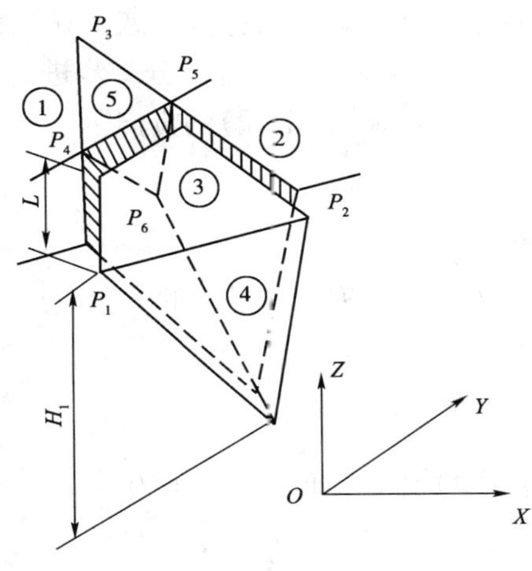

图 1　楔形体模型

通过矢量分析求解到楔块的几何信息（顶点坐标、面积矢量、体积矢量），进行楔形体的模型建立。在求出楔形体每个顶点的坐标后，可以求出楔形体的几何信息，包括体积、面积、没有面的法向矢量。

2 楔块动力稳定理论

2.1 楔形体受力分析

作用在楔块上的力分为主动力和被动力。一般的,主动力代表安全系数计算中的滑动力,而被动力则代表抗滑力。

总的主动力由以下构成:

$$\vec{A}=\vec{W}+\vec{C}+\vec{X}+\vec{U}+\vec{E}+\vec{B}_a$$

式中:$\vec{A}$——总的主动力矢量;

$\vec{W}$——楔块重力矢量;

$\vec{C}$——外力矢量;

$\vec{X}$——主动压力矢量;

$\vec{U}$——水压力矢量;

$\vec{E}$——地震力矢量;

$\vec{B}_a$——(主动)加固力矢量。

总的被动力由以下构成:

$$\vec{P}=\vec{H}+\vec{Y}+\vec{B}_p$$

式中:$\vec{P}$——总的被动力矢量;

$\vec{H}$——混凝土剪力矢量;

$\vec{Y}$——被动压力矢量;

$\vec{B}_p$——总的被动锚索加固力。

2.2 楔形体滑动方向

楔形体的滑动方向主要受主动力控制,而被动力对滑动方向则没有影响。对于楔形体,有4种可能的滑动方向:落掉(或上托)、沿节理面1滑动、沿节理面2滑动、沿节理面1和2的交线滑动。滑动方向的计算分2步进行:计算所有可能的滑动方向;判断实际的滑动方向。

(1)落掉(或上托)的方向 $\hat{s}_0$

$$\hat{s}_0=\hat{a}=\frac{\vec{A}}{|\vec{A}|}$$

(2)沿节理面1滑动的方向 $\hat{s}_1$

$$\hat{s}_1=\frac{(\hat{n}_1\times\vec{A})\times\hat{n}_1}{|(\hat{n}_1\times\vec{A})\times\hat{n}_1|}$$

(3)沿节理面2滑动的方向 $\hat{s}_2$

$$\hat{s}_2=\frac{(\hat{n}_2\times\vec{A})\times\hat{n}_2}{|(\hat{n}_2\times\vec{A})\times\hat{n}_2|}$$

(4)沿节理面 1 和 2 滑动的方向 $\hat{s}_{12}$

$$\hat{s}_{12}=\frac{\hat{n}_1\times\hat{n}_2}{|\hat{n}_1\times\hat{n}_2|}\text{sign}[(\hat{n}_1\times\hat{n}_2)\cdot\vec{A}]$$

式中：$\hat{a}$——主动力合力的单位矢量的方向；

$\hat{n}_1$——节理面 1 的法向量(指向楔形体)；

$\hat{n}_2$——节理面 2 的法向量(指向楔形体)。

2.3 滑动方向的有效性

滑动方向的有效性,可以用以下不等式来进行判断。

(1)楔形体下落运动时的判断:

$$\vec{A}\cdot\hat{n}_1>0;\vec{A}\cdot\hat{n}_2>0;\vec{A}\cdot\vec{W}\geqslant 0$$

(2)楔形体上托运动时的判断:

$$\vec{A}\cdot\hat{n}_1>0;\vec{A}\cdot\hat{n}_2>0;\vec{A}\cdot\vec{W}<0$$

(3)楔形体沿节理面 1 滑动的判断:

$$\vec{A}\cdot\hat{n}_1\leqslant 0;\hat{s}_1\cdot\hat{n}_2>0$$

(4)楔形体沿节理面 2 滑动的判断:

$$\vec{A}\cdot\hat{n}_2\leqslant 0;\hat{s}_2\cdot\hat{n}_1>0$$

(5)楔形体沿节理面 1 和 2 滑动的判断:

$$\hat{s}_1\cdot\hat{n}_2\leqslant 0;\hat{s}_2\cdot\hat{n}_1\leqslant 0$$

如果以上不等式都不满足,则楔形体处于稳定状态,不发生滑动。

2.4 法向力的计算

计算节理面的法向力,首先要确定楔块的滑动方向。一旦滑动方向确定了,在给出合力的情况下,就可以用以下方程来求法向力。

(1)落掉或(上托)下的法向力:

$$\vec{N}_1=0;\vec{N}_2=0$$

(2)沿节理面 1 的法向力

$$\vec{N}_1=-\vec{F}\cdot\hat{n}_1;\vec{N}_2=0$$

(3)沿节理面 2 的法向力

$$N_1=0;N_2=-\vec{F}\cdot\hat{n}_2$$

(4)沿节理面 1 和 2 的法向力

$$\vec{N}_1=-\frac{(\vec{F}\times\hat{n}_2)\cdot(\hat{n}_1\times\hat{n}_2)}{(\hat{n}_1\times\hat{n}_2)\cdot(\hat{n}_1\times\hat{n}_2)}$$

$$\vec{N}_2=-\frac{(\vec{F}\times\hat{n}_1)\cdot(\hat{n}_2\times\hat{n}_1)}{(\hat{n}_2\times\hat{n}_1)\cdot(\hat{n}_2\times\hat{n}_1)}$$

式中：$\vec{F}$——主动力合力。

2.5 计算剪力强度引起的抗力

(1)计算节理面 1 和 2 的法向应力

$$\sigma_{n1}=\frac{\vec{N}_1}{a_1};\sigma_{n2}=\frac{\vec{N}_2}{a_2}$$

(2)求节理面 1 和 2 的剪切强度

$$\tau_1=c_1+\sigma_{n1}\tan\varphi_1$$

$$\tau_2=c_2+\sigma_{n2}\tan\varphi_2$$

(3)计算剪力强度引起的抗力

$$J_1=\tau_1 a_1\cos\theta_1$$

$$J_2=\tau_2 a_2\cos\theta_2$$

式中:a_1、a_2——节理面 1 和 2 的面积;

c_1、c_2——节理面 1 和 2 的凝聚力;

φ_1、φ_2——节理面 1 和 2 的摩擦角;

θ_1、θ_2——滑动方向和节理面 1 和 2 的夹角。

2.6 安全系数求解

对应楔形体的失稳形式,有三种安全系数:①下落或上举的安全系数 F_f;②没有加固的安全系数 F_u;③加固后的安全系数 F_s。楔形体安全系数为:

$$F=\max(F_f,F_u,F_s)$$

(1)下落或上举的安全系数

$$F_f=\frac{-\vec{P}\cdot\hat{s}_0}{\vec{A}\cdot\hat{s}_0}$$

(2)没有加固安全系数

$$F_u=\frac{\sum_{i=1}^{2}J_i^u}{\vec{A}\cdot\hat{s}}$$

(3)加固安全系数

$$F_s=\frac{-\vec{P}\cdot\hat{s}+\sum_{i=1}^{2}J_i^s}{\vec{A}\cdot\hat{s}}$$

式中:$\vec{P}$——被动力合力;

$\vec{A}$——主动力合力;

$\hat{s}$——下落方向;

$\hat{s}$——滑动方向;

J_i^u——节理面 1 和 2 由没有加固时剪应力引起的抗力;

J_i^s——节理面 1 和 2 由加固时剪应力引起的抗力。

3 程序实现

以矢量法推导的公式为理论基础，利用VC++6.0中的MFC类库[3]和OpenGL[4]技术开发了岩石楔形体三维分析系统，实现了岩石楔形体的几何信息计算功能以及三维建模功能。在该系统中，通过数学模型和三维可视化技术将岩石楔形体进行三维表示，在空间上显示岩石楔形体，并提供剖切、移动、旋转、缩放等操作方式。在此基础上提供三维交互功能，使工程师能够动态根据楔形体模型调整处治方案并进行稳定性计算，更形象直观地进行楔形体的稳定研究。软件系统功能结构，如图2所示；系统界面及运行效果，如图3所示。

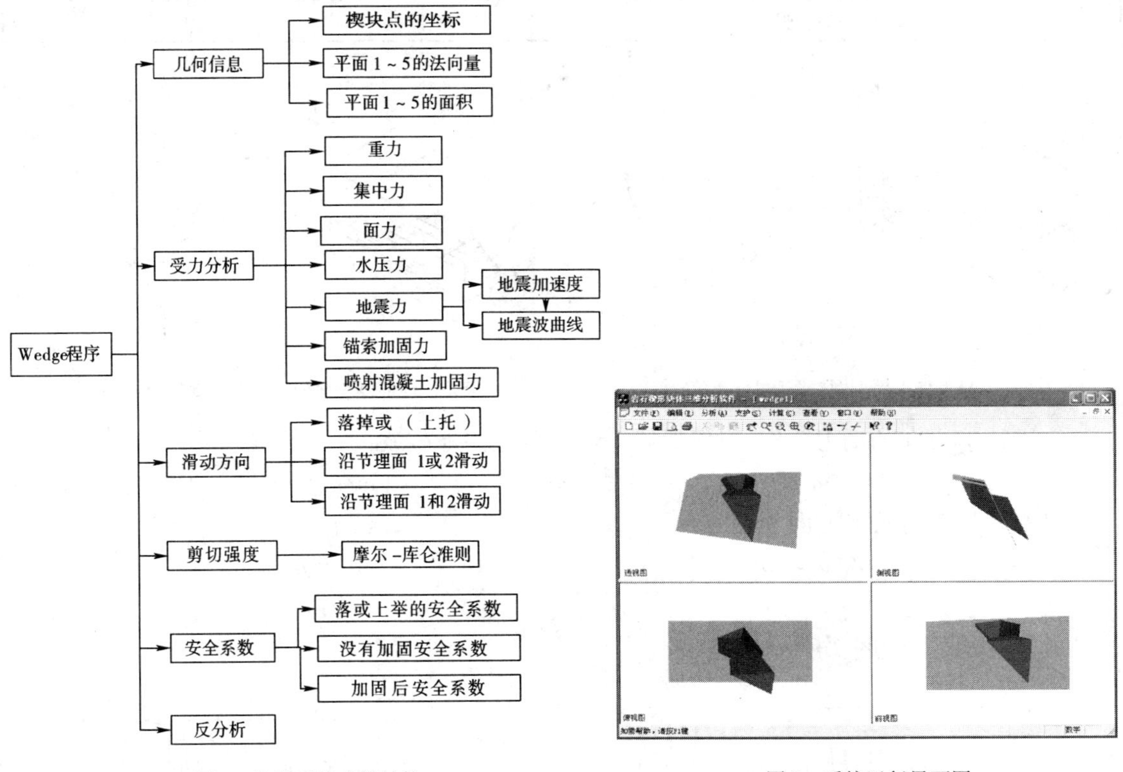

图2 软件系统功能结构

图3 系统运行界面图

4 实例计算

【例1】 楔形体 Y 方向动安全系数分析

研究图4、图5所示的楔形体1、楔形体2的 Y 方向的动安全系数，楔形体参数和特性，如表1所示。

楔形体参数特性 表1

参　　数	楔形体1	楔形体2
楔形体高度 H(m)	5.0×10^{-2}	10
交线的法线 $\vec{n}$ 和 A 面之间的夹角 ω_a(°)	56	48.19
交线的法线 $\vec{n}$ 和 B 面之间的夹角 ω_b(°)	56	48.19
密度(kg/m^3)	2.4×10^3	2.4×10^3

续上表

参　　数	楔形体 1	楔形体 2
A 面面积(m^2)	40.33×10^{-4}	37.5
B 面面积(m^2)	40.33×10^{-4}	37.5
重力(N)	2.292 5	1.96×10^6
摩擦角(°)	35	30
A、B 面交线的倾角 i_a(°)	29	63.43
凝聚力(N/m^2)	0.0	0.03×10^6
静安全系数(理论值)	1.524	1.671

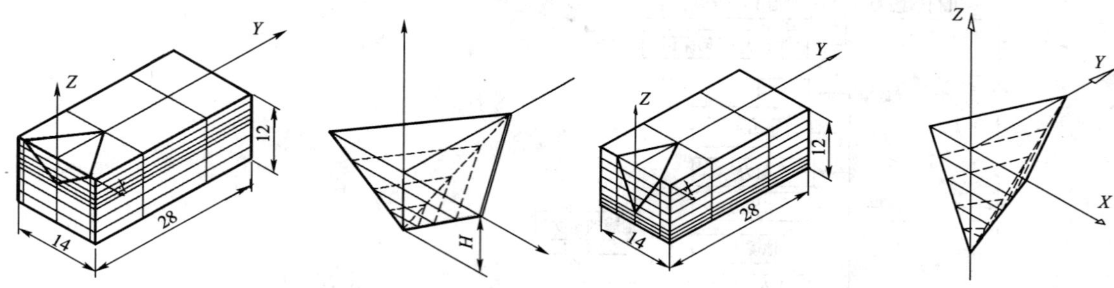

图 4　楔形体 1 模型网格图(尺寸单位:cm)　　图 5　楔形体 2 模型网格图(尺寸单位:cm)

为进行 Y 方向的动力模拟,对楔形体 1 输入 Y 方向地震波:

$$a=4.0\times[1-e^{-0.2t}]\sin(18.0t)\qquad(m/s^2)$$

对楔形体 2 输入 Y 方向地震波:

$$a=10.0\times[1-e^{-0.2t}]\sin(18.0t)\qquad(m/s^2)$$

地震波,如图 6、图 7 所示。

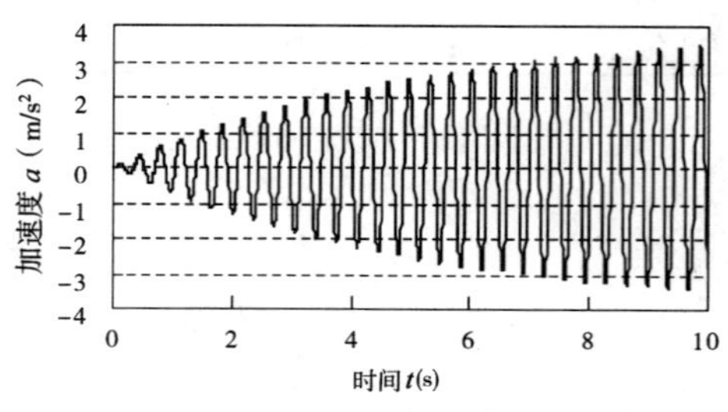

图 6　楔形体 1 输入加速度

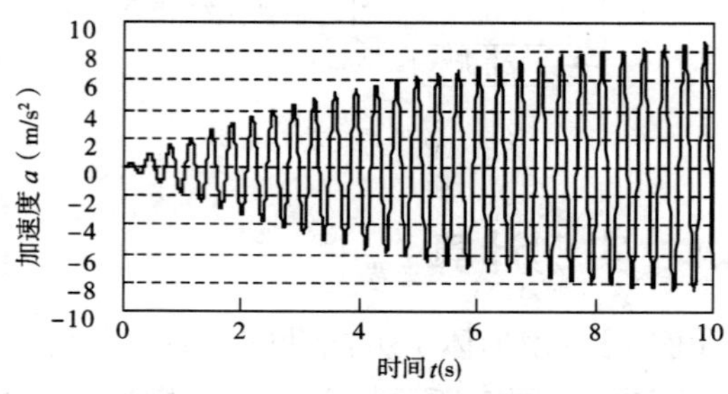

图 7　楔形体 2 输入加速度

图 8、图 9 分别给出了楔形体 1、楔形体 2 动安全系数的历时曲线。当动安全系数低于 1.0,计算便停止。对于楔形体 1,当 $t=3.918s$ 时便停止计算,此时动安全系数 $K_d=0.999\ 7$,相应的加速度为 $a=2.14m/s^2$,地震力系数为 $\eta_y=0.214\ 8$;对于楔形体 2,当 $t=6.370s$ 时便停止计算,此时动安全系数 $K_d=0.999\ 8$,相应的加速度为 $a=7.202m/s^2$,地震力系数为 $\eta_y=0.734\ 9$。可以看到当 Y 方向地震力系数为正时,动安全系数减小;反之,当 Y 方向地震力系数为负时,动安全系数则增加。

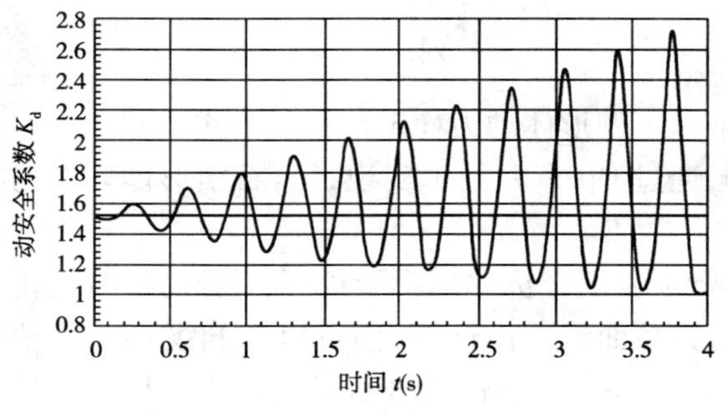

图 8 楔形体 1 动安全系数的历时曲线

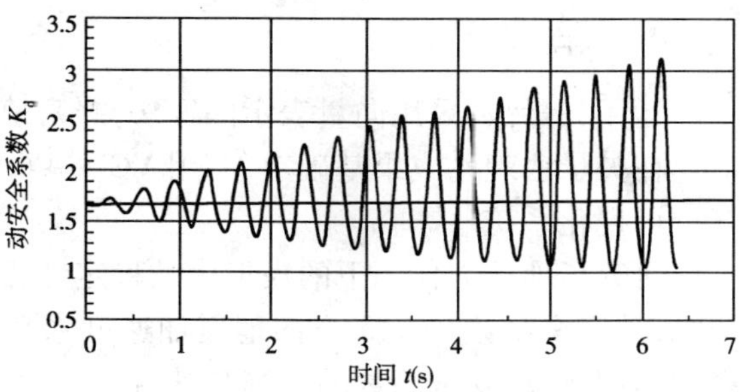

图 9 楔形体 2 动安全系数的历时曲线

【例 2】 楔形体 X 方向动安全系数分析

研究图 10 所示的楔形体模型 X 方向的稳定性问题，楔形体参数和特性如表 2 所示。为求解楔形体 3 的动安全系数，输入 X 方向地震加速度：

$$a=4.0\times[1-e^{-0.2t}]\sin(18.0t) \qquad (\mathrm{m/s^2})$$

加速度随时间变化关系曲线，如图 6 所示。动安全系数随时间变化曲线，如图 11 所示。从图 11 可以发现在波谷处出现转折，这是 X 方向的地震加速度达到某个极限值时，就会出现楔形体与一个面接触，另一个面被拉裂，楔形体发生单滑，从而引起波形转折。

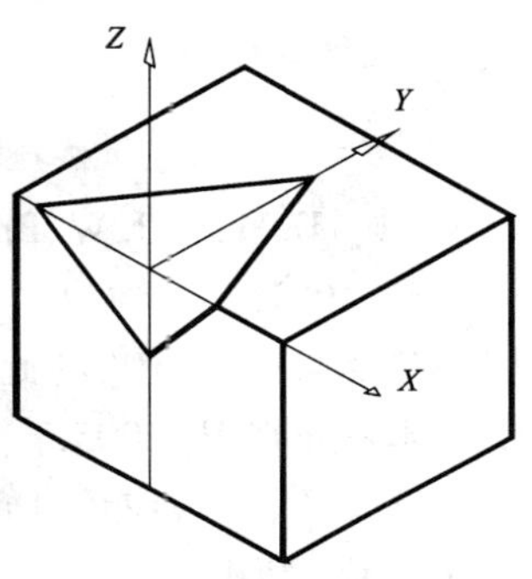

图 10 楔形体 3 模型图

楔形体 3 参数和特性 表 2

参数	数值	参数	数值
楔形体高度 H(m)	0.05	重力(N)	1.995 53
交线的法线 $\vec{n}$ 和 A 面之间的夹角 ω_a(°)	15	摩擦角(°)	42
交线的法线 $\vec{n}$ 和 B 面之间的夹角 ω_b(°)	68	A、B 面交线的倾角 i_a(°)	42.46
密度(kg/m³)	2.4×10^3	凝聚力(N/m²)	0.0
A 面面积(m²)	15.23×10^4	静安全系数(理论值)	1.328 9
B 面面积(m²)	64.046×10^4		

动安全系数随 X 方向地震加速度系数的关系曲线，如图 12 所示。从图 12 中可以看到，动安全系数随 X 方向地震加速度系数的呈线性关系：当 $\eta_x\leqslant-2.753\ 316$ 时，面 A 的法向力为零，动安全系数的临界值为 3.801 9；当 $\eta_x\geqslant0.268\ 515$ 时，面 B 的法向力为零，动安全系数的临界值为 2.636 6。当 $-2.753\ 316\leqslant\eta_x\leqslant0.268\ 515$ 时，楔形体与两个面都保持接触，动安全系数在 3.801 9 ~ 1.087 8 范围内。

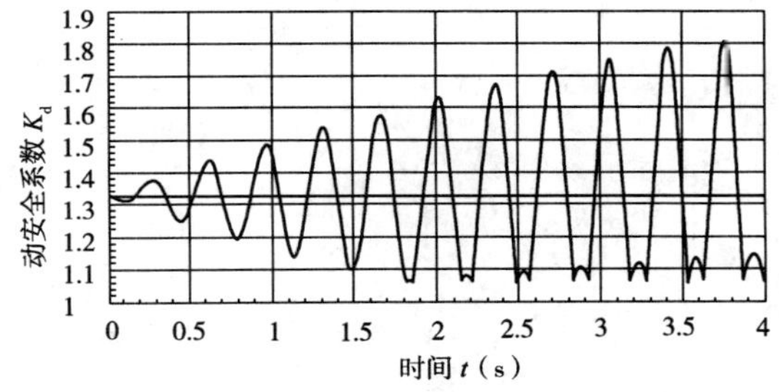

图 11 楔形体 3 动安全系数历时曲线

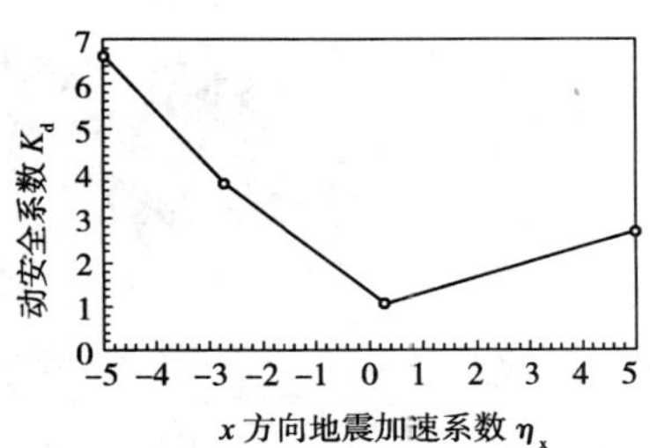

图 12 楔形体 3 动安全系数 K_d 与 X 方向地震加速度系数 η_x 的关系

5 结语

运用矢量法,采用向量表示的方法,严密地推导了楔形体动力稳定计算的公式。

在矢量法理论成果基础上,利用VC++6.0,通过OpenGL技术实现了岩石楔形体模型的三维可视化系统。

研究了地震力作用下的楔形体的稳定性,进行了实例分析,给出了动安全系数的历时变化曲线,动安全系数与X、Y方向地震加速度系数的关系曲线。由此,我们可以得知楔形体在地震波作用下,动安全系数的范围和其滑动的形式。在实际工程中,对于评价边坡稳定以及边坡加固具有一定的实际意义。

参考文献

[1] [英]E. Hoek J. W. Bray 著. 卢世宗,等,译. 岩石边坡工程(第三版). 北京:冶金工业出版社,1981.

[2] 陈祖煜,汪小刚,杨健,贾志欣,王玉杰. 岩质边坡稳定分析—原理. 方法. 程序. 北京:中国水利出版社,2005.

[3] 潘爱民,王国印译. David J. Kruglinski. Visual C++技术内幕(第四版). 北京:清华大学出版社,2001.

[4] Richard S. Wright, Jr. Benjamin Lipchak, Nicholas Haemel. OpenGL Super Bible(4th Edition):Comprehensive Tutorial and Reference[M]. USA: Addison-Wesley, 2007.

爆破开挖对公路边坡稳定性的影响分析

刘宏宇[1]　高文学[1,2]　卓祖城[1]　刘洪洋[1]

(1.北京工业大学建工学院　北京　100124；
2.城市与工程安全减灾省部共建教育部重点实验室　北京　100022)

摘　要:岩质高边坡是山区公路建设中常见的一类边坡,其静力和动力稳定性分析一直是岩土工程界密切关注的问题。本文以具体工程为背景,比较系统地分析了爆破开挖对岩质边坡稳定性的影响,探讨了岩质高边坡动力稳定性评价标准;通过有限元分析方法对岩质边坡爆破开挖过程进行了数值模拟,分析了不同爆破参数和边坡设计坡度下爆破开挖对岩质高边坡稳定性的影响规律。

关键词:路堑高边坡　爆破开挖　动力稳定性　数值模拟

0　引言

岩质高边坡的安全性评价,是山区公路建设过程中的常见问题。目前,针对路堑高边坡的设计主要是基于地质勘探资料,并对岩体开挖后的静力稳定性进行分析,设计中对爆破开挖引起的边坡动态稳定性问题涉及较少。调查资料表明,路堑边坡开挖后的部分病害大都是由于不合理的爆破施工引起的,并已成为影响边坡稳定安全的重要因素。

国内学者对爆破荷载下岩质边坡动力稳定性以及评价标准问题的研究,目前还处于探索阶段,虽然取得了一定的研究成果,但还很不完善。部分研究者分别通过离散元法、有限元法、有限差分法等对边坡在爆炸荷载下的动力响应进行数值模拟,得到了较为理想的结果。这说明通过数值模拟方法分析边坡在爆炸荷载下的动力响应是可行的[1,2,3],但离实际应用尚有一定距离。

本文结合北京延(庆)—龙(庆峡)路改建工程,以其中一段路堑爆破开挖作为研究对象,采用 MIDAS - GTS 有限元分析软件对爆破开挖过程进行数值模拟计算;结合现场监测数据,分析了不同工况下,爆破对不同坡度的路堑高边坡稳定性的影响。这对同类工程具有一定的借鉴作用。

1　爆破开挖对岩质高边坡稳定性的影响

天然岩体,一般处于较稳定的静力平衡状态。路堑高边坡的开挖,打破了天然岩体内原有的应力平衡,使其应力状态发生了改变。现有的边坡设计理论,主要考虑开挖后岩体能否达到一个新的静力平衡,但边坡岩体的开挖不是一个简单的静力过程,还必须考虑开挖过程中爆破对边坡稳定性的影响。

山区公路岩质高边坡的爆破开挖,多是从上向下成台阶或梯级进行。基于岩石爆破作用原理[4],爆破破岩的过程主要是应力波和爆轰气体压力共同作用的结果:一方面,炸药爆炸后,产生的爆炸气体膨胀并作用在药包周边的岩石上,使岩石内部产生剪切破坏;另一方面,爆炸产生的爆轰波冲击和压缩周围的岩体,造成岩体的局部粉碎,同时压力波在向四周的传递过程中与自由面反射的拉伸应力波共同作用,产生破坏。

由此可见,爆破开挖对岩质高边坡的影响可分为两类:第一类是爆破对坡面的影响。由于设计坡面距离炮孔(药包)很近,一般处于破裂区或者粉碎(压缩)区内,坡面容易产生贯通的径向裂纹。如果设计和施工不当,就容易造成局部崩塌或落石,给行车带来安全隐患。第二类是爆破对边坡整体稳定性的影响。爆炸产生的应力波在岩石内部传递,容易造成岩体内原有的节理、裂隙进一步扩展,引起破碎带或完整岩石中隐节理的运动,严重时还可能造成岩体沿已有结构面滑移,直接影响边坡的整体稳定性。

2 岩质高边坡动力稳定性评价

岩质高边坡可能遇到的动力问题,主要包括地震作用下的边坡稳定性问题和爆破荷载下的边坡稳定性问题。地震荷载和爆炸荷载有着明显的不同,相比地震荷载,爆破所产生的振动频率要高得多,可以达到几十赫兹;同时,爆炸冲击的作用时间很短,一般认为炸药爆炸冲击波的作用时间小于0.1s。这两种荷载的不同特点,决定了针对不同荷载下岩质高边坡动力稳定性评价标准是不尽相同的。

目前评价岩质高边坡的动力稳定性,主要通过两种方式:

(1)经验法,其中速度判别法应用最广。一般认为,岩体振动速度的大小和边坡破坏程度有很大关系,因此可以人为设定振动安全临界值,以此控制爆破施工方式。但在不同的工程条件下,岩体有着不同的类别、风化程度等,设定的振动安全临界值大小又受到边坡形状、爆破施工方法等诸多因素影响,因此不宜设定一个统一的安全评判标准,只能根据相似工程进行类比分析。

(2)安全系数评判方法。目前,关于安全系数的定义还没有统一的说法。文献[5、6、7]中,结合极限平衡稳定分析方法,将边坡瞬时安全系数取为此时刻下抗滑力和下滑力的比值,提出了稳定安全系数的时程算法,得到了在动力荷载作用下安全系数的最小值,并将此定义为边坡的动力稳定性系数。但是这种方法不宜应用到爆破荷载情况下的岩质高边坡稳定性评判中,因为爆破荷载历时短暂,边坡在一瞬间的安全系数小于1并不直接导致边坡的稳定性破坏,可以应用于地震荷载作用下的边坡动力稳定性分析当中。文献[8、9]对此方法进行了调整,将最小平均动力安全系数或平均安全系数作为评价指标,但缺乏实际工程资料的验证。

本文选用应用较广的安全振动速度阀值法,同时结合现场实际监测资料对边坡的安全稳定性进行评价。同时,基于安全振速控制标准对边坡岩体的安全性进行评价[10],如表1所示。

岩体爆破损伤质点振动速度表　　表1

质点峰值振动速度(cm/s)	岩体损伤效果	质点峰值振动速度(cm/s)	岩体损伤效果
<25	完整岩石不会致裂	63.5~254	严重的拉伸裂缝及径向裂缝产生
25~63.5	轻微的拉伸层裂		

3 路堑高边坡动力稳定性模拟分析

3.1 背景工程概况

延龙路位于北京北部山区风景区龙庆峡外,是联系龙庆峡风景区与外界的重要通道,已有的道路现状不能满足实际交通需要,必须对其进行改建与整修。本文分析选定的岩质高边坡位于龙庆峡景区入口处，分两级台阶进行爆破开挖，其中上部台阶高 10m，下部台阶高 10m。根据现场地质勘察，爆破区域基岩为中等风化砾岩层，层顶为薄层强风化砾岩层，节理裂隙发育。岩石的物理力学参数，如表 2 所示。

砾岩物理及力学参数 表 2

岩石种类	弹性模量 E(10^3MPa)	内摩擦角(°)	内聚力(MPa)	抗拉强度(MPa)	抗压强度(MPa)
中等风化砾岩	6	40	15	10	80

根据现场岩体情况，确定采用中深孔松动控制爆破施工方案，其中钻孔直径 $\phi=90$ mm，钻孔倾角 75°；设计抵抗线 $W=2.0\sim2.5$m，孔距 $a=2.5\sim3.0$，排距 $b=2.0\sim2.5$ m；炸药单耗取 0.25 ~ 0.3 kg/m^3。为了减少爆破对路堑边坡的影响，临近设计边坡的，采用缓冲爆破，设计孔间距 $a=1.5\sim2.0$m；炸药选用 2 号岩石乳化炸药。

3.2 岩质路堑高边坡动力稳定性模拟

采用 MIDAS-GTS 有限元分析软件，并根据岩石的特性和边坡的大小，分析下台阶边坡开挖时对上台阶边坡所造成的影响。

3.2.1 爆破冲击荷载简化

采用 MIDAS-GTS 分析爆破振动的影响，其关键是确定爆破加载模型，它包括确定爆破激振力的大小、作用位置和方向、爆炸荷载持续时间等方面的内容。

关于爆破冲击荷载的确定，目前尚无完善、统一的理论方法。爆破荷载实际上为一条具有加载和卸载过程的曲线，为了简化分析过程，在数值模拟中作如下假设：

(1)采用等效荷载施加方法，即在同排炮孔连心线所在竖直平面，施以等效时程荷载[11]。

(2)假设爆破荷载为三角形。爆炸压力主要由爆炸产生的气体膨胀压力产生，对于耦合装药条件，孔壁压力可由公式(1)确定：

$$p_h = \frac{\rho_C D^2}{2(k+1)} \tag{1}$$

式中：p_h——孔壁压力；

ρ_0——炸药密度；

D——炸药的爆轰速度；

k——等熵指数。

对于不耦合装药的情况，由于炸药产生的气体将在炮孔内自由膨胀，孔壁压力可根据式(2)进行调整计算：

$$p_h = \frac{\rho_0 D^2}{2(k+1)}\left(\frac{d_e}{d_h}\right)^{2k} \tag{2}$$

式中：d_e、d_h——装药直径和炮孔直径；

k——取值为 3。

模型中将等效爆破荷载施加在炮孔中心的连接线上，故爆破荷载的计算压力可通过式(3)计算：

$$p_e = (d_h/a)p_h \tag{3}$$

式中：p_e——爆破荷载等效峰值压力；

a——相邻炮孔间距；

其他符号同前。

(3)爆破荷载曲线典型的加载到峰值应力的升压时间是设为2ms;爆压总作用时间设为7ms。为了充分了解爆破振动波在岩体中的传播规律,总的计算时间取为200ms。

根据上述假设和式(1)~式(3),计算得到在松动控制爆破方案下,爆破等效荷载峰值为6.64MPa。

3.2.2 本构模型与边界条件

由于岩体没有明显的结构面,可采用莫尔-库仑本构模型进行计算,同时采用黏滞边界条件进行动力响应问题的研究,以降低边界面上反射波对模拟结果造成的影响[3]。数值模拟采用Lysmer和Wass提出的黏性边界条件。

3.3 数值模拟结果与分析

3.3.1 设计路基边坡坡度条件下数值模拟结果

计算模型由路堑高边坡及其地基组成,路堑边坡采用设计坡度1:0.3,分为上下两级台阶,每级边坡高度10m,下端边界(Y轴负方向)取至地面以下10m,右端(X轴正方向)取84m,模型X方向范围为0~84m,Y方向范围为-10~20m。由于边坡在Z轴方向对称,为平面应变问题,故采用二维模型,有限元模型共划分为2 201个单元。计算模型及网格划分,如图1所示。

图2给出了在上层边坡坡顶面上不同位置处质点垂直振速数值模拟结果。由图2可以看出,当质点距离坡面较近时,其最大振速衰减较快;当距离坡面较远时,质点振速衰减相对较慢。

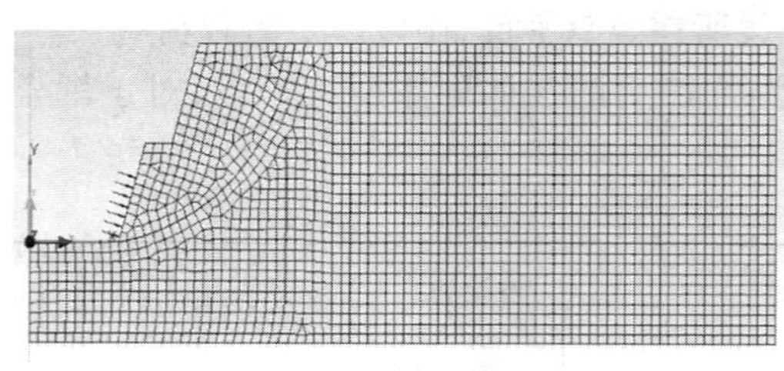

图1 边坡坡度1:0.3计算模型图

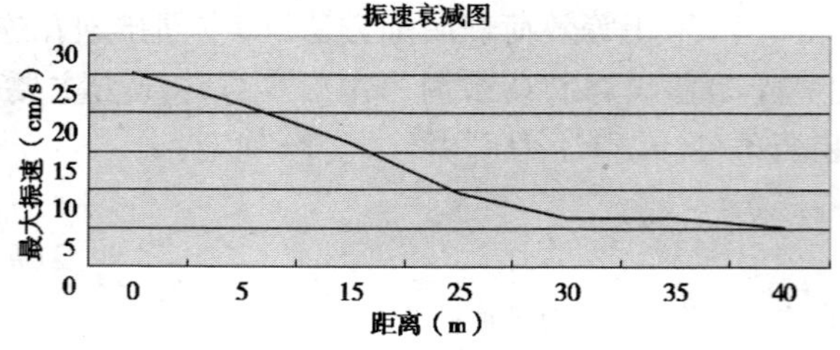

图2 振动速度衰减规律

表3给出了在坡面横向方向上16m处桥头爆破振动监测数据与相应点数值模拟结果的比较,数值模拟的误差在5%以内。这说明在一定距离范围内,模拟的结果比较接近于现场实测质点振速。路堑上坡面顶点为最危险点,其最大垂直振速为25.03cm/s(见图2);根据表1给出的爆破损伤判据,岩体只产生轻微的拉伸破裂,符合实际情况。由此判定此种工况条件下爆破开挖对路堑边坡的稳定性不构成威胁。

距爆区16m处最大振速与误差 表3

实测最大垂直振速(cm)	计算最大垂直振速(cm/s)	计算误差
6.365 9	6.08	4.49%

3.3.2 不同爆破条件下数值模拟结果

为了比较不同条件下数值模拟结果与规律,设计将炮孔间距增大到$a=3$m,单孔装药量增加一倍。根据式(2)、式(3),爆破等效荷载峰值$p_e=25.76$MPa,计算模型其他条件不变。

在该爆破条件下,边坡顶面不同距离处质点垂直振动速度衰减规律,如图3所示;上边坡顶点的垂直振动速度时程曲线,如图4所示。由数值模拟结果可见,该爆破条件下路堑边坡顶点的垂直振动速度达到100.3cm/s，为原设计的4倍。根据表1提供的判断标准进行比较，坡面会产生严重的拉伸裂缝及径向裂缝，当裂缝发展到一定程度时，会造成局部崩塌，不利于边坡稳定和行车行人安全。

3.3.3 不同设计边坡坡度数值模拟结果

在炮孔间距和爆破等效荷载峰值不变的条件下（$a = 3\text{m}, p_e = 25.76\text{MPa}$），改变路堑边坡设计坡度为1∶0.75。分析在此条件下路堑边坡的动力响应，得到边坡顶部振速衰减规律，如图5所示。

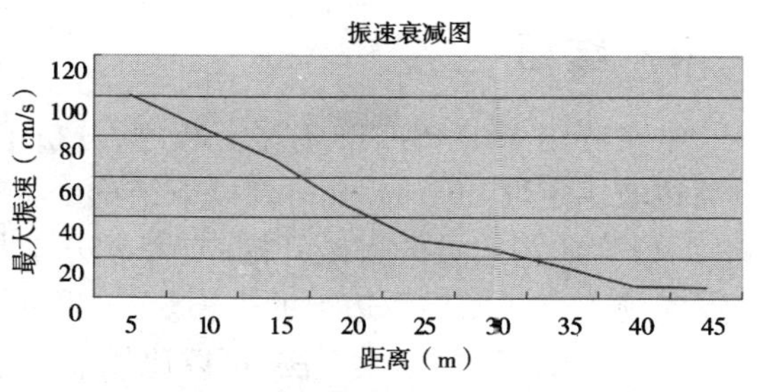

图3 不利爆破参数下边坡顶部振速衰减曲线

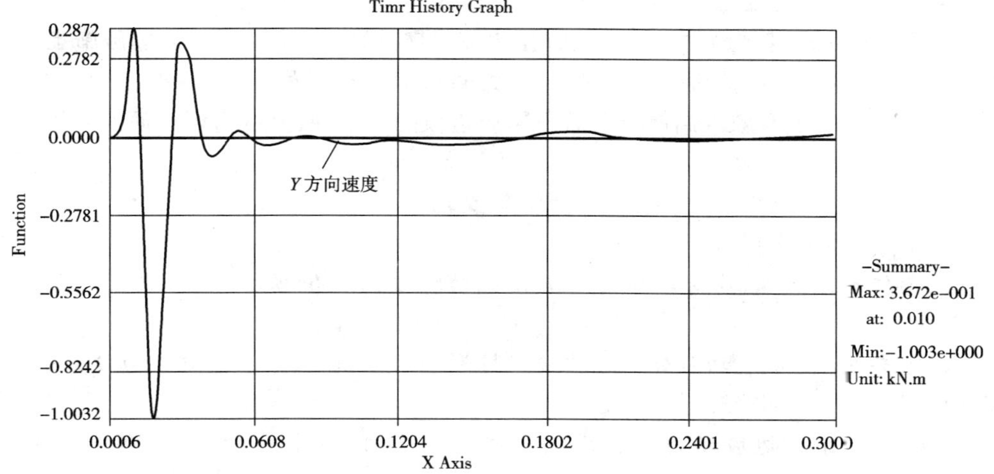

图4 上坡面顶点的振速时间曲线

此时，边坡坡面顶点的最大垂直振动速度为91.39cm/s（见图5）。与图3相比，最大振速下降了8.9%，这说明若边坡坡度放缓，可在一定程度上提高路堑高边坡在爆炸荷载作用下的稳定性。但另一方面，根据表1提出的判据，边坡仍会产生较严重的拉伸裂缝及径向裂缝产生，并且，随着坡度变缓，开挖量增加，工程造价也会提高。因此，具体边坡坡度的设计，应根据工程的地形、地质条件、工程规模等因素综合确定。同时在边坡开挖时，应采取有效的技术措施，控制爆破对路堑边坡的损害。

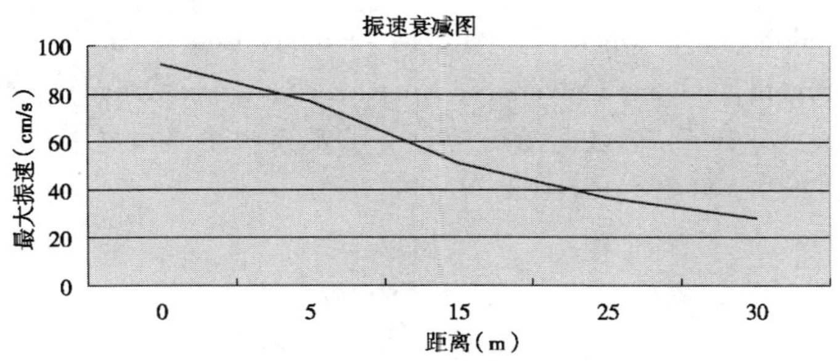

图5 边坡坡度1∶0.75时坡顶振速衰减图

4 结语

本文利用 MIDAS-GTS 有限元程序，分析了不同爆破参数和边坡设计坡度下爆破开挖对岩质高边坡稳定性的影响，并得到以下结论。

(1)岩质高边坡的爆破开挖，应考虑边坡在开挖过程中的动力稳定性问题，以避免因不利的爆破施工方法而导致边坡的失稳。

(2)采用恰当的建模方法，可以比较准确地模拟边坡的动态响应，分析岩质高边坡的动力稳定性。但是在不同的地形、地质条件下，仍需基于大量的工程实践进行对比分析，以便提出更为准确的边坡动力稳定性判据，指导山区公路高边坡的设计和施工。

(3)路堑高边坡岩体爆破开挖时，应根据边坡岩体的特点，选定合适的爆破施工工艺和路堑边坡形式。根据文中数值模拟对比结果，在路堑边坡开挖过程中，对临近设计边坡的岩体，采用缓冲爆破技术，能有效提高爆炸荷载下岩质边坡的稳定性，降低边坡坡面的受损程度。

参考文献

[1] 夏祥，李俊如，等．爆破荷载作用下岩体振动特征的数值模拟[J]．岩土力学，2005，26(1)：50-56.

[2] 谭文辉，乔兰．爆破震动对公路边坡稳定性影响的数值模拟[J]．岩石力学与工程学报，2005，24(1)：4837-4843.

[3] 祁生文，伍法权．边坡动力响应规律研究[J]．中国科学 E 辑．技术科学，2003(33)：28-40.

[4] 刘运通，高文学．现代公路工程爆破[M]．北京：科学出版社，2005.

[5] 张建海，范景伟，何江达．用刚体弹簧元法求解边坡、坝基动力安全系数[J]．岩石力学与工程学报，1999，18(4)：387-391.

[6] 张伯艳，陈厚群，杜修力，等．拱坝坝肩抗震稳定分析[J]．水利学报，2000(11)：55-59.

[7] 苏超，李俊宏，任青文．有限单元法在高拱坝坝肩动力稳定分析中的应用[J]．河海大学学报(自然科学版)，2003，31(2)：144-147.

[8] 刘汉龙，费康，高玉峰．边坡地震稳定性时程分析方法[J]．岩土力学，2003，24(4)：553-556.

[9] 薄景山．三峡重庆库区区域滑坡灾害的综合研究报告[R]．哈尔滨：中国地震局工程力学研究所，2003.

[10] Bauer，A. & Calder，P. N. Open pit and blast seminar. Course No. 63221，1978. Mining Engineering Department，Queens University，Kingston，Ontario，Canada.

[11] 许红涛，卢文波，周小恒．爆破震动场动力有限元模拟中爆破荷载的等效施加方法[J]．武汉大学学报，2008，41(1)：67-103.

路基震害及处治措施浅析

陈永红[1]　邓卫东[2]

（1. 重庆交通大学　重庆　400074；2. 重庆交通科研设计院　重庆　400067）

摘　要：汶川地震使交通设施严重受损。本文在调查路基震害的主要现象和原因的基础上，对比分析了破坏路基与未破坏路基的情况，提出了震害的相关处治措施。

关键词：路基震害　对比分析　抗震措施

0　引言

5.12汶川大地震发生在高山峡谷地区，地震引发了严重的山体滑坡、崩塌、泥石流等地质灾害，对公路路面、路基、支挡结构物、桥梁、涵洞和隧道造成巨大破坏。本文对此次地震造成的道路破坏现象进行了一些调查，分析了有关原因，同时提出相关的处治措施，为以后的道路设计提供参考。

1　路基震害现象及原因分析

1.1　山体滑坡断道

山体滑坡和山体滚石危害严重，导致道路彻底破坏，交通瘫痪，抢修难度大。地震的强烈作用使斜坡土石的内部结构发生破坏和变化，原有的结构面张裂、松弛。另外，一次强烈地震的发生往往伴随着许多余震，在地震力的反复振动冲击下，地震产生的水平地震附加力促使边坡的下滑力增大、滑动面的抗滑力减小，斜坡土石体就更容易发生变形，最后就会发展成滑坡（见图1）。

图1　山体阻断道路

1.2　路基垮塌

通过对三段路的调查，发现路基多处垮塌，危害严重，抢修难度大。这主要是由于所开挖的开挖路基边坡较徒，堆积物受到地表水及地下水的影响，使土壤的抗剪强度降低，在地震的作用下使边坡的稳定性受到影响（见图2）。

1.3　填方路基下沉及路面裂缝

路基纵向较宽裂缝一般发生在填挖交界处，这是因为路基填方与原地震存在不同的压实度和刚度，存在一个潜在的破坏面。填料对裂缝的产生也有很大的影响，比如在填土的过程中掺杂了一些较大的颗粒，在地震的作用下，填土中的小颗粒被挤入大颗粒的空隙中，填土被压实，体积减小，从而造成路基下沉。每部分填土的差异沉降促使裂缝产生（见图3）。

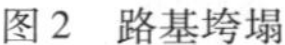

图2　路基垮塌

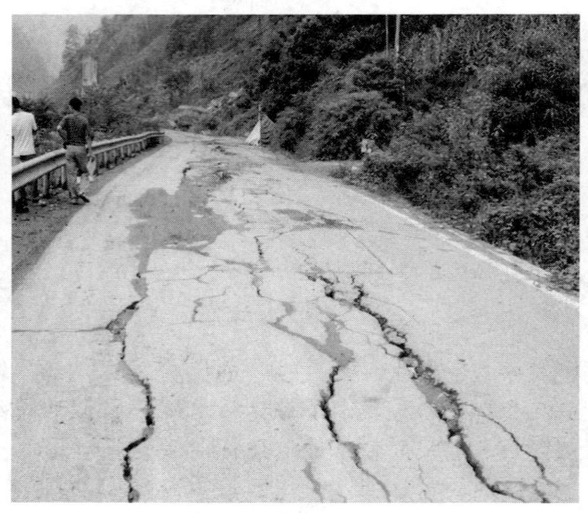

图3　路面开裂

1.4　挡土墙的破坏

挡土墙在地震中的破坏现象,主要有垮塌、开裂、错台、沉降 、转动等,部分挡土墙的破坏导致交通阻断(见图4、图5)。地震时,地表连同挡土墙以地震加速度产生振动。此时,填土和挡土墙便承受了与地震加速度相反方向的地震力的作用。地震力可分解为水平与竖直两个分力,由于竖向地震力相对于水平地震力较小,可以忽略其对挡土墙的影响。因此可认为挡土墙的破坏,主要由来自水平方向的地震力所引起的。

图4　挡土墙垮塌

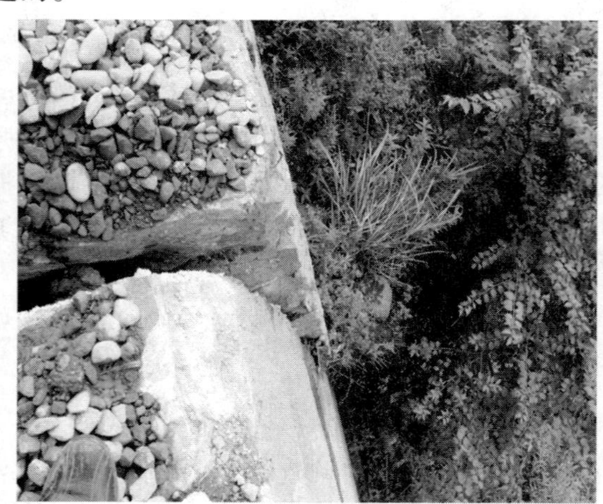

图5　挡土墙错台

挡土墙垮塌一般发生在坡体较陡的路段,基础埋深较浅,同时与挡土墙的质量有很大关系。挡土墙在沉降缝处的错台,是因为每段挡土墙所承受的水平力不同,由此产生了不同程度的滑移所造成的。

1.5　旧路加宽路基破坏

地震作用下新加宽路基失稳,主要表现为加宽路基沿新老路基结合面发生滑移, 严重时甚至发生整体坍塌。这种病害主要发生在陡坡地基、软弱地基和高填方路堤等加宽路段。当新加宽路基沿结合面滑移量较小时, 新老路基结合面会产生错台, 导致新老路基结合部位的路面开裂。由此会引起雨水渗入，结合面强度急剧降低，给路基稳定性留下更大的隐患。当路基滑移量较大、甚至整体坍塌时，会造成加宽路面整体破坏，甚至使既有路基相继出现失稳，致使既有路面也发生结构损坏和使用功能的下降(见图6)。

图6 旧路加宽破坏

2 路基震害处治

通过对213国道都江堰至映秀段的调研发现,在相同地质、地貌形态的路段存在完好的路基,但是它们的防护措施不同。上边坡防护多采用挂网喷射混凝土或者利用框架锚索格子梁,下边坡多采用抗滑桩等。采用这些措施的路基基本未破坏或破坏不严重。

2.1 喷浆或喷射混凝土防护

2.1.1 适用条件

(1)适用于岩性较差、强度较低、易风化或坚硬岩层风化破碎、节理发育、其表层风化剥落的岩质边坡。

(2)当岩质边坡因风化剥落和节理切割而导致大面积碎落,以及局部小型坍塌、落石时,可采用局部加固处理后,进行大面积喷射混凝土(见图7)。

图7 喷混护坡

2.1.2 构造要求

(1)喷浆厚度不宜小于1.5~2cm,喷射混凝土的厚度以3~5cm为宜。

(2)为防止坡面水的冲刷,沿喷浆(喷射混凝土)坡面顶缘外侧设置一条小型截水沟。

(3)浆体两侧凿槽嵌入岩层内。

2.2 喷锚防护

2.2.1 适用条件

凡易于喷浆(喷射混凝土)防护的岩质边坡,当岩层风化破碎严重、节理发育,在破碎岩层较厚的情况下,如果继续风化,将导致坠石或小型崩塌,从而影响整个边坡的稳定性。喷锚防护具有较高的强度,较好的抗裂性能,能使坡面内一定深度内的破碎岩层得以加强,并能承受少量的破碎体所产生的侧压力。

2.2.2 构造要求

(1)为防止坡面水的冲刷,沿喷射混凝土坡面顶缘外侧设置一条小型截水沟。

(2)锚固深度视边坡岩层的破碎程度及破碎层的厚度而定,喷射混凝土厚度不小于5cm。

(3)锚杆的类型有树脂锚杆、全长砂浆锚杆、塑料锚杆、水泥锚杆和缝管锚杆。

(4)提高锚杆承载力的措施,主要有延长锚固段长度、二次压浆、采用端头扩大或多段扩大头锚杆、重复高压灌浆和改变锚杆传力特征的剪力或压力型锚杆。其中二次压浆和重复高压灌浆比较实用有效。

2.3 框格护坡

2.3.1 适用条件

框格护坡,适用于风化较严重或破碎的岩质边坡。

2.3.2 构造要求

(1)框格内植草,通常采用客土喷播法或植草皮等方法。

(2)框格形式主要有正方形、菱形;框格宽0.4~0.6m,框格间距2.5~3.5m(见图8)。

2.4 抗滑桩

抗滑桩承受侧向荷载,它穿过滑体在滑床的一定深度处锚固,抵抗滑坡推力的作用。工程实践表明,对于浅层滑坡或路基边坡滑坡,可用混凝土桩或混凝土钻孔桩,使坡体稳定;对于岩层整体性强、滑动面明确的浅层或中层滑坡,可在滑坡前缘设置混凝土或钢筋混凝土钻孔桩。对于推力较大的大型滑坡,可采用大截面的挖孔桩,采用分排间隔设桩或轻型挡土墙组合形式,分散滑坡推力。

2.5 加筋土挡土墙

在土中加入加筋材料可以提高土体的抗剪强度,增加土体工程的稳定性。加筋挡土墙是利用水平、相间、成层地布置在填料中的拉筋与填料之间的摩擦力来稳定土体。地震产生的水平作用力也可以通过拉筋与填土的摩擦相抵消,使挡土墙稳定(见图9)。

图8 框格护坡

图9 加筋挡土墙

3 结语

通过调研可以初步得出结论:采用挂网喷射混凝土、框架锚索格子梁、抗滑桩、加筋土路基等,对减少路基震害是有利的。在今后的工作中应加强相关的研究,完善这些措施的抗震设计方法。

参考文献

[1] 杨航宇,等.公路边坡防护与治理[M].北京:人民交通出版社,2002.

[2] 单炜,等.公路工程地质灾害与防治[M].哈尔滨:东北林业大学出版社,2005.

[3] 侯建新.锚喷技术在山区高速公路高路堑边坡防护中的应用[J].乌鲁木齐:西部探矿工程,2005(11):42-43.

TDR 在边坡监测中应用的试验研究

杨甲豹[1] 傅鹤林[1] 谭捍华[2]

(1. 中南大学土木建筑学院 长沙 410075;
2. 贵州省交通规划勘察设计研究院 贵州 550001)

摘 要:简要介绍 TDR 技术和进行 TDR 试验的目的。通过 TDR 剪切与拉伸模拟试验,得出了结论:TDR 对拉伸破坏边坡监测效果不明显,而对剪切破坏的边坡监测有较好的效果。最后由 TDR 特性试验,得出 TDR 在边坡监测中的适用范围。

关键词:TDR 模拟试验 边坡监测

0 引言

时间域反射测试技术 TDR (Time Domain Reflectometry),是监测边坡稳定性的一种新方法。TDR 与雷达很相似。电脉冲沿着同轴电缆从地表向下传播,在电缆断裂或变形处即被反射回来,反射信号在电缆的特性信号曲线上显示为一个脉冲峰尖。边坡位移相对大小、变形速率以及变形位置,都能立即精确地确定下来。

TDR 与传统的测斜仪相比,具有以下几个优点:①安装成本低;②安装深度无限制;③快速确定边坡移动;④可以远程数据采集。

近年来,TDR 时域反射仪成为一种新型而便宜的监测地表下沿剪切面的移动变形手段。它每 200μs 给测试电缆激发一次超速脉冲电压,在遇到断裂的地方阻抗特性发生变化,于是脉冲被反射回到电缆测试仪,而在电缆特性曲线上显示为一个峰值,每一个独立的反射分别确定一个对应的断裂位置。在垂直的钻孔中使用 TDR ,其安装费用比安装通常的测斜管要便宜。TDR 自身只能指出发生移动的深度位置和相对位移大小。

TDR 型号多,为了能在工程滑坡监测中能选用合适型号 TDR,有效地采用 TDR 进行监测,实现滑坡的准确预测和预报,本研究对 TDR 特性进行了试验。通过试验,对以下 3 个方面进行了确定:

(1)同轴电缆的剪切变形,对 TDR 波形的影响;

(2)同轴电缆的拉伸变形,对 TDR 波形的影响;

(3)不同型号同轴电缆的试验特性。

在试验基础上,确定所试验 TDR 型号中理想型号,以便在工程中选用。

位移与变形的长期观测,是滑坡动态监测的重要组成部分。采用 TDR 技术对滑坡进行监测,可以了解和掌握滑坡深部的位移与变形的动态变化过程。从理论上来说,TDR 技术可以完成大量程的滑坡监测。其量程的大小只与测试电缆的特性有关,与监测钻孔的受损坏程度无关。大量的试验也能够证明这一点。但是实际情况,只有通过试验才能确定。

1 TDR 剪切和拉伸模拟试验

1.1 试验仪器及材料

(1)TDR100 测试仪;

(2)直剪仪;

(3)钢筋拉伸试验机;

(4)SYV-75-5、SYWV-75-7、SYWV-75-9 三种型号同轴电缆各 9m,测斜管共 6.3m(或用 PVC 管代替),32.5R 级普通硅酸盐水泥 100kg,ϕ10 螺纹钢筋 3.6m。

1.2 试件制备

将同轴电缆置于圆管中沿轴线方向拉直,用水灰比为 0.6 的水泥砂浆填充密实管中空隙,剪切试件长 20cm,拉伸试件长 50cm(两端预埋 20cm 长、ϕ10 螺纹钢筋,外露 10cm),同轴电缆穿出试件两端一定长度,以便与 TDR 测试仪连接。

试件龄期 7d,同步可制备 6 个 70mm × 70mm × 70mm 试块,以测定水泥浆 7d 及 28d 的抗压强度。

1.3 试验步骤

1.3.1 剪切试验

(1)将剪切试件置于剪切仪中,连接同轴电缆与 TDR100 测试仪。并用数据线将测试仪与电脑连接起来,测力计调零,记录初始 TDR 信号。

(2)摇动手轮,用百分表控制剪切位移量,每 1mm 记录一次 TDR 信号、量力环读数,直至同轴电缆被剪断。据此分析 SYV-75-5(外径 4.8mm)、SYWV-75-7(外径 7mm) 、SYWV-75-9(外径 9mm)三种型号同轴电缆的剪切面处剪切位移与 TDR 反射系数关系,及三种型号同轴电缆的剪切位移与所受剪力关系。

1.3.2 拉伸试验

(1)用钢锯切割拉伸试件圆管和水泥浆(注意不要损伤同轴电缆),将其置于钢筋拉伸试验机中,夹紧试件两端的预埋钢筋,调整,使同轴电缆处于自然状态。

(2)连接同轴电缆与 TDR100 测试仪,并用数据线将测试仪与电脑连接起来,记录初始 TDR 信号。

(3)对试件沿圆管轴线方向施加拉力,使同轴电缆受拉伸作用,控制同轴电缆拉伸变形量,每伸长 5mm 记录一次 TDR 信号,直至同轴电缆断裂或同轴电缆与砂浆之间的胶结破坏。

试验过程中,对于不同阻抗的同轴电缆,需要对测试信号发生器的输出阻抗进行适当的调整,使之与电缆的阻抗相匹配。针对不同长度的测试电缆,采用不同频率的信号,使 TDR 反射信号更容易采集与识别,以便获得在测试电缆中进行 TDR 测试的最佳效果。

1.4 试验结果及分析

用 PCTDR 软件收集 TDR 试验数据,然后用 TDRPlot 软件对 TDR 试验数据进行自动分析,得到 TDR 测试电缆相对反射系数变化情况。

1.4.1 剪切试验

通过试验,获得图 1 ~ 图 3 的结果。A-G 剪切面相对位移每次增加 5mm,累计 30mm。

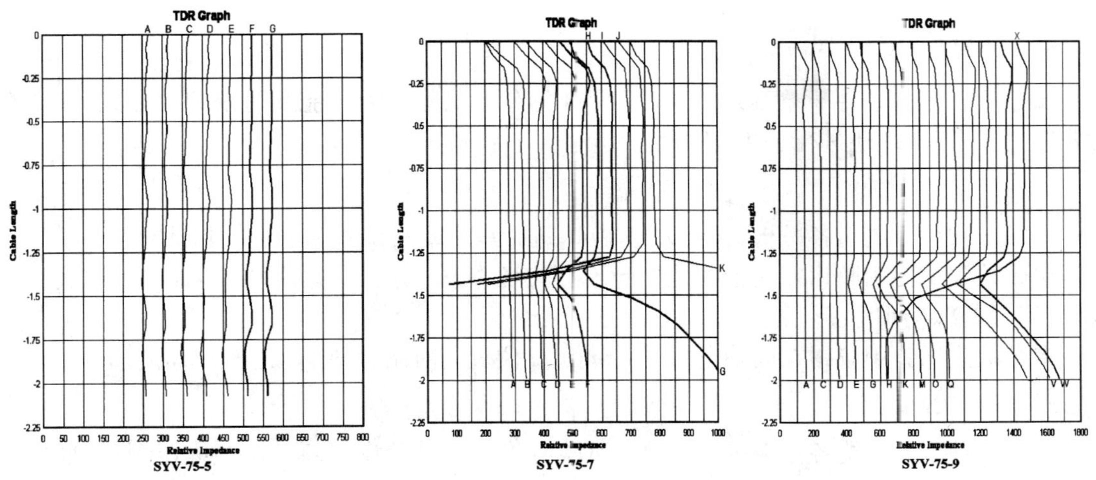

图 1 剪切试验结果

从波形图 1 可知,SYV-75-5 同轴电缆测试效果并不显著。SYWV-75-7 同轴电缆测试效果显著,在剪断之前,剪切变形越大,其相对反射系数变化越大,内外导体接触后,波形尾部急剧偏向左,而当电缆最终剪断,波形尾部则转偏向右。SYWV-75-9 同轴电缆测试效果显著。

通过对比发现 SYV-75-5 效果不理想。这说明,同轴电缆直径越小,监测效果越差,但是越粗,成本越高。因此,在工程应用中,可以选用 SYWV-75-7 型号同轴电缆。

1.4.2 拉伸试验

通过试验,获得图 2 的结果。由图中结果可见,SYV-75-5、SYWV-75-7 同轴电缆测试波形并没有发生大的变化,很大部分是由于同轴电缆与水泥胶结强度不够,产生整体相对滑移引起。SYWV-75-9 同轴电缆受拉伸变形的测试波形没有出现尖锐的峰值信号,比受剪切变形的测试波形明显要缓和。

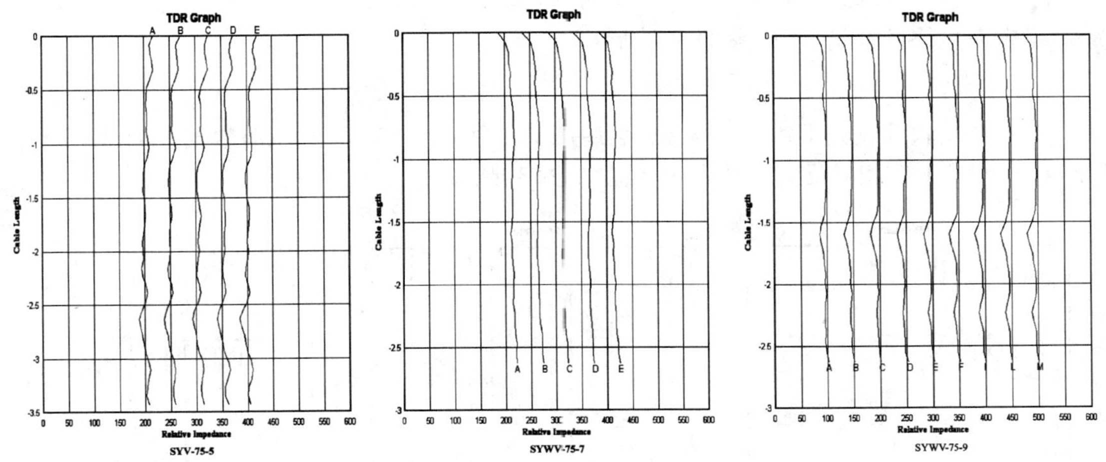

图 2 拉伸试验结果

通过比较相同型号同轴电缆的剪切与拉伸试验结果,不难发现:同种型号的同轴电缆受拉伸变形的测试波形没有出现尖锐的峰值信号,比受剪切变形的测试波形明显要缓和。这说明如果边坡是拉伸破坏,则采用 TDR 监测效果不佳。

2 TDR 特性试验

由于工程作业条件千差万别,TDR 埋设难免存在缺陷。为了能及时发现故障,以便读数时及时更正,在室内还进行了 TDR 特性试验。

2.1 整线试验

采用三种型号电缆各一根,长度大于 10m,进行单个缺陷试验和多个缺陷试验。

单个缺陷试验用胶钳在同轴电缆 10m 位置制造缺陷,分三次逐次加深切口,第四次将其剪断,记录每次 TDR 波形。

多个缺陷试验用胶钳在同轴电缆 7m、6m、5m 位置同时制造缺陷,记录 TDR 波形。

2.2 裸线试验

采用三种型号电缆各一根进行试验。试验时将电缆外胶皮、屏蔽网、绝缘层剥离,抽出铜芯待用。

2.2.1 剪切缺陷试验

(1)用胶钳在铜芯离自由端(另外一端为接头)0.5m 位置制造剪切缺陷,分三次逐次加深切口(注意不要剪断铜芯),记录每次 TDR 波形。

(2)在距离 0.5m 位置缺陷 1m 位置(往接头方向)再做一剪切缺陷,分三次逐次加深切口(注意不要剪断铜芯),记录每次 TDR 波形。

2.2.2 拉伸缺陷试验

在离上一个剪切口 1m 位置(往接头方向),做拉伸缩径缺陷。

(1)选取 2cm 长的一小截铜芯(两边各 1cm),在两端划线做记号。

(2)用胶钳夹住这一小截铜芯两端沿轴线方向进行对拉(分级进行,分级数视具体情况而定,注意不要将铜芯拉断),记录每级铜芯延伸量(估读至 0.1mm)及 TDR 波形。

最后将所绕线圈去掉,将所做两个切口分次剪断,记录每次 TDR 波形;然后将缩径部位拉断,测量铜芯最终延伸量,并记录 TDR 波形。

2.3 TDR 特性试验结果及分析

用 PCTDR 软件收集 TDR 试验数据,然后用 TDRPlot 软件对 TDR 试验数据进行自动分析,得到 TDR 测试电缆相对反射系数变化情况,如图 3 所示。

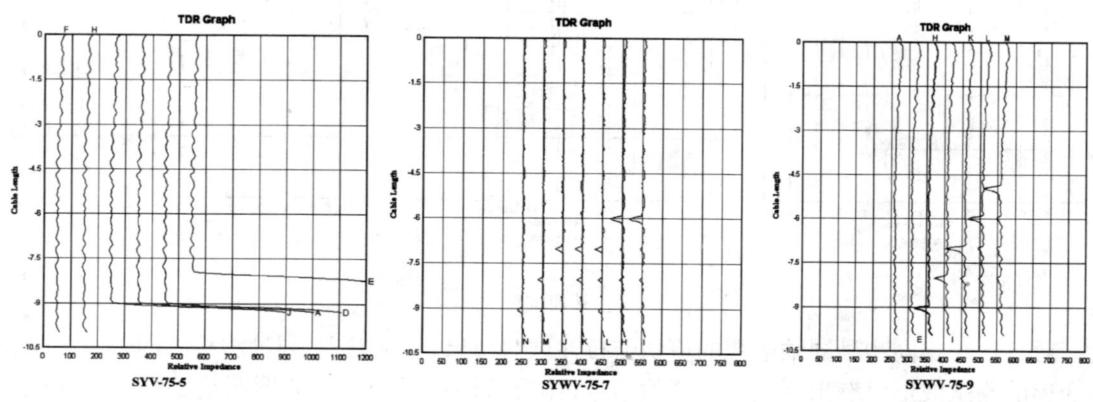

图 3 特性试验结果

显然,图 SYV-75-5 的试验结果很不明显。而由 SYWV-75-7、SYWV-75-9 的结果可得出结论:新的缺陷会对既有缺陷的反射系数产生影响。通过对试验结果的对比,可以知道:TDR 只要出现了缺陷,其反射系数明显衰弱,新的缺陷就会对既有缺陷的反射系数产生影响。

在滑坡位移较大、测斜管被剪断以后,测斜仪对滑面以下的坡体深部位移无法进行观测,TDR 同轴电缆可以作为有效的补救措施继续对滑带以下的深部位移进行观测。

3 结语

(1)如果边坡是拉伸破坏,则采用 TDR 监测效果不佳;如果边坡是剪切破坏,可以采用 TDR 进行监测。

(2)各种同轴电缆 TDR 反射系数基本随着剪切位移的增大而增大,同时对剪切位移的位置的反映也较为准确。但是不同电缆反射系数随位移的增大而增大的幅度有所不同。此外,TDR 反应的各电缆剪断时的极值位移不同,直径大的同轴电缆剪断时的剪切位移也大(向下无限延伸的曲线表示同轴电缆处于断路状态)。小直径的同轴电缆在较小剪切位移情况下,即被剪断而不能继续反馈位移的变化,为了获得位移发展过程数据,应尽量选择直径较大的同轴电缆。

(3)TDR 只要出现了缺陷,其反射系数明显衰弱,新的缺陷就会对既有缺陷的反射系数产生影响。

(4)TDR 被剪断后,基本上无信号反射,因此,单靠 TDR 技术监测滑坡很难确定滑坡滑动的方向,必须配合其他监测手段。

(5)TDR 技术难以准确测量滑坡,如何用 TDR 技术比较准确地计算现场监测的土坡滑移量,这一问题仍亟待解决。

参考文献

[1] 陈云敏,陈赟,陈仁朋,等. 滑坡监测 TDR 技术的试验研究[J]. 岩石力学与工程学报,2004 ,23 (16) :2748-2755.

[2] 史彦新,张青. TDR 技术在雅安峡口滑坡监测中的应用[J] . 勘察科学技术, 2005,(1) : 34-39.

[3] 邬晓岚,涂亚庆. 滑坡监测的一种新方法——TDR 技术探析[J] . 岩石力学与工程学报,2002,21 (5) :740-744.

[4] 唐然, 汪家林,等. TDR 技术在滑坡监测中的应用 [J] . 地质灾害与环境保护,2007 ,18 (1) :105-110.

高填方路基病害勘察及处治对策

文志兵　徐宏武

（重庆交通科研设计院　重庆　400067）

摘　要:本文总结了病害路基勘察过程中可能遇到的主要难点和重点问题,提出了不同类型路基病害的处治对策,并列举了一些工程实例。

关键词:高填方　病害路基　勘察　处治对策

0　引言

近年来我国山区高速公路飞速建设,形成了大量的高填方路基,由于受地质条件、设计理论、施工条件、管养水平等多方面因素的影响,部分高填方路基在修筑过程中遗留这样那样的缺陷,并在营运过程中逐渐形成不均匀沉降、路基路面开裂、滑坡等病害现象,严重影响公路的服务水平,甚至留下安全隐患。由于路基病害存在形成的原因多样、病害位置隐蔽、物理力学指标难准确查明、发展趋势不确定等特点,在进行病害处治的勘察设计时往往会存在一定困难,如:难以明确病害原因、难以确定隐蔽病害的位置、处治设计缺乏可信的依据、处治方案存在盲目性等。为此,本文针对公路高填方路基病害勘察过程中可能遇到的主要难点,提出了勘察过程中的应加强关注的内容,并结合路基病害的几种具体情况,提出了相应的处治对策,同时列举了在渝宜高速公路长万段路基病害处治工程中,采用的一些勘察技术方法及取得的成果,以供交流。

1　路基病害的主要表现形式

除冻土等特殊土地区外,通常填方路基病害形式主要有:不均匀沉降、路基路面开裂、路基塌陷、路基滑动。路基病害的发生和发展是一个逐渐变化的过程,初期表现出的病害形式随着时间推移有的趋于稳定;有的发展成其他形式,如由不均匀沉降引起的路基路面开裂;有的随着不均匀沉降变形量逐渐减小,裂缝的开展也逐渐趋于稳定。但有的裂缝由于雨水的渗入,导致路基强度降低,形成恶性发展,裂缝越来越长、越来越宽,最终导致路基滑动。

2　路基病害勘察的主要难点

公路路基病害勘察目前暂无明确的规范和规定,多数情况下按滑坡勘察的方法进行。在勘察过程中往往会遇到以下几个方面的主要难点:①病害原因多样,难以确定;②病害类型及发展趋势难以明确;③病害具有隐蔽性,范围难以确定;④处治设计所需参数难以准确提供。各主要难点的具体分述如下。

2.1　病害原因难以确定

路基病害形成的原因,在大的方面主要为受地质条件、设计理论、施工条件、管养水平等多方面因素的影响造成。但从具体技术层面来讲,形成路基病害的内部原因主要有以下几种可能:

(1)高填方正常固结产生的不均匀沉降。填方填筑高度大,工后固结时间也相对较长,形成通车后路基仍不断下沉并引起路面开裂的现象。

(2)填筑地基不牢固。当填筑地基承载力不足,或填筑地基稳定安全储备不足时,由于填方加载导致地基发生变形、破坏,带动填方路基变形。

(3)陡斜坡路堤,靠填筑界面的填土难以压实,形成相对软弱带,填筑体沿填筑界面变形。

(4)相邻路基的填筑深度差异大,引起差异沉降,造成路基路面开裂。

(5)在填筑过程中有欠压实的软弱层或整体都欠压实。有的随着软弱层固结路基发生不均匀沉降,有的路基沿软弱层滑移。

(6)填料性质差,造成填方强度低,变形量大。

(7)填料性质不均匀。由于填料性质差异,造成填筑后路基的差异沉降。

(8)防排水措施不完善或失效。水侵入路基,导致填土内部强度降低、变形模量减小、自重增加、水压力增加、填筑界面强度降低,引起填方稳定性降低,发生变形。

(9)支挡不力或支挡结构失效。当填方支挡结构设置不力时(如挡墙断面过小、设置地基不稳定),难以有效限制路堤变形。随着支挡结构逐渐失效,填方变形加剧。

(10)其他。如超设计考虑的地震、洪水、超载等。

2.2 病害类型及发展趋势难以明确

路基病害,主要可分为不均匀沉降和路基滑移两大类。在病害形成的初期,部分病害现象是属于哪种类型难以确定,如纵向裂缝和靠弧形填筑交界的弧形裂缝,可以由于差异沉降引起,也可以由于路基滑移引起。

病害形成后,其发展趋势有一定的不确定性,具体如由不均匀沉降引起的纵向裂缝。当裂缝开展到一定深度时,可能会发生路基失稳,同时若防水处理不及时或防水处理效果不佳,随着雨水的渗入,会加速裂缝开展,导致路基滑移。

2.3 病害范围难以确定

病害范围,主要是指滑动面位置、地下水的分布范围、欠密实层的范围等隐蔽因素难以确定。

(1)滑动面位置。在路基病害初期,滑动面尚未形成,无法确定准确的滑动面,在处治设计时往往选取一个最危险的潜在滑面作为稳定性分析和剩余下滑力计算的滑面。

(2)地下水的分布范围。填方中地下水的分布可以均匀地分布,有统一的地下水位;也可以是在浅表层2~4m范围内,以上层滞水的形式存在;也可以时呈面状分布,如沿填挖交界面渗流;还可以存在于填方的局部,如填方正对泉眼的位置等等。由于地下水的分布形式多样,其确定位置通过一般工程地质勘察手段较难确定。

(3)欠密实层的范围。无规律性,较难准确确定。

2.4 处治设计参数取值

由于填土强度受水的影响大,通过钻孔取样室内试验的方法获取的抗剪强度参数往往可靠度不高。设计时通常采用反算参数。

3 路基病害勘察的关键问题

路基病害勘察与滑坡勘察要求内容基本一致,需要获取的地形地貌、岩土结构、岩土参数、地下水条件等。同时,由于路基病害具有的特点,在勘察工作中需要注重以下问题。

(1)已有资料的收集

主要通过收集地勘报告、施工图设计文件、竣工文件,掌握填方填筑的地形条件、地质情况、填筑高度、填筑坡率、设计荷载、设计参数、地基处理情况等。

(2)变形情况与周边环境的调查

变形情况调查,包括调查现状变形情况和从建设到养护期间的变形情况,了解变形的分布范围、开展的时间、相对变形量、变化速率和平均变形的发展趋势。

周边环境的调查,主要包括周边地质条件、结构物分布、变形情况、地表汇水面积、地下汇集条件。其目的是为掌握周边环境和填方变形的相互影响关系,为处治工程勘察设计提供依据。

(3)勘察与物探检测方法相结合

路基病害勘察一般采用钻孔取样、探坑取样、原位测试、室内试验等方法。这些方法无法获取地下水的连续分布情况、准确分布范围,也不能查明软弱层的分布范围。

采用高密度电法仪进行探测,可以较准确地快速查明 20m 深度范围内填方路基的地下水分布情况、填土含水的差异情况。

采用地质雷达扫描,可以获取填土的相对密实情况,从而可以判断欠密实层的分布位置。

(4)地下水

地下水对路基稳定影响极大,勘察时需要查明地下水的来源、地下水在路基内的准确分布情况,以便有针对性地采取防、排水措施。

(5)含水率随深度的变化情况

查明填方内部填土含水率随深度的变化情况,若存在明显的差异带,往往可以认为是填土内部存在的滑动界面。这是勘察工作中需要重点关注的内容之一。

4 处治对策

(1)不均匀沉降趋于稳定的情况

对不均匀沉降将会趋于稳定的病害路基,可采用防(排)水、修筑过渡路面、强夯、结合土工合成材料进行浅层处理、注浆等处理措施。具体需结合公路等级、病害严重程度来确定。

(2)不均匀沉降会恶化发展的情况

对不均匀沉降会恶化发展的情况,需要加强防(排)水措施、注浆加固、设置支挡结构等方案来限制变形继续发展,防止路基失稳。具体视病害形象的发展情况采用加固方案。弱变化较快的病害,一般采用抗滑桩进行加固。

对路基失稳滑移病害,需要立即采用支挡结构进行加固处理,一般采用抗滑桩、挡墙进行加固。

5 工程实例

5.1 渝宜高速公路 K189 + 250 ~ K189 + 320 段

(1)概况

该填方位于重庆市梁平县城东方向松树坪村,距离县城约 5km。该路段原始地形为冲沟,高速公路以陡坡路堤形式通过。路基右侧为填方路堤,最大填高约 33m,分二级填筑,坡率分别为 1:1.75 ~ 1:1.5 和 1:1.75,上一级坡面拱形骨架植草,下一级坡面为浆砌片石,坡脚低洼处为水田。路基左侧为斜坡地形,未挖填。

(2)病害现象

病害以纵向变形裂缝和弧形裂缝为主,有少量横向裂缝。裂缝长1.1~15m,均发育在路面上,裂缝张开1~6mm,相对沉降为1~10mm,纵向裂缝均为靠路堤外侧路面下沉。部分裂缝于2008年1月现场踏勘前形成,裂缝沥青封闭后均继续开展。左幅裂缝2008年1月时长为5m,到2008年3月,向两端发展了8m,并在短短的2个多月内新发育了4条纵向裂缝。这说明路面裂缝发展迅速,且目前仍在继续活动。路基右侧上一级边坡坡面拱形骨架在放坡平台处见裂缝,说明填筑土在发生挤压变形。据钻孔揭露,填方底部存在厚2.33~3.90m的饱和黏土层,为路堤边坡整体滑移创造了潜在滑面。

(3)地质条件

该部分内容,主要通过调查、钻孔和探坑获得。

路堤区上覆土层为第四系全新统填筑土(Q_4^{me})和粉质黏土(Q_4^{el+dl}),下伏基岩为侏罗系上沙溪庙组(J_2s)粉砂质泥岩、砂岩,地层从上往下分别为:

①填筑土:褐色,由泥岩、砂岩块、碎石、角砾及黏土等组成,其中块、碎石约占60%~71%,粒径一般65~330mm,黏土充填于其间,分布不均,局部为黏土夹块石,系修建渝宜高速公路时压实填筑。填筑时间约六年。稍湿,稍密~密实。

②粉质黏土:红褐色,可塑状,干强度中等,韧性中等,切面稍有光泽。在路堤边坡坡面钻孔ZK1、ZK3、ZK4有揭露,厚0.43(ZK1)~3.90m(ZK3)。呈可塑状,饱和度为80.5%~88.62%,饱和程度较高。

③粉砂质泥岩:紫红色,粉砂泥质结构,巨厚层状构造,主要由黏土矿物组成,局部含灰绿色砂质团块。质软,易风化剥落。遇水易软化、崩解,属Ⅳ级软石。

④砂岩:砂岩为灰黄色,中细粒结构,中厚层状构造,主要由石英、长石和云母等矿物组成,岩质较硬,属Ⅴ级次坚石。

(4)地下水情况

根据高密度电法探测(见图1),变形区路堤普遍导电性强,含水率大。

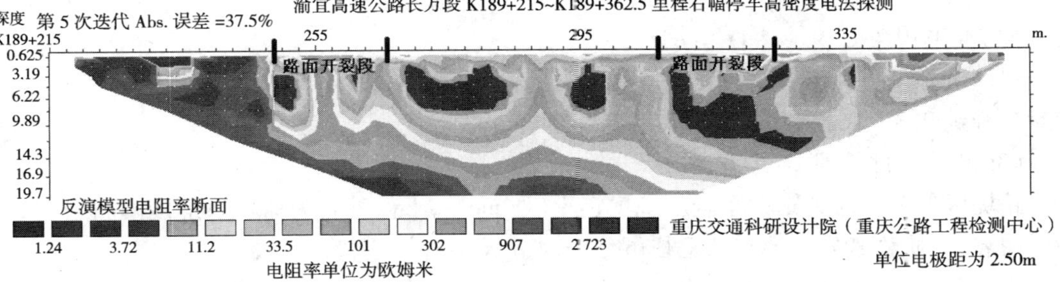

图1 K189+250~K189+320段高密度电法探测结果图

地下水主要来源于公路左侧山体冲沟,从冲沟中渗入路基,渗入底面深度大。

(5)填筑密实情况

根据地质雷达探测(见图2),填方内部4m深度范围内填筑大部密实,局部轻微欠密实。

(6)病害原因

结合路基的变形迹象和坡体中软弱层的存在及物探报告综合判断,该段路基病害的原因为:

①本路段为陡斜坡填筑路堤,在填筑界面极易产生软弱层,软弱层强度低,造成上覆填土

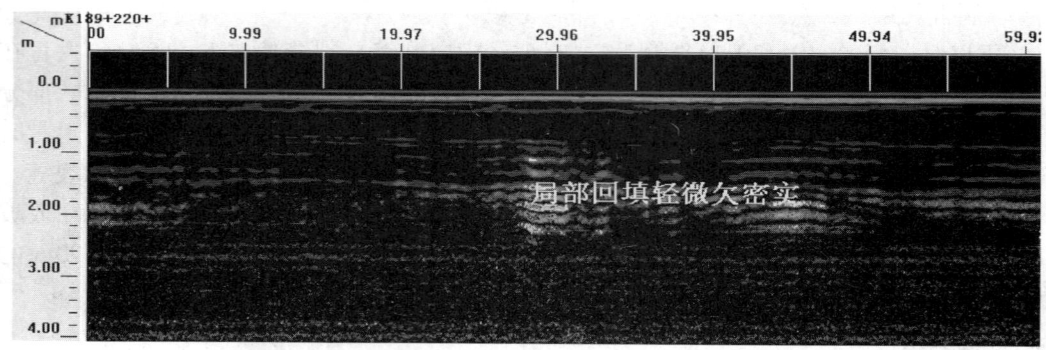

图 2　K189 +250 ~ K189 +320 段地质雷达探测结果图

蠕滑的可能性较大。

②填土内含水率大，造成填土软化，导致填筑土自重加大，强度降低，从而使得填筑体稳定性降低。

③据勘探钻孔揭露，钻孔 ZK3 和 ZK4 存在厚 2.33 ~ 3.90m 的饱和黏土层，为路堤边坡整体滑移创造了潜在滑面。结合路基的变形迹象和坡体中软弱层的存在及物探报告综合判断，填筑土沿下伏软弱层蠕滑造成的可能性较大。

(7)处治措施

采用抗滑桩加固，桩间距 5m，桩径 1.6m ×2.3m ~ 1.8m ×2.6m，桩长 16 ~26m/根。由于坡体内含水率高，抗滑桩完成后设置在第二级边坡设置两排仰斜排水孔，在抗滑桩施工完成后，再刻槽修补路面裂缝。

5.2　渝宜高速公路 K212 +860 ~ K212 +895 段

(1)概况

该填方位于重庆市梁平县曲水乡三合村六社，分水镇附近。该填方段未分级填筑，坡率 1:1.5 ~ 1:1.75，变形段最大填高约 10m，填筑于一弃渣场上。坡面拱形骨架植草，未设支挡。

(2)变形现象

路面沉降及呈弧形开裂，裂缝长约 30m，经修补后仍有发展，新开展的裂缝宽度 0 ~ 4mm，相对沉降约 0.3 ~ 1cm。坡面局部有骨架隆起。

(3)地质条件简述

路堤区上覆土层为第四系全新统填筑土(Q4me)，下伏基岩为侏罗系上沙溪庙组(J2s)粉砂质泥岩、泥质粉砂岩。地层从上往下分别为：

①填筑土，褐色，由泥岩、砂岩块、碎石、角砾及黏土等组成，其中块、碎石约占 65%，粒径一般 80 ~ 310mm。黏土充填于其间，分布不均，局部为黏土夹块石，系修建渝宜高速公路时压实填筑。填筑时间约六年。稍湿，稍密 ~ 密实。揭露厚度为 14.2m(ZK3) ~ 15.1m(ZK2)。

②粉砂质泥岩：紫红色，粉砂泥质结构，巨厚层状构造，主要由黏土矿物组成，局部含灰绿色砂质团块。质软，易风化剥落。遇水易软化、崩解，属Ⅳ级软石。

③泥质粉砂岩：灰黄色，泥质粉砂结构，中厚层状构造，主要由石英、长石、云母和黏土矿物等组成，岩质较硬，属Ⅴ级次坚石。

(4)地下水情况

该填方段地下水，主要来源于雨水从填方坡面渗入。据高密度电法探测(见图 3)，填方内土体导电性弱,含水率小。

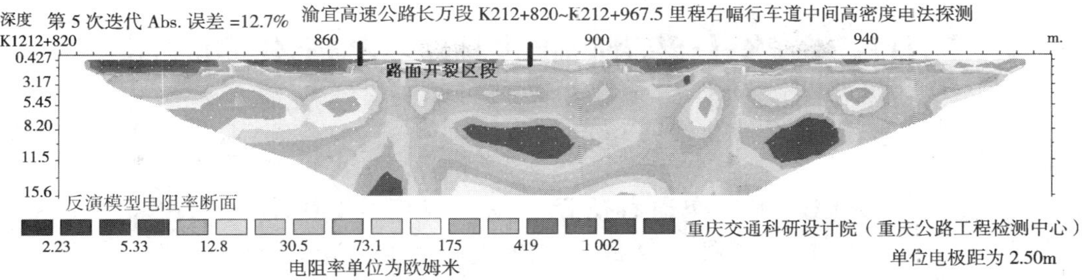

图 3 K212 + 860 ~ K212 + 890 段高密度电法探测结果图

(5)填筑密实情况

根据地质雷达探测(见图 4),填方内部 4m 深度范围内填筑大部密实,靠挡墙侧局部轻微欠密实。

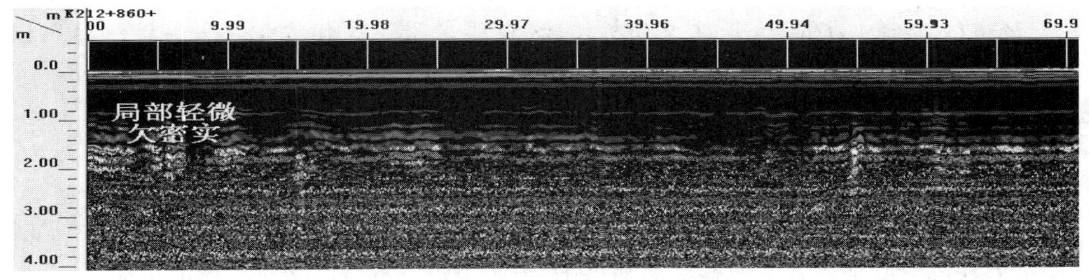

图 4 K212 + 860 ~ K212 + 890 段地质雷达探测结果图

(6)病害原因

结合勘察、物探、竣工资料和现场调查综合判断,该段路基产生病害的原因主要可能为:填筑于早期的弃渣场上,弃渣欠密实,导致上部填方的地基不牢固,从而引起路面的变形。

(7)处治方案:注浆加固填方下部地基

6 结语

路基病害的产生原因复杂多样,导致勘察设计工作中病害原因、病害范围、病害类型及发展趋势以及设计参数难以准确把握,但如果在勘察设计工作中注重资料收集、变形现象调查结合采用物探检测等关键问题,勘察获取的成果将具有较高的准确性,处治设计也就更具有针对性。

参考文献

[1] 中华人民共和国行业标准. 公路工程地质勘察规范 JTJ 064—98. 北京:人民交通出版社,1998.

[2] 中华人民共和国行业标准. 公路路基设计规范 JTG D30—2004. 北京:人民交通出版社,2004.

山区公路大跨棚洞结构形式优化研究

蒋树屏[1]　刘元雪[2]

（1. 重庆交通科研设计院　重庆　400067；
2. 后勤工程学院建筑工程系　重庆　400041）

摘　要：随着社会的进步，公路隧道环保型建设技术日益受到重视。本文提出在隧道进出口边坡段、傍山路线段设置半隧道或棚洞结构，以最大限度减少植被破坏并保持山体稳定；同时提出五种棚洞结构形式，并采用 ANSYS 有限元软件分别计算其结构的弯矩、轴力、剪力；从受力合理性看，全拱式棚洞为最优方案。本文以南京-淮安高速公路老山隧道（6 车道）为依托，经综合分析比较，最终采用了次优方案——半拱斜柱式棚洞结构。

关键词：环保　棚洞结构　数值分析　优化

1　前言

国外发达国家和地区在公路隧道的建设中，也曾出现过公路隧道与环境保护的矛盾，但由于其公路隧道的建设较早，在公路隧道环保型建设方面积累了一些经验，其研究分析手段也较为先进[1]。高速公路建设在一些发达国家，必须首先通过对环境保护和自然生态方面的可行性论证。对于建设过程中一些不可避免的破坏，要求进行人工修复，尽量恢复原来的生态环境，将人类活动对自然环境的影响减小到最低程度。

随着国民经济的发展和社会的进步，在山区的公路规划和建设中，环境保护日益受到重视；在减少深挖高填、注重公路景观和环境保护方面，提出了更高的要求。在山岭重丘区和大城市附近建设高速公路时，常常碰到地形高差大、地质复杂和需要重点保护的原始森林、河流、水库及城市森林公园等情况；路线有时以隧道穿越这些需要重点保护的资源及景观时，不可避免地出现了浅埋、偏压等不良地质现象，工程建设对环境景观的破坏、污染较为严重。公路隧道通过多年的发展，在公路隧道设计、施工和运营中提倡了环保型建设，取得了一些成果[2~8]：如隧道洞口由以前的大挖深槽采用柱式洞门，进步到现在采取小刷坡的削竹式洞门；对于偏压洞口采取早进洞，洞口部结构采取偏压结构形式，但仍然避免不了山体内侧边坡过高的弊端。鉴于公路隧道环保型建设技术的整体水平有限，开展公路隧道环保型建设技术研究，提高公路隧道的环保性成为必然。

自然山体经过漫长的地质年代，值得珍惜的不只是地表的植被等自然生态，还有自然稳定的地质体。对自然状态的干扰不仅破坏了生态环境，也将导致地质灾害。因此隧道设计的一个合理的基本思想必然是：因地制宜，顺势而为。根据这一基本思想，本研究以江苏宁（南京）淮（安）高速公路南京江北段老山公路隧道为依托，结合交通部公路工程相关技术标准，对隧道出口傍山段结构形式问题开展专题研究，提出了一种环保型结构——棚洞结构。由于棚洞结构在修建过程中，需对开挖边坡进行临时加固，并在棚洞结构的弧拱背面进行回填。为了研究这些施工参数对棚洞结构的影响，采用 ANSYS 有限元软件进行计算，以分析各类型棚洞结构（见图 1）的合理性。

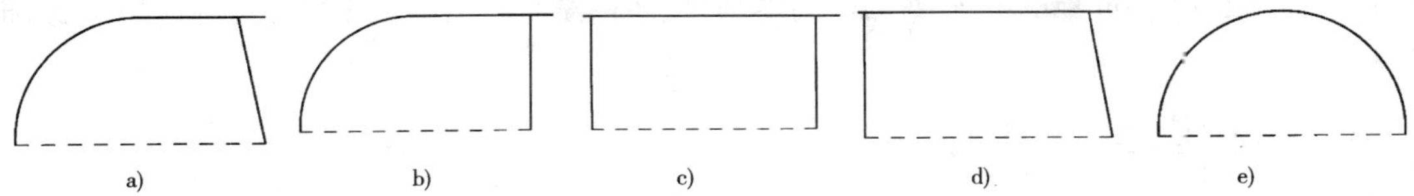

图 1 各类型棚洞结构

a）半拱斜柱式；b）半拱直柱式；c）门式直柱式；d）门式斜柱式；e）全拱式

2 工程地质条件

隧道地处南京老山，为低山丘陵区，地表植被茂盛，水土保持良好，风光优美，景致宜人。隧道洞身段通过的围岩主要为弱风化泥岩、白云质灰岩、硅化灰岩和灰岩，局部为石英岩脉，岩质硬，呈厚层状-碎块状、角砾状，区内构造发育，围岩节理裂隙发育，局部较为破碎，地质情况较复杂。隧道中部为一槽谷，围岩为强风化粉砂质泥岩，遇水极易软化，岩体整体性较差。

一号隧道进口穿越山体南侧山坡，地形由南向北坡度渐大，位于弱风化泥岩岩层中，进口表层覆盖 1.5 ~2.5m 的亚黏土混碎石，碎石含量 5% ~20%。其下为强风化泥岩，岩质软，易碎，呈碎块和土状，节理裂隙发育，分布杂乱。下部为弱风化泥岩，裂隙较发育，钙质充填。弱风化泥岩 RQD =60% ~80%，单轴抗压强度 R_b =3.28MPa。

一号隧道出口与二号隧道进口位于山间槽谷段，围岩为白云质灰岩和灰岩，岩溶发育，受构造影响严重，岩石破碎，裂隙发育。局部浅层为第四系覆盖层和强风化基岩，基岩裂隙水水量较少，构造裂隙水和松散类孔隙水水量较大，围岩易坍塌，侧壁自稳能力差。

二号隧道出口穿越山体中间的低洼处，其中右线延伸长，地形较陡。隧道岩层为 0.5 ~2.8m 不等的碎石层，中密。其下为强风化灰岩，层厚 0.5 ~2.5m，风化强烈，结构基本破坏；其下为弱风化灰岩，裂隙发育一般，裂隙宽为 1.0 ~2.0mm，充填有钙质物。洞口位于第四系松散层中。隧道傍山出洞，有一定的偏压。

3 老山二号隧道右线出口棚洞设计

二号隧道右线出洞傍山段长约 400m，植被茂密，地势陡峭，为了保护这一带的自然环境，同时减少边坡侧的刷坡，经过经济技术论证，决定放弃边坡刷坡方案，采取锚喷支护与结构物支挡方式通过。设计中，对明洞、半隧道、棚洞等三种形式进行了分析，结合本工程具体地形地貌情况，决定采用棚洞结构形式。棚洞形式，如图 2 所示。

图 2 棚洞形式

棚洞靠山侧（面向洞口方向左侧）结构内轮廓与暗洞隧道完全相同，外侧为边坡。该侧内部结构为 C35 钢筋混凝土暗拱，暗拱和边坡之间先回填 0.6m 高的碎石，形成过水系统，然后采用 5.4m 高的干码片石，最上面采用土石回填。由于路线纵向地形起伏，边坡采用一定坡率放坡，采用加肋喷射混凝土锚杆挡墙防护。棚洞右侧采用平板斜柱支撑体系,板厚0.80m,柱截面为矩形,宽1.20m,厚1.40m,相邻柱中心距为12m。棚洞柱底设桩基础,埋深1.8m左右,并在斜柱对应位置设置0.5m×0.5m截面的横向地基梁,连接左右两基础。棚洞上部为回填土石,植草绿化。

4 本构模型

土体采用弹塑性分析,采用D-P模型,屈服面采用摩尔-库仑等面积圆[9~11];钢筋混凝土采用线弹性模型;锚杆加固区采用等待层进行模拟。其有关力学参数(文中计算参数来自于勘察单位提交的报告)如下:

对于钢筋混凝土衬砌材料:弹性模量$E=31.5$GPa,泊松比$\mu=0.2$,密度$\gamma=2\ 400$kg/m^3;

干砌片石:$E=5\ 650$MPa,$\mu=0.25$,$\gamma=2\ 200$kg/m^3;

混凝土:$E=26$GPa,$\mu=0.25$,$\gamma=2\ 300$kg/m^3,$C=1\ 000$kPa,$\varphi=45°$;

土体:$E=10$MPa,$\mu=0.3$,$\gamma=1\ 900$kg/m^3,$C=10$kPa,$\varphi=19.86°$;

V级围岩:$E=1.0$GPa,$\mu=0.45$,$\gamma=2\ 000$kg/m^3,$C=50$kPa,$\varphi=40°$。

在计算中,除喷射混凝土和棚洞结构采用梁单元模拟,其他均采用实体单元模拟。因此,根据以上力学参数和建模方法可建立如下计算有限元模型(见图3)。

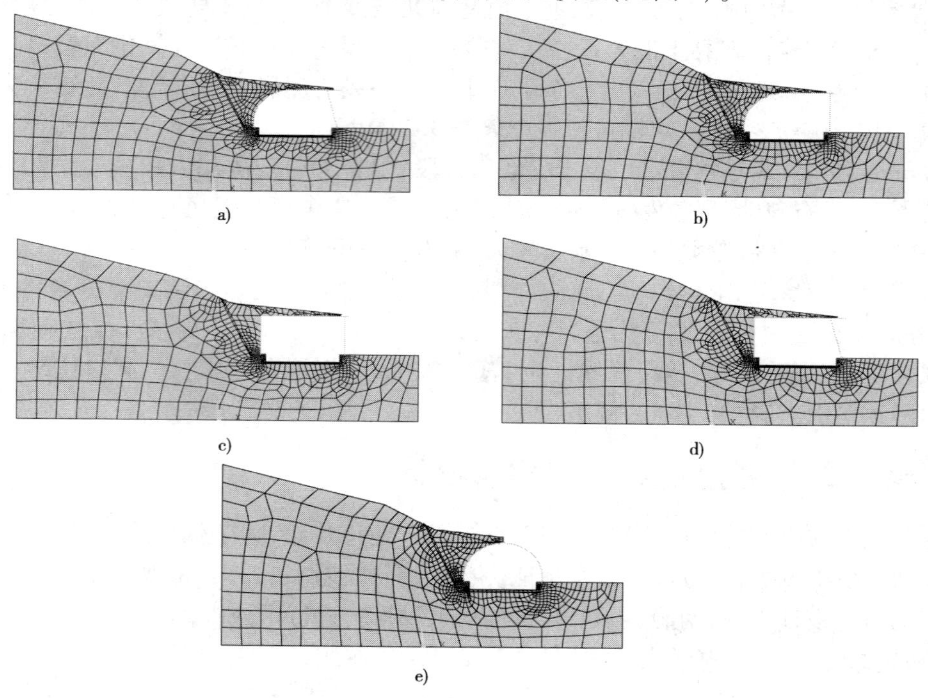

a) b) c) d) e)

图3 棚洞结构计算物理模型

a)半拱斜柱式棚洞;b)半拱直柱式棚洞;c)门式直柱式棚洞;d)门式斜柱式棚洞;e)全拱式棚洞

根据以上建模方法可知,采用平面应变方式模拟分析,右侧柱子采用梁单元模拟。设计的棚洞柱子间隔为12 m,而平面应变计算标准厚度为1 m,因棚洞立柱计算时用杆单元模拟,将该单元的侧向厚度、截面积与惯性矩折减为原来的1/12。计算后弯矩、剪力、轴力等力学参量增大12倍。

5 棚洞结构计算分析

为了分析各种洞形棚洞结构的受力特点和适用情况，采用Ⅴ级围岩进行计算分析，根据其受力趋势和大小确定各种洞形棚洞的适用情况。

根据上述建模方法，可建立计算模型进行模拟分析，其结果如下所述。

5.1 棚洞结构弯矩分析

根据棚洞结构的弯矩计算可知（见图4～图8）：

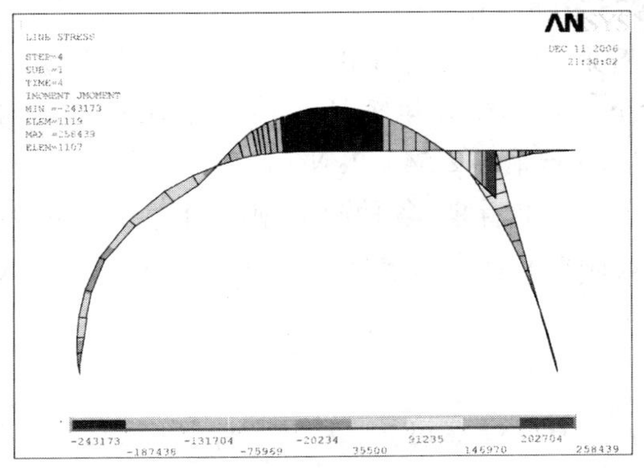

图4 半拱斜柱式棚洞弯矩

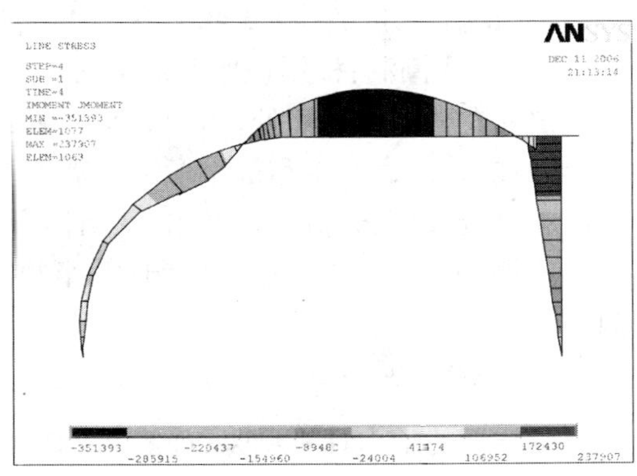

图5 半拱直柱式棚洞弯矩

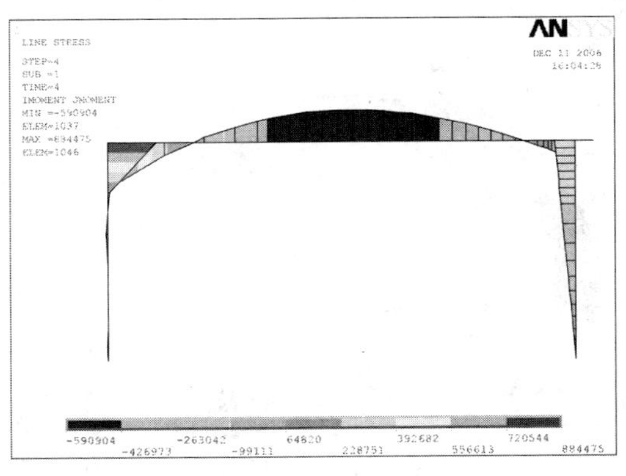

图6 门式直柱式棚洞弯矩

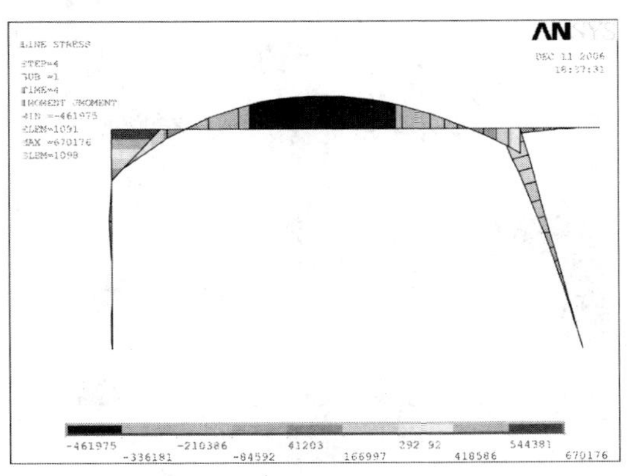

图7 门式斜柱式棚洞弯矩

（1）半拱斜柱式棚洞结构：棚洞结构（斜柱除外）的最大负弯矩发生在平顶拱处为－243.2kN·m，由于斜柱与平顶拱相交处会产生应力集中现象，因此，最大正弯矩发生在此处，为258.4kN·m；对于棚洞结构的斜柱，其上部承受正弯矩，下部为负弯矩，其最大正负弯矩分别为：2 250.2kN·m和－1 104kN·m。

（2）半拱直柱式棚洞的受力趋势与半拱斜柱式棚洞几乎相同，但大小有所不同，该棚洞结构（直柱除外）的最大正弯矩和最大负弯矩分别为：

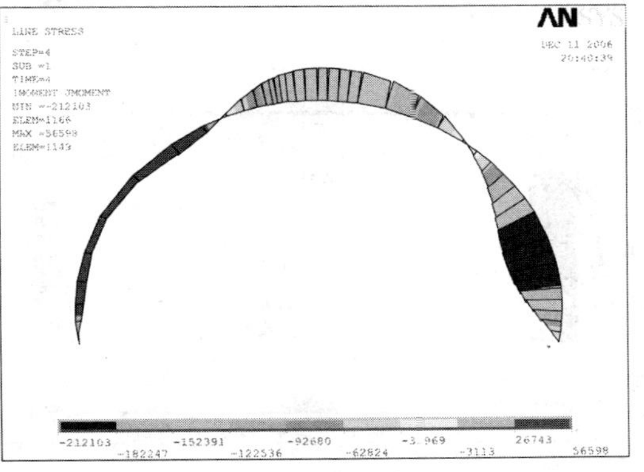

图8 全拱式棚洞弯矩

237.9kN·m 和 -351.4kN·m；对于该棚洞的直柱来说，该棚洞上部承受正弯矩，下部承受负弯矩，其最大值分别为：2 854.8kN·m 和 -2 023.2kN·m。

(3)门式直柱式棚洞：该棚洞结构修建好后，最大负弯矩发生在平顶拱处为 -590.9kN·m，最大正弯矩发生在左立柱与平顶拱相交处，为 884.5kN·m；对于立柱，其受力趋势为上部承受正弯矩，下部承受负弯矩，其最大值分别为：4 449.6kN·m 和 -3 153.6kN·m。

(4)门式斜柱式棚洞：根据计算结果看来，该弯矩分布趋势与门式直柱式棚洞完全一样，其最大正负弯矩(斜柱除外)分别为 670.2kN·m 和 -462kN·m；对于该棚洞结构的斜柱来说，其最大正负弯矩分别为 3 406.8kN·m 和 -1 975.2kN·m。

(5)全拱式棚洞：根据该棚洞结构的计算结果看来，该棚洞结构(拱形立柱除外)的最大正弯矩发生在左侧弧拱边墙处，为 56.6kN·m，最大负弯矩发生在拱顶处，为 -122.5kN·m；对于拱形立柱，其最大弯矩和最小弯矩分别为 141.6kN·m 和 -2 545.2kN·m。

因此，根据以上分析可以看出，从结构产生的弯矩角度看来，各种洞形棚洞的优劣顺序为：①全拱式棚洞；②半拱斜柱式棚洞；③半拱直柱式棚洞；④门式斜柱式棚洞；⑤门式直柱式棚洞。

5.2　棚洞结构轴力分析

棚洞结构的轴力计算结果，如图 9 ~ 图 13 所示。根据计算可知，无论哪种洞形棚洞建成后，棚洞结构都几乎全段受压。

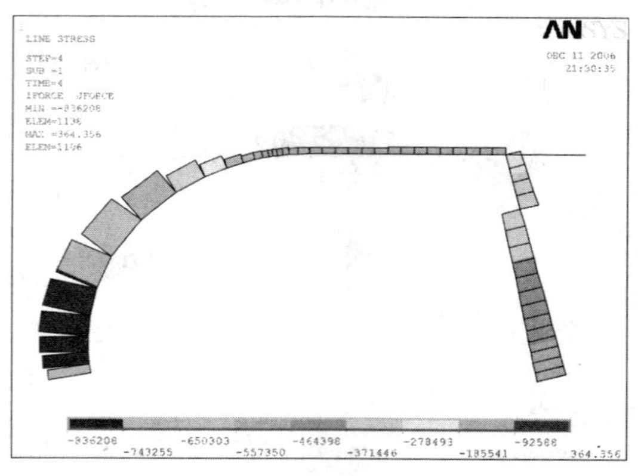

图 9　半拱斜柱式棚洞轴力

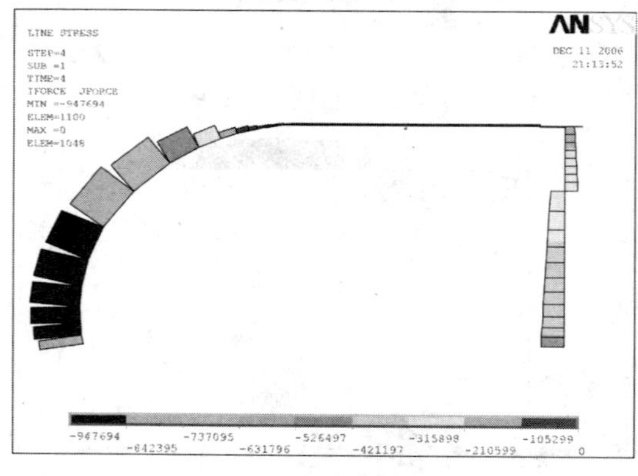

图 10　半拱直柱式棚洞轴力

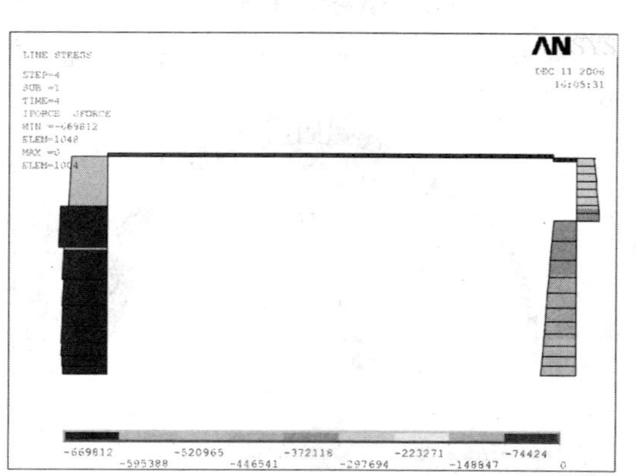

图 11　门式直柱式棚洞轴力

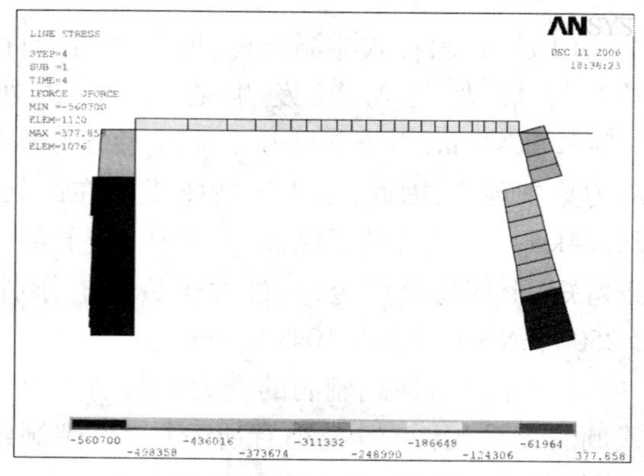

图 12　门式斜柱式棚洞轴力

(1)半拱斜柱式棚洞:该棚洞结构在弧拱和平顶拱处产生的最大轴力位于左侧弧拱下部,为836.2kN;在斜柱上产生的最大轴力位于斜柱与基础相交处,为5 190kN。

(2)半拱直柱式棚洞:该棚洞结构的轴力分布与半拱斜柱式棚洞几乎相同,在弧拱和平顶拱处产生的最大轴力为947.7kN;在直柱上产生的最大轴力为5 204.4kN。

(3)门式直柱式棚洞:该棚洞结构形式在左侧边墙和平顶拱处产生的最大轴力位于左侧边墙下部,为669.9kN;在立柱上产生的最大轴力位于立柱底部,为5 847.6kN。

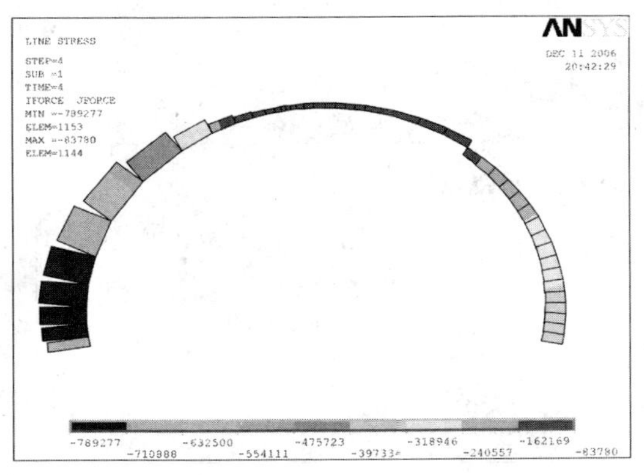

图13 全拱式棚洞轴力

(4)门式斜柱式棚洞:该棚洞结构形式的轴力分布完全与门式直柱式棚洞相同,在左侧边墙和平顶拱处产生的最大轴力为560.7kN;在斜柱上产生的最大轴力为6 728.4kN。

(5)全拱式棚洞:该棚洞结构的轴力计算,如图13所示。其左侧弧拱和拱顶产生的最大轴力位移左侧弧拱底部,为789.3kN;其右侧拱柱上产生的最大轴力位于该拱柱底部,为4 230kN。

由上述分析可知,从轴力角度看来,对棚洞结构起控制作用的是右侧柱子的轴力。因此,各种洞形棚洞的优劣顺序为:①全拱式棚洞;②半拱斜柱式棚洞;③半拱直柱式棚洞;④门式斜柱式棚洞;⑤门式直柱式棚洞。

5.3 棚洞结构剪力分析

根据棚洞结构的剪力计算(见图14~图18)可知:

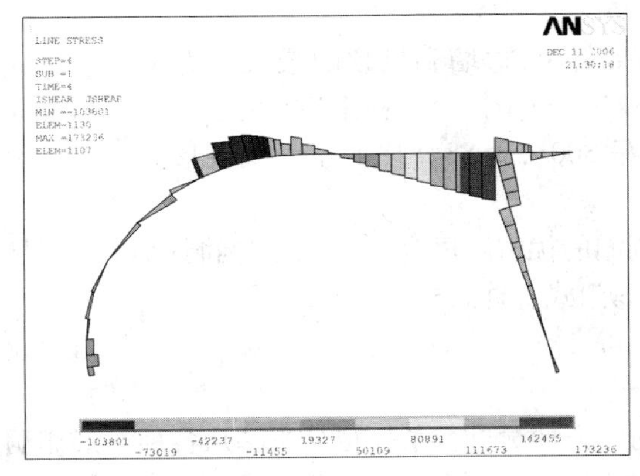

图14 半拱斜柱式棚洞剪力

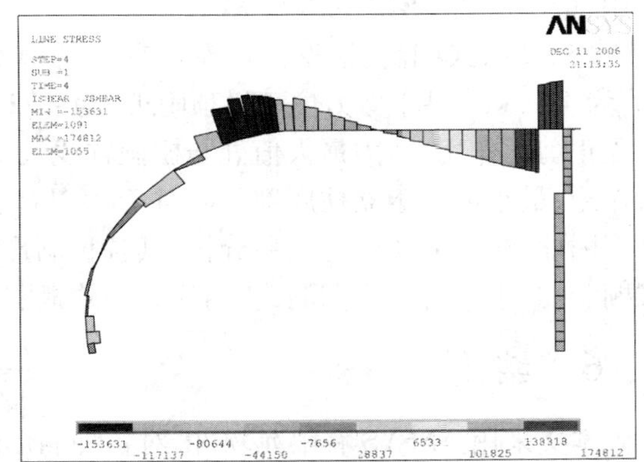

图15 半拱直柱式棚洞剪力

(1)半拱斜柱式棚洞:该棚洞结构(斜柱除外)的最大剪力发生在平顶拱与斜柱相交处,为173.2kN,最小剪力发生在弧拱与平顶拱相交处,为-103.8kN;该棚洞结构的斜柱几乎全段受负剪力,最小值位于平顶拱与斜柱相交处,为-688.8kN。

(2)半拱直柱式棚洞:该棚洞结构的剪力分布情况与半拱斜柱式棚洞完全相同,在弧拱和平顶拱上产生的最大剪力和最小剪力分别为174.8kN和-153.6kN;在直柱上全段受负剪力的作用,最小剪力为-370.8kN。

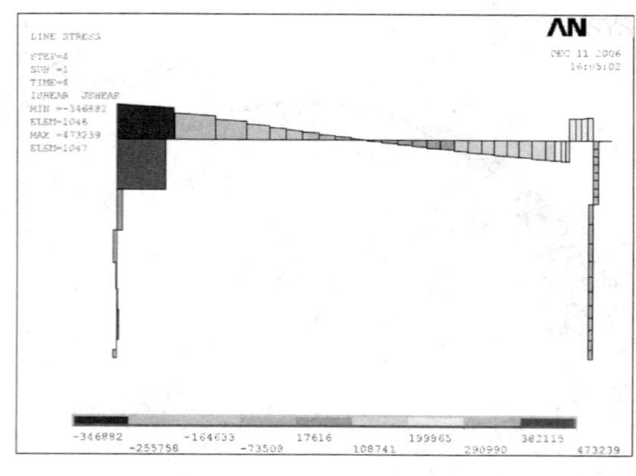

图 16 门式直柱式棚洞剪力

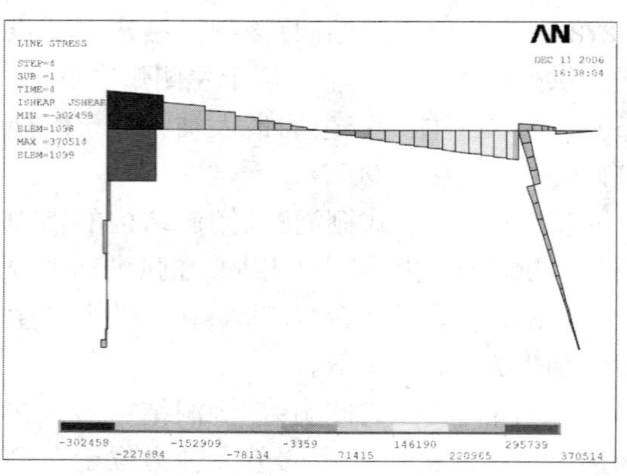

图 17 门式斜柱式棚洞剪力

（3）门式直柱式棚洞：根据该棚洞结构的剪力计算结果可知，边墙和平顶拱上产生的最大剪力位于边墙顶部，为 473.2kN，最小剪力位于平顶拱与边墙相交处，为 -346.9kN；对于直柱来说，由于直柱全段受负剪力作用，其最小值为 -578.4kN。

（4）门式斜柱式棚洞：该结构形式棚洞的剪力分布与门式直柱式棚洞完全相同，边墙和平顶拱上产生的最大剪力和最小剪力分别为 370.5kN 和 -302.5kN；对于该棚洞结构形式的剪力结果看来，该棚洞结构的斜柱全段受负剪力作用，最小值为 -825.6kN。

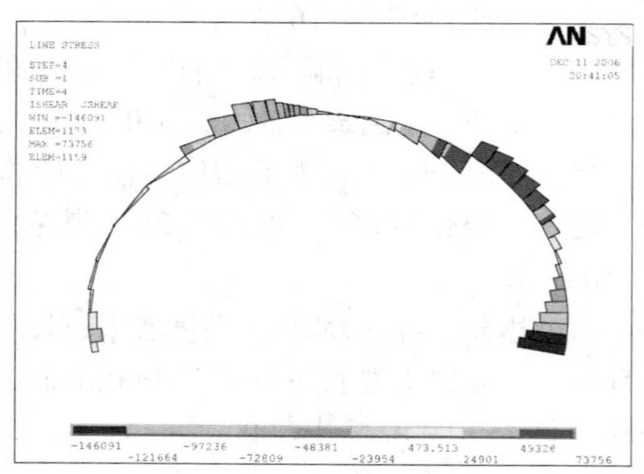

图 18 全拱式棚洞剪力

（5）全拱式棚洞：根据该棚洞的剪力计算结果看来，边墙和拱顶的最大剪力位于边墙底部，为 49.3kN，最小剪力位于拱顶附近，为 -72.8kN。对于拱形立柱来说，在上半段，该拱形立柱受正剪力作用，剪力最大值处与棚洞轴线大约呈 300°，为 884.4kN，下半段拱形立柱受负剪力作用，最小值位于立柱底部，为 -1 753.2kN。

因此，根据上述剪力结果分析，其各种洞形棚洞的优劣顺序为：①全拱式棚洞；②半拱斜柱式棚洞；③半拱直柱式棚洞；④门式斜柱式棚洞；⑤门式直柱式棚洞。

6 结论

本文采用 ANSYS 有限元软件，对各种洞形的受力情况进行了模拟分析。从各种洞形棚洞结构的弯矩、轴力和剪力计算结果看来，其量值大小顺序为：门式直柱式棚洞 > 门式斜柱式棚洞 > 半拱直柱式棚洞 > 半拱斜柱式棚洞 > 全拱式棚洞。因此，各种洞形棚洞的优劣顺序为：①全拱式棚洞；②半拱斜柱式棚洞；③半拱直柱式棚洞；④门式斜柱式棚洞；⑤门式直柱式棚洞。

然而，我们在选择棚洞形式时，既要考虑结构受力条件，还应考虑山体条件、周边环境、交通运营、经济合理等多方面因素，进行综合分析后确定。

南京老山公路隧道地处低山丘陵区，水土保持良好，地表植被茂盛。隧道围岩节理裂隙发育，局部较为破碎，地质情况较复杂。二号隧道右线出洞傍山段长约 400m，植被茂密，地势陡峭，为了保护这一带的自然环境，同时减少边坡侧的刷坡，经过经济技术论证，决定放弃边坡刷坡方案，采取锚喷支护与结构物支挡方式通过。在依托工程的特定条件下，从山体侧向稳定性、工程施工性及营运性等多因素考虑，特别是半拱斜柱式棚洞从植被绿化上讲，恢复面积要大一些，最终采取次优的半拱斜柱式棚洞的结构形式实施，获得成功（见图19）。

图19　老山棚洞照片

参考文献

[1] 祝沉，伍昌．英吉利海峡海底隧道的工程技术和环境保护[J]．全球科技经济瞭望，1995(5):27-29.

[2] 高辛财，刘维宁．隧道施工期间的环境保护分析与对策[J]．铁道建筑技术，2003(1):38-48.

[3] 刘丹，扬立中，于苏俊．华蓥山隧道排水的生态环境问题及效应[J]．西南交通大学学报，2001，36(3):308-313.

[4] 陈红，梁立杰，杨彩霞．可持续发展的公路建设生态观[J]．长安大学学报，2004，24(1):69-71.

[5] 何皎皎，刘元．生态城市建设与地下空间的开发利用初探[J]．地下空间，2003，23(1):83-86.

[6] 沈振武．山区长大隧道的环境问题研究[J]．华东交通大学学报，2003，20(5)35-37.

[7] 白李妍，张弥．隧道工程环境影响的动态优化控制[J]．岩石力学与工程学报，2002，21(3):393-397.

[8] 王石春，陈光宗．隧道水文地质环境变化及其对生态环境影响的评估[J]．世界隧道，1998，(5):8-13.

[9] 赵尚毅，郑颖人，时卫民，等．用有限元强度折减法求边坡稳定安全系数[J]．岩土工程学报，2002，24(3):343-346.

[10] 张鲁渝，郑颖人，赵尚毅，等．有限元强度折减系数法计算土坡稳定安全系数的精度研究[J]．水利学报，2003(1):21-27.

[11] 赵尚毅，郑颖人，邓卫东．用有限元强度折减法进行节理岩质边坡稳定性分析[J]．岩土工程学报，2003，22(2):254-266.

漢語史學報

第二十五輯

浙江大學漢語史研究中心編

上海教育出版社

目　録

研究生論壇

CONTENTS

Graduates Forum

岐周方音在安大簡《關雎》中的遺存

——關於教通芼或覒的解釋

賈海生　張懋學

内容提要　《毛詩·關雎》第三章中的芼字,《韓詩》作覒,安大簡作"教"。"教"與"效"皆見於殷商甲骨文,"效"又見於岐周故地出土的散盤銘文。《説文》視"教"與"效"爲一字,《集韻》記載了"效"有北角切一音。在古音系統中時見幫紐與明紐相互交替的現象,由北角切上溯"效"與"教"之古音,可以推定在先秦時期的岐周方音中,"效"與"教"屬明紐字或帶鼻冠音,故可與《毛詩》《韓詩》中從毛聲的芼或覒通假。

關鍵詞　安大簡　關雎　方音　遺存

今傳《毛詩·關雎》第三章之"左右芼之",新見戰國時代的安大簡《關雎》作"左右教之"。整理者云:"上古音'教'屬見紐宵部,'芼'屬明紐宵部。二字韻部相同,聲紐有關,當爲通假關係。"從訓詁理論上講,韻部相同已經具備了相互通假的條件。然而從經典文獻中相互通假的實踐來看,往往是以聲紐相同或相近爲實現相互通假的必要條件,甚至不關乎韻部是否相同或相近。因此,教之通芼,當還有更爲複雜的語音現象,整理者僅以"聲紐有關"説之而無詳細的論證,尚覺未達一間,有必要順其提示作一申論。

就《説文》中的諧聲字而言,袂從夬聲、貉從各聲,皆是見紐與明紐通轉的顯例,是否可據以推斷教通芼亦是見紐與明紐可以直接通轉的現象,則是不容回避的重要問題。根據陸志韋(1985:228-231)統計《廣韻》五十一聲母在《説文》諧聲通轉次數的各項數據以及計算幾遇相逢數的公式,見紐與明紐(含微紐)偶然相逢的幾遇數是 56.587 次,實際相逢 6 次,僅僅是幾遇數的 0.106 倍,凡倍數未超過 1,皆不是相通的大路。因此,可以斷定袂從夬聲、貉從各聲僅僅是十分罕見的特例,隱藏着十分複雜的語言現象,絶不可據以推斷上古音中見紐與明紐可以直接通轉。

毛傳云:"芼,擇也。"《爾雅·釋言》《廣雅·釋詁》分别訓芼爲"搴也""取也",與毛傳意同。然而《説文》云:"芼,艸覆蔓。从艸毛聲。《詩》曰:左右芼之。"又云:"覒,擇也。从見毛聲。讀若苗。"陳奂、馬瑞辰皆依毛傳對芼字的訓釋,明言《毛詩·關雎》中的芼字是覒之假借字。《玉篇·見部》中覒字下引詩作"左右覒之",則漢代流傳下來而屬於不同學派的《關雎》文本尚有作覒字者,至於顧野王的時代尚可得以見之。陳喬樅云:"《説文》之訓,義與魯、毛不同,蓋用《齊詩》説。《禮記·昏義》言婦人將嫁,教于宗室,教成祭之,牲用魚,芼之以蘋藻,即覆之義也。"此説認爲《齊詩》作芼,即用其"覆之義"而非覒之假借字,引《昏義》之文爲證。王先謙認爲,訓芼爲"搴也""取也"皆屬《魯詩》説,訓芼爲"草覆蔓"屬《齊詩》説,而《韓詩》芼字則作覒。芼字《廣韻》莫袍切,又莫報切,二切同爲一音而僅有平去之分;覒字《廣韻》莫報切,《説文》云"讀若苗",苗字《廣韻》武瀌切。在上古音的系統中,本無輕唇音,錢大昕早已明之,則芼、覒、苗皆屬明紐字。許慎以苗字擬覒之讀音,楊樹達以假借説之,斷二字既可相借則其音必同。陸志韋以方音爲論，斷苗與覒二字在許慎所操汝南方言中音同。

若視安大簡《關雎》中的教爲芼之異文而以假借字論之，除了在《詩經》時代的古音系統中教與芼的韻部相同外，二字在聲紐上也一定存在可以相互通假的條件。通檢各種文獻的記載，教可通芼在聲紐上的關係也並非絶無踪迹可尋。《説文》云："教，上所施，下所效也。从攴从孝。凡教之屬皆从教。𡥈，古文教。𢽃，亦古文教。"關於教之古文𡥈字，商承祚根據《汗簡》的説明，馬叙倫根據桂馥、嚴可均的論述，皆以爲是後人所增之字，非李陽冰新定本《説文》所録之字，故此略而不論。教字《廣韻》古肴切，又古孝切，二切同爲一音而僅有平去之分；教之古文𢽃字又有北角切一音，見於《集韻・覺韻》，列在箹字之下而爲其或體，與《説文》斷𢽃爲教之古文不同。

教字已見於甲骨文，有兩種構形，或从爻从子从攴，或从㐅从子从攴，二體不過繁简之别。在甲骨文中，教字用爲貞人名，如《合集》27734 號卜辭云："□□[卜]，教[貞]……又父……。"𢽃字亦見於甲骨文，从爻从攴，與《説文》所列教之古文𢽃字的構形完全相同，在甲骨文中，𢽃字用爲地名，如《合集》20500 號卜辭云："戊戌卜，雀芻于𢽃。"卜辭大意是説，戊戌日占卜，雀在𢽃地放牧嗎？𢽃字亦用作動詞，如《合集》28008 號卜辭云："其𢽃戍。"卜辭大意是説，教育訓練士官戍守駐地嗎？甲骨文中的教與𢽃皆从爻，則本是一字。許慎斷教與𢽃爲一字，以甲骨文爲證，誠爲不容置疑的卓識，然而又以歷時的觀念分别教與𢽃，以𢽃爲教之古文，將共時産生運用的文字視爲歷時的文字，却未必符合歷史事實。

值得特别注意的現象是，𢽃字亦見於西周時期的散盤銘文，構形與甲骨文中从爻从攴的𢽃字及《説文》所列教之古文𢽃字完全相同。銘文記散國參與勘定疆界的官員有"𢽃𣎆父"，郭沫若(2002:278)據上下文例，斷𢽃爲官名，疑即《周禮》中的校人。關於散盤的斷代，歷史上有周孝王、周夷王、周厲王時器諸説，劉啟益(2002:389)根據銘中人物亦見於他器，相互繫聯參證，斷散盤爲周宣王時器。散盤的出土地没有確切的記載，相傳乾隆初年出土於陝西鳳翔境内，根據盧連成、尹盛平(1982)的研究，銘中所言散國在今陝西省寶雞縣、鳳翔縣汧、渭二水相會之地，則𢽃字雖同見於殷商甲骨與西周銘文，上古時代的讀音因時有商周之别、地有東西之隔必不相同，無不打上各地方音的烙印。因此，教之古肴切、古孝切，𢽃之北角切，當是上古音本有不同而演變爲中古音的結果，而𢽃字既見於出土今陝西鳳翔境内的散盤銘文，則其北角切一音無疑反映了當地上古方音的特點。《説文》云："箹，手足指節鳴也。从筋省，勺聲。"從𢽃字在甲骨卜辭、銅器銘文的文例來看，其義與箹之本義無關，則𢽃與箹不是同字異構，可見《集韻》當是因爲𢽃與箹的中古音相同而誤斷𢽃爲箹之或體。若𢽃字本無北角切一音，無缘列爲箹之或體。教與𢽃既然本是一字，可以推斷教字除古肴切、古孝切外，今陝西寶雞、鳳翔一帶的中古方音中亦有北角切一音，則北角切就是追尋教與芼或覒通假的重要綫索。

北角切在中古音的語音系統中是幫紐覺韻開口二等，由北角切上溯其上古音，斷其上古音聲紐仍屬幫紐，古今中外的音韻學家皆無疑議。在上古音的系統中，幫紐與明紐相互交替的現象，其例不勝枚舉，如《周易・繫辭下》所言"包犧氏"，《漢書・古今人表》作"宓羲氏"，必字《廣韻》卑吉切、百字《廣韻》博陌切、卑字《廣韻》府移切、辟字《廣韻》必益切皆屬幫紐，而從必聲之覕(莫結切)，從百聲之洦(莫白切)，從卑聲之蜱(彌遥切)，從辟聲之幦(莫狄切)等字皆入明紐，則幫紐與明紐的相互交替本是語音變化的通則而非例外。陸志韋(1985:254-255)在列舉明紐轉破裂音的現象後指出，鼻音與破裂音的直接通轉或是方言作 mp-的緣故。

現代方言及原始苗語中，也時見幫紐與明紐交替或重疊的現象。沙加爾（Sagart，L）（2019：90-92）根據唐納（Downer，G）、熊正輝、王輔世的研究，明確指出清塞音聲母在粵語中有時却是高調的鼻音聲母，如剥^{*a}p-rok＞paewk：粵語 mɐk$_{7}$，擘^{*a}p-rik＞peak：粵語 maːk$_{7}$，而其他方言中也可以找到形似的對子，如南昌話 pi$_{1}$（諷刺，悯吓）：mi$_{1}$（意思同前），phiɛ$_{3}$（用手掰成两片或多片）：miɛ$_{3}$（意思同前）；客家話 pak$_{7}$（掰成碎片）：mak$_{7}$（打開，掰開），高調的鼻音聲母反映了清塞音帶鼻冠音，其聲母當爲 mp-，而原始苗語中詞義同“披”（中古 phje）的* mpou$_{C}$（穿［衣］）與詞義同“補”（中古 puX）的* mpʑa$_{B}$（補［鍋］）反映的是漢語輕重格形式中的鼻音前綴* mə-，同時還進一步指出，動詞前冠以* m-前綴表示有意圖的施事者控制的動作（controlled actions by volitional agents），而在清塞音聲母與高調鼻音聲母交替且意思有差異的例子中，帶鼻冠音的詞似乎更具意圖性。

以上文所述幫紐與明紐相互交替的語言現象爲切入點，無論是傳統音韻學還是當代音韻學，都能依據各自的音理對教通芼作出合理的解釋。

就傳統音韻學而言，要論證教可通芼或覒，須推定教之上古音演變爲中古音除了通語中讀古肴切、古孝切外，其體現方音特點的北角切還曾一度讀莫角切，前文所述上古漢語、現代方言與原始苗語中幫紐與明紐相互交替的語言現象足以爲證，否則見紐之教無緣通假明紐之芼或覒。實際上，傳統韻書已透露了教或因類推摹仿而沾溉莫角切之音。敦煌本《刊謬補缺切韻》（伯 2129）、《廣韻・覺韻》莫角切下皆收眊字，教既可通芼或覒，而毦、芼、覒三字皆從毛聲，眊字除莫報切外又有莫角切一音，《切韻》《廣韻》的又音往往是方音的遺存已是通行的共識，亦可據以推測在方言中教因類推摹仿而又讀莫角切。教之莫角切因是上古方音的遺存，長期在口頭流傳而不受讀書人重視。語音演變的規律，明紐往往清化爲幫紐，於是教之莫角切最終又演變爲北角切。因此，由教之中古音上推其體現方音特點的上古音當以莫角切爲據。根据曾運乾上古音聲有十九紐、韻分三十部的音理而言，教之中古音莫角切與其上古音聲同韻異，角今在覺韻爲開口呼，覺韻屬變韻，韻中諸字古各歸其正韻，教古歸宵部，古讀鴻聲侈韻開口呼莫刀切或莫到切①。因此，教之體現方音特點的上古音演變爲中古音的軌迹是莫刀切或莫到切 ＞ 莫角切 ＞ 北角切。若據沙加爾的上古音原理擬音，則是^{*a}m＜r＞aw(-s) ＞ maewk ＞ paewk。《切韻》《廣韻》之所以在覺韻莫角切、北角切下皆不收教或效字，當是因爲二切皆是反映方言特點的方音而非通語中的讀音或歷代相傳的讀書音而被無情地捨棄了。

根據沙加爾的上古音構擬原理，似可推斷中古時讀北角切的效字在今陝西寶雞、鳳翔一帶的上古方言中帶鼻冠音，可構擬爲^{*a}mə. prawk ＞ paewk。由於效與教本是一字，西周以後，中原地區的方言隨着政治中心定於洛邑而成爲通語，同時在效字的同化作用下，从殷商流傳下来的教字因摹仿而沾溉了效之前綴* mə-，則教在上古通語中的音讀當爲^{*a}mə. graw(-s) ＞ ^{*a}kraw(-s) ＞ kaew(H)，與現代閩語弱化聲母暗示原始閩語的聲母帶有鼻冠音或輔音前綴的類型相合（Jerry Norman，1986：375-334）。比較原始閩語弱化聲母* -g-在現代閩語各方言中的表現，如猴字福州 kau^{2}、厦門 kau^{2}、潮州 kau^{2}、建陽 eu^{9}、建甌 ke^{3}，滑字福州 kouʔ^{8}、厦門 kut^{8}、潮州 kuk^{8}、建陽 kui^{8}、建甌 kc^{4}（羅杰瑞，1985），而猴、滑的漢語上古音在白-

① 關於曾運乾的音學理論，筆者曾有全面的概述，詳見賈海生（2014：前言 1-8）。

沙的體系中分别被擬作 * mə-gˁ(r)o 與 * Nə-gˁrut①,支持爲上古漢語中的教字構擬鼻冠音 * mə與弱化聲母 * -g-。自此之後,無論是體現方音特點的效字,还是體現通語特點或讀書音的教字,都帶有 * mə-前綴,自西周以來流傳於世,實際上與芼或覒形成了雙聲關係,故可與芼字通假。因此,在《關雎》一詩中,教之前綴 * mə-的音節意義遠遠超過了其功能意義與詞彙意義。在白一沙的上古音體系中,教之上古音被構擬爲 * s. kˁraw(-s)> kaew(H)②。因其强調教之前綴的功能意義,所以就爲教字構擬了 * s-前綴,其功能被認爲是名詞派生動詞或動詞派生名詞。雖然白一沙爲教字構擬的前綴與此文所擬 * mə-前綴不同,但以爲教是帶前綴的音節則無二致。教之同源詞有效、斆(王力,1982:300),在白一沙的體系中,效、斆的上古音分别被構擬爲 * m-[k]ˁraw-s > haewH、* m-kˁruk-s > haewH,皆帶 * m-前綴③,也支持爲效和教構擬 * mə-前綴。不同的音節而有相同的前綴,也有助於解釋同源關係。需要説明的是,凡是帶弱化元音 * -ə-的前綴皆是次要音節,冠於主要音節之前,二者合在一起共同構成一個大的音節,陳潔雯稱之爲“一個半音節”,不可視爲雙音節(陳潔雯,1984)。

根據教之方音遺存,爲安大簡《關雎》中的教字構擬帶前綴 * mə-的複輔音,目的是爲了表明教與《毛詩》中的芼字存在雙聲關係而可以通芼。實際上,《詩經》中有些詩句一直被中外音韻學家視爲支持構擬複輔音的内部證據。《車攻》云“徒御不驚,大庖不盈”,《文王》云“王之藎臣,無念爾祖”,毛傳於《車攻》云“不驚,驚也;不盈,盈也”,於《文王》云“無念,念也”,皆不以“不”“無”爲表達否定意義的詞語。因此,在中外許多音韻學家看來,若將上引詩句置於口語風格的背景下,“不”“無”皆是動詞前綴。如沙加爾(2019:92、98)就視詩中的“不”“無”爲松散結構的前綴 * pə-、* mə-,上引两首詩中的“不驚”當構擬爲 * ᵇpə-kreŋʔ>kjaengX,“不盈”當構擬爲 * ᵇpə-leŋ > yeng,“無念”可以構擬爲 * ᵃmə-nem>nemH。若據上引兩首詩的詩句及主張上古音存在複輔音的理論而言,爲安大簡《關雎》中的教字構擬複輔音並非無據。金理新(2005)討論上古漢語 * m-前綴的意義,列舉了上古漢語中許多動詞、形容詞帶 * m-前綴的現象,也可證上古漢語本是有複輔音的語言。在親屬語言與現代方言中,也不乏動詞前冠以 m(ə)爲前綴或前置輔音的現象。如喜德彝語中 mbu^{33}([黄牛]叫)、mbo^{33}(滚),納西語中 mbi^{31}(飛)、mdo^{33}(上[去])、$mbər^{31}$(燒)、mby^{33}(分)等(戴慶夏,1992)。再如藏語中 mgu-pa(欣喜、高興)、mched-pa(蔓延、擴展)、mthun-pa(協調、和諧)、mnar-ba(疼痛、痛苦)、mnam-ba(散發臭味)、mnga-ba(存在、有)、mdza-ba(協調一致、喜好)、mnab-ba(穿上衣服),卡欽語中 ma-nam(散發臭味)、ma-den(發展、擴張)、ma-ni(大笑)等,其中藏語 mnam-ba 與卡欽語 ma-nam 的意義相同且皆帶鼻冠音,表明有共同的語源(沙加爾,2006)。因此,上古漢語或許果然是有複輔音的語言。當用漢字記録由次要音節和主要音節構成的音節時,因次要音節的響度低於主要音節,加之不俱備功能作用與詞彙意義,往往被略去而不形諸文字,尤其是在要求字數整齊的民歌中往往只用一個單字記録表達意義的音節而不計僅僅具備音節意義的前綴,除非爲了與詩歌韻律節奏相和諧的需要才强化一個半音節爲雙音節而用兩個漢字記録一個半音節(鄭張尚芳,2019:117)。

《關雎》本是從岐周一帶流傳開來的民歌,其地正是西周晚期的散國所在之處,最初用文

① 猴、滑二字在 BaxterSagartOC2015-10-13 列表中的編號分别是 1282、1326,詳見 http://ocbaxter-sagart. lsait. lsa. umich. edu。

② 教字在 BaxterSagartOC2015-10-13 列表中的編號是 1626、1645。

③ 效、斆二字在 BaxterSagartOC2015-10-13 列表中的編號分别是 3803、3804。

字記録《關雎》時必是選用了最能體現岐周一帶方音特點的效字，而實際重視的是其代表采擇之義的音節。《關雎》流傳到了戰國時期，效與教雖是同字異構而教字已更爲流行，安大簡抄録《關雎》時便易爲通行的教字。漢代傳詩《毛詩》又易爲聲同的芼字，而《韩詩》则易爲聲同的覒字。利用傳統音韻學的成就，解釋教通芼或覒的現象，不得不追尋傳世韻書遺失的方音。《切韻》系列的韻書皆不載教字有體現方音特點的莫角切一音，失去了據以推考教之上古音聲紐的媒介，掩蓋了在方音中教與芼或覒因聲同而可以通假的事實，幸賴《集韻》搜羅各字的音讀，貪多務盡，不避雅俗，保留了效之上古方音遺存的北角切一音，可據語言演變的規律推知教字在方音中曾一度讀莫角切，由莫角切又可進而上推其在上古岐周一帶的方音中讀莫刀切或莫到切，而從中古音有規則地推出上古音恰是中外音韻學家追求的目標。利用當代音韻學的成就，據效之體現方音特點的北角切構擬其上古音，雖然可以不計缺失的環節，若著眼於效和教與芼或覒可以通假的現象，不得不爲效和教構擬帶鼻冠音前綴的複輔音。效和教的前綴*mə-與主要音節是松散的輕重格形式，當上古漢語由複輔音向單輔音演變時松散的前綴很容易脱落，不像緊密結合的前綴往往吞失或讓位聲首輔音。效和教之前綴*mə-的脱落是在安大簡《詩經》已用文字記録下來之後，所以留下了教之異文，僅僅體現了與芼或覒同韻的現象，而本來存在的雙聲現象却消失在了歷史的長河之中。需要補充説明的是，教之前綴*mə-本來對聲首輔音*-g-有保護作用，而*-r-是二等韻的標誌，若視其爲中綴，則表示重複的動作，一旦教之前綴*mə-脱落了，原來的聲首輔音失去了保護，也就隨之清化爲同部位的*k-。

徵引書目

清·陳奂《詩毛氏傳疏》，中國書店 1984 年影印漱芳齋 1851 年版。

清·陳喬樅《三家詩遺説考》，王先謙編《清經解續編》第四册，上海書店，1988。

清·馬瑞辰《毛詩傳箋通釋》，中華書局，1989。

清·王先謙《詩三家義集疏》，中華書局，1987。

參考文獻

[1]安徽大學漢字發展應用研究中心編，黄德寬、徐在國主編. 安徽大學藏戰國竹簡(一)[M]. 上海：中西書局，2019.

[2]陳潔雯(Chan，Marjorie k. M). 上古音複聲母：粵方言一個半音節的字所提供的佐證[J]. 方言，1984(4)：62-75.

[3]戴慶厦. 彝緬語鼻冠聲母的來源及發展[J]. 民族語文，1992(1)：42-49.

[4]古文字詁林編纂委員會編纂. 古文字詁林(第三册)[M]. 上海：上海教育出版社，2001.

[5]郭沫若. 兩周金文辭大系圖録考釋[M]. 北京：科學出版社，2002.

[6]賈海生. 説文解字音證[M]. 杭州：浙江大學出版社，2014.

[7]金理新. 上古漢語*m-前綴的意義[J]. 語言研究，2005(1)：73-77.

[8]盧連成，尹盛平. 古矢國遺址、墓地調查記[J]. 文物，1982(2)：48-57.

[9]陸志韋. 古音説略[M]//陸志韋. 陸志韋語言學著作集(一). 北京：中華書局，1985.

[10]陸志韋.《説文解字》讀若音訂[M]//陸志韋. 陸志韋語言學著作集(二)，中華書局，1999.

[11][美]羅杰瑞. 閩語聲調的演變[J]. 張惠英譯. 中南民族學院學報(哲學社會科學版)，1985(4)：

107-116.

[12][法]沙加爾. 中古漢語發音方法類型的來源[J]. 谷峰譯,曾曉渝校. 南开語言學刊,2006(2):148-154.

[13][法]沙加爾. 上古漢語詞根[M]. 龔群虎譯. 上海:上海教育出版社,2019.

[14]王力. 同源字典[M]. 北京:中華書局,1982.

[15]楊樹達.《說文》讀若探源[M]//楊樹達. 積微居小學述林全編(上册). 上海:上海古籍出版社,2007.

[16]鄭張尚芳. 上古音系(第二版)[M]. 上海:上海教育出版社,2019.

[17]Norman, Jerry. The Origin of the Proto-Min Softened Stops. In John McCoy and Timothy Light (eds.) Contribution to Sino-Tibetan Studies, Leiden: E. J. Brill, 1986:375-384.

Remnants of the Qizhou Dialect in the *Guan Ju* (關雎) of the Anda Bamboo Slips: An Interpretation of 芼 or 覒 Borrowed as 教

Jia Haisheng　Zhang Maoxue

Abstract: The character 效 in chapter three of Guan Ju in Mao Shi is written in Han Shi as 覒 and in Anda bamboo slips as 教. Both 效 and 效 are found in the Yin-Shang oracle bones and 效 is also found in the inscriptions on San plate unearthed in the Qizhou. The Shuowen treats 效 and 效 as one character, and the Jiyun records that 效 has the fanqie of beijiao. The phenomenon of alternation between the initial bang and Ming exists in the ancient phonetic system. It can be assumed that the initial of 效 and 教 in the Qizhou dialect of the pre-Qin period is Ming or belongs to the pre-nasal sounds. Therefore, they can be written as 芼 or 覒 in the Mao Shi and Han Shi.

Key words: Anda bamboo slips, *Guan Ju* (關雎), dialect, remnant

通信地址:
賈海生,浙江省杭州市餘杭塘路 866 號浙江大學紫金港校區西區人文大樓古籍研究所
郵　　編:310058
E-mail:zdjhs@139.com
張懋學,浙江省杭州市餘杭塘路 866 號浙江大學紫金港校區西區人文大樓古籍研究所
郵　　編:310058
E-mail:maoxue2020@163.com

《涅槃經》三個譯本 e、ai 字母對音透露出的語言文獻問題*

李建强

内容提要 《涅槃經》三個譯本 e、ai 字母對音各版本有諸多異文，通過校勘發現早期面貌如下：法顯本作"哩、哩"，曇無讖本作"哩、野/黟"，慧嚴改治本作"哩、野/黳"。"哩"字從西得聲，應該是從上古文部孳生而來，在法顯與曇無讖時代，"哩"與來自脂部的"黳"讀音可能略有區别，用來對梵文的 e 更加貼切。這個對音現象要結合齊韻的上古音來源以及演變進程來理解。從支皆兩部分化出齊部，應該是元音高化的過程。南方通語齊韻系字對 ai，是反映皆部的舊讀，齊韻字加"吴音"對 e 反映了較新的音變階段。晋宋時期，漢語没有合適的音對 ai，只能用音近替代的方法對音。曇無讖選用"野"對 ai，可能有三個原因：1. 麻部開始從歌部分化出來，上聲字表現得更加突出；2. 在東晋十六國時期，可能北方通語支皆部中齊韻系字的合流比南方早，與 ai 差别大；3.《涅槃經》所舉的包含 ai 的例詞大概是 aiṣa 或類似的詞，在捲舌輔音前面，[i]不容易發到位，ai 聽起來像[a]，這可能是曇無讖團隊選擇"野"的又一個原因。

關鍵詞 梵漢對音　齊韻　吴音

《涅槃經》中有對梵文字母讀音的翻譯，分别在東晋法顯《大般泥洹經·文字品》、北涼曇無讖《大般涅槃經·如來性品》、曇無讖譯梵、宋沙門慧嚴慧觀同謝靈運再治本《大般涅槃經·文字品》。羅常培先生《梵文齶音五母的藏漢對音研究》據繆子才《悉曇字母表》作《四十九根本字諸經譯文異同表》、李榮先生《切韻音系》轉録了這個表，由於所用佛經底本不同，譯音文字稍有改動。梵文元音 e、ai 的譯音，三個譯本存在的版本校勘問題都不少，版本差異背後恐怕透露着梵語和漢語雙方的語言問題。

一　版本校勘問題

《大正藏》法顯《大般泥洹經·文字品》相關語句如下：

咽者，是也，言是佛法，如來泥洹亦説是法。

咽者，如來也，有來去義，以是故説如來如去。(T12，No376，P888①)

《大正藏》此處没有校勘記。《高麗藏》《趙城金藏》(據《中華大藏經》所收)《磧砂藏》《永樂北藏》《乾隆大藏經》《頻伽精舍藏》這兩句中"咽"均作"哩"。這個異文容易理解，因、垔二字可相通，比如《説文》："禋，潔祀也。"《集韻》就收有一個異體字"祵"。"咽"字《廣韻》烏前、

* 本文爲國家社科基金項目"敦煌文獻中的藏文咒語對音研究"(16BYY117)的階段性成果。李香、鄭林嘯、張冰、鄭妞、趙團員及本刊匿名審稿人提供了重要綫索或寶貴意見，在此一併感謝。

① T 指册數，No 指經號，P 指頁碼。下同。

於甸、烏結三音，放在法顯字母對音的環境中都不合適。噎，玄應《一切經音義・大般泥洹經》"烏奚反"，《磧砂藏》所收的《大般泥洹經隨函音義》一兮反，俱是齊韻。齊韻對 e，符合譯經習慣。此處即使寫作"咽"字，也讀爲齊韻音。而《永樂北藏》和《乾隆大藏經》中的《大般泥洹經隨函音義》"噎，烏前反，與咽同"，那恐怕是受了"咽"字習見音的影響，同時也説明，這些位注家已經不能正確理解梵漢對音的規律了。

法顯譯梵文元音 e、ai，都用齊韻字"噎"。李榮先生《切韻音系》所附"根本字譯文表"中，法顯的字母對音，e 對咽、ai 空缺，大概是認爲兩個"咽"都是對應梵文的元音字母 e，梵文 ai 没有譯出來。這個看法是種誤解，因爲兩個"咽"所代表的梵詞不同，第一個應該是 evam（是也），第二個"咽"對應的梵詞語義爲"如來"，其他譯本也用不同的字對應，顯然是譯與 e 不同的梵音，那就是 ai 了，具體代表哪個梵詞，後文考證。

《大正藏》曇無讖譯《大般涅槃經・如來性品》相關文字如下：

噎者即是，諸佛法性涅槃，是故名噎。

啰者謂如來義。復次啰者，如來進止屈伸舉動，無不利益一切衆生。是故名啰。（T12，No374，P413）

據《大正藏》的校勘記，"啰"宋元明本（指《思溪藏》《普寧藏》《嘉興藏》）又作"黳"，宫内省圖書寮本（舊宋本）作"野"。《高麗藏》作"啰"（T16，P71），《中華大藏經》以《高麗藏》爲底本，校勘記云："（《磧砂藏》《普寧藏》《永樂南藏》《徑山藏》《清藏》）諸本作黳。"（T14，P88）《永樂北藏》亦作黳（T32，P878）。

《大正藏》曇無讖譯梵、宋沙門慧嚴慧觀同謝靈運再治本《大般涅槃經・文字品》相關語句如下：

噎者即是，諸佛法性涅槃，是故名噎。

野者謂如來義。復次野者，如來進止屈申舉動，無不利益一切衆生。是故名野。（T12，No375，P654）

依《大正藏》的校勘記，"野"宋元明本又作"黳"。《高麗藏》作"野"（T68，P539），《中華大藏經》以《高麗藏》爲底本，校勘記云："資磧普南徑清（《資福藏》《磧砂藏》《普寧藏》《永樂南藏》《徑山藏》《清藏》）作黳"（T14，P551）。《永樂北藏》亦作黳（T33，P956）。另外，《房山石經》貞觀五年（631）刻慧嚴改治本《大般涅槃經》作"黳"（T1，P165）。

後晋可洪《新集藏經音義隨函録》第四册《大般涅槃經》："噎者，上烏堅反。黳者，上於計反。"（《高麗大藏經》T62，P380）《磧砂藏》所收的《大般涅槃經隨函音義》："噎，於寅切，黳，於兮切。"（《磧砂大藏經》T25，P491）《永樂北藏》所收的《大般涅槃經音釋》："噎，因連切。黳，烏奚切。"《南本大般涅槃經音釋》："噎，於真切。黳，於兮切。"（《永樂北藏》T32、P889；T33、P967）這幾本音義書，把"噎"字都注成了陽聲韻，可見，注家已經不能正確理解梵漢對音的規律了。不過，"黳黳"字皆注爲影母齊韻音。《龍龕手鏡》"黳黳"俱烏奚反，齊韻。

齊韻字"黳黳"與馬韻字"野啰"音韻地位差别較大。哪個版本比較貼近原始面貌，還得參考其他材料。

從劉宋到隋唐，圍繞《涅槃經》有一系列的研究和注疏材料，相關部分引述如下：

日釋安然《悉曇藏》卷五引惠均《玄義記》："宋國謝靈運云：《大涅槃經》中有五十字，以爲一切字本，牽彼就此，反語成字。"與梵文 e、ai 對應的部分是："𑖊 噎音烏溪反。溪字音宜吴音。𑖋 野音烏雞反"。（T84，No2702，P409）

《悉曇藏》卷五梁武帝《涅槃疏》：“[illegible]音烏溪反。宜吴音也。[illegible]野音烏雞反。”(T84,No2702,P410)

《悉曇藏》卷七引吉藏《涅槃疏》：“哩者是第七音……言哩者，外國名哩梵，此間云無異。……野者，外國言野折，真諦三藏翻爲利益。……《謝論》翻爲如來……《謝論》得其前，三藏得其後也。”(T84,No2702,P441)

隋慧遠《大般涅槃經義記》卷四：“胡章之中有十二章，其《悉曇章》以爲第一。於中合有五十二字，‘悉曇’兩字是題章名，餘是章體。所謂：噁、阿、億、伊、郁、憂、咽、野、烏、炮、菴、阿……”(T37,No1764,P707a)

《悉曇藏》卷七引慧均《無依無得大乘四論玄義記》：“第一短阿音，第二長阿音，第三短伊音，第四長伊音，第五短憂音，第六長憂音，第七哩音，第八野音，第九烏音，第十炮音，第十一菴音，第十二痾音。然此十二音爲字作本，有同有異。……哩音烏溪反，宜吴音也，湮婆音滿痾反，翻云是，即是佛法性。野音烏雞反，野下亦應有足字，相傳不得見也，翻云如來。”(T84,No2702,P444、445)

上面引的《悉曇藏》及《大般涅槃經義記》都是用的《大正藏》的版本，所述《涅槃經》當是指慧嚴等人依曇無讖譯本的改治本。梵文“十四音”第 8 字的對音皆用“野”字。和前面的經文匯總來看，用“啰野”字的，主要是《高麗藏》和《大正藏》，用“[illegible]黳”字的，主要是《資福藏》《磧砂藏》等其他版本，還有一份唐代石經。“[illegible]”字太生僻，連“務從該廣”的《集韻》也没收。《龍龕手鏡》黑部收“[illegible]”字，“相承音烏奚反”；里部收[illegible]字，烏兮反，是“黟”的俗體。“[illegible]”可能是“[illegible]”的異體字，“野”和“[illegible]”字形較爲相似。有可能“野、[illegible]”都是從“[illegible]”變來的。不過，《高麗藏》中，曇無讖譯本是作加了口旁的“啰”，更重要的是，“野”和“黟”对 ɛi 都有音理上的依據。儘管《悉曇藏》對音字“哩、野”下加有謝靈運等人的音注，但這些音注可能是南朝人研習《涅槃經》所加，并且影響了後代佛經音義的注音。爲穩妥起見，後面分析 ai 的對音時，按照“黳、黟、野”不同文本分别分析。

二　對音字所反映的漢語語音問題

梵文字母 e 用齊韻字對，法顯、曇無讖、慧嚴三譯本均用“哩”；梵文字母 ai，法顯仍然用齊韻字“哩”對，曇無讖譯本及慧嚴改治本表現出了文本差異，《高麗藏》等是馬韻字“啰野”，《磧砂藏》等是齊韻字“[illegible]黳”。據（梁）釋僧佑《出三藏記集》，法顯（334-420）東晋“義熙十三年（417）十月一日於謝司空石所立道場寺出此《方等大般泥洹經》，至十四年正月一日校定盡訖”。據唐釋雲公撰、慧琳删補《大般涅槃經音義序》，曇無讖譯《大般涅槃經》始於玄始三年（414），“至玄始十年方得周備”，譯於姑臧。上述對音字的差異，得放在漢語語音歷史發展中才能解釋清楚。

（一）“哩”“黳”字的上古音來源

根據《玄應音義》《龍龕手鏡》及悉曇藏中相關注音，“哩”讀影母齊韻，可是這個字音在佛典之外的韻書、字書中幾乎没有記録。《王三》齊韻影母鷖小韻收十字：鷖翳瞖嫛蘙堅妹緊黳黟。絶大多數是殹聲字。法藏敦煌文獻 P2015 增加了“詃䃜”，《廣韻》與 P2015 大體相同。《集韻》鷖小韻收 22 字，垔聲字增加了兩個：歅䃜，依然没有“哩”字。《篆隸萬象名義》“哩”作爲“咽”的古文,放在“咽”的字頭下,於見反。《玉篇》哂咽同,於肩切。字母對音對 e 放着常見的“翳鷖”之類的字不用,偏用“哂”,暗示着這兩類字讀音或有差異。

上古來源的追索有助於理解東晋南北朝時期“鷖”與“哂”讀音的差異。

先説“哂”。“哂”字《説文》未收,字書、韻書中一般是作爲“咽諲”的異體讀陽聲韻,不過,這個對音字顯然是從口垔聲,它的讀音應該和垔聲字密切相關。《説文》:“垔,塞也。《商書》(大徐本作“尚書”,此依段注)曰:‘鯀垔洪水。’从土,西聲。”大徐於真切。段玉裁歸十三部,朱駿聲、王力歸文部,《上古音手册》(增訂本)歸真部,《漢字古音表稿》歸文部。垔從西得聲,“西聲”段玉裁《六書音韻表》在十三部,江有誥在元部(元部和文部音近),朱駿聲、王力《漢語音韻》《詩經韻讀》都歸文部。邵榮芬(1997:81-85)專門討論過西聲、垔聲的歸部,認爲該歸上古文部。總的看來,“哂”字齊韻一讀和文部讀音關係極爲密切。具體“哂”字而言,《集韻》“哂”字三讀,作爲“諲”的異體字,伊真切,“敬也”;於閑切,“哂然,語聲”;作爲“咽”的異體字,因蓮切,“《説文》嗌也,謂咽喉也”。《漢字古音表稿》把《集韻》“因蓮切”的“哂”歸爲文開四,又把《廣韻》“烏前切”的“咽”歸爲真開四,並加小注“咽喉”。這也容易理解,這説明表示“咽喉”之義的詞上古有影母平聲真開四和文開四兩讀。《説文》收“咽”而不收“哂”,可能真部的方音勢力較强,從這個詞可派生出質部的“噎”。《山海經・中山經》:“其上有木焉,名曰‘天楄’,方莖而葵狀,服者不哂。”郭璞注:“食不噎也。”“哂”表示食塞,應該是“咽喉”一詞派生出來的,讀入聲。《廣韻》:“噎,食塞。又作咽。烏結切。”這重關係多位學者都有論及。郝懿行《山海經箋疏》:“《玉篇》哂同咽。《廣韻》‘楄’字兩見……一云‘食不噎’,一云‘食之不咽’。蓋咽、噎聲轉,或古字通也。” 朱駿聲《説文通訓定聲》:“噎字亦作飴、作哂。……《中山經》‘堵山有木名曰天楄,服者不哂’,字亦或以咽爲之。”王力先生《同源字典》咽與噎同源,是真質對轉。按照音變構詞的理論,屬於變韻構詞或複雜的音變構詞。

中古的齊韻系字垔聲字和上古的真文部字有音轉關係的,不止這一個例子,還能找出“羥歅”二字。《廣韻》山韻烏閑切收有下列相關字:“黰,染色黑也。羥,黑羊。殷,赤黑色也,《左傳》云:左輪朱殷。黫,黑色,出《字林》。”真韻於真切:“駰,白馬黑陰。”這些都明顯有黑色的共同義素,其中“羥、殷、駰”上古文獻中就出現。《説文》:“羥,群羊相積也。一曰黑羊也。”《爾雅・釋畜》:“陰白雜毛,駰。”《漢字古音表稿》把“羥殷黫”歸上古文部開口二等,“駰”歸真部開口三等。“羥”字在 P2015(烏兮反)、《廣韻》(烏奚切)中又有齊韻讀音。《莊子・徐无鬼》有個善相馬的人叫“九方歅”,《莊子音義》:“歅,音因,李(軌)烏雞反,又音煙。”《漢字古音表稿》“歅”歸文部。

要是不限聲旁,中古齊韻系字和上古文部字音轉的證據還能舉出一些。洗,先禮切,薺韻,從先得聲,先聲文部。西,先稽切,齊韻,洒,先禮切,薺韻,栖,蘇計切,霽韻,都從西得聲,西聲在文部。

上古文元旁轉,有一些齊韻系字語音來源和歌部元部有關。

䨢,奴低切,齊韻,見於《王三》《廣韻》;人兮切,齊韻,見於 S2071(切三)、《王三》、P2015、《廣韻》;諾何切,歌韻,見於 P2011、《王三》、項跋本王韻、《廣韻》;《集韻》還有咍韻的汝來切。《説文》䨢正字作腝。段玉裁耎聲難聲都在元部。《上古音手册》(增訂本)、《王力古漢語字典》“䨢”歸脂部,《漢字古音手册》(增訂本)、《漢字古音表稿》“䨢”歸歌部。

黟,影母齊韻,見於《王三》(烏雞反)、P2015(烏兮反)、《廣韻》(烏奚切),《上古音手册》(增訂本)歸支部、《王力古漢語字典》、《漢字古音手册》(增訂本)、《漢字古音表稿》歸歌部。

磾，端母齊韻，見於 S2071（當嵇反）、德藏 TIVK75（丁兮反）、P2011（當兮反）、《王三》（當嵇反）、《廣韻》（都奚切），《廣韻》引《説文》云："染繒黑石，出琅邪山。"今本《説文》無此字。《上古音手册》（增訂本）、《王力古漢語字典》、《漢字古音表稿》歸脂部，單聲在元部，磾字旁對轉入脂部。

類似的還有"鵜"。《楚辭·離騷》："恐鵜鴂之先鳴兮，使夫百草爲之不芳。"補注："鵜音提，鴂音決。一音弟桂，一音殄絹。"弟聲在脂部，夬聲在月部，殄在文部，絹在元部。《漢書·揚雄傳·反離騷》："徒恐鷤搗之將鳴兮，顧先百草爲不芳。"注："搗，鴂字也。……鷤音大系反，搗音桂。鷤字或作鶗，亦音題。鴂又音決。"鷤，在此讀霽韻，又讀齊韻。"鷤"讀特計反，出現在 P3696、P2011、《王三》、項跋本王韻、蔣藏本《唐韻》、《廣韻》。《上古音手册》（增訂本）、《王力古漢語字典》"鷤搗"之"鷤"歸支部。《漢字古音手册》（增訂本）、《漢字古音表稿》只收録"鸛鷤"之"鷤"，元部。

從上面的材料可以看出，中古的部分齊韻系字和上古的文部、元部有音轉關係，其中有一些字在上古時期就讀陰聲韻。大概是因爲這類字不多，王力（2000：173）脂微分部時，認爲"齊韻應劃入古音脂部"，微部中，没有給齊韻系字留位置，用旁對轉來解釋中古的部分齊韻系字和上古的文部、元部相關涉的現象。但是這麽處理，也會遇到一些麻煩，比如上古的文部開口四等心母上聲存在蘇典切"銑洗姑洗跣毨洒肅敬"和先禮切"洗洒洗雪"的對立，如果不加以區别，不方便解釋後來是如何分化的。孫玉文（2017：25）認爲可能"洗"之類的字上古就發展出文部和微部的兩個讀音，微部讀音對應的是中古的齊韻音，上古應該是微部開口四等。如果上古微部四等可以安排齊韻字，那么前面提到的"欗磾鷤"等也宜歸到微部，這樣更方便解釋音轉關係。

至於"西"字，情況稍微複雜。雖然大家對"西聲"先秦歸文部看法比較一致，但是"西"字一般歸脂部，大概是因爲和"棲"存在異文。《説文》："西，鳥在巢上，象形。日在西方而鳥棲，故因以爲東西之西。""鳥在巢上"這個用法《説文》又作"棲"，而"妻"聲字入脂部。王力《上古韻母系統研究》把"棲"字歸脂部，"西聲"和"西"字都歸諄（文）部，但是於脂部仍録"西"字。《上古音手册》（增訂本）、《王力古漢語字典》、《漢字古音表稿》"西棲"字歸脂部。羅常培、周祖謨（1958：199）把"西"兼收真脂兩部，指出漢代韻文大半與本部（真部）字相押，惟王逸《九思·怨上》以"璣低霏悽棲徽依西（螻蛄兮鳴東，蠡蠹兮號西）懷悲摧"爲韻。羅、周二位先生的兩漢音系是脂微、真文、質物分别合流，這一點，邵榮芬先生不同意。邵榮芬（1997：82-83）指出，漢代《易林》及其他文獻中"西"字多押入元部和文部。趙團員（2014：518）補充了叠韻聯綿詞、聲訓的材料，進一步證明"西"在漢代有脂部一讀。把這些研究綜合起來看，我們覺得，從先秦到兩漢，"西方"之"西"陽聲韻的讀法勢力很强，比如《大雅·桑柔》四章叶"慇辰西（自東徂西①）痻"，《大雅·緜》"率西水滸"，《永樂大典》卷一一一三三《水經》之七作"率先水滸"。邵榮芬（1997：82-83）引述的例子中，"西"皆表示"西方"之義。但是在漢代的一些方言中，"西方"之"西"有讀陰聲韻的，《説文》把"西""棲"關聯在一起，是著眼於"西"字陰聲韻一讀。具體方言中，"西"字讀脂部或微部都有可能，因爲先秦時期，脂微合韻的比例本來就不

① 今本《詩經》作"自西徂東"。顧炎武認爲"東"不入韻，江永認爲"東"字轉德真切乃從方音偶借，段玉裁認爲九部的"東"字與十三部合韻；朱駿聲、江有誥認爲該句詩當作"自東徂西"，王力《詩經韻讀》從朱駿聲、江有誥。

小,兩漢時期,這個比例進一步加大。《説文》"西"又作"棲"或許可這麽理解。

法顯、曇無讖、慧嚴譯本中用來對 e 的"哩"是齊韻字,這個音很可能直接來源於上古的微部,或者至少是從上古文部音轉而來,那可以理解成間接源於微部。

齊韻影母常見是殹聲字,比如"鷖翳黳緊"等,歸脂部。王力《漢語音韻》《詩經韻讀》脂部收矢聲,矢聲有"翳"字。《漢字古音表稿》"鷖翳黳緊"等歸脂部開口四等。殹聲字和文部關涉較少,這是和垔聲字顯著區别的地方。

法顯等人譯音選用一個較爲生僻的"哩"而不用較爲常見的"鷖黳"等,根源可追到上古的脂微分部。由於上古音來源不同,在法顯、曇無讖等人的時代,"哩"和"鷖黳"等語音應該還有差異。

(二)中古齊韻系字的來源、演變及在梵漢對音材料中的反映

探討"哩""鷖黳"等字的語音差異要著眼於齊部的演變歷史。中古齊韻系字有不同的上古來源,而且演變的進程並不同步。用韻研究能够看出韻部演變的大勢。根據周祖謨(1996)的研究,上古的脂部在晋宋時期分爲脂皆兩部,脂部含脂微,皆部含皆咍灰齊。晋代,皆部當中的齊韻系字有:齊躋嚌、泥、黎、迷、西栖、妻棲淒萋、夷、梯、羝、稽;體禮醴、濟薺、弟涕、啟、陛、萋、抵、米眯;濟第。劉宋北魏時期,皆部當中的齊韻系字有所擴大,增加了一些從支部變來的齊韻系字:齊、泥、藜、迷、西栖、悽淒棲萋、荑、梯綈、低、稽;禮醴、濟;<u>蹊谿雞醯犀嘶提題啼笄閨袿睽畦珪攜陛</u>。下加横綫者是從支部變來的。

上古支部在魏晋時期包括支、佳、齊(奚)三類字,三國晋時支部中的齊韻系字有:谿蹊蹄崹啼笄麑畦閨麗圭袿犀、麗、盠儷底繫帝蒂隸羿睨。劉宋北魏時代,這部分齊韻字和皆部中的齊韻字合併。

羅常培、周祖謨(1958)研究兩漢音系立了祭部,包括"祭泰夬廢怪霽"幾類字。到三國時候分成祭泰兩部。三國時候的祭部中的霽韻字有:契嘒系惠戾繼慧。晋劉宋北魏時期祭部中的霽韻字有:翳計遞惠戾髻替繼帣契蕙薊沴慧繐系係詣𢄼麗繫濟諦計閉遰。到齊梁陳隋時期,雖然皆部中的齊韻字獨立成一個部,但是周祖謨(1996)列的齊部只有平聲和上聲,去聲字還是歸在祭部,那是因爲霽和祭押韻的比霽、祭獨用的多。

梵漢對音研究實踐不但能够反映這個變化的輪廓,也能從中推測語音變化的軌跡。

俞敏先生的後漢三國梵漢對音研究是以梵文作爲架子來考察漢語的元音,不用上古韻部爲框架,描寫對音現象時,漢字的分類是用《切韻》,最後再從對音看當時的韻部。俞先生的弟子後來在做兩晋六朝對音時也是按照這個思路。我們現在使用這些研究成果分析問題的時候,是把相關漢字放在當時的韻部之中。

俞先生後漢三國時期齊薺霽的對音要是按照上古的韻部來劃分,情況如下:

脂部:稽 ke,底 ti, 黎 ti。質部:逮 de、rya,替 ti。支部:靡 me,題 ti、tī、tya,蠡 ri,醯 he。確實如俞先生所説,"一部背拉不上二十個,還有什麽證明價值呢?"(俞敏,1984:287)

西晋齊薺霽對 i、ṛ、e、ay,對音字按兩晋時的韻部分類如下。皆部:泥犁黎。支部:堤提醯蠡(劉廣和,2002:192)。

東晋齊類字對音按照兩晋時的韻部分類如下。皆部:梨 re、ray,犁 ray,黎 ray,梯 the,洗 se。祭部:翳 e。支部:雞 ke,提 de,題 dey,禘 de,陛 vai,鞞 ve、vai、vaji、vi、bi,醯 he、hi,奚 hi

（劉廣和，2002：162）。上述例子中，端組字對 i 都没算在内。因爲當時脂部和皆部已經分化，脂旨至類對 i，脂部包含脂微兩系，不拼端組，相應的梵文音只能用齊韻字來音近替代。

十六國時期從時間上看，大體對應西晋、東晋，依然可按照兩晋的韻部來對對音字分類。除去"哩啰"兩字，齊韻其他字的分類如下。皆部：低坻帝黎泥對 i，犁對 ya。支部：提醯 i、e 兩對，鞞對 i。祭部：閉逮對 e（施向東，2009：111）。其中"低坻帝"是端組字，對 i 大概是音近替代。

宋齊時代，支部中的齊系字已經合到皆部。譯經中出現的齊系字如下：涕黎西哂對 e，黎對 ai，提醯對 e 也對 i 或者 ī，低帝諦泥雞對 i（劉廣和，2015：174）。"低帝諦"對 i 可能是音近替代。

梁代齊韻系從皆部獨立出來，在僧伽婆羅的譯咒中，齊韻的對音情況相對比較單純，主要是對 e。泥柢涕第鷖、鞞隄提麗醯渧諦隸對 e。其中提泥也對 i。帝底對 i，壂對 ai（劉廣和，2005：210）。儲泰松（2014：84）指出，"泥柢第提諦醯"對 e 加注了反切改讀支韻系讀音，一般是用去聲切下字。這些字多數是舌音端組，支部無端組字，所以用齊韻系字音近替代。這説明當時齊韻的主元音和 e 還有些差距，而支韻和 e 更接近。齊梁時期支部與佳部已經分化，支部應該已經朝着元音 e 邁進了。

北朝對音，齊韻系字表現出明顯的規則，"薜逮帝諦雞犁黎隸璨泥提梯醯犀翳"規則對音是 e，i，ī，例外對音是 ey，ay，ya，ṛ，a（施向東，2009：126）。

周隋時期，齊薺霽韻主要對梵文的 e，有一些字是 i、e 兩對，比如"雞"（尉遲治平，1982：25）。

總的來看，梁代之後，齊韻系字對音相對集中到 e、i 上。之前對音稍顯複雜，對 a、ai 較多。當然這有的可以用梵文元音的三合變化來解釋，不過，一是數量有差異，二是梵文元音的二合、三合的階變是有條件的，在没分析具體的語境之前，談梵文元音的階變只是一種可能。上面的研究成果來源於不同先生的著作，體例上有差異，所用的材料也有參差。爲了便於説明問題，我們再把東晋對音和梁代對音單獨拿來比較。東晋對音主要使用法顯和佛馱跋陀羅的材料，梁代對音主要使用僧伽婆羅的譯咒，材料來源相對單一，又都是在南方譯音，其他因素的影響相對較小。

東晋皆部的齊韻字對 e、ay，支部的齊韻系字對 e、i、ei、ai。梁代的齊系字主要對 e、i。二者的差别很明顯。東晋時，齊韻字尚在皆部、支部中，對 ei、ai 的多一些；梁代齊韻系獨立，對 e 最多，雖然有不少字改注成了寘韻，但是也説明齊韻的主元音接近 e。由此來看，齊韻從皆部獨立伴隨的是主元音高化的過程。獨立之後齊部音值大概是[ei]的範圍；在此之前，皆部、支部中的齊系字主元音應該比後來齊韻系的[e]低。

王力先生把上古脂部擬爲[ei]、支部擬爲[ɘ]是音位構擬，除了[i]作介音、[a]作魚、歌部主元音外，並没有其他前元音與[e]對立，這個[e]音位在具體的方言中實際音值可以理解得偏低一些。王力（2000：229）對微部的擬音有個説明："也許微部竟是一個ɐi（相應地，物部ɐt，文部ɐn）。"對支部擬音也有説明（2000：228）："我們本來可以設想支部爲 ɛ（其入聲錫部爲 ɛk），讓它與歌部的 ai 比較接近，但是由於支耕對轉的關係，終於擬成了 e。這個問題没有解決得很好，留待來哲討論。"可見王力先生在上古音構擬時就考慮到了這一點。我們現在補充的是，從東晋和梁代的梵漢對音對比來看，東晋時代皆部、支部中的齊韻字的主元音比後來梁代齊部的低。王力先生推測的"支部爲 ɛ"，從音位上看，脂與支没必要設立兩個主元音，

那麼脂部也該是 ε)的看法比較方便解釋從東晋到南朝齊系字主元音的高化。

(三)“吴音”再探

曇無讖的譯音傳到南朝之後,“哩”“野”或“黟”字下加了音注,比方説前文提到《悉曇藏》引的謝靈運的相關論述“哩音烏溪反。溪字音宜吴音。野音烏鷄反”,其中出現了“吴音”這個説法。儲泰松(2014:81-92)研究過中古佛典譯音中的“吴音”,認爲通語音系支韻系讀 e,齊韻系讀 ai,吴音齊韻系讀 ei。下面是相關例證。比如僧伽婆羅《孔雀王咒經》譯咒對 te 用齊韻字“諦”,但是要加上小注“都豉反”改讀成寘韻音。齊韻系也不讀 i,比如對 ti 用齊韻字“帝”,但是要加上小注“當利反”改讀成至韻音。而齊韻對 ai 則不加注,如“醯摩”對 hai-ma,説明齊韻是個複合元音 ai。前面講的都是通語的情況。真諦《金光明經·陀羅尼最净地品》,對 e 用齊韻字小注加上“吴音呼”,比如 de:弟(吴音呼弟);te:底(吴音呼底);se:細(吴音呼細);bhe:陛(吴音呼陛);le:詈(吴音呼弟,留弟切);me:米(吴音呼弟,無弟切);te:體(吴音呼體)。詈,寘韻,但是要改讀成“留弟切”才能對 le,而“弟”字齊韻系。不過,這裏小注“吴音”的功用和上文僧伽婆羅譯咒中齊韻字改注成支韻來對 e 的現象恐怕不同。僧伽婆羅譯咒是因爲支部無端組,對 te、de 之類的音只能用齊韻系字音近替代。而真諦的譯音中,心母、並母、來明、明母也用齊系字,這些聲母本來可以拼支韻的,却不選支韻系字,這説明真諦譯經團隊在這裏關注的是另外一個語音現象。以上這些字,要是按照晋劉宋的歸部,都在皆部。據《續高僧傳》,真諦譯《金光明經》是在梁元帝初年(公元 552 年)①,這個時代是齊部開始從皆部中獨立的時代。“弟底細陛米體”加注“吴音”才能更準確地對 e,一是説明獨立之初的這部分齊韻系字主元音可能還没有高化到[e],二是説明“吴音”中這類字的讀法主元音更接近於 e,即這個變化在“吴音”中跑得更快。

回過頭來看看法顯、曇無讖、慧嚴等人均用“哩”來對梵文字母 e,而不是常見的齊韻字“黳、鷖”等,那是因爲“黳、鷖”之類的字還在當時的皆部,主元音要比 e 低。而“哩”這個字,從聲旁上看,來源於上古文部,也可能就來源於微部。由此推測,直接或間接來源於上古微部的齊韻字主元音比來源於脂、支部的高化得更快。王力、李方桂等先生的構擬,微部主元音都是個較弱的央元音,如果介音的音色較爲突出,容易把主元音蓋住。高本漢構擬的《廣韻》音系四等有 i 介音,在這個基礎上,他構擬的上古音系,四等也有 i 介音。王力、李方桂先生上古四等的 i 介音,應該是在高本漢學説基礎上設立的。從《廣韻》反切上字的分組來看,四等和一二等是一類,與三等不同類,許多學者取消《廣韻》音系四等的 i 介音,相應的,上古四等 i 介音也應該有所調整。孫玉文(2017:55)把上古四等介音構擬爲 ᴇ,是一個前部的中元音。在這個音的作用下,微部的[əi]容易變成[ei]。

所謂與“吴音”對立的“通語齊韻系讀 ai”,那反映的是齊部獨立之前還在皆部或支部的舊音,或者是齊部獨立之初的狀態,共同的特點是主元音没有後來的[e]高。謝靈運等人對 e 加小注“烏溪反,溪字音宜吴音”,對 ai 加小注“烏鷄反”,不加“吴音”,這些材料充分説明了這重關係。在劉宋時,“溪雞”字已經從支部轉到皆部,齊部尚未獨立,此時皆部主元音大概還接近[ε],描寫梵文 ai 是合適的。“吴音”中,齊部獨立的進程較快,主元音高化接近[e],描寫

① 《續高僧傳》卷一:“會元帝啟祚,承聖清夷,乃止于金陵正觀寺,與願禪師等二十餘人翻《金光明經》。”

梵文的 e,就把“溪”字讀成“吴音”。僧伽婆羅《孔雀王咒經》中還有一些齊韻系字對 ai,而且不加注,比如醯摩、提攜、鞞雉舍、鞞閣延多、翳羅婆那,但是這些對音字都是出現在譯名當中。按照通常的情況,譯咒更加講究對字音的準確描摹,而譯名有時會繼承舊譯,保留一些較早的語音面貌,譯名中的齊系字對 ai 正好是體現皆支部舊讀。值得注意的是,這些對音材料,都是産生於南方的。梵文字母 ai 的對音,下文還要接着談。

梵漢對音材料中“吴音”還有其他表現,本文不再涉及了。

(四)梵文字母 ai 的對音

梵文字母 ai,唐代才用蟹攝一等字對。比如唐玄應《一切經音義》、善無畏《大毗盧遮那成佛神變加持經》用泰韻字“藹”對 ai,地婆訶羅《方廣大莊嚴經・示書品》、不空《文殊問經字母品》都用代韻字“愛”對 ai。爲何法顯、曇無讖等人不選用咍、泰韻字?因爲那個時候,咍、泰韻字與 ai 不接近。

1. 十六國時期漢語没有合適的音對 ai

羅常培、周祖謨(1958)、丁邦新(1975)、王力(1985)、周祖謨(1996)分析和描寫了從先秦到兩漢、南北朝漢語韻部、韻母的演變。下面的分析主要是依據這幾位先生的研究成果。

咍代韻,先秦兩漢多數在之微部,一些中古去聲字歸長入。魏晋劉宋時期,咍部獨立出來,包括《廣韻》的灰咍皆三韻。但是與之部通押仍較多。可見當時咍韻與之韻讀音仍然不遠。一般的擬音,之韻主元音是[ə]。丁邦新(1975)咍韻魏晋時期擬爲-əi,南北朝時期擬爲-əi/-uəi,用來對梵文 ai 不合適。

中古時期對 ai 的泰韻字,先秦屬月部長入,三國時期,祭霽和怪韻的一部分構成祭部,泰夬廢構成泰部。晋劉宋時期大體如此。值得注意的是,祭泰兩部有時和相承的入聲韻通押,泰韻和曷韻通押,説明祭泰兩部此時與入聲還有一定的關係。十六國時期梵漢對音泰韻一般對 as、aṣ(施向東,2009:111),丁邦新(1975)泰韻魏晋時期擬爲-ad/-uad,南北朝時期擬爲-âd/-uâd。所以拿泰韻對梵文 ai 也不合適,那麽只有音近替代的方法來譯 ai 音。

2.“野”字的語音特點

用什麽音來替代 ai,出現分歧。法顯用平聲齊韻字“哩”,曇無讖譯本、慧嚴改治本表現出了文本差異,《高麗藏》等分别是馬韻字“野、野”,《磧砂藏》等分别是齊韻字“黟、翳”。

“翳”字來源於上古脂部,與來源於上古微部或文部的“哩”對立,“翳”對 ai 的原理,上文已經説過了。

“黟”字或爲“野”的異體,按照《龍龕手鏡》,“野”爲“黟”的俗字。《説文》:“黟,黑木也。从黑多聲。丹陽有黟縣。”大徐烏雞切。《篆隸萬象名義》:“黟,郁咨反,黑木。”《玉篇》作“郁咨切”,《名義》的“郁”或爲“郁”之誤。《廣雅・釋器》:“黟,黑也。”曹憲音:“黟,伊。”《三國志・吴書・吴主傳》:“使賀齊討黟、歙。”注:“黟,音伊。”《漢書・地理志上》丹揚郡:“黝,漸江水出南蠻夷中,東入海。”顏師古注:“黝音伊,字亦作黟。其音同。”這些都是傳習影母脂韻音。《王三》烏雞反、於脂反兩收,訓釋皆爲“黑木”;《廣韻》亦是脂韻齊韻兩收,訓釋皆引《説文》。兩個音并不别義,《王三》《廣韻》兩收應該是體現綜合音系的性質。“黟”從多得聲,上古一般歸在歌部,《漢字古音表稿》歸爲歌部開口四等,歌開四還有麻韻三等字“也、蛇、鉈、嵯、灺”等;歌合四收有脂韻系字“揣、綏、彖、檇”等。把這些字歸四等,是爲了避開三等位置上的對立,但是客觀上也顯示出這些字在某個時期或許有相近的語音特徵。“黟”字很少入韻,什么時候脱離歌部還不太清楚,但是應與來源於上古脂部的“黳” 讀音不同,用“黟”對 ai,或許還透露着上古歌部舊讀的痕跡。上古魚部四等字“野”到漢代歸歌部,此時應該跟“黟”韻母很相近。《高麗藏》《大正藏》作“嘢野”字,可能反映歷史上“野”“黟”曾經韻母相近的信息。這就是我不敢輕易否定這些版本的原因。

下面從《高麗藏》《大正藏》的“嘢、野”字出發,嘗試分析背後的語音問題。

野,中古屬於馬韻三等上聲喻母,這個音韻地位的字該對梵文的 ya。在曇無讖譯本及慧嚴改治本的《涅槃經》中,梵文字母 ya 是用“虵”或“邪”對。按照《廣韻》,“虵”有馬韻羊者切一讀,“羌複姓,有虵蛭氏”。邪,麻韻以遮切,“琅邪,郡名,俗作耶”。日釋安然《悉曇藏》卷五引惠均《玄義記》述謝靈運《十四音訓敘》:“𑖧虵音與假反,小短音語之。”(T84,No2702,P410)把“虵”從馬韻三等改讀成二等,説明麻二、麻三有别,三等有 i 介音應該是成立的;特意强調“小短音語之”,梵文 ya 是短音,短音習慣用上聲對。ai 是長音,梵文長音節很少用上聲字對,而却精心挑選了“野嘢”來記録,背後應該有語音根據。

野,先秦歸魚部,從漢代到劉宋,都在歌部,到齊梁時期,歌麻分立,麻部獨立,這是從押韻説的。要是從反切來看,歌麻分立的證據稍微早一點,劉昌宗以歌切歌、以麻切麻占絶大多數,范新幹(2002:100)説,麻韻在劉音裏是獨立的。丁邦新(1975)南北朝時期歌韻擬成-â/-uâ,麻韻擬成-a/-ua/-ja,歌部元音爲後元音,麻部元音爲前元音。值得注意的是,麻韻系的上去二聲,在晋劉宋時期大部分的作品中是獨用的,不與歌韻字押韻,似乎歌麻分立這個音變,麻韻系上去二聲跑得較快,較早與歌部上聲發生分化。在這個語音大背景下想一想,曇無讖譯音,梵文長元音字母皆用平聲字譯,如 ā 阿、ī 伊、ū 優,對梵文複合元音 ai,爲何不選平聲麻韻字“耶”之類,而選上聲“嘢”? 譯者大概是想突出與歌部字的區别,因爲曇無讖用歌部字“阿”對長 ā。梵語 ai、ā 有别,複合元音 ai 由於尾音[i]的同化作用,a 的舌位應該偏前。麻韻系上聲字“嘢”主元音應該與歌部字“阿”主元音有所區别。“野”加上口旁,是表示該梵音漢語没有,只是與“野”讀音相近而已,梵語 ai 是複合元音而漢語麻三没有韻尾。不過,這種情况在梵漢對音裏頭難以避免,比方説,蟹攝的齊韻系字該有個 i 韻尾,可是包括字母對音在内,多數情况是對梵文的 e。暫時用音近替代來理解,保不準還有更深層的原因,留待將來探討吧①。“野”是麻韻三等喻母,其他的元音對音皆用影母字對,爲何此處用喻母? 那是因爲馬韻三等影母無字。可是爲何不選二等字?《韻鏡》内轉第二十九開影母二等平聲鵶、上聲啞、去聲亞,都是常用字,寧願選擇三等的喻母字,或許暗示着麻韻與歌韻分化,是三等韻帶動的,三等有 i 介音,容易導致主元音的前化。

3. 十六國時期齊韻字的讀音

曇無讖用麻三上聲字對 ai,相應的問題是,爲什麽不選用支皆部的齊韻字來對 ai? 十六國對音和東晋對音的比較能够提供一些綫索。相關材料前文已經列出了。這裏按照所對的梵音來分類,把漢字再列一遍,端組字對 i 的除外。

---

① 比方説,漢語的音節,“頭頸腹尾神”分明。梵語當中,e 是 i、ī 的二合元音,ai 是 i、ī 的三合元音,在一定條件下可轉化。trailokya 不空用“怛𡂬二合路引枳也二合”能精確描寫,義净用“咥哩盧枳也”對音,他譯的梵詞應該是 tri-lokya,但詞義都是“三世的”。

	e	i	i、e	ya	ai	ei
十六國	閉逮	鞞黎泥	提醯	犁		
東晋	雞梨提梯裲鞞翳洗	鞞奚	醯		梨黎陛鞞	題

十六國對音收録僧伽提婆等經師所譯的 8 部 223 卷作品中的譯音字，齊韻系字没見着對 ai、ei 的，對 e 的"閉逮"又是祭部字，齊韻字好像對 i 的多些。東晋對音以法顯、佛馱跋陀羅對音材料當主要依據，齊韻字對 ai、e 的占絶大多數。對音規律的差異雖然可能有材料發掘不充分的因素，但是從目前的材料來看，似乎也能透露出一種趨勢：北方皆支部齊韻字主元音比南方的高。

這種趨勢，在音注研究中能找到相應的綫索。簡啟賢(2004：105-112)發現，西晋《字林》音注齊薺韻中皆支部互注的比較高，齊韻音注一共 13 個，其中古支、皆互注的音注有 6 個；薺韻音注一共 6 個，古支、皆互注的有 5 個。由此推測，《字林》音注中，來源於皆部的齊韻字與來源於支部的齊韻字在平聲和上聲中基本上讀音相同了，應該獨立爲齊部，去聲霽韻還在祭部。他用相同的思路考察了東晋郭璞音和徐邈音中的齊韻系字。郭璞音中，齊韻音注 23 個，没有一個古支、皆互注的；薺韻音注 16 個，古支、皆互注 4 個。徐邈音中，齊韻音注 14 個，古支、皆互注 5 個；薺韻音注 10 個，古支、皆互注 1 個。簡先生考證，吕忱籍貫任城(今山東濟寧)，除了在河南義陽作過短暫的官以外，大部分時間在山東家鄉一帶生活。郭璞，河東聞喜人，三十幾歲時遷居江東，《爾雅注》中利用江東方言材料的較多，比如《釋言》"恀，恃也"注："今江東呼母爲恀，音是。"徐邈，祖籍東莞姑幕(今山東諸城)，其祖父避永嘉之亂率族南遷，定居京口(今江蘇鎮江)。比較三人的注音可以發現，比《字林》音時代晚的郭璞音和徐邈音，齊薺韻字中古支皆互注的比例總的看來反而没有《字林》音高。吕忱①生活在山東，郭璞和徐邈都遷居江東，雖然有勢力很强的通語或讀書音的影響，但是音注中應該或多或少地反映出方音的綫索。《切韻序》："江東取韻與河北復殊。"皆、支部中齊韻字的合流，很可能在北方方言中較早地表現了出來。

前後秦時期的譯場一般在長安，長安和山東及中原地區距離遥遠，十六國對音和《字林》音注是否可能反映同一個音系？這種可能性不能排除。施向東(2009：101)認爲，"十六國時譯經所使用的漢語，應當是一種通行於中國北方的通語，而不是某種只適用於小範圍内的方言。……理解爲以長安音爲代表的北方音，相信與事實相去不會太遠。"當時長安僧團的人員構成可以佐證這個看法。比如，以鳩摩羅什爲核心的僧團，吸引大批僧衆來到長安，"三千徒衆皆從什受法"(《高僧傳》卷 2)，"沙門自遠而至者五千餘人"(房玄齡《晋書・姚興載記》上)。莫子青(2014：15)指出"繼西晋洛陽之後，十六國時期的長安成爲全國的佛教中心"。姜濤(2017)根據《高僧傳》《出三藏記集》《魏書・釋老志》等對可歸入長安僧團的三十八位高僧情況作過介紹，有不少是今河南河北人，比如曇戒，南陽(今河南南陽)人，道融，汲郡林慮(今河南林州)人，僧叡，魏郡長樂(今河南安陽一帶)人，道生，鉅鹿(今河北巨鹿)人，慧叡，冀州人，慧嚴，豫州人，慧觀、惠始，清河(今河北清河)人，曇鑒，冀州人，僧業，河内(今河南沁陽)人。可以推想，當時有大量中原地區的僧衆來到河西，幫助梵僧胡僧譯經，所以，後秦十

① 《隋書・經籍志》："《字林音義》五卷，宋揚州督護吴恭撰。"簡啟賢先生討論過《字林》音注爲南朝宋吴恭所作的可能，但是認爲這種可能性較小。見簡啟賢(2003：18)。

六國時期的長安周邊的對音音系和《字林》音注背後的音系，應該有共同的北方通語特點。《妙法蓮華經》有一段比較短的陀羅尼，鳩摩羅什譯本齊韻系字的對音情況如下：禰 ne、ni、ṇe，第 te、ti，泥 ni，底 ti；帝 te，提 ti，醯 he；棣 te、ri、le、ḍe、ṛ（梁慧婧，2012：60）。其中"禰第泥底"源於皆部，"帝提醯"源於支部，"棣"源於質部。可以看出來，皆支部的齊韻系字都對 e，也可對 i（"第底提"對 i 可能是音近替代），和隋唐時期的近似。"涅棣"兩個音組合起來對 nṛt，這個梵音，玄奘譯作"涅栗"，不空譯作"顊嘌"（辛嶋静志，2001：386），栗是入聲質韻；鳩摩羅什用"棣"對 ṛt，説明"棣"還保留一些長入的特徵，霽韻的一些字可能還没有從長入中分化出來，這是和隋唐音明顯不同的。綜合起來看，鳩摩羅什的這段對音和同時期的東晋對音有較爲明顯的區别，地域可能是主要的因素。

北涼曇無讖譯《大般涅槃經》的情况，梁僧祐《出三藏記集・曇無讖傳》有較爲詳細的記録："（河西王）請令出其經本。讖以未參土言，又無傳譯，恐言舛於理，不許即翻。於是學語三年，翻爲漢言，方共譯寫。是時，沙門慧嵩、道朗，獨步河西，值其宣出法藏，深相推重。轉易梵文，嵩公筆受，道俗數百人疑難縱横，讖臨機釋滯，未嘗留礙。"有幾點值得注意：1. 曇無讖在河西學習漢語三年；2. 曇無讖能親自將經口譯成漢語，涼道朗《大涅槃經序》説他"手執梵文，口宣秦言"（《出三藏記集》卷八）；3. 慧嵩、道朗幫助曇無讖譯經，慧嵩是筆受，據佚名《大涅槃經記》記録，"執筆者一承經師口所譯，不加華飾"（《出三藏記集》卷八）。曇無讖、慧嵩、道朗等人譯音時用的漢語，應該也是當時的北方通語，和《字林》音有共同的特點。在這個語音背景下，翻譯梵文的 ai 就不宜用齊韻字了，譯經團隊關注了漢語的另一個新興語音特點：麻韻三等上聲主元音與歌韻的不同，所以選用"啰"對 ai。

文章分析到這裏，"啰野/黟黳"的異文該怎么取捨還是不能給出明確的意見，只是以此爲由头分析了文字背後的一些歷史語音問題，具體該怎麼裁斷，還是將來由方家確定吧。

4. 可能涉及的梵文問題

馬韻字"啰"不會有 i 韻尾，而梵文 ai 是個複合元音，主元音後頭的-i 怎麼對丢了？下面從梵文角度嘗試解釋一下原因。

談這個問題之前，首先要討論一下胡和梵的問題。曇無讖翻譯《大般涅槃經》的源本，據《出三藏記集》記録是智猛從天竺帶來的，據《高僧傳》記録，是在中天竺時，曇無讖從大乘佛教白頭禪師那裏得的（前分十卷）。按説，我們直接從梵音出發討論對音就可以，可是一看文獻，清清楚楚地寫着"胡本"，擱誰心裏都得犯嘀咕，"胡本"指的什麼？現在用梵音來研究是否存在邏輯問題①？

《金藏》廣勝寺本和《高麗藏》收録的《出三藏記集》，談到這部經的源本，多用"胡本"來稱説。比如佚名《大涅槃經記》："其胡本是東方道人智猛從天竺將來。"釋道朗《大涅槃經序》："唯恨胡本分離，殘缺未備。""胡本都二萬五千偈。"《二十卷泥洹經記》（出智猛《遊外國傳》）："智猛即就其家得泥洹胡本。"（《中華大藏經》T53，No1144，P947-948；《高丽大藏經》T56，P355-356）依《大正藏》的校勘記，這些語句中的"胡本"，在宋、元、明本中皆作"梵本"。

首先可以確定這裏的"胡"，並非指中亞諸國，因爲這部經的來源記録得清清楚楚，直接從古印度中天竺佛教聖地傳來的。《出三藏記集・智猛法師傳》中相關記録如下：

後至華氏城，是阿育王舊都。有大智婆羅門，名羅閱宗，舉族弘法，王所欽重。造純銀塔

---

① 北京大學段嘉懿專門爲這個問題寫了碩士學位論文。

高三丈,沙門法顯先於其家已得六卷《泥洹》。及見猛,問云:"秦地有大乘學不?"答曰:"悉大乘學。"羅閱驚歎曰:"稀有! 稀有! 將非菩薩往化耶!"猛就其家得《泥洹》胡本一部。又尋得《摩訶僧祇律》一部,及餘經胡本。誓願流通。

法顯譯本的來源也有詳細記録。《出三藏記集·六卷泥洹經記》(出經後記):

摩竭提國巴連弗邑阿育王塔天王精舍優婆塞伽羅先,見晋土道人釋法顯遠遊此土,爲求法故,深感其人。即爲寫此《大般泥洹經》如來祕藏。願令此經流布晋土,一切衆生悉成平等如來法身。

"華氏城"即"巴連弗邑"(Pāṭaliputra),是摩竭陀(Magadha)國的都城。季羡林(2000:622)指出:"佛陀一生大部分時間都在摩揭陁國内度過。佛涅槃後,佛教徒的四次結集中,第一次的王舍城結集和第三次的華氏城結集都是在摩揭陁國内舉行。有關佛陀生平的勝跡大都在王舍城附近地區,所以摩揭陁一直被視爲佛教聖地。"法顯、智猛來到這裏的時候,處於印度笈多王朝的黄金時期,印度的古代文化非常繁榮。法顯、智猛在此得到的經本應該是古印度語本,不會是中亞語言的經本。

再看《高僧傳》關於曇無讖譯《大般涅槃經》源本的記載:

曇無讖……其本中天竺人。六歲遭父喪,隨母傭織㲪㲪爲業。……初學小乘,兼覽五明諸論。講説精辯莫能詶抗。後遇白頭禪師,共讖論議。習業既異,交諍十旬。讖雖攻難鋒起,而禪師終不肯屈。讖伏其精理,乃謂禪師曰:"頗有經典,可得見不?"禪師即授以樹皮《涅槃經》本。讖尋讀驚悟,方自慚恨。……於是集衆悔過,遂專大乘。

曇無讖在中天竺生活,摩竭陀國就屬於中天竺。這個地區通行的語言自然是古印度語。樹皮《涅槃經》本亦當是用古印度語言文字寫成。

所以,就這部經而言,文獻記載的"胡本",可以確定是古印度語本。這就提醒大家,不能看見佛經中提到"胡本""胡語"什麼的,就認定是中亞語言。

古印度語存在方言分歧。記録《涅槃經》的古印度語語音面貌,可以從字母對音中窺探一些綫索。雖然經中寫着"初十四音名爲字本",但是元音實際上只列了十二個,没有ṛ、ṝ、ḷ、ḹ四個流音,却包含着aṃ、aḥ兩個界畔字①。輔音字母裏,在ha之後還有一個ḷa,曇無讖譯作"嗏",法顯譯作"羅來雅反",慧嚴等改治本譯作"羅"②。另外,齶音組最後一個字母對音是"喏"(曇無讖本)或"若"(法顯、慧嚴本),字母的釋義却是"智慧""智也",這個詞在梵語中應該是jñāna,可見jñ讀成了ñ。這些都與經典梵語不同。

季羡林(1998:460)指出,梵語與俗語在嗞音上有區别,梵語三個嗞音俱全,俗語不全,巴利語只有s,摩揭陀方言只有ś。從《涅槃經》字母對音看,嗞音ś、s、ṣ俱全,背後的語言和俗語也不盡相同。

季羡林(1998:451)認爲,"佛教大乘的興起應該劃分爲兩個階段:一原始大乘,二古典大乘。前者使用的語言,最初是俗語,很可能就是流行於中天竺的古代東部方言。所謂'古代半摩揭陀語'(Ardhamāgadhī),後來隨着時間的推移,它逐漸梵文化,形成了所謂'伽陀俗

---

① "界畔字"這個説法源於唐代智廣的《悉曇字紀》,段晴先生認爲應該引入現代梵語教科書中。見段晴(2006:347)

② 李煒認爲,這是一個用於吠陀文獻的字母,在梨俱吠陀中代替兩個元音之間的ḍa(李煒,2011:165),因而曇無讖用"嗏"。

語'或'佛教混合梵語'。"《涅槃經》字母對音背後的語言可能是梵語化的俗語。

《説文》没有收"梵"字,"芃"字下段玉裁注:"《衞彈碑》'梵梵黍稷',隸變從'林'。而葛洪《字苑》始有梵字,潔也。凡泛切。"《廣韻》東韻房戎切:"梵,木得風貌。"梵語之梵顯然是借"梵"字之音來記録外來詞,但是記録的是哪個詞呢?俞敏(1984:316)説,梵＝brahm。這個詞要是寫全了,就是 brahman,梵天、婆羅門,那用"梵"表示的語言在當時就是指婆羅門、婆羅門教使用的語言了。佛教誕生之初是與婆羅門教對立的一個宗教,表現在語言上,佛教主張用人民大衆的語言,所以自然不會用"梵"(brahm)來稱説自己用的語言。用古印度語寫成的佛經主要是從西域各國傳入中原,所以古人用"胡本"指古印度語寫本。現在如果有人把"梵語"理解成脱離了宗教背景的經典梵語,把"胡語"理解成只含西域中亞語言,那在研究早期佛經時,可能會遇到困惑。

古印度俗語面貌的研究,離不了梵文。早期佛經的對音研究同樣也跳不過梵文這個步驟,要根據材料綜合分析,避免機械對音。澄清了這些問題,就可以從梵音出發進一步討論曇無讖"野"的對音了。

《涅槃經》講梵文字母時,會先舉出一個包含這個音的例詞,再闡述這個詞的義理。曇無讖譯本相關内容如下:"野者謂如來義。復次野者,如來進止屈伸舉動,無不利益一切衆生。是故名野。"據日安然《悉曇藏》卷一所載,隋吉藏《涅槃經疏》對此有進一步解釋:"野者,外國言野折,真諦三藏翻爲利益。此亦從前文生,前既開如來與涅槃,次分别其不異,今明如此異不異義,並能利益衆生,故有今文也。《謝論》翻爲如來,文中具明有此意。《謝論》得其前,三藏得其後也。"(《大正藏》T84,No2702,P441)

還有一則别的材料。《大正藏》所收的"東京東洋文庫藏本"及"安永二年敬光刊"兩個版本《梵語千字文》"來"(T54、No2133、P1190、1198)和"平安朝寫本"(唐)全真《唐梵文字》"去"(T54、No2134、P1216)的梵譯均寫作 aiśa(𑖀𑖂𑖫)。俞敏(1984:260)校勘了這三個本子,他説:"三個本子都作 aiśa。據 W. 字典,這個字的意思是'和濕婆神有關或是從他那兒來的東西'。和'來'的意思相合的是 eṣa。現在改寫 eṣa。ai 和 e 的關係,ś,ṣ混亂都是常識,不説了。"

在《大般涅槃經》原文中,解釋字母 ai 意義的這句話中至少有一個詞是有 ai 音的,王邦維(1998:631-646)設想,這個詞極可能是 aiṣīt,即動詞√i(來、去)的不定過去式單數第三人稱主動語態,或在佛教梵語中的一個類似形態,配上 tathāgata(如來)作主語。

義浄本人對悉曇學很有研究,《南海寄歸内法傳》中就有相關的記録。他編的《梵語千字文》"來"的梵文對譯很可能和《涅槃經》文字有關。詞根√iṣ或 īṣ有"來、去"義,在詞根後加上後綴-a,可以構成該動詞的名詞形式,表示該動作的行爲、狀態。這類構詞,詞根中的元音用 guṇa(二合)形式,也可以用 vṛdhi(三合)形式。從√iṣ或√īṣ出發來構詞,可以構成 eṣa,這個詞形,字典中有,就是俞敏先生校勘意見中的詞形。再加上前綴 ā-,就構成 aiṣa,突出迫切願望來或去,ā＋e＝ai,這個詞形可以推出來。如果參考《梵語千字文》,《涅槃經》中"來"也可能對譯 aiṣa。當然不排除《涅槃經》在舉出例詞之後,用完整的句子闡述該詞義理時出現 aiṣīt 這樣的詞形。不管是哪個詞,ai 後頭都緊接着ṣ,ṣ[ʂ]是個捲舌音,舌尖要向後卷起,前面 ai 的韻尾[i]不大容易發到位,ai 聽起來有些像[a]。在句子當中的語流音變可能對單個字母 ai 的對音有一定的影響。這或許是曇無讖等人用"野"字來對 ai 的另一個因素。

悉曇文獻中記録的"外國言野折",頗讓人感到困惑。"折"字雖有異讀,但注音都是禪母或章母，按照一般的對音規律，禪母該對梵文 j[dʑ]，而 j 和噝音 ś、ṣ好像没有相互替代的。要是考慮例外對音，也能找到個别禪母對ṣ的現象，比如西晋"屬"就對過擦音 ṣ（劉廣和，2002：184）。"折"字《廣韻》《玉篇》音只有入聲，但是也可以記録中古讀去聲的詞，按照孫玉文（2015：1273-1276）的研究，"折"讀祭韻時制切，特指已經折成了曲尺，這個音還保存在晋灼和沈重的舊音中。祭韻字的主元音可對梵文 a。這樣看來，"野折"或許就是 aiṣa。

徵引文獻

《中華大藏經》，中華書局，1985。
南朝梁・釋慧皎撰，湯用彤校注《高僧傳》，中華書局，1992。
南朝梁・釋僧祐撰，蘇晋仁、蕭鍊子點校《出三藏記集》，中華書局，1995。
[日]辛嶋静志《妙法蓮華經詞典》，創価大学國際仏教学高等研究所，2001。
《永樂北藏》，綫裝書局，2000。
《高麗大藏經》，綫裝書局，2004。
《磧砂大藏經》，綫裝書局，2005。
徐時儀校注《〈一切經音義〉三種校本合刊》，上海古籍出版社，2008。

參考文獻

[1]儲泰松. 中古佛典翻譯中的"吴音"[M]//佛典語言研究論集. 蕪湖：安徽師範大學出版社，2014：81-92.
[2]丁邦新. 魏晋音韻研究[J]. 臺北："中研院"史語所專刊之六十五，1975.
[3]段嘉懿. "胡語"的概念及相關語言現象[D]. 北京：北京大學，2020.
[4]段晴. 悉曇"字本"説源[M]//語言學論叢(第三十二輯). 北京：商務印書館，2006：334-355.
[5]范新幹. 東晋劉昌宗音研究[M]. 武漢：崇文書局，2002.
[6]郭錫良編著. 漢字古音手册(增訂本)[M]. 北京：商務印書館，2011.
[7]郭錫良編著，雷瑭洵校訂. 漢字古音表稿[M]. 北京：中華書局，2020.
[8]季羨林. 大唐西域記校注[M]. 北京：中華書局，2000.
[9]季羨林. 所謂中天音旨[M]//季羨林文集(第七卷). 南昌：江西教育出版社，1998：445-474.
[10]簡啟賢.《字林》音注研究[M]. 成都：巴蜀書社，2003.
[11]簡啟賢.《切韻》齊韻系字在晋代音注中的表現[M]//漢語史學報（第四輯）. 上海：上海教育出版社，2004：105-112.
[12]姜濤. 後秦佛教研究——以譯經爲中心[M]. 北京：中國社會科學出版社，2017.
[13]李榮. 切韻音系[M]. 北京：科學出版社，1956.
[14]李煒. 早期漢譯佛經的來源與翻譯方法初探[M]. 北京：中華書局，2011.
[15]梁慧婧. 漢譯法華經陀羅尼譯音所反映的聲母系統[J]. 南陽師範學院學報，2012(7)：58-62.
[16]劉廣和. 南朝梁語韻母系統初探[M]//音史新論——慶祝邵榮芬先生八十壽辰學術論文集. 北京：學苑出版社，2005：209-216.
[17]劉廣和. 南朝宋齊譯經對音的漢語音系初探[M]//西域歷史語言研究集刊(第八輯). 北京：科學出版社，2015：167-180.
[18]劉廣和. 音韻比較研究[M]. 北京：中國廣播電視出版社，2002.
[19]羅常培，周祖謨. 漢魏晋南北朝韻部演變研究(第一分册)[M]. 北京：科學出版社，1958.

[20]羅常培. 梵文齶音五母的藏漢對音研究[M]//羅常培語言學論文集. 北京:商務印書館,2004:70-84.

[21]莫子青. 十六國時期北方地區佛教僧團研究[D]. 成都:四川師範大學,2014.

[22]邵榮芬. 上古陽聲韻若干字的歸部問題[M]//邵榮芬音韻學論集. 北京:首都師範大學出版社,1997:69-87.

[23]施向東. 音史尋幽——施向東自選集[M]. 天津:南開大學出版社,2009.

[24]孫玉文. 漢語變調構詞考辨[M]. 北京:商務印書館,2015.

[25]孫玉文. 上古漢語韻重現象研究——爲慶祝郭錫良先生八十五華誕而作[M]//語言學論叢(第五十五輯). 北京:商務印書館,2017:1-71.

[26]唐作藩編著. 上古音手册(增訂本)[M]. 北京:中華書局,2013.

[27]王邦維. 謝靈運《十四音訓敘》輯考[M]//國學研究(第 3 卷). 北京:北京大學出版社,1995:275-300.(修訂稿載《北京大學百年國學文粹》語言文獻卷,北京:北京大學出版社,1998:631-646.)

[28]王力. 古韻脂微質物月五部的分野[M]//王力語言學論文集. 北京:商務印書館,2000.

[29]王力. 漢語音韻[M]. 北京:中華書局,2014.

[30]王力. 漢語語音史[M]. 北京:中國社會科學出版社,1985.

[31]王力. 詩經韻讀[M]. 上海:上海古籍出版社,1980.

[32]王力主編. 王力古漢語字典[M]. 北京:中華書局,2000.

[33]尉遲治平. 周隋長安方音初探[J]. 語言研究,1982(2):18-33.

[34]俞敏. 中國語文學論文選[M]. 東京:日本光生館,1984.

[35]趙團員. "灑""汛""洒""洗"辨[C]//第十二届全國古代漢語學術研討會會議論文集,長春,2014:518.

[36]周祖謨. 魏晋南北朝韻部之演變[M]. 臺北:臺灣東大圖書公司,1996.

Language and Literature Investigation of the Diverse Chinese Transcriptions of the Akṣaras e and ai in the Three Translations of the *Nirvana Sutra*

Li Jianqiang

Abstract: There are many edited differences of the Chinese characters transcribing the akṣaras e and ai in the three translations of the Nirvana Sutra in different versions. Through the collation the early versions were discovered as follows : The Chinese characters were "哂、咥" in Fa-xian' transcription, "哂、㖡/黟"in Dharmarakṣa' transcription and "哂、野/黳"in Hui-yan' revision. The Chinese character"哂"with "西" as phonetic component inherited the phonetic features of *Wen*(文)rhyme group. In the time when Fa-xian and Dharmarakṣa lived the pronunciation of "哂" and "黳" may be differed slightly, and the sanskrit vowel 'e' was transcribed by Chinese character"哂" more precisely. This phenomenon could be explained by investigating the origin and evolution of ancient Chinese pronunciation. The *Qi*-rhyme group(齊部)was derived from *Jie*-rhyme group(皆部)and *Zhi*-rhyme group(支部)with the progress of main vowel becoming higher. In common language of south China, Sanskrit vowel 'ai' was transcribed by characters of *Qi*-rhyme group, which was reflecting the old reading of *Jie*-rhyme group, while Sanskrit vowel 'e 'was transcribed by characters of *Qi*-rhyme group annotated by '*Wu Yin*(Wu dialect, 吴音)',

which was reflecting a new stage of sound change.

In the period of *Jin*(晋) and *Song* (宋)dynasties, approximate Chinese sound as substitution was chosen to transcribe the sanskrit vowel 'ai' because of no proper syllable. There were three possible reasons why Dharmarakṣa choose the character"野"to transcribe the sanskrit vowel 'ai'. 1)The rhyme group of *Ma*(麻)differd from that of *Ge*(歌), and the change was more prominent in rising tone. 2)In the period of the Sixteen Kingdoms(十六國)and the Eastern *Jin* Dynasty(東晋), the confluence, by which the *Qi*-rhyme group was formed from Grade IV in *jie*-rhyme group and *zhi*-rhyme group, completed earlier in the north than the south, and than the pronunciation of *Qi*-rhyme group in the north differed form sanskrit vowel 'ai'. 3)the example word containing of the vowel 'ai' in the Nirvana Sutra probably was 'aiṣa'. In the word the phoneme [i] was not easy to be pronounced in exact tongue position before the retroflex consonant[ṣ], and the vowel 'ai' sounded like [a]. therefore the translation corps under the leadership of dharmarakṣa would choose the character of *Ma*(麻)rhyme group and Grade Ⅱ to transcribe the sanskrit vowel 'ai'.

Key words: Sanskrit-Chinese transcription, *Qi*(齊)rhyme group, *Wuyin*(吴音)

通信地址:北京市海淀區中關村大街 59 號中國人民大學國學院
郵　　編:100872
E-mail: ljq@ruc. edu. cn

從唐代近體詩用韻看《廣韻》"獨用""同用"例 *

李 蕊

内容提要 通過全面考察唐代近體詩用韻，並與古體詩用韻進行比照，可知唐人功令爲：東獨用、冬鍾同用、江獨用、支脂之同用、微獨用、魚獨用、虞模同用、齊獨用、佳皆同用、灰咍同用、真諄臻欣同用、文獨用、元魂痕同用、寒桓同用、刪山同用、先仙同用、蕭宵同用、肴獨用、豪獨用、歌戈同用、麻獨用、陽唐同用、庚耕清同用、青獨用、蒸登同用、尤侯幽同用、侵獨用、覃談同用、鹽添同用、咸銜同用、嚴凡同用。《廣韻》獨用、同用例乃承襲唐人功令而來，開始施行於開元年間。

關鍵詞 唐代 近體詩 獨用 同用

一 引言

《廣韻》所標"獨用""同用"例始用於何時，是宋人的發明還是承襲唐人而來？學界有不同意見。約而言之，有4種代表觀點："唐初許敬宗所詳議"（戴震，2009：295），"出自宋人，以爲宋初應試作文的用韻標準"（張世禄，2000：104），"源於許敬宗而邱雍又有所修訂"（方孝嶽、羅偉豪，1988：79），"在開元五年就已確定並開始運用於科舉考試之中"（王兆鵬，1998：147）。其中，最後一個觀點係王兆鵬先生據唐代科舉考試詩賦用韻所得，被魯國堯先生（2004）認爲解決了這個"紛紜不決的老難題"。

科舉考試詩賦嚴守官韻，最能反映唐人功令，自然是研究這一問題的最好材料，但流傳下來的科舉詩賦數量少，用韻範圍有限，並未覆及所有韻系，因此難以窺探唐人功令全貌，需要另覓材料。唐代近體詩的用韻雖不如科舉考試那樣嚴格，却也是不肯輕易出韻的，且流傳至今的數量龐大，據我們統計，《全唐詩》中計收有33548首。本文擬系統整理唐代近體詩用韻，並與古體詩用韻進行比照，以期較爲全面、準確地呈現唐人功令，進而探討與《廣韻》"獨用""同用"例之關係。我們將唐詩分爲初、中、晚3個時期（詳見拙文《唐代古體詩韻部演變研究》），作者不詳或名具而所處年代不可考者均不在本文的考察範圍。另，近體詩押平聲韻居多，仄韻詩非常少見，且據我們觀察，仄聲韻的"獨用""同用"情況基本同於對應平聲韻，因此，爲統計方便起見，本文只討論平聲韻。綜上，本文討論的近體詩共計32147首，其中初唐2116首、中唐15444首、晚唐14587首。

張世禄先生（1944：148）早在20世紀40年代就指出，若要探尋唐時功令，需遍考唐代名家作品的用韻系統，再加以比較研究，才可以得到一種可靠的決定。現在我們不僅將各名家納入考察範圍，還包括"非名家"，範圍更廣，材料更多，決定庶幾更可靠乎？

---

* 本文是北京中醫藥大學新教師啟動項目《唐代韻部系統研究》（2020-JYB-XJSJJ-037）的階段性成果。匿名評審專家對本文提出了非常寶貴的修改意見，謹致謝忱！

二　近體詩用韻分析

每小節先列相關韻在初、中、晚唐獨用、同用的用例數,如,東 145 初,指初唐東韻獨用 145 例;東冬 1 初,指初唐東冬同用 1 例,餘以此類推。限於篇幅,表中只列舉了討論中涉及的韻例,並未將近體詩全部韻例臚列。

(一)東獨用,冬鍾同用,江獨用

表 1　東、冬、鍾、江獨用和同用例統計表

韻例	初	中	晚	韻例	初	中	晚	韻例	初	中	晚
東	145	932	879	東冬鍾	0	3	2	鍾江	0	1	1
東冬	1	15	4	冬鍾	1	6	13	江	1	28	39
東鍾	1	15	30	鍾	31	229	232	江陽唐	0	1	0

近體詩中東獨用,極少與冬(鍾)通押。冬既押入鍾又押入東,均爲 20 例,盧綸《與從弟瑾同下第後出關言别・四》(3131)冬$_{\text{冬}}$農$_{\text{冬}}$逢$_{\text{鍾}}$、杜甫《雨晴》(2420)風$_{\text{東}}$農$_{\text{冬}}$紅$_{\text{東}}$空$_{\text{東}}$,從時期上看,冬東通押多見於中唐而冬鍾通押多見於晚唐。因押鍾韻的詩歌較押東韻爲少,故從通押比例上看,冬鍾通押略高於冬東通押。另,東鍾通押 46 例,多見於晚唐,李商隱《少年》(6159)功$_{\text{東}}$封$_{\text{鍾}}$中$_{\text{東}}$叢$_{\text{東}}$蓬$_{\text{東}}$。古體詩中①,東初唐獨用,中唐以後尤其晚唐時,已與冬鍾混用不分,冬與近體詩的用韻相似。詩人在創作古體詩和近體詩時,是使用了兩種不同的用韻系統,在創作時不免會交互影響(張世禄,1944:154)。中唐以後,東、冬、鍾混用正與古體詩用韻相符。因此我們推斷近體詩中東、冬、鍾之間的通押當是受了古體詩用韻系統的影響。唐代科舉考試詩賦中,冬獨用 5 例,與鍾通押 3 例,未見與東通押例,可見,東獨用、冬鍾同用,當爲唐人功令。

古體詩中,江中唐以前近東鍾,晚唐併入陽唐。近體詩中,江獨用,晚唐未見與陽唐通押例,僅與鍾通押 1 次,殷文圭《玉仙道中》(8135)江$_{\text{江}}$降$_{\text{江}}$蹤$_{\text{鍾}}$幢$_{\text{江}}$厖$_{\text{江}}$。可見,江獨用當爲唐人功令。

(二)支脂之同用,微獨用

表 2　支、脂、之、微獨用和同用例統計表

韻例	初	中	晚	韻例	初	中	晚	韻例	初	中	晚	韻例	初	中	晚
支	60	194	105	支脂之	1	330	464	脂	2	15	19	之	23	86	43
支脂	1	55	71	支之微	0	1	4	脂微	1	2	8	之微	1	3	4

① 唐代古體詩的用韻情況,請參見拙文《唐代古體詩用韻研究之一》《唐代古體詩用韻研究之二》《唐代古體詩韻部演變研究》,下同。

續表

支之	4	258	363	支脂微	0	2	1	脂之	47	331	161	微	148	790	659
支微	2	4	8	支脂之微	0	1	3	脂之微	0	1	0				

初唐，脂、之已混用不分，趙彦昭《奉和七夕兩儀殿會宴應制》(1087)期之帷脂詞之眉脂；支獨用 60 例，與脂(之)通押 6 例，杜審言《望春亭侍遊應詔》(732)池支麾支滋之爲支；微獨用 148 例，與支(脂之)通押 4 例，蘇頲《邊秋薄暮》(803)歸麾支稀機；中唐，支獨用 194 例，與脂(之)通押則高達 643 例，錢起《送萬兵曹赴廣陵》(2640)離支悲脂衰脂辭之；微獨用 790 例，與支(脂之)通押僅 14 例，王建《原上新居十三首・五》(3395)飢脂稀微遲脂籬支。晚唐，微獨用 659 例，與支(脂之)通押 27 例，杜牧《題木蘭廟》(5987)眉脂妃微。

古體詩的用韻初唐時與近體詩相似，支、微獨用而脂之混用，但中唐以後，支脂之微則混押不分。近體詩中唐以後只有支與脂之同用，而微一直獨用，顯然是受到了功令的限制。支與脂(之)初唐通押的 6 例分别散見於 6 位詩人的作品中，而王維、李白、高適、岑參等所謂盛唐詩人的近體詩中，支、脂(之)通押例都遠高於支獨用例。按：王維支獨用 2 例、與脂(之)通押 7 例，《晚春歸思》(1280)帷脂墀脂枝支時之；李白支獨用 3 例、與脂(之)通押 13 例，《初月》(1889)時之眉脂兒支詩之；高適無支獨用例，與脂(之)通押 4 例，《同顔六少府旅宦秋中之作》(2234)悲脂時之嗤之知支疵支；岑參無支獨用例、與脂(之)通押 11 例，《陪封大夫宴瀚海亭納涼》(2083)絲之羅支時之遲脂旗之。稍晚點的劉長卿近體詩中支、脂(之)通押更是高達 19 例，而支獨用僅 3 例，《送李中丞之襄州》(1492)師脂時之知支之之。這表明“獨用”“同用”例在開元、天寶間已確定並施行。此外，微、支(脂之)通押，中唐多於初唐，晚唐又多於中唐，反映了實際語音中微與支脂之的合流。

(三)魚獨用，虞模同用

表 3　魚、虞、模獨用和同用例統計表

韻例	初	中	晚	韻例	初	中	晚	韻例	初	中	晚	韻例	初	中	晚
魚	55	402	315	魚虞	0	6	8	虞	10	75	32	模	3	20	44
魚模	1	1	4	魚虞模	0	5	4	虞模	22	201	265				

近體詩中魚獨用，初唐僅與模通押 1 例，張説《東都酺宴四首・一》(946)居魚初魚酺模餘魚；中唐與虞(模)通押 12 例，李賀《示弟》(4393)餘魚書魚無虞盧模；晚唐 16 例，徐鉉《送和州張員外爲江都令》(8555)湖模都模無虞夫虞躇魚。虞、模初唐既已混用不分，王績《獨坐》(482)須虞租模夫虞壺模。古體詩的用韻初唐與近體詩相似而稍寬，中唐以後，魚與虞模則大量通押。可見，魚獨用、虞模同用乃唐時功令。近體詩中魚與虞模通押用例的不斷增多，反映了實際語音中魚、虞、模的混同。

（四）齊獨用，佳皆同用，灰咍同用

表 4　齊、佳、皆、灰、咍獨用和同用例統計表

韻例	初	中	晚	韻例	初	中	晚	韻例	初	中	晚	韻例	初	中	晚
齊	34	331	332	佳皆咍	0	1	0	皆灰咍	0	0	1	灰咍	180	608	618
齊咍	0	1	0	佳麻	1	85	126	皆咍	0	0	2	咍	25	185	185
佳皆	0	12	14	皆	1	25	13	灰	2	9	10				

齊獨用，僅與咍通押 1 例，李賀《昌谷北園新筍四首・一》(4409)開材泥齊。

無論是近體詩中還是古體詩中，佳韻字都一分爲二，一部分字如"涯①厓佳娃鼃"歸入麻韻、一部分字如"釵柴靫咼"歸入佳皆、"崖"則兩屬，具體討論見拙文《唐代近體詩用韻研究》《唐代古體詩用韻研究之一》，此不贅。這反映了當時的實際語音中，佳韻字確已分化爲兩組。據王兆鵬(2004:205)，唐代科舉考試詩賦，佳、皆韻系中只有怪韻入韻 1 次，獨用；麻韻獨用 19 次(2004:208)，不雜佳韻字(2004:183)。當時功令如何，難以遽斷，從近體詩的用韻來看，似允許部分佳韻字與麻同用，尤其是"涯"字，近體詩中押入麻計 195 次。

灰、咍初唐既已混用不分，駱賓王《樂大夫挽詞五首・四》(852)台咍來咍哀咍徊灰，古體詩用韻同。

皆或獨用，或與佳通押，極少與灰咍通押，僅晚唐時有 3 例，李群玉《九日》(6602)開咍台咍來咍懷皆迴灰。古體詩中，皆與灰咍則混用不分。可見，唐人功令，皆與灰咍是分用的。

（五）真諄臻同用，文欣同用

表 5　真、諄、臻、文、欣獨用和同用例統計表

韻例	初	中	晚	韻例	初	中	晚	韻例	初	中	晚	韻例	初	中	晚
真	46	601	479	諄	0	3	5	真魂痕	0	0	1	文	64	452	403
真諄	136	757	621	真諄魂	0	0	1	真諄痕	0	0	1	文魂	0	2	3
真臻	1	1	3	真諄文	0	1	2	諄魂	0	1	0	文欣	0	2	0
真文	2	2	4	真諄欣	1	9	9	諄文	0	1	2	文元魂痕	0	1	0
真欣	0	13	5	真諄魂痕	0	1	0	諄魂痕	0	0	1				
真臻	1	1	3	真諄臻欣	0	1	2	諄文魂	0	0	1				
真諄臻	0	3	2	真諄文魂痕	0	1	0	諄元魂	0	0	1				

---

① 拙文《唐代近體詩用韻研究》認爲"涯"字兼屬麻、皆，現更正爲只歸麻部。按："涯"，古體詩中只押入麻韻，近體詩中除元稹《痁卧聞幕中諸公徵樂會飲因有戲呈三十韻》(4526)偕皆齋皆柴佳排皆街皆霾皆崖佳豺皆靫佳荄皆槐皆怪怪咼佳喈皆娃佳涯佳皆皆乖皆諧皆儕皆釵佳淮皆啀佳差皆懷皆階皆埋皆骸皆痎皆褱皆，餘皆押入麻韻。黃炳輝《中古"涯"字屬證》中，統計了《全唐詩》中"涯"與佳韻字相押有二首，除上列元稹例，還有崔塗《贈休糧僧》：懷階埋崖。實是"崖"押入佳韻，當爲統計時的偶然失誤。元稹例乃孤例，或爲偶然通押，不能據此將"涯"歸入皆部。

近體詩中真、諄、臻混用不分，李德裕《近臘對雪有懷林居》(5401)人真榛臻親真春諄。文獨用，偶與真、諄、臻、魂、欣通押，殷堯藩《宮詞》(5567)人真麟真春諄茵真紋文。欣無獨用例，與真(諄臻)通押40例，入韻字有“勤斤欣筋殷芹忻”，其中“勤”字最爲常見，略舉數例：張籍《舟行寄李湖州》(4313)勤欣頻貧人、朱放《楊子津送人》(3541)津人斤欣、白居易《早春招張賓客》(5144)新欣欣身春人、貫休《劉相公見訪》(9360)輪塵人因真新詢筋欣人、李頻《之任建安淥溪亭偶作二首・一》(6839)殷欣人均鄰、陸龜蒙《和襲美寄懷南陽潤卿》(7193)塵身人春芹欣、李中《獻喬侍郎》(8522)伸綸臻身陳人塵津新神鄰真臣忻欣頻春銀倫親鈞。文、欣通押2例，都是“勤”字押入文韻，劉長卿《秋日夏口涉漢陽獻李相公》(1542)濆群勳聞雲文分軍勤欣紛。可見“文欣同用”絶非唐人功令，顧炎武(2011：42)、戴震(2009：308-309)、錢大昕(2009：96)均認爲《廣韻》文、欣原作獨用。胡建升(2010：38-42)據唐宋科舉詩賦用韻，認爲《廣韻》中“文欣同用”例是在景祐四年以後根據《禮部韻略》改定的。古體詩中，文初唐獨用，偶與真(諄臻)通押，中唐時已與真(諄臻)大量通押，至晚晚唐時，二者已趨於混同；欣無獨用例，多與真(諄臻)通押，與文通押僅3例。反觀近體詩，文晚唐時仍極少與真(諄臻)通押，表明唐人功令中，文是獨用的，欣似與真諄臻同用。

(六)元魂痕同用，寒桓同用，删山同用，先仙同用

表6　元、魂、痕、寒、桓、删、山、先、仙獨用和同用例統計表

韻例	初	中	晚	韻例	初	中	晚	韻例	初	中	晚	韻例	初	中	晚
元	7	28	30	元魂痕桓	0	0	1	寒	12	197	184	桓仙	0	0	1
元寒	0	1	0	元先仙删	0	0	1	寒桓	52	314	262	山	3	85	49
元痕	1	17	8	魂	6	37	79	寒山	0	2	3	山删	21	448	357
元桓	0	1	0	魂痕	3	55	90	寒删	0	1	6	山先	0	1	0
元魂	14	157	86	痕	0	2	2	寒仙	0	3	1	删	18	10	9
元仙	0	0	1	寒山删	0	2	3	桓	0	2	10	仙	13	51	48
元先	0	0	1	寒桓山	0	1	1	桓山删	0	0	1	仙删	0	0	1
元桓山	0	0	1	寒桓仙	1	0	1	桓先仙	0	0	3	先	28	205	140
元魂痕	12	107	94	寒桓先	0	0	1	山先删	0	1	0	先删	0	1	1
元魂仙	0	0	1	寒仙删	0	0	1	山先仙	0	0	1	先仙	143	881	774
元先仙	1	1	2	寒山仙删	0	0	1	先仙删	0	0	1				

古體詩中，元與山攝、魂(痕)與臻攝中唐已有大量通押用例，至晚唐，它們之間的通押例超過了元與魂(痕)。因此，我們認爲：至遲晚唐，元韻已轉入山攝，魂痕則與真諄合流。近體詩中，元與魂痕同用，極少與山攝韻通押，共計13例，其中作者年代可考者10例，晚唐時最多，也不過6例，而晚唐時元、魂(痕)通押計188例。魂痕也極少與臻攝韻通押，共計14例，其中作者年代可考者13例，初唐未見，中唐5例，李賀《竹》(4393)春諄根痕鱗真孫魂，晚唐8例，鄭璧《奉和陸魯望白菊》(7241)群文魂魂紋文裙文。可見，“元魂痕同用”爲唐人功令無疑。

寒桓删山先仙6韻以寒桓、删山、先仙組内通押爲主，如：韋應物《陪王郎中尋孔徵君》

(2010)難寒歡桓寒寒闌寒、白居易《過鄭處士》(4383)間山關刪山山、王維《送韋評事》(1307)賢先延仙邊先。各組間也有通押用例，但非常少，初、中唐尤少，具體討論見拙文《唐代近體詩用韻研究》，此不贅。“寒桓同用、刪山同用、先仙同用”當爲唐人功令。

(七)蕭宵同用，肴獨用，豪獨用，歌戈同用，麻獨用

表7　蕭、宵、肴、豪、歌、戈、麻獨用和同用例統計表

韻例	初	中	晚	韻例	初	中	晚	韻例	初	中	晚	韻例	初	中	晚
蕭	0	3	3	蕭宵肴	0	0	3	肴	1	14	33	歌戈	46	350	283
蕭豪	0	0	1	宵	17	119	92	肴豪	0	0	3	戈	0	3	5
蕭宵	22	175	190	宵豪	0	2	3	豪	7	139	186	麻	74	460	369
蕭宵豪	0	0	2	宵肴	0	0	2	歌	8	100	65				

古體詩中，初唐蕭、宵已混用不分，肴與宵(蕭)通押用例也多於肴獨用。近體詩中，肴與宵(蕭)通押計6例，作者年代可考者5例，全部見於晚唐，趙璜《六月》(9986)梢肴條蕭遥宵橋宵，許是受到實際語音中肴已與蕭宵混同的影響，初、中唐，肴僅見獨用例。可見，蕭宵同用、肴獨用當爲唐人功令。

豪韻獨用，中唐以後，偶與蕭、宵、肴通押，李賀《感春》(4418)騷豪腰宵勞豪槽豪，與古體詩的用韻同。

歌戈同用，楊炯《送鄭州周司空》(613)河歌歌歌多歌過戈。

除部分佳韻字押入麻韻，如前所述，麻韻獨用。

(八)陽唐同用，庚耕清同用，青獨用，蒸登同用

表8　陽、唐、庚、耕、清、青、蒸、登獨用和同用例統計表

韻例	初	中	晚	韻例	初	中	晚	韻例	初	中	晚	韻例	初	中	晚
陽	32	269	306	庚青	1	2	5	耕	0	1	0	蒸	7	15	19
陽唐	90	622	635	庚清	116	986	839	耕清	0	26	27	蒸登	1	61	135
唐	2	21	26	庚耕清	5	69	137	青	14	181	238	登	1	43	58
庚	6	76	73	庚清青	0	2	10	清	26	174	152				
庚耕	1	8	12	庚耕清青	0	0	1	清青	1	7	7				

陽、唐混用不分，初唐已然，虞世南《侍宴歸雁堂》(474)塘唐香陽行唐粱陽。

古體詩中，庚、耕、清初唐已混用不分，青雖有不少獨用例，但不如與庚(耕清)通押例多，中、晚唐皆然。近體詩中，庚、耕、清初唐業已混用不分，宋之問《陸渾山莊》(635)情清耕耕行庚名清生庚。青與庚(耕清)通押共計42例，其中作者年代可考者36例，初唐2例，鄭愔《中宗降誕日長寧公主滿月侍宴應制》(1105)榮庚生庚靈青明庚；中唐11例，李白《觀胡人吹笛》(1876)聲清亭青纓清情清；晚唐23例，吕巖《别詩二首・一》(9700)名清靈青英庚清清。可見，近體詩中青是獨用的，當是受限於唐人功令，與庚(耕清)通押用例越來越多，則反映了實際語音中青

與庚耕清的混同。

蒸、登初唐時用例較少，但仍可大致看出獨用爲主的局面，蒸獨用 7 例，僅與登通押 1 例，見於林氏《送男左貶詩》(8984)。中唐以後混用不分，賈島《夏夜》(6642)澄蒸稜登僧登蒸蒸。古體詩中，蒸、登初唐獨用爲主，中唐以後，通押用例多於獨用。

(九)尤侯幽同用，侵獨用，覃談同用，鹽添同用，咸銜同用，嚴凡同用

表 9 尤、侯、幽、侵、覃、談、鹽、添、咸、銜、嚴、凡獨用和同用例統計表

韻例	初	中	晚	韻例	初	中	晚	韻例	初	中	晚	韻例	初	中	晚
尤	57	326	298	覃銜	0	0	1	咸銜	1	2	3	鹽添銜	0	0	1
尤侯	64	631	688	覃談凡	0	1	0	添銜	0	1	0	鹽添嚴	0	1	0
尤幽	11	48	15	覃談鹽	0	1	0	咸凡	0	1	1	鹽咸銜	0	0	1
尤侯幽	8	28	21	覃談咸銜	0	0	2	銜	0	4	1	鹽銜凡	0	1	0
侯	3	9	6	談	0	2	1	銜凡	0	2	0	鹽添銜嚴	0	1	0
侯幽	0	0	1	談咸	0	0	1	鹽	0	5	12	鹽添咸銜嚴凡	0	1	0
侵	93	629	616	談嚴凡	0	0	1	鹽添	0	16	25				
覃	3	23	16	咸銜凡	0	2	4	鹽銜	0	1	1				
覃談	4	22	32	咸銜嚴凡	0	1	2	鹽嚴	0	0	1				

尤、侯、幽初唐既已混用不分，杜審言《和韋承慶過義陽公主山池五首・一》(733)求尤游尤樓侯幽幽。

侵韻獨用。

咸攝 8 韻用例較少，只可看出覃談同用，鹽添同用，凡與咸銜關係親密，嚴似與鹽添近。唐代科舉考試詩賦中咸銜同用，因此我們推測《廣韻》中的"覃談同用，鹽添同用，咸銜同用，嚴凡同用"當與唐人功令同，北宋賈昌朝奏請的"合嚴於鹽、添""合凡於咸、銜"，除韻窄的原因外，或與實際語音也有關。

三　結語

綜合以上分析，我們大致可以得出唐人功令的面貌：東獨用、冬鍾同用、江獨用、支脂之同用、微獨用、魚獨用、虞模同用、齊獨用、佳皆同用、灰咍同用、真諄臻欣同用、文獨用、元魂痕同用、寒桓同用、删山同用、先仙同用、蕭宵同用、肴獨用、豪獨用、歌戈同用、麻獨用、陽唐同用、庚耕清同用、青獨用、蒸登同用、尤侯幽同用、侵獨用、覃談同用、鹽添同用、咸銜同用、嚴凡同用。其中東獨用、江獨用、微獨用、魚獨用、文獨用、元魂痕同用、肴獨用、青獨用等例，因近體詩與古體詩的用韻差别懸殊，只能認爲是近體詩受到了功令限制的影響。至於近體詩與古體詩用韻相合例，則表明某些功令規定正與語音的發展趨勢相契合。事實上，同用例的規定正是因爲這些韻一般人實難分辨，屬文之士苦其苛細，而在實際語音發展中它們也逐

漸合流了。

將《廣韻》所標"獨用""同用"例與唐人功令相較，可知二者幾乎完全一致。唯《廣韻》中欣獨用，唐人真諄臻欣同用。《廣韻》中，真諄臻與欣並不相連屬，或許正因爲此，才規定欣獨用，戴震《聲韻考》(2009：302)中亦認爲"欣、隱、焮、迄宜改文、吻、問、物之前"。此外，《廣韻》佳皆同用，唐人功令似允許部分佳韻字與麻同用，這大概爲體例所限，即韻書以韻爲單位規定"獨用""同用"，個別字的歸屬無法在"獨用""同用"例中體現，仍可認爲《廣韻》佳皆同用例是承襲唐人而來。

至於"獨用""同用"例始用於何時，亦可從唐人近體詩與古體詩的用韻中得到些許綫索。通過上文的比較，可知近體詩和古體詩在初唐用韻基本一致，比如東獨用、支獨用、文獨用、元魂痕同用等，尤其是支獨用值得我們注意。唐人功令規定支脂之同用，近體詩支初唐獨用，中唐以後才與脂之同用，可見，初唐時並無"支脂之同用"之例，屬文之士依據實際語音押韻。而王維等所謂盛唐詩人近體詩中支、脂之始頻繁通押，同時微保持獨用，而古體詩中則支脂之微通押不分，正與王兆鵬先生"獨用""同用"例開元年間已確定並開始運用於科舉考試的結論相應合。只有科舉考試中開始實施，屬文之士在日常創作中才有效法的標準和動力。因此，我們同意王先生的觀點。

要之，中唐以後的近體詩用韻基本上反映出了唐代功令，結合唐代科舉考試詩賦的用韻情況，可知唐人功令開元年間已確定並開始運用於科舉考試，《廣韻》"獨用""同用"例正是承襲這種功令而來。

參考文獻

[1]戴震. 戴震全書(叁)[M]. 合肥：黃山書社，2009：295，302，308-309.
[2]方孝嶽，羅偉豪編. 廣韻研究[M]. 廣州：中山大學出版社，1988：79.
[3]顧炎武. 顧炎武全集(2)[M]. 上海：上海古籍出版社，2011：42.
[4]胡建升. 從唐宋科舉詩賦用韻看《廣韻》"文欣"同用的起始時間[J]. 語言研究，2010(2)：38-42.
[5]黃炳輝. 中古"涯"字韻屬證[J]. 語文研究，1981(2)：116-118.
[6]魯國堯. 説"識"——序王兆鵬《唐代科舉考試詩賦用韻研究》[M]//唐代科舉考試詩賦用韻研究. 濟南：齊魯書社，2004.
[7]李蕊. 唐代近體詩用韻研究[M]//勵耘語言學刊(第28輯). 北京：中華書局，2018：259-269.
[8]李蕊. 唐代古體詩用韻研究之一[J]. 貴州大學學報(社科版)，2019(1)：54-62.
[9]李蕊. 唐代古體詩用韻研究之二[J]. 語言研究，2019(1)：63-67.
[10]李蕊. 唐代古體詩韻部演變考[J]. 古漢語研究，2021(1)：87-94.
[11]錢大昕. 十駕齋養新録(上)[M]. 臺北：世界書局，2009：96.
[12]王兆鵬.《廣韻》"獨用""同用"使用年代考——以唐代科舉考試詩賦用韻爲例[J]. 中國語文，1998(2)：144-147.
[13]王兆鵬. 唐代科舉考試詩賦用韻研究[M]. 濟南：齊魯書社，2004.
[14]張世禄. 杜甫詩的韻系[J]. 中央大學文史哲季刊(第2卷第1期)，1944：143-158.
[15]張世禄. 中國音韻學史(下册)[M]. 臺北：臺灣商務印書館，2000：104.

On the Separated and Merged Rhyme Categories of *Guangyun*(《廣韻》) Based on Regulated Verses of the Tang Dynasty

Li Rui

Abstract: By comprehensively examining the rhymes used in the regulated verses of the Tang Dynasty and comparing them with the rhymes used in the classical-style poems. It is found that the rhyming rules of examination in the Tang dynasty are as follows: *Dong* (東) was used separately; *Dong* (冬) and *Zhong* (鍾) were merged, *Jiang* (江) was used separately; *Zhi* (支), *Zhi* (脂) and *Zhi* (之) were merged; *Wei* (微) was used separately; *Yu* (魚) was used separately; *Yu* (虞) and *Mu* (模) were merged; *Qi* (齊) was used separately; *Jia* (佳) and *Jie* (皆) were merged; *Hui* (灰) and *Hai* (咍) were merged; *Zhen* (真), *Zhun* (諄), *Zhen* (臻) and *Xin* (欣) were merged; *Wen* (文) was used separately; *Yuan* (元), *Hun* (魂) and *Hen* (痕) were merged; *Han* (寒) and *Huan* (桓) were merged; *Shan* (删) and *Shan* (山) were merged; *Xian* (先) and *Xian* (仙) were merged; *Xiao* (蕭) and *Xiao* (宵) were merged; *Yao* (肴) was used separately; *Hao* (豪) was used separately; *Ge* (歌) and *Ge* (戈) were merge; *Ma* (麻) was used separately; *Yang* (陽) and *Tang* (唐) were merge; *Geng* (庚), *Geng* (耕),*Qing* (清) were merged; *Qing* (青) was separated; *Zheng* (蒸) and *Deng* (登) were merged; *You* (尤), *Hou* (侯) and *You* (幽) were merged; *Qin* (侵) was used separately; *Tan* (覃) and *Tan* (談) were merged; *Yan* (鹽) and *Tian* (添) were merged; *Xian* (咸) and *Xian* (銜) were merged; *Yan* (嚴) and *Fan* (凡) were merged. The "Wide Rhyme" was an inheritance from the Tang dynasty, which began to be implemented in the Kaiyuan (開元) period.

Key words: Tang, regulated verses, separated used rhyme, merged rhymes

通信地址:北京市西城區德勝里一區 13 棟 107
郵　　編:100088
E-mail:sxcenjoy@163. com

“五音口訣”的功能和來源[*]

張　健

内容提要　“五音”在古代音韻學中應用過寬，要具體分析使用環境才能明其所指。在《五音之圖》中，“五音”是用來區别五種發音狀態的標記，並不具體與字音的聲韻調中某個因素發生關聯。“宫商角徵羽”五個字的本身讀音也與《五音之圖》的口訣没有必然聯繫。該口訣起源於人聲與音樂相配的觀念，脱胎於古代以五音占卜的做法。在唐宋時期一度流傳甚廣，出現了很多與之有關的類似口訣，並流入佛門爲僧人所借鑒，結果成爲了一份音韻學材料被現代學者重視。雖然五音口訣確實描寫了某些發音的區别特徵，但歸根結底，這不是對特定音節所作的分析，而且過於籠統，故而其價值十分有限。

關鍵詞　五音之圖　辨五音法　五姓　區别特徵

唐僧神珙所作，附於《玉篇》的《四聲五音九弄反紐圖》(以下簡稱《反紐圖》)是一份很有價值的音韻學研究資料。自從殷孟倫先生(1957)①對《反紐圖》的價值進行挖掘之後，學界對這份材料進行了很多角度的研究，許多問題都得到了很好的解決。但殷先生唯獨没有對五音口訣進行闡釋，留下了一個遺憾。

所謂“五音口訣”，是指《反紐圖》中《五音之圖》所載的“宫，舌居中；商，口開張；角，舌縮却；徵，舌拄齒；羽，撮口聚”等五句口訣。黄耀堃(2004)、鄭張尚芳(2011)、鄭偉(2017)等先生先後撰文，對五音口訣的來源、具體所指和功用等問題進行了討論。從五音口訣的字面描述來看，很顯然這是在描寫一些發音的口腔狀態，這一點學界没有異議。問題的關鍵在於，五音口訣描寫的到底是發什麽音的狀態。黄先生指出：“宫商角徵羽的排列就是從内漸漸向外推移的聲音的等第。因此五音可以代表不同舌位(包括唇形)的韻類。”鄭先生進一步指出“應該著眼於韻母主元音與韻尾搭配後的發音狀態”來理解這裏的“五音”的具體所指。三位先生都傾向於認爲，五音口訣是在描寫韻的發音狀態，並且與“宫商角徵羽”五個字的韻相聯繫。

儘管諸位先生已經提出了許多合理的見解，但問題仍然存在。比如，鄭偉先生(2017)構擬了五音口訣所描寫的韻，並認爲《五音之圖》的例字都分屬五音，即“居”屬“宫”，“書”屬“商”，“古”屬“角”，“陟”屬“徵”，“于”屬“羽”。可是，“居”“書”“古”“于”都在遇攝，都應該與“羽”字在韻上更爲相似，特别是其中“居”“書”的差别只在於聲母。若按照鄭先生的設想，五音口訣是描寫韻的發音狀態，那麽這一批字的韻明明極爲相近，何以歸屬不同呢？又如，黄耀堃(2004)與鄭張尚芳(2011)兩位先生都曾基於五音配韻的觀點而推測了《切韻》韻目與五音的關係，但結果相差極大。可見從五音配韻的角度來分析五音口訣也會遇到難題。另外，

*　本文寫作過程中得到丁鋒先生、王正博士的批評指正，《漢語史學報》的匿名評審專家也給出了寶貴的建議，在此謹致謝忱。

①　本文所有涉及《反紐圖》文本的内容都遵從殷先生文章的校訂。

有一些重要的材料以往没有被注意到。因此,我們以爲這個問題還有繼續討論的必要。

一　從《九哢十紐圖》看五音口訣的功能

晚唐日僧圓仁從長安將一部《九哢十紐圖》傳回日本①。丁鋒先生(2016)指出,《反紐圖》的時代晚於《九哢十紐圖》,前者對後者有所借鑒。《九哢十紐圖》的内容十分龐雜,不過最引人注目的是《總别和合圖》和《别中别圖》兩種資料。《總别和合圖》與《反紐圖》的《五音之圖》在内容和形制上頗爲相似,《别中别圖》則記載了五音口訣。那麼,根據《九哢十紐圖》的内容來分析五音口訣自然對問題的解決有極大的作用。

《九哢十紐圖》載有一種《辨五音法》,與《反紐圖》的《五音聲論》有同有異。《辨五音法》三次將"五音"與字音進行配合:

表 1

宫	商	角	徵	羽
合口同音謂之宫	剛柔俱張謂之商	喉中確確謂之角	分唇切齒謂之徵	勇唇撮觜謂之羽
宫是喉音	商是顎音	角是牙音	徵是舌音	羽是唇音
宫商是平聲字		角是入聲字	徵是上聲字	羽是去聲字

這裏要稍微解釋一下第一種配合,這是將五音與韻相配的做法。"合口同音"的"同"當"聚合"講,意謂關閉口腔將聲音聚合在口内,這是在描寫閉口韻韻尾的發音特徵。與之相似的,"喉中確確"描寫的應當是舌根音(或喉音)韻尾的發音面貌。悉曇中有"大空"和"涅槃"兩種特殊發音。前者即帶閉口韻尾的發音,後者則是音長較短、帶有喉音韻尾的發音。這兩個帶輔音色彩的韻母在悉曇章裏地位特殊,所以這裏單獨拿出來跟漢語音節來比附②。"剛柔俱張"的"剛柔"不好理解,但"張"顯然是指開口度而言的,這也是對韻的分析。"分唇切齒"則開口度小一些,描寫的是前高不圓唇元音。"勇唇撮觜"開口度當是最小的,描寫的是圓唇元音③。

既然第一種方式是五音配韻,而顯然第二種是五音配聲母,第三種是五音配聲調,那麼這就已經將五音與聲、韻、調配過一遍了。如此,《九哢十紐圖》的作者又何必在《别中别圖》裏再用五音口訣來將五音配韻呢?

《别中别圖》前有小序云:"此圖中'張'一字前卅二字。别圖首冠'張'字也。此一字舉,又九弄次第、字數、單勾,又五音、六書、八體等所屬顯也。餘卅一字准此知。"圖的形制與内

---

① 《九哢十紐圖》藏於寺廟無法得見,相關信息由丁鋒先生提供。

② 安然《悉曇十二例》第六例"大空涅槃連聲例"中説:"大空且呼唇内之聲,涅槃且呼喉内之聲。"俞敏先生(1999)指出:"h 下頭加'·',表示用前頭的元音口型念[h];m 上頭加'·',表示前頭的元音鼻化……有的音韻學家沿用《大般泥洹經》,把'暗'aṁ、'惡'aḥ列到元音裏。"

③ 這裏的商、角、徵三條都押韻。羽條很難解釋,猜測"觜"是"聚"的訛字。宫條也許有倒乙,"合口同音"應作"合口音同"。"音"字在日語吴音讀爲おん(國際音標可以記爲[oŋ]),與東韻合口三等的"宫"韻母音色極近。抑或受此影響,乃有誤作。下文引《悉曇藏》的"舌中音"恐怕亦是類似現象。

容見文末所附①。從序文的表述來看,“九弄”等信息是一類,“五音”等是另一類。“九弄”是對“張”字聲、韻、調各方面的分析,而“六書八體”是對“張”字整個字的分析。五音既與六書八體同類,是否可以認爲在分析“張”字的整體讀音呢?

《別中別圖》所載的五音口訣還多了“調聲”二字,表明五音口訣是一種調聲手段。所謂“調聲”,在典籍中一般表示“調音”,即調整樂器的音高以合乎樂制。後來“調聲”從表示音樂上調整“音”的概念,假借到詩律學中來表示調整字音。《文鏡秘府論》有《調聲》一節,專講詩歌安排字音的問題:“以字輕重清濁,間之須穩。至如有輕重者,有輕中重,重中輕,當韻之即見。且莊字全輕,霜字輕中重,瘡字重中輕,床字全重。如清字全輕,青字全濁……上句平聲,下句上去入;上句上去入,下句平聲。”莊、霜、瘡、床同韻,只有聲母有差異;而清、青同聲同調,只有韻母有差異;而後更是直言聲調的調節。由此可知“調聲”針對的是整字的字音。

綜上可知,《九哢十紐圖》將五音口訣作爲調聲手段,描寫的不是聲韻調的任何一個方面,而是一個完整音節的某種發音特徵。鄭偉先生(2017)曾引述張世禄先生的觀點,並總結道:“古人所用‘舌居中’‘撮口聚’之類的描述……也可以描述整個音節發音的部位或狀態。”這個想法與我們的觀點一致,但兩位先生都未加詳論。下面我們將對典籍中與五音口訣相關的記載進行整理分析,試圖進一步闡明五音口訣的功用。

二 與五音口訣相關的其他記載及類似口訣

(一)《悉曇藏》所載的五音口訣

《悉曇藏》引用五音口訣時寫作:

宮,舌中音,即喉。商,開口張,即腭。角,舌角落,即牙。徵,舌柱齒,即齒。羽,撮口聚,即唇。

“舌中音”恐怕有問題。《大般涅槃經集解》卷二十一引僧宗曰:“夫致教之體要先半而後滿②,此是前後次第根本耳。迦、呿此五字,是舌本音也。遮、車此五字,舌中音也。”這是在講悉曇章各段輔音發音部位的推移。“遮、車此五字”即𑖓 𑖔等五個悉曇字母,智廣《悉曇字記》歸入“齒音”,俞敏先生(1999)歸爲 c 組的五個輔音(連帶元音)。所以,“舌中音”本是指聲母發音部位,按照《悉曇藏》所載應當算是“商,即腭”,與“宮,即喉”無關。這大概是安然記混了口訣。至於“舌角落”,意思上跟“舌縮却”仿佛,嚴格説來是出韻了,這可能與安然的口音有關。

以往對《悉曇藏》這一段話的分析,總是千方百計想找出“宮商角徵羽”五個字的字音與喉、腭、牙、齒、唇等發音部位以及“舌居中”等發音狀態之間的關聯。然而,這些分析都脱離了《悉曇藏》這段話的上下文而先入爲主地將之當成一份富有音韻學價值的材料。其實,《悉曇藏》這段話非常冗長,將五音與五臟、五根(即五官)、各類聲音、呼吸動作等萬事萬物相配,

① 基於丁鋒先生所提供資料和岡井慎吾先生(1933:261)轉録序文並重製圖形。《別中別圖》第一到第十即所謂“十紐”,需要連同“張”字一起讀。這部分内容尚需與《九哢十紐圖》的其他部分對照理解,但與本文所論關係不大,故不詳細轉引。

② 一作“漏”,似誤,參《大正藏》校語。“先半後滿”是在説悉曇體文和摩多拼合過程。

但是顯然五臟五官與"宫商角徵羽"之間並無關聯。既然如此，又何以獨獨五音口訣的内容就必然與這五個字的字音有關呢①？

其實，五音不過是一套類似五行的符號。五音與五行、五方皆可相配，作爲一種占卜測算的手段在民間廣爲流傳。音韻學材料裏借用五音來作爲一種標記，並非要利用"宫商角徵羽"五個字的讀音來代表什麽意義。正如《切韻指掌圖》裏用民間的掐算手段把五音、三十六字母和五指相關聯一樣，並不代表五音、三十六字母和五指有什麽必然的聯繫。

（二）與五音口訣相似的相關材料

典籍中還有一些與五音口訣十分相似的其他口訣。《地理新書》卷一《五姓所屬》篇提到一種以"口勢"定五音的方法。其口訣用兩個叠韻之字，且與五音之字各自同韻。《永樂大典》四千九百三十六卷十二先"玄"字條下記録了一種"五音取六十卦法"，利用五音口訣將五音和五臟按照五行關係相配，與《悉曇藏》相似，没有語言學價值。但這條材料除了五音口訣之外，還另有一套描寫五音的口訣。下表將五音口訣、《地理新書》的"口勢法"和《永樂大典》的"五音取卦法"對比列出：

表 2

五音 方法	宫	商	角	徵	羽
1. 五音口訣	舌居中	口開張	舌縮却	舌拄齒	撮口聚
2. 口勢法①	口勢隆穹	口良昌	口撲捉	舌抵齒	口僂窶
3. 五音取卦法	合口而通之	開口而吐之	張齒涌吻	齒合吻開	齒合吻聚

"宫"條的核心在于 3 的"通"。"舌居中"則舌頭不與口腔的其他任何部位接觸成阻，因此可以"通"。2 中的"隆穹"應即"穹隆"之倒反，《漢語大詞典》"穹隆"釋義爲："中間隆起，四周下垂貌。"此處指口腔圓拱、隆起的狀態。口腔内空間較大，也是爲了暢通無阻礙。"商"條 1、3 的描寫比較類似，表示口腔開張。但 2 的"良昌"不好理解，我們懷疑可能是"俍倡"，也即"踉蹌"。借行走時摇擺不穩來表示發音過程中整個口腔動程較大。王洙認爲"賈""馬"二字正是"近於良昌"的。"賈"是見母馬韻二等字，聲母舌根音，主元音前低，舌位運動幅度較大；"馬"是明母字，雙唇從關閉到發出一個前低元音，也需要一定的運動過程。如果承認二等有一個後高(或半高)介音的存在，那幅度就更大了。3 中的"吐"，似乎也暗示"商"音要求唇舌有所移動。"角"條三種説法各不相關，但 1 的表述和 2 的選字都表現出舌根音韻尾特徵。"撲捉"我們懷疑即"撲朔"，據張永言先生(1982)，"撲朔"引申有"不整齊的樣子"義。這裏跟"良昌"似乎也有些類似，是在表示入聲韻尾需要唇舌較大的運動。至於 3 的"張齒涌吻"，似乎是爲了跟其後兩音配合故而强調了開口度的問題，暫時不知該作何解釋。"徵"條三種説法高度相似，不必多説。"羽"條也只有"僂窶"較難理解，我們以爲此二字是蜷曲狹小之意，

---

① 值得注意的是，安然這段話本來就不是一段嚴謹的音韻學分析，而只是一種百科常識類的介紹。不必像對《九弄十紐圖》那樣，認爲安然這裏用五音配了喉、腭、牙、齒、唇等聲母的發音部位，那麽"舌中音"等就是對韻的分析。

① 原書在"撲"下注"音雹"，"僂窶"下注"上音縷下其矩切"。又按，"矩"字一本作"短"，顯然是訛誤。

表示"羽"音小而緊的口腔狀態。

這三套口訣應當彼此有關,尤其是"商""徵""羽"三條,三套口訣都高度相似。根據上面的分析,可以得出兩個結論。第一,這些與五音相關的口訣都是用在占卜方面的。第二,這些口訣都不是對聲、韻、調單獨進行描寫,而是描寫一個完整音節的發音特徵。

關于第二個結論還有一個旁證。清代《醫宗金鑒》卷三十四收録的《四診心法要訣》:

舌居中發,喉音正宮。極長、下濁,沉厚、雄洪。開口張嘌,口音商成。次長下濁,鏗鏘肅清。撮口唇音,極短高清。柔細透徹,尖利羽聲。舌點齒音,次短高清。抑揚咏越,徵聲始通。角縮舌音,條暢正中。長短高下,清濁和平。

這個口訣用韻夾雜東韻和清韻,寫成的年代可能很晚。不過這套診斷方法未必形成很晚,也許只是没有形成文本罷了。顯然醫生在診斷時,不可能要求病人專門發出輔音或者元音,而只能是一整個音節。由此可見在中醫領域也知道,五音口訣不是單獨聽韻或者聽聲,而是要聽取整個發音面貌的。

以往對五音口訣的討論總是將眼光集中在《五音之圖》《悉曇藏》《守温韻學殘卷》等韻學材料上,習慣性地將其作爲具有一定科學性的音韻學材料來分析研究。而我們以爲,五音口訣的價值不大,其内容與"宫商角徵羽"五個字的讀音也無甚瓜葛,恐怕很難對其進行擬測分析。事實上,五音口訣本是中土所傳的占卜測算之術,往往在卜策和醫書中能見到類似記録。而占卜巫醫又恰好與宗教事務有涉,僧人們爲了推廣佛教而借用五音口訣,當作百科知識寫進他們的聲明學著作中①。由此,"五音口訣"也逐漸被附會上一些音韻學功用,可是很難經得起推敲,比如黄耀堃先生(2004)對《小學紺珠》的批評,可見一斑。下面我們試圖梳理文獻記載來進一步揭示五音口訣的形成和演變,以此證明五音口訣雖然描寫了一些音節的發音狀態,但對音韻學研究而言並無太大的實際意義。

三　五音占卜與五音口訣的形成

黄耀堃先生(2004)和鄭偉先生(2017)都指出五音口訣跟"五音之家"很有淵源,這個思路是完全正確的。所謂"五音之家",是漢代出現的一類巫師,他們宣揚姓名和住宅與五音有關,以此占卜命運、勘察風水。事實上,五音口訣所描寫的發音狀態,正是古人爲了以聲音占卜而做出的對聽音對象的分類。自古以來就有一套利用聲音來占卜的方法,只不過隨着時間的推移,這一套方法也逐漸變化,最終演變成各類口訣。本節力圖通過追溯這種占卜傳統,進一步討論五音口訣的形成過程和功能。

《周禮·大師》載:"大師掌六律六同,以合陰陽之聲。"其職責之一是"以六律爲之音",鄭注:"以律視其人爲之音,知其宜何歌。"②賈疏:"大師吹律爲聲,又使其人作聲而合之。聽人

① 《别中别圖》本來應當是講字音的,但是却夾雜了"六書""八體"這些内容,其實都是作爲百科常識加入的。有些佛教著作中片段地引用五音口訣的部分來講輔音發音方法。比如浄嚴《三密鈔》卷上云:"一音雖喉聲,必以舌拄牙出音,故爲牙聲。……次弋爲齒者,弋音雖舌聲,必以舌拄齒出音,故爲齒聲。"

② 鄭玄在下文還引了《樂記》子貢見師乙的記載,似乎與本段論述有所偏離。子貢問的是如何分辨什麽樣的人適合唱什麽樣的歌,師乙回答的也是依據不同人的性格分别適宜唱不同類型的樂曲。《樂記》的記載是依據人性而定音樂,但《周禮》這裏所説的却是依據音樂推測人性。

聲與律吕之聲合謂之爲音。或合宮聲,或合商聲,或合角徵羽之聲。"可知,大師可以借助定音管測定一個人發出的聲音。由于"樂"是衡量國君品行的重要標準,因此大師可以推求人的品格。《大戴禮記・保傅》載:"太子生而泣,太師吹銅,曰聲中某律。"太子哭泣後太師用律吕測定符合哪個律,以此推求太子日後的品性。一旦大起軍師,大師則要"執同律以聽軍聲",鄭注引《兵書》:"將張弓大呼,大師吹律合音:商則戰勝,軍士强;角則軍擾多變,失士心;宮則軍和,士卒同心;徵則將急數怒,軍士勞;羽則兵弱,少威明。"這段記載更加明確了古人如何用五音占卜吉凶。《左傳・襄公十八年》師曠"驟歌北風,又歌南風",《史記・律書》"武王伐紂,吹律聽聲"等處的記載,其道理當與此相同①。

古人賦予宮、商、角、徵、羽五音一定的象徵意義,然後測定占卜對象的音高,測出什麽音就意味着什麽結果。這種做法較爲繁瑣,所以後來流程有所簡化。《六韜・龍韜・五音》:"聞枹鼓之音者,角也;見火光者,徵也;聞金鐵矛戟之音者,商也;聞人嘯呼之音者,羽也;寂寞無聞者,宮也。"這段記載顯然受到五行學説的影響,"火"爲"徵","金"爲"商",這都是五行與五音相配的結果。這種做法不用定音,而直接將某些特定的聲音與五音相配。類似的記載又如《管子・地員》:"凡聽徵,如負猪豕覺而駭;凡聽羽,如鳴馬在野;凡聽宮,如牛鳴窌中;凡聽商,如離群羊;凡聽角,如雉登木以鳴,音疾以清。"夏緯瑛先生(1981:5)認爲:"測驗水泉,必須鑿井至泉;若對井口呼喊,當因井的深淺而有不同的聲音;就拿這五土的五音,附會五行之説。"雖不用於占卜,但也用於測定某個對象。這條記載也是直接將具有某些特徵的聲音與五音相配,而不用定音。

鄭張尚芳先生(2011)對《管子》這段話分析道:"其中'豕駭'在徵,'牛中'在宮,'羊'在商,都是合律的。'馬野'在羽[* wa]則合於上古音,'木'在角也屬'東江'相雜的古音現象,這也説明依韻配五音,那可能是古有的傳統。"我們以爲頗有可商。"雉"字無論如何也無法與"角"字在讀音上相聯繫,反倒是和"徵"相近。而且這一句明顯以"鳴""清"爲韻,拿"木"與"角"的讀音來討論,似乎不大合理。"木"與"角"共現可能是五音與五行相配的結果。"牛"字不與"宮"字押韻(也不在韻脚位置),何必非要與"宮"字讀音有關呢? 認爲"馬""野"用上古音來合於"羽"似乎也不大好。鄭張先生將中古果、假兩攝歸商音,而這兩攝的主元音與"馬""野"上古音的主元音相同或相近。這樣就意味着同一個主元音在上古和中古歸屬不同。我們以爲,鄭張先生從五音口訣上推到《管子》這段記載的思路是完全正確的,但是否必須從韻的角度來分析,恐怕還可以討論。

人聲同樣可以不經由定音而被測定爲五音。《論衡・詰術篇》:"五音之家用口調姓名及字,用姓定其名,用名正其字。口有張歙,聲有外内,以定五音宮商之實。"同樣是利用人聲進行占算,五音之家們的做法不同於大師的"吹律",而是以一些口腔狀態爲依據來進行占卜。這樣的做法就與五音口訣十分相近。《夢溪筆談》卷十五云:"五行家則以韻類清濁參配,今五姓是也。"所謂"五姓",即把姓氏歸入五音,然後運用五音配五行的生克理論來推算住宅風水。這類占卜之術,無疑與先前所提到的各類五音占卜一脉相承。

沈括提到"以韻類清濁參配",諸位學者也對史書中記載的一些通過韻來對姓名用字進行五音歸類的例子做出過分析,例如《舊唐書・吕才傳》:"張、王等爲商,武、庚等爲羽,似欲

① 這兩段記載可能也跟風角之術有關,風角和五音兩種測算方法在古代本就很有關聯,詳參李零先生《中國方術考(修訂本)》,北京:東方出版社,2001年,第52-57頁。

同韻相求。及其以柳姓爲宫,以趙姓爲角,又非四聲相管。"這種"同韻相求"的做法很可能也是從上面所説的聲音占卜之術演變而來。從之前引用的文獻來看,爲了測定占卜對象所發出的聲音,這個發音自然需要持續一段時間。儘管發音人發出的是一個完整的音節,但在持續狀態下更容易被聽話人感知到的顯然是音節中的韻。"同韻相求"雖然與五音口訣可能同出一源,但二者未必可以互爲印證,原因在於"同韻相求"無法像五音口訣那樣對口腔發音狀態進行分析。鄭偉先生(2017)分析《舊唐書》"以柳姓爲宫"的記載時認爲:"'柳'字具有-u 韻尾,與'宫隆'的-ŋ 尾性質相類似,即具有[+後]、[+圓唇]的音系特徵,且都有軟腭作爲收緊點。"可"宫"的口訣明明是"舌居中",舌位靠後、收緊於軟腭恐怕更加符合"舌縮却"的描寫,圓唇則應當是"撮口聚"所描寫的特徵。

四 小結

五音口訣是先秦時期就已存在的聲音占卜之術在後代的遺存。這類聲音占卜之術大體上有一個相似的流程:聽取占卜對象的聲音,將這個聲音以某種方式歸入某個設定好的類别,再根據類别來判斷吉凶。其所不同就在於如何設定聲音的類别、如何將聽到的聲音歸入這些類别。對於"同韻相求",因爲聽取的一定是字音,所以根據所聽之字的韻來分門别類,測定吉凶。而對於"五音口訣",所謂"宫,舌居中",就是説舌頭放在口腔中央發出的聲音即爲"宫音",以此將聲音分爲五類。若占卜對象發出的聲音與"宫音"相近,則將其測算爲"宫音"。最後根據"宫音"所代表的意義,給出占卜結果。"五音口訣"自然也可以用來測定字音,聽取的字音顯然是一整個音節,主要針對發出這個音節時唇形和舌位的特徵,如"宫音"要求舌位居於正中。如果非要將五音口訣跟語音學分析聯繫起來,最多只能認爲它是在描寫一種持續發出某個音節時的口腔狀態,不必把五音口訣和"宫商角徵羽"這幾個字的讀音聯繫起來。這裏的"宫商角徵羽"不過是一套符號,没什麽實際意義。

徵引書目

西周·吕望《六韜》,四部叢刊初編本。

西漢·司馬遷《史記》,同文書局光緒癸卯(1903)本。

西漢·戴德《大戴禮記》,武英殿聚珍版叢書本。

東漢·王充《論衡》,四部叢刊初編本。

南朝梁·寶亮等集《大般涅槃經集解》,《大正新修大藏經》第 37 卷,大正一切經刊行會,1934。

唐·守温《守温韻學殘卷》,《唐五代韻書集存》下册,中華書局,1983。

[日]安然《悉曇藏》,《大正新修大藏經》第 84 卷,大正一切經刊行會,1934。

後晋·劉昫《舊唐書》,同文書局光緒癸卯(1903)本。

北宋·王洙等編,金·畢履道、張謙校《地理新書》,金身佳整理,湘潭大學出版社,2012。

北宋·沈括《夢溪筆談》,四部叢刊續編本。

明·解縉等編《永樂大典》,清抄本。

清·吴謙等編《醫宗金鑒》,文淵閣四庫全書本。

清·阮元等編校《十三經注疏》,中華書局,1980。

參考文獻

[1]丁鋒. 神珙本五音圖的性質[M]//民俗典籍文字研究(第十七輯). 北京:商務印書館,2016:218-232.

[2]岡井慎吾. 玉篇の研究[M]. 日本東京:東洋文庫,1933.

[3]黄耀堃. 試釋神珙《九弄圖》的"五音"[M]//黄耀堃. 黄耀堃語言學論文集. 南京:鳳凰出版社,2004:1-36.

[4]夏緯瑛. 管子地員篇校釋[M]. 北京:農業出版社,1981.

[5]殷孟倫. "四聲五音九弄反紐圖"簡釋[J]. 山東大學學報(人文科學),1957(1):147-164.

[6]俞敏. 後漢三國梵漢對音譜[M]//俞敏. 俞敏語言學論文集. 北京:商務印書館,1999:1-62.

[7]張永言. 詞義瑣記[M]//張永言. 語文學論集. 上海:復旦大學出版社,2015:200-211.

[8]鄭張尚芳.《辯十四聲例法》及"五音"試解[J]. 語言研究,2011(1):88-95.

[9]鄭偉. 試釋宋本《玉篇・五音之圖》與"宫商""五姓"之名[J]. 華東師範大學學報(哲學社會科學版),2017(1):99-104.

Explanation of *Five Tones* in the *Chart of Five Tones*

Zhang Jian

Abstract: As a terminology, *Five Tones* was so widely used in Chinese traditional phonology that it can't be understood without an analysis on the literature where it was used. As for the *Chart of Five Tones*, it was used as a symbol to identify five different distinctive features. There was no relationship between *Five Tones* and the initial consonant, the vowel or the tone of a character. Pronunciations of *Gong Shang Jue Zhi Yu* was irrelevant to the pithy formula in the *Chart of Five Tones*. This formula originated from the idea that there can be a harmonious relationship between voice and music, and also from the divination using *Five Tones*. Widely spreading in the Tang and Song Dynasties, while lots of similar ones relevant to it appear, this formula was used by monks for reference. As a result, it is now an important material of Chinese traditional phonology. It can be confirmed that this formula is relative to some distinctive features, while its generality, meaning that it is lack of deep analysis, limits its value.

Key words: *chart of five tones*, method of distinguishing *five tones*, five families, distinctive feature

通信地址:北京市海淀區新街口外大街 19 號京師大厦 1009 室
郵　　編:100875
E-mail:xierweng@126.com

附:別中別圖

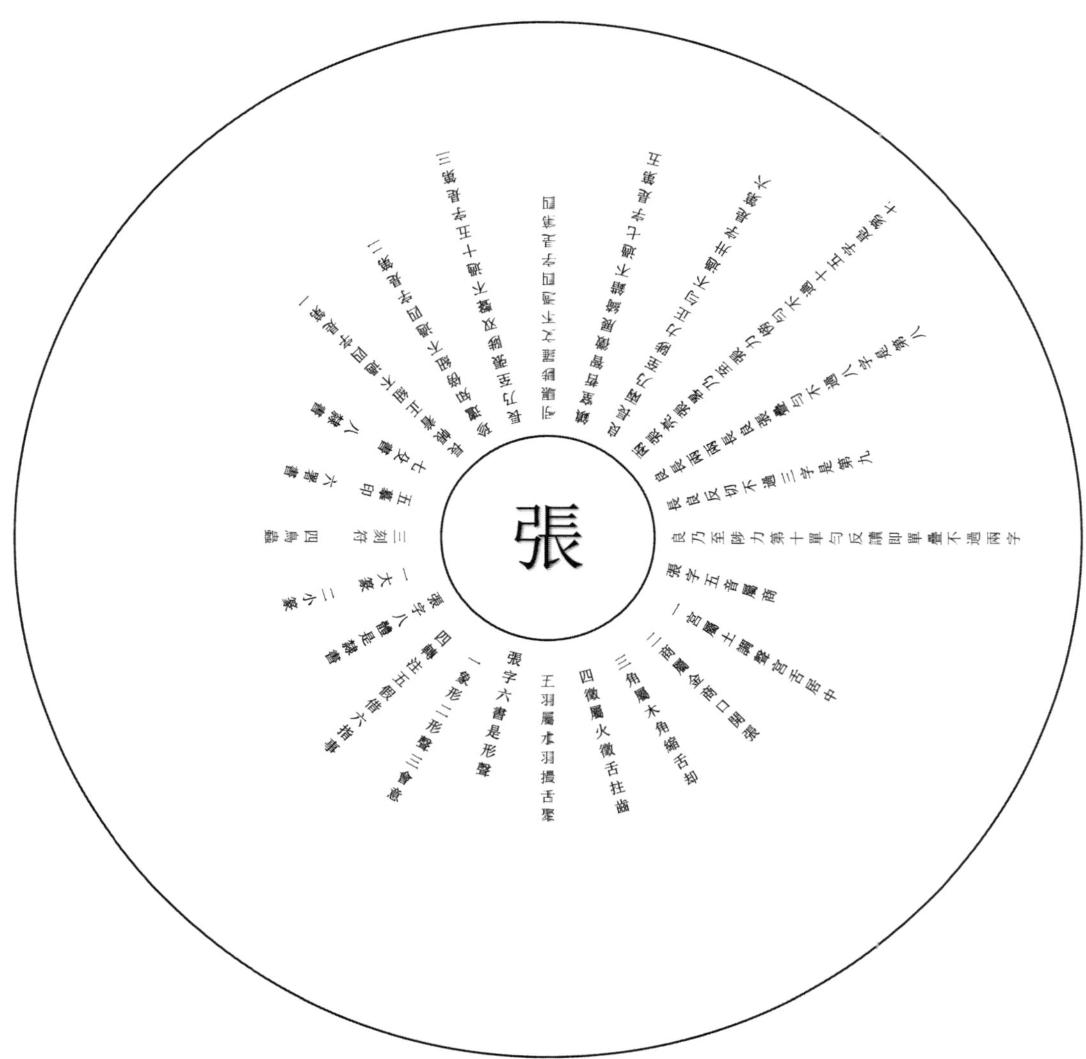
張
張字五音屬商
二商屬金商口開張
三角屬木角縮舌
四徵屬火徵舌拄齒
張字六書是形聲
一象形二形聲三會意
四轉注五假借六指事
張字八體是隸書
一大篆
二小篆
三刻符
四蟲書
五摹印
六署書
七殳書
八隸書
長良反切不過三字是第九

清乾隆年間《嘉絨譯語》譯音漢字的方言屬性與音韻特點*

王　振

内容提要　《嘉絨譯語》譯音漢字的選擇以當時的四川方音爲基礎。其中的藏漢對音材料是目前所見最早的能直接反映清代四川方言音值的資料之一，十分珍貴。對音材料體現出的泥來母相混、疑影母開口洪音讀 ŋ-、知莊章組字分平翹兩讀、尖團音部分相混、歌韻喉牙音字圓唇、曾梗深臻攝鼻音韻尾相混等語音特點，反映了四川方言音系格局的早期形態。

關鍵詞　《嘉絨譯語》　清代　四川方言　語音

一　引言

1.1　《嘉絨譯語》概況

《嘉絨譯語》是一本"漢語－嘉絨語"雙語辭典，記録的是嘉絨語東部方言（孫宏開，1989），由四川地方政府奉旨採集編寫，於清乾隆十五年（1750）完成，是清代"川番譯語"系列中的一種。《嘉絨譯語》體例與其他同系列"川番譯語"相同，分"天文門、地理門、人物門、身體門"等 20 個門類、共收録 740 个詞語，包括漢語詞條、譯音漢字和藏文三部分内容。其中藏文大都不是規範的藏文正字，主要用來給嘉絨語注音，與《多續譯語》《白馬譯語》中的藏文類似，屬於"記音式藏文"（王振，2017）。例如下表所列《嘉絨譯語》開篇之"天文門"的前五個詞語的藏文注音①。

表 1　《嘉絨譯語》藏文與藏文正字之比較

譯語詞條	譯語漢字注音	譯語藏文注音	藏文正字
天	得某	tu mu	gnam
日	各領	ki ni	nyi ma
月	責納	rtsila	zla ba
星	奏惹	tsuvuri	skar ma
雲	色登	sdum	sprin pa

上表詞語均屬基本詞彙，藏文注音與漢字注音具有一致性，但譯語藏文注音與藏文正字

* 本文係教育部人文社會科學研究青年基金項目"基於九種'西番譯語'（丁種本）對音文獻的清代四川方音研究"（項目批准號：19YJC740084）的階段性成果。

① 爲方便對音分析，本文藏文注音均使用拉丁轉寫。

均不相同，由此可見《嘉絨譯語》藏文的基本功能就是記音，與漢字注音的功能相同①。

"川番譯語"在四川當地完成，由四川地方政府負責採集和編寫，編寫者應該是當地的知識分子或文化人士，譯音漢字可反映四川方音特點（施向東，2016）。《嘉絨譯語》作爲"川番譯語"之一種，亦以四川方音作爲譯音漢字的基礎方言。《嘉絨譯語》譯音漢字十分突出的語音特點就是鼻邊音相混，例如②：10 霧-ta khu ku rnye-達庫格兒領，95 邊-wu mnye-温力，195 頂-thag pa la-他耳巴納，489 金-dar ni-達兒領。這正是四川方言的典型特徵（後文 2.1 將詳細説明），也證明了譯音漢字的四川方言屬性。

1.2 《嘉絨譯語》藏漢注音材料之間的關係

由於藏文和漢字同時用來給嘉絨語注音，因而理論上講，藏文和譯音漢字之間也應具有語音上的一致性，或者説具有對音關係。但是，《嘉絨譯語》也可能存在不恰當的注音或者難以解釋的問題。同系列其他譯語中也存在類似情況，例如西田龍雄、孫宏開（1990：59-107）研究《白馬譯語》時就發現藏漢注音都存在一些問題，相對而言，漢字注音比藏文注音更確切一些。

雖然記音可能不甚精準，但我們分析的《嘉絨譯語》740 個詞語的藏漢注音材料當中，絕大部分是可以建立對音關係的。當然，能够建立對音關係的藏漢文字之間也不一定都能做到每個音素、每個音節都完全對應，而是一種相對宏觀的對應。出現藏漢之間不對音或者對音不嚴謹這一現象的原因是多方面的，大致有以下幾點：

第一，譯語傳抄過程中出現的書寫錯誤所致。例如"224 骨-sha ru-殺又、668 重-ki lig-各刀"，這兩例中"ru-又"、"lig-刀"顯然並不對音，譯語漢字"又、刀"當爲"入、力"之誤③。

第二，藏文和漢字由不同的人完成，記録了不同的讀音。例如：196 髮-ta ko shus-皆温通，今嘉絨語東部方言中有多種説法，包括 ta ku ʃu（小金）、tə-mthu（理縣）等，前者與譯語藏文注音一致，後者與譯音漢字注音接近；534 四-ki pi li-勾弟，藏文注音與小金話 kə pli 接近，漢字注音與卓克基話 kə wdi 接近；471 馬熊-rta ru wom-木擾斗王，其中的"木擾"即"馬"，今小金、金川等地讀音爲 mo ro，與譯音漢字一致，但藏文用 rta 記"馬"，使用的是藏文正字，因而與漢字不對應④。

第三，作爲注音工具的藏漢文字的音系與嘉絨語音系之間存在差別。換言之，藏文和漢字本非專門的記音符號，用來音譯嘉絨語都存在其固有局限，這種局限也可能導致藏漢文注

① 個別藏文注音爲藏文正字或者接近於藏文正字，例如：神-lha（與正字同）、花-mi tog（藏文正字 me tog）、狮子-sing ge（藏文正字 seng gi）。這種情況可能是因爲藏文記録者，兼通藏語和嘉絨語，而嘉絨語中也有一些藏語借詞或藏-嘉绒同源詞（嘉絨語的性質和系屬學界雖有争議，但不可否認藏語和嘉絨語之間有十分密切的親屬關係），因此可能用正字記之。换言之，即使是藏文正字，在《嘉絨譯語》中也有記音的作用，不會影響其作爲"記音式"藏文的基本屬性。

② 例證中數字是詞條在譯語中的出現次序，之後分别是漢語詞條、藏文注音和漢字注音。

③ 參見池田巧《〈嘉絨譯語〉研究》，"華夷譯語"和西夏字符國際學術研討會會議論文，北京：中國社會科學院民族學與人類學研究所，2013 年。

④ "斗王"即"熊"，今讀 tə wom，譯音漢字較確切，但是藏文注音 ru wom 的第一個音節有誤，當是 du wom，《嘉絨譯語》中另有"436 熊-du wom-斗王"，此可作爲校勘"馬熊"一詞藏文注音的依據。藏文使用正字，譯音漢字記録與正字不同的嘉絨語音。

音的不一致性。例如嘉絨語的-p/t/k 在漢字注音中基本上没有體現,但是藏文使用-b/d/g 後加字注音,藏漢之間便無法全然對應(王振,2020a)。

第四,有些對音不確切的情況,可能與譯語審音、記音的精準度有關,亦或有其他原因。譯語的作者不是音韻學家,其審音、記録、整理過程中,可能出現不準確、不嚴謹的情況。例如 434 獅子-sing ge-生弟,嘉絨語中讀音 sə ŋgi小金,與藏文基本相同,漢字音"弟"注音不確切,因而與藏文對音不嚴;又如 38 黑霜-sa sngar nag-色奄難,今嘉絨語讀音是 sŋar nak,譯語"sngar-色奄"記録的是"霜"sŋar,"nag-難"記録的是"黑",但漢字注音並未準確記録-r 和-g 韻尾,這與記音的準確度和漢字音系自身的局限性都有關係,而藏文注音中的第一個音節 sa 或爲衍文,從嘉絨語資料看"黑霜、霜"的讀音中均無 sa①,由於藏漢注音不甚精確而導致藏漢對音不甚嚴謹。

綜上所述,由於多種原因,《嘉絨譯語》藏漢注音之間存在某些不一致性,但是不可否認,譯語大部分藏漢注音材料之間有明顯的語音對應關係。本文在對《嘉絨譯語》進行初步校勘的基礎上②,建立《嘉絨譯語》藏漢對音數據庫,以此爲基礎,通過藏文注音反觀近 300 年前的譯音漢字的讀音,考察漢語的歷史語音面貌③。本文考察時會對相關對音材料進行統計,歸納主要的對音規律和趨勢,總結譯音漢字的語音特點。

二 《嘉絨譯語》所見漢語方音特點

2.1 泥來母相混

《嘉絨譯語》泥來母字出現了明顯的混讀現象,泥母字和來母字均可能與藏文鼻音或者邊音聲母對應。下頁表例子可證④。

---

① 與該詞條譯語漢字"色"對音的實際上是藏文前置輔音 s-,而非藏文注音的第一個音節 sa。以"色"對輔音 s-在《嘉絨譯語》中十分常見,且嘉絨語中的"霜"並無 sa 音節,譯語第 8 詞"霜"的注音即爲"sngar-色奄",亦可證"黑霜"一詞藏文注音中的 sa 爲衍文。

② 目前所見《嘉絨譯語》的最早的版本藏於故宫,但故宫藏本只是清代抄本而非初編本。根據西田龍雄(1973:21-22)的介紹,日本今西春秋所藏"西番譯語"中,有"松潘屬瓦寺雜梭大小金川各西番譯語"一種,此應爲《嘉絨譯語》的初編本(孫伯君,2012),但目前未見公布。筆者曾向日本遠藤光曉教授咨詢過今西春秋舊藏《嘉絨譯語》目前收藏何處,遠藤先生在日本奔走搜尋,然而未果。在此向遠藤光曉教授致以謝意和敬意,由於未見初編本,故本文的研究以故宫藏清抄本爲底本,同時參考聶鴻音、孫伯君(2010)的校録本。

③ 儘管這一材料從時間上看,距離現代較近,但與傳統韻書、韻圖或押韻材料區分音類的功能相比,對音材料可以提供具體的音值信息(更科慎一,2018),因而也有其優勢,對研究清代漢語語音是有價值的。

④ 爲了使對音更加簡潔明瞭,我們只列出相關的對音音節,其他音節暫時省去。編號表示詞條在譯語中的出現順序,下同。

表 2　泥來母字對音舉例

編號	詞條	藏文注音	漢字注音	編號	詞條	藏文注音	漢字注音
19	日出	na	那	499	香	snam	郎
38	黑霜	nag	難	300	螺	lo	羅
43	日照	na	納	331	靴	lham	朗
195	頂	la	納	359	藍	la	藍
249	印	la	那	354	紅	ni	令
711	行移	les	乃	95	邊	mnye	力
656	投順	nyi	尼	102	日	ning	領
35	雲厚	nya	年	476	黑馬	li	利
360	皂	nag	藍	506	丁香	li	立
466	宿	ni	勒	135	臣	blon	倫

上表顯示，中古泥母字在譯語中與 n-/ny-/l-三類輔音對音，據此推斷漢字音系中的泥母字可能有 n、l 和 ny[ȵ]三種讀音，同樣譯語漢字音系中的中古來母字也可能存在這三種讀音，泥來母字已經混讀。爲進一步考察泥來母相混的具體情況，我們對全部泥來母字對音材料作了統計。

表 3　泥來母對音統計

聲母	洪細	n-	ny-	l-	合計	備註
泥	洪音	42	0	24	66	多數(64%)與鼻音對
	細音	0	3	0	3	全部與鼻音對
來	洪音	9	0	21	30	多數(70%)與邊音對
	細音	13	4	11	28	多數(61%)與鼻音對

據統計，泥來母對音存在一定傾向性：泥母主要對鼻音，來母洪音多對邊音、細音多對鼻音。這説明泥來母相混的方向是來母尤其是來母細音混入泥母居多。今四川小金一帶的漢語方言中來母細音也有讀爲 n-或 ȵ-的現象，而小金正是嘉絨藏族的聚居地。小金縣美興鎮、潘安鄉、宅壟鄉等地來母細音前讀 n-，兩河口鎮來母細音前讀 ȵ-(瞿静，2017:82-89)；筆者調查的小金縣四姑娘山鎮來母細音讀 ȵ-。

2.2　疑影母開口洪音讀 ŋ-

疑母和影母的合口以及開口細音字基本上都與藏文的 w-或者 j-對音，可以認爲譯語時代已經讀爲零聲母。開口洪音字則仍存在保留舌根音 ŋ-聲母的例子，詳見下表。

表 4 疑影母開口洪音字對音舉例

编號	詞條	藏文注音	漢字注音	備註
296	小鼓	rnga	額	疑母字與 ng-對
553	我	ngo	我	
573	若是	ngos	我	
504	甘草	ngar	庵	影母字與 ng-對
490	銀	nge	挨	
38	黑霜	sngar	奄	

根據我們的統計,《嘉絨譯語》中疑母開口洪音字有 70%(7/10)與藏文 ng-對音,影母開口洪音字有 75%(9/12)與 ng-對音,可見這類字多數與後鼻音聲母對應,讀音爲 ŋ-。

2.3 知莊章組字分平翹兩讀

對音材料中知組字一共出現 26 次,舉例如下。

表 5 知組字對音舉例

编號	詞條	藏文注音	漢字注音	相關音節	
312	茶	chav	茶	chav	茶
240	柱	tan chos se	膽遲	chos	遲
606	應用	ka bco	阿不卓	co(b-)	卓
68	短	ki cin	各鎮	cin	鎮
536	六	ki gro	各竹	gro	竹
181	老	ki mu dro ri	各莫卓	dro	卓
283	鈴杵	grivu	直兒五	gri	直
576	襲職	bsun ni ki ni tre	色膽曾各令豸	tre	豸
145	使臣	dru skor	中色可	dru	中
358	顔料	mtsho rtsing	澤耳之	mtsho	澤

知組字一般與藏文 C-、Tr-、Kr-等作聲母的音節對音。在"川番譯語"系列文獻中,藏文 C-常常與 Tr-、Kr-對應相同的譯音漢字(王振,2016;朗傑扎西,2017),例如上表中的"卓"既對應 co 又對應 dro,這可能是當時的一種注音體例。在現代藏語中 C-的音值是 Tɕ-,Tr-/Kr-原本記録的是古藏語的複輔音,在現代藏語中融合爲捲舌的 Tʂ-,而且這種融合音變早在 12 世紀中葉就已經完成(朗傑扎西,2016),因此譯語中記録的也應該是捲舌音①。但表中最後一例"澤"對應的藏文爲 tsh-,説明該字聲母當爲平舌的 tsh-。可見,譯語中的知組字聲母

① 藏文注音也是以某一種藏語方言爲基礎的,用來注音的藏文字母或藏文字母組合所讀的音,正是其在这一特定方言中的音。本文主要關注譯語中譯音漢字的讀音問題,《嘉絨譯語》中藏文字母的基礎方言及其具體音系特點可以參考王振(2020b)。

基本上都爲捲舌音,僅梗二等字"澤"可確定讀平舌。

《嘉絨譯語》對音材料中,莊組字一共出現 39 次①,舉例如下。

表 6 莊組字對音舉例

编號	詞條	藏文注音	漢字注音	相關音節	
50	地方	sa cha	撒刹	cha	刹
224	骨	sha ru	殺又	sha	殺
172	富	tav shes	打使	shes	使
652	搶奪	tra phab ki bya	查拔各必	tra	查
244	窗	rgyab bkra	柔紮	bkra	紮
326	苦	ki tsab	各渣	tsab	渣
173	貧	ki tsa	各乍	tsa	乍
556	誰	si ko	色各	si	色
434	獅子	sing ge	生弟	sing	生
738	國師	ko si	國師	si	師

上表前 5 條例子中莊組漢字音對應的藏文有 c-、sh-、tr-、kr-等,與知組字一致,據此推測譯音漢字聲母應是翹舌音。後 5 例中的藏文注音是 ts-或者 s-,因此推測譯音漢字聲母也應是舌尖前音 ts-或者 s-。尤其"國師"一詞,藏文 si 記録的正是漢語借詞"師"的讀音,可以較準確地説明"師"的聲母是平舌而非翹舌。

根據上述舉例,譯語中莊組讀平舌或翹舌的情況都存在。爲了考察莊組平翹舌音的分化是否存在條件,我們將兩類音涉及的譯音漢字全部列出②:

讀爲翹舌音的莊組字:岔,刹,殺 6,沙,渣,乍 5,查,紮,使 5,初

讀爲平舌音的莊組字:色 3,生 2,師 2,朔,搜 3,所 4,責

可見,翹舌音中的莊組字韻母多爲-a(74%),平舌音的字韻母都不是低元音-a③。因此,《嘉絨譯語》中莊組字音平翹舌分化的大體趨勢是:低元音-a 韻母的字傾向讀翹舌,非低元音韻母字傾向讀平舌。

---

① "色"對應複輔音中的前置輔音 s-的情況出現頻率較高,我們只統計一次。

② 譯音漢字後的數字表出現的次數,無數字的表示只出現一次。

③ 但是也存在個別例外,即"苦:ki tsab-各渣、貧:ki tsa-各乍"。考查這兩字的現代嘉絨語讀音,聲母均非 ts-,具體列舉如下:

苦:ki tsab-各渣				貧:ki tsa-各乍			
方言點	讀音	方言點	讀音	方言點	讀音	方言點	讀音
卓克基	kətɕap	理縣薛城	kə-tʂɛ	卓克基	kətɕɑ	理縣薛城	kə-tʂ E
脚木足	kɘ cçak	汶川	kə tʂe	脚木足	ki tɕas	汶川	kəʧe
理縣古爾溝	kətɕiɛp	小金	kəʧap	理縣古爾溝	kətɕ E	小金	kəʧɑ
理縣甘堡	kətɕɛ	梭磨	kə-tʃap	理縣甘堡	kətɕɛ	梭磨	ka-tʃa

據此推測,這兩個詞的藏文注音 ts-ǝ̃當爲 c-ǝ̃,因爲兩字母字形相似而出現書寫或者抄録錯誤。因此,其譯音漢字聲母"渣、乍"可能都是捲舌音,而非真正的例外。

在對音材料中章組字一共出現 107 次,舉例如下。

表 7　章組字對音舉例

編號	詞條	藏文注音	漢字注音	相關音節	
43	日照	ki ni na dros	各領納叱	dros	叱
72	低	ki cin	各針	cin	針
96	台	wu ci	屋止	ci	止
387	紙	shog shog	少少	shog	少
407	前	ti tri	得止	tri	止
493	鐵	shom	賞	shom	賞
598	商議	bros ka	拙敢	bros	拙
677	皮	ti sgri	的之	sgri	之
256	酒盞	drung rcir	鐘子	drung	鐘
483	珍珠	bcu cu	珠珠	cu	珠

上表的例詞可以表現出章組字的對音情況,與之對應的藏文一般是 C-/Tr-/Kr-。最後 2 例均爲漢語借詞,藏文注音爲 c-或者 dr-,對應的漢字當爲捲舌聲母。

統計 107 例對音材料發現,章組字絶大部分和藏文 C-/Tr-/Kr-類音對應,占 92%(98/107),反映出章組字的主流讀音。還有一小部分和藏文 ts-類音對應,占 8%(9/107),列舉如下。

表 8　章組字與 Ts-對音詞條列舉

序號	編號	詞條	藏文注音	漢字注音	相關音節	
1	18	水澇	byi khung tsi	辟空之	tsi	之
2	25	水星	ti tse tsuvu ri	的之奏惹	tse	之
3	60	井	tsu tsan	之曾	tsu	之
4	302	燈	te tsar	燈戰	tsar	戰
5	537	七	ki sni	各什冷思	s(-ni)	什
6	171	妻子	wog tsi	窩各正	tsi	正
7	236	學堂	tshos sa pa	出思色霸	tshos	出
8	358	顏料	mtsho rtsing	澤耳之	tsing(r-)	之
9	731	城池	kiv tsi vu	拐之五	tsi	之

前 3 例中的"之"對藏文 ts-,但是根據意思,其記録的應該是語素"水",根據譯語"51 水-ti chu-的之、87 好水-ti ci sna-的之色難、88 惡水-ti ce ki rko-的之格兒各、25 水星-ti ce tsuvu ri-的之奏惹"等材料,語素"水"的藏文注音中的詞根一般是 chu/ce/ci,都是 c-類輔音,因此上表第 1-3 例中的藏文 ts-可能是 c 的誤寫①。第 4 例"燈"譯語所記实爲漢語借詞"燈盞",現代嘉絨語音是 tənʧar 或 tɑ tʂho,譯語"戰"所記應該不是平舌音,藏文 ts-或爲 c-之誤。第 5

① 今嘉絨語中"水"的音是 tə tʃɿ理縣/tə tɕi卓克基、汶川等/tə tɕhi小金。

例中"七"在嘉絨語中的音是 kəʃnəs，"什"聲母當爲捲舌音，用來記録嘉絨語音的 ʃ-，藏文由於拼寫規則的限制，只能用語音近似的前置輔音 s-與之對應。第 6-9 例章組譯音漢字與 ts-對音，無相應的現代嘉絨語音參考，只能從藏文推測漢字聲母爲 ts-。因此，與 ts-對應的 9 例章組字實際上只有 4 例有可能記録了 ts-，在章組譯音漢字中所占比例甚小(4%)。總體而言，譯語中的章組字仍讀爲捲舌音。

綜上所述，知系字中知(梗二等字除外)章組字傾向讀捲舌音，莊組字低元音韻母前傾向捲舌，非低元音韻母前傾向平舌。

2.4 尖團音部分相混

對音材料中見組細音字共出現 49 次，其中 70%(34/49)與藏文 Ky-聲母音節對音①。藏語方言中 Ky-的實際音值分爲三類：複輔音，塞擦音，塞音(江荻，2002：237-239)。《嘉絨譯語》中的 Ky-記録的音節在嘉絨語中的讀音是塞擦音 Tɕ-或者 Cç-②，據此推斷見組字當時已經基本完成齶化，讀爲舌面塞擦音。例如：

表 9 見組細音字對音舉例

編號	詞條	藏文注音	漢字注音	相關音節	
56	海	rgya mtsho	兒降從	rgya	降
65	遠	ki khye	各豈	khye	豈
73	寬	ki skyom	各耳降	skyom	降
262	鎖	ta srgyung	打具	srgyung	具
311	酒	khyav	洽	khyav	洽
315	蜜	khya zav	加則	khya	加
394	番字	ku ru skyo	勾又九	skyo	九
406	右	ka khya	阿契	khya	契
444	鷹	skyag	色甲	skyag	甲
137	官	ki mdzu	更據	mdzu	據
218	想	se syo	喜所	se	喜
453	猴	ku rtsu	各俱	rtsu	俱
675	肥	tsho	求	tsho	求

如上表所示，見組細音字在譯語中主要和藏文 Ky-對音，這些見組字應該已經齶化。但是還存在少量見組細音字與 Ts-組藏文對音的情況，而且相應的現代嘉絨語音也是 Ts-，例

① 與見組細音字對音的藏文主要是 Ky-，而不包括 Py-。《嘉絨譯語》中藏文 Ky-是塞擦音，而 Py-仍讀爲複輔音，基字的發音部位不同，則與後置輔音-y 融合爲塞擦音的時間有所不同。今藏語方言中仍有 Py-讀爲複輔音的情況(江荻，2002：235-236)。與此類似，不同的基輔音與後置輔音-r 融合爲塞擦音，也表現出時間上的差異，根據朗傑扎西(2016)的研究，dr-融合爲塞擦音的時間明顯早於 kr-、khr-、gr-、pr-、phr-、br-等，這與基輔音的發音部位有關。

② 例如：311 酒-khyav-洽，嘉絨語讀音爲 tɕha 或 cçha；418 竹-gyo-足，嘉絨語讀音爲 ɟjo 或 ndʑo。

如：137 官-ki mdzu-更據，今嘉絨語 kə mʥu；218 想-se syo-喜所，今嘉絨語 sə so；453 猴-ku rtsu-各俱，今嘉絨語 kə tsu。此類對音約占 15%，有待進一步考察。

精組細音字在對音材料中出現次數較少，列舉如下。

表 10　精組細音字對音列舉

序號	編號	詞條	藏文注音	漢字注音	相關音節		類型
1	121	時常	ki tshevi	該千	tshevi	千	與 Ts-對音
2	122	永遠	tsho tshovi	且七	tsho	且	
3	122	永遠	tsho tshovi	且七	tshovi	七	
4	365	燃燈	tshe vbar	千霸	tshe	千	
5	370	目録	tshan bha ra	千巴惹	tshan	千	
6	461	仙鶴	tshes ring	切靈	tshes	切	
7	233	寺院	lha khang sko khyam	那康色過耳槍	khyam	槍	與 Ky-或 sh-對音
8	323	醬	kyang	醬	kyang	醬	
9	711	行移	ta skyo les	達色酒乃	skyo	酒	
10	495	火晶	mi shel	滅寫	shel	寫	
11	246	寨	khu	秋	khu	秋	與 kh-對音
12	455	狗	khi	妻	khi	妻	

上表 12 條精組細音字對音材料中有 50%與藏文 Ts-對音，即第 1-6 例，這幾例中漢字音可能仍讀 Ts-。第 7-10 例與舌面音 Ky-或者 sh-對音，從藏文讀音看，這 4 例漢字音聲母應該已經齶化。第 9 例"行移-ta skyo les-達色酒乃"值得注意，比較譯語中的"678 字-ta skyong-打色九、394 番字-ku ru skyo-勾入九"可知，這三個詞語有相同的詞根語素 skyo，對應的譯音漢字分别爲"色酒、色九、九"。該語素意爲"字、文件、信件"，"行移"有公文之意，故與"字、番字"出現了相同的語素。在譯語中該語素使用漢字"酒"或"九"注音，前者是精組細音，後者是見組細音，記録相同的音，反映出精見組合流的現象。

第 11-12 例"秋、妻"與 kh-對音，需要解釋。根據《嘉戎語研究》一書所列詞表，"寨首"音 cçhuŋ ro 而"頭人"音 tɑ-ro，可見 cçhuŋ ro 是由"寨子＋頭人"複合而成的，"寨"對應的音是 cçhuŋ(林向榮，1993：672、675)。據此推測，"246 寨-khu-秋"記録的音或爲 cçhu。漢字音無 cçhu，故漢字以與之音近的 tɕhu 記録(發音部位接近、發音方法相同)、藏文 khu 可能是遺漏了下加字-y。第 12 例"狗"在脚木足、理縣、汶川、小金等地嘉絨語中讀音是 cçhi 或者 cçi，譯語"khi-妻"記録的音值應是 cçhi。漢字音無 cçhi，故用與之最爲接近的音 tɕhi 記録，藏文 khi 可能是遺漏了下加-y。這兩個"例外"可能是與藏文抄録過程中遺漏下加字-y 所致，但從嘉絨語讀音來看，精組細音漢字所記當爲舌面塞擦音。

總之，譯語中的精組細音字有些已經確定齶化爲舌面音，有些還存在與 Ts-對音的情況，有讀爲舌尖前音的可能。譯語漢字音系尖團合流已經開始，但尚未完成。

2.5 歌韻喉牙音字圓唇

歌韻字在對音材料中共出現 16 次，舉例如下。

表 11 歌韻喉牙音字對音列舉

编號	詞條	藏文注音	漢字注音	相關音節	
404	下	vog	俄	vog	俄
643	是誰	si ko	色哥	ko	哥
253	銅印	rag ko las kha	肉歌那色卡	ko	歌
120	以後	ce ko	直個	ko	個
234	庫房	med kho	則可	kho	可
653	反叛	ngo log	我羅	ngo	我

譯語對音材料中的歌韻字包括“俄、哥、歌、個、可、我”等。我們統計發現，94%(15/16)歌韻喉牙音漢字和藏文圓唇元音對音，説明譯語漢字音系中的此類漢字韻母爲圓唇元音，與今四川方言相同。

2.6 曾梗深臻攝鼻音韻尾相混

《嘉絨譯語》曾梗攝譯音漢字所對的藏文鼻音尾既有-ng，也有-n，同樣深臻攝也同時與-n或者-ng 對音。相關詞條列舉如下①。

表 12 《嘉絨譯語》曾梗深臻攝字的韻尾對應

曾梗攝字					深臻攝字				
编號	詞條	藏文	韻尾	漢音	编號	詞條	藏文	韻尾	漢音
41	風慢	kin	n	更	68	短	cin	n	鎮
60	井	tsan	n	曾	72	低	cin	n	針
113	夜短	cin	n	正	110	温	rman	n	敏
114	今日	lin	n	領	135	臣	blon	n	倫
202	唇	tin	n	登	141	武官	dpon	n	本
247	塔	rten	n	登	142	師傅	dpon	n	奔
286	香爐	vdzin	n	贈	482	寶石	rin	n	任
349	領長	can	n	正	524	藥材	sman	n	奔
102	日	ning	ng	領	621	願	sman	n	奔
207	心	snang	ng	令	55	沙	dbying	ng	引

① 表中僅列曾梗深臻攝字及其對應的藏文音節，其他無關音節省去。

續表

217	心性	snang	ng	領	266	車	shing	ng	身
338	綾	ling	ng	綾	325	甜	meng	ng	敏
403	上	steng	ng	定	503	人參	bzhing	ng	人
434	獅子	sing	ng	生	517	檳榔	sping	ng	檳
461	仙鶴	ring	ng	靈	520	阿魏	shing	ng	身
651	起營	ming	ng	命	628	跪	mangv	ng	敏
663	説	rtsing	ng	曾	712	臨洮	shing	ng	身
比例	-n 占 47%;-ng 占 53%				比例	-n 占 53%;-ng 占 47%			

這種對音現象的出現要麼説明譯語記音不準確，要麼説明曾梗攝和深臻攝韻尾已經相混，讀成-n 或者-ng 而未加區别。本文認同後一種可能。因爲根據統計，譯語中咸山攝字與藏文-n 尾對音而幾乎不與-ng 尾對音、宕江通攝字與-ng 或-m 對音而幾乎不與-n 對音①，規律性很强，這説明譯語鼻音韻尾的記音和對應相對而言是比較嚴格的，不能輕易以記音不準去解釋，因而認爲曾梗與深臻攝韻尾相混是合適的。

三　結語

《嘉絨譯語》中的藏漢對音材料是我們瞭解清代前期川西漢語方音的重要材料。由於譯語本身是一部辭典而非韻書，編者只是調查和記録詞語，詞彙排列分門别類有其規則性，語音方面資料系統性不足。但是通過整理、爬梳和歸納藏漢注音材料，仍能從中發現譯音漢字的顯著的讀音特點：1. 泥來母相混；2. 疑影母開口洪音讀 ŋ-；3. 知莊章組字分平翹兩讀；4. 尖團音部分相混；5. 歌韻喉牙音字圓唇；6. 曾梗深臻攝鼻音韻尾相混。

《嘉絨譯語》中知系字分兩讀，知(梗二等除外)章組字傾向讀翹舌，莊組字低元音韻母前翹舌、非低元音韻母前傾向平舌，但現代四川方言大都已不分平翹舌，知系字讀平舌，僅極少數地區仍保留有知系分平翹的特點(周及徐，2013)，《四川方言音系》(1960)中所列 150 個方言點的材料尚有 18 個點屬於此類。但《嘉絨譯語》中的譯音漢字表現爲尖團部分相混、部分有别，處在尖團有别到尖團相混的過渡階段，今四川方言乃至整個西南官話大都尖團混而不分(牟成剛，2016：59-60)，基本完成了尖團合流的音變過程。其他泥來母相混、疑影母開口洪音讀 ŋ-、歌韻喉牙音字圓唇、曾梗深臻攝鼻音韻尾相混等特點則與今主流四川官話基本一致，體現出四川方音自清代以來的歷史延續性，也説明現代四川方言音系的基本格局在清代前期或已形成。

① 咸山攝陽聲韻可能與開音節對音，也可能與-n 對音，而與-ng 對音的很少，僅見 2 例。宕江通攝也可能與開音節對音，或者與-m 和-ng 對音，與-n 對音的僅有 1 例。由於漢字音系中缺少-m 韻尾，譯語漢字注音者記録嘉絨語中的-m 時往往選用-ng 尾漢字。

參考文獻

[1]更科慎一. 論四夷館《華夷譯語》音譯漢字漢語音系[M]//南開語言學刊. 北京:商務印書館,2018(1):37-45.

[2]江荻. 藏語語音史研究[M]. 北京:民族出版社,2002.

[3]朗傑扎西. 從乙種本《西番譯語》看藏語 Cr-類複輔音聲母的融合演變軌跡[M]//南開語言學刊. 北京:商務印書館,2016(2):45-50.

[4]朗傑扎西. 基於明清四種"西番譯語"藏漢對音的藏語歷史音變研究[D]. 天津:南開大學,2017.

[5]林向榮. 嘉戎語研究[M]. 成都:四川民族出版社,1993.

[6]牟成剛. 西南官話音韻研究[M]. 北京:中國社會科學出版社,2016.

[7]聶鴻音,孫伯君.《西番譯語》校録及彙編[M]. 北京:社會科學文獻出版社,2010.

[8]瞿靜. 阿壩州小金縣方言音系調查研究[D]. 成都:四川師範大學,2017.

[9]施向東.《西番譯語》藏漢對音中的一些問題[M]//南開語言學刊. 北京:商務印書館,2016(2):2-13.

[10]四川大學方言工作組. 四川方言音系[J]. 四川大學學報,1960(3):1-123.

[11]孫宏開.《西番譯語》考辨[M]//白濱,史金波,盧勛等. 中國民族史研究(第二輯). 北京:中央民族學院出版社,1989:327-342.

[12]孫伯君. 乾隆敕編九種《西番譯語》初編本及其定名[J]. 滿語研究,2012(2):70-72.

[13]王振.《多續譯語》中藏文的音變規律及其性質初探[M]//南開語言學刊. 北京:商務印書館,2016(2):22-31.

[14]王振. 清代"西番譯語"記音式藏文對藏語歷史語音研究的價值——以《白馬譯語》藏文注音爲例[J]. 中央民族大學學報,2017(5):162-170.

[15]王振.《嘉絨譯語》中的嘉絨話音系及其注音特點[J]. 西藏研究,2020a(1):123-129.

[16]王振. 清代《嘉絨譯語》藏文注音的規律和性質[J]. 藏學學刊,2020b(2):122-140.

[17]西田龍雄,孫宏開. 白馬譯語研究[M]. 京都:松香堂,1990.

[18]西田龍雄. 多續譯語研究[M]. 京都:松香堂,1973.

[19]周及徐. 四川自貢、西昌話的平翹舌聲母分布[J]. 四川師範大學學報(社會科學版),2013(5):166-171.

The Dialectal Basis and Phonological Features of Chinese Transliteration in *rGyalrong Yiyu* of the Qianlong Period in Qing Dynasty

Wang Zhen

Abstract: The selection of Chinese transliteration in *rGyalrong Yiyu* is based on the Sichuan dialect at that time. The Tibetan-Chinese correspondence material is one of the earliest materials directly reflecting the pronunciation of Sichuan dialect in Qing Dynasty. It is very precious, according to which, ni 泥 and lai 來 merged, Yi 疑 and Ying 影 were ŋ- before Kaikou Hongyin 開口洪音, Zhi 知 Zhuang 莊 and Zhang 章 groups divided into two types of alveolar and retroflex, Jian 尖 and Tuan 團 consonants partially merged, Ge 歌 rhyme was rounded before velar consonants, the nasal endings of Zeng 曾, Geng 梗, Shen

深 and Zhen 臻 were the same. These are closely related to the performance of the modern Sichuan dialect, representing the early phonological pattern of the modern Sichuan dialect.

Key words:*Gyalrong Yiyu*, Qing dynasty, Sichuan dialect, phonology

通信地址:四川省成都市錦江區静安路5號四川師範大學文學院

郵　　編:610068

E-mail:wangzhen3551@126.com

漢語方言訓讀的基本原理*

——以海南閩語瓊海話爲例

楊望龍

内容提要　漢語方言的訓讀是基於同義關係的規約性借字現象或借音現象。訓讀包括訓讀字不與本字連用、訓讀字與本字連用、訓讀字與訓讀字連用以及連鎖訓讀等四種類型，其運作受到語義、詞項、語體與語音等多方面因素制約。訓讀在特定條件下會導致方言對譯通語時出現異詞同音或無義轉换。訓讀的産生前提條件是通語與方言存在某種程度的詞彙差異，内在動力是構建讀書音與説話音的對立關係。語言接觸破壞文白異讀系統，以及文教不發達也會加劇訓讀的擴散。個别訓讀字例隨着文教普及與傳媒影響會逐漸消退。

關鍵詞　方言　訓讀　本字　海南閩語　文白讀音

一　引言

漢語方言地區的人們有時會用一個字（詞）的讀音去念另外一個與之同義的字（詞）①。比如海南閩語瓊海話②，本地人看到「田」③的時候，會把這個字念爲/san[22]/，但實際上/san[22]/不是「田」的讀音，而是同樣表示{田地}的「塍」的讀音。這種同義换讀現象，漢語方言學界稱爲"訓讀"。

漢語各大方言都不同程度地存在訓讀，其中閩南語最爲豐富，閩南語中又以海南閩語最爲突出。海南閩語的訓讀字例，學界已經作了許多整理與考證工作，比如梁猷剛（1984）、陳鴻邁（1993）與杜依倩（2008）等等。這些研究爲本文奠定了堅實的材料基礎。儘管字例的收集仍有遺漏，個别字例的考證亦可商榷，但是本文不打算著力於此，而是更加關注訓讀的基本理論問題。因爲訓讀是一種十分特殊的異讀現象，反映了複雜的字詞關係，與常見的字詞概念既有聯繫又有區别，對於漢語方言研究而言具有特殊的價值。學界在訓讀的基本理論問題上也作了不少有益探討，比如詹伯慧（1957）、張盛裕（1984）、劉新中（2007）與符其武

* 基金項目：浙江省哲學社會科學領軍人才培育專項課題"吴、閩、徽語音像資源語料庫建設與綜合比較研究"（21YJRC04ZD）。本文初稿承蒙黄笑山、莊初升、汪維輝、史文磊、錢奠香、許尌妙、楊建忠、徐燁、沈冰與林明康等諸位師友指正，《漢語史學報》編輯部與匿名評審專家也提出了寶貴的修改意見。在此統致謝忱，文中若有錯訛，概由筆者負責。

① 爲論述簡明，本文以"詞"統指詞和語素。詞和語素的區别在形態句法層面，統稱兩者不影響本文結論。

② 根據《中國語言地圖集·漢語方言卷》（第2版）（2012：112），瓊海話屬於閩語瓊文片文昌小片。本文所舉例證的記音以瓊海市縣治嘉積鎮的語音爲準。

③ 本文例證所用符號：「」表示字形，{}表示語義、義項或功能，""表示詞或語素；//表示音位；[ ]表示音值。出於排版需要，本文部分例證的釋義只能從簡，懇請讀者理解。

(2008:228-232)等等,但是其中某些問題尚未達成共識,對訓讀的認識也還没達到全面系統的地步。

有鑒於此,本文擬以筆者母語海南閩語瓊海話爲代表,全面系統地討論漢語方言訓讀的相關問題,包括五個方面:(ⅰ)訓讀的定義、性質與相關概念;(ⅱ)訓讀的運作類型;(ⅲ)訓讀的限制因素;(ⅳ)訓讀導致的結果;(ⅴ)訓讀産生與消退的原因。

二 訓讀的定義、性質與相關概念

(一)訓讀的定義與性質

訓讀最初專指日語使用漢字的同義换讀現象。《辭海》(第7版)"訓讀"條:"日文借用漢字寫日語的固有詞,而用日語固有詞的音來讀漢字,叫'訓讀'。如'人'讀ひと[çito]。訓讀只借漢字的形①和義,不借漢字的音。"後來人們用"訓讀"指任何語言文字使用中的同義换讀現象,不僅包括使用意音文字的語言中的同義换讀,比如日語或漢語方言;也包括使用拼音文字的語言中的同義换讀,比如講英語的人把拉丁文 id est 的縮寫 i. e. 讀作 that is, et cetera 的縮寫 etc. 讀作 and so on(裘錫圭,2013:211)。

關於訓讀的定義,不少學者曾經提出意見,下面是兩種具有代表性的說法。

裘錫圭(2013:210-213):有时候,人們不管某個字原來的讀音,把這個字用來表示意義跟它原來所代表的詞相同或相近的另一個詞(一般是已有文字表示的詞)。這兩個詞的音可以截然不同。……沈(兼士)氏稱這種現象爲"異音同用"或"義同换讀"。……我們採用沈氏"義同换讀"的說法,只是爲了通俗起見,把"義同"改成了"同義"。……同義换讀跟假借和形借一樣,也是一種文字借用現象。

李如龍(1999):同義異讀,也稱訓讀,即借用同義字來表示方言詞而讀成訓讀音。……訓讀音對於訓讀字來說也是一種誤讀,但因爲意義相合,在民間通常也認爲是一種文白異讀。……"訓讀字"的異讀只是文字的借用……

第一種觀點關注的"訓讀"主要是漢語在歷時層面上的字詞關係,本文暫不討論這類訓讀②。第二種觀點關注的"訓讀"主要是漢語及其方言在共時層面上的字詞關係,並且提到了訓讀與文白異讀有關。本文關注的是這類訓讀。

上面兩種觀點都提到,訓讀涉及"同義"與"異音"。其内涵可以重新表述如下:

(ⅰ)同義:文字層面的某個字「A」與語言層面的某個詞"B"具有相同的意義{M};

(ⅱ)異音:「A」有兩個讀音,一是基於{M}獲得的"B"的讀音/B/;一是「A」本來的讀音/A/;

(ⅲ)「A」在表達{M}的基礎上讀成"B",即存在匹對模式:「A」—{M}—/B/。

上面兩種觀點還認爲,訓讀是一種文字借用現象。其實,從更加廣泛的角度來看,訓讀

① 本文所說的"形"均指字形,不指語音形式。

② 李榮(1987:90-91)略有論述,試引一例:"'獃'或'呆'讀 dɑ⁻i,用作'傻、不聰明'是《廣韻》平聲咍韻丁來切'懛'的訓讀字。'呆'讀 ɑ́i,用作'傻、不聰明'是《廣韻》咍韻五來切'獃'的訓讀字。"

本質上是語言符號與文字符號基於同義關係發生錯配的結果。從邏輯上看包含了兩個方面:如果從記録詞項的角度來看,就是一種借字現象;如果從念讀文字的角度來看,就是一種借音現象。前者是用同義字的字形來記録同義詞,簡稱"借字記詞",比如瓊海本地人在語言層面聽到/san[22]/("塍"),就會在文字層面用「田」來記録。後者是將同義詞的讀音指派給同義字,簡稱"借音念字",比如瓊海本地人在文字層面看到「田」,就會在語言層面用/san[22]/("塍")來念讀。單看訓讀的匹對模式:「田」—{田地}—/san[22]/,這兩種情況表面上没有什麽不同,都能理解爲傳統上的借字記詞。可是考慮到運作方向,分成兩類則比較合理。

訓讀運作的兩個方向,分别包含三個階段。若從語言層面到文字層面,則是借字記詞,其運作過程是:

(ⅰ)根據"B"在語言層面出現的環境,獲得"B"的意義{M}。

(ⅱ)由{M}作爲樞紐,找到相應的同義字"A"。

(ⅲ)用"A"的字形「A」寫下"B"。

若從文字層面到語言層面,則是借音念字,其運作過程是:

(ⅰ)根據「A」在文字層面出現的環境,獲得「A」的意義{M}。

(ⅱ)由{M}作爲樞紐,找到相應的同義詞"B"。

(ⅲ)把"B"的讀音/B/派給「A」。

訓讀是一種語言社團的規約行爲,不是個人偶然的誤讀。訓讀的匹對模式定型之後,使用上具有一定的强制性。比如瓊海本地人,在{田地}這個義項上,聽到含有/san[22]/("塍")的詞項就會寫出「田」,看到含有「田」的文本就會念出/san[22]/("塍"),如下諸例:

文字層面	讀音	語言層面	文字層面	讀音	語言層面
「田地」	/san[22] ɗi[42]/	"塍地"	「水田」	/tui[21] san[22]/	"水塍"
「田園」	/san[22] ɦui[22]/	"塍園"	「種田」	/tsiaŋ[212-45] san[22]/	"種塍"
「田畝」	/san[22] mɔu[21]/	"塍畝"	「稻田」	/ɗiu[42] san[22]/	"籼塍"①

綜上,本文提出:訓讀是基於同義關係的規約性借字現象或借音現象。具體而言,就是語言符號與文字符號之間,基于同義關係,按照匹對模式「A」—{M}—/B/進行運作的互動現象。因此,任何只涉及語言層面或者只涉及文字層面的現象,都不屬於本文定義的訓讀。

(二)與訓讀有關的概念

語言符號是音義結合體,文字符號是記録語言符號的符號。兩類符號的根本差異在於它們傳遞語義的物理載體:語言符號的物理載體是語音,文字符號的物理載體是圖像。兩類符號的共同點是能够傳達相同的語義。訓讀就是語言符號與文字符號基於相同語義發生的語音與圖像錯配現象。下面再次以引言部分瓊海話的例子説明,如下頁圖示。

① 該例中「稻」是/ɗiu[42]/的訓讀字,/ɗiu[42]/的本字是「籼」。

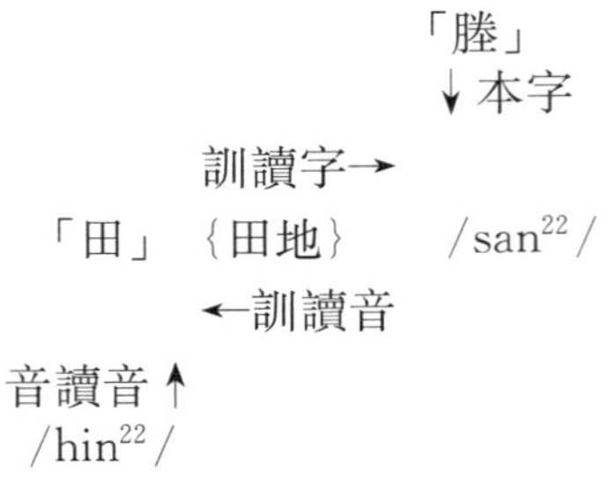

「塍」
↓本字
訓讀字→
「田」 {田地} /san^{22}/
←訓讀音
音讀音↑
/hin^{22}/

本文所説的訓讀就是指「田」在表示{田地}的語義基礎上讀/san^{22}/,或者/san^{22}/在表示{田地}的語義基礎上寫作「田」這種現象。其中,「田」叫作/san^{22}/的訓讀字;「塍」叫作/san^{22}/的本字;/san^{22}/叫作「田」的訓讀音;/hin^{22}/叫作「田」的音讀音;「塍」和/hin^{22}/不發生任何關係。

"訓讀音"最初類比日語漢字的"訓讀"得來。同樣地,也可以類比日語漢字的"音讀"提出"音讀音"。《辭海》(第7版)"音讀"條:"日文中漢字的一種讀法,用漢字原來的音來讀漢字。如"人"讀にん[ȵin]或じん[ʥin]。"根據漢字詞語傳入日本的時間,日文漢字分爲"吴音""漢音"與"唐音"三種讀音(王力,1984[2013]:189)。漢語方言受通語影響,某個字也産生分屬不同歷史層次的讀音,情況與日語漢字的音讀類似,因此也不妨借用"音讀音"來稱説。本文所説的"音讀音"就是指訓讀字在漢語方言中符合古今語音對應關係的全部讀音①。

(三)需要釐清的概念

某個字在某個方言中讀某個音,我們認定這個字是這個音的訓讀字,不是本字,這個音是這個字的訓讀音,不是音讀音,憑藉的是歷史音變規律。具體而言,就是看該字在古代韻書中的音韻地位與現代的方言讀音,是否符合古今對應關係。如果該字的音韻地位,根據古今對應關係推導不出它的方言讀音,但同時存在另一個字,其音韻地位根據古今對應關係推導得出該讀音,那麽我們認定前者爲該讀音的訓讀字,後者爲相應的本字。比如「田」屬於《廣韻》平聲先韻徒年切,根據中古音與瓊海話的對應關係,定母可念h(<*t^{h})②,先韻可念in,全濁平聲可念22調。只有聲調與/san^{22}/符合,聲母與韻母均不合,因此「田」不是本字。同時,我們也發現,根據古今對應關係,聲母s有牀母來源,韻母an有蒸韻來源,聲調22有全濁平聲來源,《廣韻》平聲蒸韻食陵切,表示{田地}的「塍」完全符合古今對應關係,因此「塍」就是/san^{22}/的本字,「田」則是/san^{22}/的訓讀字。

不過,我們在實踐中會看到,有些現象不符合古今對應關係,但是不屬於訓讀。這是需要加以甄别的③。

1.合音詞和合音字。合音是語言使用過程中相互毗鄰的兩個成分發生融合的現象,典

① "音讀音"這個術語聽起來或許有些拗口,但是要優於"本讀音"之類的術語。"本讀音"這個術語可能會引起誤解,容易讓人聯想到"本字的讀音"而非"訓讀字本來就有的符合古今語音對應關係的讀音"。本文所説的"音讀音"是與"訓讀音"相對的概念。某個訓讀字的音讀音,從歷史層次分析的角度看,可以包括"白讀音"與"文讀音"。當然,訓讀字的音讀音是其文讀音的情況在實際中要占多數。

② 受島内民族語言,主要是臨高語的影響,海南閩語中送氣音普遍發生擦化。

③ 張盛裕(1984)曾就下述概念作過簡要介紹,亦可參考。

型表現是兩個單音節詞合併爲一個單音節詞,從語言層面看是合音詞,從文字層面看就是合音字。例如「誰」在瓊海話中讀爲/niaŋ[42]/,實際上是“底儂”的合音:꜂niaŋ<꜂ɗiaŋ< *꜂ɗi“底”+꜀naŋ“儂”①。「誰」在瓊海話中讀/niaŋ[42]/不符合所屬音類的對應關係,在韻書中也找不到符合對應關係最終能推出/niaŋ[42]/的字,因此不屬於訓讀。

2. 同音詞和同音字②。同音詞指在語音上偶然同音的兩個詞,比如普通話的“媽”和“抹”讀音都是/ma[55]/,同音字指在語音上偶然音同的兩個字,比如普通話的「巴」和「八」都念/pa[55]/。也包括假借現象,比如普通話表示{花費}的“花”和{花朵}的“花”都念/xua[55]/,前者借用了後者的字形「花」。同音字關係只是語音相同,但是意義不同,不符合訓讀的定義,因此也不屬於訓讀。

3. 自創字和借用字。人們爲了滿足本地方言的書寫需求,如果根據特定規則創製文字,就産生了自創字。自創字通常帶有鮮明的方言色彩,脱離本方言之後就没有使用價值,比如厦門話表示{娶,帶}的/ʦʰua[11]/以自創的「焉」來書寫。如果不使用自創字,而是借用本族語言固有的文字或其他語言的文字來記録,就産生了借用字。借用字的借用理據可以是借形、借音或借義。借形就是直接借用字形,在漢語方言當中比較少見,比如瓊海話表示{房子}的/siu[212]/借用「厝」來書寫③。借音就是根據同音關係或音近關係借用字形,相當於文字學所説的通假,方言中最典型的是虚詞用字,比如瓊海話的語氣詞/liu[45]/通常借用普通話的音近字「溜」來書寫。只有借義符合我們所説的訓讀字,比如瓊海話表示{田地}的/san[22]/(“塍”)借用同義字「田」來書寫。

4. 讀別字。方言地區的人們在文教傳習當中,有時不明讀書音,會將書面文字念錯,這種錯誤的讀音如果最終得到整個語言社團的認可,就産生了習非成是的讀別字。廣義上説,訓讀字也屬於讀別字的一個小類。只是由於訓讀字與本字之間存在意義理據,我們視爲獨立的一類。因此這裏所説的讀別字就專指那些没有意義理據的讀別字。比如念半邊,瓊海話中「造詣」的「詣」念成/ʦi[21]/,念的是右半邊「旨」的讀音。

三 訓讀運作的類型

訓讀的運作有四種類型:一是訓讀字與它對應的本字不連用;二是訓讀字與它對應的本字連用;三是訓讀字與跟它共享同個本字的另一個訓讀字連用,亦可視爲第一種類型中的小類;四是某個訓讀字的本字用作其他字的訓讀字,形成連鎖訓讀。

(一)訓讀字不與本字連用

根據匹對模式中訓讀字、義項和本字的數量關係,訓讀有六種情形。

---

① 瓊海話的聲母音變n-<ɗ-不是系統内的規則音變,只是這個虚詞特有的音變。

② “同音詞”不等於“同形詞”,“同形詞”這個概念有歧義。感謝汪維輝老師指出這點。

③ 《廣韻》:“厝,置也,倉故切。”李如龍(1996:103)對比了閩南、閩東與閩北的多個方言,指出「厝」只在部分閩南語中符合對應關係,而且語義也不合,本字應爲“戍”。《廣韻》:“戍,遏也,舍也,從人荷戈也,傷遇切。”聲韻調俱合,語義從“守邊”引申出“戍所、房舍”。鄭張尚芳(2005[2012]:221)結合南部吴語表示{家、屋}的“處”的讀音,認爲閩語“厝”的本字是《廣韻》昌據切的“處”。

1. 一訓一義一本。一個訓讀字在一個義項上對應一個本字。這種情形最爲常見。如下諸例：

訓讀字	音讀音	義項	訓讀音	本字	文字層面	讀音	語言層面
「鍋」	/kɔ^{34}/	{炊具}	/ɗia^{21}/	「鼎」	「火鍋」	/ɦiɛ^{21} ɗia^{21}/	"火鼎"
「澆」	/kiau^{34}/	{淋灑}	/ʔak^{5}/	「沃」	「澆花」	/ʔak^{5} ɦiɛ^{34}/	"沃花"
「香」	/ɦiaŋ^{34}/	{味好}	/p^{h}aŋ^{34}/	「芳」	「香水」	/p^{h}aŋ^{34} tui^{21}/	"芳水"
「只」	/tsi^{21}/	{僅僅}	/na^{34}/	「但」	「只有」	/na^{34} ʔu^{42}/	"但有"

2. 一訓一義多本。一個訓讀字在一個義項上對應多個本字。這種情形最爲罕見。如下所示：

訓讀字	音讀音	義項	訓讀音	本字	文字層面	讀音	語言層面
「晚」	/ʔuan^{21}/	{夜間} {夜間}	/ʔam^{212}/ /mɛ^{22}/	「暗」 「冥」	「晚修」 「晚餐」	/ʔam$^{212\text{-}45}$ tiu^{34}/ /mɛ^{22} san^{34}/	"暗修" "冥餐"

3. 一訓多義一本。一個訓讀字在多個義項上對應一個本字。這種情形較爲常見，如下諸例：

訓讀字	音讀音	義項	訓讀音	本字	文字層面	讀音	語言層面
「圈」	/huan^{34}/	{圈子} {圍住}	/hɔu^{34}/ /hɔu^{34}/	「箍」	「朋友圈」 「圈地」	/p^{h}ɔŋ^{22} ziu^{21} hɔu^{34}/ /hɔu^{34} ɗi^{42}/	"朋友箍" "箍地"
「首」	/tiu^{21}/	{首要} {首次}	/hau^{22}/ /hau^{22}/	「頭」	「首都」 「首付」	/hau^{22} ɗu^{34}/ /hau^{22} p^{h}u^{42}/	"頭都" "頭付"
「打」	/ta^{21}/	{擊打} {整理}	/p^{h}a^{53}/ /p^{h}a^{53}/	「拍」	「打架」 「打扮」	/p^{h}a^{53} kɛ^{212}/ /p^{h}a^{53} ɓan^{42}/	"拍架" "拍扮"

4. 一訓多義多本。一個訓讀字在多個義項上對應多個本字。這種情形較爲罕見。如下諸例：

訓讀字	音讀音	義項	訓讀音	本字	文字層面	讀音	語言層面
「多」	/tɔ^{34}/	{數量衆多} {詢問程度}	/tɔi^{34}/ /ʔua^{42}/	「穧」 「夥」	「多事」 「多貴」	/tɔi^{34} su^{42}/ /ʔua^{42} kui^{212}/	"穧事" "夥貴"
「晚」①	/ʔuan^{21}/	{夜間} {時間過晚}	/mɛ^{22}/ /ʔua^{212}/	「冥」 「晏」	「晚餐」 「起晚」	/mɛ^{22} san^{34}/ /hi^{21} ʔua^{212}/	"冥餐" "起晏"

5. 多訓一義一本。多個訓讀字在一個義項上對應一個本字。這種情形較爲常見。如下諸例：

訓讀字	音讀音	義項	訓讀音	本字	文字層面	讀音	語言層面
「口」 「嘴」	/hau^{21}/ /tsui^{21}/	{嘴巴} {嘴巴}	/sui^{212}/	「喙」	「開口」 「嘴唇」	/hui^{34} sui^{212}/ /sui$^{212\text{-}45}$ ɗun^{22}/	"開喙" "喙唇"

① 「晚」兼屬"一訓一義多本"與"一訓多義多本"兩種類型。

訓讀字	音讀音	義項	訓讀音	本字	文字層面	讀音	語言層面
「脚」 「足」	/kiɔ^{53}/ /tsɔk^{5}/	{脚} {脚}	/ha^{34}/	「骹」	「脚氣」 「足球」	/ha^{34} hui^{21}/ /ha^{34} hiu^{22}/	"骹氣" "骹球"
「跑」 「逃」	/p^{h}au^{53}/ /hau^{22}/	{跑動} {逃跑}	/tau^{21}/	「走」	「跑快」 「逃脱」	/tau^{21} hiɛ^{212}/ /tau^{31} hu[illegible]^{5}/	"走快" "走脱"

6. 多訓多義一本。多個訓讀字在多個義項上對應一個本字。這種情况較爲罕見。如下諸例：

訓讀字	音讀音	義項	訓讀音	本字	文字層面	讀音	語言層面
「恥」 「羞」 「醜」	/si^{21}/ /siu^{34}/ /siu^{21}/	{恥辱} {羞澀} {難看}	/sun^{21}/	「蠢」	「廉恥」 「害羞」 「遮醜」	/liam^{22} sun^{21}/ /kia^{34} sun^{21}/ /tsia^{34} sun^{21}/	"廉蠢" "驚蠢" "遮蠢"
「吃」 「喝」	/hit^{5}/ /hɔ^{53}/	{食用固體食物} {食用液體食物}	/tsiaʔ^{3}/	「食」	「吃飯」 「喝水」	/tsiaʔ^{3} miɛ^{22}/ /tsiɛʔ^{3} tui^{21}/	"食糜" "食水"

訓讀運作的類型不需要分出"多訓一義多本"與"多訓多義多本",因爲這兩種情形是"一訓一義一本"或"一訓多義一本"的不同用例叠加的結果。

(二)訓讀字與本字連用

訓讀字與它的本字連用,又分爲兩種情形:一是訓讀字與本字同音;二是訓讀字與本字不同音,其中之一改讀其他的音。

訓讀字與本字同音。訓讀字念訓讀音,本字不讓出自己的讀音,從而造成兩字同音。如下諸例:

訓讀字	音讀音	義項	訓讀音	本字	文字層面	讀音	語言層面
「思」	/si^{34}/	{思考}	/tiɔ^{42}/	「想」	「思想」	/tiɔ^{42} tiɔ^{42}/	"想想"
「迫」	/ɓɔk^{5}/	{逼迫}	/ɓɛt^{5}/	「逼」	「逼迫」	/ɓɛt^{5} ɓɛt^{5}/	"逼逼"
「掘」	/kut^{3}/	{挖掘}	/ʔuat^{5}/	「挖」	「挖掘」	/ʔuat^{5} ʔuɛt^{5}/	"挖挖"

不過,本地人見到書面上的文字時,注意到兩個字的字形不同,有時也會避免把兩個字念成同音,轉而改讀其中某個字的讀音。當改讀的是訓讀字時,如果該訓讀字有文白異讀,那麼通常會選擇它固有的文讀音;如果該訓讀字没有文白異讀,那麼一般會根據語感折合出讀書音。如下諸例:

文字層面	讀音	語言層面	文字層面	讀音	語言層面
「思$_{\text{訓}}$想$_{\text{本}}$」	/si^{34} tiɔ^{42}/	"思$_{\text{文}}$想$_{\text{白}}$"	「閃$_{\text{本}}$避$_{\text{訓}}$」	/tiam^{21} ɓi^{42}/	"閃$_{\text{白}}$避$_{\text{文}}$"
「懶$_{\text{訓}}$惰$_{\text{本}}$」	/lan^{21} ɗua^{212}/	"懶$_{\text{文}}$惰$_{\text{白}}$"	「歡$_{\text{本}}$欣$_{\text{訓}}$」	/ɦuan^{34} ʔin^{34}/	"歡$_{\text{白}}$欣$_{\text{文}}$"
「代$_{\text{訓}}$替$_{\text{本}}$」	/ɗai^{53} hɔi^{21}/	"代$_{\text{文}}$替$_{\text{白}}$"	「芳$_{\text{本}}$香$_{\text{訓}}$」	/p^{h}aŋ^{34} ɦiaŋ^{34}/	"芳$_{\text{白}}$香$_{\text{文}}$"

當改讀的是本字時,本地人也往往採用它的文讀音,因爲它的白讀音已經讓作訓讀字的訓讀音,從而形成同個字文白讀音組配。如下諸例:

文字層面	讀音	語言層面	文字層面	讀音	語言層面
「看$_{訓}$望$_{本}$」	/mɔ^{34m} baŋ^{42}/	"望$_{白}$望$_{文}$"	「落$_{本}$下$_{訓}$」	/lak^{5} lɔʔ^{3}/	"落$_{文}$落$_{白}$"
「暑$_{訓}$熱$_{本}$」	/zuaʔ^{3} zit^{3}/	"熱$_{白}$熱$_{文}$"			
「回$_{訓}$轉$_{本}$」	/ɗui^{21} tuan^{21}/	"轉$_{白}$轉$_{文}$"			

還有一種特殊情況,訓讀字採用文讀音,本字也採用文讀音,但是極其罕見。目前只發現 1 例。

文字層面	讀音	語言層面
「寄$_{本}$寓$_{訓}$」	/ki$^{212-45}$ zi^{42}/	"寄$_{文}$寓$_{文}$"

(三)訓讀字與訓讀字連用

訓讀字與跟它共享同個本字的另一個訓讀字連用。爲了避免同音,要麽其中一個保留訓讀音(通常都是本字的白讀音),另一個改讀其他的音(通常是該訓讀字的文讀音);要麽兩者都改讀他音(通常都是這兩個訓讀字的文讀音)。比如「羞」與「恥」在{羞愧恥辱}的基礎上都訓讀爲/sun^{21}/,/sun^{21}/的本字是「蠢」,「羞」與「恥」一起出現時,要麽其中之一改讀,「羞」改讀爲/siu^{34}/或「恥」改讀爲/si^{21}/,要麽兩者一起改讀。

文字層面	讀音	語言層面
「羞$_{訓}$恥$_{訓}$」	/siu^{34} sun^{21}/ /sun^{31} si^{21}/ /siu^{34} si^{21}/	"羞$_{文}$蠢$_{白}$" "蠢$_{白}$恥$_{文}$" "羞$_{文}$恥$_{文}$"

(四)訓讀字的本字作爲其他字的訓讀字

「A」訓讀爲/B/,作爲本字的「B」又訓讀爲/C/,形成連鎖訓讀。比如「小學」念/tɔi$^{212-45}$ ʔɔʔ^{3}/,「小」是/tɔi^{212}/的訓讀字,/tɔi^{212}/的本字是「細」;而「細胞」念/ʔiu$^{212-45}$ ɓau^{34}/,「細」又作/ʔiu^{212}/的訓讀字,/ʔiu^{212}/的本字是「幼」。即:

訓讀字	音讀音	義項	訓讀音	本字	文字層面	讀音	語言層面
「小」	/tiau^{21}/	{基礎}	/tɔi^{212}/	「細」	「小學」	/tɔi$^{212-45}$ ʔɔʔ^{3}/	"細學"
「細」	/tɔi^{212}/	{細小}	/ʔiu^{212}/	「幼」	「細胞」	/ʔiu$^{212-45}$ ɓau^{34}/	"幼胞"

又比如「回來」念/ɗui^{21} lai^{22}/,「回」是/ɗui^{21}/的訓讀字,/ɗui^{21}/的本字是「轉」,而「轉頭」念/tuan^{22} hau^{22}/,「轉」又作/tuan^{22}/的訓讀字,/tuan^{22}/的本字是「旋」。即:

訓讀字	音讀音	義項	訓讀音	本字	文字層面	讀音	語言層面
「回」	/ɦiɛ^{22}/	{返回}	/ɗui^{21}/	「轉」	「回來」	/ɗui^{21} lai^{22}/	"轉來"
「轉」	/ɗui^{21}/	{轉動}	/tuan^{22}/	「旋」	「轉頭」	/tuan^{22} hau^{22}/	"旋頭"

如上所示,連鎖訓讀中的樞紐字,即"細"和"轉",它們作本字和作訓讀字時語義也有所不同。

四　訓讀運作的限制因素

訓讀中匹對模式「A」—{M}—/B/的運作，並不能無限類推，總會受到特定的條件限制。歸結起來，主要有語義、詞項、語體和語音四個方面的限制。

(一)語義限制

語義是限制訓讀運作最主要的因素。訓讀只基於特定的語義發生，不是在所有語義之下都會出現。如下諸例：

訓讀字	義項	讀音	本字	文字層面	讀音	語言層面
「足」	{脚}	訓讀音/ha^{34}/	「骹」	「足球」	/ha^{34} hiu^{22}/	“骹球”
	{充分}	音讀音/zɔk^{5}/	——	「滿足」	/mua^{21} zɔk^{5}/	“滿足”
「站」	{站立}	訓讀音/hia^{42}/	「徛」	「站隊」	/hia^{42} ɗui^{53}/	“徛隊”
	{站點}	音讀音/tam^{42}/	——	「車站」	/sia^{34} tam^{42}/	“車站”
「對」	{正確}	訓讀音/ɗiɔʔ^{3}/	「著」	「對錯」	/ɗiɔʔ^{3} sɔ^{212}/	“著錯”
	{相對}	音讀音/ɗui^{212}/	——	「對面」	/ɗui$^{212-45}$ min^{34}/	“對面”

(二)詞項限制

詞項也是限制訓讀運作的重要因素，在語義相同的前提下，訓讀只在特定的詞項中發生，不是在所有詞項中出現。如下諸例：

訓讀字	義項	讀音	本字	文字層面	讀音	語言層面
「語」	{語言}	訓讀音/ʔiɛ^{34}/	「話」	「英語」	/ʔɛn^{34} ʔiɛ^{34}/	“英話”
	{語言}	音讀音/zi^{22}/	——	「語文」	/zi^{22m} bun^{22}/	“語文”
「巢」	{棲身之所}	訓讀音/tiu^{34}/	「岫」	「鳥巢」	/ʦiau^{21} tiu^{34}/	“鳥岫”
	{棲身之所}	音讀音/sau^{22}/	——	「匪巢」	/p^{h}ui^{21} sau^{22}/	“匪巢”
「髮」	{人的頭髮}	訓讀音/mɔ^{22}/	「毛」	「頭髮」	/hau^{22} mɔ^{22}/	“頭毛”
	{人的頭髮}	音讀音/p^{h}uat^{5}/	——	「結髮」	/kit^{5} p^{h}uat^{5}/	“結髮”

不過，詞項對訓讀的限制作用較爲有限。有些訓讀字在同個詞項中，其訓讀音與音讀音可以自由换讀。如下諸例：

訓讀字	義項	讀音	本字	文字層面	讀音	語言層面
「代」	{替代}	訓讀音/hɔi^{212}/	「替」	「代筆」	/hɔi^{212} ɓɪt^{5}/	“替筆”
	{替代}	音讀音/ɗai^{53}/	——	「代筆」	/ɗai^{53} ɓit^{5}/	“代筆”
「蛋」	{禽類的卵}	訓讀音/nui^{42}/	「卵」	「蛋糕」	/nui^{42} kaɹ^{34}/	“卵糕”
	{禽類的卵}	音讀音/tan^{53}/	——	「蛋糕」	/tan^{53} kaɹ^{34}/	“蛋糕”
「蛙」	{某種兩棲動物}	訓讀音/kap^{5}/	「蛤」	「青蛙」	/sɛn^{34} kɛp^{5}/	“青蛤”
	{某種兩棲動物}	音讀音/ɦua^{34}/	——	「青蛙」	/sɛn^{34} ɦua^{34}/	“青蛙”

有種情況很特殊，訓讀很少在專有名詞中運作，見於專有名詞的訓讀字往往會念本來的音讀音。訓讀字在專有名詞中的語義，與其在普通名詞中的語義，很多時候也不完全相同，或許仍是不同語義起着限制作用。如下諸例：

訓讀字	義項	讀音	本字	文字層面	讀音	語言層面
「口」	{嘴巴} {出口}	訓讀音/sui^{212}/ 音讀音/hau^{21}/	「喙」 ——	「口頭」 「海口」	/sui$^{212\text{-}45}$ hau^{22}/ /ɦai^{21} hau^{31}/	“喙頭” “海口”
「子」	{孩子} {尊稱}	訓讀音/kia^{21}/ 音讀音/ʦi^{21}/	「囝」 ——	「子孫」 「老子」	/kia^{21} tun^{34}/ /lau^{42} ʦi^{21}/	“囝孫” “老子道家創始人”
「小」	{基礎} {小學}	訓讀音/tɔi^{212}/ 音讀音/tiau^{21}/	「細」 ——	「小學」 「一小」	/tɔi$^{212\text{-}45}$ ʔɔʔ^{3}/ /ʔit^{5} tiau^{21}/	“細學” “一小第一小學的簡稱”

（三）語體限制

語體也是限制訓讀運作的因素之一。一般而言，訓讀音多見於口語，音讀音多見於書面語。比如訓讀音見於白話語彙，音讀音見於文言語彙。如下諸例：

訓讀字	義項	讀音	本字	文字層面	讀音	語言層面	語體
「田」	{田地}	訓讀音/san^{22}/ 音讀音/hin^{22}/	「塍」 ——	「種田」 「滄海桑田」	/ʦiaŋ$^{212\text{-}45}$ san^{22}/ /saŋ^{34} ɦai^{21} saŋ^{34} hin^{22}/	“種塍” “滄海桑田”	口語 書面語
「飯」	{米飯}	訓讀音/miɛ^{22}/ 音讀音/p^{h}an^{42}/	「糜」 ——	「飯粒」 「一飯之恩」	/miɛ^{22} liap^{3}/ /ʔit^{5} p^{h}an^{42} ʦi^{34} ʔun^{34}/	“糜粒” “一飯之恩”	口語 書面語
「高」	{上下距離大}	訓讀音/kuai^{22}/ 音讀音/kau^{34}/	「懸」 ——	「高樓」 「好高騖遠」	/kuai^{22} lau^{22}/ /ɦau^{53} kau^{34} mɔu^{42} ɦui^{42}/	“懸樓” “好高騖遠”	口語 書面語

不過，也有不少例外。某些文言語彙只用訓讀音，不用音讀音。如下諸例：

訓讀字	義項	讀音	本字	文字層面	讀音	語言層面
「犬」	{狗}	訓讀音/kau^{21}/ 音讀音/hin^{21}/	「狗」 ——	「喪家之犬」 ——	/saŋ^{53} kɛ^{34} ʦi^{34} kau^{21}/ ——	“喪家之狗” ——
「矢」	{箭}	訓讀音/ʦi^{212}/ 音讀音/ti^{22}/	「箭」 ——	「有的放矢」 ——	/ʔu^{42} ɗɛk^{3} ɓaŋ$^{212\text{-}45}$ ʦi^{212}/ ——	“有的放箭” ——

還有些文言語彙，訓讀音和本讀音自由換讀。如下諸例：

訓讀字	義項	讀音	本字	文字層面	讀音	語言層面
「竿」	{竹竿}	訓讀音/kɔ^{34}/ 音讀音/kan^{34}/	「篙」 ——	「日上三竿」	/zit^{3} ʦiɔ^{42} ta^{34} kɔ^{34}/ /zit^{3} ʦiɔ^{42} ta^{34} kan^{34}/	“日上三篙” “日上三竿”
「避」	{讓步}	訓讀音/tiam^{31}/ 音讀音/ɓi^{42}/	「閃」 ——	「退避三舍」	/hui$^{212\text{-}45}$ tiam^{21} ta^{34} tɛ^{42}/ /hui$^{212\text{-}45}$ ɓi^{42} ta^{34} tɛ^{42}/	“退閃三舍” “退避三舍”

相對肯定的是，白話語彙中幾乎見不到音讀音。總之，語體對訓讀有限制，但是相比語

義和詞項，這種限制因素作用不太明顯。

（四）語音限制

語音限制主要指避免同音衝突。如前所述，瓊海本地人遇見訓讀字與本字連用［詳見第三（二）節］或訓讀字與訓讀字連用［詳見第三（三）節］，由於對比性環境的提示，有時會有意地避免把不同的字讀成同音，從而改讀其中某個字。改讀策略是調動文白異讀，需要改讀的那個字，無論是訓讀字還是本字，大體上都改讀成它的文讀音。

五　訓讀導致的特殊結果

訓讀的匹對模式「A」—{M}—/B/形成之後會不斷類推使用，在方言對譯通語的過程中，如果滿足某些特定條件，就會導致兩種十分特殊的結果。

（一）異詞同音

如果方言對譯的兩個通語詞項（或短語），分別是訓讀字與本字所代表的詞（語素）組合着同一個詞（語素），就會出現"異詞同音"，即不同的詞項（短語）讀音完全相同。如下諸例：

瓊海話		共有的部分		普通話	
語言層面	讀音	語義	文字層面	讀音	語言層面
"漢書" "漢書"	/ɦan$^{212-45}$ tu^{34}/	{漢語＋文字} {漢代＋史書}	「漢字」 「漢書」	/xan^{51} tsɿ^{51}/ /xan^{51} ʂu^{55}/	"漢字" "漢書"
"蠢事" "蠢事"	/sun^{21} su^{42}/	{醜陋＋事情} {愚蠢＋事情}	「醜事」 「蠢事」	/tʂʰou^{214} ʂʅ^{51}/ /tʂʰun^{214} ʂʅ^{51}/	"醜事" "蠢事"
"想想" "想想"	/tiɔ^{42} tiɔ^{42}/	{思考＋思考}① {稍微＋思考}	「思想」 「想想」	/sɿ^{55} ɕiaŋ^{214}/ /ɕiaŋ$^{214-35}$ ɕiaŋ^{214}/	"思想" "想想"

以其中一例來説，普通話中"漢字"與"漢書"是兩個不同的詞，分別讀/xan^{51} tsɿ^{51}/與/xan^{51} ʂu^{55}/，到了瓊海話，由於匹對模式「字」—{文字}—/tu^{34}/（"書"）的運作，口頭上就唸成了相同的讀音，都是/ɦan$^{212-45}$ tu^{34}/（"漢書"），既表示{漢語的文字}，也表示{關於漢代的史書}，只有在文字層面才能清楚地分別開來。這種歧義現象某種程度上會給聽辨造成障礙。不過，這種現象不具有普遍性，因爲只有當普通話同時存在"$A_{訓}$＋X"與"$B_{本}$＋X"兩個詞時才有可能發生。

（二）無義對譯

如果方言對譯的是通語吸收其他語言的外來詞，該詞内部的某個音節在文字層面上又正好寫成方言中的訓讀字，就會出現"無義對譯"，即在無需解析訓讀字語義的前提下直接將

① 或許也可以理解爲{想法＋想法}，但這不影響結論。

其念爲訓讀音。如下諸例：

瓊海話		共有的部分		普通話	
語言層面	讀音	整個詞的語義	文字層面	讀音	語言層面
“蘇拍”	/su^{34} p^{h}a^{53}/	{碳酸鈉}	「蘇打」	/su^{55} ta^{214}/	“蘇打”
“穧巴胺”	/tɔi^{34} ɓa^{34} ʔan^{34}/	{某種神經遞質}	「多巴胺」	/tuo^{55} pa^{55} an^{55}/	“多巴胺”
“譯迦牟尼”	/zɛt^{5} kɛ^{34} mɔu^{22} ni^{22}/	{佛教創始人}	「釋迦牟尼」	/ʂʅ^{51} tɕia^{55} mou^{35} ni^{35}/	“釋迦牟尼”

以其中一例來説，普通話中/su^{55} ta^{214}/(“蘇打”)的/ta^{214}/在文字層面寫作「打」，「打」在瓊海話中是訓讀字，雖然無法在「蘇打」中解析出「打」的語義，但本地人還是能直接將「打」念成/p^{h}a^{53}/(“拍”)。這種情況似乎跳脱了訓讀運作中的語義中樞，直接構成「打」—/p^{h}a^{53}/(“拍”)。但是實際上，瓊海本地人離析出訓讀字之後，心理上還額外運作了一次匹對模式「打」—{擊打}—/p^{h}a^{53}/(“拍”)。因爲漢語母語者，無論是方言的還是通語的，假如没有自覺的語言學觀念，就不會去區分字和詞，在他們眼裏「A」就等於“A”，所以瓊海本地人在没有可資參考的語境時，就會按照訓讀字最常見或默認的語義去理解，從而啟動匹對模式。

六　訓讀産生與消退的原因

(一)訓讀産生的原因

訓讀的産生①就是匹對模式「A」—{M}—/B/的出現與定型。按照本文的定義，訓讀本質上是語言符號與文字符號之間的錯配現象，因此最初應該發生於接觸文字的文化階層，不太可能發生於不識文字的非文化階層。這類群體在文教傳習中讀書寫字，習得的是來自權威通語的書面語言。書面上的通語詞彙在任何時代都與口頭上的方言詞彙存在某種程度的差異。這種差異是訓讀得以産生的前提條件。文化階層學到書面上某個字的讀書音之後，便將其與口頭上相應的詞的説話音聯繫起來，從而構建起兩者的對應關係，這種對應關係是訓讀産生的内在動力。一般情況下，通語詞項與方言詞項多數會保持一致，書面上的字與口頭上的詞都是同源關係，兩者的讀音就是研究者眼裏的文讀音與白讀音②。如下諸例：

---

① 關於訓讀産生的原因，學界有過相關探討。詹伯慧(1957)認爲，口頭上新起詞替代了同義的舊有詞，但是書面上文字仍記載着口頭舊有詞，就産生了訓讀。但是，所謂口頭上的“新起詞”往往是固有的，“舊有詞”反而是新起的。比如閩南語把「你」訓讀爲“汝”，“汝”古已有之，「你」是後起的，而且“汝”從未替换過“你”。符其武(2008:229)認爲：“訓讀字的産生與方言語素的活躍程度有密切關係，‘訓讀詞’就是在接受通語詞彙的過程中，用方言的常用語素代替通語的同義語素而形成的方言詞語。……訓讀詞的産生是方言語素擴大化的結果。”該説解釋的是訓讀詞的産生，不是訓讀模式的産生。劉新中(2007)認爲閩南語訓讀突出是三個因素共同作用的結果：一是方言與通語的詞彙差異較大；二是閩南語文白異讀突出，口語與書面語差異較大；三是缺乏自創字。第一、二個因素富有啟發意義，可惜没有詳細説明，本文在此基礎上加以闡發。第三個因素只能解釋那些本字生僻的訓讀字，本字常見的訓讀字没有自創文字的必要，比如瓊海話的「香」—{味好}—/p^{h}aŋ^{34}/(“芳”)，「香」與「芳」都很常用。

② “讀書音 vs. 説話音”不等於“文讀音 vs. 白讀音”，前者是討論字音使用的概念，基本上要考慮語義因素，後者是歷史層次分析的概念，大體上不需要考慮語義因素。但是就多數例證來説，某個字的讀書音往往就是文讀音，説話音往往就是白讀音。

	讀音	研究者	本地人	文字層面	讀音	語言層面
「長」	/siaŋ^{22}/	文讀音	讀書音	「長安」	/siaŋ^{22} ʔan^{34}/	“長安”
“長”	/ɗɔ^{22}/	白讀音	説話音	「長褲」	/ɗɔ^{22} hɔu^{212}/	“長褲”
「唱」	/saŋ^{212}/	文讀音	讀書音	「唱歌」	/saŋ$^{212-45}$ kɔ^{34}/	“唱歌”
“唱”	/siɔ^{212}/	白讀音	説話音	「唱戲」	/siɔ$^{212-45}$ ɦi^{212}/	“唱戲”

然而，當通語詞項與方言詞項不一致，書面上的字與口頭上的詞没有同源關係時，爲了保持讀書音與説話音的對應關係，在系統的壓力下本地人就啟動了訓讀。此時，這兩個讀音就成了研究者眼裏的音讀音與訓讀音。就漢語各大方言來看，閩南語與通語的詞彙差異最爲顯著，文白異讀也最爲系統，相應地其訓讀現象也最爲豐富。閩南語内部各個方言現今普遍都有的訓讀字例，特别是涉及基本詞的那些，很可能都是詞彙差異與文白異讀互動之下導致的結果。如下諸例：

訓讀字	義項	讀音	研究者	本字	本地人	文字層面	讀音	語言層面
「田」	{田地}	/hin^{22}/	音讀音	——	讀書音	「滄海桑田」	/saŋ^{34} ɦai^{21} saŋ^{34} hin^{22}/	“滄海桑田”
	{田地}	/san^{22}/	訓讀音	「塍」	説話音	「做田」	/san^{22} ɦui^{22}/	“做塍”
「他」	{代詞}	/ha^{34}/	音讀音	——	讀書音	「其他」	/hi^{21} ha^{34}/	“其他”
	{代詞}	/ʔi^{34}/	訓讀音	「伊」	説話音	「他的」	/ʔi^{34} kai^{22}/	“伊個”

而且，某些字本來就擁有文白異讀，其讀音也被本地人挪用來構建讀書音與説話音的對應關係，使得口頭上的詞對應起書面上的同義字，進一步推動了訓讀的擴散。如下諸例：

訓讀字	義項	讀音	研究者	本字	本地人	文字層面	讀音	語言層面
	{專名}	/kɔ^{34}/	白讀音　音讀音	——	——	「臨高」	/lim^{34} kɔ$^{3-}$/	“臨高地名”
「高」	{高上}	/kau^{34}/	文讀音　音讀音	——	讀書音	「好高騖遠」	/ɦau^{53} kau^{34} mɔu^{42} ɦui^{42}/	“好高騖遠”
	{高上}	/kuai^{22}/	——　訓讀音	「懸」	説話音	「高樓」	/kuai^{22} lau^{22}/	“懸樓”
	{供品}	/ɦiɔ^{34}/	白讀音　音讀音	——	——	「燒香」	/tiɔ^{34} ɦiɔ$^{3-}$/	“燒香”
「香」	{味好}	/ɦiaŋ^{34}/	文讀音　音讀音	——	讀書音	「春暖花香」	/sun^{34} nuan^{22} ɦiɛ^{34} ɦiaŋ^{34}/	“春暖花香”
	{味好}	/p^{h}aŋ^{34}/	——　訓讀音	「芳」	説話音	「香水」	/p^{h}aŋ^{34} tui^{21}/	“芳水”

就海南閩語而言，訓讀的普遍存在還有着特殊的歷史背景。海南閩語是閩南語流播至海南島，與島内的土著語言相互接觸，至晚在明代就分化出來的閩語方言（李如龍，2008：62）。閩南語的文白異讀系統本來相當齊整，但是在語言接觸過程中受到了嚴重的破壞，加上海南舊時正規的私塾教育不發達①（辛世彪，2013：68），人們的文化程度普遍不高，此時會直接拿口頭上的説話音來念讀書面上的同義字，或者用書面上的同義字來記録口頭上的同義詞，進一步加劇了訓讀的擴散，産生了許多其他閩南語都没有的常用字訓讀，如下諸例：

---

① 正如李如龍（1999）所言：“訓讀音多則意味着講究反切、平仄的正規化識字教育不可能太發達。”

訓讀字	義項	讀音	研究者	本字	本地人	文字層面	讀音	語言層面
「思」	{思考}	/si^{34}/	音讀音	——	讀書音	「居安思危」	/ki^{34} ʔan^{34} si^{34} ŋui^{22}/	“居安思危”
	{思考}	/tiɔ^{42}/	訓讀音	「想」	説話音	「思想」	/tiɔ^{42} tiɔ^{42}/	“想想”
「字」	{名字}	/ʦi^{42}/	音讀音	——	讀書音	「待字閨中」	/ɗai^{42} ʦi^{42} kui^{34} tɔŋ^{34}/	“待字閨中”
	{名字}	/tu^{34}/	訓讀音	「書」	説話音	「名字」	/mia^{22} tu^{34}/	“名書”

（二）訓讀消退的原因

訓讀的消退就是匹對模式「A」—{M}—/B/的減少與衰亡。隨着文教普及和傳媒影響，方言地區的年輕人基本上都熟悉通語，也能够使用通語進行口頭交際。雖然他們没有受過舊式的私塾教育，没能掌握許多字固有的音讀音，但是會根據自己的語感，將通語的讀音按照特定的對應關係，折合進方言的字音系統。如此一來，訓讀運作的頻率就會下降①。如下諸例：

訓讀字	讀音	研究者	本地人	本字	文字層面	讀音	轉變方向	語言層面
「鍋」	/ɗia^{21}/	訓讀音	説話音	「鼎」	「火鍋」	/ɦiɛ^{21} ɗia^{21}/	↓	“火鼎”
	/kɔ^{34}/	音讀音	讀書音	——		/hɔ^{21} kɔ^{34}/		“火鍋”
「圈」	/hɔu^{34}/	訓讀音	説話音	「箍」	「朋友圈」	/pʰɔŋ^{22} ziu^{21} hɔu^{34}/	↓	“朋友箍”
	/hin^{34}/	音讀音	讀書音	——		/pʰɔŋ^{22} ziu^{21} hin^{34}/		“朋友圈”
「貧」	/kiaŋ^{22}/	訓讀音	説話音	「窮」	「貧困户」	/kiaŋ^{22} hun$^{212-45}$ ɦu^{42}/	↓	“窮困户”
	/pʰɛn^{22}/	音讀音	讀書音	——		/pʰɛn^{22} hun$^{212-45}$ ɦu^{42}/		“貧困户”

新派的音讀音很多時候是折合出來的，有别於早期固有的音讀音，比如「圈」本來的音讀音是/huan^{34}/，新派根據普通話折合出來的音讀音/hin^{34}/屬於更新的層次。而且訓讀的消退應該是逐詞發生的，比如「火鍋」從發生訓讀的/ɦiɛ^{21} ɗia^{21}/（“火鼎”）到没有發生訓讀的/hɔ^{21} kɔ^{34}/（“火鍋”），不僅「鍋」改變了讀音，連「火」也變讀爲新的折合音，但是其他含有「鍋」的詞項還是要發生訓讀。隨着這種新的音讀音的擴散，某些字的訓讀匹配模式就會逐漸衰亡。

七　結語

本文以海南閩語瓊海話爲例，全面探討了漢語方言訓讀的幾個基本問題。文章提出：訓讀存在“借字記詞”與“借音念字”兩個不同的運作方向，訓讀的運作包括訓讀字不與本字連用、訓讀字與本字連用、訓讀字與訓讀字連用以及連鎖訓讀等四種類型。訓讀的運作受到語義、詞項、語體與語音等多方面因素制約，語義因素最爲顯著。訓讀在方言對譯通語詞項時基於特定條件會出現“異詞同音”與“無義對譯”。方言與通語之間存在某種程度的詞彙差異是訓讀産生的前提條件，方言區的人們構建讀書音與説話音的對立關係則是訓讀産生的内在動力。語言接觸破壞文白異讀系統，以及文化教育不發達，也會加劇訓讀的擴散。訓讀消退的主要原因則

① 杜依倩（2008）略有論及，亦可參看。

是文教普及與傳媒影響下新派產生的新的音讀音逐漸取代了訓讀音。

參考文獻

[1]陳鴻邁. 瓊州方言訓讀字補[J]. 方言,1993(1):42-52.

[2]陳至立主編. 辭海(第7版)[M]. 上海:上海辭書出版社,2020.

[3]杜依倩. 海口方言訓讀字再補[J]. 語文研究,2008(4):52-54.

[4]符其武. 瓊北閩語詞彙研究[M]. 成都:四川大學出版社,2008.

[5]李榮. 文字問題(修訂本)[M]. 北京:商務印書館,1987[2012].

[6]李如龍. 方言與音韻論集[M]. 香港:香港中文大學中國文化研究所吴多泰中國語文研究中心,1996.

[7]李如龍. 論漢語方音異讀[J]. 語言教學與研究,1999(1):96-110.

[8]李如龍. 閩南方言[M]. 福州:福建人民出版社,2008.

[9]梁猷剛. 瓊州方言的訓讀字(一)(二)[J]. 方言,1984(2):146-154,1984(3):213-226.

[10]劉新中. 漢語中訓讀的性質、原因及影響[J]. 語言教學與研究,2007(2):91-96.

[11]裘錫圭. 文字學概要(修訂本)[M]. 北京:商務印書館,2013.

[12]辛世彪. 海南閩語比較研究[M]. 北京:商務印書館,2013.

[13]王力. 漢語詞彙史[M]. 北京:中華書局,1984[2013].

[14]詹伯慧. 海南方言中同義字的"訓讀"現象[J]. 中國語文,1957(6):封裏.

[15]張盛裕. 潮陽方言的訓讀字[J]. 方言,1984(2):135-145.

[16]鄭張尚芳. 由音韻地位來考定一些吴閩語方言詞的本字[M]//鄭張尚芳語言學論文集,北京:中華書局2005[2012].

[17]中國社會科學院語言研究所等編. 中國語言地圖集(第二版)[M]. 北京:商務印書館,2012.

Some Basic Principles of Synonymous Transformation Called *Xundu*(訓讀) in Reading and Writing in Chinese Dialects: A Research Based on Qionghai Dialect of Hainan-Min

Yang Wanglong

Abstract: *Xundu*(訓讀) in Chinese Dialects is a process of transformation based on synonymous relationship, where either a word (or morpheme) written as a character which represents another word (or morpheme) of the same meaning in origin, or a character read as a pronunciation which represents another character of the same meaning in origin. This synonymous transformation includes four kinds of situation in practice, and its performance is restricted by factors coming from different aspects of semantics, word item, style and sound. This process will lead to homonym and blank-semantic correspondance in translation from common language to dialect if there are some special contexts by coincidence. The prerequisites of the emergence of this process is that there were differences in lexcion at some extent between common language and dialects, while the internal motivation of this process is that people had need to construct correspondance betweeen speaking sound and reading sound for a character. The imbalance between literal sound and colloquial sound caused by language contact and the inadequate education had also intensified the expansion of this process. But with the spread of education and the influence of mass media, some tokens of synonymous transformation will going to disappear.

Key words: dialect, *Xundu*(訓讀), Hainnan-Min, etymology, colloquial and literary reading

通信地址:浙江省杭州市浙江大學西溪校區北苑4幢607
郵　　編:310028
E-mail:melong31657@163.com

出土先秦兩漢文獻中虚詞{唯}用字考察*

張再興　劉艷娟

内容提要　從時代、文獻類型等角度對出土先秦兩漢文獻中虚詞{唯}用字情況進行的窮盡性考察表明，相對於傳世文獻而言，出土文獻中{唯}的用字具有明顯的發展規律，呈現了從“隹”到“唯”的轉移過程以及“維”“惟”不斷累積的過程，正是這種不斷累加的過程導致了傳世文獻中“唯”“維”“惟”三字混用的面貌。

關鍵詞　出土先秦兩漢文獻　{唯}　唯　維　惟

虚詞{唯}在傳世文獻中用“唯”“維”“惟”三字記録，學者對此研究頗多①。顔師古(1999:46)《匡謬正俗》討論“惟”時提到：“惟，辭也，蓋語之發端。……古文皆爲‘惟’字，而《今文尚書》變‘惟’爲‘維’者，同音通用，厥義無别。”阮元(1980:1027)校《儀禮・燕禮》“唯公與賓有俎”下云：“諸本惟、唯錯出，不悉校。”段玉裁(1981:505)《説文解字注》在“惟”字下按：“經傳多用爲發語之詞。《毛詩》皆作‘維’，《論語》皆作‘唯’，《古文尚書》皆作‘惟’，《今文尚書》皆作‘維’。《古文尚書》作‘惟’者，唐石經之類可證也。《今文尚書》作‘維’者，漢石經殘字可證也。俗本《匡謬正俗》乃互易之，大誤。又，《魯詩》作‘惟’，與《毛詩》作‘維’不同，亦見漢石經殘字。”黄侃、楊樹達(1984:54)《經傳釋詞》批注：“‘唯’，《説文》：‘諾也’。蓋但取聲氣，故亦引申爲發語詞。作‘惟’、作‘維’、作‘雖’，皆假借。”楊伯峻(1981:182)指出：“‘惟’‘維’‘唯’這三個字本來各有意義，後來因爲它們的讀音和形狀都極相近，尤其作爲虚詞，這三個字便互相混用。”王力(2000:931)指出“‘維’的本義是‘繩子’；‘惟’的本義是‘思’；‘唯’的本義是‘答應’，各不相同。在‘思’的意義上，‘惟’與‘維’通用；在‘只’的意義上，‘惟’與‘唯’通用；在語氣詞上，三個字都通用。”總體上看，學者多認爲三字通用，用法無别(中國社會科學院語言研究所古代漢語研究室，1999:598；楊伯峻、何樂士，2001:473；解惠全，2008:752)。杜冰梅(2007)對《左傳》中的“唯”“維”“惟”進行了全面考察，從結構和意義上分析了三字的異同，並探討了現代漢語中“唯”“惟”的規範問題，認爲在現代漢語中，除了“惟其”“惟妙惟肖”等詞外，都應當捨“惟”取“唯”。

學者基於傳世文獻的研究除了表明不同文獻可能有不同的用字傾向外，還指出三字有混用現象，而對這種混用産生過程的探究較少。出土先秦兩漢文獻中“唯”“維”“惟”均見。

---

* 基金項目：上海市哲學社會科學規劃課題“基於語料庫的秦漢簡帛用字習慣研究”(18BYY007)。《漢語史學報》外審專家對本文提出了寶貴的修改意見，特致謝忱！

① 關於用作副詞的{唯}是虚詞還是實詞的問題，始終没有統一的結論。傳統上學者是把副詞歸入虚詞的，近年來現代漢語著作一般把副詞看成實詞。我們採用傳統的説法，把具有範圍副詞等語法功能的{唯}歸入虚詞。

目前對出土文獻中{唯}用字研究不多①,基於時代明確、文本可靠的出土文獻材料進行窮盡計量研究,不僅可以呈現{唯}在出土文獻材料中的用字規律,更能够釐清"唯""維""惟"混用的産生時間和過程。

需要説明的是,作爲虚詞,{唯}所包含的功能比較複雜,可以用作語氣詞、範圍副詞、讓步連詞等,實際上包含了密切相關的多個詞。兩周金文和戰國楚簡中書寫形式都是"隹"或"唯"。從出土文獻材料整理情況來看,整理者對"隹"或"唯"的不同用法括注也不同,對於讓步連詞的用法皆括注作"隹(雖)""唯(雖)",而對語氣詞、範圍副詞等用法括注作"隹(唯/維/惟)"等。我們主要討論的是除了{雖}以外的幾個詞的用字形式的變化。另外,前輩學者指出作爲虚詞,"唯""維""惟"三字互相混用。根據我們的考察,不同語法功能在用字選擇上没有明顯的區别,根據本文的研究目標,我們在統計及舉例時如無必要不再區分,而是以概括性的虚詞{唯}稱説。

一 先秦文字資料用字

虚詞{唯}出現較早,甲骨文中用"隹"近三千例,用"唯"僅4例,如下:

(1)非唯?(《甲骨文合集》27251)

(2)弜唯?(《英國所藏甲骨集》2397)

(3)其唯𡛥𢓊正?(《甲骨文合集》38729)

(4)自三月至于三月,月唯五月甶尚?(《周原甲骨》H11:2)

甲骨文中"隹"出現次數遠高於"唯",是當時記{唯}的主要用字形式。"唯"用作虚詞出現較晚,見於第三期卜辭中(朱歧祥,2013:334)。

從用法上看,"唯"均用作語氣詞,如例(1)—例(4)。而"隹"使用範圍較廣,既可以用作語氣詞,如《甲骨文合集》34479"非隹烄?"《甲骨文合集》27133"弜隹?"偶見用作連詞,如《甲骨文合集》93正"貞【即】以芻,不其五百隹六。"

金文中{唯}用字見表一②:

表一 金文{唯}用字情況

	總計	殷商時期	西周早期	西周中期	西周晚期	春秋時期
隹	1135	28	131	236	358	382
唯	226	1	38	68	62	57

金文中{唯}用"隹""唯","隹"使用次數最多,是"唯"的五倍强。這一時期"隹"依然是主

① 關於出土先秦兩漢文獻中"唯""維""惟"的使用情況,高亨(1989:492-496)、王輝(2008:512-513)、白於藍(2017:550-561)列舉了不少用例。此外,范常喜(2006)對金文中的"唯"字記時句進行了窮盡性研究,爲金文斷代提供參考。本文爲便於討論,用{}標記詞以明確字與詞的區别。

② 金文統計數據來自"文字網"金文數據庫。該數據庫前身爲《商周金文數字化處理系統》,目前所收材料包括《殷周金文集成》《近出金文集録》《商周青銅器銘文暨圖像集成》《新收殷周青銅器銘文暨器影彙編》等金文著録書以及截至2018年各種刊物上陸續發表的器銘著録,共16495件銅器銘文,銘文字數17萬餘字,基本涵蓋了目前已經公布的商周青銅器銘文資料。《商周金文數字化處理系統》由劉志基、張再興、臧克和主持研發,廣西金海灣電子音像出版社、廣西教育出版社2003年聯合出版。

流用字形式①。

從不同時期“隹”“唯”的使用比例看，甲骨文與殷商金文中“唯”使用比例極低，約爲0.13%，兩周至春秋金文中“唯”的使用比例不斷提高，已在14%-23%之間。

就用法來看，金文中“隹”“唯”大多用作語氣詞，如遣尊“隹十又三月辛卯”，小臣鼎“唯十月”等。

戰國時期出土文獻材料龐雜，我們以大宗的金文材料與楚簡材料爲研究範圍。金文材料中{唯}用“隹”58例，“唯”14例，這一時期“隹”“唯”的使用比例較前面各時期變化不大。二字常見於紀時句中，其中“唯”有10例，如陳侯午簋“唯十又四年”；“隹”有34例，如邳伯缶“隹正月初吉丁亥”。

戰國楚簡{唯}用字情况見表二：

表二 戰國楚簡{唯}用字情况

	總計	郭店簡	包山簡	清華簡	上博簡	楚帛書	新蔡簡
隹②	171	5		124	31	10	1
唯	56	20	1	8	26		1
維③	1			1			
䗽	1			1			
蜼	1			1			

楚簡中{唯}用字依然以“隹”“唯”爲主，“隹”使用數量最多，“唯”次之。就“隹”“唯”使用比例看，“唯”使用比例進一步增加。此外，{唯}還用“䗽”“蜼”，分别見於清華簡四《筮法第二十一節·四季吉凶》簡39“乃䗽兇之所集於四立是視”，清華簡六《子産》簡28“蜼能智其身”。“䗽”“蜼”是“雖”字異體④，可用來記{唯}。

清華簡中出現“維”記{唯}一例，見於《祭公》簡21“維我周又常型”。“維”在楚簡中多用來表示繩節義，用在句首作虚詞僅此一例。這是目前所見“維”記{唯}的最早用例。

戰國楚簡中“唯”“隹”均可用作語氣詞和範圍副詞。語氣詞如郭店簡《成之聞之》簡37“唯君子道可近求而可遠遣也”，清華簡三《芮良夫毖》簡21“此隹天所建”。範圍副詞如郭店簡《尊德義》簡12“唯悳可”，清華簡一《祭公》簡10“隹武王大敗之”等。

楚簡内部“隹”“唯”的使用比例具有明顯差異。“隹”“唯”在郭店簡、清華簡、上博簡中出現次數較多，就“唯”使用比例來看，清華簡比例低，郭店簡比例高，上博簡近似。根據字體風格等因素，楚文獻有“典型”與“非典型”之分（周鳳五，2000：53-63）。在典型的楚文獻中，如

① 春秋早期秦公簋、秦公鎛有“余雖小子”，晋公盆有“余雖今小子”“雖今小子”。西周早期金文有“爾有唯小子亡戠”（何尊），西周晚期金文有“有余隹小子”（㝬簋），春秋晚期金文有“余唯末小子”（蔡侯紐鐘），關於“雖”“唯”“隹”，李學勤（1985：135）指出晋公盞中“雖”是語詞。彭裕商（1993：98）認爲這類句子有轉折之義。武振玉（2010：255-257）認爲是讓步連詞。這種用法的“隹”“唯”“雖”不作統計。

② 楚簡中用作虚詞的“隹”，整理者釋文作“隹（唯）”“隹（維）”“隹（惟）”，爲便於統計，皆計入“隹（唯）”。

③ “維”在楚簡中共有4例，另外3例見於信陽長台關一號楚墓竹簡第二組遣策簡6一例、曾侯乙墓竹簡123二例，指繩節。繩節義也用“唯”，共5例，見於曾侯乙墓竹簡124、125、128、129、133，不作統計。

④ “䗽”“蜼”是整理者根據簡文隸定的，實即“雖”字。“蜼”與晋公盆用法相同。“䗽”，《簡帛古書通假字大系》徑作“雖”（白於藍，2017：561）。

郭店簡《緇衣》、上博簡《吴命》等篇章中"隹""唯"並見，而在非典型的篇章中，如郭店簡《語叢三》、上博簡《緇衣》用"隹"。同樣是《緇衣》篇，郭店簡與上博簡用字不同。可見"隹""唯"的使用差異與文獻性質無關，而可能與抄本來源不同有關。

二　秦簡牘用字①

一般而言，"秦簡牘大致是指戰國晚期秦國至秦代埋藏於秦地的簡牘資料。"（陳偉，2014：1）因此抄寫於戰國晚期的睡虎地秦簡等也包括在内。秦簡牘中{唯}用字情况見表三：

表三　秦簡{唯}用字情况

	總計	睡虎地	嶽麓	龍崗	放馬灘	北大	里耶	睡虎地木牘
唯②	42	9	5	1	1	13	12	1
雖	7				7			

秦簡牘中{唯}只見"唯""雖"兩種用字形式③。"唯"在使用數量與分布範圍方面均超過"雖"，"雖"只見於放馬灘秦簡中。

同樣是日書文獻，睡虎地秦簡與放馬灘秦簡用字不同，睡虎地秦簡均用"唯"，放馬灘秦簡多用"雖"，偶用"唯"。例如：

(5)唯利以分異。(睡虎地秦簡《日書》甲種 51 叁-52 叁)

(6)唯生子不吉。(睡虎地秦簡《日書》甲種 88 壹)

(7)唯福是司。(睡虎地秦簡《日書》乙種 146)

(8)唯利貞皋、蠱、言語。(放馬灘秦簡《日書》乙種 243)

(9)雖利彼水。(放馬灘秦簡《日書》甲種 19 壹)

(10)所利雖利賈市。(放馬灘秦簡《日書》乙種 22 叁)

从用法上來看，秦簡牘中"唯""雖"皆可用作範圍副詞，二字常用於相似語境中，用字選擇時並没有明顯差異。"唯"還可以作語氣詞，如里耶秦簡第九層 1881 正"唯毋失期"。

三　西漢早期簡帛用字④

我們討論西漢時期的用字涉及分期斷代時主要依據歷史學的西漢分期，分爲西漢早期

---

① 出土秦漢材料中較大宗的是簡帛材料，因此我們的考察對象也以此爲主。秦漢金石材料較少，據統計，秦非簡牘材料中"唯"1 例，用於"徒唯"(《二十世紀出土璽印集成》三-SY-0051)，作專名。"維"1 例，用於"維慮"(《秦代印風》1328)，或是專名。未見虚詞{唯}。

② 嶽麓秦簡《爲吏治官及黔首》簡 37 正"受令唯若"，"唯若"爲恭敬順從義。里耶秦簡第八層 736 正、第九層 567 正"唯"表專名，皆不作統計。

③ 秦簡牘材料中未見"隹"，可能只是材料的問題。早期秦刻石如石鼓文中見"隹"記{唯}。

④ 漢非簡牘材料中虚詞{唯}用"唯"1 例，見於西漢時期"唯始建國二年新家尊"(《漢鏡文化研究下(圖録部分)》圖 138)。"維"6 例，皆用於"維天降靈延元萬年天下康寧"(《中國古代瓦當圖典》古圖瓦 311、312、313、314，《新編秦漢瓦當圖録》218、219，二字皆可用於紀時句中，後接時間名詞。

和西漢中晚期。這是因爲文字、文化的發展過程中，西漢王朝早期繼承前代的多一些，中期以後往往形成自己的特色。其中，西漢早期的簡帛材料性質上多古書，文字發展中隸變尚處於早期階段；西漢中晚期多文書，字形向隸草階段發展。中期目前所見的明確時間的材料較少，屯戍漢簡的時間跨度又較大，從漢武帝一直到西漢末，甚至還有少量的東漢早期材料。

西漢早期簡帛中{唯}用字情況見表四：

表四　西漢早期{唯}用字情況

	總計	阜陽	銀雀山	馬王堆	張家山	孔家坡
唯①	100	6	9	81	1	3
雖	7		4	3		
維②	5	2	3			
巂	3	1		2		
隹	2		2			

西漢早期{唯}用字形式中“唯”出現次數遠高於其他用字，已成爲主流用字形式。“維”出現次數較楚簡材料有所增加。“巂”“隹”出現次數較少，是偶見現象。

就文獻分布而言，“雖”集中在簡帛古書中，銀雀山漢簡《孫臏兵法》《晏子》《論政論兵之類》《陰陽時令、占候之類》、馬王堆漢墓帛書《老子甲本卷後古佚書》《戰國縱橫家書》《陰陽五行乙篇》各一例。“巂”出現在《周易》中，阜陽漢簡 1 例，馬王堆漢墓帛書 2 例，王弼本《周易》中皆作“維”。“隹”見於銀雀山漢簡《六韜》2 例。

在同一種材料中{唯}用字不同，如馬王堆漢墓帛書《老子甲本卷後古佚書・五行》231 行用“雖”，188、304、343 行用“唯”。《戰國縱橫家書》104 行用“雖”，139、274 行用“唯”。《周易》21、67 行用“巂”，27、29、39、72 行用“唯”。阜陽漢簡《周易》簡 146 用“巂”，簡 573、673、688、732 用“唯”。銀雀山漢簡《孫臏兵法》簡 373 用“雖”，簡 374 用“唯”。例如：

(11)雖有德者，然笱能金聲而玉辰之。(馬王堆漢墓帛書《老子甲本卷後古佚書・五行》62/231)

(12)唯有德者，然笱能金聲而玉振之。(馬王堆漢墓帛書《老子甲本卷後古佚書・五行》19/188)

(13)巂心。(阜陽漢簡《周易》146)

(14)唯合後必相去也。(阜陽漢簡《周易》600)

(15)稱鄉縣衡，雖其宜也。(銀雀山漢簡《孫臏兵法》373)

阜陽漢簡和銀雀山漢簡中皆見“唯”“維”。阜陽漢簡“維”見於《詩經》中，“唯”見於《周易》《春秋事語》中。銀雀山漢簡中“唯”分布範圍廣泛，“維”見於《六韜》2 例，《論政論兵之類》1 例。其中《六韜》簡 711 用“唯”，簡 686 用“維”，簡 764 用“隹”。兩種簡牘材料中{唯}用

① 西漢早期簡帛中“唯”共 156 例，記{雖}42 例，記{聖}1 例。馬王堆漢墓帛書中作動詞 7 例，《木人占》字形存疑 1 例，張家山漢簡作人名 3 例，阜陽漢簡《周易》語境殘缺 1 例，銀雀山漢簡《其他》殘缺 1 例，皆不作統計。

② 西漢早期簡帛中“維”共 21 例。其中張家山漢簡“維”1 例，用於“維斗”，即北斗。馬王堆漢墓簡帛 13 例，表示星名、天地方位、馬眼睫毛等義。銀雀山漢簡 1 例，表示星名。孔家坡漢簡 1 例，表示方位，阜陽漢簡《詩經》1 例，表示原因，以上皆不作統計。

字形式比較複雜,例如:

(16)唯居家室。(阜陽漢簡《周易》573)

(17)維子之故。(阜陽漢簡《詩經》S093)

(18)唯聖人取之。(銀雀山漢簡《六韜》711)

(19)唯明王、聖人智之。(銀雀山漢簡《孫臏兵法》374)

(20)……唯宋耳。(銀雀山漢簡《晏子》549)

(21)維文維德。(銀雀山漢簡《六韜》686)

(22)不維其人,不何……(銀雀山漢簡《論政論兵之類》1206)

就用法上看,"唯""維"均可接名詞限定範圍,如例(20)的"唯"、例(17)(21)(22)的"維"。相對來説,由於"唯"的使用頻率很高,其使用範圍也比"維"廣泛一些,如例(18)(20)是接主謂結構的例子。

四　西漢中晚期簡牘用字

西漢中晚期簡牘中{唯}用字情況見表五:

表五　西漢中晚期{唯}用字情況

	總計	北漢	定州	紀莊①	敦煌	居舊	居新	懸泉	額濟納	肩水	水泉子	英圖藏	尹灣	武威
唯	177	36	5	1	14	30	30	7	2	31	1	1		19
維②	18	13	2				1			1		1		
雖	4		2											2
惟③	2							1					1	
隹	1		1											

西漢中晚期{唯}用字形式較多,這些用字中,"唯""維"在絶對數量和相對比例上都有所提高,"唯"是主要的用字形式。還見用"雖""隹",但數量很少。

從文獻分布來看,"維"集中在北大漢簡中,其他簡文中較分散,例如:

(23)子曰:"《書》云:'孝乎維孝,友……【弟】,施於有正。是亦爲正,奚其爲爲正也?"(定州漢簡《論語》29-30)

(24)子曰:"'相維辟公,天子穆穆',奚取於【三】……"(定州漢簡《論語》37)

(25)維刑之洫。(肩水金關漢簡 73EJC:291)

① 安徽天長市紀莊西漢墓出土簡牘無明確紀年。據簡報爲西漢中期偏早。陳剛、李則斌認爲該墓葬相對時代接近於公元前 127 年至前 70 年的中間時段,也即西漢中晚期,此處從陳剛、李則斌説(天長市文物管理所、天長市博物館,2006;陳剛、李則斌,2012:76-81)。

② 西漢中晚期簡牘中"維"30 例,敦煌漢簡 465 表繩子、北大漢簡《蒼頡篇》58、水泉子漢簡《蒼頡篇》70 作動詞,表維繫,《英國國家圖書館藏斯坦因所獲未刊漢文簡牘》(本文簡稱"英圖藏")2588、2958、3307 用法不明,肩水金關漢簡 73EJD:69,T23:198 語境殘缺,以上均不作統計。另外,敦煌漢簡 162、肩水金關 T23:412"維念"有可能是典籍中的"惟念",同義連用。居延新簡 EPT49:12A 用法不明,暫不作統計。

③ 西漢中晚期簡牘中"惟"用法不明者 8 例,即敦煌漢簡 2420,居延新簡 EPT56:347B、EPT16:8B、EPT17:38(習字簡,3 例),英圖藏 1151、2107,不作統計。

(26)維甘露二年。(居延新簡 EPT56:332A)

(27)☑□赤子維居□□□□□☑(英圖藏 1149A)

北大漢簡《周馴》中"維""唯"皆見,"維"共 13 例,該篇每章以"維+時間"開頭,如"維歲正月更旦之日""維歲一月更旦之日"等,時間上僅月名不同,十二個月中缺四月、九月的章首簡,而另有"維歲閏月更旦之日""維歲冬享駕之日"。引《詩》1 例,即簡 62"壞德維寧"。《周馴》中"唯"共 24 例,有三種用法,一是記{雖},共 7 例,表示轉折,如簡 84"余唯未爾立";二是用作動詞 7 例,是肯定性的應答之詞,如簡 19"夫爲人君而有所唯";三是作虚詞 10 例,其中"唯毋"6 例,爲複音虚詞,表示假設,是戰國語言的遺迹(蘇建洲,2017)。"唯"後也可接他詞,如簡 194"唯親不可復得"。另外,"唯"也見於引《詩》2 例,即簡 201"壞德唯寧,宗子唯城"。總體上看,《周馴》中"維"用法比較一致,多用於時間名詞前;而"唯"用法較多,作虚詞時,或後接名詞,或與"毋"連用作"唯毋",或後接主謂成分等,未見用於時間名詞前者。前文我們所舉《周馴》引《詩》内容差異不大,僅{唯}用字不同,"四月"章引文用"維","小章群"引文用"唯"①。目前所見傳世本《詩經》中該句用"維"。《周馴》引《詩》用字不同可能有兩方面的原因,一是《周馴》底本的來源不同,各章節"有可能是從不同來源逐漸匯集起來的"(韓巍,2015),因此在用字上達不到整齊劃一的程度。二是因爲{唯}作爲虚詞,一直以來用字就不固定,《周馴》中"唯"出現次數遠高於"維",並且二字皆可記{唯},因此書手在抄寫時傾向於用頻率較高的"唯"也是説得通的。

西漢中晚期{唯}還用"雖"4 例,見於古書中,如定州漢簡《論語・先進》2 例,即"雖求也則非國也與?""雖赤則非國耶?"這兩例"雖",今本《論語》作"唯"。武威漢簡甲本《服傳》、乙本《服傳》各一例,均作"雖當室緦",今本《儀禮》也作"唯"。

這一時期還用"隹"1 例,即定州漢簡《文子》簡 809"☑隹未嘗之有☑",與西漢早期{唯}用"隹"一樣,或爲用字孑遺。

"惟"本義爲謀劃,西漢中晚期簡牘中首見借作虚詞{唯},但使用數量較少,只 2 例:

(28)惟歲三月。(尹灣漢簡《神烏賦》114)

(29)惟□帝明王。(懸泉漢簡《四時月令詔條》第 2 行)

關於"惟"開始使用的時間,簡帛材料所見"惟"開始使用時間較晚,如尹灣漢簡屬西漢晚期,懸泉漢簡四時月令爲公元 5 年。漢代瓦當則顯示"惟"字使用時間略早,"惟漢三年大并天下"瓦當,據辛德勇(2009:120-126)考證,此瓦當製於"元封三年",即公元前 108 年。可知至遲在西漢中期"惟"已用來記{唯}了。

就用法來看,"唯"常用作範圍副詞,如居延新簡 EPT50:167A"唯子侯已將之居延"。也可作語氣詞,如居延新簡 EPT51:463"唯毋留"。"維"常用在紀時句中,偶用作範圍副詞。

---

① 韓巍(2015)根据分章形式以及章首内容劃分《周馴》,其中"四月"章是指以"維歲四月更旦之日",該章僅缺章首簡。"小章群"是指章首不以"維歲某月更旦之日"開頭,而是直接敘事,章末也不以"汝勉毋忘歲某月更旦之訓"結尾的章節。

五　東漢文字資料用字

東漢簡牘中所見{唯}很少①,"唯"依然是主要用字形式,共12例,長沙五一廣場東漢簡牘10例,東牌樓東漢簡牘2例。"唯"集中在文書檔案中,常用於句首,如長沙五一廣場東漢簡牘CWJ1①:88-1"唯廷財部吏考實",東牌樓東漢簡牘36"唯不中道"②。

與簡牘應用性文書主要用"唯"不同,作爲書面語的東漢碑刻中{唯}用例豐富,用字形式也較多。由於熹平石經内容爲典籍,與一般的碑刻内容差異明顯,因此我們討論碑刻中{唯}用字時,把二者分開來説。東漢碑刻{唯}用字情況見表六:

表六　東漢碑刻{唯}用字情況

	總計	東漢碑刻	熹平石經
唯	18	16	2
惟	103	94	9
維	21	10	11

東漢碑刻中{唯}用"唯""惟""維",就三字的使用總量來看,"維""惟"都已超過"唯",並且石經以外的碑刻中"惟"已經成爲主流用字形式,與東漢簡牘差異較大。

從用法來看,碑刻中的"唯""惟""維"都可以用作語氣詞,也可以作範圍副詞。石經以外的漢碑中常見同一篇碑刻{唯}用不同的字,如許安國墓祠題記用"惟""唯",作"惟許卒史安""唯諸觀者",表示限制範圍。鄉城漢安元年文通祠堂題記用"唯""維",作"唯願有石顯闕""維五感常【永】悲傷",用作語氣詞。朐忍令景君碑用"維""惟",作"百工維時""惟汶降神","百工維時"也作"百工惟時"(魏元丕碑)。此外,碑刻中時間名詞前皆用"惟",不用"維""唯",如賈仲武妻馬姜墓記"惟永平七年七月廿一日",而"唯""維""惟"又都可以後接名詞,表示範圍,如朝侯小子殘碑"唯朝侯之小子也",秦君墓刻辭"維烏維烏",裴君德政碑"今惟裴君"。這種複雜的用字情況已與傳世文獻頗爲相似。"唯""惟""維"在用作語氣詞、範圍副詞時並無用字選擇上的差異。

熹平石經中{唯}用字情況見表七:

表七　熹平石經{唯}用字情況

	總計	論語	尚書	詩經	儀禮	周易
唯	2	1			1	
惟	9	1		8		
維	11		9	1		1

① 東漢中晚期簡牘中,尚德街東漢簡牘27、55"唯"3例,《長沙五一廣場東漢簡牘選釋》簡57、91、92、102,《長沙五一廣場東漢簡牘(壹)》簡40、87、143、291、294、302、322、365、397,《長沙五一廣場東漢簡牘(貳)》簡415、447、467、497、581共21例或作動詞,或爲習字,或用法不明。這一時期也見"惟"字,其中張家界漢簡10背"惟管"爲部曲名,《長沙五一廣場東漢簡牘(貳)》簡453有"惟念",爲同義連用。以上皆不作統計。

② 東漢中晚期漢鏡材料中也見"惟此明鏡"2例(《漢鏡文化研究下(圖録部分)》圖187、189),"惟"用作範圍副詞。

從用法上看,"唯""惟""維"三字在熹平石經典籍中的分布並未因語法功能不同而存在差異。"唯"可用作範圍副詞,如《論語》"其唯聖人□",《儀禮》"▨唯賓司【正升】自西階阼階▨"。"惟"也可用作範圍副詞,如《論語》"子曰:《書》云:'孝于惟孝,友于兄▨'"也可表示原因,如《詩經》"惟是褊心"。"維"同"唯""惟"一樣,可作範圍副詞,如《尚書》中"維"用於"時維天命""言曰:人維舊,□□救舊……"也可作語氣詞,如《論語》"維厲之階"。《論語》中"唯""惟"都是用作範圍副詞。

它們之間的差異主要還是體現在文獻分布方面。"惟"集中在《詩經》中,《論語》中也有1例,内容爲《書》引文。"維"集中在《尚書》中。"唯"見於《論語》《儀禮》中。這種用字情況與段玉裁所説大致相同,應該是已經經過整理的面貌。王力(2001:549)根據傳世文獻中《左傳》《論語》用"唯",《孟子》用"惟",《詩經》用"維"得出結論:"(1)假借字的形式比較自由,往往只要同音或音近就行;(2)但是也要根據習慣,在同一地域和同一時期,寫法還是相當一致的。"

結語

通過以上對出土先秦兩漢文獻中{唯}的用字情況考察,我們可得出以下結論:

1.{唯}的主要用字形式的出現時間和流行時間有所不同。"隹"字在先秦時是主流用字,但比例不斷下降,秦文字中未見,而漢代文字資料已僅見孑遺。在甲骨文中尚很少見的"唯"比例不斷增加,秦漢時期已成爲記{唯}的主要用字。"維"字首見於楚簡,戰國至秦漢時期,"維"使用比例不斷增長。西漢中晚期始見使用"惟"字。東漢碑刻中,兩種後來加入的用字形式數量已經超過"唯",而"惟"則一躍成爲主流用字形式。

2.出土文獻中{唯}的多種用字形式的動態發展過程中,從先秦以"隹"爲主到秦漢以"唯"爲主,"隹"的使用比例不斷降低,最終被"唯"代替,這是一個用字轉移的過程。"維""惟"的逐步借用是一個用字形式累積的過程。

3.總體來看,文獻性質(古書還是文書)對{唯}的用字形式變化影響不是很大,主要是不同時代的變化。西漢早期簡帛古書、日書中皆常用"唯",西漢中晚期文書、簡帛古書中"唯"是高頻用字。東漢時期碑刻書面語中"唯""維""惟"並用。用字形式更替中,"唯"用形聲字取代假借字是漢字發展的基本趨勢,至於"維""惟"的使用純屬習慣性的通假,很難説有什麽内在的動因。

4.先秦兩漢出土材料中一直有少量"雖"記{唯},但文獻分布不廣,多見於古書中。"雖""唯"關係密切,這一時期也有不少以"唯"記{雖}的例子,如郭店簡《緇衣》簡44"人唯曰不利",嶽麓秦簡五册三組簡274"罪當廢以上及唯不當廢",馬王堆漢墓帛書《老子乙本》247下"樸唯小而天下弗敢臣",北大漢簡《老子下經》簡209"樸唯小,天下弗敢臣"等。傳世文獻中也有一些用例(高亨,1989:496-497)。"雖"未像"唯""惟"一樣進入記録{唯}的常見用字形式的原因可能是該字承擔了記録另一個常用虛詞{雖}的功能。

5.{唯}用字形式的不斷累積導致出土文獻中"唯""維""惟"混用,而傳世文獻的輾轉抄寫使得混用現象更爲嚴重。傳世文獻與出土文獻可以對照的用字能够看出文獻的用字原貌。如楚簡中可與《禮記》《尚書》《逸周書》《周易》等對讀的篇章中,多用"隹",而典籍中用

“唯”“維”“惟”。這些古書在用字方面與當時的用字習慣大致相合，反映了以“隹”爲主的用字原貌。不同歷史時期的出土文獻材料反映了“唯”“維”“惟”三字混用不斷加重的過程。

{唯}用字混用出現時間較早，這些混用在簡帛古書和碑刻書面語中最爲明顯。典籍中常用的三種用字形式中，“唯”“維”的混用在西漢早期古書中已露端倪，如阜陽漢簡《詩經》用“維”，《周易》用“唯”，馬王堆漢墓帛書《周易》也用“唯”，銀雀山漢簡《六韜》中既用“唯”，又用“維”。

西漢中晚期的北大漢簡、定州漢簡中混用增多，以定州漢簡《論語》爲例，用“唯”見於簡131、144、184、250，用“維”見於簡 29、37。“唯”用於孔子與弟子的對話中，如簡 184“公西華曰：‘誠唯弟子弗能學也。’”“維”用於引用他文，如前文例(23)引《書》，例(24)引《詩》。而北大漢簡引書時就更混亂了，《周馴》引《詩》時，簡 62 作“壞德維寧”，簡 201 作“壞德唯寧”。

東漢碑刻中“唯”“維”“惟”三字混用例子更多。熹平石經中《詩經》用“惟”，《論語》用“唯”，所引《尚書》用“惟”。但《尚書》用“維”而不用“惟”，《周易》用“維”。已經呈現出類似段玉裁所説不同典籍的用字習慣不同的特色。

6. 就用法來看，虛詞{唯}表語氣詞、範圍副詞皆可用“唯”“維”“惟”，三字並沒有因爲語法功能、意義不同而呈現出明顯的用字差異。“唯”的使用範圍大於“維”“惟”，與其顯著的高頻有關。此外，出土文獻材料中時間名詞前的{唯}，呈現出先用“隹”“唯”，後用“維”“惟”的趨勢，這可能只是不同時期的搭配習慣的問題。

參考文獻

[1]白於藍. 簡帛古書通假字大系[M]. 福州：福建人民出版社，2017.

[2]陳偉. 秦簡牘合集[M]. 武漢：武漢大學出版社，2014.

[3]陳剛，李則斌. 關於安徽天長紀莊漢墓年代學的考察——以出土陶器的類型學爲綫索[M]//簡帛研究・二〇一〇. 桂林：廣西師範大學出版社，2012.

[4]杜冰梅.《左傳》之“唯”“惟”“維”[J]. 語言科學，2007(3).

[5]段玉裁. 説文解字注[M]. 上海：上海古籍出版社，1981.

[6]范常喜. 金文“唯”字紀時句斷代研究[M]//中國文字研究(第七輯). 南寧：廣西教育出版社，2006.

[7]高亨. 古字通假會典[M]. 濟南：齊魯書社，1989.

[8]韓巍. 西漢竹書《周馴》若干問題的探討[M]//北京大學出土文獻研究所. 北京大學藏西漢竹書(叁). 上海：上海古籍出版社，2015.

[9]李學勤. 晋公盨的幾個問題[M]//出土文獻研究. 北京：文物出版社，1985.

[10]顏師古著，劉曉東平議. 匡謬正俗平議[M]. 濟南：山東大學出版社，1999.

[11]彭裕商. 金文研究與古代典籍[J]. 四川大學學報(哲學社會科學版)，1993(1).

[12]阮元. 十三經注疏[M]. 北京：中華書局，1980.

[13]蘇建洲. 論《北大漢簡(叁)・周馴》的抄本年代、底本來源以及成篇過程[M]//出土文獻(第十一輯). 上海：中西書局，2017.

[14]天長市文物管理所，天長市博物館. 安徽天長西漢墓發掘簡報[J]. 文物，2006(11).

[15]王輝. 古文字通假字典[M]. 北京：中華書局，2008.

[16]王力. 古代漢語(第二册)[M]. 北京：中華書局，2001.

[17]王力. 王力古漢語字典[M]. 北京：中華書局，2000.

[18]王引之著，湖南師範學院中文系古漢語研究室校點. 經傳釋詞[M]. 長沙：嶽麓書社，1984.

[19]武振玉. 兩周金文虛詞研究[M]. 北京:綫裝書局,2010.
[20]解惠全,崔永琳,鄭天一. 古書虛詞通解[M]. 北京:中華書局,2008.
[21]謝紀鋒. 虛詞詁林(修訂版)[M]. 北京:商務印書館,2015.
[22]辛德勇. 秦漢政區與邊界地理研究[M]. 北京:中華書局,2009.
[23]楊伯峻,何樂士. 古漢語語法及其發展(修訂本)[M]. 北京:語文出版社,2001.
[24]楊伯峻. 古漢語虛詞[M]. 北京:中華書局,1981.
[25]中國社會科學院語言研究所古代漢語研究室. 古代漢語虛詞詞典[M]. 北京:商務印書館,1999.
[26]周鳳五. 郭店竹簡的形式特徵及其分類意義[M]//武漢大學中國文化研究院. 郭店楚簡國際學術研討會論文集. 武漢:湖北人民出版社,2000.
[27]朱歧祥. 甲骨文詞譜(三)[M]. 臺北:里仁書局,2013.

On Character Usage of the Function Word *Wei* ({唯}) in Pre-Qin to Han Unearthed Documents

Zhang Zaixing　Liu Yanjuan

Abstract: We investigated character usage of the function word *wei* ({唯}) in pre-Qin to Han unearthed documents in a full range from the era and document type. Compared with the handed-down documents, the character usage of word *wei*({唯}) in unearthed documents presented obvious regularity, which can be conclude as the process from "zhui (隹)" to "*wei*(唯)", *wei*(維) and *wei*(惟) joined in. The process also caused the mix of *wei* (唯), *wei*(維) and *wei*(惟) in the handed-down documents.

Key words: pre-Qin to Han unearthed documents, {*wei*(唯)}, *wei*(唯), *wei*(維), *wei* (惟)

通信地址:
張再興,上海市閔行區東川路500號華東師範大學中國文字研究與應用中心
郵　　編:200241
E-mail: zxzhang@zhwx. ecnu. edu. cn
劉艷娟,浙江省温州市甌海區温州大學人文學院
郵　　編:325035
E-mail:350883013@qq. com

論今文《尚書》助動詞“敢”的多義性*

陳　樹

内容提要　今文《尚書》助動詞“敢”具有多義性。常用的“膽敢”義内涵是主體不顧外力的制約而做出一種能動選擇，包含外在控制力和主觀逆動力兩個要素。在預測句，爲了增加推測的可信度，“敢”衍生爲有能力或有條件去做某事；在將然句，凸顯能動性，“敢”表達對未來行爲的一種選擇意願；在訓令句，由於語法結構重新分析，“敢”表示許可。對“敢”的語義展開系統全面的考察，可訂正以前對《尚書》某些“敢”字句的誤釋。

關鍵詞　今文《尚書》　助動詞　敢

一　引言

《馬氏文通》認爲助動“不記行而惟言將動之勢”，助動詞主要表示人對動作行爲的主觀態度，故而又稱能願動詞。它賦予命題以情態意念，主觀性很强，用法靈活，語義複雜。對於今文《尚書》的助動詞“敢”，劉利(2000)、楊伯峻(2001)、姚振武(2015)、李小軍(2018)等學者曾經關注，多認爲文獻中的“敢”語義比較單一，都表示有膽量做某事的意義，屬於意願類的助動詞。以往對今文《尚書》助動詞“敢”的探討還比較粗略，缺少對它的多義性以及義項關聯的細密分析。

《尚書》是一部彙集上古君臣經國理政言行的文獻，其“典、謨、訓、誥、誓、命”六體多是言語的記録。這類文體決定了表達主觀意願的“敢”在不同話語活動中，隨着發言者、聽言者、言説内容的差異，“敢”的語義會發生多種變化，從而給訓解帶來問題。本文試圖對今文《尚書》單音詞“敢”的用法進行更爲系統、全面的探討，並對前人的誤釋做一些補正的工作。

二　單音詞“敢”的語義内涵解構

在探討助動詞“敢”的句法功能之前，有必要對它的語義特點進行分析。“敢”的常用義項爲“有膽量”“有勇氣”，但是這種訓釋究竟表達了怎樣的語義内涵呢？爲此我們從字形溯源、本義探求、同類詞比較三個維度進行綜合分析。

《説文》：“叙，進取也。从受，古聲。叙，籀文叙；敌，古文叙。”段玉裁注：“今字作敢，叙之隸變。”徐中舒(1989:457)認爲“[illegible]”(一期・後下三四・七)爲“敢”字初形，“象雙手持干刺豕

*　感謝匿名評審專家對拙作提出寶貴的修改意見，使本文論述得以進一步完善。

形”，卜辭乙六六九二：“辛丑卜，㱿貞：今日子商其𢦏基方缶弗其𢦏”“疑爲逹取之義”，並不確證。據黄天樹(2008)考察，殷墟甲骨文有助動詞 5 個，但没有“敢”。“敢”在兩周金文中多見。胡光煒《説文古文考》：“金文敢字至多。常形作[illegible]，從[illegible]從[illegible]。[illegible]從二[illegible]引[illegible]。蓋争之本字。”林義光《文源》：“[illegible]象手相持形。與争同意。”雖然我們現在無法確知“敢”的字形構意，但是甲、金文已經透露了它與對抗、争鬥密切相關的信息。

巫雪如(2018)認爲“敢”的本義爲“冒犯”。雖然受限於資料缺乏無法確證，但是在文獻中“敢”有此動詞義的用例。《國語・吴語》：“寡人帥不腆吴國之役，遵汶之上，不敢左右，唯好之故。”《經義述聞》“不敢左右”條引《廣雅》“敢，犯也”。説明“敢”具有主動地影響他物的語義特徵。

再次，我們將“敢”與意志類助動詞“欲”“願”語義相比較。“欲”“願”都只是表示主觀上有進行某動作行爲的打算或願望，但“敢”並不同。馬叙倫《説文解字六書疏證》卷八：“敢，必行也。不畏爲之。”“敢”除了表達人的一種主觀願望，還表示主體不顧外力的制約而做出一種主觀能動選擇。因此它的語義内涵有外在控制力和主觀逆動力兩個要素，也就是説更强調人的主觀能動性對外部力量的改變。

今文《尚書》中單音詞“敢”共出現 67 次，而且都用在謂語動詞之前。其中有 4 次是表示“冒昧地”的謙敬副詞。例如：

(1)賓稱奉圭兼幣，曰：“一二臣衛敢執壤奠。”(《顧命》)

“執壤奠”是諸侯臣子向周康王的進獻行爲，話語部分的意思是：一二個王室的護衛冒昧地向王奉獻土産。《儀禮・士虞禮》鄭玄注“敢，昧冒之辭”，賈公彦疏：“凡言敢者，皆是以卑觸尊，不自明之意。”在等級社會中，君對臣的行動有絶對支配力，而臣下的擅自行爲視爲對權威的冒犯。現在臣下自稱不顧尊卑秩序，擅作主張進獻，是采用貶低自己行爲的表達方式，達到謙退有禮的效果。類比漢語中的表謙副詞“謬”“忝”“竊”“猥”等，都是以自貶來表示謙遜。

“敢”的謙敬副詞用法來源於助動詞“膽敢”義，但與助動詞用法存有差别，試比較：

(2)殷小腆誕敢紀其敘。(《大誥》)

句意是殷商的小主竟膽敢組織他的殘餘力量，這裏周公批評殷商對周統治力的逆反。先秦其他文獻有類似用法，例如《詩經・大雅・皇矣》“密人不恭，敢距大邦”中的“敢”。都是稱述他方行爲不順從控制力而做出逆向的選擇，例(2)的“敢”是助動詞“膽敢”義用法，与之比较，“敢”用於謙敬副词，一般是卑者面对尊者，称说自己不顾尊卑，擅自決定做出某一行爲。統計《商周金文辭類纂》有“敢”字句 486 條，其中約三分之二是作謙敬副詞，大量的是銘文的程式用語，例如《善鼎》“善敢拜手稽首”，又如《頌鼎》“頌敢對揚天子丕顯魯休”。雖然尊者不是實際在場，但卑者是以面對尊者的方式表述自己的謙卑。

“敢”多用於臣對君的發話中，但在今文《尚書》“敢”有一例較爲特殊。

(3)予一人惟聽用德，肆予敢求爾于天邑商。(《多士》)

意思是：我只聽從任用有德的人，所以我到這麽大的城邑商來冒昧地訪求你們。這是周公代替成王向殷商舊臣發布的誥命。周統治者放低身份，稱對方爲“天邑商”，爲了籠絡人心，説訪求對方賢臣。此處“敢”已經超越了例(1)“敢”臣卑君尊的語境，拓展至請求句，發展成爲一般的表示發言者謙卑態度的副詞。後來《論語・先進》：“曰：‘敢問死？’曰：‘未知生，焉知死？’”有所繼承，直至現代漢語有“敢請”“敢問”“敢煩”等詞語。

從句法上來看,謙敬副詞不用於否定副詞之後,這是因爲否定結構往往表示對行爲選擇的一種否定,這與謙敬副詞所表達的言語上的冒犯並不吻合。看下例:

(4)我非敢勤,惟恭奉幣,用供王能祈天永命。(《召誥》)

《尚書易解》:“勤,慰勞也。”慰勞是用於尊者對卑者的一種行爲,前加“非敢”表示没有膽量去慰勞王,此句通過對“慰勞”行爲決定權的否定,來表達對王的恭敬態度。“敢”是助動詞的用法。綜合語義及句法標準可以將“敢”的助動詞與謙敬副詞用法區别開來。

三 今文《尚書》助動詞“敢”的用法分析

今文《尚書》助動詞“敢”共有63例,本文按照它的使用頻度分爲一般用法和特殊用法。分析和歸納“敢”的句法框架和特徵(下文“Neg”代表否定詞,“[ ]”表示該成分可以不出現,NP代表體詞性的詞語,VP代表謂詞性的詞語,A代表形容詞,Ad代表副詞,Pr代表疑問代詞,Cj代表連詞),並且試圖解釋“敢”作某種用法的語義條件,以及諸多義項之間的關聯。

(一)助動詞“敢”的一般用法

助動詞“敢”常見用法是表示“膽敢”義,今文《尚書》中共有44例。按照句類分布來看,其中肯定句最少,只有2例;否定句最多,有32例;而疑問句有10例。下面具體分析它們的句法結構及語義。

1. 肯定句

[NP]+Ad+敢+VP,除了上文例(2),還有1例。

(5)古之人迪惟有夏,乃有室大競,籲俊尊上帝,迪知忱恂于九德之行。乃敢告教厥后。(《立政》)

例(5)“有室”指方國諸侯,“告教”指“有室”向“后”建言,是臣屬不顧地位低下的約束對君上采取一種行爲,故而用“敢”。與上文謙敬副詞都是用於言説者與聽言者的現場不同,此處是對言説者和聽言者之外的第三方陳述。其實例(2)也是一種事實闡述,在西周銘文中也有類似的用法。例如《录
卣》:“淮夷敢伐内國,汝其以成周師氏戍於固次。”在《尚書》中我們未看到發言者稱説自己敢做某事,這可能是因爲“敢”在早期,其詞義的關注點在“敢”的對外力約束采取逆動部分,而不是自主能動選擇部分,多是貶義色彩,還看不到像晚周文獻中“敢”有“勇敢”“果敢”那樣的褒義,這可以説是今文《尚書》“敢”在語義色彩方面的一個特點。

2. 否定句

如果將“敢”否定句用綜合爲一個格式,即爲:

[Neg]+[NP]+[Ad]+Neg+[Ad]+[Neg]+敢+VP

其中否定副詞、敢、動詞謂語三個部分是必現的,而其他部分受語義表達和語用因素的影響或有隱現,根據句法結構具體情況分爲下列五類。

甲、[NP]+Neg+敢+VP,凡20句,例如:

(6)予不敢宿,則禋于文王、武王。(《洛誥》)

(7)文王不敢盤于遊田。(《無逸》)

(8)不敢侮鰥寡。(《康誥》)

因爲“敢”是需要有能動力的人或生物做出逆向選擇,所以該類主語由人稱代詞“予”“朕”“我”或指人詞語充當才符合“語義一致性原則”。因爲“敢”字句多在言語中,發話者與敢爲者相同,所以句中主語常有省略。

該類句中的否定副詞“不”用得最多,其他還有“無”“罔”“非”“未”,例句如:

(9)在後之侗,敬迓天威,嗣守文、武大訓,無敢昏逾。(《顧命》)

(10)百僚庶尹惟亞惟服、宗工越百姓里居,罔敢湎于酒。(《酒誥》)

(11)非敢違卜。(《盤庚下》)

(12)王亦未敢誚公。(《金縢》)

從上面例句可以看出,助動詞“敢”後的謂語部分較爲複雜,有自主動詞和非自主動詞、謂詞性的並列、動補、動賓短語結構,或形容詞。這些“敢”字句往往蘊含着外在的控制力,有的是以顯性方式出現在句中,如例(9)中的“嗣守文、武大訓”,有的是存在於外部的言談者的文化背景中,如例(11)商人對占卜的信奉。

乙、[NP]+Ad+Neg+敢+VP,有3句,例如:

(13)作福作災,予亦不敢動用非德。(《盤庚上》)

(14)王如弗敢及天基命定命。(《洛誥》)

否定副詞前加“亦”“如”(似乎義),“敢”前也可用否定副詞“弗”。

丙、[NP]+Neg+敢+Neg+VP,有3句,例如:

(15)夏氏有罪,予畏上帝,不敢不正。(《湯誓》)

《尚書易解》引楊樹達言“正,讀征”。“畏上帝”交代外在的控制力,“不正”就是違背上帝的意願,“不敢”説明没有胆量違反天帝的意願。

丁、[NP]+Neg+Ad+Neg+敢+VP,有2句,如下:

(16)不惟不敢,亦不暇。(《酒誥》)

(17)厥愆,曰:“朕之愆允若時。”不啻不敢含怒。(《無逸》)

《尚書易解》:“啻,但也。”這裏“不啻”與“不惟”同意,表示不僅。

戊、Neg+[NP]+敢+VP,有3句,例如:

(18)非台小子敢行稱亂。(《湯誓》)

(19)無或敢伏小人之攸箴。(《盤庚上》)

例(18)“台小子”爲湯自稱。例(19)“或”爲不定代詞,指“有的人”,整句意思是不要有人膽敢憑藉小民的諫誡反對遷都。

3. 疑問句

根據“敢”字句中有無疑問代詞分爲兩類。

甲、[Cj]+[NP]+Pr+敢+[Neg]+VP,共有6例。

(20)誰敢不讓,敢不敬應?(《皋陶謨》)

(21)今我曷敢多誥?(《多方》)

(22)肆予曷敢不越卬敉寧王大命?(《大誥》)

例(20)第二個“敢”的主語疑問代詞“誰”承前省。例(21)“曷”作狀語,“敢”後没有否定副詞。例(22)句前有表示“所以”的連詞“肆”。這些反問句的作用與否定句類似,增强了誥命者的語氣,起到增加説服力的作用。

乙、[NP]+[Ad]+敢+[Neg]+VP,共有 4 例。例如:

(23)我其敢求位?(《多士》)

(24)敢弗于從率寧人有指疆土?(《大誥》)

例(23)其,加强反問語氣。例(24)《尚書易解》:"于,往也。從,《釋詁》:'重也。'率,循也。寧人,當作'文人','指',《漢書》作'旨',《孔疏》亦作'旨'。旨,美也。有旨,複音詞,美好也。……我敢不前往重循文人之美好疆土乎?"

對照兩周金文,管燮初(1981:183)調查西周金文"敢"用作助動詞已達 103 次之多。我們通過考察《商周金文辭類纂》發現"有膽量"義的助動詞"敢"也有百餘例,與今文《尚書》情況類似,多用於否定句,很少有肯定句。由於受銘文陳述爲主的表達方式影響,幾乎没有疑問句,這與今文《尚書》有區别。另外,句式的變化比今文《尚書》更少一些,有否定句主要是甲式,例如《旂鼎》:"文考遺寶積,弗敢喪,旂用作父戊寶尊彝。"還有丙式,例如《效卣》:"效不敢不萬年夙夜奔走揚公休。"

在今文《尚書》中爲什麽會有大量"敢"的否定句和疑問句呢?我們發現"敢"字句多出現於誥命文辭中,誥命是一種訓令,其目的是讓聽衆接受命令,發令者爲了增强自己觀點的説服力,就要論述自身行爲的合理性,這種闡述可以從正、反兩個角度進行,而否定句就是從反面論證的一個方法,"否定副詞+敢"後接"盤于遊田""湎于酒""違卜"等消極行爲,表示不做與外在控制力逆向的錯誤選擇,以此來説明外在控制力的合理性和自身行爲的合法性。疑問句與之同理。因此,"敢"字句中否定句和疑問句占比很高與今文《尚書》的文體及論述方式有很大關係。

(二)助動詞"敢"的特殊用法

我們發現今文《尚書》有些"敢"字句,内外語境中不存在行動選擇的外在控制力,"敢"表示有某種能力或具備某條件去做某事,可譯爲"能够",共 8 例。其句法結構爲:[NP]+[Ad]+[Neg]+敢+VP。具體可分爲兩種情況。

(25)我不敢知曰……(《召誥》)

(26)我亦不敢知曰:"其終出于不祥。"(《君奭》)

(27)天子!天既訖我殷命。格人元龜,罔敢知吉。(《西伯戡黎》)

其中例(25)同樣的句子在《召誥》出現 4 次,在《君奭》出現 1 次。例(26)《尚書正讀》:"意言周受殷命,固不能決其基業永符於休。然若天輔誠信,亦不能決其終出不祥也。事在人爲而已。"例(27)《尚書易解》:"敢,猶能也。知,覺也,謂察覺也。"這 3 個句例有一個共同的特點就是 VP 中有知道或覺察義的動詞"知",而"知道"的語義内涵是外在事物作爲被感知的客體,以信息的形式存在於領有者的意識之中,屬於心理領有狀態的非自主動詞,因爲人對外部知識信息的獲得,不是由人的主觀選擇所決定,即不是有没有膽量的問題,而是與人的認知能力有關,因此這裏的"敢"不再是表達人的主觀能動改變的選擇態度,而是表示人具備某種能力,今文《尚書》中有助動詞"克"和"能"的例句可相參照:

(28)亦越文王、武王,克知三有宅心。(《立政》)

(29)洪惟我幼沖人,嗣無疆大歷服。弗造哲,迪民康,矧曰其有能格知天命?(《大誥》)

例(28)意思是“到了文王、武王,他們能够知道三宅的思想。”例(29)的意思是“我這個幼稚的人繼承了遠大悠久的王業。没有遇到明哲的人,指導老百姓安定下來,何況會説有能度知天命的人呢?”其中的“克”“能”後接“知”,都表示能够知道,由此可以理解“不敢知”中的“敢”也是表示具備能力的“能够”義。至於語義上轉變的途徑及原因涉及上下文語境,辨析詳見本文第四部分。

(30)汝克黜乃心,施實德于民,至于婚友,丕乃敢大言汝有積德。(《盤庚上》)

此句是盤庚所言,“汝”是訓導對象臣屬。《尚書易解》引《詞詮》云:“丕乃,猶言於是。”它用於承接複句的後一分句,“大言”是指盤庚對臣屬的贊揚。“丕乃”之前的分句交代贊揚臣屬的前提條件施德於人。這裏的“敢”並不重在强調盤庚有膽量去贊揚臣屬,而是説明臣屬具備了被贊揚的條件,盤庚才能够誇贊他們有積德。例(30)的“敢”與上文例(25)有差别,不是説盤庚自身有能力去做某事,而是具備了某種條件可以去做某事。

裴學海《古書虚字集釋》曾列舉“敢”與“能”存在異文的現象。《戰國策・魏策一》:“楚雖有富大之名,其實空虚;其卒雖衆,多言而輕走易北,不敢堅戰。”《史記・張儀列傳》“敢”作“能”。《史記・項羽本紀》:“沛公不先破關中,公豈敢入乎?”《漢書・高帝紀》“敢”亦作“能”。《淮南子・原道》:“以其無争於萬物也,故莫敢與之争。”《老子》作:“夫唯不争,故天下莫能與之争。”這些例句足以證明在上古漢語中“敢”的確有“能够”這樣的義項。如果仔細分析這三條的差别,前一例是自身能力方面,而後兩例是具備條件的情況。此外,出土資料《新郪虎符》:“甲兵之符:右在王,左在新郪。凡興士被甲,用兵五十人以上,必會王符,乃敢行之。”其中的“敢”也是表示具備條件的“能”。

今文《尚書》中“敢”如果應用於一種未然句中,就會産生新的功能,表示對未然情況的一種自主選擇,可釋爲“會”或“要”。

(31)予其懋簡相爾念敬我衆。朕不肩好貨,敢恭生生。(《盤庚下》)

句意是:我將要盡力考察你們惦念尊重我們民衆的情況。我不會任用貪財的人,只會敬用經營民生的人。這裏無論是用謙敬副詞“冒昧地”,還是助動詞常用的“膽敢”義,都不够通順。因爲從首句“簡相爾”看出殷王對下臣的考察,後句“恭”前的“敢”勢必不是表達殷王對臣屬的謙遜。由於任用某人完全是殷王盤庚的權力,並不需要承受外在的壓力,也就没有逆向選擇的意味。由於“恭生生”是未然的事情,這裏的“敢”凸顯了它主觀能動的一面,表示對未來行爲的一種選擇意願。類似的還有下句:

(32)其惟王勿以小民淫用非彝,亦敢殄戮用乂民。(《召誥》)

句意是:願王不要讓百姓肆行非法的事,也不要用殺戮來治理百姓。本句是召公向周成王提出的建議,也是未然的情況。“亦”是連詞,“敢”的前面又承前省略“勿”,即不要,其目的是勸阻成王將來可能選擇“殄戮”的想法。如此看來,在建議或謀劃這些未然句中,没有外在控制力約束的情況下,“敢”的逆向用力語義特徵弱化,從而能够衍生出表示自主選擇未然行動意志的助動詞用法。

“敢”字句有時並不在發言者的自述話語中,而是用於發言者對受言者的訓令中,致使“敢”的語義産生新的變化,最典型的就是在《費誓》一文中所出現的8個“無敢”句。

(33)公曰:“嗟!人無譁,聽命。徂茲淮夷、徐戎並興。善敹乃甲胄,敿乃干,無敢不弔!”(《費誓》)

《尚書易解》:“弔,善也。”“無敢不弔”即不許不好的命令。這裏的“敢”表示准許某種行爲的發生，表達的是主體對行爲可能發生的肯定態度，相當於"可以"。

在兩周銘文中多有這種類似的訓誡或策命之辭，例如《諫簋》："汝諆不有昏，毋敢不善。"《毛公鼎》："毋敢湎于酒。"武振玉(2008)引湯餘惠(1999)觀點，認爲金文中有一些"敢"表示的是"可以"而非"膽敢"義，應歸屬能可類而非意志類助動詞。但李小軍(2018)認爲：商周時期"無/罔/勿/毋敢"等的"敢"到底表"敢於"還是"許可"，句法上並無顯性標誌，目前也難以判定，所以將今文《尚書》中的"敢"全部歸入"有膽量"。但同時，他認爲"敢"的"許可"義正是在這種語境中衍生的。由於對"敢"語義的判定存有異議，所以在譯注中就有異訓的情況，如《今古文尚書全譯》"不許不準備好"，《尚書今注今譯》"不要敢於做得不好"。

回顧上文例(19)《盤庚上》："無或敢伏小人之攸箴。"意思是不要有人膽敢憑藉小民的諫誡反對遷都。"或"是"敢"的主體，"敢"仍可視爲"膽敢"義的助動詞。《費誓》"無敢不善"與之相比較已經不再凸出"敢"的主體，"無"與"敢"聯結得更爲緊密。而且"無"在《尚書》中已經有用爲"不"的意思，如《康誥》："惟厥罪無在大，亦無在多。"所以"無敢"同"不敢"，即"不可以"。因此本文傾向於將例(33)"敢"分析爲表道義情態的"可以"義，從訓釋的角度來看也更順暢一些。

至於"敢"衍生"可以"義的過程，本文與巫雪如(2018)觀點比較一致。首先，"無"是表示"不要"的禁止性副詞，"無敢"句義應分析爲"無/敢 VP"。其後，副詞"無"和助動詞"敢"都是 VP 的修飾性成分，整體表示對行爲的一種禁止，因此句法結構重新分析爲"無敢/VP"，加之"無"有"不"的用法，禁止的同義短語是不允許，從而使"敢"承擔表允許義的"可以"。

四　今文《尚書》"敢"字句訓解辨正

以往對今文《尚書》部分"敢"字句的訓解因多受到"敢"的常見用法，即謙敬副詞"冒昧地"和"膽敢"助動詞義的影響，輕下結論，使得多處訓語扞格難通。有些注書對"敢"這類常用的語義較虛的詞彙往往不出注，或者處理得比較簡略。例如《西伯戡黎》"格人元龜，罔敢知吉"，《尚書集釋》："敢，與《盤庚》'敢恭生生'之敢同義，語詞。"又在《盤庚下》"朕不肩好貨，敢恭生生"注解道："敢，與《召誥》'我不敢知''我非敢勤'，《顧命》'敢執壤奠'等敢字同義，語助詞。"如此輾轉不僅沒有給出明確的訓義，而且將不同用法的"敢"混在一起。這裏我們以《召誥》"不敢知"及相關句子爲案例來説明以往"敢"字句訓詁方面所存在的問題。

《召誥》是一篇反映周初政治思想的重要文獻，其中有召公論述當以夏殷敗亡爲監的一段文句，下面給出例(25)的上下文語境。

> 我不可不監于有夏，亦不可不監于有殷。我不敢知曰："有夏服天命，惟有歷年。"我不敢知曰："不其延。惟不敬厥德，乃早墜厥命。"我不敢知曰："有殷受天命，惟有歷年。"我不敢知曰："不其延。惟不敬厥德，乃早墜厥命。"

文段中"不敢知"出現 4 次，但是以往關於它們的訓解或語焉不詳，或迂曲難通，致使歧解紛紛，莫衷一是，經過梳理大致有以下三種看法。

《孔傳》："以能敬德，故多歷年數。我不敢獨知，亦王所知。"孔穎達"疏不破注"。僞孔和孔穎達將"敢"視作表示謙敬的"冒昧地"，故而揭示"我不敢知"的言外之意：我知，王也知。後來學者多加以闡明。《今古文尚書全譯》："敢，表示謙敬語氣。下文'敢'字同。"李民《尚書譯注》與之同。《尚書集釋》:“敢,語助詞,今魯語猶如此。我不敢知,猶今語‘我可不知道’,謙辭也”。與之相近。《尚書文字校詁》:“敢爲表敬助詞,我不敢知,猶今語‘我可不敢苟同’,這是一種表現講話人打消意見的委婉語;一般情况下,下面要與正面肯定的看法相呼應使用,即‘我所知道的是……’”

《書集傳》:“夏、商歷年長短,所不敢知。我所知者,惟不敬厥德,即墜其命也。”“敢”的意思並没有明確。《尚書今古文注疏》:“言夏、殷歷年修短,我皆不敢知,惟知其皆不以敬德,故早失天命。”《尚書孔傳參證》:“若曰夏、殷服天命,歷數本來長久,則非我敢知。”《尚書正讀》:“言夏、商歷年久暫,我不敢知。我所知者,惟不敬厥德,乃早墜厥命也。文中省‘我敢知’者,蒙上文而省也。”《尚書易解》:“言夏之年數長短,我皆不敢知,惟知其不敬其德,故早失其命耳。”均承襲了蔡沈的説法,也都没有明説“敢”到底何意。而《今文尚書考證》《尚書覈詁》均未出注。

雖然此句有孔傳的訓解及蔡傳的闡述,但是,似乎訓解起來文義還是有些不暢,例如王世舜《尚書譯注》譯作“我不敢知道”,《白話尚書》譯作“我不敢知曉”。正因爲不順暢,曾有學者提出了一些不同的觀點。俞樾《群經平議》云:“‘知’亦語辭,‘我不敢知曰’者,我不敢曰也。枚傳曰‘我不敢獨知,亦王所知’,則失之迂曲矣。”《尚書校釋譯論》依照俞樾觀點譯爲:“我不敢説夏王受天命的年數長久,我也不敢説他們不長久。”此外,還有一些其他見解。《觀堂學書記》:“師云‘我不敢知曰’五字乃當時語法,羌無實義。”《尚書詮釋》:“‘不敢知’,一正言,一反言,前一是‘不敢知’,後一‘不敢’猶‘敢’也。此等語例,爲經籍中所常見。”

“不敢知”之所以歧解紛出,很關鍵的一點就是如果“敢”按照常訓作“擔敢”講,與後面的“知曉”不甚搭配。俞樾將“知”訓爲無義的“語辭”,可以讓“敢”在語義上直接與表示人可控的自主動詞“曰”相接,但實際上在先秦文獻中並未見有“敢”與“曰”相連的語例。孔傳視“敢”作謙詞,其解説“我不敢獨知,亦王所知”有增詞解經之嫌,俞樾已批評説“失之迂曲矣”。

關於“不敢知”的訓釋上文例(25)後已經論證,不是“膽敢”而是“能够”義。通觀文段,《召誥》“我不敢知曰”表示召公對夏王受天命的年代長久還是不長久並不能知曉,因爲從當時人所信仰的天命觀來説,作爲一個凡人是根本無法預測天命的。而作爲一個凡人可以知曉的是人事的善惡,夏商不注意德行所以早失掉了天命。“我不敢知曰:有夏服天命,惟有歷年;我不敢知曰:不其延”,可譯成:我不能知曉,説:夏接受天命會長久;我也不能知曉,説:夏不會長久。

這時原來“膽敢”義語境中存在的外在控制力,轉變爲控制人“知曉”能力的外在條件,由於“天命”是人“知道”的範圍之外,“不敢”就是表達超出人的掌握能力範圍之外。促使“敢”語義發生轉變的動因是推測語境。當説話人在推測某種情况時,爲了加强自己主觀推測的可信度,由表示主觀態度的有膽量發展爲有能力或有條件去做某事。“敢”的這一用法延承至現代漢語。《現代漢語詞典》(第7版):“助動詞。表示有把握做某種判斷:我不敢説他究竟哪一天來。”《現代漢語八百詞》:“表示有把握作某種判斷。‘我敢説他一定樂於接受這個任務’,‘他明天能不能來,我不敢肯定’。”

傳統訓釋有一些是經驗性的判斷,缺少對整部文獻詞語訓釋的通盤考慮。因此,利用現代語言學分析手段對詞彙進行全面、系統地考察,可以降低訓詁的主觀性和隨意性,完善以前的訓釋用語。目前,漢語助動詞的研究還缺乏細密地探討,對它的多義性重視不够。只有將詞義内涵和每種用法的語義條件和語境分析清楚,並貫通詞義衍生的關係,才能深入助動詞的本質屬性,爲訓詁應用奠定堅實的基礎。

徵引書目

宋·蔡沈《書集傳》,鳳凰出版社,2010。
清·段玉裁《説文解字注》,上海古籍出版社,1988。
清·王引之《經義述聞》,鳳凰出版社,2000。
清·阮元校刻《十三經注疏》,藝文印書館,1996。
清·孫星衍《尚書今古文注疏》,中華書局,2004。
清·王先謙《尚書孔傳參正》,中華書局,2011。
清·俞樾《春在堂全書》,鳳凰出版社,2010。

參考文獻

[1]管燮初. 西周金文語法研究[M]. 北京:商務印書館,1981.
[2]黄天樹. 殷墟甲骨文助動詞補説[J]. 古漢語研究,2008(4):36-40.
[3]李民. 尚書詞典[M]. 成都:四川人民出版社,1993.
[4]李圃等. 古文字詁林[M]. 上海:上海教育出版社,1999.
[5]李小軍. "敢"的情態功能及其發展[J]. 中國語文,2018(3):274-287.
[6]劉利. 先秦漢語助動詞研究[M]. 北京:北京師範大學出版社,2000.
[7]吕叔湘. 現代漢語八百詞(增訂本)[M]. 北京:商務印書館,1999.
[8]馬建忠. 馬氏文通[M]. 北京:商務印書館,1983:177.
[9]湯餘惠. 金文中的"敢"和"毋敢"[M]//中國古文字研究(第一輯). 長春:吉林大學出版社,1999:54-57.
[10]屈萬里. 尚書集釋[M]. 上海:中西書局,2014.
[11]巫如雪. 先秦情態動詞研究[M]. 上海:中西書局,2018.
[12]武振玉. 兩周金文助動詞釋論[J]. 殷都學刊,2008(4):114-117.
[13]解惠全,崔永琳,鄭天一. 古書虚詞通解[M]. 北京:中華書局,2008.
[14]徐中舒. 甲骨文字典[Z]. 成都:四川辭書出版社,1989.
[15]楊伯峻,何樂士. 古漢語語法及其發展(修訂本)[M]. 北京:語文出版社,2001.
[16]姚振武. 上古漢語語法史[M]. 上海:上海古籍出版社,2015.
[17]臧克和. 尚書文字校詁[M]. 上海:上海教育出版社,1999:375.
[18]曾運乾. 尚書正讀[M]. 上海:華東師範大學出版社,2011.
[19]張桂光. 商周金文辭類纂[M]. 北京:中華書局,2014.
[20]中國社會科學院考古研究所. 殷周金文集成釋文[M]. 香港:香港中文大學出版社,2001.
[21]周秉鈞. 尚書易解[M]. 上海:華東師範大學出版社,2010.

On Polysemy of Auxiliary Verb *gan*(敢) in *Jinwenshangshu*(今文《尚書》)

Chen Shu

Abstract: The auxiliary verb 敢 in *Jinwenshangshu* has polysemy. "Dare" means the subject makes a dynamic choice regardless of the restriction of external force, and there are two elements external restrict force and subjective inverse force in semantic connotation. In predictive sentence, in order to increase the credibility of speculation,敢 derives the meaning having the ability or condition to do sth. In futuristic sentence,activity becomes prominent,敢 derives the meaning having willingness to choose future behavior. In instruction sentence, because of reanalysis of grammatical structure,敢 derives the meaning permit. By a systematic and comprehensive research ,the misinterpretation of 敢 in *Jinwenshangshu* can be corrected.

Key words: *Jinwenshangshu*,auxiliary verb,*gan*(敢)

通信地址:江蘇省揚州市四望亭路 180 號揚州大學文學院
郵　　編:225002
E-mail:gychenshu@126. com

從中古譯經看"是時候 VP 了"結構的基底*

周曉彦

内容提要 文章認爲現代漢語中新興的"是時候 VP 了"句式的基底是中古譯經中的"(VP,)今正是時(,VP)",其産生受到梵漢接觸的影響,是對譯佛經原典"(VP,)ayam(idānīm)(VP)kālaḥ/samayaḥ(,VP)"結構的産物。從歷時角度看,表"是時候做某事"這一概念義的表達式經歷了複雜的演化歷程:(VP,)今正是時(,VP)>(VP,)是時候了(,VP)> 是時候 VP 了。在這一演化鏈上,語言接觸起到了至關重要的作用。首先,最初的梵漢接觸爲漢語引進了"是時候做某事"這一概念義,並産生了(VP,)今正是時(,VP)結構。其次,受英漢接觸的影響,對英語"It's time to""It's time for"句型的對譯使得"是時候 VP 了"的使用頻率大幅度提高,成爲現代漢語中表"現在應該做某事"這一概念義的優勢句式之一。

關鍵詞 是時候 VP 了 歷時演變 語言接觸

一 引言

近年來現代漢語中出現了一種表"是時候做某事"義的新興表達式"是時候 VP 了",如:

(1)是時候該認真看待特朗普了!(新華網 2016 年 3 月 1 日)

(2)是時候重視中國經驗了。(人民日報 2018 年 3 月 19 日)

(3)一生一隊!楊鳴宣布退役,是時候説再見了!(新浪體育 2019 年 4 月 18 日)

該表達式在近些年也引起了一些學者的關注,主要包括晁代金(2008a/2008b)、杜道流(2014)、彭利貞(2014)、王倩蕾(2014)、劉雲(2018)、唐正大(2018)等,其中涉及"是時候 VP"來源的主要有晁代金、劉雲和唐正大。概之主要觀點有二:一、該句式是受英語的影響而産生的,以劉雲(2018)爲代表。他認爲"是時候 VP"是由漢英接觸加深而引發的一種語法演變,是直譯英語句型"It's time to""It's time for"而産生的一種新的漢語表達形式。二、認爲該結構的産生有漢語自身的基底,英漢接觸對該句式的迅速擴張起到了一定的推動作用,以晁代金(2008)和唐正大(2018)爲代表。其中唐正大的研究尤爲細緻,他綜合分析了"是時候 VP"的三種可能性來源,最終確定本世紀出現並逐漸發展的新語"是時候 VP 了"的基底是近代漢語中業已存在的"(VP,)是時候了(,VP)",兩者均以表達道義情態和建議類言語行爲爲主,同時也承認英漢接觸在該句式的發展過程中起到一定的助推作用。

我們同意唐正大的觀點:該句式與近代漢語中的"(VP,)是時候了(,VP)"有一定的繼承關係,不完全是英漢接觸的新産物。同時,我們認爲"是時候 VP 了"的基底不是近代漢語

---

* 本文爲國家社科基金重大項目"近代漢語後期語法演變與現代漢語通語及方言格局形成之關係研究"(19ZDA310)的階段性成果;同時受到河南省社科基金項目"語言接觸視野下的中古漢語詞彙新質研究"(2021-ZZJH-387)的支持。

中出現的"(VP,)是時候了(,VP)",該結構只是"是時候做某事"這一概念義表達式的中間環節,而不是其源頭,其源頭應上溯至中古漢譯佛經中的"(VP,)今正是時(,VP)"。

二　漢譯佛經中的"(VP,)今正是時(,VP)"及其特點

上古乃至中古的本土文獻中,尚未見到表"是時候做某事"這一概念義的表達式,目前所見最早表該概念的表達式出現於中古時期的漢譯佛經中。早在魏晋南北朝時期的漢譯佛經中就出現了與"是時候VP了"表義一致的同義異構表達式:(VP,)今正是時(,VP)。該句式多出現於對話語體中,表示説話人認爲當前是做某件事情或實施某種行爲的正确時機。用例如下:

(4)時,諸人報侍者言:"汝速還白婆羅門言:'今正是時,宜共行也。'"(後秦佛陀耶舍共竺佛念譯《長阿含經》卷15第三分《種德經第三》,1/94b)

(5)虎既産已,口銜諸子,復置於地而復還取。時摩那婆見是事已,即便往到二仙人所語言:"大仙!母虎已産。若爲利益諸衆生故行苦行者,今正是時,可割身肉與此母虎。"(元魏佛陀扇多譯《銀色女經》,3/451c)

(6)是時,阿難須臾復白佛言:"今正是時,宜説禁戒,初夜欲盡。"(東晋瞿曇僧伽提婆譯《增壹阿含經》卷44《十不善品第四十八》,2/786b)

(7)時,目連至世尊所,頭面禮足,在一面坐。是時,目連語龍王曰:"今正是時,宜可前進。"(東晋瞿曇僧伽提婆譯《增壹阿含經》卷28《聽法品第三十六》,2/704b)

(8)諸臣白王:"如大王言,欲設祀者,今正是時。"(後秦佛陀耶舍共竺佛念譯《長阿含經》卷15第三分《究羅檀頭經第四》,1/99a)

(9)時,末利優婆塞,如是嚴淨所造舍已,還詣佛所,到已重復禮世尊足,前白佛言:"世尊!先所造舍,悉以香水,散灑其地,内外清淨。願佛世尊及苾芻衆,往彼舍住,今正是時。"(宋施護譯《大集法門經》卷上,1/226c)

(10)又復告言:"是故我等難逢難遇,如先所説親近供養,今正是持。汝五髻乾闥婆王子可以所持之樂,當作供養。何以故?過此已往,實難值遇。"(宋法顯譯《帝釋所問經》,1/246b)

(11)是時侍臣受王命已,即嚴四兵,既嚴整已,即詣王所而白王言:"四兵已嚴,王出遊幸,今正是時。"(宋施護譯《輪王七寶經》,1/821b)

從構成成分上看,"(VP,)今正是時(,VP)"主要由兩部分構成:(一)常項:"今正是時"。"今正是時"是該結構中的常項,是個獨立小句,且没有顯性主語,而是零形式的邏輯主語。(二)變項:VP。該結構中的VP多是不能獨立成句的動詞短語,且多有"宜""欲"等情態副詞以標示其非現實性。以(4)爲例,其常項爲"今正是時",變項爲"宜共行也",在動詞短語"共行"前有情態副詞"宜",使句子所藴含的非現實性得以突顯。

從常項與變項的相對位置來看,該句式主要有兩類句法格局:(一)常項在前、變項在後,即"今正是時,VP",如(4)—(7);(二)變項在前、常項在後,即"VP,今正是時",如(8)—(11),爲了稱説方便我們將其抽象爲"(VP,)今正是時(,VP)"。但無論是哪種綫性排列方式,兩者所表示的語義均爲"説話人主觀上認爲實施某一行爲的時機到了/是時候去實施某

一行爲了”,也就是説常項與變項的相對位置不會影響句義的表達。

從整個句義解讀上看,單從常項或變項本身出發,我們得不到完整的意義解讀,就常項來説,其所評述的對象並未出現,而變項部分才是其評述的對象;就變項來説,變項相當於一個話題,但對其進行説明的部分缺乏,語義不完整。以(8)“欲設祀者,今正是時”爲例,就常項“今正是時”來説,其語義不完整,做什麽事情現在正是時候,我們不清楚;就變項“欲設祀”來説,想要設立祭祀這件事如何呢,單從變項本身也無從得知,語義不完整。因此,只有將兩者結合起來才能形成一個完整的“話題——述題”結構,整個句子才擁有一個完整、合理的句義。綜上可知,雖然從句法形式上看,該結構爲複合雙小句模式,但從語義上看,却相當於一個單一命題,表説話人認爲現在是實施某種行爲的恰當時機,且均是非現實情態。唐正大(2018)將該結構定性爲單義複合結構,即用兩個獨立項表達一個單一語義的結構,兩個等立的小句表達一個不可分割的事件/命題。

三 “(VP,)今正是時(,VP)”與“(VP,)是時候了(,VP)”的高度對等

據唐正大(2018)“是時候 VP 了”的基底是近代漢語已經出現的“(VP,)是時候了(,VP)”。那麽,我們擬將漢譯佛經中出現的“(VP,)今正是時(,VP)”與近代漢語中出現的“(VP,)是時候了(,VP)”進行對比,嘗試發現這兩個産生於不同時代的同義異構形式在結構、語義、語用方面的異同,並以此判斷兩者之間是否存在源流關係。

中古譯經中“(VP,)今正是時(,VP)”用例:

(12)爾時梵天,復更傾倒而白佛言:“世尊!今日法海已滿,法幢已立,潤濟開導,今正是時。”(元魏慧覺等譯《賢愚經》卷1《梵天請法六事品第一》,4/349a)

(13)爾時大王,語婆羅門:“欲取頭者,今正是時。”婆羅門言:“今王臣民大衆圍遶,我獨一身,力勢單弱,不堪此中而斫王頭,欲與我者,當至後園。”(元魏慧覺等譯《賢愚經》卷6《月光王頭施品第三十》,4/389c)

(14)爾時,梵天白世尊曰:“……是時,彼華漸漸欲生,故未出水,或時此華以出水上,或時此華不爲水所著。此衆生類亦復如是,爲生、老、病、死所見逼促,諸根應熟,然不聞法而便喪者,不亦苦哉!今正是時,唯願世尊當爲説法。”(東晋瞿曇僧伽提婆譯《增壹阿含經》卷10《勸請品第十九》,2/593b)

(15)吾與慈氏、柔順爲伴,顧謂二人:“今正是時,誰能建心勇猛特出,以身自投施彼餓獸?”(姚秦竺佛念譯《最勝問菩薩十住除垢斷結經》卷1《空觀品第三》,10/970c)

近代漢語中“(VP,)是時候了(,VP)”用例:

(16)這早晚是時候了,待我披開頭髮,倒坐門限上,把馬杓敲三敲……(《全元曲·桃花女破法嫁周公》)

(17)婆子道:“是時候了,起來做正經事去。”(《檮杌閒評》)

(18)安老爺便吩咐他道:“是時候了,就安位罷。論理該你姐姐自己恭請入廟才是,但是大遠的,他不好自己到外面去,況且他回來還得跪接,你替他走這蕩也是該的。”(《兒女英雄傳》第二十四回)

(19)宛蓉道:“這齣完了就煞鑼了。預備迎接新人,是時候了。”(《補紅樓夢》第四十

四回）

以上所舉漢譯佛經和近代漢語中的用例具有以下共性：

從構成成分上看，兩者均缺少體詞性主語，且"今正是時"和"是時候了"之前都應該有一個邏輯主語，該主語表達自指的事件或命題，不同於普通名詞表達的實體。實際上，該結構的話題應該是 VP 部分，"今正是時""是時候了"應該是帶有評注性質的述題，對 VP 所表示的動作行爲進行主觀上的、肯定性的評價。這裏分别以(12)和(17)爲例加以説明。(12)中常項"今正是時"缺少體詞性主語，其所評價的對象應該是其前 VP 部分的"潤濟開導"，整體句義應爲：現在應該去做潤澤教導開化大衆這件事；同樣，(17)中的常項"是時候了"之前也没有體詞性成分來充當主語，其所稱述的對象應該是其後的"起來做正事去"，整個語義爲：現在應該起來做正事去。其次，VP 部分的謂語動詞均是含有【＋自主性】語義特徵的動詞，如以上例子中的"潤濟開導""説""迎接""起來""做"等都是聽話人能够自主選擇和決定的。此外，兩者都是站在現在這個時間點上建議他人實施某種行爲，故爲了凸顯時效性和緊迫性，"是時候 VP 了"之前也可加上表現在的時間成分，如(16)中的"這早晚"。漢譯佛經由於講求韻律，經文多以四字格爲主，故時間成分"今"已成爲"今正是時"結構的固有成分，"今正是時"在譯經中似乎成爲一個慣用表達。綜上，總體上來看，兩者在結構特點上表現出高度的一致性。

從構成成分的相對位置上看，漢譯佛經中的 VP 部分可以位於常項"今正是時"之前，也可以位於"今正是時"之後；近代漢語中變項 VP 可位於常項"是時候了"之前，如(19)；也可以位於"是時候了"之後，如(16)—(18)。兩者常項與變項相對位置的變化，均不影響語義的表達。

從語義上看，兩者的基本語義均爲"現在應該 VP"，表示現在這個時間點是實施某一行爲的合適時機，均表一種道義情態義，是一種表建議、規勸的言語行爲。

從語用上看，兩者均具有一定的主觀性。"今正是時"和"是時候了"均是説話者從自身視角出發，根據自身的立場、經驗判定現在 VP 是合適的，且 VP 均是尚未發生的，具有非現實性。

綜上，"(VP,)今正是時(,VP)"與"(VP,)是時候了(,VP)"在結構、語義和語用等方面具有高度的一致性，且"(VP,)今正是時(,VP)"在唐宋時期的譯經中仍有使用，如：

(20)一時、現在及欲見彼，昔所未見諸佛境界、菩薩境界、諸天境界、諸魔境界、佛剎莊嚴之所嚴飾，及欲見彼昔所未見無量佛集者，今正是時，可共我等往彼世界釋迦如來所住之處大集法會。(唐波羅頗蜜多羅譯《寶星陀羅尼經》卷 5《相品第五》,13/562a)

(21)侍縛迦作是念云："我治阿難陀瘡，今正是時。何以故？聽法心至，割截不知痛故。"(唐義淨譯《根本説一切有部毘奈耶破僧事》卷 13,24/165c)

(22)而彼迦葉，知設會時至，還本住處，乃作是念："我常所設祀天施會，今正是時，王及人民，咸悉來集。"(宋施護譯《佛説初分説經》卷上,14/765a)

(23)時，末利優婆塞，如是嚴淨所造舍已，還詣佛所，到已重復禮世尊足，前白佛言："世尊！先所造舍，悉以香水，散灑其地，内外清淨。願佛世尊及苾芻衆，往彼舍住，今正是時。"(宋施護譯《大集法門經》卷上,1/226c)

此外，"今正是時"在唐宋時期的中土文獻中也有用例，如：

(24)當逗遛克融之時，是經營庭湊之日，遲則心固，久則計成，三數月間，須有次第，

延引入夏,轉難用兵,今正是時,時不可失。(唐白居易《一請因朱克融授節後速討王庭湊事》)

(25)武興之重囤,莫知什伍之數,盡除斯弊,今正是時。(宋晁公遡《嵩山集》卷二十一《賀虞樞密改除宣撫使啟》)

(26)溪城萬室錯居洲瀦之間,窣堵一封高出水雲之上,號稱文筆,又頻鎮山,豈惟增氣槩之峥嶸,實係士民之休戚,詎意百年之勝,横罹半夕之災,所冀檀那深詳利益,阿育王之願力默運胷中,多寶佛之神通悉由筆下,作興此事,今正是時。(宋劉一止《苕溪集》卷二十四《飛英寺緣化修塔疏》)

(27)諺有之:見卵而求時夜,謂之蚤計;椎牛饗客,會其已食,謂之後期。智無後期,亦無蚤計。行矣吾子!今正是時,請賦《南山有臺》勸爲之駕云:壬子秋二十有七日,新興元某引。(金元好問《遺山集》卷三十七《送高雄飛序》)

這説明產生於漢譯佛經中的"(VP,)今正是時(,VP)"句式貫穿於佛經翻譯的整個階段,且在唐宋時期已經擴展至中土文獻,逐步爲本土漢語所接受,這也證明了"(VP,)今正是時(,VP)"與近代漢語中的"(VP,)是時候了(,VP)"在時間上銜接緊密,從歷時角度看,具備進一步演變的可能性。故我們認爲"(VP,)今正是時(,VP)"與"(VP,)是時候了(,VP)"具有源流關係,兩者的差異僅在於:將單音節的"時",替換成了雙音節的"時候",並添加了近代漢語中新產生的助詞"了"。其中時間名詞"今"到近代漢語中可替換爲雙音節的、表當前時間的"此刻""早晚"等,其後也可以添加一些副詞性成分。如:此刻也差不多是時候了,我們何妨先到閣子上頭去等呢?(《老殘遊記》)只是由於該結構本身就是立足於現在這個時間點上,且近代漢語不再受語體、韻律的制約,故"今正是時"中的時間名詞"今"和副詞"正"到近代漢語中已不再是必有成分,但主體成分仍保持不變,内部詞彙成分的替换、添加和删減並未改變其語義和語用功能。至於近代漢語的"(VP,)是時候了(,VP)"與現代漢語"是時候了,VP"之間的繼承關係,唐正大(2018)已從情態和言語行爲類型、形態句法上的特異性和構式性等方面詳細論證了兩者的對等性,此處不再贅述。至此我們可以大致勾勒出"是時候VP了"的演變歷程:(VP,)今正是時(,VP)>(VP,)是時候了(,VP)> 是時候 VP 了。在後一個階段,英漢接觸中,對英語"It's time to""It's time for"句型的對譯,使"是時候 VP 了"的使用頻率大幅度提高,成爲現代漢語中表"現在應該做某事"這一概念義的優勢句式之一。

四 "(VP,)今正是時(,VP)"結構的來源

以上我們論證了現代漢語中"是時候了,VP"的基底應追溯至中古時期漢譯佛經中的"(VP,)今正是時(,VP)",但仍有一個問題亟待解決,即漢譯佛經中的"(VP,)今正是時(,VP)"是不是"現在該做某事了"這一概念義的最早表達式,如果是,這一表達式是如何產生的,是漢語自身發展的結果,還是受其他異質語言的影響而產生的?據我們考察,上古乃至中古時期的中土文獻中尚未發現"現在該做某事了"這一概念義的表達式,目前所見這一概念義的最早表達式,即是中古譯經中的"(VP,)今正是時(,VP)"結構,其在譯經中的使用頻率較高,是漢譯佛經中的常用句式之一。衆所周知,漢譯佛經是翻譯文獻,其語言不可避免地會受到原典語言的影響。既然從漢語自身角度無法尋求到"(VP,)今正是時(,VP)"的來

源,那麽我們將考慮其産生是否受到原典語言的影響。下面我們將通過梵漢對勘來尋求答案:

(28)即時釋迦牟尼佛以神通力,接諸大衆皆在虚空,以大音聲普告四衆:"誰能於此娑婆國土廣説妙法華經,今正是時。"(後秦鳩摩羅什譯《妙法蓮華經》卷4《見寶塔品第十一》,9/33c)

梵文:

atha	khalu	bhagavān	śākyamunis	tathāgatas	tasyāṃ	velāyāṃ
indec	indec	m. sg. N	m. sg. N	m. sg. N	f. sg. L	f. sg. L
於是	確實	佛	釋迦牟尼	如來	那	時候

tāś	catasraḥ	parṣada	āmantrayate	sma-	ko	bhikṣavo
f. pl. Acc	num. pl. Acc	f. pl. Acc	pres. 3. sg. A	indec	inter. m. sg. N	m. pl. V
這些	四	衆	説	表過去	哪個	比丘

yuṣmākam	utsahate	tasyāṃ	sahāyāṃ	lokadhātau	imaṃ
pron. 2. pl. G	pres. 3. sg. A	f. sg. L	f. sg. L	f. sg. L	dem. f. sg. Acc
你們	承受	這	娑婆	國土	這

saddharmapuṇḍarīkaṃ	dharmaparyāyaṃ	saṃprakāśayitum?	ayaṃ	sa
comp. n. sg. Acc	m. sg. Acc	inf.	dem. m. sg. N	pron. 3. sg. N
妙法蓮華	法門	宣説	這	這

kālaḥ,	ayaṃ	sa	samayaḥ|
m. sg. N	dem. m. sg. N	pron. 3. sg. N	m. sg. N
時間	這	這	時間

今譯:這時,釋迦摩尼佛對這些四衆説:"你們哪個能够在這婆娑國土宣説妙法蓮花法門,現在正是時候。"

(29)爾時薩埵王子便作是念:我捨身命,今正是時。(唐義浄譯《金光明最勝王經》卷10《捨身品第二十六》,16/451c)

梵文:

mahāsattvasya	itad	abhūt |	ayam	idānīm
m. sg. G	dem. n. sg. Acc	aors. 3. sg. P	dem. m. sg. N	indec
摩訶垂薩	這麽	有	這	今

ātmaparityāgasya	kālaḥ|
m. sg. G	m. sg. N
捨身	時間

今譯:摩訶垂薩這麽想:"現在正是我捨命的時候。"

(30)爾時毘沙門天王語餘天王言:"欲施石鉢,今正是時。"(唐地婆訶羅譯《方廣大莊嚴經》卷10《商人蒙記品第二十四》,3/602a)

梵語:

ayaṃ	sa	kāla.	samayaś	ca	mārṣā
dem. m. sg. N	pron. 3m. sg. N	m. sg. N	m. sg. N	conj	m. pl. V
這	這	時間	時間	和	尊者

upanāmituṃ	śākyamuner	hi	bhājanā
inf.	m. sg. G	indec	m. pl. N
施與	釋迦摩尼	確實	鉢

今譯：這時，毗沙門天王對餘天王説："尊者，現在正是給與釋迦摩尼石鉢的時候。"

通過梵漢對勘可知，"今正是時"對應於梵文的"ayam(idānīm)(sa)kālaḥ/samayaḥ"。其中 ayam 詞根爲√idam，是指示代詞的陽性、單數、主格形式；"kālaḥ/samayaḥ"均爲"時間、時候"之義，陽性、單數、主格，與 ayam 的性數格一致，兩者形成一個判斷句。"ayam"爲主語，"kālaḥ/samayaḥ"是謂語；"idānīm"是時間副詞，不是必有成分。"sa"指代 VP 所表示的內容，當 VP 不處於"ayam"和"samayaḥ"之間時，兩者之間多以"sa"來指代。以(30)爲例，該例中"ayaṃ kālaḥ samayaś"與動詞性成分"upanāmituṃśākyamuner bhājanā"(欲施石鉢)處於兩個分句中，故在"ayam"和"kālaḥ samayaś"之間插入了指示代詞"sa"複指"upanāmituṃś ākyamuner bhājanā"(欲施石鉢)。例(29)中動詞性成分"ātmaparityāga"(捨身)以單數屬格的形式出現於"ayam"和"kālaḥ"之間，故之間不需指示代詞進行複指。動詞成分位於"ayam kālaḥ"之間還是位於兩者之外，與動詞性成分的複雜程度有關。如果謂語動詞是單一動詞則可位於兩者之間；若 VP 是較複雜的小句，則置於"ayam kālaḥ"之外單獨成句，在"ayam kālaḥ"之間插入指示代詞"sa"進行複指。

由於目前存世的漢譯佛經原典數量較爲有限，我們所找到的幾個有對應原文的語例均爲"VP，今正是時"。從以上三例原典語言的語序來看，VP 部分可以位於"ayam kālaḥ"之前，如(28)；可以位於"ayam kālaḥ"之間，如(29)；也可以位於"ayam kālaḥ"之後，如(30)。其中當 VP 部分位於"ayam kālaḥ"之前或之後時，"ayam"與"kālaḥ"之間均有指示代詞"sa"複指。譯者在翻譯時並不是完全遵循原典語言的語序，而是做了一定的變通，如(30)依照原文，"ayaṃ sa kālaḥ samayaś"位於前面，而"upanāmituṃśākyamunerbhājanā"在其後，但譯師却譯爲"欲施石鉢，今正是時。"同樣的，例(29)的原典語言中的 VP 成分"ātmaparityāga"(捨身)位於"ayam"和"kālaḥ"之間，但譯師也將其譯爲：我捨身命，今正是時。但是，無論 VP 的句法位置如何，譯者均將"ayam(idānīm)(sa)kālaḥ/samayaḥ"譯爲"今正是時"，將 VP 置於"今正是時"之外，進而形成"(VP，)今正是時(，VP)"結構。

綜上可知，漢譯佛經中"(VP，)今正是時(，VP)"結構是受原典語言的影響而產生的，是翻譯原典語言中"(VP，)ayam(idānīm)(sa)(VP)kālaḥ/samayaḥ(，VP)"句式的結果。至此，我們才算真正弄清楚了現代漢語中"是時候 VP 了"結構的基底，雖然我們不能説漢譯佛經中的"(VP，)今正是時(，VP)"是現代漢語的"是時候 VP 了"的直接來源，但至少早在中古時期漢語中就已經存在表"現在是做某事的時候了"這一概念義的表達式，只是它不是漢語自身發展的產物，而是受異質語言影響的結果。

至此我們可以清晰地勾勒出"現在應該做某事"這一概念義的來源及漢語史上該概念義表達式的演變歷程：

(VP，)ayam(idānīm)(VP)kālaḥ/samayaḥ(，VP)

↓梵漢接觸

(VP，)今正是時(，VP)

↓雙音化、詞彙替換

(VP，)是時候了(，VP)

↓英漢接觸

是時候 VP 了

五　結語

文章從歷時角度對現代漢語中“是時候 VP 了”句式的來源進行了探討，發現表“現在應該做某事”這一建言義的表達式最早見於中古時期的漢譯佛經，表現爲“(VP，)今正是時(，VP)”。這一表達式並不是漢語自身發展的産物，而是翻譯原典梵語“(VP，)ayam(idānīm)(VP)kālaḥ/samayaḥ(，VP)”的結果。漢語中這一概念義的表達經歷了複雜的過程：首先，其於中古時期受異質語言梵語的影響而産生，形成了固定的、習語式的(VP，)今正是時(，VP)”結構；到近代漢語中，在原有框架的基礎上發生了詞彙的替换、删減和添加，以“(VP，)是時候了(，VP)”形式繼續使用；到現當代時期，由於英語和漢語的廣泛、深入接觸，受英語“It's time to”“It's time for”句式的影響，“是時候 VP 了”逐漸戰勝“(VP，)是時候了”，成爲表達“現在應該做某事”這一概念義的優勢句型。

附注

①本文所引佛典例句均出自日本《大正新修大藏經》，例句後標明該例句的出處，括號中的“1/94b”表示所引例句在《大正藏》第 1 册 94 頁中間一欄。文中例句均以此體例進行標注。

②《妙法蓮花經》的梵文引例依據荻原雲來(U. Wogihara)、土田勝彌(C. Tsuchida)編訂《改訂梵文法華經》(Saddharmapundarīka-sutra，Romanized and Revised Text of the Bibliotheca Buddhica Publication by Consulting a Sanskrit Ms. and Tibetan and Chinese Translations)，山喜房佛書林，東京，1934-35 年；《金光明最勝王經》的梵文引例依據 Johannes Nobel 採用英、法以及蘇聯所藏各種梵語寫卷勘定出的梵文本 Suvarnabhaspttamasutra. Mahayana Goldglanz. Ein Sanskrit-Text des Mahayana-Buddhismus. Nach den tibetischen und chinesischen Ubertragungen，Leipzig，1937 年；《方廣大莊嚴經》梵文引例依據維迪耶的編訂本 Lalitavistarara，The Mithila Institute，Darbhanga，1987 年。

③梵文語法信息標注縮略語：m. 陽性；n. 中性；f. 陰性；N. 體格；Acc. 業格；G. 屬格；L. 依格；V. 呼格；s. 單數；pl. 複數；indec. 不變詞；dem. 指示代詞；inter. 疑問代詞；pron. 人稱代詞；conj. 連詞；num. 數詞；ppp. 過去被動分詞；inf. 不定式；aors. 不定過去時；pres. 陳述語氣；A. 中間語態。

參考文獻

[1]晁代金. “是時候”組合的發展演變[J]. 廊坊師範學院學報，2008(2)：31-33.

[2]晁代金. “是時候 VP”句式探析[J]. 柳州職業技術學院學報，2008(2)：109-111.

[3]杜道流. 是“是……時候(了)”還是“是時候……(了)”？[J]. 淮北師範大學學報(哲學社會科學版)，2014(2)：100-102.

[4]方清明. 論跨層結構“的時候”的詞彙化與語法化[J]. 語言教學與研究，2017(1)：94-101.

[5]劉雲. 漢英接觸産生的新興結構“是時候 VP”[J]. 漢語學報，2018(4)：21-30.

[6]彭利貞. “是時候”的前移現象[C]//“語言的描寫與解釋”國際研討會論文集(復旦大學)，2014：67 .

[7]唐正大. 從“是時候 VP 了”看漢語從句補足語結構的崛起——兼談漢語視覺語體中的 VO 特徵强化現象[J]. 世界漢語教學，2018(3)：326-343.

[8]王倩蕾. “是時候＋VP”句法語義研究[J]. 常州工學院學報(社科版)，2014(6)：82-85.

On the Basement of "*Shi-shihou VP le*" (是時候 VP 了)Structure from the Medieval Translation of Buddhist Scriptures

Zhou Xiaoyan

Abstract: The paper holds that the basement of the"*Shi-shihou VP le*"in modern Chinese is"(VP,) *Jinzhengshishi* (,*VP*) "in the medieval translation of Buddhist scriptures. It was the result of translation of "(*VP*,)*ayam*(*idānīm*)(*sa*)(*VP*)*kālaḥ*/*samayaḥ*(,*VP*)"in Sanskrit. From a diachronic perspective,the expression of the concept meaning"it's time to do something"has undergone a complex evolution process:(*VP*,)*Jinzhengshishi*(,*VP*) > (*VP*,)*Shi-shihou le*(,*VP*) > *Shi-shihou VP le*. In this evolutionary chain,language contact plays an important role. First of all,the initial contact between Sanskrit and Chinese introduced the concept of"it's time to do something"to Chinese,and produced the structure of "(*VP*,)*Jinzhengshishi*(,*VP*)". Secondly, influenced by the contact between English and Chinese,the English-Chinese translation of "it's time to""it's time for"in English has greatly increased the frequency of"*Shi-shihou VP le*",which has become one of the dominant sentence pattern in modern Chinese expressing the concept of "it's time to do something".

Key words: 是時候 VP 了,diachronic evolution,language contact

通信地址:河南省洛陽市伊濱區吉慶路 6 號洛陽師範學院文學院
郵　　編:471000
E-mail:18811120376@163. com

“觼”的意義和理據

——從《越諺》“挑一擔嬽，觼一頭會”説起*

王　勇

内容提要　清范寅所著《越諺》中有“挑一擔嬽，觼一頭會”之諺。本文通過考察“觼”的音義，認爲“觼”音“掘”，義爲“用棍棒刀錐等挑開或挑起”，該義源於“舉起；翹起”義。“挑一擔嬽，觼一頭會”意謂“不會挑一擔，却會用扁擔或釺擔等挑起擔子一頭的東西”，借此表達“人愚笨、不知變通”。

關鍵詞　《越諺》　近代漢語　吴語　理據

一

清范寅《越諺》卷上“數目之諺第十”：“挑一擔嬽①，觼一頭會。”②“觼”字同書“單辭隻義”釋曰：“觼，(音)‘掘’。牛以角觸人。《唐韻》。”

周志鋒(2011)認爲“觼”字讀音與“掘”讀音不合，吴語讀“掘”而當“牛以角觸人”講的本字應作“𧥄”。但用“牛以角觸人”義來解釋“觼一頭會”的“觼”仍然無法講通。此“觼”用同“掇”(吴語音同“搭”)，義爲“拿，端，搬”。整句諺語的意思是：不能挑一擔，而會拿擔子一頭的東西。後來周志鋒(2014:288)更正了對這一問題的看法，他認爲“觼”通“撅”，指用棍棒等把東西挑起來掮在肩上。諺語字面意思是：不會挑一擔，而會“撅”擔子一頭的東西。雖然“一頭”的分量比“一擔”少了一半，但其實“撅”一頭的東西比挑一擔更加費力，因而此諺有譏人只會蠻幹、不知變通的意思。

本文在周志鋒(2014:288)的結論的基礎上，進一步探求“觼”當“挑起”講的理據。我們認爲范寅注音釋義都没錯，只不過他拘於文字本義而未給出在具體語境中較爲圓通的釋義而已。“觼”同“𧥄”，音“掘”，義爲“用棍棒刀錐等挑開或挑起”，該義來源於其“舉起；翹起”義。下面予以證明。

* 本文是北京語言大學博士科研啟動基金項目《清代散見方言材料輯録與方言詞彙考論》(19YBB10)、中國博士後科學基金第68批面上資助項目《筆記小説中所見清代方言材料輯録及方言詞彙論考》(2020M680466)的階段性成果。《漢語史學報》匿名審稿專家爲本文提出了寶貴的修改意見，並提供了最新研究成果，謹此致謝！

① “嬽”是吴方言合音詞，義爲“不會；不能”。《越諺》卷下“兩字並音”：“嬽，勿爲切。勿會也。凡謙言‘不能’曰‘嬽’。如‘嬽做’‘嬽弄’之類。”

② 侯友蘭等(2006:86)標點有誤，本文引用時據周志鋒(2011)的觀點改正。

二

第一,就讀音而言,"觼"與"掘"讀音相合。二字在清代吴語中同音,光緒五年(1879)《鎮海縣志》:"豰,音掘。"《廣韻》中"豰""觼"同屬"蹶"小韻,所以"觼"也應該"音掘"。鎮海話與紹興話同屬吴語太湖片,並且分屬相鄰的兩個方言小片①,因此紹興方言中"觼"與"掘"讀音應該相近甚至相同。不獨上述兩地,二字在吴語區其他地方也同音。乾隆二十四年(1759)《象山縣志》:"牛羊以角觸人與發地皆曰觷,音掘。"②"觷"和"觼"互爲異體字,《重訂直音篇》卷七:"觼,音決。角觸。觷,同上。又音掘。"綜上,"觼"的同音字"豰"和異體字"觷"都"音掘",因此"觼"也應該"音掘"。由此可見,范寅的注音不誤③。

第二,就意義而言,"觼"(觷)和它的同源詞都有"用棍棒刀錐等挑開或挑起"義。觼,《玉篇·角部》:"角觸。"《集韻·薛韻》:"抵觸也。"觷,《説文·角部》:"角有所觸發也。"《廣韻·月韻》:"以角發物。""觼"是"觷"的後出異體字,《玉篇》《集韻》中"觼"字的釋義沿襲《説文》"觷"字的釋義而有所割裂,從而導致人們誤以爲二字記録了兩個詞。"觷"字《説文》云"角有所觸發也","觸"後有補語"發",並非一般的抵觸、碰撞,而是指"碰觸而挑開、挑起","發"取其"開啟;打開"義。完成這一事件所憑藉的工具是錐狀物或棍狀物,因此該字從"角"④,《説文》《廣韻》的釋義都强調工具"角"。王筠《説文句讀·角部》"觷"字條:"角有所觸,起發其物也。《羂索經》:'去惡土。'"王氏所言甚確。他所引佛經用例見於唐菩提流志譯《不空羂索神變真言經》卷二七。佛經用例中所使用的工具當爲鍬钁之類,所發之物爲土。在此意義上,"觷"和常見的"掘"功能相同⑤。文獻中常有"發土"的説法,如《吕氏春秋·音律》:"太蔟之月,陽氣始生,草木繁動。令農發土,無或失時。"又如《廣韻·月韻》:"豰,豕發土也。"《集韻·月韻》:"豰,豕食發土謂之豰。""豰"指豬用嘴將泥土拱起(使之鬆動)。其中的"發",由動作的結果"開啟;打開"轉變爲動作行爲本身,即"使土開啟、打開"。"豰"與"觼"同屬"蹶"小韻,二者音同義近,是同源詞。不論是"角有所觸發",還是"豕發土",都可以概括爲"用尖狀物(棍棒、刀錐、喙等)挑開或挑起"。若從口語的角度考慮,可以説"豰"和"觼"所記録的詞相同,只不過因爲語境有别而造出了不同的字形。

第三,就意義來源而言,"觷"的"用棍棒刀錐等挑開或挑起"義在具體語境中可細分爲兩個意義:一是"撬;挑(tiǎo)"義,二是"事物被撬起或挑(tiǎo)起的狀態",這兩個意義由"高

---

① 紹興話屬於臨紹小片,鎮海話屬於甬江小片。參傅國通等(1986)。

② 1915年《象山縣志》、1935年《蕭山縣志》同。

③ 周先生認爲"觼"讀同"掇",可能是因爲二字都有"叕"這個部件。事實上含有"叕"這個部件的字也有和"掘"音同或音近的,如"豰""敪""錣"等。敪,《集韻》音紀劣、傾雪、居月三切。光緒五年(1879)《鎮海縣志》:"音掘。《方言》:'錣,短也。'"

④ 該字從"角",與角的形狀和功能有關。角的一端尖鋭,因此可以用來解結,也可以用來剔抉(挑)。前一功能如"觿",《説文·角部》:"佩角鋭耑,可以解結。"後一功能如"觛",《説文·角部》:"角匕也。""匕"是古人舀取食物的器具,相當於現代的湯匙、勺子。

⑤ 唐菩提流志譯《如意輪陀羅尼經》"地除去惡土"中"觷"字宋元明各本作"掘"。《一字佛頂輪王經》"觷取土"中"觷"字宋本作"撅",元明甲各本作"掘"。由此可見"觷""撅""掘"在音義上的相關性。事實上,它們是同源詞。此不贅述。

舉;翹起"義遞相引申。其脈絡如下:

高舉;翹起——→使之高舉、翹起,即"撬;挑(tiǎo)"——→物體被棍棒或竹竿等支舉的狀態。

"䙌"(鱖)没有"高舉;翹起"義,但它的同源詞有該義。這些同源詞有"蹶、决、抉、撅、噘"等多種寫法。例如:

(1)子胥兩袪高蹶而出於廷,曰:"嗟乎! 吴朝必生荆棘矣!"(《吕氏春秋·知化》)

(2)那茶博士又决嘴道:"你説!"(宋元明《清平山堂話本·楊温攔路虎傳》)

(3)那官人生得:濃眉毛,大眼睛,蹶鼻子,略綽口。(宋元明《清平山堂話本·簡貼和尚》)

(4)我若把尾子一抉,颼的跳起走了,只當是送老孫。(明《西遊記》三三回)

(5)夥計本來是勢利鬼,眼睛生在額角上的,早就撅着狗嘴的了。(魯迅《彷徨·肥皂》)

(6)(淑貞)臉上現出無可奈何的神氣,噘着嘴説:"我不去。"(巴金《春》一)①

此外,還有其他藴含"高"義的同源詞。如"襏、崛"等。襏,《類篇·衣部》:"揭衣渡水也。"崛,《説文·山部》:"山短高也。"字又作"崫",《字彙補·山部》:"崫,與崛同,山高貌。"②

總而言之,"䙌"(鱖)和"鐝"等同源詞的意義可以歸納爲三個:"高舉;翹起""撬;挑(tiǎo)""事物被撬起或挑(tiǎo)起的狀態"。這些意義的聯繫在"撅""掬"的用法中得以體現。"撅"和"掬"都同時具有以上三個意義。"撅"的例子如:

(7)那平安兒因書童兒不請他吃東道,把嘴頭子撅着,正没好氣。(明《金瓶梅詞話》三四回)

(8)以鐵箸撅其口,堅不啟。四月四日迺卒。……殮時其口旁撅處血痕猶殷,見者淚下。(宣統二年(1910)《諸暨縣志》卷三七)

(9)所用之刑尤駭人聽聞。如以碗口粗小樹砍去枝稍(梢),削其頂爲尖,將犯山人衣服盡脱,並將小樹彎俯在地,以樹尖插入肛門,陡一鬆手,將人撅在半空。旋即落地,摔得腦漿崩裂。(1930年《朝陽縣志》卷三三)

例(7)中的"撅"義爲"高舉;翹起"。例(8)中的"撅"義同"撬","以鐵箸撅其口"即用鐵棒撬其口,"撅處"即被撬的地方。例(9)中的"撅"義同"挑",即用棍棒、刀錐等將物體舉起。"撅在半空"即挑在半空,諺語中的"鱖"正是此義。1934年《安徽通志稿·方言考》卷一:"厥,《通俗雜纂》曰:'……郥襄間人謂人含怒努嘴曰厥。其音平聲。蓋人含怒而不言,每努其嘴,或戾其躬,其形狀正如有觸厥者。'……按今壽縣謂嘴及以杖發石均謂之厥。音亦讀平聲。通作撅。"此例中"撅"有兩義,一指噘嘴,另一義同"撬"("發石")③。

---

① 該義在方言中還有更具體的用法。"撅"在哈爾濱話中有"秤桿抬得高,使所稱的東西部分流失"的意思,如"賣破爛兒的攔秤把他賣的舊報紙~走了好幾斤"。參李榮主編(2002:5344)。

② 這一引申現象在語言中重複出現,可互相參證。如"挑(tiǎo)"有"高舉"義,《舊唐書·封常清傳》:"臣請走馬赴東京,開府庫,募驍勇,挑馬箠渡河,計日取逆胡之首懸於闕下。"《兒女英雄傳》第七回:"酒窩兒一動,蛾眉兒一挑。"又有"用竹竿等東西把物體支舉起來"義,宋陸游《自題傳神》詩:"簷挑雙草履,壁倚一烏藤。"《水滸傳》第二九回:"官道旁邊,早望見一座酒肆,望子挑出在簷前。"

③ 吴方言之外的其他方言中也有用例,如膠遼官話中"撅"即指用針、叉子等往外、往上挑。參許寶華、宫田一郎主編(1999:7026)。筆者所操方言(湖北當陽)中"撅"有"翹起""用鍬鏟、勺子等挑起少量土或食物""用棍棒刀錐等挑開或挑起"等意義。挑一擔東西,又可以説成"撅一擔",其中的"撅"含有將物體挑(tiǎo)起的意思。

“掬”的例子如：

(10)八戒采著馬，掬著嘴，擺著耳朵。(明《西遊記》五三回)

(11)只見兩個太監，拿兩根紅漆扛子，往那空地上掬起一塊四方石板。(同上六九回)

(12)那老妖還睡著了，(行者)即將他四馬攢蹄捆倒，使金箍棒掬起來，握在肩上，徑出後門。猪八戒遠遠的望見道：“哥哥好幹這握頭事！再尋一個兒趁頭挑著不好?”(同上八六回)

例(10)的“掬著嘴”即噘着嘴，“掬”取“高舉；翹起”義；例(11)的“掬起一塊四方石板”即撬起一塊四方石板；例(12)的“使金箍棒掬起來”即用金箍棒的一端挑着。

綜上所述，“觖(觼)”音“掘”，本義是“角有所觸發”，它所記録的詞義爲“用尖狀物(棍棒、刀錐、喙等)挑開或挑起”。“觖(觼)”及其同源詞的意義可以歸納爲三個：“高舉；翹起”“撬；挑(tiǎo)”和“事物被撬起或挑(tiǎo)起的狀態”。三者存在遞相引申的關係，也就是説“事物被撬起或挑(tiǎo)起的狀態”义由“撬；挑(tiǎo)”義引申，“撬；挑(tiǎo)”義又由“高舉；翹起”義引申。“觖(觼)”有“掘”“叕”“橛”“崛”等同源詞。在表達以上三個意義時，人們使用了“蹶、決、抉、撅、噘”等衆多書寫形式。

三

弄清了“觖”的意義及理據，“挑一擔爲，觖一頭會”的意義便明朗了。該諺語的意思是：不會挑一擔，却會用扁擔或釬擔①等挑起擔子一頭的東西。按照常理，擔子兩邊重量差别懸殊時，挑起來十分費力。而擔子一頭滿載，另一頭空載時極難挑起。這樣的擔子叫作“偏擔”。《啟顔録》上編《嘲誚》：“黑闥大笑，賜絹五十疋。其人拜謝訖，於左膊上負絹走出，未至屏牆，即遂倒卧不起。黑闥令問：‘何意倒地?’其人對云：‘爲是偏擔。’”其人因爲左膊上有絹，右膊上没有，所以他説是“偏擔”；因爲“正擔好挑，偏擔難挨”，所以他“倒地”。因此人們常常會在没有東西的一頭掛上配頭來使擔子達到平衡的狀態。例(12)中的情節可以證明這一解釋。孫悟空用金箍棒的一頭挑起老妖扛在肩上，八戒看到後，批評他喜歡幹這樣的“握頭”事(用棍棒一端插入物體挑起扛在肩上)，爲什麽不找個“趁頭”(即配頭)挑起來呢②?“握頭”即“一頭”，“尋一個趁頭挑起來”即挑一擔，顯然前者費力而後者輕鬆，因此才有了八戒的那番話。

“挑一擔爲，觖一頭會”所描述的事件明顯違背常理，這則諺語也正是通過“違背常理”這一點傳達出“人愚笨、不知變通”的含義的。

參考文獻

[1]白維國主編. 近代漢語詞典[M]. 上海：上海教育出版社，2015.

① 用來挑柴等成捆的東西的扁擔，兩頭尖而上翹。

② “握頭”“趁頭”的意義可參白維國主編(2015：2240，205)。

[2]傅國通等. 吴語的分區(稿)[J]. 方言,1986(1):1-7.
[3]侯友蘭等.《越諺》點注[M]. 北京:人民出版社,2006.
[4]李榮主編. 現代漢語方言大詞典[M]. 南京:江蘇教育出版社,2002.
[5]王福堂. 紹興方言研究[M]. 北京:語文出版社,2015.
[6]許寶華,宫田一郎主編. 漢語方言大詞典[M]. 北京:中華書局,1999.
[7]周志鋒.《越諺》方俗字詞選釋[J]. 中國語文,2011(5):476-478.
[8]周志鋒. 訓詁探索與應用[M]. 杭州:浙江大學出版社,2014.

The Meaning and Motivation of *Jue*(䂞):Starting from a Proverb "挑一擔𦍑,䂞一頭會" in *Yue Yan*(《越諺》)

Wang Yong

Abstract: There is a proverb in *Yue Yan*(《越諺》)written by Fan Yin(范寅),that is"挑一擔,一頭會". By examining the pronunciation and meaning of "*jue*(䂞)", this paper thinks that *jue*(䂞)'s pronunciation is the same as 掘,and its meaning is "to pick up or provoke with tools such as sticks and cones." The meaning comes from"lifting; lifting up". This proverb means that "you can't pick a burden,but you can pick up one side of the burden". This proverb is used to describe people who are stupid,don't know how to work.

Key words: *Yue Yan*(《越諺》),modern Chinese,Wu dialect,motivation

通信地址:北京市海淀區學院路 15 號北京語言大學教四樓 217 室
郵　　編:100083
E-mail:ctguwy@163. com

《荀子》聯綿詞柬釋

樊波成

内容提要　“薛”與“散”相通，“薛越”兩字俱釋爲“散”。“谿”與“蹇”相通，“綦谿”兩字俱釋爲“蹇”，“綦谿”由“蹣跚”一系叠韻聯綿詞訛寫、重構而來。“胥靡”之“胥”通馬絆之“縃”，“靡”通牛鞦之“縻”。“皋牢”之“皋”通作《説文》“牛馬牢”之“牿”，又因漢隸形近而轉寫爲“辛牢”。從詞源的角度看，聯綿詞多由同義複詞演化而來，可以拆分、倒寫或重組。但在發展過程中，聯綿詞上下兩字往往趨於“形旁同化”或“音讀同化”。歷經轉寫、轉讀的聯綿詞越來越難以使用複合詞的方法加以解析，讀者不得不將聯綿詞上下兩字視作單一個體，並通過上下文推敲詞義。這樣一來，聯綿詞便逐步趨近於單純詞。

關鍵詞　綦谿　胥靡　皋牢　同義複詞

一　綦谿

《荀子・非十二子篇》：“忍情性，綦谿利跂，苟以分異人爲高，不足以合大衆，明大分；然而其持之有故，其言之成理，足以欺惑愚衆，是陳仲、史鰌也。”楊倞注：“綦谿未詳，蓋與跂義同也。”郝懿行《補注》曰：“‘綦谿’者過於深峭，‘利跂’者便於走趨。‘谿’讀爲‘雞’，‘跂’音爲‘企’，四字雙聲叠韻，其義則未之聞。”王先謙《集解》云：“《荀子》多以‘綦’爲‘極’。谿之爲言，深也。《老子》‘爲天下谿’，河上公注云：‘人能謙下如深谿。’是谿有深義，綦谿，猶言極深耳。”

“綦”“谿”二字，分别在字義與音讀上與“蹇”相近。“綦”有“蹇”義，《春秋穀梁傳・昭公二十年》：“輒者何也？曰：兩足不能相過，齊謂之綦，楚謂之踙，衛謂之輒。”《廣雅・釋詁》釋“綦”字曰：“蹇也。”至於“谿”字，其古音在溪紐支部，與見紐元部之“蹇”字聲韻俱近，古書多有通轉，如《淮南子・人間》“蹇他”，《吕氏春秋・悔過》作“奚施”。《説文・足部》“蹇，跛也”，段玉裁注：“行難謂之蹇。”“綦谿”即跛足蹣跚、奮力前行。跛足前行有違“自然”本性，可與前文“違矯其性”之“忍情性”呼應。

何寧(1988：139)認爲《荀子・非十二子》“綦谿利(離)①跂”即《淮南子・俶真》“楕鮭(徯)②離跂”。不過，“楕”並不像“綦”字那樣有“蹇跛”之義，也與“綦”音讀較遠(“綦”古音在群紐之部，“楕”古音在幫紐元部)。因此，“綦谿”與“楕鮭”並不是音讀或意義直接對應的異文。按：“楕”與“弁”字同屬幫紐元部，晚周秦漢之際“弁”又與“其(亓)”形近，“弁”常轉寫作“其(亓)”，如司馬貞《索隱》謂《史記・高祖功臣侯者年表》“卞訢”即《漢書・高惠高后文功臣

① 《荀子・非十二子》“綦谿利跂”楊倞注：“利與離同。”

② 《淮南子・俶真》“楕鮭離跂”高誘注：“鮭，徯徑之徯也。”鮭(圭)，古音見紐支部，與“谿”聲韻俱近，《説文》云：“謑，謑或从奊。……奊，从矢圭聲。”

表》"其石"①;《尚書・堯典》"於變(弁)時雍",《漢孔宙碑》作"於亓時廱";孔子妻"亓官氏",或作"弁(并)官氏"(俞正燮,1989:222)。孫詒讓《札迻》亦曰:"漢隸書'弁'字多作'亓'。""弁"古音在並紐元部,與並紐歌部之"尰"字相通②。《説文》:"尰,蹇也。从尣皮聲。……跛,行不正也。从足皮聲。""尰"與同在幫組歌月部的"婆""弊""敝""蹩"等字相通,也可以與幫組元部的"便""蹣(跰、蹁)""媻""盤""邊"等字對轉。《淮南子・俶真》"傰"可讀作"蹣(蹁)",亦可視作"尰"字之聲轉,字或作"敝""蹩"。"傰䲜"之"䲜"可與"跬""鮮"相通,"傰䲜"當即《莊子・駢拇》之"敝跬"③,也就是蹣跚、便姍、邊鮮、盤散、蹩躠、弊擻、勃屑、婆娑等一系列叠韻聯綿詞(姜亮夫,2002:547-548)。這些叠韻聯綿詞用於表達"跛行""小行",可以視作同義複詞"尰蹇"的轉寫,它們的上字多在幫組的歌一月一元部,下字多在心紐(或溪紐)的歌一月一元部,是十分常見却又變化多端的叠韻聯綿詞。和這些叠韻聯綿詞相比,雙聲聯綿詞"綦谿"雖然同樣表示蹇跛,但在文獻中較爲少見,再考慮到"弁""亓"形近(或"緈""綥"形近)等因素,《荀子》"綦谿"可能由"蹣跚"一系的叠韻聯綿詞譌寫而來。這種譌寫雖然破壞了原有的"聯綿"形態,但隨即又重新組織出新的"聯綿"形態。梳理"綦谿利跂"與"傰䲜離跂"的複雜關係,或有助於探索聯綿詞的演變機制。

二 胥靡

《荀子・儒效篇》:"鄉也,胥靡之人,俄而治天下之大器舉在此,豈不貧而富矣哉!"楊倞注:"胥靡,刑徒人也。胥,相。靡,繫也。謂鏁相聯相繫,《漢書》所謂'鋃鐺'者也。舉,皆也。顔師古曰:'聯繫使相隨而服役之,猶今囚徒以鏁連枷也。'"楊氏釋"胥靡"爲"刑徒",本無疑義,惟王引之曰:"胥靡者,空無所有之謂,故《荀子》況以貧。胥之言疏也。……疏,空也。靡,無也。胥靡,猶言胥無。《春秋》齊有胥賓無,蓋取此義也。《漢書・揚雄傳》客難曰'胥靡爲宰,寂寞爲尸','胥靡'與'寂寞'相對爲文,是胥靡爲空無所有之意。"王氏此説使"胥靡"又多了"空無所有"的意項。

《荀子》之"胥靡"釋作"刑徒"即可,不必輾轉爲"空無所有"(柴旭蕊、查中林,2011:98-99)。戰國時期,胥靡最爲貧苦,奴婢尚在其次。比較《墨子・天志下》"丈夫以爲僕圉、胥靡,婦人以爲舂酋"與《周禮・秋官・司厲》"男子入於罪隸,女子入於舂槀",不難推測胥靡爲罪隸之一種。

戰國晚期法令,賊判死刑,盜判胥靡④;秦漢律令,也多將"盜"判爲"城旦",張家山漢簡《奏讞書》載秦國判盜爲城旦,又引"異時魯法"詳述對"盜"的懲罰:"盜一錢到廿,罰金一兩;過廿到百,罰金二百;過百到二百,爲白徒;過二百到千,完爲倡。"又曰:"諸以縣官事詑其上者,以白徒法論之。有白徒罪二者,加其罪一等。白徒者,當今隸臣妾;倡,當城旦。"要言之,魯法對"盜"的判決是輕者以贖刑;較重者則爲"白徒"(隸臣妾);最重者爲"倡","倡"相當於漢代的"城旦"。

---

① 參王榮商《漢書補注》卷六,清光緒十七年刻本,第 9 頁。

② 如弁聲之"緐(緐)"與"皮"相通,故《儀禮・鄉射禮》鄭玄注:"今文'皮樹'爲'繁豎'。"

③ 王叔岷認爲"傰䲜"文義近於《莊子・駢拇》之"敝跬"。

④ 《韓非子・六反》:"治賊非治所揆也,所揆也者,是治死人也。刑盜非治所刑也,治所刑也者,是治胥靡也。"

“隸臣妾”是剥奪自由罰爲奴隸或官奴婢,“城旦”在受罰等級上重於“隸臣妾”(冨谷至,2006:23-27;高恒,2008:88-89;李均明,2011:34-37),是修建城垣的戴罪勞役(秦律中還施加不同的肉刑)。與“隸臣妾”等輕罪奴隸不同,作爲重罪奴隸的城旦還需要枷戴限制人身自由的刑具(高恒,2008:93)。《秦律十八種・司空》曰“城旦舂衣赤衣,冒赤氈,枸櫝欙杕之”,“枸櫝欙杕”即桎梏和縲鈦,是重罪刑徒(城旦)區别於輕罪白徒(隸臣妾)的主要標誌。

較之“隸臣妾”,胥靡更接近於“城旦”,《莊子・庚桑楚》“胥靡登高而不懼,遺死生也”,《莊子・則陽》“築十仞之城,城者既十仞矣,則又壞之,此胥靡之所苦也”,這裏的胥靡和城旦一樣,都是修建城垣的戴罪勞役。《秦律十八種・司空》“城旦舂衣赤衣”也與《漢書・楚元王傳》“胥靡之,衣之赭衣,使杵臼雅舂於市”類似。《秦律十八種・司空》城旦“居貲贖債”爲司寇刑,也和《尉繚子》“百金不胥靡”類似。《韓非子・内儲説》“嗣公知之,故買胥靡”,睡虎地秦簡《封診式・告臣》中也有私人奴隸主將奴隸賣給國家作爲城旦的記録。由上可知,“胥靡”是從事危險勞動的“城旦”,不僅在服刑期間没有自由,還可以被買賣,低賤到了不能算人的地步,受到很大歧視(吴榮曾,1995:153)。

和“城旦”以“枸櫝欙杕”爲特徵類似,“胥靡”也有繫制之意。”顔師古在晋灼的基礎上,釋“胥”爲“相”,釋“靡”爲“隨”,認爲胥靡是:“聯繫使相隨而服役之,故謂之胥靡,猶今之役囚徒以鎖聯綴耳。”(《漢書・楚元王傳》注)然而,比起“以鎖聯綴”防止逃亡,“胥靡”更著重於服勞役,尤其是登高築城之類的勞作極不適合“相隨聯繫”。因此,以“相隨”釋“胥靡”並不妥帖。按“胥”古音心紐魚部,“須”古音心紐侯部,多相通轉,如《史記・趙世家》“太后盛氣而胥之”裴駰集解:“胥,猶須也。”《史記・廉頗藺相如列傳》“胥後令”司馬貞索隱:“‘胥’‘須’古人通用。”《孟子・萬章上》“帝將胥天下而遷之焉”趙岐注:“胥,須也。”睡虎地 77 號墓西漢簡牘有“昔者殷王有臣曰王子胥靡,好臾而不間”,《太平御覽》卷四百九十引《尸子》作“昔商紂有臣曰王子須,務爲諂”。“胥靡”之“胥”讀作“繻”,《説文・糸部》:“繻,絆前兩足也。从糸須聲。《漢令》:蠻夷卒有繻。”段玉裁校訂曰:“‘殊’下云‘蠻夷長有罪當殊之’,此應云‘蠻夷卒有罪當繻之’。”《説文》所引《漢令》“繻之”猶《漢書・楚元王傳》“胥靡之”。“胥靡”之“靡”讀作“縻”,《説文・糸部》:“縻,牛轡也。”吴榮曾認爲“胥靡”是兩種拴畜牲的繩索:繻和縻(吴榮曾,1995:153)。“胥靡”之“繻”用於繫足,“胥靡”之“縻”用於繫首;猶“踏頭曰鉗、踏足曰鈦”之“鉗鈦”(《急就篇》“鬼薪白粲鉗鈦髡”,“鉗鈦”亦漢代刑罰兼刑徒之名)。“胥靡”是同義複詞“繻縻”的轉寫,例同“鉗鈦”“累紲”“囹圄”“桎梏”。王引之所引《揚雄傳》之“胥靡爲宰”本爲傅説以胥靡爲冢宰之事,義與《韓非子・説疑》賢良“或在囹圄、緤紲、纆索之中”近似。

三　薛越

《荀子・王制篇》曰:“務本事,積財物,而勿忘棲遲薛越也。……貨財粟米者,彼將日日棲遲薛越之中野,我今將畜積并聚之於倉廩。”“薛越”二字難解,方以智、久保愛、物雙松、盧文弨皆本《通鑒》及胡三省音注讀“屑”,釋作“狼籍而棄之”,于省吾(1999:207)讀“薛”爲“佾”,通“逸”。

按:“薛”讀作“散”,“散”古音在心紐寒部,“薛”在心紐月部,“薛”“散”陽入對轉。《莊子・馬蹄篇》“蹩躠爲仁,踶跂爲義”,陸德明釋文:“‘躠’,本又作‘薛’,悉結反,向、崔本作‘殺’,

音同。"《集韻・曷韻》亦曰："蠆，通作殺。""殺"與"榝"同源（裘錫圭，1992：172）。《方言》卷三："虔、散，殺也，東齊曰散。"《説文・米部》曰"糕糳①，散之也。从米殺聲，桑割切"，段玉裁曰："凡放散皆曰糳，亦省作殺。"《集韻・曷韻》曰："殺，散貌。"

"薛"既爲"散"之假借，"薛越"亦可作"散越"，《國語・周語下》"氣不沈滯，而亦不散越"，又云"爲之六間，以揚沈伏，而黜散越也"。

"越"亦可釋爲"散"。《左傳・昭公四年》"風不越而殺"杜注："越，散也。"《淮南子・俶真》"精神已越於外，而事復返之"高誘注："越，散也。"《管子・四時》"其德淳越，温怒周密"尹知章注："越，散也。冬既閉藏，時則入於慆嗇，故令散施爲德。"《老子指歸・知者不言章》："陽泄神越。"

四 竭蹶

《荀子・儒效篇》"近者歌謳而樂之，遠者竭蹶而趨之"，楊倞注："竭蹶，顛倒也。遠者顛倒趨之，如不及然。"楊注雖據"蹶"之"顛倒"意而説之，但也認識到"竭蹶"用於形容"趨"，故此"竭蹶"當爲急趨急遽之貌。在此基礎上，物雙松據《曲禮下》"足毋蹶"鄭注"行遽貌"解釋"竭蹶"，高亨（1961：154）據《詩・檜風・匪風》"匪車偈兮"毛傳"偈偈，疾驅"與《爾雅・釋訓》"蹶蹶，敏也"解釋"竭蹶"。

《荀子》"竭蹶"與《詩》"蹶蹶""偈偈"義同，"竭"與"蹶"皆見組月部。"竭"本作"騔（駒）"或"偈"，《説文・馬部》："駒，馬疾走也。"《廣雅》曰："偈，疾也。"蹶爲舉足，引申爲急行。《國語・越語》曰"蹶而趨之，唯恐弗及"韋昭注："蹶，走也。""蹶"既訓爲"走"，故《新序》卷五引《荀子》"竭蹶"作"竭走"，是用與"蹶"意義相近而聲韻較遠的"走"代替，可見《新序》猶視"竭蹶"爲複合詞而非單純詞。

五 罣牢

《荀子・王霸篇》"合天下之所同願兼而有之，罣牢天下而制之若制子孫"，楊倞注："罣牢，未詳。'罣'，或作'畢'。言盡牢籠天下也。《新序》作'宰牢'。《戰國策》：燕太子丹謂荆軻曰：'秦有貪功之心，非盡天下之地，牢海内之王，其意不厭。'或曰：罣，讀如'以薅荼蓼'之薅，牢與《漢書》'丘嫂轑釜'之轑義同，皆料理斡運之意也。"王應麟《困學紀聞》卷十謂："《馬融傳》注作'皋牢'，猶牢籠也。"郝懿行曰："今按《干禄字書》：'罣，俗皋字。'……皋韜爲覆冒之意，故'皋牢'亦爲'牢籠'，皆雙聲叠韻字也。"

在戰國秦漢文字中，"罣""皋"兩字普遍相混（張領，1995：145-148），此處"罣"爲"皋"字

---

① 段玉裁據《春秋左傳正義》以爲"糕"字衍，可備一説。竊以爲，糕糳同樣是雙聲同義複詞，"糕"亦爲"散"，《説文》所謂"熊足"的"釆""番"或爲"播撒"之象形。

之誤。"皋"古音在見紐幽部,"告"古音在見紐覺部,多有通轉①。此"皋"字宜讀作"牿"。《説文・牛部》:"牢,閑,養牛馬圈也。……牿,牛馬牢也。"牿(皋)、牢俱爲服牛馬之器。《管子・輕重戊》"殷人之王立皁牢,服牛馬,以为利民","皁牢"也可能是"皋牢"之誤,與《説文》"牿""牢"爲牛馬之牢圈相應。"牿""牢"作動詞,俱有繫制、束縛之義,正與下文"制"字相應,"牿牢天下"猶舊註所謂"牢籠天下"。

"皋牢"本爲幽部叠韻聯綿詞。漢隸、章草中"皋""宰"形近,如《曹全碑》"部吏王皋(皋)",或釋作"部吏王宰"。《楊統碑》"皋司累辟",歐陽修《集古録》等或釋作"宰司"②。"宰""牢"形旁相同,又兼"宰天下"與"牢天下"均有"爲天下主"之義,《新序》遂將"皋牢"寫作"宰牢"。"宰牢"形旁相同,一方面重構了"牿牢"最初的同義複詞形態,一方面也破壞了內部原有的叠韻聯綿關係。

六　聯綿詞在不同階段的屬性差異

以上考釋的"綦谿""憔䠋""薛越""竭蹷""皋牢"等同義複詞,由於其內部雙聲叠韻關係,在很多辭書或論著中,它們往往被視作"聯綿詞"。此外,像"胥靡"這樣內部雙聲叠韻關係不明顯的雙音節詞,也可能被歸入"非雙聲叠韻聯綿詞"。

自王念孫《讀書雜志》提出"凡連語之字,皆上下同義,不可分訓"以來,"聯綿詞"的定義幾經變動,四十年代之後逐漸定格爲"單純性的複音詞"或"雙音單純詞",進而有了"聯綿詞不可拆分"之説(李運富,1991;沈懷興,2013)。不過,這一説法並非没有學者質難,尤其是近三十年來,既有陳瑞衡、李運富、姚淦銘、闞童、沈懷興、蘭佳麗等學者指出古今"聯綿詞"定義的本質差異。又有許惟賢、韓振玉、白平、李國正、李運富、沈懷興等學者説明古人並未將"聯綿詞"視爲不可拆解的雙音節單純詞,王念孫只是反對望文生義,所謂"上下同義,不可分訓"對應的是"同義並列複合詞"(李運富,1990)。在此基礎上,許多學者因聲求義,對"參差""滂沱""婉孌""龐坡""辟易""披靡""窈窕""蝴蝶""邂逅""枇杷""磅礴"等聯綿詞"分訓"考釋(付建榮,2019:230-231)。

在晚周秦漢文獻典籍中,聯綿詞存在拆解重組、倒置、替换等現象。如《荀子・非十二子》"離縱而跂訾"對"離跂"和"縱訾(恣)"進行拆分了重組,《荀子・非十二子篇》"溝猶瞀儒"拆分了"縱瞀(怐愗)",《老子》"與(豫)兮若冬涉川,猶兮若畏四鄰"拆分了"猶豫",《晏子春秋・外篇下二》"路世之政,單(亶)事之教"拆分了"路亶"。又如落拓和拓落,溟涬和涬溟,恍惚和惚恍,蔥蘢和蘢蔥,玲瓏和瓏玲,攢蚖和元贊(醃攢),儒輸和偷儒,慷慨和慨慷等聯綿詞上下字互乙(俞忠鑫,1989:70-72;裘錫圭,1992:564),乃至於有"恍兮惚兮,惚兮恍兮""慨當以慷"等倒置+拆分的情况。從這些現象看,聯綿詞在詞源上更符合"並列同義複詞"而非雙音節單純詞。

20世紀40年代,沈兼士(1986:283-287)、孫德宣(1943:179)等學者指出聯綿詞上下兩

① 服虔注《漢書・高帝紀》曰"告,音如嗥呼之嗥"。《周禮・春官・樂師》"詔來瞽皋舞",鄭司農云:"皋,當爲告。"

② 又:《初學記》卷十二引陸機《七徵》"神皋奇稌",《北堂書鈔》卷第一四四引作"神宰"。

字之間存在音讀同化和形旁同化的歷史現象。前述《新序》改“皋牢”作“宰牢”,《荀子》將謞字重構爲“綦谿”等等亦可歸爲此類歷史現象的例證。在漢唐文獻傳抄過程中,普遍存在聯綿詞上下字形旁同化、音讀同化的趨勢。以《莊子》爲例,崔譔、向秀本較爲古老,郭象本和徐邈《音》則晚近一些。向本、崔本《莊子》中如“邉鮮”“弊殺”“但曼”“方羊”等聯綿詞,在郭象本中分別寫作“跰𨇤”“蹩躠”“澶漫”“彷徨”,上下兩字形旁相同。《胠篋》“鑠絶竽瑟”之“鑠”,向秀音藥,郭象音詩灼反,“詩灼反”之“鑠”與“絶”同屬齒音,形成雙聲聯綿結構。又《齊物論》“置其滑涽”,崔本作“滑緍”,謂“滑音户八反,緍音武巾反”;徐邈則謂“滑音古没反,涽音昏”,使“滑涽”二字喉牙雙聲聯綿。《駢拇》“敝跬”,向本、崔本“跬”作“跿”,音“丘氏反”;郭象認爲“敝音父結反,跬音屑”,遂使“敝跬”二字質部屑韻叠韻。比較《莊子》向、崔二本與郭象注、徐邈《音》、陸德明《釋文》,可以發現漢魏晋唐訓詁學家越來越注重聯綿詞内部形體或音讀的一致性。加之語言環境的改變,再用分析複合詞的方法來解釋聯綿詞已經越來越困難。在這樣的背景下,讀者不得不將聯綿詞上下兩字視作一個单一個體,并通過前後語境來推敲詞義。聯綿詞也因此具備了單純詞的一些特徵。

徵引書目

漢・司馬遷撰,南朝宋・裴駰集解,唐・司馬貞索隱,唐・張守節正義《史記》,中華書局,1982。

宋・洪适《隸釋》,中華書局,1985。

清・方以智《通雅》,中國書店,1990。

清・段玉裁《説文解字注》,上海古籍出版社,1988。

清・王念孫撰,張靖偉、樊波成、馬濤等校點《廣雅疏證》,上海古籍出版社,2016。

清・王念孫撰,徐煒君、樊波成、虞思徵等校點《讀書雜志》,上海古籍出版社,2014。

清・俞正燮撰,涂小馬等校點《癸巳類稿》,遼寧教育出版社,2001。

清・郝懿行著,管謹訒點校《荀子補注》,齊魯書社,2010。

清・郭慶藩輯,王孝魚整理《莊子集釋》,中華書局,1961。

清・王先謙撰,沈嘯寰、王星賢點校《荀子集解》,中華書局,1988。

清・孫詒讓撰,梁運華點校《札迻》,中華書局,1989。

徐元誥集解,王樹民、沈長雲點校《國語集解》,中華書局,2002。

物雙松《讀荀子》,京師水玉堂,1764。

久保愛《荀子增注》,富山房,1914。

睡虎地秦墓竹簡整理小組《睡虎地秦墓竹簡》,文物出版社,1990。

彭浩、陳偉、工藤元男《二年律令與奏讞書——張家山二四七號漢墓出土法律文獻釋讀》,上海古籍出版社,2007。

張雙棣《淮南子校釋(增訂本)》,北京大學出版社,2013。

參考文獻

[1]柴旭蕊,查中林.《辭海》《漢語大詞典》釋“胥靡”爲“空無所有”獻疑[J]. 宜賓學院學報,2011(5):98-99.

[2]付建榮. 聯綿詞研究的回顧與展望[M]//漢語史學報(第19輯). 上海:上海教育出版社,2019:226-236.

[3]冨谷至. 秦漢刑罰制度研究[M]. 桂林:廣西師範大學出版社,2006.

[4]高亨. 諸子新箋[M]. 濟南:山東人民出版社,1961.
[5]高恒. 秦漢簡牘中法制文書輯考[M]. 北京:社會科學文獻出版社,2008.
[6]何寧. 淮南子集釋[M]. 北京:中華書局,1998.
[7]許惟賢. 論聯綿字[M]. 南京大學學報,1988(2):199-208.
[8]姜亮夫. 楚辭通故[M]. 昆明:雲南人民出版社,2002.
[9]李均明. 簡牘法制論稿[M]. 桂林:廣西師範大學出版社,2011.
[10]李運富. 是誤解不是"挪用"——兼談古今聯綿字觀念上的差異[J]. 中國語文,1991(5):383-387.
[11]李運富. 王念孫父子的"連語"觀及其訓解實踐(上)[J]. 古漢語研究,1990(4):28-36.
[12]裘錫圭. 古文字論集[M]. 北京:中華書局,1992.
[13]沈懷興. 聯綿字理論問題研究[M]. 北京:商務印書館,2013.
[14]沈兼士. 聯綿詞音變略例[M]//沈兼士學術論文集. 北京:中華書局,1986:283-287.
[15]孫德宣. 聯綿字淺説[J]. 輔仁學誌. 1942(1-2):159-250。
[16]王國維. 觀堂集林[M]. 石家莊:河北教育出版社,2003.
[17]吴榮曾. 先秦兩漢史研究[M]. 北京:中華書局,1995。
[18]于省吾. 雙劍誃諸子新證[M]. 上海:上海書店出版社,1999.
[19]俞忠鑫. 釋"攢蚖"[J]. 敦煌學輯刊,1989(2):70-72.
[20]張頷. 成皋丞印跋[M]//張頷學術文集. 北京:中華書局,1995:145-148.

The Explanation of Some Alliterative Words in *Xun Zi*(《荀子》)

Fan Bocheng

Abstract: *Xuē* 薛 is the interchangeable word of *sǎn* 散,*xuē yuè* 薛越 also means 散 or "*disperse*". *xī* 谿 is the interchangeable word of *jiǎn* 蹇, and *qíxī* 綦谿 means *jiǎn* 蹇 or staggering forward. *qíxī* 綦谿 may be reconstructed from a series of alliterative words written by *pán shān* 蹒跚(staggering forward). *xū* 胥 of the criminal-laborers *xū mí* 胥靡 is the interchangeable word of *xū* 緰, which means to trip a horse's rope; *mí* 靡 is the interchangeable word of *mí* 縻, which means to lead a cow's rope. The word *gāo* 皋 of *gāo láo* 皋牢 is the interchangeable meaning a fence for cattle and horses. In the official script of Han Dynasty, *gāo* 皋 is similar to *zai* 宰, so it was also written as *zǎi láo* 宰牢. From the etymological point of view, most alliterative words are mostly derived from synonyms and can be split, reversed or recombined. However, in the process of development, the upper and lower characters of the alliterative words tend to be "form-side assimilation" or "phonological assimilation", and the alliterative words after transliteration and re-reading are more and more difficult to be analyzed from the perspective of compound words. Ancient exegeticians also tend to regard the two characters of *lianmian* as a individual, which makes *lianmian* possess many characteristics of single morpheme.

Key words: *xuē yuè* 薛越,*qíxī* 綦谿,*xū mí* 胥靡,*gāo láo* 皋牢,synonymous compound

通信地址:上海市東川路 500 號華東師範大學古籍研究所
郵　編:200051
E-mail:blirenv@163. com

清代吴語彈詞《三笑》中“局”的特殊用法及其演變*

袁　丹　史濛輝　詹芳瓊

内容提要　本文窮盡性地考察了清中期吴語文獻《三笑》中“局”的兩種特殊用法：一是“局”和動詞、形容詞以及副詞構成類詞綴“X局”的情況；二是“局”的謂詞功能。其中，“X局”可以構成動名兼類詞，但不同的詞有不同的傾向：“困局”主要爲動詞用法，而“吃局”爲名詞用法。“局”的謂詞功能包括三種：一是充當動作動詞表示“睡覺”義，但一般是指有對象的睡覺；二是狀態動詞用法表示“允讓”義；三是形容詞用法，相當於“好”或“行”。《三笑》中“局”的特殊用法在現代吴語中仍有殘留，常熟方言中保留了名詞性的“吃局”，但詞義範圍縮小；老派金山方言仍保留了動詞性的“困局”，但詞義有所磨損；常州方言和江陰方言則保留了“局”的形容詞用法，但僅限於否定式“勿局”。在此基礎上，本文嘗試擬測“局”用法的演變過程：《三笑》中類詞綴“局”可能來源於“局”的聚會義，動作動詞“局”可能源於動詞性“困局”的語義併合，而狀態動詞和形容詞的用法則是在此基礎上的進一步引申。

關鍵詞　明清吴語　《三笑》　局

1　引言

常熟方言中指零食或小吃時，有個特殊的説法“吃□”/tɕ^{h}iɪʔ^{5} dʑiɔʔ^{23}/②，在清代長篇彈詞《三笑》中“吃□”是一個高頻詞彙，寫爲“吃局”。“局”爲/dʑiɔʔ^{23}/之本字的可能性較大。就常熟方言而言，從語音上看，讀爲/dʑiɔʔ^{23}/的字只有3個，分别爲“局、倔、掘”。“倔”表示脾氣倔，北部吴語一般用“□”/dʑiã^{31}/；“掘”表示“挖洞”，北部吴語中一般用“挖”。可見，“倔、掘”在北部吴語中都非口語常用字。從語義上看，“吃□”之/dʑiɔʔ^{23}/與“局”之義項亦有聯繫(詳見下文)。

事實上，《三笑》中除了“吃局”的用法以外，“局”還有其他一些不見於官話和現代吴語的特殊用法。《明清吴語詞典》(石汝傑、宫田一郎，2005：334)中列舉了明清吴語文獻中“局”的7種用法，分别爲：

1.〈名〉騙局，圈套。

(1)你這亡八是喂不飽的狗，鵓子是填不滿的坑。不肯思量做生理，只是排局騙别人。(警世通言第二十四卷)

---

* 本文初稿曾在“首届地方文獻—漢語方言—民族語言高峰論壇”(常熟，2017.01)宣讀，承蒙與會專家石汝傑、王健、陶寰以及盛益民等幾位教授指正。此文亦在華東師範大學國際漢語文化學院的語言學沙龍上(2018.05)討論過，丁安琪、祁峰、王曉凌等幾位老師亦對此文提出了修改意見。此外，荷蘭萊頓大學語言學系的程航博士也對此文貢獻頗多。《漢語史學報》編輯部及匿審專家提出了很多寶貴的意見。在此一併致謝，文中若有錯漏，一概由筆者負責。

② 此處/tɕ^{h}iɪʔ^{5} dʑiɔʔ^{23}/中的標調爲單字調，連讀變調爲/tɕ^{h}iɪʔ^{3} dʑiɔʔ^{5}/。

2.〈動〉欺騙,詐騙。

(2)孫監生筭定了,邀了箇舅子惠秀才、外甥鈕勝,合夥要局詹博古。(型世言第三十二回)

3.〈名〉指嫖客在宴飲時叫來侑酒的妓女。

(3)須臾菜已吃全,局亦陸續去了,就是小仙和鳴岡叫的林小寶未走。(海天鴻雪記第一回)

4.〈動〉同意,贊成。

(4)昨夜頭家小朵,象子箬殼,個種意思,老早局得常遠哉。(三笑第六回)

5.〈形〉好,行,成。常用否定形式。

(5)"我個娘勿要作難哉。""勿局!局個!當真勿局!"(描金鳳第六回)

6.〈綴〉用在動詞、形容詞後,略帶諧謔的含義。

(6)今夜是八月半,介勒八位娘娘端正子酒水了,請大爺進去吃局,勿是困局嚇。(三笑第一回)

7.〈綴〉構成名詞後綴。

(7)望見客堂裏燈燭輝煌,又聽得高聲豁拳,翠鳳只道是酒局。(海上花列傳第二十二回)

其中第1、2、4、5、6、7條釋義亦見於《三笑》,可見這些"局"的用法在明清吴語文獻中較爲普遍。需要説明的是,第1和第2兩條表示騙局和欺騙的釋義,來源於"局"的欺騙義,和本文討論的内容無關;而第3條名詞"局"和第7條構成名詞後綴的"局"産生時間較晚,也不作爲本文的重點。本文著重討論"局"第4—6條用法在《三笑》中的情況。該研究有助於我們釐清"局"語義的可能變化過程,爲我們進一步理解現代吴語中"局"的用法提供幫助。值得説明的是,以明清吴語文獻來研究吴語詞彙的演變存在一些不可規避的限制:

首先,由於山歌、小説、彈詞、昆曲、散文等文體的差異,各文獻語料中吴語口語語料多寡不一。如長篇彈詞《三笑》中的吴語口語語料較爲豐富,而昆曲合集《綴白裘》中則較爲有限。

其次,不同文獻所記録的基礎方言難以考察,不同方言點間某個語法形式可能存在演變快慢。因此,通過不同文獻出版的年代先後來考察其語法化过程的做法並不十分可靠。例如:《綴白裘》中"勒X"結構的形式和用法明顯比《三笑》《山歌》要豐富,但很難説這三者之間有直接的演變關係。就如現代吴語中常熟話的"勒X"結構遠比蘇州話、上海話要豐富得多。

再次,由於不同文本關注的話題不同,因而語料出現的分布也會不同,特别是對實詞而言。如本文所關注的"困局"在《三笑》中使用頻繁,但在其他吴語文獻中却語例寥寥,甚至没有。

鑒於以上三點限制,本文在考察"局"的用法時,主要依據嶽麓書社1987年出版的長篇彈詞《三笑》。《三笑》又名《三笑新編》,刊於1801年(嘉慶七年),作者署名"吴毓昌"(字信天),乾嘉年間金山縣張堰人(鄭振鐸,1938[2010]:578-579)。今可見兩個版本,分别爲:嶽麓書社1987年出版署名吴信天的《三笑》;上海古籍出版社1990年出版署名吴毓昌的《三笑新編》。前者整理時改正了一些生造字和明顯的錯别字,較後者可讀性更强(石汝傑,2009)。本文所有語料皆出自1987年嶽麓書社出版的《三笑》,該版本以1878年(光緒四年)重刊本爲底本(周良,1996:16)。我們認爲,該文獻大致反映了清中期蘇州話語言系統的一些特徵。

本文擬詳細描寫《三笑》中"局"的用法與意義,並對"局"的各種用法進行窮盡性的統計分析，在此基礎上考察"局"的特殊用法在現代吴語中的留存情況，並分析其可能演變路徑。《三笑》中"局"一共出現 316 次，大致可分爲四類：一是用在單音節詞後面作爲類後綴，構成雙音節詞"X 局"，如"吃局""困局"等，這樣的用法一共有 156 例；二是謂詞用法，如"勿局""局個"等，充當動詞或形容詞，共 133 例；三是其他與如今官話類似的用法，如"設局""局面""一局棋""局局促促""局騙"等，共 26 例；四是訛誤，僅有 1 例，爲"局來"，意思爲"回來"，全文他處皆作"居來"。本文著重討論第一、第二類用法和意義。

2 《三笑》中"局"的特殊用法及意義

2.1 "局"的類後綴用法①

"局"的類後綴用法中（"X 局"結構）"X"主要由四類詞構成，分别是：動詞、形容詞、副詞和名詞②。同一個"X 局"形式在《三笑》中有不同的詞性分工，充當不同的句子成分。一是"X 局"用作名詞，主要充當賓語或話題；二是"X 局"作動詞，主要充當謂語。以下詳細分析。

2.1.1 "X 局"用作名詞

A. 動詞＋局

(8)女眷朵喜酒吃局介，楊家親娘一概張羅。（第四十五回）

(9)啥個困局介？（第三回）

(10)迎肖想想介，個個是摟局介，想勿到現局野有，賒局野有。財帛動人心，説話圓活哉。（第二十三回）

(11)有子看局、吃局介，就有摟局、困局哉嚇，豈不是今宵辜負了團圓月，只落得依舊孤衾悶越添？（第二十二回）

例(8)中"女眷朵喜酒吃局女眷的喜酒和吃局"中"吃局"和"喜酒"並列作爲口心語；例(9)中"啥個"表示"什麼"，"困局"跟在"啥個"之後；例(10)中"摟局"用在動詞"是"後充當賓語，"賒局"則用在動詞"有"前充當主語；例(11)中"看局、吃局、摟局、困局"用在動詞"有"後。

① 關於是否要單獨設立"類詞綴"一類，學界目前仍有争議。提出"類詞綴"的學者有吕叔湘(1979)、陳光磊(1994)、馬慶株(1995)，不主張設立"類詞綴"這一類，比如朱德熙(1982)。王洪君(2005:4)歸納了類詞綴與詞根語素的差異，《三笑》中"X 局"中的"局"大致可以對應於類詞綴所具有的"＋單向高搭配性""＋結構類型個别化""＋類化作用""＋定位"和"(＋)意義泛化"這五個特點。其中"(＋)意義泛化"是類詞綴與詞綴的唯一差異，也就是説，類詞綴意義泛化的程度要比詞綴低，但與詞根相比則是部分保留了原有詞彙意義。審稿人之一敏鋭地指出《三笑》中的"X 局"中"困局"和"吃局"的"聚會"義較爲明顯，而其他的"打局、賒局、長局、短局"等則不明顯。我們認爲，原因可能是"局"在"困局"和"吃局"中是詞根語素，而其他的"局"則是由這兩者類推生成的，因此語義上也更加虚化。但實際上細細分析還是能體現聚會義，例如"打局"在文中跟一般的打架有所不同，有"大打出手"的意思，可認爲打群架比一般打架更爲激烈。

② 其中，名詞只有"骨牌局"一個用例，表示"牌局"，和"酒局""飯局"中的"局"一樣是個名詞後綴。但由於用例少，且並不特殊，故不在本文考察範圍之内。

B. 形容詞＋局

(12)如何喚作短局呢?(第二十四回)

(13)小生:請問大爺,何爲長局?

付:許大姐,你講到長局,越摟道地哉。(第二十四回)

(14)屋裏邊個星現局介丢掉,奔到東亭來老秋面浪作賒局,那啥勿要動氣介。(第四十一回)

例(12)中"短局"用在"喚作叫作"後;例(13)中"何爲長局""講到長局","長局"分别充當"何爲"和"講到"的賓語;例(14)中"現局"前加量詞短語"個星這些",顯然是名詞用法,"現"應解釋爲"現成的"。

C. 副詞＋局

(15)既然無得困局,索性説硬局説話哉嚇。(第二回)

例(15)中的"硬"並非形容詞用法,而是副詞用法,意爲"强行"。"説話説的話"在吴語中是名詞用法,"硬局"應分析爲名詞充當修飾語。

2.1.2　"X局"用作動詞

A. 動詞＋局

(16)今夜是八月半,介勒八位娘娘端正子酒水了,請大爺進去吃局,勿是困局嚇。(第一回)

(17)介末拿個星福物、膀子進來,我搭你吃局子末困局。(第二十一回)

(18)大踱道子要打局,身體集子轉末,本勒大老官奔上去脚勾脚,順手一推,一跤跌倒在地,竟匆匆向外落下扶梯去了。(第十一回)

(19)難得個,華安兄弟,明朝夜裏邊咦要吃局哉,準備著佳餚美酒都邀請,咦要難爲介一百兩細絲白鏈朵嚧,難得個,原算寬宏禮不疏。(第四十五回)

例(16)中"進去吃局"是一個連動結構;例(17)中"吃局"後跟了體標記"子",因此句中"吃局"和"困局"都是動詞性的;例(18)(19)"打局""吃局"前是能願動詞"要",因此也是動詞性的。

B. 形容詞＋局

(20)大老官想想介,我要現局,你要賒局,偏偏勿局。(第二回)

(21)大老官是真情嚇,只要現局子,就要居去個。(第十三回)

例(20)中"現局""賒局""勿局"三個連用,"勿局"前用副詞"偏偏"修飾,可見"現局"和"賒局"也是動詞用法,前面的"要"應分析爲助動詞;例(21)"現局"後附體標記"子",顯然是動詞用法。

C. 副詞＋局

(22)佛經勿局，離子經哉。停介歇，你索性硬局哉嚧！（第十六回）

例(22)中“硬”應解釋爲“强行”，“硬局”前加副詞“索性”，可見是動詞用法，意爲“强行做某事”。

此外，值得注意的是，動詞性的“V局”後面不能後接賓語或補語，如若後接賓語或補語，只能用V，而不能用“V局”，例如：

(23)慢點，慢點，乖人吃苦頭，困立朵虎丘席浪嚇。（第三回）

(24)丑：困得常遠哉。

付：啥個困局介？（第三回）

(25)個個是太太想吃新米粉糰子，介勒换個嚇，那啥這又奇了？（第十二回）

(26)兩個大糰子真晦氣，本勒俚零零碎碎，滋滋味味，吃得乾乾浄浄。（第十二回）

例(23)“困”後接介賓短語“立朵虎丘席浪在虎丘席上”；例(24)“困”後接情態補語“常遠很久”；例(25)“吃”後接賓語“新米粉糰子”；例(26)“吃”後接情態補語“乾乾浄浄”。我們没有在《三笑》中檢索到“V局”後帶賓語或補語的用例。

2.1.3 “X局”功能的頻數差異

從上文的分析來看，《三笑》中“局”可以作爲類後綴，並具有較豐富的能産性，可以和單音節的動詞、形容詞或者副詞組合成“X局”，生成動名兼類詞。雖然“X局”在功能上既可以充當名詞又可以充當動詞，但具體到某個“X局”，其功能却有頻率的差異。表1統計了這10類“X局”(除“骨牌局”外)在所有用例中充當不同詞性的語例。

表1 “X局”充當不同詞性的頻數表

功能 \ X局	困局	吃局	賒局	摟局	打局	看局	現局	長局	短局	硬局
名詞	16% (11)	81% (47)	50% (3)	80% (4)	50% (1)	100% (1)	57% (4)	100% (3)	100% (3)	50% (1)
動詞	84% (57)	19% (11)	50% (3)	20% (1)	50% (1)	0	43% (3)	0	0	50% (1)
總計	68	58	6	5	2	1	7	3	3	2

表中資料顯示：《三笑》中共有154個“X局”的語例，其中“困局”和“吃局”使用頻率遠高於其他用例。從功能上來看，兩者却有很大的區别，“困局”以動詞性用法爲主；而“吃局”則以名詞性用法爲主。“賒局”“打局”“現局”和“硬局”名詞性用法與動詞性用法平分秋色，但剩下的四個詞，“摟局”“看局”“長局”“短局”都以名詞性用法爲主。不過除了“困局”和“吃局”外，其他詞的用例都較少，是否具有統計意義，值得討論。《三笑》中“X局”的功能統計對於分析其演變具有重要意義，下文我們將詳細分析。

2.1.4 類詞綴“局”的語素義

《三笑》中“X局”的用法較爲特殊，那麼“局”在這一形式中的語素義是什麼呢？本節將通過對高頻詞“困局”和“吃局”的意義分析來解決這個問題。

A.“困局”

《三笑》中表示“睡覺”義,除了“困局”以外,還有“困覺”,其中“困局”68 例,“困覺”8 例,可見“困局”占了絶大多數。“困覺”在現代吴語中很常見,幾乎所有的北部吴語都以此表示睡覺。我們在仔細比對了《三笑》中的“困局”和“困覺”的意義後,發現兩者仍有差異,意思並不完全等同,試比較:

(27)丑:大爺,囝兒道子大爺進去賞月吃酒,自然一定耽擱,立朵裹邊個,介勒困覺個。

生:狗才! 我如今偏要常在書房安歇,看你如何!(第三回)

(28)俚朵馱子俚到書房裹去,倘太太、小姐問起來,説是大爺多吃子幾杯酒勒困覺哉。自我大爺今夜頭,要搭他一淘困局個。(第二十五回)

(29)大老官想想介,今夜頭搭羅個一淘困局介? 有勒裹哉,倒不如暗藏春色,以待他們酒令之中機關暗露,今夜頭就朝俚困哉活。(第二回)

(30)直到甘結書明方歇手,個個楊小妹野見情得來了方勿得,介了烏龜搭俚困局哉那。(第十九回)

例(27)中僕人(丑)以爲大爺在裹面“困覺”,這裹的睡覺是指大爺一個人睡覺;例(28)“困覺”和“困局”都有,可以辨析得更加清楚,如果太太、小姐問起來,就説大爺多喝了幾杯酒在睡覺,這裹自然是大爺一個人“困覺”,但下文話鋒一轉,强調今天夜裹是“搭他一淘和他一起困局”,可見當睡覺有對象時,要用“困局”;例(29)“搭羅個一淘和哪個一起困局”;例(30)“搭俚和她困局”。我們發現,當“困局”用作動詞時,一般都會搭配“搭……一淘和……一起”這樣的介引對象的介詞結構,而“困覺”則没有這樣的搭配。可以推測,“困局”應該是有對象的睡覺,而“困覺”則是一個人睡覺。

名詞性的“困局”同樣也是有對象的,例如:

(31)講到困局介,野有時候勒裹個。丫頭朵聽見起子更,就向房中安排衾枕,忙點銀缸,拿温水得來請新人用水。(第四十八回)

(32)本來各位娘娘介,勒裹看勿搭腔,看個個大老官搭子大娘娘一吹一唱……羅裹曉得大老官介無得困局末,説無淘成説話哉嚇。(第二回)

例(31)中“講到困局介”是以“困局”爲話題,“拿温水請新人新郎新娘用水”可以看出是指新婚之夜的“困局”;例(32)中“無得困局”是“没有困局”的意思,本來大老官以爲能和幾位娘娘困局。

總結來説,“困覺”一般是指單純的睡覺,多發生於自己一個人;而“困局”一般需要有對象。

B.“吃局”

動詞性的“吃局”和“困局”一樣,也是有對象的,意指很多人一起吃飯,而且菜肴很豐盛,例如:

(33)介末拿個星福物、膀子進來,我搭你吃局子末困局。(第二十一回)

(34)吾裏羅裏得知,搭俚一淘起坐,一淘吃局,無私却有私,那間只怕做人勿成個哉嚏。(第二十九回)

(35)换子場化,就並肩吃局哉嚇。(第四回)

(36)請新客出來,吾裏要端正吃局哉。(第四十五回)

例(33)(34)中“吃局”同様也要搭配“搭……一淘”,表明“吃局”也是有對象的,而且從例(33)“福物”“膀子”等物來看,應該是一次大餐;例(35)中,“並肩”修飾“吃局”,説明吃的人也是兩個以上;例(36)中從“請新客出來”和“吾裏我們”這樣的詞句來看,也一定是很多人一起吃飯。

此外,根據上文的統計分析,《三笑》中“吃局”的名詞性用法大大多於動詞性用法,例如:

(37)答應下樓忙整備。啥個吃局介?鰻魚蟹羹八寶鴨,還有那肥雞嫩筍配麻菇。諸般器皿多精潔,元燥馨香暖一壺。(第三回)

(38)剛剛端子吃局進子書房,華吉介端好子交椅,三家頭坐等長遠哉,流水拿吃局擺好子三杯茶,三雙箸,拿個盤子丢立朵一邊,勒裏想秋家裏個好處。(第十二回)

(39)丑:大爺朵,請點啥個吃局?

付:只揀時鮮有味個,配介兩盤。兩碗酒末,靠子元燥末是哉。(第三回)

例(37)問到“啥個什麼吃局?”,然後列舉了“鰻魚蟹羹八寶鴨,還有那肥雞嫩筍配麻菇”;例(38)“端了吃局”“拿吃局擺好”;例(39)丑問“请點啥個吃局?”,回答“只揀時鮮有味個,配介兩盤”。這幾例都説明,名詞性的“吃局”是指聚會上豐盛的菜肴。

以上分析表明,同“困局”一樣,“吃局”並非一般的“吃東西”,而是有對象的。動詞性的“吃局”是很多人一起吃飯,是吃飯的聚會,相當於現在所説的“飯局”,而名詞性的“吃局”則從飯局引申爲飯局上的珍饈佳餚;“困局”指“睡覺”是有對象的,也可以理解爲“睡覺的聚會”。因此,《三笑》中這類類詞綴“局”皆具有“聚會”義。

2.2 “局”的謂詞用法

根據對《三笑》的檢索統計,除了用於“X局”以外,“局”還有133例謂詞用法,可用作動詞和形容詞,本節詳細討論這些例子。

2.2.1 動詞用法

“局”可以單獨用作動詞,一是動作動詞,相當於動詞“困局”,如:

(40)比方坐立朵勿動介,就搭俚局呢,那光景?(第四回)

(41)俚朵兩家頭奔進去,搭家小局勿局,大老官羅裏得知介。(第三十五回)

(42)那個大老官合子意介。昨夜頭家小朵,象子箬殼,個種意思,老早局得常遠哉。(第六回)

例(40)和(41)中“局”分别和“搭俚和她”以及“搭家小和妻妾”搭配,與上文所分析的“困局”的用法一致;例(42)中“局”在用法上有了進一步的發展,可以後接補語構成動補結構“局得常遠”。

第二種用法是狀態動詞,表示“允讓”,相當於普通話的“答應”“同意”“實現”,例如:

(43)舊年十月裏邊,吾裏爹爹許你個炷替身香個心願,還勿曾局個勒,那啥勿要生相思病介。(第三十三回)

(44)老卷子動子氣,傳命擇配,羅裏曉得太太勿局,道子相爺寵僮辱婢,有意留難。(第四十五回)

(45)老伯母,個頭親事勿局介,令郎是勿居來個嘘。(第三十回)

例(43)中"局"是"實現"的意思,整句話的意思是"我們爹爹的心願還没實現";例(44)和(45)中"局"意爲"同意",兩個例句都是"太太不同意這門親事"的意思。

2.2.2 形容詞用法

此外,"局"還有形容詞用法,意義爲"好的""行的"或者"對的",不能單用,要單用的話,一定要與結構助詞"個"同現,例如:

(46)唔唔唔,山青水秀,鳥語花香,局個。阿看見個兩個人啥路數介?(第四回)

(47)相公,你個説話局個。比方夫妻,兩家頭説勿投機嚇,阿得情介?(第六回)

(48)生:諒必幼時在山塘玩耍,所以認識。

丑:個句説話倒局個。(第九回)

例(46)中"局個"是稱贊風景很好;例(47)(48)中"你個説話局個你的話是對的"。這三個例子都不能解釋爲"同意"。

"局"充當形容詞時,也可以前加否定詞構成"勿局(個)",表示 "不行"或者"不舒服"等等,具體意義視情景而定,"個"可加可不加,試比較(49)(50)兩例和(51):

(49)你前日子叫立朵個法道,是勿局個嘘!(第四回)

(50)還有啥個淘成,打得來是勿局個哉嘘。唬得祝童身跪倒。(第十八回)

(51)剛剛我搭你奔得進來看看大和尚個星威儀道理,打算朝俚搭搭講,開開心,羅裹曉得啥個胃氣痛了,勿局哉。(第三十九回)

例(49)和(50)都用"勿局(個)不行的";例(50)中"勿局個不像話了"充當"打"的情態補語,也是形容詞性的。例(51)爲"勿局",意爲胃氣痛了"不舒服"。

3 《三笑》中"局"的用法在現代吴語中的殘留

值得注意的是,在現代吴語中,《三笑》中各種"局"的用法幾乎已經磨損殆盡,尤其是在蘇州、上海等方言中,但是我們依然可以在一些比較保守的吴語中找到痕跡。

現代常熟方言中還殘留了"吃局"的説法,例如①:

(52)我要去買點小吃局吃吃。(我要去買點零食來吃。)

(53)能⁼去春遊,恩⁼帶點吃局物什?(你去春遊,有没有帶點零食?)

(54)買點吃局頭帶過去。(買點零食帶過去。)

比照《三笑》中"吃局"的功能和意義,常熟話的"吃局"有了進一步發展:(1)功能上僅保留名詞性的用法。"吃局"後可以進一步加上詞綴"頭"[如例(54)];(2)詞義範圍縮小,《三笑》中名詞性"吃局",泛指豐盛的菜肴,可以包括酒水、菜肴、糕點、果品等,而"吃局"在現代常熟方言中指的是零食之類的小吃。因此,不管從功能還是意義上來看,"吃局"在現代常熟方言中已無法覓得詞根和類詞綴的關係了,也就是説"吃局"發生了進一步的詞彙化。特别是"吃局"還可以再加後綴"頭"構成"吃局頭"。"頭"在現代吴語中是一個十分能産的後綴,可以加在名詞後生成"被頭被子""紙頭紙""絹頭手絹"等等名詞,甚至還能跟在數量詞後組成"三

① 常熟方言語例(52)-(54)爲筆者的母語内省。

間頭三間的房子”“五斤頭五斤一個”“十塊頭十元紙鈔”等(王健,2006:43-44)。

上海老派金山方言中保留了“困局”的説法,例如①:

(55)老太婆,我去困局了。(老太婆,我去睡覺了。)

(56)夜裏廂,一家頭困局末,有點嚇人個。(晚上,一個人睡覺,有點害怕。)

相較於《三笑》,老派金山方言“困局”在功能和意义上也有所發展:(1)功能上僅保留了動詞性的用法;(2)詞義範圍擴大,《三笑》中“困局”和“困覺”詞義上有分工,“困局”特指有對象的睡覺,而“困覺”則是一個人睡覺,老派金山方言中“困局”與“困覺”意義和功能則完全一致,不管有無對象均可以用“困局”。老派“困局”和“困覺”可以自由替换,而新派“困局”的説法就完全被“困覺”取代了。

常州、江陰方言仍保留了“局”形容詞的用法,但僅限於否定形式,表示“不行的”“不好的”。例如②:

(57)常州:鑒種佬弄法,總歸勿局個。(這種做法,總是不行的。)

(58)常州:隨便雞閒,肯定勿局。(不管怎麽樣,肯定不行的。)

(59)江陰:A:他成績啊好啦?(他成績好嗎?)

B:勿(落)局。(不好的)(《江陰方言集》P48)

(60)江陰:勿(落)局不好了!勿(落)局!牆頭倒下來啦,快點跑。(《江陰方言集》P48)

比對表1《三笑》中“X局”的語例統計,可以發現,現代吴語中殘留的“X局”正是《三笑》中高頻使用的名詞性“吃局”和動詞性“困局”。但正如董秀芳(2002:2)所述“派生詞的詞綴構詞功能消失後,大多數的非常用的派生詞也隨之消失,保留下來的高頻詞彙已經看不出派生關係,被語言使用者看成是一個單純詞”,現代吴語中的“吃局”和“困局”也只是一個“看不出派生關係”的“單純詞”③了。從“局”的形容詞用法來看,《三笑》中否定用法“勿局(個)”(84例)也要遠遠高於肯定用法“局個”(13例)。可見,《三笑》中“局”的使用頻率與現代吴語中“局”的殘留是一致的,雖然“局”的語義和功能在現代吴語中都有一定的磨損,但是使用頻率高的幾個用法仍有殘跡。

4 《三笑》中“局”的用法來源探析

《三笑》中“局”的這些用法來源是什麽?又是怎麽一步步發展並演變出動詞及形容詞用法的呢?本節試從“局”的形式和意義兩個方面來考察這些問題。

4.1 “X局”中“局”的來源

《説文解字》中“局”釋義爲:“局,促也。从口在尺下復局之。一曰博所以行棊。象形。”可見,“局”有“局促”義和“棋盤”義兩種解釋。我們認爲,“局”的聚會義當來自於“棋盤”義,原因在於下棋時往往需兩人對弈,且時常還伴隨飲酒聚會,例如:

---

① 金山方言語料例(55)-(56)來源於母語發音人沈夢華。

② 常州方言語料例(57)-(58)來源於母語發音人鄭偉。

③ 這裏所説的“單純詞”不同於典型的複音單純詞,詳見董秀芳(2002:2)的注解。

(61)彈弦奏節梅風入,對局探鉤柏酒傳。(唐杜審言《守歲侍宴應制》)

(62)十娘笑曰:"莫相弄! 且取雙六局來,共少府公睹酒。"(唐張鷟《遊仙窟》)

"局"的"聚會"的意義,可能最早見於唐代筆記小説《酉陽雜俎・禍兆》,北宋話本小説中已有此類用法,如:

(63)京兆辦局甚盛。(唐段成式《酉陽雜俎・禍兆》)

從例(63)來看,"局"已經具有聚會義,可以用在動詞"辦"後構成動賓短語,可解釋爲"舉辦聚會"。

"V局"最早出現於北宋文瑩的筆記小説《續湘山野録》中:

(64)儲之始舉進士,而蘇之子易簡生。三日爲飲局,有日者同席。(北宋文瑩《續湘山野録》)

文中"飲局"應解釋爲"喝酒的聚會",相當於現代漢語中的"酒局"。需要注意的是,作者文瑩爲北宋錢塘人氏,也是吴地作家。

此後,明清吴語文獻中出現了較能産的"局"的類詞綴用法,除了《三笑》,在清後期的《二十年目睹之怪現狀》(吴趼人,佛山人,18歲到上海)、《民國演義》(蔡東藩、許廑父,蕭山)、《海上花列傳》(韓邦慶,松江)等吴地作家的小説中,也經常出現"牌局""酒局"這樣的"名詞+局"結構,用來描寫晚清上海聲色場所的聚會,但這些"名詞+局"都只具有名詞性的用法,如下:

(65)却覺肚子有點發痛,於是丢了牌局,獨自一人,向上房走去,想到他最心愛的大姨太春風那邊去大便。(北京大學CCL古代漢語語料庫\15民國\小説\民國演義)

(66)每有酒局,嘯存總是帶蘅舫,伯芬總是叫小紅。(北京大學CCL古代漢語語料庫\14清\小説\二十年目睹之怪現狀(下))

(67)望見客堂裏燈燭輝煌,又聽得高聲豁拳,翠鳳只道是酒局。(《海上花列傳》第二十二回)

據此,我們推測表示"聚會"義的"X局"早期應該更多具有"吃局""困局"這種"動詞/形容詞/副詞+局"的用法,"名詞+局"的用法在《三笑》中僅見一例("骨牌局")。後來才逐漸發展出"名詞+局",如"酒局""牌局""飯局",隨着構詞語素的改變,其功能也由原來的動名兼類縮減爲只具有名詞性了。

4.2 動詞和形容詞"局"的來源分析

表示"睡覺"義可能來源於"困局"的語義併合,是一種語用驅動的變化。之後進一步語境語法化爲狀態動詞"局"表示"允讓"義,再引申出"局"表示"好"的形容詞用法。

現代漢語中通過意義併合(壓縮)來造出一個詞或構詞語素的造詞法較爲常見,吕叔湘(1963)稱之爲"壓縮",而張博(2017:5;2018)則進一步闡釋爲"併合造詞法"。如:

(68)芝麻>麻:麻油、麻餅、麻醬;胡琴>胡:二胡、京胡、板胡、高胡;宣紙>宣:生宣、熟宣(吕叔湘,1963)

(69)甩賣>甩:山地車,便宜甩啦,快來看看!(引自張博,2017:5)

(70)面試>面:給我點建議吧! 你們都是面了幾家公司找到的工作?(引自張博,2017:5)

通過考察《三笑》中"局"的語例,我們發現"局"用作表"睡覺"的動作動詞時,其用法和意義與"困局"大致相當,因此我們推測動作動詞"局"可能來源於"困局"的併合。其簡省的動因可能有以下兩個。一是,漢語“名雙動單”詞長特徵的制約。劉丹青(1996:113)曾通過統計分析指出了漢語中名詞和動詞詞長的差異,漢語中單音詞在同詞類中的比例總是動詞遠高於名詞,超過或接近兩倍,口語中動詞的單音性尤爲凸顯,而雙音詞中則是名詞占壓倒性的優勢。二是,語用上的隱晦表達,與官話的“雅言”不同,《三笑》記録的是清中期蘇州地區的口語語料,其中大量内容涉及男女之事,較爲粗俗,大多採用隱語(黑話),以達到詼諧幽默的效果①,“局”取代“困局”在表達上能够更加隱晦,這屬於語用層面上的驅動。

而表示“答應”或“同意”的狀態動詞“局”應來源於動作動詞“局”的語境語法化,如上文所述,表示“答應”或“同意”的“局”其搭配有限,只能是“局個”或者“勿局”兩種表達,不能單獨使用。這兩種限制性的表達很明顯是用在對話回答中的,例如:

(68)A:*局勿局?*

B:*局個。/勿局。*

不同於“吃不吃?”“看不看?”,“局”具有對象性,因此“局不局?”也就隱含了徵詢對方同意的意思。“局勿局”一開始只是男性向女性詢問“睡不睡”,回答也是“局個睡的”或“勿局不睡”,但到後來隨着使用頻率的提升,“局個”和“不局”語義就泛化爲“同意”和“不同意”。漢語史中的語境語法化並不罕見,如“怪道、怪得、怪來”通過“怪”的傳疑屬性基於對比語境和逆向推理獲得語用否定,實現主觀“醒悟”義(尹海良,2015:92-101)。表示“道義許可”(deontic possibility)的動詞“局”,進一步演變爲形容詞“局”,意思爲“好”“舒服”。該演變過程和普通話的“可以”及漳州閩語的“會使”較爲類似(范曉蕾,2011)。

5 餘論

本文窮盡性地考察並分析了清朝時期吴語文獻《三笑》中“局”的所有用例。其中,我們詳細討論了兩種情況:一是“局”和動詞、形容詞以及副詞構成的“X局”,具有一定的能産性;二是“局”的謂詞功能。其中“X局”可以構成動名兼類詞,但不同的詞有不同的傾向:“困局”主要爲動詞用法,而“吃局”爲名詞用法。“局”的謂詞功能則包括三類:一是充當動作動詞表示“睡覺”義,但一般是指有對象的睡覺;二是充當狀態動詞表示“允讓”義;三是充當形容詞,相當於“好”或“行”。在此基礎上,本文又進一步考察了這些“局”的用法的演變可能。我們推測,《三笑》中類詞綴“局”的意義可能來源於“局”的“聚會”義,其源頭則是“局”的“棋盤”義,動作動詞“局”可能來源於“困局”因語用驅動造成的語義併合,進一步引申出了狀態動詞和形容詞的用法。根據上文的分析,我們建議《明清吴語詞典》中釋義第4條“局”的動詞用法或可析出兩類:一類爲動作動詞,表示有對象的“睡覺”,暗指男女之事;另一類才是同意、贊成。

現代吴語常熟方言仍保留了名詞性的“吃局”,但詞義範圍縮小。老派金山方言仍保留了動詞性的“困局”,但詞義的區别特徵磨損。常州方言和江陰方言則保留了形容詞“局”的否定式“勿局”。這些現代吴語中“局”的殘留都能在《三笑》中找到蹤跡。

---

① 實際上在蘇(南)滬浙(北)地區,一直到電視普及之前,聽評彈一直是一項重要的娱樂活動。

參考文獻

[1]董秀芳. 詞彙化:漢語雙音詞的衍生和發展[M]. 成都:四川民族出版社,2002:2.
[2]范曉蕾. 以漢語方言爲本的能性情態語義地圖[M]//語言學論叢(第 43 輯). 北京:商務印書館,2011:55-100.
[3]郭鋭. 漢語動詞的過程結構[J]. 中國語文. 1993(6):410-419.
[4]劉丹青. 詞類和詞長的相關性——漢語語法的"語音平面"叢論之二[J]. 南京師大學報(社會科學版). 1996(2):112-119.
[5]吕叔湘. 現代漢語單雙音節問題初探[J]. 中國語文. 1963(1):10-22.
[6]沈家煊. 語用法的語法化[J]. 福建外語. 1998(2):1-8.
[7]石汝傑. 吴語文獻資料研究[M]. 東京:好文出版,2009:307.
[8]石汝傑,宫田一郎. 明清吴語詞典[M]. 上海:上海辭書出版社,2005:334.
[9]王洪君. 試論現代漢語的類詞綴[J]. 語言科學. 2005(5):3-17.
[10]王健. 漢語方言中與數量詞組合的詞綴"頭"[J]. 漢語學報. 2006(3):43-50.
[11]王琴. "行不行"的固化及認知研究[J]. 中國社會科學院研究生院學報. 2012(4):85-91.
[12]鄔麗亞. 江陰方言集[M]. 蘇州:古吴軒出版社,2009:48.
[13]尹海良. 一組以"怪"爲核心語素表"醒悟"義詞語的形式及語法化問題[J]. 語言教學與研究. 2015(2):92-101.
[14]張博. 漢語併合造詞法的特質及形成機制[J]. 語文研究. 2017(2):1-6.
[15]張博. 漢語併合造詞法對詞義結構與詞義發展的影響[J]. 吉林大學社會科學學報. 2019(5):193-202.
[16]鄭振鐸. 中國俗文學史[M]. 北京:商務印書館,1938/2010:578-579.
[17]周良. 彈詞經眼録[M]. 南京:江蘇文藝出版社,1994:16.

The Morpheme *ju*(局)in *Sanxiao*(《三笑》) and its Development

Yuan Dan Shi Menghui Zhan Fangqiong

Abstract: This paper explores the morpheme *ju* 局 in the famous piece of Suzhou Lyrics Sanxiao(*Three Smiles*, Wu Xintian, 1801), a text which has been argued as a reflection of the Suzhou Wu Chinese spoken during the mid-Qing Dynasty. Our results show two special uses of *ju*. First, it can function as an affixoid and constitute a disyllabic noun or verb [X-*ju*]. X is attested to be a monosyllabic verb, adjective, or adverb. Second, *ju* can serve as a predicate. Three categories can be further identified: (i) an action verb, similar to modern Mandarin *shuijiao* 'to sleep', which however, must have a partner. (ii) a stative verb, equivalent to modern Mandarin *tongyi* 'to agree', or used to give a response to the previous proposition. (iii) an adjective, equivalent to modern Mandarin *hao* 'good', *dui* 'correct'.

Furthermore, some of these special uses of *ju* in Sanxiao are still retained in different modern Wu varieties. For example, *chi-ju is* still used in the Changshu variety but with a narrower semantic meaning. *kun-ju* is kept in the old-fashioned Jinshan variety but with semantic attrition. The negative expression of the adjective *ju* (i. e. , *wu-ju*) can be found in both Changzhou and Jiangyin varieties.

Besides, this paper tries to delineate the developmental trajectory of *ju*. We argue that the affixoid-*ju* in *Sanxiao* developed from the ‘party’ meaning of *ju* as a noun in Medieval Chinese. The use of action verb may come from a semantic merger of *kun-ju*, which further led to the uses of stative verb and adjective.

Key words: Wu dialects in Ming and Qing Dynasties, *Sanxiao*(《三笑》), *ju*(局)

通信地址:
袁　丹,華東師範大學國際漢語文化學院/應用語言研究所
郵　　編:200062
E-mail:dyuan@hanyu. ecnu. edu. cn
史濛輝,復旦大學現代語言學研究院
郵　　編:200433
E-mail:shimenghui@fudan. edu. cn
詹芳瓊,香港城市大學語言學及翻譯系
E-mail:fangzhan@cityu. edu. hk

客套語“偏”辭典釋義商榷*

蔡夢麒　鄭永雷

内容提要　客套語“偏”是明清白話文獻中常用的寒暄客套用語。文章梳理了與客套語“偏”相關的詞條，綜合各辭典釋義及文獻語料，深入考察了客套語“偏”的語義，認爲客套語“偏”的理性義爲“較别人先完成某事或多得到某物”，該理性義由“偏”的核心義“因量的不均衡而致使結果的傾斜”觸發産生，而其客套情感色彩由“因個人占先或占多而略表歉意”的禮貌寒暄情境賦予。

關鍵詞　客套語　偏　辭典釋義　核心義

明清時期，白話文獻多使用含“偏”語素的詞語進行客套交際，其具體形式也較爲豐富，如：偏、偏背、偏陪、偏倍、偏杯、有偏、先偏、偏過了、偏你了、偏您了等。文章針對現有漢語辭書釋義，全面考察客套語“偏”的語義，一是全面搜集語料，對相關詞條進行語義闡釋；二是探求“偏”客套語義的來源，説明其語義的合理性；三是爲客套語“偏”辭典釋義提供參考材料。

一　各辭典釋義

“偏”用作交際客套語，《漢語大字典》《漢語大詞典》均有收録且爲該用法單列義項，另有《中文大辭典》《近代漢語詞典》《白話小説語言詞典》《詩詞曲小説語辭大典》《紅樓夢語言詞典》《〈紅樓夢〉方言及難解詞詞典》《明清吴語詞典》等辭書也收録了該義項及相關詞語。現以詞條爲綱，將各辭典釋義羅列如下：

【偏】

《漢語大字典》	義項 16：客套語。表示先用過或已用過茶飯。
《漢語大詞典》	義項 14：客套話。指先已用膳。
《中文大辭典》	猶言“偏過了”。（即“俗謂已用餐，有私自占先之意，以用爲答語之謙詞時爲多”。）
《近代漢語詞典》	④指比别人多占便宜，得好處。⑤客套話，指先於别人用酒飯。
《白話小説語言詞典》	客套話，指先於别人用酒飯。
《紅樓夢語言詞典》	客套話，表示已經吃過。
《〈紅樓夢〉方言及難解詞詞典》	〈方〉意爲占先。這裏是表示自己已經吃過的客氣話。

*　本文是國家社科基金重點項目“現代辭書漢字注音研究”(19AZD041)的階段性成果。

各辭典多將客套語“偏”與“先吃過”聯繫起來，或“先用過茶飯”，或“先用過酒飯”，具體釋義雖未統一，但客套語“偏”的使用多被限定在“與飲食相關”的話語交際中。其中，《中文大辭典》指出“偏”有私自占先之義；《〈紅樓夢〉方言及難解詞詞典》指出“偏”意爲占先；《近代漢語詞典》指出客套語“偏”另有“比别人多占便宜，得好處”之義，此義與占先之義不同，是爲占多。結合三處釋語，我們發現客套語“偏”的使用並不限於飲食交際，且兼有“占先”“占多”之義，而辭典所釋“先於别人用過酒飯”是“占先”的一種具體形式，“比别人多占便宜”是“占多”的一種具體形式。可見，各辭典未能對“偏”客套語使用情況做詳盡考察，相關釋義仍有局限。

【偏背】

《漢語大詞典》	①謂占先享用。②謂已先進食。
《中文大辭典》	隱匿之意。
《近代漢語詞典》	①指背着别人先享用。也用作反語。②即“偏⑤”。（客套話，指先於别人用酒飯。）③用作客套話，猶言叨擾。
《明清吴語詞典》	〈動〉私下多（或先）享用。有時是客氣話。又作“偏倍”。

《漢語大詞典》有兩個釋義，實際上義項②“已先進食”只是義項①“占先享用”的一種具體情形，兩個義項是特殊與一般的關係。《中文大辭典》將“偏背”解釋爲“隱匿”，是立足於“背”的“背私”義作釋，未體現“偏”的語義。《近代漢語詞典》客套語相關釋義有三，義項①强調了“背”的“背私”義，即私下占先享用；義項②則與“偏⑤”關聯，表示占先用了酒飯，未强調“背私”義；義項③僅表示“叨擾”，即因受到款待而表示感謝。《明清吴語詞典》的釋義實際與《近代漢語詞典》中義項①一致，均説明了“偏背”僅僅是“有時是客氣話”，“偏背”傳達客氣情感需要語境支撑，是有條件的，并非只作客套語，這一點是《漢語大詞典》未説明的；兩部詞典均將“偏背”與“偏倍”關聯起來，認爲二者當是一詞多形、語義一致，但《近代漢語詞典》僅在“偏倍”詞條標注了“同‘偏背①’”。

【偏倍】

《漢語大詞典》	謂占先享用。
《近代漢語詞典》	①同“偏背①”。（指背着别人先享用。也用作反語。）
《白話小説語言詞典》	同“偏背”。
《詩詞曲小説語辭大典》	背人自私。
《明清吴語詞典》	見“偏背”。

《漢語大詞典》對“偏背”“偏倍”的釋義基本一致，但對二詞未作關聯；而《近代漢語詞典》《白話小説語言詞典》《明清吴語詞典》均直接指出“偏倍”同“偏背”，其中《近代漢語詞典》語料搜羅全面，“偏背”一詞用例豐富，“偏倍”語義僅與“偏背①”一致。《詩詞曲小説語辭大典》所釋“背人自私”與“偏背”也有相通之處，“背人自私”也是“占先享用”的一種，即“私下占先獲得好處”。各辭典應充分考慮“偏倍”“偏背”二詞關係，據詞語源流合理作釋。

【偏陪】

《漢語大詞典》	猶失陪。
《近代漢語詞典》	失陪。
《白話小説語言詞典》	指失陪。
《詩詞曲小説語辭大典》	失陪。也作"偏"。
《重編國語辭典修訂本》	失陪,不能奉陪。

"偏陪",《漢語大詞典》《白話小説語言詞典》《詩詞曲小説語辭大典》《重編國語辭典修訂本》均釋義爲"失陪"。其實"失陪"意爲"因故而不能陪伴對方",有"陪着對方,要先離開""先離開了,而未等待對方的到來"兩種情況,分别對應"先行離開""少陪了"兩種語義,我們熟知的是"失陪,先行離開",而對"少陪"語義相對陌生,在詞語釋義時,這兩種語義均可收録,採用更爲明確的解釋。

【偏杯】

《漢語大詞典》	謂已先喝酒。參見"偏背"。
《近代漢語詞典》	比别人多喝了酒。
《白話小説語言詞典》	比别人多喝了酒。

"偏杯"一詞,《漢語大詞典》强調的是"占先享用",而《白話小説語言詞典》强調的是"多享用",實際上"占多"是"占先"的一種結果,先享用是享用的時間長或次數多,占有量不一定多。"偏+杯",是"偏"加上了動作支配的具體對象,因其在飲酒交際中使用頻繁而成一固定形式,其意義與"偏背"有相通之處,但二者的構詞理據及用法並不相類。

【有偏】

《白話小説語言詞典》	客套話。表示已先於别人用過酒飯等。
《重編國語辭典修訂本》	客氣的謙詞,先於他人享用時而用。

"有偏"一詞,《漢語大詞典》尚未收録,僅有《白話小説語言詞典》《重編國語辭典修訂本》收録,該詞與"有勞""有請""有待"等詞同屬一個類型,多表示"因自己占先享用而略有歉意"。"有"在部分動詞之前,構成表示謙遜的客套語"有+V",表達的語義與 V 一致,且添了謙遜客套的色彩,各辭典應當一併收録。

【偏過了】

《中文大辭典》	俗謂已用餐,有私自占先之意,以用爲答語之謙詞時爲多。

"偏過了"實際上是"偏"的一個慣用形式,"偏+過+了",是"偏"加上了表示已然的"過"和"了",强化了"偏"的"占先完成"語義。

綜觀各辭典釋義,對客套語"偏"相關詞大多收録不全,且對該系列詞分别釋義,少有關聯。可見,相關詞語的釋義仍有一定局限性。一,客套語"偏"相關詞不僅表示"先用過酒食",如:"那長孫肖如今不是先生,已悄悄偏背兄做了女婿了。(清《玉支璣》第五回)","偏背"表示"先完成了婚姻大事";"這米公子吃得大醉,送衆客去後,踉踉蹌蹌的吩咐米中砂道:'府中一切事情,拜託照應。小弟得罪,有偏了。'(清《粉妝樓》第四十六回)","有偏了"表示"先行離去,失陪"。二,該系列詞在少數情況下並無客套色彩,如:"你們好偏倍朕快活,接也不來接一接。(清《隋唐演義》第三十九回)”,“偏倍”帶有抱怨色彩,是因對方撇下自己私下快活而抱怨。三,各辭典對該系列詞關係的認識不一致,對相關詞條標注不一,僅《近代漢語詞典》《白話小説語言詞典》《明清吴語詞典》爲“偏倍”標注“同‘偏背’”;《漢語大詞典》爲“偏杯”標注“參見‘偏背’”,而其餘辭典對“偏倍”“偏杯”二詞并無類似説明。

二 相關詞語舉證

筆者根據文獻材料,對客套語“偏”的各呈現形式進行系聯,以梳理“偏”的語義,現分組羅列如下:

(一)偏背、偏倍、偏陪

(1)我偏背你。那個人家,我恰才糴米去來,不肯糴與我。他們做下見成的飯,與我吃了,又與你將來。(元《老乞大》卷上)

(2)那弱芳把前樣事細説一番:“帶他回來,如今現在敝衙。小弟已曾偏背,完了百年大事。”(清《女開科傳》第十二回)

(3)翠英妹妹,明朝做阿姐勾偏背呧出去白相哉。(清《才人福》第四齣)

(4)虞華軒道:“成老爹偏背了我們,吃了方家的好東西來了,好快活!”(清《儒林外史》第四十七回)

(5)“哥哥因事到東京,不棄嫌小人呵,是必家裏來。”“那般者,去時節便尋恁家裏去。俺偏背你那。”(元《老乞大》卷上)

偏背:私下占先完成了某事,多指先用吃食;因得到好處而表示感謝,猶言叨擾。

例(1)是第一處文獻可考的客套語“偏”用例,表示自己私下比對方先用過飯食。例(2)表示不曾先讓對方知道,私下完成了婚姻大事,是弱芳交代自己在衆人不知道的情況下先成婚了,意在説明個人境況。例(3)表示阿姐明日要撇下翠英,自己先出門玩耍。“偏背”表達的均是“占先完成”的理性義,且處於“因占先完成而對方未曾知情或未參與,以説明近來境況的方式客套寒暄”的情景中。

例(4)實際上并無客套的情感色彩,而是虞華軒故意逗成老爹,他們讓人告訴成老爹方家請他吃酒,實際上方家並無酒席,虞華軒還説老爹背着他們私下享用了方家的好東西。此處説對方比自己多得了好處,意在嘲弄對方。

例(5)表示自己接受了對方邀請,是自己得了好處,受了對方恩惠,意在表示感謝。

(6)錢物平分,我只有這一件偏倍得你們些子,你却恁地吃不得,要來害我。(明《警世通言》第二十七卷)

(7)你們好偏倍朕快活,接也不來接一接。(清《隋唐演義》第三十九回)

(8)〔净〕既是秀才娘子。可曾會他來。〔生〕便是這紅梅院,做楚陽臺,偏倍了你。(明《牡丹亭》第三十三齣)

偏倍:私下占先完成了某事,多指先用吃食;或多得了好處。

例(6)是自己私下在這一處多得了好處,占了别人些許便宜而有歉意。例(8)借楚懷王與神女相會的典故表明二人私下在紅梅院幽會過,是自己背着對方和他人幽會了,故而陳述境況時帶有些許歉意。

例(7)不是因自己私下做了什麽而表達歉意的客套話,反而是抱怨對方私下快活而怠慢了自己,“偏倍”的對象是自己,并無客套意味。

(9)(笑介)這樣好酒好菜不吃,待我拿去偏陪了,如何如何。(笑介)他的放不出來,我的收將進去。(明《燕子箋》第三十八回)

(10)奔山酒又醉了,正要上樓去睡。只聽得扣門響,急忙去開門,見主僕二人來了,道:“等你吃酒,原何才來?我等你不得,曰偏陪了。如今留一桌請你。”(清《艷婚野史》第八回)

(11)扈成道:“不要你管,只顧拿來。”酒保擺上大碗,篩了,讓阮小七吃。扈成道:“小弟偏陪不多時,你飢渴了自吃。”(清《水滸後傳》第二回)

(12)〔净〕奶奶。師伯在内。老身進去。〔老旦〕請便。〔净〕相公偏陪了。拜辭堂上客。往見合中人。(明《錦箋記》第四齣)

(13)〔老旦〕阿姊陪小姐在房中坐。我去去來。〔旦〕請便。〔老旦〕偏陪了。〔下〕(明《錦箋記》第二十齣)

(14)富翁道:“這等,打點將二千金下爐便了。今日且偏陪,在家下料理,明日學生搬過來,一同做事。”是晚就具酌在園亭上款待過,盡歡而散。(明《初刻拍案驚奇》第十八卷)

偏陪:表示先享用了酒食;或因先行離開而少陪、失陪。

例(9)表示這些好酒菜,你們不吃,我拿去自個兒私下吃了。例(10)表示先吃過了酒食,因對方遲遲未到,主人家便先用過了。例(11)表示扈成不久前先吃過了,便讓阮小七飢渴了自吃,不必客氣。例(12)(13)(14)表示欠陪,既可理解爲“少陪了,先行離去,陪客人的時間少些”,又可理解爲“先行離開,即失陪”。

“偏背”“偏倍”“偏陪”實爲一詞,是由音近相通、語義發展等因素催生的不同書寫形式。其語義内涵基本一致,都是“私下較對方先完成某事”,而“私下比對方先享用酒食”“私下多得了好處,占了便宜”“先行離開,少陪,失陪”這三種語義都可看作“私下較對方先完成某事”的具體呈現形式。隨着“偏背”使用範圍的擴大,“偏背”在不同語境中衍生出新的語義,記録者便根據具體語義選用不同的文字記録音義。“倍”爲“增益”,“偏背”中“私下得了好處,占了便宜”的意義多用“偏倍”形式;“陪”有陪伴義,“偏背”中“比對方先離開,少陪,失陪”的意義多用“偏陪”形式。

(二)偏

(15)金蓮道:“今日我偏了杯,重複吃了雙席兒,不坐了。”(明《金瓶梅》第三十四回)

(16)[指介]你看,他早已醉倒在地,待我上岸,唤他醒來。[作上岸介][呼介]蘇昆生。[净醒介]大哥果然來了。[丑拱介]賢弟偏杯呀![净]柴不曾賣,那得酒來。(清《桃花扇》四十齣)

(17)你自然也在閣上偏我吃酒。(清《儒林外史》第四十七回)

(18)我在師尊門下投托一場,别無偏衆位處,止挨起打來比衆位偏些。(清《緑野仙

蹤》第七十九回)

(19)鳳姐正吃飯,見他們來了,笑道:“好長腿子,快上來罷。”寶玉道:“我們偏了。”(清《紅樓夢》第十四回)

(20)只見寶釵走進來笑道:“偏了我們新鮮東西了。”(清《紅樓夢》第二十六回)

(21)正顧盼著,裘氏笑吟吟舉起酒杯,向他道:“你費了力了,且吃一杯酬勞著。”……衆人都輪番交敬,這和尚是無量不濟的,飲了一會,裘氏笑道:“我是偏過你們了,你姐妹們怎麽個來説?”衆人道:“憑在夫人吩咐。”(清《姑妄言》寂寞尋春)

(22)步青問道:“你們吃飯没有?”大家見步青來,都起身,道:“偏過了。”(清《市聲》第二十一回)

(23)寶玉笑道:“姐姐家的東西,自然先偏了我們了。”(清《紅樓夢》第二十六回)

(24)一語未了,寶玉趕來笑道:“……咱們四個人在此聯句罷。”湘雲道:“不瞞二哥哥説,兩年前倒先偏過你了。”湘雲當把前事説明,寶玉道:“我没見過你們的詩,何不背給我聽聽?”(清《紅樓夢補》第四十一回)

偏:占先完成某事,多指先享用酒食;或私下多得了好處。

“偏了”“偏過了”“先偏了”“先偏過了”等形式,即在動詞“偏”前後添加了表示完成和先行執行的成分,以强調動作的完成或行爲占先。而“偏杯”形式由動詞語素“偏”與名詞語素“杯”組合而成,即動詞“偏”後添加了支配的具體事物,該形式與“變形”“投票”“題名”等離合詞結構相類,其間也可插入補語“了”表示動作的完成。可見,“先”“了”“過”“杯”等詞均在語句中充當了句子成分,這些形式作爲固定短語,皆可列在詞條“偏”之後。

例(15)“偏了杯”表示吃過了酒,或是私下較對方多吃了酒食,是因自己占多占先而有歉意,是出於禮貌的客套應答。例(16)“偏杯”是自己看對方在岸邊睡着,以爲對方醉倒了,便問對方是不是先喝了酒,此處並無客套語義,僅是詢問對方是否有占先的行爲。例(17)“偏我吃酒”表示背着我吃酒,即私下背着我享用了好處。例(18)“無偏衆位處”表示我没有比大家多占什麽好處;“止挨起打來比衆位偏些”表示自己僅在挨打的時候占了點便宜,少受了些苦。例(19)“偏了”是寶玉幾個説自己已經吃過飯了。例(20)“偏了我們新鮮東西”表示我們先享用了新鮮東西,占了好處。例(21)“偏過你們了”表示裘氏先與和尚發生了關係,比姐妹們占了先。例(22)“偏過了”表示先用或已用過茶飯等。例(23)“先偏了我們”表示姐姐家中的東西總是先給我們,我們先占了好處。例(24)“先偏過你了”表示湘雲早先在這聯過詩句,且比寶玉他們早了兩年。各例均有因“自己占先或占多”而有些許歉意的情感色彩,屬於話語交際中的客套。

(三)有偏

(25)(小生,末)無義之物,我們不吃。(丑)二位哥不吃,這麽,我得罪,有偏了。(清《綴白裘》六集一卷)

(26)笪還接著説道:“你們説了這大半日,倒便宜了我,多有偏了許多酒菜。如今也該輪著我來消消供了。(清《冷眼觀》第二十二回)

(27)城裏之耗子到了下面,只聞酒香撲鼻,不覺謙道:“妹子有偏了。”城外耗子隨嘴答道:“姐姐先請。”(清《九雲記》第三十三回)

(28)羅燦等却不過情面，也衹得將手拱道："沈世兄請了，有偏了。"説罷，坐下來飲酒，并不同他交談。(清《粉妝樓》第四回)

(29)隨即走到書房，拿了一壺酒，備了兩樣菜，捧到内宅門上，叫聲："陳老爹在哪裏?"陳老爹道："是哪一位，請進來坐坐，我有偏你了。"章宏拿了酒菜，走進房來，只見陳老爹獨自一人，自斟自飲，早已醉了。(清《粉妝樓》第十回)

(30)李雷一聽，心中大喜，同了邵青直奔套房。瞧見二人在内，叫聲："老邵，你出去吧。我大老爺有偏了。"(清《善惡圖全傳》第四回)

(31)當時李大麻子受用過了，出來，邵青問道："大老爺，今日如意了?"李雷一笑，説："有偏了。"二人就在廳上擺酒宴閒談。(清《善惡圖全傳》第四回)

(32)翠黛道："你决意不去?"錦屏不答。翠黛又叫道："大師兄、二師兄，去不去? 你們若不去，我有偏了。"(清《緑野仙蹤》第九十三回)

有偏：占先完成某事，多得了好處，多指先享用了酒食；或先行離開、少陪。

例(25)是二位哥哥不願吃不義的食物，那我就先享用了；例(26)是趁着大家聊天的間隙，我占了些許便宜，先吃了好些酒菜；例(27)是鄉下耗子在上頭，城裏耗子離酒近且饞得緊，就打算先嘗嘗好酒；例(29)是陳老爹私下先喝了酒，對方才帶着酒菜找上門來。例(30)"有偏了"表示將要先於對方享用美人，屬於"還未發生，但即將發生"的占先行爲。例(31)"有偏了"表示自己已經享受過了，先得到了滿足。因個人占先行爲而表示歉意，隨之傳達了客套情感。

而例(28)"有偏"可以理解爲"因自己先用酒食而不能陪對方交流攀談"，也能引申爲"少陪了對方"。例(32)"有偏了"表示大家都不去，那麽我先走了，即"先行離開、少陪"。

以上三組用例，不論"偏背""偏陪""偏倍""偏杯"，或"偏"，或"有偏"，大多數情況下，客套語"偏"相關詞都可作客套語，但其所包含的客套義不限於僅表示先吃過飯食或先喝過酒。"偏"的客套義是由"自己説明比對方'占先''占多'的情景"引出的情感義，在這種寒暄性質的話語情景之外，"偏"僅是對"占先""占多"情形的陳述而已。據此看來，"偏"并不是一個僅用於飲食交際的客套語詞。"偏"是二者境況的對比或一方與其餘各方境況的對比，是"偏"的對象間存在多少的差異，繼而由這種差異引出了"先完成某事"之意，引出了"占多，得了好處"義，引出了"先行離開""少陪"義，而客套語義是由話語寒暄情景賦予的情感色彩。

客套語"偏"理性義傳達的"較别人先完成某事或多得到某物"的語義信息，具體可分爲四類：1)表示占先完成了某事，一般是話語中提及的事情；2)表示私下先於對方吃了酒食，也可引出較對方多吃了些許食物之意；3)表示私下先於對方得到好處，或多得了對方好處；4)表示私下先離去，繼而引出陪得少或失陪之意。

三　客套語"偏"語義的合理性

"偏"包含客套色彩時，三組客套語"偏"相關詞均表達了"因占先完成某事或占多而心存歉意，爲已發生的或將要發生的事情表示不好意思"的語義。"偏"的理性義可概括爲"較别人先完成某事或多得到某物"，"偏"的客套義依附於該理性義存在。筆者將從其關鍵語素"偏"入手，探討"偏"傳達客套語義的合理性。

王雲路(2014)提出,“核心義來源於本義,是詞義的核心組成部分,而不是具體的義位。核心義對詞義系統中的相關義項具有統攝性,而且核心義具有單一性。”該書中對“偏”有如下分析,“《説文·人部》:‘偏,頗也。从人,扁聲。’段注:‘頗,頭偏也。引申爲凡偏之稱。故以頗釋偏。二字雙聲。’《説文·頁部》:‘頗,頭偏也。从頁,皮聲。’段注:‘引申爲凡偏之稱。《洪範》曰:無偏無頗,遵王之義。《人部》曰:偏者。頗也。以頗引申之義釋偏也。俗語曰頗多、頗久、頗有,猶言偏多、偏久、偏有也。’‘偏’‘頗’互訓。形符‘人’‘頁’與人體相關,是具體事物,故造字義顯,即頭偏。但段玉裁明確指出許慎是用‘頗’的引申義來解釋‘偏’。《廣雅·釋詁二》:‘偏,衺也。’所以用作訓釋詞的‘頗’指抽象義的偏斜,與‘偏’的核心義重合。”據此可知,王雲路先生將“偏”的核心義釋作“抽象義的偏斜”,“頗,頭偏也”,“頗”即不正、偏斜,“不正”則暗示着事物之間存在多少的差異,而“頗”也可看作是“差異、不均衡”導致的一種結果。那麽,“偏”的核心義可解釋爲“因量的不均衡而致使結果的傾斜”,該釋義能够更好地統攝“偏”的各義位。

“偏”作爲核心語素,由其隱含的“差異、不均衡而導致不正”的核心義直接引申出的詞語有“偏勞”“偏私”“偏袒”“偏心”“偏曲”“偏信”“偏待”“偏施”“偏倚”“偏累”“偏勝”等,這些詞可以看作“對待事物存在量的差别”語義場中的成員。故採用義素分析法分析如下:偏勞[+雙方關係,+對動作對象有主觀的選擇傾斜,+幫助],偏心[+三方關係,+對動作對象有主觀的選擇傾斜,+用心關懷],偏信[+三方關係,+對動作對象有主觀的選擇傾斜,+信賴],偏倚[+三方關係,+對動作對象有主觀的選擇傾斜,+倚靠],等等。“偏勞”是相對自己來説勞煩了對方,“偏心”是施事對受事者的態度優於與事者,“偏信”是施事對受事者的信任度高於與事者,“偏倚”是施事者對受事者的依賴高於與事者。其語義差别的關鍵在於不同的語素成分。而其共同的語義特徵在於,一是有比較對象,雙方參與的事情是將雙方的情況進行比較,三方參與的事情是將受事和與事進行比較;二是施事的主觀選擇具有明顯的傾斜性質;三是比較對象間的情況差異是由施事的主觀選擇造成的。

根據以上語義特徵推斷,客套語“偏”所隱含的“較别人先完成某事或多得到某物”的語義信息,與“因量的不均衡而致使結果的傾斜”核心義具有高度一致性。客套語“偏”在使用時帶有强烈的比較意味,主觀選擇傾向明顯。客套語“偏”基於“因量的不均衡而致使結果的傾斜”的核心義萌生而來,即“偏”所涉及的對象之間存在量的差異。客套語“偏”系列詞的語義基礎大致可概括爲“一方比另一方先占據了更多的量,而另一方處於少量狀態”。要麽“一方先用過酒食,或者一方準備先用酒食”,如例(1)“我偏背你”、(9)(10)“偏陪了”、(15)“偏了杯”、(19)“偏了”、(22)“偏過了”、(25)(26)(27)“有偏了”等;要麽“一方先完成某事,另一方未開始執行或不執行”,如例(2)“小弟已曾偏背”、(8)“偏倍了你”、(21)“我是偏過你們了”、(30)“我大老爺有偏了”、(31)“有偏了”等;要麽“一方占了好處,另一方没得好處或者得到的較少”,如例(6)“偏倍得你們些子”、(23)“自然先偏了我們”等;要麽“一方先離開,另一方未離開”,如例(12)“相公偏陪了”、(13)“偏陪了”、(14)“今日且偏陪”、(32)“你們若不去,我就有偏了”等。

可見,客套語“偏”的理性義由“偏”的核心義“因量的不均衡而致使結果的傾斜”直接引申而來,即“動作對象具有量的差異”引申出“行爲主體對動作對象有主觀的選擇傾斜”,故而産生了“較别人先完成某事或多得到某物”的語義信息,該語義是其核心義在具體語境中的呈現,由核心義驅動産生,語義合理。

四　結　語

綜上所述,客套語"偏"相關詞表示"較别人先完成某事或多得到某物"的理性義,其客套義是由話語寒暄情境賦予的情感色彩。那麽,據客套語"偏"的理性義及具體話語情境,可對辭書中相關詞的釋義作如下調整:

● 偏:①客套語。占先獲得或完成(多指先享用吃食)。《紅樓夢》第十四回:"鳳姐正吃飯,見他們來了,笑道:'好長腿子,快上來罷。'寶玉道:'我們～了。'"②客套語。比别人多占便宜,得好處。《緑野仙蹤》第七十九回:"我在師尊門下投托一場,别無～衆位處,止挨起打來比衆位～些。"

● 偏背:①客套語。私下先獲得或完成(多指先享用吃食)。也用作反語。《儒林外史》第四十七回:"虞華軒道:'成老爹～了我們,吃了方家的好東西來了,好快活!'"②同"偏①"。《才人福》第四齣:"翠英妹妹,明朝做阿姐勾～呾出去白相哉。"③客套語。猶言叨擾。元古本《老乞大》:"'哥哥因事到東京,不棄嫌小人呵,是必家裏來。''那般者,去時節便尋恁家裏去。俺～你那。'"

● 偏倍:①同"偏背①"。《牡丹亭》第三十三齣:"〔浄〕既是秀才娘子。可曾會他來。〔生〕便是這紅梅院,做楚陽臺,～了你。"《隋唐演義》第三十九回:"你們好～朕快活,接也不來接一接。"②同"偏②"。《警世通言》第三十七卷:"錢物平分,我只有這一件～得你們些子,你却恁地吃不得,要來害我。"

● 偏陪:①客套語。私下先享用吃食。《燕子箋》第三十八回:"(笑介)這樣好酒好菜不吃,待我拿去～了,如何如何。"②客套語。失陪或少陪。《錦箋記》第二十齣:"〔老旦〕阿姊陪小姐在房中坐。我去去來。〔旦〕請便。〔老旦〕～了。〔下〕"《初刻拍案驚奇》第十八卷:"富翁道:'這等,打點將二千金下爐便了。今日且～,在家下料理,明日學生搬過來,一同做事。'"

● 有偏:①同"偏①"。《綴白裘》六集一卷:"(小生,末)無義之物,我們不吃。(丑)二位哥不吃,這麽,我得罪,～了 。"②同"偏陪②"。《緑野仙蹤》第九十三回:"翠黛道:'你决意不去?'錦屏不答。翠黛又叫道:'大師兄、二師兄,去不去?你們若不去,我～了。'"

參考文獻

[1]白維國. 白話小説語言詞典[M]. 北京:商務印書館,2011:1155、1198.
[2]白維國. 近代漢語詞典[M]. 上海:上海教育出版社,2015:1496-1498.
[3]"教育部"重編國語辭典編輯委員會. 重編國語辭典修訂本[M]. 臺北:臺灣商務印書館,1995.
[4]劉心貞.《紅樓夢》方言及難解詞詞典[M]. 北京:東方出版社,2010:109.
[5]羅竹風. 漢語大詞典(第一卷)[M]. 上海:上海辭書出版社,2011:1561-1572.
[6]石汝傑,宮田一郎. 明清吴語詞典[M]. 上海:上海辭書出版社,2005:477.
[7]王貴元. 詩詞曲小説語辭大典[M]. 北京:群言出版社,1993:597-598.
[8]王雲路,王誠. 漢語詞彙核心義研究[M]. 北京:北京大學出版社,2014:50-51.
[9]徐時儀. 近代漢語詞彙學[M]. 廣州:暨南大學出版社,2013:321-322.

[10]徐中舒. 漢語大字典(第一卷)[M]. 成都:四川辭書出版社,2010:233-234.
[11]中文大辭典編纂委員會. 中文大辭典[M]. 臺北:中國文化研究所,1968:1107-1113.
[12]周定一,鍾兆華,白維國. 紅樓夢語言詞典[M]. 北京:商務印書館,1995:634.

A Discussion on the Dictionary Definition of the Polite Formula *Pian*(偏)

Cai Mengqi　Zheng Yonglei

Abstract: During the Ming and Qing dynasties, *Pian*(偏) was a common polite and communicative term in vernacular literature. Based on the definition of each dictionary and the co-rpus of literature, we makes an in-depth investigation into the semantic meaning of *Pian*(偏) in this paper. Then we concludes that the rational meaning of *Pian*(偏) is finishing something before others or getting something more than others, which is triggered by the core meaning of *Pian*(偏), the inclination of the result due to the imbalance of the quantity, and its polite emotional color is given by the polite context of a little apology due to the preoccupation of individuals.

Key words: polite formula, *Pian*(偏), dictionary definition, core meaning

通信地址:
蔡夢麒,湖南省長沙市嶽麓區麓山路36號湖南師範大學文學院
郵　　編:410081
Email:caimq@126. com
鄭永雷,湖南省長沙市嶽麓區麓山路36號湖南師範大學文學院
郵　　編:410081
Email:1020334768@qq. com

釋峽、岬、(山)脅
——兼論核心義與詞義的走向

王雲路　胡　彦

内容提要　本文從分析王念孫《讀書雜志·讀淮南子雜志》"山峽"條入手,系統梳理"峽""岬"和"(山)脅"這組狀山類詞,發現三者兼有山旁義與兩山之間義,既具有相同的義位,也有不同的演化路徑,均源於各自的核心義。

關鍵詞　峽　岬　脅　核心義　地貌詞

引言

傳世本《淮南子·原道》:"逍遥於廣澤之中,而仿洋於山峽之旁。"高誘注"峽"爲"兩山之間"。《水經注·江水》引作:"《淮南子》曰:'徬徨於山岬之旁。'注曰:'岬,山脅也。'"《吴都賦》李善注作:"許慎《淮南子注》曰:'岬,山旁,古押切。'"由此産生了"峽、岬"兩個異文,以及"兩山之間"和"山旁""山脅"三個釋義。王念孫《讀書雜志》認爲:

《水經注》所引亦作"岬"而訓爲"山脅",疑是高注①"山脅"即"山旁"義,與許同也。今本"岬"作"峽"、注云"兩山之閒爲峽",與酈、李所引迥異,疑皆後人所改。《玉篇》:"岬,古狎切,山旁也,亦作硆。"《廣韻》:"硆,古狎切,山側也;峽,侯夾切,巫峽山名。"二字音義判然。後人誤以"山脅"之"岬"爲"巫峽"之"峽",故改訓爲"兩山之閒"。不知正文明言"山岬之旁",則"岬"爲"山脅"而非"兩山之閒"矣。校書者以注訓"兩山之閒",故又改"岬"爲"峽",而不知其本非原注也。《集韻》:"硆,古狎切,兩山之閒爲硆,許慎説或作岬。"宋人皆誤以高注爲許注,故云"許慎説"。則所見已非原注,但岬字尚未改爲峽耳。②

概括而言,王念孫主要有兩個觀點:(一)"岬"和"山脅也"是《淮南子》及注文的原貌,依據是酈道元注與李善注的正文引文相同且時代較早,並據此推論注文"山脅"與"山旁"同義;(二)傳世本《淮南子》之"峽"及高誘注"兩山之間"均是酈道元《淮南子》"岬"和高誘注"山脅也"的訛傳,依據是"岬(硆)""峽"字音義不同,即釋"岬"的"山脅""山旁"義與釋"峽"的"兩山之間"義不同。

王氏首次匯總與討論《淮南子》這組異文及其與注文間的關係,後世學者多從其説③。

---

① "高注"是《讀書雜志》的按斷,酈道元未交待此處所引注文源自高誘還是許慎,楊守敬《水經注疏》認爲是許慎注,"蓋既云山胛之旁,不得又訓胛爲山旁也"。因不影響本文討論,故仍按《雜志》説作高誘注。

② 《雜志》原書未列李善注引文。

③ 後世學者如楊守敬、陶方琦、葉德輝、王國維等所舉例證與討論無出其右,詳見《淮南子集釋》《淮南鴻烈集解》匯總,此不贅述。

《淮南子》及注文的原貌我們尚無法判定,但"峽""岬"是否"音義判然"?"兩山之間"義與"山脅""山旁"義是否爲對立關係?筆者認爲仍可再商。

一 "峽""岬""(山)脅"有相同的義位

王念孫《讀書雜志》認爲"峽""岬"義異的依據是"山旁、山脅"義與"兩山之間"義不同,筆者認爲二者不是對立關係,這是一個事物的兩個角度:從中間看是"兩山之間",從側位看就是山旁,兩旁所夾也就是"兩山之間"。

(一)"峽"有"山旁"義

"峽"早期用例有《慎子·外篇》:"過巴峽而不慄,未嘗驚於水也。"①西漢揚雄《蜀都賦》:"經三峽之崢嶸,躡五屼之蹇滻。"西晉劉逵注:"三峽,巴東永安縣,有高山相對,相去可二十丈,左右崖甚高,人謂之峽,江水過其中。"劉逵注既交待了地名"三峽",也説明了"峽"的命名之由:流水夾於高山之間,形成了縱向空間高、橫向空間窄的狹長地貌。可見"峽"最晚在西漢時已有兩山之間義。東漢班固《漢書·李陵傳》:"士尚三千餘人,徒斬車輻而持之,軍吏持尺刀,抵山入陿谷。""峽谷"的用法延續至今。

王念孫認爲"峽"既可指"兩山之間"義,也可用作地名,但没有"山旁"義。那麼"峽"有無旁側義?南朝宋顏延年《車駕幸京口侍遊蒜山作》:"入河起陽峽,踐華因削成。"唐李周翰注:"峽,山側也。""陽峽"即峽谷的向陽側。

此外,從夾得聲的"陿""浹"等也均有近旁、旁側義②,如西漢劉向《九歎·思古》"聊浮游於山陿兮"東漢王逸注:"陿,山側也。"《集韻·洽韻》:"浹,水旁地。"《廣雅·釋親》"輔謂之頰"王念孫疏證:"《説文》:頰,面旁也。《釋名》云:頰,夾也,兩旁稱也。《説文》:酺,頰也。又云:輔,人頰車也。"説明王念孫也認同"夾"有近旁、旁側義。

故王念孫認爲"峽"没有山旁、山側義的説法不妥。

(二)"岬"有"兩山之間"義

王念孫認爲"'岬'爲'山脅'而非'兩山之閒'",那麼它是否有"兩山之間"義?

從文獻用例看,多"岬岫"連用,指山巒,所見最早文獻用例是《讀書雜志》所引西晉左思《吴都賦》:"傾藪薄,倒岬岫。巖穴無豜豵,翳薈無麢鷚。"唐張銑注:"兩山間曰岬。"明安國桂坡館本《初學記》卷二十五引梁沈約《和劉雍州繪博山香鑪詩》:"峯嶝互相拒,岩岫杳無窮。"明嘉靖繡石書堂本《錦繡萬花谷續集》卷七作"岬岫",説明"岬""巖(岩)"意義相近、均狀山高貌。《佩文韻府》卷八十五引謝朓《和王長史卧病》:"岬岫款崇崖,派别朝洪河。"北魏孝昌二

① 《慎子》的成書時代學界尚無定論。

② 段玉裁《説文解字注》、朱駿聲《説文通訓定聲》、王力《同源字典》、張舜徽《説文解字約注》等亦有相關論述。

年(526)《元則墓志》:"如和出岬,如隋曜淵。"有高山,必有河流、濕地等地貌與之相對,故"岬"可指兩山間、高山夾水的地貌。

古代辭書對"岬"(或作"砰")的釋義,也可以證明這一觀點:

一是作"山側、山旁"解。宋本《玉篇》《廣韻》均認爲"岬"屬山的旁側義,敦煌唐寫卷伯2011號《刊謬補缺切韻》亦釋作"碑(砰),小(山)側,亦作岬"。

二是作"兩山之間"解。《集韻·狎韻》:"砰岬,兩山之間爲砰,許慎説或從山。古狎切。"《類篇》與此同。

以上解釋都證明了"岬(砰)"兼含二義:山一側爲"山旁",山兩側所夾就是"兩山之間",故"岬(砰)"兼有兩山間義與山旁義,與"峽"意義用法相同。

(三)"山脅"兼有山旁與兩山之間義

"脅"確有近旁、旁側義,如《説文·氏部》:"氏,巴蜀山名,岸脅之旁箸欲落墒者曰氏。"《山海經·西山經》"有窮鬼居之,各在一搏"郭璞注:"搏猶脅也,言羣鬼各以類聚處山四脅。"①《水經注·渭水一》:"石長丈三尺,廣厚略等,著崖脅,去地百餘丈。"前蜀貫休《避寇上唐臺山》:"蒼黃緣鳥道,峰脅見樓臺。"上述"岸脅""山四脅""崖脅""峰脅"均指山峰旁側。

"山脅"還可用來比喻兩山相對的山峽地貌。如東漢馬第伯《封禪儀記》:"其道旁山脅,大者廣八九尺,狹者五六尺。仰視巖石松樹,鬱鬱蒼蒼,若在雲中。俯視溪谷,碌碌不可見丈尺。"《華陽國志·蜀志》:"觸山脅溷崖,水脈漂疾,破害舟船,歷代患之。"又如《吴越春秋·句踐伐吴外傳》:"伍子胥從海上穿山脅而持種去,與之俱浮於海。""穿山脅"而過説明也是兩山之間的地貌。以上諸例正與身體部位"脅"呈對稱分布的特性相類。

通過具體語境,明確了"山脅"兼有兩山之間義和山旁側、近旁義,便知王念孫認爲"山脅"與"山旁"同,是;"'岬'爲'山脅',而非'兩山之間'矣"的説法則不可從。

二 "峽""岬""脅"的語音關係

"峽""岬""(山)脅"不僅有相同的義位,在語音上也頗有聯繫。

首先,從夾、甲兩聲字最晚從東漢起已音近混用,如《周禮·夏官·射鳥氏》:"射則取矢,矢在侯高,則以并夾取之。"鄭衆注:"夾讀爲甲。"《書·多方》:"因甲于内亂。"僞孔傳:"因甲於二亂之内。"唐孔穎達疏:"夾聲近甲,古人甲與夾通用。"王弼注本《老子》"無狎其所居",河上本、嚴遵本分别作"狹""挾";《爾雅·釋宫》"陝而修曲曰樓",《經典釋文》"陜,或作狎"②。《説文·木部》:"梜,檢柙也。"《龍龕手鏡·冫部》:"冾,胡甲反,正作浹。"《大智度論》卷十六:"漚波羅獄中,凍冰浹渫,有似青蓮花。""浹",石本作"押"③。

其次,從"甲"得聲之字或讀見母(如"岬""胛"),或讀匣母(如"匣""狎");從"夾"得聲之

① "搏"借爲"膊",也有旁側之義。
② 以上例證引自張儒、劉毓慶(2002:1035)。
③ 以上例證引自《漢語大字典(第2版)》(2010:1698)"押"字下。

字或讀見母(如“浹”“梜”“莢”),或讀匣母(如“綊”“狹”);且“押”“袡”“俠”等從“甲”“夾”得聲的字兼有見母和匣母兩聲①。

第三,“峽”“岬”“脅”三字從上古起便讀音相近②。從韻部看,上古從甲得聲的“岬”爲魚部,“峽”“脅”爲葉部,三者韻腹相同;從聲母看,“峽”爲喉音匣母,“岬(甲)”爲牙音見母,“脅”爲喉音曉母,牙、喉音發音部位十分相近。唐王勃《釋迦如來成道記》“脅”“頰”“愜”“匣(一作篋)”等字相押韻,五臣以“峽”音前舉《吴都賦》“岬”,説明直到唐時三字仍音近,且“峽”“岬”兩字音幾同。

直到明時“峽”“岬”兩字仍有聲義相近、可通用的例子,如明徐霞客《徐霞客遊記·滇游日記四》:“亭當坡間,林巒環映,東對峽隙,滇池一杯,浮白於前,境甚疏窅。”明張國維《吴中水利全書》卷二十《吕光洵蘇松常鎮水利總説》:“大抵鎮江地皆瀕山鮮平土,水往往循行岬隙間,故其田多瘠埆而賦獨在諸郡之下。”又如明湯賓尹《睡庵稿》卷十三《黄山遊記》:“居松谷之數日,積雨相延,同游者小課詩閒銓答時萩,忽岬下吠聲如犬。”《(光緒)廣州府志》卷十二《輿地略四》:“其南有北含山,山岬之旁,澗壑懷煙,泉谿引霧,谷幽愈寂。”“峽”“岬”意義幾乎無别,説明在一定時間内可以同義换用。

三　核心義與“峽”“岬”“脅”的意義走向

由上討論可知,“峽”“岬”“(山)脅”早期均具有兩山之間義與山旁義,但各自有不同的發展走向,晚近以來尤甚。如清杞廬主人等輯《時務通考》卷二《地輿五·亞細亞洲·日本》:“西南隅有火打山,其南小岬云毛吕茂井岬,與野付崎相對,中爲海峽。”上下文用字迥别,“峽”“岬”區分明顯。

“岬”從清末以來一直用作突向海邊的“山岬角”義,如清何如璋《使東述略》:“經豐前司門,越千珠、滿珠二小島,轉正東,過本山岬,泛周防海。”清黄遵憲《日本國志》卷二十六《兵志六》:“環海分爲東、西二部,各設鎮守府以守護,南海自紀伊國潮岬以西爲西部,北海自能登岬以東爲東部。”清馬建忠《適可齋記行·東行初録》:“九點二刻過劉公島,一點鐘薄成山岬。”清曾樸《孽海花》第三十三回:“最凶險的是那猴悶溪。那是兩個山岬中間的急流溪,在兩崖巔沖下像銀龍般的一大條瀑布。”這是“岬”的發展走向。

“峽”一直指高山夾水的地貌或地名,清代以來有了“海峽”“地峽”等説法,沿用至今③。

“峽”“岬”在現代漢語裏均失落了“山旁側”義,“峽”偏重於兩山相對,“岬”偏重於指突向

① 詳參《廣韻》《集韻》,“岬”“胛”均音古狎切;“匣”音胡甲切(《廣韻》音)、轄甲切(《集韻》音),“狎”音侯夾切(《廣韻》音)、轄甲切(《集韻》音),“浹”音“轄夾切”“訖洽切”“作荅切”“即協切”(均見於《集韻》,《廣韻》只作子協切),“梜”音古協切和古狎切(《廣韻》音)、訖洽切(《集韻》音),“莢”音古協切(《廣韻》音)、吉協切(《集韻》音),“綊”音胡頰切(《廣韻》音)、檄頰切(《集韻》音),“狹”音侯夾切(《廣韻》音)、轄夾切(《集韻》音),“押”兼有烏甲切(《廣韻》音)、轄甲切(《集韻》音)和古狎切(《廣韻》《集韻》音),“袡”兼有轄甲切(《集韻》音)和古狎切(《集韻》音),“俠”兼有“檄頰切”(《集韻》音)和“吉協切”(《集韻》音)。

② “岬”先秦文獻未見,故其上古音本文以“甲”代之。

③ 比較《現代漢語詞典》(第七版)收録的“岬”“峽”釋義亦可證明二者的演變軌跡。“岬”的第一義項爲“岬角(多用於地名)”,第二義項“兩山之間”則無例證。“峽”的義項仍作“兩山夾水的地方(多用於地名)”,與古代用法同。

海洋的陸地。而“脅”在現代漢語中的主要義項仍是“從腋下到腰上的部分”,“山脅”只是以人體作比喻表示山側。意義走向的不同,在於各自的核心義不同。

(一)“峽”與“夾”的核心義

“峽”的兩山間義及其地名用法均源自“夾”。考《説文・大部》:“夾,持也,从大俠二人。”“夾持”即從兩側向中間施力,亦即用力扶持。

施力於人,則“夾”有攙扶義,如《禮記・檀弓下》:“如我死,則必大爲我棺,使吾二婢子夾我。”此指兩側各一婢陪葬。《漢書・蔡義傳》:“行步俛僂,常兩吏扶夾乃能行。”抽象的施力,則有輔佐義,如《左傳・僖公四年》:“五侯九伯,女實征之,以夾輔周室。”“俠”就是這個意義的一個後起專字,指能够輔佐人或者直接用力幫助人者。

根據施力的動作狀態,有夾雜、夾帶、摻雜義,如宋岳珂《桯史・機心不自覺》:“適得旨,欲變錢法,煩公依舊夾錫樣鑄一緡。”這個意義也可以寫作“挾”。

根據施力的位置,是從兩邊向中心,故可以指兩側、四周、周圍等義,如《左傳・僖公二十八年》:“狐毛、狐偃以上軍夾攻子西,楚左師潰。”又可以偏指其中一側,即旁側義,如《史記・樂書》:“六成復綴,以崇天子,夾振而四伐,盛威於中國也。”還可以指兩側或四周包圍形成中空的物品,建築如“夾室”①、武器如“夾弓”、樂器如“夾鐘”②、服飾如“夾衣”等。能够通過開合形成兩側間施力的工具也稱“夾”,如食具“夾子”、炊具“火夾”(又作“鋏”)、文具“梵夾”、刑具“拶夾”等。“夾”的同源詞也能够反映這一點。如“頰”指臉的兩側。“浹”指水的包圍,遍及。“莢”是豆類植物的果實,成熟時外皮裂成兩片,就相當於兩側包圍,而且外皮通常爲狹長形,如大豆、豌豆、皂莢、槐莢等皆是。

“夾”在先秦便有靠近、環繞義,如《尚書・梓材》:“懷爲夾。”又《多方》:“爾曷不夾介乂我周王。”傳並云:“夾,近也。”《廣雅・釋詁》:“夾,近也。”《詩經・大雅・公劉》:“夾其皇澗,溯其過澗。”“夾其皇澗”即沿着皇澗兩岸。《左傳・哀公六年》:“是歲也,有雲如衆赤鳥,夾日以飛三日。”“夾日”即繞日、在太陽周圍。

作動詞爲靠近、環繞,作形容詞就是近、窄,如《管子・霸言》:“夫上夾而下苴、國小而都大者弑。”《説文・厂部》:“厗,辟也。”《後漢書・東夷傳・東沃沮》:“其地東西夾,南北長。”李賢注:“夾音狹。”“狹”即該義項的分化字③。

用於地理則有“夾谷”,先秦時可以用來表示兩山間深狹地貌(通名)與地名(專名),如《左傳・定公十年》:“公會齊侯於夾谷,公至自夾谷。”爲“夾谷”義造的專字就是“峽”。與“峽”類似的表示地貌的字先秦兩漢時還有“郟、頰、坹、陜、硤、陿、狹”等。如《左傳・襄公二十四年》:“齊人城郟。”《公羊傳・定公十年》:“公會齊侯于頰谷。”馬王堆漢墓帛書《老子》甲本《明君》:“高丘之下,必有大坹;高臺之下,必有深池。”銀雀山漢簡《守法》:“其畛田陜,其置士多。”《淮南子・兵略》:“硤路津關。”西漢司馬相如《上林賦》“赴隘陿之口”郭璞注:“夾岸間爲陿。”《史記・秦始皇本紀》:“臨浙江,水波惡,乃西百二十里從狹中渡。”是其例。

---

① 《禮記・雜記下》:“門、夾室皆用雞。”孔穎達疏:“夾室,東西廂也。”

② 《白虎通義》卷三:“二月律謂之夾鍾何?夾者,孚甲也,言萬物孚甲,種類分也。……鍾者,動也。”夾鐘、夾鍾並行。

③ 《集韻・洽韻》:“陜陿峽狹,《説文》‘隘也’。”

簡言之,“夾”的核心義爲“從兩邊向中心施力”,其同源詞均有相同的核心義。“峽”既可以指兩山之間深陷的整個狀貌——山峽、峽谷,也可以指組成峽谷的山崖——山旁、峽側。王念孫拘泥於“夾”是指山側還是兩山之間,實無必要。

(二)“岬”與“甲”的核心義

“岬”爲“甲”的同源詞。“甲”早期有十、田、[glyph]、[glyph]等写法。《説文・甲部》:“甲,東方之孟,陽气萌動,从木戴孚甲之象;《大一經》曰:人頭空爲甲。”①關於“甲”的本義學界討論主要分四説,一是段玉裁據“人頭空”認爲“甲”是髑髏②,趙林從之;二是俞樾認爲是“鱗甲”,郭沫若認爲是“魚鱗”,與俞説近似;三是林義光認爲“甲者,皮開裂,十像其裂紋”,葉玉森、李孝定等從之;四是于省吾據《説文》“鎧,甲也”和商比作伯婦簋“[glyph]《殷周金文集成》03625”,認爲“甲”本義爲首甲(狹義)、鎧甲(廣義),魯先實認爲是“甲札”,近似于説,等等。前賢時彦的觀點雖然對“甲”的來源或質地有分歧,但均認同“甲”是外殼,有空隙,有成片、相聯的特性。故筆者認爲“甲”的核心義是“有縫的外殼”。有如下義位:

(1)天然之物的外殼,可以指植物種子、花萼、果實等的外殼,如《管子・小問》:“夫粟,内甲以處,中有卷城,外有兵刃。”《説文・鼓部》:“萬物郭皮甲而出。”也可以指人和動物的甲質殼,如“肩甲”“鱗甲”“蜩甲”“爪甲”等,“䟢”“胛”“𤸎”均是其後起分化字。因其形制和功能,“甲”還可以指人造的鎧甲、護甲等,如《管子・五行》:“組甲厲兵。”《太玄・玄挩》:“比札爲甲。”鎧甲、金縷玉衣等均是用甲片、金屬片或玉片等連綴而成的,有鱗次重疊之貌;也可以表示用各類材質做成的、關押人獸或放置物品的器具等,“柙”“匣”即該義項的分化字。

(2)承載外殼的事物。植物初生時頂破外殼,鑽出新葉,因而“甲”還可以指初生的植物或新葉,如唐杜甫《有客》詩:“自鋤稀菜甲,小摘爲情親。”作動物甲殼解的“甲”可用於指代相關的動物,如《初學記》卷七《地部下・漢水第二》引漢蔡邕《漢律賦》:“鱗甲育其萬類兮,蛟螭集以嬉游。”作鎧甲解的“甲”可指代穿鎧甲的人如甲士、兵甲等。“甲”還可以指代穿鎧甲,如唐韓愈《與少室李拾遺書》:“四海之所環,無一夫甲而兵者。”

(3)“外殼”的位置特徵,附著於物的表面,故有邊緣、旁側、突出等含義。可以有貼近義,既可指物理距離的近,如“柙”“匣”“䀹”等均是表示空間狹窄的分化字;也可指情感距離的近,如《詩・衛風・芄蘭》:“雖則佩韘,能不我甲。”《韓非子・南面》:“狎習於亂而容於治。”“狎”即是該義項的分化字。“岬”“砰”即其地貌方面的分化字,表示邊緣突出爲現代保留的“岬角”義;表示兩側相對則爲古時的峽谷義,即“山岬”。“岬”還可以指崎嶇的多山間地貌,北齊魏收《魏書・太宗紀》:“田於四岬山。”日本釋昌住《新撰字鏡・山部》:“岬,古狎反,三山間。”③是其例。還可抽象地用於時間次序、地位排名等方面來表示首位的,如東漢王充《論衡・超奇》:“彼子長、子雲論説之徒,君山爲甲。”

(4)外殼的裂縫形狀。“甲”在開裂過程中往往有裂縫、裂紋,動物甲骨烤出的裂紋在上

---

① “《太一經》曰”“空”,傳世本如中華書局影同治十二年(1873)番禺陳昌治本《説文解字》分别作“一曰”“宜”,茲從段注本。

② 段玉裁注原文:“空、腔古今字。許言頭空、履空、頟空、脛空,皆今之腔也。人頭空,謂髑髏也。”

③ 是書成書於公元898至901年、唐昭宗年間。

古時用於占卜，稱“甲骨”。在公文或契約上、用作憑信的簽字或符號也稱“甲”，因爲形似裂紋，如漢簡花押符號“居延漢簡號560·20”①，《新唐書·元載傳》：“時擬奏文武官功狀多謬舛，載虞有司駁正，乃請別敕授六品以下官，吏部、兵部即附甲團奏，不須檢勘。”“畫押”亦是其義。

（三）“脅”與“劦”的核心義

“脅”與“劦”同源。《説文·劦部》：“劦，同力也。”甲骨文作00003(A7)、16110正(A7)、20283(A1)、15588正(AB)、26992(B6)等。“力”本指一種發土工具②，“劦”像三“力”並陳之形。“同力”即“劦”及其同源字的核心義。傳世文獻中幾無“劦”的文獻用例，但其語義特徵在同源詞中保留下來，我們主要討論“脅”。

從功用上看，三“力”緊密並陳，形成合力，與“脅”的肋骨排列形制相似，對內部有協調、聯合、合作等義，如“協”“恊”“勰”等爲分化字；對外部有逼迫、挾持、威嚇等義，如《國語·晋語七》：“長魚矯既殺三郤，乃脅欒、中行而言於公曰：‘不殺此二子者，憂必及君。’”《尚書·胤征》：“殲厥渠魁，脅從罔治。”《史記·樂書》：“彊者脅弱，衆者暴寡。”

從狀態上看，三“力”並陳靠攏便是貼緊收縮，如《孟子·滕文公下》：“脅肩諂笑，病于夏畦。”《説文·欠部》：“歙，翕氣也。”

從形制上看，“劦”的緊密并陳之形與人的肋骨相似，故人腋下腰上的身體肋骨部位也叫“劦”，專字作“脅”；“脅”位於腋下到肋骨盡處、且呈左右對稱分布，《説文·月部》：“脅，兩膀也。膀，脅也。”《釋名·釋形體》：“脅，挾也，在兩旁，臂所挾也。”如《左傳·僖公二十三年》：“曹共公聞其駢脅，欲觀其裸。”因其所處身體部位的方位特徵而有旁側義，如《史記·龜策列傳》：“龜在其中，常巢於芳蓮之上，左脅書文。”《風俗通義·皇霸》：“啟其左脅，三人出焉；啟其右脅，三人又出焉。”

“山脅”是用人的肋骨所在部位比喻山的旁側。“山腰”“山脚”“山頂”與此同理，均是用身體部位比喻山的不同位置。《水經注·江水》：“江水又東逕赤岬城西，是公孫述所造，因山據勢，周回七里一百四十步，東高二百丈，西北高千丈，南連基白帝山，甚高大，不生樹木。其石悉赤。土人云，如人袒胛，故謂之赤岬山。”酈道元以“胛”釋“岬”，與之類似。

同時，“山脅”也可以指山旁側的中間部位，即山的中間、山腰義。《説文·山部》：“崩，山脅道也。”晋灼注《漢書·東平思王劉宇傳》：“山脅石一枚。”唐瞿曇悉達《開元占經》卷八十八《彗星占》：“無知之士，流爲糞土，耕於山脅。”《（嘉靖）山東通志》卷二十《寺觀·濟南府·谷山寺》：“自是澗限山脅稍可種藝植粟數千株。”这個意義是“峽”“岬”所不具備的。

結語

“峽”“岬”直接表示山的形狀，“（山）脅”則源於身體部位詞的比喻用法，早期均兼具兩山

---

① 據陳槃説，春秋以前已有花押。

② 關於“力”的形制，學界有兩種説法，一種是以徐中舒《耒耜考》爲代表，認爲“力”是一種仿效樹枝式的、與“耒”相近的歧頭農具；一種是以裘錫圭爲代表，認爲“力”是一種與仿效木棒式的、與“耜”相近的一刃農具。但基本都認同“力”爲一種發土農具。

間義和山旁側義,而且在文獻訓釋中的意義界限并不分明。比如“岬”,同一注者可以兼有以上兩解。《玉篇殘卷·山部》:“岬,古狎反,仿佯山岬之旁也。左思《吴都》許叔重曰:‘岬,山旁也。’左思《吴都賦》‘倒岬岫’,劉逵曰:‘岬,兩山間也。’《埤蒼》爲砷,字在石部。”①又《石部》:“砷,古狎反。《埤蒼》:山側也。或爲岬,字在山部。”《篆隸萬象名義·山部》:“岬,古狎反,兩山間。”又《石部》:“砷,古狎反,山側。”②

類似的詞還有一些,如“廁”,《史記·張釋之傳》:“頃之,至中郎將。從行至霸陵,居北臨廁。”《集解》:“蘇林曰:廁,邊廁也。韋昭曰:高岸夾水爲廁也。”又如“際”,《墨子·備穴》:“柱善塗亓竇際,勿令泄。”《山海經·海内西經》:“八隅之巖,赤水之際。”同樣是對高山夾水、峽谷地貌的理解,强調整體就是“兩山之間”,偏重邊緣就是“山旁”,可謂同一對象的一體兩面,並非“音義判然”。王念孫强爲分别,甚至據此判斷異文,自然没有説服力。

“峽”“岬”“(山)脅”的區别在於詞義來源與後來發展路徑的不同,這恐怕也是導致王念孫認爲峽、岬有别的原因之一。“峽”“岬”分别源自“夾”“甲”的核心義,“峽”的出現遠早於“岬”,現代漢語中“峽”保留了兩山之間義,即山谷;“岬”則主要指岬角、形容突出於海中的陸地或突出的山脈,這都源於各自核心義的制約。“脅”表示肋骨及相關的身體部位義比較穩定,“山脅”的比喻用法也相對穩定。

徵引書目

戰國·慎到《慎子》(《四部叢刊》初編子部第36册影上海涵芬樓江陰繆氏漙香簃本),上海商務印書館,1922。

西漢·劉安《淮南鴻烈集解》,劉文典撰,中華書局,1989。

西漢·劉安《淮南子集釋》,何寧撰,中華書局,1998。

東漢·許慎《説文解字》,中華書局,2013。

南朝梁·顧野王《玉篇殘卷》(續修四庫全書第228册),上海古籍出版社,2002。

南朝梁·蕭統《文選》(影胡克家校尤刻本),中華書局,1977。

南朝梁·蕭統《六臣注文選》(《四部叢刊》影涵芬樓藏宋刊本),中華書局,1987。

唐·歐陽詢等《宋本藝文類聚》,上海古籍出版社,2013。

唐·徐堅等《初學記》,中華書局,1962。

唐·徐堅等《初學記》,天津圖書館藏安國桂坡館本,1531(明嘉靖十年)。

宋·佚名《錦繡萬花谷續集》,天津圖書館藏錫山秦汴繡石書堂本,1536(明嘉靖十五年)。

清·俞樾《兒笘録》,第一樓叢書本,1871(清同治十年)。

清·曾樸《孽海花》,上海古籍出版社,1980。

[日]釋昌住《新撰字鏡》(《佛藏輯要》第33册),巴蜀書社,1993。

[日]釋空海《篆隸萬象名義》,中華書局,1995。

國家文物局古文獻研究室《馬王堆漢墓帛書·壹》,文物出版社,1980。

銀雀山漢墓竹簡整理小組《銀雀山漢墓竹簡·壹》,文物出版社,1985。

① 兩處“都”,原文均誤作“[illegible]”,徑改。

② “砷”,原書作“胛”,兹據上下文徑改。又《篆隸萬象名義·肉部》無“胛”。《玉篇殘卷》與《篆隸萬象名義》均是光緒年間由日本傳回中國,兩者無論是成書時代上,還是在保留顧野王《玉篇》原貌上,均比宋本書有較高的可靠性與説服力。惜王念孫無緣獲見。

參考文獻

[1]鮑明煒. 唐代詩文韻部研究[M]. 南京:江蘇古籍出版社,1990:389.
[2]陳功文. 明刊《淮南子》版本考[J]. 岳陽職業技術學院學報,2015(01).
[3]陳夢家. 殷虚卜辭綜述[M]. 北京:中華書局,1988:4-6.
[4]陳槃. 漢晋遺簡識小七種[M]. 臺北:"中研院"歷史語言研究所專刊之六十三,1975:79-87.
[5]段玉裁. 説文解字注[M]. 上海:上海古籍出版社,1981:740.
[6]郭沫若. 甲骨文字研究[M]//郭沫若全集・考古編 01. 北京:科學出版社,1982:170-171.
[7]漢語大詞典編輯委員會,漢語大詞典編纂處. 漢語大詞典[M]. 上海:上海辭書出版社,1986.
[8]漢語大字典編輯委員會. 漢語大字典(第 2 版)[M]. 成都:四川辭書出版社/武漢:崇文書局,2010:2703.
[9]李宗焜. 甲骨文字編[M]. 北京:中華書局,2012:1303-1304.
[10]林義光. 文源[M]. 上海:中西書局,2012:140.
[11]魯先實,王永誠. 文字析義注(上)[M]. 臺北:臺灣商務印書館,2014:292.
[12]唐作藩. 上古音手册(增訂本)[M]. 北京:中華書局,2013.
[13]王念孫. 讀書雜志[M]. 南京:江蘇古籍出版社,1985:771-772.
[14]王雲路. 論漢語詞彙的核心義——兼談詞典編纂的義項統系方法[M]//山高水長:丁邦新先生七秩壽慶論文集(《語言暨語言學》專刊外編). 臺北:"中研院"語言學研究所,2006:319-350.
[15]王雲路,王誠. 漢語詞彙核心義研究[M]. 北京:北京大學出版社,2014.
[16]王雲路. 談談漢語詞彙核心義的類型[J]. 西南交通大學學報(社會科學版),2021(01):21-34.
[17]于省吾. 甲骨文字詁林[M]. 北京:中華書局,1996:3510-3513、3585.
[18]張儒,劉毓慶. 漢字通用聲素研究[M]. 太原:山西古籍出版社,2002:1035.
[19]趙林. 説商代的"鬼"[M]//甲骨文與殷商史(第四輯). 上海:上海古籍出版社,2014:71.
[20]中國社會科學院語言研究所詞典編輯室. 現代漢語詞典(第七版)[M]. 北京:商務印書館,2016:627、1410、1449.

An Explanation of *Xia* (峽), *Jia* (岬) and (*Shan*) *Xie* ([山]脅)

Wang Yunlu　Hu Yan

Abstract: Essay *Shan Xia* (山峽) from Wang Niansun's *Du Huainanzi Zazhi* holds the view that *Xia*(峽) is totally different from *Jia*(岬)、*Shan Xie*(山脅), while we find that all of them, which originates from their respective core meanings, bear the meaning of mountainside and shallow pits among the mountains, while possess the different evolution paths.

Key words: Xia(峽), Jia(岬), Xie(脅), core meaning, geomorphic words

通信地址：
王雲路，浙江省杭州市西湖區餘杭塘路 866 號浙江大學古籍研究所、漢語史中心
郵　　編：310058
E-mail：wylu@zju. edu. cm
胡　彦，浙江省杭州市西湖區餘杭塘路 866 號浙江大學古籍研究所
郵　　編：310058
E-mail：swuhhyy@163. com

“碧落”考*

周作明

内容提要 “碧落”源於東晉《度人經》“碧落空歌大浮黎國土”，道經故訓材料表明，“碧落”本爲“大浮黎國土”的修飾成分，其理據可解，隋唐之際，“碧落”轉指“天界，仙境”，並進一步泛化指“太空”。“碧落”的語義變化及其向世俗用語的傳播滲透，不僅與《度人經》的重要影響有關，更是在類推作用下，對其構詞理據重新分析的結果。

關鍵詞 《度人經》 碧落 重新分析

白居易《長恨歌》“上窮碧落下黄泉，兩處茫茫皆不見”傳誦甚廣。其中“碧落”的語源，謝思煒曰：“碧落，道書所云天界。《度人經》：‘昔於始青天中碧落高歌。’”李商隱《聖女祠》“何年歸碧落，此路向皇都”中也有“碧落”，清馮浩《玉谿生詩集箋注》：“《度人經》：‘始青天中碧落空歌大浮黎土。’”而劉學鍇、余恕誠引用馮注後述：“碧落猶青霄也。《記事珠》云：‘老子授沈羲官爲碧落侍郎。’僞書不可據。”其意似認爲《度人經》材料不可憑信。對於“碧落”的來源，柏夷(Stephen Bokenkamp,1991/2014)認爲“‘碧落’事實上是中國古代詩歌詞彙中的一個‘舶來詞’”，指“碧霞之上的神祇”，乃道教“隱語”。

“碧落”是道教隱語嗎？其語源为何，馮浩、謝思煒所引《度人經》文本爲何不同？要回答這些問題，有賴於對“碧落”的語源及流傳進行考察。

一 “碧落”的來源

今按，“碧落”確源於東晉道經《靈寶無量度人上品妙經》(簡稱《度人經》)，在該經卷一凡兩見。第一處位於該經首句：

道言：昔於始青天中碧落空歌大浮黎土，受《元始度人無量上品》。

《度人經》乃明《道藏》首經，現爲六十一卷，後六十卷乃宋代所增，第一卷是本經，一般認爲産生於東晉。“碧落”所在的卷首的序言，完整收録於北周宇文邕敕纂的道教類書《無上秘要》中，其産生於北周前是確信無疑的。《度人經》在後世影響很大，從六朝至明代先後有嚴東、薛幽棲等七家爲之作注。

唐薛幽棲：既天蒼氣青，則碧霞廓落，故云碧落；靈風瓊樹，空中鼓歌，故云空歌。……受

---

* 基金項目：教育部人文社科重點研究基地重大項目“中古專類文獻詞彙研究——以道經、佛典、史書爲中心”(20JJD7400)；國家社科重大招標課題“吐魯番文獻合集、校注、語言文字研究、語料庫建設”(17ZDA314)。拙稿先後蒙俞理明、朱慶之、周志鋒、劉祖國、田啟濤等師友教示，謹致謝忱，感謝匿名審稿人的修改意見，文中錯誤概由本人負責。

者，道君言我昔於此天之國受《元始度人》之文。(《元始無量度人上品妙經四注》卷一)

唐李少微：此天碧霞羅絡，靈奏神風，紫字鳴林，自成歌詠。(同上)

宋青元真人：此天之氣碧而青，化生碧霞，豁落徧布，故云碧落；碧落之氣爲神風所振，自成空洞之歌，演不空不色之妙，故云空歌。……土有浄穢，而此大國碧落空歌，虛元嚴麗，爲浄境之首，非三界可擬也。(《元始無量度人上品妙經注》卷上)

宋蕭應叟：此天氣青，碧霞廓落，故云碧落；靈風瓊樹，空中鼓歌，故云空歌。……道君謂我昔在此天此國，受虛皇天尊妙經。(《元始無量度人上品妙經内義》卷一)

元陳致虛：有碧霞遍滿，是云碧落；天中有氣蕩爲神風，振響若空洞之歌。(《太上洞玄靈寶無量度人上品妙經注》卷上)

明張宇初：此天梵氣所凝，碧霞廓落；碧霞之氣，凝爲瓊林瑶樹，靈風鼓蕩，自成空洞之歌，是曰空歌。……道君謂我昔於始青天浮黎土，受元始天尊妙經，廣度天人，是爲《無量上品》。(《元始無量度人上品妙經通義》卷一)

以上疏解有兩點值得注意：一，諸家認爲“碧落”乃碧霞遍滿，其中的“落”乃“羅絡”“廓落”“遍滿”“豁落遍布”等義，乃表狀態的成分。二，在全句理解上，“道君言我昔於此天之國受《元始度人》之文”(薛幽棲)、“道君謂我昔在此天此國，受虛皇天尊妙經”(蕭應叟)、“道君謂我昔於始青天浮黎土，受元始天尊妙經”(張宇初)等均視“始青天碧落空歌大浮黎土”爲介詞“於”的處所賓語，“碧落”“空歌”乃“大浮黎土”的修飾成分。青元真人作注所述“土有浄穢，而此大國碧落空歌，虛元嚴麗”中的“碧落”仍爲形容詞，“空歌”指天籟自唱，蕭登福即譯爲：“從前在東方九氣始青天，碧霞籠罩、空中自然詠歌的大浮黎國，接受元始天尊所傳《度人無量上品妙經》。”

謝思煒以“昔於始青天中碧落高歌”結句，將“碧落”理解爲名詞，“空歌”誤爲“高歌”，失之；清馮浩所引《度人經》是正確的，而劉學鍇、余恕誠却認爲其乃“僞書不可據”，對道書失於考察，將“碧落”解爲名詞“青霄”，與所引《記事珠》中“碧落侍郎”語義雖能吻合，但《記事珠》乃後世纂集，不能揭示“碧落”的語源。

“碧落”的第二處用例見於卷一《元始靈書中篇》①。該篇述三界三十二天各天之“大梵隱語”，文義隱晦難明，其中有“碧落浮黎空歌保珍”八字，被視爲北方八天第六天“玉隆騰勝天”的隱語秘文，東晉稍後產生的《太上洞玄靈寶諸天内音自然玉字》更賦予其“雲篆天書”的字形，此即“”。不僅如此，該經還借天真皇人之口，對此八字有疏解：

> 太釋玉隆騰勝天中，有自然之書八字，文曰：碧落浮黎空歌保珍。……
>
> 天真皇人曰：……天中常生碧霞之雲氣，以蔭騰勝之天。落者，雲中飛天之神，常乘碧霞之輦，游於騰勝之天。……空者，天中之侍宸，嘯而靈風聚煙，靈風既鼓，音成洞章。學知八字，則明天音，七祖去離九幽之府，上升南宫，爲飛天之賓，保此不終之劫，珍其自然之功。

此處“碧落浮黎空歌保珍”本是將前文“碧落空歌大浮黎國土”錯位截取，加上“保珍”兩字而成，在自神其秘的同時，也滿足了道徒因道法神秘而虔誠崇拜的心理，“雲篆天書”的構造及天真皇人的强生别解均因緣於此。因此，視“落”爲“雲中飛天之神”這種宗教神學的解

---

① 《元始無量度人上品妙經四注》收有南朝齊嚴東對《元始靈書中篇》的疏解，故其産生當在齊之前。

讀對理解其本來含義實無幫助。然而，在道教文化語境中，此處“碧落”的解讀被前述大多注疏家繼承，兹不贅引。

《度人經》卷一中的兩處“碧落”却有兩種含義，一是普遍的可供理解的語義，即“碧霞籠罩”，一是宗教神學的解讀，即“碧天上的神祇”。誰是後世文學作品“碧落”的語源？柏夷(Stephen Bokenkamp，1991/2014)在論述道教對後世文學的影響時，認爲“作爲天界語彙，‘碧落’意味着覆蓋東北浮黎天界的碧緑煙霞，以及騰駕在碧霞之上的神祇”，視後處宗教神學的解讀爲其語源。我們認爲，符合普遍語義解讀的前者才是後世文學中“碧落”的源頭。理由如下：首先，從産生先後看，首句作爲傳經處所的“碧落空歌大浮黎土”在前，而雲篆秘文乃截取前者而成，故前者乃“碧落”的源頭，前引清馮浩對李商隱詩歌中“碧落”語源的追溯也可爲證。第二，作爲宗教神學的解讀乃“道教隱語”，通行範圍有限，其意義乃“藍天上的神祇”，泛化指“天界；仙境”並爲世俗接受相對更難，而基於普遍語義的“碧霞廓落”這一解讀，乃對天界狀態的描述，加上該句本身即爲元始天尊傳道之所，作爲仙境修飾語的“碧落”逐漸轉指“天界；仙境”，這能很好解釋其後世向世俗的滲透、傳播及語義上的變化。

前述注疏家將“落”解釋爲“羅絡”“廓落”“遍滿”“豁落遍布”等義，符合漢語詞義引申規律。“落”本爲草木凋落，後引申有“稀疏冷清”義(王雲路，2010)，稀疏冷落則顯得寂寥空曠，並進一步引申有空闊坦蕩義，“廓落”“遼落”“空落”等詞即爲其類，故前述“廓落”“遍滿”“豁落遍布”等解釋均本於此。而“羅絡”則不好理解，“落”常與“絡”通，但不見“碧落”作“碧絡”的用例，故我們認爲“碧落”之“落”乃空闊義，“碧落”當即碧藍空闊義，注疏者所釋“碧霞遍布”有增字爲訓之嫌，但將其理解爲修飾限定成分則頗得其旨。但無論是“碧霞遍布”，還是“碧藍空闊”，均是對天界仙境的描述，在使用中用來轉指天界是自然合理的。明方以智《通雅》卷十一指出：

> 古人造詞，當以意爲之。蔚藍，猶碧落也，或曰紫落，或曰青冥，或曰黄乾，或曰泰鴻，猶今之言彼蒼，言穹蒼耳。……蔚藍者，正猶碧落，亦指天之色也。王勃曰翟楚賢有《紫落賦》①，即碧落也，以此知碧藍皆指其色明矣。

方氏没將該詞追溯至《度人經》，也没分析語素“落”的含義，但認爲“碧落”乃用天之性狀轉指天界，甚是。但須强調的是，由於“碧落”所在的《度人經》文本被後世道徒視爲經典，這使其轉作名詞時並非指一般意義的“天空”，而是指“仙境”，且先出現在道教文化語境中。

二　“碧落”的語義演變及使用範圍擴大

“碧落”本爲表修飾限制的詞語，在現存最早道教類書《無上秘要》中凡五見，均出現於“碧落空歌浮黎天(國)”這一表述中。除前引《度人經》的用例外，另四處爲：

(1)蒼帝天君在東極碧落空歌大浮黎國，九百九十萬劫。(卷六《劫運品》)

(2)東極碧落空歌大浮黎國，其地皆是碧玉。(卷六《洲國品》)

---

① 王勃初唐時人，翟楚賢爲中唐時人，“王勃曰”後可能缺“循五緯而清黄道，正三衡而澄紫落”(王勃文句)，而翟楚賢的賦名，《文苑英華》《緯略》《御定歷代賦彙》均爲“碧落賦”，方氏可能誤記，但可看出作者已認爲“碧落”即“紫落”。

(3)玉清碧落空歌浮黎天總晨九極隱書金玄内文,玉清高元君所佩。(卷三十二《衆聖傳經品》、卷九十六《昇玉清品上》)

早期道經中的其他相關用例如:

(4)元始天尊於碧落空歌大浮黎國土,坐碧霞之上。(東晉《太上諸天靈書度命妙經》)

(5)太上大道君次乘三景之輿……俱西行,謁碧落空歌餘梨天。(東晉《上清高聖大上大道君洞真金元八景玉籙》)

(6)總晨九極隱符,碧落空歌餘梨天玉清昌陽姬虚皇高元君所佩。(南朝《洞真八景玉籙晨圖隱符》)

(7)南方赤帝玉司君常以夏至之日,攝南方赤帝大魔王,上詣碧落空歌餘梨天朱閣之下。(南朝《上清高上金元羽章玉清隱書經》)

這表明"碧落"雖符合漢語詞彙規律,但其産生之初當爲道教社團的"言語創新",常與"空歌"相次出現,語境較爲固定,使用範圍有限,總體均是對《度人經》首句表述的繼承。隨着道經的增衍流布,"碧落"開始修飾其他詞語。

(8)第三次果,爲九宫真人,青元宫、碧落宫、始丹宫、太玄宫、大福堂宫、少陰宫、太丹宫、中黄宫、始素宫、太素宫。(南朝《七域修真證品圖》)

(9)飛登碧落庭,飄飖入三便。拔解五苦根,返胎生七玄。(南朝《上清高上金元羽章玉清隱書經》)

(10)又昆侖山東天下,以銀光照之,名碧落界,地方四十六萬里,地正圓,人壽三百歲。(南朝《洞玄靈寶諸天世界造化經》)

以上"碧落宫""碧落庭""碧落界"究竟屬哪級仙境,已很難確知,但可知已非專屬"大浮黎土",而變爲對仙境仙宫的稱謂。但須注意的是,與"大浮黎土"不同,"碧落"所修飾的"宫""庭""界"乃泛稱,上述詞語既可視爲用"碧霞遍布"的宫庭來指仙宫,也可直接理解爲"仙境中的宫庭",這促成了"碧落"語義漸漸發生變化。託名晋葛洪所撰的《神仙傳》中有一條語料尤須注意。

(11)須臾,忽有三仙人在前,羽衣持節,以白玉版青玉介丹玉字授與羲。羲跪受,未能讀,云:"拜羲爲碧落侍郎,主吴越生死之籍。"(《神仙傳》卷三"沈羲"條)

上例中"碧落"修飾"侍郎",只能解讀爲"天界;仙境"。但四庫本《神仙傳》乃明毛晋所輯,後世多有增綴,余嘉錫(1985:1219)曰:"疑葛洪之原書已亡,今本皆出後人所掇拾,特毛本輯用者用心較爲周密耳。"上例中"羲跪受,未能讀,云:'拜羲爲碧落侍郎,主吴越生死之籍'"並不見於北宋道教類書《雲笈七籤》和清王謨所輯《漢魏本神仙傳》"沈羲條"。劉學鍇、余恕誠前引《記事珠》①正是對此則材料的撮録,實非其源。

"碧落"何時單獨用來指天界仙境?今《道藏》收有《太上洞玄靈寶上品戒經》,其中"碧落"指天界:

(12)天尊慈悲,登時拔度,各授玉簡,普賜金冠,法服仙衣,諸天捧施,清嘨放曠,碧

① 歷史上以"記事珠"名書的甚多,如《江南通志》卷一百九十二有張以謙《記事珠》二十四卷,《明史》有劉國翰《記事珠》十卷,均佚。今《四庫全書》所收宋朱勝非(疑)《紺珠集》卷二收有上則材料,"紺珠集"也取名於唐張説記事寶珠,《記事珠》疑即《紺珠集》,上則材料當爲宋前據神仙故事增衍。

落逍遥，服氣餐霞，乘龍控鶴。

任繼愈、朱越利、蕭登福均認爲該經是齊梁所作，但丁培仁認爲該經末尾“言及靈觀、勸造天尊聖像供養，‘豈得存吾我’云云，當是後出的思想”，上引“碧落”的文句正見於經末，因此其時代也不能確信爲隋朝前。據調查，隋前的世俗文獻，包括碑刻等出土文獻中均不見“碧落”單用作名詞的用例。“碧落”指“天界；仙境”當是隋唐之際才出現的。道經中用例甚多，例如：

(13)是以詠之者，則形陟絳霄；聞之者，乃神生碧落。（隋唐《洞玄靈寶三洞奉道科戒營始》卷四）

(14)庶以宣闡青元，發揮碧落，毗助風化，訓導甿黎。令其託志希夷，永絶陶陰之惑；歸心徼妙，長袪晋亥之迷云爾。（唐玄宗《一切道經音義序》）

隨着道教的影響和傳播，“碧落”一詞向世俗滲透，開始出現在文人詩作中。初唐楊炯《和輔先入昊天觀星瞻》：“天門開奕奕，佳氣鬱葱葱。碧落三乾外，黄圖四海中。”該詩中“三乾”即道教所稱清微天、禹餘天、大赤天三天，“碧落”指天界，但仍與道教文化關係密切。駱賓王《於紫雲觀贈道士》：“碧落澄秋景，玄門啟曙關。人疑列御至，客似令威還。”其中的“碧落”也出現在道教文化語境中。

人死後飛升天界，這本是道教仙界思想的來源，而道教仙界思想的系統化反過來促進了死後成仙思想在世俗的傳播。在出土的唐代墓誌中①，“碧落”已廣爲使用，指“天界；仙境”，説明該詞已廣爲世俗接受。例如：

(15)放心碧落，静慮清都。（貞觀二十年《薛賾墓誌》）

(16)雲路蓋飛，駕霜毛於碧落。（顯慶五年《王楨墓誌》）

(17)伏願棲真碧落，飛步黄庭，謁群帝於天關，攜列仙於雲路。（總章三年《碧落碑》）

(18)化凝碧落，道晦丹沙。（咸亨三年《牛弘滿墓誌》）

(19)昔逢驥絆，屈駿骨於清澗；今遇鵬飛，振仙毛於碧落。（景龍元年《房誕墓誌》）

“天界；仙境”即是“太空”的美稱，不論道教中人如何描述仙境，但其總是處於太空之中，這導致“碧落”進一步向世俗滲透，指“太空”。

(20)爾其動也，風雨如晦，雷電共作；爾其静也，體象皎鏡，是開碧落。其色清瑩，其狀冥寞。（唐翟楚賢《碧落賦》）

(21)彼蒼昔有知，白日下清霜。今朝始驚歎，碧落空茫茫。（孟郊《贈崔純亮》）

(22)碧落留雲住，青冥放鶴還。銀臺向南路，從此到人間。（白居易《翰林中送獨孤二十七起居罷職出院》）

(23)連山倒垂，萬象在下，浮空泛影，蕩若無外。横碧落以中貫，淩太虚而徑度。（柳宗元《陪永州崔使君游宴南池序》）

“碧落”也見於佛教文獻：

(24)且始青之天與大羅何異，碧落之號將上清豈殊。（唐玄嶷《甄正論》卷上）

(25)竊以耆山闡化，泛幽津而鼓檝；碧落垂訓，趣真境而揚言。（唐釋彦悰《集沙門不應拜俗等事》）

---

① 下引五條碑刻材料，承章紅梅檢示，誠致謝忱。

(26)師等棲誠碧落,學照古今;志契寶坊,業光空有。可共談名理,以相啟沃。(唐釋道宣《集古今佛道論衡》)

(27)杜順智儼祖師既滂大法於碧落,香象清涼賢德早話明璪於黄泉。(唐法藏《華嚴經金師子章注》序)

(28)上堂云:"雲籠碧落,霧展長空。露滴成珠,霜飛葉墜。"(宋楚圓集《汾陽無德禪師語録》)

前三例爲佛道論争時出現,其中的"碧落"仍指道教仙境;而後二例則純爲佛教論述,當爲"天宇佛國"義。以上諸例表明,"碧落"已爲佛僧接受並熟知。

三 "碧落"的詞彙化分析

"碧落"的語義演變及擴散滲透,有道教傳播和語言自身兩方面原因。

首先,道教在唐朝盛極一時,而"碧落"所出之《度人經》(第一卷)爲《道藏》首經,其宣稱的"仙道貴生,無量度人"思想,對後世影響極大,此經被奉爲群經之首、萬法之宗。該經兩宋間增衍爲六十一卷,並有十餘家爲其注音釋義,擴大了該經的影響。"碧落空歌大浮黎國土"處於該經第一句,且爲元始天尊宣講道法之所,"碧落"隨着該經的廣泛傳播而漸爲人知。

第二,源於道教經典的"碧落"能逐步擴散滲透,並爲俗世接受①,與類推作用下對其構詞理據重新分析有關。所謂重新分析,即没有改變表層表達形式的結構變化(Langacker,1977)。重新分析不僅在語法演變中起作用,也會影響到詞彙語義和結構的變化。董秀芳指出:"雙音詞内部形式的重新分析,從實質上講,就是當一個詞的内部形式模糊之後語言使用者將一個不知其内部結構的形式歸入自己熟知的類。在這種重新歸類的過程中,類推起着很關鍵的作用。"

"碧落"中的"落"本爲形容性語素,在該詞作定語時,"落"的性質與詞的功能一致;而該詞轉作名詞指"天界;仙境"後,隨着時間的推移和使用範圍漸廣,"落"的理據日漸模糊,"碧落"很容易被理解爲偏正結構,乃"碧藍色的地方"。"落"本即具有的"處所"義,滿足並促成了重新分析的發生。

"落"有"處所"義,漢劉向《列女傳・楚老萊妻》:"老萊子乃隨其妻而居之,民從而家者,一年成落,三年成聚。"漢魏南北朝出現的"村落、聚落、部落、種落、營落、邑落、墟落、里落、戎落、族落、夷落、逗落"等中的"落"均爲處所義,且位於這些雙音詞語的第二音節,與"碧落"相類,這誘發人們通過類推對其結構進行重新分析。"碧落"本爲性狀詞,但其轉指天界後的詞義以及它的表層結構與"村落、聚落"等相似誘導人們將該詞重新分析爲偏正結構,即"碧藍色的天宇"。前揭語料中,"碧落"常與偏正結構的詞語對舉,如"青霄、丹霄、絳霄、清都、黄籙、黄庭、清都、黄圖、丹沙、清澗、玄門"等,即可爲證;白居易詩"上窮碧落下黄泉","碧落"與"黄泉"對舉,對仗工整,也被理解爲偏正結構。王勃的詩文中還有"紫落"一詞,乃仿"碧落"

① "碧落"在唐後文獻有較多使用,電子版文淵閣《四庫全書》有檢索記録 2096 條,北京大學 CCL 語料庫古代部分有 433 條,現代部分 59 條,在中國知網中按篇名檢索有 47 條,如"人間碧落兩勾留""碧落片雲生遠心",該詞還可作小説的主人公或門派聖地名以及商品名稱,如"碧落茶葉""【碧落】國色芳華傳統"(服裝款式)。可見,該詞並没有消亡。

而造，也是重新分析後類推造詞的結果：

循五緯而清黄道，正三衡而澄紫落。（王勃《七夕賦》）

"碧落三乾外"，碧落、紫落，皆天也。（明彭大翼《山堂肆考》卷一）

我們認爲，在類推作用下的重新分析導致了對其構詞理據的重新解讀，這一判斷還可得到以下兩則文史筆記佐证。明洪邁《容齋續筆》卷三《詩文當句對》説"唐人詩文或於一句中自成對偶，謂之當句對"，在枚舉諸多用例後説：

李義山一詩，其題曰《當句有對》，云："密邇平陽接上蘭，秦樓鴛瓦漢宫盤。池光不定花光亂，日氣初涵露氣乾。但覺游蜂饒舞蝶，豈知孤鳳憶離鸞。三星自轉三山遠，紫府程遥碧落寬。"

可見，在李商隱和洪邁看來，"紫府"和"碧落"對仗工整，"碧落"爲偏正結構。而明曹安《讕言長語》更是直接將"碧落"的"落"理解爲處所，可爲明證。其文曰：

> 詩詞中有院落、籬落、村落、部落，落，居也；唐宫中巷有野狐落，落亦居也；又有碧落。"勾踐戰敝卒三千人，禽夫差於干遂"，遂者，道也；干是水灣之高地，江干、河干是也。左思《吴都賦》云"長干延屬"，金陵名長干。落、干二字，實字也。

這裏的實字，相當於"名詞"。"碧落"由並列結構的形容詞重新分析爲偏正結構的名詞，乃順應"碧落"變爲名詞後詞義與語素義相一致的要求，"落"的"寬闊"義的模糊、語源出處不爲人知以及其本即具有的"處所"義最終導致並滿足了重新分析的發生。因此，"碧落"詞彙化過程中的重新分析顯得隱蔽而自然，而其詞源理據則很難察知。

徵引書目

明《正統道藏》（共36册），文物出版社、上海書店、天津古籍出版社，1988年。

胡守爲校注《神仙傳校釋》，中華書局，2010。

洪邁《容齋隨筆》，鳳凰出版社，2009。

周作明點校《無上秘要》（下册），中華書局，2016。

參考文獻

[1] Langacker，Ronald W. Syntactic reanalysis[M]//Charles Li (eds.). Mechanisms of Syntactic Change. University of Texas Press，1977.

[2] Stephen Bokenkamp. Taoim and Literature：The Pi-lo Question[J]. Taoist Resources，3.1(1991)：57-72. 中譯文見吴思遠譯. 道教與文學："碧落"考[J]. 華中師範大學學報(人文社會科學版)，2014(4)：123-130.

[3] 丁培仁. 增注新修道藏目録[M]. 成都：巴蜀書社，2008：1985.

[4] 董秀芳. 詞彙化：漢語雙音詞的衍生和發展(修訂本)[M]. 北京：商務印書館，2011：290.

[5] 侯外廬主編. 方以智全書(第一册)[M]. 上海：上海古籍出版社，1988：435.

[6] 劉學鍇，余恕誠校注. 李商隱詩歌集解(第四册)[M]. 北京：中華書局，1998：1878.

[7] 任繼愈主編. 道藏提要[M]. 北京：中國社會科學出版社，1991：204.

[8] 王雲路. 中古漢語詞彙史(上)[M]. 北京：商務印書館，2010：458.

[9] 蕭登福. 靈寶無量度人上品妙經今注今譯[M]. 臺北：文津出版社，2008：47.

[10] 蕭登福. 正統道藏總目提要[M]. 臺北：文津出版社，2011：454.

[11]謝思煒校注. 白居易詩集校注(第二册)[M]. 北京:中華書局,2006:954.
[12]余嘉錫. 四庫提要辨證[M]. 北京:中華書局,1985:1219.
[13]朱越利. 道藏分類解題[M]. 北京:華夏出版社,1996:38.

The Textual Research of *pi-lo*(碧落)

Zhou Zuoming

Abstract: 'Pi-lo'(碧落) originated from the'碧落空歌大浮黎國土'of *Du Ren Jing*《度人經》in the Eastern Jin Dynasty. According to the ancientannotationmaterials of Daoism literatures, 'pi-lo' was one modifying element of '大浮黎國土'. Its meaning and structure-can be understood. During the Sui and Tang Dynasties, 'pi-lo' turned to refer 'heaven, fairyland' and further generalized to 'space'. The semantic change of 'pi-lo' and its spread and penetration into the secular language are not only related to the important influence of *Du Ren Jing*, but also the result of the reanalysis of the motivation of its word formation under the function of analogy.

Key words: *Du Ren Jing*(《度人經》),'pi-lo'(碧落), reanalysis

通信地址:四川成都武侯區西南民族大學中國語言文學學院
郵　　編:610041
E-mail:ZZM040137@126.com

“斿、游、遊、汓、泅”字詞關係考*

墻 斯

内容提要 “斿、游、遊、汓、泅”的字詞關係比較複雜。在旗旒、游水、遊歷等義上，傳統文字學經典著作、傳世古書、出土文獻的用字習慣多有錯綜。而古漢語詞彙研究首先要釐清字詞間的複雜關係，窮盡一個詞的書寫形式，如此方能全面考察該詞用例，作出準確科學的研究。本文從研究游水義“游”的角度切入，結合出土文字資料與傳世古書用例，全面考察有關字詞關係，廓清了各字與旗旒、游水、遊歷等義的對應關係；又根據故訓、異文等材料，從音理、詞義等角度來論證“泅”最初是“游”的語音變體，音變産生的時間大約在東漢中晚期，且主要集中於南方地區。

關鍵詞 斿游遊汓泅 字詞關係 古代字書 傳世古書 出土文獻

一 三類文獻中“斿、游、遊、汓、泅”的字詞關係

古漢語詞彙研究首先需要弄清詞的書寫形式。研究游水義“游”，既要全面搜集其在古文獻中的各種寫法，例如“游”“斿”等字；又要剔除這些字不表示游水義的情況。這就需要考辨相關諸字的字詞關係。結合字書訓釋、古書實際用例和出土文獻用例來看，這些字包括“斿、游、遊、汓、泅”等，而其間的字詞關係可謂錯綜複雜。

（一）按照《説文》（據今傳大徐本）的訓解，“游”字係旗旒（旌旗飄帶）義的本字：“游，旌旗之流也。从㫃、汓聲。逕，古文游。”（《㫃部》。這一意義，古書中多作“旒”字）。而游水義之“游”的本字，《説文》認爲是“汓”及其或體“泅”：“汓，浮行水上也。从水、从子。古或以汓爲没①。泅，汓或从囚聲。”（《水部》大徐本）許慎的這些看法，是基於他對漢字構形系統的理解，並以探尋本字本義爲標的，自然有其理致。但與古文獻實際用例相比，還是頗有參差：

古書確有“游”字表示旗旒的例子，如“藻、率、鞞、鞛、鞶、厲、游、纓，昭其數也”（《左傳·桓公二年》）。但更多見的是以“游”字表游水、游泳，以及遊歷、游玩義。即以今傳大徐本《説文》而言，其訓釋語言中的“游”除表示旗旒外，還有表游水義的，例如：“鼫，五技鼠也……能游不能渡谷”，“汕，魚游水皃”；又有表遊歷義的，例如：“敖，出游也”。

---

* 本文係貴州省哲學社會科學規劃國學單列青年課題“宋前寫本所見《説文》資料輯校匯考”（18GZGX27）的階段性成果。初稿蒙汪維輝師審閲，並蒙兩位匿名審稿專家提出寶貴意見，謹致謝忱。文中如有錯誤，概由作者負責。

① 大徐本“古或以汓爲没”句頗費解。考《説文》通例，“古或以”全書僅此一例，很難理解許慎意在詞語解釋，還是列舉古文異體。清代小學家或從近義詞訓釋的角度來闡釋（如桂馥《義證》），不過，“如其意則但云‘一曰没也’可矣”（王筠《句讀》）。該句《原本玉篇殘卷》（黎本）引作“古文以爲没字”，小徐本作“古文或以汓爲没字”。段《注》、王筠《句讀》等皆從小徐本。但“汓”與“没”“其義其音其形皆别”（段《注》），説“汓”是古文“没”字也没有其他任何依據。綜合來看，《説文》此句可能存在訛誤，或許慎本有誤解。從詞的角度看，“没”是與“汓”不同的詞，不在本文考察之列，因此《説文》此句的問題不影響下文的討論。

《說文》認爲游水義之"游"的本字當作"汓"，然搜檢傳世典籍和出土資料，均難見到該義寫作"汓"的情況①。除字書收録外，"汓"字在一般古書中幾乎不見蹤影，以至於《漢語大字典》《漢語大詞典》均未列出書證。《說文》"汓"爲游水義本字的說法儘管爲後世字書《玉篇》《廣韻》《龍龕手鑑》等繼承，但並未得到實際用例的驗證。

許慎又以"泅"爲"汓"之或體。事實上，先秦兩漢古書中"泅"罕有實際用例，僅在東漢荀悦《申鑒》中三見②："濟大川者，太上乘舟，其次泅，泅者勞而危，乘舟者逸而安。虚入水則必溺矣。以知能治民者，泅也；以道德治民者，舟也。"魏晋以後，"泅"的用例才逐漸增多。

由此可見，傳統字書的訓解與詞在文獻中的實際用例往往存在不一致的情況。在考察字詞關係時，應當將字書記載與文獻用例結合起來，主要依據實際用例進行討論。

（二）出土文獻資料往往可以在文字形體的産生時代、形體源流及字詞分化等方面，提供一些綫索。從出土文獻資料看，"斿、游、遊、汓、泅"諸字中"斿"最早出現。《說文》未出"斿"字字頭，但甲金文有"斿"，作、、形③，从㫃、子。或認爲即"旒"（《說文》用"流"）之初文（黄德寬，2007：605、606），所指事物就是《說文》訓爲"旌旗之流也"的"游"。甲骨文"斿"主要作地名、人名或族名（姚孝遂，1989：1168、1169）。只有如下一例，也許用作本義：

癸亥卜，㱿貞：殺羌百，三斿㫃…　　《甲骨文合集》303＋304

"三斿㫃"或指有三條飾帶的旗幟。

西周中期的紳鼎銘文說"隹（唯）八月初吉庚寅，王才（在）宗周，斿（遊）于比"（《商周青銅器銘文暨圖像集成》02441a），"斿"用爲游玩之"遊"。

春秋中晚期的石鼓文三見"斿"字④。其中有表示出游之"遊"的，如"員獵員斿（遊）"（《車工》）；也有表示游水之"游"的，如"澫又（有）小魚，其斿（游）𣥠𣥠"（《汧殹》）。用"斿"表游水之"游"，也見於戰國時期的魚顛匕銘，文曰"（魚）出斿（游）"。石鼓文和魚顛匕兩例"斿（游）"，都是游水義之"游"較早的用例。

"游""遊"兩形出現的時代要晚於"斿"。其中，"遊"形似乎比"游"出現得略早一些。春秋早期就有从"彳"的（曾侯仲子遊父鼎），可看作"遊"的異體，用作人名。从"辵"之"遊"則可舉春秋晚期的（蔡侯尊），銘文中"遊遊"相當於古書中的"悠悠"。"遊"用來表示遊歷、出游，最早的例子見於戰國早期的中山王錯鼎及方壺，如"而去之遊"。戰國中晚期的包山楚墓喪葬簡 277 有"縢組之迂（遊—游）"，則用"迂（遊）"表示旗旒之"游（旒）"。

---

① 出土文獻工具書中收有一些"汓"字，有的本非"汓"字，有的確爲"汓"字但不表游水義，或意義不詳。中國科學院考古研究所編輯《甲骨文編》（中華書局 1965 年，438 頁）收兩例"汓"字。承蔣玉斌先生相告，第一例作"子"四周有散點形，辭殘不詳其意；第二例摹作"子"在兩"水"間，核驗甲骨實物，其摹形不確，"子"旁以外並非二"水"形，隸定爲"汓"亦非是（其辭例極簡："己巳～。"意義不詳）。黄德寬（2007：609）除收《甲骨文編》"汓"下的第二例外，又有牧簋、卅二年鄭令矛各 1 例，均用於人名中。臧克和（2011：694）"汓"下收北魏孟元華墓誌中一形，核查原碑，文例爲"莫不泣"，所謂"汓"字乃"涕"之誤釋，毛遠明（2008）已正確釋爲"涕"。另承匿名審稿專家指出，《長沙走馬樓三國吴簡・竹簡（貳）》1597 亦有"汓"字，亦作人名。

② 對於"泅"的産生時代，學者莫衷一是。吴寶安（2011：402）根據《說文》收録"泅"字，認爲其當存於西漢語言中；劉曉静（2011：242）指出"泅"不見於東漢文獻，最早見於魏晋佛經中，並據此推測"泅"在漢時就已逐步退出游泳語義場。汪維輝（2018：504）舉"泅"見於荀悦《申鑒・政體》的例證，認爲"泅"在文獻中的用例大約始見於東漢。我們贊同汪先生的觀點。

③ 字形出自李宗焜（2012：1185-1186），董蓮池（2011：865-866）。下引甲骨、金文字形出處同。

④ 裘錫圭、徐寶貴認爲石鼓詩作於春秋中晚期之際，石鼓文刻於春秋晚期，參徐寶貴（2008：654）。

“游”形最早見於春秋晚期的莒叔之仲子平鐘銘，辭例爲“鑄其游鐘”，與游水義無關。戰國中晚期的竹書中，又有既从“氵”旁，又加“止”符的“遳”，表示游水義之“游”。如“善遳(游)者死於梁下”(《上博五・三德》簡21＋18)、“與其溺於人，寧溺於淵。溺於淵猶可(游)，溺於人不可救”(《上博七・武王踐阼》簡8)①。此外，戰國晚期的睡虎地秦簡等有一些“游”字是表示出游、遊歷義的。

從出土古文字資料來看，游水義和遊歷義最早係用“斿”字來記録。“游”“遊”兩字均以“斿”爲聲符，分别加上意符“水”“辵”構成。可見，《説文》將“游”分析爲“从㫃、汓聲”，是不對的，此點近現代學者多已指出。從“游、遊”形旁所標示的意義範疇看，“游”本應表游水，“遊”本應表出行。但考察文字職能，兩者並非完全按其本義所屬的範疇進行分工。“遊”主要表出行義；“游”則既表游水義，有時也表示出游、遊歷義及其他意義。《説文》未出“遊”字頭，釋語中的出游義就是用“游”表示的(例見上舉)。當然，“游”“遊”的關係也可以反過來看，即游水、游泳義基本上只用“游”而不用“遊”。

另需指出的是，“游”形出現後，表示游水、游泳義雖以之爲常用字形，但亦不排除使用其他字形，例如《楚辭・大招》：“螭龍並流，上下悠悠只。”聞一多疏證：“‘流’‘游’古通。謂螭龍相傍而浮游也。”②馬王堆漢墓帛書《道原》亦用“流”爲“游”：“鳥得而蜚(飛)，魚得而流(游)，獸得而走。”又如漢代鏡銘多有仙人浮游名山、雲中、天下的語句，“浮游”之“游”除了作“游”外，也有大量寫作“由”、一部分寫作“油”的③，如：“尚方作竟(鏡)真大好，上有山(仙)人鳳朱鳥，渴次(飲)玉泉汎(饑)食棗，浮油(游)雲中敖四海，長保二親子孫復，壽如金石爲國保(寶)。”這些用字習慣罕見於傳世古書中，應該是後者多經整理統一的緣故。

(三)在傳世先秦文獻中，“汓”“泅”幾乎不見。對“斿、游、遊”的使用情況，我們選取了11種傳世先秦典籍④，作了窮盡式的統計：

表1　先秦傳世典籍“斿、游、遊”用法分布

詞項＼文獻	詩經	左傳	國語	論語	孟子	周禮	儀禮	禮記	莊子	韓非子	吕氏春秋
斿	—	—		—	—	旗旒8 出游2	—	—	—	—	—
游	游水1 出游3 其他3	旗旒1 游水2 出游11	出游1	出游1	—	游水1	—	出游7	游水4 出游6	游水1 出游5	游水7 出游16 其他1

① 學者有時采寬式釋文，將這兩例徑釋“游”字。又《武王踐阼》一例原簡作[illegible]，很不清晰，但比較同篇“浧”字，可看出“氵”旁。或將該字隸定爲“遳”，恐非。

② 聞一多：《楚辭校補》，《聞一多全集》2，生活・讀書・新知三聯書店，1982年，第459頁。

③ 參鵬宇(2013)，“游”作“由”見該文上編第0335、0376、0382等號近40例，作“油”見該文上編第2128、2504、2571號。

④ 其中《詩經》《左傳》《論語》《孟子》《周禮》《儀禮》《禮記》據阮刻本《十三經注疏》；《國語》據徐元誥《國語集解》(中華書局王樹民、沈長雲點校本，是書以北宋公序本和明道本爲底本)，《莊子》據晉郭象注、唐成玄英疏《南華真經》(中華書局曹礎基、黄蘭發點校本，是書以古逸叢書覆宋本爲底本)，《韓非子》據清王先慎《韓非子集解》(中華書局鍾哲點校本，是書正文以四部叢刊影宋乾道本進行校勘，注文按所引之書加以核對)，《吕氏春秋》據許維遹《吕氏春秋集釋》(中華書局梁運華整理本，是書用諸子集成本覆校，更校以四部叢刊本)。

續表

詞項＼文獻	詩經	左傳	國語	論語	孟子	周禮	儀禮	禮記	莊子	韓非子	吕氏春秋
遊	出游 5	出游 2	出游 8	出游 2	出游 8	出游 2 其他 1	其他 1	出游 7	出游 87	游水 2① 出游 25	出游 7

注:"其他",包含除旗旒、游水、出游以外的所有用法,如《儀禮》"遊目"之"遊"。

根據表中數據可以得出以下幾點認識:

1)從使用頻率來看,"游""遊"在先秦典籍中較爲常見,"斿"則集中分布於《周禮》這一禮書,其他傳世先秦古書中已見不到"斿"。

2)傳世先秦古書中,"游"最常見的用法是表示游水義和遊歷、出游義。"游"在 6 種傳世先秦文獻中可表示游水義(共計 16 例),在 8 種文獻中表示遊歷、出游義(共計 50 例),在 1 種文獻中可表示旗旒義(共計 1 例)。

3)"遊"在 10 種文獻中可表示遊歷、出遊義(共計 153 例),且其中 8 種文獻中只表示該義項。可見,"遊"在傳世先秦文獻中以遊歷、出游義最常用。

4)"斿"僅見於《周禮》(共計 10 例),其中 8 例表示旗旒義,另 2 例表示遊歷、出游義。

5)從詞義的角度反觀,旌旗義主要用"斿"表示,也有用"游"的;遊歷、出游義多用"遊""游"表示,且以"遊"更爲常見;而游水義幾乎只用"游"來表示。

綜上所述,"斿、游、遊"在傳世古書中的實際用法與《説文》等字書的記載並不相符,三者在文獻中的用法有比較明確的分工,彼此間不可無限制地通用。"斿、游、遊、汓、泅"在三類文獻中主要的字詞對應關係可歸結爲下表:

表 2　三類文獻"斿、游、遊、汓、泅"用法分布②

義項＼文獻	《説文》字頭	傳世古書	出土文獻
旗旒	游	斿|游	斿
游水、游泳	汓泅	游	斿|游
遊歷、出游	—	遊|游	斿|遊|游

以上對字詞關係的考察主要基於先秦兩漢文獻。漢魏以降的古書實際用例,大致沿襲了這種用字習慣,就不必詳證了。學者已經指出,"游""遊"兩字"在游玩、遊歷、交游等意義上,古代通用;只有關於水中的活動,一般用'游',很少用'遊'"(王力主編,2000:1441),這是很正確的。只是人們或可靈活用字,而古書歷經傳抄刊刻,文字面貌也會變更,因此,今天看到的傳世文獻用例偶有逸出上述規律的情況。比如《大正藏》中:

(1)即雇如直,持鱉歸家,澡護其傷,臨水放之,睹其遊去。(三國吴康僧會譯《六度集經》卷 3,T0152)

(2)樂法戒爲河,净黠悉在中,鬥極往浴洊,遊度不復還。(三國吴支謙譯《佛説義足經》

① 見《韓非子·難勢》:"夫待越人之善海遊者以救中國之溺人,越人善遊矣,而溺者不濟矣。"(版本信息見上文)不過此句尚存争議。陳奇猷《韓非子新校注》(上海古籍出版社 2000 年,949 頁)已引盧文弨曰"'海'字疑衍",王先慎曰"'海'即'游'字誤而複者",陳奇猷案:"盧、王説是,下文'越人善游矣',無'海'字可證。"

② 這裏主要舉列"斿、游、遊、汓、泅"幾個字詞的錯綜情況,其與"流""油"等也有複雜關係,參上文。

卷下,T0918)

(3)令此大石在於水上浮遊不没。(隋闍那崛多譯《佛本行集經》卷51,T0190)

例1言將鱉放於水中"遊"去,此"遊"顯然就是"游"。《房山石經》毁字號《六度集經》(1088年刻)即作"游"。又該例所述同事,《經律異相》卷11異文作"浮",《法苑珠林》卷50、《諸經要集》卷8作"游",皆可證。例2、3上下文意明確,"遊"也均是游水之"游"。從這幾例看,《大正藏》用字習慣有未統一之處,間或用"遊"表示水中活動。

這就要求我們在研究中,既要利用"大數據"歸納字詞關係的規律,又要注意個别逸出規律的特例,以免遺漏所考察之詞的重要用例。

二 "游""泅"字詞關係考

在傳世文獻中,"游""泅"皆可表示游水義,不過二者在文獻中出現的時間有先後。"游"很早就有游水義的用法,除上文提及的石鼓文用例外,先秦古書中已早見於《詩經》:"就其深矣,方之舟之。就其淺矣,泳之游之。"(《邶風・谷風》)"泅"在魏晋以前的文獻中極少出現,先秦至兩漢傳世典籍中,僅見於東漢荀悦的《申鑒》(例見前舉)。

對於"游""泅"的詞義特徵及歷史發展,孫雲鶴、高明芬(1981:312)、吴寶安(2011:402)、劉曉静(2011:242)、龍丹(2015:353)等分别有過討論。由於"游""泅"自中古以來讀音有别——《廣韻・尤韻》"泅"音"似由切","游"音"以周切",聲母一爲邪母,一爲以母,詞彙史學界多將"游""泅"當作兩個不同的詞對待。因此,鮮有人論及二者在字詞對應與音義方面的聯繫。我們擬在學者已有研究基礎上,對此再加論證,進而提出新的看法。

《説文》等字書認爲"游""泅"關係密切。按《説文》的説解,"泅"是"汓"的或體(《水部》"泅,汓或从囚聲"),而"游"則从"汓"得聲(《㫃部》"游,从㫃、汓聲")。不管許慎對字形的分析是否合理,從《説文》提供的語音信息來看,至少在東漢時期"游""泅"二字的讀音還很接近。《原本玉篇》承襲《説文》,説"泅,《説文》亦'汓'字也"(《水部》"泅"下),指出"泅""游"的同源關係。後世字書也多有將"游"與"泅"處理爲異體關係的,如《集韻・尤韻》:"汓,或作泅、游、湭。"戴侗《六書故》卷六"地理":"泅即游也,游……又作湭。"

"游"上古、中古音聲母均爲以母,"泅"中古音聲母爲邪母。以母、邪母關係密切,以《簡帛古書通假字大系》所列爲例,以母字與邪母字相通用的有32對,如以—似(18頁)、以—姒(18頁)、猷—俗(164頁)、褎—袖(165頁)、餘—徐(291頁),由—囚(166頁)、餘—徐(288頁)、容—俗(668頁)、欲—俗(668頁)、裕—俗(668頁)等(白於藍,2017)。由此可知,"游""泅"的古音確實很接近。潘悟雲(2000:287)正是根據以母與邪母在諧聲關係上非常接近,而認爲"游""泅"是同源異形詞。

借鑒學者對邪母來源的研究成果,還可以更深入地認識"游""泅"之關係。

上古無邪母説自黄侃提出後,已爲音韻學界普遍接受。儘管在邪母的來源、產生條件及產生時間等問題上學者還有不同意見,但通過比較相關研究,仍能發現一些共識。主要包括:

(一)關於邪母的來源。已有研究表明,邪母的來源與舌音、齒音、牙音和喉音均有關係;但從數量上來看,以舌音最多(尋仲臣、張文敏,1996;朱聲琦,1998;張潔,2004)。

（二）關於邪母産生的條件。李方桂（1971/1980：14）認爲中古邪母與喻母四均源自上古舌尖音 ＊r-，一些字有邪母跟喻母四等兩讀，如羊 jiang 又讀作 zjang，䍲字有 zjwong 和 jiwong 兩讀，邪字有 zja 和 jia 兩讀。邪母與喻四之别僅在於邪母後面有三等介音 j-。後來學者將擬音 ＊r-改爲 ＊l-，又利用不同資料、從不同角度論證邪母字的産生與以母的擦化密切相關。如劉鎮發（2007）從現代漢語某些方言中以母字發生濁擦化的音變現象，推測邪母的産生主要是因爲以母的 l 演變爲半元音 j，或其他聲母疑母、見母的聲母脱落，然後再擦化爲 z 的結果。鄭偉（2011）結合漢語傳世文獻、出土文獻、方言、民族語等證據，指出 l>j>ʑ 是以母字最常見的擦化演變。

（三）關於邪母産生的時間。雅洪托夫（1976）、Pulleyblank（1962：3）、Schuessler（1974b）均指出以母擦化現象在漢代已經出現（轉引自潘悟雲，2000：271）。朱聲琦（1998）認爲邪母内部産生時間不統一。有的早至先秦，也有少數直至宋金時期才轉讀邪母，但多數邪母字産生於南北朝。劉鎮發（2007）認爲邪母是上古後期到中古初期才開始形成的。可見，關於邪母産生的具體時間學者多認爲在上古與中古過渡階段，亦即漢魏之際。

結合邪母的産生背景，就不難解釋"泅"在東漢以前的文獻中極少出現的原因了。上文已説到，"泅"在文獻中最早出現的時間大約是東漢中晚期，這與學者推測邪母從以母分化的時間基本吻合。魏晋以後的注音材料也支持中古以後"游"的聲母發生濁擦化的推測。《原本玉篇》一方面説"泅，《説文》亦'汓'字也"，指出"泅""游"的同源關係；另一方面，又注明"汓，似流、余周二反"（《水部》"汓"下）。"似流反"即後世"泅"的讀音，"余周反"即後世"游"的讀音。這顯示在顧野王時代，"泅""游"讀音已發生分化。

本文贊同邪母"泅"源於以母字"游"擦化的觀點。而多種證據顯示，上述音變現象並不是普遍的，很可能只是局限於部分地區。這些證據包括訓釋資料、文獻分布及現代漢語方言資料等。

1.《玄應音義》兩次提到"泅（汓）"爲方言詞："江南言拍浮爲汓。"（卷 17）"今江南謂拍浮爲泅也。"（卷 18）《慧琳音義》卷 73 也收入該説（《四諦論》音義，玄應撰）："泅水，古文作没，同。似由反，《説文》泅謂水上浮也，今江南謂指〈拍〉浮爲泅。"可見，"泅"表示游水義具有明顯的地域色彩，並且至晚在唐代初期，游水義動詞就可能存在"浮"與"泅"的南北對立。

2."泅"是方言詞的説法還能從文獻得到印證。表示游水義的"泅"與"浮"在南北朝漢譯佛經中大致呈互補分布，"泅"的用例基本見於南朝譯經。"泅"在南北朝漢譯佛經中凡 5 例，均爲南朝譯經①。

表 3　南北朝漢譯佛經"泅"的使用

譯經名	五分律	善見律毗婆沙	阿毗達磨俱舍釋論	四諦論
譯者	宋・佛陀什、竺道生	南齊・僧伽跋陀羅	陳・真諦	陳・真諦
泅	1	2	1	1

總體而言，"泅"在不同時期文獻中出現的頻率都不高，當與"泅"是方言詞的特點有關。以明清時期的小説、筆記、雜著等文獻爲例，用"泅"或"泅水"表示游水義的也多帶有南方方

① "泅"亦零星見於同時期正統文言文，共計 2 例且均見於史書。其一例爲《南齊書・張敬兒傳》"左右丁壯者各泅走"，另爲《魏書・羌姚萇傳》"太祖令泅水鉤捕"。

言特徵[1]。例如：

(1)幸得生長江邊，幼時學得泅水之法，伏在水底下多時，量他去得遠了，然後爬上岸來，投一民家。(《初刻拍案驚奇》卷二十七)

(2)元來少府是吴人，生長澤國，從幼學得泅水。(《醒世恒言》卷二十六)

(3)凡有六處最險，其曰寒瀧者，濤風沫雪，凜冽如深冬，舟出没者，衣盡濕。如裸而泅，凍不可忍。(清屈大均《廣東新語・水語》)

(4)那二十個兵丁，並周、陳二家家丁，殺的殺，跳水的跳水，盡皆喪命；只有數個會泅水，泅到岸邊逃命。(清代無名氏《海公小紅袍傳》第十四回)

(5)虧得有兩個會泅水的，脱去衣服，好容易把他撈了上來。(《官場現形記》第三十回)

3."泅"至今仍保留在很多南方方言中，據《漢語方言詞彙》(1964 年版，第 323 頁)調查，多個南方方言點游水義均用"泅"表示，如温州話"泅河兒"，厦門話、潮州話和福州話的"泅水"。汪維輝(2018:505、506)根據《現代漢語方言大詞典》(六卷本)數據，將 42 個方言點的游水義動詞整理並繪製成表。現將圖表轉引於此。

表 4　現代漢語 42 個方言點的游水義動詞

詞項 / 地點	游	游泳	游水	其他	詞項 / 地點	游	游泳	游水	其他	詞項 / 地點	游	游泳	游水	其他
哈市		＋			烏市		＋			婁底				打浮泅
濟南		＋		洗澡	萬榮				泭水	南昌				泅水、玩水
牟平		＋			太原		＋			萍鄉				劃水
徐州				洗澡	忻州				耍水	黎川				劃水
揚州		＋		洗澡	績溪				□[2]水	雩都				
南京		＋	＋		丹陽				劃水	梅縣				泅水、洗身兒
武漢		＋	＋	泅水	崇明			＋		平話			＋	
成都		＋		洗澡	上海	＋		＋		廣州			＋	
貴陽				洗澡	蘇州	＋		＋		東莞			＋	
柳州			＋		杭州		＋			建甌		＋		
洛陽				洗澡	寧波	＋	＋		打泅、游河	福州				泅、泅水、洗水
西安	＋				温州				泅、泅水兒、泅河兒	厦門				泅水
西寧		＋			金華	＋	＋		劃水	雷州				
銀川				洑水	長沙				玩水	海口			＋	

從表中資料不難看出"泅"的南方方言色彩十分明顯，"'泅'系(游水義詞)主要見於吴

[1] 《聊齋志異》有 6 例"泅"，均表示游泳義。《聊》書情況特殊，一般認爲書中詞彙帶有山東方言色彩。然《聊》書爲文言小説，用詞有仿古痕跡，不能完全反映語言實際情況。除"泅"外，書中亦有"浮"表示游泳義的用例，如卷九："東海有蛤，饑時浮岸邊，兩殼開張。"

[2] 績溪管"游泳"叫"□水"，音[vo]。

語、湘語、贛語、客家話和閩南語,官話區目前只見到武漢一個點。"(汪維煇,2018:507)

綜上所述,"游"的音變現象可能僅局限於南方地區,具有南方方言色彩。

3."游""泅"之别

儘管從來源上可以證明"泅"是"游"的語音變體,但二者在共時語言系統中並非絶對的等義詞。以往涉及同義詞"游""泅"的討論,很少關注"游""泅"的區别。僅根據一般工具書(如《漢語大詞典》《漢語大字典》《王力古漢語字典》)的描述,也無法看出二者在表示游水義時是否存在差異。有人認爲"泅"一般指帶物品渡河(孫雲鶴、高明芬,1981:312;江必興,1987:263),但從"泅"的用例來看,並不能證明"泅"具有"攜帶物品"的語義特徵。

我們認爲,"游""泅"之别首先表現在語體方面。儘管在以書面語爲基礎的普通話中,"游"仍是表示游水義的主要成員,但在現代漢語方言中,北方官話方言區主要用"浮"及"浮"系複合詞(如"浮水",或寫作"洑水""鳧水")表示,而南方方言區多用"泅"及"泅"系複合詞("打浮泅""泅水兒")表示。

此外,"游、泅"表示游水義時,其語義也不完全等值。二者的詞義區别主要表現在運動的主體上。"游"對運動主體没有明顯的限制,無論是人、犬等陸生哺乳動物在水中浮行還是鴨、雁等水鳥在水中漂浮,或是魚類等没水行走,均可用"游"來表示。而"泅"對運動主體的語義參數敏感,一般只有人、犬等陸生哺乳動物在水中浮行才可用"泅"來表示。因此在文獻中常見"魚……游""黿……游"等搭配,却幾乎找不到"魚……泅""黿……泅"等説法。詞彙類型學研究已經發現,採用不同的動詞來區分游泳主體的差異,是跨語言詞化模式的普遍規律(Lander, Maisak, Rakhilina,2012:67-83)。

綜上,從來源上看,"泅"是"游"的語音變體,音變大約發生在東漢中晚期,且集中在南方地區。"泅"進入語言系統中與"游"構成同義關係,但二者在語體、語義和用法上仍有區别。

參考文獻

[1]Lander Y., Maisak T., Rakhilina E. Verbs of aqua-motion: semantic domains and lexical systems [M]//*Motion Encoding in Language and Space*. New York: Oxford University Press. 2012:67-83.

[2]白於藍. 簡帛古書通假字大系[M]. 福州:福建人民出版社,2017:18.

[3]董蓮池. 新金文編[M]. 北京:作家出版社,2011:865-866.

[4]黄德寬主編. 古文字譜系疏證[M]. 北京:商務印書館,2007:605-606.

[5]江必興. 常用文言同義詞辨析[M]. 長沙:湖南人民出版社,1987:263.

[6]李方桂. 上古音研究[M]. 北京:商務印書館,1971/1980:14.

[7]李宗焜. 甲骨文字編[M]. 北京:中華書局,2012:1185-1186.

[8]劉曉静. 東漢核心詞研究[D]. 武漢:華中科技大學,2011:242.

[9]劉鎮發. 現代方言的[j]濁擦化——附論中古邪母的形成[J]. 中國語文,2007(2):169-174.

[10]龍丹. 魏晋核心詞研究[M]. 成都:巴蜀書社,2015:353.

[11]毛遠明. 漢魏六朝碑刻校注[M]. 北京:綫裝書局,2008(5册):170.

[12]潘悟雲. 漢語歷史音韻學[M]. 上海:上海教育出版社,2000:271,287.

[13]鵬宇. 兩漢鏡銘文字整理與考釋[D]. 上海:復旦大學,2013:75.

[14]孫雲鶴,高明芬. 近義字辨析[M]. 成都:四川人民出版社,1981:312.

[15]汪維輝. 漢語核心詞的歷史與現狀研究[M]. 北京:商務印書館,2018:504-507.

[16]王力主編. 王力古漢語字典[M]. 北京:中華書局,2000:1441.

[17]吴寶安. 西漢核心詞研究[M]. 成都:巴蜀書社,2011:402.
[18]徐寶貴. 石鼓文整理研究[M]. 北京:中華書局,2008:654.
[19]尋仲臣,張文敏. 中古邪母的上古來源[J]. 古漢語研究,1996(4):33-35.
[20]姚孝遂主編. 殷墟甲骨刻辭類纂[M]. 北京:中華書局,1989:1168-1139.
[21]臧克和主編. 漢魏六朝隋唐五代字形表[M]. 廣州:南方日報出版社,2011:69.
[22]張潔. 邪母讀音考[M]//中國音韻學研究會,石家莊師範專科學校編. 音韻論叢. 濟南:齊魯書社,2004:187-196.
[23]鄭偉. 探索不同材料所反映的漢語以母字的音變[J]. 語言研究,2011(4):73-79.
[24]朱聲琦. 邪母古讀考[J]. 山東師範大學學報·社會科學版,1998(3):94-100.

On the Character-Word Relation between 斿,游,遊,汓 and 泅

Qiang Si

Abstract: The character-word relation between 斿,游,遊,汓 and 泅 is more complex. In the sense of 旗旒,游水 and 遊歷, there are many intricacies in the usage of ancient dictionaries, classical documents and unearthed documents. In the study of ancient Chinese lexis, we must first clarify the complex relation between characters and words, exhausting the writing form of one word, so that we can comprehensively investigate the cases of the word and make accurate and scientific research. This article starts from the perspective of studying the sense of SWIM(游水), combining the unearthed documents data and the cases of classical documents, comprehensively investigates the relation between relevant words, and clarifies the corresponding relation between each word and the sense of 旗旒, 游水,and 遊歷; Different texts and other materials demonstrate from the perspectives of phonology and word meaning that 泅 was originally a phonetic variant of 游. The phonic change occurred around the middle and late Eastern Han Dynasty and was mainly concentrated in the southern region.

Key words: 斿游遊汓泅, character-word relation, ancient dictionaries, classical documents, unearthed documents

通信地址:浙江省湖州市湖州師範學院人文學院
郵　　編:313000
E-mail:chanceqq@126. com

"狼戾""很戾"關係補説 *

馮先思

内容提要　"狼戾"與"很戾"兩詞,形義接近,前人以爲"狼戾"即"很戾"之訛。然驗諸古代文獻用例與現代方言調查資料,"狼戾"一詞可謂源遠流長,且有因語音變化之異形詞,至今南方方言乃行用不息。狼戾與很戾構詞理據也不相同。文獻中"狼戾"不盡爲"很戾"之訛誤。

關鍵詞　狼戾　很戾　異文

"狼戾"一詞,《漢語大詞典》有"兇狠暴戾""散亂堆積,縱横交錯"等義項,徐時儀(2015:225-238,2016:79-82)、蕭旭(2011)將"惍悷"與"狼戾"聯繫起來,認爲這兩個詞實爲同一詞的不同形體,爲"狼戾"一詞又增加了"執拗乖戾"這一義項。狼、惍讀音之不同,實乃元音高化之語音變化規律所致(徐時儀,2015:225-238),形隨音變,像"惍倈""惍戾""儱戾""儱悷""儱倈""籠戾""攏悷""攏麗""龍戾""嚨戾""聾戾"等亦皆"狼戾"之不同寫法。"惍悷"一詞《玄應音義》《慧琳音義》訓爲"剛强難化""剛强難調伏""佷戾",《龍龕手鏡》《廣韻》等書訓爲"不調",宋本《玉篇》、《集韻》則訓爲"多惡""很"等,實與"很戾"之義相同。而"狼戾"與"很戾"之間的關係,徐時儀(2015:225-238,2016:79-82)、蕭旭(2011)等則認爲"狼""很"因字形相近而譌,"狼戾"乃"很戾"之譌體。

"狼戾"一詞如果是"很戾"之形譌,那就意味着最初記録"不調、很戾"之義的詞爲"很戾";"很"變成"狼",最初源於書面上偶然失誤,進而影響到口語表達,並且在中古時期發生了語音上的變化,所以才有"狼戾""惍悷"等不同寫法的出現。這種推論得以成立的重要演變環節有兩個,其一爲訛誤的書面語對口語有較强的影響作用;其二爲譌誤發生的年代尚在語音演變的早期,即魏晉南北朝時期(朱曉農,2005:1-6)。也就是説,"狼戾"的出現要晚於"很戾"。

事實上在魏晉南北朝以前,文字普及率遠遠低於現在,書面語在多大程度上能影響漢語口語尚屬未知;更何況一個書寫譌誤以何等原因來影響口語,並且爲民衆廣泛接受,且在相當長的歷史時期使用,發生了語音的變化,從而形成不同的書寫形式,恐怕也難以指實②。

* 本文是中國博士後科學基金第65批面上資助項目"基於計算機輔助古籍校勘平臺的《類篇》校勘研究"(2019M650017)、教育部社科項目"戲曲與俗文學文獻校勘研究"(17YJC870005)、廣東社科規劃項目"清儒《經典釋文》批語輯録與研究"(GD16CTS02)的階段性成果。《漢語史學報》匿名審稿人提出了寶貴的修改意見,謹致謝忱。

② 即便因爲書面譌誤而變成口語詞且在相當長歷史時期内行用之説成立,也需要舉證説明。

一　現存文獻用例"狼戾"早於"很戾"

現存先秦文獻中"很戾"一詞未見用例，反倒有"狼戾"出現；漢人著述也有"狼戾"一詞的用例。例如：

1.《戰國策・燕策一》"張儀爲秦破從横謂燕王"云"夫趙王之狼戾無親，大王之所明見知也"，鮑彪注云"暴戾如狼"。（范祥雍《戰國策箋證》2006：1663、1666）

這一段敘述爲司馬遷《史記》所取材，故《史記・張儀列傳》（2013：2777）蘇秦説燕王曰"夫趙王之狼戾無親"，修訂本《史記》校勘記（2013：2787）云"'狼戾'，原作'很戾'，據景祐本、紹興本、耿本、黄本、彭本、凌本、殿本改。"並引王念孫《廣雅疏證》（2018：653）"狼戾""狼、很，盭"等兩條以證作"狼"之可靠。從版本異文的時間序列來看，《史記》宋元版本多作"狼戾"，到清代寫作"很戾"的版本才多起來。敦煌寫卷伯5034v《春秋後語》與之史源相近，亦作"狼戾"。而現存諸本《戰國策》皆作"狼戾"，可見《戰國策》《史記》本作"狼戾"，作"很戾"者晚出，蓋非原貌。

2.《漢書・嚴助傳》云"今閩越王狼戾不仁"，顔師古注云："狼性貪戾，凡言狼戾者，謂貪而戾。"（王先謙《漢書補注》，2008：4432-4434）

王念孫《讀書雜志・漢書》（2014：1033-1034）"連語""狼戾"條云"師古以狼爲豺狼之狼，非也。狼亦戾也。戾字或作盭。《廣雅》曰'狼戾，很也'，又曰'狼、很，盭也'，是狼與戾同義。……'狼戾'乃雙聲之字，不可分爲二義。"

3.法國藏敦煌寫本《六韜》（伯3454）"趨舍"篇云：王曰："何謂人性?"太公曰："性有仁、有忠、有信、有義、有貪頪、有狼戾。仁者，好與而不好奪，好賞而不好罰，好生而不好殺。忠者，不嫉不妒。信者，不欺少惡而多善，衆公而少私。義者，喜新愛故。貪戾者，好得好奪，不好利人而好敗。狼戾者，喜刑熹殺。"

敦煌寫本《六韜》中也有"狼戾"用例。《六韜》爲漢以前古書，山東銀雀山漢簡中即有《六韜》。即便《六韜》非先秦故書，至晚也是西漢中期成書，時代與《史記》接近，早於《漢書》。

此外，漢魏之際的張揖編纂《廣雅》將"狼戾"一詞收入《釋詁》篇内，訓爲"很也"。《篆隸萬象名義》（1975：1190）、《新撰字鏡》（1993：471）"狼"字釋爲"佷也"，《篆隸萬象名義》《字鏡》多删述原本《玉篇》而成，且删節較爲粗略，有時又不顧文義，故而釋"狼"爲"很（佷）"。揆其史源，蓋本《廣雅》。只是表示"很戾"義的"很"，唐人多寫作"佷"形；王念孫《讀書雜志》（2014：1034）"漢書"連語條云，"狼戾乃雙聲之字，不可分爲二義。""狼戾"當爲雙聲連綿詞。

總之，從現存文獻的用例來看，"狼戾"出現時代要比"很戾"早①。

① "很"字收入許慎《説文解字》，"很戾"一詞最早用例似爲《國語》韋昭注，《國語》"宣子曰，宵也佷"，韋昭注云："佷，佷戾不從人也。"宋本《白孔六帖》引作"很"。其出現時代已晚至漢末。

二 南方方言仍行用"狼戾"

至今南方方言還在使用"狼戾"一詞。例如廣州方言中"狼戾"有"脾氣暴躁、蠻横無理"之義(李榮,2002:3322),潮汕方言中"狼戾"也可以表示"兇狠"之義(許寶華、宫田一郎,1999:4981-4982)。廣州方言、潮汕方言也可以單用"狼"來表示兇狠(白宛如,1998:402),處於中原官話區的陝西方言也有類似用例(許寶華、宫田一郎,1999:4982)。

東莞方言中"發狼捩"也就是"發狼戾",無緣無故發脾氣,鬧彆扭之義(李吉劭,2013:393)。林倫倫《潮汕方言歷時研究》提到潮汕方言中"狼戾"[laŋ35-21 liʔ5]還可以用爲程度副詞,如"伊狼戾强""伊狼戾聰明"等(林倫倫,2015:179)。

潮汕、廣州、東莞等地方言中的"狼戾"應該就是古書中的"狼戾"。"狼戾"有"剛强很戾""不服從"之義,而"殘暴、兇狠"之行爲也往往含有"乖戾執拗"之成分,故而"狼戾"又可以表示"兇狠、殘暴"。而"很戾"與"狼戾"語義引申的路徑相同,都從"乖背、執拗"之義出發,引申出"兇狠"之義。現代漢語中的程度副詞"很"則源於"兇狠"之義的語法化(蔣冀騁、吴福祥,1997:426)。程度副詞的"很"語法化路徑,與潮汕方言中的"狼戾"極爲接近。因此潮汕方言中表示程度副詞的"狼戾",應該就是在古書中有"執拗""殘暴"之義的"狼戾",只不過其用法已經有所變化。

三 "狼戾"的構詞理據

"狼戾"作爲雙聲連綿詞,孫景濤(2008:53)用"逆向重疊"來解釋其構詞理據。他認爲古代漢語中有些雙音節詞是通過重疊構詞形成,並且提出了四種重疊的模式,分别爲"逆向重疊""順向重疊""裂變重疊""完全重疊"。其中"逆向重疊"是基式在後,重疊的部分在前。他還列舉了三種"逆向重疊"的方式,其中一種是"衍生形式帶有固定韻母＊-aŋ的逆向重疊"。就"狼戾"來説,"戾"爲基式,"狼"爲衍生音節。"狼"聲母來自基式"戾"聲母的重疊,韻母來自衍生音節"＊-aŋ"。於此類似的詞有"忼慨""恍惚""沆瀣""磅礴"等。"衍生形式帶有固定韻母＊-aŋ的逆向重疊",是幾種重疊形式裏頭較爲特殊的形式,鄭張尚芳(2018:56)認爲還可能"來自無標記話前字a增音陽聲化"。

總之,"狼戾"的語義以"戾"爲基礎,"狼"字確實於義無取,當從連綿詞的角度來解讀其構詞理據①。

① 匿名審稿人指出"剌戾"與"狼戾"語義基本相同,二者之間的關係尚待説明。筆者認爲"剌"《説文》訓爲"戾","剌戾"可能爲並列結構的同義複詞。當然"剌戾"與"狼戾"兩詞語音結構類似,語義接近,其間是否還有别的聯繫,尚待進一步考索。"剌戾"在文獻中用例出現較少,用例較爲集中出現的時代較晚(最早似爲漢代《鹽鐵論》),故本文未將"剌戾"列入討論範圍。

四 結語

總之,從文獻用例、方言用例和構詞理據等方面來看"狼戾"自有其獨立來源,只是恰好與"很戾"形義皆近。之所以會有"狼戾"替换爲"很戾"的現象,大概還有如下幾個原因:

第一,《説文》的影響力。唐代以後,《説文》成爲規範文字字形的重要依據。由於《説文》收録"很"字,所以"很戾"就成爲標準寫法。

第二,漢字分化的需要。中古時期,産生了一大批分化字,漢字的功用越來越傾向於一個漢字對於一個詞,强化字際區分,提高了辨識度。"狼"字爲"犬"部常用字,主要用來記録犬科野獸狼。"狼戾"一詞語義與野獸"狼"之間的聯繫不多,而且"狼戾"的語音日漸變爲"龍悷",所以對"狼戾"一詞的認知容易産生偏差,更容易看成是"很"的誤字。

第三,對連綿詞的認知存在局限。從顔師古注《漢書》來看,當時學者對連綿詞的理解還存在未達之處,把"狼戾"當成並列結構詞彙來理解,《篆隸萬象名義》和《新撰字鏡》的注釋就把"狼"釋爲"很";而古書中又存在同義改字的情況,很可能把一個構詞理據模糊的"狼"改换爲語義顯豁的"很"。

總之,由於"狼戾""很戾"形義皆近,在古書流傳中極爲容易混同,二者之間的關係不是單純的字形訛誤關係,還有語義上的特殊聯繫,不能輕易否定任何一種詞形,需要視其版本演變的具體情況勘正。

徵引書目

周·左丘明撰《左傳》,宋刻本,中華再造善本。

周·左丘明撰《國語》,宋刻本,中華再造善本。

周·莊周撰《莊子》,宋刻本,中華再造善本。

漢·司馬遷撰《史記》(修訂本),中華書局,2013。

漢·許慎撰《説文解字》,宋刻本,中華再造善本。

[日]空海撰《篆隸萬象名義》,台聯國風出版社,1975。

[日]昌住撰《新撰字鏡》,《佛藏輯要》第三十三册. 巴蜀書社,1993。

清·王先謙撰《漢書補注》,上海古籍出版社,2008。

清·王念孫撰《讀書雜志》,上海古籍出版社,2014。

清·王念孫撰《廣雅疏證》,上海古籍出版社,2018。

張覺撰《韓非子校疏》,上海古籍出版社,2010。

范祥雍撰《戰國策箋證》,上海古籍出版社,2006。

參考文獻

[1]徐時儀. "朧悷""朧戾""狼戾""狠戾""很戾"考[M]//漢語史研究集刊(第十九輯). 成都:巴蜀書社,2015:225-238.

[2]徐時儀. "很戾""佷戾""狠戾"与"狼戾""朧悷"[J]. 辭書研究,2016(6):79-82.

[3]蕭旭. "憹恢"語源考[EB/OL]. [2011-10-10]. http://www.gwz.fudan.edu.cn/Web/Show/1678
[4]朱曉農. 元音大轉移和元音高化鏈移[J]. 民族語文,2005(1):1-6.
[5]李榮主編. 現代漢語方言大詞典[M]. 南京:江蘇教育出版社,2002:3322.
[6]許寶華,宫田一郎主編. 漢語方言大詞典[M]. 北京:中華書局,1999:4981-4982.
[7]白宛如. 廣州方言詞典[M]. 南京:江蘇教育出版社,1998:402.
[8]李吉劭編. 東莞方言分類詞典[M]. 廣州:廣東人民出版社,2013:393.
[9]林倫倫. 潮汕方言歷時研究[M]. 廣州:暨南大學出版社,2015:179.
[10]蔣冀騁,吴福祥. 近代漢語綱要[M]. 長沙:湖南教育出版社,1997:426.
[11]孫景濤. 古漢語重叠構詞法研究[M]. 上海:上海教育出版社,2008:56.
[12]鄭張尚芳. 上古漢語單音節雙音節形態構詞規則[M]//漢語與漢藏語前沿研究——丁邦新先生八秩壽慶論文集. 北京:社會科學文獻出版社,2018:56.

A Rediscuss on the Relationship between *Langli*(狼戾) and *Henli* (很戾)

Feng Xiansi

Abstract: The relationship between "*langli*"(狼戾)and "*henli*"(很戾)is very complicated. Some scholars held that "*langli*" is a wrong wrting form of "*henli*". but some evidences proved that *langli*'s history is as long as *henli*, even to the extent that *langli*'s a little earlier than *henli*. *langli* was still used in southern dialect area of China. Based on the above facts, The relationship maybe substitution for synonym.

Key words: *langli*,*henli*,variant of text, substitution for synonym

通信地址:廣東省珠海市香洲區金鳳路18號北京師範大學珠海校區文華苑
郵　　編:519087
E-mail:fencius@163.com

也説“拉攞”*

陳　默

内容提要　《世説新語》中“拉攞”一詞，傳統詮訓爲“斷折；斷裂”。張萬起先生以爲是古吴語，猶言“在那裏”。考“拉”“攞”本源和相關書證，二者本義都是“摧折；斷裂”，“拉攞”爲同義連文，引申而有“摧折斷裂的聲音”義，張先生所舉《異苑》及《吴都賦》的例子即是如此。《世説》中“拉攞自欲壞”是説任愷如北夏門自身要斷折坍塌，非一根木柱能支撑。

關鍵詞　世説新語　拉攞

《世説》有“拉攞”一詞①。先看原文。

任愷既失權勢，不復自檢括。或謂和嶠曰：“卿何以坐視元裒敗而不救？”和曰：“元裒如北夏門，拉攞自欲壞，非一木所能支。”（《任誕》16）

《文史知識》2019年第1期，有張萬起先生《“拉攞”與古吴語》一文，批評了從余嘉錫先生以還的關於“拉攞”的詮釋，認爲“拉攞”是古吴語，猶言“拉郎”，意思是“在，在那裏”②，上條大意是：任愷失去權勢後，縱情放任享樂，不再約束自己。有人批評和嶠説：“你是任的好朋友，爲什麽看着他的衰敗而坐視不救？”和嶠直言道：“元裒就像老朽的北夏門，在那兒是自己要垮塌崩裂，不是一根木頭能够支撑得住的。”

此説恐難成立，且從“拉攞”根源説起。

先説“拉”。《説文・手部》：“拉，摧也。”

拉，本義爲動詞，是摧折即折斷義。看下諸例：

(1)齊襄公與魯君飲，醉之，使力士彭生抱上魯君車，因拉殺③魯桓公，桓公下車則死矣。（《史記・齊太公世家》）

(2)夏四月丙子，齊襄公饗公，公醉，使公子彭生抱魯桓公，因命彭生摺其脅，公死于車。（《史記・魯周公世家》）

(3)是歲，齊襄公使彭生醉拉殺魯桓公。（《史記・鄭世家》）

(4)本國殘，社稷壞，宗廟毀。刳腹絶腸，折頸摺頤，首身分離。（《史記・春申君列

---

*　本文爲教育部哲學社會科學研究重大課題攻關項目“蘇轍全集整理與研究”(19JZD033)的前期成果。因注蘇轍詩，其《傷足》中有“拉然”一詞，遍查文獻，引發此文。同時感謝匿名評審專家對本文提出的修改意見。

①　關於“拉攞”一詞，江藍生(1988:295)解作“疑爲欲倒塌貌”；方一新(1990:93)以爲“‘拉攞自欲壞’蓋形容門框崩裂之聲”；段觀宋(1994:145-146)以爲“實爲同義並列複合詞”“摧裂義”。

②　張萬起(1993:355)將【拉攞】釋爲：“確解待考。蓋爲崩塌斷裂之意。”

③　南朝宋裴駰《集解》引《公羊傳》曰：“搚幹而殺之。”何休曰：“搚，折聲也。”按，唐陸德明《經典釋文》：“拹，本又作搚，亦作拉，皆同，折聲也。”阮元《十三經注疏校勘記》引段玉裁《説文解字注》云：“依《説文》當作拹，許云摺也。作搚者，或體也；作拉者，假借字也。”

傳》)

(5)魏齊大怒,使舍人笞擊睢,折脅摺齒①。(《史記·范睢列傳》)

(6)范睢摺脅折齒②於魏,卒爲應侯。(《史記·鄒陽列傳》)

拉,當是後起俗字,始見《史記》。前三例敘同一事,即齊襄公與妹亂倫,爲妹丈魯桓公發現,恐醜事敗露,於是灌醉魯桓公,使力士彭彡扶桓公上車時折斷桓公肋骨致死。例(1)(3)用“拉殺”,例(2)云“摺其脅”,等於給“拉殺”作了注。例(4)(5)(6)“折”“摺”互文。可見“拉”即“折斷”義無疑。

後世,不乏“拉殺”:

(7)吕方執弘繫獄,馳使告纂,纂遣力士康龍拉殺之。(《晋書·載記·吕纂》)

(8)休祐素勇壯有氣力,奮拳左右排擊,莫得近。有一人後引陰,因頓地,即共毆拉殺之。(《宋書·文九王傳·晋平剌王休祐》)

(9)肇入省,壯士搤而拉殺之。(《魏書·外戚傳下·高肇》)

(10)出至永巷,被執送華林園,於雀離佛院令劉桃枝拉殺之,時年三十六。(《北史·齊宗室諸王上·趙郡王琛》附“子叡”)

拉殺,即摧折對方骨骼或臟器致死的殘忍手段。《漢語大詞典》解作“用杖擊殺”,大誤;《中文大辭典》解作“摧折其軀幹而殺之”,是。

“拉”的本義是“折斷”,由“折斷”又引申爲“斷裂的聲音”義。如:

(11)藻還,如其言,母亦扶病而出。家人既集,堂屋五間拉然而崩。(《晋書·藝術傳·淳于智》。此事亦載《太平廣記·狐一·夏侯藻》注云出《搜神記》)

(12)陳氏夜中竊語道之,鬼應聲云:“何故道我?今當斷汝屋棟。”便聞鋸聲,屑亦隨落,拉然有聲響,如棟實崩。”(《太平廣記·報應十九·徐鐵臼》注云出《還冤記》)

(13)馬眩足不禁,拉然卧中坻。(宋蘇轍《傷足》)

例(11)(12)(13)後有詞綴“然”,是擬聲詞無疑,形容斷裂的聲音。

(14)初擊其頭,帝便頭痛,更擊之,亦然。遂大發怒曰:“此冤家耳。”乃使拉折其腰,帝復腰痛。(《太平廣記·報應二十八·後周女子》注云出《還冤記》)

本例“拉折”屬同義連文。

(15)寶曆二年,明經范璋居梁山讀書。夏中深夜,忽聽廚中有拉物聲。(《太平廣記·精怪六·范璋》注云出《酉陽雜俎》)

本例“拉物”猶言“折裂東西”。

再說“攞”字。

“攞”亦當是後起俗字,《説文》無“攞”字,最早即見於《世説》。

宋郭忠恕《佩觿》卷中:“攞,來可翻。裂也。”《廣韻·上哿》:“攞,裂也。”《龍龕手鑑》:“攞,裂也。”

由此可知,“拉”“攞”本義同。“拉攞”爲同義連文。《漢語大詞典》收“拉攞”一詞,釋義爲“崩塌”,首例引《世説》,餘舉有宋辛棄疾、明沈德符及清人錢謙益的例證。

---

① 唐司馬貞《索隱》:“摺音力答反。謂打折其脅而又拉折其齒也。”又《漢書·揚雄傳下》“范睢以折摺而危穰侯”唐顔師古注引晋灼曰:“摺,古拉字也。”

② 唐司馬貞《索隱》:“案,《應侯傳》作‘折脅摺齒’是也。《説文》‘拉,摧也’,音力答反。”按,以上所引唐人注可知,當時學人已對“拉”字有所關注。

《漢語大詞典》釋義是準確的①。試補數例：

(16)然亦有見於大夏之拉攞，不如椽室完整。(明王世貞《書牘二十八首·吴明卿》)

(17)足下以大義持之，因而抵牾，大厦拉攞非一木所支，朋友中不可無此段事。(同上《與沈嘉則書》)

(18)拉邏憂大厦，一木竟如何？(清錢謙益《蟻》)

顯然，諸例皆本《世説》，義亦同。清人陸以湉《冷廬雜識》有《世説新語里諺》一目，即有“拉攞自欲壞”，釋“拉攞”云“猶言摧裂也”。

此外，我們還調查了今行《世説》的所有要著，大致皆釋爲“崩塌；斷裂”。

張先生的立論，除《世説》條外，還引《異苑》和《吴都賦》二例：

又覩一物，形如猴，懸在樹標，令人刺，中其髀，墮地淹没。經日，反從屋上跛行，就婢乞食，團飯授之，頓造二升。經日，衆鬼羣至，醜惡不可稱論。拉攞②床帳，塵石飛揚，累晨不息。”(南朝宋劉敬叔《異苑》卷六“梁清”)

張先生駁斥楊勇先生説，認爲這裏“拉攞”後帶了處所詞，“拉攞床帳”意思是“在床帳處”，“拉攞床帳，塵土飛揚”，即“在床帳處，塵土石塊亂飛”。

玩繹文意，云群鬼搗亂，把床帳之類弄得支離破碎，“拉攞床帳”與後兩句是因果關係，因群鬼折騰，至“塵土石塊亂飛”。從語法言，是使動用法。倘釋“拉攞”爲“在床帳處”，塵石飛揚何由而至？故張先生説不可從。

再看《吴都賦》例：

鉦鼓疊山，火烈熛林。飛爓浮煙，載霞載陰。菈擸雷硍，崩巒弛岑。鳥不擇木，獸不擇音。

此爲描寫吴王出獵盛况。

李善注：“《説文》曰：‘鉦，鐃也。’拉擸、雷硍，崩弛之聲。拉，朗答切。擸，音獵。《爾雅》曰：‘巒，山墮。’‘山小而高曰岑。’”李周翰注：“疊，鼓聲振動也。縱火於山，猛烈熛於林木之間。火焰隨風而飛，煙氣滿山而浮。火氣時盛時衰，如天有霞有陰。”吕延濟注：“巒岑，小山也。言士卒鼓怒，山乃崩陁。拉擸，木摧傷之聲。雷硍，山崩聲也。鳥獸遭逼迫，鳥不暇擇木而棲，獸不暇擇音而出。言困甚也。”③

菈，當是“拉”的後起加形旁字④。

《説文·厂部》：“厒，石聲也。”段玉裁《説文解字注》：“謂石𥗽之聲。《吴都賦》曰：‘拉擸雷硍，崩巒弛岑。’拉即厒字也。《玉篇》曰：‘厒亦拉字。’拉者，折也。柆，木折也。”《玉篇殘卷》卷

---

① 此外，明代文獻中，拉攞有“邋遢；落拓”義。當爲記音連綿詞，與以上“拉攞”無涉。不備引。清陸楙散曲《北雙調雁兒落帶德勝令·漫詞》中有：“辛醎，漁樵拉攞談。”此“拉攞”當爲“拉雜”之義。

② 李劍國(1986:522)校記云“拉攞：原作‘松攞’，於義未洽，《廣記》引作‘拉攞床障’，據改。攞(luó)：裂也。原校‘帳’一作‘障’，按《珠林》亦引作‘障’”；張國風(2011:5442)曰：“拉攞：孫(潛校)本作‘拉擺’。《異苑》作‘松羅’”；范寧(1996:62)校點本句作“松羅牀帳”；黄益元(1999:654)校點本句亦作“松羅牀帳”；周叔迦、蘇晋仁(2003:991)引此條，亦作“松羅牀障”。按，范校、黄校、周校誤，當據《太平廣記》改。

③ 文字依中華書局影印涵芬樓藏宋本《六臣注文選》(1987:112)。

④ 《大廣益會玉篇·艸部》：“菈，洛合切。《方言》云東魯人呼蘆菔爲菈遠。”又清錢繹云“‘搭𣚍’‘翋𦐇’‘菈擸’，並與‘菈遠’同。”錢繹以爲“菈擸”是連綿詞，此處暫不討論。見《方言箋疏》卷三：“東魯謂之菈遠”下注。

二十二:“㕸,力答反。《説文》:‘石聲也。’《字書》:‘拉字也。拉亦摧也,在手部。’”

攦,即“攞”的異形字,《類篇》卷三十四:“攦,力盍切,折也。”

段玉裁注“㕸”引《吴都賦》未恰,倒是唐人將“菈攦、雷硠”理解爲聲音是對的,吕延濟注尤精到,“士卒鼓怒,山乃崩阤”是解釋的“叠山”,接下來解釋“菈攦”和“雷硠”指兩種聲音。即“菈攦”是承前“火烈熛林”言,“雷硠”是承前“鉦鼓叠山”言。而後“崩巒弛岑”説火燒草木斷裂聲、震動山谷的鼓聲有似山嶺崩塌之聲,云圍獵鼓聲驚天動地,焚林的火光如霞,濃煙滚滚遮天蔽日。

張啟成、徐達等(1994)《文選全譯》譯作:

> 鉦鼓聲聲,山嶽摇動。縱火於山,森林燃燒,烈火熊熊,燦如霞光,濃煙蓋日,暗如陰雲。高岑崩裂,峰巒墮塌,轟轟隆隆,聲如雷震。

《文選全譯》没讀懂原文和唐人注,錯把誇張當成了實況(這裏的意思是金鼓聲、燃燒斷裂聲有如山巒崩塌),且爲了押韻顛倒文句。張先生似没細品原文,誤以錯譯爲據而致誤。

總上,張先生將“拉攞”釋作“在那裏”不當,與吴語的“拉郎”了不相關。而《世説》中“任愷如北夏門,拉攞自欲壞,非一木所能支”的意思只能是:“任愷就像那年久失修的北夏門,斷裂崩塌自己要倒下,不是一根木頭能够支撑的。”其本傳云:“尚書杜友、廷尉劉良並忠公士也,知愷爲充所抑,欲申理之,故遲留而未斷,以是愷及友、良皆免官。愷既失職,乃縱酒耽樂,極滋味以自奉養。”此正《世説》中所謂“不復自檢括”,以致於“愷不得志,竟以憂卒,時年六十一”。

參考文獻

[1]段觀宋. 文言小説詞語通釋[M]. 南寧:廣西人民出版社[M]. 1994:145-146.
[2]范寧點校. 異苑[M]. 北京:中華書局,1996:52.
[3]方一新.《世説新語》語詞釋義[J]. 語言研究. 1990(2),92-102.
[4]黄益元. 異苑[M]//漢魏六朝筆記小説大觀. 上海:上海古籍出版社,1999:654.
[5]江藍生. 魏晋南北朝小説詞語匯釋[M]. 北京:語文出版社,1988:295.
[6]李發舜,黄建中點校. 方言箋疏[M]. 北京:中華書局,1991:110.
[7]李劍國. 唐前志怪小説輯釋[M]. 上海:上海古籍出版社,1986:522.
[8]張國風. 太平廣記會校[M]. 北京:北京燕山出版社,2011:5442.
[9]張啟成,徐達等. 文選譯註[M]. 貴陽:貴州人民出版社,1994:301.
[10]張萬起. 世説新語詞典[M]. 北京:商務印書館. 1993:355.
[11]周叔迦,蘇晋仁. 法苑珠林校注[M]. 北京:中華書局,2003:991.

A Further Discussion on *la luo*(拉攞)

Chen Mo

Abstract: “*La luo*(拉攞)” considered as a verb, mean “splitting and splintering” in A New Account of Tales of the World(世説新語) by most scholars. Mr. Zhang wanqi, a famous linguist, believes that is the ancient Wu dialect, like “here”. As to the origin and concrete examples of "*la luo*(拉攞)", is a simple synonym, and the basic meaning is simply to "splitting and splintering", which was extended to mean "broken", as in the examples of "*Yi Yuan*" and "*Wu Du Fu*" cited by Zhang. "*la luo zi yu huai* (拉攞自欲壞)" is a saying that "Ren Kai is like the North Hsia Gate of Lo-yang . Splitting and splintering, all by itself it is about to collapse . It isn't something which can be shored up with one piece of wood."

Key words: A New Account of Tales of the World(《世説新語》), *la luo*(拉攞)

通信地址:四川省綿陽市高新區綿興西路 166 號綿陽師範學院知行樓 302
郵　　编:621000
E-mail:279653274@qq. com

《齊民要術》注解考釋三則[*]

付建榮

内容提要 文章考釋了《齊民要術》中出現的三條注解，得出如下結論："無若"是"無苦"的形訛，"無苦"猶言"無妨"；"人室"是"入室"的形訛；"無在"是指"不須"之義。並分析了相關詞義的理據，以期對《齊民要術》的注解有所補益。

關鍵詞 《齊民要術》 無若 人室 無在

北魏賈思勰所著的《齊民要術》(下稱《要術》)是我國現存最早最完整的農學名著，也是研究中古漢語的重要語料。繆啟愉的《齊民要術校釋》(下稱《校釋》)是目前校注最爲精審的版本，石聲漢的《齊民要術今釋》(下稱《今釋》)是目前校注譯最爲齊備的版本，均是嘉惠學林之力作。然校注古書，誠非易事，汪維輝(2007/2020:53—65)曾指出《校釋》在校勘和注釋方面尚有一些存疑俟考問題。今不揣淺陋，就其中的三條待質注解提出意見，以期對《要術》的注釋有所補益。文章寫作順序先舉《今釋》《校釋》的注解，然後參考汪維輝(2007/2020)、蕭旭(2011)、沈澍農(2019)三位先生的意見，最後加"筆者按"進行討論。不當之處，敬請方家指正。

一 無若

(1)初酘之時，十日一酘，不得使狗鼠近之。於後無若，或八日、六日一酘，會以偶日酘之，不得隻日。二月中即酘令足。(卷七"法酒"，526頁)①

《今釋》："'苦'(按，"無若"之"若"，《今釋》原文作"苦")：明清刻本誤作'若'，依明鈔、金鈔改正。"(719頁)②

《校釋》："'無若'，各本同，僅金抄、明抄作'無苦'，形誤。按：'若'有'擇'義，《國語·晋語二》：'若夫二公子而立之'，意謂在二公子中擇一人而立之。'無若'，即不必擇定要十日，以後可以八日或六日投一次。"(527頁)

汪維輝(2007/2020:62)認爲，"'若'有'擇'義，古書用例罕見。……至於到了《要術》時代'若'是否還有此義，更是值得懷疑。《校釋》所説證據不足，待考。"

---

* 基金項目：國家社科基金一般項目"'語義二分法'視角下的唐宋俗成語系統構建與研究"(19BYY156)。

① 引文據繆啟愉《齊民要術校釋》本(第2版)，中國農業出版社，1998年。《要術》原書注文，用小一號字體，下同，頁碼隨文標出。

② 石聲漢《齊民要術今釋》(第2版)，中華書局，2009年。下同，頁碼隨文標出。

蕭旭(2011:1411)认爲,"若,讀爲掿,揉也。《字彙》:'掿,手掿也。'……上文'合糅,令甚熟'。繆校:'"糅"通"揉",漸西本改作"揉"。'此與之異字同義。"

筆者按,"若"讀作"掿",似於上下文意不契。"無若"當是"無苦"的形訛,應據明鈔、金鈔校改;《今釋》的意見可從,惜未加考證。"無苦"是中古漢語習見之語,表"無妨""不要緊"之義,略舉其例如下:

(2)佛言:"欲報一事,儻不瞋恚,煩借火室,一宿之間。"曰:"不愛也,中有毒龍,恐相害耳。"佛言:"無苦,龍不害我。"(三國吴支謙譯《太子瑞應本起經》卷下)

(3)子訓因還外,抱兒還家。家人恐是鬼,乞不復用。子訓曰:"但取無苦,故是汝兒也。"(晋葛洪《神仙傳·薊子訓》)

(4)其婦白道人曰:"我今所患,日夜困羸。將其意故,欲陳我情,爲可爾不?"時道人曰:"但説無苦,設有隱匿之事,我當覆藏,不使彰露。"(姚秦竺佛念譯《出曜經》卷十七)

此外,"無苦"表"無妨"之義,蔡鏡浩(1990:343—344)"無苦"條,王雲路、方一新(1992:389)"無苦"條,均有揭示,例不贅舉。《要術》之"無苦",亦即"無妨""不要緊"之義。從文例看,"於後無苦"上承"初酘之時,十日一酘",下接"或八日、六日一酘","酘"指投放飯顆等發酵原料①,例言初下酘時,十日一酘,以後就不要緊了,或八日、六日酘一次。换言之,"或八日、六日一酘"也無妨。更爲直接的證據是,《要術》卷八"作魚鮓":"作長沙蒲鮓法:治大魚,洗令浄,厚鹽,令魚不見。四五宿,洗去鹽,炊白飯,漬清水中,鹽飯釀。多飯無苦。"(576頁)《校釋》曰:"明抄作'無苦',猶言'無患','無妨';北宋本、湖湘本作'無若',形誤。"(578頁)這個意見無疑是正確的,是其最佳内證。

"無苦"有"無害"義,漢焦延壽《易林》卷六:"金精耀怒,帶劍過午,兩虎相距,弓弩滿野,雖憂無苦。"舊題三國吴支謙譯《撰集百緣經》卷十:"時阿闍世王尋白佛言:'世尊!此恒伽達,先世之時,種何善根,投山不死,墮水不溺,食毒無苦,箭射無傷,加遇世尊,得度生死?'"由此引申有"無妨"義,言無有妨害也。南朝梁陶弘景《周氏冥通記》卷四:"便往至彼處,見一人,形極醜陋。君曰:'此即是,大都畏人,居之定無苦。'……既曰無苦,便不爲害也。"爲其顯證。"無苦"的詞義引申軌跡,可以和"無妨""無害"等詞相比證②。"無妨"本指"無害"義,《説文·女部》:"妨,害也。"《楚辭·招魂》:"歸來反故室,敬而無妨些。"王逸注:"妨,害也。"引申出今"無妨礙"義,《要術》卷五"種槐柳楸梓梧柞":"味似菱、芡,多噉亦無妨也。"(356頁)"無害"也引申有"無妨"義。《要術》卷一"種穀":"春鋤起地,夏爲除草。故春鋤不用觸濕;六月以後,雖濕亦無嫌。"下自注云:"夏苗陰厚,地不見日,故雖濕亦無害矣。"(67頁)"無害"即"無嫌",均表"無妨"義。

二 人室

(1)團麴之人,皆是童子小兒,亦面向殺地;有污穢者不使。不得令人室近。團麴,

① "酘"在《要術》中習見,如卷七"造神麴並酒":"若浸麴一斗,與五升水。浸麴三日,如魚眼湯沸,酘米。"(479頁)《今釋》注曰:"'酘':將煮熟或蒸熟的飯顆,投入麴液中,作爲發酵材料,稱爲'酘'。"(640頁)《校釋》注曰:"酘:實即'投'字而用於釀造者,就是俗話所説的'落缸'。"(485頁)

② 可參王雲路師(2014:461—464)"何(無)+傷/害/苦/廢/損/妨"條。

當日使訖,不得隔宿。屋用草屋,勿使瓦屋。地須淨掃,不得穢惡;勿令濕。(卷七“造神麴並酒”,478 頁)

《今釋》:“‘令人室近’:‘人’字,明清刻本作‘入’。‘不得令人室近’,即不要和住有人的房屋相鄰近。”(636 頁)

《校釋》:“室近:意即‘近室’,就是不許閑雜的人近臨或進入團麴間,以避免可能引起的某些有害微生物的污染(日譯本以爲‘人室’指‘人婦’)。”(483 頁)

汪維輝(2007/2020:60)認爲,“‘室近’解爲‘近室’恐不合語法。‘人室’似應連讀,但是否就像日譯本所以爲的是指‘人婦’,則尚待考證。”

蕭旭(2011:1411)認爲,“日譯本近是。人室,猶言女室,《左傳·昭公元年》:‘是謂近女室。’今吴方言稱妻子爲‘屋裏’‘家裏’,即‘室’。古人謂造酒坊婦人不得近之,否則酒釀不好。”

筆者按,“室”有“妻”義,“人室”猶言“人妻”①,日譯本所説的“人婦”當指此義。但不允許“人婦”進入團麴的屋子,是出於“婦人不得近之,否則酒釀不好”的民俗禁忌,還缺乏文獻記載的依據②。事實上,在《要術》卷七“造神麴並酒”中就有“婦人”可以進入酒麴間團麴的記載:

(2)又作神麴方:以七月中旬以前作麴爲上時,亦不必要須寅日;……凡屋皆得作,亦不必要須東向開户草屋也。……擣令可團便止,亦不必滿千杵。以手團之,大小厚薄如蒸餅劑,令下微浥浥。刺作孔。丈夫婦人皆團之,不必須童男。(490 頁)

故將《要術》例中的“人室”釋作“人婦”,證據還嫌不足。

筆者以爲,“人室”應是“入室”的訛誤③,不煩另出别解。上揭《今釋》注曰:“‘人’字,明清刻本作‘入’”,檢《四部備要》《津逮秘書》《學津討原》本,“人”均作“入”,又《農政全書》卷四二、《格物中法》卷六引《要術》此文皆作“入”。原句當作“不得令入室近團麴”,是個承上省略“令”字後面兼語的句子。《要術》共用了 800 多例“令”字兼語句,其中省略兼語的句子就有 500 多例,如:

(3)又課民無牛者,令畜豬,投貴時賣,以買牛。(自序,9 頁)

(4)凡種,欲牛遲緩行,種人令促步以足蹦壟底。(卷一“種穀”,67 頁)

(5)黍,宜曬之令燥。濕聚則鬱。(卷二“黍穄”,102 頁)

(6)隆冬寒厲,雖日茹甕,麴汁猶凍,臨下釀時,宜漉出凍凌,於釜口融之——取液而

① 《禮記·曲禮上》:“人生十年曰幼,學;二十曰弱,冠;三十曰壯,有室。”鄭玄注:“有室,有妻也,妻稱室。”孔穎達疏:“壯有妻,妻居室中,故呼妻爲室。”《文選·陸機〈赴洛〉詩》:“感物戀堂室,離思一何深。”劉良注:“堂謂母,室謂妻。”《漢語大詞典》亦收有“令室”“取室”“喪室”“室子”“室家”“妻室”“嫡室”“納室”“賢室”“正室”“弱室”等相關複音詞,依據漢語表達習慣,“人室”應該可以指“人妻”,不過“人室”連言的用例却很少,筆者找見這樣 1 例:宋釋契嵩《鐔津文集》卷一“原教”:“豈有爲人弟者而不悌其兄? 爲人子者而不孝其親? 爲人室者而不敬其夫? 爲人友者而不以善相致?”

② 筆者對《要術》全書調查後,僅發現有 3 例“妊娠婦女”壞醬、壞醋的記載,卷八“作醬法”:“後雖有妊娠婦人食之,醬亦不壞爛也。”(535 頁)又“若爲妊娠婦人壞醬者,取白葉棘子著瓮中,則還好。”(537 頁)又“凡醋甕下,皆須安磚石,以離濕潤。爲妊娠婦人所壞者,車轍中乾土末一掬著瓮中,即還好。”(547 頁)還有 1 例是關於“新產婦”的禁忌,卷六“養鵝鴨”:“鵝、鴨皆一月雛出。……不用見新產婦。觸忌者,雛多厭殺,不能自出。”(455 頁)至於對其他婦女的禁忌事項,未見到記載。

③ 這裏的“室”指麴室,團麴的屋子。《要術》卷三“雜説”:“七月。四日,命治麴室,具箔槌,取淨艾。六日,饌治五穀、磨具。七日,遂作麴。”(239 頁)

已,不得令熱。(卷七"造神麴並酒",497 頁)

從《要術》文例看,上言"團麴之人,皆是童子小兒""有污穢者不使",則"令"後面省略的兼語只能是上文的"污穢者",指不潔浄的童子小兒。"令"省略兼語並且接聯動結構"入室近團麴"作述語,也符合《要術》的語言習慣,如:

(7)牽馬令就穀堆食數口,以馬踐過爲種。(卷一"收種",56 頁)

(8)胡瓜宜豎柴木,令引蔓緣之。(卷二"種瓜",163 頁)

確定了本例"令"的語法結構,則原文可標點爲:有污穢者不使,不得令入室近團麴。例言有不潔浄的童子小兒不使用,也不得令其進入麴室靠近團麴。這應是爲了避免污染酒麴的原因,下文"地須浄掃,不得穢惡"也是同樣的原因。

三　無在

(1)尾上毛少骨多者,有力。膝上縛肉欲得硬。角欲得細,橫豎無在大。身欲得促,形欲得如卷。(卷六"養牛馬驢騾",417 頁)

《今釋》未注。《校釋》(第 1 版):"'橫豎無在大',角或者橫生,或者豎生,都没有關係,但都不在乎大。"①第 2 版未注②。

汪維輝(2007/2020:57)指出,"《大詞典》'無在'條:'①猶言不在乎。《晋書·劉曜載記》"如其勝也,關中不待檄而至;如其敗也,一等死,早晚無在",與《要術》的'無在'顯非同義。似指'不須;不要',俟考。"

沈澍農(2019:3)認爲,"'橫豎無在大'句中的'大'當是衍文,或是某脱句的殘文。""原文是説,牛要角細小的好,至於角是橫長還是豎長,則没有差别,都一樣。"

筆者按,"無在"確有"没有差别""都一樣"之義③,但此義與本例文意不相契,而删去"大"字則嫌臆改無據。這裏的"無在"應指"不須"之義,汪維輝先生的説法可從。"無在"表"不須""不必"之義,在中古近代漢語中均有用例,如:

(2)又當加麝香七兩,鹿茸四兩,與九種散合治,俱搗三千杵。婦人女子皆可服,所服用水飲無在多,唯令藥進下喉者也。(晋佚名《九真中經》卷下)

(3)若行者欲求天眼者,初取明光相,所謂燈火明珠、日月星宿等。取是明相已,若晝日則閉目,夜則無在。念上明相,如眼所見。(後秦鳩摩羅什譯《禪法要解》卷下)

(4)問:"坐禪須被受持袈裟不?"答:"裸得,無在。"問:"學禪者一切時常攝念耶?"答:"除大小便,餘時常須攝心。"(唐慧智傳譯《修禪要訣》卷一)

(5)此章文居最後,諸佛章中,即相次於前義,須必有次第,無在分二章者。(唐智雲《妙經文句私志記》卷十三)

(6)下疏云"因有得果之能","能"名爲力,故云"得大堅固力",故云"問佛因果也"。尋下佛答,義自可知,無在煩論。(宋智圓《涅槃經疏三德指歸》卷六)

① 繆啟愉《齊民要術校釋》(第 1 版),農業出版社,1982 年,第 311 頁。

② 第 1 版將"無在大"釋作"不在乎大",與上文"角欲得細"("細"爲"細小"義)文意相剌。這也許是第 2 版删去原來注釋的原因。

③ 可參徐時儀(1997)、沈澍農(2019)。

(7)觀具三千,俱空假中,方名理觀。既無此文,安得云純談理觀?既無理觀,附法觀心,如何可廢?無在執迷自損,必須捨暗向明。(宋知禮《四明十義書》卷上)

上揭例中,"無在"均表"不須"之義。例(2)言服用的水不須多,只要使藥下喉即可。例(3)言白天則閉目,夜間則不須(閉目)。例(4)"無在"應答上文"須"字。例(5)"無在"與"須必"反義對舉。例(6)言義理自可知,不須煩論。例(7)"無在"與"必須"反義對舉,義皆顯豁。再據漢語同步構詞規律,亦檢得"不在""何在"之詞,如:

(8)寧王謙謝,隨而短斥之。上笑曰:"大哥不在過慮,阿瞞自是相師,花奴當更得公卿間令譽耳。"(唐南卓《羯鼓録》卷一)

(9)八萬四千法門,至理不離方寸。不要廣學多聞,不在辯才聰俊。識取自家城廓,莫謾遊他州郡。(《祖堂集》卷三"騰騰和尚")

(10)我宗奇特,當陽顯赫。佛及衆生,皆承恩力。不在低頭,思量難得。(《景德傳燈録》卷二九"桂琛和尚")

(11)若是同心達道者,不在揚眉便相悉。(《古尊宿語録》卷四六"覺和尚語録")

(12)問:"如何是道?"師曰:"去!"曰:"學人不會,請師道。"師曰:"闍黎公驗分明,何在重判?"(《五燈會元》卷十五"文偃禪師")

(13)凡山路行所,爲大石横攔。……懶殘曰:"不假人力,略試去之。"衆皆大笑,以爲狂人。懶殘曰:"何在見嗤,試可乃已。"(宋陳田夫《南嶽總勝集》卷下)

上揭例中,"不在"猶言"不須"①,"何在"猶言"何須",皆可印證"無在"有"不須"之義。再看《要術》原文"角欲得細,横竪無在大",上文"欲得"表示客觀上的"須要"之義,此義在《要術》中習見,如卷六"養牛馬驢騾":"馬:頭爲王,欲得方;目爲丞相,欲得光;脊爲將軍,欲得强;腹脅爲城郭,欲得張;四下爲令,欲得長。"(386頁)"無在"與"欲得"文相對舉,詞義即指"不須"之義。例言牛角須細小,横生竪生都不須大,上下文意十分契合。

"在"有"在於"義,此義在漢語史上很常見,如《管子·牧民》:"政之所興,在順民心。政之所廢,在逆民心。"《荀子·勸學》:"駑馬十駕,功在不舍。"例不勝舉。"在"表"須要"義應從"在於"義引申而來。宋妙寅等編《月礀和尚語録》卷上:"要開萬世無窮業,只在堅持一寸心。""在"理解成"在於"和"須",意思基本一樣。《嘉泰普燈録》卷二十一"宗穎禪師":"上堂,卓拄杖曰:'性燥漢只在一槌。'遂靠拄杖曰:'靈利人不勞再舉。'"例言聰明的人只須一槌(便悟),但"在"理解成"在於"也可以。這都反映了"在"的這兩個詞義在一些語境中聯繫密切,很容易引起詞義的重新分析。當"在"出現的語境强調行爲必須怎麽樣時,"在"就可以重新分析爲"須要"義了。《要術》卷七"造神麴並酒":"然要須米微多,米少酒則不佳。冷暖之法,悉如常釀,要在精細也。"(489頁)"要在"同義連言,義同上文的"要須",這個"在"就表示了"須要"義。由此,"無在""不在""何在"也就産生了"不須""何須"之義了。

參考文獻

[1]蔡鏡浩. 魏晋南北朝詞語例釋[M]. 南京:江蘇古籍出版社,1990:343-344.

[2]江藍生,曹廣順. 唐五代語言詞典[M]. 上海:上海教育出版社,1997:39.

① 可參袁賓(1990:24)"不在"條,江藍生、曹廣順(1997:39)"不在"條。

[3]繆啟愉. 齊民要術校釋(第2版)[M]. 北京:中國農業出版社,1998.
[4]沈澍農. "無在"解詁[J]. 南京中醫藥大學學報(社會科學版),2019(1):3.
[5]石聲漢. 齊民要術今釋(第2版)[M]. 北京:中華書局,2009.
[6]汪維輝.《齊民要術》詞彙語法研究(修訂本)[M]. 上海:上海教育出版社,2007/2020:53-65.
[7]王雲路,方一新. 中古漢語語詞例釋[M]. 长春:吉林教育出版社,1992:389.
[8]王雲路. 中古詩歌語言研究[M]. 西安:世界圖書西安出版公司,2014:461-464.
[9]蕭旭. 群書校補[M]. 扬州:廣陵書社,2011:1411.
[10]徐時儀. 釋"無在"[J]. 醫古文知識,1997(3):47.
[11]袁賓. 禪宗著作詞語匯釋[M]. 南京:江蘇古籍出版社,1990:24.

On the Three Annotations in *Qi Min Yao Shu*(《齊民要術》)

Fu Jianrong

Abstract: This paper mainly discusses the three annotations in *Qi Min Yao Shu*, The conclusions are reached: "*Wu Ruo*"(無若)is the error form of "*Wu Ku*"(無苦), and the meaning is "not serious"; "*Ren Shi*"(人室)is the error form of "*Ru Shi*"(入室); "*Wu Zai*"(無在)refers to "not required"; and analyzes the motivation of this words' meaning. It is hoped that the annotations of *Qi Min Yao Shu* will be helpful.

Key words: *Qi Min Yao Shu*(《齊民要術》), *Wu ruo*(無若), *Ren shi*(人室), *Wu zai*(無在)

通信地址:呼和浩特市玉泉區昭君路24號 内蒙古大學文學與新聞傳播學院
郵　編:010070
E-mail:fujianrong-1982@163. com

陶弘景《周氏冥通記》詞語補釋*

謝　明

内容提要　《周氏冥通記》口語性强，語料價值較高，是研究南北朝漢語的寶貴材料。文章在前人研究的基礎上，對其中"彌淪"等10則詞語進行了補正和考釋。

關鍵詞　《周氏冥通記》《義府》　彌淪

《周氏冥通記》是南朝梁陶弘景整理、撰作的一部日記體著作。此書口語性比較强，語料價值比較高，是研究南北朝漢語的寶貴語料。汪維輝（2000）、馮利華（2003/2010）、劉祖國（2011、2012）等多位學者，對此書中的詞語進行了考釋、研究。日本學者麥谷邦夫等人更是對此書進行了校注和翻譯，由劉雄峰翻譯爲《〈周氏冥通記〉研究》（譯注篇）。但該書中仍有一些詞語值得進一步研究，各家觀點亦不無商榷之處，本文在此基礎上做一步的考釋。

彌淪

（1）以十四年乙未歲五月二十三夏至日，於廨忽未中寢卧彌淪，良久乃起出①。（南朝梁・陶弘景《周氏冥通記》卷一，第7頁）

黄生《義府・冥通記》："彌淪，謂魘寐不寤也。"

彌淪，《譯注篇》《漢語大詞典》（以下簡稱《大詞典》）皆譯爲或釋爲："夢魘。"

按：依黄氏之意，則"彌"當作或讀作"𥨸（寐）"，即"眯"也。"眯"異體作"䊳、𥈤、𥉗"，與"彌"形音俱近②。

《説文・㝱部》："寐，寐而未厭。"段注本改作："𥨸，寐而厭也。"注曰："《廣雅》曰：'𥨸、𡪢，厭也。'按厭、魘正俗字。《西山經》：'翼望之山，鳥名鵸鵌，服之使人不厭。'此用厭字之冣古者。古多叚借眯爲之，郭注《山海經》引《周書》'服之不眯'爲不厭之證。《莊子・天運》：'彼不得夢，必且數眯焉。'司馬彪曰：'眯，厭也。'《通鑑》劉曅曰：'臣得與聞大謀，常恐眯夢漏泄，

---

* 本文是國家社科基金後期資助項目"宋前道經疑難字詞考釋"（20FYYB005）的階段性成果。除業師許建平教授以外，本文還蒙汪維輝、王雲路、方一新、黄笑山、張小豔等老師及本刊外審專家指正，謹致謝忱！文中錯誤，概由本人負責。

① 本文所用《周氏冥通記》爲[日]麥谷邦夫、吉川忠夫編，劉雄峰譯，齊魯書社2010年出版的《〈周氏冥通記〉研究》（譯注篇），文中簡稱《譯注篇》；《真誥》爲趙益點校本，中華書局2011年版；《雲笈七籤》爲李永晟點校本，中華書局2003年版；若有標點、文字錯誤者，徑改。其他道經皆用《道藏》本，文物出版社、上海書店、天津古籍出版社1988年版，影印所分上中下三欄，分别用abc標明。

② 從米、彌（弥、弥）之字有互爲異體、異文之例，殆二者音近也。《集韻・支韻》："䊳，眇目也。或作眯。"唐方干《送許温》："壯歲分冞切，少年心正同。"《全唐詩》注云："冞，一本作彌。"

以益臣罪。'語本裴松之引《傅子》。"《集韻·至韻》:"𥨊,《博雅》:'厭也。'或作眯。"故"獼淪"即夢魘而沉睡不醒;"淪"者,陷、沉。

道經中又有"迷淪"一詞,朱駿聲《説文通訓定聲·寱部》:"寐之爲言迷也。"殷寄明(2018:593)以"迷""寐""眯"爲同源。如此,則"獼(眯)淪"亦即"迷淪",乃沉淪義。

(2)四月九日戊寅夜鼓四,夢北行登高山,迷淪不寤,至明日日出四五丈乃覺。(陶弘景《真誥·握真輔第一》,第300頁)

(3)唱如是言:誰能於斯,開導生死飢餓衆生无上道味?一切衆生迷淪苦海,誰能於中作大船師?(《太上靈寶元陽妙經》卷二,5/932c)

(4)兼慮人用月晦庚日開執之日,故於此日能迷淪人意,俾耽眠睡,造作夢寐,顛倒非常。(北宋·張君房《雲笈七籤》卷八十二,第1866頁)

厭上

(5)忽見一白龜,可長六寸許,身形皮甲通白如滑石,唯厭上有四黑文,狀如書字,不可識。(《周氏冥通記》卷一,第25頁)

厭上,《譯注篇》譯爲:"背上。"

按:《譯注篇》所譯雖通,然"厭"何以有背義,未作説明。竊以爲"厭"或當讀作"厴"①,《廣韻·琰韻》:"厴,蟹腹下厴。"由蟹之薄殼,引申爲其他動物之殼。又或者"厭"乃"背"之訛字,"厭"又作"猒",其左半與"背"形近而誤。類似記載在道經中可以看到,五代杜光庭《録異記》卷五:"蜀丁卯年,會昌廟城壕岸側穴中龜,生四龜,各三二寸,背上有金書王字、大吉字。"(10/871b)

牧約

(6)觀卿俗意未豁,囂塵易迷,何以苟縱於七魄而拘制於三魂?實由卿素履帛家之事,此輩小物,亟稱其功,而惑人意,其爲牧約之。卿儻早議不乖,則墨簡不書。(《周氏冥通記》卷一,第47頁)

汪維輝(2000:167):"'牧約'似爲'收斂;約束'之義。待證。"

馮利華(2003/2010:48),馮利華、李雙兵(2006):"在六朝道經中,'牧'還可以與其他詞素組成並列複合詞,表示'統領、轄制'之義。如'牧約'……"

牧約,《譯注篇》譯爲:"收緊。"

按:竊以爲馮説似非,"牧"當作"收",二字形近而訛。"牧"俗體作"⿰丬攵"(《中華字海》引魏《和邃墓志》),"收"俗體作"⿰丬又"(《廣韻·尤韻》)、"⿰牜又"(《中華字海》引魏《正平太守元仙墓志》)、"**收**"(《敦煌俗字典》引Φ096《雙恩記》),二者字形相近,所從偏旁牛、丬、丩互混(參見曾良,2006:203),因此二者有共用的俗體字。S. 6537Vg《慈父遺書一道》:"舍田家産畜牧

① 此説蒙黄笑山教授指點,謹致謝忱!

等。”S.170《失名道經》：“當呼東方勾芒君、南方祝融君、西方辱𢿙君、北方吾疆子玄冥君、中央皇上彭祖馮修君……”從句意來看，“𢿙”顯然爲“牧”字，“辱收”即“蓐收”，乃西方、秋天之神，《禮記·月令》：“（孟秋之月）日在翼，昏建星中，旦畢中。其日庚辛，其帝少皞，其神蓐收。”而“𢿙”顯然爲“收”字。典籍中亦多見“收”訛作“牧”者，《吕氏春秋·論人》“不可收也”畢沅《新校正》：“收，疑當作牧。”《漢書·酷吏列傳》“以收司姦”王念孫《讀書雜志》：“收，當依《史記》作牧。”《荀子·君道篇》：“便嬖左右者，人主之所以窺遠收衆之門户牖嚮也。”蔣禮鴻（2001：137）：“收衆當作牧衆，字之誤也。”

道經中還有其他“牧”“收”二字相混的例子。《洞真太上素靈洞元大有妙經》：“過五以上，至二十四犯，四司執殺，牧攝魂神，充責北酆，七祖充役，經萬劫得還，更生非人之道，玉童玉女各返上宫，不出一年，失經身亡，終不得仙，學者慎之。”（33/418c）“牧攝”，《太上九真明科》作“収攝”，《洞真太上道君元丹上經》作“收攝”。馮利華（2003/2010：48），馮利華、李雙兵（2006）：“‘牧攝’即‘統領、節制’，‘牧’和‘攝’兩者都有‘管轄、統領、節制’之義，屬並列雙音詞。”按：《干禄字書·平聲》：“収、收，上通下正。”《太上九真明科》《洞真太上道君元丹上經》所引皆是“收”而非“牧”。“收攝”習見於道經，《大詞典》釋爲“猶管束”，可從，兹不再舉例。

杜光庭《道教靈驗記》卷十二：“於牕下寫經之際，忽有神人，長八九尺，仗劍而來。……神人曰：‘如此無良也，解惜命促！’令追牧寫换，然後奏聽敕旨。”（10/841b）“追牧”，《雲笈七籤》卷一百一十九作“追收”。按：作“追收”是，乃追回之義。道經中數見此詞，《雲笈七籤》卷一百一十九：“神人復見曰：‘訾毁聖文，追收不獲，不宜免死。’”（第2635頁）卷一百二十一：“所到之處，下天符之後，當處土地同共追收，未到之間，固不合妄洩於天機也。”（第2677頁）北宋元妙宗《太上助國救民總真秘要》卷七：“凶死惡亡精靈，妖怪之鬼，應曾作害病人者，一一追收。”（32/94b）

“收約”乃收束、收斂之義，此詞亦見於其他典籍。

（7）夏至日在東井，萬物向無。吾則收約歸未，斂華就實，一生意之復乎内也。（南宋·鮑雲龍《天原發微》卷十四，27/698b）

（8）甘草乾薑湯。楊仁齋曰：“治男女諸虚、出血、胃寒，不能引氣歸元，無以收約其血者。”（明·張景岳《景岳全書》卷五十八）

淪朴

（9）周家本事俗神禱，俗稱是帛家道，許先生被試時亦云爾。子良祖母姓杜，爲大師巫，故相染逮。外氏徐家，舊道祭酒。姨母化其父一房入道，是以恒慮爲俗神所犯爾。日見其淪朴不已，乃具相戒約。（《周氏冥通記》卷一，第47頁）

汪維輝（2000：167）：“‘淪朴’不知何義，‘朴’字也可能有字誤。”

淪朴不已，《譯注篇》譯爲：“吞吞吐吐、猶豫不決的樣子。”

按：《譯注篇》所譯似非。竊以爲“朴”當作“撲（扑）”。木、扌相混，傳統典籍及敦煌寫卷皆常見，“撲”可變作“樸”，“樸”又寫作“朴”。又或“撲”寫作“扑”①，再變作“朴”。“撲”有傾

① 《類篇·手部》：“撲，或作扑。”

覆義,《漢語大字典》(以下簡稱《大字典》)《大詞典》皆已收,可參。故"淪撲"同"淪覆",乃沉淪義。"淪朴不已",即沉淪於"俗神"而不自已也,故而"相戒約"。

如果進一步追問,"撲"本表示擊打義,《説文・手部》:"撲,挨也。""挨,擊背也。"爲何會有傾覆、倒下義? 竊以爲此義當是假借"仆"而來,而"仆"於傾覆義上,與"踣""覆"同源(參見王力,2014:265)。

大度紙　小度紙

(10)右一條即夏至夜所受記,細書一大度麻紙滿。(《周氏冥通記》卷一,第55頁)

(11)右從八月初至閏月末,凡六月中合五十一條事。陶弘景注曰:"十六條云見,三十五條云夢。從九月二十九日來至此,並朱書大度色紙,並紙,黄書共一紙也。"(《周氏冥通記》卷四,第202頁)

(12)十六,五色綫各依方斤數;十七,大度紙三百六十幅;十八,筆五雙。(《洞真太上太霄琅書》卷五,33/669c)

與"大度紙"相對的是"小度紙":

(13)右一條一日夜所受記,書兩小度麤白紙。(《周氏冥通記》卷二,第70頁)

(14)夫吴起一言,而武侯心怍也。陶弘景注曰:"凡四條,並異手書之,小度青紙,乃古而拙。"(陶弘景《真誥・握真輔第一》,第296頁)

黄生《義府・冥通記》:"度,待落切。今人以横展兩臂爲一度。"

汪維輝(2000:166):"全書這樣的'度'字共9例,除上面所引一處'兩小度'外,都是'大度'連言。……綜合全書用例來看,'度'應該是一個計量紙張的量詞,但不得其確解,黄生的解釋可疑,不然'大度''小度'如何解釋?"

馮利華(2003/2010:81-82):"我們認爲《冥通記》中的'度'是'緳'的省形字。'緳',從糸從度,《廣韻・合韻》:'緳,緳子絹,出《字林》。'又《集韻・合韻》:'緳,達合切,《字林》:"絹重也。"'可見'緳'最初是表示絹帛重疊之意,是故從糸從度,後來推而廣之,表示紙張等薄的物件的重疊也可用'緳'。'緳'字的重疊義應是來源於'度'。而且在六朝道經中'度'作重疊義也有用例……《冥通記》中所謂'一大度''兩小度'都是就物體的厚度而言,在現今江浙一帶方言中有'沓'字與之音義相同,其意義相當於'一大疊''兩小疊'。……在魏晋南北朝時期"沓"絶少用作量詞來形容絹帛紙張等物件的重疊,此期擔任該項功能的應是'緳'字,只是到近代漢語中,'沓'取代'緳'活躍在書面語和口語中。"

大度,《譯注篇》除一處未譯外,其他皆譯作"大幅""廣幅";小度,譯作"小幅"。

按:《大詞典》"度"字條以爲用同"庹",即成人兩臂左右平伸的長度。《字彙補・广部》:"兩腕引長謂之庹。""庹"字條:"一庹約合五尺。"《大字典》以爲長度單位,引《元朝秘史》卷八"身有三度長"李文田注曰:"伸手爲度,度約六尺。"《大詞典》"度尺"條:"古代以百黍横着連接起來的長度爲一尺,叫做'度尺'。"然黄生之説不可從。若"度"爲横展兩臂,爲五尺或六尺,那麽"大度""小度"作何解釋呢? 從文獻用例來説,"度"之如此用法,前面都是有數詞的。故汪説不從,是。若"度"乃計量紙張的量詞,如此"大度""小度"仍然無法解釋。

至於馮文所説中古時期用"緳"不用"沓"作量詞,二者有一個替换的過程,但中古文獻中見不到"緵"的量詞用法,没有材料支持這一點,故此説不可從。且從全書用例進行考察,發現類似結構中都没有量詞,在計量紙張時,也都只用具體數字,這一點馮文没有注意到。全書用例的具體情況如下(括號内爲《譯注篇》頁碼):

兩麤小白紙(67)、小八白紙(67)、一白牋紙(76)、一青紙(79)、一白滕/藤紙(81、85、87、103、168)、四白紙(91)、一小碧紙(101)、六小青牋紙(108)、一白麻紙(116)、兩青紙(121)、青白大小合二十三紙(127)、四小青牋(133)、兩小青紙(141)、五白官紙(147)、三白官紙(159)、一小白紙(163)、一白官紙(171)、青白大小合十紙(171)

《樂府詩集·清商曲辭·安東平》:"吴中細布,闊幅長度。"例中"闊"與"長"、"幅"與"度"兩兩相對,"度"指幅度,即長度。此義各類字書、辭書似皆未收或單獨立項。"幅度"又連用,指寬度和長度,《北史·張普惠傳》:"普惠以天下人調,幅度長廣,尚書計奏,復徵綿麻,恐人不堪命。"所以"度"其實是指紙張的大小,"大度紙"即大的紙,較平常爲長;"小度紙"即小的紙,較平常爲短。可比勘的是,上例舉到的"兩麤小白紙""小八白紙"等,即指較窄的紙,而不帶"小"字的,應該是當時的標準或通用紙張。另外,今天打印所用的國内標準紙張稱爲"正度紙",即B類紙;而較大紙張稱爲"大度紙",即A類紙,似亦可作印證①。

任袠

(15)今生又在周家,雖出庸俗,先功未弭,故得受學仙宫,任袠神府。(《周氏冥通記》卷二,第70頁)

任袠,《譯注篇》録作"任袠",譯爲:"任職。"

按:"袠"當爲"袠"之俗訛字,《譯注篇》所録是。《説文·巾部》:"帙,書衣也。袠,帙或從衣。"此義施之於上例,自不可通,竊以爲"袠"當作"秩"。從語音上講,"袠(帙)""秩"本皆從失得聲。從字形上講,"袠"調整結構作"袟",衤、禾二旁有混同之例(參見曾良,2006:165),故"袟""秩"混同。"秩"有俸禄之義,又引申爲官職或品級之義,《玉篇·禾部》:"秩,品也。""任秩仙府"即在仙府任職之義。此卷後文:"又問:'聖靈何姓,可得聞不?'此人曰:'問下官耶?'答曰:'姓黄,字元平,東海人。猶散在保命趙丞間,無位任。'"(第116頁)"位任"義同"任秩"。"任秩"在其他文獻中以與其他詞組成詞組的形式出現,如《周禮·職方氏》"制其職各以其所能"鄭玄注:"牧監參伍之屬用能所任秩次。""袠",《中華道藏》徑録,殆不識俗字②。

怡發

(16)洪君曰:"見周生,不中路怡發乎?"答曰:"不怡發,雖怡亦不能毁其金簡。"陶弘景注曰:"怡發字,並應作殆廢字。"(《周氏冥通記》卷二,第89頁)

---

① 國内標準的"大度紙",相當於國際標準的"正度紙"。以此對照,國内標準的"正度紙",反而是國際標準的"小度紙"了。

② 《大字典》《大詞典》皆收在次第、十年義上"袟(袠)"通"秩"之例,與此處不同。

怡發,《譯注篇》譯爲:"怠廢。"

按:表面看來,陶説似乎有理,實則不然。"怡"當作"怠",是偏旁位移造成同形相混(參見張文冠,2014:175),這可能是書寫習慣的問題。如"息"作"怕","慰"作"憪","憨"作"憿"等。"怡"作"怠"道經有用例,S. 2295《老子變化經》:"子當念父,父當念子,怡忽相忘,去之萬里。""怡忽"即"怠忽"。

"怠"之懈怠義在《周氏冥通記》屢次出現,都不寫作"殆"。如卷二:"童曰:'二君亦適人所爲,不必相逼。若能積業更深,則成真人。功夫若怠,猶當不失此丞。'"(第 91 頁)卷三:"王君曰:'子勤勵之,名籍雖定,中間縱怠,亦未必得全此功。爾勿輕示人今夕來事。'"(第 133 頁)"周君曰:'茅定録説此者,是戒爾之深矣,勿怠惰於其間。'"(第 145 頁)"陶久入下仙之上,乃范幼沖等也。"陶弘景注曰:"既云'久入',今當由怠替致降二階邪!"(第 146 頁)而陶注所謂"殆"者,亦是"怠"之假借。"發"確讀爲"廢",乃懈怠、曠廢義,此義《大字典》《大詞典》皆已收。故"怡發"即"怠廢",是一個近義並列結構。此詞道經可見,如宋初張君房編道教類書《雲笈七籤》卷一百二十一"武昌人醮水驗":"蜀之田疇既廣,租賦是資,所修隄堰二百餘里,或少有怠廢,則墊溺爲災,歲苟不登,則饑寒總至,人或失所,神何依焉?"(第 2665 頁)南宋林靈真編《靈寶領教濟度金書》卷一百四十七:"臣以濟度爲心,承宣是職,代天行化,助國救民,職分當然,敢云怠廢。"(7/664a)其他文獻中亦可見此詞,《大詞典》已收,可參。

扇削

(17)保命曰:"年内多勞,扇削鬼神。三官中奏爾云多罪,吾已却之,不宜三過如此。"(《周氏冥通記》卷四,第 201 頁)

黄生《義府·冥通記》:"扇謂蔽翳之也,削謂侵削之也。《齊民要術》云:'榆性扇地,其陰下五穀不植。'即此扇字。周於是年起屋,或犯鬼神所居,故云扇削。"

《吕氏春秋·辯土》"肥而扶疏則多粃"高誘注曰:"根扇迫也。"孫詒讓《札迻》:"扇者,侵削之意。《齊民要術》云:'榆性扇地,其陰下五穀不植。'陶弘景《周氏冥通記》云:'年見多勞,扇削鬼神。'蓋漢、魏、晋六朝人常語。"

扇削,《譯注篇》譯爲:"刺痛。"

劉祖國(2011)駁《譯注篇》之譯而從黄生之説。

按:孫詒讓之説是,而黄説、《譯注篇》似皆非。"扇"有去除、削除之義,《慧琳音義》卷三十九"扇扇"條引顧野王云:"扇,謂所以揺取風而去塵也。"顔師古《匡謬正俗》卷五:"便面,《張敞傳》云:'自以便面拊馬。'按所謂'便面'者,所執持以屏面,或有所避,或自整飾,藉其隱翳,得之而安,故呼'便面'耳。今人所持縱自蔽者,總謂之扇。蓋轉易之稱乎?原夫'扇'者,所用振揚塵氛、來風却暑,鳥羽箑可呼爲'扇'。至如歌者爲容,專用掩口;侍從擁執,義在障人,並得'扇'名,斯不精矣。今之車轝後提扇,蓋'便面'之遺事與?按桑門所持竹扇形不圜者,又'便面'之舊制矣。"

依此可知,"扇"者乃去除熱風、塵土,揺取涼風之用。其後起分化字作"騸(劆)",從馬、從刀皆爲會意,前者爲對象,後者爲工具。趙翼《陔餘叢考》卷四十三:"牡馬之去腎者曰騸馬，《五代史》作扇馬。"按：趙説是，《舊五代史》作"扇馬"，《新五代史》作"騸馬"①。

與之可比勘的是"屏"，《吕氏春秋・知接》"上蓋以楊門之扇"高誘注曰："扇，屏也。"《漢書・王莽傳中》"後常翳雲母屏面"顔師古注曰："屏面即便面，蓋扇之類也。""屏"是用來遮擋之物，而"扇"亦如顔師古説用來"自蔽"之物；"屏"引申出摒除義，後此義分化爲"摒"字②，正如"扇"引申出去除、削除義，後此義分化出"騸(𠜂)"。"屏""扇"義類相近，其引申、分化的途徑類似，正可作比勘。故"扇削"乃近義並列結構，乃削除之義，查檢其他文獻再不見此詞語。

章漫

(18)二十日，夢見司命君，君見，令取青□以呈司命。陶弘景注曰："此一字章漫，永不可識也。"(《周氏冥通記》卷四，第209頁)

章漫，《譯注篇》譯爲："章草的書寫體。"

按："章漫"不通，當作"草漫"，"章"乃"草"之形近訛字。"草"有簡率、粗劣之義；"漫"，劉祖國(2012)釋爲"漫漶、模糊"恐不可從，"漫"有雜亂、隨意之義：故"草漫"爲近義並列結構。此卷："二十九日，夢司命三君，云：'前事遣赤城外衛軍十人相助，遂不能都□，亦得可可耳。'"陶弘景注曰："此字草漫，不可識也。"(第216頁)"草漫"，《譯注篇》以"草體書寫"譯之，不確。

儷

(19)又以藥滓置木臼中，擣三百二十杵，紙裹令密。若以投水，水流即停；若封屋室，萬人不能開；若儷劫賊，合衆不能動；封山山開，封人人伏。(《周氏冥通記》卷四，第222頁)

儷，《譯注篇》譯爲："撒向。"

按：《説文・鹿部》："麗，旅行也。鹿之性，見食急則必旅行。从鹿丽聲。《禮》：'麗皮納聘。'蓋鹿皮也。丽，古文。𠀨，篆文麗字。""麗"本作"丽"，取其二物相偶之義，即《周禮・夏官・序官》"篤馬麗一人"鄭玄注："麗，偶也。"後來增加偏旁鹿作"麗"，或取麋鹿成群相偶而行之義，用以表人，則再分化爲"儷"專表儷偶之義。故"丽""麗""儷"實爲古今字。《廣雅・釋詁》："麗，施也。"《廣韻・霽韻》："麗，著也。""儷(麗)劫賊"者，乃以藥施加於搶劫者，而使之著於其身也，故《譯注篇》以"撒向"譯之，雖不完全準確，但却頗能玩味文義。

可以比勘的是，與"麗"義近的"淫""豔"亦有類似詞義。《周禮・考工記・㡒氏》"淫之以蜃"鄭玄注："淫，薄粉之，令帛白。"孫詒讓正義："薄粉令帛白者，鄭讀淫如字，不從子春破爲

① 《廣雅・釋獸》："𠜂、攻，羯也。"王念孫疏證："今俗語謂去畜勢爲扇，即聲之變轉矣。"按：王説恐不確，視與"扇"同源似更優。

② 《説文・尸部》："屏，屏蔽也。"段注："引伸爲屏除。"《廣雅・釋詁》："摒，除也。"王念孫疏證："摒……通作屏，《大雅・皇矣篇》云'作之屏之'。"按：屏蔽、遮擋即把一部人或物，排除在外也。後世加手旁，表動作之義。

湛也。《説文・水部》云:'淫,浸淫隨理也。'淫之以蜃,亦謂以蜃粉浸淫附著之。""淫"有奢侈、太過華麗之義,各類字書、辭書已收。依鄭、孫二家議,其又有粉塗、附著之義,此義由浸淫義引申而來。而"豔"在方言中也有類似意思,羅翽《客方言・釋言》:"以粉屑灑物曰豔。……淫之糁也,客語謂糁曰豔,豔者淫之轉語也。"錢大昕《廿二史考異・南史三》:"巴東有淫預石。淫預即灩滪也。'淫''艷'聲相近,後人又加水旁。"故《集韻・艷韻》"淫"有以贍切之讀。

參考文獻

[1]馮利華. 中古道書語言研究[D]. 杭州:浙江大學,2003:22、38-39.
[2]馮利華. 中古道書語言研究[M]. 成都:巴蜀書社,2010:48、81-82.
[3]馮利華,李雙兵. 六朝道經詞語研究發微——以古上清經爲中心[J]. 唐都學刊,2006(3):149-153.
[4]蔣禮鴻. 義府續貂[M]. 杭州:浙江教育出版社,2001:137.
[5]劉祖國.《〈周氏冥通記〉研究(譯注篇)》商補[J]. 圖書館理論與實踐,2012(10):64-65.
[5]劉祖國.《周氏冥通記》注譯獻疑[J]. 武陵學刊,2011(5):131-133.
[7]汪維輝.《周氏冥通記》詞匯研究[M]//中古近代漢語研究(第1輯). 上海:上海教育出版社,2000:152-177.
[8]王力. 同源字典[M]. 北京:中華書局,2014:265.
[9]殷寄明. 漢語同源詞大典[M]. 上海:復旦大學出版社,2018:593.
[10]曾良. 俗字及古籍文字通例研究[M]. 南昌:百花洲文藝出版社,2006:165.
[11]張文冠. 近代漢語同形字研究[D]. 杭州:浙江大學,2014:175.

Supplementary Explanations of the Words in Tao Hongjing's *Zhou Shi Ming Tong Ji*(《周氏冥通記》)

Xie Ming

Abstract: *Zhou Shi Ming Tong Ji*(《周氏冥通記》)is strong in oral language and relatively high in corpus value. It is a valuable material for the study of Chinese in the Southern and Northern Dynasties . Based on previous studies, the article explains 10 pieces of words such as *milun*(彌淪).

Key words: *Zhou Shi Ming Tong Ji*(《周氏冥通記》), *YiFu*(《義府》),*milun*(彌淪)

通信地址:浙江省寧波市風華路818號寧波大學人文與傳媒學院
郵　　編:315211
E-mail:hy07203@163.com

敦煌文疑難字詞校釋*

李 博

内容提要 敦煌遺書中的表、狀、書、啟、傳、記、論等類文章，是研究唐五代時期社會文化歷史狀況的重要資料。雖經幾代學者蒐集、分類、整理，然而敦煌文中還有不少字詞迄今仍未得到正確的辨識和注解。本文即擇取其中部分疑難字詞加以校釋。

關鍵詞 敦煌文 字詞 校勘 注釋

敦煌遺書中的表、狀、書、啟、傳、記、論等類文章，是研究唐五代時期社會文化歷史狀況的重要資料。百餘年間，幾代學者孜孜以求，對這些文章進行蒐集、分類、整理，爲閱讀和研究帶來了極大便利。然而校讀古籍如掃落葉，加以寫本或有污損、殘破，敦煌文中尚有不少字詞迄今仍未得到正確的辨識和注解。本文即擇取其中部分疑難字詞加以校釋，不當之處，希請讀者指正。

1. 推刻

外郡官寮，因斯推刻，悉求考課，自薦己功。（S. 2679《奏請僧徒及寺舍依定表》）

按：刻，當校作劾。刻字異體刂或從刀，作刻(2019：433)②。而俗書刀旁與力旁常混同，如切之作[illegible](2019：634)，幼之作㓜(2019：994)，劫之作刧(2019：379)。因此劾又與刻（刻）相混。《字彙補・刀部》："刻，與刻同。"《篇海類編・器用類・刀部》："刻，與劾同。"故本處刻字訛變過程爲：劾→刻→刻。推劾，審問。如唐張鷟《朝野僉載》卷2："周秋官侍郎周興推劾殘忍，法外苦楚，無所不爲。"

2. 徒

如其濫罰，悔亦何徒。（P. 3399《幽州都督張仁亶上九諫書》）

徒，鍾書林、張磊(2014：235)引陳祚龍校認爲當作徙："何徙者，何可徙善遠罪之謂也。"

按：陳說添字爲訓，不可從。敦煌文獻中徒、圖相通，徒當作圖。如《借與信力律師等炭火書》："不徒諸事，且徒團圓，借與一爐炭火，爲是冬天。"徒即圖（鍾書林、張磊，2014：444）。

---

* 本文是江蘇師範大學博士學位教師科研支持項目《〈後漢書〉〈後漢紀〉史料異文研究》(19XFRX034)的階段性成果。

② 本文所涉俗字字形，除特別說明，均引自黄征《敦煌俗字典》(第二版)一書。

又敦煌變文《燕子賦》:“大鵬信圖南,鷦鷯巢一枝。”(黄征、張涌泉,1997:379)圖,原卷作徒。圖有謀劃、計議義,悔亦何圖即言後悔又何可計議。

3. 開

太宗至聖,不違魏徵之言;大帝至明,常開仁軌之諫。(P. 3399《幽州都督張仁亶上九諫書》)

開,唐耕耦、陸宏基(1990:4:309)徑録作聞,鍾書林、張磊(2014:235)引陳祚龍校以開爲聞字之誤。

按:常聞仁軌之諫,只能表明劉仁軌勤於進諫,但不能表明唐高宗至明。其實原卷作開不誤。開有開啟之意,由開啟引申爲允許,故開有允許、開允義。《宋書》卷72《建平王宏傳》:“宏議曰:‘臣聞建國之道咸殊,興王之政不一。至於開諫致寧,防口取禍,固前王同軌,後主共則。’”《後漢書》卷46《陳忠傳》:“忠以詔書既開諫争,慮言事者必多激切。”唐白居易《賀上尊號後大赦天下表》:“命黜陟而别能否,開諫議而策賢良。”

4. 寧人

故知判(叛)臣逆子,何代無之,雖慈父嚴君,未能全免。只可斬其首,寧害引者,皆誅殺人。破家之聲,響振天下。(P. 3399《幽州都督張仁亶上九諫書》)

唐耕耦、陸宏基(1990:4:310)斷句如此。鍾書林、張磊(2014:236)注:“寧,似爲‘佞’字之誤。”“人,似爲‘之’字之誤。”

按:此處文字,既有校勘錯誤,又有標點錯誤。寧非佞字之誤,而是疑問代詞,相當於何。清王引之《經傳釋詞》卷6:“寧,猶何也。”而“皆誅”當屬上句。“寧害引者皆誅”是一個兼語句,“引者”既是“害”的賓語,又是“誅”的主語,意思是爲何禍害引薦之人都被誅殺?“殺人”之“人”不誤,“殺人”當屬下句。本段文字應整理如下:故知判(叛)臣逆子,何代無之,雖慈父嚴君,未能全免。只可斬其首,寧害引者皆誅?殺人破家之聲,響振天下。

5. 自驚

上皇被國忠所惑,禄山阴謀,破國亂邦,于今未定,陛下不自驚矣。(P. 3608V《諷諫今上破鮮于叔明令狐峘等請試僧尼不許交易書》)

驚,唐耕耦、陸宏基(1990:4:319)校作擎,鍾書林、張磊(2014:252)録作驚。

按:驚,P. 3620此文作擎。P. 3608V原作擎,後抹去,旁書驚。作驚是,然驚當讀作警。驚、警聲近,敦煌文獻中常見相通之例。如《太子成道變文(三)》:“大王歡悦,見者無不警嗟。”(黄征、張涌泉,1997:491)警嗟,即驚嗟。敦博76V《占雲氣書》:“食不及飽,急起驚備。”驚備,即警備。自警,即自我警醒。如《宋書》卷45《劉道濟傳》:“比傳人情不甚緝諧,當以法御下,深思自警,以副本望。"《晋書》卷70《甘卓傳》:"主簿何無忌及家人皆勸令自警。"

6.戎心　寫

稍或指策,願展微誠;千萬戎心,難寫天造。(P.3931《甘州回鶻上後唐朝廷表本四件》)

戎心,鍾書林、張磊(2014:288)注:"敵國入侵的野心。"寫,鍾書林、張磊注:"仿效、模仿。"

按:鍾書两注皆誤。戎心,《漢語大詞典》釋作"敵國入侵的野心",爲鍾書所本。其實戎心可泛指戎人之心,而非特指其侵略的野心,《漢語大詞典》釋義可商。如《舊唐書》卷139《陸贄傳》:"禁侵抄之暴以彰吾信,抑攻取之議以安戎心。"安戎心即安撫戎人之心。《舊唐書》卷174《李德裕傳》:"會監軍王踐言入朝知樞密,嘗於上前言悉怛謀縛送以快戎心,絶歸降之義。"以快戎心即使戎人心中愉快。又《新唐書》卷126《杜暹傳》:"虜以金遺暹,暹固辭,左右曰:'公使絶域,不可失戎心。'"不可失戎心即不可失去戎人之心。又唐白居易《與希朝詔》:"威行而軍聲外揚,信及而戎心内附。"戎心内附即戎人之心歸附朝廷。本文中戎心亦指戎人(回鶻人)之心。

"難寫天造"之寫,此爲傾吐、傾述義。如唐李白《於五松山贈南陵常贊府》:"遠客投名賢,真堪寫懷抱。"本寫卷中也有用例,如後文言:"重重血誠,輒具披寫。"天造,《漢語大詞典》釋義爲皇帝。天造除指皇帝外,還可指皇帝的恩情。如唐玄奘《奉敕翻經進表》:"玄奘濫沐天造,肅承明詔,每撫庸躬,恒深悚息。"又唐李嶠《爲左丞宗楚客謝知政事表》:"聖恩無限,天造不貲,仍屈帝難,俾參皇極。"又唐王緯《請停徵浙西雜罰錢疏》:"臣謬守方隅,特蒙天造。奉辭之日,親承德音。"以上句中天造都應理解爲皇帝的恩情而非皇帝,《漢語大詞典》可補此義。本文中天造亦指皇帝的恩情。

"千萬戎心,難寫天造"意爲在千千萬萬回鶻人心中,難以道盡皇帝的恩情。

7.聞他口便

聞他口便,其賊多小(少),甚處去者?言道有南山六人,弟(遞)互傷鬪,針草不得,便向東去。(P.2482V《常樂副使田員宗啟》)

按:聞,通問。敦煌文獻中聞、問相通習見。如《佛説阿彌陀經講經文(二)》:"向前合掌問如來,相好端嚴何日德(得)?"(黄征、張涌泉,1997:681)問,原卷作聞。又《漢將王陵變》:"盧綰得對,拜舞禮訖,霸王便問:'漢主來時萬福?'"(黄征、張涌泉,1997:70)問,原卷作聞。《舜子變》:"舜子聞道摘桃,心裏當時歡喜。"(黄征、張涌泉,1997:200)聞,原卷作問。

便,在敦煌文獻中或寫成音近之辯,便、辯又可通辨。如P.2299《太子成道經》:"眼闇都緣不便色,耳聾高語不聞聲。"便,S.548作"辯",便、辯都通辨。P.3910《新合千文皇帝感辭》:"天地玄黄便清濁,綾(籠)羅万載合乾坤。"便,S.5780作"辯",皆通辨。口便,當作口辯或口辨,指口才好。如漢王充《論衡·自紀》:"口辯而不好談對。"問他口辯(口辨)猶言詢問口才好的人。後文"其賊多小(少),甚處去者"即問話的内容,"言道有南山六人……"即回答的内容。

8.僭 灑 弱 雖 覔

既當鉞躓之僭，以冒觸藩之懼，黄鶯囀灑薄弱，雖飛覔謝未由。伏增馳戀。(《道真致曹令公啟两件》)

鍾書林、張磊(2014:324)校録如上，鄭炳林、鄭怡楠(2019:1173)同。

按：僭，P. 4712原卷作[illegible]，實爲愆字俗寫。敦煌文獻中愆字作[illegible](2019:623)、[illegible](2019:624)，可以爲證。愆，罪過。《玉篇·心部》："愆，過也。"

灑，原卷作[illegible]，實爲澀字俗寫。敦煌文獻中澀字作[illegible]、[illegible](2019:683)等形，可證。囀澀，指鳥叫的聲音不流利。如唐吴融《渚宫立春書懷》："風高鶯囀澀，雨密雁飛低。"

弱，原卷作[illegible]，由於污損，略似弱字，然實爲羽字。薄羽，羽翼單薄之意。如北齊顔之推《和陽納言聽鳴蟬篇》："短緌何足貴，薄羽不羞輕。"

雖，原卷作[illegible]，細審字形，實爲難字。

覔，原卷作[illegible]，字形稍殘，但仍可看出右部從見，而左部殘損字形是辛，故當録作親。敦煌文獻親字或作[illegible]、[illegible](2019:636)，可以參照。

經重新校讀誤識字，這段文字應當整理如下：既當鉞躓(鑕)之愆，以冒觸藩之懼。黄鶯囀澀，薄羽難飛。親謝未由，伏增馳戀。

9.玆

□泰陽之氣，玆天帝之威。(S. 2213《法海與都統和尚書》)

按：玆，通資。敦煌文獻中用例如《太子成道經》："無明海水從玆竭。"(黄征、張涌泉，1997:440)玆，P. 2999作資。《廬山遠公話》："所以後聖道從資取。"(黄征、張涌泉，1997:293)資，讀作玆。資有憑藉義，如《淮南子·主術》："夫七尺之橈而制船之左右者，以水爲資。"文獻中有憑藉某人物的威靈、威望的説法，如前蜀王建《郊天改元赦文》："朕自臨蜀國，實庇齊民，皆資先哲之威靈。"宋李流謙《上張魏公論時事劄子二》："夫如是，假其英名，資其威望，猶足以怖强敵、折悍寇。"此皆與本卷意近。

10.[illegible] 揌 [illegible]

忽奉[illegible]策，難以固辭，不揌小才，攬昇論座①。仰惟西座法師，弁(辯)海[illegible]深，法山峻峙難極。(S. 2213《法海與都統和尚書》)

① 原卷"攬昇論座"爲正文，旁書"輒以談"三字。鍾書録作"輒攬以突昇論座"，郝春文録作"輒以談論"。筆者未能斷定，暫據正文釋録。

驅,鍾書林、張磊(2014:345)録作泣,郝春文(2014:11:327)疑當作經。江,鍾書林、張磊,郝春文(2014:11:328)都録作江。

按:驅字形殘損,然右部所從非立亦非巠,而是丘。驅疑爲驅字。驅字俗書從馬從丘,作駈(2019:646),可以比照。驅策,役使任用。《隋書》卷42《李德林傳》:"如李德林來受驅策,亦陛下聖德感致。"

腆,可校作腆。不腆,自謙之詞,猶言淺薄,與"小才"義近。唐柳宗元《送蕭鍊登第後南歸序》:"僕不腆,見邀爲序。狂夫之言非所以忘君子也,自達而已。"

江,似江字,但從原卷寫字習慣看,應爲弘字。本卷前有"法海聞江闡幽宗",江即弘字,與此相同。弘深,博大精深。

11. 共 鳥 身

郎君須立身,莫共酒家親,君不見生□鳥,謂(爲)酒送其身。(P.5557V《丁亥年三月廿一日靈圖寺僧智弁信函》)

共,鍾書林、張磊(2014:434)録作戀。鳥,鍾書林、張磊未作校録。身鍾書林、張磊録作焉。

按:共,爲共字。鳥當爲鳥字殘損,敦煌文獻中鳥字作鳥、鳥(2019:573)等形,可以比照。身,乃身字草書。身字草書作身(宋黄庭堅書《李白憶舊遊詩卷》)、身(明王鐸書《草書詩卷》)等形,身即是身字草書連筆。

敦煌變文《茶酒論》中有與此相近的文字,爲:"男兒十四五,莫與酒家親。君不見猩猩鳥,爲酒喪其身。"校注引徐震堮校云:"《御覽》九〇八引《蜀志》云:'封溪縣有獸曰猩猩,人知以酒取之。猩猩覺,初暫嘗之,得其味,甘而飲之,終見羈纓也。'"(黄征、張涌泉,1997:431)故知此處生□當爲生生,即猩猩。

12. 矩

律師等少日增寒,被矩衣單。不徒諸事,且徒團圓,借與一爐炭火,爲是冬天。(Дx1385《借與信力律師等炭火書》)

矩,鍾書林、張磊(2014:444)徑録作矩,王使臻、王使璋、王惠月(2016:285)同。

按:矩,當校作短。短俗寫或作短、短(2019:173),與矩形近甚至同形。《維摩詰經講經文(四)》:"菩提相狀既全無,菩提長短何曾有。"短,原卷作"矩",校注云:"本卷'短'字皆作'矩',校録時可據文意懸斷。"(黄征、張涌泉,1997:873)

13. 憤

乍聞深不憤情,朝夕苦熱,不審諸大姊等安適也。(Дx1516《書信》)

𢙬,鍾書林、張磊(2014:446)録作快。

按:𢙬即恢。恢是愜的俗字,《龍龕手鏡·心部》:"恢、愜,當也、可也、快也、心伏也。"又《沙門釋法琳别傳》:"陛下若奮赫斯之怒,則百萬不足以愜情。"鍾書林、張磊(2014:536)校:"愜,《大正藏》作恢,非是。"《大正藏》作恢不過是俗寫,並非誤字。愜情,猶滿意。唐張九齡《使還湘水》:"于役已彌歲,言旋今愜情。"

14. 下賤

《敦煌實録》云:"……老聃父名韓,家(字)元卑,癃跛下賤,胎則無耳,一目不明。"(P.2640V、P.3686+P.3901+P.4867《沙門釋法琳别傳》)

賤,鍾書林、張磊(2014:535)校:"《大正藏》作'踐'。按,'踐'當爲'賤'字之音訛。賤,又當爲'殘'字之形訛。"

按:《大正藏》作踐,固然是賤字音訛。然賤字不當校作殘。首先,原文作"下賤"自通。下賤即卑賤,文中説老子父字"元卑",其字正與其身份地位相符。又《敦煌實録》後文云"(老子父)孤單乞貸,年七十二無妻",也説明其身份卑賤。其次,鍾書校賤爲殘,或是受到前文癃跛的影響。跛雖然是下體殘疾的一種,但癃並非專指下體殘疾。《説文·疒部》:"癃,罷病也。"段玉裁注:"病當作癃。罷者,廢置之意。凡廢置不能事事曰罷癃。《平原君傳》:'躄者自言不幸有罷癃之病。'然則凡廢疾皆得謂之罷癃也。"《史記》卷76《平原君列傳》:"臣不幸有罷癃之病。"唐司馬貞索隱:"罷癃謂背疾,言腰曲而背隆高也。"唐慧琳《一切經音義》卷88《釋法琳本傳音義》"癃跛"條引《蒼頡篇》云:"癃,痼疾也。"上引諸説皆不以癃爲下體殘疾。再次,元念常集《佛祖歷代通載》卷22、元祥邁撰《辯僞録》卷2皆引《敦煌實録》作"癃跛下賤",知原文作下賤有據,無煩校改。

15. 梅柏

忠諫之不入兮,箕子佯狂。梅柏之諒直兮,遭尤逢殃。比干正而剖心兮,午子貞而抉眼。痛清白之屈原兮,沉汨羅而不返。(P.2640V、P.3686+P.3901+P.4867《沙門釋法琳别傳》)

梅柏,鍾書林、張磊(2014:542)校作杜伯,云:"《大正藏》作'杜伯',兹據校。"

按:《大正藏》作"杜伯"誤。本段敘述歷史上的忠良,以時代爲序。箕子、比干,商紂時人;午子(即伍子胥),春秋時人;屈原,戰國時人。而杜伯爲西周時人,不應夾在箕子、比干之間。且杜伯名於後世,主要不是因其被周宣王無辜殺害,而是因其鬼魂報仇,射宣王於鎬①。原卷作"梅柏"是。梅柏即梅伯,商紂時人,因直諫而遭醢刑。故古書常將梅伯、箕子、比干相比類。如《韓非子·難言》:"故文王説紂而紂囚之,翼侯炙,鬼侯腊,比干剖心,梅伯醢。"唐柳宗元《天對》:"醢梅奴箕,忠咸喪以醜厚。"

① 事詳《墨子·明鬼下》。

16. 忓

不能静思澄神,求出要道,而浪製《破邪》《辯正》,忓擾天庭,致使主上瞋嫌,釋教翻覆。(P. 2640V、P. 3686＋P. 3901＋P. 4867《沙門釋法琳别傳》)

忓,鍾書林、張磊(2014:542)據《大正藏》録作“忤”。

按:作忓是,忤爲忓字形訛。忓,《玉篇・心部》:“擾也。”如《新唐書》卷76《后妃傳序》:“盛德之君,帷薄嚴奥,裹謁不忓於朝,外言不内諸閫。”P. 2155V《曹元忠與回鶻可汗書二通》:“此件不忓貴道人也。況且兄弟纔敦恩義,永契歲寒,有此惡弱之人,不要两地世界。”又本卷前文:“輕忓御覽,縈魄飛揚。塵黷威嚴,心魂戰灼。”忓,《大正藏》亦訛作忤。

17. 到

信知寸有爲大,尺有[不]長。陟用(用珠)彈鴞,未若泥到。(P. 2640V、P. 3686＋P. 3901＋P. 4867《沙門釋法琳别傳》)

到,鍾書林、張磊(2014:542)校作劍,謂:“《大正藏》作‘泥梗’。敦煌寫本於義爲長。”

按:泥劍不辭,不知敦煌本何以於義爲長? 其實到乃是勁字。敦煌寫本從巠字常寫作從至,如經寫経(2019:395),逕寫逕(2019:398)。而刀旁與力旁相混,如勁作到(2019:391)。陟用(用珠)彈鴞,未若泥勁,典出《劉子》。《劉子・適才》:“蛇銜之珠,百代之傳寶。以之彈鴞,則不如泥丸之勁也。”《大正藏》作梗爲音誤。勁,《廣韻》音見母勁韻;梗,《廣韻》音見母梗韻。两字聲母相同,勁韻、梗韻皆屬梗攝,故讀音相近。

18. 攬 長 河 變

攬長河爲蘇酪,變大地爲黄金。(P. 4964《康僧會傳》)

攬、長、河、變,鍾書林、張磊(2014:616)俱作未識字處理。

按:攬即攬,其左部從木(敦煌文獻中木、扌不别),右部從覽,字形略爲模糊。長,爲長字殘損。河爲河,右部所從之可寫得有些歪斜變形。變,字形下部雖不可識,然上部從䜌仍可認出,或爲變字。故原卷當校作:攬長河爲蘇酪,變大地爲黄金。此爲佛教典籍中習語。如《宗鏡録》卷71:“即託他爲質,自變影像,如攬長河爲酥酪,變大地爲黄金。”《古尊宿語録》卷40:“諸上座終日著衣喫飯,未曾咬破一粒米,未曾挂著一條絲,便能變大地作黄金,攬長河爲酥酪。”

19. 簷　主

簷浮天際，屋起雲心。五主香泥，飾資表裏。（北大195《重修唐家佛堂院記》）

簷，鍾書林、張磊（2014：655）録作塵，鄭炳林、鄭怡楠（2019：1566）同。主，鍾書林、張磊録作主，鄭炳林、鄭怡楠同。

按：簷，字形下部似塵，然上部尚有⺮旁，應爲簷字。簷本從詹，但詹在俗寫時或類化從塵從口，如簷作簷（2019：925），膽作膽（2019：137）。底部之口進一步省略，便與塵形近，如簷（簷，2019：925）、檐［簷，P. 3146《主人亡故財産抄録文書》“堂簷並椽大小玖[illegible]（筮）”］。“簷浮天際”與“屋起雲心”對舉，形容佛堂院高拔聳立。

主爲土字。土字在敦煌文獻中往往旁邊多寫一點作圡（2019：801），若稍微移近中心則似主。如吐（吐，2019：802）、社（社，2019：696）所從之土。五土指青、赤、白、黑、黄五色土，爲古代帝王鋪填社壇分封諸侯儀式所用。如《唐代墓誌彙編續集·唐故李府君妻段氏墓誌銘並序》：“述乎九仙上首，李老君爲道德之尊；五土封家，鄭共叔作衣冠之祖。”

20. 靈㺶

靈㺶儛翼，影緑□（北大195《重修唐家佛堂院記》）

靈㺶，鍾書林、張磊（2014：655）録作虚倫，鄭炳林、鄭怡楠（2019：1566）同。

按：靈是靈字。虚、靈俗寫形近易混，如虚作虚（2019：900），靈作靈（2019：487）。又虚作虚（2019：900），靈作靈（2019：487）。細審字形，此處應爲靈字。㺶，左邊所從爲犭，右部雖不清楚，但輪廓上似禽。禽字俗寫可增旁作㺶（2019：637），可以比照。靈禽即珍禽，敦煌文獻中有唐代李嶠所寫的《靈禽十首》詩。

21. 曲

刺股懸頭，夕罷寢眠而談曲教。（P. 3730V《巨海不渡不測水深文》）

按：曲，當校作典。敦煌文獻中曲、典相誤，多有其例。如P. 4936《筆勢論》“此乃廣陵之曲”，曲，原卷作典。又S. 6537V6-V7《立社條件》：“先且欽崇禮典，後乃逐吉追凶。”典，原卷作曲。典教，典章教化。如唐范攄《雲溪友議》卷二：“新羅君訝曰：‘吾以中國之人，盡閑典教，不謂尚有無知之俗者！’”

22. 大人

漢朝二傑，本大人也；周代十亂，大殷人也。（P. 3647V《任賢論》）

大人，鍾書林、張磊(2014:668)録作太人，注："太人，同'大人'，指王公貴族。"

按：原卷本作大而非太，因墨跡污損，大下似有一點。後文云"非是愚於殷秦，賢於周漢"，愚於殷、賢於周説的是"十亂"，而愚於秦、賢於漢指的是"二傑"。"殷秦"對舉，"周漢"並列，知"大"後脱一"秦"字，原卷應作"大秦人"。又本處兩句爲對文，疑"本大秦人也"衍一"本"字。

23. 他化　淡摩

滌蕩天，從梵迦夷天宫，次至他化，下至淡摩，及四天下，諸山八萬，天下諸山，皆滌令浄。(BD11218《海味鹹論》)

他化，鍾書林、張磊(2014:672)録作地化，注："地，《國圖》作'他'。按两字原卷形近難辨，但據上文'滌蕩天'，本句爲'次至地'，於義爲暢。"

按：他化不誤，鍾注謬甚。他化是他化自在天的省稱。他化自在天是佛教欲界六天中最高一層，又可省稱他化天或他化。如隋闍那崛多等譯《起世經》卷1："他化天上，又更一倍，有梵身諸天所居宫殿。"《法苑珠林》卷80《局施部》："織師眷屬捨命生四天王天，至于他化，展轉七返。"淡摩，當校作炎摩，是炎摩天的省稱。炎摩天又叫夜摩天，是欲界六天中的第三天。元魏慧覺等譯《賢愚經》卷12："佛告阿難：'當生第三炎摩天上。'"

24. 欑

干戈血染，恐傷寰(鰥)寡之心；劍戟霜欑，慮動睢鳩之思。(P.2605《敦煌郡羌戎不雜德政序》)

欑，王志鵬(2004)録作欆，鍾書林、張磊(2014:689)録作構。

按：欑，實即攢字。字形右部所從賛，爲贊之俗書。而俗書木旁、扌旁不别，故攢寫作欑。敦煌文獻中攢字或作欑(P.2528《文選·西京賦》"攢珍寶之玩")、攢(P.3718《節度班首都頭知館内都牢城使閻勝全寫真贊並序》"九族攢眉")、欑(P.3862《雙六頭賦送李參軍》"花攢星明")，可與此比照。攢有積聚義，如《駕行温泉賦》："車轟轟而海沸，槍戢戢而星攢。"(張錫厚，1996:225)《金石續編》卷12《開元寺隴西公經幢贊》："至若虎賁贔屓，鐵騎犮翹，森鈹棘以霜攢，聳□幢而岳立。"

徵引書目

漢·司馬遷撰，南朝宋·裴駰集解，唐·司馬貞索隱，唐·張守節正義《史記》，中華書局，2014。

漢·王充撰，黄暉校釋《論衡校釋》，中華書局，1990。

漢·許慎撰，清·段玉裁注《説文解字注》，上海古籍出版社，1981。

南朝宋·范曄撰，唐·李賢等注《後漢書》，中華書局，1965。

南朝梁·沈約撰《宋書》，中華書局，1974。

南朝梁・顧野王撰,宋・陳彭年等重修《大廣益會玉篇》,中華書局,2004。
北齊・劉晝撰,傅亞庶校釋《劉子校釋》,中華書局,1998。
唐・房玄齡等撰《晋書》,中華書局,1973。
唐・魏徵等撰《隋書》,中華書局,1974。
唐・張鷟撰《朝野僉載》,中華書局,1979。
唐・范攄撰,唐雯校箋《雲溪友議校箋》,中華書局,2017。
後晋・劉昫等撰《舊唐書》,中華書局,1975。
宋・歐陽修等撰《新唐書》,中華書局,1975。
遼・釋行均編《龍龕手鏡》(高麗本),中華書局,1985。
題明・宋濂撰,明・屠隆訂正《篇海類編》,上海古籍出版社,1985。
清・吴任臣輯《字彙補》,安徽教育出版社,2002。
清・彭定求等編《全唐詩》,中華書局,1960。
清・董誥等編《全唐文》,中華書局,1983。
清・王引之撰《經傳釋詞》,江蘇古籍出版社,2000。
清・陸耀遹編《金石續編》,江蘇古籍出版社,1998。
清・王先慎撰《韓非子集解》,中華書局,1998。
劉文典撰《淮南鴻烈集解》,中華書局,1989。
逯欽立輯校《先秦漢魏晋南北朝詩》,中華書局,1983。
周紹良、趙超主編《唐代墓誌彙編續集》,上海古籍出版社,2001。
曾棗莊、劉琳主編《全宋文》,上海辭書出版社、安徽教育出版社,2006。
徐時儀校注《一切經音義三種校本合刊》(修訂本),上海古籍出版社,2012。
日本《大正新修大藏經》,臺北財團法人佛陀教育基金會出版部,1990。

參考文獻

[1]郝春文. 英藏敦煌社會歷史文獻釋録(第十一卷)[M]. 北京:社會科學文獻出版社,2014.
[2]黄征,張涌泉. 敦煌變文校注[M]. 北京:中華書局,1997.
[3]黄征. 敦煌俗字典(第二版)[M]. 上海:上海教育出版社,2019.
[4]唐耕耦,陸宏基. 敦煌社會經濟文獻真跡釋録(四)[M]. 北京:全國圖書館文獻縮微複製中心,1990.
[5]王使臻,王使璋,王惠月. 敦煌所出唐宋書牘整理與研究[M]. 成都:西南交通大學出版社,2016.
[6]王志鵬. 敦煌僧人彦熙生平創作考論[J]. 敦煌研究,2004(1):67-72.
[7]張錫厚. 敦煌賦匯[M]. 南京:江蘇古籍出版社,1996.
[8]鄭炳林,鄭怡楠. 敦煌碑銘贊輯釋(修訂本)[M]. 上海:上海古籍出版社,2019.
[9]鍾書林,張磊. 敦煌文研究與校注[M]. 武漢:武漢大學出版社,2014.

Collation and Interpretation on the Knotty Words in Dunhuang Manuscripts

Li Bo

Abstract: The articles in Dunhuang manuscripts are important material to study the social and cultural history of the Tang and Five Dynasties. Although it has been collected, classified and sorted out by several generations of scholars, there are still many words in

Dunhuang literature that have not been correctly identified and annotated so far. In this paper, some difficult words and expressions are selected for proofreading.

Key words: Dunhuang, knotty words, collation, interpretation

通信地址:江蘇省徐州市泉山區西安北路事業小區 19 號樓 102
郵　　編:221000
E-mail:l. b-1985@163. com

傳抄古文疑難字釋讀三則*

劉偉浠

内容提要 傳抄古文是指漢以後歷代輾轉傳寫而保存下来的古文字(主要指戰國文字)。其中《古老子》的“侮”作等,當釋作“母”,“母”“侮”音近借用。《龍龕手鑑》“衆”古文“𢈔”爲“庶”之俗訛,“庶”“衆”是同義换讀關係,而非音近。王庶子碑“難”古文作,此形是“單”之異體,“單”“難”音近借用。

關鍵詞 傳抄古文 《汗簡》 《古文四聲韻》 《龍龕手鑑》

傳抄古文是指漢以後歷代輾轉傳寫而保存下来的古文字(主要指戰國文字),分爲篆體、隸定兩種(徐在國,2006:4)②。前者保存在《説文》《汗簡》《古文四聲韻》《集篆古文韻海》《訂正六書通》及三體石經等,後者多保存在《廣韻》《集韻》《龍龕手鑑》等字書中。有些古文來源複雜,形體奇特,經過輾轉相抄致使訛變嚴重,學界在利用出土文獻等材料考證古文疑難字方面已取得重要的突破。但仍有一些疑難字,尚可商榷,下舉三例,若有不當之處,祈方家賜正!

一 釋“侮”

《古文四聲韻》《集古文韻》《集篆古文韻海》收録的古文“侮”有兩類形體③,分别作:

F (四 3・10 老) (三 6 老) (海 3・10)

G (四 3・10 孝) (三 6 孝) (海 3・10)

李春桃(2016:29)、段凱(2018:625-626)將《古文四聲韻》的 G、F 列在“侮”字條下一同討論,舉郭店簡《老子》丙本簡 1“其次侮之”的“侮”作“柔”爲證,蓋默認 F 是 G 之訛。按,古文“矛”一般作(汗 6・76)、(四 2・25 汗)等,與 G 上部無别,而 G 無疑來源於古文字“侮”

---

* 基金項目:2017 年度國家社科基金重大項目“戰國文字詁林及資料庫建設”(17ZDA300);2018 年度國家社科基金冷門“絶學”和國别史等研究專項項目“傳抄古文資料全編與傳抄古文研究”(2018VJX081);高校古委會項目“徐《箋》點校與段《注》的比較研究”(2021)。寫作過程中陳偉武師、林志强師、陳哲先生及匿名審稿專家提供了寶貴的修改意見,謹表謝忱!

② 爲行文方便,下文把“傳抄古文”簡稱爲“古文”。

③ 本文所引《汗簡》《古文四聲韻》《集篆古文韻海》《集古文韻》分别簡稱爲“汗”“四”“海”“三”,此四書的古文形體均採自徐在國(2006),引書出處簡稱“老”指《古老子》,“孝”指《古孝經》,“石”指三體石經,“李”指李商隱《字略》。

（中山王方壺，集成 9735）左部形體及（郭店簡《尊德義》簡 1）等形，但 F 三個形體上部的、、與古文"矛"的寫法差別很大，楚簡"矛"作（郭店簡《五行》簡 41），形亦不同。所以 F、G 在形體上很難溝通起来。

疑 F 是"母"字，與"民"形同。我們知道古文體系中"民"常寫同"母"，如"民"作（四 1・32 汗）、（海 1・14）等，與"母"（三 19 石）形近。這種混同源於古文字，如燕侯載簋"民"作、（集成 10583），與"母"（鄂君啟節，集成 12112）、（陶録 3・25・4）形猶近。確定 F 爲"母"主要依據古文"民"的一類訛體，作：

H （《集韻》真韻）（古老子碑）（徐在國、黄德寬，2007：353）

古文"瑉"作（四 1・32 李），此形是"珉"，H 當爲右部的進一步裂變。而 F 和 H 形體非常接近，試比較：

F ——H

其差别僅在有無中間一横，不過中間有没加横筆並無區别，就像上述楚簡"矛"不加横筆一樣，而上揭中山王方壺"侮"字左部寫法及 G 繁加了一横。H 在《篆韻》上平聲十一真韻録作，似乎就是在中間贅加一横。但字頭"侮"與"民"讀音不近，由於古文"民""母"混同，而"侮"與"母"關係密切，上古"侮"屬侯部，"母"曾有魚部音，"侮"《説文》古文作"㑄"，居延新簡 EPT51.230"人常爲衆所欺㑄"的"㑄"讀作"侮"，説明至少在漢代"侮"能與"母"聲字相通，周波（2008：103）曾解釋："兩漢時代的文獻以'母'及從'母'之字爲'侮'就很好解釋了：這一時期'母'字仍然保留有魚部音（當與'毋'讀音同），同時魚、侯部所轄的虞韻字也已合流，所以'母'可以讀爲'侮'。"①因而從語音及形體來看，將 F 釋作"母"字更合理，且 F 和 H 同出《古老子》，從出處來看也是吻合的。

二 "衆"字補釋

《龍龕手鑑》广部："㢈，古文，音衆。"徐在國（2002：177）謂："《海》4・送・1 下衆字或作。㢈所從的𠂆似（目）之譌變，所從的㠭似之譌變。"張小豔（2007：209）釋作"庶"，她説："曾有一段時間，'庶'旁俗寫常作'庻'，當其寫作'庻'時，人們頗感生疏，遂又在其下加'㐺'，便成了'㢈'。"

按，"㢈"與形體差距太遠，並非一字；而且，"衆"《訂正六書通》去聲一送韻引鐘鼎文作，與形近同，蓋出自龙敦的，薛尚功誤釋作"衆"（黄雅雯，2015：116），《集篆古文韻海》因之而誤。張氏釋"㢈"爲"庶"字之訛可從，"庶""鹿"常俗作"庻"，《字彙補》鹿部："庻，

① 不過周氏亦認爲 G、F 爲一形之變，不可取。

同鹿。"《龍龕手鑑》辵部"遮"作"遮"。"庶""鹿"雙向訛混,梁春勝(2012:215-216)已有論述,可參。俗書中"厶""公"互訛很多見,吐魯番出土的《高昌延壽元年張寺主賃羊尿糞、刺薪券》"民有私要"的"私"作"松",《篆隸萬象名義》女部"姿,子松反"及"奸,亂也,松也"的"松"即"私"(梁春勝,2012:153);漢華山亭廟碑"總"作"総",邢澍按語:"諸碑或變悤作忩,碑復省作忩。"(邢澍原著、時建國校釋,2000:528)《龍龕手鑑》心部有"炂"字,張涌泉(2000:710-711)認爲即同書火部的"炂"。從形訛的角度看,"厶"能訛成"公","亾"也應能訛成"㕣",恐非張氏所說的在"庻"下贅加"亾"旁。《篆隸萬象名義》鹿部的"鹿""麐"分別抄作:

鹿:[illegible]

麐:[illegible]

"鹿"下部分別寫成"[illegible]""[illegible]",與"㕣"形體很近,可比參。因此,"[illegible]"即"庻(庶)"之訛俗。

"庶""衆"是同義换讀的關係,《廣韻》御韻:"庶,衆也。"《易·晋》:"康侯用錫馬蕃庶。"釋文:"庶,衆也。"有兩點還需要説明,一是《龍龕手鑑》以直音法注解的字有時是同義關係,如朝鮮本《文部》:"[illegible],義、敬二音。[illegible],同。"又:"[illegible],音敬。"梁春勝(2015:110)指出此三形是"穆(𣪘)"之訛,"義"是"美"之誤,古書"穆"常訓"敬""美",又《生部》:"[illegible],音敬。"此形也是"穆","穆""敬"是同義關係。字書中以直音法誤注的例子有很多(楊寶忠,2011:99/100/253),此不贅。二是雖然"古文"主要源於孔子壁中書、汲冢竹書等戰國古文字,但在歷史上的轉抄過程中(特别是隋唐之後),糅雜了許多俗字因素,李春桃(2012:273)曾説:"收集和摹録古文的人往往會有一種錯誤的認識,即把當時生僻的字也當成古文。很多俗字形體怪異,流通性不强,很容易被人們錯當作古文。"《龍龕手鑑》中最典型的例子是武后時期所造的一批俗字被當爲古文,如生部"𤯔,古文人字"、匸部"𠥱,古文月字"等,"𠥱"亦屬俗字誤當作古文之例。

三 "難"字補釋

"艱"《汗簡》6·74引王庶子碑作:

[illegible]

《古文四聲韻》1·37"難"引王庶子碑作:

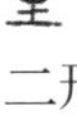

[illegible]

二形相同,且同出一碑,實爲一字。《汗簡箋正》6·10説"蓋'𦰩(堇)'之不完者"(鄭珍著、黄萬機等點校,2012:714)。黄錫全(1990:462)從之,説由"堇"字[illegible](駒父盨)等形而訛。國一姝(2002:23)謂"單字戰國文字晋系文字作[illegible],此形略同,單、難古韻同屬元部,此借單爲難"。李春桃(2016:371)指出《璽彙》2137的[illegible]左部與之相似,但他(2012:293)在其博士論文説"具體來源待考",又在第4條脚注説:"或説'𠱾'是'單'字之訛,'單''難'音近可通。可備一説。"張涌泉(2015:291)謂"𠱾"爲"儺"的後起專用字,從"吅""里"會意,"吅"爲衆人並

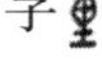

呼。

按,《訂正六書通》平聲十刪韻引《同文集》及籀文釋“難”,《玉篇》吅部、《廣韻》歌部、《類篇》吅部均説爲“儺”異體,《集篆古文韻海》2・9釋“難”“儺”,又2・9收“臡”(“腝”之異體)作，《四聲篇海》厶部作“皇”,引《川篇》“音攤”,“皇”是“罿”的訛俗字(張涌泉,2000:156-157)。可見字書中皆未釋作“艱”,考慮到古文系統性,仍應將之釋作“難”。而《汗簡》釋“艱”是因爲“艱”“難”義同而誤植,《詩・小雅・何人斯》“其心孔艱”,鄭玄箋:“艱,難也。”古文字“難”本有其字,形體固定,如楚簡作(清華簡《厚父》9)、(郭店簡《老子》甲本12)等,而“堇”“罿”構形相差甚遠,亦無相訛的例證。張説“吅”“里”會意則純屬臆測,並無實證。國一姝等指出“罿”是“單”之訛,“單”“難”音近借用,此説較有啟發,但他們並未提出確切的證據,下文在此説基礎上進一步申述。

我們知道甲骨文的“獸”字基本寫作“嘼”,並一直流傳至西周戰國(李學勤主編,2012:1270),而在漢代馬王堆帛書的“獸”或訛從“罿”,作:

(《易傳・繆和》55)

(《老子》甲本後330)

(《相馬經》15下)

此形還見於《五行》161等,《長沙馬王堆漢墓簡帛集成》(湖南省博物館、復旦大學出土文獻與古文字研究中心編纂,裘錫圭主編,2014:92)注:“帛書‘獸’左下往往訛寫得與‘重’字下部相似(參看《文字編》五八八頁),此‘獸’字亦在‘單’下多加一横畫。”此類寫法是從(清華簡《成人》7)、(馬王堆帛書《十問》11)等省簡而來。唐代亦有因襲,如劉庭訓墓誌作，陳皆墓誌作(臧克和主編,2011:607)。這説明“單”可寫成“罿”,即古文“難”字形。此外,字書中“單”“罿”亦互作,有以下幾例:

(1)《玉篇》風部:“䫭,奴多切。古文儺。”朝鮮本《龍龕手鑑》風部:“䫭,奴多切。古文儺字。,或作。”

(2)宋本《龍龕手鑑》心部:“,俗。愳,正。”

(3)宋本《龍龕手鑑》黽部:“,音陁。水蟲,鼉鼉也。”此字是“鼉”或體,但其上部作“罿”。

(4)《可洪音義》B351c8:“,奴何反。正作單。”根據反切知此字是“儺”之古文“罿”,《玉篇》人部注“儺”爲“奴何切”;又B381c2:“,音那。”(韩小荆,2009:612)此字也是“罿”,但寫成“單”(與下面所舉E組形同)。

對於《玉篇》的“䫭”,徐在國(2002:170)在《隸定古文疏證》一書中説:“《六》(引者按:即《訂正六書通》)3・歌・107引奇字儺作罿,即單或墠字。單、墠、儺古音近。”其説可從,此字《重訂直音篇》風部寫成從“罿”,但徐氏把《玉篇》该形所從的“罿”漏抄一横,略有失真①。從例(1)可看出,“單”又可寫成“”,其實“”正是上揭《十問》“獸”左部的隸定寫法。

---

① 檢《玉篇》影印本,寫法與《龍龕手鑑》一形同。

從形體演變來看,“單”寫成“blank”與其他一些字的演變軌跡是平行的,下舉“里”爲例試作比較:

	A	B	C	D	E
單	《鴨雄緑齋藏中國古璽印精選》024(菅原石廬,2004:6)		天星觀楚簡3603“還”字偏旁	汗6·74	《訂正六書通》平聲十删韻引單衆私印
里	《訂正六書通》上聲三薺韻引《古孝經》“理”字偏旁	《訂正六書通》上聲三薺韻引《六書統》		《古陶文字徵》5·365	《古陶文字徵》3·627

“里”與“單”下部演變軌跡基本一致。“單”一般作,變體很多,主要在底部,或加一横,或加兩横,或加兩斜筆。《璽彙》0071“戰”作,左部與A組“單”同。C組“單”與《漢印文字匯編》“彈”字(佐野榮輝、蓑毛政雄,1978:257)右部同。E組“單”中間的豎有時不穿過底横。可見,D組是A組與E組演變的中間形態。類似的演變還有“重”“量”字等,不贅。

把古文“難”釋作“單”在語音上也可以得到解釋。“單”上古屬端母元部,“難”屬泥母元部,聲母同爲舌音,韻部相同,讀音接近,“單”聲字與“難”聲字相通,如“灘”爲“潬”異體,《爾雅·釋水》:“潬,沙出。”俞樾《群經平議》曾考之:

> 《説文》無潬字,疑即灘字也。據《説文》,灘爲灘重文,……此即《爾雅》“潬,沙出”之潬……灘、單聲近,故灘或潬矣(转引自漢語大字典編輯委員會,1986:1742)。

其説是,《集篆古文韻海》1·20的釋作“嘽”“攤”,《集韻》寒韻:“潬,通作灘。”《集篆古文韻海》還提供了其他相關例證,4·32“難(㬮爲聲符)”録、(單),借“單”表“難”,上述“𩟔”(“䐁”之異體)以“難”或“㬮”爲聲符,證“難”“單”音近。另外,何琳儀(1998:1023)將戰國《璽彙》2137之釋爲“鄲”,可從,其左部應該是目前“blank”字較早的寫法,一直流傳至漢唐,字形幾乎没變化。《諸子徙信燕趙璽印》(河北省稍可軒博物館主編,2020:154)收一方戰國璽,有字作,原書釋作從“邑”“blank”,與正爲一字之異。

徵引書目

南朝梁·顧野王《大廣益會玉篇》,中華書局,1987。

唐·釋空海《篆隸萬象名義》,中華書局,1995。

明·閔齊伋輯,清·畢弘述篆訂《訂正六書通》,上海書店出版社,2013。

宋·丁度等《集韻》,綫裝書局,2001。

遼·釋行均《龍龕手鏡》高麗本,中華書局,1985。

遼·釋行均《龍龕手鑑》朝鮮本,杉本つとむ編《異體字研究資料集成》一期别卷2,雄山閣出版社,1995。

明·梅膺祚,清·吴任臣《字彙　字彙補》,上海辭書出版社,1991。

余迺永《新校互註宋本廣韻定稿本》,上海人民出版社,2008。

唐·陸德明《經典釋文》,上海古籍出版社,2013。

隋・顧野王《宋本玉篇》,中國書店,1983。

宋・司馬光等《類篇》,中華書局,1984。

明・佚名《篆韻》,四庫全書存目叢書編纂委員會編《四庫全書存目叢書・經部一九九》,齊魯書社,1997。

明・章黼撰,吴道長重訂《重訂直音篇》,《續修四庫全書》編纂委員會編《續修四庫全書・二三一・經部・小學類》,上海古籍出版社,2002。

漢・鄭玄箋《詩經(全 5 册)》,中華書局,2015。

參考文獻

[1]佐野榮輝,蓑毛政雄. 漢印文字匯編[M]. 臺北:美術屋,1978:257.

[2]漢語大字典編輯委員會. 漢語大字典[M]. 成都:四川辭書出版社/武漢:湖北辭書出版社,1986:1742.

[3]黄錫全. 汗簡注釋[M]. 武漢:武漢大學出版社,1990:462.

[4]何琳儀. 戰國古文字典[M]. 北京:中華書局,1998:1023.

[5]邢澍原著,時建國校釋. 金石文字辨異校釋[M]. 蘭州:甘肅人民出版社,2000:528.

[6]張涌泉. 漢語俗字叢考[M]. 北京:中華書局,2000.

[7]國一姝.《古文四聲韻》異體文書處理訛誤的考析[D]. 北京:北京語言文化大學,2002.

[8]徐在國. 隸定古文疏證[M]. 合肥:安徽大學出版社,2002:170、177.

[9]菅原石廬. 鴨雄緑齋藏中國古璽印精選[M]. 日本:有限会社ア-トライフ社,2004:6.

[10]徐在國. 傳抄古文字編[M]. 北京:綫裝書局,2006.

[11]張小豔. 敦煌書儀語言研究[M]. 北京:商務印書館,2007:209.

[12]徐在國,黄德寬. 古老子文字編[M]. 合肥:安徽大學出版社,2007:353.

[13]周波. "侮"字歸部及其相關問題考論[J]. 古籍研究,2008(2):103.

[14]韓小荆.《可洪音義》研究——以文字爲中心[M]. 成都:巴蜀書社,2009:612.

[15]楊寶忠. 疑難字續考[M]. 北京:中華書局,2011:99,100,253.

[16]臧克和主編. 漢魏六朝隋唐五代字形表[M]. 廣州:南方日報出版社,2011:607.

[17]李學勤主編. 字源[M]. 天津:天津古籍出版社/瀋陽:遼寧人民出版社,2012:1270.

[18]李春桃. 傳抄古文綜合研究[D]. 長春:吉林大學,2012:273.

[19]鄭珍著,黄萬機等點校. 鄭珍全集(二)[M]. 上海:上海古籍出版社,2012:714.

[20]梁春勝. 楷書部件演變研究[M]. 北京:綫裝書局,2012:215-216.

[21]湖南省博物館、復旦大學出土文獻與古文字研究中心編纂,裘錫圭主編. 長沙馬王堆漢墓簡帛集成(肆)[M]. 北京:中華書局,2014:92.

[22]梁春勝.《中華字海》疑難字考釋舉例[M]//華東師範大學中國文字研究與應用中心. 中國文字研究(第 21 輯). 上海:上海書店出版社,2015:110.

[23]黄雅雯.《集篆古文韻海》文字研究[M]. 新北:花木蘭文化出版社. 2015:110.

[24]張涌泉. 敦煌俗字研究(第二版)[M]. 上海:上海教育出版社,2015:291.

[25]李春桃. 古文異體關係整理與研究[M]. 北京:中華書局,2016.

[26]段凱.《古文四聲韻》(卷一至四)校注[D]. 上海:華東師範大學,2018:625-626.

[27]河北省稍可軒博物館主編. 諸子徙信　燕趙璽印:吴振文　胡立鵬藏戰國璽印選[M]. 杭州:西泠印社出版社,2020:154.

The Interpretation of Three Knotty Copying Ancient Forms

Liu Weixi

Abstract: Coping ancient form derive from character in Warring States Period, which is written constantly after Han Dynasty and hand down to every dynasty. The form Wu(侮) in *Gulaozi*(古老子) is written as [illegible], which can be interpreted as Mu(母). The pronunciation of Wu(侮) and Mu(母) is same. The form Zhong(衆) in *Longkanshoujian*(龍龕手鑑) is written as [illegible], which can be interpreted as Shu(庶). The meaning of Shu(庶) and Zhong(衆) is same. The form Nan(難) in *Wangshuzibei*(王庶子碑) is written as [illegible], which can be interpreted as Dan(單). The pronunciation of Dan(單) and Nan(難) is same.

Key words: coping ancient form, *Hanjian*, *Guwensishengyun*, *Longkanshoujian*

通信地址:福建省福州市倉山區上三路8號福建師範大學鴛鴦樓710
郵　　編:350007
E-mail:lweixi 2017@163. com

《通雅》對大徐本《説文》的辨析[*]

陳波先

内容提要 徐鉉校訂的《説文》增加了新附字、按語及反切注音。清人對大徐本《説文》新附字的性質、反切注音的失誤作了辨析;近人則多辨析按語所述之正俗字。然而對大徐本《説文》進行較全面的辨析則早見於《通雅》。文章擬就《通雅》對大徐本《説文》的辨析進行分析論證,以期豐富對大徐本《説文》的研究,並揭示《通雅》對大徐本《説文》的辨析之功。

關鍵詞 通雅 説文 徐鉉 辨析

一 引言

東漢許慎所著的《説文解字》,流傳至今,已非許氏原本。唐人李陽冰刊改過的《説文》,已亡佚;南唐徐鍇之《説文解字繫傳》是校訂《説文》後如今能見到的最早《説文》版本;北宋雍熙三年徐鉉校訂的《説文》則是當今研究《説文》的重要版本。徐鉉校訂《説文》的具體過程現已不可明曉,但從流傳至今的大徐本《説文》可知①,徐鉉校訂《説文》至少做了以下三方面的工作:一是增加新附字 402 文;二是在部分《説文》釋義下加有按語;三是爲《説文》9353 字增了反切注音。

南宋至元、明,雖然研究六書的著作頗多,如宋末元初戴侗的《六書故》,元楊桓的《六書統》②、《六書溯源》,元周伯琦的《六書正譌》《説文字源》,以及明趙撝謙的《六書本義》等,這些著作分析和闡釋六書理論時,未提及《説文》版本,但有引用唐本、蜀本《説文》和徐鍇、徐鉉之言羅列不同的釋義及字形分析。《六書故》就引用了大徐本《説文》217 例(其中指明徐本《説文》43 例,《説文新附》43 例,徐鉉按語 131 例),辨析大徐本版本之誤 3 例,是正確之

---

* 衷心感謝匿名審稿專家的寶貴修改意見。文中錯誤概由本人負責。

① 即中華書局 1963 年以清代陳昌治所刻《説文》爲底本出版的《説文》,下引《説文》即此本。

② 《六書統》引用徐鉉之言八條,但未辨析。

論①;辨析徐鉉對字形的分析 4 例,却均值得商榷②。清代是《説文》研究的鼎盛期,亦不乏對大徐本《説文》進行研究:如鈕樹玉的《説文新附考》六卷、鄭珍《説文新附考》六卷,多辨析新附字的性質和考證新附字的來源;再如段玉裁的《汲古閣説文訂》、陳昌治的《説文校字記》,多辨析徐鉉所增反切注音的失誤。近現代學者則多對徐鉉所加按語之正俗字進行辨析。然而對大徐本《説文》進行較全面辨析却早見於《通雅》。

《通雅》,明末方以智(1611—1671)著。方以智撰述《通雅》的目的很明確,就是爲了解決古今聚訟的訓詁問題,故方氏在《通雅·自序》中説:"涵雅故,通古今。……今以經史爲概,遍覽所及,輒爲要删,古今聚訟爲徵,考而決之,期於通達,免徇拘鄙之誤,又免爲奇僻所惑。不揣愚瑣,名曰《通雅》。"方氏對古今聚訟的訓詁進行了辨析,其中就涉及到《説文》編纂及《説文》版本③。《通雅》引用《説文》達一千一百五十一次④,其中指明徐鉉本《説文》四十一次,對徐鉉本《説文》進行辨析是其論述的重要内容之一,故方氏(1988:49-50)在《通雅》卷首二《讀書類略提語·小學大略》有按語曰:"《説文》有唐本、蜀本、二徐本,中有新附。今字學家但執鉉本殘書,又未淹貫經籍,何從知其漏與複乎?"《通雅》辨析大徐本《説文》有三:一是辨析大徐本《説文》收字之由及版本之非;二是辨析徐鉉所加按語之非;三是辨析徐鉉所增反切之非。兹將《通雅》辨析大徐本《説文》的論述分析如下,以期豐富對大徐本《説文》的研究並揭示《通雅》對大徐本《説文》的辨析之功。

---

① 這 3 例是:1. 卷十一"吺"條:"《説文》曰:'讘吺,多言也。'唐本殳聲,徐本投省聲。……而徐从投省,音義皆非也。"(分析詳見下文)2. 卷十五"攸"條:"攸,延秋切。《説文》唐本曰:'水行攸攸也。'其中作[illegible]。徐本曰:'行水也。'其中作[illegible],从攴从人从水省。……按《説文》及秦刻石,此爲攸之本義,攸長攸遠之義皆取此,唐本是也。若曰'行水',則已有游字矣,徐本非也。"段玉裁"攸"字下注:"戴侗曰:'唐本作水行攸攸也。'其中從巛按當作行水攸攸也。行水順其性則安流攸攸而入於海。"3. 卷二十八"酎"字條:"《説文》蜀本曰:'《月令》孟夏,歆酎。酎從肘省聲,三重醇酒也。'徐本曰:'《月令》孟秋,歆酎。從時省。'誤以肘爲時。"段玉裁在"酎"字下注:"(酎)從酉,肘省聲。各本作从時省,誤。……《明堂月令》曰:'孟秋天子歆酎。'秋當作夏。"

② 這 4 例是:1. 卷五"隓"字條:《説文》曰:'敗城𨸏曰隓。𢀖聲。𡐦,篆文。'徐氏曰:'《説文》無𢀖字,蓋二左也。衆力左之,故从二左。今俗作隳,非。'……《説文》偶闕𢀖字,徐氏曲爲之説,非也。"段玉裁注解"隓"字曰:"許書無𢀖字,蓋或古有此文。或㒸左爲聲。皆未可知。"《説文解字句讀》分析"隓"字言:"《説文》無𢀖字。"2. 卷八"兑"字條:"《説文》:'兑,説也。从儿㕣聲。'徐鉉曰:'㕣,古文兖,非聲。从口从八,象气之分㪔。'……徐氏从八口,蓋用孫氏音而與㕣聲不龤,故其爲説曲而不通。"林義光《文源》分析"兑"字説:"兑,即悦之本字,古作[illegible](師兑敦),从人口八,八,分也,人笑故口分開。"(李學勤,2012:757)3. 卷三十一"席"字條:"《説文》曰:'从庶省,㔶,古文,从石省。'徐鉉曰:'席以禮賓客,賓客非一人,故从庶。'按此説甚曲而不通。蹠、摭、蟅皆以庶爲聲,遮與蔗、鷓亦以庶爲聲。"從《字源》"[illegible]"(李學勤,2012:692)和《漢語大字典》(第 2 版)"[illegible]"所列"席"的最早字形分析,"席"是個會意字,並非形聲。4. 卷三十二"罍"字條:"徐鉉曰:'《説文》無畾字,靁从壘,象回轉之形,畾不成字,凡从畾者皆當从靁省。'按《説文》實闕畾字,……徐氏祇欲蓋許氏之闕,遂以畾爲不成字,誤矣。"段玉裁注解"壨"字曰:"《説文》無畾字而云畾聲者,畾即靁之省也。靁字下曰:從雨畾,象回轉形。《木部》櫑字下曰:刻木作雲靁,象施不窮。楊雄賦曰:輜轠不絶。凡從畾字皆形聲兼會意。"

③ 《通雅》卷首一《音義雜論》辟專節《説文概論》總綱性辨析《説文》的編纂,他在此節中對《説文》的辨析有五方面:一是《説文》未收字;二是《説文》未類聚之重文;三是《説文》誤釋之字義;四是《説文》引語之異文;五是《説文》之影響。其後五十二卷正文中有詳細辨析。

④ 此統計數字指《通雅》中出現《説文》被訓字(釋義)、引文的次數(含《通雅》用"叔重""許氏"代替《説文》者)。《通雅》引用的這 1151 次《説文》,95%没有標明版本,只是在有意識辨析《説文》版本時,才指明唐本、蜀本或二徐本。

二 辨析大徐本《説文》收字之由及版本之非

(一)辨析大徐本《説文》收字之由

《通雅》辨析大徐本《説文》收字之由有三例:一是正篆收之“娓”“佋”両字;二是新附收之“嵩”字。

(1)《通雅》卷九《釋詁·重言》:亹亹,本作斖斖,亦作娓娓。○斖斖,勉也。《易》《詩》作“亹亹”,鄭注:“没没也。”《禮記》:“君子達亹亹焉。”《楚辭》:“時亹亹而過中。”《漢書·王莽傳》:“斖斖翼翼。”邵正《釋譏》:“粲乎斖斖。”通作娓娓,毛晃曰:“不倦也。”徐鉉曰:“字書所無,不知所從。當作娓。”①崔靈恩《集注》作“娓娓文王”。……《説文》偶遺此字,而徐鉉輩遂以娓代亹,誤矣。升菴獨未見《漢書》與《蜀志》之“斖斖”乎,從文以别之,《説文補》亦載斖字,蓋改古文從今文之後,惟《史》《漢》尚存古字,最可信也。(方以智,1988:352)

按:《説文·女部》:“娓,順也。从女,尾聲。讀若媚。”方氏認爲許慎《説文》漏收“亹”字,而徐鉉校訂《説文》時“以娓代亹”,是不正確的。段玉裁亦持此説。《説文》“娓”字下段玉裁(2007:620)按:“此篆不見於經傳,《詩》《易》用亹亹字。學者每不解其何以會意形聲,徐鉉等乃妄云‘當作娓’,而近者惠定宇氏從之。校李氏《易集解》及自爲《周易述》皆用娓娓。抑思毛、鄭釋《詩》皆云‘勉勉’,康成注《易》亦言‘汲汲’。釁之古音讀如門。‘勉’‘没’皆叠韻字。然則亹爲釁之譌體。釁爲勉之假借。古音古義於今未泯。不當以無知妄説,擅改宣聖大經。”

(2)《通雅》卷二十八《禮儀》:廟以昭穆敘代,因以班行爲等輩之稱。《説文》作佋穆,《大傳》作昭繆。○……《左傳》曰:“大王之昭,王季之穆。”文之昭,武之穆,據父子班行而指其分族也。《漢舊儀》:“昭西面,穆東面。”據廟向南而左右指之也。昭穆不可易,而祖考子孫之次序,反可亂越乎?況世已同堂異室,可更泥耶?夏言之議是也。禮因義起,漢儒臆説,豈孔子之意哉?晋諱昭而讀韶,或改爲佋。《佩觿》曰:“《説文》有佋穆。”智謂晋、唐新附耳。(方以智,1988:878—879)

按:此條方氏雖未指明大徐本,却實爲大徐本所有。《説文·人部》:“佋,廟佋穆。父爲佋,南面。子爲穆,北面。从人,召聲。”方氏指明“佋”字非許慎原文,而是因晋避諱“昭”字,改爲佋,故方氏説“晋、唐新附耳”。《説文》“佋”字下段玉裁(2007:383)按:“此篆雖《經典釋文》時稱之,然必晋人所竄入。晋人以凡昭字可易爲曜,而昭穆不可易也,乃讀爲上招切,且又製此篆竄入《説文》,使天下皆作此。”但徐鉉校訂《説文》時不能辨别,收“佋”字入正篆。

(3)《通雅》卷二《疑始·論古篆古音》:崧、嵩一字。○孫愐、徐鉉合爲一字者通,戴

① 方氏引用有省略,徐鉉在《左文二十八俗書訛謬不合六書之體》“亹”字下曰:“字書所無,不知所从,無以下筆。《易》云:‘定天下之亹亹。’當作娓。”

侗非之①,不必矣。《説文》止有崧,嵩乃新附。(方以智,1988:151)

按:《説文新附・山部》:"嵩,中嶽,嵩高山也。从山从高,亦从松。韋昭《國語》注云:'古通用崇字。'"方氏此言"《説文》止有崧",即方氏所見《説文》有"崧"字,但今傳大徐本《説文》無"崧"字,僅《山部》新附"嵩"字,是徐鉉把這兩字合而爲一了。方氏認爲徐鉉新附"嵩"字之由是"崧""嵩"一字,是。《玉篇・山部》:"嵩,同崧。"又《玄應音義》卷三"嵩高"注:"嵩,又作崧。"故徐鉉把"崧""嵩"合而爲一。

(二)辨析大徐本《説文》版本之非

方氏在《通雅》中辨析大徐本《説文》版本之非一例,如下:

(4)《通雅》卷七《釋詁・謰語》:詀讘,即呫囁。顳顬,即讘吺。○……吺,汝朱切。《説文》:"讘吺,多言也。"唐本殳聲,徐本投省聲。韓昌黎:"口將言而囁嚅。"殳聲是也。驩兜之兜,亦有作吺者,故孫氏音當侯切,而徐投省,則失之遠矣。(方以智,1988:280)

按:《説文・口部》:"吺,讘吺,多言也。从口,投省聲。"方氏認爲徐鉉作"投省"不確。但這條辨析方氏是承戴侗之説。戴侗在《六書故》卷十一"吺"條説:"吺……而徐從投省,音義皆非也。"(戴侗,2012:248)《説文解字繫傳》《説文解字注》"吺"字皆作"从口殳聲",同於唐本《説文》。

三 辨析徐鉉所加按語之非

徐鉉所加的按語主要是對《説文》被訓字在文獻中的代用字進行評説。方氏對徐説不以爲然。《通雅》中方氏辨析徐鉉"按語之非"有七條,涉及七個被訓字:蹇(謇)、昃(昗)、骿(胼)、累(蠡)、樋(璉)、緥(褓)、媻(婆)②。根據方氏對徐鉉此七條按語的論述,大致可以分爲三類:一是異體;二是正俗;三是通假。

(一)異體

徐鉉認爲非是的字與《説文》的被訓字是形旁義通可互换的異體字。

(5)《通雅》卷十八《身體》:胝腁,腄厚也。重趼,即重繭。骿蹟,即胼胝。○……《莊子》:"手足胼胝。"……《説文》引"骿脇",臣鉉等曰:"骿胝。今别作胼,非。"泥甚。(方以智,1988:632-633)

按:《説文・骨部》:"骿,并脅也。从骨并聲。晋文公骿脅。"臣鉉等曰:"骿胝字同,今别作胼,非。"方氏認爲"骿"字亦可作"胼",不必非,指徐鉉泥於形旁。朱駿聲(1983:865)《説文通訓定聲・鼎部》"骿"字下曰:"(骿)字亦作胼。"朱氏認同方氏之説。其實"骨"旁與"肉"旁

① 見《六書故》卷五《地理二》"崧"字:"孫愐、徐鉉合崧與嵩爲一字,非也。"

② 《説文》被訓字的順序按在《通雅》中論述的先後羅列。没有加括弧的是《説文》的被訓字,加了括弧的是徐鉉認爲的俗字。

義通可互换，如骼亦作胳①，髀亦作脾②，髋亦作臗③，均是“骨”旁與“肉”旁互换之例。

(6)《通雅》卷三十六《衣服・彩服》：繃，緥緥也，一作强葆、襁褓、繈保。○……智按《説文》：“褯，緥也。”引《詩》“載衣之褯”，他計切。襁，負兒衣，居兩切；緥，博抱切。臣鉉曰：“俗作褓，非。”……從衣從糸，原屬累加，可以襁緥，即可繈褓。加艸加竹，而獨於空侯目宿，不許用箜篌苜蓿，何耶？（方以智，1988：1115）

按：《説文・糸部》：“緥，小兒衣也。”臣鉉等曰：“今俗作褓，非是。”方氏認爲“緥”亦可作“褓”，從衣從糸均可，不必非。其説是。《玉篇・糸部》：“緥，亦作褓。”《集韻・晧韻》：“緥，或作褓。”看法與方氏同。

（二）正俗

徐鉉認爲非是的字是俗體，而《説文》被訓字爲正體。但在實際的語言運用中，往往俗體字行而《説文》正體字廢，“瑚璉”“婆”即是其例。

(7)《通雅》卷十一《天文・釋天》：日仄，因作日昃、日昃、日側、日厢，通作日稷。○……按《説文》引《易》“日厢之離”，鉉曰：“俗作昃，非。”而《轉注略》與才老《韻補》，仍作日昃。昃乃昃之改體，疑厢亦厢之訛。（方以智，1988：425）

按：《説文・日部》：“昃，日在西方時，側也。《易》曰：‘日厢之離。’”臣鉉等曰：“今俗别作昃，非是。”方氏認爲“昃”字亦可作“昃”。他舉《轉注略》與《韻補》爲證，是。羅振玉（2010：154）分析“昃”字言：“從日在人側，象日厢之形，即《説文解字》之‘厢’。徐鉉曰：‘今俗别作昃，非是。’今以卜辭證之，作昃者，正是厢之古文矣。”羅氏説是。

(8)《通雅》卷三十三《器用・古器》：湖璉一作瑚槤、胡輦。○《論語》載“夏曰瑚，商曰璉”，而《明堂位》言“夏后四璉，殷六瑚”。《説文》：“瑚槤也。”里典切。《箋》引漢《韓勅修孔廟禮器碑》有“胡輦器用”句，按此乃匚簋之類，或以木爲之。因其實故又从玉，徐鉉必以璉爲俗，非也。（方以智，1988：1018）

按：《説文・木部》：“槤，瑚槤也。”臣鉉等曰：“今俗作璉，非是。”方氏認爲“槤”亦可作“璉”，不必爲俗。此條方氏辨析甚明。今“瑚璉”行而“瑚槤”却不常用。

(9)《通雅》卷四十九《諺原》：妗。○……《説文》作“嫛，奢也，一曰小妻也”，徐鉉曰：“俗作婆，非。”其實未必非，以古有婆娑字，即可推用。（方以智，1988：1445）

按：方氏認爲“嫛”亦可用“婆”，不必爲俗。其從古“婆娑”亦可作“嫛娑”推論得知。方氏的這一觀點見於張舜徽（2009：3068）的《説文解字約注》，其文爲：“嫛訓奢者，謂張大其兩胯也。此舞者之容，宜與娑篆連文成義。《詩・陳風・東門之枌》：‘婆娑其下。’毛傳：‘婆娑，舞也。’許書無婆篆，嫛即婆也。”張氏之説實本方氏。今“婆”行而“嫛”廢。

（三）通假

徐鉉認爲非是的詞與《説文》使用的詞因音同或音近可通假使用，方氏引不同版本的文

① 《説文》“骼”字下段注曰：“骼亦作胳。”

② 《儀禮・士昏禮》“肫髀不升”，陸德明釋文：“髀，又作脾。”

③ 《玄應音義》卷十七“髋骨”注：“髋，又作臗。”

獻並用"一作"列舉其可通假之詞,是也。反而徐鉉泥於《説文》以部首類聚的體例以致於所加按語不甚妥當。"蹇蹇"通"謇謇","瘯蠡"通"族累"即是其例:

(10)《通雅》卷十《釋詁·重言》:蹇蹇,一作謇謇。○《晋·王豹傳》引"王臣謇謇"。徐鉉曰:"俗作謇,非。"則《楚辭》之博謇,亦訛。李德裕《述夢》詩:"盡規徒謇謇。"凡夫遇《説文》分别之俗語㱙例,則定從之。如遇《説文》偶漏之"謇",則定不許用,非通論也。(方以智,1988:385)

按:《説文·足部》:"蹇,跛也。"臣鉉等案:"《易》'王臣蹇蹇',今俗作謇,非。"《易》之"蹇蹇"非本字,乃是其通假用法,故方氏認爲"蹇蹇"亦可作"謇謇"。是。然而徐鉉守許説,認爲"俗作謇,非",是錯誤的。方氏之説亦見於《説文通訓定聲》,《説文通訓定聲·乾部》"蹇"字下曰:"又重言形況字。《廣雅·釋訓》:'蹇蹇,難也。'《易》'王臣蹇蹇',《漢書·龔遂傳》'蹇蹇亡已',《張表碑》'謇謇匪躬'……又《爾雅·釋樂》'徒鼓磬謂之蹇',《釋文》本作謇,亦作蹇。"(朱駿聲,1983:701)

(11)《通雅》卷十八《身體》:瘯蠡,一作族絫、瘯瘰、瘯癳。○戴合溪引陸德明言:"《左傳》'不疾瘯蠡',《説文》作瘰。"或是唐、蜀本。凡夫以爲當作瘯癳。智按:《説文》:"痤,小腫也。一曰族絫。"鉉曰:"今作瘯蠡,非是。"今《内經》曰:"烝成痤鬱,乃痤。"即瘯蠡之病也。(方以智,1988:634)

按:方氏認爲《説文》之"族絫"亦可通作"瘯蠡",不必非。其説又見於《説文解字注》,《説文》"痤"字下段玉裁(2007:350)注:"(一曰族絫病)《左傳》曰:'牲不疾瘯蠡。'瘯者,族之俗。蠡與絫同部,杜注以皮毛無疥癬釋之。"

四 辨析徐鉉所增反切之非

辨析徐鉉音讀之非是指方氏認爲徐鉉所加的反切與《説文》被訓字應讀之音不相吻合。對此,方氏主要通過考察諧聲材料,運用聲訓方法等予以糾正,其例有:

(12)《通雅》卷一《疑始·專論古篆古音》:沴不當音戾。○沴字本當音章忍切,其義則戾也,妖氣也。《説文》:"水不利也。"孫氏音郎計切,與戾爲一字,又即盭字。故今人有用沴戾、沴盭者,博古之士皆笑之,以爲是重用戾戾也。不知沴原從㐱,㐱乃止忍切,故軫、胗、畛、紾、袗、鬒、駗、診皆以㐱諧聲。《説文》引《詩》:"㐱髮如雲。"與鬒通。"㐱,新生羽而飛也"。由此論之,沴何從獨有戾音乎?《類篇》曰:"沴,沕溼相著也。"黴顆之顆亦作沴,其音可知。《説文》《廣韻》但以沴有戾義,遂入霽韻,此明是前人之誤,而後人泥古不覺耳。(方以智,1988:89)

按:《説文》"沴"字誤入霽韻,即方氏指徐鉉據孫愐所加"沴"之反切"郎計切"誤。"郎計切"正入霽韻。方氏辨析"沴"不當音"郎計切"而應讀"章忍切"甚明,即"不知沴原從㐱,㐱乃止忍切,故軫、胗、畛、紾、袗、鬒、駗、診皆以㐱諧聲"。其觀點亦見於《説文解字注》,《説文》"沴"字下段玉裁(2007:551)注:"(沴,从水㐱聲)按㐱聲,本音當在十二部。鄭訓'沴'爲'殄'是也。今音郎計者,依如淳音拂戾之戾也。"又《説文通訓定聲》亦把"沴"列入坤部"㐱"聲字中,與"珍""軫"等同韻部。

(13)《通雅》卷二《疑始·論古篆古音》:以韻訓字,不可執一。○……智謂:古人解字皆屬借義，如歌詩斷章，自《左氏》止戈已然，不必責以正體也。若周末至漢，皆以韻解之。如韓嬰曰："君，群也；王，往也；先生，先醒也。"……然亦有闇合者，皆屬借意，不爲不可。如祖之爲且，且乃借聲助詞，其諧馬韻，乃是周末漢初之音。若古之且夫之且，亦音祖，猶藉古音籍。……《説文》"且"子余切。乃孫氏誤也。且本俎豆之且，象形，因爲借義所專，故加半夂作俎，即以曾子之言，可證《説文》子余之誤。(方以智，1988：134-135)

按：方氏認爲徐鉉所加《説文》"且"之反切"子余切"誤，其證據有二：一是音訓材料"祖(則古切)，且也"；二是"且"是"俎(側吕切)"的古文①，且、俎讀音當相同。其説亦見於《説文解字注》，段玉裁(2007：716)注"且"字言："且，古音俎，所以承藉進物者。"

(14)《通雅》卷四《釋詁・古雋》：雉噫之聲，猶兮噫之聲也。○……《文心雕龍》所引"嗚嗚雉雉"，亦聲也，雉雉蓋咍哆之轉。《淮南》"啳脥哆嗚"，正言開口出聲之醜；而高誘音"權葵夸麾"，《説文》音哆，爲丁可切，皆非也。《毛詩》音扯，口微張貌，得之矣。如咍今音台，不知本音蚩也。(方以智，1988：192-193)

按：方氏認爲"哆"字，徐鉉所加的反切"丁可切"不對，應據《毛詩》音扯。方氏此説，亦見於後世學者的論述。《説文通訓定聲・隨部》"哆"字下曰："[古韻]《詩・巷伯》叶哆侈。"又《説文解字約注・口部》"哆"字下曰："慧琳《一切經音義》卷六十'哆'字下引《説文》：'張口也，从口从侈省聲。'此與卩部卶下云'讀若侈'同意。今二徐本哆从多聲，疑傳寫者所亂。"(張舜徽，2009：295)侈，上古昌紐歌部；扯，上古昌紐魚部，歌部與魚部通轉，故"侈""扯"兩字讀音相近。

五　餘論

綜上所論，《通雅》對大徐本《説文》進行了較全面的辨析，包括收字之由、按語之非及反切注音之非。雖然《通雅》非專門研究大徐本《説文》之作，但是《通雅》辨析的這三個方面，後世學者亦基於此進行論析。且方氏的論述，得到了後世學者的印證。

不僅如此，《通雅》在辨析大徐本《説文》的論述中，這個學術參考價值亦宜提及，即《通雅》論述了《説文》被訓字在文獻中的代用字的實際情況，指明徐鉉所加按語之非，特别是從辨析"骿(胼)、瑚槤(瑚璉)、綵(裸)、嫛(婆)"諸字可知，方氏遵循了"實用""從俗"的原則。徐鉉則泥於《説文》正篆，否定了《説文》被訓字在文獻中的代用字。方氏此番辨析，對漢字字形規範整理有一定的學術參考價值。

應該説，《通雅》對大徐本《説文》的辨析之功是值得一提的，但令人惋惜的是，至今未見時賢分析論述，故本文揭示以此。

參考文獻

[1]戴侗. 六書故[M]. 北京：中華書局，2012：68-742.

① 朱駿聲《説文通訓定聲・豫部》"且"字下曰："且者，疑即俎字之古文。"又季旭昇在《説文新證》(福建人民出版社 2010 年版，第 970 頁)"且"下釋其義曰："(且)'俎'之初文，即薦物之器。假借爲'神祖'。"

[2]段玉裁. 説文解字注[M]. 杭州:浙江古籍出版社,2007:383-620.
[3]方以智. 通雅[M]. 上海:上海古籍出版社,1988:49-1445.
[4]李學勤主編. 字源[M]. 天津:天津古籍出版社/瀋陽:遼寧人民出版社,2012:692-757.
[5]羅振玉. 增訂殷墟書契考釋[M]//羅振玉學術論著集. 上海:上海古籍出版社,2010:154.
[6]張舜徽. 説文解字約注[M]. 武漢:華中師範大學出版社,2009:295、3068.
[7]朱駿聲. 説文通訓定聲[M]. 武漢:武漢市古籍書店影印,1983:865-701.

The Discussion of Xu Xuan's Edition of *Shuo Wen* (《説文》) in *Tong Ya* (《通雅》)

Chen Boxian

Abstract: Xu Xuan's revised *Shuo Wen* (《説文》) has added new words, phrases, and annotated syllables. The Qing Dynasty made an analysis of the nature of the new attached character and the syllables in the *Shuo Wen* (《説文》), while the close relatives often discriminated between the positive and the common characters in the phrase. However, the study on the analysis of Xu Xuan's revised *Shuo Wen* (《説文》) was first seen in *Tong Ya* (《通雅》). The article intends to analyze and argue the analysis of the Xu Xuan's revised *Shuo Wen* (《説文》) in *Tong Ya* (《通雅》) in order to enrich the study of Xu Xuan's revised *Shuo Wen* (《説文》) and reveal the pioneering work of *Tong Ya* (《通雅》) to discriminate Xu Xuan's revised *Shuo Wen* (《説文》).

Key words: *Tong Ya* (《通雅》), *Shuo Wen* (《説文》), Xu Xuan, analysis

通信地址:江西省南昌市梅嶺大道 1999 號豫章師範學院
郵 編:330103
E-mail:ngcbx2012@126.com

《字滐博義》考略*

付新軍　李　曼

内容提要　《字滐博義》是明代的一部字書，今已亡佚，但尚有383條相關材料保存在《永樂大典》中。本文首先對《字滐博義》一書的性質及成書時間進行了考證，並根據所輯録的材料進一步從音注、釋義、異體字三個方面討論和分析了《字滐博義》注釋内容的特點，從中大致可以窺見《字滐博義》一書的原貌。

關鍵詞　字滐博義　字書　反切　釋義　異體字

一　引言

明永樂六年(1408)，解縉主持編纂成了我國歷史上最大的一部類書《永樂大典》，該書原有二萬二千九百三十七卷，但現僅存八百多卷。《永樂大典》一書十分重視對所載字頭的音義訓釋，所引的字韻書種類極多，除引《洪武正韻》冠首以外，其後常見的字韻書計有30多種，如《爾雅》《方言》《説文解字》《釋名》《玉篇》《廣韻》《宋重修廣韻》《唐韻》《集韻》《五經文字》《類篇》《六書故》《禮部韻》《六書略》《存古正字》《龍龕手鑑》《五音類聚》①《六書類釋》《六書統》《説文字原》《字滐博義》《聲音文字通》《韻會定正》《六書正譌》《韻會舉要》《五音集韻》《正字韻綱》《紫雲韻》《孫氏字説》等。此種訓釋體例，《永樂大典》凡例中曾作過説明："音韻訓釋，諸家之説，詳略不同，互有得失。唯國朝《洪武正韻》，一以中原雅音，而無偏駁之失。今以《正韻》爲主，先翻切、次訓義、諸家之説，並附於下如徐鍇《通釋》、丁度《集韻》之類。或一字有數音而訓釋有數義，如數去聲、數入聲，令平、令去，長平、長上之類，各詳其音釋。其《五音集韻》及《篇海》諸書所增諸字，併收於後。"

以上《永樂大典》中所采録的字韻書，很多都已經亡佚了。因此，現存《永樂大典》中所存留的相關材料就成了我們瞭解已經亡佚字韻書的主要途徑。本文所討論分析的對象是從《永樂大典》中輯録條目最多的《字滐博義》。所有的輯録材料均來自於中華書局影印出版的《永樂大典》和上海辭書出版社出版的《海外新發現永樂大典十七卷》，共計有383條。因爲《永樂大典》的編纂是以《洪武正韻》爲綱的，所謂"用韻以統字，用字以繫事"，因此所輯得的《字滐博義》的材料遍及平上去入四聲的韻部，具體情況是：

平聲：一東、二支、六模、八灰、九真、十二先、十三蕭、十八陽、十九庚、二十尤、二十二覃。

上聲：二紙、六姥、八賄、十罕、十四巧、十九梗、二十有。

去聲：一送、二寘、三未、四霽、五御、六暮、七泰、八對、二十二勘。

*　基金項目：國家社科基金一般項目(18BYY054)。

①　全名爲《改併五音類聚四聲篇海》，本文都用《五音類聚》簡稱之。

入聲:一屋、二質、八陌。

下面略舉幾例,以窺其貌:

(1)衆,《洪武正韻》:陟隆切;……《字瀿博義》:衆,職戎切,蔠同上。

(2)壺,《洪武正韻》:洪孤切;……《字瀿博義》:弗音壺,古器也,出《類聚》。

(3)篚,《洪武正韻》:晡回切;……《字瀿博義》:波爲切,又逋眉切。

(4)趬,丘妖切;……《字瀿博義》:又音驕,捷也。

(5)胚,《洪武正韻》:鋪杯切;……《字瀿博義》:《文字注》通作衃。

(6)獑,莊陷切;……《字瀿博義》:又子鑒切,音覱。

(7)俾,必忌切;……《字瀿博義》:音痹,止行人也。《漢書》出稱警入言趕,警者戒肅。趕者,止行人。《霍光傳》道上稱趕。漢儀法,皇帝輦動,左右侍帷者稱警,出殿則傳趕止人。清道。譔同上。又質韻。

(8)菉,渠玉切;……《字瀿博義》:渠竹切,木實也,梂同上;又渠求切。

二 《字瀿博義》書目信息及成書時間考略

(一)《字瀿博義》的書目信息

《字瀿博義》今雖已不存,但明清的一些目録類文獻中尚有關於此書的記載,如:

《文淵閣書目》(1441):《字瀿博義》一部,十四册。

《秘閣書目》(1486):《字瀿博義》,十四。

《國史經籍志》(1602):《字瀿博義》,二十六卷。

《内閣藏書目録》(1605):《字瀿博義》,十四册全,抄本,無序,莫詳姓氏,亦字書也。每字古、俗、重文皆備,以天文、時令、地理至通用,分二十六門。瀿,猗參切,水深貌。

《千頃堂書目》(1680):《字瀿博義》,二十六卷。

關於《字瀿博義》一書信息的記録只見於明清時期的書目中,其中前期的書目皆云《字瀿博義》爲十四册;後期則有説是二十六卷的。應該説兩者並不衝突,因爲《内閣藏書目録》明確指出是十四册,二十六門,因此"二十六卷"當與"二十六門"相對應,即一卷一門。由此,我們可以知道《字瀿博義》是一部按義類編排的字書,這一點顯得非常特别。辭書的編纂,無非三種:音、形、義,早期的《爾雅》《方言》等都是典型的按義類編排的辭書。後世,尤其是明清時期的辭書,除了韻書是按音序排列的,其他字書基本都以形序排列爲主,如《字彙》《正字通》《康熙字典》等。

另外,此書名爲《字瀿博義》,"瀿"是個生僻字,而《内閣藏書目録》就專門對此字進行了注釋:"瀿,猗參切,水深貌。"此字《説文》無載,《玉篇》《廣韻》《集韻》《五音類聚》等書均有記載,釋義基本相同:水深。這裏,"瀿"顯然是一種比喻的用法,其與"博"字義近對舉,意在説明此書的特點是收字多,釋義博。

（二）《字滏博義》的成書時間

《字滏博義》成書於何時，相關文獻資料都未記載，不過其成書時間却可以通過與之關係密切的其他文獻的成書時代加以推求。

首先是前文所述的記録了《字滏博義》一書相關信息的目録類文獻，它們的成書時間基本都是在明代，只有《千頃堂書目》是清初。具體來説，最早的《文淵閣書目》的成書時間是1441年，説明《字滏博義》至少在1441年以前就已經成書了。

其次，可以根據《永樂大典》中各字頭下除了冠首的《洪武正韻》之外的其他字韻書的排列順序加以推知。縱覽所有383條輯録材料，可以發現各字頭下所列的字韻書均是按成書時間排列的，這就爲推知《字滏博義》的成書時間提供了依據。《永樂大典》各字頭下排在《字滏博義》前後的字韻書，時間上由遠及近分别是：

顧野王《玉篇》，陸法言《廣韻》，《龍龕手鑑》，郭守正《紫雲韻》，司馬光《類篇》，熊忠《韻會舉要》，韓道昭《五音類聚》，韓道昭《五音集韻》，《孫氏字説》，楊桓《六書統》，倪鏜《六書類釋》，李鬐《存古正字》，魏柔克《正字韻綱》，周伯琦《説文字原》，周伯琦《六書正譌》，《字滏博義》，趙謙《聲音文字通》。

因此，《字滏博義》成書時間的上限應晚於周伯琦的《六書正譌》，下限應早於趙謙的《聲音文字通》。其中《六書正譌》成書於1351年（許嘉璐，1990：258），《聲音文字通》據張明明、丁治民（2011）考證，成書於1389年。因此可以確定《字滏博義》的成書時間介於1351—1389年。

再次，《字滏博義》具體的注釋内容也爲我們提供了確定《字滏博義》成書時間的綫索。通過對所輯録的《字滏博義》材料的考察，我們發現《字滏博義》有11個字頭的反切及釋義内容只來源於《洪武正韻》，見下表：

表1

字例	《字滏博義》反切及釋義	《洪武正韻》反切及釋義
秠	通作粃，又部癸切。	部癸切，黑黍一稃二米；又柀榫，亦作粃；又灰、尤、紙、有韻
篃	又逋眉切	逋眉切
翍	篇夷切	篇夷切
錍	篇夷切，《説文》鍫鍕也，《博雅》鍕謂之銘	篇夷切，箭鏃
羫	又羊腔也，通作腔，又驅羊切	驅羊切，羊腔，《説文》肉空也，《廣韻》亦作羫
賁	必轡切	必轡切，卦名，飾也
嬉	又虚宜切，《博雅》戲也、遊也、美也，通作娭，《相如賦》吾欲往乎南娭	虚宜切，戲也，亦作娭，又美也、遊也。“娭”，漢安世樂，神來宴娭。師古曰：戲也，相如《賦》：吾欲往乎南娭，又曰氾濫水娭兮；揚雄《賦》：群娭乎其中，又《倉頡篇》云：婦人賤稱
冀	吉器切	吉器切
釜	扶古切	扶古切

續表

字例	《字滚博義》反切及釋義	《洪武正韻》反切及釋義
麤	䲡、□①，同上，通作麁、麈、𪊨、𪋻；又姥韻，坐五切	麤，倉胡切……亦作觕、粗、麄。粗……又姥韻。粗，坐五切，略也、疏也；又模韻
底	諸氏切，通作厎、厔、砥、砋；又音脂	諸氏切，同上，《孟子》引《詩》：周道如底；又致也，《漢志》曰：官居卿以底日，《左傳》作厎； "底"的前一韻字是"砥"：石細於礪，又平也，均也，《詩》：周道如砥，又《史志》：砥柱，山名，亦作底、厎 "底"的後一韻字是"厎"：同上，《蕭望之傳》：厎厲鋒鍔，……又音脂

下面以"秠"字爲例作一個詳細説明：

"秠"，《廣韻》有四切：敷悲切、匹尤切、匹鄙切和芳婦切。《集韻》亦有四切：攀悲切、披尤切、普鄙切和匹九切。兩者相同，韻母爲止攝開口或流攝三等，與《字滚博義》之"部癸切"（止攝合口）不同，古今語音中止攝開合口絶不混同。而其他字韻書中，"秠"字注有"部癸切"一音的只有《洪武正韻》：秠，部癸切，黑黍，一稃二米，又枇糠，亦作粃②。

值得一提的是，《洪武正韻》編寫的主要藍本是《增修互注禮部韻略》③，寧忌浮（1997：258）："明代的官韻《洪武正韻》是《增韻》的改併重編，它的切語、小韻次第、韻字排列、注釋文字，無不脱胎於毛氏父子。"此字《增韻》的注釋與《洪武正韻》相同：黑黍，一稃二米，又粃糠，亦作粃。但是反切却注爲"普鄙切"，這就進一步佐證了《字滚博義》關於此字的反切及注釋，《洪武正韻》是其唯一來源的論斷。

由此則可進一步推知《字滚博義》成書時間的上限是在《洪武正韻》成書之後。《洪武正韻》成書於洪武八年，即 1375 年，因此《字滚博義》成書時間的上限當爲 1375 年。

綜上可知，《字滚博義》成書於明初，具體時間爲 1375—1389 年之間。

三　《字滚博義》内容考略

《永樂大典》在對一個字頭進行訓釋時，是通過擷取不同時期字韻書的内容而加以排列的，這其中始終貫徹着一個原則，即後面所引用的某本書的内容一定是與之前已經引用過的内容不同的。因此《永樂大典》某字頭下所引的某字韻書的内容，可能是所引之書的原貌，也可能只是原書内容的一部分而已，表現在輯録的《字滚博義》的 383 條材料中就是《字滚博義》對一個字頭的注釋内容各異，有的只是注音，有的只是釋義，有的則只列出異體字形，或者是兼而有之。而在綜合考察這些輯録材料後，則基本可以推知《字滚博義》對一個字注釋的完整體例是先注音，次釋義，最後列出異體字。下面將從這三個方面對《字滚博義》的内容加以考述，從中可以進一步窺見《字滚博義》一書的原貌及特點。

① 此字形有些漫漶不清。

② 《字滚博義》的音注基本都是來自於前代字韻書的，我們另有專文討論。

③ 後文均以《增韻》簡稱之。

(一)《字瀠博義》之音注考略

《字瀠博義》的音注方式有三種：反切、直音和反切加直音，分别舉例如下：

1. 反切，如：湖，《洪武正韻》：洪孤切；……《字瀠博義》：弘孤切。

2. 直音，如：瓺，訛胡切；……《字瀠博義》：音吾。

3. 反切加直音，如：帔，鋪杯切；……《字瀠博義》：敷羈切音披。

如果是一字多音，那麽不同的讀音中間會用"又"字加以區别，如：

(1)媐，鋪杯切；……《字瀠博義》：芳杯切，姀，同上；又方九切。

(2)蔞，即委切；……《字瀠博義》：子罪切；又音崔；又音詐。

我們對所有《字瀠博義》的音注材料進行了統計分析，共得到338條音注材料，其中反切267條，直音71條。我們對所有音注資料的來源進行了分析，結果發現《字瀠博義》的音注基本都是來自《五音集韻》的，共計242條(反切181條，直音61條)，比例高達72%，少數來自《集韻》《五音類聚》《洪武正韻》等字韻書。例如：

1. 反切

表 2

	字瀠博義	玉篇	廣韻	集韻	五音類聚	五音集韻	洪武正韻
鵧	俯移切	方迷切	邊兮切	賓彌切	方迷切	俯移切	
髬	敷羈切	普悲切	敷悲切	攀悲切	普悲切	敷羈切	
頝	起囂切	口幺切	去遥切	壬祆切	口幺切	起囂切	
娦	彼義切	必媚切	兵媚切	兵媚切	必媚切	彼義切	
羫	枯江切	去江切	苦江切	枯江切	去江切	苦江切	
朾	湯丁切			湯丁切	他丁切	他丁切	他經切
録	力足切	力足切	力玉切	龍玉切	力足切	力玉切	
[illegible]	子委切				子委切		
冀	吉器切	居致切	几利切	几利切	居致切	几廁切	吉器切

2. 直音

(1)𨑡，如累切；……《字瀠博義》：音蘂。

𨑡，《集韻》：汝水切。《五音集韻》：如累切。《集韻》中此反切下只有"𨑡"一個韻字，也即《集韻》中"𨑡"和"蘂"不同音。《五音集韻》中"蘂"是該小韻的韻目字，兩者同音。

(2)㩍，即委切；……《字瀠博義》：作嚅，子委切；又音唯，相欲伏也。

嚅，《廣韻》《集韻》《五音集韻》均不載，唯見於《五音類聚》：音唯；又子委切，相欲伏也。此與《字瀠博義》的注釋高度相似，其來源無疑就是《五音類聚》。

通過對全部音注的考察可知，《字瀠博義》所注的反切或直音大多數都是直接抄録自前代字韻書的，這一點與其自身的工具書性質是相吻合的。所以即使有的音注與《廣韻》爲代表的中古音不同，也不能認定它們是《字瀠博義》編者針對時音所作的改動，也就是説，它們並不反映時音，因爲它們往往都是抄自《五音集韻》《五音類聚》或《洪武正韻》等近代字韻書的。不過我們在逐條考察的過程中發現《字滲博義》有 29 例"改動的反切",這裏所謂的"改動的反切"是指《字滲博義》的反切皆不與之前的字韻書相同,它們無疑是經由《字滲博義》編者改動而成的。不過這些"改動的反切"有的(14 例)只是換用了同音類的反切用字而已,本身並不反映時音;有的(15 例)則確定反映了時音的變化,是編者實際口音的流露,它們具有較高的語言學價值。分別舉例如下:

1. 不反映時音的反切

(1)湖,《洪武正韻》:洪孤切;……《字滲博義》:弘孤切。

(2)紴,《洪武正韻》:鋪杯切;……《字滲博義》:篇宜切。

(3)莍,渠玉切;……《字滲博義》:渠竹切,木實也,梂同上;又渠求切。

(4)悾,《洪武正韻》:苦貢切;……《字滲博義》:苦送切。

(5)讒,《洪武正韻》:直陷切;……《字滲博義》:又士衫切,又輕言也,又以言毀人也。儳,同上。

表 3

	字滲博義	玉篇	廣韻	集韻	五音類聚	五音集韻	洪武正韻
湖	弘孤切	户徒切	户吴切	洪孤切	户徒切	户吴切	洪孤切
紴	篇宜切	普皮切	敷羈切	攀糜切	匹皮切	敷羈切	篇夷切
莍	渠求切	渠牛切	巨鳩切	渠尤切	渠牛切	巨鳩切	
悾	苦送切	空弄切	苦貢切	苦貢切	空弄切	苦貢切	苦貢切
讒	士衫切	士銜切	士銜切		鋤銜切	士銜切	鉏咸切

2. 反映時音的反切

(1)腔,苦貢切;……《字滲博義》:苦孟切。

(2)埤,《洪武正韻》:睛回切;……《字滲博義》:篇夷切,附也,埤陴禆,同上。

(3)媞,丁計切;……《字滲博義》:又徒里切。

(4)練,《洪武正韻》:山鉏切;……《字滲博義》:山模切,又音初。

(5)饗,直陷切;……《字滲博義》:藏濫切,又子斬切,𩟔同上。

表 4

	字滲博義	玉篇	廣韻	集韻	五音類聚	五音集韻	洪武正韻
腔	苦孟切			苦貢切	苦貢切	苦貢切	
埤	篇夷切	避移切	符支切	頻彌切	避移切	符羈切	蒲糜切
媞	徒里切		徒禮切	待禮切		徒禮切	
練	山模切		所葅切	山於切	所於切	所葅切	山徂切
饗	子斬切	子敢切	子敢切	子敢切	子敢切	子敢切	

其中第(1)例反映了梗攝唇音字併入通攝見組的變化,因爲《字滲博義》將原來屬通攝合口一等見母的切下字"貢"換成了梗攝二等明母的"孟"。這是一個近代漢語時期重要的語音變化,如邵榮芬(1981:39)指出:《中原雅音》中曾、梗兩攝各韻的合口和一、二等唇音是變入

通攝的①。第(2)例所反映的語音變化在聲韻兩方面都有體現,其中聲母方面是濁音清化,且清化後符合官話平聲讀送氣的規律,因爲《字濙博義》將原來讀全濁並母的切上字换成了“篇”(次清滂母);韻母方面的變化是支、脂兩韻合流,因爲此字中古音的切下字屬支韻,而《字濙博義》的切下字則换成了脂韻字“夷”。第(3)例反映了止攝三等來母字已經併入了蟹攝四等,原因是《字濙博義》將原來屬蟹攝四等的切下字“禮”字换成了止攝三等來母的“里”字。第(4)例反映了遇攝一等模韻和三等魚韻莊組字合流的變化,因爲該字頭中古音屬魚韻莊組,《字濙博義》的切下字則换成了“模”。第(5)例反映了咸攝一等敢韻和二等豏韻莊組字合流的變化,因爲此字頭中古屬敢韻,《字濙博義》的切下字則换成了“斬”,其爲二等豏韻莊組字。

3. 反映語音變化的直音

(1)甀,《洪武正韻》:之仲切;……《字濙博義》:音衆。

(2)椿,《洪武正韻》:側霜切;……《字濙博義》:音莊,橛也。

表5

字濙博義		廣韻	集韻	五音集韻
甀,音衆	甀	之用切	朱用切	之用切
	衆	之仲切	之仲切	之仲切
椿,音莊	椿	都江切	株江切	都江切
	莊	側羊切	側羊切	側羊切

第(1)例反映了送、用兩韻(通攝合口三等)章母字已經合流;第(2)例反映了江、陽兩韻的舌齒音字已經合流。

(二)《字濙博義》之釋義考略

383條輯録材料中,有釋義的共計105條。我們發現《字濙博義》的釋義基本都是來自前代訓詁材料的,具體可分爲兩種:一種來自字韻書;一種來自其他訓詁資料。内容上有的是完全相同,有的則有所改動,但改動也明顯是以某一文獻爲基礎的。下面分類説明:

1.《字濙博義》的釋義與之前的一種或者多種字韻書完全相同。

(1)髗,《字濙博義》:音魯,髮也。

此字較爲生僻,《字濙博義》以前的字韻書中也只見於《集韻》《五音類聚》《五音集韻》,《集韻》是最早載録此字之書:籠五切,鬛也。《五音類聚》:郎古切,鬛也。《五音集韻》:郎古切,髮也。

《字濙博義》的釋義與《五音集韻》相同,且《字濙博義》音“魯”的“魯”字也正是《五音集韻》“郎古切”小韻的韻目字。

(2)涔,《字濙博義》:藏濫切,水深貌,又士陷切。

① 《中原雅音》的成书年代是1398—1460年,其與《字濙博义》的时代相當,因此也就更能说明《字濙博义》此字改動的反切是時音的反映。實際上,其他字例所反映的語音變化也都可以得到同時期音韻材料的旁證,因此《字濙博義》改動的反切所反映的語音變化是有客觀語音基礎的。我們在《〈字濙博義〉音注的性質及其所反映的語音變化》(未刊出)一文中曾作過相關討論。

《五音集韻》:藏濫切,水深貌。兩者相同。值得一提的是,此字歷代字韻書所注的音義較多,但都不見"藏濫切"一讀,也不見有"水深貌"的釋義,此音義在《字潫博義》以前的字韻書中,只見於《五音集韻》。

(3)倥,《字潫博義》:苦動切,音孔,倥偬,事多也。

倥,《廣韻》《五音集韻》:康董切,倥偬,事多。《集韻》:苦動切,倥偬,事多。

反切與釋義皆與《字潫博義》相同的,只有《集韻》。

(4)敲,《字潫博義》:又五交切,打也。

敲,《廣韻》《五音集韻》:《蒼頡篇》云:擊也。《集韻》:擊也。《五音類聚》:打。《字潫博義》釋義同《五音類聚》。

以上各例都是只與一種字韻書相同的例子,下面的是與兩種或多種字韻書相同的例子,如:

(5)椿,《字潫博義》:音莊,橛也。

椿,《玉篇》《廣韻》《五音類聚》《五音集韻》皆釋爲"橛也"。

(6)悺,《字潫博義》:於宫切,憂也。

此字"於宫切"一音,只見於《集韻》《五音集韻》,兩書同釋爲"憂也"。

(7)箄,《字潫博義》:必匙切,江東呼小籠爲箄。

箄,《玉篇》《五音類聚》皆云:必匙切,江東呼小籠爲箄。所釋與《字潫博義》完全相同。《廣韻》《集韻》《五音集韻》等韻書也都載有此字,但所釋均與《字潫博義》不同:《廣韻》《五音集韻》:府移切,取魚竹器。《集韻》:賓彌切,捕魚器。

2.《字潫博義》的釋義以前代的字韻書爲基礎,但作了一定的改動,或者增字以使説解更爲具體、準確,或者減字以致釋義不確,甚至是錯誤的。

以下是增字例的:

(1)精,《字潫博義》:米熟也。

精,《玉篇》:精細不粗也。《廣韻》有兩音:子盈切,明也、正也、善也、好也,《説文》曰:擇也;又子姓切,强也。《集韻》有兩音:咨盈切,《説文》擇也;子正切,强也。早期的字韻書均不見《字潫博義》所釋之義。《古今韻會舉要》①:子盈切,又真氣也、熟也、細也。《洪武正韻》:真氣也、熟也、細也、的也、專一也、靈也。兩書都有"熟也"之義,與《字潫博義》所釋相近,但《字潫博義》因爲説解中加了限定語,釋義也更爲準確、具體。

(2)癀,《字潫博義》:徒對切,下部病也。

《集韻》《五音集韻》:徒對切,下病。此字其他字韻書多讀爲平聲,如《玉篇》:徒回切,下腫也。《廣韻》:杜回切,陰病。其與去聲一讀是同源的。

《字潫博義》釋爲"下部病也",釋文比《集韻》《五音集韻》都更爲詳細,也更爲明確。

(3)摝,《字潫博義》:音禄,摝摝,獸走聲。

《集韻》《五音集韻》:盧谷切,摝摝,走聲。《五音類聚》:力谷切,摝摝,走聲。"摝摝"爲聯綿詞,《五音集韻》等書皆釋爲"走聲",《字潫博義》則云"獸走聲","走聲"的前面加了一個限定語,從而使表義更爲準確、具體。

以下是減字例的:

---

① 下文都以《韻會》簡稱之。

(4)穌,《字濚博義》:酒名也。

"穌",《廣韻》:素姑切,屠穌草菴,又屠穌酒。《集韻》:孫租切,引《博雅》:屠穌奄也。《五音集韻》:素姑切,釋義同《廣韻》。

《字濚博義》釋爲"酒名也",並未具體説明是"屠穌酒",只是給出了一個類别義,所釋不够精確。

(5)琭,《字濚博義》:飛也。

琭,《廣韻》《五音集韻》:盧谷切,水上飛也。《集韻》:盧穀切,上飛貌。《五音類聚》:力谷切,水上飛也。

《字濚博義》的釋義省略了修飾成分"水上",而只云"飛也",詞義變得寬泛,不具體。

(6)鐓,《字濚博義》:又都回切,鐵也。

鐓,"都回切"一音出現在《説文》《集韻》《類篇》《五音類聚》《五音集韻》中,其中《五音類聚》只記録了反切,而無釋義。《説文》字作"錞",下垂也;一曰千斤椎。其他三書也皆引《説文》爲訓。"千斤椎",段玉裁注云:"椎所以擊也。……秦始皇造鐵鐓,重不可勝,刻作力士像以祭之。鐓乃可移動,若朱亥袖四十七鐵椎。張良爲鐵椎重百廿斤。皆其細也。"

由段氏的注文可知,"鐓""鐵鐓""鐵椎"等名稱其實是一回事,因此《字濚博義》正確的釋義當爲"鐵椎也",省了一個"椎"字,則直接改變了類屬義,誤。

3.《字濚博義》有的釋義中還列舉了相關的書證,它們多是從《韻會》一書中轉引來的,少數來自前代的《方言》《漢書注》《李善注》等訓詁材料。

(1)岯,《字濚博義》:《尚書》至於大岯。注:再重曰英;一重曰邳。《括地志》云:大邳山,今名黎陽東山,又曰青壇山,在衛州黎陽也。

岯,《韻會》:通作伾,《尚書》至於大伾;亦通作邳,《史記》大邳,注:再重曰英,一重曰邳,《括地志》云:大邳,山名,今黎陽東山,又曰青壇山,在衛州黎陽。

《字濚博義》的釋義文字與《韻會》高度相似,可以確定就是來自《韻會》的。

又以上釋文來自於四庫全書本《韻會》,而需要特别説明的是,嘉靖十五年重刻本《韻會》(書前有張鯤序)中,此段文字與四庫全書本略有不同:

四庫全書本:《括地志》云:大邳山名今黎陽東山。

嘉靖十五年重刻本:《括地志》云:大邳山今名黎陽東山。

嘉靖十五年重刻本存在倒文現象,即"名今"誤作"今名",以致文意不通。有意思的是,這段有誤的文字居然就是《字濚博義》的釋義文字,兩者全同,這更説明《字濚博義》此字的釋義文字是抄自《韻會》的,而且就是今天所見的嘉靖十五年重刻本這個版本系統的。

(2)徥,《字濚博義》:音痹,止行人也。《漢書》出稱警入言蹕,警者戒肅。蹕者,止行人,《霍光傳》道上稱蹕。漢儀法,皇帝輦動,左右侍帷者稱警,出殿則傳蹕止人。清道。譯同上。又質韻。

徥,《五音集韻》:必至切,止行也。痹,《五音集韻》也有"必至切"一讀,則《字濚博義》音義與《五音集韻》全同,但《字濚博義》所引書證並不見於《五音集韻》,其他字韻書也皆無此音義,但一般都認爲"徥"是"俾"的異體,釋爲"使也",如《玉篇》:徥,方示切,使也,與俾同。《廣韻》:徥,並弭切,使也、從也、職也。俾,上同。《集韻》:徥卑,補弭切,使也.或作卑,同作徥。

檢《韻會》:蹕,壁吉切,《説文》止行人也,本作趩,從走畢聲。《漢書》出稱警入言趩,警者戒肅。趩者,止行人。《霍光傳》道上稱趩,《梁孝王傳》注,師古曰:言出入者,互文出,亦有趕。漢儀法，皇帝輦動，左右侍帷幄者稱警，出殿則傳趕止人。清道，一曰灶上祭名，今文作蹕，《周禮》隸僕掌蹕宮中之事。《集韻》或作俾，通作譯。

又"趕"，《廣韻》：卑吉切，《漢書》曰：出稱警，入言趕。顏師古曰：警者，戒肅也。趕，止行人也。蹕，同上。《五音集韻》：畢吉切，所釋同《廣韻》，蹕俾，並同上。《集韻》：趕蹕俾，必吉切，《説文》止行也，或從足從人，通作譯。又趕蹕徥，必至切，止行也，或從足從彳。

綜上，"徥"有四個異體：趕、蹕、俾、譯，而"止行人也"之義也有兩音：幫母質韻，幫母至韻①。比較前代字韻書，則《字瀿博義》的注釋明顯是來自《韻會》的，兩者文字基本相同，但是有省略，其中《字瀿博義》最後部分的"清道，譯同上"對應的原文是："清道，一曰灶上祭名，今文作蹕，《周禮》隸僕掌蹕宮中之事。《集韻》或作俾，通作譯。"《字瀿博義》此處的省略顯得有些隨意，以致前後文意懸隔。語音上，《字瀿博義》將此釋義置於幫母至韻之下，此種處理與《韻會》《廣韻》《五音集韻》不同，但與《集韻》同，似乎也是有所依據的，但如此就得認爲是《字瀿博義》在《集韻》音義的基礎上，又引入了《韻會》的文獻例證。考慮到《字瀿博義》所引注釋與《韻會》基本相同，而入聲一讀又是更爲普遍的讀音，我們傾向於認爲這是由於《字瀿博義》弄錯了此字音義關係的結果，按理此處的注釋文字不應當出現在幫母至韻之下。

(3)鋪，《字瀿博義》：箸門鋪首也，從金甫聲，所以銜環者，作龜蛇之形，以銅爲之，故名金鋪；又虞韻滂模切。

鋪，《廣韻》《五音集韻》：普故切，設也。《集韻》普故切，設也；一曰鋪首箸門銜環者。《漢書·哀帝紀》：大司馬票騎將軍丁明免，孝元廟殿門銅龜蛇鋪首鳴。如淳曰：門鋪首作龜蛇之形而嗚呼也。師古曰：門之鋪首，所以銜環者也，鋪，音普胡反。又《文選》卷四：金鋪交映，玉題相暉。李善注云：金鋪，門鋪首，以金爲之；玉題，以玉爲之。

《字瀿博義》此字注了又音"滂模切"，則此段關於"鋪"的釋文當是就"普故切"一音加以解説的。《字瀿博義》此處的解釋比之前的韻書詳細，其解釋的基礎當來自顏師古對《漢書》"銅龜蛇鋪首鳴"的訓釋。此段文字在《通志》《文獻通考》等文獻中都有過引用。李善注《文選》又進一步説"金鋪"即爲"門鋪首"。《字瀿博義》的釋文當是在韻書音義的基礎上，進一步博采了以往各家之説而成的。

(4)介，《字瀿博義》：古隘切，細微也。楚曰傑，晋曰絓，秦曰挈。物無耦曰特，獸無耦曰介。《傳》曰：逢澤有介麋，飛鳥雙鷹曰椉。出《方言》。

此字在《字瀿博義》以前的字韻書中均無"細微也""無耦"之訓釋。如《玉篇》：居薤切，甲也、大也、助也、紹也。《説文》：畫也。《廣韻》：古拜切，大也、助也、佑也、甲也、閲也、耿介也，《説文》畫也，又姓。《五音集韻》：古隘切，所釋與《廣韻》同。《集韻》：居拜切，《説文》畫也；一曰助也、間也、獨也。

檢《韻會》"居拜切"下有一義：微貌，《孟子》山徑之蹊介然。其"微貌"與《字瀿博義》之"細微也"義近。而《字瀿博義》明確指出此訓出自《方言》，檢《方言》卷六：絓，挈，傑，介，特也。楚曰傑，晋曰絓，秦曰挈。物無耦曰特，獸無耦曰介。郭璞注：《傳》曰：逢澤有介麋。飛鳥曰雙，雁曰椉。

可見《字瀿博義》對《方言》原文並無改動。不過要説明的是"《傳》曰：逢澤有介麋"本爲郭璞的注，而非《方言》原文。又"椉"字，《字瀿博義》作"椉"，當誤。此字後來隸變爲了"乘"

① 此音義只見於《集韻》。

字,錢繹《方言箋疏》云:椉隸變作乘。

(三)《字滎博義》之異體字考略

《字滎博義》比較重視搜羅與字頭相關的各種異體字形,説解中一般用"古作""通作""同上"等術語加以指明。在所有的輯録材料中,有異體的字例共計103條。下面將《字滎博義》所録之異體字的情況及特點分類説明如下:

1.《字滎博義》所載録的異體字形,多數可以從其他字韻書中找到根據。

(1)肧,《字滎博義》:《文字注》通作衃。

"肧",《字滎博義》引《文字注》云:通作衃。即"肧""衃"是異體的關係。《集韻》:披尤切,肧衃,肧胎未成物之始,或從血。《集韻》視二字爲異體。關於此二字,徐鍇也曾作過説明:"肧即如衃。衃,凝血。"不過《集韻》此字還有"鋪枚切"一音:《説文》婦孕一月也,或從女。此音義之"肧"則不與"衃"互爲異體。

(2)鉟,《字滎博義》:銔,同上。

鉟,《集韻》收了,《廣韻》《五音集韻》未收;銔,《廣韻》《五音集韻》收了,《集韻》未收。但是都未將兩者視爲異體。

檢《龍龕手鑑》:鈈,俗;銔,正。刃戈也。是已將二字視爲異體,其後的《增韻》《正韻》在釋"鉟"字時皆云:亦作銔。又《重訂直音篇》:鉟,下列銔鈈,同上。則都明確指出"鉟"與"銔"互爲異體。《字滎博義》沿襲了前代的説法。

(3)髬,《字滎博義》:敷羈切,髤,同上。

《字滎博義》云:髤,同上。則"髤"爲"髬"之異體。前代記録"髬""髤"互爲異體的字韻書很多,如《龍龕手鑑》《集韻》《類篇》《五音類聚》《五音集韻》等都是如此,基礎義都是"披髮走"。顯然《字滎博義》所載是有充分的文獻根據的。

要説明的是,《類篇》《五音類聚》《正字通》等書中還並收有另一個形體"髩",《正字通》:髩同髬,俗因丕作平。此三個形體則正與前文的"鉟銔鈈"相呼應。

2.《字滎博義》載録了一些各字韻書均不見的異體字形,因爲只見於《字滎博義》,所以具有獨特的文字學價值。

(1)貔,《字滎博義》:豣,同上。

貔,《玉篇》釋爲"似猨"。其後的字韻書如《廣韻》《集韻》《五音類聚》《五音集韻》等的釋義皆同:獸,似猨也。但均未見有異體字形的記載。臺灣"教育部"《異體字字典》也未見該字有其他異體字形。《字滎博義》所載之異體,其字形的右半邊筆劃明顯省減了,可能是當時的一個俗體形式。

(2)伓,《字滎博義》:通作伓、伾,走貌。

伓,《説文》:有力也,敷悲切。《廣韻》:敷悲切,有力。《集韻》:攀悲切,引《説文》有力也;一曰衆也。《五音集韻》:敷羈切,有力。

伾,《集韻》:貧悲切,走貌。《五音集韻》:符羈切,行走貌。

以上表明《字滎博義》前代的字韻書中"伓"和"伾"是兩個完全不同的字,而並非異體。但《正字通》云:伾與伓通。説明《字滎博義》視兩者爲異體是有依據的,不過應當指出這個認識的形成是比較晚的，可能就是在明代①。

《字[illegible]博義》又記録了另一個異體：伻，此字不見於其他字韻書。雖然没有字韻書的直接證據表明“伾”“伻”兩字是異體，但是此兩字的聲符“丕、平”互爲異體却是有直接的文獻證據的，如《五音集韻》：丕平，大也，亦姓。《字瀠博義》將此兩者視作異體，其依據當與此有關。不過我們認爲“平”當是“丕”的訛誤所致，即誤將“丕”字中間的一竪拉長了。前文討論“髩”字例時，曾引《正字通》云：髼同髩，俗因丕作平。其中的“因丕作平”之具體含義正當如我們對以上兩個字形所作的分析。而從“走貌”的釋義來看，三字當中的正字當爲“伾”，因爲“彳”部之義與“走貌”相合，“伾、伻”則都是因省寫、誤寫而成的俗字。

(3)陯，《字瀠博義》：吐根切，欿同上。

陯，《集韻》：他根切，阬也。阬，《集韻》：坑也。陯，《五音集韻》：吐根切，坑也。又“欿”，《集韻》《類篇》《五音集韻》都有收録，如《集韻》：臽欿，乎暗切，《説文》小井也，或從穴。《五音集韻》：臽欿，户暗切，小坑。不過，以上諸書中均未指明“欿”“陯”兩字是異體關係。而其他字韻書或者是不全載兩字，或者是與《集韻》《五音集韻》兩書一樣的處理。

《字瀠博義》云“欿，同上”，則已明確視兩者爲異體。張涌泉（2016：108-110）曾指出有一種俗字的類型是由於“造字角度不同所致”而成的，如“体（bèn）－体（tǐ）”。其中“体（bèn）”是“笨”的换旁俗字，《廣韻》：蒲本切，麤貌，又劣也。約在宋代前後，“体”又被用作“體”的俗字，從人從本會意。我們認爲“欿”“陯”兩字當屬此種情況，“欿”字，《集韻》《五音集韻》等書均記爲了“臽”的異體，也即今之“陷”字，從古今關係來看，當是古體“臽”字上添加義符而成的一個分化字。但是此字同樣可分析爲會意字，即“臽”＋“穴”，從而表示坑窪之義。《字瀠博義》時代，當有這種寫法，所以《字瀠博義》才收録了，於是出現了類似“体（bèn）－体（tǐ）”一樣的“欿（xiàn）－欿（tūn）”的情況。

(4)装，《字瀠博義》：通作裝、裵。

装，《字瀠博義》收録了兩個異體字形，其中“裝”字在《字彙》《正字通》都有載，如《正字通》：裵與装同。又《康熙字典》：裝，《篇海》同装。此《篇海》當爲宋濂的《篇海類編》，檢該書：裝，側霜切，音莊，同装，見《後漢・杜林傳》②。由《篇海類編》的注釋可知，“裝”這一字形很早就已經出現了③。

但是另一異體字形“裵”，各字韻書均不見。此字與“裝”極像，區别在於該字形下部是一個完整的“衣”字，參比各書中常見的兩個異體“装”“裝”，似可認爲此字是綜合了“装”“裝”兩字的部件而成的。

3. 個别《字瀠博義》所載録的異體字形，缺少文獻根據以及字形的可分析性，當是失誤所致。

穌，《字瀠博義》：酒名也，酥、蘇、𨣧、䣿，同上。

穌，《廣韻》：素姑切，屠穌草菴，又屠穌酒，元日飲之可除瘟氣。《集韻》：孫租切，引《博雅》屠穌奄也。其下的韻字即是“酥蘇𨣧䣿”，釋爲：酪屬，或作蘇、𨣧、䣿。《五音集韻》：素姑切，釋

① 此處我們分析的對象主要是“伻”字，而“伾”的情況其實屬於第1類情況，不過因爲兩者皆統屬於“伾”字頭，因此一並放至此處討論。

② 此書雖署名宋濂，但實是託名，成書也非明初，而是明末清初。參李超《〈篇海類編〉成書與源流論》，《遼東學院學報》2018年第4期。

③ 此字形的情況也屬於第1類，放至此處討論的理由見“伾”字注文。

義與《廣韻》相同①，其下的韻字則與《集韻》相同。

《字滏博義》訓"𪎭"爲酒名，當據《五音集韻》之訓而略作變動，而其視"酥𧃍𩡠䣽"四字爲"𪎭"之異體，則明顯與《集韻》《五音集韻》有關，但是《集韻》《五音集韻》都是將兩者分别爲兩個韻字的，只認爲"酥、𧃍、𩡠、䣽"四字互爲異體關係。從釋義來看，兩者也並不相同，"𪎭"有兩義：草菴，屠𪎭酒；"酥"等字則釋爲：酪屬。因此，《字滏博義》將此五字同視爲異體，並無根據，且之後的大型字書如《字彙》《正字通》均未作如此處理。

《字滏博義》之所以會出現如此錯誤，其原因當與《字滏博義》編者的誤抄有關。這幾個字在《五音集韻》中的具體排列情況是：𪎭（屠𪎭草菴，又屠𪎭酒，元日飲之可除温氣）②酥𧃍𩡠䣽（並酥，酪屬）。"𪎭"與"酥𧃍𩡠䣽"本爲兩個不同的韻字，前後相連，《字滏博義》編者因爲粗心而誤將"酥𧃍𩡠䣽"四字當成了"𪎭"的異體。

四 結語

《字滏博義》一書因爲亡佚不傳，所以今天已難以見其全貌了，不過通過明清時期一些目録文獻的相關記録，我們可以知道《字滏博義》是一部按義類編排的字書，共有十四册，分爲二十六門（即義類），收字的特點是搜羅廣泛，比如收録各字的古、俗、重文等。又根據與之關係密切的同類字韻書的成書年代及其所引用的書目等信息，可以明確其成書於明初，具體在1375—1389年之間。

《永樂大典》中所保存的383條《字滏博義》的原文，則可以使我們進一步瞭解《字滏博義》一書的注釋内容及特點，現將本文討論分析的結論總結如下：

（一）《字滏博義》注音的方式有三種：反切、直音和反切加直音，其音切基本都來自前代的字韻書，主要是《五音集韻》，其次是《集韻》《五音類聚》《洪武正韻》等。少數音切是《字滏博義》編者改動過的，它們有的能反映具體的語音變化，具有較高的語言學價值。

（二）《字滏博義》釋義有的較爲簡潔、明瞭，屬於簡單釋義；有的則博引相關的訓詁材料以及書證，文字較爲博雜。來源上，前者字例的釋義基本來自於《五音集韻》《集韻》《五音類聚》等前代字韻書；後者字例的釋義，多數都來自於《韻會》，是間接引用，少數則是直接來自於其他訓詁文獻如《方言》的原文，是直接引用。

（三）《字滏博義》注意收録字頭的異體字形，並用"古作""通作""同上"等術語加以稱説。作爲注釋内容的一部分，多數異體字形都能從前後的字韻書中找到根據，但也有一些是只見於《字滏博義》的。

徵引書目

明・解縉等《永樂大典》（十册），中華書局，1986。

明・解縉等《海外新發現永樂大典十七卷》（一册），上海辭書出版社，2003。

① 《五音集韻》中，"瘟"作"温"。

② 括號内的是注釋文字。

參考文獻

[1]李超.《篇海類編》成書與源流論[J]. 遼東學院學報,2018(4):79.
[2]寧忌浮.《古今韻會舉要》及相關韻書[M]. 北京:中華書局,1997:258.
[3]邵榮芬. 中原雅音研究[M]. 濟南:山東人民出版社,1981:39.
[4]許嘉璐. 傳統語言學辭典[M]. 石家莊:河北教育出版社,1990:258.
[5]張明明,丁治民. 趙謙及其《聲音文字通》[J]. 漯河職業技術學院學報,2011(4):117.
[6]張涌泉. 漢語俗字研究[M]. 北京:商務印書館,2016:108-110.

A Brief Textual Research of *Ziwan Boyi*(《字潫博義》)

Fu Xinjun Li Man

Abstract: *Ziwan Boyi*(字潫博義) is a book of characters in the early Ming Dynasty, which has been lost now, but there are still 383 related materials preserved in *Yongle Dadian*(永樂大典). First of all, this paper makes a textual research on the nature and completed time of *Ziwan Boyi*(字潫博義), based on the collected materials, this paper further discusses and analyzes the features of the annotated contents from three aspects of phonetic annotation, explanation and Chinese character variants, from which we can roughly see the original appearance of the book.

Key words: *Ziwan Boyi*(《字潫博義》),word book,*Fanqie*(反切),explanation,Chinese character variants

通信地址:陝西省咸陽市秦都區世紀大道陝西中醫藥大學人文管理學院
郵　　編:712046
E-mail:fuxinjun402@126. com

遼代慈賢譯《白傘蓋陀羅尼》韻母對音研究*

向筱路

内容提要　慈賢是遼代譯經僧人，通過對他翻譯的密教經典中的譯音字進行對音分析，可以觀察遼代北方漢語的某些語音特徵。本文在向筱路(2018)的基礎上，對慈賢譯《白傘蓋陀羅尼》的韻母對音情況進行研究，認爲慈賢譯經所據的漢語具有如下主要特點：舌尖前元音可能已經産生；宕攝入聲字出現文白異讀；中古的重韻已經混同；三等字和四等字都有i介音；入聲韻尾弱化，-k尾保存得較好。由於教派傳承等原因，慈賢對音有沿襲唐代不空對音的情況，例如宕梗兩攝韻尾消變等，這需要我們在研究時將其剥離出來。

關鍵詞　慈賢　《白傘蓋陀羅尼》　遼代漢語語音　韻母

〇　引言

慈賢是遼代譯經僧人，根據現有資料，可以推知他應該活動在11世紀上半葉的幽燕地區(今河北、北京一帶)。慈賢總共翻譯密教經典九部，合十五卷，都保存在房山石經裏，其中有數量較爲可觀的譯音字，爲我們研究遼代語音提供了很好的資料。林家妃(2013)根據其中的四部經大致勾勒了慈賢譯經所反映的漢語語音面貌，向筱路(2018)也曾對林氏没有利用的《一切如來白傘蓋大佛頂陀羅尼》(以下簡稱《白傘蓋陀羅尼》)反映的聲母對音情況進行了考察。這篇文章則繼續對《白傘蓋陀羅尼》的韻母對音進行研究。

版本校勘是進行對音研究必不可少的先行工作，根據梵漢對音資料研究漢語音韻的前賢時彦都盡可能利用多種手段對所要研究的文本進行細緻的校勘，找出恰當的對音形式，然後再進行下一步的工作。《白傘蓋陀羅尼》是一部十分重要的密教經典，保存着爲數衆多的譯本。《大正藏》據靈雲寺普通真言藏收入了一個悉曇梵本《大佛頂陀羅尼》(T. 19No. 944B)，敦煌文獻中保留有兩部于闐文譯本，編號爲S. 2529、S. Ch. c001，此外還有很多藏文譯本，具體的文本情況請參見向筱路(2018)。需要説明的是，這些藏文本和于闐文本記録的形式本質上仍是梵語詞，有時碰到梵語獨有的語音時也會通過對所用的文字進行改造來記録，因此它們可以當成廣義的"梵本"來使用。我們在進行對音研究時通過綜合諸本找出與漢文本最貼合的對音形式，這些形式絶大多數也是標準梵語的詞形，對於出現的不規則現象則從文本差異或梵語語法等角度去尋求解釋。

筆者曾逐句比較不同版本之間的差異，因篇幅較長，不便在此列出，兹舉一例，來展示具體如何利用文本校勘来爲對音研究服務。

*　本文初稿爲筆者本科畢業論文的一部分，指導老師爲李建强先生。劉廣和先生及《漢語史學報》匿名審稿專家曾惠賜寶貴修改意見，文章受國家社科基金項目"敦煌文獻中的藏文咒語對音研究"(16BYY117)資助，在此一併表示感謝。當然文中如有錯訛，概由筆者負責。

不空	慈賢	沙囉巴	梵本	S. 2529	Ch. c. 001	IOL. Tib. J. 323	德 No. 592
馱$_{上}$迦 馱$_{上}$迦	迦馱迦馱	迦怛迦怛	dhaka dhaka	khada khada	khada khada	khada khada	khāda khāda

dhaka 是出現在咒語中的一個詞，意義暫時不明，荻原雲來《梵和大辭典》未收。不空用“馱$_{上}$迦”對，“馱”是定母歌韻字，對 dha 表明不空西北音中全濁塞音聲母讀送氣音，見母戈韻字“迦”對 ka 也合適。而慈賢本的“迦馱”顯然不能同梵本形式對應，我們發現于闐文本和藏文本中這個詞寫作 khada/khāda 等形式，這個可以與慈賢本對應。此外元代沙囉巴用“迦怛”對，顯然也同于闐文本、藏文本記録的形式相合，“怛”《廣韻》注端母曷韻，此時對 da，反映出元代全濁塞音聲母已經讀成清音，因此對音的時候出現清濁混亂，同時入聲韻尾脱落。

一　韻母對音情況

這一部分按攝和韻系（入聲韻單列）列出每個對音字的對音形式，並隨文對出現的例外現象進行解釋。

1. 果攝

1. 1 歌韻系：哆跢他馱娜囉攞誐賀蹉對 ā，那囉嚩左佐娑阿賀對 a。

1. 2 戈韻系：跛婆麽摩伽佉對 a，播迦對 ā。

2. 假攝

2. 1 麻韻系：舍灑對 ā，荼吒惹唥對 a，拏對 a、ā，也對 yā，野夜對 ya。

3. 止攝

3. 1 支韻系：弭尔唥對 i，抳枳施對 ī。

3. 2 脂韻系：比地致對 i，致呬對 ī，伊對 i、e。

3. 3 之韻系：儗枲史理對 i，史試對 ī，哩對 i、ī、ṛ、e。

3. 4 微韻系：尾對 i。

“伊”對 e 僅一次，“伊迦”對 eka（一）①。按照一般對音規律，梵語的 e 慈賢通常用蟹攝字來對，不空也是如此，例如 eka 這個詞形不空用“翳迦”對，霽韻字“翳”對 e 正合適，慈賢這裏用脂韻字對不合對音通則。我想至少存在兩種解釋。第一，梵語中有“元音升級”現象，例如 a 的二合元音是 a、三合元音是 ā，i 的二合元音是 e、三合元音是 ai，u 的二合元音是 o、三合元音是 au，這在《波你尼經》中就有明確的説明②，元音升級對於梵語構詞和形態變化有極其重要的作用，例如構成現在時語幹時，第一類動詞的詞根元音一般要變爲二合元音，而第六類動詞的詞根元音則不需要變化，所以對音中有些類似 i、e 混淆的現象可能和梵語的元音升級有關。第二種解釋是字形相似造成的訛誤，例如悉曇體 vi 寫成𑖪𑖰，ve 寫成𑖪𑖸，如果 vi 左

---

① 在這部《白傘蓋陀羅尼》中，還出現一句“薩鉢多$_{二合}$伊迦呬迦”（編號 449），没有梵本與之對應，還原成梵語應該寫作 sapta-ekāhikā“七日熱病”，相應位置于闐本 S. 2529 寫作 saptāhekā:，Ch. c. 001 寫作 saptāhakā，似少寫了 ekā 這個音節。如果把這例也算上，那麽“伊”對 e 就有兩次。

② 《波你尼經》1. 1. 1 條：vṛddhirādaic（ā、ai、au 是三合元音），aic 是一個對收（pratyāhāra），包括元音 ai 和 au；1. 1. 2 條：adeṅguṇaḥ（a 和 eṅ是二合元音），eṅ是一個對收，包括元音 e、o。

邊的那一劃寫短一些，就很容易和 ve 弄混。安然《悉曇十二例》十一"伊翳難定例"説"諸梵語中伊、翳通用，或伊處用翳，或翳處用伊"①，就清楚地告訴我們梵語中有 i 和 e 混淆的情況。不過就此處而言，第一種可能性不太大，eka 是梵語中的一個基本詞，巴利語、犍陀羅語和佛教混合梵語中也都寫成 eka，未見有寫成 ika/īka 的現象。第二種可能性也有難以理解的地方，在這部經中的梵本中，eka 的前一個詞是 jvalā（正梵文形式爲 jvarā，即 jvara 的複數主格發生連聲後的形式），這幾個詞《大正藏》所附梵本寫作[illegible]，e 是單獨寫成一個字，不是附加在輔音上，而 i 悉曇體寫作[illegible]，和 e 字形也並不很相似。總之，目前看來這個問題較爲複雜，一時還没有找到圓滿的解釋，不過好在"伊"對 e 只有那麼一兩次，因此可以暫時作爲例外處理。

"哩"對 i、ī、ṛ 是主流，偶見有對 e 的現象。例如"阿蘇哩毗藥二合"，梵本没有對應的詞，于闐文本 S. 2529 寫作 aysuraibya，Ch. c. 001 寫作 asurebhya，記録的梵文形式當爲 asurebhyaḥ（阿修羅，複數爲格），"哩"對 re；"阿拏哩"，梵本、于闐文本和藏文本都寫作 anale，這是出現在咒語中的一個詞，"哩"對 le。根據劉廣和（2002：113）給出的"不空梵漢對音字譜"，在不空譯經中"哩"主元音没有對過 e，而天息災和施護譯經中"哩"都對過 re（參看張福平，1996：327；儲泰松，1996：360）。

4. 蟹攝

4.1 齊韻系：陛帝霓祢計砌薺細蹉係𡀔對 e，底對 i、ī、y，體對 i。

4.2 佳韻系：曬妳對 e。

4.3 灰韻系：佩對 ai。

4.4 咍韻系：載對 e，倍對 ai。

4.5 祭韻：曳對 ye，際對 e。

4.6 廢韻：吠對 e、ai。

"妳"，宋本《玉篇》同"嬭"，"乃弟切，母也，又女蟹切，乳也"。《廣韻》注音奴蟹切，雖然反切上字是泥母，但反切下字是二等字，應該讀娘母。這裏"妳"取娘母蟹韻讀法。

5. 遇攝

5.1 魚韻系：唹對 ū。

5.2 虞韻系：俱虞對 u，矩對 ū，戍對 u、ū，句具庾對 o。

5.3 模韻系：補布普弩素烏鄔污户對 u，部對 ū，覩妬謨祖護路嚧對 o，固對 u、o，嚕對 ū、o，都對 u、yu，覩對 o、yu。

"覩都"對 yu 的情況僅見於 mṛtyu（死）這個詞形，在不空對音中，一等字"覩都"通常對 to 和 tu，不會出現對帶介音 y（<i）的形式，天息災和施護的對音情況也和不空一致。目前來看，慈賢的這種對音形式至少存在兩種可能的解釋：一是從梵語方面找原因，慈賢對的不一定是 mṛtyu 這個詞，或者 mṛtyu 還有别的形式，但經過仔細分析，我們認爲這種可能性不太大。首先，《白傘蓋陀羅尼》中所有的 mṛtyu 都只出現在 akāla-mṛtyu 這個複合詞中，akāla 是由 kāla（時間）加上否定前綴 a 構成的多財釋複合詞，"非時的"，再與 mṛtyu（死亡）構成持業釋複合詞，"非時而死、夭死"。這個詞的含義非常明確，且出現在敘述部分中，根據上下文語境，不太像是别的詞。其次，假設這裏慈賢像不空他們一樣"覩都"對的也是 to 或 tu，在字

① 見《大正藏》第 84 册 465 頁中欄。

典中我們并没有找到 mṛtu/mṛto 這樣的詞。但是有 mṛta,√mṛ(死)的過去被動分詞形式,它的陽性單數主格是 mṛtaḥ,在濁音前-aḥ變成-o,那會不會是 mṛto+濁輔音呢?這種可能性也不大,akālamṛtyu 和 bhaya(恐懼)構成依主釋複合詞,“對夭死的恐懼”,按照梵語經典語法,名詞性複合詞的前詞不會發生格位變化,這從平行的例子中也可以得到印證,在 akālamṛtyubhaya 前後還有 aśanibhaya(對電光的恐懼)、nāgabhaya(對龍的恐懼)等詞,它們的前詞 aśani、nāga 都没有發生形態變化。因此,我們恐怕只能從漢語方面尋找原因。按理來説,對譯梵語 tyu 這樣的音節,至少有兩種可能的辦法,一是用端母字和主元音是 u 的三等韻二合的辦法,例如不空用“底庾二合”對;二是直接用聲母是端母、韻母是主元音爲 u 的三等韻的字對。宋遼時期,知組和端母已經分化開來,分化的條件是知組通常和二三等韻相拼,端母通常和一四等韻相拼,也就是説,慈賢時代和三等韻相拼的舌音字都無法繼續保留舌尖音的讀法,而梵語中舌尖、捲舌兩套舌音是分開的,爲了對出這種分别,慈賢只能選擇端母模韻字,優先照顧聲母和主元音。

6. 流攝

6.1 侯韻系:耨對 u,母對 ū。

7. 效攝

7.1 宵韻系:矯對 au。

7.2 豪韻系:掃對 au,冒對 o。

“冒”對 o 只出現一次,“冒地薩怛吠二合”對 bodhisattve(菩薩,單數依格),這恐怕是沿襲舊譯。雖然這部經裏效攝字出現很少,但全都對梵語的 au,没出現對 o 的情況。尤其值得注意的是,咒語部分出現了 mohana(迷妄),不空用“冒引訶曩”對,慈賢用“謨賀拏”對,可見他認爲用模韻字“謨”對 mo 要更合適,而用效攝字就不能準確地對出梵語音。

8. 深攝

8.1 侵韻系:淫對 īṃ,吽對 uṃ,禁對 um。

9. 咸攝

9.1 覃韻系:鞥對 āṃ,唵對 um、oṃ。

合韻:颯對 ap。

9.2 談韻系:三對 am,擔囕攬對 āṃ。

9.3 鹽韻系:染對 āṃ,琰對 yāṃ。

9.4 咸韻系:喃對 āṃ、aṃ。

9.5 銜韻系:釤對 āṃ。

9.6 嚴韻系:劒對 aṃ。

10. 臻攝

10.1 真韻系:牝親印對 in,緊對 iṃ,噒對 iṃ,寅對 īṃ,隣對 en。

質韻:悉對 id,畢對 it、iś,唧對 it,喋對 ṛt、ṛg、ṛṣ,室對 ir。

10.2 術韻:聿對 ubh。

10.3 文韻系:吻對 aṃ。

10.4 魂韻系:頓對 uṇ,�對 ām。

没韻:没對 ud,嗢對 ud、ul。

“唧”《廣韻》注兩個音：資悉切和子力切，分屬質韻和職韻，在這部經中“唧”對 it 和 ik。慈賢用“哰嚩底”對 revatī（奎宿），不空用“囇引嚩底”来對，“囇”是霽韻字，主元音對 e 合適。除此之外，這部經中“哰”主元音全部對 ṛ，有時也用它單獨來模擬梵語的 r 音，例如“娑嚩二合悉底二合哰”對 svastir（吉祥，單數主格）。這裏暫時作爲例外處理。魂韻系字主元音一般對 u，這裏“哢”可能是“噼”字之訛①，“噼”是薆韻字，對 ām 合適。慈賢月“嗢拏麽二合娜”對 unmāda（迷醉），“拏”讀泥母或娘母音，與“嗢”的的塞音尾-t 發音部位相同或相近，發音更加便利。

11. 山攝

11.1 元韻系：挽對 an。

月韻：羯對 aṭ。

11.2 寒韻系：嬾散對 an，讚對 aṇ。

曷韻：薩對 aś、ar，割對 as，沫達對 ar，怛對 ath，捺對 ap，喝曷喇對 at，蘖對 ar、adh、at。

11.3 桓韻系：半對 an、añ，滿對 an。

末韻：鉢撥對 at，鉢對 ad，發對 aṭ，沫對 ar、al。

11.4 黠韻：殺對 a。

11.5 山韻系：鏟對 āṃ。

11.6 仙韻系：演對 yaṇ，謇對 āñ，巘對 an。

薛韻：設對 at。

“殺”《廣韻》收有二音：所拜切，生母怪韻；所八切，生母黠韻。這裏取黠韻音，具體討論參見下文。

12. 江攝

覺韻：藐對 yak。

13. 宕攝

13.1 阳韻系：餉穰對 aṃ。

藥韻：斫對 ak，藥對 aḥ、ak。

13.2 唐韻系：曩對 am、ān、a，莽剛對 aṃ。

鐸韻：薄諾惡[口惡]咯對 ak。

慈賢用“咯捺囉二合”對 raudra（凶恶），不空用“嘮引娜囉二合”對，“嘮”是效攝字，主元音對 au 合適。關於“咯”的具體討論參見下文。

14. 梗攝

14.1 昔韻：蹡對 ik。

14.2 青韻系：顊對 i、īṃ、e，甯寧對 e。

15. 曾攝

15.1 蒸韻系：孕對 iṃ。

職韻：唧對 ik。

按照《大正藏》所附梵本，“孕”也對過 yuṅ，出現在以下兩種情況。第一，在 mahāpratyuṅ

① 感謝匿名審稿專家向筆者提示這一點。

giraṃ等形式裏，它們的語幹都應該是 pratyuṅgira，但字典中没有查到這個詞，簡豐祺（2007：6）譯作“庇護者”，未知何據。于闐文本提供了另外的寫法，例如 mahāprrattyagarā（S. 2529）、mahāprratyaṃgarā（Ch. c. 001）等。由此我們推測正確的形式應該是 mahāpratyaṅgira，由 mahat（大）和 pratyaṅgirā（女神名）構成的持業釋複合詞，末詞的 ā 縮短爲 a。一是在 sarvāṅgapratyuṅga 這個詞裏，簡豐祺（2007：21）譯作“一切肢體”，sarvāṅga 義爲“一切肢體”，pratyuṅga 這個寫法同樣不能解釋。同樣 pratyuṅga 是 pratyaṅga 的訛誤，pratyaṅga 義爲“肢體”，那麽 sarvāṅgapratyaṅga 就可以譯爲“所有身體及肢體”，aṅga 指身體這個整體，而 pratyaṅga 則具體指身體的各個部分。綜上，“孕”對應的正確形式是 yaṅ。

15.2 登韻系：鄧僧對 aṃ。

德韻：塞對 ak，得對 aś。

16. 通摄

16.1 東韻系：懵對 a(k)。

屋韻：穆對 uk、ukh。

慈賢用“鉢納懵二合契”對 padmaka（蓮花者），這可能是爲了發音更加順暢，在 ma 和 kā 之間滋生出一個與 k 同部位的鼻音，讀成 padmaṅkā。不空用“懵矒懵儚”對 maṅ可以佐證這個解釋。

二　主元音對音情況討論

1. 果假攝

果攝字和假攝字在對音上看不出分别。按照《韻鏡》《七音略》等早期等韻圖，果攝的歌韻是一等獨韻，戈韻是一三等同韻；假攝的麻韻是二三等同韻。果攝歌戈韻字集中對 a、ā，戈韻系字以唇音字居多，這是因爲歌韻系不與唇音聲母相拼。由於歌韻系不拼知照系聲母，因此慈賢用麻韻二等的“灑”對ṣā，麻韻三等的“舍”對śā。按照漢語語音史的發展，可能在南宋時期，麻韻的二三等開始發生了分化，二等字演變到《中原音韻》的家麻部，三等字演變到《中原音韻》的車遮部，但慈賢對音似乎並没有反映出這種變化。唐作藩（2011：137）提到，宋代歌韻的“他”字也轉到麻部，如北宋毛滂《西江月》詞以“花霞下家他”爲韻。雖然慈賢用“他”對 ā，和麻韻字的對音表現没有什麽差别，但是在唐代“他”就和麻韻字一樣、可以同時對 a，因此慈賢對音無法作爲“他”轉入麻韻的證據。

2. 止蟹攝

魯國堯（1991）對兩萬多首宋詞的用韻進行了研究，認爲北宋時期（包括兩宋之交）中原地區文人的詩詞用韻可以歸納爲 18 部，其中《廣韻》支脂之微齊祭廢韻、灰韻及泰韻的少數字合爲支微部，咍皆佳夬韻及灰泰韻的多數字合爲皆來部。以此爲參照，我們來看慈賢對音中止蟹攝字的情況。

止攝字絶大部分對 i/ī，“哩”對ṛ，發梵語的ṛ音時舌尖在口腔中快速顫動，帶有 i 的餘韻。有個别字對 e，但可以從梵語方面得到解釋。微韻字只有一個“尾”字，主元音也對 i。可以看出，此時止攝的支脂之微四韻已經混同。

大約在北宋，《切韻》支脂之韻系的精組字形成一個新的韻部資思部，這也是現代北方話舌尖前元音[ɿ]的來源(唐作藩,2011:135),這條語音變化規律有個例外,上聲紙韻和止韻的心母字因爲避免同旨韻的“死”同音而仍然保持着細音,没有變成 ɿ。就這部經來看,出現在對音中的支脂之韻系精組字只有“枲”,共出現兩次,都對 si,“枲”屬於韻母不變舌尖元音的那類,現代漢語普通話讀成[ɕi]:pāṇḍaravāsin̄ṃ(具白衣者,單數業格),慈賢用“半拏囉嚩枲韈”對;sīmābandhaṃ(斷界,單數業格),慈賢用“枲麼滿鄧”對。梳理慈賢所譯的九部佛經中的用字,我們發現除了“枲”外没有其他任何精組止攝字,這固然有可能是因爲材料有限,但聯繫語音史演變的大勢,我們推測在慈賢時代舌尖前元音或許已經産生,而梵語中没有這類音,因此止攝精組字幾乎不出現,而“枲”主元音仍然讀成 i,可以對梵語的 si。沈鍾偉(2006)通過分析契丹小字材料中的漢語借詞,認爲在遼代舌尖元音已經産生,其聲母涉及到了精組和照組,只不過其時舌尖元音的發展格局比較複雜,不像《蒙古字韻》或《中原音韻》表現得那様規整。沈先生的意見似可爲我們的結論提供一些旁證。

總的來看,蟹攝字的對音情況與不空很接近。四等齊韻系字幾乎全部對 e,只有“底體”對過 i、ī、y(<i),這可能是因爲止攝都是三等韻,與其相拼的舌音字是知組,此時讀成捲舌音(“地”是例外),因此在對梵文 ti、thi 之類的音節時,借用四等齊韻字,同時也説明,齊韻系字和止攝字主元音相差不遠。由於《白傘蓋陀羅尼》裏佳、灰、咍韻系及祭廢韻字出現較少,我們把慈賢譯的其他幾部經也納入考察範圍(林家妃,2014;向筱路,2015),把這幾個韻的對音情況整理如下:(佳韻系)“曬妳”對 e;(灰韻系)“佩”對 ai;(咍韻系)“載”對 e,“倍”對 ai;(祭韻)“曳”對 ye,“際勢藝”對 e;(泰韻)“帶”對 ai;(廢韻)“吠”對 i、e、ai。總體上看,祭廢韻字主要對 e,和齊韻系字相類,表明三四等讀音更接近,或者進一步結合語音史發展的趨勢來看,有可能它們已經合流了;灰咍泰等一等韻更多地是對 ai,説明開口度更大;而佳韻系字無一例外用來對 e,恐怕説明它和一等韻讀音有别。

3. 遇流效攝

遇攝字對梵語的 u、ū、o,其中魚虞韻系字大部分對 u、ū,較少對 o,而模韻系字則對 o 的情況更多一些,這可能是因爲魚虞韻系都是三等,而模韻系是一等,由於三等介音 i 的作用,而對舌位更高的 u、ū。流攝只有兩個侯韻系字出現在對音裏,對 u、ū。值得注意的是,遼代的詩文用韻裏有個别尤侯韻唇音字同魚模韻相押的情況,例如王曉《耿崇美墓誌》“語許母宇”(張建坤,2010),這裏慈賢也用“母”對 ū。但是梵漢對音的資料表明,在唐代流攝就已經複音化(劉廣和,2002:67),結合後來讀音的演變情況,我們還是認爲流攝主元音不當是 u,而應該是個複合元音,很可能就是 əu。效攝字也出現得很少,對梵語的 o、au,表明它的開口度要更大一些,而且一等豪韻系字和三等宵韻系字的對音没有什麽差别,結合後來語音的演變情況,我們推測它們或許已經合流了。

4. 深攝

深攝只有侵韻,雖然《韻鏡》將其標爲合口,但學者們通常認爲它應該是開口韻。出現在對音中的侵韻字只有區區三個,但主元音的對音表現却分爲兩類:“淫”對 ī,“禁吽”對 u。

不空對音中,梵語的 an 用山攝開口一等字對,和唇音聲母相拼的 an 用山攝合口一等字對,in 用臻攝開口三等字對,un 用臻攝合口一等字對,im 用深攝開口三等字對,那麽由臻、山攝的對音情況類推,梵語的 um 應該用深攝合口一等字對,但是深攝并没有合口一等韻。俞敏(1984:298—299)發現後漢三國時期有侵部字對出梵語 u 的情況,例如“金”對 kum,“曇”對 dun,“三”對 sum,同時俞先生結合藏語同源詞和現代漢語方言材料,認爲那個時候閉口可以由 u 作爲主元音。劉廣和(2002:68)發現不空對音中也有侵韻系字對梵語 um 的例子，結合俞敏先生之前的看法，劉先生認爲由後漢到盛唐侵韻有合口呼。這裏慈賢"禁吽"主元音對 u，是慈賢所據漢語語音中侵韻也有合口呼呢，還是音近替代，又或者只是單純存古、沿用前代經師譯法呢？我們認爲，後兩種可能性較大。其一，根據邵榮芬《切韻研究》，《切韻》音系閉口九韻系(邵先生把嚴韻系和凡韻系合併)都是開口韻，没有合口，那麽就只能選擇開口韻字來對梵語 um 之類的音節。其二，不空譯音中"禁吽"都對過 um。而要説遼代漢語語音系統中侵韻也有合口呼，似乎没有其他的證據。

"吽"是漢語中固有的字，最早見於《漢書・東方朔傳》："令壺齟，老柏涂，譯傴亞，狋吽牙。"顔師古注："吽音五侯反。"可見表示"狗争鬥聲"義時讀疑母侯韻。後來在佛經翻譯中"吽"專門用來對梵語的 hum。慧琳《一切經音義》卷三十五："𤘽吽，兩字音一種於胷喉中牛吼聲即是，亦難爲音脚也。"慧琳之所以説"難爲音脚"，而改用描摹的方式來對這個音説明，我想恐怕是因爲當時漢語中缺少深攝合口一等這個音節，所以他没法用反切給"吽"注音，也不能造"切身字"。

5. 咸攝

儘管中古的咸攝所含韻系多，但在慈賢對音中的表現却比較單純，主元音幾乎全對 a、ā，這表明咸攝内部讀音應該是相同或很接近，魯國堯(1991)歸納的宋詞韻 18 部中有監廉部，包含《廣韻》的覃談咸銜鹽嚴添凡諸韻。咸攝内有兩組重韻，即一等的覃韻系和談韻系、二等的咸韻系和銜韻系，但對音上並没有明顯的差别。鑑韻"釤"對 āṃ，咸韻"喃"對 āṃ、aṃ；"唵"在佛經中復現率極高，且含義殊勝，容易保存古讀，因此它主元音對 u、o，而不對 a、ā。

6. 山攝

和咸攝情況相似，山攝儘管所含的韻系較多，但對音表現却比較單純，主元音對 a、ā。魯國堯(1991)歸納的宋詞韻 18 部中有寒先部，包含《廣韻》的寒桓删山元先仙韻。山攝内有一組重韻，即二等删韻系和山韻系，這裏産韻的"鏟"對 āṃ，黠韻的"殺"對 a，看不出明顯的差别。

7. 臻攝

臻攝所含的韻系也較多，依開合可分爲兩類(舉平以賅上去入)：真臻欣痕爲開口，諄文魂爲合口，其中真韻系内有少量合口字，這是《廣韻》在開合分韻時造成的。出現在慈賢對音中的真韻系字都是開口，主元音對 i、ī、ṛ，有一個字對 e，總體上是 i 音色爲主。

而諄韻系、文韻系、魂韻系等合口字的對音呈现一分为二的情况：唇音字主元音對 a、ā，非唇音字主元音對 u。這是因爲文韻系和魂韻系都讀合口，而合口介音 u 容易被唇音声母吞掉，因此唇音字對音时只對出主元音 a、ā，而非唇音字还能够對出 u。

8. 曾梗通攝

出現在對音中的曾攝和梗攝字數量不多。曾攝字只出現兩個，"孕"和"唧"主元音對過 i，按照上文分析，"孕"還對過 yaṅ，而之前我們也説過，梵語的短 a 並不是個十足的[ɑ]音，而是舌位偏央的[ə]或[ʌ]。漢語中古音系的構擬一般把曾攝主元音擬作[ə]，慈賢的對音材料與這個結論不矛盾。梗攝字主元音對過 i、ī、e，仍是以 i 音色爲主。魯國堯(1992)的研究發現，宋詞韻中曾梗兩攝已經合併爲一部，慈賢的對音材料也顯示了這個演變。

出現在對音裏的通攝字也很有限，主元音一般對 u，"懵"主元音對 a 已經在上文解釋過了。魯國堯(1992)歸納的宋詞韻 18 部裏有東鍾部，包括《廣韻》東冬鍾韻。

9. 江攝

江攝本來字少，出現在對音中的更是鳳毛麟角，只有“藐”對 myak。宕攝字出現較多，主元音對 a、ā。魯國堯(1992)歸納的宋詞韻 18 部裏有江陽部，即包括宕、江二攝。

“藐”對 myak 在後漢三國就已經出現(參看俞敏，1984：316)，以後在歷代譯經中它幾乎都司職對 myak。“藐”字古音一般歸入藥部，《廣韻》“藐”注兩音：亡沼切，小韻三等；莫角切，覺韻二等。這兩個音都與上古藥部有發展關係，但它們都無法同 myak 嚴格對應上。那慈賢譯經中用“藐”對 myak，是純粹沿襲古譯嗎？

《切韻》音系的江韻(舉平以賅上去，下同)大部分字在先秦和鍾韻字、東韻一等字歸東部，江韻的小部分字歸入侵部(戰國時期這部分字和冬韻字以及東韻三等大部分字獨立爲冬部)，覺韻也相應地歸入屋部和覺部。魏晋南北朝時期江韻和冬韻、鍾韻合爲一部，相應地覺韻和沃韻、燭韻合爲一部。到了隋唐，江韻獨立出來，王力先生把江韻的主元音擬成 ɔ，和東韻 o、冬韻 u 相近(參看王力，1987)。從詩文用韻材料看，隋代開始江攝字就有和宕攝字押韻的現象，釋真觀《夢賦》押“昌揚雙囊梁房堂鏘芳”，釋僧燦《信心銘》押“惡覺縛著錯惡酌捉却”。韻書、韻圖材料也反映出江攝和宕攝語音相近而合流的現象，裴務齊正字本《刊謬補缺切韻》把陽唐韻列在江韻之後，宋代《切韻指掌圖》《四聲等子》把江韻排在陽唐韻二等的位置。遼代韻文中也有零星反映這種變化的例子，楊佶《秦晋國大長公主墓誌》：“繡題有章，粉田易疆。賦廣逾斂，謙尊益光。趙魏秦晋，亢六邦兮。”“邦”《廣韻》屬江韻，與陽韻“疆”、唐韻“光”押韻。由此可見，隋唐宋遼這個時間段内，江攝讀音與宕攝相近。劉廣和(2002：72)根據不空譯音材料擬測的八世紀長安音中江韻主元音是[ʌ]，唐韻是[ɑ]，阳韻是[a]，主元音相近。

回過頭來再看慈賢用“藐”對梵語 myak 的問題，恐怕也是有實際語音基礎的。當時漢語中没有主元音能與梵語 a 對應的常用明母三等入聲字。由現有材料來看，慈賢譯音中果假咸山江宕曾攝的字主元音都可以對梵語的 a，但果假攝都是陰聲韻，咸山攝的入聲不收-k尾，宕攝鐸韻没有開口三等，藥韻没有與明母相拼的字，曾攝德韻是一等，職韻雖然是三等，但《廣韻》明母職韻只有一個“窨”字，比較生僻，《集韻》雖然收字“務從該廣”，但這個音韻地位的字也只有“窨”一字。那麼只剩下江攝的覺韻了，雖然覺韻是二等，但主元音、開合、韻尾都能與 myak 對應，而且“藐”對 myak 古已有之，人們也容易接受，那恐怕在介音上就只能將就了。

10. 宕攝

現代北京話中存在文白異讀，主要集中在中古收-k 尾的入聲字上，宕江攝入聲藥鐸覺韻字讀書音爲 ɤ、o、uo、ye，白話音爲 au、iau(耿振生，2003：57)。這種現象至晚在邵雍《皇極經世·聲音倡和圖》中已經有反映。雅洪托夫(1980/1986：189)指出，“邵雍的圖表有一個明顯不屬於洛陽方言而屬於北京方言的特點：《切韻》很多收-k 韻尾的入聲字，在圖表中跟其他聲調帶二合元音的字有關”，例如覺韻“岳”配“刀早孝”，鐸韻“霍”配“毛寶報”，“對此只能有一個解釋：在邵雍的方言中，過去有-k 韻尾的字實際上已改讀二合元音”。高曉虹(2001：39)由此進一步认爲這些材料“主要反映了當時的入聲字讀音和今北京話的白讀基本一致，但都没有表現出文讀音存在的痕跡。這説明，那時可能還没有産生類似於今天的文白異讀。不過也可能是因爲這兩種材料記録的入聲字太少的緣故”。而到了《中原音韻》，中古宕江攝入聲字就成系統地併收在蕭豪和歌戈兩韻。

在這部經中,宕攝入聲字的對音表現可以分爲兩類:絶大多數對 ak,表明這些入聲字仍然保留了塞音尾,具體見下文討論。"咯"字兼對 ak 和 au,對 ak 兩次,對 au 一次。這可能表明當時"咯"字已經發展出 au 的白讀音,《中原音韻》中"落洛"等字兩收於歌戈和蕭豪韻的"入聲作去聲"中。宕攝入聲字對 au 只有一例,可能是因爲它是白讀音,不够雅正,因此在譯音中使用很少,也表現出詞彙擴散式音變的特徵。如果這個推斷不錯的話,我們可以進一步認爲至晚在慈賢譯音中宕攝入聲字已經産生了類似於今天北京話的文白異讀,同時也可以看出慈賢譯音反映的音系特點與今天北京話具有比較强的共性。

三　介音對音情況討論

一、二等韻開口字没有介音,合口字主元音對 u,目前没見着有對 v(<u)介音的例子。

止攝三等字主元音一般對 i,其他攝的三等字可以對出 y(<i)介音,或者主元音對 i/ī,例如麻韻系開口三等"野夜"對 ya、"也"對 yā,鹽韻開口三等"演"對 yaṇ,侵韻開口三等"淫"對 īṃ。如果該韻有重紐的對立,則一定選擇重紐四等來對含有 i/ī 的音,例如支韻系"弭、只"對 i,脂韻系"比、呬"對 i,真韻系"牝"對 in、"緊"對 iṃ。劉廣和(2002:217)認爲這是因爲"重紐四等的主元音 i 音色比重紐三等的更强"。

出現在對音中的四等字數量有限,蟹攝四等齊韻系全部對 e(端組字對 i 前文已作出解釋),四等青韻系字"顭"對 i,慈賢譯的《梵本般若波羅蜜多心經》中山攝四等屑韻字"涅"對 ir。看來四等字應該有一個 i 介音,不空、天息災和施護譯音材料也反映出四等字存在 i 介音。

見組和章組的三等字往往不對出 i 介音,主要是因爲梵語中 c 組輔音讀成舌葉音,和元音相拼時容易滋生出 i 介音,而 k 組輔音在有些方言中發音部位靠前,也容易滋生出 i 介音,滋生出的 i 不會寫在文字上,在對音中也就没法直觀顯現出來。研究梵漢對音的學者已經注意到了這種現象並進行了解釋(施向東,2009:45),讀者可以參看相關論述。

四　韻尾對音情況討論

1. 入聲韻尾

入聲韻尾的弱化直到消失是漢語語音由中古向近代演變中的一項重要變化,通過這一時期的對音材料來研究這個問題是一个好角度。如果同一部佛經有不同時代不同經師的譯本,我們通過排比分析它們的譯音用字,可以比較明顯地看出語音變遷的痕跡,劉廣和(2007)就曾通過比較元代沙囉巴譯《佛説壞相金剛陀羅尼經》和慈賢的異譯本,來分析元代漢語全濁聲母演變的情況。上文曾經説過,《白傘蓋陀羅尼》總共有五個漢譯本,這裏拿慈賢本和《大正藏》中不空本的譯音用字相互比照,考察慈賢譯經中入聲韻尾的狀況。

序號	梵詞	漢義	不空譯本	慈賢譯本
1	sarva	一切	薩嚩	薩囉嚩二合/薩嚩
2	sarve	一切(複數主格)	薩吠	薩哩吠二合
3	saptānāṃ	七(複數屬格)	颯跢引喃	颯鉢哆二合喃
4	garbhā-	子宫、胎	孽婆引	蘗哩婆二合
5	ratna	珍寶	囉哆曩二合	喇怛曩二合
6	duṣṭa	罪惡	努瑟吒二合	訥瑟吒二合
7	vītarāga	離欲	尾引哆囉引誐	尾怛囉二合迦
8	asitā-	黑色的	阿徙哆	阿悉跢
9	aparā	最上	阿跛囉	阿鉢囉
10	gaṇapati	群體的首領	誐拏跛底	誐拏鉢底
11	apasmāra	癲癇病	阿跛娑麼二合引囉	阿鉢娑麼二合囉
12	piśācebhyaḥ	畢捨遮(複數爲格)	比舍引制引弊耶二合	畢娑際毗藥二合
13	ulkāpātabhaya	對流星落下的恐懼	嗚勒迦二合波哆婆耶	嗢勒迦二合播哆婆夜
14	unmāda	迷醉	嗢莽引娜	嗢拏麼二合娜
15	mṛtyu	死亡	没哩二合底庾二合	蜜嘌二合都

我們注意到,梵詞中有些輔音不空譯本是用入聲字的塞音尾來對的,到了慈賢譯本中,則選用專門的漢字來對。例如 sarva 不空用"薩嚩"對,"薩"《廣韻》桑割切,曷韻字,收-t 尾,和梵語的 r 是同一發音部位,因此"薩"可以較爲準確地對梵語 sar,而慈賢有些地方則用"薩囉嚩二合"對,來母字"囉"專對 r。第(2)—(4)例是同樣的情況。這應該反映出慈賢時代"薩"字已經没有入聲韻尾,因此只能用專門的字來對出梵語中的 r。此外,不空譯本用陰聲韻字對的梵語音節,慈賢有的地方改用入聲字對。例如 ratna 不空用"囉哆曩二合"對,"囉"是來母歌韻字,對 ra 若合符節,而慈賢改用"喇怛曩二合"對,"喇"是曷韻字,有-t 尾,我們當然可以認爲慈賢的音節切分法是 rat-tna,"喇"對的是 rat,仍然是規則對應。但是還有一些地方似乎就不能這麼理解了,例如 duṣṭa 不空用"努瑟吒二合"對,"努"是泥母姥韻字,對 nu 合適,慈賢改用"訥"字對,有-t 尾,嚴格意義上來説和梵詞中下一個輔音 ṣ 不屬於同一發音部位。又如 unmāda 不空用"嗢莽引娜"對,"嗢"是入聲字,收-t 尾,和梵語 n 發音部位一致,可能是爲了發音便利,選用"嗢"來對 u(n)。這個詞慈賢改用"嗢拏麼二合娜"對,用娘母字"拏"專對梵語的 n,如果此時説"嗢"還有入聲尾-t,似乎就顯得有些累贅了。

此外值得注意的是,慈賢譯的《白傘蓋陀羅尼》中,"殺"只出現在"佩殺尔野二合"中,《大正藏》所附悉曇梵本中對應的詞是 bhaiṣaijya,意思是"藥",不空用"借殺上爾耶二合"對譯,但是正梵文的詞形應該是 bhaiṣajya,于闐文本 S. Ch. c. 001 和 S. 2529 都寫成 bhaiṣa-,由此可見《大正藏》梵本寫法有誤或者另有所本。"殺"《廣韻》收二音:怪韻音和黠韻音,兩讀具有别義的作用,因此不空用"殺"對 ṣai 非常合適,是取怪韻讀法。這裏慈賢不是按照《大正藏》梵本記録的 bhaiṣaijya 來進行對音,而應該是正梵文的 bhaiṣajya,"殺"對 ṣa,是取黠韻音。現代漢語普通話"殺"讀 shā,即源自它的黠韻讀法。《中原音韻》"殺"入家麻韻,也表明它的主要元音是 a。因此慈賢用"殺"對 ṣa,表明在遼代"殺"的黠韻讀法占據上風,怪韻一讀甚至可能已經從口語中消失,同時黠韻的入聲韻尾有脱落的情況。

綜合起來看,我們初步認爲慈賢譯經反映的漢語音系中入聲韻尾有弱化的情況,主要是-t尾和-p尾,但可能還没有完全消失,因爲在咒語中仍舊有"薩嚩"對sarva的現象。目前尚未見到收-k尾的入聲字出現在上述兩種情況中,估計-k仍舊保存得比較完好,有一條證據可以佐證這個觀點。梵詞rākṣa(羅刹),不空用"羅引乞刹二合"對,慈賢用"喀乞灑二合"對,"喀"應該是專爲譯經造的字,"洛"加口旁對譯梵語的r,《龍龕手鏡·口部·入聲》:"喀,音洛。""喀"字較爲生僻,如果此時-k尾的讀法已經完全消失,慈賢没有必要仍然選用它來對,而應該像不空那樣直接用一個主元音爲a的陰聲韻字或常見入聲字對。有不少學者曾根據遼代的韻文材料來研究當時的漢語語音,關於入聲韻,他們一般都認爲口語中入聲韻字已經有向舒聲韻字轉變的現象,但當時應該還存在獨立入聲(參看魏建功,1936/2012;黎新第,2009;張建坤,2010等),這和慈賢譯經材料反映的信息並不矛盾。

林家妃(2014:112)通過對慈賢所譯的四部佛典中的譯音用字考察後認爲舌頭塞音尾和舌根塞音尾大抵還保有分别,而雙唇塞音尾可能已經消變。她采取的辦法是考察每一個入聲字所對應的梵語音節,儘管這樣做勢必涉及到音節切分的問題,某些情況下可能會出現操作上的麻煩,但總體上來説可以爲我們展現當時入聲韻尾的面貌。結合本文的研究,我們推測在慈賢時代-p尾和-t尾弱化得比較嚴重,-k尾相對保存得較爲完好。這也可以同利用傳統材料得出的結論相印證,魯國堯先生研究宋詞用韻的情況是,中古三類入聲韻在宋代演變融合過程中,一般是收-p尾和收-t尾的向收-k尾靠攏集中,唐作藩先生考察蘇軾的古體詩韻也發現同樣的事實。三類入聲韻尾演變的事實可能先變爲-k,再進一步弱化爲喉塞音(參看唐作藩,2011:139-140)。

同一時期施護和天息災的譯音也反映出入聲韻尾都有不同程度的消變,這可能是方言差異。張福平(1996:309-310)認爲天息災譯音中"入聲韻尾只有收舌頭塞尾尚可分辨,收舌根與收唇音塞音弱化得很嚴重,收舌根塞尾乾脆變成了喉塞音",儲泰松(1996:353)認爲施護譯音中"-k尾、-t尾都已脱落,變爲喉塞音,這樣汴洛方音裏傳統的陰陽入相配整齊的格局就被打破了"。

2. 宕梗兩攝陽聲韻尾消變

這部經中出現的宕、梗兩攝的字不多,現將它們對應的音節即出現的次數統計如下:

宕攝:餉 aṃ(1),穰 aṃ(1),莽 āṃ(1),剛 aṃ(4),曩 am(41)、ān(2)、an(2)、a(3)

梗攝:顊 i(10)、ī(2)、e(1),寧 e(2),甯 e(1)

首先來看宕攝字,"曩"對am全部出現在namo/namaḥ(禮敬)這個詞裏;對ān則出現在-nānāṃ這個結構中,-nāṃ是以a結尾的陽性名詞複數屬格格尾,前面的a拉長;對an出現在duḥsvapnanivāraṇīṃ(去除噩夢,單數業格)這個依主釋複合詞中。這幾種情況的共同點在於劃分音節的時候,m/n既可以算作前一個音節的末音,又可以算成後一個音節的首音,對研究"曩"韻尾是否消變的價值不大。"餉穰莽剛"對過梵語帶隨韻(anusvāra)的音節,而隨韻有時可以使它前面的元音鼻化,那麽這幾個陽聲韻字對的不一定是完全鼻輔音。比較能説明問題的是,慈賢用"左曩"對cana,共有3次,cana是不變詞,讓疑問代詞帶上不變詞的意義,它不會發生變格,而這裏下一個音節也不是以鼻音起首,那麽"曩"只可能對na。由此可以看出宕攝字陽聲韻尾有消變的情況。相比起來,梗攝字要單純得多,出現的字全都没有對梵語的鼻音,陽聲韻尾消變得更徹底。

五 結語

本文對慈賢譯《白傘蓋陀羅尼》的韻母對音進行了細緻分析，認爲它反映的漢語音系具有如下一些特點：舌尖前元音可能已經産生；宕攝入聲字出現文白異讀，並且表現出詞彙擴散式音變的特點；中古的重韻混同；三等字和四等字都有 i 介音；入聲韻尾有弱化現象，不過-k 尾保存得較爲完整。這些應該是 11 世紀北方幽燕地區的實際語音現象，可以與傳統材料相互印證。

不過慈賢譯經反映的漢語音系中也有存古的因素，突出表現在宕梗兩攝陽聲韻尾的消變。通過上文分析，我們可以看出慈賢對音中反映出的宕梗兩攝字韻尾消變的情況和不空譯經完全一致，這種一致性不僅體現在這兩攝的韻尾都有消變的現象，也體現在梗攝字比宕攝字韻尾消變得更徹底(劉廣和，2002：60—61)。並且，除了"餉"之外，其他的對音字都在不空譯經中出現過。這恐怕是慈賢譯經承襲不空譯經音系的一個表現，因爲在反映遼代音系的其他材料中並沒有發現這種現象，而且今天幽燕地區的方言中也沒有中古宕梗攝字讀成陰聲的情況。這提示我們在利用歷朝僧人尤其是唐代以後的譯音材料研究漢語語音時，需要進行層次剥離的工作，將由於宗教因素造成的存古現象剔除出去，儘量找出能够反映時音的材料，這不僅能使我們利用譯音對勘法研究漢語語音史變得更加精密、科學，也可以爲中國佛教史的研究提供一些綫索。

參考文獻

[1]儲泰松. 施護譯音研究[M]//謝紀鋒，劉廣和主編. 薪火編. 太原：山西高校聯合出版社，1996：340-364.

[2]高曉虹. 北京話入聲字文白異讀的歷史層次[J]. 語文研究，2001(2)：38-45.

[3]耿振生. 北京話文白異讀的形成[M]//語言學論叢(第 27 輯). 北京：商務印書館，2003：56-68.

[4]簡豐祺. 古梵文佛教咒語全集(2007 修正版)[M]. 臺北：財團法人佛陀教育基金會，2007.

[5]林家妃. 慈賢音譯梵咒所反映的漢語音系[D]. 桃園：臺灣"中央"大學，2014.

[6]黎新第. 在遼代石刻韻文中見到的遼代漢語語音[J]. 古漢語研究，2009(1)：2-7.

[7]劉廣和. 音韻比較研究[M]. 北京：中國廣播電視出版社，2002.

[8]劉廣和. 元朝指空沙囉巴梵漢對音初釋[M]//耿振生主編. 近代官話語音研究. 北京：語文出版社，2007：109-121.

[9]魯國堯. 論宋詞韻及其與金元詞韻的比較[M]//中國語言學報(第 4 期). 北京：商務印書館，1991：125-158.

[10]沈鍾偉. 遼代北方漢語方言的語音特徵[J]. 中國語文，2006(6)：483-498.

[11]施向東. 音史尋幽——施向東自選集[M]. 天津：南開大學出版社，2009.

[12]唐作藩. 漢語語音史教程[M]. 北京：北京大學出版社，2011.

[13]王力. 漢語語音史[M]. 濟南：山東教育出版社，1987.

[14]魏建功. 遼陵石刻哀册文中之入聲韻[M]//魏建功語言學論文集. 北京：商務印書館，2012：109-118.

[15]向筱路.《梵本心經》不空和慈賢譯音的比較研究[M]//雛鳳集(卷 2). 北京：中國人民大學出版

社,2015:446-459.

[16]向筱路. 慈賢譯《一切如來白傘蓋大佛頂陀羅尼》聲母對音研究[M]//中文學術前沿(第十一輯). 杭州:浙江大學出版社,2018:146-155.

[17]雅洪托夫. 十一世紀的北京語音[M]//漢語史論集,北京:北京大學出版社,1986:187-196.

[18]俞敏. 中國語文學論文选[M]. 東京:光生館,1984.

[19]張福平. 天息災譯著的梵漢對音研究與宋初語音系統[M]//謝紀鋒,劉廣和主編. 薪火編. 太原:山西高校聯合出版社,1996:264-339.

[20]張建坤. 遼代詩文用韻新考[J]. 福建教育學院學報,2010(6):95-99.

A Transcriptional Study on the Finals of *Sitātapātradhāraṇī* Translated by Ci Xian in Liao Dynasty

Xiang Xiaolu

Abstract: Cí Xián (慈賢) is a monk in Liao Dynasty who translated several Tantra sutras. Thus, by analyzing his transcriptional corpus, we can observe some Chinese phonological features in Liao Dynasty. On the basis of Xiang (2018), in this article we continue our study on the finals of *Sitātapātradhāraṇī*(白傘蓋陀羅尼) translated by Cí Xián, and the main conclusions are as follow: Apical dental vowel [ɿ] may have appeared; there is a literary vs. colloquial distinction in *rùshēng* (入聲) rhymes of Dàng rhyme group (宕攝); the Middle Chinese *chóngyùn*(重韻) doublets have merged; there is medial-i-both in Division III and Division IV; stop endings of *rùshēng* rhymes have weakened, but the-k ending is better maintained. Due to the religious inheritage and some other reasons, Cí Xián carried on some transcriptional traditions from Amogha(不空) in Tang Dynasty, like the weakening of endings in Dàngand Gěng rhyme groups(梗攝), which reminds us of separating the heterogeneous elements in the research.

Key words: Cí Xián, *Sitātapātradhāraṇī*, Chinese phonology in Liao Dynasty, finals

通信地址:北京市海淀區頤和園路 5 號北京大學老化學樓 205 室
郵　　編:100871
E-mail:xxl_1993@126. com

釋“菱米”

——兼傳世文獻以“菱”記{䴷}校讀例舉*

孫　濤

内容提要　文章通過梳理漢簡中“菱”字的記詞情況,發現其可記{菱}和{䴷}兩個詞。據此,吴簡中的“菱米”應爲“䴷米”即“糲米”,指將粟米初步處理之後的米。同時文章校讀了傳世文獻中數例被誤釋的記{䴷}之“菱”。

關鍵詞　漢吴簡　漢文佛經　校讀　䴷　菱

一

走馬樓三國吴簡常見各類米。其得名原因大體可分爲兩種,一是社會經濟因素,如税米、限米、折咸(減)米、賈米等;二是跟米的質量相關的因素,如新米、故米、雜米、白米等。其中有一種數量較大的“菱米”:

(1) 其一萬六千九百二斛一斗八升九合菱米。(貳 7615)①

(2) 其二萬一千八百卌四斛四斗六升菱米。(肆 4122)

(3) 其一萬四百六十一斛七斗二升菱米。(肆 4862)

(4) 其二千三百六斛[六斗九]升菱米。(肆 4986)

(5) 其八百七十七斛一斗八升菱米。(肆 5007)

《説文・艸部》:“菱,艸。出吴林山。”《山海經・中山經》:“吴林之山,其中多菱草。”郭璞注:“亦菅字。”又《説文・艸部》:“菅,茅也。”陳順成(2010:95)認爲“菱米”可能指代替菱草繳納的米②。陳榮傑(2016:108)認爲“菱米”是臨湘國爲購買菱草所備之米,或可能是類似“柚租錢”之類的土特産税。謝翠萍(2014:198-201,2017:58-59)認爲“菱米”之“菱”通“稴”,“菱,見母元部;秈,心母元部;它們聲近韻同。稴,見母談部。”“稴米”指不黏的稻即秈稻。以上前

* 本文是上海市哲學社會科學規劃課題“基於語料庫的秦漢簡帛用字習慣研究”(2018BYY007)的階段性成果。感謝《漢語史學報》審稿專家和編輯部的寶貴修改意見,感謝張再興師的指導。文中錯誤,皆由筆者負責。

① 例1“菱”原爲“止姦”,據陳榮傑(2016:106)改。

② 該論文未公開,這裏據陳榮傑(2016:107)轉引。

兩種説法皆於文獻無證①,第三種説法"菱"通"穘"不可靠②,因此皆不足信。目前來看,吴簡中的"菱米"還未見合理的解釋,需要重新釋讀。西漢早期的馬王堆一號和三號漢墓遣册有以下三枚簡:

(6) 接麤一兩。(馬王堆一號墓遣册 262)

(7) 右方履二兩、麤一兩。(馬王堆一號墓遣册 263)

(8) 接麤一兩。(馬王堆三號墓遣册 373/392)

朱德熙和裘錫圭(1980:71-72)指出因爲"麤"的形體過於複雜,人們書寫時會僅寫"鹿"字頭部的形似"女"的形體,寫作"姦"。舉乙本《老子》"和其光,同其塵"之"塵"爲例③,並說:"《方言》四'扉、屣、麤,履也'……《説文・艸部》:'蘼,艸履也。'……遣策之'麤'疑指草履。"此説甚是。相關字形,見下表:

詞	鹿	塵	麤			
字						
來源	馬王堆三號墓簽牌 9	馬王堆《老子》乙本 18	馬王堆一號墓遣册 262	馬王堆一號墓遣册 263	馬王堆一號墓遣册 373	五一廣場 646+587

與此相關,東漢中期的五一廣場漢簡見"菱"字:

(9) 有頃欲起,不知菱所在。(五一廣場漢簡(壹)304)

(10) 韋菱二兩。(五一廣場漢簡(貳)409)

(11) 其日,假猛於市賣絲菱一梁(兩),直(值)五百五十。絳直領一,直(值)千。(五一廣場漢簡(貳)646+587)

羅小華(2019:347)引上文朱德熙和裘錫圭的意見,認爲"韋菱""絲菱"即"韋麤""絲麤",指韋製之履和絲製之履,"梁"通"兩",並疑"不知菱所在"之"菱"也是"麤"。從語境來看,此説可信。東漢晚期的東牌樓漢簡也見"菱":

(12) 蔣十五枚、菱[席]一束、莒一籠。(東牌樓漢簡 110)

整理者(2006:116)認爲這裏的"菱"通"菅",如此則"菅席"即茅草編製的席子。陸錫興(2018:322-323)引朱德熙和裘錫圭的意見及《急就篇》"屐屩絜麤",顔師古注"麤,一作藨,平表反",認爲"菱席"即"藨席",意爲藨草之席。我們認爲此説可商。《急就篇》所列皆是鞋名,而"藨"無鞋義。這裏的"藨"是《説文・艸部》"艸履"之"蘼"字訛誤的可能性更大。《禮記・禮器》:"莞簟之安,而稾鞂之設。"鄭玄注:"穗去實曰鞂,《禹貢》:'三百里納鞂服。'"孔穎達疏:"莞簟,今之席也。《詩》云:'下莞上簟,乃安斯寢。'言其細精而可安人也。稾鞂,除穗粒,取稈稾爲席。郊祭不用莞簟之可安,而用設稾鞂之麤席,亦脩古也。""麤席"指用秸稈製作的席

① 按,文獻中常見作爲牲口草料的"芻稿税",但從未見过繳納"菱草"的情況,"代替菱草繳納的米"的説法没有根據。這麼大數量的米僅僅用於購買吴地多見的"藺草"並不合理。

② 第三種説法的音韻標注有誤,"穘"字的上古音爲"來談"(陳復華、何九盈,1987:323)或"匣談"(陳復華、何九盈,1987:326;郭錫良,2010:331)。按,"穘""菱"兩字既非雙聲或叠韻,而且文獻中兩字及其聲符系列字並無通假例證,因此認爲兩字通假並不可靠。"姦""兼"聲系字通假情況分别見白於藍(2017:1220、1401-1403)和高亨、董治安(1989:186、255)。

③ 馬王堆簡帛文字中"姦"之構件"女""妏"上下無别,詳見劉釗(2020:1282)。

子，古代常見這種席子，《史記·范雎列傳》：“應侯席稾請罪。”《漢書·郊祀志》：“其牲用犢，其席稾（稾）稭。”《列女傳·賢明傳·魯黔婁妻》：“枕墼席稾（稾），縕袍不表。”因此“蕟席”除了可能是“菅席”，也可能是“麤席”。

我們知道五一廣場漢簡、東牌樓漢簡和走馬樓吴簡的出土地相當接近①，而且它們的年代相近且連續②。三批簡牘相同的用字現象很多，不煩舉例，再加上我們後文所舉傳世文獻的用例③，綜合來看，吴簡的“蕟米”即“麤米”很符合三國吴的用字現象。漢代文獻見“麤米”，《漢書·食貨志》：“一釀用麤米二斛，麴一斛，得成酒六斛六斗。”居延新簡 EPT40：201“稗（粺）米七斗，麤米一石三斗。”“麤米”又叫“糲米”，《史記·太史公自序》：“糲粱之食。”《索隱》引服虔説“糲，麤米也”。《詩經·大雅·召旻》：“彼疏斯粺。”鄭玄箋：“疏，麤也，謂糲米也。”又：“米之率，糲十，粺九，鑿（糳）八，侍御七。”《説文·米部》：“糲（糲），粟重一秙，爲十六斗太半斗，舂爲米一斛曰糲（糲）。”鄭玄和許慎皆提到了出米率的問題，而漢簡有更爲詳細的介紹。張家山漢簡《算術書》88：“禾黍一石爲粟十六斗泰（太）半斗，舂之爲糲（糲）米一石，糲（糲）米一石爲糳米九斗，糳米【九】斗爲毀（毇）米八斗。”《九章算術·粟米》也有相近文字，“粟米之法：粟率五十，糲米三十，粺米二十七，糳米二十四，御米二十一。”前引鄭玄所言跟《九章算術》的記載相符，而跟《算術書》稍異；不過根據各類米的前後關係，我們基本可以確定“糲米”的情況。剛收穫的帶秸稈莊稼爲“禾黍”，去掉秸稈的帶殼穀米即“粟米”，“糲米”指初步處理之後的穀米，“粺米”等各類米的處理精度各有不同，因此産量各異。與此相關，漢簡和吴簡均見“白米”，敦煌漢簡 713A“唯君月十日莫（暮）到，用白米一斗，雞一。”居延漢簡 335·48：“出白米八升。”走馬樓三國吴簡（壹）1776：“其三百七十二斛二斗白米。”根據傳世文獻記載，《宋書·休佑傳》：“田登，就求白米一斛，米粒皆令徹白，若碎折者悉不受。”“白米”是處理精度很大，質量很好的米，如此其數量也不會大；而剛收穫的粟米，經過初步處理就變成了作爲其他各類米的原材料的“麤米”，因此其數量必然是很大的。綜上所述，我們認爲走馬樓三國吴簡中的“蕟米”即“麤米”，也就是文獻中常見的“糲米”。用“蕟”記{麤}的用字現象不僅見於漢簡和吴簡，還見於傳世文獻；但因爲該用字現象比較特殊，所以在傳世文獻中一直被誤釋。下面我們逐例來校讀。

二

【薪糲】

(13) 故飯薪糲者不可以言孝，妻子飢寒者不可以言慈，緒業不脩者不可以言理。

① 從出土地來看，走馬樓三國吴簡出土點距五一廣場漢簡約 80 米，距離東牌樓漢簡 95 米。詳見長沙市文物考古研究所（2013：4）、長沙市文物考古研究所等（2006：5）。

② 從簡牘年代來看，五一廣場漢簡的時代最早的爲漢章帝章和四年，最晚爲漢安帝永初六年，時代主要爲東漢中期和帝至安帝時期。東牌樓漢簡的時代最早的爲建寧四年，最晚爲中平三年，皆爲東漢靈帝時期。走馬樓吴簡的時代問題比較複雜，應該屬於東漢中平二年至孫吴嘉禾六年這五十多年間的簡牘。詳見長沙市文物考古研究所等（2018：前言）、長沙市文物考古研究所等（2006：前言）、王素（2015：60）。

③ 尤其是三國時期吴國的僧人翻譯的《六度集經》多見記{麤}之“蕟”，詳見下文。

（《鹽鐵論·論誹》）

（14）無者，裼衣皮冠，窮居陋巷，有旦無暮，食薪糲葷茹，臘臘而後見肉。……夫薪糲，乞者所不取，而子以養親，雖欲以禮，非其貴也。（《鹽鐵論·孝養》①）

王利器（1992：307）將"薪"改作"蔬"，並注："'蔬'原作'薪'，今據洪頤煊說校改。盧文弨曰：'"薪"當作"菽"。下同。'案：菽，香草。與此文義不符，盧說不可從。洪云：'"薪"是"蔬"字之譌。《説文》："疋，通也。从爻从疋，疋亦聲。"蔬菜之"蔬"或作"蔬"，故又譌爲"薪"字，俗本音奸，非也。'明初本、華氏本作'茹'。"郭沫若（1985：545）、陳直（1981：185）、盧烈紅和黃志民（2006：216）、陳桐生（2015：253）皆同該説，白兆麟（2012：117）按草義之"菽"解釋。首先，草義之"菽"明顯於義不合；其次，"蔬"字本就不常見，而且說"薪"跟"蔬"相訛是缺乏相關例證的。漢代文獻未見"蔬糲"而常見"麤糲"一詞。《史記·刺客列傳》："將用爲大人麤糲之費。"《正義》："糲，猶麤米也，脱粟也。"《春秋繁露·俞序》："始於麤糲，終於精微。"時代稍後的文獻又見"食麤糲"。《後漢書·伏湛列傳》："謂妻子曰：'夫一穀不登，國君徹膳；今民皆飢，奈何獨飽？'乃共食麤糲，悉分奉禄以賑鄉里。"李賢注："糲，麤米也。"《論語·憲問》："奪伯氏駢邑三百，飯疏食，没齒無怨言。"皇侃義疏："飯，猶食也。蔬，猶麤也。……奪邑之後，至死而貧，但食麤糲以終餘年，不敢有怨言也。"《南齊書·劉繪列傳》："有至性，持喪墓下三年，食麤糲。"《玉篇·米部》："糲，麤糲也。""麤糲"本指麤米，又引申爲麤糧、麤糙等義。綜上所述，我們認爲《鹽鐵論》的"薪糲"本爲"菽（麤）糲"。《鹽鐵論》"飯薪糲""食薪糲"跟"食麤糲"應該是一回事，義爲吃麤糧。後人不識"菽（麤）"，誤將"菽"看作形聲字。《玉篇·女部》："姦，姦邪。奸，俗。"把聲符"姦"誤换爲"奸"，寫作"薪"，該字於義不合，因此後人又改作"茹"或"蔬"。

【菽服】

（15）干將曰："昔吾師作冶，金鐵之類不銷，夫妻俱入冶爐中，然後成物。至今後世，即山作冶，麻絰菽服，然後敢鑄金於山。今吾作劍不變化者，其若斯耶？"莫耶曰："師知爍身以成物，吾何難哉！"（《吴越春秋·闔閭内傳》）

（16）道士誨之，太子則焉。柴草爲屋，結髮菽服，食果飲泉。男名耶利，衣小草服，從父出入。女名罽拏延，著鹿皮衣，從母出入。（三國吴康僧會譯《六度集經·須大拏經》（T3p9a）②）

例15是干將莫邪鑄劍的故事。對於"菽服"，周生春（1997：40）無注，黃仁生和李振興（2009：72）、張覺（2013：70）、崔冶（2019：58）皆認爲是茅草衣。從常理來看，鑄劍時身穿易燃的茅草衣並不合理；從語境來看，古代爲鑄劍成功，可能以人的生命爲代價，因此鑄劍時穿著喪服，而茅草衣跟喪服無關。"麻絰菽服"之"麻絰"是喪禮所用，《説文·糸部》："絰，喪首戴也。"《玉篇·糸部》："絰，麻帶也。"《儀禮·喪服》："喪服，斬衰裳，苴絰，杖，絞帶。"鄭玄注：

---

① 例13、14本同屬《孝養》篇，詳見王利器（1992：307）。

② 該段佛經有異譯本，不過未提供關鍵信息，西秦聖堅譯《太子須大拏經》："道人即指，語太子所止處，太子則法道人結頭編髮。以泉水果蓏爲飲食。即取柴薪作小草屋。並爲曼坻及二小兒，各作一草屋，凡作三草屋。男名耶利年七歲，著草衣隨父出入。女名罽拏延年六歲，著鹿皮衣從母出入。"（T3p421a）本文引用佛經文獻標注格式：T指《大正新脩大藏經》、C指《中華大藏經》，p前爲册數，後爲頁碼，a、b、c指上、中、下欄。

"麻在首在要(腰)皆曰絰。""麻絰"是穿喪服時繫在頭或腰的麻帶。"麻絰"常跟喪服"衰裳"搭配,《白虎通義・喪服》:"喪禮必制衰麻何?……布衰裳、麻絰、箭笄、繩纓、苴杖。"《禮記・喪服》:"疏衰裳齊,牡麻絰,冠布纓,削杖,布帶,疏屨。"喪服"衰裳"是用粗麻布製成的衣服,或稱作"衰麤""麤服",《漢書・王莽傳》:"時武王崩,縗(衰)麤未除。"《漢書・師丹傳》:"時天下衰麤,委政於丹。"顔師古注:"言新有成帝之喪,斬衰麤服,故天子不親政事也。"《後漢書・禮儀志下》介紹喪禮禮儀時,記載"皇帝、皇后以下皆去麤服,服大紅,還宫反廬,立主如禮"。綜上所述,我們認爲《吴越春秋》"荄服"並非茅草衣,而应是"荄(麤)服",指喪服,這跟"麻絰"剛好對應,於義也解釋得通。

例16來自三國時期吴國的康僧會翻譯的《六度集經》①。對於"荄服",蒲正信(2012:81-82)認爲跟上文《吴越春秋》"荄服"的意義相同,皆爲茅草衣。上面我們已經論證《吴越春秋》"荄服"應爲"麤服",這裏的"荄服"釋作"茅草衣"恐怕也不合適。因爲後文明確記載兒子穿草服,女兒穿鹿皮衣。"茅草衣"跟"草服"是一致的,但跟"鹿皮衣"明顯不符。這裏的"荄服"也應是"麤服",指的是麤糙、簡陋的衣服,包括兒子的草服和女兒的鹿皮衣。《世説新語・容止》:"裴令公有儁容儀,脱冠冕,麤服亂頭皆好,時人以爲'玉人'。""麤服"本義即麤惡之衣,因爲常用於喪禮,所以又成爲喪服的專稱。《六度集經》是值得注意的,其譯者康僧會是三國時期吴國的僧人,因此這部佛經跟走馬樓吴簡大體屬於共時材料。與"荄服"相關,中古佛經還見"衣菅""荾衣"。

【衣菅】【荾衣】

(17)齋戒省約,食節衣菅。樹葉爲器,茅草爲席。不畜遺除〈餘〉,無所藏積。……須賴復言:"我自有荾衣,著之甚悦,當用是憂衣爲?"(曹魏白延譯《佛説須賴經》(T12p52b、55b))

(18)食節衣麁,又致供者讓而不受。樹葉爲器,茅草爲席。衣食之餘,輒以轉施,無所藏積。……彼不肯受,而説是言:"止!止!大王!是王所服。所以者何?我自有弊服補納之衣。"(前涼支施崙譯《佛説須賴經》(T12p57b、61b)②)

上兩段文字是來自同一佛經的異譯本。例17"食節衣菅"跟例18"食節衣麁"正相對應。《玉篇・鹿部》:"麁,疏也。本作麤。""衣麁(麤)"義爲穿麤衣。根據兩種異譯本"衣菅"對應"衣麤",若將"衣菅"看成穿茅草衣,這跟"穿麤衣"在意義上的聯繫還是不那麽直接。我們認爲這裏的例17"衣菅"本爲"衣荄(麤)",這跟例18"衣麁(麤)"剛好對應。後人不識"衣荄(麤)"而誤將"荄"看成形聲字,换聲符寫作"菅",也就是"麤→荄→菅"的情況。

例17"荾衣"對應例18"弊服補納之衣",若將"荾衣"解釋作"茅草衣"兩者明顯是不能對應的。我們認爲例17"荾"跟《鹽鐵論》"荾"字的情況應該是一樣的,也是"麤→荄→荾"的情

① 關於《六度集經》的翻譯情況需要特别説明,小野玄妙(1983:37)指出:"六度集經乃僧會從諸經中集録有關布施,持戒等六度行之本生經,並非原有六度集之梵本而加以翻譯者。……此經可謂是一種抄譯經,以其内容一部九十一章而言,小經典乃全文翻譯,其他則似由大部經典抄出翻譯而成,當然無列舉出典。"據此,《六度集經》是康僧會抄譯而成。

② 小野玄妙(1983:37,66)認爲曹魏白延應爲東晋帛延,根據《首楞嚴經》後記,該經實爲"支施崙手持胡本,龜兹王世子帛延傳言"而成。

況。這裏的"䓡(麤)衣"的意義跟例16"麤服"相同,皆指麤惡之衣,這跟"弊服補納之衣"剛好對應。

同時,例17"䓡衣"之"䓡"有異文,中華本作"菅"(C20p583b),大正藏下校勘記:元、明本作"管"(T12p55)。中華本之"菅"即"麤→蕤→菅"的情況。又構件"艹""⺮"形近,所以"菅"又寫作"管";元明本之"管"即"麤→蕤→菅→管"的情況。例18"麄"也有異文,南宋資福藏作"姦",南宋磧砂藏、元普寧藏、明永樂南藏、清藏作"蕤"(C20p575a)。這裏的"蕤"即"麤"。關於"姦"字,從文獻記載來看,西漢早期馬王堆遣册"麤"省作"姦",東漢及之後的文獻皆用"蕤"。中古佛經文獻應該是用"蕤"而不會繼續使用早先的"姦",因此這裏應該是當時人們不識其讀,將"蕤"看作形聲字,"姦"是"蕤"的形近訛字或據音借字。

【蕤薄】

(19) 眼色、耳聽、鼻香、口味,身服上衣,心皆欣懌,不懼乏無也;若施蕤薄,心又不悦。……衣常蕤薄,食未嘗甘。(《六度集經·佛説四姓經》)(T3p12a))

這裏的"蕤薄",趙璇(2014:115)釋作"奸計",這於文義明顯不合。《論語·述而》:"子曰:'飯疏食飲水,曲肱而枕之,樂亦在其中矣。'"皇侃義疏:"孔子麤食薄寢而歡樂怡暢,自在麤薄之中也。""麤薄"意爲粗糙、簡陋。例19"蕤薄"跟《論語義疏》"麤薄"的語境正相關,意義應該相同,因此這裏的"蕤薄"應即"麤薄"。

小結

文獻中實際有記{蕤}和{麤}兩個"蕤"字。前者爲本字本用的形聲字。關於後者的性質,從字形來看,西漢早期馬王堆簡帛中的"麤"字省寫似"姦"字,但是其中的"女"跟當時一般的"女"形體還是有差異的①,東漢中期五一廣場漢簡中的"女"已經寫得跟一般的"女"没有差别了②。據此,我們認爲一開始的"似'姦'字"可以看作"麤"的省形異體字,而由於其形體近"姦"字,人們後來使用時就有可能直接寫作"姦"。那麽爲什麽又寫作"蕤"呢?我們推測有可能是因爲"姦"是常用字,因此後來又綴加"艸"寫作不常用的"蕤",而且後來這一用字現象固定下來,最終"蕤"成了記{麤}的專字。

這一用字現象具有地域性的特徵。從出土文獻來看,馬王堆漢墓遣册、五一廣場漢簡、東牌樓漢簡和走馬樓吴簡皆集中在湖南長沙。可作比較的是西漢中晚期西北屯戍漢簡中的{麤},該詞共8見,皆作"麤"而未見其他字形③。據此,可以説起碼在漢代以"蕤"記{麤}是流行在楚地的用字現象。從文獻分布來看,佛經文獻多見這一用字現象,這應該跟佛經文獻的俗用性相關。相對於其他文獻,佛經文獻更接近社會底層民衆,更能反映當時民間用字現象。本文研討的啟示,正如裘錫圭先生(2015:467-468)所言:"簡帛古籍的用字方法,在傳世

① 馬王堆簡帛文字構件"女"相關形體詳見劉釗(2020:1268)。

② 五一廣場漢簡構件"女"相關形體詳見長沙市文物考古研究所等(2018:310-311)。

③ 居延新簡3例、居延漢簡2例、敦煌漢簡、肩水金關漢簡、懸泉漢簡(壹)各1例。敦煌漢簡822有"粗"字,但該字原圖不清,這裏不做統計。該字詳見張德芳(2013:306)。

先秦秦漢古籍的校讀方面,是具有很重要的作用的。它們能幫助我們解決古書中很多本來難以解決,甚至難以覺察的文字訓詁方面的問題。而且一種用字方法的啟發,有時能幫助我們解決一系列問題。所以在校讀傳世先秦秦漢古籍的工作中,對簡帛古籍的用字方法必須給予充分的重視。"除此之外,我們認爲秦漢簡帛文獻和中古佛經文獻雖然時代和性質不同,但語言文字具有歷時延續性。秦漢簡帛文獻可能有後世用字現象的源頭。通過溯本求源,簡帛文獻對中古佛經文獻的正確釋讀也具有不可忽視的作用。

補記:劉釗先生《讀書叢劄》(《出土簡帛文字叢考》,臺灣古籍出版有限公司,2004年,第230—231頁)早已指出《吴越春秋》"叕服"當爲"麤服",並釋爲"麤布之衣"。本文相關論證未引此説,實屬嚴重過失。不過,劉先生未將"麤服"跟"喪服"相聯繫,本文相關論證應該可以看作劉先生意見的補證。另外,伊强先生在2020年12月13日的訪談中也提到吴簡"叕米"和《六度集經》的"叕薄"之"叕"應爲"麤"的問題(微信公衆號"古文字微刊"之"出土文獻與古文字研究青年學者訪談059:伊强")。本文在2019年10月26日投稿,2020年11月26日定稿,跟伊先生的意見應該算是偶然重合。

徵引書目

西漢・司馬遷《史記》(修訂本),中華書局,2013。
西漢・董仲舒《春秋繁露》,張世亮等譯註,中華書局,2012。
西漢・史游撰,唐・顔師古注《急就篇》,中華書局,1985。
西漢・劉向撰,清・王圓照補注《列女傳補注》,華東師範大學出版社,2012。
西漢・張蒼《九章算術新校》,郭書春匯校,中國科學技術大學出版社,2014。
西漢・桓寬《鹽鐵論校注》,王利器校註,中華書局,1992。
東漢・班固撰,清・王先謙補注《漢書補注》,上海古籍出版社,2009。
東漢・班固等撰,清・陳立疏證《白虎通疏證》,中華書局,1994。
東漢・許慎《説文解字》,中華書局,2013。
南朝宋・范曄《後漢書》,中華書局,1965。
南朝宋・劉義慶《世説新語校注》,朱奇志校注,嶽麓書社,2007。
南朝梁・皇侃《論語義疏》,高尚榘校點,中華書局,2013。
南朝梁・顧野王《宋本玉篇》,中國書店,1983。
清・阮元校刻《十三經注疏》,中華書局,1980。
長沙市文物考古研究所等《長沙東牌樓東漢簡牘》,文物出版社,2006。
長沙市文物考古研究所等《長沙五一廣場東漢簡牘》(壹),中西書局,2018。
長沙市文物考古研究所等《長沙五一廣場東漢簡牘》(貳),中西書局,2018。
簡牘整理小組《居延漢簡》(肆),"中研院"史語所,2017。
裘錫圭主編《長沙馬王堆漢墓簡帛集成》,中華書局,2014。
徐時儀校注《一切經音義三種校本合刊》(修訂版),上海古籍出版社,2012。
袁珂《山海經校注》,上海古籍出版社,1980。
走馬樓吴簡整理組《長沙走馬樓三國吴簡》(壹),文物出版社,2003。
走馬樓吴簡整理組《長沙走馬樓三國吴簡》(貳),文物出版社,2007。
走馬樓吴簡整理組《長沙走馬樓三國吴簡》(肆),文物出版社,2011。

張德芳《敦煌馬圈灣漢簡集釋》,甘肅文化出版社,2013。
張家山二四七號漢墓竹簡整理小組《張家山漢墓竹簡二四七號墓釋文》(修訂本),文物出版社,2006。
中華大藏經編輯局《中華大藏經》(漢文部分),中華書局,1984。
《大正新脩大藏經》,新文豐出版公司,1983。

參考文獻

[1]白於藍. 簡帛古書通假字大系[M]. 福州:福建人民出版社,2017.
[2]白兆麟. 鹽鐵論注譯[M]. 合肥:安徽大學出版社,2012.
[3]長沙市文物考古研究所. 湖南長沙五一廣場漢簡簡牘發掘簡報[J]. 文物,2013(6).
[4]長沙市文物考古研究所等. 長沙東牌樓東漢簡牘[M]. 北京:文物出版社,2006.
[5]長沙市文物考古研究所等. 長沙五一廣場東漢簡牘:貳[M]. 上海:中西書局,2018.
[6]陳復華,何九盈. 古韻通曉[M]. 北京:中國社會科學出版社,1987.
[7]陳榮傑. 走馬樓吴簡佃田、賦税詞語匯考[M]. 北京:人民出版社,2016.
[8]陳順成. 走馬樓吴簡詞語研究[D]. 北京:北京語言大學,2010.
[9]陳桐生. 鹽鐵論[M]. 北京:中華書局,2015.
[10]陳直. 鹽鐵論解要[M]//陳直. 摹廬叢著七種. 濟南:齊魯書社,1981.
[11]崔治. 吴越春秋[M]. 北京:中華書局,2019.
[12]高亨纂著,董治安整理. 古字通假會典[M]. 濟南:齊魯書社,1989.
[13]郭沫若. 鹽鐵論[M]//郭沫若. 郭沫若全集:歷史編:第 8 卷. 北京:人民出版社,1985.
[14]郭錫良. 漢字古音手册:增訂本[M]. 北京:商務印書館,2010.
[15]黄仁生,李振興. 新譯吴越春秋[M]. 臺北:三民書局,2009.
[16]劉釗. 馬王堆漢墓簡帛文字全編[M]. 北京:中華書局,2020.
[17]盧烈紅,黄志民. 新譯鹽鐵論[M]. 臺北:三民書局,2006.
[18]陸錫興. 東牌樓東漢名物簡考釋[M]//出土文獻研究(第 17 輯). 上海:中西書局,2018.
[19]羅小華. 五一廣場簡牘所見名物考釋:一[J]. 出土文獻,2019(1).
[20]蒲正信. 六度集經[M],成都:巴蜀書社,2012.
[21]裘錫圭. 簡帛古籍的用字方法是校讀傳世先秦秦漢古籍的重要根據[M]//裘錫圭. 裘錫圭學術文集:語言文字與古文獻卷. 上海:復旦大學出版社,2015.
[22]王利器. 鹽鐵論校注[M]. 北京:中華書局,1992.
[23]王素. 長沙走馬樓三國吴簡時代特徵新論[J]. 文物,2015(12).
[24]小野玄妙. 佛教經典總論[M]. 臺北:新文豐出版社,1983.
[25]謝翠萍. 釋"秌粻"與"荾米"[M]//勵耘語言學刊(第 20 輯). 北京:學苑出版社,2014.
[26]謝翠萍,王保成. 説三國吴簡中的"秌粻"與"荾米"[J]. 考古與文物,2017(6).
[27]張覺. 吴越春秋校證注疏[M]. 北京:知識産權出版社,2013.
[28]趙璇.《六度集經》複音詞研究[D]. 綿陽:西南科技大學,2014.
[29]周生春. 吴越春秋輯校匯考[M]. 上海:上海古籍出版社,1997.
[30]朱德熙,裘錫圭. 馬王堆一號漢墓遣策考釋補正[J]. 文史,1980(10).

Interpreting the Word *Jian Mi*(荾米): Also Correcting the Problem of Using *Jian*(荾) to Record *Cu*(麤) in the Handed Down Documents

Sun Tao

Abstract: Through the investigation of the document "*Jian*(荾)" recorded words. In the literature, “*Jian*(蒦)” actually records the words “*Jian*(蒦)” and “*Cu*(麤)”. “*Jian Mi*(蒦米)”in the Wu bamboo slips should be interpreted as coarse rice. It also corrects the problem of using “*Jian*(蒦)” to record “*Cu*(麤)” in the handed down documents.

Key words: Han and Wu bamboo slips, Chinese buddhist scriptures, correction, *Cu*(麤), *Jian*(蒦).

通信地址:上海市閔行區虹梅南路 5800 號 15 號樓 314
郵　　編:201100
E-mail:suntaoecnu@163.com

説“營養”

劉　芳

内容提要　“營養”是唐宋時期產生的多義詞,現代漢語仍在使用。近代漢語中“營養”有滋養、謀生、贍養(父母)等含義。現代漢語中“營養”的含義與近代漢語中“營養”的含義是有關聯的。

關鍵詞　營養　多義詞　核心義

“營養”是唐宋時期產生的多義詞,現代漢語依然在使用。《漢語大詞典》對“營養”有四種釋義:①謂生計。②指吸取養料以維持生命。③養分;養料。④比喻有助於發展的滋養物。其中只有釋義①使用古代文獻語例。許少峰《近代漢語大詞典》(2008:2249)增加了“營養”在近代漢語中的釋義:“贍養,供養。”《現代漢語詞典》對“營養”有兩種釋義:①機體從外界吸取需要的物質來維持生長發育等生命活動的作用。②養分:水果富於～。

現代漢語中的“營養”與營養學、生理學關係密切,營養衛生學家周啟源《“營養”詞義考》(1986)一文詳細考述了生理學上的“營養”一詞,文中認爲:“在營養這個詞中,營字的意思也必然是謀求,其中養字的意思是養身,因而營養的意思是謀求養身。”

然而《漢語大詞典》中的釋義①與許少峰增加的“贍養,供養”義並不足以解釋古文獻中“營養”的所有含義,周啟源將生理學中“營養”的“營”理解爲“謀求”,也不够準確。對“營養”一詞的含義需要進一步分析,現代漢語中“營養”一詞與古代漢語中“營養”的關係也有待説明。

一　“營”的詞義

“營”,篆字字形作䈬,《説文·宫部》釋作“市居也。从宫,熒省聲”。段玉裁依宋本及《韻會》校定“市”爲“帀”。《説文·帀部》:“帀,周也。”段注:“帀居謂圍繞而居。……引伸之爲經營、營治。凡有所規度皆謂之營。”“營”本是一種環繞狀的建築,去規度建營也稱爲“營”。“營”的詞義系統是以“環繞”和“規度”兩個中心發展的①。

第一,以“環繞”爲中心。《説文》“厶”字下段玉裁注:“營訓帀居,環訓旋繞。其義亦相通。”《詩·齊譜》中説齊國“地方百里,都營丘”,唐孔穎達解釋道:“水所營繞,故曰營丘。”因爲被水所環繞,所以這個地方被稱爲“營丘”,這正説明了“營”的環繞義。“回”“合”“周”“繞”等詞同樣有圍繞義,它們一起構成了“營回”“營合”“營周”“營繞”等同義並列雙音詞。

環繞四周,可以是駐扎、保衛,如:

---

① “營”的詞義系統另有專文進行討論,這裏主要涉及與“營養”有關的義項。

(1)五年春,丞相亮出屯漢中,營沔北陽平石馬。(《三國志·蜀志·後主傳》)

也可以是照料、護理,如:

(2)年數歲,所生母郭氏,久嬰痼疾,晨昏溫凊,嘗藥捧膳,不闕一時,勤容戚顔,未嘗暫改,恐僕役營疾懈倦,躬自執勞。① (《宋書·謝瞻傳》)

(3)後以愛子長生有疾,求解官營視,兄子禽又犯法應刑,乞免官謝罪。② (《晋書·陸納傳》)

《説文·行部》:“衛,宿衛也。从韋、帀,从行。行,列衛也。”金文有字形作[illegible]。商承祚《十二家吉金圖録》(引自《字源》2012:145):“周叔蕴師謂衆足繞口,有守衛義。”《同源字典》(1982:400)載“衛”“囗(圍)”同源。“衛”表示人環繞守衛,其核心義是“環繞”,也引申出保衛、護理等義。這樣的詞義引申與“營”是一致的。

第二,以“規度”爲中心。這種行爲有計畫,並且有一定目的。它的具體含義會隨着受事對象的不同而發展改變。如果受事對象是宫室,是“建築”義。此義常見,例不贅述。“營”的對象是國家、地區、事務,便是“掌管”“治理”義,如:

(4)嘉我未老,鮮我方將? 旅力方剛,經營四方?(《詩經·小雅·北山》)

當對象是物品時,“營”有製作義。《廣韻·清韻》:“營,造也。”如:

(5)雖頗割其三垂以贍齊民,然至羽獵田車戎馬器械儲偫禁禦所營,尚泰奢麗誇詡,非堯、舜、成湯、文王三驅之意也。(《文選》卷八揚雄《羽獵賦》)李善注:“營,謂造作也。”

當對象是食物、用品時,“營”表置辦義,如:

(6)世人或端坐奥室,不妨言笑,盛營甘美,厚供齋食;迫有急卒,密戚至交,盡無相見之理:蓋不知禮意乎!(《顔氏家訓·風操》)

如果對象是財富、利益等,則是“謀求”義。

(7)士出入無常,不敬老而營富。(《管子·大匡》)

如果對象是學問,則表示“研習”。

(8)儒有合志同方,營道同術。(《禮記·儒行》)孔穎達疏:“所以如此不同者,言儒包百行,事非一揆,量事制宜,隨機而發。當其剛毅之節,則守死不移。論其營養之道,則寬而容衆。”

這是目前所見“營養”最早連用的用例,這裏的“營養”並未成詞。“營養之道”是針對之前的“營道”作的注解,“營養”在這裏是“研習、養護”的含義。

如果“營”的對象是人,表示對人的規制,可分爲兩種情況。一方面,表示爲受事對象作規劃、作打算。

(9)夫二子之良,將勤營其君,使復立於外,死而後止,何日以來?(《國語·晋語九》)

(10)徒營己治私、求勢逐利而已。(魏徐幹《中論·譴交》)

① 方一新(1994:119)認爲此處的“營”是“存活”“療救”義。

② 《漢大》認爲“營”有“救助”義,引《墨子·天志中》:“不止此而已,欲人之有力相營,有道相教,有財相分也。”蔣禮鴻先生云:“‘營’乃‘勞’字之誤。《尚同》上篇:‘有餘力,不能以相勞;腐死餘財,不以相分;隱匿良道,不以相教。’中篇曰:‘舍餘力,不以相勞;隱匿良道,不以相教;腐死餘財,不以相分。’《尚賢》下篇曰:‘舍其股肱之力,而不相勞來也;腐臭餘財,而不相分資也;隱匿良道,而不相教誨也。’是其證。此失校。”見《墨子集詁》(2005:658)。

另一方面,表示處理、處置受事對象。

(11)時太祖亦以爲然,遂欲殺之。乃使清公大吏往營琰,敕吏曰:'三日期消息。(《三國志·魏志·崔琰傳》注引《魏略》)

張舜徽等(1992:552-553)認爲這裏的"營"表示"處置查辦",非常得當。

總之,從"環繞"出發,"營"發展出"環繞""保衛""照料"等動詞義。而從"規制"出發,隨着受事對象的不同,"營"的含義會發生改變。

二 現代漢語"營養"義的來源

"營氣"是中醫上的概念,源於《黄帝内經》:

(12)黄帝問于岐伯曰:"人焉受氣? 陰陽焉會? 何氣爲營? 何氣爲衛? 營安從生? 衛于焉會? 老壯不同氣,陰陽異位,願聞其會。"岐伯答曰:"人受氣于穀,穀入于胃,以傳于肺。五藏六府,皆以受氣。其清者爲營,濁者爲衛,營在脈中,衛在脈外。"(《黄帝内經·靈樞經·營衛生會》)

"營"指"營氣",是人體由食五穀産生的"氣"。與"營氣"相對應的是"衛氣"。"營"與"衛"都有環繞義,這與"營氣""衛氣"環繞周身的特徵是一致的。"清者爲營,濁者爲衛,營在脈中,衛在脈外。"二者都是名詞。有"營衛"一詞,二者是並列關係:

(13)營衛者,精氣也;血者,神氣也。故血之與氣,異名同類焉。(《黄帝内經·靈樞經·營衛生會》)

"養營""養衛"等表示養護營氣、衛氣,都是動賓結構:

(14)痘已成膿,或寒戰,或咬牙,單見一證者,或可治之。蓋寒戰者,痘出太甚,表蒸而振振摇動也。養衛化毒湯主之。(元朱震亨《幼科全書·戰慄咬牙》)

(15)其性味甘粘微涼,能養營補陰。(明张景岳《類經》卷十八《疾病類·不卧多卧》)

"營氣"産生自五穀,環繞周身。中醫中"營氣"的概念,爲"環繞"和"滋養"義之間搭建起了橋梁。"營"發展出動詞"滋養"(或"以營氣滋養")義:

(16)黄帝問於岐伯曰:"人之血氣精神者,所以奉生而周于性命者也。經脉者,所以行血氣而營陰陽、濡筋骨、利關節者也。"(《黄帝内經·靈樞經·本藏》)

這裏"營"與"濡""利"同義。

唐宋之際,"營養"開始在醫學文獻中出現。

(17)帝曰:"何以言之?"岐伯曰:"胞絡者繫於腎,少陰之脈貫腎繫舌本,故不能言。"(《素問·奇病論》)唐王冰注:"少陰,腎脈也。氣不營養,故舌不能言。"

(18)脾胃者,倉廩之官,五味出焉。(《素問·靈蘭秘典論》)唐王冰注:"包容五穀是爲倉廩之官,營養四傍,故云五味出焉。"

這裏的"營養"都是"滋養"的含義。

也有"衛養"①,與"營養"同義同構,如:

(19)鼻爲肺之開闔,吸引五臭,衛養五臟,升降陰陽。(宋陳言《三因極一病證方論·

① "衛養"還可以表示保衛安抚,與這裏討論的不是一種詞義。

鼻病證治》)

(20)治懷孕血氣虛弱,不能衛養,以致數月而墮,名曰半産。(明李恒《袖珍方》)

例(19)中"衛養"與"吸引""升降"相對,是並列結構。这裏的"衛養"都可以理解爲"滋養"。

因此在中醫文獻中,"營養"表示"滋養"。周啟源(1986)將古醫書中的"營養"解釋爲"謀求養身",是不準確的。

現在一般都认爲現代漢語中的"營養"一詞源自英語中"nutrition"的翻譯。*Webster's Third New International Dictionary, Unabridged* 中將"nutrition"解釋爲: the act or process of nourishing or being nourished; *specifically*: the sum of the processes by which an animal or plant takes in and utilizes food substances in animals typically involving ingestion, digestion, absorption, and assimilation。也就是說"營養"是一種養育或者被養育的行爲,指的是動物或植物吸收和利用食物的過程,包含攝取、消化、吸收和同化這些過程。在中醫文獻中"營"是身體受五穀産生的"氣",以此氣養護周身的行爲稱爲"營養",這也包含了攝取、消化、吸收、同化的過程。這與英文中"nutrition"的内涵是完全一致的。據周啟源(1986),在生理學專書中,對"nutrition"一詞的翻譯有養育、育、育力、滋養和營養。最後"營養"一詞確定下來,一直保留到今天①。

"營養"不是一個因翻譯而創造的新詞,而是在中醫文獻中找到了一個與生理學"營養"概念最爲契合的詞語,選擇並沿用。現代漢語中的"營養"一詞是有歷史淵源的,是符合語言歷史發展規律的。nutrition 的譯名固定爲"營養",同時符合語言規律和生理學内涵。

《現代漢語詞典》中"營養"有兩種釋義:①機體從外界吸取需要的物質來維持生長發育等生命活動的作用。②養分:水果富於～。《現代漢語詞典》中的義項①與醫書文獻中"營養"的含義是一脈相承的。關於義項②,周啟源(1986)認爲不應當存在,他認爲"營養這個詞所表示的不是物質而是行爲""在外國出版的營養專業詞書中,就没見過把 Nutrition 解釋爲營養品或食物。在營養和生物化學專書中,也没見把 Nutrition 當作營養品或食物的措詞"。但由"維持生長發育等生命活動"引申出"維持生長發育等生命活動所需要的物質(即養分、養料)",這是符合漢語發展規律的。在日常生活中,"很有營養""富於營養"的説法也非常常見。也許這個義項不符合營養學的概念,但却是符合漢語詞義發展規律的。從歷史的眼光看,我們應當承認它的合理性。

三 "贍養"義及其來源

日文中"營養"作"栄養",即"榮養"。1918 年左右,日本營養學創始人佐伯矩提出統一作"榮養"的意見。據周啟源(1986),森川規矩《日本與榮養》將日語"榮養"一詞溯源至《晉書》:

(21)〔至〕聞父耕叱牛聲,投書而泣。師怪問之,至曰:"我小未能榮養,使老父不免勤苦。"師甚異之。(《晉書·趙至傳》)

醫學文獻中的"營"常寫作"榮",二者意義、用法一致,声亦相近。"營衛"可作"榮衛",

① 周啟源(1986):"營養這個名詞是在本世紀之初作爲一個科學名詞由英語翻譯的,曾有過許多别的譯名。經過相當長的時間,最後才確定爲營養,一直沿用到今天。"

“養營”可作“養榮”,“營養”可作“榮養”。如:

(22)夫渴利病後,榮衛虚損,臟腑之氣未和,故須各宣暢也。(隋巢元方等《諸病源候總論》卷五《消渴病諸候》)

(23)(12)養榮湯 治五疸脚弱,心忪口淡,耳響微寒,發熱氣急,小便白濁。(宋陳言《三因極一病證方論》卷十《雜勞疸證治》)

(24)胃氣既和,飲食倍進,運化精微,榮養百骸,灌溉臟腑,五色各見於本部,精華乃形於面貌,其黄自除。(元曾世榮《活幼心書・黄証》)

古醫書上的“榮養”義與“營養”相同,但《晋書》中的“榮養”並非生理學上“榮養”(即“營養”)的來源。據周啟源(1986),森川認爲:“榮字從木從火,木燃燒而生火,表示元氣旺盛。養字從羊從食,羊代表食物,食代表穀類食品,兩种食品配合,可使身體健康,元氣旺盛。”這種解釋是從字形角度對現代生理學“營養”一詞的附會,並不是“榮養”的得義之由。日語中的“榮養”實際還是“營養”,其意義來源依然是古醫書“營氣”的概念。

那《晋書》中的“榮養”是什麽含義呢?在魏晋時期的史書中還有許多“榮養”的語例:

(25)初,至自恥士伍,欲以宦學立名,期於榮養。(《晋書・趙至傳》)

(26)出爲征西鄱陽王長史、南郡太守,高祖謂曰:“卿母年德並高,故令卿衣錦還鄉,盡榮養之理。(《梁書・劉之遴傳》)

《荀子・大略》:“宫室榮與?婦謁盛與?”楊倞注:“榮,盛也。”例(25)中有“宦學立名”,例(26)中有“衣錦還鄉”,我們認爲“榮養”意爲豐厚地贍養,其對象往往是父母、長輩。與之同義的是“麗養”,如:

(27)黄屋玉璽,非必堯舜之情,崇居麗養,豈是釋迦之意。(《全宋文》卷三十七顔延之《又釋何衡陽達性論》)

到唐宋時期,“榮養”可以直接表示贍養父母,不一定强調“豐厚”,如:

(28)藻麗熒煌冠士林,《白華》榮養有曾參。(唐徐夤《贈楊著》)

(29)開寶五年,子永罷盧縣尉,詣匭上言:“臣年七十五,父瓊年九十九,長兄年八十一,次兄年七十九,欲乞近地一官,以就榮養。”(《宋史・陳摶傳》)

上文我們已經提到“榮”與“營”在醫學文獻中有通用現象,“榮”與“營”在非醫學文獻中的通用現象也非常常見,出現的時間更早。《易・否》:“不可榮以録。”《周易集解》“榮”作“營”,引虞翻曰:“營或爲榮。”《説文・宫部》:“營,从宫,熒省聲。”《説文・木部》:“榮,从木,熒省聲。”營屬喻紐耕部,榮屬匣紐耕部,二者音近形近。北宋宋敏求《唐大詔令集・玄宗・加應道尊號大赦文》:“因親設教,式本於人倫;自葉流根,必逮於榮養。”《册府元龜》“榮養”作“營養”。

“營養”表示贍養義出現在金朝,到明清時期有所沿用,其對象往往是父母、祖父母等至親,用例不多,如:

(30)漸漸財疏色減,看分寸,營養爺娘。(金王喆《滿庭芳・未欲脱家》)

(31)以家貧廢學,營養祖父母及殁,哀毁備至,終身不飲酒。(《淮安府志・人物・安東縣》)

“營養”出現的時間晚於“榮養”,但在用法、意義上與其相類似,“榮”“營”又常有通用現象,因此我們認爲“營養”的贍養義可能是借自“榮養”。

但是“營養”的結合也並非全無依據。“衛”與“營”都有“環繞”的核心義,都發展出“照

顧、照料"義。照顧與養護義近,可以結合。"衛養"也有類似的用例,如:

(32)人民安則無逋逸,如抱沉痼者偶所親之衛養,焉肯舍其親而從疏乎?(《全唐文》卷八百六十六楊夔《復宫闕後上執政書》)

这裏的"衛養"指照顧、養護。

因此,表示贍養義的"營養",可能是受到了"榮養"的影響。但它的成詞,也是符合語言規律的。

四 "營養"猶"謀生"

除了上述兩種含義,"營養"还有其他的用法,産生於五代時期,在宋朝、清朝時期都有使用,如:

(33)仍差使臣於兖州四面邊界,招唤百姓,令著營養。(《全唐文·周太祖·討慕容彦超敕》)

(34)今則陽春資始,東作將興,雨雪及時,耕桑有望,所宜各歸營養,自取安全,式敷在宥之恩,載啟自新之路。(五代後漢劉知遠《改元乾祐大赦文》)

(35)宜令所在長吏更切曉諭招唤,各令歸業,安家營養,並不問以前違犯仍倍加安撫。(五代後漢《乾祐元年正月大赦二月大赦》)

(36)奚民守館者,皆給土田,以營養焉。(宋江少虞《事實類苑·安邊禦寇(三)·契丹(一)》)

(37)以天下土地之饒,士民之衆,各於郡縣量置義軍,本户略與復除,歲時少加賞賜,動則就便召發,静則任從營養。(宋李燾《續資治通鑒長編·真宗》)

(38)觀承尚少,寄食清涼山寺。歲與兄觀永徒步至塞外營養,往來南北,枵腹重趼。(《清史稿·列傳·方觀承》)

《説文·食部》:"養,供養也。""養"的核心義是"提供",所提供的物品(即"生活所需"),也可以用"養"來表示,如:

(39)逮至衰世,人衆財寡,事力勞而養不足,於是忿争生,是以貴仁。(《淮南子·本經》)

這裏的"營養"是動賓結構,表示"爲生活所需做打算",其義同"謀養""謀生""營生"等①。

"謀養"一詞,《漢大》將其解釋爲典故詞:《太平御覽》卷四一二引《孔子家語》:"子路見孔子曰:負重涉遠,不擇地而遊;家貧親老,不擇禄而仕。"後以"謀養"謂爲養親而出仕。除了表示此義之外,"謀養"還有其他的含義,如:

(40)其子君武始棄官以謀養,浮沉里閭,不避勞辱,未幾而家以足聞。(宋蘇轍《李简夫少卿诗集引》)

"棄官以謀養",指放棄做官而去爲生活所需做打算。

① 《宋史·地理志》:"而洛邑爲天地之中,民性安舒,而多衣冠舊族。然土地褊薄,迫於營養。"《漢大》引此例,釋作"生計"。表示土地狭小、贫瘠,生存所需不足。這裏的"營養"似乎已經成爲名詞,而非動賓結構。目前僅見此一例。

與“營養”類似的詞還有“營生”,“生”作名詞,也指生存、生活所需:

(41)志苟不固,貧賤者汲汲於營生,富貴者沈淪於逸樂。(晋葛洪《抱朴子外篇·崇教》)

(42)免其差役,任自營生。(《全唐文》卷四百六十一陸贄《冬至大禮大赦制》)

(43)今救饑俵飯凡半年,若以作飯之米計口俵與,令各與營生,官所費無加,而饑民得實惠。(《續資治通鑑長編》卷二百六十四《神宗·熙寧八年》)

這三例都表示爲生活所需所打算。例(42)用法與例(37)類似,例(43)用法與例(34)類似。

又有“謀生”:

(44)念舊追連茹,謀生任轉蓬。(唐劉長卿《落第贈楊侍御兼拜員外仍充安大夫判官赴范陽》)

又有“營活”:

(45)庶使諸縣之民當此水災之際,不爲官司重困,得自營活。(《全宋文》卷八八五趙抃《論匀畊府界積水搔擾狀》)

“謀生”“營活”都是指爲生活所需所打算。

五 結語

綜上,“營養”在古代漢語中有三種含義:①養護;並列結構;②爲生活所需做打算,猶“謀生”;動賓結構;③贍養(父母),同“榮養”。前兩種含義中,“營”的意義分别源自“環繞”與“規制”,第三種含義中,“營”同“榮”。

現代漢語中“營養”有兩種含義:①機體從外界吸取需要的物質來維持生長發育等生命活動的作用;②養分。現代漢語中“營養”一詞是 nutrition 的翻譯詞,它與古代漢語中“營養”的含義①是密切相關的。

徵引文獻

春秋·(舊題)左丘明撰,徐元誥集解,王樹民、沈長雲點校《國語集解》,中華書局,2002。
漢·毛亨傳,漢·鄭玄箋,唐·陸德明音義,孔祥軍點校《毛詩傳箋》,中華書局,2018。
漢·劉安編,劉文典撰,馮逸、喬華點校《淮南鴻烈集解》,中華書局,2013。
魏·徐幹撰,孫啓治解詁《中論解詁》,中華書局,2014。
晋·葛洪著,楊明照撰《抱朴子外篇校箋》,中華書局,1991。
晋·陳壽撰,南朝宋·裴松之注《三國志》,中華書局,1982。
梁·沈約撰《宋書》,中華書局,1974。
梁·蕭統編,唐·李善注《文選》,上海古籍出版社,1986。
北齊·顔之推撰,王利器撰《顔氏家訓集解》,中華書局,1993。
唐·房玄齡等撰《晋書》,中華書局,1974。
唐·王冰注編《黄帝内經》,中醫古籍出版社,2003。
唐·姚思廉撰《梁書》,中華書局,1973。
宋·蘇轍著,陳宏天、高秀芳點校《蘇轍集》,中華書局,1990。

宋・陳無擇《三因極一病證方論》,中國中醫藥出版社，2007。
宋・李燾撰《續資治通鑑長編》,中華書局,2004。
元・曾世榮編撰《活幼心書》,中國中醫藥出版社，2016。
明・李恒著《袖珍方》,中國中醫藥出版社，2015。
清・嚴可均編《全上古三代秦漢三國六朝文》,中華書局,1958。
清・彭定求等編《全唐詩》,中華書局,1960。
清・董誥等編《全唐文》,中華書局,1983。
清・趙爾巽等撰《清史稿》,中華書局,1977。
唐圭璋編《全金元詞》,中華書局,1979。
丁光迪主編《諸病源候論校注(上)》,人民衛生出版社，1991。
黎翔鳳撰,梁運華整理《管子校注》,中華書局,2004。
李德輝輯校《晋唐兩宋行記輯校》,遼海出版社,2009。

參考文獻

[1]許慎撰. 説文解字[M]. 北京:中華書局，1963.
[2]王力. 同源字典[M]. 北京:商務印書館，1982.
[3]周啟源.“營養”詞義考[J]. 中國科技史料,1986(4).
[4]許慎撰,段玉裁注. 説文解字注[M]. 上海:上海古籍出版社，1988.
[5]張舜徽主編. 三國志辭典[M]. 濟南:山東教育出版社，1992.
[6]方一新.《世説新語》詞語拾詁[J]. 杭州大學學報(哲學社會科學版),1994(1).
[7]王焕鑣編. 墨子集詁[M]. 上海:上海古籍出版社，2005.
[8]許少峰編. 近代漢語大詞典[M]. 北京:中華書局，2008.
[9]李學勤主編. 字源[M]. 天津:天津古籍出版社/瀋陽:遼寧人民出版社，2012.
[10]荀恩東，饒高琦，肖曉悦，臧嬌嬌. 大數據背景下 BCC 語料庫的研制[J]. 語料庫語言學,2016(1).

On the Word *Yingyang*(營養)

Liu Fang

Abstract: *Yingyang*(營養) is a polysemous word produced during the Tang and Song Dynasties, and it is still used in modern Chinese. *Yingyang*(營養) in Old Mandarin has the meaning of nourish, earning a living, and supporting (parents). The meaning of *Yingyang*(營養) in modern Chinese is related to the meaning of *Yingyang*(營養) in modern Chinese.

Key words: *Yingyang*(營養),polysemy,core meaning

通信地址:浙江省杭州市西湖區餘杭塘路 866 號浙江大學古籍研究所
郵　　編:310058
E-mail:lifeyan@163. com

釋上博竹書《顔淵問於孔子》用爲“愛”之字*

陳　哲

内容提要　上博竹書《顔淵問於孔子》簡 7 用爲“愛”的“⿰亻忘”字非“㤅”字之訛，亦不從“亡”得聲，結合聲符省變和音韻通轉兩方面的綫索來看，其基本聲符可能是省去“刀”旁後寫作“亡”的“匃”，則此字可釋爲“⿱匃心”，因“匃”聲與“旡”聲音近用爲“旡”聲的“愛”，而清華竹書《尹誥》簡 1 用爲“遏”之字可能應分析爲從艸、⿱匃心聲。

關鍵詞　上博簡　清華簡　楚文字　訛字　省聲

一

《上海博物館藏戰國楚竹書（八）・顔淵問於孔子》簡 6-7 有句云：

前以尃⿰亻忘，則民莫遺親矣。

“⿰亻忘”字原篆作（馬承源，2012：28-29），整理者濮茅左讀“尃⿰亻忘”爲“匍匐”（馬承源，2012：148）。復旦吉大古文字專業研究生聯合讀書會（2011）指出《孝經・三才章》云“先之以博愛，而民莫遺其親”與上揭簡文密合，認爲“⿰亻忘”在楚文字中極少見，疑是楚文字中常用爲“愛”的“㤅”字之訛。陳偉（2011）、黄人二等（2011）、侯乃峰（2018：345）、俞紹宏（2018：634）、吴祺（2019：337-338）贊同讀書會之説認爲“⿰亻忘”是“㤅（愛）”字之訛，但均未對其訛變路徑作出解釋。蘇建洲（2011：511-513）指出“‘亡’與‘旡’形體并不近，要説是抄訛比較曲折”，認爲“亡”聲與“旡”聲可通假。

二

按讀書會據《孝經》文例指出“⿰亻忘”字讀爲“愛”應可信從，肩水金關漢簡 73EJT31：141 亦有“先之以博愛，而民莫遺其親”之句可參證（劉嬌，2015：299），但此字從形體上看正如蘇建洲（2011：511-513）所説恐非“㤅（愛）”字之訛。楚簡“㤅”字寫法變化雖多，但演變環節基本清晰，可據“旡”旁象人身部分的寫法分爲側寫、對稱和省寫三組：

A：（郭店《尊德義》簡 26）（清華一《程寤》簡 9）→（郭店《唐虞之道》簡 6）

*　本文爲國家社科基金重大項目“戰國文字詁林及數據庫建設”（項目編號：17ZDA300）的階段性成果。本文在導師陳斯鵬先生指導下寫作，初稿在“戰國文字研究”課程上宣讀并得到陳偉武先生賜正，曾請蘇建洲先生、石小力先生、楊鵬樺先生審閱，投稿後又承《漢語史學報》匿名審稿專家惠賜修改意見，在此謹致謝忱！

(郭店《唐虞之道》簡 8)[glyph](上博一《性情論》簡 34)

B:[glyph](郭店《緇衣》簡 25)→[glyph](上博一《緇衣》簡 13)→[glyph](上博二《魯邦大旱》簡 2)[glyph](上博六《競公瘧》簡 3)

C:[glyph](郭店《五行》簡 13)[glyph](郭店《老子》甲簡 36)→[glyph](上博四《曹沫之陣》簡 17)[glyph](清華八《治邦之道》簡 19)

總之,目前所見“炁”字的各種變體皆與前揭“㤅”字原篆字形相去甚遠,恐無由致訛。《顔淵問於孔子》簡 5 有“既”字寫作[glyph],其“旡”旁與“㤅”字所從相去頗遠,這一“内部證據”對於形訛説也不利①。至於蘇建洲(2011:511-513)將用爲“愛”(影母物部)的“㤅”字分析爲從“亡”(明母陽部)得聲,所據通假例證稍顯輾轉,且所舉用於溝通魚陽部和物部音隔的古書異文如“無”與“勿”、“网”(通“罔”)與“勿”、“亡”與“忽”等例很可能僅是義近關係而非通假關係,恐亦不足爲據。由此可見,“㤅”應該既非“㤅”的訛字也非以“亡”爲聲符之字。

三

筆者認爲這一用爲“愛”的“㤅”字是以省去“刀”旁的“匄”爲基本聲符。在古文字中,“匄”字從“刀”“亡”,應是一個會意字②,而從“刀”表意之字在充當聲符時,有時可省去“刀”旁③,楚簡的“匄”作聲符時就有省去“刀”旁而寫作“亡”的例子。李守奎、張峰(2012:79-86)指出楚簡中常用爲夏桀之“桀”的“[glyph]”字有省去“刀”的寫法,如[glyph](上博七《君人何必安哉》甲本簡 8)、[glyph](上博七《君人何必安哉》乙本簡 8);楚帛書乙篇有字作[glyph],辭例爲“山陵其廢,有淵厥～,是謂李歲”,楊鵬樺(2019)、王磊(2019:179-186)均據新見楚簡“渴”字(清華八《八氣五味五祀五行之屬》簡 1、2)、楚帛書上下文用韻和古書相近辭例等綫索指出此字應釋讀爲月部字“渴”,其所從“亡”亦爲“匄”之省。上揭三例從“匄”省聲之字都將“亡”寫作“[glyph]”形,正與本文討論的“㤅”字相同。

從音韻上看,“旡”聲的“炁”“愛”是影母物部字,“匄”是見母月部字,聲韻俱近,“匄”聲的“藹”“靄”“藹”即影母字,“旡”聲字與“匄”聲字也有相通之例。西漢司馬相如《上林賦》:“吐

① 此蒙匿名審稿專家提示。

② 林潔明指出“亡”乃鋒芒之“芒”的本字,鄔可晶(2018:171)據此提出“匄”字象以一刀刊割另一刀鋒芒,可能是“刊”之表意初文。

③ 例如:《説文》分析“珊”“姍”爲從“删”省聲(裘錫圭,2013:157);陳劍(2008:13-47)指出“[glyph]”(金文用爲肆列之“肆”)從“[glyph]”(肆解之“肆”的初文)省聲,“叠”從“[glyph]”省聲;郭永秉、鄔可晶(2012:109-118)指出戰國文字中“葛”的異體“[glyph]”從“割”的初文“[glyph]”省聲。

芳揚烈，郁郁菲菲，衆香發越，肸蠁布寫，晻薆咇茀。”李善注：“《説文》曰：‘馣馤，香氣奄藹也。’馣與晻，馤與薆，音義同。”李善注所引雖不見於今各本《説文》，但説“晻薆”“晻馤”“奄藹”音近義通當可信①，因爲“旡”聲字與“匃”聲字都可與“气”聲字相通：楚簡以“炁”“懸”記録“愛”，又以“懸”“斃”記録“氣”（陳斯鵬，2011：259-260）；帛書《周易・井卦》有“歇”字，對應楚簡本的“气”和傳世本的“汔”，朱德熙（1995：208）指出“乞與曷古音相近，歇大概是以乞爲聲符來注曷的音，帛書此字可以讀爲汔，也可以讀爲渴，汔與渴音近義通”②，陳劍（2013：13-47）也指出此爲雙聲符字，認爲“歇”“气”“汔”在亥辭中可能都讀爲“渴”，并提到《穀梁傳・僖公九年》記葵丘之會誓辭有云“毋訖糴”，《孟子・告子下》作“無遏糴”；《爾雅・釋草》“藒車，芞輿”，《上林賦》“揭車衡蘭”李善注引應劭注曰：“揭車一名芞輿”，可能也是“气”“匃”二聲相通之例。

通過以上分析可知，從“匃”省聲的“伌（怱）”字應該可以被用來記録“愛”這個詞③。《説文・人部》：“僾，仿佛也。”包山楚簡有人名用字“懸”（簡 117），湯餘惠（2001：552）、李守奎（2003：489）釋爲“僾”字異體，“怱”有可能也是“僾”字的異體。

四

值得一提的是，今所見楚簡中可能已出現不省“刀”的“怱”充當構件之例。《清華大學藏戰國竹簡（壹）・尹誥》簡 1 有字作，辭例爲“夏自～其有民，亦惟厥衆，非民無與守邑”，整理者隸“蘢”讀“絶”，研究者又有分析此字爲從“弦”聲而讀爲“捐”“殄”“虔”“害”“賢”等意見，石小力（2017：40-45）辨析諸説，聯繫楚簡和曾侯乙墓編鐘的“㑳”字，指出《尹誥》此字基本聲符爲“刀”旁筆畫略有殘損的“匃”且所從“尸”旁由“㑳”之“人”旁訛變而來，將其隸定爲“𦵔”，對照“夏王率遏衆力”（《尚書・湯誓》）、“遏絶苗民”（《尚書・吕刑》）等古書文例讀爲“遏”，懷疑此字去掉“心”旁部分即“㑳”之異體（從“艸”與從“木”義近）④。筆者基本同意石小力（2017：40-45）的釋讀意見，可以補充的是，若前文對《顔淵問於孔子》“伌”字的考釋可信，從楚簡中有獨立成字的“伌（怱）”來看，則《尹誥》此字很可能非由“㑳”之異體與“心”旁兩部分構成，而應分析爲從艸、怱聲，可重新隸定爲“葱”。

結語

綜上所述，上博竹書《顔淵問於孔子》簡 7 用爲“愛”的“伌”字既非“炁”字之訛亦不從“亡”

① 漢晉辭賦中又有“晻曖”“晻曖”“闇藹”“暗靄”“菴藹”，同樣指盛多之貌，其例參見郜同麟（2018：217）。

② 此蒙匿名審稿專家提示。按朱德熙（1995：208）認爲“曷”不從“匃”得聲，但鄔可晶（2018：170-184）對古文字“曷”本從“匃”得聲及其訛變軌跡作有詳細論證，今從鄔説。

③ 其他直接用“匃/曷”聲字記録“愛”之例在目前掌握的戰國文字資料中尚未見到。本文的解釋雖在字形和音韻上都較以往的説法有更多依據，仍待日後得到新材料或新考釋驗證。

④ 王磊（2019：184）認爲此字所從“匃”是“曷”的訛變，與石小力（2017：40-45）的分析略有不同。

得聲。結合聲符省變和音韻通轉兩方面的綫索來看，此字基本聲符很可能是省去“刀”旁後寫作“亡”的“匄”，則此字可釋爲“㥯”，因“匄”聲與“旡”聲音近故得用爲“旡”聲的“愛”，而清華竹書《尹誥》簡 1 用爲“遏”之字可能應分析爲從艸、㥯聲。

徵引文獻

東漢・許慎《説文解字》，中華書局，1963。

南朝梁・蕭統編，唐・李善注《文選》，上海古籍出版社，1986。

清・邵晋涵《爾雅正義》，上海古籍出版社，2017。

參考文獻

[1]陳劍. 甲骨金文舊釋“𩰫”之字及相關諸字新釋[M]//出土文獻與古文字研究(第二輯). 上海：上海古籍出版社，2008：13-47.

[2]陳劍. 上博竹書《周易》異文選釋(六則)[M]//戰國竹書論集. 上海：上海古籍出版社，2013：154.

[3]陳斯鵬. 楚系簡帛中字形與音義關係研究[M]. 北京：中國社會科學出版社，2011：259-260.

[4]陳偉.《顔淵問於孔子》内事、内教二章校讀[EB/OL]. (2011-7-22). http://www. bsm. org. cn/show_article. php? id=1521.

[5]復旦吉大古文字專業研究生聯合讀書會.《上博八・顔淵問於孔子》校讀[EB/OL]. (2011-7-17). http://www. gwz. fudan. edu. cn/Web/Show/1592.

[6]郜同麟. 漢代文賦校釋拾零[M]//漢語史學報(第十九輯). 上海：上海教育出版社，2018：217.

[7]郭永秉. 鄔可晶. 釋“索”“剝”[M]//出土文獻(第三輯). 上海：中西書局，2012：109-118.

[8]侯乃峰. 上博楚簡儒學文獻校理[M]. 上海：上海古籍出版社，2018：345.

[9]黄人二，趙思木.《讀上海博物館藏戰國楚竹書(八)・顔淵問於孔子》書後[EB/OL]. (2011-7-26). http://www. bsm. org. cn/show_article. php? id=1529.

[10]李守奎. 楚文字編[M]. 上海：華東師範大學出版社，2003：489.

[11]李守奎，張峰. 説楚文字中的“桀”和“傑”[M]//簡帛(第七輯). 上海：上海古籍出版社，2012：79-86.

[12]劉嬌. 漢簡所見《孝經》之傳注或解説初探[M]//出土文獻(第六輯). 上海：中西書局，2015：299.

[13]馬承源. 上海博物館藏戰國楚竹書(八)[M]. 上海：上海古籍出版社，2012：28-29、148.

[14]裘錫圭. 文字學概要(修訂本)[M]. 北京：商務印書館，2013：157.

[15]石小力. 東周金文與楚簡合證[M]. 上海：上海古籍出版社，2017：40-45.

[16]蘇建洲.《上博八》考釋十四則[M]//楚文字論集. 臺北：萬卷樓圖書股份有限公司，2011：511-513.

[17]湯餘惠. 戰國文字編[M]. 福州：福建人民出版社，2001：552.

[18]王磊. 楚帛書“渴”字考[M]//戰國文字研究(第一輯). 合肥：安徽大學出版社，2019：179-186.

[19]鄔可晶. 戰國時代寫法特殊的“曷”字的字形分析，并説“敂”及其相關問題[M]//出土文獻與古文字研究(第七輯). 上海：上海古籍出版社，2018：170-184.

[20]吴祺. 戰國竹書訓詁方法探論[D]. 上海：華東師範大學，2019：337-338.

[21]楊鵬樺. 楚帛書“有淵厥渴”考[C]//第七届中國文字發展論壇論文集. 安陽：中國文字博物館，2019.

[22]俞紹宏. 上海博物館藏楚簡校注[M]. 北京：中國社會科學出版社，2018：634.

[23]朱德熙. 長沙帛書考釋(五篇)[M]//朱德熙古文字論集. 北京：中華書局，1995：208.

Interpretation of the Character Used as *Ai*(愛) in Shanghai Museum Bamboo Manuscript *Yan Yuan Wen Yu Kong Zi*(《顔淵問於孔子》)

Chen Zhe

Abstract: The character ⿰亻⿱亡心 used as *Ai*(愛) in the seventh slip of Shanghai Museum Bamboo Manuscript *Yan Yuan Wen Yu Kong Zi*(《顔淵問於孔子》) is neither a wrongly written graph of *Ai*(㤅) nor a character applying Wang(亡) as its phonetic symbol. Based on the clues of some phonological variations and simplifications of phonetic symbols, it is proved that the phonetic symbol of this character is actually a *Gai*(匃) whose component *Dao*(刀) is omitted, so this character should be interpreted as ⿰亻⿱匃心 which can be used as *Ai*(愛) because *Gai*(匃) has phonetic similarity with *Ai*(愛). Correspondingly, a character used as *E*(遏) in the first slip of Tsinghua Bamboo Manuscript *Yin Gao*(尹誥) should be analysed as applying *Cao*(艸) as its semantic symbol and ⿰亻⿱匃心 as its phonetic symbol.

Key words: Shanghai Museum Bamboo Manuscripts, Tsinghua Bamboo Manuscripts, Chu-characters, wrongly written character, abbreviated phonetic

通信地址:廣東省廣州市海珠區新港西路 135 號中山大學中文堂 501 室(古文字研究所)

郵　　編:510275

E-mail:70364625@qq. com

蔣禮鴻著述年表

蔣　遂

一　蔣禮鴻簡介

蔣禮鴻(1916—1995),浙江嘉興人。字雲從,號雙瓻室、懷任齋。杭州大學中文系教授,漢語史專業碩、博士生導師。《辭海》編委兼語詞分册主編、《漢語大詞典》副主編。著名語言學家、敦煌學家、訓詁學家、校勘學家、辭書學家。享受國務院政府特殊津貼專家、國家人事部批准的緩退(無期限)高級專家。曾擔任浙江省語言學會副會長和榮譽會長、中國敦煌吐魯番學會語言文學分會顧問等社會職務。與夫人盛静霞爲浙江省首例共同爲醫學事業捐獻遺體的夫妻。

蔣禮鴻出生於嘉興北門北利橋檀弄秀水兜一城市平民家庭。兄弟姐妹六人,排行第五。父親蔣洪,曾爲韉廠夥友和桂圓行雇工。母親蔣陳氏主持家務。

蔣禮鴻幼年即極其聰明,親戚朋友勸蔣洪"借債也要讓他讀書"。曾就讀於嘉興私立啟秀女子小學(男女兼收)、嘉興縣立商科職業學校、嘉興私立秀州中學(教會辦)。1934 年保送考入杭州私立之江文理學院(後改稱之江大學,教會辦)。靠借債、勤工儉學、獎學金修完學業,獲文學士學位。

在之江大學期間,受業於鍾鍾山(泰)、徐益修(昂)、夏瞿禪(承燾)三位先生。與任心叔(銘善)先生亦師亦友。與朱生豪夫人宋清如女士爲同學。著名古典園林建築專家陳從周曾受業於他。

先後在省立温州師範學校、之江文理學院、國立師範學院、中央大學、之江大學、浙江師範學院、杭州大學從教,歷任助教、講師、教授。

蔣禮鴻畢生從事漢語言文字學的教學與研究。培育後學,桃李滿天下。著述豐碩,尤以專著《敦煌變文字義通釋》享譽海内外。此書是第一部研究敦煌語言文字的專著,國外漢學家譽爲"步入敦煌寶窟的必讀之書""研究戲曲小説的指路明燈",曾獲第二屆吴玉章人文社會科學獎一等獎、首屆教育部人文社會科學研究優秀成果一等獎,《中國大百科全書·語言文字卷》設立專條。此書從 1959 年誕生起,到 1996 年蔣禮鴻逝世後,先後共出六版,字數從 5.7 萬字增加到 43.6 萬字,體現了作者孜孜不倦的鑽研精神。另一部專著《商君書錐指》,寫成於 29 歲,當年獲國民政府教育部著作發明與美術品三等獎。評委蕭公權評介:"本著作參採訂正今昔諸家之説,並下己意整理古籍,頗稱賅備。議論亦每有獨到之處。而允當樸實,洗穿鑿之弊,尤爲難能可貴。《商君書》殆當推此爲善本矣。"1986 年編入《新編諸子集成》。此外還有《義府續貂》《咬文嚼字》《古漢語通論》(與任銘善合作)《目録學與工具書》《懷任齋文集》《蔣禮鴻語言文字學論叢》《類篇考索》等著作。發表論文 140 餘篇。

蔣禮鴻還精於古典詩詞，晚年選編爲《懷任齋詩詞》。與夫人唱和之作編入《頻伽室語業》。研究之餘對書法篆刻也頗有興趣，有少量作品存世。

歷年來，多有學者如吕叔湘、徐復、洪誠、祝鴻傑、任繼昉、顔洽茂、方一新、傅傑、日本學者波多野太郎等對蔣禮鴻學術著作進行評介。今天對蔣禮鴻的全面研究逐漸興起，如劉曉紅《蔣禮鴻學術思想芻議》，李燕《蔣禮鴻先生在語言學領域的成就》，李澤棟、陳東輝《蔣禮鴻先生研究文獻目録》等。

蔣禮鴻爲人篤惇、爲學專精，“知之爲知之，不知爲不知”，以學術爲天下公器、淡泊名利、無私奉獻的精神深刻影響後來學者。

二　蔣禮鴻專著

1.《敦煌變文字義通釋》

中華書局上海編輯所：
1959 年 3 月第一版；
1959 年 11 月第二版（第一次增訂）；
1961 年 5 月第三版（第二次增訂）。
上海古籍出版社：
1981 年 4 月新一版（第三次增訂）；
1988 年 9 月新二版（第四次增訂）；
1997 年 10 月新三版（第五次增訂）。
浙江大學出版社：
2016 年 7 月第一版（蔣禮鴻全集之一）。
臺北市古亭書屋：
1975 年 1 月版（未經授權）。
臺北市木鐸出版社：
1981 年 11 月版（未經授權）。
臺北市新文豐出版公司：
1985 年 6 月版（未經授權），收在《敦煌叢刊初集》第 14 種。

2.《義府續貂》

中華書局：
1981 年 8 月第一版；
1987 年 9 月第二版。
臺灣木鐸出版社：

1981 年 10 月版(未經授權)。

3.《咬文嚼字》

浙江人民出版社 1982 年 8 月第一版。

4.《古漢語通論》(與任銘善合作)

杭州大學函授部 1962 年 4 月印發;
浙江教育出版社 1984 年第一版;
浙江大學出版社 2016 年 7 月第一版(蔣禮鴻全集之二)。

5.《目録學與工具書》

浙江古籍出版社 1985 年 1 月第一版。

6.《商君書錐指》

中華書局 1986 年 4 月第一版;
中華書局 2017 年 6 月第一版(精裝本)。

7.《懷任齋文集》

上海古籍出版社 1986 年 6 月第一版。

8.《蔣禮鴻語言文字學論叢》

浙江古籍出版社 1994 年 12 月第一版。

9.《類篇考索》

山東教育出版社 1996 年 8 月第一版。

10.《懷任齋詩詞》

油印本,1988 年 10 月。

11.《懷任齋詩詞·頻伽室語業合集》

自印本,1999 年 4 月;
天馬圖書有限公司 2004 年 2 月版。

12.《蔣禮鴻集》

浙江教育出版社 2001 年 8 月第一版。

13.《辭海》(編委兼語詞分册主編)

上海辭書出版社 1979 年 9 月第一版(增訂本)。

14.《漢語大詞典》(副主編)

上海辭書出版社 1986 年 11 月第 1 卷,1994 年出全 12 卷。

15.《敦煌文獻語言詞典》(主編)

杭州大學出版社 1994 年 9 月第一版。

三、蔣禮鴻論文年表

1934—1948 年

流别《秀州鐘》1934 年 6 月第 13 期。
孤兒行《之江期刊》1936 年 1 月 1 日第 5 期。
跋納蘭詞《秀州鐘》1936 年 6 月第 15 期。
《大學》朱子改本平議《之江期刊》1936 年第 6 期。
跋納蘭詞《中國文學會集刊》1936 年第 2 期。
荀子餘義(上)《中國文學會集刊》1936 年 8 月第 3 期。
唐會要史館篇修前代史《晋書》箋《中國文學會集刊》1936 年第 3 期。
説克《之江週刊》新一卷 1937 年第 7 期。
詩詞:水調歌頭(和清如)《國師季刊 1939 年 12 月 30 日第 5 期。
詩詞:思越人《國師季刊》1939 年 12 月 30 日第 5 期。
詩詞:高陽臺(落葉)《國師季刊》1939 年 12 月 30 日第 5 期。

詩詞:玉樓春《國師季刊》1940年2月28日第6期。

釋任 釋鬼 釋克《之江中國文學會集刊》1940年4月第5期。

詩詞:書鍾師湄塘記游詩後《國師季刊》1940年7月1日第7/8期。

詩詞:水調歌頭《國師季刊》1940年2月28日第6期。

詩詞:和心叔九日見寄《國師季刊》1940年2月28日第6期。

詩詞:院門梅花一樹著花未久又謝矣同諸同學作《國師季刊》1940年2月28日第6期。

讀《韓非子》小記(未完)《國師季刊》1940年7月1日第7/8期。

讀《韓非子》小記(續八九期)《國師季刊》1941年1月31日第9期。

讀《韓非子》小記(續第九期)《國師季刊》1941年5月15日第10期。

詩詞:秦望山(蝶戀花·登秦望絶頂觀日出)《之江年刊》1941年。

夏承燾 詞録·浣溪沙《中國文學(重慶)》1944年第1卷第3期。

詞録:浣溪沙:二詞托莊語於隱文,有美人懷怨之思,非尋常流連光景已也,覽者當自得之,弟子蔣禮鴻謹記

詞録:鷓鴣天·次遺山薄命辭韻《中國文學(重慶)》第1卷1944年第3期。

讀字臆記《説文週刊》1944年第3卷12期。

詞録:一叢花·題芙蕖圖《中國文學(重慶)》1944年第1卷 第3期。

《漢志》六藝略易類答問《國民午報》1946年12月19日。

《墨子閒詁》述略《浙江學報》第1卷1947年9月 第1期。

《淮南子·覽冥篇》箋移《之江文會》1948年第1期。

書《劉蜕集》後《之江文會》1948年第1期。

1953—1975年

談"數"(署名蔣雲從)《語文學習》1953年第6期。

從詞彙、結構、表達上看句子(署名蔣雲從、陳紹恕、周新濂、黄天順、傲秋、陳雨)《語文學習》1954年第11期。

漢字的昨天,今天和明天《浙江師範學院》報1955年3月15日。

關於"之"字(署名蔣雲從)《語文學習》1955年第3期。

《從〈淮南子〉的校勘論校勘與古漢語研究的關係》提綱《浙江師範學院第一次科學討論會》(簡報)1956年3月油印本。

讀《劉知遠諸宫調》《中國語文》1956年12月22日第6期。

《淮南子》校記《浙江師範學院學報》1957年3月第1期。

《説文解字》是怎樣的書《語文函授教學》1957年6、12月第3、4期。

中國俗文字學研究導言《杭州大學學報》1959年6月30日第3期。

敦煌詞校議《杭州大學學報》1959年6月30日第3期。

傳注訓詁例述略《中國語文》1960年10月第5期。

《敦煌變文集》校記録略《杭州大學學報》1962年3月2日第1期。

漢字"通用"舉例(與張同光合作)《杭大函授》1962年第5期。

讀書隅見《治學偶得》,浙江人民出版社1962年8月第一版。

讀《論衡集解》《杭州大學報》1962 年 5 月 1 日第 2 期。

經微室《商子》校本跋《孫詒讓研究》,杭州大學語言文字學教研室 1963 年。

讀詩小記《語文進修》1964 年第 3 期封底。

讀法家詩文選注札記《語文戰綫》1975 年 10 月第 5 期。

1977—1981 年

辭書三議——爲撰寫《漢語大詞典》貢末議《杭州大學學報》1977 年 5 月 1 日第 2 期。

《西行》試釋(署名"俞炎")《語文戰綫》1978 年 2 月第 1 期。

《敦煌資料第一輯》釋詞《中國語文》1978 年 4 月第 2 期。

《稼軒詞箋注》拾補《活頁文史論叢〈淮陰師專學報〉》第 86 號(記於 1978 年 6 月 4 日,刊物未記載出版年月)。

評趙紀彬的《"五恶"疏证》(與郭在貽、張金泉合作)《杭州大學學報》(哲學社會科學版) 1978 年 5 月 1 日。

辭書涉議兩題《杭州大學學報》(哲學社會科學版) 1978 年 6 月 30 日。

大鶴山人校本《清真集》箋記《活頁文史叢刊〈淮陰師專學報〉增刊》第 38 號(記於 1978 年 10 月 16 日,刊物未記載出版年月)。

《荀注訂補》補《活頁文史叢刊〈淮陰師專學報〉增刊》第 47 號(記於 1978 年冬,刊物未記載出版年月)。

《敦煌資料》標點本商榷《中國文學》1978 年第 145 期。

讀《論衡校釋》《杭州大學學報》1979 年 5 月 1 日 1、2 期合刊。

讀《論衡校釋》(續完)《杭州大學學報》(哲學社會科學版)1979 年 6 月 30 日。

"夫……者"小議(署名"俞炎")《語文戰綫》1979 年 4 月第 2 期。

校勘略説《安徽師範大學學報》1979 年 8 月 29 日第 4 期。

大鶴山人校本《清真集》箋記《杭大建校三十週年科學論文集》1979 年 10 月。

訓詁學基礎知識《漢語散論》(漢語大詞典浙江編輯辦公室内部編印)1979 年 2 月。

"朝""晨"有别《漢語大詞典編寫工作簡報》1997 年第 9 期。

"坐法宫中朝四夷"的讀法《漢語大詞典編寫工作簡報》1978 年 8 月 30 日第 22 期。

《夷堅甲志》卷十四"彈"字例《漢語大詞典編寫工作簡報》1978 年 11 月 30 日第 30 期。

關於"八面受敵"的基本意義《漢語大詞典編寫工作簡報》1979 年 1 月 15 日第 35 期。

關於"禹鼎"的材料《漢語大詞典編寫工作簡報》1980 年 2 月 25 日第 71 期。

《漢語大詞典》"寸部"初稿芻議《漢語大詞典編寫工作簡報》1979 年 11 月 15 日第 62 期。

對"羊部"初稿的三條意見《漢語大詞典編寫工作簡報》1980 年 7 月 25 日第 79 期。

漫談以不教爲教《教學與研究》(中學語文版)浙江師範學院 1980 年第 7 期。

琨岫、汜林、鍾山、珠澤《漢語大詞典編寫工作簡報》1981 年 10 月 25 日第 100 期。

目録學常識《漢語散論》(漢語大詞典浙江編輯辦公室内部編印)1979 年 2 月。

訓詁學基本知識《漢語散論》(漢語大詞典浙江編寫組内部編印)1979 年 2 月。

説"通"《辭書研究》1980 年 3 月第 1 期。

說"弗吊""不吊""不淑"《温州師範學院學報》1980 年 4 月第 1 期。
試說"抹"的本字《中國語文》1980 年第 3 期。
《廣雅疏證》補義(上)《文獻》1980 年 12 月 30 日。
《廣雅疏證》補義(中)《文獻》1981 年 4 月 2 日。
《廣雅疏證》補義(下)《文獻》1981 年 7 月 2 日。
論辭書的書证及體現詞彙源流的問題《温州師專學報》1981 年第 7 期。
蔣禮鴻教授的講話《江蘇社聯通訊》1981 年 8 月 9 日。
誤校七例《浙江師範學院學報》1981 年第 7 期。
唐語詞叢記《浙江師範學院學報》1982 年 3 月第 1 期。
錢劍夫先生《中國古代字典辭典概論》序《杭州大學報》1982 年 3 月 2 日第 1 期。
說"身起""身己"《中國語文》1982 年 4 月第 2 期。
杜詩釋詞《中華文史論叢增刊・語言文字專輯》(上),上海古籍出版社 1982 年 2 月。
讀《同源字論》後記《語言學年刊》(浙江語言學會編,杭州大學學報增刊)1982 年。
談"借光"《漢語大詞典編寫工作簡報》1982 年 2 月。
談"高緯""高趣"《漢語大詞典編寫工作簡報》1982 年 2 月。
"謹空"與"敬空"《漢語大詞典編寫工作簡報》1981 年 12 月 25 日第 102 期。

1983—1995 年

"雩"的詞源記疑《中國語文》1983 年 12 月第 6 期。
任銘善傳略《中國當代社會科學家》第 3 輯,書目文獻出版社 1983 年 3 月。
有關古代漢語學習的幾個問題《電大教學》浙江廣播電視大學 1983 年 8 月第 8 期。
自傳《中國當代社會科學家》第 1 輯,書目文獻出版社 1983 年 3 月。
《梨園按試樂府新聲》校記《文獻》1983 年 4 月 2 日。
一點看法《辭書研究》1983 年 5 月 1 日。
讀變枝談續《隴文學論叢・敦煌文學專輯》,甘肅人民出版社 1983 年 8 月。
略談敦煌文學研究《關隴文學論叢》第 2 輯,1983 年 8 月。
目録學與工具書《語文戰綫》1984 年 2、4、5 月第 1、2、3 期連載。
關於《敦煌變文字義通釋》《杭州大學學報》1984 年 4 月 30 日第 2 期。
秀州夢影《嘉興秀州中學校史文集》1985 年 1 月。
補《全唐詩》校記《敦煌學論集》,甘肅人民出版社 1985 年 3 月。
《吐魯番出土文書》第一册詞釋《中國敦煌吐魯番學會語言文學分會成立暨學術討論會通訊》1985 年 7 月。
懷任齋讀《說文》記《中華文史增刊・語言文字專輯》,上海古籍出版社 1986 年。
出峽詩記《柳翼謀先生紀念文集》鎮江文史資料第十一輯 1986 年 8 月。
《同源字典》例句引舊注志誤《杭州大學學報》1986 年增刊 16 卷。
《淮南鴻烈・原道》補疏《文獻》1988 年第 2 期。
《〈中原雅音〉輯佚》校讀《杭州大學學報》1988 年增刊。
《莊子發微》引《莊子發微》,上海古籍出版社 1988 年 9 月。

《吐魯番出土文書》第一輯詞釋《敦煌語言文字學論文集》,浙江古籍出版社 1988 年 10 月。

嘉興方言徵故《古文獻研究》1989 年 6 月。

《義府續貂》補《杭州大學學報》1989 年第 4 期。

中國古文獻研究園地的荒蕪《文獻》1989 年第 4 期。

《漢語語源學》序《古漢語研究》(增刊)1989 年。

懷任齋隨筆《中國文化》1990 年 6 月第 2 期。

説"定水潛流,一日三過到"《古籍整理出版情況簡報》1990 年 5 月 20 日第 226 期。

説博與精《高校學刊》(杭州大學)1990 年 6 月第 1 期。

讀《山海經校注》偶記《文獻》1990 年 10 月 1 日第 3 期。

《近代漢語詞彙研究》弁言《古漢語研究》(湖南師大)1991 年 4 月 2 日第 1 期。

《敦煌變文集外編》校補《漢字文化》1991 年 4 月 2 日第 1 期。

《金瓶梅詞話》語詞札記《文獻》1991 年 10 月 1 日第 3 期。

《中古漢語言語詞例釋》序《杭州大學學報》1991 年 8 月 29 日第 4 期。

讀變枝談《敦煌研究》1992 年 9 月 30 日第 3 期。

《敦煌文書校讀研究》序《古漢語研究》1992 年 12 月第 4 期。

柳集箋校《文獻》1992 年 9 月 30 日第 3 期。

《文選》注引許慎《淮南子》注輯録《温州師範學院學報》1992 年 12 月 30 日第 4 期。

《敦煌文書校讀記》序《古漢語研究》1992 年 12 月 30 日。

讀《説文》記二篇《杭州大學學報》1993 年 12 月第 4 期。

《文選》注引小學書輯録《温州師範學院學報》1994 年 2 月 28 日第 1 期。

説"旋""旋子"《中國語文》1994 年 5 月 10 日第 3 期。

雙甋室讀書瑣記《温州師範學院學報》1994 年 10 月 30 日第 5 期。

記任銘善《學術集林》上海遠東出版社 1995 年 4 月版。

《敦煌願文集》序《杭州大學學報》(哲學社會科學版)1995 年 11 月 15 日。

1996—2015 年

《類篇考索》節録《文史》第四十一輯 1996 年 4 月版。

《敦煌變文字義通釋》增訂(黄征整理)《俗語言研究》1996 年 6 月第 3 期。

談談我的讀書體會和治學途徑《當代百家話讀書》,廣東教育出版社、遼寧人民出版社 1997 年 6 月版。

《佛教語言闡釋》序《佛教語言闡釋》,杭州大學出版社 1997 年 11 月出版。

《義府續貂》增訂(李亞明整理)《古漢語研究》1998 年 9 月 25 日。

世足二文爲止變説《蔣禮鴻集》,浙江教育出版社 2001 年 8 月第一版。

《史記》校詁《蔣禮鴻集》,浙江教育出版社 2001 年 8 月第一版。

段玉裁《説文解字注》釋例《蔣禮鴻集》,浙江教育出版社 2001 年 8 月第一版。

讀《康熙字典》《蔣禮鴻集》,浙江教育出版社 2001 年 8 月第一版。

説《荀子・賦篇》《蔣禮鴻集》,浙江教育出版社 2001 年 8 月第一版。

湯顯祖《玉茗堂賦》箋注《蔣禮鴻集》，浙江教育出版社 2001 年 8 月第一版。

《三國志》詞語輯録《蔣禮鴻集》，浙江教育出版社 2001 年 8 月第一版。

録王佩諍文《釋㙮》《蔣禮鴻集》，浙江教育出版社 2001 年 8 月第一版。

關於《敦煌變文字義通釋》《浙江與敦煌學——常書鴻先生誕辰一百週年紀念文集》，浙江古籍出版社 2004 年 11 月。

《讀韓非子小記》再續《漢語史學報》第 15 輯，上海教育出版社 2015 年。

蔣禮鴻與張永言往來書札二十八通

樓　培

内容提要　本文輯得蔣禮鴻先生與張永言先生這兩位當代著名語言學家的往來書札二十八通，對寫作時間、涉及人事等略作考證，用存前輩學者一段文字因緣，更爲現代學術史留下了一份寶貴史料。從中也可見兩位學人純真撝謙、專注學術的君子風範與高尚品格，堪爲後輩楷模。

關鍵詞　蔣禮鴻　張永言　書札

蔣禮鴻先生（雲從，1916—1995）與張永言先生（1927—2017）均爲當代著名語言學家。上個世紀改革開放後不久，兩位學者開始交往，意氣相投，許爲知己，並留下了不少往來信札。今承雲從先生哲嗣蔣遂老師雅意，邀約整理蔣禮鴻、盛静霞師友往來書札，輯得蔣禮鴻致張永言書札二十二通，張永言致蔣禮鴻書札六通。雖非全帙，難免遺憾，然吉光片羽，亦足珍貴，用存前輩學者一段文字因緣，更爲現代學術史留下了一份寶貴史料。從中也可見兩位學人純真撝謙、專注學術的君子風範與高尚品格，堪爲後輩楷模。兹以蔣遂老師提示大致作年時序排列，釋文整理如次，年份不明者置於最末。筆者未見原函信封郵戳，乃根據相關内容與資料，於信札繫年與涉及人事稍作調整、考證，皆出注略説，以供參考。札中偶有筆誤，加按語説明。限於學力，錯謬難免，尚祈讀者諸君有以教之。

一　蔣禮鴻致張永言二十二通

（一）1981年6月15日

永言先生著席：

前奉一箋，計荷覽及。兹有懇者：此間古代漢語研究生祝鴻傑、袁澤仁兩君畢業論文①，按規定需專家二人評閱。除已請徐復先生②外，尚難其選。竊思先生與鴻，通問雖起近時，投分諒非一朝，敢以瑣務，上煩清鑒。祝君論文題爲《漢書顔注釋例》，袁君爲《近代漢語俗語詞研究方法芻議——讀〈詩詞曲語詞彙釋〉〈敦煌變文字義通釋〉》，敬祈噓拂，一賜題品，銜感之忱，當無已矣。聘書俟中文系報請後寄奉，千萬勿却，幸甚幸甚！專此奉懇，企候賜覆，並

---

①　“祝鴻傑、袁澤仁兩君”1981年研究生畢業，故本札繫於該年。

②　徐復（1912-2006），字士復，一字漢生，號鳴謙，晚年又號三樂老人，著名語言學家，江蘇省武進縣人。曾親炙於黄侃、胡小石、章太炎等國學大師，著有《秦會要訂補》《訄書詳注》《後讀書雜志》《徐復語言文字學論稿》《徐復語言文字學叢稿》等。

請
撰安！

蔣禮鴻再拜
六月十五日

(二)1981年8月1日

永言先生賜鑒：

奉六月廿六日手教，承惠允審閱研究生論文，無任心感。其論文已屬敝系當事交校方分寄，不知已寄出否？稍停當再追詢也。今日點檢六月十五日手教變文各條，其中亦有爲敝稿增訂本所有者，其未有者並已録存，俟它日訂補。惠而好我，示以周行，無任拜嘉，謹此謝謝！其中引《宋書・孔琳之傳》一條，斷句蓋誤，今另録點斷呈上，幸希垂察。《通釋》《續貂》①二稿皆校樣已具，而見書未知何日，今之印刷類如是也。蜀中大水，成都得免墊溺否？念念。專此，頌
著祺。

蔣禮鴻拜啟
八月一日

有何人乘馬當臣車前，收捕驅遣命去；何人罵詈，收捕諮審欲録。每有公事，臣常慮有紛紜，語令勿問。而何人獨罵不止，臣乃使録。何人不肯下馬，連叫大喚；有冋威儀走來擊臣收捕，尚書令省事倪宗又牽威儀手力擊臣下人。宗云："中丞何得行凶，敢録令公人？凡是中丞收捕，威儀悉皆縛取。"

《宋書》卷五十六《孔琳之傳》

(三)1981年9月26日

永言先生惠鑒：

惠書及由祝鴻傑君轉致存問，懇摯殷惓，無任感荷。

先生淹貫精深，實所罕見，今得奉教，何幸如之！鴻性憚行旅，凡他方會議，輒皆不赴，語言學會在成都舉行②，亦不能與，良晤之期，當俟明年奉迎於西子湖畔耳。小文一首呈教。又頃往濟南，漫成一詞，老年才盡，但見生湊，亦録呈一粲。專請
著安！

弟蔣禮鴻拜上
九月二十六日

---

① 蔣禮鴻著作《敦煌變文字義通釋》(上海古籍出版社1981年4月版增訂本)、《義府續貂》(中華書局1981年8月第一版)，但當時作者尚未拿到樣書。

② 中國語言學會第一届年會於1981年10月在成都召開。

水龍吟

自來論詞,率以稼軒爲豪放,易安爲婉約。余每非之。我鄉沈寐叟云:墜情者醉其清芬,飛想者賞其神駿;易安有知,當許後者爲知己。斯爲先得我心矣。辛酉秋到濟南,殷孟非兄、朱廣祁君導遊二家紀念堂①,因爲此解,以駑駘贊飛黄,祇見笑於其辭之蹇耳。

兩家詞卷長留,異才秀出雄齊魯。云誰豪放,云誰婉約,紛紛稱數。羅帳燈昏,星河帆舞,誰男誰女。向博山道上,心追口擬,何曾見、分張處。同是江南飄梗,未須憐、鬟風鬢霧。棲遲零落,天應賺汝,騰聲飛句。打馬圖開,美芹書獻,恁般情素。倩何人巨筆,横施勒帛,掃浮評去。

永言先生正拍

弟禮鴻呈稿

(四)1982 年 1 月 25 日

永言尊兄撰席:

元日奉手教並大文,甚喜。《通釋》新版備荷推奬,雖復惶愧,尤極欣幸。此稿尚擬增補,筆札所及,亦已不少,顧未知何日能重印耳。尊兄前後所示大著,足以取資者甚夥,他日登録,篇卷有光,幸甚幸甚。《義府續貂》一册,已寄川大中文系,暇時請一檢。尊兄寓址乞示,他日可以逕達。項楚同志處亦寄去《通釋》一册,承其惠教並示《王梵志詩校注補正》②。弟已覆函商補四事,尚遺一事。今别紙録奉,乞轉呈。敬頌

新禧。

弟鴻啟

春節

《詞彙學簡論》《訓詁學引論》③,皆盼早得肄習。

(五)1982 年 2 月 8 日

永言尊兄先生撰席:

今日奉到去年十二月廿七日手教,得聞大著《詞彙學簡論》即可賜讀,必能有所啟迪,欣

---

① 1981 年 9 月,蔣禮鴻偕郭在貽赴濟南參加山東大學研究生答辯會(參郭在貽:《自訂年譜》,《郭在貽文集》第四卷,中華書局,2002 年,第 470 頁)。殷孟非,即殷焕先(孟非,1913-1994),著名語言學家,山東省六合縣人,著有《反切釋要》《漢字三論》《字調和語調》《殷焕先語言學論文集》等。朱廣祁(1939-2012),師從殷焕先,後任山東大學教授。

② 項楚《〈敦煌寫本王梵志詩校注〉補正》,刊於《中華文史論叢》1981 年 11 月第四輯,總第 20 輯。

③ 張永言《詞彙學簡論》,華中工學院出版社 1982 年 9 月出版;《訓詁學簡論》,同社 1985 年 4 月出版。

喜無量，不當以普通講義論也。《川大學報》上曾見項先生大作①，其“方便”一條，規正拙稿，甚用心折。惜用茫遽，未及細觀，致四版本《通釋》仍踵舊誤，至爲可惜。其發表於《文史論叢》者前未知及。不識項先生處尚有單行本可惠賜否？倘蒙代致嚮慕，幸甚！拙文《誤校七例》曾發表於《浙江師範學院學報(社學[按：當作“會”]科學版)》一九八一年第一期，即以附聞。敬復，順候

新年曼福。

弟蔣禮鴻手上

一九八二年元夕

鄙稿《通釋》及《義府續貂》皆已出書，而樣書迄未寄來，未克奉正，歉歉。

(六)1982 年 6 月 21 日

永言吾兄撰席：

十二日賜書奉悉。賤恙近亦無苦，唯日服彀維素、複方丹參片等藥，兼但看閒書，不多用腦，不寫文撰書，吾兄聞之，當嗤其嬾也。

葉聖陶先生②《浣溪沙》詞第三句爲“與欽深慕歎無施”，“與欽”二字不甚可解。此卷現藏南京博物館，未能刊布③。草草奉覆，並候

撰安！

弟蔣禮鴻上

六月廿一日

敝止[按：即“址”]已遷移至杭州杭大路杭大新村 27 幢 60 號。

(七)1982 年 11 月 22 日

永言先生賜鑒：

前奉惠書暨大文二首，久久未得具覆，罪甚罪甚。

先生績學淹通，而復撝謙之至，空疏如弟固願長奉教示以藥愚鄙。屬研究生答辯倥傯，繼則四年級生畢業論文及自爲文，都來屬其視草。堆積書叢，未悉掃除，兼《漢語大詞典》

---

① 此指項楚先生發表於《四川大學學報》1981 年第 2 期的《敦煌變文語辭札記》一文。

② 葉紹鈞(聖陶，1894-1988)，江蘇蘇州人，現代著名作家、教育家、文學出版家和社會活動家。

③ 據蔣禮鴻《自傳》：“同學任銘善，我進之江(文理學院)時他是四年級生，一年後畢業，留任助教，我又成了他的學生，聽他的文字學課。此後，我們倆一直處於師友之間，其中的一人寫了些什麼，就讓另一個磨勘，處得很好，這就是我齋名‘懷任’的由來。‘文化大革命’時期，他以胃癌去世。他和我的一個學生，現任同濟大學建築系教授的陳從周，找我把他的詩詞遺稿寫成一個《塵海樓詩詞》長卷，我附上了一個跋和一首六言詩，那詩是：‘生恨才情溢量，死覺文章作棱。莫聽鄰人吹笛，子期白髮先生。’後來陳以此卷求得葉紹鈞先生題上一首《浣溪沙》詞，是：‘曾共西湖酒數卮，騷心領略廿年遲，與欽深慕歎無施。蔣鈔何殊吴札劍？陳藏長託子期悲，交情生死見今時！’讀之慨然，難已思舊之情了。”見《蔣禮鴻集》第六卷，浙江教育出版社，2001 年，第 617-618 頁。又《塵海樓詩詞》長卷，除葉聖匋、蔣禮鴻外，陳從周還請多位師友如胡士瑩、孫功炎等題跋，後將此卷交給南京博物院院長姚遷，由院方收藏，姚氏物故後，該卷不知所蹤。

事①年内將在京開會,勢難不赴。近浙江方開預備會。尊著遂迄未浣誦,時懷内疚,當俟燕閑,悉心研習,唯尊文如釋"委"爲"知"之類,間引拙稿②,則既以爲榮,復增慚愧耳。專此奉達,並祈諒恕爲幸。即候

著安!

弟禮鴻頓首

十一月廿二日晚

(八)1983 年 3 月 1 日

永言尊兄先生賜鑒:

惠寄尊著《詞彙學簡論》暨川大古典文學論集均已奉到③,謝謝!《簡論》貫通古今中外,凡語方言,可謂綱舉目張,旁通交暢,欽伏奚似!弟於此道蒙滯猶多,近因血壓偏高,讀書都廢,容緩緩肄習,藉廣見聞。專肅道謝,並候

著安!

弟禮鴻上

三月一日

項楚同志乞代候。

(九)1983 年 9 月 15 日

永言尊兄惠鑒:

顔君洽茂來,轉致尊兄候問之意,甚感!又聞尊體違和住院,深以爲念。惟望善自調攝,早致勿藥,至所企禱!此間有一先輩,撰文載山東大學《文史哲》,以弟爲蘇空頭④僞教授;此等事所在有之,惟置之不較耳。亦望達觀勿介介也。

專此,敬候

痊安!

弟蔣禮鴻上

九月十五日

---

① 蔣禮鴻任《漢語大詞典》副主編,多年從事此項工作。

② 張永言《詞義瑣記》,《中國語文》1982 年第 1 期,其中釋"委"字有云:"'委'是唐代的俗語,意思就是'知',是變文裏常用的,蔣禮鴻先生有詳考。"後改題《詞語瑣記》,收入氏著《語文學論集》(增訂本),復旦大學出版社,2015 年,第 203 頁。

③ 張永言《詞彙學簡論》,華中工學院出版社 1982 年 9 月出版。川大古典文學論集,即《古典文學論叢》("四川大學學報叢刊"第 15 輯),1982 年 10 月版。本札作於 3 月 1 日,故繫於 1983 年。

④ 《笑林廣記》中有《蘇空頭》一篇,此語用來諷刺吴人之外强中乾、華而不實者。參錢鍾書《管錐編》(四)第二二八則:"近世吾鄉惠山泥人有盛名,吾鄉語稱土偶爲'磨磨頭',而自道曰'倷伲',故江南舊謔,呼無錫人爲'爛泥磨磨',亦猶蘇州人渾名'空頭'、常熟人渾名'湯罐'、宜興人渾名'夜壺'。"生活・讀書・新知三聯書店,2008 年,第 2282 頁。

（十）1984年6月12日

永言尊兄著几：

奉到《漢語論叢》一册，内載大稿三篇①，稍緩當拜讀。弟自患腦動脈硬化以來，不甚看書，但以小説遣日，更不撰寫文字矣。《論叢》扉頁題"後學"字，萬不敢當，以後賜書，千乞勿爾爲幸。專此，敬侯

大安！

弟禮鴻敬啟

六月十二日

項楚同志附筆致候。

敝寓久已遷移，幸詧。

（十一）1988年5月29日

永言先生撰席：

拙稿《敦煌變文字義通釋》刊布後即承惠教，爾後友人至蜀中者復蒙見存，感甚。郭君在貽②自武漢回，承惠賜大稿三篇，皆已伏讀，受益滋多。尊説從茲之字得黑義者，《史記·屈賈傳》"不獲世之滋垢"，蓋滋爲垢辱之義，亦黑義也，未知可以爲補例否③？鴻孤陋寡聞，視並時學人之宏通，瞠乎遠甚，所以自律者，曰不欺而已。倘蒙時賜教言，幸甚。此請

撰安。

禮鴻頓首

五月廿九日

（十二）1988年6月9日

永言先生賜鑒：

奉四日惠示，於拙稿《通釋》獎假過當，無任慚愧。此稿已經上海古籍出版社重排，頗有增益，年内大概可以出書，計謬誤必多，有俟教正耳。《續貂》長語，拙稿亦已引及鍾仲偉評陶詩語，顧於杜《哀王孫》詩忽然不省，承教甚感，他日當續添也。前因大稿言從茲聲之字有黑義，因檢《屈原傳》滋垢以進，繼而思之，從茲聲之字有黑義者，蓋與淄、緇相出入，《論語》稱涅而不淄，陸士衡稱京洛多風塵，素衣化爲緇，皆有黑義，而茲、甾古韻並屬之部，未知然否？敢

① 張永言《簡論〈續方言新校補〉、〈方言别録〉和〈蜀方言〉》《從"聞"的詞義説到漢語詞源學的方法問題——追答故傅東華先生》《述上古漢語的"五色之名"兼及漢語和台語的關係》三文，載於《漢語論叢》（"四川大學學報叢刊"第22輯），1983年9月。本札作於6月12日，故繫於1984年。

② 郭在貽（1939-1989），山東省鄒平縣人，杭州大學教授，當代著名語言學家、敦煌學家，撰有《訓詁學》《訓詁叢稿》等，著作匯爲《郭在貽文集》四卷（中華書局，2002年）。

③ 參張永言《論上古漢語的"五色之名"兼及漢語和台語的關係》，《語文學論集》（增訂本），第160頁。張氏已經補入此條。

祈賜教也。無以將書,敬奉小文一首,聊發一笑云爾。專頌
著祺。

蔣禮鴻頓首
六月九日

(十三)1988年6月23日

永言先生著几:

奉十五日惠教,示以有關拙稿者數條,惠我孔殷,謹當藏去,俟他日作第五次增訂時添入。杜詩"長語"釋爲"多談話",甚是,亦俟增補《續貂》時添入也①。前函仰懇審閱研究生論文,今來未蒙道及,特再上請,必期俞允,企望明示,盼甚,禱甚!

專候
著安!

蔣禮鴻拜上
六月廿三日

(十四)1989年8月24日

永言尊兄惠鑒:

損書奉悉,附件已由祝鴻熹兄收存,幸勿念。聞尊恙住院,吉人天相,必占勿藥,惟坦然無憂爲盼。令高足藍立蓂君寄來《劉知遠諸宫調校注》②,具見功力,亦今日不易才也。率乎奉覆,並請
痊安。

弟禮鴻上
八月廿四日

馮蒸論文答辯日期尚未定,要之在今年年底。

(十五)1991年5月12日

永言尊兄左右:

顏恰[按,當爲"洽"]茂君言:太夫人病重,兄亦大不適。且言兄將被命來杭,何命者不近人情之甚耶?尚望積極休養醫療,早得康復,千萬千萬!弟近日體質頗好,校内爲檢查體格,血色素達13.1克,體重爲一百斤,出院時才八十餘斤耳。勿念幸甚。以《史記》一書未嘗通讀,近借得瀧川資言《會注考證》閲之,偶有所見,作爲札記③,近程甚緩慢,不知何日始了畢

① 參蔣禮鴻《義府續貂》增訂本釋"長語"條:"友人張永言曰:'杜甫《哀王孫》:"不敢長語臨郊衢。"長語猶多言也。'"《蔣禮鴻集》第二卷,第38頁。

② 藍立蓂校注《劉知遠諸宫調校注》,巴蜀書社1989年3月出版。

③ 蔣禮鴻在住院期間閲讀《史記會注考證》,寫作札記初稿,後積得四萬八千餘字,以《〈史記〉校詁》爲題,收入《蔣禮鴻集》第六卷,第5-86頁。

也。專祝康强，維保重千萬！

弟禮鴻上
五月十二日

(十六)1991年12月22日

永言尊兄賜鑒：

承惠寄賀柬，甚爲感謝。維健康幸福，彼此同之也。尊著《語文學論集》①，何日出版，企予望之。拙稿《懷任齋讀書記》②，由嶽麓書社印行，明年中當可見書，即寄奉博粲也。專此，敬候
新正萬福。

弟蔣禮鴻拜上
十二月廿二日

静霞附筆候安。

(十七)1992年4月13日

永言尊兄撰席：

惠書敬悉，大著《語文學論集》已出版，此書久思盥誦，今乃如願，欣幸奚如！至題耑須用簡字，因而弟所書者遂棄而不取，付之一笑而已。弟近輯集近時與昔日所作文字，以爲《懷任齋文後集》一編，倩同事與浙江古籍出版社聯繫，據云待十月份研究，我輩之作出書之難如此，亦可慨已。近熱門書爲文學作品譯注本，內子盛静霞與嘉興一中學女教師合作編寫《唐宋詞譯注》一書③，翻譯由彼女教師任之，據云譯筆頗好，鄙意謂詞之爲物，自有格律音韻，一經翻譯，格律音韻全失，何以名詞？此等書以騙初學者則可，在行家則亦一咲而已。偶因出書難易言之，兄得毋嗤其喋喋乎？再則來示輒自稱後學，謙抑過甚，非所敢當，此後當以伯仲爲次，千萬！千萬！此頌
健康！

弟禮鴻敬白
四月十三日

静霞附筆候安。

---

① 張永言《語文學論集》，語文出版社1992年1月初版。

② 後此書未梓行。

③ 盛静霞(弢青，1917-2006)，蔣禮鴻夫人。出生於江蘇揚州，1936年入中央大學中國文學系，受教於汪辟疆、吴梅、汪東、唐圭璋、盧前等名教授，尤致力於詩詞創作，汪東稱其與沈祖棻前後齊名。曾任教於中央大學、浙江師範學院、杭州大學。有詩詞集《頻伽室語業》，與蔣禮鴻《懷任齋詩詞》合刊。又曾與夏承燾合著《唐宋詞選》。此處提到的《唐宋詞譯注》後改名《宋詞精華》，由盛静霞、陳曉林合編，貴州人民出版社1992年4月出版。

(十八)1992年5月1日

永言尊兄著几:

大著①及手示先後收到。大著今日盥誦始竟,以爲博大精深,無與倫比,即"漢語詞彙"一篇可見。吾兄於外語及少數民族語言皆諳悉,又通曉音韻學,此皆弟所未能,愧仰曷極!"讀《敦煌變文字義通釋》識小"一文,推袥弟之隘,尤深拜嘉,當一一録入拙書,但不知何日能重版耳。闗於弟之頤養問題,自出院來不廢書卷,隅[偶]有所得,則紀録之,非所謂作文也。内子盛静霞屢促休息,得兄書,益振振有辭,曰:"你的好朋友也如此説,能不聽麽?"既二説相同,自當書紳。憶成都别時②,曾以"變成老虎"相期,亦願兄好休養,副兹祝願也。大著中有誤字數處,别紙寫奉,供再版更正。此祝

安吉!

禮鴻手上

勞動節

尊著"上古漢語的'五色之名'""壚"、"黑"引《説[文]》"壚,[黑]剛土也。"讀者或將疑補"黑"字所據。段注曰:"各本無黑字,依《韻會》則小徐有,《尚書正義》所引同,今補。"③似可用段説申明之。

敝鄉嘉興狀慘白曰"格勒斯白",未知"格勒"當作何字,願教之。

(十九)1992年11月24日

永言尊兄撰席:

賜寄吾兄主編《世説新語辭典》④僅[按,當爲"謹"]領,謝謝!徐震堮《世説新語校箋》後附詞語簡釋謹[按,當爲"僅"]百四十條,方之此書,不及美備多矣。近尊體如何,念念。即候

健康!

弟禮鴻頓首

十一月廿四日

(二十)1993年7月4日

張永言教授:

杭大漢語史專業50年代即已招收研究生,文革結束後首批批准爲碩士點,1866[1986]年批准建立博士點,博士生導師2人(1989年郭在貽教授去世,現導師僅1人)。

---

① "大著"指《語文學論集》,函中所涉《漢語詞彙》《讀〈敦煌變文字義通釋〉識小》兩文皆收在其中。

② 1990年夏,蔣禮鴻赴成都四川大學擔任張永言指導的學生朱慶之的博士論文答辯主席。

③ 見張永言《論上古漢語的"五色之名"兼及漢語和台語的關係》,《語文學論集》(增訂本),第156頁。該本已按蔣氏建議出注説明。

④ 張永言主編《世説新語辭典》,四川人民出版社1992年7月初版。

本專業現有教授 4 人，中青年副教授 5 人（均已獲博士學位），以文字訓詁學、敦煌語言文字學、中古近代漢語詞彙等研究爲主。歷年報考本專業博、碩士研究生生源充足，已畢業碩士生 20 多名，博士生 7 名。在讀碩士生 7 名，博士生 5 名（今年又招收 2 名），亟需增列博士生導師，以分擔年事已高的現任博士生導師的繁重任務。現已申報增列的祝鴻熹、黃金貴二教授實際上協助指導博士生並培養碩士研究生多年，成績卓著，足以勝任博士生導師職責。爲確保國内爲數甚少的漢語史博士點不致萎縮，鞏固有基礎且有發展前途的本專業點，杭大校系領導及本專業同仁迫切要求增列導師，請于評審時予以考慮、支持。

此致

敬禮！

蔣禮鴻啟

七月四日

（二十一）1994 年 8 月 20 日

永言尊兄著席：

弟以患肺氣腫咳嗽住浙醫二院五十餘日，醫師鄭重用藥，返舍後已無甚病患，但仍服醫院所給藥耳，可請勿念。聞兄以膽結石動手術，想已康復爲念。弟現讀瀧川資[按：脱“言”字]《史記會注考證》，作爲札記，得萬餘言①，頃仍在閱讀中，可告者如此而已。敬頌

康强。

弟禮鴻上

八月二十日

永言先生：

前承賜示，對拙作揄揚過當，感愧奚似！本應奉復，適值禮鴻又住院治療，匆促未暇握管，爲歉！又承賜《四川近百年詩話》，已閱讀一過，其中頗多素所欽仰之前輩詩人，雖均已紛紛作古，但其流風餘韻得此册一一搜羅，亦足以爲文壇生色矣。

聞先生膽石隱患已除，至可慶賀，惟術後仍需多方調護，不可掉以輕心！伏惟珍攝，千萬！專候

痊安。

盛静霞拜啟

（二十二）年份不明②

永言尊兄惠鑒：

自文旌言旋，時縈夢想。今日得賀節一片，至感厚誼。尊兄回川後體氣如何，至祈珍攝，以膺多福。弟等近來身體甚好，數日前天氣晴好，曾詣湖濱一遊，啜茗而歸。故人聞之，當輟念也。即日新年莅止，敬祝

---

① 參前第十五札注釋。

② 落款有蔣、盛二人，參以前札，應作於 1992-1994 年，然未能確定。

佳勝，不一不一。

禮鴻、静霞同上
十二月廿二日

二　張永言致蔣禮鴻書札六通

(一)1989 年 8 月 15 日

禮鴻先生大鑒：

疏於問候，亦已有日，想興居多福、公私安便爲禱。

前蒙寄下馮蒸學位論文評閱意見書，現已填就，謹此奉呈，敬請檢收。

答辯會舉行日期不知已訂定否。

晚月來爲疾病所苦，在學校衛生所治療，了無效驗，病因未明，吉凶難卜，近日擬轉入醫院診治。然而"死生有命"，人定又何能勝天乎！

耑此布達，敬請

大安。

張永言上
1989. 8. 15

(二)1991 年 3 月 8 日

雲從先生撰席：

賜題書簽拜領，感謝之至。我近日晉京赴會(人大)①，即帶去面交該責任編輯，可免失誤，請釋念。至於拙書面世，必尚遠哉遥遥也。目前文化教育狀況與國民素質江河日下，未知伊于胡底？學術著作之難於出版，特其小小之一端而已。孟子曰："飽食、暖衣、逸居，而無教，則近於禽獸，聖人有憂之"，而今之聖人或尚未之憂也。一歎！匆此奉報，敬請

文安。

張永言上
三月八日

(三)1993 年 10 月 24 日

雲從先生：

---

①　張永言爲第七屆(1988—1992)、第八屆(1993—1998)全國人大代表，函中晉京赴人大會議當指此。北京出書即語文出版社出版《語文學論集》，該書題簽事，參本文蔣氏致張氏第十六、十七函，故繫於 1991 年。

蒙賜尊作《懷任齋詩詞》①,感謝之至。

紛披佳什,觸手靈芬;憶事懷人,情瀾不竭。容當陳諸案頭,時時吟哦,既以怡性,亦以移情。所望茶煙鬢絲,小齋湖畔,再成續集,嘉惠友生。

祝鴻熹先生事,言已一本公心,盡其綿薄,在眾專家支持之下,克底於成。杭大漢語史學科之業績已昭昭在人耳目,他日之發揚光大當無待蓍龜而知矣!

專肅申謝,兼致賀忱。歲聿云莫,諸惟珍衛。即頌

雙安!

此信封所寫地址未知有誤否。如有誤,乞便中見告。

張永言上

九三年十月廿四日

(四)1994 年 8 月 25 日

雲從、弢青先生文席:

奉手教,承雲從先生以肺氣腫住院治療,歷五十許日,乃前此竟無所聞,深用不安,所幸調理得宜,已就平服,至慰遠懷。先生已七十晉九,而體氣尚能如此,固得天者厚,亦涵養功深故也。惟是年事日高,讀書(尤其作文)治事切毋過勞,必以頤養爲第一要務,是所至禱。

讀瀧川氏書札記,必多勝義,他日刊布,尚望賜讀是幸。

言以六月中膽石症兼膽囊炎劇發,不得已於六月末施行膽囊切除手術,衰朽之軀經此益復不堪,刻下正伏處家中靜養,前景如何,尚自難言也。辱荷關注,感紉無既。

近日以不費心之書遮眼,偶得南京大學《古典文獻研究》紀念胡小石、陳中凡、汪辟疆三教授專輯(1992)②,得讀弢青先生 1989 年詩作,感念往事,令人增師友情誼之重。又,輯中有曾昭燏女史③文三篇,讀罷悵然。以其人之才(藝文)、學(考古文物),而盛年辭世,不以壽終,可爲慨歎。至其因由,則非蒙所知矣。

耑此布復,敬請

頤安!

張永言拜上

1994.08.25

(五)1995 年 1 月 12 日

雲從先生:

---

① 此乃油印本。後收入《蔣禮鴻集》第六卷,第 550-612 頁。

② 南京大學古典文獻研究所編《古典文獻研究(1989-1990)》(胡小石・陳中凡・汪辟疆紀念專集),南京大學出版社 1992 年 5 月出版。其中收有曾昭燏《南京大學教授胡先生墓誌》《追悼胡小石先生(附:胡小石先生考古著作目録)》《憶胡小石師》三文,亦有盛静霞所作詩篇。

③ 曾昭燏(1909-1964),湖南湘鄉人,曾國藩弟曾國潢之曾孫女,博物館學家、考古學家,生前曾任南京博物院院長。

自去歲先生住院以來,深爲掛念,每從方君一新、張君涌泉探問起居,並代爲問安,衹承病情穩定,已經出院在家療養,且已復親書卷,至慰遠懷。但抱屙來久,高年體衰,尚望注意節勞,以攝養爲重。

先生年登八十,榮慶華誕,惜道途遥遠,未能赴杭稱觴祝嘏,謹恭録《詩》語爲頌:

樂只君子,福履綏之;

樂只君子,福履將之;

樂只君子,福履成之!

及門李玉爲廣西瑶族人,"北學於中國",漢語文基礎較差,惟治學尚勤勉,辱蒙長者稱許,必感榮寵,尊意自當轉達,以資激勵。

又前蒙方、張二君惠贈尊著《敦煌文獻語言詞典》①,煌煌巨構,洵乎不廢江河之作矣!

肅此布復,敬請

儷安!並祝

新春吉祥!

張永言拜上

1995-01-12

(六)1995 年 4 月 24 日

蔣先生、蔣師母:

惠賜蔣先生《語言文字學論叢》②已經拜領,珍荷珍荷!捧讀之下,深歎縝密精確,罕有倫比,佩服之至,佩服之至。

蔣先生抱疾來久,時切繫念;近從汪維輝君處得悉(汪云聞之於方君),先生刻下體氣安謐,仍遵醫囑治療將息,至慰遠懷。尚祈加意珍攝,以臻痊可,至禱至禱!

專此申謝,敬請

雙安!

張永言拜上

95.04.24

Twenty-eight Letters between Jiang Lihong and Zhang Yongyan

Lou Pei

Abstract: This paper collects twenty-eight letters between Mr. Jiang Lihong and Mr. Zhang Yongyan, two famous contemporary linguists, and makes a textual research on the writing time and personnel involved and so on, so as to save a passage of literary reasons of the previous scholars and leave a valuable historical material for the modern academic histo-

① 蔣禮鴻主編《敦煌文獻語言詞典》,杭州大學出版社 1994 年 9 月出版。

② 《蔣禮鴻語言文字學論叢》,浙江古籍出版社 1994 年 12 月出版。

ry. From this, we can see that the two scholars are pure and modest, dedicated to academic and had the gentleman style and noble character, which can be regarded as models for later generations.

Key words: Jiang Lihong, Zhang Yongyan, letters

通信地址:浙江省杭州市餘杭區餘杭塘路 2318 號杭州師範大學人文學院
郵　　編:311121
E-mail:40400137@qq. com

編者的話

《漢語史學報》第 25 輯已經 4 校，即將付梓。本輯由我任執行主編，責編王誠老師囑我寫一個“編者的話”。我粗粗瀏覽了這輯論文，發現有兩個特點：一是年輕的作者多，二是訓詁考釋類的文章多，故圍繞着這兩點，略綴數語於下。

與以往相同，本輯有幾篇知名學者的論文，如《岐周方音在安大簡〈關雎〉中的遺存——關於教通芼或覒的解釋》(賈海生、張懋學)，結合傳統音韻學和當代音韻學，對出土文獻安大簡異文予以音理上的解釋；《出土先秦兩漢文獻中虛詞{唯}用字考察》(張再興、劉艷娟)，利用先秦兩漢出土文獻，梳理、考釋虛詞“唯”；《釋峽、岬、(山)脅——兼論核心義與詞義的走向》(王雲路、胡彦)以三個具體詞語爲例，説明漢語核心義與相關詞義發展的脉絡，等等。這幾篇論文都是以老帶新的形式，這是培養新生力量的重要途徑。

不難看到，本輯更多的是年輕朋友的文章。即以訓詁考釋類的文章爲例，就有周作明《“碧落”考》，對白居易《長恨歌》“上窮碧落下黄泉”的“碧落”來源、得名由來作了考察；墻斯《斿、游、遊、汓、泅字詞關係考》，通過對該組字詞的梳理、考證，廓清了它們與旗旒、游水和游歷等詞義的對應關係，有理有據。我覺得像這樣的研究，從文獻材料出發，又能跳出材料的限制，站在一個比較高的層面上，跟踪、考察詞義的發展變化，值得肯定。

從目録就可以知道，本輯訓詁考釋方面的文章較多，加上研究生論壇，有十多篇，這些文章，或考釋某個詞語，如馮先思《“狼戾”“很戾”關係補説》、陳默《也説“拉攞”》，或對某部古書中的詞語進行校正、補釋，如付建榮《〈齊民要術〉注解考釋三則》、謝明《陶弘景〈周氏冥通記〉詞語補釋》等，或糾正舊釋，或抉發新義，要之均有自己獨到的見解，絶非人云亦云。又如研究生論壇裏孫濤《釋“䕺米”——兼傳世文獻以“䕺”記{麤}校讀例舉》一文，從“䕺”的字形出發，對長沙走馬樓吴簡中習見的“䕺米”作了考證，在列舉大量出土文獻材料的基礎上，認爲“䕺米”實即“麤米”，也稱“糲米”，糾正了以往的誤釋，順帶着對“䅟糲”等詞語也作了考釋，訂訛正謬，頗有發明。後生可畏，這是我讀了這些年輕作者文章後的感受。

此外，業師蔣禮鴻先生是 1995 年以八十高齡仙逝的，距今已有 26 年，本輯刊發《蔣禮鴻著述年表》(作者蔣遂)、《蔣禮鴻與張永言往來書札二十八通》(整理者樓培)，都很有紀念意義。捧讀蔣、張兩位先生的往來書札，多商討切磋之語，功力深湛，情真意切，兼彼此關心，用語謙抑，兩位大學者惺惺相惜之情溢於言表，令人不勝景仰之至云爾。

方一新謹記

2021 年 9 月 15 日

圖書在版編目(CIP)數據

漢語史學報.第二十五輯 / 王雲路主編. — 上海:
上海教育出版社, 2021.11
ISBN 978-7-5720-1043-9

Ⅰ. ①漢… Ⅱ. ①王… Ⅲ. ①漢語史—叢刊
Ⅳ. ①H1-09

中國版本圖書館CIP數據核字(2021)第221432號

責任編輯　徐川山
特約審讀　王瑞祥
封面設計　陸　弦
編　　務　王　誠　劉　芳

漢語史學報　第二十五輯
王雲路　主編

出版發行　上海教育出版社有限公司
官　　網　www.seph.com.cn
地　　址　上海市閔行區號景路159弄C座
郵　　編　201101
印　　刷　上海葉大印務發展有限公司
開　　本　787 × 1092　1/16　印張 18.25　插頁 2
字　　數　435 千字
版　　次　2021年11月第1版
印　　次　2021年11月第1次印刷
書　　號　ISBN 978-7-5720-1043-9/H·0034
定　　價　85.00 元

如發現質量問題，讀者可向本社調換　電話：021-64373213